E. Koehne

Just's botanischer Jahresbericht

Systematisch geordnetes Repertorium der botanischen Literatur aller Länder

E. Koehne

Just's botanischer Jahresbericht
Systematisch geordnetes Repertorium der botanischen Literatur aller Länder

ISBN/EAN: 9783742865274

Hergestellt in Europa, USA, Kanada, Australien, Japan

Cover: Foto ©berggeist007 / pixelio.de

Manufactured and distributed by brebook publishing software
(www.brebook.com)

E. Koehne

Just's botanischer Jahresbericht

Just's
Botanischer Jahresbericht.

Systematisch geordnetes Repertorium

der

Botanischen Literatur aller Länder.

Begründet 1873. Vom 11. Jahrgang ab fortgeführt

und unter Mitwirkung von

v. Dalla Torre in Innsbruck, E. Fischer in Bern, Giltay in Wageningen, C. Günther in Berlin, Hoeck in Luckenwalde, Jännicke in Frankfurt a. M., Knoblauch in Karlsruhe, Kohl in Marburg, Kronfeld in Wien, Ljungström in Lund, Matzdorff in Berlin, Möbius in Heidelberg, Carl Müller in Berlin, Petersen in Kopenhagen, Pfitzer in Heidelberg, Prantl in Breslau, Solla in Vallombrosa, Sorauer in Proskau, Staub in Budapest, Sydow in Schöneberg-Berlin, Taubert in Berlin, Weiss in München, Zahlbruckner in Wien, Zander in Berlin

herausgegeben

von

Professor Dr. E. Koehne

Oberlehrer in Berlin

Siebenzehnter Jahrgang (1889).

Zweite Abtheilung:

Palaeontologie. Geographie. Pharmaceutische und technische Botanik. Pflanzenkrankheiten.

BERLIN, 1892.

Gebrüder Borntraeger.

(Ed. Eggers.)

Karlsruhe.
Druck der G. BRAUN'schen Hofbuchdruckerei.

Vorrede.

Die Ausgabe des Schlussheftes vom Jahrgang 1889 (Band XVII) hat sich leider sehr verzögert, weil die Druckerei sowohl durch den Setzerausstand wie durch andere hinderliche Umstände längere Zeit hindurch in die Unmöglichkeit versetzt wurde, mit gewohnter Schnelligkeit zu arbeiten.

Der Bericht über die pharmaceutische und technische Botanik, den Herr Dr. U. Dammer übernommen hatte, ist leider auch für diesen Jahrgang noch nicht eingeliefert worden. Da Herr Dr. Dammer andererseits auf die Arbeit nicht hatte verzichten wollen, so war es bisher auch nicht möglich, sie einem anderen Mitarbeiter zu übertragen. Hoffentlich wird sich im nächsten Jahrgange das Versäumte nachholen lassen.

Für die bei der Redaction eingegangenen Zeitschriften, selbständigen Werke und Sonderabdrücke spricht die Redaction den Herrn Einsendern hiermit ihren verbindlichsten Dank aus.

Von eingesandten Zeitschriften sind folgende zu verzeichnen: Ber. Ges. Bot. Hamburg, Heft 4; Bot. G. XIV; B. S. B. Belgique XXVIII; B. S. B. France XXXVII; B. S. L. Paris n. 97, 100, 101, 102; B. Torr. B. C. XVI; Dodonaea I; Hedwigia XXVIII; Insect Life, v. 1, n. 9; J. de B. III; Journ. of mycol. V; Mitth. geogr. Ges. f. Thür. zu Jena VII, 3, 4, VIII, 1, 2; Report Kansas Exper. Station for 1888; Revue bryologique XVI; Revue mycologique XI; Schles. Ges. für 1888; Schr. Danzig, neue Folge, VII, 2.

Exemplare ihrer Schriften sandten folgende Verfasser (oder deren Verleger): L. Anderlind, P. Ascherson, E. Bachmann, Bail, C. van Bambeke, J. A. Bäumler, G. Beck Ritter von Mannagetta, W. J. Behrens, F. Benecke, O. Boeckeler, J. Boehm, V. v. Borbás, G. Bornemann, C. Brick, J. Brunchorst, F. Buchenau, A. Burgerstein, R. Büttner, L. Čelakovský, C. E. Correns, v. Dalla Torre, C. De Candolle, F. Delpino, W. Detmer, G. Dieck, H. Dingler, O. Eberdt, A. Ernst, L. Erréra, F. Eschenhagen, C. v. Ettingshausen, E. Fiek, W. O. Focke, E. Galloway, A. Gravis, M. Gürke, F. Hanausek, E. Heinricher, P. Hennings, F. Hoeck, F. Hoffmann, M. Hollrung, Th. Holm, E. Huth, W. Jännicke, J. M. Janse, F. Johow, M. Jungck, E. Kellermann, W. A. Kellermann, J. Kernstock, F. Kinkelin, G. Klebs, L. Klein, F. H. Knowlton, L. Kny,

F. G. Kohl, P. Kumm, G. Krabbe, G. Krauss, K. Leist, J. Loeb, Th. Loesener, E. Loew, F. Lüdtke, P. Magnus, W. Medikus, H. Mertins, A. Meyer, M. Moebius, J. Moeller, J. W. Moll, O. Müller, Baron F. v. Müller, E. Nickel, E. Palla, W. Palladin, L. Petit, A. Petry, W. Pfeffer, H. Potonié, P. Prahl, Rabenhorst's Kryptogamenflora (Ed. Kummer), G. Radde, E. Ráthay, E. Regel, F. Reinitzer, R. Reiss, P. Roeseler, Th. Saelan, A. Sauvageau, H. Schenck, A. J. Schilling, H. Schinz, A. Schlicht, E. Schmidt, S. Schönland, J. Schrenk, J. Schröter, K. Schumann, G. Schweinfurth, S. Schwendener, O. v. Seemen, J. D. Smith, R. F. Solla, G. Staes, A. Swingle, P. Sydow, P. Taubert, F. Thomas, N. Tischutkin, A. Treichel, W. Trelease, E. Verschaffelt, H. Vöchting, A. Voigt, W. Voss, W. Wahrlich, A. Walter, S. Watson, A. Weisse, R. v. Wettstein, M. Willkomm, C. Winkler, E. Zacharias, A. Zahlbruckner, A. Zoebl.

Im Ganzen ist die Anzahl der bei der Redaction einlaufenden Schriften eine ausserordentlich geringe. Sie betrug für 1889 kaum 200, welche Zahl gegenüber den vielen Tausenden im Jahresbericht zu besprechender Schriften verschwindend klein ist. Es wäre dringend zu wünschen, dass die Sendungen in bedeutend reicherem Maasse erfolgten, und dass namentlich Dissertationen und solche Artikel, die in wenig verbreiteten Vereins- oder in nicht rein botanischen Zeitschriften erschienen sind, möglichst vollständig von den Herren Verfassern der Redaction zur Verfügung gestellt würden. Die Herren Verfasser, denen doch gewiss an dem Bekanntwerden ihrer Veröffentlichungen etwas liegt, machen sich schwerlich eine zutreffende Vorstellung davon, welche unverhältnissmässig grosse Mühe den Mitarbeitern des Jahresberichts auferlegt wird, wenn sie oft um kleiner Artikel von einer oder wenigen Seiten willen in verschiedenen Bibliotheken nachsuchen, mehrere Briefe schreiben und umfangreiche Zusendungen von Zeitschriften beanspruchen müssen. Alle Herren, welche sich für den Botanischen Jahresbericht interessiren, werden gebeten, in ihren Kreisen und namentlich auch bei jüngeren Botanikern dahin wirken zu wollen, dass die Zusendungen an die Redaction des Jahresberichts nicht vergessen werden.

Höchst dankenswerth wäre es auch, wenn botanische Vereine und Vereine, die neben anderen Wissenschaften auch die Botanik pflegen, das kleine Opfer bringen wollten, der Redaction des Jahresberichts ihre Vereinsschriften zuzuwenden, denn dass die Redaction ausser Stande ist, die grosse Zahl derartiger Schriften käuflich zu erwerben, liegt wohl auf der Hand.

Berlin, im Mai 1892.

Prof. Dr. E. Koehne.

Friedenau, Kirchstr 5.

Inhalts-Verzeichniss.

Systematische Uebersicht des Inhalts.

---

[1]) Ueber Jahrg. 1888 vgl. Vorrede.

Verzeichniss der Abkürzungen für die Titel von Zeitschriften.

A. A. Torino = Atti della R. Accademia delle scienze, Torino.

Act. Petr. = Acta horti Petropolitani.

A. Ist. Ven. = Atti del R. Istituto veneto di scienze, lettere ed arti, Venezia.

A. S. B. Lyon = Annales de la Société Botanique de Lyon.

Amer. J. Sc. = Silliman's American Journal of Science.

B. Ac. Pét. = Bulletin de l'Académie impériale de St.-Pétersbourg.

Ber. D. B. G. = Berichte der Deutschen Botanischen Gesellschaft.

B. Ort. Firenze = Bullettino della R. Società toscana di Orticultura, Firenze.

Bot. C. = Botanisches Centralblatt.

Bot. G. = J. M. Coulter's Botanical Gazette, Crawfordsville, Indiana.

Bot. J. = Botanischer Jahresbericht.

Bot. N. = Botaniska Notiser.

Bot. T. = Botanisk Tidskrift.

Bot. Z. = Botanische Zeitung.

B. S. B. Belg. = Bullet. de la Société Royale de Botanique de Belgique.

B. S. B. France = Bulletin de la Société Botanique de France.

B. S. B. Lyon = Bulletin mensuel de la Société Botanique de Lyon.

B. S. L. Bord. = Bulletin de la Société Linnéenne de Bordeaux.

B. S. L. Paris = Bulletin mensuel de la Société Linnéenne de Paris.

B. S. N. Mosc. = Bulletin de la Société impériale des naturalistes de Moscou.

B. Torr. B. C. = Bulletin of the Torrey Botanical Club, New-York.

Bull. N. Agr. = Bullettino di Notizie agrarie. Ministero d'Agricoltura, Industria e Commercio, Roma.

C. R. Paris = Comptes rendus des séances de l'Académie des sciences de Paris.

D. B. M. = Deutsche Botanische Monatsschrift.

E. L. = Erdészeti Lapok. (Forstliche Blätter. Organ des Landes-Forstvereins Budapest.

Engl. J. = Engler's Jahrbücher für Systematik, Pflanzengeschichte und Pflanzengeographie.

É. T. K. = Értekezések a Természettudományok köréböl. (Abhandlungen a. d. Gebiete der Naturwiss. herausg. v. Ung. Wiss. Akademie Budapest.)

F. É. = Földmivelési Érdekeink. (Illustrirtes Wochenblatt für Feld- u. Waldwirthschaft, Budapest.)

F. K. = Földtani Közlöny. (Geolog. Mittheil., Organ d. Ung. Geol. Gesellschaft.)

Forsch. Agr. = Wollny's Forschungen auf dem Gebiete der Agriculturphysik.

Fr. K. = Földrajzi Közlemények. (Geographische Mittheilungen. Organ der Geogr. Ges. von Ungarn. Budapest.)

G. Chr. = Gardeners' Chronicle.

G. Fl. = Gartenflora.

J. de B. = Journal de botanique.

J. of B. = Journal of Botany.

Jahrb. Berl. = Jahrbuch des Königl. botan. Gartens und botan. Museums zu Berlin.

J. de Micr. = Journal de micrographie.

J. L. S. Lond. = Journal of the Linnean Society of London, Botany.

J. R. Micr. S. = Journal of the Royal Microscopical Society.

K. L. = Kertészeti Lapok. (Gärtnerzeitung.) Budapest.

Mem. Ac. Bologna = Memorie della R. Accademia delle scienze dell' Istituto di Bologna.

Mitth. Freib. = Mittheilungen des Botanischen Vereins für den Kreis Freiburg und das Land Baden.

M. K. É. = A Magyarországi Kárpátegyesület Évkönyve. (Jahrbuch des Ung. Karpathenvereins, Igló.)

M. K. I. É. = A m. Kir. meteorologiai és földdelejességi intézet évkönyvei. (Jahrbücher der Kgl. Ung. Central-Anstalt für Meteorologie und Erdmagnetismus, Budapest.)

Mlp. = Malpighia, Messina.

M. N. L. Magyar Növénytani Lapok. (Ung. Bot. Blätter, Klausenburg, herausg. v. A. Kánitz.)

Mon. Berl. = Monatsberichte der Königl. Akademie der Wissenschaften zu Berlin.

M. Sz. = Mezőgazdasági Szemle. (Landwirthschaftl. Rundschau, red. u. herausg. v. A. Cserháti u. Dr. T. Kossutányi. Magyar-Óvár.)

M. T. É. = Mathematikai és Természettud. Értesitö. (Math. und Naturwiss. Anzeiger, herausg. v. d. Ung. Wiss. Akademie.)

M. T. K. = Mathematikai és Természettudományi Közlemények vonatkozólag a hazai viszonyokra. (Mathem. und Naturw. Mittheilungen mit Bezug auf die vaterländischen Verhältnisse, herausg. von der Math. u. Naturw. Commission der Ung. Wiss. Akademie.)

N. G. B. J. = Nuovo giornale botanico italiano, Firenze.

Oest. B. Z. = Oesterreichische Botan. Zeitschrift.

O. H. = Orvosi Hetilap. (Medicinisches Wochenblatt). Budapest.

O. T. É. = Orvos-Természettudományi Értesitö. (Medicin.-Naturw. Anzeiger; Organ des Siebenbürg. Museal-Vereins, Klausenburg.)

P. Ak. Krak. = Pamiętnik Akademii Umiejętności. (Denkschriften d. Akademie d. Wissenschaften zu Krakau.)

P. Am. Ac. = Proceedings of the American Academy of Arts and Sciences, Boston.

P. Am. Ass. = Proceedings of the American Association for the Advancement of Science.

P. Fiz. Warsch. = Pamiętnik fizyjograficzny. (Physiographische Denkschriften d. Königreiches Polen, Warschau.)

Ph. J. = Pharmaceutical Journal and Transactions.

P. Philad. = Proceedings of the Academy of Natural Sciences of Philadelphia.

Pr. J. = Pringsheim's Jahrbücher für wissenschaftliche Botanik.

P. V. Pisa = Atti della Società toscana di scienze naturali, Processi verbali, Pisa.

R. Ak. Krak. = Rozprawy i sprawozdania Akademii Umiejętności. (Verhandlungen und Sitzungsberichte der Akademie der Wissenschaften zu Krakau.)

R. A. Napoli = Rendiconti della Accademia delle scienze fisico-matematiche, Napoli.

Rass. Con. = Nuova Rassegna di viticoltura ed enologia della R. Scuola di Conegliano.

Rend. Lincei = Atti della R. Accademia dei Lincei, Rendiconti, Roma.

Rend. Milano = Rendiconti del R. Ist. lombardo di scienze e lettere, Milano.

Schles. Ges. = Jahresbericht der Schlesischen Gesellschaft für vaterländische Cultur.

S. Ak. Münch. = Sitzungsberichte der Königl. Bayerischen Akademie der Wissenschaften zu München.

S. Ak. Wien = Sitzungsberichte der Akademie der Wissenschaften zu Wien.

S. Gy. T. E. = Jegyzökönyvek a Selmeczi gyógyszerészeti és természettudományi egyletnek gyüléseiről. (Protocolle der Sitzungen des Pharm. und Naturw. Vereins zu Selmecz.)

S. Kom. Fiz. Krak. = Sprawozdanie komisyi fizyjograficznéj. (Berichte der Physiographischen Commission an der Akademie der Wissenschaften zu Krakau.)

Sv. V. Ak. Hdlr. = Kongliga Svenska Vetenskaps-Akademiens Handlingar, Stockholm.

Sv. V. Ak. Bih. = Bihang till do. do.

Sv. V. Ak. Öfv. = Öfversigt af Kgl. Sv. Vet.-Akademiens Förhandlingar.

T. F. = Természetrajzi Füzetek az állat-, növény-, ásvány-és földtan köréből. (Naturwissenschaftliche Hefte etc., herausg. vom Ungarischen National-Museum, Budapest.)

T. K. = Természettudományi Közlöny. (Organ der Königl. Ungar. Naturw. Gesellschaft, Budapest.)

T. L. = Turisták Lapja. (Touristenzeitung.) Budapest.

Tr. Edinb. = Transactions and Proceedings of the Botanical Society of Edinburgh.

Tr. N. Zeal. = Transactions and Proceedings of the New Zealand Institute. Wellington.

T. T. E. K. = Trencsén megyei természettudományi egylet közlönye. (Jahreshefte des Naturwiss. Ver. des Trencsiner Comitates.)

Tt. F. = Természettudományi Füzetek. (Naturwissenschaftliche Hefte, Organ des Südungarischen Naturw. Ver., Temesvár.)

Verh. Brand. = Verhandlungen des Botanischen Vereins der Provinz Brandenburg.

Vid. Medd. = Videnskabelige Meddelelser.

V. M. S. V. H. = Verhandlungen und Mittheilungen d. Siebenbürg. Ver. f. Naturwiss. in Hermannstadt.

Z. öst. Apoth. = Zeitschrift des Allgemeinen Oesterreichischen Apothekervereins.

Z.-B. G. Wien = Verhandlungen der Zoologisch-Botanischen Gesellschaft zu Wien.

XV. Schädigungen der Pflanzenwelt durch Thiere.

Referent: C. W. v. Dalla Torre.

A. Arbeiten über Pflanzengallen und deren Erzeuger.

(Cecidozoen und Zoocecidien.)

Disposition.

Allgemeines über Gallen No. 22, 25, 39, 42, 43, 49, 55, 56, 64.
Nutzung der Gallen No. 22.
Sammelberichte als Beitrag zur Kenntniss der geographischen Verbreitung der Gallenbildner No. 3, 8, 19, 20, 21, 26, 27, 28, 30, 32, 37, 41, 51, 58, 59.
Biologisches No. 6, 15, 16, 17, 22, 33, 40.
Parasitismus in Gallen No. 18, 39, 63.
Gallinsecten verschiedener Classen und Ordnungen No. 3, 8, 19, 20, 21, 22, 32, 37.
- Coleopteren
- Hymenopteren.
  - Tenthrediniden.
  - Cynipiden No. 4, 5, 14, 26, 63.
  - Chalcididen No. 37.
- Lepidopteren.
- Dipteren.
  - Cecidomyiden No. 7, 18, 23, 24, 27, 29, 30, 31, 34, 35, 37, 38, 40, 41, 47, 51, 52, 53, 61.
  - Musciden.
- Hemiptera.
  - Psylliden No. 57.
  - Aphiden No. 6, 15, 16, 17, 33, 54.
  - Cocciden.

Acariden No. 1, 9, 11, 12, 13, 28, 44, 45, 48.
Vermes No. 2, 10, 36, 46, 50, 60, 62.
Gallen unbekannten Ursprunges.
Bisher unbekannte Cecidien sind beschrieben.
Berichtigungen falscher Angaben enthalten.

---

1. **Anderson, F. W.** and **Kelsy, F. D.** Erysipheae upon Phytoptus distortions in: Journ. of Morphol., V, 1889, No. 4.

Verf. erwähnt folgende neue Beispiele von Symbiose von Erysipheen mit Gallmilben, welche auf Phytoptocecidien vorkommen: *Sphaerotheca Castagnei* Lév., *S. mors-uvae* (Schw.) B. et C., *Erysiphe communis* (Wallr.) Fr., *E. Cichoriacearum* DC. — Immer war der Pilz reichlicher entwickelt und reifte seine Perithecien früher, wenn er mit Milben zusammenlebte, als wenn er ohne diese vorkam.

2. **Atkinson, Geo F.** A preliminary report upon the life history and metamorphoses of a root-gall nematode, Heterodera radicicola (Greef.) Müll. and the injuries caused by it upon the roots of various plants in: Science Contrib. Agric. Experim. Stat. Alabama Polytechnic Institut, Auburn Ala I, 1889, No. 1, 54 p., 6 plat.

3. **Ballé, Emile.** Catalogue descriptif des galles observés aux environs de Vire (Calvados) in: Bull. soc. amis sc. nat. Rouen, 1889, II. Sem., p. 415—437; Sep. Rouen, 1890. 8°. 28 p.

Es wurden beobachtet: *Sinapis arvensis* L. mit Ceuthorhynchus contractus Mrsh.; *Tilia grandifolia* Ehrh. mit Hormomyia Reaumuriana F. Lw., Phytoptus tiliae Nal., Phyllocoptes Ballei Trouessart n. sp., p. 437; *Acer pseudoplatanus* L. mit Phytoptus macrorhynchus Nal. (Voluvifex aceris Am.); *Ulex nanus* Smith mit Apion scutellare Kby.; *Prunus domestica* L. mit Phytoptus similis Nal. (Cephaloneon hypocrateriforme); *Rosa* mit Rhodites Rosae L., Rh. Eglanteriae Hart.; *Rubus* mit Diastrophus Rubi Hart.; *Potentilla reptans* L. mit Aulax potentillae Vill., *Spiraea Ulmaria* L. mit Cecidomyia ulmariae Br.; *Cornus sanguinea* L. mit Hormomyia corni Gir.; *Tanacetum vulgare* L. mit Cecidomyia tanaceticola Karsch; *Hieracium umbellatum* L. mit Aulax hieracii Bché. und *H. pulosella* L. mit Cecidomyia sanguinea Bremi; *Veronica Chamaedrys* L. mit Cecidomyia Veronicae Vall.; *Glechoma hederacea* L. mit Cecidomyia bursaria Br. und Aulax glechomae Hart.; *Urtica dioica* L. mit Cecidomyia urticae Perr.; *Ulmus campestris* L. mit Schizoneura lanuginosa Hart. und Tetraneura ulmi Dég.; *Fagus silvatica* L. mit Hormomyia fagi Hart. und U. piligera H. Lw.; *Quercus* mit 20 Arten von Cynipiden; *Salix* mit Nematus viminalis L., N. gallicola Wstw., Cecidomyia salicis Schr.; *Populus nigra* L. mit Pemphigus spirothecae Pass. und P. bursarius L.; *Alnus glutinosa* mit Phytoptus laevis Nal.; *Pinus abies* L. mit Chermes abietis L. und *Poa nemoralis* L. mit Hormomyia poae Bosc. — Den Schluss bildet die Beschreibung von Phyllocoptes Ballei n. sp. durch Trouessart.

4. **Bassett, H. F.** A short Chapter in the history of the Cynipidous Gall-flies in: Psyche, V, 1889, p. 235—238.

Nachweis der Zusammengehörigkeit von Callirhytis radicis Basser und Neuroterus futilis OS. auf *Quercus alba.*

5. **Beccari, O.** Malesia, III, 1889, p. 222, Anm.

Die gewöhnlich farblosen und verzweigten Trichome auf der Blattunterseite der behaarten Varietät von *Quercus Robour* wurden im Chiantigebiet (Toscana) in Folge der Production von Gallen durch Neuroterus lenticularis Oliv. auf der Oberfläche der Gallen selbst geradezu in bräunliche, sternartige Schuppenhaare umgewandelt; somit Umgestaltung von Trichomen durch Reiz seitens von Thieren. — Werden wir dadurch über die nähere Ursache der Umwandlung auch nicht klar, so bleibt immerhin von Werth zu erfahren, dass eine solche durch blossen Reiz wirklich hervorgerufen werden kann. Solla.

6. **Blochmann, F.** Ueber den Entwicklungskreis von Chermes abietis in: Verh. Naturh. Med. Ver. Heidelberg, IV, No. 2, 1889, p. 249—258.

Chermes abietes waren als geflügelte ♀ aus Fichtengallen ausgeflogen, setzten sich ausschliesslich auf Lärchennadeln fest und legten hier 40—50 gelbe, allmählich dunkelgrün werdende Eier ab; aus diesen entwickelten sich kleine grüne Thiere, mit einer etwa bis in die Mitte des Abdomens reichenden Borstenschlinge. Diese saugen kurze Zeit auf den Nadeln und verlassen sie dann, um an den Zweigen und am Stamme abwärts zu wandern, wo man sie zu Tausenden antrifft. Dort begeben sie sich an den jungen Stämmen, an welchen die Rinde noch nicht abschuppt, in die Risse derselben, an älteren Stämmen unter die Rindenschuppen und sitzen dort oft zu vielen Hunderten zusammengehäuft, ihre Saugborsten in das Gewebe einsenkend und aus den Wachsdrüsen eine weissliche Wolle abscheidend. Dort bleiben sie bis zum nächsten Frühlinge sitzen, um welche Zeit sie dann auf die Fichte zurückkehren; Ratzeburg beschrieb diese Brut als schmutzig hellgrüne ♀ von Ch. laricis; Kaltenbach bezeichnet die Herbstweibchen mit diesem Namen. Aus den Eiern der auf die Fichte zurückgekehrten ♀ gehen dann die Geschlechtsthiere hervor (erschlossen, doch nicht beobachtet. Ref.). Dagegen wandern die aus später sich öffnenden Gallen ausfliegenden Weibchen nicht auf die Lärche über, sondern setzen sich an den

Nadeln desselben Astes, der die Galle trug, fest und erzeugen hier auf der ursprünglichen Nährpflanze Nachkommen, die von den auf der Lärche erzeugten verschieden sind und namentlich durch die bis ans äusserste Hinterende des Körpers reichende Borstenschlinge von jenen abweichen. Später wandern diese Larven an den Zweigen der Fichte aufwärts und setzen sich am Grunde der Knospen, senken hier ihre Stechborsten in das Gewebe ein und verhalten sich ganz wie die Stammmutter. Vermuthlich ist ihr Entwicklungscyklus dreijährig.

Ch. strobilobius. Oft findet man die Galle Ende Mai und im Juni; die zweite Generation wird Mitte oder Ende August entlassen. Auch von dieser Art bleibt (bei Zucht) nur ein kleiner Theil auf der Fichte sitzen, der grösste sucht zu entweichen. Die zweite Generation lässt sich gleichfalls auf den Fichtennadeln nieder. Es scheint deren Entwicklung daher ebenso verwickelt, wie jene der vorigen Art.

Praktisch ist wichtig, dass zur möglichsten Fernhaltung von Ch. abietis Lärchenpflanzen möglichst vermieden werden sollen; theoretisch ist die Auswanderung auf eine andere Pflanzenart wichtig, wie sie auch für die Blattläuse bekannt geworden war. Viele solche „Zwischenpflanzen" sind noch zu untersuchen, doch nicht wie Lichtenstein meint, bloss die Wurzeln.

7. **Bloonfield, E. N.** Ravages of Cecidomyia Diplosis pyrivora Ril. in: Entom. M. Magaz., XXV, 1889, p. 323—324.

Cecidomyia pyrivora Ril. verwüstete die Birnen in Hastings.

8. **Buckton, G. B.** Gall Insects of the Afghan Delimination Commission in: Trans. Linn. Soc. (2), V, 1889, p. 141—142.

9. **Cavazza.** Erinosi o fitoptosi della vita in: L'agricoltura illustrata, I, 1889, p. ?

Nicht gesehen. Solla.

10. **Chatin, Joannes.** Sur la maladie vermiculaire de l'Oignon in: C. R. soc. Biol. (8), V. 1888, p. 159—162.

Die Krankheiten an *Allium Cepa* werden hervorgerufen durch Tyleuchus putrefaciens Leptodera terricola und Pelodera strongyloides. Sydow.

11. **Cuboni, G.** Sulla erinosi nei grappoli della vite in: Nuovo gazetta bot. ital., XXI, 1889, p. 143—146. — Bemerkungen von R. Pirotta und A. Terracciano, p. 146.

Verf. resumirt in Kürze, was er bereits im vorigen Jahre über die Erinose der Weintrauben (vgl. Bot. J., XVI, 2) mitgetheilt.

Im Anschlusse daran spricht R. Pirotta seine Meinung dahin aus, dass es sich im vorliegenden Falle um eine Proliferation der Zweige handle, und dass die Hochblätter eine aussergewöhnliche Entwicklung angenommen haben, während die Knospen in ihrer Ausbildung gehindert worden seien. Die Ursache derselben mag wohl ein thierischer Parasit gewesen sein, vielleicht aber ein ganz anderer als jener der gewöhnlichen Phytoptose. Etwas Aehnliches sei ihm wohl auch bei *Vitex agnus castus* begegnet.

A. Terracciano vermuthet hingegen, dass es sich um eine Abart floraler Theile handle und führt zur Bekräftigung seiner Aeusserung die am Meeresstrande wachsenden *Vitex*-Exemplare an, bei welchen die Blüthen durch die Winde in ihrer Entwicklung gehindert, abnorme Knäulchen ähnlich den in Rede stehenden hervorbringen. Solla.

12. **Dammer, Udo.** Ueber die Beziehungen der Milben in den Pflanzen in: Humboldt, 1888, p. 137—138.

Ein Auszug aus Lundström's Arbeit über die Anpassungen der Pflanzen an Thiere.

13. **De Stefani, T.** Sopra una galla die Phytoptus sul Vitex agnus castus in: Natural. Sicil., VIII, 1888, p. 66—69.

Die durch eine Phytoptus-Art an *Vitex agnus castus* erzeugten Gallen sind rundlich, klein, etwas unregelmässig, grünlich grau und an der Oberfläche kurzhaarig. Sie kommen auf der Blattfläche, nahe bei der Mittelrippe und das Blatt rollend vor, ferner auch an den Blattstielen und an den Zweigen. Immer sind diese Gallen strahlenartig abgekammert, mit dichtem Ueberzuge von rostbraunen Haaren, in jedem Fache kommen winzige vierfüssige Larven vor. Die Imago der Milbe konnte Verf. trotz mehrfacher Bemühungen nicht erhalten. Solla.

14. **De Stefani, Perez T.** Cinipidi e loro galle in: Atti accad. sc. lettere e belli arti Palermo (N. S.), X, 1889, p. ?

Nicht gesehen. Solla.

15. **Dreyfuss, L.** Zur Biologie der Gattung Chermes Hart. in: Zool. Anzeig., XII, 1889, p. 293—294.

Verf. hat seine früher ausgesprochene Vermuthung, dass Chermes hamadryas Koch der Lärche in den Entwicklungskreis des Chermes strobilobius gehöre, durch das Experiment bestätigt gefunden. Ein Theil der zweiten Generation bleibt ungeflügelt auf der Lärche und belegt deren Nadeln mit Eiern; der grössere Theil entwickelt Flügel, fliegt zur Fichte und belegt die vorjährigen Nadeln mit 6—10—15 anfangs schön rothen grossen Eiern von etwas abweichenden Verhältnissen der Männchen und Weibchen. Es giebt somit keine der Lärche allein eigenthümliche Chermes-Art, da die auf ihr lebenden hellgrauen und hellgrünen Läuse Ch. laricis Koch zu Ch. abietis Kltb., die dunklen dickwarzigen Formen zu Ch. strobilobius Kltb. gehören.

16. **Dreyfuss, L.** Neue Beobachtungen bei den Gattungen Chermes L. und Phylloxera Boy de Fonsc. in: Zool. Anzeig., XII, 1889, p. 65—73; p. 91—99.

Gegen Blochmann, welcher annimmt, dass der Entwicklungsgang der Chermes-Arten jedes Jahr regelmässig aus drei Generationen, einer ungeflügelten, einer geflügelten parthenogenetischen und einer aus deren Eiern entstehenden zweigeschlechtigen zusammengesetzt ist, schliesst nach dem Verf. dieser wichtigen Arbeit der Entwicklungskreis höchst wahrscheinlich nicht in einem Jahre ab, sondern es entstehen aus den Eiern desselben Mutterthieres oft verschiedene Thiere, derart, dass getheilte oder Parallelreihen sich ausbilden, welche gleichzeitig einen verschiedenen Entwicklungsgang durchmachen. Die von Blochmann für die Geschlechtsthiere von Chermes strobilobius = coccineus gehaltenen gelben Fichtenläuse gehören zu Ch. obtectus und als zweigeschlechtige Generation in den Entwicklungskreis von Ch. abietis = viridis, welcher von Ch. laricis sich bloss durch die Art seiner Weiterentwicklung, nicht aber specifisch unterscheidet, derart, dass die verschiedenen Stadien der Fichten-Lärchenlaus sich abwechselnd auf der Fichte und auf der Lärche entwickeln und dass die dadurch nothwendig bedingte Wanderung hin und zurück in beiden Fällen durch die geflügelten stattfindet. Die ganze Entwicklung der Fichten-Lärchenlaus von einer Stammmutter zur anderen dürfte hypothetisch zwei Jahre in Anspruch nehmen und fünf Generationen erfordern: I. Generation sitzt als überwinternder Abietis am Knospenhalse der Fichte und legt die Eier ab. II. Generation entwickelt sich in der Fichtengalle zum geflügelten Abietis, der im August ausfliegt. Ein Theil dieser Generation wandert auf die Lärche aus und legt als Laricis Eier auf die Lärchennadeln. Aus diesen schlüpft die dritte Generation. Diese überwintert als Laricis unter der Rinde und in den Ritzen der Lärche. Aus ihren Eiern kommt Ende April des zweiten Jahres die IV. Generation, die gelben glatten Laricis, welche Ende Mai ausfliegen und zum grössten Theil auf die Fichte zurückwandern, wo sie als Ch. obtectus Eier legen, aus denen die V. Generation, die zweigeschlechtige, schlüpft. Aus dem nun befruchteten Ei derselben entwickelt sich langsam vom Juli bis September das überwinternde Thier, die Stammmutter des nächsten Jahres, welche dann als I. Generation den Cyklus wieder vorne beginnt. — Verf. stellt fest, dass die ungeflügelten Läuse drei, die geflügelten vier Häutungen durchmachen, die überwinternde Ch. strobilobius hat statt des gekräuselten Flaumes lange, steife, einzeln stehende Flaumhaare und sitzt nicht am Halse der Knospen, sondern frei auf der Mitte derselben, eine Art des Angriffes auf die Knospe ausübend, welche die Verschiedenheit der Chermes strobilobus-Galle gegenüber der von Ch. abietis bedingt. — Ch. hamadryas hat jährlich mehrere Generationen und sicher getheilte Reihen. Verf. lernte ihre bootförmigen, mit lang zugespitzten ungeringelten Fühlern versehenen, schmutzig gelbbraunen Geschlechtsthiere kennen, ohne ihren Verbleib ermitteln zu können — nach demselben ist Anisophlebia Koch die vielgestaltigste und räthselhafteste aller Chermes-Arten. Ueberdies entdeckte er noch zwei neue Formen, Ch. funitectus und Ch. orientalis und stellt Chermes fagi, eine verheerend auftretende Art, zu den Schildläusen.

Auch bei Phylloxera nimmt Verf. Parallelreihen und Wanderung an. Bei Ph. coccinea hat er zwei Generationen von geflügelten Sexuparen (= die mit den Eiern der Geschlechtsthiere schwangeren Individuen, Pupiparen, Lichtenstein's), die eine Ende Juni, die andere Ende August beobachtet, sowie ausser der September-Generation ungeflügelter Sexuparer noch eine Juli-Generation derselben, also acht Generationen geflügelter und ungeflügelter Sexuparer und Geschlechtsthiere und gleichzeitig mit diesen auf denselben Blättern saugend, eine Menge der gewöhnlichen Jungfrauenmütter in allen Wachsthumsstadien, ein Umstand, welcher vom Verf. als genügend zur Annahme getheilter Reihen angesehen wird. Auch bei Phylloxera vastatrix nimmt Verf. Parallelreihen an, hält dafür, dass zugleich mit den befruchteten Eiern eine Menge Thiere, deren Eltern nicht den gleichen Entwicklungsgang hatten, überwintern und erklärt sich für das Vorkommen ungeflügelter Sexuparen auch bei dieser Art. Der Ursprung der noch unaufgeklärten Reinvasion im August wird auf im Spätsommer oder Herbst auslaufende befruchtete Eier zurückgeführt. Die Gallengenerationen fehlen auf europäischen Reben, sind daher bloss facultativ und zeigen, wie der Entwicklungskreis der Art durch äussere Einflüsse und Bedingungen modificirt werden kann. — Bei Phylloxera punctata hat Verf. die geflügelten hellgelben Sexuparen entdeckt und gefunden, dass die ungeflügelten Sexuparen der Phylloxera punctata, coccinea und rutila zusammengesetzte Augen besitzen (ob auch bei vastatrix?). Bei den Geschlechtsthieren der Phylloxera-Arten fand er das Rostellum zwar äusserst verkümmert, aber nie vollständig fehlend. Ein Phylloxera punctata ♂ wurde von ihm mit einem coccinea ♀ in copula beobachtet. Die Donnadieu'sche Ansicht von der specifischen Differenz der Wurzel- und Gallenreblaus hält Verf. geradezu für ein Hinderniss der Erkennung des Entwicklungsganges der Reblaus und führt gegen die Existenz der Phylloxera pemphigoides Donn. als besondere Art an, dass von ihr bisher bloss die ungeflügelte parthenogenesirende Form bekannt ist, dass Shimer's Beobachtungen irrig seien und dass durch die Zucht der Gallenläusejungen auf Wurzeln die Identität der Phylloxera pemphigoides mit P. vastatrix vielfach erwiesen worden sei.

17. **Dreyfuss, L.** Ueber Phylloxerinen. Wiesbaden (J. F. Bergmann), 1889. 8°. 88 p.

Die obigen Entdeckungen über Parallelreihen im Entwicklungsgang der Gattungen Chermes und Phylloxera wurden in ausführlicher Darstellung publicirt. Nach dem Autor bilden diese beiden Gattungen eine selbständige zwischen Aphiden und Cocciden vermittelnde, von allen Aphiden aber durch Oviparität verschiedene Familie der Phylloxerinae, von welcher die Gattung Vacuna wegen der kurzen Honigröhrchen auszuschliessen ist. Der Verf. giebt weiters eine ausführliche Schilderung der Verbreitung, der Biologie, der Feinde und der äusseren Körpertheile der Phylloxerinen, soweit sie zum Verständniss eines zweiten in Aussicht gestellten speciellen Theiles über diese Gruppe nöthig sind — und giebt die Entwicklungsweise von Chermes abietis Kltb.

18. **Enock, Ferd.** Parasites of the Hessian Fly in: Entomologist, XXI, 1888, p. 202—203.

Als Parasiten der Hessenfliege Cecidomyia destructor werden aufgeführt: Merisus destructor Ril., M. (Homoporus) subapterus Ril., M. intermedius Lindem., Tetrastichus 2 Arten, Semiotellus nigripes Lindem., Eupelmus Karschii Lindem., Euryscapus saltator Lindem., Platygaster minutus Lindem. und P. Herrickii Riley. Sydow.

19. **Fockeu, H.** Première liste des galles observées dans le Nord de la France in: Rev. biol. I, 1889, p. 116—120, 154—160, 183—189. — Bull. sc. France et Belg., XX, 1889, p. 84—92.

20. **Fockeu, H.** Deuxième liste des galles observées dans le Nord de la France, ibid. II, p. 56—63. — Cf. Giard in: Bull. sc. France et Belg., (3), II, p. 84—92 und Fockeu in: Rev. biol., I, p. 461—465.

Listen mit kurzen Beschreibungen der Gallen, in systematischer Reihenfolge; analytische Tabelle der Eichengallen, alphabetisches Verzeichniss der Pflanzennamen und der Gallbildner; endlich Beschreibung von 20 Arten von Phytoptocecidien auf verschiedenen Pflanzen, ohne Namen, doch mit Nummern.

21. **Focken, H.** Note sur quelques galles observées en Auvergne in: Rev. biol., I, 1889, p. 414—418.

Blosse Aufzählung mit einigen wenigen beschreibenden Worten.

22. **Focken, H.** Contribution à l'histoire des galles. Étude anatomique de quelques espèces. Lille, 1889. 8°. 110 p. 22 fig.

Behandelt: 1. Die Gallen im Allgemeinen, speciell Gallen bewohnende Pflanzen und Thiere. 2. Die Gallen nach ihrem Nutzen und medicinischem Gebrauche. 3. Die Gallen der Eiche. Den Schluss bildet eine Bibliographie mit 81 Nummern. Die Figuren stellen histologische Durchschnitte der Gallen und der Pflanzenorgane dar.

23. **Fream, W.** On the Hessian Fly, or American Wheat-midge Cecidomyia destructor Say and its appearance in Britain in: Rep. 57 Meet. Brit. Assoc. Adv. Sc., 1887. London, 1888, p. 767—768.

Cecidomyia destructor wurde für Britannien im Juli 1886 auf Gerstenfeldern bei Hertford entdeckt; sie trat zerstörend zuerst 1786—1789 in den Vereinigten Staaten auf; 1834 fand sie Dana in Mahon, Tonton, Neapel. Weiter fand man sie in Frankreich, Deutschland, Ungarn, 1836 in Russland. Sie zerstört Gerste, Weizen, Roggen, scheint Hafer zu meiden. Die Puppen hafteten auch an Phleum pratense; Semiotellus destructor Say. und Platygaster error Fitch sind Feinde der Hessenfliege. Matzdorff.

24. **Giard, Alfred.** Sur la castration parasitaire de l'Hypericum perforatum L. par la Cecidomyia hyperici Bremi et par l'Erysiphe Martii Lev. in: C. R. Paris, CIX, 1889, p. 324—327.

Beschreibung der Gallenbildung der Cecidomyia hyperici Br. an *Hypericum perforatum*, wodurch die Blüthe castrirt und die Pflanze dem *Hyp. microphyllum* ähnlich gemacht wird.

25. **Giard, A.** Sur une galle produite chez la Typhlocyba rosae L. par une larve d'Hyménoptère in: Compt. rend. acad. sc. Paris, 1889.

Nach einer Beschreibung des obigen — zoologischen Objectes — schlägt Verf. vor, dass entsprechend der Bezeichnung Cecidium für eine Pflanzengalle der Ausdruck Thylacium für eine Gallenbildung am Körper eines Thieres eingeführt werde und unterscheidet analog den in der Botanik bereits gebrauchten Ausdrücken für die von Thieren erzeugten Gallen den Ausdruck Zoothylacium z. B. Carcinothylacien und für die von Pflanzen erzeugten den Ausdruck Phytothylacien, z. B. Bacteriothylacien.

26. **Gillette, C. P.** Notes on certain Cynipidae, with descriptions of new species in: Psyche, V, 1889, p. 183—188, 214—221; Fig.

I. Beobachtungen an bereits bekannten Arten. Betreffen: Diastrophus radicum Bass., Amphibolips coccinea O. S., A. spongifica O. S., A. sculpta, Bass., A. inanis O. S., A. prunus Walsh, Andricus clavula Bass., A. cornigera O. S., A. punctatus Bass., A. seminator Harr., A. scitulus Bass., A. Flocci Walsh, A. singularis Bass., A. petiolicola Bass., Cynips dimorphus Ashm., C. strobilana O. S., Acraspis erinacei Walsh, Biorhiza forticornis Walsh, Holcaspis globulus Fitch, H. rugosa Bass., H. duricornis Bass., Dryophanta papula Bass., Neuroterus noxiosus Bass., N. vesicula Bass.

II. Neu beschriebene Arten. An *Quercus alba:* Andricus foliaeformis ♀, Biorhiza rubinus. — An *Quercus bicolor:* Holcaspis Bassetii ♀, Cynips nigricens n. — An *Quercus macrocarpa:* Acraspis villosus n. ♀, Neuroterus nigrum n. — An *Quercus rubrum:* Amphibolips Cookii n. — Schliesslich wird eine Tabelle mit den Gallwespen, Nährpflanzen, Zeit der Galle, Zeit des Ausfliegens, Gästen und Parasiten gegeben.

27. **Kieffer, J. J.** Neue Beiträge zur Kenntniss der Gallmücken in: Entom. Nachr., XV, 1889, p. 149—156, 171—176, 183—184 u. 208—212.

I. Beschreibung neuer Gallmücken. Asphondylia prunorum Wachtl 1888 ♀. Die Larve ist gelbroth; sie lebt einzeln in Knospengallen, welche sie an *Prunus spinosa* L. und *P. domestica* L. veranlasst. Die Gallen sind 4 mm gross, kugelig bis eiförmig, am Grunde von den Schuppen umgeben, grün, oben mit einer hellgefärbten Spitze versehen, Wand sehr dünn; Flugloch seitlich. Prag, Halle, Lothringen.

Diplosis nubilipennis n. ♀. — Verwandlung vielleicht unter der Rinde des Brennholzes. Bitsch.

D. cilicrus n. ♂♀. — Die Larve ist gelbroth, depress, 2 mm lang, mit einzelnen abstehenden Haaren; Kopf lang, hervorstreckbar, mit deutlichen Tastern und Augenfleck; Endglied mit zwei wasserhellen, im Umrisse dreieckigen, scharf zugespitzten Fortsätzen, welche auf der Mitte ihrer Innenseite meist einen spitzen Zahn tragen. — Sie leben gesellschaftlich in und auf dem Blumenboden verschiedener Distelpflanzen (Cynareen, deren Achenen häufig in ihrer Entwicklung gehemmt bleiben, z. B. *Centaurea Jacea* L., *C. Scabiosa* L., *Cirsium lanceolatum* Scop. und *Carlina vulgaris* L.). Sie verlassen die Blüthenköpfe meist im Herbst; häufig sind sie bis Ende December, weniger häufig bis März darin zu finden. Im Winter wurden zu wiederholten Malen Larven in allen Entwicklungsstadien in den Blüthen von *Centaurea Jacea* L. beobachtet. Bitsch.

D. betulina n. ♀. — Larven $2^1/_2$ mm lang, zuerst von weisser, zuletzt aber von schwefelgelber Farbe mit lang hervorstreckbarem, glashellem Kopfe und der Fähigkeit, sich fortzuschnellen. Sie lebt einzeln in Blattparenchymgallen auf *Betula pubescens* Ehrh. und wahrscheinlich — doch seltener — *B. alba* L. Die Gallen sind kreisförmig, 3 – 4 mm im Durchmesser, beiderseits schwach convex, zuerst grau, später grünlich gelb, häufig mit einer rothen Zone umgeben und nur dann auffallend. Sie kommen meist zu 1—3 getrennt oder vereinigt auf demselben Blatte vor, oft deren bis zu 10 auf einem Blatte. Liegen sie auf den Seitennerven, so bewirken sie eine Krümmung desselben, was zur Folge hat, dass die Blattfläche auf der einen Seite dieser Nebenrippe nach unten oder nach oben gewölbt oder gefaltet ist, oder auch der Blattrand ist nach dieser Seite eingekrümmt und erinnert dann an die Eichendeformation von Andricus curvator. Bei der Reife durchbohren die Larven die untere Gallenwand und begeben sich in die Erde. Aus Larven, welche am 6. Juli die Gallen verlassen hatten, erschien die Mücke im folgenden Frühjahr. Lothringen, Schottland.

D. betulicola n. ♀♂. — Die weissen Larven leben in den nach oben gefalteten, an der Mittelrippe sowie am Grunde der Nebennerven angeschwollenen und da meist roth gefärbten Blättern der Triebspitzen von *Betula alba* L. und wahrscheinlich auch von *B. pubescens* Ehr. Sie verwandeln sich in der Erde; die Mücken kommen erst im folgenden Frühjahre zum Vorschein. Wahrscheinlich ist Cecidomyia betuleti Kieff. (1886) deren Inquiline.

D. acerplicans n. ♀♂. — Die Larve erzeugt eine auffallende Blattdeformation an *Acer Pseudoplatanus* L. und wahrscheinlich an *A. monspessulanum* L. An den jüngeren Blättern des Bergahorns zeigen sich im Mai enge, ober- und unterseits blutroth gefärbte und beiderseits kahle Falten oder Wülste; dieselben sind 10—25 mm lang und $1^1/_2$—2 mm breit und kommen zu 1—6, meist jedoch zu 2 oder 3 auf demselben Blatte vor; sie verlaufen in der Regel strahlenförmig vom Blattgrund ausgehend dem Rande zu, und zwar gewöhnlich gegen die Ausbuchtung gerichtet. Die Blattfläche ist dadurch mehr oder weniger verzogen, oder wenn die Wülste vorwiegend auf einer Seite liegen, nach dieser eingekrümmt, oder durch am Rande liegende Falten nach unten gerollt. Diesen Wülsten entsprechen unterseits Furchen, in denen die Larven zu 1—3 leben. Letztere sind weiss gefärbt, mit oder ohne durchscheinendem grünlichem oder gelblichem Darmcanal, $2^1/_2$ oder $2^3/_4$ mm lang, sehr beweglich und sich bogenförmig krümmend. Ihre Verwandlung geschieht in der Erde. Lothringen, Westphalen, Montpellier. — Aehnlich sind die Gallen von Cecidomyia acercrispans Kff., welche weitläufig beschrieben werden.

D. Liebeli n. ♀. — Die Larven sind blassorangefarbige, 2 mm lange, chagrinirte und mit kleinen Borstenhaaren versehene Springmaden. Fühler und Augenfleck deutlich. Endring, mit 2 langen spitzen Fortsätzen, welche auf der Innenseite einen Zahn tragen, der Ausschnitt zwischen beiden ist spitzwinkelig. Sie leben zu je 1—3 in den längst bekannten Eichenblattrandrollungen nach oben zwischen je 2 Blattlappen; zu gleicher Zeit mit ihnen auch Larven, welche etwas grösser waren, $2^3/_4$ mm lang und an beiden Enden intensiv orangegelb mit verloschenem Augenfleck. Die Larven begaben sich anfangs Juli in die Erde; die Mücke erschien im folgenden Frühjahre. Sehr verbreitet.

Schizomyia n. g. galiorum n. ♀♂. — Larve in deformirten Blüthen von *Galium verum* L. Diese Blüthen bleiben geschlossen; sie sind aber viel dicker als die normalen

Knospen, und ihre Form ist auch nicht kugelig, sondern eiförmig. Die Deformation ist dennoch wenig auffallend und bleibt es auch dann, wenn die Gallen auf denselben Pflanzen massenhaft vorkommen. Die Fructificationsorgane fehlen oder sind verkümmert. — Die Larven fanden sich auch in ähnlichen Blüthengallen an *Galium silvaticum* L. und *G. Mollugo* L. und zwar in jeder Galle nur eine Larve. Dieselben begaben sich Mitte Juli in die Erde und erschienen in 14 Tagen in geringer Anzahl, in grösserer Zahl aber im folgenden Frühjahre. Um Bitsch.

Cecidomyia tubicola n. ♀ ♂. Die Larve bewirkt röhrenförmige Knospengallen in den Blattachseln von *Sarothamnus scoparius* L. Die Gallen erreichen eine Länge von 5—10 mm und eine Breite von 2 mm; sie sind von grüner Farbe und stellen eine nach oben sich allmählich erweiternde Röhre dar. Die grösseren endigen gewöhnlich in 4 oder 5 schwach nach aussen zurückgekrümmte Zipfel; die kleineren zeigen dagegen nur 2 solcher Zipfel, welche nicht nach aussen gebogen, sondern nach innen zusammen geneigt sind, so dass die Form 2lippig erscheint. Die Blätter, aus welchen diese Röhren bestehen, sind in ihrer unteren Hälfte fast immer vollkommen verwachsen und umschliessen daselbst eine elliptische bis walzenförmige Zelle, in der die Larve lebt. Der Eingang zu dem Innenraum ist durch glänzend weisse, dicht stehende, nach oben gerichtete und nach aussen an Länge allmählich zunehmende Haare verschlossen. Die Larven erscheinen im Juli, verlassen die Gallen im September bis November und erscheinen als Mücke im folgenden Frühjahre, im Freien wohl im Sommer. Die von den Larven verlassenen Gallen vertrocknen allmählich und erhalten bald eine schwarze Färbung; sie fallen aber dann nicht ab, sondern sind noch im folgenden Frühjahre an den Zweigen sichtbar. Schottland, Westphalen und Lothringen.

C. filicina n. ♀ ♂. — Die Larve ist schwach orangegelb mit verloschenem Augenfleck, kleinem, kaum hervorstreckbarem Kopfe und Fühlern, alle Ringe chagrinirt und mit wenigen Härchen versehen; Endring abgerundet. Sie lebt einzeln in glänzend schwarzbraunen, etwas verdickten revolutiven Randrollungen der Fiederchen von *Pteris aquilina* L. Jede Rolle besteht aus $1^1/_2$—2 dichten Windungen. Vom 20. Juli ab begaben sich die Larven in die Erde. Die Mücke erschien erst im folgenden Jahre; sie hat nur eine Generation. Lothringen, Schottland.

C. aparines n. ♀. — Die Larve ist blass schwefelgelb, ziemlich flach, chagrinirt, mit kurzen Borsten versehen; Kopf wenig hervorstreckbar, Fühler oder Taster deutlich. Sie deformirt die Triebspitzen von *Galium Aparine* L., welche in ihrem Wachsthum gehemmt werden. Durch Verkürzung und Verdickung der Internodien sind die Blattquirle nahe an einander sitzend, die Blätter dieser Quirlen verkürzt, stark verbreitert, abnorm behaart, etwas fleischig und weisslich grün gefärbt; das Ganze stellt ein eiförmiges bis längliches Gebilde dar, welches meist über erbsendick ist; nicht selten sind auch normale oder verfärbte Blüthen zwischen den Blättchen der Gallen zu sehen. Die Larven leben in Mehrzahl zwischen den Blättchen der Cecidien; sie begeben sich in die Erde am 29. Juni und die Imagines erschienen im folgenden Jahre. Bitsch.

Clinorrhyncha tanaceti n. ♀ ♂. — Die Larve bewirkt eine Auftreibung der Achenen von *Tanacetum vulgare* L. Die so vergallten Früchte sind vom Herbst bis Sommer mit den normalen zu finden und von ihnen leicht zu unterscheiden. Reibt man nämlich einen vertrockneten Blüthenkopf auf der flachen Hand, so bemerkt man sogleich unter den ausgefallenen Früchten mehrere glänzend weisse Achenen, welche besonders gegen die Basis zu bauchig aufgetrieben, wenigstens doppelt so dick als die normalen, dagegen kürzer als diese erscheinen. In jeder derselben lebt eine Larve, welche sich im Herbste in ein Cocon einhüllt, nachdem sie zuvor an der Seitenwand eine stark verdünnte kreisrunde Stelle, welche beim Ausschlüpfen der Mücke durchbrochen wird, präformirt hat. Im Mai ist die Larve noch unverändert in der Galle zu finden; ihre Verwandlung findet erst im Juli statt. Bitsch.

II. Ueber neue Mückengallen. — *Pimpinella Saxifraga* L. — Blüthendeformation; *Pyrus Malus* L. — Blattrandrollung; *Saxifraga granulata* L. und *Glechoma hederacea* L. — Blüthendeformationen.

28. **Kieffer, J. J.** Neue Mittheilungen über lothringische Milbengallen in: Bot. C., XXXVII, 1889, p. 6—11.

Ajuga reptans L. — * Blattrandrollung mit abnormer Behaarung; Büthendeformation.

Artemisia campestris L. — * Blatt-, Triebspitzen- und Blüthendeformation.

Betonica officinalis L. — Erineum auf Blättern und Stengeln, sowie auf den vergrünten Blüthen; — * unbehaarte Blatt- und Stengelverbildung sowie Blüthenvergrünung mit abnormer nicht filziger Behaarung.

Centaurea Jacea L. — Rothgefärbte Pocken auf Wurzel- und Stengelblättern.

C. Scabiosa L. — Blattpocken wie vorher.

Crataegus Oxyacantha L. — Beide Arten des Erineum Oxycanthae Pers.

Juglans regia L. — Rothe oder schwarzbraune, beiderseits vorragende, knötchenartige Blattgallen.

Lysimachia vulgaris L. — Rollung der Blätter.

Thymus Serpyllum L. — * Unbehaarte Blüthendeformation.

Tilia grandifolia Ehr. — Das Erineum nervale Kz.

Trifolium aureum Poll. — Blüthendeformation und Blättchenfaltung.

29. **Kieffer, J. J.** Zwei neue Gallmücken in: Wien. entom. Zeitg., VIII, 1889, p. 262—264.

Diplosis Traili n. sp. verursacht Deformation der Blüthen von *Pimpinella Saxifraga,* welche im Zustande von hypertrophischen auf das Doppelte der Länge vergrösserten Knospen verharren; die Verpuppung erfolgt im Erdboden.

Cecidomyia glechomae n. sp. veranlasst an den Triebspitzen von *Glechoma hederacea* taschenförmiges Zusammenklappen der obersten Blätter und Verdickung der Rippen, seltener Hemmung der Blüthenentwicklung. Die Verpuppung erfolgt gleichfalls in der Erde; es entwickeln sich jährlich mehrere Generationen des Cecidozoons.

Beide Gallen stammen aus Deutsch-Lothringen. — Vgl. auch Z.-B. G. Wien, 1888, p. 112, wo die letztere angedeutet, und Entom. Nachr. 1889, p. 112, wo die beiden Gattungen beschrieben wurden.

30. **Liebel, Rob.** Dipterologischer Beitrag zur Fauna des Reichslandes in: Entom. Nachr., XV, 1889, p. 282—286.

I. Neue Gallmücken. Cecidomyia stellariae n. ♀♂. Larven blass citronengelb, depress, chagrinirt, mit kurzen Härchen, deutlichem Augenfleck und Fühlern. Sie leben in Mehrzahl in Taschengallen auf *Stellaria media* L., welche sich dadurch bilden, dass die zwei jüngsten Blätter nach oben zusammengeklappt, am Grunde bauchig aufgetrieben und an der Mittelrippe mehr oder weniger verdickt erscheinen. Zur Verwandlung begeben sich die Larven in die Erde, aus der sie nach etwa 10 Tagen als Imagines zum Vorschein kommen. Sie haben mehrere Generationen im Jahre.

C. parvula n. ♀♂. Die kleinen weissen Larven leben in Mehrzahl in den Blüthen von *Bryonia dioica* Jacq., welche geschlossen bleiben und schwach aufgedunsen sind. Zur Zeit der Reife verlassen sie die Gallen, um zur Verwandlung in die Erde zu gehen, aus welcher nach 14 Tagen die Mücken erscheinen. Auch diese Art hat mehrere Generationen im Jahre.

C. virgae aureae n. ♀. Die Larven, welche zuerst weiss, später citronengelb, zuletzt aber orangefarbig sind, leben in Mehrzahl in Deformationen, welche sie auf *Solidago Virga aurea* L. bewirken. Sie bewirken bald eine Vorbildung der Triebe, an welchen die Blätter in der Knospenlage bleiben, blass gefärbt und knorpelig werden, bald auch eine involutive Blattrandrollung von derselben Farbe und Beschaffenheit. Sie erleiden ihre Metamorphose in der Erde, aus welcher das vollkommene Insect nach etwa 18 Tagen ausschlüpft.

II. Neue lothringische Mückengallen beziehen sich auf Blüthendeformation von *Campanula rapunculoides* L., Fruchtgalle von *Chrysanthemum Leucanthemum* L., Blüthendeformation von *Echium vulgare* L. und *Hieracium Pilosella* L., Blattdeformation von *Peucedanum Oreoselinum* Mönch, Blüthengalle von *Pyrola minor* L., *Scrophularia nodosa* L., *Trifolium medium* L. und *Vicia sepium*.

31. **Liebel, Rob.** Asphondylia Mayeri, ein neuer Gallenerzeuger des Pfriemenstrauches in: Entom. Nachr., XV, 1889, p. 265—267.

An *Sarothamnus scoparius* L. wurden bisher acht Cecidien beobachtet, nämlich eines von Phytoptus, zwei von Fliegen, vier von Gallmücken und eine Pilzbildung. Eine neunte neue Art ist Asphondylia Mayeri, von welcher ♀ und ♂ beschrieben werden. Die Larve ist orangenfarbig und lebt einzeln in Anschwellungen der Hülsen, welche erbsendick, gelblich grün gefärbt, und da sie meist an der Basis der Hülsen stehen, oft im Wachsthum gehemmt sind. Die Puppe ist walzenförmig, hat am Endringe je drei Spitzen, die Mücke durchbricht beim Ausschlupfen die Hülse seitlich und die Puppenhülle bleibt dann mit ihrer Basis in der Gallenwand stecken. Sie kommen anfangs Juni vor.

32. **Liebel, Rob.** Ueber Zoocecidien Lothringens in: Entom. Nachr., XV, 1889, p. 297—307.

In einer Reihe von Ergänzungen, durch welche die Anzahl der bisher aus Lothringen bekannten Zoocecidien von 336 auf 404 erhöht wird, sind folgende als neu genannt:

Betula alba L. mit Hemipterocecidium: längliche oder rundliche, etwa 1 cm grosse Ausstülpung der Blattfläche nach oben; auf der Unterseite der Ausstülpung leben mehrere geflügelte und ungeflügelte Blattläuse; die letzteren sind mit schwarzer Wolle umgeben.

Galium Aparine L. — Dipterocecidium. Triebspitzendeformation. Durch Verkürzung der Internodien und Verbildung der Blätter, welche sehr kurz bleiben, entsteht ein am Grunde fleischiges Gebilde, das verbreitert und weisslich erscheint und erbsen- bis bohnengross ist; im Innern wohnen weisslichgelbe Gallmückenlarven.

Pimpinella Saxifraga L. — Dipterocecidium: Blüthen verdickt und geschlossen bleibend, eine citronengelbe Gallmückenlarve enthaltend.

Pteris aquilina L. — Dipterocecidium von Anthomyia. Einrollung der Wedelspitze.

Pyrus Malus L. — Dipterocecidium. Enge, meist rothgefärbte involutive Blattrandrollung mit zahlreichen rothen Gallmückenlarven.

Sarothamnus scoparius L. — Dipterocecidien. 1. Blüthen schwach aufgetrieben und geschlossen bleibend, mehrere orangegelbe Larven einschliessend. 2. Knospengalle: die Knospe in der Blattachsel zu einer gelblich grünen, kugeligen oder eiförmigen, von einem oder zwei Blättern weit überragten und höchstens hirsekorngrossen Galle verbildet; in derselben lebt eine orangegelbe Gallmückenlarve. Dieses Cecidium besteht auch, aber seltener, in einer kugeligen Auftreibung an einer Triebspitze oder an einem Blättchenstiele, ohne Blättchenrippe. 3. Beulenförmige Zweiganschwellung; unter der Rinde lebt in einem länglichen Innenraum eine weissliche oder grünlichweisse, schwarzköpfige, 2 mm lange Fliegenlarve. 4. Eiförmige, 10—12 mm lange Anschwellung der Nebenzweige an ihrer Basis; die runde Oeffnung oberseits; in dem grossen Innenraum war ein leeres Tönnchen.

Tanacetum vulgare L. — Dipterocecidium von Clinorrhyncha. — Anschwellung der Achenen.

Trifolium aureum Poll. — Coleopterocecidium: Anschwellung des Stengels in der Nähe der Wurzeln.

33. **Löw, F.** Zur Biologie der gallenerzeugenden Chermes-Arten in: Zool. Anzeig., XII, 1889, p. 290—293.

Verf. bestätigt aus seinen hier des weiteren geschilderten Versuchen und Beobachtungen die Wanderung der geflügelten Individuen der ersten oder Gallengeneration des Chermes abietis L. von der Fichte auf eine andere Coniferenart und die Theilung eben dieser Generation in zwei ungleiche Theile, von denen jede den Anfang einer besonderen Entwicklungsreihe bildet. Weiters constatirt er, dass in Lappland, wo nur Fichten, aber keine Lärche vorkommen, Ch. strobilobius Kltb. beobachtet wurde und dass die Picea pumila des Clusius die gewöhnliche Fichte sei.

34. **Löw, F.** Beschreibung zweier neuer Cecidomyiden-Arten in: Z.-B. G. Wien, XXXIX, 1889, p. 201—204.

Cecidomyia Epilobii n. lebt als Larve in den deformirten Blüthenknospen des *Epilobium angustifolium* L. Dieselben bleiben in Folge dessen entweder vollständig geschlossen oder öffnen sich nur sehr wenig. Sie sind dicker als die normalen und haben eine ovale oder ellipsoidische Gestalt. Der Kelch erscheint nur wenig verändert, die übrigen Organe der Blüthe sind in ihrer Entwicklung sehr zurückgeblieben und daher bedeutend verkürzt. Die Blumenblätter, von denen nur die Platte vorhanden ist, während der Nagel fehlt, sehen wie zerknittert aus, überragen den Kelch nicht und haben eine bräunliche Färbung. Die Staubfäden sind sehr verkürzt und wellenförmig gebogen, während die Staubbeutel kaum eine Veränderung zeigen. Vom Griffel ist nur noch ein ganz unscheinbarer Rest vorhanden. Aachen (Kaltenbach) Niederösterreich.

Diplosis galliperda n. lebt als Larve in den Gallen von Neuroterus lenticularis an der Blattunterseite von *Quercus pedunculata*, *Q. sessiliflora* und *Q. pubescens*. Die betreffenden Gallen sind kleiner als die normalen, haben eine etwas concave Unterseite und enthalten keine Larve; der Rand ist abwärts gekrümmt, an die Blattfläche angedrückt, so dass um die Ansatzstelle herum eine kreisförmige Höhlung entsteht, in welcher sich die Larven entwickeln. Im Herbste werden diese Gallen braun, schrumpfen etwas zusammen und fallen Ende November von den Blättern ab. Lothringen (Kieffer), Krain (Gernet), Frankreich (Réaumur).

35. **Löw, Franz.** Die in den taschenförmigen Gallen der Prunus-Blätter lebenden Gallmücken und die Cecidomyia foliorum H. Löw in: Z.-B. G. Wien, 1889, p. 535—542.

Diplosis marsupialis n. erzeugt auf der Blattunterseite von *Prunus spinosa* L. und *P. domestica* L. taschenförmige Gallen.

Cecidomyia prunicola n. lebt in denselben als Inquiline.

Cec. foliorum H. Löw, von welchen bisher nur die Männchen bekannt waren, wird auch im weiblichen Geschlechte beschrieben; die frühere Ansicht des Verf.'s, dass diese Art nicht selbst Gallen erzeuge, wird als irrig hingestellt; die Gallen, welche bisher in Schlesien, bei Achen, im Ahrthale und in Lothringen beobachtet worden waren, werden an den Blättern von *Artemisia vulgaris* erzeugt.

36. **M.**— Die Rübennematode in: Humboldt, 1888, p. 198—199.

Ein Auszug aus der Monographie der Rübennematode Heterodera Schachtii im Zool. Anzeiger 1887, No. 242 u. 243.

37. **Maskell, W. M.** On some Gall-producing Insects in New Zealand in: Trans. New Zealand Inst., XXI, 1889, p. 253—258, pl. XI u. XII.

An *Olearia furfuracea* wurden folgende zwei Gallbildner beobachtet:

Eurytoma Oleariae n. T. 11, F. 1—16. — Bewohnt im Larven- und Puppenstadium in Colonien die Gallen an den Zweigen — welche vielleicht von Dipteren herstammen.

Cecidomyia Oleariae n. T. 12, F. 1—13. — Bewohnt im Larvenstadium die jungen Schösslingsgallen in Colonien oder einzeln auf Blattgallen.

38. **Meade, R. H.** Diplosis pyrivora Ril., the peargnate in: Entomologist, XXI, 1888, p. 123—131.

Ausführliche Beschreibung von Diplosis pyrivora Ril. (syn. Cecidomyia nigra Meig? C. pyricola Nördl.?) mit in den Text eingedruckten Abbildungen einzelner Theile des Insectes.

Sydow.

39. **Meade, R. H.** Another Ash-flower-gall inquiline in: Entom. M. Magaz., XXV, 1889, p. 186.

Chyliza leptogaster Pz. entwickelte sich aus Eschengallen —; Schiner giebt sie aus *Spiraea opulifolia*-Gallen an — wohl als Inquiline.

40. **Mik, J.** Zur Biologie von Hormomyia capreae Winn. in: Wien. Entom. Ztg., VIII, 1889, p. 306—308; Taf. V.

Genaue Beschreibung und kritische Würdigung der Arbeiten über diese auf *Salix caprea* L. lebende Art mit Abbildungen der Gallen und Larven.

41. **Mik, J.** Einige Bemerkungen zur Kenntniss der Gallmücken in: Wien. Entom. Ztg., VIII, 1889, p. 250—258, Taf. III.

1. Cecidomyia floricola Rud. auf *Tilia intermedia* DC. im botanischen Universitätsgarten in Wien. (Fig. 1—3)

2. Cecidomyia Bergrothiana Mik. in *Silene nutans* L. (Wien. Entom. Ztg., 1889, p. 236.) — Beschreibung von Männchen und Weibchen (Fig. 4, 5).
3. Cecidomyia onobrychidis Br. neuerdings als synonym mit *C. Giraudi* Frnfld. gesetzt — (gegen Kieffer).
4. Blüthengallen auf *Galium*. — Die in Gallen von *Galium verum* L., *G. Mollugo* L. und *G. silvaticum* L. lebenden Larven von Schizomyia galiorum Kieff. fand Verf. auch in Oberösterreich und Salzburg; in einer der zweiten Pflanze befand sich eine Cecidomyia-Larve als Inquiline. (Fig. 6—14.)

42. **M. S. B.** Willow-galls — in: B. Torr. B. C., XVI, 1889, p. 22—23.

Führt aus, dass die Gallen durch Insecten entstehen!

43. **Müller, Karl.** Der Begriff „Pflanzengalle" in der modernen Wissenschaft in: Naturw. Wochenschr., IV, 1889, p. 52—55.

Nach einer Uebersicht der Wandlungen, welche den Begriff „Pflanzengalle" mit dem Fortschreiten der wissenschaftlichen Behandlung dieser Objecte, namentlich durch Malpighi, Réaumur, Kalchberg, Lacaze-Duthiers, Czech, Sorauer, Thomas und Lindström erfahren hat, spricht sich der Verff. gegen den Ausdruck Domatien aus, weil der Charakter derselben noch nicht genügend scharf gegeben sei; entweder müsse man jeden Rindenriss, in welchem sich Flechten und Milben ansiedeln, als solche bezeichnen, oder man müsse sie als „im Laufe der Jahrhunderte angezüchtete Bildungsabweichungen vom ursprünglichen Typus der Pflanze ansehen"; dann sind sie ursprünglich durch einen Reiz des Schutz suchenden Organismus erzeugt, also doch Producte eines einstmaligen Antagonismus, die Cecidien im Sinne Thomas.

44. **Nalepa, Alfred.** Beiträge zur Systematik der Phytopten in: Sitzber. Ak. Wiss. Wien. Math.-Naturw. Cl., XCVIII, Abth. 1, 1889, p. 112—156, Taf. I—IX. — Bot. C., XLI, 1890, p. 115.

Es werden vier Gattungen angenommen, von denen sich bisher drei als Gallenerzeuger erwiesen haben, nämlich Phyllocoptes Nal. mit deutlich verschiedener Ringelung der Bauch- und Rückenseite des Hinterleibes, die bei den zwei anderen gleichartig ist. Phytoptus Dej. besitzt einen walzen- oder wurmförmigen Körper, Cecidophyes Nal. einen stark verbreiterten Cephalothorax und einen winklig gegen das Sternum geneigten Bauch; die ersteren erzeugen meistens beutelförmige Gallen, Erineen, die letzteren Triebspitzendeformationen und Blattfalten etc. In manchen Cecidien kommen fast immer zwei verschiedene Gallmilbenarten vor, so bei *Carpinus, Thymus, Acer* und *Corylus*.

Folgende sind meist sammt den Cecidien charakterisirt und abgebildet:

Phytoptus pini Nal. aus den Zweiggallen von *Pinus silvestris*.

Phyt. avellanae n. sp. Urheber der Knospendeformation von *Corylus*.

Phyt. brevipunctatus n. sp. Urheber des Cephaloneon pustulatum Bremi auf *Alnus incana*, doch nicht *A. glutinosa*.

Phyt. macrotrichus n. sp. Erzeuger der Blattfalten von *Carpinus Betulus*.

Phyt. Thomasi n. sp. Erzeuger der weisshaarigen Blätter- und Blüthenköpfchen an den Triebspitzen von *Thymus Serpyllum*.

Phyt. macrorhynchus n. sp. Urheber des Ceratoneon vulgare Bremi auf *Acer Pseudoplatanus*.

Phyt. viburni n. sp. Erzeuger des Cephaloneon pubescens Bremi auf *Viburnum Lantana*.

Phyt. goniothorax n. sp. Urheber der Randrollung von *Crataegus Oxyacantha*.

Cecydophyes galii n. sp. Urheber der Blattrollung von *Galium Mollugo* und *G. Aparine*.

C. tetanothrix n. sp. Im Cephaloneon von *Salix fragilis*.

C. Schmardae n. sp. Erzeuger der Vergrünung von *Campanula rapunculoides*.

45. **Nalepa, Alfr.** Zur Systematik der Gallmilben, vorläufige Mittheilung in: Anzeig. Akad. Wiss. Wien, 1889, No. XVI, p. 162.

Folgende Arten werden — ohne Beschreibung oder Biologie — namhaft gemacht:

Phytoptus similis n. sp. aus dem Cephaloneon molle Bremi von *Prunus domestica* L

Phyt. padi n. sp. aus dem Ceratoneon attenuatum Bremi von *Prunus Padus* L.
Phyt. pyri n. sp. aus den Blattpocken von *Pyrus communis* L.
Phyt. tristriatus n. sp. aus den Blattpocken von *Juglans regia* L.
Phyt. ulmi n. sp. aus dem Cephaloneon von *Ulmus campestris* L.
Phyt. drabae n. sp. aus den deformirten Blüthen von *Lepidium Drabae* L.
Phyt. origani n. sp. aus den deformirten Blüthen von *Origanum vulgare* L.
Phyt. betulae n. sp. aus den Blattknötchen von *Betula alba* L.
Cecidophyes convolvens n. sp. aus den Blattrandrollungen von *Evonymus Europaeus* L.
Phyllocoptes minutus aus den vergrünten Blüthen von *Asperula cynanchica* L.
Phytoptus Populi n. sp. und Phyllocoptes reticulatus n. sp. bewirken die Knospendeformationen von *Populus tremula* L.

46. **Neal, J. C.** The Root-Knot disease of the Peach, Orange and other plants in Florida, due to the work of Anguillula in: U. S. Dep. Agric. Div. of Entom. Bull. No. 20. Washington, 1889. 8⁰. 31 p. 21 Taf.

Eine grosse Anzahl von Pflanzen der verschiedensten Gruppen werden in Florida von einer Anguillula-Art, A. arenaria, befallen, welche je nach der Art gestaltete Knötchen erzeugt, von denen einige abgebildet sind. (Taf. I—VIII.) Ueberdies wird die Entdeckungs- und Verbreitungsgeschichte, die Einwirkung der Temperatur und des Bodens, die Art der Versuche und Gegenmittel, sowie die Lebensgeschichte des Thieres auf das Genaueste beschrieben und zum Theil abgebildet (Taf. IX—XXI) — eine gründliche Arbeit!

47. **Ormerod, E. A.** The Hessian Fly and its introduction into Britain in: Trans. Hertford Soc., V, 1889, p. 168—176.

48. **Pichi, P.** Sulla fitoptosi della vite in: Ricerche e lavori Istit. bot. Pisa, II, 1888, p. 105—107.

Vgl. Bot. J., XV, 2., p. 8. Solla.

49. **Riley, C. V.** Cranberry fungus-gall in: Insect Life I, 1889, p. 261.

Bestätigt die Pilznatur der Cranberry-Gallen — gegen die Deutung als Milbengallen.

50. **Rivière, E.** Pathologie vegetale in: Rev. scient., XVI, 1888, p. 58—59.

Bringt allgemein gehaltene Bemerkungen über Tylenchus und Heterodera Schachtii.
Sydow.

51. **Rübsaamen, Ew. H.** Ueber Gallmücken und Gallen aus der Umgebung von Siegen in: Berlin. entom. Zeitschr., XXXIII, 1889, p. 43—70. — Bot. C., XLIV, p. 410.

1. Beschreibung neuer Gallmücken. 1. Schizomyia sociabilis n. sp. ♀ ♂. — Die Larven sind stark depress, weiss mit breitem, grün durchscheinendem Darmcanal und mit kurzen Härchen besetzt. Sie bewohnen die Gallen von Diplosis dryobia F. Löw. und D. Liebelii Kff. an *Quercus pedunculata* Ehrh., wahrscheinlich auch an *Q. sessiliflora* Sm., Verwandlung in der Erde.

2. Sch. propinqua n. sp. ♀ ♂. — Larven orangegelb, bewohnen die Gallen von Diplosis lonicerarum Fr. Löw an *Sambucus nigra*. Verlassen die Gallen Ende Juni, verwandeln sich in der Erde.

3. Diplosis melampsorae n. sp. ♀. — Larven röthlich weiss, Seiten, Darmcanal und Kopf blutroth; Augenfleck vorhanden; schlank und lebhaft. Nähren sich von Uredosporen von *Melampsora salicina* Lév. Verwandlung in der Erde; mehrere Generationen.

4. D. scoparii n. sp. ♀ ♂. — Larven hell orangegelb; bewohnen nur kammerige, bis zu 4 mm dicke, fast kugelige, hellgrüne Schwellungen der Spitze junger Triebe von *Sarothamnus scoparius* Koch. Meist sitzen noch einige verkümmerte Blätter an den Seiten der Galle. Larve verwandelt sich Ende Juni in der Erde. Galle besonders an nicht besonders starken Sträuchern.

5. D. globuli n. sp. ♀ ♂. — Larven röthlich gelb in einkammerigen, harten, hanfkerngrossen, kugeligen, über der Oberfläche des Blattes oft etwas eingeschnürten, gewöhnlich dunkelcarminrothen, selten grüngelben Gallen auf der Blattoberseite von *Populus tremula* L., stets neben einem Blattnerven. Der enggeschlossene Eingang blattunterseits ist von einem

etwas erhabenen Ringe umgeben und bleibt offen, nachdem die Larve die Galle verlassen hat. Verwandlung in der Erde. Auf einem Blatte sitzen oft bis 12 Gallen, manchmal sitzen zwei derselben so dicht nebeneinander, dass sie an ihrem Grunde mit einander verwachsen sind; die Eingänge bleiben aber meist getrennt.

6. D. molluginis n. sp. ♀ ♂. — Larve schmutzig gelbweis, sehr schlank mit Augenfleck und gelbem Darmcanal. Lebt in den Blätterschöpfen an den Triebspitzen von *Galium Mollugo* L. Die äusseren Blätter dieser Schöpfe behalten meist ihre normale Gestalt und Grösse, sind aber auch manchmal an ihrer Basis etwas entfärbt und verdickt. Nach innen zu werden die Blätter immer kleiner und legen sich dicht an einander, während die äusseren den inneren Knopf lose umgeben und ihn überragen oder doch bis zur Spitze desselben reichen. Die Galle findet sich von Juli bis September; mehrere Generationen; ungefähr 14tägige Puppenruhe, Verwandlung in der Erde.

7. Cecidomyia loticola n. sp. ♀ ♂. — Larven röthlich, Kopf weisslich mit schwarzem Augenfleck, sonst an beiden Körperenden dunkler roth als der übrige Körper. Bewohnen eine Triebspitzendeformation von *Lotus uliginosus* Schk. Die Nebenblätter und Blättchen des obersten Blattes färben sich blassroth, verdicken sich etwas und legen sich an einander, so dass sie ein aufrechtstehendes spitzes Köpfchen bilden, welches den Trieb umschliesst, der sich dann meist nicht weiter entwickelt. Verpuppung in der Erde. Galle im Juli larvenfrei; scheint in zwei Generationen aufzutreten.

8. C. periclymeni n. sp. ♀ ♂. — Larven an *Lonicera periclymenum* DC. in Blattrollen, welche der Lage des Blattes in der Knospe entsprechen. Da der Trieb aber noch einige Zeit weiterwächst, so steht das unterste deformirte Blattpaar meist ganz getrennt von den oberen Blättern. Die Ränder dieser getrennt stehenden Blätter sind meist nur theilweise, seltener wie die oberen Blätter von beiden Seiten bis auf die Mittelrippe eingerollt. Die Triebspitze wird stets von den oberen Blättern umschlossen und so im Wachsthum gehemmt; später vertrocknet oder verfault sie; die Rollen sind stets missfarbig grüngelb. Die Mücke scheint nur solche Pflanzen anzugreifen, welche an tiefschattigen Plätzen stehen. Gallen mit reifen Larven finden sich in erster Generation von Mitte bis Ende Juli, in zweiter von Ende August bis Mitte September. Die Larven sind anfangs weiss, später blass gelbroth gefärbt; Darmcanal wenig durchscheinend, Augenfleck vorhanden. — Die abgepflückten Zweige von *Lonicera periclymenum* halten sich im Wasser lange frisch; die Blattrollen trocknen bald ein, werden hart und die Larven vermögen dann nicht, dieselben zu verlassen. Trotzdem bleiben sie wochenlang in diesen trockenen harten Röhren lebendig. Weicht man die Rollen auf, so gehen die Larven sofort zur Verwandlung in die Erde. Diese sind dann gelbroth; im Freien scheint die Blattrolle bereits von den noch weissen Larven verlassen zu werden; für gewöhnlich dürfte dieser Farbenwechsel wohl erst in der Erde erfolgen.

9. C. tiliamvolens n. sp. ♀. — Die rothgelbe Larve verursacht an *Tilia parvifolia* und *T. grandifolia* Blattrandrollung nach oben. Die Verwandlung erfolgt in der Erde. — Gewöhnlich erstrecken sich diese knorpelig verdickten Rollen nur auf einen Theil des Blattes, doch kommen an ein und demselben Blatte oft mehrere Rollungen vor, zwischen welchen dann der Blattrand auf kurze Strecken normal bleibt; an jungen Blättern findet sich auch manchmal der ganze Rand von beiden Seiten eingerollt. Die Larven leben in diesen dunkel carminrothen, manchmal violett scheinenden Rollen in Vielzahl.

10. C. populeti n. sp. ☿ ♂. — Larve weiss mit braungelbem Darmcanal und schwarzem Augenfleck. Sie bewohnt die Blattrollen an *Populus tremula* L. Die Ende Juli und Anfang August eingesammelten Gallen entliessen die Larven nach einigen Tagen in die Erde; die Mücken erschienen vom 19.—23. August: von Ende August bis Mitte September findet man die von der folgenden Generation erzeugten Gallen. Die Galle findet sich vorzugsweise an Wurzeltrieben. An diesen sind die obersten Blätter oft von beiden Seiten ganz nach oben eingerollt. Bei den darunter stehenden grösseren Blättern erstreckt sich die Rollung, die der Lage des Blattes in der Knospe entspricht, nur auf die Blattbasis, fast immer aber auf beide Blatthälften. Die etwas verdickten Rollen sind locker und zeigen $1^1/_2$—5 Windungen; die Behaarung ist aber nicht das Product der Gallmückenlarven, sondern ist viel-

mehr allen Blättern der Wurzeltriebe an *P tremula* eigenthümlich; Rollungen an Blättern älterer Zweige zeigen keine Spur von Behaarung.

2. Beschreibung neuer Gallen. — *Carpinus Betulus* L. — Blattfaltung nach oben mit Krümmung der Mittelrippe; *Lamium album* L. Triebspitzenknopf mit verkümmerten Blüthen; *Lathyrus pratensis* L. — Triebspitzendeformation; *Salix Caprea* L. — ähnlich der Deformation von *Carpinus Betulus* L. — alle durch Gallmücken erzeugt; *Sarothamnus scoparius* Koch. — 1. Rindenanschwellung durch Agromyza pulicaria Mg.; 2. mit schwachen Anschwellungen unterhalb der Zweigspitze; 3. mit spindelförmigen Gallen an tieferen Zweigstellen mit grosser Larvenhöhle; beide letzteren von nicht bekannten Gallicolen erzeugt; *Tanacetum vulgare* L. — Spindelförmige Stengelanschwellung mit einer kleinen Raupe.

3. Bemerkungen zu bereits bekannten Gallen und Gallmücken. *Betula alba* L. und *B. pubescens* Ehrh. — Anschwellung der Blattmittelrippe mit Cecidomyia-Larve; *B. pubescens* Ehrh. — Blattparenchymgalle mit Diplosis betulina Kieff.; *Betula* mit Incurvaria tumorifica Amerl. vielleicht durch Teras ferrugana W. V.; ähnlich auch *Alnus glutinosa* Gärtn. und *A. incana* DC. *Juniperus communis* L. mit dreierlei Gallen, 1. die Deformation erstreckt sich auf die Nadeln der drei letzten Gelenkknoten; 2. die Galle wird aus sechs etwas verbreiterten und verkürzten Nadeln gebildet, deren Ränder sich berühren; 3. die Galle besteht nur aus drei sehr stark verkürzten, zarten Nadeln, welche die Larve einschliessen. *Rumex Acetosella* L. — Blattgallen von Apion frumentarium Hbst. — mit A. humile Germ. Cecidomyia corrugans Fr. Löw. in Menge aus *Pastinaca sativa* L. der Gärten; Hormomyia poae Bosc. Larve weiss. Cecidomyia viciae Kff. auf *Vicia sepium* L. und *V. cracca* L.; C. acercrispans Kieff. auf *Acer Pseudoplatanus* L., Diplosis acerplicans Kieff. an *A. Pseudoplatanus* L., D. linariae Wtz. an *Linaria vulgaris* mit Beschreibung von Männchen, Weibchen, Larve und Galle nach frischen Exemplaren; Cec. marginemtorquens Brm. an *Salix aurita* L.

52. **Rübsaamen, Ew. H.** Beschreibung neuer Gallmücken und ihrer Gallen in: Zeitschr. f. Naturwiss., LXII, 1889, p. 373—382.

1. Diplosis heraclei n. sp. ♀♂. — Die weissen Larven sitzen blattunterseits an *Heracleum Sphondylium*, sind kleiner und schlanker als jene von Cecidomyia corrugans F. Löw; Darmcanal kaum durchscheinend; Augenfleck vorhanden. Sie besitzen die Fähigkeit zu springen und veranlassen durch ihr Saugen etwas knorpelige, gelbe Blattaustülpungen nach oben; sitzen viele nebeneinander, was meist der Fall ist, so entstehen gelbe Blattfalten. Befinden sich die Larven nahe dem Blattrande, so veranlassen sie Randumklappungen nach unten. Die Galle ist seltener als jene von C. corrugans Fr. Lw. — Es finden wahrscheinlich mehrere Generationen statt.

2. Cecidomyia Engstfeldii n. sp. ♀♂. — Larven anfangs weiss, später blassroth mit braungelbem Darmcanal und schwarzem Augenfleck, die vorderen Ringe meist intensiver roth; seltener bleibt die Larve ganz weiss. 2 mm. Sie sitzen auf der Unterseite der Blätter von *Spiraea Ulmaria* und veranlassen, wenn sie einzeln sitzen, durch ihr Saugen wulstige Ausstülpungen nach oben. Diese Wülste befinden sich meist auf einer Blattrippe. Die Nerven des Blattes nehmen an der Ausbauchung nach oben nicht Theil, sie bilden also Vertiefungen, durch welche die Galle blattoberseits ein runzeliges Ansehen erlangt. Auf der Blattunterseite sind die Nerven an den deformirten Stellen meist ziemlich angeschwollen. Die Galle ist blattoberseits gelbgrün gefärbt und gewöhnlich von rother Zone umgeben Sitzt die Larve in der Nähe des Blattrandes, so klappt dieser nach unten um. Wenn sich an einem Blatte viele Larven finden, so entstehen Blattfalten nach oben, oder das ganze Blatt wird stark aufgetrieben oder zusammengekraust. Wahrscheinlich mehr als zwei Generationen.

3. Cecidomyia pustulans n. sp. ♀♂. — Larven weiss, oft etwas grünlich durchscheinend 1.5 mm lang, etwas depress. Sie sitzen an der Blattunterseite von *Spiraea Ulmaria* und veranlassen durch ihr Saugen kleine Grübchen, in welchen sie fest angedrückt sitzen. Blattoberseits stellen sich die kleinen Grübchen als kleine Pusteln dar, welche stets von einer 3—5 mm Durchmesser haltenden weissgelben Zone umgeben sind. Oft finden sich

diese Gallen so dicht neben einander, dass sie in einander übergehen. Siegen, Zwickau, Lothringen; auch die von Löw beschriebene auf *Spiraea Filipendula.*

4. Cecidomyia tuberculi n. sp. ♀. — Als zehnte für *Sarothamnus scoparius* bekannt gewordene Art, welche bis 2 mm grosse beulenartige Gallen an der Zweigspitze bewohnt, in welcher sich die orangerothe, gekrümmte Larve befindet.

53. **Rübsaamen, Ew. H.** Ueber Gallmücken aus myrmekophagen Larven in: Entom. Nachr., XV, 1889, p. 377—384.

1. Diplosis coniophaga Wtz. aus *Melampsora salicina* Lév. gezogen.
2. D. erysiphes n. an Blättern von *Hieracium murorum* mit *Erysiphe lamprocarpa* Link. Die Larven sind orangeroth, jeder Körperring oben mit breiter, in der Mitte erweiterter braunrother Binde; die beiden Körperenden intensiver roth. Das ganze Thier, besonders die Seiten, mit ziemlich langen weissen Haaren besetzt; der weit vorstreckbare Kopf mit zwei kleinen Fühlerchen. Sie verliessen an den folgenden Tagen (25. August) ihre Nährpflanze, um sich in der Erde zu verwandeln. Die ersten Mücken erschienen am 8. September.
3. D. sphaerothecae n. an Hopfenblättern mit *Sphaerotheca Castagnei* Lév. Die Larven sind weiss, oft mit gelblichem oder röthlichem Anfluge; jeder Ring mit ziemlich langen, nach hinten gerichteten Börstchen besetzt; Kopf mit kurzen Fühlerchen; Länge 1.5—2 mm. Am 27. August gingen sie zur Verwandlung in die Erde; die Mücken erschienen am 9. September.
4. D. pucciniae n. Auf den Blättern von *Leontodon autumnalis* L. mit *Puccinia compositarum* Schlecht. Die Larve ist blass rosenroth, mit dunkel braunrothem Darmcanal; Kopf vorstreckbar, mit kurzen Fühlern; jeder Ring mit kurzen nach hinten gerichteten Härchen. Die Larven gingen am 29. August in die Erde; Verwandlungszeit 10—12 Tage.

54. **Studer, Th.** Ueber das Abfallen der Tannenästchen in: Mitth. Naturf. Ges. Bern, No. 1195—1214, 1889, p. X.

Verf. bespricht das im letzten Winter so besonders häufig beobachtete Abfallen von Tannenästchen, welches er mit den Gallen von Chermes Abietis in Zusammenhang bringt.

55. **Thomas, Fr.** Cramberry leaf-galls in: Insect Life, I, 1889, p. 279—280.

Constatirt, dass die „Cramberry leaf-galls“ (Insect Life, I, p. 112) nicht von Phytoptus, sondern durch einen Pilz, ähnlich *Synchytrium vaccinii* oder *S. aureum,* herrührt.

56. **Thomas, Fr.** Ueber einige neue exotische Cecidien in: Sitzber. Fr. Naturf. Ges. Berlin, 1889, p. 101—109; Fig.

1. *Maytenus Boaria* Molin mit carminrothem Erineum von Phytoptus virescens n. sp. aus Chile.
2. *Euodia* spec. mit Erineum, ähnlich Er. alneum aus Queensland.
3. *Helichrysum rosmarinifolium* Less. mit Triebspitzengalle, in welcher eine Gallenmilbe und eine Psyllidenlarve sich vorfand, die in derselben ihre Verwandlung durchmacht — aus Australien.
4. *Eucalyptus*-Gallen mit Cynipiden (?) Larve von der Känguru-Insel.
5. *Phoebe Antillana* Msn. aus Portorico mit Hochblätterknospen und *Ocotea Sprucei* (Msn.) aus Brasilien, beide von Anguilluliden.
6. *Lysimachia dubia* Act. Blüthenverbildung und Blattrollung durch Phytoptus aus Nordsyrien.
7. *Acer glabrum* Torr. mit leuchtendrothem Erineum vom Frayer River (Nordamerika).
8. *Bromus Calmii* A. Gray. — Blüthengallen durch Phytoptus aus Colorado, U.S.
9. *Euphorbia polycarpa* Benth. — Triebspitzengallen durch Cecidomyia aus Kalifornien.
10. *Vaccinium macrocarpum* Act. und *V. Canadense* Kalm. mit *Synchytrium*-Gallen.

57. **Thomas, Fr.** Ueber das Heteropterocecidium von Teucrium capitatum und anderen Teucrium-Arten in: Verh. Brand., XXXI, 1889, ersch. 1890, p. 103—107. — Bot. C., XLIV, p. 412.

Die Hypertrophie ist auf die Blumenkrone beschränkt, welche erheblich vergrössert erscheint und deren Wand bei 16fach verdickt ist, indem sich eine mehrschichtige Epidermis bildet, auf welcher dreierlei Haare in ganz ungleicher Weise vertheilt sind. Die Nymphe des Urhebers ist nicht verschieden von Laccometopus teucrii, dem Erzeuger, der sehr ähnlichen und schon lange bekannten Galle von *Teucrium montanum*. Für beide, sowie für *T. Polium* und die als Substrat schon bekannten *T. Chamaedrys*, *T. Scorodonia* und *T. canum* Fisch. et Mey. wurden Standorte und Literatur verzeichnet und *T. macrum* Boiss. et Hausskn. als neues Substrat hinzugefügt.

58. **Trail, J. W. H.** The Galls of Norway in: Trans. et Proc. Endinburgh Bot. Soc., XVII, 1888, p. 201—219.

Enthält im ersten Theil ein Verzeichniss der norwegischen Gallen nach Pflanzen geordnet: *Cerastium triviale* Lk. mit Trioza cerastii H. Löw, *Tilia parvifolia* Ehrh. mit Hormomyia Reaumuriana F. Lw., Cecidomyia Frauenfeldi Klt., C. tiliae Schrk., Sciara tilicola Winn., Ceratoneon extensum Br., Erineum tiliaceum Pers., E. bifrons Lep.?, Legnon crispum Br., *Geranium sanguineum* L. mit Phytoptus geranii Thom., *Acer Pseudo-Platanus* L. mit Ceratoneon vulgare Br., *Lotus corniculatus* L. mit Cecidomyia loti Deg., *Astragalus alpinus* L. mit Cecidomyia onobrychidis Br., *Vicia Cracca* L. mit Cecidomyia viciae Kieff., *Prunus Padus* L. mit Ceratoneon attenuatum Br., *Spiraea Ulmaria* L. mit Cecidomyia ulmariae Br., *Geum urbanum* L. mit Erineum gei Fr., *Sedum Rhodiola* L. mit Phytoptus-Galle, *Epilobium angustifolium* L. mit Psylliden-Galle, *Lonicera Xylosteum* L. mit Phytoptus-Galle, *Galium verum* L. ebenso, *G. boreale* L. mit abnormer Bildung (Löw, Verh. z. B. Ges. Wien, XXXVII, p. 25), *Valeriana officinalis* mit Cecidomyia, *Achillea Millefolium* L. mit Tylenchus millefolii F. Löw, *A. Ptarmica* L. mit Hormomyia ptarmicae Vall., *Hieracium murorum* L. mit Cecidomyia hieracii F. Löw = C. sanguinea Br., *H. corymbosum* Fr. mit Aulax hieracii Bché., *Campanula rotundifolia* L. mit Gymnetron campanulae Gchll., *Veronica Chamaedrys* L. mit Calycophthora veronicae Kirchn., *Nepeta Glechoma* Benth. mit Cecidomyia bursaria Br., *Populus tremula* L. mit Heliazeus populi Kirchn., *Salix Caprea* L. mit Euura venusta Zadd., Cecidomyia capreae Winn., Cephaloneon umbrinum Br., *S. phylicifolia* L. Sm. mit Nematus ischnocerus, *S. nigricans* Sm. mit N. salicis cinereae Retz., *Betula alba* L. mit Erineum betulinum Schum. und Phytoptus, *Alnus incana* L. mit Erineum alnigerum Lk. und Cephaloneon pustulatum Br., *Juniperus communis* L. mit Hormomyia juniperina L.

Der zweite Theil enthält ein Verzeichniss der Gallenbildner und der von ihnen bewohnten Pflanzenarten.

59. **Trail, J. W. H.** Galls of Norway in: Tr. Edinburgh, XVII, 1889, No. 3, p. 482—486.

Auszug aus der Arbeit Löw's (Bot. J., XVI, 2, p. 289) in systematischer Anordnung: die Galle von Cecidomyia tiliamvolens Rübs. wurde auch bei Eide beobachtet.

60. **Treub, M.** Quelques mots sur les effects du parasitisme de l'Heterodera Javanica dans les racines de la canne à sucre in: Ann. jard. bot. Buitenzorg, VI, 1, 1886, p. 93—96.

Beschreibung der Heterodera Javanica n. spec., einer der H. radicola sehr nahestehenden Art.
Sydow.

61. **Wheeler, Wm. M.** On two new Species of Cecidomyid flies producing Galls on Antennaria plantaginifolia in: Proc. Nat. Hist. Soc. Wisconsin, 1889, p. 209—216.

Die Gallen von *Antennaria plantaginifolia* stammen von:

Cecidomyia antennariae n. ♀♂. — Gallen an der Terminalknospe; mit zurückgekrümmten Blättern, wolligen Haaren und röthlichem Safte. Larven gesellig, durch Wände getrennt.

Asynapta antennariae n. ♀♂. — Gallen länglich, mit nicht zurückgekrümmten Blättern, weissen Haaren, welche derselben Atlasglanz verleihen; Blattunterseite ohne Trichome, weich, glänzend, nicht roth gefärbt; in jeder Galle ein Insect, nicht in Wolle eingehüllt; hartschalig. Viel seltener als vorige, doch mit ihr. Imago später sich entwickelnd.

62. **Willot, M.** Note sur l'Heterodera Schachtii et du Phylloxera vastatrix in: Rev. scient., XVI, 1888, p. 377.

Verf. nimmt Bezug auf die Strubell'sche Arbeit über die Anatomie der Heterodera und meint, dass ihm von vielen Angaben Strubell's das Recht der Priorität zugehöre.

Sydow.

63. **Wood, J. H.** Notes on the larvae of some Tortrices, commonly bred from the galls of Cynips Kollari etc. in: Entom. M. Magaz., XXV, 1889, p. 217—220.

In Cynips Kollari-Gallen leben die Larven folgender Tortriciden: Coccyx splendidulana, C. argyrana, Heusimene fimbriana und Ephippiphora gallicolana.

64. **Anonym.** Discussion on Galls in: Nature, XLI, 1889, p. 131.

B. Arbeiten bezüglich der Phylloxera-Frage.

Disposition.

I. Specifisch wissenschaftliche Resultate bezüglich der Phylloxera-Frage.
- Allgemeines über den Entwicklungscyklus.
- Biologie der Phylloxera No. 9, 17, 18, 22, 24, 28, 34.
- Winterei.
- Gallenbewohnende Form No. 25, 26.
- Ungeflügelte Form.
- Geflügelte Form.
- Parasiten der Phylloxera.

II. Ausbreitung der Phylloxera.
- Frankreich No. 6, 16, 21, 29, 30.
- Italien No. 15, 27, 31.
- Spanien.
- Schweiz No. 10.
- Deutschland No. 14, 19, 33.
- Oesterreich-ungarische Monarchie No. 25, 26.
- Serbien.
- Russland No. 2, 3.
- Kalifornien.
- Australien.
- Afrika No. 6b.

III. Die praktische Seite der Phylloxera-Frage.
- Gesetzgebung.
- Berichte No. 2, 3, 32.
- Literarische Hülfsmittel.
- Bekämpfungsmethoden.
  - Insecticiden.
  - Importirte Reben No. 1, 6.
  - Exstirpation.
  - Culturmittel.
  - Präventivmaassregeln No. 4, 5, 6b., 7, 8, 11, 12, 13, 16, 20, 22, 23.
  - Physikalische und Physiologische Untersuchungen.

---

1. **Basile.** Ricostituzione con viti americane e produzione diretta dei vigneti attaccati dalla filossera in: Atti accad. gioenia sc. nat. Catania (4) I, 1889.

2. **Bericht** über die Odessaer Phylloxera-Commission im Jahre 1888. Odessa, 1889. 8⁰. XII, XIII und 222 p. Russisch.

3. **Bericht** über den Kampf mit der Phylloxera im Kaukasus im Jahre 1888. Tiflis, 1889. 8⁰. 118 p. (Russisch.)

4. **Bouvier, F.** Destruction du phylloxera. Conservation des vignes francaises par la methode F. Bouvier. Lyon l'auteur 1889. 8⁰. 24 p.

5. **Chatin, A.** Les vines françaises in: C. R. Paris, CVII, 1888, p. 488.

Entgegen der Ansicht, jeden von der Reblaus befallenen Weinstock zu vernichten, weist Ch. nach, dass er in Meyzieux (Isère) einen Weinberg sah, der mitten in einem von der Phylloxera, dem Mildow und der Black roth (schwarzen Krankheit) bis zur vollen Vernichtung besuchten Bezirke gelegen war und obwohl die Wurzeln desselben von der Reblaus besetzt waren, doch ein üppiges Wachsthum und eine ausserordentliche Fruchtfülle zeigte. Der Weinberg war ca. 4 ha gross und seine Stöcke gehörten der edelsten Sorte an; die Ursache des günstigen Standes der Stöcke und ihres Widerstandes gegen die Reblaus glaubt Verf. aus der Praxis ableiten zu dürfen: in der Anwendung eines Schnittes auf das dreijährige Holz nach vorausgegangener Pincirung oder Abnahme eines Auges, sowie in der kräftigen Düngung mittels Phosphorit, stickstoffhaltigen Verbindungen, Kalisalzen und Kalk.

6. **Clervaux, P. de.** La Phylloxéra, la Vigne americaine et le vignoble de la Loire-Inferieure. Nantes (Mellinet et Co.), 1889. 8⁰. 31 p.

6b. **Cotta, J. D.** Travaux de laboratoire in: Bull. offic. syndical de defense contre le phylloxéra du dep. Algier, 1889. Algier, 1889. 8⁰. 15 p. Fig.

7. **Danesi, L.** Vigneti fillosserati; esperienze curative in: L'agricoltura illustrata, I, 1889, p. ?

Nicht gesehen. Solla.

8. **Deville, J.** Viticulture et horticulture. Notice sur l'antiphylloxerique Meunier. Lyon (Bourgeon), 1889. 8⁰. 36 p. Fig.

9. **Dreyfuss, L.** Ueber Phylloxerinen. Wiesbaden (J. F. Bergmann), 1889. 8⁰. 88 p.

Siehe Verzeichniss A.

10. **Dufour.** La situation phylloxerique actuelle du vignoble zurichois in: Arch. sc. phys. et nat. Genève, XX, 1889, p. 195.

In der Umgebung von Zürich wurde die Phylloxera 1886 zuerst beobachtet. Verf. constatirt eine grosse Zahl von neuen Reblausherden. Sydow.

11. **Esperienze** et applicazioni del metodò curativo col solfuro di carbonio nei vigneti fillosserati in Italia in: Rass. Congr., III, 1889, p. 378—379; auch Annali di agricultura, 1889, No. 155.

12. **Foëx.** Departement du Doubs. Création de pépinières départementales. Rapport sur la reconstitution par les cépages americaines des vignes phylloxérées et instructions relatives au traitement du mildiou. Besançon (Millot frères et Co.), 1889. 8⁰. 16 p. Fig.

13. **Franceschini.** Come si scopre la fillossera? in: L'Agricoltura illustrata, I, 1889, p. ?

Nicht gesehen. Solla.

14. **Heyden, L. v.** Stand der Reblausfrage auf der linken Rheinseite der Rheinprovinz in: Deutsch. Entom. Zeitschr., 1889, p. 209—211.

Behandelt die Reblausinfection im Ahrthale, im Hellbachthale, in Niederbreisig und in Friesdorf; der Stand ist sehr zufriedenstellend.

15. **I comuni** infetti da fillossera in Italia in: L'Italia agricolare, XXI, 1889, p. 429.

Aufzählung der 264 Gemeinden in 16 Provinzen vertheilt, in welchen in letzter Zeit die Reblaus aufgetreten ist. Solla.

16. **Keller, C.** Bericht über die im Sommer 1888 in Veyrier bei Annecy (Savoyen) zur Lösung der Phylloxera-Frage vorgenommenen Untersuchungen in: Landw. Jahrb. d. Schweiz, III, 1889.

17. **Kessler, H. F.** Wirkung des Nahrungsentzuges auf Phylloxera in: Centralbl. f. Bacteriologie u. Parasitenkunde, V, 1889, p. 301—313.

Der Verf. bestreitet die von C. Keller in Zürich angegebene Wirkung des Nahrungsentzuges auf Phylloxera vastatrix, indem er die Beobachtungen, sowie die älteren Kyber's und Göldi's als ungenau und lückenhaft zu erweisen sucht. Kyber sah bloss die fortdauernde Vermehrung der Pflanzenläuse im Allgemeinen, wenn die erforderliche Wärme und Nahrung vorhanden waren, blieb aber den Nachweis für die wirkliche Zusammengehörigkeit der einzelnen einander folgenden Generationen schuldig. K. bezweifelt daher, dass die von Kyber im vierten Jahre beobachteten Blattläuse wirkliche Nachkommen von denjenigen gewesen sind, mit welchen er im ersten Jahre seine Beobachtungen und Untersuchungen begonnen hatte und ebenso, dass bei Kyber's Versuchen Nahrungsüberschuss die Parthenogenese verursacht haben soll. — Göldi's Versuche beruhen auf falschen Voraussetzungen, indem dem Autor der wirkliche Entwicklungsgang der Blattlausarten nicht bekannt war; daher stimmen auch seine Mittheilungen in zwei Schriften desselben nicht überein und sind unzuverlässig. — In dem Berichte Keller's vermisst K. die näheren Angaben über die äusseren Einrichtungen seiner zwei grösseren Phylloxera-Zuchten, sowie jede Angabe über die Beschaffenheit des verwendeten lebenden Zuchtmaterials, wirft ihm vor, dass die Entwicklung der Reblaus, wie sie in Wirklichkeit stattfindet, gar nicht kenne und sucht darzulegen, dass das Erscheinen der geflügelten Rebläuse in Keller's Versuch in normaler Weise, nicht aber durch Hungerkur erfolgte. Keller's Ansicht, die Reblaus wandere, sei irrig, seine Entdeckung für die Praxis ohne Bedeutung und seine Arbeit habe nicht zur Aufklärung der Reblausangelegenheit, sondern zu den vielen in Theorie und Praxis über die Reblaus herrschenden Irrthümern einen Beitrag geliefert.

18. **Kessler, H. F.** Erörterungen über die Reblaus, Phylloxera vastatrix. Planch. Cassel, 1889. 8°. 28 p.

19. **Lopriore, G.** La fillossera ed i lavori fillosserici nel distretto di Linz in: Rass. Congr., III, 1889, p. 296—301; L'Agricultura meridionale, XII, 1889, p. ?

Mittheilungen über den Bestand der von der Reblaus heimgesuchten Weinberge um Linz (Ockenfels etc.). Solla.

20. **Marsac, V. de.** Reconstitution rapide et économique des vignobles phylloxérés. Paris (Maison rustique), 1889. 8°. 48 p.

21. **Mathieu, Henri.** Note sur le phylloxéra et autres maladies de la vigne dans la commune de Labergement-les-Seurre, Côte-d'Or. Lille (Danel), 1889. 8°. 36 p.

22. **Monaldi, L.** Il manuale fillosserico. Roma, 1889. 8°.

23. **Prost, A.** Disparition des phylloxeras gros et petits. Destruction de tous les parasites, qui s'infiltrent au végétal pour passer à l'animal. Lyon, 1889. 8°. 115 p.

24. **Questione** fillosserica in: Bolletino soc. gener. viticolt. italiani, IV, 1889, p. 617.

Auszug aus den Angaben des Ministeriums in Bull. d. Agr. Solla.

25. **Râthay, E.** Das Auftreten der Gallenlaus im Versuchsweingarten zu Klosterneuburg im Jahre 1887 in: Z.-B. G. Wien, XXXIX, 1889, p. 47—88; Taf. II u. III.

Behandelt sehr gründlich und in mancher Richtung Neues bietend: 1. Die Gallen und ihre Bewohner. 2. Die Verbreitung und Unschädlichkeit der Gallenlaus im Versuchsgarten. 3. Werden von der Gallenlaus dieselben oder andere Reben als von der Wurzellaus befallen? 4. Ist die Gallenlaus mit der Wurzellaus identisch? 5. Ueber die oberirdische Geschlechtsgeneration. 6. Ueber die angebliche unterirdische Geschlechtsgeneration. 7. Ueber die verschiedenen Generationen der Reblaus. 8. Die natürlichen Feinde der Gallenlaus. — Besonders wichtig erscheint, dass Verf. das erstmalige Auftreten der Gallenreblaus 10 Jahre nach der in Klosterneuburg erfolgten Infection der Weingärten mit der Wurzellaus constatirt, was beweist, 1. dass die Gallenläuse viele Jahre hindurch ein nothwendiges Glied im Generationswechsel der Reblaus nicht bilden, sowie 2. dass die Vermuthung, die Wurzelreblaus gehe auf die Blätter über, wenn ihr der Aufenthalt auf den Wurzeln verleidet werde, nicht stichhaltig ist; denn schon im Jahre 1878 wurde daselbst der Versuch gemacht, die Wurzellaus nach der 1877 empfohlenen Methode mit Schwefelkohlenstoff zu bekämpfen.

26. **Ráthay, E.** Die Gallenlaus im Versuchsweingarten am schwarzen Kreuze in: Weinlaube, 1888, No. 27, p. 316.

27. **Relazione** degli esperti fillosserici sullo stato dei vigneti nel Canton Ticino in: L'Agricoltore ticinese, 1889, p. ?

Nicht gesehen. Solla.

28. **Rivière, E.** Peronospora viticola in: Rev. scient., XVI, 1888, p. 378.

In den von Phylloxera befallenen Weinbergen tritt auch die Peronospora viticola sehr verheerend auf. Sydow.

29. **Salve, E. de.** Du phylloxéra et de la viticulture dans les Basses Alpes. Digne, 1889. 8°. 7 p.

30. **Statistique** du phylloxera in: Journ. de pharm. et Chemie (5), XVIII, 1888, p. 45—46.

Der Weinbau Frankreichs beläuft sich in runder Summe auf etwa 2 500 000 ha, von diesen sind über die Hälfte, nämlich etwa ca. 1 400 000 ha von der Phylloxera befallen. Sydow.

31. **Targioni-Tozzetti, A.** Fillosseria in Italia in: Le Stazioni agrar. speriment. ital., XVI, 1889, p. 803—805.

Kurze Uebersicht über die Verbreitung der Reblaus in Italien während 1888 und über den Stand der Reblausfrage. Solla.

32. **Tiorito, R.** Il congresso antifillosserico siciliano 20.—26. Maggio, 1888. Palermo, 1889. 8°. 24 p.

Nicht gesehen. Solla.

33. **Wasmann, E.** Stand der Reblausfrage auf der linken Rheinseite der Rheinprovinz in: Natur und Offenbarung, XXXV, 1889, p. 418—420.

Abdruck des Berichtes von Dr. L. v. Heyden.

34. **Willot, M.** Note sur l'Heterodera Schachtii et du Phylloxera vastatrix in: Rev. scient., XVI, 1888, p. 377.

Siehe Verzeichniss A.

C. Arbeiten bezüglich pflanzenschädlicher Thiere, sofern sie nicht Gallenbildung und Phylloxera betreffen.

Disposition.

Literarische Hülfsmittel No. 9, 12, 15, 26, 28, 48, 71, 74, 78, 83, 98.

Sammelberichte und Schädiger an verschiedenen Pflanzenarten No. 4, 18, 23, 24, 29, 30, 38, 42, 43, 44, 45, 51, 60, 69, 70, 97, 106, 107, 109, 119.

Berichte No. 67, 68, 84, 95, 108, 111.

Mittel und Methoden zur Insectenvertilgung No. 5, 9, 11, 16, 26, 31, 36, 105, 111, 116.

Schädigungen durch Insecten, und zwar durch

- Käfer No. 13, 14, 19, 22, 32—35, 41, 49, 50, 52, 55, 57, 64, 73, 87, 88, 90, 91, 100, 103, 104, 110, 112, 113, 116.
- Hautflügler No. 21, 75, 86.
- Schmetterlinge No. 1, 2, 6, 7, 19, 20, 39, 63, 65, 72, 76, 80, 82, 89, 101, 118.
- Zweiflügler No. 47, 53, 115.
- Hemiptera No. 3, 8, 10, 27, 37, 40, 46, 54, 56, 61, 62, 66, 79, 81, 85, 92, 93, 94, 96, 99, 102, 114, 117.
- Geradflügler No. 17, 25, 58, 59, 77.

Schädigungen durch Würmer.

---

1. **Altum.** Feinde des Buchenaufschlags in: Zeitschr. f. Forst- und Jagdwesen, XX, 1888, p. 33—34.

Die in Bd. XIV obiger Zeitschrift erwähnten Raupen, die den Buchenaufschlag zerstörten, gehören Tortrix podana Scop. und Tinea (Cerostoma) parenthesella L. an. Weiter wird die Angabe berichtigt, dass die Raupe des Frostspanners in gleicher Weise feindlich wirke; es ist dies die ihr verwandte Art Chimatobia boreata. Matzdorff.

2. **André, Ed.** Lettre sur la Cochylis, parasite de la Vigne in: Bull. soc. zool. France, XIV, 1889, p. 373—374.

Bericht über den Schaden, welchen die Larven der Wickler und Chrysaliden an den Weinstöcken anrichten. Sydow.

3. **Atkinson, E. T.** Notes on the Indian Pests. Rhynchota in: Ind. Mus. Notes, I, No. 1, 1889, p. 1—8.

Leptocorisa acuta Thunb. (T. 1 F. 1) auf Reis schädlich; „Chora-Poka" verschiedene Hemipteren-Larven in *Sesanum*-Samen, spec. Carbula biguttata Fabr.; Nezara viridula L. in Kartoffelstengeln; Disphinctus humeralis Walk. auf *Cinchona* in Sikkim; Jassidae auf „*Mango*" speciell Idiocerus clypealis, niveosparsus, Atkinsoni n. sp. Leth.; Cerataphis sp. (T. 1 F. 2) in *Cinchona*-Plantagen von Sikkim; Pemphigus cinchona Buckt. n. sp. ebenda mit Pseudopulvinaria sikkimensis n. g. n. sp. — Dactylopius adonidum L. in Mysore auf *Cedrela* sp., *Acrocarpus fraxinifolius*, *Ficus mysorensis*, *F. glomerata*, *F. asperrima* etc.; Lecanium acuminatum Sign. (T. 1 F. 3) auf *Mango* auf Ceylon.

4. **Baker, A.** Die Einwirkung der Witterung auf Pflanzen und Thiere in: Bull. soc. natural. Moscou, 1889, No. 3, p. 623—628.

„Durch Begünstigung der Witterung werden oft alle Blätter und Blüthen der Apfelgärten bei Sarepta von Raupen verdorben, grosse Saatfelder von Haltica atra und Mylabris-Arten abgefressen, die Aepfel, Birnen, Kirschen und Schlehen von Rhynchites auratus angebissen, die bald darauf unreif abfallen, viele *Iris tenuifolia*- und *I. aequiloba*-Blüthen von Oxythyrea hirtella abgefressen, fast alle *Iris aequiloba* Samen von Mononychus spermaticus verdorben, der nur in diesen Samen seine Fortpflanzung hat, viele *Tulipa Gesneriana*-, *T. tricolor*-, *Valeriana tuberosa*-, *Ranunculus polyrrhizos*-Blüthen von Amphicoma vulpes abgefressen, *Glycyrrhiza glandulifera* von Haltica oleracea auf weite Strecken kahl gefressen, fast alle *Astragalus vulpinus*-Samen von Bruchus tessellatus-Larven zerstört, die *Astragalus physodes*-, *Vicia brachytropis*- und *V. picta*-, *Lathyrus incurvus*-Samen von anderen Bruchus-Arten zu ihrer Fortpflanzung grösstentheils verbraucht, die Blüthen, Früchte, Stengel und Wurzeln der Compositen und Umbelliferen von vielen Käfern, Wanzen, Hautflüglern, Fliegen zerstört."

5. **Bargagli.** Distruzione di insetti nocivi per mezzo di parasiti vegetali in: Rivista scient. industr., XXI, 1889, p. ?

Nicht gesehen. Solla.

6. **Barrett, C. C.** Linen injured by Agrostis larvae in: Entom. M. Magaz., XXV, 1889, p. 220—222.

Als Schädlinge auf *Linum usitatissimum* wurden in Irland beobachtet: Spilosoma fuliginosa, Triphaena pronuba, T. orbana, Agrotis exclamationis, die letzte sehr hervorragend.

7. **Barsanti, A.** Insetti dannosi ai boschi in: Nuova Rivista forestale, XII, 1889, p. 225—232.

In der Umgegend von Novi Ligure wurden die Eichen durch die Raupen der Cnethocampa processionea beschädigt und die verschiedenen Laubhölzer durch die Raupen der Ocneria dispar ihrer Blätter beraubt. Verf. beschreibt die Lebensweise der beiden Raupen und giebt einige Vertilgungsmittel an. Solla.

8. **Bassi, C.** Sulla diaspide del gelso in: Rivista di bachicoltura, 1889, p. ?

Diaspis pentagona Targ. greift immer weiter um sich und ist in das Gebiet von Como und selbst in jenes von Brescia eingewandert. Verf. bespricht eingehend die Gegenmittel. Solla.

9. **Bellair, G. Ad.** Les insectes nuisibles aux arbres fruitiers; description, moeurs et degats procédés de destruction, formules d'insecticides. Paris (Le Bailly), 1889. 8⁰. 36 p. fig.

Nicht gesehen.

10. **Bergroth, E.** Notes on two Capsidae attacking the Cinchona plantations in Sikkim in: Entom. M Magaz., XXV, 1889, p. 271–273.

Disphinctus humeralis Walk., Helopeltis febriculosa n. greifen in Sikkim *Cinchona calisaya* und *C. succirubra* × *officinalis* an.

11. **Bethune, C. J. R.** Remedies for noxious Insects in: Rep. Entom. Soc. Ontario, XIX, 1889, p. 63—74.

Nicht gesehen.

12. **La Blanchère, V. de.** Les oiseaux utiles et les oiseaux nuisibles aux champs, jardins, forêts, plantations, vignes. Paris (Rothschild), 1889. 8⁰. VIII u. 387 p. 150 Fig.

Nicht gesehen.

13. **Blechynden, R.** A. further contribution to the Study of the Mango-weevil in: Journ. Agric. Soc. Jndia, VIII, 1889, p. 293—305.

Nicht gesehen.

14. **Böhr, E.** Das Vorkommen des Kartoffelkäfers in Lohe in: Jahresber. Ver. Osnabrück, VII, 1889, p. 118—120.

Der Coloradokäfer war im Juli 1887 in Lohe, Kreis Meppen, Regierungsbezirk Osnabrück aufgetreten, zeigte sich auf zwei ca. 26 a grossen und einem dritten entfernten Felde, wurde aber schnell wieder ausgerottet. Man vermuthet eine Einschleppung durch Baumwollensaatmehl.

15. **Boltshäuser, H.** Kleiner Atlas der Krankheiten und Feinde des Kernobstbaumes und des Weinstockes. Frauenfeld (J. Hüber). 1. Lief. 1889. 8⁰. XV u. 20 p.

Nicht gesehen.

16. **Brogniart, C.** Les Entomophthorées et leur application à la destruction des insectes invisibles in: Journ. Microgr., XIII, 1889, p. 59—61.

Nicht gesehen.

17. **Brown, S.** On Locusts in Cyprus in: Rep. Brit. Assoc., 1888, p. 716—717.

Nicht gesehen.

18. **Canevari, A.** Parassiti animali del frumento in: L'agricoltura italiana, XV, 1889, p. 58—73.

Bespricht die Thiere — Wühlmäuse, Mäuse, Insecten und deren Larven, welche der Weizenpflanze Schaden zufügen. (Der Ausdruck „Parasiten" ist jedenfalls unglücklich gewählt. Ref.) Solla.

19. **Classen, C.** Insetti che danneggiano i boschi di Migliarino presso Pisa in: Nuova Rivista forestale, XII, 1889, p. 1 ff.

Beschreibung der Schäden, welche Hylesinus piniperda den Beständen von *Pinus Pinea* und *P. maritima* (= wahrscheinlich *P. Pinaster* Sol. — Ref.) zu Migliarino in der Provinz zugefügt hat. In gleicher Weise, wenn gleich kürzer, werden H. ligniperda, H. fraxini und Pissiodes pini und P. notatus besprochen. Die Eichenbestände und die Steineiche litten an dem Frasse der Raupen von Cossus aesculi und Coroebus bifasciatus.

Solla.

20. **Coaz, J.** Vorkommen des grauen Lärchenwicklers (Tortrix oder Steganoptycha pinicola Zell.) in den Jahren 1886 und 1887 in Graubündten und im Veltlin in: Mittheil. Naturf. Ges. Bern, No. 1195—1214, 1889, p. V—VII.

Steganoptycha pinicolana wurde in seiner Verbreitung in Graubündten studirt. Es ergiebt sich, dass die Art nach ungefähr je 10 Jahren massenhaft auftritt und im zweiten Jahre am häufigsten erscheint, dann, dass die Verbreitung von den oberen Lagen gegen die unteren von Süd nach Nord durch Luftströmung erfolgt. Der Angriff muss in den Herden erfolgen.

21. **Comstock, J. H.** A Sawfly Borer in Wheat in: Bull. Cornell Experim. Stat., XI, 1889, p. 127—142; pl.

22. **Comstock**, J. H. On preventing the ravages of wire-worms in: Bull. Cornell Experim. Station, III, 1889, p. 31—43.

Nicht gesehen.

23. **Cotes**, E. C. Entomological Notes in: Indian Mus. Notes, I, No. 2, 1889, p. 83.

Behandelt neben:

1. Trycolyga bombycis, der Bengal-Silkworm Fly (T. 5 F. 1).
2. Caelosterna scabrata Fabr. (T. 6 F. 2) auf Wallnussbäumen.
3. Neocerambyx holosericeus Fabr. (T. 5 F. 3) auf *Shorea robusta* und *Terminalia tomentosa.*
4. Plocederus pedestris White (T. 5 F. 4) auf *Shorea robusta* und *Odina wodier, Bombax heptaphyllum.*
5. Aulacophora foveicollis Baly (T. 6 F. 5) auf *Trapa bispinosa.*
6. Papilio erithonius Cram. (T. 6 F. 1) auf Orangebäumen, *Aegle marmelos*, *Zizyphus jujuba, Glycosmis pentaphylla.*
7. Opium cut worm (Agrotis suffusa?) und
8. Haliothis armigera Moore (T. 6 F. 4) an Opium Mohn., endlich
9. Cecidomyia oryzae Wood-Mason (T. 6 F. 6) an Reis.
10. Werden verschiedene Insectenschäden besprochen, gleichfalls meist nur mit Trivialnamen.
11. Insecticiden, London purple, insbesondere
12. Ein Mittel gegen die Kaffeewanze, Lecanium viride. — Den Schluss bilden Angaben über den Stand des Indian Museum.

24. **Cotes**, E. C. Further Notes on Insect pests in: Ind. Mus. Notes, I, No. 1, 1889, p. 15—76.

Behandelt:

1. Bemerkungen über den Weizen- und Reiskäfer (Calandra oryzae L.) mit dem Schlusse: 1. Es wird die Ansicht befestigt, dass C. gran. nur ein Speicherthier ist und dass daher Getreide, durch Absonderung und andere Maassregeln gegen Ansteckung bewahrt werden kann, wenn dies sogleich angewendet wird, sobald es vom Felde eingebracht wird. Die harten Weizensorten können leicht geschützt werden, während bei den weichen, welche dem Angriffe weniger widerstandsfähig sind, Schutz zwar möglich aber mit bedeutenden Schwierigkeiten verbunden ist. 2. Es wurde beobachtet, dass der Wandertrieb des Käfers die gänzliche Absonderung sehr erschwert, wenn in der Nachbarschaft angesteckte Plätze sind. 3. Es wird die Annahme bestärkt, dass Reis von den Angriffen des Insectes frei bleibt, so lange er in den Hülsen liegt, welche einen wirksamen Schutz zu bilden scheinen. 4. Es wird beobachtet, dass das Insect keine besonders grosse Verbreitung aufweist, nachdem es einmal England erreicht hat. 5. Es ist zweifelhaft, ob eine von den bekannten Substanzen, Kohlenbisulphid, „Neem"-Blätter, Schwefeldämpfe, das in einem angesteckten Speicher aufbewahrte Getreide bewahrt. 6. Es wurde beobachtet, dass beim Weizen die Aehre einen Schutz gegen das Insect bietet, während Gerste dem Angriff in gleicher Weise ausgesetzt ist, ob sie in Aehren liegt oder frei ist.
2. Diatraea saccharalis Fabr. (T. 2 F. 2) am Zuckerrohr, mit weitläufiger Beschreibung und Bibliographie.
3. The Sorghum Borer — an *Sorghum vulgare,* unbenannt.
4. Dasychira Thwaitesii Moore (T. 3 F. 1) besonders an *Thea*-Pflanzen, auch an *Careya arborea* u. s. w.
5. Agrotis suffusa Hübn. (T. 3 F. 2) an „paddy".
6. Magiria robusta Moore (T. 3 F. 3) an *Cedrela toona.*
7. Clothes moths (Tinea baseliella trapetzella u. s. w.).
8. Hispa aenescens Baly (T. 2 F. 1) an Reis mit vielen Angaben.
9. The Makai tree bark borer (Tomicus spec.) an *Shorea assamica.*

10. Bamboo Insect an *Echinocarpus nimmoanus, Dolichos inflorus, D. lablab.*
11. Cryptorhynchus mangifera Fabr. (T. 4 F. 1) an *Mango.*
12. Dermestes vulpinus Fabr. (T. 4 F. 2) an Seidenspinnern.
13. Weitere Beiträge über Insecticiden (T. 4 F. 3) Insecticide for the Green Scale Bug of Coffee *(Lecanium viride).*
14. Kurze Notizen über verschiedene Insectenschäden aus der Gruppe der Schmetterlinge, Käfer, Orthopteren, Neuropteren und Dipteren, meist unbenannte und zum Theil unbestimmbare Arten mit Trivialnamen; endlich
15. Auszüge aus eingelaufenen Berichten — ohne Werth.

25. **Cotes, E. C.** Note on Locusts in India. Govern. of India Central Printing office, (1889), 4 p.

Nicht gesehen.

26. **Cugini, G.** e **Macchiati, L.** Principali insetti ed acari dannosi all' agricoltura, osservati nell' anno 1889 in proviucia di Modena in: Boll. staz. agrar. Modena N. S., IX, 1889.

Nicht gesehen.

27. **Douglas, J. W.** Notes on some British and exotic Coccidae in: Entom. N. Magaz., XXV, 1889, p. 232—235, 314—317.

Behandelt Icerya Purchasi, Ortonia natalensis, Dactylopius adonidum und D. Theobromae n.

28. **Fletcher, J.** Popular and economic entomology in: Canad. Entomol., XXI, 1889, p. 15—17, 74—76, 117—120, 150-152, 201—204, Fig.

Behandelt: Winterfang; dann Clisiocampa Americana Harr., Cut-worms-, Larven von Agrotis scandens Ril. A. saucia Tr., und Hadena arctica Bois., dann Nematus ribesii Scop., und Papilio Turnus L.

29. **Fletcher, J.** Injurious Insects in Ontario in: Rep. Entom. Soc. Ontario, XIX, 1889, p. 3—13.

Nicht gesehen.

30. **Fraser, J.** Enemies of the apple and pear in: G. Chr., 1888, IV, p. 469—471.

Als thierische Feinde des Apfelbaumes werden angegeben: Carpocapsa pomonana, Schizoneura lanigera, Anthonomus pomorum, Aspidiotus conchiformis, Phytoptus pyri und Eriocampa limacina. Dieselben sind abgebildet. Sydow.

31. **Fyles, Thomas W.** The Farmer's own Insecticide in: Canad. Entomol., XXI, 1889, p. 220.

Der Saft von *Phytolacca decandra* wird als Insecticide empfohlen.

32. **Giard, A.** Rapports entre les taches du soleil et les fléaux de l'agriculture in: Rev. scient., XVI, 1888, p. 92.

Bericht über das epidemische Auftreten der Silpha opaca in den verschiedensten Ländern Europas während der Jahre 1843—1888. Sydow.

33. **Giard, A.** Sur le Silpha obscura L., insecte destructeur de la Betterave in: C. R. soc. biol. (8), V, 1888, p. 554—558.

34. **Giard, A.** Nouvelles remarques sur le Silpha obscura in: C. R. soc. biol. (8), V, 1888, p. 615—618.

Sehr ausführliche Mittheilungen über das schädliche Auftreten der Silpha obscura auf der Runkelrübe vom Jahre 1846 ab bis zur Neuzeit. Sydow.

35. **Giard, A.** Un parasite de la betterave in: Rev. scient., XVI, 1888, p. 60—61.

Ausführlicher Bericht über Silpha opaca (L.), welches Insect in der Umgebung von Carvin (Pas-de-Calais) grosse Verwüstungen an der Runkelrübe verursachte. Sydow.

36. **Giard, A.** De insectorum morbis qui fungis parasitis efficiuntur par J. Krassilstschik in: Bull. sc. France et Belge (3), II, 1889, p. 120—136.

Eine Kritik über insecticide Pilze.

37. **Glaser, L.** Mittheilung von Beobachtungen an der Ahornblattlaus (Aphis aceris L.) in: Entom. Nachr., XV, 1889, p. 40—46.

Tagebuchnotizen über die Beobachtungen an *Acer Pseudoplatanus* L. vom 23. Mai bis 31. October 1888. — Es sind nach Kessler drei Arten mit inbegriffen: Chaitophorus aceris Koch, Ch. testudinatus Thorut. und Ch. lyropictus Kessl. Sydow.

38. **Green, Ernest.** Insects injuring the thea-plant in Ceylon in: Ceylon Independent 3/7—3/10. — Insect Life, II, 1889, p. 192—193.

Die Schädlinge der Theepflanze auf Ceylon sind: Eumeta Carmerii, Zeuzera coffeae, Aspidiotus theae, A. flavescens, A. transparens, Stauropus alternus, Tetranychus bimaculatus, Typhlodromus carinatus, Acarus translucens.

39. **G. S.** Piralite della vite in: Rass. Con., III, 1889, p. 144—146.

Lebensweise, Historisches und Bekämpfung von Pyralis vitis Bosc. Verf. schlägt vor als Gegenmittel: Besprengung der Weinstöcke mit Petroleumäther in Seifenlösung. Solla.

40. **Hartig.** Blattläuse aus St. Francesco in: Bot. C., XXXVII, 1889, p. 305.

Die bei 1 cm langen Blattläuse hatten an Bäumen und Sträuchern in St. Francesco grosse Verwüstungen angerichtet.

41. **Henschel, G.** Ueber das Auftreten eines neuen Gartenschädlings, Lema melanopa in: Wien. Landw. Ztg., 1889, No. 61, p. 460—461. Wochenschr. f. Brauerei, 1889, No. 38, p. 861—862.

Verf. erhielt aus Ungarn Gerste und Hafer von Feldern, die zum Theil in grossem Umfange von den Larven und ausgebildeten Thieren der Lema melanopa L. verwüstet worden waren. Die Frassbahnen verliefen im Blattfleisch zwischen den Längsnerven der Blätter, ohne die Nerven, den Blattrand oder die Epidermis zu berühren; bei Mangel war auch der Halm angefressen. Verf. züchtete mehrere Generationen des Käfers. Matzdorff.

42. **Hibsch, Em.** Kurze, zwei Rübenschädlinge betreffende Mittheilung in: Oesterr. Ungar. Zeitschr. f. Zuckerindustrie und Landwirthschaft, 1889, Heft 1. Bot. C., XLII, p. 283.

Silpha opaca verwüstete bei Salesel an der Elbe, und Plusia gamma bei Kaschitz die Zuckerrübenpflanzungen.

43. **Horvath.** Mittheilungen aus der öconomischen Entomologie in: Termesz. Közlöny, XXI, 1889, p. ? (Ungarisch.)

Nicht gesehen.

44. **Jackson, John R.** Insects injurious to food plants and timber trees in: G. Chr., 1888, III, p. 619—620.

Den Futterpflanzen und dem Bauholz schädlich sind: Nematus ribesii, Hylesinus fraxini, Psila rosea, Balaninus nucum, Carpocapsa pomonana und Hylurgus piniperda. Sydow.

45. **Jkeda.** „Insects affecting the turnip-crop in Japan", in: Zool. Magaz, I, 1889, p. 339 (japan.).

Nicht gesehen.

46. **Illés, N.** Az ákácz veszedelme. Die Gefahr der Robinie in: Erdészeti Lapok, XXVIII, 1889, p. 382—385. (Ungarisch.)

Anzeige, dass an vielen Orten Ungarns eine Schildlaus (Lecanium) die Robinie arg beschädigt. Staub.

47. **J. O. W.** (Westwood, J. O.) The fly of the Iris leaf in: G. Chr., 1888, III, p. 493; fig.

Die in eigenthümlicher Weise angegriffenen und theilweise zerstörten Blätter von *Iris ochroleuca*, *I. sambucina* und *I. germanica* werden von Agromyza iridis verunstaltet. Insect, Larve und Fliege sind abgebildet. Sydow.

48. **Judeich, J. F. und Nitsche, H.** Lehrbuch der mitteleuropäischen Forstinsectenkunde mit einem Anhange: Die forstschädlichen Wirbelthiere. Als 8. Auflage von Ratzeburg, die Waldverderber und ihre Feinde. II. Abth. Spec. Theil. 1. Hälfte: Geradflügler, Netzflügler und Käfer. Wien, 1889. 4⁰. p. 265—623, Taf. IV—VI.

Es werden die genannten Ordnungen nach System und wichtigen Vertretern behandelt, die Forstschädlinge aus ihnen ausführlichst und unter Zuhülfenahme vieler guter Abbildungen nach Bau und Lebensweise geschildert. Die farbigen Tafeln enthalten: Nonne, Rothschwanz, Kieferneule, -spanner, -triebwickler, Schwammspinner, Ringelspinner, Goldafter, Eichenprocessionsspinner, Eichenwickler, Blatt- und Holzwespen, Werre.

Matzdorff.

49. **Karsch, F.** Corymbites (Diacanthus) aeneus; ein Kartoffelschädiger in: Berlin. Entom. Zeitschr., XXXI, 1887, p. XX.

Die von den Larven von Diacanthus aeneus hervorgerufenen Bohrstellen in den Kartoffeln hatten das Aussehen, als seien die Kartoffeln mit Schrot durchschossen worden.

Sydow.

50. **Karsch, F.** Ueber Leptinotarsa decemlineata (Say) in: Berlin. Entom. Zeitschr., XXXI, 1887, p. XXXIX.

Vgl Bot. J., XV, 2., 1887, p. 18 u. 60.

51. **Karsch, F.** Oeconomisch-entomologische Notizen in: Entom. Nachr., XV, 1889, p. 57–59, 382—384.

1. Lygus pratensis L. als Schädiger der Fuchsien in Erfurt.
2. Ein neuer Feind der Rosencultur — in Dresden; scheint eine Cecidomyien-Larve zu sein.
3. Polydrosus sericeus Schall. und Strophosomus obesus Marsh. — An *Betula atropurpurea* und *Fagus* in Rinseke i. W.
4. Acrolepia assectella Zell. an Porrepflanzen in Berlin.
5. Drepanopteryx phalaenoides L. — verzehrt Blattläuse.
6. Bibio-Larven schadeten den jungen Kohlpflanzen in Pommern.
7. Athalia spinarum Fbr. drohten die Rapsculturen in Brandenburg zu vernichten.
8. Eurydema oleraceum (L.) auf Kartoffeln in Wegendorf schädlich.
9. Cecidomyia destructor Say zerstörte in Brandenburg $^2/_3$ des Winterroggens.
10. Syrphus-Maden schädigten bei Berlin die Hopfenpflanzungen.
11. Olocrates-ähnliche Larven schädigten auf Neu-Guinea die Tabakpflanzen.
12. Spilographa cerasi L. — vertilgte in den Gubener Bergen fast die ganze Kirscherndte.

52. **Kermode.** Wireworm in: Lioar Mann, I, 1889, p. 19 etc.

Nicht gesehen.

53. **Kermode.** Injuries by Tipula oleracea in Isle of Man in: Lioar Manu, I, 1889, p. 29–36.

Nicht gesehen.

54. **Kessler, H. F.** Die Ungefährlichkeit und kostenlose Vertilgung der Blutlaus, Schizoneura lanigera Hsm., nachgewiesen durch fünfjährige Beobachtungen und Untersuchungen in einer Baumschule in: Ber. Ver. Naturk. Cassel, XXXIV/XXXV, 1889, p. 64–66.

Aus langjährigen Beobachtungen und Versuchen, welche namentlich im Versuchsgarten der Forstakademie zu Münster gemacht wurden und im vorliegenden Aufsatze ziemlich eingehend geschildert werden, ergiebt sich, dass die von Schizoneura lanigera Hsm. befallenen Apfelbäume durch einfaches, aber wiederholtes Bürsten und Waschen mit reinem Wasser vollständig und bleibend gereinigt wurden und dass eine Wanderung der Thiere auf andere Bäume nicht erfolgt; werden daher blutlausfreie Apfelbäume zu Neuanlagen oder Ergänzungen entstandener Lücken verwendet, so findet auch keine Weiterverbreitung der Blutlaus an andere Orte statt.

55. **Kessler, H. F.** Beobachtungen über Galeruca viburni Payk in: Ber. Ver. Naturk. Cassel, XXXIV/XXXV, 1889, p. 54–63.

Auf Grund der sehr eingehend studirten und ausführlich dargelegten Lebensgeschichte von Galeruca viburni, welche auf *Viburnum Opulus* bei Cassel schädlich auftrat, kann der nachtheiligen Einwirkung dieses Käfers zweimal im Jahre entgegengetreten werden: zum ersten Male, wenn die Larve zur Verpuppung in die Erde geht und sich da kaum 1 cm tief mit einem lockeren Erdcocon umgiebt, dadurch, dass man durch Umgraben oder Festtreten oder Nasshalten des Bodens die Entwicklung der Larve zur Puppe oder dieser zum Käfer, beziehungsweise das Auskriechen des letzteren aus der Erde während der Verpuppungsperiode (zweite Hälfte Juni oder Juli) verhindert; zum zweiten Male während der Spätherbst- und Winterszeit durch Abschneiden und Vernichten der mit Eiern besetzten jungen Triebe. Die letztere Vertilgungsweise ist die erfolgreichste.

56. **Kögl, A.** Az ákáczfa paizstatüye. Die Schildlaus der Robinie in: Erdészeti Lapok, XXVIII, 1889, p. 879—882. (Ungarisch.)

Die Schildlaus (Lecanium spec.?) der Akazie wurde auch in Szekszasce aufgefunden; der Autor beobachtete ihre Lebensweise und giebt Anweisungen zu ihrer Vernichtung.

Staub.

57. **Kolbe, H. J.** Einwanderung und Verbreitung des Niptus hololeucus in Europa in: Entom. Nachr., XV, 1889, p. 3—7.

Die Einwanderung in Europa erfolgt, wie es scheint, durch allerlei Waaren, namentlich Wolle; von Russland her durch *Rheum rhaponticum*.

58. **Kunckel d'Herculais, J. et Banguil, Th.** Recherches experimentales sur la préservation des vignes contre les ravages des acridieus ailes vulgo santurelles Constantine. Braham, 1889. 8⁰. 31 p.

Nicht gesehen.

59. **Kunckel d'Herculais, J.** Les Acridiens et leurs invasions en Algérie in: C. R. Paris, CVIII, 1889, p. 275—276. — Bull. soc. entom. France (6), IX, 1889, p. VI—VIII.

Statistische Daten. Parasiten sind Bombyliden- und Epicanta-Larven.

60. **Kunicki, B.** Botanische und forstwirthschaftliche Charakteristik der Espe nebst Bemerkungen über deren Verwendung in: Jahrb. St. Petersburger Forstinstitut, II, 1888, p. 57—141, 3 Taf. (Russisch.)

Behandelt auch die Schädigung durch Thiere.

61. **Laboulbène, A.** Note sur les dégâts produits sur les épis de mais par un insecte hémiptère, Pentatoma (Nezara) viridula L. in: C. R. Paris, CVIII, 1889, p. 1131—1133.

62. **Laboulbène, A.** Sur les moyens de détruire les Insectes hémiptères, qui nuisent aux epis en formation du mais et du ble, ibid. CVIII, 1889, p. 1269—1271.

Behandelt Schaden und Gegenmittel von Pentatoma viridula auf Mais.

63. **Lameere, A.** Rapport sur les moyens de destruction du Liparis salicis in: Compt. rend. soc. entom. Belgique, XXXIII, 1889, p. CLXVI—CLXVII.

Giebt Verhaltungsmaassregeln gegen die auf Pappeln (*Populus Canadensis*) zerstörend auftretenden Liparis Salicis; die Verwüstung wird von Proost beschrieben.

64. **Lampa, Sven.** Om Ollonborrarne in: Entom. Tidskr., X, 1889, p. 217—222.

Ueberblick über den Maikäferschaden in Schweden und die Vertilgungsmittel.

65. **Lampa, Sven.** Hydroecia micacea Esp. såsom skadedjur in: Entom. Tidskr., X, 1889, p. 7 u. 8.

Hydroecia micacea in Gotland, schädlich an Knollengewächsen.

66. **Lémoine, V.** Evolution biologique d'un Hyménoptère parasite de l'Aspidiotus du laurier rose in: C. R. soc. biol. (8), V, 1888, p. 153—154.

Eine kurze Wiedergabe der Arbeit ist an dieser Stelle nicht thunlich. Es sei daher auf das Original verwiesen. Sydow.

67. **Lintner, J. A.** Report of the State Entomologist to the Regents of the University of the State of New York for the year 1886 in: Rep. New York Museum, XL, 1889, p. 83—154.

68. **Lintner, J. A.** Fourth Report on the injurious and other insects of the State of New York in: Rep. New York Museum, XLI, 1889, p. 6—234 (sep.).

69. **Lintner, J. A.** The insects of the Hemlock in: Rep. New York Museum, XLI, 1889, p. 19—26.

70. **Lozzo, G. J.** Sull' insetto che dauneggia i gelsi in: Il Coltivatore, 1889, p. 573.

Bespricht Diaspis pentagona als starken Verwüster der Maulbeerbäume und als Vorkehrungsmittel den Gebrauch des Tabakwassers. Solla.

71. **Lunardoni, A.** Gli insetti nocivi ai nostri orti, campi frutteti e boschi; loro vita, danni e modi per prevenirli, I. Napoli, 1889. 8⁰. XII e 570 p.

Bespricht in etwas populärer Form die Schaden, welche die Käfer den Culturpflanzen in Garten, Feld und Wald zufügen, die Lebensweise der Thiere und die Mittel zu deren Bekämpfung. Auf den ersten 44 Seiten ist ein allgemeiner Ueberblick über die Histologie und Morphologie der Insecten gegeben, ganz im Anschlusse an die letzte Auflage von Zudeich und Nitsche, von welchem Werke der vorliegende Auszug eigentlich mehr eine wörtliche Uebersetzung mit Hinweglassung einiger Perioden ist. Aus demselben Werke, welches jedoch in der dem Buche vorangestellten Bibliographie nicht angeführt erscheint, ist auch die Mehrzahl der in groben Strichen wiedergegebenen Figuren entnommen. Im speciellen Theile schildert Verf. die Thiere ausführlich, bespricht die Tragweite ihrer Schädlichkeit und führt die Gegenmittel an, welche zur Tilgung des einzelnen Insectes angewendet werden können. Leider erfahren wir aus dem Buche gar nicht, wie weit die mitgetheilten Käfer-Invasionen in Italien um sich gegriffen haben, oder zerstörend aufgetreten sind. Die Schreibweise ist nicht immer ganz correct. Solla.

72. **Lunardoni, A.** Il bruco dei grappoli o il verme dell' uva nei vigneti di Marino e dintorni in: Bot. Orto Firenze, XIV, 1889, p. 49—53.

Wiedergabe des Artikels aus: Boll. soc. viti cultori italiani. Solla.

73. **Lunardoni, A.** L'otiorinco della vite nei vigneti di Roma e dintorni in: L'Italia enologica, III, 1889, p. 179—180.

Auftreten des Rebenstechers in Weinbergen ausserhalb Roms. Beschreibung des Insectes. Maassregeln, demselben vorzubeugen. Solla.

74. **Malé, Maurice.** Les insectes nuisibles aux forêts et aux arbres d'alignement, moeurs, dégâts, destruction. Paris (Le Bailly), 1889. 8⁰. 36 p., Fig.

Nicht gesehen.

75. **Malley, F. W.** Another strawberry Sawfly, Monostegia ignota in: Insect Life, II, 1889, p. 137—140, Fig. 22.

Monostegia ignota Nort. tritt neben Harpiphorus maculatus auf *Fragaria vesca* schädlich auf; Beschreibung der Larve und der Entwicklung.

76. **Mariani, D.** Appunti sopra un bruco, Liparis dispar, che danneggia la Quercus Suber L. in: Nuova Rivista forestale, XII, 1889, p. 76—79.

Verf. erwähnt anlässlich des Vorkommens der Raupe von Liparis dispar in dem Korkeichenbestande von Arcodaci in der Provinz Trapani der Eigenthümlichkeiten in der Lebensweise dieses Insectes. Der Fras war nicht unerheblich, doch sind genauere Angaben nicht mitgetheilt. Verf. berichtet auch, dass die Raupe von der Sarcophaga carnaria und theilweise auch von Calosoma Sycophanta hart verfolgt wurde. Solla.

77. **Marlatt, C. L.** Report on the Lesser Migratory Locust (Melanopus atlanis) in: Insect Life, II, 1889, p. 66—70.

Als Feinde werden genannt eine Trombidium-Art, Larven von Tachina und Sarcophaga und eine Mermis-Art.

78. **Mayet, V.** Les insectes de la vigne. Montpellier, Coules. Paris (Marson), 1889. 8⁰. XXVIII et 472 p., 5 planch.

Nicht gesehen.

79. **Palumbo, Mina.** Un insetto nocivo agli agrumi in: Coltivatore, 1889, p. 237.

Die Cocciden, besonders Ceroplastes rusci Sign. und Columnea testudinata Targ. werden als Schädlinge der Agrumi besprochen. Als Mittel wird Petroleumemulsion mit Seife anempfohlen. Solla.

80. **Morerod, H.** Ver de la vigne in: Chronique agricole et viticole du canton de Vaud., I, 1888, p. 60.

Nicht gesehen.

81. **Morgan, A. C. F.** Observations on Coccidae in: Entom. M. Magaz., XXV, 1889, p. 189—196, pl. III (III.); p. 275—277, pl. IV (IV.); p. 349—353, pl. V (V).

Behandelt mit Abbildungen, vorherrschend zoologisch, folgende neue Fundstellen von Schildläusen und neue Arten derselben: Es waren befallen Rindenstücke von Apfel-, Pflaumen- und Kirschbaum von Mytilaspis pomorum und Aspidiotus ostreaeformis; *Anthurium Harrisii* und *Coelogyne cristata* von Aspidiotus ficus; eine Orchidee von Diaspis Boisduvalii; ein Mangoblatt aus Demerara von Diaspis rosae, Ischnaspis filiformis, Aspidiotus personatus; *Areca lutescens* von Mytilaspis buxi Sign. = ? M. pandani Comst; *Anthurium acaule* von Fiorinia pellucida Targ. Tozz. = ? Uhleria camelliae Comst.; Orange aus Demerara von Chionaspis vitis; *Anona cherimotia* und *A. muricata* von Chionaspis biclavis; Cocospalmblätter aus Barbados von Fiorinia pellucida und Mytilaspis buxi; *Dictyospermum album* aus Trinidad von Ischnaspis filiformis, Mytilaspis buxi, Aspidiotus articulatus n. sp., A. dictyospermi n. sp.; *Cupania sapida* aus Demerara von Aspidiotus longispina n. sp. Planchonia fimbriata. — Die übrigen ausländischen Pflanzen stammten aus Kew oder dem Roy. Bot. Soc. Garden. — Schliesslich beschreibt Verf. dann die Aspidiotus nerii Bouché, ostraeformis Curt., perseae Comst., ficus Ril. Mscr., Comst., personatus Comst., camelliae Sign., zonatus Frau; dann die genannten neuen Arten sowie Asp. acaciae n. sp. auf *Acacia pycnantha* von Tasmanien.

82. **Niceville, L. de.** Indian Insect Pests. Rhopalocera in: Indian Mus. Notes, I, No. 1, 1889, p. 9—14.

Behandelt: Suastus gremius Fabr. (T. 1 F. 4) „Pettanai" an „the paddy plants" etwas zweifelhafte Angabe; Lampides elpis God. (T. 1 F. 5) an *Elettaria cardamomum*.

83. **Ormerod, E. A.** Notes and Descriptions of a few injurious farm and fruit Insects of South Africa, with descriptions and identification of the Insects by O. E. Janson. London, 1889. 8⁰. 8 u. 116 p., Fig.

Nicht gesehen.

84. **Ormerod, E. A.** Annual Report for 1888 of the Consulting Entomologist, with additional details from previous Reports respecting some of the most injurious Insect attacks of the past season in: Journ. R. Agric. Soc. (2), XXV, 1889, p. 329—343.

Nicht gesehen.

85. **Pomel, A.** Sur les ravages exercés par un Hémiptère du genre Aelia sur les céreales algériennes in: C. R. Paris, CVIII, 1889, p. 575—577.

Die Art ist ähnlich Aelia acuminata und heisst A. triticiperda n. Sie richtete auf Gersten- und Weizenfeldern arge Verwüstungen an; die angebohrten Körner verbreiten einen Ekel erregenden Geruch und sind auch für das Vieh verloren.

86. **Poste, K.** La tentredine delle rape in: L'Italia agricola, XXI, 1889, p. 203.

Beschreibung der Verheerung der Rübenpflanzen durch die Larve von Athalia spinarum Fabr. in der Umgegend der Stadt Görz; auch andere Pflanzen bieten der Raupe Nahrung. Maassregeln zu deren Vertilgung werden angegeben. Solla.

87. **Preudhamme de Borre.** Sur les méfaits de l'Otiorhynchus sulcatus F. et les moyens de les prévenir in: Compt. rend. soc. entom. Belge, XXXII, 1889, p. CXXXVIII—CXXXIX; CXLVII—CXLVIII.

Otiorhynchus sulcatus trat bei Hocylaert an Fruchtbäumen schädlich auf.

88. **Quedenfeldt, G.** Ein neuer dem Weinbau schädlicher Käfer in Tunesien in: Berlin. Entom. Zeitg., XXXIII, 1889, p. 401—402.

Rhizotrogus cretei trat in Tunis weinschädllich auf.

89. **Raynor, Gilbert H.** The Codlin Moth in Tasmania in: Entomologist, XXI, 1888, p. 159—160.

Bericht über Carpocapsa pomonana, welche in den letzten Jahren in verschiedenen Districten Tasmaniens sehr verheerend auftrat. Sydow.

90. **Reiset, J.** Memoire sur les Sommages causés à l'agriculture par le hanneton et sa larve; mesures prises pour la destruction de cet insecte; suites et résultats in: C. R. Paris, CVIII, 1889, p. 835-841.

Eine Statistik des Schadens durch Maikäfer und Mittel zur Vertilgung (Luftpumpe).

91. **Ridley, H. N.** Report on the destruction of Coco-nut Palms by Beetles. Singapora, 1889. 8⁰. 11 p.

Nicht gesehen.

92. **Riley, C. V.** The problem of the Hope-plant Louse, Phorodon humuli Schrank, in Europa and America in: Rep. 57th Meet. Brit. Assoc. Adv. Sc, 1887. London, 1888. p. 750—753.

Phorodon humuli brachte bei New-York Verwüstungen der Hopfenplantagen bis zu 10 % hervor. R. stellte fest, dass Phorodon mahaleb Foncs. auf *Prunus*-Arten eine Form von Ph. humuli ist. Er übertrug Colonien von *Prunus* auf *Humulus* und erzog von der aus dem Winterei auskriechenden Stammmutter continuirlich mehrere Generationen. Die Hitze am 17. und 18. Juli (über 100° F.) tödtete alle Läuse. — Die Art überwintert als Winterei, das an den Zweigen der verschiedensten wilden und cultivirten *Prunus*-Arten und -Abarten befestigt ist. Das Jahresleben beginnt hier mit der auskriechenden Stammmutter. Es folgen drei parthenogenetische Generationen auf einander, die dritte ist die typische Ph. mahaleb. Diese wandert auf den Hopfen. Auf ihm kommen noch einige parthenogenetische Generationen zur Entwicklung. R. fand die 7. Generation — im Ganzen 9. — schon am 5. August, die 9. am 19. August. Die 11. oder 12. Generation bringt geflügelte Weibchen hervor, die im Herbst auf *Prunus* zurückwandern. Diese erzeugen geflügelte Männchen und flügellose Weibchen; letztere legen die Wintereier. R. beschreibt Bau und Lebensweise aller Generationen. Die Vermehrung ist eine ungeheuere: ein Frühjahrsweibchen hat Trillionen Nachkommen in einem Jahre. Matzdorff.

93. **Riley, C. V.** The Problem of the Hop-Plant Louse fully solved in: G. Chr., 1887, II, p. 501; auch p. 333.

Kurzer Bericht über Phorodon humuli Schrk. Sydow.

94. **Riley, C. V.** On Icerya Purchasi, an Insect injurious to fruit Trees in: Rep. 57th Meet. Brit. Assoc. f. Adv. of Sc., in 1887. London, 1888. p. 767.

Icerya Purchasi kommt in Australien, Neuseeland, Südafrika und Kalifornien auf Akazien, Limonen, Orangen, Granatäpfeln, Quitten und Wallnüssen vor, ist während allen Lebensstufen beweglich und kann längere Zeit ohne Futter aushalten. Die Art hat sich von Australien aus über die anderen Gebiete verbreitet; vielleicht ist sie auch identisch mit I. Sacchari Sign., die auf den Inseln Bourbon und Mauritius das Zuckerrohr verwüstet. Ist dies der Fall, so ist ihre weite Verbreitung unter der Berücksichtigung des Umstandes leicht erklärlich, dass bei der Verpackung oft Zuckerrohr benutzt wird. Matzdorff.

95. **Riley, C. V.** Report of the Entomologist for the year 1888. Washington, 1889. 8°. p. 53—144, pl. I—XII.

Nicht gesehen.

96. **Rudow, Ferd.** Einige kleine Beobachtungen in: Soc. Entom., IV, 1889, No. 17, 19, 20. — Bot. C., XLII, p. 282.

„Auf Grund dreijähriger Beobachtung glaubt Verf. die Ueberzeugung aussprechen zu können, dass die durch Exoascus pruni verursachten Missbildungen an Steinobst ihre Entstehung als solche zuerst den Blättläusen zuzuschreiben sind und dass sich ebenso Roestelia an Pomaceen vorzüglich an den Saugstellen von Rhynchoten und Milben entwickelt. Die ersten Versuche wurden an Prunus Padus gemacht, indem eine Anzahl Trauben zur Beobachtung gewählt wurden, die theils vor den Blattläusen geschützt, theils aber mit ihnen erst recht bevölkert wurden. Der Versuch misslang nicht ein einziges Mal; jedes Mal zeigt sich kurz nach Besetzung einer Frucht mit Blattläusen eine Missbildung mit später eintretender Wucherung des Exoascus, während alle von Blattläusen sorgfältig rein gehaltenen Trauben niemals eine Spur davon zeigten. Somit schliesst der Verf. — wird der von den Aphiden abgesonderte Zuckerstoff der Träger des Pilzes. Bei Prunus domesticus erleichterten die einzeln stehenden Früchte die Beobachtung und stets mussten die Blattläuse erst vorgearbeitet haben, dann erschien der Pilz und in diesem erst richteten sich die Milben wohnlich ein. Unterstützt wird der Beweis für die Richtigkeit dieser Beobachtung durch die Thatsache, dass es de Bary nicht gelang, Exoascus selbständig zu übertragen und zur Entwicklung zu bringen. — Auch auf der Unterseite von Ahorn und Linde siedeln sich in manchen Jahren massenhaft Blattläuse an; die schmierig klebrige Masse derselben wird bald der Nährboden für reichliche Pilze, welche die Blattsubstanz zerstören und sie lederig macht; durch sorgfältiges Reinigen mit Schwamm und Wasser blieben die Blätter von Pilzen vollständig frei. — Die von Capsus- und Psylla-Arten angestochenen Blätter des Birnbaums und der Eberesche entwickeln häufig Roestelia, niemals aber reine; auch Rosenblätter, die von Typhlocybe angesaugt wurden, sowie Rosenfrüchte, welche von anderen Insecten benagt wurden, zeigten an den beschädigten Stellen reichliche Entwicklung von Rostpilzen; die unversehrten Stellen blieben stets pilzfrei. Auch an *Humulus japonicus*, der von Blattläusen und anderen Rhynchoten reichlich besetzt war, ergaben sich dieselben Resultate.

97. **Russki**. Ueber schädliche Insecten des Gouvernements Kasan in: Prot. obsch. estest. Kazan 1887/88, No. 98, p. 1—5; 1888/89, No 111, p. 1—4. (Russisch.)

Nicht gesehen.

98. **Saunders, W.** Insects injurious to fruits. 2d Edit. Philadelphia, 1889. 8⁰. 436 p. — Cfr. Canad. Entomol., XXI, p. 100.

Nicht gesehen.

99. **Schumann, Paul.** Ueber Aelia acuminata in: Berlin. Entom. Zeitschr., XXXI, 1887, p. XIX.

Ein Roggenfeld bei Freienwalde a./O. war von Aelia acuminata L. in grosser Menge befallen worden. Die Thiere sassen Ende Mai an den unteren Theilen der Halme, entgegengesetzt den Angaben von Seehaus, nach welchem sie vorher die Aehre besetzt halten. Die Aehre erhält durch die saugende Thätigkeit der Wanze ein schmutzig graues Ansehen. Sydow.

100. **Shipley, A. E.** On Lethrus Cephalotes, Rhynchites betuleti and Chaetocnema basalis, three species of destructive Beetles in: Proc. Cambr. Philos. Soc., VI, 1889, p. 335—340; pl. III.

Nicht gesehen.

101. **Stalder, G.** Die Wintersaateule, Agrotis segetum, ein schlimmer Feind der Winterendivie in: Schweiz. Landw. Zeitschr., 1889, No. 20, p. 517—519.

Nicht gesehen.

102. **Targioni-Tozzetti, A. e Franceschini, F.** La Diaspis pentagona Targ. cocciniglia nuova o pidocchio nuovo dei gelsi in: L'Italia agricola, XXI, 1889, p. 554—557.

Diaspis pentagona Targ., ein neuer Feind des Maulbeerbaumes, wird in seinen Einzelheiten näher beschrieben und in verschiedenen Lebensstadien bildlich dargestellt. Diese Coccide lebt, seit 1886 bekannt, zahlreich in männlichen und weiblichen Individuen an den obersten Zweigen des Maulbeerbaumes in der Provinz Como an mehreren Orten; ist jedoch auch an *Broussonetia*, *Evonymus*, *Persica*, *Sophora* und *Prunus Laurocerasus* beobachtet worden. Die Deckschilder des ♀ sind kreisrund oder nahezu mit 1—2 mm Durchmesser, mit einem schwärzlichen, beinahe centralen Punkte; jene der ♂ sind flockenförmig, länglich, glänzend weiss. Vom Frühjahr bis October haben wenigstens drei Generationen statt. Der Schaden bezieht sich auf Missbildung der Knospen und Blätter und kann sich später auch auf eine Hintanhaltung des Wachsthums der Zweige erstrecken. Verschiedene Vertilgungsmittel werden angegeben. Solla.

103. **Targioni-Tozzetti, A.** Resultati di alcune esperienze tentate contro le larve di varie specie di Elateridei, nocivi al fromentone, al grano etc. nel Polesine in: Atti acad. econ. agrar. Georgofili (4), XII, 1889, p. 45—49.

Bericht über die im unteren Pogebiete gegen Schnellkäferlarven in Anwendung gebrachten Mittel zur Verhütung weiterer Schäden an den Cerealien (Mais, Weizen etc.). Die häufiger daselbst auftretenden Insecten waren: Agriotes lineatus, A. obscurus, A. sordidus, Drasterius bimaculatus und Cryptohypnus pulchellus. Die versuchten Mittel waren: Gemenge mit vorwiegend Schwefelkohlenstoff, solche mit Phenol, ferner Naphthalin. Die Resultate waren je nach den äusseren Verhältnissen und dem Procentgehalte der Untersuchungsmittel in dem Gemenge verschieden und sind im Texte näher zu vergleichen. Allgemein konnte geschlossen werden, dass Schwefelkohlenstoff immer sofortige Einwirkung ausübte, wenn für sich in nicht geringeren Quantitäten als 300 g pro Quadratmeter oder in einer Emulsion in 200 g pro Quadratmeter angewendet. Phenol und Naphthalin veranlassten ein Entfliehen der Larven, wobei noch die eigentliche Wirkungsthätigkeit der Reagentien unerschlossen bleibt. Solla.

104. **Targioni-Tozzetti, A.** Delle infezioni di larve di elateridi nel Verone se e nel Polesine e di alcune esperienze tentate per dominarle in: Le Stazioni sperimentali agrarie italiane, XVI, 1889, p. 147—163.

Die Invasionen von Schnellkäferlarven in den Gebieten von Verona, Rovigo und in mehreren Gemeinden am unteren Po „Polesine“ wiederholten sich durch einige Jahre hindurch (seit 1885) und beschädigte die Weizen- und Maisculturen, besonders zur Keimzeit. Als Urheber wurden die Larven von Agrotis lineatus L., A. obscurus Ill. und Cryptohypnus pulchellus ausfindig gemacht. Ferner wurden noch jene von A. sputator L., A. sordidus Ill. und Drasterius bimaculatus Fbr. angegeben. Der Bericht beschäftigt sich in der Folge mit den zur Verhütung weiteren Schadens vorgenommenen Maassregeln, mit Schlussbetrachtungen und einem bibliographischen Ueberblick über die vorhandene Literatur. (Vgl. Bot. J., XVI, 2.) Solla.

105. **Targioni-Tozzetti, A.** e **Berlese, A.** Esperienze tentate per distruggere coccniglie ed altri insetti sulle parti aerei delle piante in: Le Stazioni sperimentali agrarie italiane, XVII, 1889, p. 587—597.

Bericht über die von ihnen erhaltenen Resultate bei Anwendung von Emulsionen gegen Insecten und deren Larven. Die Emulsion wird mit einem Oele oder mit Fischthran durch Zusatz von wässeriger Kalilösung bereitet, und in dieselbe wird sodann eine active, direct wirkende Flüssigkeit, wie Petroleum, Schwefelkohlenstoff u. dergl. eingeleitet. Je nach der Natur der letzteren und mit Rücksicht auf die Insecten und auf sonstige begleitende Umstände ist die Wirkung der Emulsion eine verschiedene. Jedesmal erwies sie sich von Vortheil und ganz besonders gegen Mytilaspis, Diaspis, Lecanium, Tingis piri; eine Mischung mit Schwefelkohlenstoff gab auch gegen Engerlinge und wurzelbewohnende Elateriden-Larven in den Boden injicirt günstige Resultate. Solla.

106. **Targioni-Tozzetti, A.** Di un insetto nocivo ai faginoli e ad altri legumi in: Il Coltivatore, 1889, No. 38, p. 434.

Bruchus irresectus Fhrs. aus Persien minirte im Piemontesischen verschiedene Hülsenfruchtsamen. Solla.

107. **Targioni-Tozzetti, A.** Cronaca entomologica in: Le Stazione sperimentali agrarii italiani, XVI, XVII, 1889.

Verf. publicirt in jedem einzelnen Monatshefte obiger Zeitschrift einen Bericht über die bei der entomologischen Station zu Florenz eingelaufenen Objecte oder Mittheilungen über Pflanzen, welche durch Insecten beschädigt wurden. (Vgl. Bot. J., XVI, 2., 1888, p. 302.) Solla.

108. **Tryon, Henry.** Report on Insect and fungus, Pests No. 1, Dep. of Agric. Queensland. Brisbane, 1889. 8⁰. 238 p. 4 Taf.

Nicht gesehen.

109. **Webster, F. M.** Notes on some injurious and beneficial Insects of Australia and Tasmania in: Insect Life, I, 1889, p. 361—364.

Behandelt u. a. Diphucephala splendens, Schizoneura lanigera, Aphis maydis, Phytoptus pyri, Bryobia speciosa, Eriococcus eucalypti u. a. m.

110. **Weed, Clarence M.** On the preparatory stages of the 20-spotted lady-bird, Psyllobora 20 maculata Say in: Bull. Ohio Agric. Exper. Stat. Technic, Ser. I, 1889, No. 1, p. 1.

Nicht gesehen.

111. **Weed, Clarence M.** Bulletin of the Ohio Agricultural Experiment Station. Vol. II, No. 6. Columbus, 1889. 8⁰. p. 133—170. pl. I.

Nicht gesehen.

112. **Weed, Clarence M.** Experiments with remedies for the striped cucumber Beetle in: Entom. Amer., V, 1889, p. 203—204.

Behandelt die Vertilgungsmethoden von Diabrotica vittata.

113. **Weed, Clarence M.** Experiments with remedies for the plum Curculio in: Entom. Amer., V, 1889, p. 204-208.

Behandelt Vertilgungsmethoden von Conotrachelus nenuphar.

114. **Weed, Clarence M.** Contribution to a knowledge of the auctum life history of certain little known Aphide in: Psyche, V, 1889, p. 123—134.

Behandelt Aphis cornifoliae Fitch. auf *Cornus sanguinea* und *C. paniculata*, „Aphis spec. an *Amarantus albus*", Siphonophora Rudbeckiae Fitch auf *Rudbeckia laciniata, Solidago serotina* und *S. gigantea*, Schizoneura cornicola Walsh an *Cornus sanguinea* und *C. sericea*, Callipterus discolor Mon. an *Quercus bicolor* und *Q. macrocarpa*, Chaithophorus viminalis Mon.? an *Salix lucida* und *S. babylonica*.

115. **Wilhelm, H.** Ueber Oscinis pusilla Meig., die Haferfliege und die Mittel zu ihrer Bekämpfung. Teschen, 1889. 40 p.

Von den Larven der bisher nicht als Schädlinge bekannten Oscinis pusilla Meig. wurden bei Kotzohendz bei Teschen bis 66 % Weizenhalme vernichtet. Eie Entwicklung wurde verfolgt und ergab, dass zwei Generationen zu unterscheiden sind. Die Ueberwinterung findet nicht wie bei Chlorops taeniopus Meig. und Cecidomyia destructor auf Weizen, sondern auf Roggen statt. Die Pflanzen bleiben zurück und sterben von oben her ab. Die Maden fressen bis ins Innere des Halmes und der Blätter, durchbrechen ersteren oft, um die Seitenorgane anzugehen. Aeltere Pflanzen beherbergen die Tonnenpuppen. Im Frühjahr zeigt das befallene Feld kahle Stellen. Jetzt schlüpft die neue Brut aus; diese befällt Weizen, Gerste, Hafer, *Triticum repens*, *Alopecurus*- und *Phleum*-Arten. Ihre Eier legt sie an die Aehrchen des Hafers, vereinzelt an Sommerweizen. Die nun ausschlüpfende Larve zehrt das Korn auf und bildet an der Spitze des einst das Korn enthaltenden Raumes das Puparium. Die hieraus entstehenden Thiere belegen den Winterroggen mit Eiern. Verf. führt weiter Schutzmittel an. Matzdorff.

116. **Anonym.** Destruction des Insectes nuisibles par des parasites vegetaux in: Rev. scient., XVI, 1888, p. 29—30.

Verf. berichtet, dass *Cleonus punctiventris* epidemisch von Isaria destructor befallen und getödtet wurde. Sydow.

117. **Anonym.** Einige Schildlausarten in: Jahrb. f. Gartenk. u. Bot., IV, 1887, p. 263—267.

Nach Bau und Entwicklung werden geschildert: Orangenschildlaus auch auf Granatbäumen, Myrthen, Magnolien u. s. w., Lecanium persicae auf Pfirsich, L. vitis auf Wein, Aspidiotus rosae auf Rosen, A. nerii auf Oleander und A. conchaeformis.

Matzdorff.

118. **Anonym.** Viti danneggiati tutti gli anni dalla camola in: Il Coltivatore, 1889, No. 10.

Als Camola versteht der Verf. Mikrolepidopteren: Endemis botrana Schiff., Cochylis ambiguella Hübn., Ino ampelophaga Bayl. Bordolosische Mischung wird empfohlen.

Solla

119. **Anonym.** The cocoa industry and insect pests in: Timehri N. S. I, 1889, p. 351—355.

Behandelt die Insecten der Cacaopflanze.

XVI. Allgemeine Pflanzengeographie und Pflanzengeographie aussereuropäischer Länder.

Berichterstatter: **F. Höck.**

Uebersicht:

I. Allgemeine Pflanzengeographie. R. 1—256.

II. Pflanzengeographie aussereuropäischer Länder. R. 257—718.

I. Allgemeine Pflanzengeographie.[1])

I. Arbeiten allgemeinen Inhalts. (R. 1–18.)

1. **Bureau, E.** Sur la première question soumise à l'examen du Congrès. (B. S. B. France, XXXVI, 1889. Actes du Congrès de botanique tenu à Paris au mois d'août 1889, p. IX–XIV.)

2. **Bureau, E.** Rapport présenté au nom de la Commission des cartes botaniques. (Eb., p. XXV–XXVII.)

3. **Pâque, E.** Carte botanique universelle et projets relatifs à son mode d'exécution. (B. S. B. France, XXXVI, 1889. Actes du Congrès de botanique tenu à Paris au mois d'août 1889, p. XIV–XVI.)

4. **Drude, O.** Note sur la première question du programme proposé par la société botanique de France, à l'occasion du Congrès de 1889. (B. S. B. France, XXXVI, 1889. Actes du Congrès de botanique tenu à Paris au mois d'août 1889, p. XXXV, XL.)

1.—4. Verff. besprechen die vom internationalen Botanikercongress zu Paris aufgestellte Frage über Ausführung pflanzengeographischer Karten über die Verbreitung der einzelnen Pflanzenarten. An der Discussion, die auf die Anträge der ersten beiden oben genannten Gelehrten folgt, betheiligen sich noch mehrere andere Besucher des Congresses; die Vorschläge Drude's, die mit den Beschlüssen des Congresses fast genau übereinstimmen, werden nachträglich den Acten hinzugefügt. Es wird beschlossen, durch gemeinsame Arbeit von Gelehrten der verschiedensten Länder Verbreitungskarten der einzelnen Pflanzenarten aufzustellen, aus diesen dann die Verbreitung der Gattungen und Familien abzuleiten. Zu Grunde gelegt werden leider Erdkarten nach dem Meridian von Paris[2]). Botaniker der einzelnen Länder sollen die Beiträge für diese liefern, die dann von der internationalen Commission, welche ihren Sitz in Paris hat (Vorsitzender: E. Bureau, professeur au Muséum d'histoire naturelle, rue Cuvier 57) verarbeitet werden. Das Unternehmen verspricht für die Pflanzengeographie ein höchst werthvolles zu werden.

5. **Maury, P.** Le Tracé des cartes de géographie botanique au congrès international de botanique tenu à Paris en août 1889. (J. de B., III, 1889, p. 319–326.)

Verf. erörtert die Beschlüsse jenes Congresses ausführlich und theilt schliesslich den Wortlaut derselben mit. (Vgl. hierzu auch Bot. C., XLI, p. 341 ff.)

6. **Hy.** Sur les procédés pour représenter la distribution géographique des plantes. (Journ. de Bot., III, 1889, p. 306–312.)

Verf. kritisirt das Vorgehen der internationalen Commission und schlägt an Stelle der Karten ein einfacheres (aber weit weniger genaues! Ref.) Verfahren zur Bezeichnung der Verbreitung der Pflanzenarten vor.

7. **Bureau, E.** A propos du dernier Congrès de botanique. (Journ. de Bot., III 1889, p. 326—328.)

Verf. vertheidigt dem Vorstehenden gegenüber die Beschlüsse des Congresses.

8. **Drude, O.** Ueber die Principien in der Unterscheidung von Vegetationsformationen, erläutert an der central-europäischen Flora. (Engl. Bot. J., XI, 1889, p. 21—51.)

---

[1]) Auf Wunsch der Redaction ist der vorliegende Bericht gegenüber den früheren wesentlich gekürzt, zum Zweck der Kürzung auch das alphabetische Titelverzeichniss fortgefallen.

[2]) Es ist bedauerlich, dass bei einem solchen internationalen Unternehmen nicht der von Geographen allgemein adoptirte Meridian von Greenwich zur Gradeintheilung benutzt wird; so gleichgiltig an sich den Botanikern die Frage nach dem Meridian ist, so müssten sie sich hier doch bei einem internationalen Congress Beschlüssen der Geographen fügen.

9. **Drude, O.** Pflanzenverbreitung. (Anleitung zur deutschen Landes- und Volksorschung, herausgeg. v. A. Kirchhoff. Stuttgart, 1889. p. 197—252.)

10. **Drude, O.** Die Vegetationen und Charakterarten im Bereich der Flora Saxonica. (Abh. d. Ges. Isis in Dresden, VI, 1888, p. 1—23.)

8.—10. Verf. bespricht in 8. die Principien der Unterscheidung von Vegetationsformationen nach Erläuterung einiger von anderen früher behandelter Gebiete (Birma, Skandinavien, Donauländer) an der Hand der mitteleuropäischen Floren. Da seine allgemein unterschiedenen Vegetationsformen und Formationen in dem vorigen Berichte ausführlich behandelt wurden (2. Abth., p. 35 ff., R. 1), die Arbeit aber ihrem wesentlichen Inhalt nach in den Bericht über Pflanzengeographie von Europa gehört, muss auf diesen verwiesen werden. Das Gleiche ist noch mehr der Fall mit den unter No. 9 und 10 genannten Arbeiten, von denen erstere besonders wichtig ist durch ihre Anregung zu Untersuchungen über heimische Floristik von wirklich wissenschaftlichem Standpunkte aus, letztere speciell die Verhältnisse Sachsens, also eines kleineren Gebietes behandelt, dafür aber auch eingehender dieselben erörtert.

11. **Wiesner, J.** Biologie der Pflanzen. Wien, 1889, 305 p. 8⁰.

Verf. giebt im vierten Abschnitt seiner „Biologie der Pflanzen“ einen kurzen Abriss der allgemeinen Pfanzengeographie, der sich in folgende Capitel gliedert:

1. Grundbegriffe und Hauptfragen (Aufgabe der Pflanzengeographie: Stand. Solares Klima. Wohnstätte. Physisches Klima. Breitenzonen. Höhenzonen. Flora und Vegetation. Vegetationsperiode. Verbreitungsweise. Einfluss des Klimas, des Bodens und des Menschen auf die Verbreitung der Pflanzen. Einfluss der Entwicklung der Pflanzenwelt auf ihre derzeitige Verbreitung).
2. Vegetationsformen und Vegetationsformationen.
3. Areale der Sippen (Vegetationslinien. Areale. Kosmopoliten. Endemismus. Areale der Arten, Gattungen und Familien).
4. Die Principien der pflanzengeographischen Systematik. (Das Princip der Systeme von Humboldt, Schouw, Grisebach, Engler und Drude.)

Im Uebrigen muss natürlich, da das Werk in diesem Theil wenigstens wesentlich zusammenstellender Art ist, auf das Original verwiesen werden.

11a. **Thomé, O. W.** Thier- und Pflanzengeographie. Nach der gegenwärtigen Verbreitung der Thiere und der Pflanzen, sowie mit Rücksicht auf deren Beziehung zum Menschen. Stuttgart (ohne Jahreszahl). 652 p. 8⁰.

Verf. liefert eine populäre Pflanzen- und Thiergeographie, die für die Wissenschaft insofern auch von Werth ist, dass sie die theilweise recht zerstreute Reiseliteratur verarbeitet. Nach einer Einleitung, in welcher die Geschichte der Pflanzen, die Abhängigkeit der Organismen von Klima und Umgebung, die Eintheilung der Erde in Zonen, Regionen und pflanzen- resp. thiergeographische Gebiete gegeben wird, die aber nur 68 p. einnimmt, folgt eine Schilderung der einzelnen Erdtheile hinsichtlich ihres Klimas und ihrer Lebewelt. Innerhalb der Erdtheile ist die weitere Eintheilung meist nach Grisebach'schen, theilweise auch nach thiergeographischen Gebieten gegeben. Die Schilderung der Pflanzenwelt schliesst sich vielfach an Grisebach's Vegetation der Erde eng an, ist aber insofern als eine Vervollständigung derselben anzusehen, als neue Literatur hineinverarbeitet ist. Häufig werden Schilderungen von Reisenden wörtlich wiedergegeben, so dass sie diese vollständig ersetzen, gleichzeitig auch dadurch die Darstellungsweise an Lebhaftigkeit gewinnt. Ein grosser Vorzug des Werkes besteht in seiner reichen Menge von Abbildungen, unter welchen sehr viele von wichtigen Charakterpflanzen zu finden sind, auch Darstellungen ganzer Landschaften gegeben werden.

Die Culturpflanzen finden bei jedem einzelnen Gebiete genügende Berücksichtigung, wie auch im Allgemeinen (namentlich aber bei Europa) auf den Einfluss des Menschen auf die Vertheilung der Pflanzen hingewiesen wird.

12. **Wagner, M.** Die Entstehung der Arten durch räumliche Absonderung. Gesammelte Aufsätze, nach letztwilliger Bestimmung des Verstorbenen herausgeg. v. M. Wagner. Basel (B. Schwabe), 1889. 667 p. 8⁰. Mit 2 Holzstichen.

Das Buch enthält eine grössere Zahl früher publicirter Aufsätze des Verf.'s, die seine bekannte Separationstheorie begründen sollen. Sie sind von einem Neffen des Verf.'s periodisch zusammengestellt und für jede der drei unterschiedenen Hauptperioden mit einer Einleitung versehen; dem ganzen Werke vorangestellt ist eine Biographie des Verf.'s von K. v. Scherzer.

Da ein Gesammtreferat des Werkes unmöglich ist, verschiedene der Aufsätze schon früher in dem Bot. J. berücksichtigt sind, die Theorie desselben jedenfalls genugsam bekannt sein wird, beschränkt sich Ref. darauf, einige pflanzengeographische Belege der letzteren aus solchen Arbeiten mitzutheilen, die im Bot. J. nicht referirt sind.

In Bayern sollen 60 Pflanzenarten bestimmte Flussgrenzen haben, die Donau bietet für 15 eine Nordgrenze, der Lech für je 7 eine Ost- und eine Westgrenze, die Isar ist Ostgrenze für *Avena versicolor*, Westgrenze für *Dianthus Seguerii*, *Alsine austriaca*, *Astrantia carniolica*, *Verbascum phoeniceum* und *Pedicularis incarnata*, die Traun begrenzt 15 Arten im Osten, Saalach 16 Arten im Westen.

Auf der Ost- und Westseite der südamerikanischen Anden sind ganz verschiedene Formen, dagegen nicht auf der viel niedrigeren Isthmuscordillere von Darien, obgleich auf beiden Seiten wesentlich verschiedenes Klima herrscht.

An der Grenze zwischen Urwald und Savanne in Amerika sind Bäume wie *Curatella americana*, *Duranta Plumieri* und *Davilla lucida* entstanden, die die Rolle vordringender Pioniere unter den Emigranten des Urwaldes spielen, besonders der Trockenheit und dem Lichtreiz der Savanne angepasst sind und nur an den äussersten Waldrändern gedeihen, daher fortwährend gegen die Savanne vorrücken, wenn die Waldgrenze sich ausdehnt. Aehnliche Rolle spielt am Aralsee *Haloxylon ammodendron*.

Von den Pflanzenarten, welche auf einzelne Gipfel der Anden beschränkt sind, seien erwähnt *Gentiana rupicola* und *G. caespitosa* auf dem Antisana und Cotopaxi, deren Stelle auf dem Chimborazzo *G. cernua* übernimmt; letztere fehlt wieder auf dem benachbarten Tunguragua, wo *G. gracilis* sie ersetzt, wie auf dem Ilinissa *G. limoselloides*, auf dem Pichincha *G. diffusa*. Aehnlich ist *Saxifraga Chimborazensis* des Chimborazzo von *S. andicola* des Pichincha verschieden, *Sida Pichinensis* auf den Pinchincha beschränkt.

Ebenso ist *Braya alpina* nur auf wenig Thäler der Alpen beschränkt. Auf dem Pinchincha findet man noch hoch über der Schneelinie *Calatium nivale*, noch höher wächst auf dem Chimborazzo die erwähnte *Saxifraga*. Sogar im Pichinchakrater, der zwar keine Lava, aber heisse Dämpfe aushaucht, finden sich verschiedene eigenthümliche Pflanzenarten, deren Vorkommen sonst nirgends nachgewiesen ist.

In den Oasen der Sahara zeigt sich, dass Pflanzenarten mit leicht beweglichem Samen in verschiedenen Oasen ohne Veränderung vorkommen, solche aber mit schwer beweglichen Samen in der Form wechseln; besonders die Gramineen sind oft ohne Veränderung auf mehrere Oasengruppen vertheilt, wobei die Verbreitung durch Kamele wohl mitwirkt.

In der Peripherie des Areals weit verbreiteter Arten, getrennt durch mechanische Schranken, treten vicariirende Arten auf innerhalb des Areals. So treten am äussersten Süd- und Westrand des Areals von *Cytisus supinus* viele localisirte Formen auf, ebenso am Südrand des Areals von *C. Ratisbonensis*; Aehnliches findet sich bei *Saxifraga*, *Primula* u. a. Gattungen. Gleich dieser aus der neueren Literatur nachgetragenen Notiz entnehmen wir der Nachschrift des Herausgebers noch eine Entgegnung auf Nägeli's Ausspruch gegen die oben angegebene Beschränkung der Pflanzen durch Flüsse in Bayern: „Wenn das Vorkommen der im Wallis endemischen *Campanula excisa* allein auf der Furka von Bosco (Tessin), der *Gentiana purpurea* und *Asperula taurina* an zwei oder drei sporadischen Standorten im Vorarlberg es unzweifelhaft erscheinen lassen, dass während einer Jahrhunderte oder Jahrtausende langen Periode im ersten Fall die Walliser Alpen, im zweiten der Rhein als mechanische Schranke die weitere Ausbreitung der genannten Pflanzenarten verhinderten, so ist a priori anzunehmen, dass die Flüsse Bayerns — trotz sporadischer Standorte einzelner der von Sendtner citirten 60 Pflanzenarten jenseits der angegebenen Grenzen — genau dieselbe Rolle spielten, wie der Rhein auf der Strecke." Von 28 Pflanzenarten, welche auf das Gebiet zwischen Alpen und Po beschränkt sind, hat nur *Centaurea Transalpina* die Polinie überschritten. Ebenso sind von vielen westfranzösischen Arten nur *Jasione perennis* und *Mulgedium Plumieri* über den Rhein gegangen. Ebenso trennt der Rhein *Corydalis solida* von *C. cava*. Weiter aufwärts bildet er die Ostgrenze für *Primula integrifolia*, **Gentiana purpurea*, **Asperula taurina*, *Tamus communis*, *Dentaria polyphylla* (bei den mit * versehenen allerdings nicht ohne Ausnahme). Eine ganze Reihe weiterer Belege für Wagner's Theorie werden Christ's Pflanzenleben der Schweiz entlehnt, worauf also hier nur verwiesen werden kann. Vor Allem wird schliesslich auf die Verbreitung vieler Schmarotzerpflanzen, zum Theil im Anschluss an Kerner's Pflanzenleben, eingegangen. (Vgl. auch das ausführliche Ref. in Bot. C., XLI, p. 211—221)

13. **Kerner, A. von Marilaun**. Pflanzenleben. Bd. II, Heft 2. Leipzig (Meyer), 1889. 8⁰.

Soll später im Zusammenhang besprochen werden.

14. **Schweinfurth, G.** Récolte et conservation des plantes pour collections botaniques principalement dans les contrées tropicales. Trad. par E. Autran. Basel (H. Georg), 1889. 64 p. 8⁰.

15. **Borbás, V.** A növények fiziognomiai vonásai és a növények ös hazája. Die physiognomischen Züge und die Urheimath der Pflanzen. (Ergänzungshefte zum Természettud. Közlöng. Budapest, 1889. VI. Heft, p. 90—92 [Ungarisch].)

Verf. glaubt aus den physiognomischen Zügen der Pflanzen auf ihre Urheimath schliessen zu können. So z. B. erinnern die spitzigen Zähne der Blätter, das stärkere Gewebe derselben, ihre lebhaftere Farbe und Glanz, die Starrheit der Axe der Kätzchen, die stachelige Fruchtschale von *Castanea sativa* an die östlicheren Gegenden des mediterranen Gebietes. Verf. führt noch mehrere solche Beispiele an, um daraus den Schluss ziehen zu können, dass man aus dem Vergleiche einer Pflanze mit anderen, die Harmonie zwischen ihnen herausfinden kann. Staub.

*16. **Arcangeli, G.** Sull' esposizione di geografia botanica tenuta in Copenhagen nell' aprile 1885. (Ricerche e lavori eseguiti nell' Ist. botanico di Pisa, fasc. II, p. 3—8. Pisa, 1888.)

Aus P. V. Pisa, 1886 (vgl. Bot. J., XV, II, p. 33) wieder abgedruckt. Solla.

17. **Beck.** Pflanzengeographische Gruppen in Gärten. (Wiener illustr. Gartenzeitung, 1889.)

18. **Seidel, L. E.** Das Pflanzenleben in Charakterbildern und abgerundeten Gemälden. Langensalza, 1889. VIII, 399 p.

Verf. giebt eine Sammlung von 110 aus andern Schriftstellern ausgewählten Charakterbildern des Pflanzenlebens. Matzdorff.

2. Einfluss des Substrats auf die Pflanzen. (R. 19.)

Vgl. auch R. 11, 257.

19. **Evans, H. A.** The relation of the flora to the geological formations in Lincoln county, Kentucky. (Bot. G., XIV, 1889, p. 310—314.)

Verf. bespricht die Pflanzen, welche die Bodenarten, die aus den verschiedenen geologischen Formationen hervorgegangen sind, charakterisiren.

3. Einfluss des Standorts auf die Pflanzen. (R. 20—26.)

Vgl. auch R. 72 (Pfl. von stehenden und fliessenden Gewässern), 73 (Dünenpfl.), 257, 386.

20. **Leist, K.** Ueber den Einfluss des alpinen Standortes auf die Ausbildung der Laubblätter. Mit 2 lithogr. Tafeln. (Sep.-Abdr. aus d. Mittheil. d. Naturf. Ges. v. Bern. Bern, 1889. 45 p. 8⁰. p. 159—201.)

Verf. stellte Studien an über den Einfluss des alpinen Standorts auf die Ausbildung der Laubblätter. Zu dem Zwecke wurden untersucht: *Saxifraga cunei-*

folia, S. rotundifolia, S. aizoon, S. Cotyledon, S. aspera var. *bryoides, Gnaphalium Leontopodium, Soldanella alpina, Arabis alpina, Erinus alpinus, Globularia nudicaulis, G. cordifolia, Echium vulgare, Cynanchum vincetoxicum, Urtica dioica, Alchemilla vulgaris, Acer Pseudoplatanus, Fagus silvatica, Dianthus silvestris, Silene inflata, Gentiana acaulis, Biscutella laevigata, Ranunculus acer, Chenopodium bonus Henricus, Gypsophila repens, Arnica montana, Linaria alpina, Lotus corniculatus, Taraxacum officinale, Sorbus aucuparia, Solanum tuberosum, Lactuca sativa, Brassica Rapa, Atriplex patula, Stellaria media* und *Lamium purpureum.*

Abgesehen von den durch Stahl (Jenaische Zeitschr. f. Naturw., XVI, 1883) bekannten Unterschieden zwischen sonnigen und schattigen Standorten differirt die Structur zwischen den Blättern der Pflanzen der Ebene und denen alpiner Regionen kaum merklich. Die Blätter alpiner Standorte übertreffen die der Ebene meist an Dicke, wenn auch in der Alpenregion viele Pflanzen mit dicken Blättern vorkommen, mit Ausnahme von *Solanum*. Mit Abnahme der Dicke geht oft eine Zunahme der Flächenentwicklung Hand in Hand, so dass die Blätter höher im Gebirge grösser werden. Dazu kommen noch anatomische Unterschiede.

Die Zahl der als Palissaden ausgebildeten Zelllagen differenzirt nicht, namentlich, wenn nur wenig solcher vorhanden sind. Dann unterscheiden sich die des alpinen Blattes durch geringere Mächtigkeit. Die einzelnen Palissadenzellen sind weniger lang, absolut und relativ kürzer.

Die Zahl der als Palissaden ausgebildeten Zellen wird mit der Höhe eine geringere, wenn das Blatt in der Ebene mehrere Schichten hat. (Zuweilen fehlen Palissaden in der Höhe ganz, z. B. *Soldanella*). Im Allgemeinen sind die Blätter alpiner Standorte durch lockere Structur ausgezeichnet.

Das Schwammgewebe scheint weniger mit dem Standort zu differiren, nur wird auch seine Verbindung an höheren Standorten weniger fest.

Es erweisen sich also im Wesentlichen die Blätter alpiner Standorte als Schattenblätter. Nur eine scheinbare Ausnahme davon ist, dass die Blätter an sehr hohen Standorten sehr klein sind, da auch die Schattenblätter nur bis zu einer bestimmten Grösse zunehmen, dann aber wieder abnehmen. Wichtiger ist ein vom Verf. beobachtetes Verhalten am Rande des Gletschers am Susten, wo die Blätter ein vermittelndes Verhalten zwischen Alpenblättern und Sonnenblättern der Ebene zeigten. Von allen anderen Blättern unterscheiden sich die dortigen Blätter (besonders der *Saxifraga aizoides*) durch ungewöhnlich dicke Cuticula.

Durch das Experiment zeigte nun Verf., dass die Verlängerung der Palissadenzellen und die Vermehrung ihrer Lagen durch starke Transpiration herbeigeführt werde, dass umgekehrt bei verminderter Transpiration die Palissadenzellen kürzer und weiter und die Zahl ihrer Schichten geringer wird. Daraus ergiebt sich: Der Bau des Alpenblattes wie des Schattenblattes wird bedingt durch herabgesetzte Transpiration und durch grössere Bodenfeuchtigkeit.

Dass dies den klimatischen Verhältnissen der alpinen Standorte entspricht, sucht Verf. aus der Literatur nachzuweisen. Auf diese Weise erklärt sich denn auch unschwer die Ausnahme der Blätter vom Rande des Gletschers am Susten, da die Luft in unmittelbarer Nähe der Gletscher viel trockener ist als an Orten, die von diesen weiter entfernt sind, weil die Gletscher die Feuchtigkeit der Luft ansaugen. Es weist daher Verf. für die Cultur von Alpenpflanzen auf die erforderliche fortwährende und höchst gesteigerte Feuchtigkeit der Luft und des Bodens hin.

Hiermit im Einklang steht auch, dass Arten, die in der Ebene nur an nassen Orten gedeihen, wie *Parnassia palustris*, in der Höhe ziemlich allgemein verbreitet sind.

Am Schluss geht Verf. noch kurz auf andere etwa zur Erklärung der Alpenblätter in Betracht kommenden Ursachen ein und weist auf einige in der Beziehung noch offene Fragen hin. Vgl. auch Bot. C., XLII, p. 118–120.

21. **Crépin, F.** Considérations sur quelques faits concernant le genre Rosa. (B. S. B. Belg., XXVIII, 1889, p. 51–76.)

Verf. bespricht den Einfluss der Höhe auf die Charaktere der Arten der Gattung *Rosa*, ausgehend von dem Ausspruche Christ's, dass ein Parallelismus zwischen *R. canina* L.; *R. dumetorum* Thiuill., *R. agrestis* Savi und *R. tomentella* Lem. einerseits als Arten der Ebene und *R. glauca* Vill., *R. coriifolia* Fries, *R. graveolens* Gren. und *R. abietina* Gren. andererseits als Arten der Berge existiere. Da sich Arten beider Gruppen gelegentlich neben einander finden, fordert er zu genauen Beobachtungen über ihre Verbreitung auf.

22. Die Ursachen der Geschlechtsbildung. (Naturw. Wochenschr., III, p. 133—134.)

Knight stellte fest, dass bei Melonen und Gurken durch Wärme, Licht und Trockenheit nur männliche, durch Schatten, Feuchtigkeit und Düngung nur weibliche Blüthen sich entwickeln. Mauz rief durch dieselben Umstände bei schon blühenden Exemplaren von zweihäusigen Pflanzen noch eine Umwandlung des Geschlechts hervor.

23. Bäume und Sträucher, welche nach einer in England gemachten Erfahrung in Fabrikgegenden und rauchigen Bezirken gut gedeihen. (Naturw. Wochenschr., III, p. 93.)

Bäume und Sträucher, die in rauchigen Gegenden gedeihen, sind Platane, Pappel, Weide, Silberbirke (in London gut gedeihend), Ulme, Esche, Ahorn, Sykomore (soll wohl amerikanische Platane bedeuten? Ref.), Linde (oft an Ungeziefer leidend), Rosskastanie, Buche, Tulpenbaum, Laburnum, Mandel, Feige (in London und Südengland), Maulbeerbaum, Hollunder, Flieder und Erle (zumal für feuchte Gegenden).

24. **Knuth, P.** Der Ueberzug von Crambe maritima L. (Humboldt, VIII, 1889, p. 30.)

Verf. stellte fest, dass der Ueberzug auf *Crambe maritima* nicht Wachs, sondern Fett sei. Er hält ihn für ein Schutzmittel, durch das zu starke Benetzung durch Regen und Brandung und zu starke Verdunstung des Wassers verhindert werde, letzteres, wenn in regenloser Zeit der Sandstrand austrocknet. Aehnliche Ueberzüge haben noch von Strandpflanzen *Elymus arenarius*, *Psamma arenaria*, *Cakile maritima*, *Eryngium maritimum* u. a.

25. **Treichel, A.** (248) theilt mit, dass weissblühende Formen von *Centaurea Cyanus* und *Betonica officinalis* sich nicht samenbeständig erwiesen.

26. **Powell, J. W.** Wälder und Trockenländer. (Ausland, 1889, p. 97—98.)

Verf. behandelt den Waldwuchs auf trockenem Boden und unter Einwirkung der Winde mit besonderer Berücksichtigung der nordamerikanischen Verhältnisse. Er hält die Prärien für baumlos wegen ihrer Trockenheit.

4. Einfluss des Klimas auf die Pflanzen.

a. Allgemeines (einschliesslich phänologischer Arbeiten von allgemeiner Bedeutung). (R. 27—39.)

Vgl. auch R. 11, 74 (Pfl. in der Nähe von Gletschern).

27. **Hoffmann, H.** Ueber den praktischen Werth phänologischer Beobachtungen. (Sonderabdr. aus der Allg. Forst- u. Jagd-Ztg., herausgeg. v. Prof. D. Lorey u. Prof. Dr. Lehr. Aprilheft, 1889. Frankfurt a. M. 8 p.)

Verf. bespricht den praktischen Werth phänologischer Beobachtungen. U. a. hebt er hervor, dass sie billiger als meteorologische sind und doch diese bis zu gewissem Grade ersetzen können, da man aus Vergleichung derselben mit solchen von anderen Orten das Klima beurtheilen kann. Unter Umständen kann man erkennen, dass nur zu grosse Bodenfeuchtigkeit eine Cultur hindert, dass dieser daher leicht Abhülfe zu schaffen ist; man kann vorher berechnen, ob eine noch ausstehende Phase überhaupt in dem Jahr eintreten wird oder nicht, bis zu gewissem Grade lässt sich sogar die Beschaffenheit einer Jahreszeit (milder oder strenger Winter) voraussagen: Vor allem ist aber zu bemerken, dass hier wie in vielen anfangs nur theoretisch wichtigen Dingen vielleicht praktische Erfolge sich erst in Zukunft entwickeln.

28. **Hoffmann, H.** Ueber den praktischen Werth phänologischer Beobachtungen. Gera, 1889, p. 546—558.

In vorstehendem Ref. besprochener Aufsatz in gekürzter Form.

29. **Müttrich.** Ueber phänologische Beobachtungen, ihre Verwerthung und die Art ihrer Anstellung. (Humboldt, VIII, 1889, p. 129—132, 173 -178.)

Verf. bespricht die Ergebnisse phänologischer Beobachtungen, wobei er theilweise auf ältere Literatur zurückgeht, die in diesem Jahresbericht noch nicht berücksichtigt ist, daher einer Erwähnung verdient. Nachdem Linné 1751 in der „Philosophia Botanica" zuerst zu derartigen Beobachtungen aufgefordert hatte, wurden sie namentlich durch Quetelet, Göppert und Hoffmann gefördert. „Ueber den Zusammenhang der Wärmeveränderungen der Atmosphäre mit der Entwicklung der Pflanze" stellte Dove nach Beobachtungen Eisenlohr's in Karlsruhe 1779—1830 Untersuchungen an und fand, dass die anomalen Erscheinungen beim Fortschreiten der Vegetation in erster Linie von den vorausgegangenen Temperaturverhältnissen abhängig sind, indem sich die einzelnen Entwicklungsphasen verspätet oder verfrüht einstellen, je nachdem die Temperatur unter oder über ihrem durchschnittlichen Mittelwerth liegt. Der Einfluss der Niederschlagsverhältnisse verschwindet meist ganz, zeigt sich nur so, dass sowohl grosse Winterkälte als grosse Sommerhitze abgeschwächt werden. Anomale Temperaturverhältnisse sind meist über grosse Gebiete ausgedehnt, so dass im Januar 1834 nicht nur in Südfrankreich, sondern auch in Paris die Mandeln reiften, ebenso in Triest Maulbeeren und Erdbeeren am Bodensee und in Stuttgart gleichzeitig Pfirsiche und Kirschen blühten, im Odenwald und auf dem Schwarzwald Futtergras mit der Sense gemäht werden konnte und die Birken in Saft schossen. In demselben Jahr blühten bei Leitmeritz Pfirsiche, Aprikosen und Stachelbeeren in den ersten Tagen des April, Ende Mai gab es da reife Kirschen, in Württemberg blühte Mitte Mai der Wein an einzelnen Orten, anfang Juni überall; im August fand man in vielen Gegenden Deutschlands, selbst Ostpreussens, zum zweiten Mal blühende Apfel- und andere Obstbäume, im September in Süddeutschland zum zweiten Mal blühende Weinstöcke u. s. w. Alles dies war durch vorhergehenden sehr milden December und Januar bedingt. Nach Linsser lässt sich aber die directe Abhängigkeit von der Temperatur weder durch bestimmte mittlere Tagestemperatur noch durch Summen der mittleren Tagestemperatur über Null, oder die Summe ihrer Quadrate ausdrücken, auch tritt durch Verlegung des Anfangspunktes keine Aenderung ein. Dagegen leitete Linsser das Gesetz ab, dass derselben Vegetationsphase derselbe Bruchtheil der ganzen jährlichen Wärmesumme des Orts entspricht, wobei er unter jährlicher Wärmesumme die Summe aller mittleren Tagestemperaturen über Null versteht, während bekanntlich Hoffmann die Maximaltemperaturen von der Sonne ausgesetzten Thermometern zur Berechnung der Vegetationsconstanten benutzt. Auch über Acclimatisation verdanken wir Linsser interessante Mittheilungen. Nach Schübeler theilt er mit, dass 1852 gelber Hühnermais, dessen Samen aus Hohenheim bei Stuttgart stammte, am 26. Mai gesäet und nach 120 Tagen geerntet wurde; nach jährlich fortgesetzter Cultur säete Schübeler 1855 gewonnenen Samen am 25. Mai 1857 abermals und erhielt nach 70 Tagen reifes Korn, während Samen der gleichen Varietät aus Breslau an demselben Tag ausgesäet erst nach 122 Tagen reifte. In 5 Jahren hatte sich das Korn also dem Klima Christianias so angepasst, dass es einen Monat früher reifte. Um derartige Acclimatisationen zu erleichtern, sind Uebergangsstationen von Bedeutung, so wurde der Pflanzengarten von Teneriffa im vorigen Jahrhundert hauptsächlich gegründet, um südlichere Pflanzen für Cultur in Südeuropa vorzubereiten. Die meisten anderen Angaben des vorliegenden Aufsatzes sind schon in diesem Jahresbericht mitgetheilt.

30. **Müttrich.** Ueber phänologische Beobachtungen. (Nach „Zeitschr. für Forst- und Jagdwesen 1888". Gaea, 1889, p. 93—107.)

Zusamenstellung einiger Hauptergebnisse.

31. **Dieck, G.** Phänologie und Acclimatisation. (Sep.-Abdr. aus Illustr. Monatsh. f. d. Gesammtinteressen d. Gartenbaues. 1889.)

Verf. bespricht die Schwierigkeit der Benutzung acclimatisirter Pflanzen zu brauchbaren phänologischen Beobachtungen, da solche theilweise in verschiedener Härte je nach ihrem Ursprungsort vorkommen (z. B. *Prunus serotina* von Canada oder Texas, *Pseudotsuga Douglasii* von Britisch-Columbia oder Südkalifornien), theilweise ungenau betreffs ihrer Herkunft bekannt sind. Er fordert daher vorläufig zu genaueren Beobachtungen in letzterer Beziehung auf und meint mit Recht, dass in der Beziehung die botanischen Gärten voranzugehen hätten. Erst dann könnte auch umgekehrt die Acclimatisation von der Phänologie profitiren.

31a. **Ihne, E.** Ueber die Schwankungen der Aufblühzeit. Eine phänologische Untersuchung. (Sep.-Abdr. a. d. Bot. Ztg, 1889. No. 13, 4 p.)

Verf. stellte Untersuchungen über die Schwankungen der Aufblühzeit der Johannisbeere, Traubenkirsche, Syringe und Vogelbeere an, zunächst mit Rücksicht auf denselben Ort und dann in Bezug auf verschiedene Orte. Das Gesammtresultat war, „dass die mittlere Schwankung der Aufblühzeit für die verschiedenen Species an den verschiedenen Orten die nämliche oder nahezu die nämliche ist", dass z. B. die mittlere Schwankung der Aufblühzeit der Johannisbeere in Hermannstadt gleich der der Vogelbeere in Kopenhagen ist.

Weit grösser sind natürlich die grösseren Schwankungen, zeigen aber keinen constanten Unterschied. Die früher blühenden Pflanzen zeigen grössere Schwankungen als die später blühenden.

32. **Jacob, G.** Untersuchungen über zweites oder wiederholtes Blühen. (Inaug.-Diss. Giessen, 1889, 41 p. 8⁰.)

Verf. sucht folgende Hypothesen über zweites oder wiederholtes Blühen aus mitgetheilten Beobachtungen zu beweisen:

1. Frost zur Zeit der ersten Blüthe. Es blühen nachträglich einzelne Exemplare, welche zur Blüthezeit noch zurück waren; Verspätung des zweiten Blühens gering.
2. Störung durch Trockniss zur Zeit der ersten Blüthe. Zweites Blühen durch starke Regengüsse; Verspätung der zweiten Blüthe gering.
3. Herbst. Zweites Blühen durch starke Regen, etwa im October, nach vorausgegangener Trockniss.
4. Erste Blüthe normal; weiterhin liefert der Sommer ausnahmsweise einen grossen Wärmeüberschuss, dessen Resultat ein spätes, stellenweise zweites Blühen ist; also Anticipation.
5. Verfrühtes Blühen im December, wenn derselbe mild ist, anstatt im Februar oder März nächsten Jahres.

In der Einleitung geht Verf. von dem ungleichzeitigen Blühen derselben Pflanze in verschiedenen Klimaten aus und zeigt, dass bei genügender Insolation eine Pflanze zum Blühen kommt, während sie in kälteren Jahren durch unzureichende Insolation daran verhindert ist. Die in allen Fällen benutzten Beobachtungen stammen aus Giessen und sind von Hoffmann aufgezeichnet.

33. **Hoffmann, H.** Phänologische Beobachtungen. (XXVII. Ber. d. Oberh. Ges. f. Natur- u. Heilk. zu Giessen, 1889, p. 1—43.)

Verf. giebt zunächst wie alljährlich eine Zusammenstellung über phänologische Beobachtungen von verschiedenen Orten Europas, sowie eine Uebersicht über die neuere phänologische Literatur. Dann folgt eine Untersuchung über die Abhängigkeit der Vegetationsphasen vom Lebensalter, welche hauptsächlich ergeben, dass bei Beobachtungen über Laubfall nicht einzelne Individuen, sondern wenn möglich, ganze Alleen oder Wälder beachtet werden. Schliesslich folgt ein nach Daten geordneter phänologischer Kalender für Giessen.

34. **Warming, Eug.** Om Naturen i det nordligste Grönland. (Geographisk. Tidsskrift. Kjöbenhavn, 1888. 18 p. 4⁰.)

Verf. hat sehr sorgfältige Zusammenstellungen über die phänologischen Erscheinungen im nördlichen Grönland gemacht und sich dabei auch mit der Frage beschäftigt: Wann tritt unter den verschiedenen Breitegraden der Frühling ein? Nach ausführlichen Auseinandersetzungen wird diese Frage so beantwortet: Während der Frühling 2—2½ Monat braucht, um von Südfrankreich bis Seeland zu avanciren, eine Strecke von 12 Breitegraden, braucht er nur 1 Monat, um die 10 Breitegrade von Seeland bis Nordschweden zu avanciren, aber an den 18 Breitegraden, die zwischen Godthaab an der Westküste Grönlands (64° nördl. Br.) und den Winterquartieren von Nares und Greely bei ca. 82° nördl. Br. liegen scheint der Frühling überall zu derselben Zeit einzutreffen. Es ist also so weit davon, dass er unter diesen hohen Breitegraden später im nördlichen als im südlichen kommt, dass er vielleicht oder vielmehr wahrscheinlich in den nördlichsten Gegenden früher kommt, als unter gewissen südlicheren Breitegraden. Der Punkt, der am spätesten Frühling erhält, liegt kaum weit gegen Norden, sondern vielleicht bei 68—70° nördl. Br. Die Gründe für diese rapide und gleichzeitige Entwicklung des Frühlings im hohem Norden müssen wir allererst im Lichte suchen, das desto schneller zurückkehrt, je höher gegen Norden ein Ort liegt und ausserdem auch in anderen Verhältnissen, z. B. dem trocknen Klima und dem geringen Niederschlag in den nördlichsten Gegenden, was mitführt, dass es weniger Schneemassen giebt, welche die Sonne erst schmelzen muss, bevor ihre Strahlen dem Erdboden und der Vegetation zu Gute kommen kann. O. G. Petersen.

35. **Rahn, L.** Phänologische Phasenfolge. Gaea, 1889. p. 462—466.

Verf. bespricht die verschiedenartige Reihenfolge einiger phänologischer Phasen an verschiedenen Orten, macht speciell für einige Phasen eine vergleichende Zusammenstellung für Giessen, Brüssel, Kirchdorf (Niederösterreich), Kopenhagen, Kronstadt, Mediasch, von denen keine zwei sich gleichen; er glaubt, dass solche Vergleiche bei grösserer Fülle von Beobachtungen für die Klimatologie von grosser Bedeutung werden.

36. **Baker, A.** Die Einwirkung der Witterung auf Pflanzen und Thiere. (B. S. N. Mosc., 1889, p. 623—628. — Ref. in Bot. C., XLIII, 43.)

37. **Busch, J.** Untersuchungen über die Frage, ob das Licht zu den unmittelbaren Lebensbedingungen der Pflanzen oder einzelner Pflanzenorgane gehört. (Ber. D. B. G., VII, 1889, p. (25)—(30).

38. **Goebel, K.** Pflanzenbiologische Schilderungen. Th. I. Marburg, 1889. 239 p. 8°. Mit 98 Holzschn. u. Taf. I—IX. — Ausführliches Ref. in Bot. C., 1889, vol. 39, p. 162—169.

Handelt über Epiphyten, Succulenten und südasiatische Strandpflanzen.

39. **Radde.** Pflanzen von der Schneeregion des Kaukasus. (Petermann's Geogr. Mitth., XXXV, 1889, p. 96.)

Verf. fand im Bereich der Schneelinie und noch höher:

Ranunculus arachnoideus (3600 m), *Arabis albida* (3600 m), *Sisymbrium Hueti* (3750 m), *Pseudovesicaria digitata* (über 3660 m), *Draba bruniaefolia* (3750 m), *D. supranivalis* (3400 m), *D. araratica* (4265 m), *D. siliquosa* (3780 m), *Eunervia rotundifolia* (über 3660 m), *Viola minuta* (über 3660 m), *Alsine recurva* (4230 m), *Cerastium Kasbek* (4210 m) *C. purpurascens* (über 3660 m).

Die verwitterten Trachyte und porösen Laven absorbiren während des Tages ausserordentlich stark die Wärme, wodurch die verhältnissmässig höhere Temperatur in der Nacht durch Ausstrahlung bedingt wird. Es ist an und auf den Felsen mitten im Firn und Eis in der Nacht wärmer als tiefer unten auf dem *Carex*-Rasen.

b. Specielle phänologische Beobachtungen.

(Ref. 40—51.)

40. **Bruun, Alfr.** Jagttagelser over Lövspring, Blomstring, Frugtmodning op Lövfald i Veterinär- y Landbohöiskolens Have i Aarene 1882—86. (Beobachtungen über Ausschlagen, Blühen, Fruchtreife und Laubfall im Garten der landwirthschaftlichen Hochschule in Kopenhagen in den Jahren 1882—86.) (Bot. T., 17. Bd., p. 153—161. Mit einer grossen Uebersichtstafel.)

Fortsetzung ähnlicher früher von Prof. Joh. Lange publicirten fünfjährigen phänologischen Beobachtungen an der landwirthschaftlichen Hochschule zu Kopenhagen.

O. G. Petersen.

41. **Akinfiew, J. J.** Beobachtungen über die Entwicklung der Pflanzenwelt in der Umgegend der Stadt Jekaterinoslaw. (Sep.-Abdr. a. d. XXII. Bd. d. Arb. d. Naturf.-Ges. an

d. Universität Charkow. gr. 8⁰. 32 p. Charkow, 1888 [Russisch]. — Ref. nach Bot. C., XL, 1889, p. 153—154.)

Enthält phänologische Beobachtungen. (*Alyssum Potemkini* n. sp. wird als eine der 186 Frühlingspflanzen beschrieben.)

42. **Wojekow, A. J.** Meteorologische landwirthschaftliche Beobachtungen in Russland in den Jahren 1885 und 1886. (Memoiren d. Kais. Russ. Geogr. Ges. f. d. gesammte Geographie, Bd. XVII, No. 3. Herausgeg. unter d. Redact. v. J. H. Schokolsky. 8⁰. 135 p. St. Petersburg, 1888 [Russisch].)

Ausführliche Angabe über viele einzelne phänologische Beobachtungen daraus s. in Bot. C., XLI, p. 328—332.

43. **Klossowsky, A.** Phänologische Beobachtungen, angestellt im Jahre 1888 in Südwestrussland und zusammengestellt. (Memoiren der Kais. Landw. Ges. von Südrussland, 1889, Heft 4, p. 49—70. Odessa, 1889. [Russisch.] — Ref. nach Bot. C., XL, 1889, p. 56—57.)

Phänologische Beobachtungen über *Corylus avellana*, *Tilia parvifolia*, *Prunus spinosa*, *Sambucus nigra*, *Aesculus Hippocastanum*, *Vitis vinifera* und *Syringa vulgaris* von 26 Orten.

44. Ueber die Blüthezeit des Schneeglöckchens. (Natur, 1889, p. 246.)

Dieselbe fiel im Mittel von 12 Jahren für das Ufer des Genfer Sees auf den 21. Februar, schwankte vom 6. Februar bis 11. März.

45. **Schultheiss, F.** Witterung und Vegetationsentwicklung in den Jahren 1887 u. 1888. (Abhandl. d. Naturhist. Ges. zu Nürnberg, VIII, 1889, p. 67—78.)

Eine grössere Anzahl Beobachtungen nach dem Schema von Hoffmann und Ihne wird mitgetheilt und deren Ergebnisse mit denen von Giessen verglichen, sowie auf meteorologischer Grundlage geprüft.

46. **Töpfer.** Phänologische Beobachtungen in Thüringen aus den Jahren 1887 u. 1888. (Mitth. Ver. f. Erdk. Halle, 1889. p. 53—57.)

Fortsetzung der Bot. J., XV, 1887, 2, p. 61, No. 704 erwähnten Beobachtungen (vgl. auch Bot. J., XIV, 1886, 2, p. 104, R. 35 und die vorhergehenden Jahrgänge). Die Beobachtungen stammen diesmal aus Sondershausen, Gross-Furra, Beudeleben, Halle und Leutenberg.

47. **Dressler, H.** Phänologische Beobachtungen zu Frankfurt (Oder) im Jahre 1888. (Helios, VII, 1889, p. 14—15.)

Vgl. die vorigen Jahrgänge dieses Berichts.

48. **Höck, F.** Phänologische Beobachtungen aus Friedeberg Nm. (Helios, VII, 1889, p. 206—207.)

Vgl. die vorigen Jahrgänge dieses Berichts. Auch einige abnorme Blüthezeiten sind beobachtet.

49. **Knuth, P.** Botanische Wanderungen auf der Insel Sylt. (Tondern und Westerland, 1890. 116 p. 8⁰.)

Enthält u. a. eine Frühlings- und eine Sommerwanderung nach List, ist also bis zu gewissem Grade für phänologische Studien verwerthbar (vgl. R. 73).

50. **Crépin, F.** Recherches à faire pour établir exactement les époques de Floraison et de Maturation des espèces dans le genre Rosa. (B. S. B. Belg., XXVIII, p. 60—64.)

Verf. fordert auf zu genauen Beobachtungen über die Zeit der Blüthe und Fruchtreife bei Arten von *Rosa*.

51. **Lindsay, R.** Report on Temperatures and Open-Air Vegetation at the Royal Botanic Garden, Edinburgh, from July 1888 to June 1889. (Tr. Edinb., vol. XVII, Part III. Edinburgh, 1889. p. 499—508.)

Mittheilungen über Temperaturverhältnisse und im Freien blühende Pflanzen, sowie über erste Blüthezeiten während zweier Jahre aus dem botanischen Garten zu Edinburgh von einer ganzen Reihe von Pflanzen.

c. Durch das Klima bedingte auffallende Erscheinungen in der Pflanzenwelt (Unzeitiges Blühen, Belauben, Entfärben, Entlauben und Fruchtreifen, Doppelte Jahresringe, Durch Grösse, Wuchs oder Alter ausgezeichnete Pflanzen [bes. Bäume] u. s. w.). (R. 52—70.)

Vgl. R. 32 (Wiederholtes Blühen), 48 (desgl.).

52. Die Buche in Norwegen. (G. Fl., XXXVIII, 1889, p. 291—292.)

An die Abbildung einer 22.6 m hohen **Buche in Norwegen** von 60° 23′ n. B. werden einige Angaben über die Verbreitung der Art geknüpft. Sie kommt wild in Norwegen nur an der Südostküste vor; bei Laurvick zwischen 59° und 59.5° nördl. Br. findet man Buchenwälder, dann zwischen Arendal und Grimstad (58° 23′ nördl. Br., 6° 22′ östl. L.). Weiter nördlich kommt sie angebaut vor, gedeiht noch ziemlich gut bei Trondhjem (63° 26′ nördl. Br.) sowie gar bei Stegen (67° 56′). In Schweden verläuft die Polargrenze im Westen bei 59°, im Osten bei 57° 5′; angepflanzt findet sie sich noch bei Elfkalöens Brug an der Dalelf (60° 35′), dem nördlichsten Standort grösserer Bäume (17 m hoch) in Skandinavien. Bei Wasa in Finland (63°), ist die Buche buschförmig, in St. Petersburg friert sie meist bis zur Schneedecke hinab. Von Calmar zieht sich die Nordostgrenze der Buche an die Küste der Ostsee zwischen Elbing und Königsberg (54.5°), geht dann durch Lithauen und das östliche Polen nach Wolhynien, wo man bei 52—50° ordentliche Wälder findet, und weiter durch Podolien und Bessarabien nach der Krim und dem Kaukasus. In der europäischen Türkei steigt sie waldartig bis 1255 m, in der Schweiz 1200—1350 m (vereinzelt 1500 m), in Bayern bis 1496 m, in den Karpathen 1240 m, im Jura 1537 m, in den Apenninen 941—1568 m, auf dem Aetna 2100 m. Die Stammpflanze der Blutbuche soll 1760—1770 bei Sondershausen gefunden sein.

53. **Bessey, C. E.** Tumble-Weeds again. (Amer. Naturalist, vol. 22. Philadelphia, 1888, p. 66.)

Verf. vermehrt die Liste der Pflanzen, die im Spätsommer gänzlich eingetrocknet durch den Wind verweht werden, um *Corispermum hyssopifolium* L. aus Nordnebraska und *Psoralea esculenta* der Prairien. Matzdorff.

54. **Foerste, Au. F.** Botanical Notes. (B. Torr. B. C., XVI, 1889, p. 266—268.)

Verf. macht u. a. Bemerkungen über im Herbst blühende Pflanzen Nordamerikas.

55. **Favrat, L.** Note sur la floraison d'un certain nombre de plantes en décembre 1888 et janvier 1889. (Bull. de la Soc. Vaudoise des sciences naturelles, vol. XXV. Lausanne, 1889. p. 75—78.)

Verf. liefert ein systematisches Verzeichniss von ca. 140 Pflanzen, welche in der milden Zeit vom 15. December 1888 bis 15. Januar 1889 bei Lausanne im Freien blühten.

56. **Bessey, C. E.** A Miniature Tumble-Weed. (Amer. Naturalist, vol. 22. Philadelphia, 1888. p. 645—646.)

Verf. beschreibt die eigenthümlichen Vorkehrungen von *Townsendia sericea* Hook., die es dieser Pflanze ermöglichen, eine weite Verbreitung durch den Wind zu erfahren. Nachdem die Achänen reif sind, schliessen sich die Involucralblätter zusammen und pressen die gesammte Masse derselben vom Köpfchenboden empor. Dabei wirkt der sich spreizende Pappus mit. Da nun die Früchte mit gekrümmten, an der Spitze mit zwei zurückgebogenen Haken versehenen Haaren besetzt sind (die der Lage nach aus zwei Zellen bestehen), so verfilzen sich alle Achänen eines Köpfchens zu einer ovalen Masse, die vom Wind leicht weithin verweht wird. Matzdorff.

57. **Hult, R.** Ueber eine Gruppe von Salix alba. (Bot. C., XL, 1889, p. 373.)

Verf. geht bei Gelegenheit der Besprechung von verhältnissmässig grossen Bäumen von *Salix alba* auf die Verbreitung der Art in Skandinavien ein.

58. **Lundström, A. N.** Ueber Formveränderungen einiger Lignosen und deren Ursachen. (Bot. C., XL, 1889, p. 5.)

59. **Hahn.** Ueber starke Bäume in Schleswig-Holstein. (Ztschr. f. Forst- und Jagdwesen, 21. Jahrg. Berlin, 1889. p. 269—271.)

Verf. beobachtete im Hasselburger Gutsforst (Schleswig-Holstein) Buchen von 1.45—1.59 m, einen Ahorn von 1.21 m, im Revier Cismar Eichen von 2.04 und 2.63 m Brusthöhendurchmesser. Matzdorff.

60. **Paolucci, M.** Il parco di Saumezzano e le sue piante. (B. Ort. Firenze, XIV, 1889, p. 216 ff. Mit 1 Taf.)

Verf. schildert den Park von Saumezzano, im mittleren Arnothale an dem Fusse gelegen und bespricht insbesondere die immergrünen Gewächse. Die Nadelhölzer, woran der Park ausnehmend reich ist, werden am eingehendsten behandelt.

Die — noch fortzusetzende — Abhandlung ist für geographische Notizen von thatsächlichem Interesse, namentlich auch mit Bezug auf die angegebenen Grössenverhältnisse der erwähnten Individuen. — Prächtig gedeiht hier (ca. 150 m ü. M.) u. a. die Weisstanne, einen dichten Bestand bildend; ferner: *Abies Smithiana* Wall.; von *Araucaria imbricata* ein stattliches Exemplar; zahlreiche *Cupressus*-Arten (vorwiegend *C. lusitanica* und *C. elegans*); hochstämmige *C. atlantica* Manet. und *Wellingtonia gigantea; Sequoja sempervirens* hat sich binnen 40 Jahren reichlich vermehrt; *Larix decidua* Mill., *Libocedrus decurrens, Podocarpus* pl. sp. u. s. f. — Ungünstig erwies sich das Fortkommen für *Ginkgo biloba, Taxodium distichum, Juniperus macrocarpa, Callitris vera, Thuja nepalensis* etc. Solla.

61. **Wittmack, L.** Eine Schlangenfichte, Picea excelsa viminalis in Ostpreussen. (G. Fl., XXXVIII, 1889, p. 656—658.)

62. **Beissner, L.** Die Schlangenfichte in Bückeburg. (G. Fl., XXXVIII, 1889, p. 135—137.)

63. **Treichel, A.** (248) nennt eine grosse Zahl starker Bäume aus Westpreussen. (Auch neue Standorte anderer Pflanzen aus jener Gegend werden genannt.)

64. **Riesenbaum.** (Humboldt, VIII, 1889, p. 202.)

Der stärkste bisher bekannte Baum dürfte eine *Wellingtonia gigantea* sein, die in der Nähe des Kameah River in Kalifornien entdeckt ist und in 1.5 m Bodenhöhe 53 m Umfang hat.

65. **Anderlind, L.** Mittheilungen über starke Bäume in Syrien. (Mit einer Tafel: Drei alte Libanoncedern im Garten von Gethsemane). (Natur, 1889, p. 165—168.)

Die Libanoncedern im botanischen Garten zu Paris. (Eb., p. 487.)

66. Ein **riesiger Weinstock.** (Natur, 1889, p. 211.)

67. Ein **Riesenweinstock.** (Eb., p. 475.)

68. **Rüdiger, E.** Riesenbäume. (Natur, 1889, p. 468—470.)

69. Eine **Riesenulme.** (Eb., p. 523.)

70. **Riesenbäume.** (Eb., p. 594.)

d. Einfluss der klimatischen Factoren auf Wachsthum und Erträge der Pflanzen. (R. 71—76.)

71. **Velshow, F. A.** The natural law of relation between rainfall and vegetable life, and its application in Australia. 8°. London (Stanford), 1888.

72. **Klinge, M. J.** Ueber den Einfluss der mittleren Windrichtung auf das Verwachsen der Gewässer nebst Betrachtungen anderer von der Windrichtung abhängiger Vegetationserscheinungen im Ostbalticum. (Engl. J., XI, 1889, p. 264—313.)

Verf. bespricht nach Erfahrungen in den östlichen Ostseeländern den Einfluss des Windes auf Verwachsen der stehenden und fliessenden Gewässer (Teiche, Seen, Meere, Flüsse), wobei er bezüglich der letzteren zu Ergebnissen gelangt, die dem Bär'schen Gesetz widersprechen. Anhangsweise werden auch andere von der Windrichtung bedingte Vegetationserscheinungen besprochen (Besiedeln von Südwestabhängen der Hügel mit hygrophiler, der Nordabhänge mit xerophiler Flora; Standortsverhältnisse der subborealen Florenelemente u. a.).

73. **Knuth, P.** Die Frühlingsflora der Insel Sylt. (D. B. M., VII, 1889, p. 146—151, 187—190.)

Verf. schildert die Flora von Sylt im Mai, wo dieselbe noch sehr dürftig ist und geht u. a. auch auf den Einfluss der Dünen auf die Vegetation ein (vgl. R. 49).

74. **Baber, J.** Rate of Growth of Transplanted Trees. (Trans. N. Zeal., XX, 1888, p. 186—187.)

Mittheilung einiger Messungen über das Wachsthum einiger Bäume auf Neuseeland.

75. **Rutland, J.** The Fall of the Leaf. (Tr. N. Zeal., XXI, 1888. Wellington, 1889. p. 110—120.)

Auffallend ist, dass in der nördlich gemässigten Zone die laubwerfenden, in Neuseeland die immergrünen Bäume herrschen. Dass dies nicht bloss durch Klima und Boden bedingt, zeigt sich darin, dass durch eine Versetzung von Arten aus einer Hemisphäre in die entsprechende Gegend der anderen eine diesbezügliche Aenderung nicht erzielt wird. Andererseits finden sich in beiden Erdhälften Vertreter beider Arten der Belaubung, sogar in den gleichen Gattungen, z. B. in Europa *Viburnum opulus* (sommergrün), *V. tinus* (immergrün, obwohl einem rein borealen Genus angehörend) oder in Neuseeland *Plagianthus betulinus* und *divaricatus*, die je nach dem Standort sich verschieden verhalten, obwohl die einzige andere Art der Gattung eine australische ist. Man hat demnach absolut und bedingungsweise immergrüne Pflanzen zu unterscheiden. So ist *Olearia Hectori* im übrigen Neuseeland immergrün, aber laubwerfend im kalten Pelorus-Thal, wo sie in niedrigen Lagen ausserhalb des Gebüsches wächst, zusammen mit den gleichfalls laubwerfenden *Plagianthus betulinus, Sophora tetraptera* und *Fuchsia Colensoi*. *Aloysia citriodora* ist ebenfalls dort laubwerfend, und zwar belaubt sie sich am spätesten von allen Bäumen erst Ende Mai oder Mitte Juni. Aus solchen Gründen schliesst Verf., dass frühere klimatische Unterschiede die Verschiedenheiten im Aussehen der Floren beider Hemisphären bedingt haben, speciell die Eiszeit.

76. **Rathay, E.** Ueber das frühe Ergrünen der Gräser unter Bäumen. (Bot. C., XXXIX, 1889, p. 8.)

Verf. glaubt, das frühe Ergrünen der Gräser unter Bäumen sei auf das hinabtropfende Nebelwasser zurückzuführen.

e. Verhalten der Pflanzen bei niederen Wärmegraden. (R. 77.)

77. **Anderlind, L.** Die Landwirthschaft in Aegypten. Dresden (Lüders), 1889. 97 p. 8⁰. (Vgl. R. 137.)

Verf. theilt mit, dass, trotzdem in Kairo die Temperatur kaum je bis 0⁰ herabsinkt, doch manche Tropenpflanzen, besonders an Gewässern stehende, Frostschäden erleiden. Verf. fand z. B. *Caesalpinia pulcherrima* durch Frost geschädigt. Schweinfurth erzählte ihm Gleiches von der Banane und dem Maniok.

5. Einfluss der Pflanzenwelt auf Klima und Boden.

(R. 78—79.)

78. **Wagner, E.** Der klimatische Einfluss des Waldes. (Nach „Das Wetter" in Naturw. Wochenschr., IV, 1889, p. 170—174.)

Verf. bespricht den Einfluss des Waldes auf das Klima. Durch Beschattung des Bodens durch Vegetation wird die Insolation verringert, andererseits wird zum Wachsthum der Pflanzen viel Feuchtigkeit verbraucht. Innerhalb des Waldes ist daher die Wasserverdunstung viel geringer als auf unbeschattetem Boden. Wenn auch in Gegenden mit feuchten Seewinden, wie im Westen Europas, die Entwaldung grösserer Landstrecken kaum von Einfluss sein kann, kann sie in continentalem Klima grosse Trockenheit hervorrufen. Meist wird aber der aufsteigende Wasserstrom viele Kilometer ostwärts geführt, ehe er als Regen sich geltend macht, auch vertheilt er sich über eine bedeutende Fläche. Andererseits wird namentlich die Reifbildung in Nadelwäldern, sowie die Zurückhaltung des Wassers im Waldboden nicht zu unterschätzen sein. Bei der Schneeschmelze vermögen die

Wälder am unteren Lauf eines Flusses keinen Einfluss auszuüben, wohl aber die Gebirgswälder, die eine Verlangsamung des Abschmelzens verursachen, nur bei zu plötzlicher Schneeschmelze nützt der Wald kaum.

Lendenfeld (Peterm. Mittheil. 1888) glaubt sogar, dass in Australien Entwaldung der Trockenheit abhelfen werde. Die ausschliesslich aus *Eucalyptus*-Arten bestehenden Waldbäume haben da durchaus den Charakter der Wüstenpflanzen mit sehr tiefgehenden Pfahlwurzeln, deren Verästelung erst in der Tiefe von 3—5 m beginnt, wodurch sie im Stande sind, die Feuchtigkeit aus den Tiefen nach oben zu befördern. Die Verdunstungsmenge ist bei den lederartigen Blättern, die ihre Schmalseite der Sonne zuwenden, gering, so dass weder Feuchtigkeit noch Schatten vorhanden ist, um einer niedrig wachsenden Flora Existenz zu verschaffen, der es sowohl an Wasser als an Schutz gegen Verdunstung mangelt. Wenn in den Wäldern Europas ein Kampf ums Licht, so herrscht in denen Australiens ein Kampf um Wasser. In Neu-Süd-Wales ist meist rother Lehm, fast ohne Spur von Waldstreu und glatt wie Asphalt, man sieht Tage lang nichts als hohe Baumstämme, etwaiger Regen läuft schnell in die Tiefe. Um eine Flora zu schaffen, die Feuchtigkeit sammelt, wäre daher Abholzung nöthig.

Die Einwirkung waldumgebener Orte auf die Temperatur wurde von Hann (Meteor. Zeitschr., III) am Wiener Wald gezeigt. Waldthäler weisen danach ein erheblich geringeres Jahresmittel auf, als gleichgelegene Orte des freien Landes. Im Winter ist natürlich der Einfluss eines Laubwaldes am geringsten. Am geringsten ist der Unterschied in den wärmsten Tagesstunden, am bedeutendsten Morgens und Abends. In Nordindien zeigt sich bedeutende Temperaturerniedrigung durch den Wald, aber auch in höheren Breiten ist sie bemerkbar, so in dem wald- und sumpfreichen Mingrelien. Das dicht bewaldete Bosnien hat 2.5—4.5° niedrigere Temperatur als die waldarme felsige Herzegowina.

79. **Brandis.** Regen und Wald in Indien. (Gaea, 1888, p. 77—85. — Vgl. Bot. J., XV. 1887, 2. Abth., p. 153.)

6. Geschichte der Floren. (R. 80—114.)

Vgl. auch R. 56 (Verbreitung durch den Wind), 384 und 385 (Unkräuter Nordamerikas), 401 (*Tissa rubra* in Nordamerika eingeführt), 459 (eingeführte Arten in Wisconsin), 608 *Cuscuta hassiaca* eingeschleppt auf Neuseeland), 642 (Ruderalpflanzen am Kongo), 642 (Adventivpflanzen).

80. **Buckland, A. W.** Distribution of Animals and Plants by Ocean Current. (Nature, XXXVIII, 1888, p. 245.)

Verf. macht Mittheilung über grosse Massen Sandstein, Schnecken u. a., welche durch Meeresströmungen in der Nähe von Port Elisabeth an die Ostküste Afrikas angespült wurden, von denen er glaubt, dass sie von Krakatao herrührten. Mit diesen wurden auch Nüsse gebracht, die keimfähig waren und sich als solche von *Barringtonia speciosa* aus Indien erwiesen. (Verf. weist darauf hin, dass an der Ostküste Afrikas eine kleinere Form der Art vorkomme, die als *B. racemosa* bezeichnet sei).

81. **Drude, O.** Betrachtungen über die hypothetischen vegetationslosen Einöden im temperirten Klima der nördlichen Hemisphäre zur Eiszeit. (Petermann's Geogr. Mittheil., XXXV, 1889, p. 282—290.)

Warming hat die Ansicht vertheidigt, dass in Grönland die heutige Flora die Eiszeit überdauert habe. Daher schliesst Verf., dass auch in Europa damals nicht vegetationslose Einöden gewesen sind. Er begründet dies zunächst weiter auf Beobachtungen von Seton Karr (Proceed. of the Royal geogr. Society 1887“ und „Shores and Alps of Alaska“ London, 1887) über Alaska. Da diese Arbeiten bisher im Bot. J. nicht Berücksichtigung fanden, mag hierauf jetzt näher eingegangen werden.

Der Reisende sagt über den Eindruck der Küste zwischen Yakatat-Bai und Eiskap an den Südgehängen zwischen Mt. Vancouver und Mt. St. Elias: „Niemand hätte ohne

Landung vermuthen können, dass all' dieses Geröll die Moränen von Gletschern, die unter ihm sich erstrecken, wären. Aber als wir in der Eis-Bai landeten und das sogenannte wüste Land beschauten, zeigte es sich, dass unter den Steinen und Felsen solides Eis lag in Mächtigkeit von 300 oder 400′ bis zu 600 oder 700′ an anderen Stellen. Diese Moränen oder Anhäufungen von Geröll und Steinen auf der Eisoberfläche an der Icy-Bai, machen die Veränderungsbewegungen mit dem Eis so langsam durch, dass Strecken davon mit Gesträuch und Dickicht von grosser Dichtigkeit bedeckt sind, so dicht, dass es uns viele Stunden von Anstrengung kostete, um uns eine (engl.) Meile hindurchzuarbeiten". Oestlich dieses Gletscherstroms (Jones River) zeigte sich ein hübscher Nadelwald am Mt. St. Elias mit reichem Unterholz (*Vaccinium*) und Thierleben. Es zeigte sich also hier die auch im antarktischen Süden (Hann, Klimatologie, p. 196) früher gemachte Wahrnehmung, dass bei starker Gletscherausdehnung in verhältnissmässig mildem Klima die alpine Region zwischen Wald und Eis zurücktritt oder ganz verschwindet, dass Wälder und Gebüsche unvermittelt mit dem überdauernden Eise in Berührung stehen. (Die Schneelinie fällt nach Seton Karr am Mt. Elias wenig über 100 m). Nicht nur an der Küste fand der Reisende die Vegetation auf Moränengeröll ausgebreitet; sondern viel weiter landeinwärts, am Fussende der mit dem Bergesgipfel in unmittelbarem Zusammenhang stehenden Gletscher, fanden sich auf Moränenanhäufungen Bäume und Sträucher. Es zeigt dies, dass mitten im Eis bei genügender Sommermilde sogar Baumwuchs emporkommen kann. Demnach ist es falsch, „dass da, wo man die Wirkung verschwundener Gletscher geologisch erkennt, das Land zur Zeit jener Eisbedeckung nothwendigerweise eine vegetationslose Einöde gewesen sei". Konnten in oder am Ende der Glacialzeit auch Nadelbäume, nordische Laubbäume, *Linnaea*, *Vaccinium*, *Empetrum*, *Rubus Chamaemorus* u. a. im Eise existiren, so hatten diese hernach mit den eindringenden Steppenpflanzen zu kämpfen. Im Gegensatz zu Blytt glaubt daher Verf., dass auch in Norwegen während der Eiszeit die boreale Waldflora nicht ganz verdrängt war. Aehnliches gilt für deutsche Gebiete, so ist die von Schulz vertretene Ansicht, dass die Pflanzen bei Halle erst seit der Glacialzeit ihre Sitze inne hätten, zu verwerfen.

Solche vegetationslosen Einöden sind jetzt unbekannt. Auch Franz Josef-Land, nördlich von 80° nördl. Br., hat noch Blüthenpflanzen an den Küsten. Aehnliches gilt für Spitzbergen, Grinneland u. a.

Wären in der Eiszeit wirklich vegetationslose Einöden gewesen, so wäre die Vertheilung der arktischen Flora entweder nicht gleichmässig genug oder nicht genügend nach Continenten gesondert. Entweder nämlich hätte nach der Eiszeit eine starke und rasche circumpolare Wanderung von wenigen begünstigten Punkten aus stattfinden müssen, und dann liessen sich die Abweichungen in den Floren der nordischen Inseln nicht verstehen, oder aber es wäre aus dem Süden die Gebirgsflora von Europa und Amerika für sich und nach Continenten ziemlich gesondert nordwärts gewandert, dann müssten die Floren der Inseln eine deutliche Zugehörigkeit zu einem bestimmten Continent zeigen, was aber nur bezüglich südlicherer Typen gilt, die wahrscheinlich erst später eingewandert sind. Daher hält Verf. unbedingt eine Stabilität oder langsamere Entwicklung der Floren in der Eiszeit für annehmbar. Selbst im Innern Deutschlands muss sich damals eine zwar mehr an Kälte angepasste, aber doch im Wesentlichen gleiche Züge wie die heutige Flora zeigende Pflanzenwelt erhalten haben, ähnlich wie jetzt an den Gletschern Neuseelands und Patagoniens.

Die arktische und alpine Vegetation zeigen im Wesentlichen nur eine physiognomische Verwandtschaft, setzen sich aber in vielen Gattungen aus verschiedenen Arten zusammen, während andererseits in der Glacialzeit ein gewisser Austausch hat stattfinden können; man muss daher in Europa wie in Amerika zwischen einem arktischen und alpinen Element scheiden. Auffallend sind die Beziehungen der nordischen Länder zu den europäischen Alpen, denn von 156 Arten (Gefässpflanzen) nämlich, welche Grönland nebst Island und den Färöern mit den Alpen gemeinsam besitzt, fehlt nur eine einzige in der skandinavischen Halbinsel. (Die einzige Ausnahme ist *Streptopus distortus* Mchx. [*S. amplexifolius* DC. vieler Floren], die in Asturien, den Pyrenäen, der Auvergne, Apenninen, Jura Alpen, Schwarzwald, Erzgebirge, Sudeten, Karpathen und Serbien vorkommt, nicht aber in Grossbritannien, den Färöern, Island und Ostgrönland, wohl aber in Westgrönland, Labrador,

Canada, Britisch Columbia und der Vancouver-Insel); eine solche Uebereinstimmung wäre unmöglich, wenn die Pflanzen erst nach der Eiszeit eingewandert wären.

Verf. glaubt daher, dass eine Landverbindung zwischen Grönland und Europa schon vor der Eiszeit statt hatte. Die eigentlich arktische Flora Skandinaviens hat sich während der Eiszeit erhalten, dagegen sind die wärmeren Elemente später von Süden oder Osten eingewandert.

Die arktisch-alpinen Pflanzen Mitteleuropas wie *Betula nana, Linnaea, Rubus Chamaemorus, Eriophorum vaginatum, Carex irriqua, Scirpus caespitosus, Empetrum, Ledum palustre, Vaccinium uliginosum* und *V. Oxycoccus*, denen sich alpin-nordeuropäische, wie *Carex pauciflora, Rhynchospora alba, R. fusca* und *Scheuchzeria palustris* anschliessen, bewohnen in Deutschland meist Moore in der Lüneburger Heide, der cimbrischen Halbinsel und dem Gebiet der preussischen Seen, davon aber auch in den ca. 700 m hoch gelegenen Mooren der deutschen Mittelgebirge und Alpen, fehlen aber in den Zwischenstufen von 100—700 m Meereshöhe, in welchen die Moore einfach mitteleuropäischen Charakter zeigen. Es finden sich also die Pflanzen gerade soweit, wie die Reste nordischer Gletscher in Mitteldeutschland nachweisbar sind. In den niederen Regionen des Berglandes fehlen sie, weil da während der Eiszeit sich die mitteleuropäische Waldflora festgesetzt hatte, während im oberen Theil der Gebirge die Gletscher nordisch-alpine Flora begünstigten, wie noch in den Alpen. Wo sich ausgedehnte Gebirgsmoore in den deutschen Mittelgebirgen finden, hat man sie stets tiefgründig auf glacialen Geschieben lagernd gefunden. Gleichzeitig aber treten fast alle diese Pflanzen in die Gebirgsformation der oberen wasserreichen Region ein, was auf die Sicherung ihrer Platznahme und ihrer Erhaltung während der continental-trockenen Periode (im Sinne Blytts) hinweist.

Aus diesen Gründen stellt sich Verf. die Eiszeit in Deutschland so vor, dass der Norden Eisbedeckung und Moränenlandschaften mit einer den Funden in Alaska entsprechenden, in steter Verschiebung begriffenen, kalt gemässigten europäischen und arktisch-alpinen Flora zeigte, die untere Region der Mittelgebirge im Wesentlichen den jetzigen Waldflorenbestand binhielt und dessen Grenzen aufwärts und niederwärts schwanken liess, während die oberen Regionen der Besiedelung arktisch-alpiner Arten offen standen. Nach dem Zurückziehen des Eises breiteten sich die local erhaltenen Arten weiter aus und neue traten aus wärmeren Gegenden hinzu.

Nie aber, glaubt Verf., sei das maritime Klima Europas ganz zurückgedrängt, sonst müssten die Vorkommnisse der arktischen Arten viel spärlicher sein, so dass nie eine vollständig innerasiatische Flora wie im Thianschan herrschte, wo die Moorformationen ganz fehlen. Wäre eine solche Zurückdrängung eingetreten, dann könnten wir jetzt nicht mehr an der Verbreitung jener Pflanzen die alten Moränenlandschaften erkennen.

Es bestätigt sich demnach der Ausspruch Heims (Gletscherkunde, p. 548), dass „Gletscher weniger auf grosse Kälte, als vielmehr auf nasse Winter hindeuten"; auch in Neuseeland kommen subtropische Pflanzen in der Nähe der Gletscher vor.

82. **Ward, L. F.** The Palaeontologie History of the Genus Platanus. (Reprinted from Proc. U. S. Nat. Mus., XI, plates XVII—XXII, 1888. — Cit. nach B. Torr. B. C., XVII, p. 134.)

83. **Molendo.** Ueber sogenannte aussterbende Arten. (Bot. C., XXXVII, 1889, p. 303—304.)

84. **Philippson, A.** Ueber den Anbau der Korinthe in Griechenland. (Naturwiss. Wochenschr., IV, p. 173—174.)

Die Physiognomie Griechenlands hat sich seit dem Alterthum geändert durch Ausrodung der Wälder, Ueberhandnahme der Viehzucht, die im Mittelalter den Ackerbau zurückdrängte und Vernachlässigung der Bewässerung. Wie im Alterthum sind nur ausnahmsweise Culturgebiete in dem humusarmen Land, aber es fehlt noch mehr als damals an wasserführenden Rinnsalen, und kahle Berglehnen sind an Stelle bewachsener Gehänge getreten. Doch auch neue Ankömmlinge sind eingedrungen, besonders unter den Culturpflanzen, so die Korinthe, die Agrumen, *Cannabis indica, Opuntia ficus indica, Nicotiana tabacum* u. a. Im Peloponnes ist es hauptsächlich der Korinthenbaum (*Vitis vinifera* var. *apyrena*), der seit 1600 dort viel gebaut wird. Dieser ist an bestimmte nur in Griechenland zu findende klimatische Bedingungen geknüpft, hat daher stellenweise fast alle anderen Fruchtarten verdrängt, so in Südätolien, auf Levkás, Ithaki, Kephallinia, Zakynthos, vor allem aber im westlichen und nördlichen Peloponnes. Er verlangt fruchtbaren nicht zu trockenen Boden, der das Wasser nicht zu schnell ablaufen lässt. Die Reben werden in Reihen, aber frei, ohne Pfähle, gepflanzt. Sie erreichen oft hohes Alter und beträchtliche Dicke. Die Ausfuhr Griechenlands an Korinthen war 1887 276 000 000 venetian. Pfund (Achaia und Elis 171 T., Messenien 37 T., Argolis und Lakonien 1 T., Zahynthos 21 T., Kephalinia, Itakia, Levkas 21 T., Mittelgriechenland 1 T.) im Werth von $54^1/_2$ Millionen Frcs. Es scheint ihr das excessivere Klima der Ostseite (kältere Winter, heissere, trocknere Sommer) wenig zuzusagen. In der Ebene von Megalopolis ist sie dagegen sogar bis 450 m ü. d. M. neuerdings gebaut.

85. **Loret, V.** La flore Pharaonique d'après les documents hiéroglyphiques et les spécimens découverts dans les tombes. (A. S. B. Lyon, L, 1887. Erschienen 1888, p. 1—64.)

Aus der Verarbeitung aller von dem alten Aegypten bekannten Pflanzen seien folgende Einzelheiten bezüglich der Nutzpflanzen hervorgehoben: *Panicum miliaceum* ist gegen Unger's Annahme bisher noch nicht für das alte Aegypten sicher bekannt, ebenso fehlt Sicherheit bezüglich des Vorkommens von *P. italicum*, dagegen ist *Arundo Donax* aus der Zeit Ramses II. bekannt. *Eragrostis abyssinica*, die jetzt nicht in Aegypten gebaut wird, muss, wie zahlreiche Reste beweisen, im Alterthum da cultivirt worden sein. *Triticum vulgare* ist sehr oft nachweisbar; Keimung von zweifellos ächtem Weizen hält Verf. für unerwiesen; *T. turgidum*, das jetzt häufig in Aegypten gebaut wird, scheint auch im Alterthum schon da vorgekommen zu sein, vereinzelt auch *T. dicoccum*, ganz zweifellos ist *T. Spelta*, ferner *Hordeum vulgare* (nach Schweinfurth wurde noch häufiger *H. hexastichum* gebaut), *Andropogon Schoenanthus* scheint im alten Aegypten ebenso wenig wie im modernen vorgekommen, nur durch Parfumeure aus Centralafrika erhandelt zu sein. *Sorghum vulgare* ist auf verschiedenen Monumenten dargestellt. *Cyperus esculentus* wurde sicher im Alterthum wie jetzt in Aegypten benutzt, das Vorkommen von *C. Papyrus* ist längst ausser Frage. *C. alopecuroides* ist mikroskopisch in Resten einer Matte erkannt. Von Palmen sind sicher nachweisbar: *Hyphaene thebaica*, *H. Argun* und *Phoenix dactylifera*. *Allium Cepa* ist sicher nachweisbar im alten Aegypten, während die Ansicht vom Vorkommen des *A. sativum* nur auf Herodot's Autorität basirt, auch *A. Porrum* und *A. ascalonicum* sind noch zweifelhaft. *Asparagus officinalis* ist fälschlich von Unger für Altägypten genannt. Von *Pinus Cedrus* glaubt Verf. dagegen das Vorkommen daselbst aus einem Grabgemälde schliessen zu können. *Ficus Sycomorus* und *F. Carica* sind zweifellos, während *Cannabis sativa* noch sicher erwiesen werden muss, da die Gründe Unger's nicht stichhaltig sind. *Ricinus communis* wurde sicher schon zur Pharaonenzeit gebaut. *Laurus Cassia* und *L. Cinnamomum* werden wahrscheinlich nur über Arabien aus Indien erhandelt sein. *Blitum virgatum* kann nur als zweifelhaft bezeichnet werden. *Olea europaea* lässt sich nur auf die Zeit der Ramesiden zurück verfolgen. *Mimusops Schimperi* war häufig im alten Aegypten, auch *Cordia Myxa* ist nachweisbar, desgleichen *Carthamus tinctorius*, dagegen hält Verf. *Cynarus Scolymus* für unerwiesen. *Apium graveolens* wurde gebaut, desgleichen *Anethum graveolens*, *Coriandrum sativum* und *Portulaca oleracea*. Auch *Citrullus vulgaris*, *Lagenaria vulgaris*, *Punica granatum* und *Lawsonia inermis* sind sicher, während für verschiedene andere Pflanzen Verf. die Documente nicht für ausreichend hält. *Pirus Malus* fand sich zur Zeit Ramses II. *Acacia nilotica*, *A. Segal*, *A. Farnesiana*, *Moringa aptera*, *Ceratonia Siliqua*, *Indigofera argentea*, *Sesbania aegyptiaca* hält Verf. für erwiesen, bei *Cicer arietinum* und *Pisum arvense* spricht er sich nicht bestimmt aus; *Ervum lens* ist sicher zur Zeit der 19., *Vicia faba* unter der 12. Dynastie nachgewiesen, auch *V. sativa* und *Lathyrus sativus* sind nicht mehr zweifelhaft, desgleichen *Cajanus indicus*, *Pistacia Terebinthus*, *P. Lentiscus*, *Zizyphus Spina Christi*, *Vitis vinifera* (schon 3—4000 Jahre v. Chr.), *Citrus aurantium*, *Balanites aegyptiaca* Del. (= *Cimenia aegyptiaca* L.

von der 12. und 20. Dynastie), *Gossypium (herbaceum?)*, *Linum humile* (12. und 20. Dynastie). Bei *Raphanus sativus* und *Papaver somniferum* stützt sich Verf. nur auf die Argumente Unger's. *Nelumbium speciosum* ist zweifellos, *Nymphaea Lotus* ebenfalls, desgleichen *N. coerulea* und *Cocculus Leaeba*. *Parmelia furfuracea* findet sich in grossen Mengen in Funden aus der Zeit der 22. Dynastie.

86. **Ascherson, P.** Silene arctica, ein vorgeschichtliches Leinunkraut auch heut noch diesseits der Alpen. (Naturw. Wochenschr., III, p. 94.)

Heer fand unter Lein der Schweizer Pfahlbauten *Silene arctica*, ein in den Leinfeldern Südeuropas häufiges Unkraut, zieht daraus den Schluss, dass die Pfahlbaubewohner ihren Leinsamen aus Südeuropa zogen, da die Art nicht nördlich der Alpen vorkomme. Verf. weist nach, dass letzteres falsch sei, sie finde sich in Steiermark, Kroatien, Ungarn und Oberbayern. In letzterem Gebiet findet sie sich neben *S. linicola*, die auch nur in Leinfeldern vorkommt, so dass also vielleicht erstere Art ebenso lange wie letztere jenseits der Alpen vorkommt, wenn auch möglich, dass sie erst in letzterer Zeit eingeschleppt sei.

87. **Knuth, P.** Grundzüge einer Entwicklungsgeschichte der Pflanzenwelt in Schleswig-Holstein. Gemeinfasslich dargestellt. Kiel, 1889. 55 p. 8⁰. (Sonderabdruck aus den Schriften des naturw. Ver. f. Schleswig-Holstein, VIII, Heft 1.)

Nach einer allgemein gehaltenen Einleitung bespricht Verf. erst kurz die Pflanzenwelt Schleswig-Holstein im Tertiär, soweit Schlüsse darauf möglich sind, dann ausführlicher im Diluvium, wobei er meist Schlüsse aus anderen Verhältnissen zieht, z. B. hält er sich bezüglich der Glacialpflanzen wesentlich an Engler und Keilhack, indem er die allgemein für Norddeutschland früher gemachten Schlüsse speciell für Schleswig-Holstein prüft, wozu ihm die geologischen Untersuchungen durch Haas weitere Anhaltspunkte bilden.

Den grössten Theil der Arbeit nimmt naturgemäss die Entwicklungsgeschichte während der Alluvialzeit ein. Hierbei schliesst sich Verf. wieder wesentlich an frühere allgemein gehaltene Arbeiten an, z. B. die von Potonié (vgl. Bot. J., XIV, 1886, 2 Abt., p. 113, R. 95 u. 96), Hellwig (meist fälschlich Helbig gedruckt) (vgl. eb., p. 112, R. 94), sowie an speciellere von Buchenau (eb., XV, 1887, p. 376), endlich an geologische Untersuchungen durch Meyr u. A. Verschiedene der neuen Ergebnisse sind vom Verf. schon in speciellen Abhandlungen früher hervorgehoben, es sei deswegen auf die vorhergehenden und den laufenden Band dieses Jahresberichts verwiesen. Die Einzelheiten können hier nicht hervorgehoben werden, da sie sich meist auf eine Aufzählung der speciell in Schleswig-Holstein beobachteten Arten jeder Gruppe von Pflanzen beziehen, also ein zu starkes Anschwellen des Registers dieses Bandes zur Folge haben würden. Betreffs der nordfriesischen Inseln vgl. auch ein Referat über eine dänische Arbeit von Raunkiär im Bot. C., XLI, p. 361.

88 **Knuth, P.** Gab es früher Wälder auf Sylt? (Humboldt, VIII, 1889, p. 297—300.)

Verf. erörtert die Frage, ob es früher Wälder auf Sylt gegeben habe. Buchenau hat hervorgehoben, dass, wenn *Pirola rotundifolia* auf den westfriesischen Inseln, dieselbe sowie *Monotropa glabra* auf den ostfriesischen Inseln vorkomme, man wahrscheinlich auf frühere Bewaldung derselben schliessen könne. Die nordfriesischen Inseln sind aber in ihrer physischen Beschaffenheit jenen sehr ähnlich, werden daher wahrscheinlich auch früher bewaldet gewesen sein. Vergebens aber sucht man da Waldpflanzen; Strand-, Heide-, Moor-, Marsch- und Sumpfgewächsen setzen die Flora zusammen. Doch findet man an der Westküste von Sylt und in dem Meer zwischen Föhr und dem Festland ausgedehnte Moore mit Resten von Waldbäumen, ja ganze unterseeische Wälder; so sind zwischen Romö und dem Festland, bei der Hallig Oland, unter der Marsch bei Tondern und bei Husum viele Stämme verschiedener Hölzer, besonders von Föhren, Eichen und Birken gefunden. Die Föhringer Marsch ruht nach Meyn zum grössten Theil auf einem Moor, das ganz mit Wurzeln, Zweigen, Baumstämmen und Früchten durchsetzt ist, ja gar Hirschgeweihe und Eberzähne birgt. Selbst Chronisten berichten von alten Wäldern, aber wahrscheinlich nur durch die Natur verleitet. Noch 1870 wurden die unterseeischen Moore auf Sylt ausgenutzt, wie wohl seit Jahrhunderten, jetzt aber nicht mehr. Verf. fand in denselben neben Birkenstücken und Kieferzapfen, häufig Zapfen der bisher nicht sicher in Schleswig-Holstein nachgewiesenen

Fichte. Sonst zeigt sich vollständige Uebereinstimmung mit binnenländischem Torf, Meyn fand darin auch Erlen- und Eichenzweige, sowie Haselnüsse. Es waren also gemischte Wälder früher da vorhanden. Diese sind jetzt durch Wind und Dünensand am Aufkommen gehindert (was indess doch bei allmählicher Regeneration der Wälder nicht wesentlich in Betracht käme. Ref.). Verf. glaubt, dass dies durch die Bildung des Canals nach der Eiszeit bedingt sei, wodurch das Eintreten der gewaltigen Fluthwelle in die Nordsee bedingt wäre. Es müssten danach die Wälder in der Zeit nach der Eiszeit und vor dem Durchbruch des Canals existirt haben.

89. **Fischer-Benzon, R. v.** Untersuchungen über die Torfmoore der Provinz Schleswig-Holstein. (Ber. D. B. G., VII, 1889, p. 378–382.)

Verf. geht in seinem Bericht über die Torfmoore Schleswig-Holsteins auch auf die Geschichte der Floren der durchsuchten Gebiete ein. (Im Uebrigen vgl. im Bericht über Pflanzengeographie von Europa.)

90. **Commission für die Flora von Deutschland.** Bericht über neue und wichtigere Beobachtungen aus dem Jahre 1888. (Ber. D. B. G., VII, p. [73]—[153].)

91. **Durand, Th.** Les Acquisitions de la flore Belge en 1887, 1888 et 1889. (B. S. B. Belg., XXVIII, 1889, p. 245—260.)

Verf. giebt ein Verzeichniss der in den letzten Jahren in Belgien neu erschienenen Pflanzen.

92. **Müller, K.** Die Verwilderung ausländischer Pflanzen in Südaustralien. (Natur 1889, p. 516—519.)

Im Ganzen sind 126 Pflanzen aus anderen Erdtheilen in Südaustralien eingebürgert. Dieselben vertheilen sich auf 22 Familien. Von Papaveraceen findet sich neben unserer *Fumaria officinalis* die erst als Gartenpflanze eingeführte *Argemone mexicana*. Von Kreuzblüthlern finden sich auch bei uns häufige Unkräuter, wie *Sisymbrium officinale*, *Lepidium ruderale*, *L. sativum*, *Barbaraea vulgaris* und schon seit den ersten Tagen der Colonie *Senebiera didyma*. Auch *Silene gallica* ist schon 35 Jahr dort, von ihren Verwandten findet sich seit den ersten Tagen der Colonie *Cerastium vulgare*, seit mehr als 40 Jahren *Arenaria serpyllifolia*, seit 25 Jahren *Spergula arvensis*, derselben Familie gehören noch als bekannte Unkräuter an *Stellaria media*, die jetzt ganz allgemein ist, dann *Spergularia rubra* an der Küste, *Agrostemma Githago* und *Gypsophila tubulosa*. *Portulaca oleracea* ist so häufig, dass es oft als heimisch betrachtet wird. Auch *Malva rotundifolia* und *silvestris* sowie *Erodium cicutarium* und *moschatum* haben sich eingebürgert. Seit 1840 ist *Oxalis cernua* vom Capland dort in Gärten eine wahre Geissel. Umgekehrt ist die Weide gebessert durch Eindringen von *Trifolium repens*, *pratense*, *procumbens*, *agrarium*, *Medicago sativa* und *denticulata*. Von ihren Verwandten findet sich wie heimisch *Tetragonolobus purpureus*, *Vicia sativa* und *hirsuta*. Von Rosaceen findet sich nur *Alchemilla vulgaris*, von Umbelliferen nur *Foeniculum capillaceum*.

Am reichsten vertreten unter den Einwanderern sind die Compositen. Schon 1845 wurde *Onopordon Acanthium* bemerkt, gleich ihr verfolgte man schon 1862 gesetzlich *Silybum Marianum* und *Xanthium spinosum*. Höchst schädlich ist auch *Centaurea Calcitrapa*; *C. melitensis* ist schon seit 1844 schnell verbreitet. Auch *C. solstitialis* ist sehr schädlich. Erst neuerdings eingedrungen, aber fast noch gefährlicher ist *Kentrophyllum lanatum*, *Cynara Scolymus* ist schon 25 Jahr dort und weit verbreitet, mit ihr *C. Cardunculus*, wie in den Pampas. Von anderen Disteln werden hervorgehoben *Cirsium acaule*, *lanceolatum*, *palustre* und *arvense*, *Sonchus oleraceus* und *arvensis*. Sehr verhängnissvoll ist *Inula suaveolens*, die 1863 eintraf, geworden, desgleichen *Cryptostemma calendulacea* des Caplands. Weiter verbreitet ist auch *Tragopogon porrifolius*, dann *Cichorium Intybus*; doch viel schädlicher als diese sind *Chrysanthemum segetum* und *Anthemis Cotula*. Seit 30 Jahren findet sich als Verbesserung der Weiden *Senecio vulgaris*. Von Südamerika ist eingedrungen *Tagetes glandulifera*, von Nordamerika *Bidens pilosa* und *Erigeron Canadense*, von Europa sei nur noch *Lactuca saligna* und *Taraxacum officinale* genannt. *Lithospermum arvense* ist seit 28 Jahren ein lästiges Unkraut unter dem Weizen, von ihren Verwandten finden sich *Anchusa officinalis* und *Echium violaceum*. Auch *Anagallis ar-*

vensis ist eingetroffen. *Solanum nigrum* gehört zu den ersten Einwanderern, *S. sodomacum* ist seit 16, *Datura Tatula* seit 30 Jahren da und *Hyoscyamus niger* fehlt natürlich nicht. Von Lippenblüthlern sind nur *Nepeta Cataria*, *Stachys arvensis* und *Marrubium vulgare* eingewandert. Natürlich finden sich auch Wegeriche, nämlich *Plantago maior, lanceolata* und *Coronopus*; von Chenopodiaceen ist die gemeinste *Atriplex patula* erst zuletzt eingewandert, länger schon fanden sich *Chenopodium murale, album, glaucum* und *ambrosioides.* An wüsten Orten wächst seit lange *Polygonum aviculare*, ihm sind gefolgt *Rumex Acetosella, crispus* und *pulcher.* Auch *Urtica urens* und *dioica* sollen schon vor 40 Jahren über Tasmanien eingewandert sein. Wenig schädlich sind *Verbascum Blattaria*, *Veronica peregrina* und *Linaria Elatine.* Von Wolfsmilcharten hat nur *Euphorbia helioscopia* Australien erreicht.

Schädliche Gräser sind *Avena sativa* var. *melanosperma* und *Lolium temulentum;* nützliche *Avena fatua, Aira praecox, Anthoxanthum odoratum, Panicum crus galli, Setaria glauca, Cynodon Dactylon, Poa annua, Lolium perenne, Dactylis glomerata, Alopecurus geniculatus, Hordeum murinum, Briza minor, B. maxima, Bromus sterilis, commutatus, mollis, Festuca rigida, duriuscula, Phalaris minor, Koeleria phleoides* und *Ceratochloa unioloides* (letztere aus Südamerika). Aus Gärten verwildert sind *Oenothera biennis, Oe. suaveolens, Delphinium Consolida, Linaria bipartita, Scabiosa atropurpurea, Bellis perennis, Verbascum Thapsus, Borago officinalis, Eschscholtzia Californica, Sparaxis tricolor* u. a.

93. **Ludwig, F.** Ueber eine eigenthümliche Art der Verbreitung des Chrysanthemum suaveolens (Pursh.) Asch. (Zeitschr. f. Naturwiss., 61. Bd. Halle a. S., 1888. p. 603—605.)

Die Kahlkopfkamille stammt aus Ostasien und Nordwestamerika. Sie verbreitete sich als Gartenflüchtling und durch Eisenbahnen vielfach in Deutschland. Eine neue Verbreitung findet, vermuthlich von Gera aus, durch die Leinenpläne von Schaubuden und Zelten der Schützenplätze statt. Zur Zeit der Vogelschiessen ist die Frucht reif. Seit 1887 kommt *Chr. s.* auf den Schützenplätzen von Greiz, Pohlitz, Jena, Dinor bei Schlan vor.

Matzdorff.

94. **Ludwig, F.** Australische Gräser mit europäischen im Kampf. (Humboldt, VIII, 1889, p. 117.)

Verf. theilt mit, dass in Australien namentlich durch die Schafzucht sich europäische Unkräuter, wie *Urtica urens, Chenopodium murale, Onopordon* und *Xanthium spinosum* immer mehr einbürgern, ja *Hordeum murinum* und *Festuca bromoides* australische Gräser theilweise verdrängt haben.

95. Die heilige **Lotosblume.** (Humboldt, VIII, 1889, p. 176.)

Nelumbium speciosum ist in einem Teich in New-Jersey eingebürgert und vollständig widerstandsfähig, obgleich dieser im Winter gefriert.

96. **Ettingshausen, C. Freiherr von.** Das australische Florenelement in Europa. Graz (Lauschner u. Lubensky), 1889. 10 p. 4°. Mit 1 Taf.

97. **Smith, J. G.** A Depauperate Grass. (Amer. Naturalist., vol. 22. Philadelphia, 1888. p. 532.)

Verf. beschreibt und bildet ab ein verkümmertes Exemplar von *Sporobolus vaginaeflorus* mit drei (davon zwei samentragenden) Blüthen, das in Wurzeln von *Solidago* verflochten, sich auf der Hochprairie bei Lincoln fand, woselbst der aus *Stipa spartea, Andropogon provincialis, A. scoparius* und *Bouteloua racemosa* gebildete Rasen das genannte Gras sonst nicht enthält. Es erklärt dieses vereinzelte Vorkommen sein plötzliches Auftreten auf Culturland.

Matzdorff.

98. **Lutze.** Euphorbia Lathyris. (Mitth. d. Geogr. Ges. f. Thüringen in Jena. Zugleich Organ d. Bot. Vereins f. Gesammt-Thüringen. Jena, 1889. p. 10.)

Die von Irmisch zuerst cultivirte *Euphorbia Lathyris* ist jetzt um Sondershausen verwildert.

99. **Hanusz, J.** Változások az új világ Flórájában. Veränderungen in der Flora der Neuen Welt. (Természettud. Füzetek. Temesvár, 1889. Bd. XIII, p. 9—15. [Ungarisch].)

Verf. schildert populär die Veränderungen, die die Flora Amerikas durch die Ausrodung der Wälder und durch die Landwirthschaft erleidet. Staub.

100. **Wallace, A. R.** Darwinism. An Exposition of the theory of natural selectiou with some of its applications. 494 p. With Portrait, Map and Illustrations (London, 1889). (Ref. nach Bot. C., XLIII, p. 32—34.)

Es wird u. a. die Frage nach der Entstehung der Dicotylen auf Gebirgen der Carbonzeit, die einer gewissen Constanz der Continente, der Verbreitung der Samen durch den Wind u. s. w. besprochen.

101. **Thomson, W.** On leaves found in the cutting for the Manchester Ship Canal, 21 feet under the surface, and on Green Colouring Matter contained therin. (Mem. a. Proc. Manchester Litter. a. Philos. Soc., 4. ser., vol. 2, 1889, p. 216—219.)

Beim Graben des Manchester Schiffcanals sind verschiedene noch meist grüne Blätter und Früchte in der Erde gefunden, die mindestens Hunderte von Jahren da lagen. Eine Modification des Chlorophylls, die an der Luft sehr bald zersetzt wurde, hat sich also so lange gehalten.

102. **Hangay, O.** Erőszakolt Floravidék. Eine erzwungene Florengegend. (Orvos-Természettud. Értesitö. Kolozsvár, 1889. Jahrg. XIV, p. 153—162. [Ungarisch.] m. deutsch. Rcs., p. 190—192.)

Verf. fand in den zum gräflich Zichy'schen Schlosse gehörigen Waldungen bei der Gemeinde Nagy-Láng im Comitate Fehérvár Pflanzen vor, die nicht mit denen des Bakonyer Waldes, noch mit denen der tiefer liegenden Wiesengründe übereinstimmten. Verf. erfuhr, dass der frühere Besitzer der Herrschaft, Graf Johann Zichy ein häufiger Begleiter der Wiener Botaniker Malp und Weiser war und die Samen anderwärts wachsender Pflanzen in seinem Parke und anderwärts ausstreute. Verf. führt 38 solcher Arten auf, die auf diese Weise in ein ihnen fremdes Gebiet gelangten und dort noch heute üppig gedeihen. Staub.

103. **Greisiger, M.** A. Magas Tátra Fenyvesei. Die Nadelwälder der Hohen Tátra. (Turisták Lapja. Budapest, 1889. I. Jahrg., p. 52—55. [Ungarisch.].)

Verf. schildert die Veränderungen, die die Nadelwaldungen der Hohen Tátra in historischer Zeit erlitten haben. In der der Eiszeit folgenden Zeit bildete *Taxus baccata* (ung. tiszafa) einen wesentlichen Bestandtheil von Waldungen der Tátra; heute bildet dieser Baum nur mehr bei Kurjatibe ein kleines geschlossenes Wäldchen; verkümmerte Sträucher findet man noch am Lapis refugii, auf den Bergen von Podolin, im Javorinka-Thal, zwischen Zakopane und Kosiceliszko u. a. a. O. In Käsmark weiss man noch heute, dass dieser Baum früher den „Dürren Berg" bedeutete; heute ist er in dieser Stadt nur in einzelnen Gärten zu finden. Dasselbe Schicksal hat *Pinus Cembra* L., welche heute nur mehr im Thale von Menguszfolva in grösserer Anzahl gefunden wird. *Abies pectinata* DC. wird von *Picea excelsa* Lk. und *Pinus silvestris* L. immer mehr verdrängt. Staub.

104. **Molendo.** Ueber sogenannte aussterbende Arten. (Bot. C., XXXVII, 1889, p. 303—304.)

105. **Salter, W.** Origin and Distribution of the British Flora. (Ph. J., vol. 19. London, 1889. p. 757—760, 771—773, 840.)

Verf. giebt die Geschichte der Theorien der Pflanzenverbreitung und sodann eine Uebersicht über die britische Flora. Die britischen Inseln beherbergen 1810 (nach Bentham 1278) Blüthenpflanzen, von denen 42 in allen 112 Arealen, die man im Anschluss an die Provinzen und durch Theilung der grösseren unter ihnen erhält, vorkommen. Verf. geht dann auf die paläontologische Entwicklung der britischen Flora ein. *Salix, Acer, Populus, Quercus, Ficus, Pandanus* erschienen, als die Dicotyledonen den Baumfarnen und Coniferen folgten, das Tertiär zeigt *Eucalyptus*. Nordatlantis und Eiszeit. Die alpine Flora lässt drei Zonen unterscheiden: die infraarktische von 1400—2000′ mit *Erica tetralix, Saxifraga aizoides, Alchemilla alpina;* die mittelarktische von 2000—3000′ mit *Calluna vulgaris, Sedum Rhodiola, Oxyria reniformis;* die supraarktische über 3000′ mit *Salix herbacea, Silene acaulis.* Besonders seltene Pflanzen beherbergen einige schottische Berge, so der Ben Lawers (Perthshire): hier kommen vor *Saxifraga cernua, Gentiana nivalis;* am

·Sow of Athol finden sich *Menziesia coerulea, Azalea procumbens*. 100 Arten sind alpin. — Die vom Continent eingewanderten Pflanzen kamen entweder aus dem NO: germanischer, oder aus dem SW: französischer Typus. Der erstere ist von grösserer Bedeutung. Nur bis ins östlichste England drangen *Melampyrum cristatum* und *Medicago sylvestris* vor, *Majanthemum Convallaria* findet sich nur bei Scarborongh. Bemerkenswerthe Pflanzen des französischen Typus sind *Erica vagans, E. ciliaris, Romulea columnae, Lobelia urens*. — Im SW Irlands finden sich etwa 20 spanische Pflanzen, darunter sechs *Saxifraga (S. umbrosa), Erica carnea, Menziesia polifolia, Arbutus Unedo*. — Ferner einige Nordamerikaner (zwei Arten von C. J. S. [s. das Referat darüber] genannt. S. weist die Einschleppung durch die Armada als unwahrscheinlich zurück). Wie die beiden letztgenannten Kategorien eingewandert sind, unterliegt noch der Discussion. — Wirklich endogen sind *Najas flexilis* und *Eriocaulon septangulare*. — Zahlreiche Pflanzen sind eingeführt worden, so *Veronica Buxbaumii, Datura Stramonium, Orchis laxiflora, Silene italica, Oenothera biennis, Centranthus ruber, Vinca minor, Erigeron canadensis, Mimulus luteus, Elodea canadensis, Galinsoga parviflora, Lepidium Draba*. Sie wanderten auf Verkehrswegen ein, kamen mit Ballast oder entflohen aus Gärten. Andere Pflanzen wurden zurückgedrängt oder ausgerottet. Matzdorff.

106. **Wills, A. W., Badger, E. W.** and **Hillhouse**. Second report of the Committee for the purpose of collecting information as to the Disappearance of Native Plants from their Local Habitats. (Rep. 59. Meet. Brit. Ass. Adv. Sc. Newcastle-upon-Tyne, 1889. London, 1890. p. 435—440.)

Verff. berichten über Fälle, in denen englische Pflanzen von bisherigen Standorten verschwunden sind. Sie beziehen sich auf etwa 60 Gefässpflanzen. Namentlich alpine, wie *Saxifraga cernua, Alsine rubella, Gentiana nivalis*, sind seltener geworden. Die Schuld tragen oft die Händler und Sammler für Tauschvereine, aber auch die nur für eigenen Bedarf sammelnden „Sommergäste“. Matzdorff.

107. **C. J. S.** Origin of the British Flora. (Ph. J., vol. 19. London, 1889. p. 800.)

Verf. vermuthet, dass spanische und auch neuweltliche Pflanzen nach Grossbritannien durch die spanische Armada gebracht worden sind, so *Spiranthes Romazoviana* und *Sisyrinchium angustifolium*. S. jedoch W. Salter. Matzdorff.

108. **Lochenies, G.** Notice sur le Schoenus ferrugineus L., espèce nouvelle pour la flore de Belgique. (B. S. B. Belg., XXVIII, 1889, 2., p. 160—162.)

109. **Müller, K.** Das Reisgras. (Natur, 1889, p. 425—426.)

Verf. bespricht im Anschluss an einen Aufsatz von Buchenau in der Weserzeitung die Verbreitung von *Oryza clandestina* R.Br. (= *Leersia oryzoides* Sw.), die er als eingeschleppt durch Vögel ansieht.

110. **Harz, C. O.** Ueber die Nahrung des Steppenhuhnes. (Bot. C., XXXVII, 1889, p. 304—305.)

111. **Saelan, Th.** Ballastpflanzen. (Bot. C., XXXVIII, 1889, p. 525.)

Verf. nennt als Ballastpflanzen aus der Nähe von Wasa: *Sisymbrium altissimum, S. Austriacum, S. Loeselii, Roemeria hybrida* und *Silene muscipula*.

112. **Brenner, M.** Einige Ruderalpflanzen. (Bot. C., XXXVIII, 1889, p. 481.)

Verf. erwähnt folgende Ruderalpflanzen aus Finnland: *Papaver Argemone, Potentilla fruticosa, Trifolium fragiferum* und *Ajuga reptans*.

113. **Nicotra, L.** Elementi statistici della flora siciliana. (N. G. B. J., XXI, 1889, p. 90—109.)

In Fortsetzung seiner Studien über die statistischen Elemente der Flora von Sicilien gelangt Verf. in einem neuen Paragraphen zur Geltendmachung der Art. Hierüber hat er ein weites Gebiet offen, das er jedoch folgendermaassen bearbeitet:

Verf. geht von der Ansicht aus, dass von den ungefähr 11400 Phanerogamen Europas (Nyman wird citirt), ein Theil über den gesammten Erdtheil verbreitet sei; ein zweiter dem Norden und schliesslich ein dritter dem Süden angehöre. Von den zwei letzteren Theilen hat man wiederum je zwei Abtheilungen zu unterscheiden, je nachdem die Arten ausschliesslich dem Norden resp. Süden eigen sind oder aber von ihrem Verbreitungscentrum aus einigermaassen in das andere Gebiet hinübergreifen. Das Vorgreifen südlicher Arten nach Norden ist nach Verf. Ausfluss einer geringen Wärmeempfindung seitens der Pflanze, mit Ausnahme jedoch jener Gewächse (vgl. H. Lecoq), welche der atlantischen Küste entlang bis nach England und Norwegen hinauf gelangen in Folge der Erwärmung durch den Golfstrom. Zu den bereits in dieser Beziehung bekannten Arten fügt Verf. noch folgende hinzu: *Lavatera arborea* L., *Ulex Galii* Plch., *U. nanus* Forst., *Ononis reclinata* L., *Trifolium maritimum* Hds., *T. suffocatum* L., *Lotus angustissimus* L., *L. hispidus* Dsf., *Arthrolobium ebracteatum* DC., *Vicia bithynica* L., *Tamarix anglica* Webb., *Umbilicus pendulinus* DC., *Sedum anglicum* Hds., *Crithmum maritimum* L., *Oenanthe crocata* L., *Hedera canariensis* Webb., *Rubia peregrina* L., *Inula crithmoides* L., *Silybum marianum* G., *Erica vagans* L., *Arbutus Unedo* L., *Simethis bicolor* Kth., *Glyceria procumbens* Dmrt. und noch die beiden Pterideen: *Asplenium marinum* L. und *A. Virgilii* Bory. Hingegen möchte er aus der bekannten Liste alle diejenigen Arten ausgeschlossen wissen, welche auch im centralen Europa vorkommen. — Für das Vorkommen nordischer Arten in südlichen Gegenden schliesst sich Verf. der Meinung Heer's u. A. an, dass die Eiszeit ihren Einfluss hier ausgeübt habe. (Vgl. R. 81.)

In Sicilien müssen ausschliesslich nordische Pflanzen selbstverständlich durchaus fehlen; die der Insel eigenen 2600 Phanerogamen sind zum überwiegenden Theil (2000 ca., = 0.18 %) ausschliesslich südlich und im Uebrigen (600 ca., = 0.05 %) dem Süden und dem Norden theilweise eigen. Die alpinen und subalpinen Gewächse sind nur in einer nicht achtenswerthen Minderzahl vertreten. Unter diesen wäre *Alsine verna* Brtl. zu nennen und die Pterideen *Cystopteris fragilis* Brnh., *Aspidium Lonchitis* Sw., *Botrychium Lunaria* Sw.; nicht aber *Parnassia palustris* L., weil die Pflanze bis nach Afrika hinübergreift, noch *Poa alpina* L., welche Art, von Gussone angegeben, in Sicilien nicht vorkommt.

Bezüglich der in Europa allgemeiner verbreiteten Arten, von denen einige selbst noch im nördlichen Afrika vorkommen, wundert sich Verf., dass einige derselben (22 führt er ihrer namentlich an) auf Sicilien nicht vorkommen — und hält dafür, dass sie ausfindig gemacht werden sollten — während er andererseits für einige andere (12 sind genannt), solches gewissermaassen als selbstredend zugiebt, da sie auch an einzelnen anderen Orten Europas nicht vorkommen.

Weiter betrachtet Verf. die Vertheilung der südlichen Arten und unterscheidet sie in solche, welche dem ganzen mediterranen Gebiete angehören, ferner in solche, welche mehr den westlichen, andere, welche mehr den östlichen Theil und schliesslich in solche, welche das Centrum des Gebietes bewohnen. In Sicilien kommen Vertreter von einer jeden dieser vier Abtheilungen vor; überdies sind der Insel noch einige Arten eigen, deren Heimath ausserhalb Europas zu suchen ist. — Auch hierbei lässt sich bemerken, dass mehrere im mediterranen Gebiete allgemeiner verbreitete und selbst nach Nordafrika hinüberreichende Arten der Insel fehlen; Verf. führt von diesen nicht weniger als 40 an.

Es folgt die Liste der 204 Sicilien eigenen Phanerogamen (darunter 8 fraglich und weitere 19 mit Afrika gemein), wobei jedoch Verf. bemerkt, dass er mehrere Formen übergangen habe und darunter selbst 8 Arten, welche die Insel mit Malta gemein hätte; ebenso sind 6 Arten weggelassen worden, welche auch an anderen, jedoch entfernteren Orten Europas (z. B. *Genista aristata* Pr. in Dalmatien, *Rosa moschata* Mik. auf den Pyrenäen etc.) vorkommen. Aus dem Verzeichnisse geht das Ueberwiegen der Glumifloren über die Gesammtheit der Vertreter hervor; ferner die erhebliche Anzahl der Doldengewächse entsprechend dem östlichen Theile des Mittelmeeres. Die Entwicklung der Arten von *Statice*, der Scrophulariaceen und Orobanchen zeigt einen Anschluss an die iberische Flora und es ist der Polymorphismus von *Odontites* jedenfalls sehr charakteristisch; *Anthemis* und *Senecio* schliessen an Afrika an. Bezeichnend ist, dass die meisten der Sicilien eigenen Gewächse krautig sind und in der Ebene innerhalb eines engen Verbreitungskreises vorkommen.

Es folgen Vergleiche (mit Beispielen) der sicilischen Flora mit jener des südlichen Italiens, mit Corsika, Sardinien und mit Dalmatien.

Wenige Worte über die 112 Pteridophyten der Insel und deren Angehörigkeit beschliessen die Arbeit. Solla.

114. Die Keimkraft des **Mumienweizens**. (Gaea, 1889, p. 308—309.)

Es wird als wahrscheinlich hingestellt, dass ein Same höchstens 100 Jahre keimfähig bleibe, da er beim Athmen beständig Stoffe zusetze.

7. Geographische Verbreitung systematischer Gruppen.

(R. 115—120.)

Vgl. auch R. 388—401 (Verbreit. einiger systematischer Gruppen in Nordamerika).

115. **Engler, A.** und **Prantl, K.** Die natürlichen Pflanzenfamilien nebst ihren Gattungen und wichtigeren Arten, insbesondere den Nutzpflanzen, bearbeitet unter Mitwirkung zahlreicher hervorragender Fachgelehrten. Leipzig, 1889. Lief. 29—39.

Die vorliegenden Lieferungen besprechen die Verbreitung der folgenden Familien von den genannten Verff.

Pax, F. (Lief. 29, 31, 33, 38) *Monimiaceae, Hernandiaceae, Aizoaceae, Portulacaceae, Caryophyllaceae, Myrsinaceae.*

Prantl, K. und **Kündig, J.** (Lief. 29) *Papaveraceae.*

Engler, A. (Lief. 30, 32, 35) *Loranthaceae, Olacaceae, Balanophoraceae.*

Heimerl, A. (Lief. 31) *Phytolaccaceae, Nyctagineae.*

Hieronymus, G. (Lief. 32) *Myzodendraceae, Santalaceae, Grubbiaceae.*

Müller, G. O. uud **Pax, F.** (Lief. 34) *Cucurbitaceae.*

Schönland, S. (Lief. 34, 36, 39) *Campanulaceae, Goodeniaceae, Candolleaceae.*

Solereder, H. (Lief. 35) *Aristolochiaceae.*

H. Graf zu Solms (Lief. 35) *Rafflesiaceae, Hydnoraceae.*

Drude, O. (Lief. 37, 38) *Clethraceae, Pirolaceae, Lennoaceae, Ericaceae, Epacridaceae, Diapensiaceae.*

Höck, F. (Lief. 39) *Calyceraceae.*

Hoffmann, O. (Lief. 39) *Compositae.*

116. **Beccari, O.** Le bombacce malesi. (Malesia, III. Firenze-Roma, 1889, p. 201—280.)

Die Bombaceen, eine Tribus der Malvaceen ist für das indo-malayische Gebiet charakteristisch, und zwar ist dieselbe hier durch die Untertribus der Durioneen vertreten, indem von den *Eubombeae (Adansonieae)* nur zwei Arten vorkommen, *Eriodendron anfractuosum* DC. und *Bombax Malabarium* DC., welche überdies eingeführt scheinen. Bekanntlich sind die *Bombax*-Arten vorwiegend amerikanischen Ursprunges.

Die Durioneen, mit zahlreichen charakteristischen Eigenthümlichkeiten ausgestattet, sind fast ausschliesslich auf Borneo localisirt und tragen somit zu einer Individualität der Vegetation dieser Insel nicht unwesentlich bei. In der Ausbildung ihrer vegetativen und ihrer reproductiven Organe, in dem Schutze der Früchte, in der Verbreitung und Keimungsweise der Samen zeigen die Vertreter der genannten Untertribus dermaassen eine Uebereinstimmung mit ihrer Umgebung, dass man annehmen muss, dieselben seien ausschliesslich auf Borneo spontan und der Ausfluss der geologischen Verhältnisse, die seit undenklichen Zeiten auf sie eingewirkt haben werden. Verf. sieht sich dadurch zur Aeusserung veranlasst, dass Borneo eine primitive tropische dermaassen uralte Flora besitze, dass sie seit den miocenen Perioden unverändert erhalten worden ist.

Nicht wenig trägt zu einer solchen Meinung auch der geologische Charakter der Insel bei; die Erhebungen bestehen zumeist aus Urgestein; die korallenlosen Küsten weisen darauf hin, dass diese Insel keinerlei Wechsel in Hebungen und Senkungen erfahren habe; überdies liegt die Insel selbst plutonisch unthätig im Centrum eines der grössten vulcanischen Systeme der Welt. — Dadurch ist der Endemismus der Vegetation nur in jeder Beziehung begünstigt worden. Die Zahl der endemischen Formen ist eine ganz erhebliche und die Familien besitzen die Eigenthümlichkeit, dass ihre Vertreter durch hochgradige Affinität an einander gekettet sind — wie dies auch bei den Durioneen der Fall ist —, so dass man zugeben muss, dass sämmtliche Arten auf dem gleichen, sehr umschriebenen Boden, einen gemeinsamen Ursprung gehabt haben müssen. Solla.

117. **Janko, J.** Abstammung der Platanen. (Engl. J., XI, 1889, p. 412—458.)

Verf. bespricht die Abstammung der Platanen auf Grund paläontologischer Funde (vgl. den Bericht über Pflanzenpaläontologie). Von jetzt lebenden Arten unterscheidet Verf. folgende drei (mit mehreren Formen).

1. *Platanus orientalis* L.: Mittelmeergebiet, Vorderasien, Himalaya, Ostindien.
2. *P. occidentalis* L.: Oestliches Nordamerika von Canada bis Florida und Mexico.
3. *P. racemosa* Nutt.: Kalifornien.

(Ueber den Anschluss der ganzen Familie vgl. Engl. J., IV, p. 326, vgl. auch Bot. C., XL, 1889, p. 58—59.)

118. **Baker, J. G.** Handbook of the Bromeliaceae. 8°. XI u. 243 p. London, 1889 (vgl. Bot. C., XLI, p. 224—227).

Ueber die Verbreitung der *Bromeliaceae* vgl. auch das Bot. J., XV, 1887, 2 Abth., p. 94, R. 106 besprochene Werk.

Handbook of the *Amaryllidaceae* vgl. Engl. J., XI, Literaturber. 1, 6—8.

119. **Niedenzu, F.** Ueber den anatomischen Bau der Laubblätter der Arbutoideae und Vaccinoideae in Beziehung zu ihrer systematischen Gruppirung und geographischen Verbreitung. (Engl. J., XI, 1889, p. 135—263.)

Verf. liefert eine anatomisch-systematische Studie der *Arbutoideae* und *Vaccinoideae*, auf deren pflanzengeographische Ergebnisse eingegangen werden soll (vgl. im Uebrigen an anderen Orten dieses Jahresber.). Beide Unterfamilien sind von keinem Erdtheil ausgeschlossen und sind (besonders letztere) auf allen grösseren Inseln und Inselgruppen zu finden. Sie verdanken diese weite Verbreitung ihren durch Vögel weit verschleppten wohlschmeckenden, beerenartigen Früchten, wodurch natürlich aber nicht Verbreitungen auf weitere Strecken, z. B. von Makaronesien nach Mittelamerika oder vom malayischen Gebiet nach dem nordöstlichen Nordamerika zu erklären sind.

In einer übersichtlichen Tabelle wird die Verbreitung der vom Verf. berücksichtigten Arten nach Florenreichen[1]) kurz erläutert.

Die berücksichtigten Arten lassen sich in 6 pflanzengeographische Gruppen bringen:

1. Durch weite arktisch-circumpolare Verbreitung ausgezeichnet sind: *Vaccinium Myrtillus, V. uliginosum, V. Vitis Idaea, Oxycoccus palustris, Arctous alpina, Arctostaphylos Uva ursi, Cassiope tetragona, C. hypnoides, C. lycopodioides* und *Andromeda polifolia*.

Diese Arten steigen einerseits weit nach Norden und hoch ins Gebirge hinauf, sind aber auch ziemlich weit nach Süden vereinzelt zu finden, wo ihnen nicht andere Arten das Terrain streitig gemacht haben. Am meisten nördlich halten sich die *Cassiope*-Arten. *Cassandra* ist von Sibirien aus westlich bis Königsberg vorgedrungen, die anderen erwähnten Arten aber bis in die südeuropäischen Halbinseln, ja *Vaccinium Myrtillus* soll im marokkanischen Atlas, *Arctous alpina* im Thianschan (einziger Vertreter beider Unterfamilien) gefunden sein. Da von allen höchstens die Vaccinien jetzt auf Erweiterung ihres Gebietes rechnen könnten, müssen sie das Areal gewonnen haben, als ungünstigere klimatische Verhältnisse ihnen weniger Concurrenten gegenüber treten liessen, also in der Eiszeit. Nachher wurden sie durch andere Arten verdrängt, blieben daher stellenweise vereinzelt, wie *Cassiope lycopodioides* auf dem Fudschinojama, *C. fastigiata* und *selaginoides* auf dem Himalaya. An diese Arten schliessen sich als ähnlich verbreitet, wenn auch mehr localisirt, die Arten von *Euvaccinium*, ferner *Oxycoccus macrocarpus, Vaccinium intermedium, V. pulchellum* u. a. Die ganze Gruppe ist ausgezeichnet durch identische Arten innerhalb weit entlegener Ländermassen.

2. Eine weit grössere Zahl von Arten lässt sich als subtropisch-circumpolar zusammenfassen. Sie ist ausgezeichnet durch vicariirende Arten. Es gehören hierher Arten von *Arbutus, Arctostaphylos, Enkianthus, Pieris* (Sect. *Eupieris, Maria, Portuna* und *Phylli-*

[1]) Die Abgrenzung der Florenreiche ist nach Engler (vgl. Bot. J., X, 1882, 2. Abth., p. 288 ff.).

reoides), Cassandra, Lyonia, Leucothoe (Sect. *Eubotrys* und *Euleucothoe*), *Gaultheria, Epigaea, Orphanidesia, Chiogenes* und *Vaccinium* (Sect. *Batodendron, Oxycoccoides*), sowie die monotypischen Gattungen *Oxydendron* und *Zenobia*. Bei ihnen zeigt sich namentlich eine Beziehung zwischen dem makaronesisch-mediterranen Gebiet und dem pacifischen Nordamerika und besonders Mexico. Denn giebt man zu, dass die fünf *Vaccinium*-Arten des ersteren Gebiets mit der Sect. *Batodendron* nächst verwandt sind, dann haben alle in diesem Gebiet endemischen Arten (ausser *Orphanidesia*) ihre nächsten Verwandten nur in Mexico und dem pacifischen Nordamerika. Andere Arten dieser Gruppe erläutern nur die längst bekannte Verwandtschaft zwischen Ostasien (westwärts bis zum Himalaya einschliesslich) und Nordamerika, wo allerdings, wie bekannt, in Ostasien gewissermaassen ein Riss in die Continuität ähnlicher Floren durch China gemacht wird, indem aus dieser Gruppe nur *Eukianthus quinqueflorus* in China vorkommt. Leicht erklärlich sind Beziehungen zwischen den Floren des pacifischen und atlantischen Nordamerikas, Mexicos und Westindiens. Dass einzelne Arten dieser Gruppe wie *Picris villosa* und *Gaultheria trichophylla* vom Himalaya hoch in die alpine Region aufsteigen, ist eine auch bei anderen ähnlich verbreiteten Pflanzengruppen beobachtete Thatsache. Alle Arten gehören sicher zu Engler's arktisch-tertiärem Element.

3. Eine arktisch-andine Artengruppe zeigt gleichfalls vicariirende Arten in räumlich weitgetrennten Gebieten, aber besonders auf der Südhalbkugel. Diese Beziehung wird bewirkt durch Arten von *Gaultheria* und *Pernettya*, *G. Shallon* der Oregon-Provinz zeigt Beziehungen zu Arten auf den Gipfeln des mexicanischen Hochlandes, dann zu solchen aus dem ganzen hochandinen Gebiet, dem antarktischen Waldgebiet, die Formenreihe setzt sich fort nach Juan-Fernandez, Chiloe, Feuerland, Neuseeland (6 *Gaultheria*, 1 *Pernettya*), Tasmanien und Südostaustralien. Vielleicht gehört dahin auch die japanische *G. triquetra*, sowie Arten der Sect. *Vitis idaea* und *Neurodesia*. *Vaccinium cubense, myrsinites, nitidum* und *brachycerum* wohnen zwar im Gebiet der vorigen Gruppe, zeigen aber in der Blattanatomie Aehnlichkeit zu Arten dieser Gruppe, so dass vielleicht bei ihnen ein Anschluss der hier in Rede stehenden Arten besonders der Sect. *Vitis idaea* und *Cyanococcus* zu suchen sein könnte.

4. Einige weniger nahe verwandten Arten lassen sich als malagassisch-brasilianische Gruppe zusammenfassen. Es bilden diese vicariirende Sectionen und Gattungen. Sie bewohnen besonders das malagassische Gebiet und Centralafrika einerseits, das nordöstliche Südamerika und namentlich Brasilien andererseits. In ersteren Gebieten wohnen die Gattungen *Agauria* und *Vaccinium* Sect. *Cinctosandra*, in letzteren *Agarista* und *Vaccinium* Sect. *Neurodesia*, welch letztere allerdings mit einer Art nach Centralamerika hineinreicht, und zwar wiederum mit der wenigst entwickelten Art. (Aehnlich wie die Sect. *Vitis idaea* aus *Cyanococcus* mag sich *Neurodesia* in Centralamerika aus der Sect. *Batodendron* entwickelt und bei der Wanderung nach SO immer mehr vervollkommnet haben). Die Verwandtschaft zwischen *Agauria* und *Agarisia*, zwischen *Cinctosandra* und *Neurodesia* ist, wenn auch keine grosse, doch die einzige, welche sich für die centralafrikanischen Arten ergiebt. An diese Arten schliessen sich noch die auf Brasilien beschränkten echten *Gaylussacia*-Arten (Sect. *Eulussacia*) an. Alle bewohnen die gemässigten oder subtropischen Gebirgsregionen.

5. Als paläotropisch und neotropisch bezeichnet Verf. zwei Artengruppen zusammen, die keine Beziehung zu einander besitzen, aber das gemein haben, dass sie, die höchstentwickelten Typen umfassend, und zwar in Asien fast ausschliesslich, in Amerika ganz ausschliesslich *Vaccinioideae*, in engere Grenzen eingeschlossen sind, indem sie, jede für sich, ein durchaus zusammenhängendes Gebiet in den Tropen der Alten, beziehungsweise der Neuen Welt bewohnen. Die erste (paläotropische) Gruppe wird von der Gattung *Diplycosia* und einigen *Gaultheria*-Arten, ferner von *Vaccinium Sect. Macropelma* und *Epigynium*, sowie von den Gattungen *Agapetes, Pentapterygium, Rigiolepis* und *Calanthera* gebildet. Ihr Verbreitungsgebiet erstreckt sich über Vorderindien, den tropischen Himalaya, das ostasiatische Tropengebiet, das malayische, das polynesische Gebiet und die Hawaii-Inseln (die beiden letzteren sind verbunden zu einem bezüglich der Verbreitung der fraglichen Pflanzen-

gruppen durch *Vaccinium Sect. Macropelma*). Hier ist dann auch der Anschluss der örtlich wie systematisch isolirten *Wittsteinia* aus Victoria zu suchen.

6. Die neotropische Gruppe ist die höchst entwickelte und örtlich am engsten umgrenzte. Sie umfasst alle *Thibaudicae*, wenn auch einige *Eurygania*- und *Ceratostema*-Arten, sowie alle 12 *Disterigma*-Arten und vielleicht auch einzelne andere in die hochandinen Regionen, also das Gebiet der 3. Gruppe, vordringen. Sie gehen nördlich über Mexico und die Antillen nicht hinaus und dringen auch südwärts nicht in das antarktische Gebiet ein; auch das grosse brasilianische Reich streifen sie nur im N und NW mit wenigen Arten. Es deckt sich also vollständig eine systematische und pflanzengeographische Gruppe, was auch für das relativ geringe Alter der hierher gehörigen Arten zu sprechen scheint.

Alle diese Gruppen sind selbstverständlich räumlich nicht scharf von einander geschieden. So dringt z. B. *Arbutus Unedo* über die Sevennen längs Westfrankreich nach Irland vor und *Arctostaphylos Uva ursi* von N her in die mittleren spanischen Gebirge. Mehr ausgeprägt ist die räumliche Trennung, wenn man auf die verschiedenen pflanzengeographischen Regionen und Formationen Rücksicht nimmt.

Am ärmsten an Arten ist von allen Erdtheilen Europa, das nur sieben arktisch-circumpolare und drei subtropisch-circumpolare Arten beherbergt. Relativ noch ärmer ist Afrika mit 18 Arten. Das Festland hat nur vier Arten, nämlich ausser *Vaccinium Myrtillus* des Atlas noch *Arbutus Unedo* im Mittelmeergebiet, *Agouria salicifolia* im Hoch-Sudan und *Vaccinium emirnense* in Mozambique. Dazu kommen noch *Arbutus canariensis* und fünf (vielleicht noch zusammenziehbare) Arten *Vaccinium* von Makaronesien, sowie vier Arten der letzteren Gattung und vier *Agouria*-Arten aus dem malagassischen Gebiet. Von *V. Myrtillus* abgesehen, gehören die Arten nördlich der Sahara zur subtropisch-circumpolaren, die südlich derselben zur malagassisch-brasilianischen Gruppe, die Sahara bildet also eine entschiedene Grenze.

Aehnliches gilt von anderen Wüsten und Steppen, weshalb bei Erklärung des Vorkommens von *Cassiope* im Himalaja auf ältere Zeit zurückgegangen werden musste. Sonst halten sich in Asien die arktisch-circumpolaren Arten nördlich der Steppen und nördlich vom eigentlichen China; nur in Japan mischen sie sich mit den subtropisch-circumpolaren; in Westasien kommen, von drei *Vaccinium*-Arten des Kaukasus abgesehen, nur subtropisch-circumpolare Arten vor, in Südostasien ist dagegen keine scharfe Grenze zwischen diesen und den paläotropischen Arten des indo-malayischen Gebietes, wie ja häufig in den Tropen. Von 157 asiatischen Arten wohnen nur fünf in Vorderasien und 15 in Nordasien, alle anderen im SO.

Australien beherbergt mit allen seinen Inseln nur 26 Arten. Entsprechend Engler's Eintheilung fallen auch hier die Arten in zwei grundverschiedene Gruppen. Nordaustralien und Polynesien hängen mit dem paläotropischen Gebiet zusammen, Südostaustralien, Tasmanien und Neuseeland aber weisen auf das antarktisch-andine Südamerika hin.

In Amerika, das ca. 450 Arten beherbergt, giebt es zwei grössere Gebiete, die eine Scheide zwischen verschiedenen Gruppen bilden, die Prairien (zwischen pacifischen und atlantischen Arten) und die Pampas zwischen Südostbrasilien und den Anden. Doch auch die tropischen Urwälder am Marañon und Orinoco werden von Pflanzen dieser Unterfamilien gemieden. Dagegen bilden die Anden für sehr viele, besonders die grossen Gattungen *Vaccinium, Gaultheria, Pernettya, Arctostaphylos* einen vielfach benützten Wanderpfad. (Aehnlich wie für viele andere wesentlich auf arktische Gebiete und Hochgebirge beschränkte Regionen, z. B. *Valleriana*. Ref.).

Auf Grund der vorliegenden pflanzengeographischen Daten und einiger paläontologischer Funde (auf die allenfalls im Bericht über Pflanzenpaläontologie einzugehen wäre), versucht Verf. eine Verbreitungsgeschichte der Gruppen zu entwerfen, doch muss Ref. sich hier mit einem Hinweis auf das Original beschränken. Allenfalls mag noch hervorgehoben werden, dass Verf. den Ursprung des Typus nördlich vom nördlichen Polarkreis annimmt, von wo die einzelnen Zweige desselben in zwei Gruppen südwärts wanderten, eine nach Europa, Afrika, dem pacifischen Nordamerika und ganz Südamerika, die andere nach Asien und dem atlantischen Nordamerika; während seit dem späteren Tertiär im Norden Typen ausstarben, entwickelten sich im Süden neue; auf der östlichen Halbkugel entwickelte sich die zweite, auf der westlichen die erste Gruppe besonders mannichfaltig.

120. **Schiffner, V.** Die Gattung Helleborus. Eine monographische Skizze. (Engl. J., XI, 1889, p. 92—122.)

Helleborus, über dessen Arten Verf. eine kurze Uebersicht liefert, gehört ausschliesslich der Alten Welt an und verbreitet sich von den Kaukasusländern und Kleinasien durch fast den ganzen europäischen Continent mit Ausnahme des Nordens (etwa bis Holland und zur norddeutschen Tiefebene), ausserdem auf Euboea, Sicilien, Corsica, Sardinien, den Balearen und in England. Die meisten Arten sind Gebirgsbewohner, doch steigen einige bis an die Meeresküste herab; alle sind kalkliebend, gedeihen aber auch auf anderen Substraten. Verbreitungscentra sind für den Typus *H. vesicarius* der cilicische Taurus, für Sect. *Chenopus* das westliche Mittelmeergebiet, für Sect. *Chionorhodon* die nördlichen Kalkalpen von Salzburg und Steiermark, für *H. foetidus* die Pyrenäenhalbinsel, für die *Euhellebori* die unteren Donauländer. *H. foetidus* scheint dem ausgestorbenen Urtypus der Gattung am nächsten zu stehen. Daran reiht sich als jüngeres Glied *Chenopus*, die einen Uebergang zu *Chionorhodon* bildet, während die *Euhellebori* die jüngsten Arten der Gattung zu sein scheinen. Unter letzteren ist wahrscheinlich *H. odorus* die typische Form. (Vgl. hierzu Bot. C., XL, p. 221 u. 339.)

8. Geschichte und Verbreitung der Nutzpflanzen (besonders der Culturpflanzen).

a. Arbeiten, die sich auf mehrere Gruppen derselben gleichmässig beziehen.[1] (R. 121—155.)

Vgl. auch R. 85 (Culturpfl. Altägyptens), 319 (Culturpfl. Venezuelas), 468 (Culturversuche in Kansas), 545 (Culturpfl. aus China), 557 (Landwirthschaft Ceylons), 568 (Nutzpfl. der Südsee-Inseln), 639 (Desgl. von Liberia).

121. Die Republik **Bolivia**. Nach den neuesten Consularberichten. (Ausland, 1889, p. 473—474.)

Notizen über Ackerbau und Weinbau in Bolivia nach den neuesten statistischen Angaben.

122. **Wittmack, L.** Die Nutzpflanzen der alten Peruaner. (Extrait du Compte rendu du Congrès International des Américanistes, 7e session. Berlin, 1888. 24 p. 8⁰.

Verf. berichtet zunächst über einige neue Funde aus amerikanischen Gräbern. Dann liefert er eine Zusammenstellung der bis jetzt aus Gräberfunden bekannten Nutzpflanzen der alten Peruaner:

1. Brotpflanzen: Mais, Quinoa.
2. Hülsenfrüchte: Bohnen (*Phaseolus Pallar* und *vulgaris*, nach Rochebrune auch *Ph. stipularis* und *multiflorus*, doch bezweifelt Verf. das Vorkommen der letzteren, hält die andere für eine noch ganz ungenügend bekannte Art), Lupinen, Erdnüsse.
3. Knollengewächse: Maniok, Kartoffeln, Bataten (nach Rochebrune auch *Ullucus tuberosus*).
4. Obst: Bananen (? nach Rochebrune), *Lucama obovata* (nach Rochebrune auch *L. lasiocarpa*, was Verf. bezweifelt), *Psidium Guayava*, *Sapota Achras*, *Persea gratissima*.
5. Gemüse: *Cucurbita maxima* und *moschata* (*C. melanosperma* ist wahrscheinlich in Mexico heimisch). Tomaten sind noch nicht in Gräbern gefunden, aber sicher in Peru heimisch.
6. Narcotica: Coca (nach Rochebrune auch *Ilex Paraguariensis*), Tabak (nicht geraucht, sondern zum Schnupfen und als Medicin), Chicha aus Mais (Pulque scheint in Peru unbekannt gewesen zu sein).

---

[1]) Vgl. Bot. J. XIII, 1885, 2. Abth., p. 118 und XIV, 1886, 2. Abth., p. 129. Anm.

7. Gewürz- und Arzneipflanzen: (nach Rochebrune *Capsicum vulgare* [wahrscheinlich *C. annuum*] und *pubescens*, dann *Piper asperifolium, Mucuna inflexa*). Verf. hat keine gefunden, vermisst besonders *Canella alba*.
8. Technische Pflanzen:
   a. Faser- und Flechtstoffe: Verf. erwähnt aus Gräbern *Typha*-Blätter, dann, ohne auf Gräberfunde zu verweisen: Baumwolle, Wolle von *Bombax Ceiba*, Hanf aus *Agave* und als wahrscheinlich *Fourcroya*- und Ananasblätter (nach Rochebrune: *Carludovica palmata* und *Microlicia inundata*.
   b. Farbstoffe: Zum Blaufärben diente Indigo, zum Gelbfärben *Bixa Orellana* (nach Rochebrune: *Schilleria lineata* [= *Piper lineatum*], *Dicliptera Hookeriana, D. Peruviana, Lofoënsia acuminata;* zum Rothfärben: *Bignonia chica* und *Rubia nitida*), zum Braun und Schwarzfärben: *Coulteria tinctoria* und *Rhopala ferruginea* (beide von Rochebrune in Gräbern nachgewiesen).
   c. Materialien zu Schmuck und Geräthen: Samen von *Sapindus saponaria* und *Thevetia neriifolia* (= *Cerbera Thevetia*), obwohl letztere aus Westindien stammt, also auf Handelsbeziehungen zu jenem Gebiet deutet; dann auch einige Hölzer, die theilweise schwer zu bestimmen sind.

Auf einige Pflanzen, namentlich Mais, Bohnen und Kürbisse, wird genau eingegangen.

123. **Sprenger, C.** Orniamo con palme i nostri giardini. (B. Ort. Firenze, XIV, 1889, p. 204 ff.)

Die Cultur der Palmen in den Gärten eifrigst befürwortend, führt Verf. im Näheren ein kurzes Bild vor über die Natur Italiens zu einer verbreiteteren Palmenzucht. Bei Besprechung der 72 von ihm als culturfähig empfohlenen Arten — mehrere derselben sind illustrirt — erwähnt Verf. die Anpassungsfähigkeit der Pflanze und eventuell die Erfolge einer bereits unternommenen Cultur.

Von Interesse erscheint, dass um Neapel direct im Freien ausgesäcte und selbst pflegelos ausgeworfene Palmensamen recht wohl keimen. So namentlich sämmtliche bekannten *Phoenix*-Arten, *Chamaerops excelsa* und die übrigen Arten, einschliesslich jener des Himalaya; *Latania barbonica, Nannorhops Ritchieana*, die *Washingtonia*-Arten, *Corypha australis*, einzelne Arten von *Cocos* und von *Sabal* und selbst *Jubaea spectabilis*.

Solla.

124. **Malfatti, B.** Di alcuni recenti studii sull'agricoltura giapponese. (Atti d. R. Accad. econom.-agrar. dei Georgofili, ser. IV, vol. 12. Firenze, 1889. 8⁰. p. 231—256.)

Ist ein weitläufiger Auszug aus: „Die Landwirthschaft Japans" von Shinkizi Nagai, Dresden, 1887. Solla.

125. **Canevari, A.** Coltivazione delle erbe da filo, oleifere, aromatiche e coloranti. Alessandria, 1889. 8⁰. 68 p. Solla.

126. **Cavazza.** Esperimenti di coltivazione e concimazione del frumento. (L'Agricoltura illustrata, an. I. Milano, 1889.) Solla.

127. **Hugues, C.** L'economia agraria dell'Istria settentrionale. Parenzo, 1889. 8⁰. 118 p. Solla.

128. **Jatta, A.** Chiave analitica per la determinazione delle principali varietà di uve coltivate nelle Puglie. (Rass. Con., an. III, p. 312—319.)

Vgl. das Ref. in der Abtheilung für Systematik. Solla.

129. **Monselise, G.** La coltivazione del sorgo zuccherino. (Rend. Lincei, vol. V, 1889, p. 619 ff.) Solla.

130. Monografia statistica ed agraria sulla coltivazione del riso in Italia. Roma Annali dell'Agricoltura), 1889. 8⁰. 181 p. Solla.

131. **Passerini, N.** La coltivazione razionale del grano. (Bullettino di agricolt. agronom. e chim. agrar., an. I, 1889.) Solla.

132. **Sestini, F.** Coltivazione sperimentale di diverse varietà di frumento straniero. (Studi e ricerche istituite nel Laborat. di chim. agraria. Pisa, 1889. Fasc. VIII.

Solla.

133. **Sturtevant, E. L.** Edible Plants of the World. (Agric. Science, III, p. 174—178.) (Cit. nach B. Torr. B. C., XVI, 1889, p. 254.)

134. **Zippel, H.** und **Bollmann, C.** Ausländische Culturpflanzen in farbigen Wandtafeln mit erläuterndem Text. Abth. III. Braunschweig (Vieweg), 1889. VII u. 136 p. 8⁰

135. **Vallot, J.** Essais d'acclimatation de plantes exotiques à Lodève (Hérault). Montpellier (Hamelin), 1889. 7 p. 8⁰.

136. **Römer, B.** Grundriss der landwirthschaftlichen Pflanzenbaulehre. 3. Auflage X u. 150 p. 8⁰. (Deutsche landwirthschaftl. Taschenbibliothek, 1889, Heft 24.) Leipzig K. Scholtze).

137. **Anderlind, O. V. L.** (77) bespricht mehr oder weniger ausführlich folgende Nutzpflanzen Aegyptens, von denen einzelne zur Cultur in Deutschland oder dessen Colonien geeignet sind.

Zierbäume: *Albizzia Lebbek*, *Acacia*-Arten, *Tamarix*, *Poinciana pulcherrima*, *Parkinsonia*, *Salix Saffsaff*, *Populus*, *Casuarina equisetifolia*, *Eucalyptus*, *Cupressus sempervirens*, *Pinus halepensis*, *Ficus nitida*, *F. benghalensis*, *Kigelia africana*, *Fraxinus excelsior*, *Salix babylonica*, *Acer Negundo*, *Chorisia*, *Ficus religiosa*, *Araucaria excelsa*. (Nebenbei wird erwähnt, dass *Nelumbium speciosum* und *Cyperus papyrus* aus Aegypten jetzt verschwunden sind, *Nymphaea lotus* aber dort massenhaft vorkommt.)

Obst: *Phoenix dactylifera* (*Hyphaene thebaica* kurz besprochen), *Ficus sycomorus* vgl. dazu Ref. 244), *Olea europaea*, *Morus alba* (seltener *M. nigra*), *Zizyphus spina Christi*, *Citrus aurantium*, *C. Limonum*, *C. madarensis*, *Punica granatum*, *Armeniaca vulgaris*, *Amygdalus communis*, *Musa paradisiaca* (vgl. Ref. 77), *Ficus Carica*, *Citrus Bigaradia*, *C. medica*, *Cydonia vulgaris*, *Pirus Malus*, *P. communis*, *Prunus domestica*, *Anona squamosa*, *Ceratonia siliqua*, *Vitis vinifera*, *Opuntia maxima*.

Getreide: *Triticum sativum*, *Zea Mays*, *Hordeum hexastichon*, *Oryza sativa*, *Sorghum vulgare*, *Penicillaria spicata*, *Sorghum saccharatum*.

Hülsenpflanzen: *Vicia faba*, *Vigna sinensis* (selten *Phaseolus* und *Canavalia gladiata*), *Lens esculenta*, *Trigonella faenum graecum*, *Ervum ervilia*, *Cicer arietinum*, *Pinus sativum*, *Lupinus termis* (*Phaseolus Mungo* versuchsweise gebaut).

Zuckerrohr.

Knollen- und Wurzelgewächse: *Solanum tuberosum*, *Ipomoea batatas*, *Colocasia esculenta*, *Arachis hypogaea*, *Daucus Carota*, *Beta vulgaris* var. *rubra*, *Brassica rapa communis*, *Raphanus sativus*, *Apium graveolens*, *Allium cepa*, *A. sativum*, *A. porrum*, *Cyperus esculentus*.

Fruchtgemüse: *Hibiscus esculentus*, *Solanum melongena*, *Lycopersicum esculentum*, *Cucurbita pepo*, *Cucumis melo*, *C. sativus*, *Fragaria*.

Blattgemüse: *Corchorus olitorius*, *Spinacia oleracea*, *Lactuca sativa*, *Cichorium endivia*, *Malva parviflora*, *Petroselinum sativum*, *Brassica oleracea botrytis*, *Eruca sativa*, *Portulacca oleracea*, *Asparagus officinalis*, *Cynara scolymus*.

Gewürze: *Pimpinella anisum*, *Foeniculum officinale*, *Cuminum cyminum*, *Nigella sativa*, *Capsicum annuum*, *C. frutescens*, *Coriandrum sativum*, *Anethum graveolens*, *Sinapis alba*.

Reizmittel; *Nicotiana rustica*, *N. tabacum*, *Cannabis sativa*.

Oelpflanzen: *Sesamum orientale*, *Brassica napus oleifera biennis*, *Papaver somniferum*, *Ricinus communis*, *Lepidium sativum*.

Grünfutterpflanzen: *Trifolium alexandrinum*, *Medicago sativa*, *Lathyrus sativus*, *Sorghum halepense*, *Panicum crus galli* (*Euchlaena luxurians* aufgegeben).

Gespinnstpflanzen: *Gossypium herbaceum*, *G. peruvianum*, *Linum humile*, *Cannabis sativa*, *Boehmeria nivea*, *Hibiscus cannabinus* (*Corchorus olitorius* und *C. capsularis* wieder aufgegeben).

Farbstoffpflanzen: *Crocus sativus*, *Carthamus tinctorius*, *Lawsonia alba*, *Indigofera argentea* (*Rubia tinctorum* und *Reseda luteola* aufgegeben).

Vgl. hierzu die Culturpflanzen des alten Aegyptens: Bot. J., XIV, 1886, 2. Abth. p. 85, No. 262a.

138. **Tiesenhaussen, F. Baronin.** Gartenbau in Nordwestafrika. (G. Fl., XXXVIII, 1887, p. 417.)

139. **Amé, G.** Le Jardin d'essai du Hamma à Mostapha, près d'Alger (Brochure de 61 pages in — 8°. Paris et Bordeaux, 1889). (Cit. nach B. S. B. France, XXXVI, 1889, p. 120.)

140. **Leroy.** Culture de végétaux exotiques. (Ass. franç. p. l'av. d. sc. C. v. 17 sess. Oran, 1888. Paris. 1. P. p. 188. 2. P. p. 317—320.)

Verf. schildert Culturversuche mit exotischen Pflanzen in Algerien. Der Versuchsgarten befand sich in Oran. Er verzeichnet 80 Pflanzen, deren Cultur gelang. Unter ihnen sind bemerkenswerth 9 *Acacia*, 14 *Eucalyptus* (darunter *E. microtheca*), 6 *Pinus* (mit *P. cembroides* und *monophylla*), *Anona cherimolia* und *A. triloba*, *Prosopis pubescens* und *juliflora*, *Rhus vernicifera*, *Yucca gigantea*, *Cocos australis*, *Cereus giganteus*, *Kochia villosa*, *Anabasis ammodendron* u. a. m. *Sechium edule* wird bereits seit 30 Jahren dort gepflanzt, auch Anonen und *Diospyros Kaki* fand Verf. schon in Cultur vor.

Matzdorff.

141. **Lugard.** Nyassaland and its Commercial Possibilities. (Rep. 59. Meet. Brit. Ass. Adv. Sc. Newcastle-upon-Tyne, 1889. London, 1890. p. 665—666.)

Verf. führt aus dem Nyassaland folgende Producte des Pflanzenreichs auf: Kaffee, Thee, Gewürznelken, Chinarinde, Gummi; in zweiter Linie Oel und Holz vom Misangutibaum; cultivirt können werden Weizen, Flachs, Indigo, Baumwolle, Mohn, Zuckerrohr, Hanf, *Strophantus*, Ebenholz u. a. m. Matzdorff.

142. **Büttner, R.** Die Congo-Expedition. Einige Ergebnisse meiner Reise in Westafrika in den Jahren 1884—1886, insbesondere des Landmarsches von San Salvador über den Quango nach Stanleypool. (Mittheil. d. Afrikanischen Gesellschaft in Deutschland, V, 1889, p. 168—274.)

Die Bewohner in dem durchreisten Gebiet leben fast ausschliesslich von vegetabilischer Kost, die Nährpflanzen sind daher sehr von Bedeutung. Obenan steht unter diesen sicher *Manihot utilissima*, die von den Weibern in grossartigem Maasse angebaut wird. Die Wurzeln zeigen roh mitunter giftige Wirkungen, werden daher meist zu Speisen zubereitet; die Blätter dienen als Gemüse. Nächst dieser Art am wichtigsten sind die Bananen, die auch verwildert vorkommen. Als Oelpflanzen kommen namentlich *Elaeis guineensis* und *Arachis hypogaea* in Betracht; besonders von Bedeutung ist auch der Oelpalmenwein. Im Vergleich zu den vier genannten Pflanzen nimmt der Mais nur eine untergeordnete Stellung ein, er dient u. a. zur Bereitung einer Art Bier. Auch *Sorghum* wird nur wenig gebaut, Yams und Bataten sind von untergeordneter Rolle. Das Zuckerrohr wird zwar in dem ganzen Gebiet zwischen Quango und Kongo gebaut, doch trotz des guten Erfolges nur ziemlich wenig. Verwildert findet sich zwischen Quango, Kongo und Kassai überall sehr häufig die Ananas. *Carica Papaya* wird von den Eingeborenen etwas cultivirt, häufiger ist die Cultur von *Cajanus*, sowie in kleineren Beständen die von *Dolichos* und *Vigna*, in San Salvador auch von *Phaseolus*. Dagegen sah Verf. *Voandzeia subterranea* nur in Kamerun; als Gemüse werden Kürbisse und *Hibiscus esculentus* gebaut.

Von wildwachsenden Gemüsepflanzen kommen *Euxolus caudatus*, *Celosia*-, *Gyrandropsis* und *Corchorus*-Arten, von verwilderten Tomaten in Betracht; von wildwachsenden Früchten kommen die von *Adansonia digitata* und *Anona senegalensis* u. a. in Betracht. Von Gewürzpflanzen spielen einige *Capsicum*-Arten eine wichtige Rolle. Wichtig sind ferner die Kolanüsse; Tabak wird nicht nur von Erwachsenen beiderlei Geschlechts, sondern auch von Kindern geraucht und geschnupft und anscheinend schon seit Jahrhunderten. Hanfraucher finden sich mehr im Innern als an der Küste. Neben Tabak und rothem Pfeffer wird fast an jeder Hütte im Kongolande *Gossypium arboreum* gebaut. Die Zahl der genannten Arzneipflanzen und Färberpflanzen ist eine zu grosse, um hier wiedergegeben zu werden; für berauschende Getränke dienen *Spondias dulce* und *Anacardium occidentale*. Verschiedene an der Küste schon seit Jahrhunderten eingeführte amerikanische Obstarten sind kaum in das Innere eingedrungen, z. B. *Cocos* und *Anona*-Arten.

143. **Lierau, M.** Das botanische Museum und botanische Laboratorium für Waarenkunde zu Hamburg. (Bot. C., XXXVIII, 1889, p. 431—435, 476—479, 521—523, 558-561.)

144. **Sadebeck, R.** „Ostafrikanische Nutzpflanzen und Colonialproducte. (Bot. C., XXXVIII, 1888, p. 438—435, 479—481.)

145. **Sturtevant, L.** History of Garden Vegetables. (Amer. Naturalist, vol. 22. Philadelphia, 1888. p. 420—433, 802—808, 979—987.)

Verf. setzt seine Geschichte der Gartenpflanzen fort mit *Foeniculum, Nigella sativa* L., *Picridium vulgare* Desf., *Allium, Cucumis, Lagenaria vulgaris* Ser., *Chenopodium Bonus Henricus* L., *Apios tuberosa* Moench., *Onobrychis crista galli* Lam., *Humulus Lupulus* L., *Marrubium vulgare* L., *Cochlearia armoracia* L., *Hyssopus officinalis* L., *Mesembryanthemum crystallinum* L., *Valerianclla eriocarpa* Desv., *Helianthus tuberosus* L., *Brassica oleracea, Lavandula vera* DC., *Ervum lens* L., *Lactuca sativa* L.

Matzdorff.

146. **Boulger, G. S.** The uses of plants: A normal of economic botany, with special reference to vegetable products introduced during the last fifty years. 8⁰. VIII. 224 p. London (Rouer et Drowley), 1889. (Ref. in Bot. C., XLIV, p. 51—52.)

147. **Sturtevant, L.** History of Garden Vegetables. (Amer. Natural., vol. 23. Philadelphia, 1889. p. 665—677.)

Verf. setzt seine Geschichte von Gartenpflanzen (s. Bot. J. vor. Jahrg.) fort mit *Phaseolus lunatus* L., *Ligusticum levisticum* L., *Malva crispa* L., *Beta vulgaris, Martynia, Cirsium oleraceum* Scop., *Cucumis melo* L., *Mentha viridis* L., *Artemisia vulgaris* L., *Sinapis.* Auch hier macht Verf. wieder zahlreiche geographische, culturelle, sprachliche und ähnliche Bemerkungen. (Vgl. R. 145.) Matzdorff.

148. **Josef, Erzherzog.** Változások fiumei kertemben 1887 óta. Mutationes in horto meo Fiuminensi ab anno 1887. (Magy. Növényt. Lapok. Kolozsvár, 1889. Bd. XIII. p. 49—53. [Ungarisch].)

Verf. berichtet über seine Culturversuche, die er in seinem Garten in Fiume ausführt. Besonderes Gewicht legt er auf die Cultur von Palmen, die er im ungarisch-kroatischen Küstengebiet einheimisch machen will. Ferner berichtet der Verf. über die Schäden, die der Winter 1887/88, der, sowie der vorjährige, in Fiume ungewöhnlich rauh war, in seinen Anpflanzungen verursachte. So zeigte unter anderem — März 1.—6. (1888) Temperaturminima von — 0.8⁰ — 6.2⁰ C., welche die Pflanzen in vollem Triebe antrafen. Viele der vorher im Warmhause gezogenen jungen Pflanzen litten mehr oder weniger, so *Areca Baueri, A. sapida, Corypha australis, Phoenix rupicola, Thrinax Cacco* etc.; andere dagegen erhielten sich vollkommen gesund, so *Phoenix tenuis, Jubaea spectabilis, Sabal Adansonii, Raphis flabelliformis, Cycas revoluta* etc. Eigenthümlich verhielt sich *Brahea dulcis* (Mexico), dessen eines Exemplar an schattigem, gegen Wind geschützten Standorte seine Blätter zur Hälfte erfrieren liess; während das zweite an schattigem, den Nordostwinden ausgesetztem Standorte vollkommen erhalten blieb. Staub.

149. **Fay, B.** Tapasztalatok a növényhonosítás terén. Erfahrungen auf dem Gebiete der Pflanzenacclimatisation. (Természettud. Közlöny. Budapest, 1889. Bd. XXI, p. 154—159. [Ungarisch.])

Verf. berichtet über Culturversuche mit aussereuropäischen Holzgewächsen von dem Comitate Hunyad. Der Ort liegt am Zusammenfluss der Flüsse Maros und Sztrigy, bei Dédács. Der Winter 1888 war für diese sonst mildes Klima besitzende Gegend ungemein streng. Das Thermometer zeigte beinahe während des ganzen Januars 24—34⁰ C. unter 0; dennoch haben wenige der dort cultivirten fremdländischen Pflanzen, die Verf. bei Namen aufführt, gelitten. Interessant ist die Bemerkung, dass die dort seit uralten Zeiten einheimische *Juglans regia* ebenso erfror, wie *Paulownia imperialis,* dagegen blieben die Caryen insbesondere *Carya olivaeformis* von der Kälte unberührt. *Catalpa syringaefolia* litt Schaden, dagegen zeigte sich *C. speciosa* unempfindlich. Verf. fällt es auf, dass die von China und Japan stammenden Arten mehr Widerstandskraft zeigten, als die Arten der Ost- und Westküste Nordamerikas und ist er der Ueberzeugung, dass man durch rationelle Auslese jene Arten finden wird, die sich den neuen und oft widerwärtigen klimatischen Verhältnissen allmählich anpassen werden. Staub.

150. **Orcutt, C. R.** Contribution to West American Botany. (West Amer. Sci., VI, p. 137.) (Cit. u. ref. B. Torr. B. C., XVI, 1889, p. 335.)

Verf. bespricht *Pholisma arenarium* Nutt. und *Ammobroma Sonorae* Torr., die von den Indianern als Nährpflanzen benutzt werden sollen.

151. Die Blüthen von Calligonum als menschliche Nahrung. (Natur, 1889, p. 523.)

In Nordwestindien werden die Blüthen von *C. polygonoides* wegen ihres Stärkegehalts als Nahrung von der ärmeren Bevölkerung gegessen. In Frankreich, Norditalien und bei Genf isst man die Blüthen von *Robinia pseudacacia*. (Eb. p. 631.)

152. **Paillieux, A.** et **Bois, D.** Les Plantes Aquatiques Alimentaires. (Bulletin Bimensuel de la Soc. Nat. d'Acclimatation de France, déc. 5, 1888.) (Ref. nach B. Torr. B. C., XVII, p. 40—41.)

Nahrhafte Wasserpflanzen sind 11 Arten *Aponogeton*, *Ouvirandra fenestralis*, 3 Arten *Trapa*, *Nelumbium speciosum*, *N. luteum*, *Euryale ferox*, *Nuphar multisepalum*, *Nymphaea Lotus*, *N. edulis*, *N. rubra*, *N. coerulea*, *N. Rudgeana*, *Eleocharis tuberosa*, *Sagittaria sagittaefolia*, *S. Sinensis* und *Oenanthe stolonifera*, sowie die zur Cultur empfohlene *Sagittaria variabilis*, die alle in der 31 Seiten umfassenden Schrift mehr oder weniger ausführlich besprochen werden.

153. **Paillieux, A.** et **Bois, D.** Le Mash de Mésopotamie proposé comme succédané de la Lentille, et cultures expérimentales en 1889. (Bull. Soc. nat. d'acclimatation, avril—mai 1890) (Ref. nach B. S. B. France, XXXVII, Rev. bibliogr. p. 140.)

Es wird über Anbauversuche von *Phaseolus Mungo* L. (*Ph. viridissimus* Ten.) aus Mesopotamien (von Japan bis Griechenland verbreitet, in Südfrankreich anbaufähig), *Cucumis Sacleuxii* aus Südafrika, *Glycine monoica* (mit essbaren Knollen) aus Nordamerika, *Chaerophyllum canadense* (eine Salatpflanze) aus Nordamerika (aber auch in Japan und China), *Solanum Pierreanum* (wenigstens Zierpflanze, für Südfrankreich empfohlen) und *Pugionium cornutum* (Gemüse der Mongolen) aus Centralasien berichtet.

154. Rapport sur les product. agricoles des États-Unis. préparé en vue de l'Exposit. de 1889 à Paris. Paris (Noblet), 1889.

Clayton, C. B. F. et **Husmann, G.** La viticulture aux États-Unis. 15 p. 8°.

Dodge, C. R. Les fibres des États-Unis. 39 p. 8°.

Donald, A. M. C. Le Tabac dans les États-Unis., sa culture, ses caractères, sa répartition et sa consomation. 9 p. 8°.

Hill, G. W. Les céréales aux États-Unis. 21 p. 8°.

155. Die Colonisation des nördlichen Japan. (Ausland, 1889, p. 220.)

b. Obstarten (essbare Früchte). (R. 156—169.)

Vgl. auch R. 22 (Melonen- und Gurkenzucht), 84 (Obst Griechenlands), 122 (Heimath der Tomaten und Kürbisse), 192—199 (Wein).

156. **Beck, G. V.** Ueber die Obstsorten der Malayenländer. (Z. B. G. Wien, XXXIX, Sitzber. p. 67.)

Die wichtigsten Obstarten sind *Durio zibethinus*, *Garcinia Mangustana*, *Mangifera indica*, *Citrus decumana*, welche für das Gebiet besonders charakteristisch sind. Von weiter verbreiteten finden sich namentlich *Carica Papaya*, *Anona squamosa*, *Ananassa*, Cocosnuss, Banane und Brotfrucht.

157. **Denninghoff, B.** Die Kokospalme. (Naturw. Wochenschr., V, 1889, p. 22.)

Verf. giebt einen Auszug aus J. Short's Monographie von *Cocos nucifera* im Regierungsblatt zu Madras. Die Art wird in grossem Maassstabe an den Küsten Indiens, Ceylons und auf den malayischen Inseln gebaut. Im SW von Ceylon finden sich nicht weniger als 20 Mill. Palmen. Die Palme lebt auf vereinzelt liegenden Inseln, wie wild, wird also durch Meeresströmungen übertragen, indem die starke Bastschicht die Nuss vor dem Eindringen des Seewassers schützt. Sie ist daher auf Korallenriffen, sobald diese nur aus dem Wasser hervorragen. Die Küste ist die eigentliche Heimath dieser Pflanze, sie wächst bis hart an den Wasserrand, wird sogar vielfach beständig von Wogen umspült. so dehnen sich z. B. die Bäume an der brasilianischen Küste auf eine Entfernung von nahezu 280 engl. Meilen, vom San Franzisko-Fluss bis zur Barre von Mamanquape aus. Andererseits reicht sie weit ins Binnenland und mehrere tausend Fuss über den Meeresspiegel. z. B. in Bangolsore blühen sie und tragen Früchte in Ueberfluss bei 3000′ Meereshöhe. Sie liefert Zucker, Stärke, Oel, Wachs, Wein, Harz und essbare Früchte. Ein angeschwemmter oder lehmiger Boden eignet sich zur ihrer Anpflanzung am besten; um das Maximum des Ertrags zu erzielen, dürfen nicht mehr als 80 Pflanzen auf 1 Acre (= 40,5 a) gesetzt werden. Nüsse von 15—30jährigen Bäumen eignen sich am besten zum Pflanzen. In Travancore allein kennt man 30 Varietäten der Kokospalme, eine Zwergvarietät trägt schon bei 2′ Höhe Früchte. Bei zu grosser Feuchtigkeit auf Sumpfboden werden die Wedel klein und Früchte spärlich. Bei Mangel an Feuchtigkeit auf hartem, trockenem Boden schrumpfen die safthaltigen Zellen zusammen und die Pflanze geht unter. (Ueber dieselbe Art vgl. Natur, 1889, p. 420ff. und Nature, XXXIX, 1888, p. 214.)

158. Ueber den **Fruchthandel Kaliforniens**. (G. Fl., XXXVIII, 1889, p. 113—114.)

159. Die **Dattelpalme** am Persischen Golfe und Arabischen Meere. (Natur, 1889, p. 353—354.)

160. **Schönland, S.** (115). Die Beeren von *Canarina, Clermontia macrocarpa* und *Centropogon surinamensis* werden gegessen.

161. **Drude, O.** (115). *Ammobroma Sonorae* dient den Indianern als Speise. Arten von *Vaccinium* und *Arctous* liefern werthvolle Früchte, desgleichen *Styphelia sapida.*

162. **Hieronymus, G.** (115). Essbare Früchte liefern *Acanthosyris, Fusanus* und *Pyrularia*-Arten. Fruchtstiele sind essbar bei *Exocarpus cupressiformis.*

163. **Ohlsen, C.** Gli alberi fruttiferi nella provincia di Napoli. (L'Italia agricola, an. XXI. Milano, 1889. 4⁰. p. 425ff. zsm. ca. 5 p.)

Verf., welcher in anderen Artikeln (p. 197, 212, 246 dess. Journ.) die Obstbaumcultur eifrigst befürwortete, führt den Stand der Obstbäume in der Provinz Neapel hier vor Augen.

Einleitend sind die der Cultur günstigen Verhältnisse berührt, sodann werden die Baumarten nach dem Werthe, den sie im Lande geniessen, aufgezählt, und zwar Feigen-, Aprikosen-, Pfirsich-, Kirsch-, Zwetschgen-, Mandel-, Birn- und Apfelbäume, sonstige Pomaceen, Granatapfel, Haselnuss, Pistacie, Johannisbrotbaum, Opuntie, Nussbaum und Agrumen. Bei den meisten Bäumen werden die verschiedenen Formen kurz genannt, auch die Vermehrungs-, eventuell Veredlungsmethoden oberflächlich gestreift. — Im zweiten Theile tadelt Verf. scharf die geringe Sorge bei der Baumpflege und giebt einige Winke, die Baumzucht im Lande zu verbreiten und zu verbessern. Solla.

164. **Caruso, G.** Condizioni presenti della viticoltura e della enologia in Italia. (L'Agricoltura italiana, XV. Pisa, 1889. p. 402ff.)

Auszug aus der Rede Miceli's, den gegenwärtigen Zustand des Weinbaues in Italien betreffend, mit numerischen Angaben. Solla.

165. **Ohlsen, C.** L'olivo nella provincia di Napoli. (L'Agricoltura italiana, XV. Pisa, 1889. 8⁰. p. 193—199.)

Wortreiche, aber oberflächliche Angabe über die Cultur des Oelbaumes im Neapolitanischen; Krankheit und Feinde der Pflanze werden vorübergehend angeführt. Solla.

166. **Caruso, G.** L'olivicultura nell'Umbria. (L'Agricoltura italiana, XV. Pisa, 1889. 8⁰. p. 377—387.) Vortrag landwirthschaftlichen Inhaltes. Solla.

167. **Pecori, R.** La cultura dell'olivo in Italia. Firenze, 1889. 8⁰. (Bisher erschienen 336 p. mit 21 Taf.)

Verf. legt eine Sammlung historischer, wissenschaftlicher Cultur- und Industriekenntnisse vor, die er aus allerhand Autoren hervorgesucht und nicht immer glücklich vereinigt hat. Hauptsächlich wird der technisch-landwirthschaftlichen Seite das Augenmerk geschenkt und besonders mögen es die dem Werke beigegebenen chromolithographischen

Tafeln beweisen, auf welchen je eine Culturform des Oelbaumes dargestellt sind. Der wissenschaftliche Theil nebst der allgemeinen Schilderung des Oelbaumes und seiner „Varietäten", beschränkt sich eigentlich auf zwei Capitel: Boden und Düngung; feindliche Insecten und Krankheiten des Oelbaumes (eingerechnet einige phanerogamen und kryptogamen Parasiten, wobei aber auch Moose und Flechten als „Krankheiten" gelten müssen!). Besonderen Werth beanspruchen auch diese beiden Capitel nicht, da sie nicht selbständige Arbeit sind. — Auch für die Verbreitung der Pflanze in Italien begnügt sich Verf. einfach, das Standortsverzeichniss aus Caruso's Monographie vorzulegen. Solla.

168. **Potonié, H.** Die Bedeutung der Steinkörper im Fruchtfleische der Birnen. (Naturwiss. Wochenschr., III, p. 19—21.)

Verf. schliesst aus dem massenhaften Vorkommen der Birnen in manchen Gegenden z. B. zwischen Zielenzig und Schermeisel, dass sie ursprünglich in Deutschland wild seien, während andere Sorten eingeführt seien.

169. **Höck, F.** Ursprüngliche Verbreitung der Obstpflanzen und deren Einfluss auf die Cultur der Menschen. (Natur, 1889, p. 417—420.)

Verf. sucht aus einer Zusammenstellung der ursprünglichen Verbreitung der Obstpflanzen Schlüsse auf deren Beeinflussung der menschlichen Cultur zu machen, kommt dabei aber zu weniger befriedigenden Resultaten als bei den früher in gleicher Weise untersuchten Getreidearten und Hülsenfrüchten. (Vgl. Bot. J., XIII, 1885, 2. Abth., p. 123, Ref. 231 und Bot. J., XIV, 1886, 2. Abth., p. 132, Ref. 189.)

c. Getreidearten (essbare Samen). (R. 170—175.)

Vgl. auch R. 122 (Heimath von *Phaseolus*).

170. **Körnicke.** Wilde Stammformen unserer Culturweizen. (Sitzber. d. Niederrhein. Gesellsch. in Bonn am 11. März 1889.)

Verf. betrachtet das Einkorn als selbständige Form und rechnet zu diesem die bisher bekannte wilde Form. Doch ist eine Form des eigentlichen Weizens am Antilibanon n 4000′ Höhe gefunden, die er als *Triticum vulgare* Vill. var. *dicoccoides* bezeichnet. Er glaubt aber, dass es noch andere Formen gebe, z. B. scheint die von Houssay in Persien gefundene dem Spelz nahe zu stehen.

171. **Eriksson, J.** Gerstevarietäten und Sorten. (Bot. C., XXXVIII, 1889, p. 694—695.)

172. **Eriksson, J.** Eine neue Fahnenhafervarietät. (Eb., p. 787—789.)

173. **Weizencultur** in Chile. (Ausland, 1889, p. 199.)

174. **Canevari, A.** La pianta del frumento. (L'Italia agricola, an. XXI. Milano, 1889. 4⁰. p. 469ff., zsm. ca. 7 p.)

Das Getreide und dessen Culturvarietäten. — Bedingungen und Erfordernisse zum Baue desselben. Solla.

175. **Hieronymus, G.** (115). *Cervantesia tomentosa* und *Pyrularia pubera* liefern essbare ölhaltige Samen.

d. Gemüsearten (Pflanzen mit essbaren vegetativen Theilen).

(R. 176—183.)

Vgl. auch R. 86 (Lein), 545 *(Diospyros)*.

176. **Biltz.** Brunnenkresse. (Mittheil. d. geogr. Gesellsch. [für Thüringen] zu Jena. Zugleich Organ des Botanischen Vereins für Gesammtthüringen, VII, 1889, p. 8—9.)

Um Erfurt wird *Nasturtium officinale* und nicht, wie oft behauptet wird, *Cardamine amara* unter dem Namen Brunnenkresse cultivirt. Letztere ist sogar in dortiger Flora selten, kann daher kaum früher gebaut worden sein.

177. **Pax, F.** (115). *Mesembryanthemum*- und *Tetragonia*-Arten dienen als Gemüsepflanzen, desgl. *Portulaca*- und *Talinum*-Arten, vor allem aber *Lewisia rediviva*.

178. **Heimerl, A.** (115). Verschiedene *Phytolacca*-Arten liefern essbare junge Sprosse, ebenso die Blätter von *Pisonia, Boerhavia* und *Mirabilis*.

179. **Morong, Th.** The Mandioca. (B. Torr. B. C., XVI, 1889, p. 273—277.)

180. **Viaud, S.** De la pomme de terre cultivée en Cochinchine. (Bull. de la Soc. des études indo-chinoises de Saigon. Année, 1887, 1. sem. Saigon, 1888. p. 23—28.)

Verf. beschreibt die in Saigon angebaute, aus China herübergenommene Kartoffelabart, die er *Solanum tuberosum urticifolium* nennt. Sie ähnelt sehr der Var. Marjolin und gehört zu den „patrarque jaune hâtive". Verf. schildert die Art des Baues, den Ertrag, sowie die chemische Zusammensetzung dieser Kartoffel. Die Ergebnisse lassen ihren weiteren Anbau befürworten. Matzdorff.

181. **Fruwirth, C.** Die Batate. (Ausland, 1889, p. 198—199.)

Die Batate ist auch in Theilen Mitteleuropas culturfähig, aber nicht im Stande, im Norden die Kartoffel zu verdrängen. Sie wird in Europa nur in Spanien im Grossen gebaut.

182. **Pailleux, A.** et **Bois, D.** Histoire d'un nouveau Légume. (Rev. Sci. Nat. Appl. Nos. 12, 13, 1889.) (Cit. ref. nach B. Torr. B. C., XVII, p. 41.)

Stachys affinis Bruge = *S. tuberifera* wird besprochen. Das Rhizom soll im Duft an Artischoken erinnern.

183. Die Erdnuss, *Arachis hypogaea,* als Handelsartikel. (Ausland, 1889, p. 518.)

e. Pflanzen, die Genussmittel (gewürziger, aromatischer, narkotischer oder alkoholischer Art) liefern. (R. 184—201.)

Vgl. auch R. 66 u. 67 (Riesenweinstöcke), 122 (Narcotica Alt-Perus), 164 (Weinbau in Italien).

184. **Pax, F.** (115). *Peumus Boldus* dient in Chile als Küchengewürz (ihre Rinde zum Gerben, ihr Holz zur Bereitung geschätzter Holzkohle). *Atherosperma moschatum* wird in Australien für einen Thee verwandt. Die Blätter von *Laurelia sempervirens* dienen in Chile als Küchengewürz, die Früchte werden wie Muscatnüsse verwendet. Arten von *Cinnamomum, Cryptocarya, Laurus, Lindera, Litsea, Nectandra* und *Sassafras* dienen ihrer ätherischen Oele wegen als Gewürze oder zu Arzneien.

185. **Barfus, E. v.** Die Cultur der Gewürznelken und Muskatnussbäume auf den Molukken und Banda-Inseln. (Ausland, 1889, p. 195—197.)

186. **Treichel, A.** (248) bespricht die Kartoffelzwiebel, die wahrscheinlich eine Abart von *Allium Ascalonicum* ist.

187. **Blondel, B.** Sur le Parfum et son Mode de Production chez les Roses. (B. S. B. France, XXXVI, 1889, p. 107—113.)

188. **Bois, D.** Le Thé et ses succédanés. (Brochure de 24 pages in 8°.) (Cit. u. ref. nach B. S. B. France, XXXVI, 1889, p. 127—128.)

Verf. nennt in einer Brochure über den Thee folgende Surrogate desselben: *Ilex paraguayensis, Erythroxylon Coca, Melissa officinalis, Salvia officinalis, Prunus spinosa, Sticta pulmonacea, Potentilla rupestris, Myrica Gale, Veronica officinalis* und *Lithospermum officinale.*

189. **Gronen, D.** Ostindiens Theecultur. (Natur, 1889, p. 143—144, 155—156.)

Ueber den Ziegel-Thee. (Eb., p. 318.)

190. Cacao Cultivation in Colombia. (Ph. J., vol. 19. London, 1889. p. 591.)

Die Cacaoanpflanzungen Columbiens beherbergen eine von der venezuelischen Abart, dem Caracascacao, abweichende Varietät. Als Schattenbaum wird hauptsächlich eine *Erythrina*-Art angepflanzt. Matzdorff.

191. **Portes, L.** et **Ruyssen, F.** Traité de la vigne et de ses produits, comprenant l'histoire de la vigne et du vin dans tous les Temps et dans tous les pays, l'étude bot. et prat. des diff. cépages, les facteurs du vin, le vin au point de vue chimique, ses altérations, ses falsific. et la manière de les connaitre, — les ennemis de la vigne etc. etc. (cf. Bot. C., v. 40, p. 95.)

192. **Sahut, F.** Die Anpassung der amerikanischen Reben an den Boden nach den neuesten, sich bis Oct. 1888 erstreckenden Beobachtungen. Uebertragen und bearbeitet von N. Frhrn. v. Thümen. Wien (Gerold's Sohn), 1889. 52 p. 8°.

193. **Greger, E.** Néhány szó az amerikai szölö ültetése érdekében. Ueber die Culturversuche mit amerikanischen Reben. (Természettud. Füzetek. Temesvár, 1889, Bd. XIII, p. 34–42 [Ungarisch], p. 42—52 [Deutsch].)

Verf. beschäftigt sich mit der Frage der Cultur der amerikanischen Reben und hebt hervor, dass auf die Wahl der Sorten bei entsprechendem Boden besonderes Gewicht zu legen sei. Verf. giebt darüber auch eine vergleichende Zusammenstellung. Staub.

194. **Viala, P.** Une mission viticole en Amérique. Suivi d'une étude sur l'adaptation au sol des vignes américaines, par B. Chauzit. Montpellier (Coulet) et Paris (Masson) 1889. XV et 387 p. 8⁰. av. 8 pl.

195. **Strucchi, A.** La coltivazione delle viti americane in Italia. (Biblioteca del Giornale di Agricoltura. Torino, 1889. 8⁰. 47 p. u. 7 Taf.) Solla.

196. **Tamaro, D.** Il vitigno Grumello: monografia. Piacenza, 1889. Solla.

197. **Fitz-James, Duchesse de.** La viticulture franco-américaine 1869—1889. Montpellier (Coulet). Paris (G. Masson), 1889. 654 p. 8⁰.

198. **Jung, E.** Der Wein. (Natur, 1889, p. 345–347, 357—360, 373—375.)

199. **Dammer, U.** Die Geschlechtsverhältnisse der Reben und ihre Bedeutung für den Weinbau. (Humboldt, 1889, p. 57–58.)

200. **Mauritia vinifera.** (Natur, 1889, p. 196—197.)

201. **Kraus, C.** Ueber Bedeutung und Aufgabe von Hopfenculturversuchen. (Sep.-Abdr. aus der Allgem. Brauer- und Hopfenztg., 1888, No. 130. Nürnberg, 1888.) (Ref. in Bot. C., XXXIX, 1889, p. 233.)

f. Arzneipflanzen. (R. 202—204.)

(Als Ergänzung zu diesem und dem folgenden Abschnitt vgl. man den Bericht über „pharmaceutische und technische Botanik".)

202. Wahre Stammpflanze des **Sternanis.** (Beiblatt zu Engl. Bot. J., X., Heft 5, p. 2—3.)

Die wahre Stammpflanze des Sternanis ist nicht *Illicium anisatum* L. oder *I. religiosum* Sieb. et Zucc. von Japan, sondern *I. verum* Hook. f. von Honkong.

203. **Müller, K.** Die Mutterpflanzen des persischen „Insectenpulvers". (Natur, 1889, p. 1—4. Mit 1 Farbentafel.)

Pyrethrum roseum Web. et Mohr und das wohl specifisch davon nicht zu trennende *P. carneum* M. Bieb. sind wie viele andere Arten der Gattung in der alpinen Zone des Kaukasus heimisch. Sie werden jetzt auch schon in Nordamerika gebaut.

204. **Böncke-Reich, H.** Die Fieberrinde und ihre Ersatzmittel. (Gaea, 1888, p. 443—446.)

g. Technisch verwerthbare Pflanzen. (R. 205–220.)

205. Cultivation of Sesamum and Ground-Nuts in China. (Ph. J., vol. 19. London, 1889. p. 492.)

(Nichts botanisch Neues.)

206. Westafrikanischer **Kautschuck.** (Beiblatt zu Engl. Bot. J., X, Heft 5, p. 3.)

Westafrikanischer Kautschuck wird in grossen Mengen von *Landolphia owariensis* Beauv. gewonnen. Auch *L. florida* könnte reichlich Kautschuck liefern. Neuerdings hat man auch *Ficus Vogelii* Miq. für den Zweck ins Auge gefasst.

207. **Gummi arabicum.** (Ausland, 1889, p. 499.)

Gummi arabicum kommt fast ausschliesslich vom Senegal und aus Oberägypten.

208. **Gummi arabicum.** (Natur, 1889, p. 171—177 u. 211.)

209. Revue franç. de l'étranger et des colonies 1888, 1 août: La culture des graines oléagineuses en Algérie.

210. Die **Oelpalme** (Elaeis guineensis Jacq.). (Mit Abbildungen.) (Natur, 1889. p. 405—407.)

211. **Buschan, G.** Ueber prähistorische Gewebe und Gespinnste, Untersuchungen

über ihr Rohmaterial, ihre Verbreitung in der prähistorischen Zeit im Bereiche des heutigen Deutschlands, ihre Technik, sowie über ihre Veränderung durch Lagerung der Erde. (Dissertation zu München.) (Braunschweig, 1889. 32 p. 4⁰.)

Verf. vertritt in der Einleitung die Ansicht, dass das Schamgefühl den Menschen zuerst zur Körperbedeckung veranlasst habe (? Ref.), er hält daher den Gürtel für das erste Kleidungsstück. Diesem und der Stirnbinde folgte ein Mantel aus Thierfellen, später aus Schilfmatten oder dickem Pflanzenfilz, doch hält er wohl mit Recht thierische Bekleidungsstoffe für die älteren. Ferner vertritt er die Ansicht, dass dem Spinnen und Weben das Filzen vorausging; Filze aus Thier- und Pflanzenstoffen sind über die ganze Südsee verbreitet. Die Weberei aus Pflanzenstoffen ist erst der aus thierischen Fasern gefolgt, diese aber erst der Viehzucht, während die Benutzung der Pflanzenfaser zu Flechtwerk und verfilzten Gegenständen älter sein mag.

Die Mumien der alten Aegypter wurden in leinenen Tüchern beigesetzt, die Priester im Pharaonenlande mussten ebenfalls leinene Gewänder tragen. In der ägyptischen Abtheilung des Berliner Kgl. Museums finden sich zwei Kämme oder Hecheln, die zur Zubereitung des Flachses gedient haben und zwischen deren Zähnen noch Faserreste von Flachs sich fanden. Unger hat gleichfalls in Pyramiden einen leinenen Faden gefunden, wonach der Anbau des Leins bis in das 4. Jahrhundert v. Chr. zurückreicht.

(Ueber die Form, der der altägyptische Lein angehörte, vgl. Bot. J., XVI, 1888, 2. p. 100, R. 180, wonach nur *Linum usitatissimum* im alten Aegypten nachweisbar.) Verf. hat nun das auch in Pfahlbauten durch Heer erwiesene *L. angustifolium* in einem prähistorischen Fund aus Schlesien nachgewiesen. Schon in der frühesten Zeit ihrer Sesshaftigkeit muss bei den Germanen Flachsbau vorgekommen sein, denn unter den Gewebefunden Süd- und Westdeutschlands fungiren ausschliesslich Leinengespinnste; bei den nordischen Völkern finden sich ausschliesslich wollene Gespinnste in der Bronzezeit, später in der Eiszeit, d. h. unter römischem Einfluss, auch leinene Gewebe. Nach der nordischen Mythologie war Flachs Freya geheiligt; man dachte sich ihr Katzengespann mit Strängen von blühendem Flachs angeschirrt. Das Säen, Hecheln und Spinnen des Flachses stand unter ihrem Schutz. Wegen der blauen Blüthe war Lein auch Wodan heilig. Es ergiebt sich daraus, dass jedenfalls Flachsbau bei den Germanen alt war.

Auf die einzelnen Funde kann hier nicht eingegangen werden. Hervorzuheben ist nur, dass ausser Flachs im prähistorischen Deutschland keine Pflanzenfaser sicher nachgewiesen, wenn auch in einzelnen Fällen die Faser noch nicht bestimmt als Flachs erkannt ist, dass aber Wolle dem Flachs vorausging. Doch sind schon in den Pfahlbauten von Robenhausen und dem Bielersee, also in der Bronzezeit, sowie in Gründlingen (Hallstadt-Periode) Flachsgewebe nachgewiesen.

212. **Buschan, G.** Die Anfänge und Entwicklung der Weberei in der Vorzeit. (Verhandl. der Berliner Anthropologischen Gesellschaft. Sitzung vom 16. März 1889, p. 227—240.)

Die Arbeit stimmt theilweise in ihren Ergebnissen mit der vorigen überein, doch wird hier namentlich auch auf die Technik des Webens eingegangen, was an dieser Stelle natürlich nicht besprochen werden kann. Wichtiger ist, dass hier auch auf andere Völker hingewiesen wird. Hervorgehoben sei nur, dass in tropischen Gegenden durch Klöpfel platt und weich geschlagene Baumrinde, die sogenannte Tapa, oder Matten aus geflochtenem Schilf oder Zweigen die Stelle der Häute kälterer Länder ersetzen. Aehnlichem Zweck scheint eine aus Birkenzweigen geflochtene Matte aus dem steinzeitlichen Pfahlbau der Roseninsel im Starnberger See, die sich in der Münchener Sammlung findet, gehabt zu haben.

Auch auf die Färberei der Gewebe wird kurz eingegangen.

213. **N. N.** La cultura e la lavorazione del ramiè. (Bull. N. Agr., an. XI, 1889, p. 191—238.)

Berichte von C. Rivière und von J. Harmand über die Cultur der *Boehmeria nivea* in Algier und in Ostindien, sowie über die Verarbeitung der Rohfaser. Solla.

214. **Savorgnan, M. A.** Del ramiè *(Boehmeria utilis)*. (L'Italia agricola, an. XXI. Milano, 1890. 4°. p. 485—487.)

Maassregeln zu einer Cultur der Pflanze. Methoden zur Darstellung der Rohfaser.

Solla.

215. **Trabut, L.** Étude sur l'Halpha, Stipa tenacissima. Alger (Jourdan), 1889. 90 p. 8°. av. 22 pl. (Ref. in Journ. de bot., 1889, revue bibliogr., p. CXIII—CXV und Bot. C., XLIII, p. 215—218.)

Verf. bespricht ausführlich die Verbreitung und Standortsverhältnisse von *Stipa tenacissima* mit besonderer Rücksichtnahme auf die Cultur derselben, für welche er Verbesserungsvorschläge mittheilt, die theilweise schon praktisch in Algerien befolgt werden. Als ähnlich verwendbare Gräser werden *Lygeum Spartium, Ampelodesmus tenax* und *Aristida pungens* genannt.

216. Kanoff, eine neue Gewebepflanze. (Ausland 1889, p. 920.)

Kanoff stammt vom kaspischen Meer, ihr botanischer Name ist in dem genannten Aufsatz nicht mitgetheilt.

217. **Huth.** Kapokwolle. (Helios, VI, 1889, p. 270-271.)

Wolle von *Eriodendron anfractuosum* aus Java, Indien und Ceylon, zum Polstern

218. **Ess, Fr.** Die Färberei im Alterthume. (Gaea, 1889, p. 36—43.) (Vgl. R. 212.

219. **Wiepen, E.** Die geographische Verbreitung der Cochenille-Zucht. Mit einer Karte. (Progr. d. höh. Realschule in Köln, 1889, 44 p. 4°.)

220. **Heimerl, A.** (115). Die Beeren von *Rivina*- und *Phytolacca*-Arten werden zum Färben benutzt.

h. Zierpflanzen (einschl. Forstpflanzen).[1] (R. 221—241.)

Vgl. auch R. 23 (Zierpfl. für Fabrikstädte), 52 (Buche in Norwegen), 380—383 (Waldpfl. Nordamerikas), 598 *(Eucalyptus Maideni)*, 607 *(Fuchsia excorticata)*.

221. **Jäger, H.** und **Beissner, L.** Die Ziergehölze der Gärten und Parkanlagen. 3. Aufl. Weimar (Voigt), 1889. X u. 629 p. 8°.

222. **Hempel, G.** und **Wilhelm, K.** Die Bäume und Sträucher des Waldes. Lief. 2. p. 33—36. 13 Textill. u. 3 Farbendrucktaf. Wien (Hölzel), 1889. 8°. (Cf. Bot. C., vol. 41, p. 300)

223. **Dippel, L.** Handbuch der Laubholzkunde. Th. I, Monocot. u. Sympetalae der Dicotyleae. Berlin (P. Parey), 1889. VIII u. 449 p. 8°. M. 280 Textabb.

224. **Fekete, L.** A Magyarországon elöforduló föbb fanemek esemetéinek termesztése és ültetése. Die Cultur und Aussaat der Setzlinge der in Ungarn vorkommenden Hauptholzarten. Preisgekrönte Schrift. Budapest, 1889. 8°. 124 p. Mit Holzschnitten (Ungarisch).

225. **Porubszky, Gg.** A tölgykoresok gyakorlati jelentösége és a Tabajdi tölgy (Qu. Tabajdiana Simk.) erdészeti méltánylása. Die praktische Bedeutung der Eichenhybriden und die forstliche Würdigung der Quercus Tabajdiana Simk. (E. L., Jahrg. 28. Budapest, 1889. p. 310-321 [Ungarisch].)

Verf. prüfte eingehend den forstlichen Werth der Eichenhybride *Quercus Tabajdiana* Simk. Er kommt zu dem Resultate, dass sie dieselben Vorzüge wie ihre Erzeuger in sich vereinige. Sie wächst rascher als ihre Mutter (*Qu. sessiliflora* Sm.) und giebt grössere Holzmasse als diese; der technische Werth des Holzes ist auch nicht geringer.

Staub.

226. **Fekete, L.** A tölgy és tenyésztése. Die Eiche und ihre Cultur. Preisgekrönte Schrift. 8°. 204 p. Mit 80 Holzschn. Budapest, 1888 [Ungarisch].)

Verf. giebt in gemeinverständlicher Weise Anleitung zur Cultur der Eiche für die Forstwirthe Ungarns. Im I. Abschnitte bespricht er die Verbreitung, den gegenwärtigen Zustand der ungarischen Eichenwälder, die Ursachen ihres Verfalles und die Mittel zu ihrer Regenerirung. Im II. Abschnitte werden die gewöhnlichen Eichenarten Ungarns beschrieben; ferner jene physiologischen Eigenthümlichkeiten der Eiche besprochen, die von Hartmann

[1] Vgl. Bot. J., XIV, 1886, 2 Abth., p. 145 Anm.

in Berücksichtigung genommen werden müssen. Den Schluss dieses Abschnittes bildet die Erörterung der praktischen Bedeutung der Eichen, und die kurze Aufzählung ihrer Krankheiten und Feinde. Der III. Abschnitt beschäftigt sich ausschliesslich mit der Aufpflanzung und Regenerirung der Eichenbestände auf künstlichem Wege; der IV. Abschnitt zeigt, wie dies auf natürlichem Wege geschieht; der V. Abschnitt handelt von der Pflege und Anfrucht der Eichenbestände. Der VI. Abschnitt erörtert eingehend die Bildung und Umänderung von Eichenbeständen. Staub.

227. **Czapáry, A.** A rózsa története. Die Geschichte der Rose. (K. L., IV. Jahrg., p. 253—255, 283—288 [Ungarisch].)

Verf. giebt einen kurzen Abriss der Geschichte der Rose, vorzüglich ihrer Cultur. Staub.

228. **Hanusz, J.** A platón-vagyboglárfa. Die Platane. (Tt. F. Temesvar, 1889, Bd. XII, p. 8—20 [Ungarisch].) Populäre Schilderung. Staub.

229. **Ugolini, G.** Del gattice. (B. Ort. Firenze, XIV, 1889, p. 214—216.)

Bezieht sich auf die Cultur von *Populus alba* L. Solla.

230. **Lorenzo, R.** Le piante a fusto legnoso indigene o naturalizzate della provincia di Cuneo. Alba, 1889. 4⁰. 71 p.

Verf. versucht, sich die Holzgewächse, welche in der Provinz Cuneo einheimisch oder eingebürgert sind, in Tabellenform ihren wichtigsten Charakteren nach zu gruppiren und alphabetisch geordnet vorzulegen. — Die Tabellen beziehen sich auf folgende Merkmale: „Qualität der Art" (Baum, Strauch, u. dgl.); „kurze Schilderung" (betreffend den Stamm, das Blatt, die Blüthe, Frucht und Blüthezeit); „höchstes Alter"; „Maximalhöhe"; „grösster Durchmesser"; „specifisches Gewicht des Holzes (frisch)"; „Menge der Kohle in 1000 Einheiten des Holzes"; „Kaliummenge in 1000 Einheiten der Asche"; „Brennkraft"; „wichtigste Kennzeichen des Holzes"; „nutzbare Producte"; „Cultur" — in welch' letzterer Abtheilung eigentlich das Vorkommen der Pflanze (altimetrisch, Bodenart, und der Häufigkeit nach) besprochen ist. — Unter den 251 Arten lesen wir, als „Holzgewächse" auch: *Arundo donax, A. phragmites, Chenopodium Scoparia, Kochia prostrata, Sambucus Ebulus* u. s. f. Die Pflanzenarten sind ohne Autornamen angeführt, so dass nicht allein — z. B. — *Ulmus tuberosa* als selbständige Art, sondern auch *U. effusa* und *U. pedunculata* als zwei Arten für sich mitgetheilt werden, dass übrigens den Varietäten Verf. auch ein Artenrecht einräumt, lässt sich an mehreren Stellen (*Amygdalus communis*, darunter *A. fragilis*; No. 68 *Fagus sanguinea*, darunter No 69 die gewöhnliche Rothbuche; No. 88 *Juglans fructu fragilis*; No. 89 *J. fructu maxima*; No. 91 *J. regia*; No. 132 *Prunus avium* und No. 139 *P. avium-duracina*, *Rosa muscosa* etc.) entnehmen. Nach Vorstehendem wird auch nicht befremden, dass — abgesehen von den „Druckfehlern", von welchen es wimmelt — Mittheilungen der Art wie „Blüthen in kleinen Kätzchen" bei *Cupressus* und ähnlichen vorkommen können.

Zum Schlusse findet man eine Doppeltabelle „zum Bestimmen der Ordnungen und Unterordnungen nach dem Linné'schen künstlichem System", sowie je eine „zum Bestimmen der Familien nach den natürlichen Systemen" von Jussieu und von De Candolle. Dass in diesen gleichfalls grosse Unrichtigkeiten vorkommen, ist nicht auffallend.

Solla.

231. **Sahut, F.** Les Eucalyptus. Aire géographique de leur indigénat et de leur culture. Historique de la Tasmanii de leur decouverte. Déscription de leurs propriéte-sorestières, industrielles, assainissantes, médicales etc. Guide théorique et pratique de leur culture. (Bull. Soc. Langnedocienne de géographie. Montpellier [Coulet], Paris [Delahaye et Lecrosnier], 1888. VII et 212 p. 8⁰. Av. fig. et 1 cart.)

232. **Cuzacq, P.** Le Pin maritime des Landes de Gascogne. Bayonne (Lasser), 1889. 72 p. 8⁰.

233. **Dammer, U.** Beitrag zur Kenntniss der Fichtenformen. (Humboldt, 1889, p. 16—17.)

Verf. bespricht seine Ansicht über das Verhältniss von *Picea obovata* Ledeb. zu

P. excelsa Link. (vgl. Bot. J., XVI, 1888, 2, p. 51, Ref. 29) und geht schliesslich auf die „Doppeltanne“ des Berliner Weihnachtsmarktes ein.

234. **Potonié, H.** Die „Doppeltanne“ der Berliner Weihnachtsmärkte. (Naturw. Wochenschr., IV, 1889, p. 85.)

Verf. glaubt, dass die Doppeltanne vorwiegend an freieren, helleren Standorten zu treffen ist, die einfache Tanne mehr in dichtem Bestand, doch bedarf dies noch genauerer Beobachtung. Aber im Dunkeln aufwachsende Pflanzen sind meist von schlankerem Wuchs als hellbelichtete, und Blätter, die nur von oben ihr Licht empfangen, haben das Bestreben, ihre Fläche dahin zu wenden, während allseitig belichtete Gewächse ihre Blätter nach vielen Richtungen hin entwickeln.

235. **Friedel, E.** Zum Capitel der „Doppeltanne“. (Naturw. Wochenschr., IV, 1889, p. 118—119.)

Verf. glaubt aus Erfahrung, dass Lage und Höhe des Gebirges des einzelnen Standorts, Bewässerung, Besonnung, Untergrund in der Frage der Doppeltanne zu keinem Aufschluss führe, da er sie oft neben der gewöhnlichen Rothtanne auf demselben Standort fand, hält sie daher für specifisch verschieden von dieser. Er hat sie besonders in Tirol, doch auch bei Muskau in der Oberlausitz beobachtet; auf den Berliner Markt kommt sie besonders aus dem Harz und Thüringer Wald.

236. **Dieck, G.** Die Akklimatisation der Douglasfichte. (Humboldt, VIII, 1889, p. 132—138.)

Pseudotsuga Douglasii wurde 1826 (*Abies grandis* Lindl. und *Picea sitchensis* Trautv. [= *Menziesii* Carr.] 1831) in Europa eingeführt, sie muss bald darauf nach Deutschland gekommen sein, denn 1881 erwähnt v. Bernuth ein 45 Jahr altes Exemplar seines Forstgartens. Durch Booth wurde die Akklimatisation erst allgemeiner. Nun hat Verf. dieselbe hinsichtlich ihrer Anbaufähigkeit geprüft und teilt die Hauptresultate darüber mit. Er kommt zu dem Resultat, dass, wenn es gelänge, Samen aus nördlicheren Gegenden Nordamerikas zu erhalten, die Douglasfichte für die Cultur in unseren Gebirgen von hoher Bedeutung werden könne, hält aber staatliche Beihilfe hier für unbedingt nöthig.

237. **Krause, E. H. L.** Beitrag zur Kenntniss der Verbreitung der Kiefer in Norddeutschland. (Engl. J., XI, 1889, p. 123—133.)

Verf. giebt eine genaue Studie der Verbreitung von *Pinus silvestris* in Norddeutschland, auf welche hier nur als Vervollständigung der im vorigen Bericht kurz erwähnten Arbeit von Borggreve (vgl. Bot. J., XVI, 1888, 2 Abth., p. 101, R. 188) hingewiesen werden mag.

238. **Bodo, A.** Gärtnerische Mittheilungen aus Singapore und Umgebung. (G. Fl., XXXVIII, 1889, p. 574—580.)

239. **Bethge, F. Dr.** Peter Joseph Lenné, Generaldirector der Königlich Preussischen Hofgärten. (G. Fl., XXXVIII, 1889, p. 542—547.)

240. **Regel, E.** Professor Dr. Heinrich Gustav Reichenbach †. (G. Fl., XXXVIII, 1889, p. 315—320.)

241. **Fliche, P.** Un reboisement. Etude botanique et forestière. (Extrait des Annales de la science agronomique française et étrangère, t. I, 1888, 56 p. Nancy, 1888. — Cit. nach B. S. B. France, XXXVII, rev. bibl., p. 14.)

i. Futterpflanzen.[1] (R. 242.)

242. **Orcutt, C. R.** Sone Native Forage Plants of Southern California. (West Amer. Sci., VI, 41, 42. — Cit. u. ref. nach B. Torr. B. C., XVI, 1889, p. 201—202.)

Verf. nennt als Futterpflanzen aus Südkalifornien: *Erodium cicutarium* (kaum heimisch!), *Hilaria rigida*, *Hosackia glabra* und *Franseria dumosa*.

242a. Publication der Samencontrolstation. Wien, 1889. No. 52.

Weinzierl, Th. v. Beobachtungen und Studien über den Futterbau, die Alpwirthschaft und die Flora der Schweiz. 46 p. 8⁰.

---

[1]) Vgl. Bot. J., XIV, 1886, 2 Abth., p. 152. Anm.

Feldmäss, Id. Culturversuche mit verschiedenen Klee- und Grassamenmischungen 46 p. 8⁰.

242b. **Riepenhausen-Crangen, K. v.** Stechginster *(Ulex europaeus)* und seine wirthschaftliche Bedeutung als Futterpflanzen für den Sandboden. 2. Aufl. Leipzig (Duncker u. Humblot), 1889. XI u. 78 p. 8⁰.

Anhang. Die Pflanzenwelt in Kunst, Sage, Geschichte, Volksglauben und Volksmund. (R. 243—256.)

Vgl. auch R. 211 u. 645 (Afrikanische Pflanzennamen).

243. **Watanabe, H.** Das Chrysanthemum indicum (Kiku) in Japan. (G. Fl., XXXVIII, 1889, p. 617—622.)

Vortrag über Cultur von *Chrysanthemum indicum* in Japan und sich an diese dort knüpfende Volksgebräuche.

244. **Schweinfurth, G.** (646). Bei den alten Aegyptern war die Sycomore der Hathor, *Mimusops Schimperi* aber der Isis heilig. Sie wurden daher in Gärten, welche die Tempel umgaben, gezogen. Letztere, die „Persea" der alten Griechen ist jetzt seit Jahrhunderten in Aegypten verschwunden, während erstere sich gehalten hat. Verf. fand *Ficus Sycomorus* sowohl als *Mimusops* wild in Jemen. Nach Verschwinden der letzteren wurde der Begriff „Lebbach" auf *Albizzia Lebbek* aus Indien übertragen. Die Heimath verschiedener heiliger Bäume Aegyptens in Jemen giebt eine Bestätigung des alten Mythas, „der den altägyptischen Olymp von den Bergen des glücklichen, mit guten Göttern bedachten Arabiens herabsteigen liess".

245. **Ascherson, P.** Cephalaria syriaca, ein für Menschen schädliches Getreideunkraut Palästinas und die biblischen ζιζάνια (Matth. 13, 25—30). (Zeitschr. d. deutschen Palästinavereins, XII, p. 152—156.)

Verf. stellt anknüpfend an eine Bemerkung Brügger's, der (neben *Lolium temulentum*, *Agrostemma*, *Vicia*, *Saponaria Vaccaria*, *Ervum hirsutum*) *Cephalaria syriaca* als Unkraut des Weizens aus Palästina nannte (vgl. Bot. J., II, 1874, p. 1109) Untersuchungen über die Pflanzen, welche als Ziwan *(Zizania)* bezeichnet werden, an, welcher Name letzterer Art im Libanon beigelegt wird und bittet um Zusendung kleiner Proben solcher Pflanzen, da es scheint, dass verschiedene Arten in verschiedenen Gegenden so genannt werden. Sie soll dem Brot eine blau-schwarze Farbe verleihen, ähnlich wie *Alectorolophus maior*.

Anschliessend daran stellt Verf. eine Frage nach dem Scheilem, dessen Abkochung zu demselben Zweck wie Chloroform benutzt werde.

246. **Borbás, V.** A nép botanikai legendájából. Aus der botanischen Volkslegende. (Természettud. Közlony. Budapest, 1889, Bd. XXI, p. 504—505 [Ungarisch].)

Verf. theilt eine ungarische Volkslegende mit, die sich auf zwei habituelle Eigenthümlichkeiten der *Veronica prostrata* L. bezieht. Staub.

247. **Treichel, A.** Botanische Notizen IX. (Sep.-Abdr. aus d. Schriften d. Naturf. Ges. in Danzig. N. F., VII. Bd., 2. Heft, 1889, 6 p. 8⁰.)

Verf. erörtert die Frage nach einem von Wulfstem (später von Praetorius) erwähnten Kraut, das Wasser gefrieren mache.

248. **Treichel, A.** Hexenringe und körperförmige Grasfehle. (Verh. d. Berliner Antropolog. Ges., vol. 13, April 1889, 4 p.)

Verf. bespricht die Sagen von Hexenringen (grasfreie, kreisförmige Stellen auf Wiesen oder Kreise mit auffallendem Graswuchs) und geht auf verwandte Sagen ein (*Sesleria coerulea* = Elfengras, Grasfehlen an Stellen, wo Ermordete gelegen haben u. s. w.).

249. **Lemke, E.** Quercus Romoveana und Consorten. (Ausland, 1889, p. 437—438.)

Verf. bespricht eine einst für heilig gehaltene Eiche bei Romove (Preussen).

250. **Imhoof-Blumer** und **Keller, O.** Thier- und Pflanzenbilder auf Münzen und Gemmen d. Class. Alterthums. Leipzig (Teubner), 1889 u. 168 p. 4⁰. Mit 26 photographischen Taf.

251. Die Hibiscus-Arten im Völkerleben. (Natur, 1889, p. 317—318.)

252. **Hanusz, J.** Néháng szó történeti nevezetességii fáink érdekében. Im Interesse unserer historisch merkwürdigen Bäume. (Turisták Lapja. Budapest, 1889. Jahrg. I, p. 271—273 [Ungarisch].)

Verf. macht die Touristen auf die Erforschung historisch merkwürdiger Bäume aufmerksam und zählt einige auf den ehemaligen Besitzungen Rákóczy's aus jener Zeit bis auf uns gebliebene Bäume auf. Staub.

253. **Reling, H.** und **Bohnhorst, J.** Unsere Pflanzen nach ihren deutschen Volksnamen, ihrer Stellung i. d. Mythol. und Volksglauben u. s. w. 2. Aufl. Gotha (Thienemann), 1889. XVI u. 408 p. 8⁰. (Cf. Bot. C., vol. 42, p. 78.)

254. **Lacoizquetta, J. M.** Diccionaria de los nombres cuskaros de las plantas. Madrid (Murillo), 1889. 8⁰. 4 plts.

255. **Gottheil, R. J. H.** Berichtigung und Zusätze zu „A List of Plants". (Zeitschr. d. Deutschen Morgenländ. Ges., vol. 42, 1889, p. 121—127.)

Bemerkungen über Pflanzennamen in semitischen Sprachen, nur für Kenner dieser Sprachen brauchbar.

256. **Beauchamps, W. M.** Onondaga Indian Names of Plants. (B. Torr. B. C., XVI, 1889, p. 54—55.)

II. Aussereuropäische Floren.

1. Arbeiten, die sich gleichzeitig auf verschiedene Gebiete der Alten und Neuen Welt beziehen. (R. 257—280.)

Vgl. auch R. 1—7 (Karten über Verbreitung einzelner Pflanzenarten), 14 (Anleitung zum Sammeln von Pfl.), 41 (*Alyssum Potemkini* n. sp.)

257. **Wittich, Ch.** Pflanzenarealstudien: Die geographische Verbreitung unserer bekanntesten Sträucher. (Dissertation Giessen, 1889, 35 p. 8⁰.)

Verf. stellte Studien an über die Verbreitung von folgenden Sträuchern:

Acer campestre, *Alnus incana*, *Berberis vulgaris*, *Buxus sempervirens*, *Calluna vulgaris*, *Clematis Vitalba*, *Cornus mas*, *Daphne Mezereum*, *Empetrum nigrum* und *Genista tinctoria*.

Bei allen Arten wird zunächst die Verbreitung der ganzen Gattung berücksichtigt, dann die Natur des Bodens und Standorts und die Wärmebedürfnisse besprochen, darauf die Höhenverbreitung in den einzelnen Gebirgen erörtert, das Gesammtareal geschildert und schliesslich die Verbreitung innerhalb der einzelnen Länder angegeben, um daraus dann die Polar- sowie in einigen Fällen auch die Aequatoriallinie zu entwickeln, welche dann für Europa (vgl. den Ber. über Pflanzengeographie von Europa) auch kartographisch dargestellt werden.

258. **Briquet, J.** Fragmenta Monographiae Labiatorum. Fasc. I. A. Revision systématique des groupes spécifiques et subspécifiques dans le sous-genre Menthastrum du genre Mentha; B. Notes sur quelques Labiées américaines. (Bulletin V de la Société botanique de Genève.) (Tirage à part de 103 p. in 8⁰. Genève, 1889.) (Cit. nach B. S. B. France, XXXVI, 1889. Rev. bibliogr., p. 125.)

259. **Palla, E.** Zur Kenntniss der Gattung Scirpus. (Engl. J., X, 1889, p. 293—301.)

Verf. zerlegt die Gattung *Scirpus* in mehrere Gattungen. Es mögen hier nur die vom Verf. genannten aussereuropäischen Arten erwähnt werden, im Uebrigen muss auf den Bericht über Systematik verwiesen werden.

Zu *Dichostylis* gehören: *D. nitens* (= *Cyperus nitens* Vahl.), *D. patens* (= *C. patens* Vahl.), *D. castanea* (= *C. castanea* Willd.), *D. cuspidata* (= *C. cuspidata* H. B.

K.), *D. squarrosa* (= *C. squarrosa* L.), sämmtlich aus Ostasien; ferner *D. Baldwinii* (= *C. Baldwinii*), *D. aristata* (= *C. aristata* Rottb.), und *D. congesta* (= *Fimbristylis congesta* Torr.), aus Nordamerika.

Bei *Scirpus* verbleiben von nordamerikanischen Arten: *S. atrovirens* Willd, *S. cyperinus* (= *Eriophorum cyperinum* L.), *S. Eriophorum* Mx.). Zu *Holoschoenus* gehört *H. nodosus* (Rottb.) aus Australien, Südamerika und Südafrika. Zu *Schoenoplectus* gehören *Sch. javanus* (Nees) und *Sch. quinquefarius* (Hamilton) aus Indien, *Sch. articulatus* (L.) und *Sch. juncoides* (Roxb.) aus Madagascar, *Sch. senegalensis* (Hochst.) aus Centralafrika, *Sch. paludicola* (Knuth) vom Cap, *Sch. Olneyi* (Gray) und *Sch. Tatora* (Knuth) aus Kalifornien sowie *Sch. riparius* (Vahl) aus Uruguay. Zu *Heleocharis* zu ziehen sind *H. capitata* (L.) aus Sokotra, *H. minuta* Böck. aus Madagascar, *H. Schweinfurthiana* Böck. und *H. setacea* (= *Cyperus setaceus* Retz. = *H. choetaria* R. S.) aus Centralafrika, *H. obtusa* (Willd.) aus Wisconsin, *H. microcarpa* Torr. aus Georgia, *H. albida* Torr. von Florida, *H. rostellata* Torr. aus Kalifornien, *H. maculosa* (Vahl.) aus Westindien, *H. bonariensis* Nees aus Uruguay, *H. striata* Desv. aus Argentina, *H. pachycarpa* Desv. und *H. costulata* Nees et Mayen aus Chile sowie *H. acuta* R. Br. aus Tasmanien. Zu *Isolepis* gehören *J. macra* (Böck.) aus Madagascar, *J. corinata* Hook. et Arn. sec. Böck. aus der Union, *J. nigricans* H. B. K., *J. littoralis* Phil. und *J. Bridgesii* Böck. aus Chile, *J. Bergiana* (Spr.) und *J. pygmaea* (= *Fimbristylis pygmaea* Knuth) aus Tasmanien sowie *J. multicaulis* Schldl. aus Victoria.

260. **Schenck, H.** Ueber die Schweinfurth'sche Methode, Pflanzen für Herbarien auf Reisen zu conserviren. (Petermann's Geogr. Mitth., XXXV, 1889, p. 26--27.) (Vgl. Bot. J., XVI, 1888, 2, p. 26, No. 597.)

261. **Darwin, C.** A naturalist's voyage. (Journal ef researches into the natural history and geology of the countries visited during the vogage of H. M. S. Beagle round the world. New edit. London [Murray], 1889. 340 p. 8⁰.)

262. **Hooker, A.** Icones plantarum, vol. 9, 1889.

263. **Boerlage, Dr. J. G.** Urtheemiche plantes om Buitenzorg verulderd. (Handelinger var het trude Nederlandesch Naturer- eu Geneeskundig Congres. Leiden [E. J. Brill], 1889. p. 146—150.)

Verf. bespricht die von ihm in der Gegend von Buitenzorg angetroffenen ausländischen Gewächse.

264. **Avetta, C.** Seconda contribuzione alla flora dello Scioa. (N. G. B. J., XXI, 1889, p. 303—311.)

Verf. bespricht 49 Phanerogamen, welche V. Ragazzi im Scioa-Gebiete gesammelt hatte. Die Arten sind systematisch geordnet; eine jede mit Synonymie und Literaturangaben von Seiten des Verf.'s und mit genauen Standortsangaben, Datum und hin und wieder sogar mit kritischen Bemerkungen, von Seiten des Sammlers illustrirt. — Am meisten sind die Compositen und die Leguminosen vertreten.

Von Interesse mag sein, die als „sehr häufig" angegebenen Arten als Charakterisirung der Vegetation hier folgen zu lassen: *Ranunculus stagnalis* Hchst., *Cerastium octandrum* Hchst., *Uebelinia abyssinica* Hchst., *Geranium simense* Hchst., *Isatis tinctoria* Rich., *Oxalis obliquifolia* Steud., *Acacia albida* Del., *Epilobium cordifolium* Rich., *Galium hamatum* Hchst., *Scabiosa columbaria* L. (*Capsella Bursa pastoris* Mnch. scheint weniger häufig zu sein), *Dichrocephala abyssinica* Schltz., *Achyrocline Schimperi* Schltz., *Guizotia Schultzii* Hchst., *G. Schimperi* Schltz., *Coreopsis Prestinaria* Schltz., *Cotula abyssinica* Schltz. etc.

Seltene Erscheinungen sind: *Anthemis Tigreensis* J. Gay., *Notonia abyssinica* Rich., *Erica arborea* L. u. a. Solla.

265. **Avetta, C.** Terza contribuzione alla flora dello Scioa. (N. G. B. J., XXI, 1889, p. 332—339.)

Verf. legt weitere 53 Phanerogamen aus der Flora des Gebietes von Scioa, von V. Ragazzi gesammelt, vor; 23 darunter sind Monocotylen. — Als sehr häufig sind genannt: *Swertia Schimperi* Gris. und *S. pumila* Hchst., *Cynoglossum coeruleum* Steud.,

Heliotropium Eduardi Martel., *Solanum unguiculatum* Rich., *Hypoestes triflora* R. S., *Micromeria abyssinica* Bnth., *Salvia Nilotica* Vahl. — (?) wahrscheinlicher jedoch in einer Abart, *S. simensis* Hchst. (?) — von Verf. nur mittels Vergleich an Exsiccaten (Herb. Schimper) determinirt, *Ixia Hochstetteriana* Rich., *Anthericum humile* Hchst., *Cyanotis abyssinica* Rich., *Gymnothrix Schimperi* Hchst., *Eleusine flaccifolia* Sprng., *Andropogon plagiopus* Hchst., selten hingegen *Acanthus arboreus* Frsk. Solla.

266. **Avetta, C.** Prima contributione alla flora dello Scioa. (N. G. B. J., XXI, 1889, p. 344—352.)

Verf. bestimmte 39 Pflanzenarten aus dem Scioa-Gebiete nach Sammlungen, welche O. Autinori 1878 daselbst gemacht hatte. Die meisten Arten sind mit Anmerkungen aus der Hand Autinori's, über volksthümliche Bezeichnung, Anwendung, über Vorkommen und dergleichen der betreffenden Pflanze. Es sind darunter vier Leguminosen mit *Parochetus communis* Ham. („Jemeder Kusso") und *Eriosema Scioanum* **n. sp.** (p. 346, lateinische Diagnose) Dupn., *E. parviflorum* E. Mey. sehr nahestehend, aber mit grösseren Blüthen- und besonders Kelchblättern und die obersten Laubblätter zugespitzt. Ferner zehn Compositen, darunter *Werneria Autinorii* **n. sp.** (p. 348), auf dem Plateau von Licce, 3000 m Höhe; blüht im Mai. Der Charakter des Pappus („setis copiosis, barbatis, caducissimis") nähert diese Art mehr der Gattung *Euryosis*. — *Vernonia Autinoriana* **n. sp.** (p. 348), aus Waina-Dega; blüht im April. Der *V. amygdalina* Del. sehr nahestehend, aber der runzeligen Blätter, sowie der Form und Grösse der Hüllschuppen halber wesentlich von ihr verschieden. — *V. Leopoldi* Watk. **n. var.** *incana* (p. 349), mit Hüllschuppen grösser als bei der typischen Art. Auf Waina-Dega; blüht im December bis Januar. Als sehr häufig wird *Lippia Adoënsis* Hchst. genannt. — Schliesslich finden sich darunter auch elf Farnkräuter vor. Solla.

267. **Porter, Th. C.** Gentiana alba, Mahl. (B. Torr. B. C., XVI, 1889, p. 53—54.)

Verf. bespricht die Synonymik und Verbreitung von *Gentiana alba* Mahl.

268. **C. S. S.** The Bur Oak. (Garden and Forest, II, p. 497, fig. 136.) (Cit. u. ref. nach B. Torr. B. C., XVI, 1889, p. 334.)

Quercus macrocarpa wird beschrieben auch hinsichtlich ihrer Verbreitung.

269. **Regel, E.** (717) liefert ergänzende Bemerkungen meist beschreibender Art zu *Allium Alexianum*, *A. Przewalskianum*, *A. ammophilum*, *A. kansuensis*, *A. cyaneum*, *Quesquelia Wittmackiana*, *Cryptanthus Morrenianus*, *Pleurothallis platystachya*, *Zygopetalum Sanderianum* und *Begonia patula* und beschreibt mehrere neue Arten (vgl. R. 270, 361 und 717).

270. **Regel, E.** (717) beschreibt *Promenaea citrina* n. sp., deren Vaterland unbekannt ist.

271. **Greene, E. L.** New or Noteworthy Species IV. (Pittonia, I, 280—287.) (Cit. u. ref. nach B. Torr. B. C., XVI, 1889, p. 176.)

Verf. beschreibt folgende neue Arten: *Unifolium lilacinum*, *Urtica Californica*, *Hesperochiron ciliatus*, *Pentstemon arenarius*, *Mimulus glareosus*, *Navaretia leptantha*, *Seriocarpus tomentellus*, *Boeria consanguinea*, *Helianthus (?) invenustus*, *Delphinium pauperculum*, *D. recurvatum*, *D. apiculatum*, *Cotyledon linearis* und *Saxifraga Californica* (= *S. Virginiensis* Bot. of Calif., hier also getrennt von der Art des Ostens).

272. **Greene, E. L.** New or Noteworthy Species V. (Pittonia, I, p. 300—302.) (Cit. u. ref. nach B. Torr. B. C., XVI, 1889, p. 205.)

Verf. beschreibt als neue Arten: *Potentilla frondosa*, *Tissa leucantha*, *Paronychia pusilla* und *Greenella ramulosa*.' Der Name *Oenonthera leptocarpa* wird eingeführt für *Eulobus Californicus* Nutt., da es schon eine *Oe. Californica* Watson giebt.

273. **Parry, C. C.** Review of certain Species heretofore improperly characterised or wrongly referred, with two new Species Chorizonthe. (Proc. Davenport Acad. Sci., V, p. 174—176.) (Cit. u. ref. nach B. Torr. B. C., XVI, 1889, p. 85.)

Verf. beschreibt *Chorizanthe robusta* n. sp. (*C. Douglasii* Parry, not Benth.) und *C. Andersonii* n. sp.

274. **Vasey, G.** Uniola Palmeri. (Garden and Forest, II, p. 402—403.) (Cit. u. ref. nach B. Torr. B. C., XVI, 1889, p. 284.)

Verf. beschreibt *Uniola Palmeri* n. sp. (Die Heimath wird in dem cit. Ref. nicht angegeben.)

275. **Regel, E.** Agave Maximowicziana Rgl. (G. Fl., XXXVIII, 1888, p. 483—484.)

Agave Maximowicziana n. sp. aus dem Petersburger botanischen Garten.

276. **Lindberg, G. A.** Rhipsalis pulvinigera G. A. Lindberg n. sp. (G. Fl., XXXVIII, 1889, p. 182—187.)

Verf. beschreibt und vergleicht mit der nahen Verwandten *Rhipsalis floccosa* Salm, *Rh. pulvinigera* n. sp., deren Heimath unbekannt zu sein scheint; ihre nächsten Verwandten (also auch wohl sie) wachsen nicht auf Felsen, sondern an Bäumen des Urwaldes.

277. **Kränzlin, F.** Odontoglossum Brandtii Kränzl. et Wittm. n. sp. (G. Fl., XXXVIII, 1889, p. 557—558.)

Verf. beschreibt und bildet ab *Odontoglossum Brandtii* n. sp. (verw. *O. Pescatorei* Linden, *O. cirrhosum* Lindl. und *O. testilobium* Lindl.) ohne Heimathsangabe.

278. **Schumann, K.** Crinum Schimperi n. sp. (G. Fl., XXXVIII, 1889, p. 561.)

Crinum Schimperi n. sp. (verw. *C. abyssinicum*) ohne Heimathsangabe.

279. **Klatt, F. W.** (323) beschreibt *Syncephalanthus macrophyllus* n. sp. nach Culturen im Berliner botanischen Garten; *Eupatorium pyramidale* Klatt (Abhandl. d. Naturf. Ges. zu Halle) = *E. Ballii* Oliv. Ferner wird beschrieben: *Pectis Bennettii* n. sp. von Prom. St. Lucae (Wo?).

280. **Sargent, C. S.** Eugenia Garberi n. sp. (Garden and Forest, II, p. 283, fig. 87.) (Cit. nach B. Torr. B. C., XVI, 1889, p. 57.)

2. Oceanisches Florenreich. (R. 281.)

281. **Reinke, J.** Notiz über die Vegetationsverhältnisse in der deutschen Bucht der Nordsee. (Ber. D. B. G., VII, 1889, p. 367—369.)

Verf. bespricht kurz die Vegetationsverhältnisse der Nordsee mit Rücksichtnahme auf Bodenverhältnisse und Gezeiten (vgl. auch den Bericht über Algen).

3. Arbeiten, die sich auf mehrere amerikanische Florenreiche beziehen, oder deren Beziehung auf ein bestimmtes Florenreich der Neuen Welt nicht klar ersichtlich ist.

(R. 282—285.)

Vgl. auch R. 94 (Veränderungen in der Flora Amerikas durch Ausrottung der Wälder oder Landwirthschaft), 258 (Amerikanische Labiaten), 580 (*Marsdenia*).

282. **Crépin, F.** Nouvelles remarques sur les roses américaines (Suite). (B. S. B. Belg., XXVIII, 1889, p. 18—33.)

Neue Bemerkungen zu amerikanischen Rosen beziehen sich vorzugsweise auf *Rosa lucida* Ehrh., *R. carolina* und *R. arkansana* Porter.

283. **Crèpin, F.** Nouvelles Remarques sur les roses Américaines. (B. S. B. Belg., XXVI, 2, p. 40—49.)

Verf. weist auf einige zweifelhafte Punkte in unserer Kenntniss über einige amerikanische *Rosa*-Arten hin.

284. **Schumann, K.** Ueber einige verkannte oder wenig gekannte Geschlechter der Rubiaceen Südamerikas. (Engl. J., X, 1889, p. 302—363.)

Verf. bespricht kritisch eine grössere Zahl *Rubiaceae* Südamerikas. Da auf den hauptsächlichen Inhalt der Arbeit in dem Bericht über Systematik dieses Jahrgangs eingegangen werden muss, mag hier dieser kurze Hinweis auf die Arbeit genügen.

285. **Britton, N. L.** An Enumeration of the Plants Colledat by Dr. H. H. Rusby in South America 1885—1886. (B. Torr. B. C., XVI, 1889, p. 13—20, 61—64, 153—160, 189—192, 259—262, 324—327.) (Vgl. R. 377.)

Verf. nennt folgende Pflanzen aus Südamerika: *Ephedra Americana:* La Paz 10000′; *Podocarpus montana* Lodd. (= *Taxus montana* Willd. = *P. taxifolia* H. B. K.): Yungas, 6000′; *P. salicifolia:* Mapiri, 10000′; *Cupressus sempervirens:* Valparaiso, Chile (cultivirt); *Thalictrum podocarpum:* Sorata, 10000′, Unduavi, 8000′; *Anemone decapetala* L. (= *A. triternata* Vahl): Sorata, 13000′; *Ranunculus psychrophilus:* Unduavi, 8000′, Sorata 13000′; *R. pilosus:* Sorata 10000′; *R. brevipes* Triana et Planch. (= *R. setoso-pilosus* Steud.): La Paz, 10000′; *R. sibbaldioides:* La Paz, 10000′; *Davilla elliptica:* Guanai 2000′; *D. rugosa:* Guanai, 2000′; *Doliocarpus Rolandri:* Madeira-Fälle (Brasilien); *Guatteria pogonopus:* Yungas, 6000′; *G. eriopoda:* Mapiri, 2500′; *Duguetia Quitarensis:* Vereinigung von Beni und Madre de Dios; *Anona hypoglauca:* Ebenda; *Xylopia grandiflora:* Mapiri 5000′; *Bocagea aromatica* (= *Oscandra aromatica* Fr. et Planch.): Guanai, 2000′; *Chondodendron tamoides:* Madeira-Fälle, Brasilien; *Abata concolor:* Ebenda; *Cissampeles Pariera:* Reis 1500′, Unduavi 8000′ (var. *Caapeba:* Madeira-Fälle); *C. sympodialis* var. *grandifolia:* Vereinigung von Beni und Madre de Dios; *Berberis Qnindinensis:* Unduavi, 10000′; *B. rigidifolia:* La Paz, 10000′; *Bocconia frutescens:* Yungas 6000′; *B. integrifolia:* Eb.; *Eschscholtzia Californica:* Valparaiso, Chile (eingeführt); *Fumaria officinalis:* Eb. (eingeführt); *Cardamine axillaris:* Sorata, 8000′, Unduavi 10000′; *Sisymbrium gracile:* Sorata 10000′; *S. hispidulum:* Eb.; *S. leptocarpum:* La Paz, 10000′; *S. myriophyllum:* Eb.; *Alyssum maritimum:* Eb. (eingeführt); *Capsella bursa pastoris:* Eb. (eingeführt); *Lepidium bipinnatifidum:* Eb., Yungas, 6000′; *L. Chichicara:* La Paz, 10000′; *Senebiera didyma:* Eb.; *Cleome gigantea:* Yungas, 6000′, Guanai; *C. glandulosa:* Unduavi, 8000′; *C. latifolia:* Vereinigung von Beni und Madre de Dios; *B. Guanensis:* Madeira-Fälle, Brasilien; *Capparis nitida:* Vereinigung von Beni und Madre de Dios; *C. macrophylla:* Eb. und Madeira-Fälle, Brasilien; *C. crotonoides:* Unduavi, 8000′; *Viola scandens:* Eb., Yungas, 6000′, Guanai, 2000′; *V. veronicaefolia:* Mapiri, 5000′; *V. Humboldtii* var. *renifolia:* Mapiri, 5000′, Sorata; *Jonidium commune:* Mapiri, 2500′; *J. Sprucei:* Guanai, 2000′, Madeira-Fälle, Brasilien; *J. album:* Madeira-Fälle; *Leonia glycocarpa* R. et Pav. (*L. racemosa* Mart.): Vereinigung des Beni und Madre de Dios; *Sauvagesia erecta:* Mapiri, 5000′; *Bixa orellana:* Yungas cultivirt); *Oncola maynensis* (Poepp. et Endl.) Eichl. (= *Mayna paludosa* Benth.): Vereinigung von Beni und Madre de Dios, Madeira-Fälle: *Polygala paniculata:* La Paz, 10000′; *P. violacea:* Yungas, 6000′; *Securidaca volubilis:* Yungas, 6000′, Gunanai, 2000′; *Monnina parviflora:* Yungas 4000′, Mapiri, 2500; *M. cestrifolia:* Mapiri, 5000′; *M. rupestris:* Sorata, 10000′, Unduavi, 8000′; *M. resedoides:* La Paz, 10000′; *Vochysia divergens:* Mapiri, 2500′; *Trigonia pubescens:* Guanai, 2000′,; *T. parviflora* Benth.: Guanai, 2000′; Mapiri, 5000′; *Silene Gallica:* La Paz, 10000′; *Lychnis andicola* (*Silene andicola* Gill.): Sorata, 10000′; *Cerastium arvense:* Eb.; *C. arvense* var. *arvensiforme* (Wedd.) Rohrb.: Unduavi, 8000′; *C. Soratense:* Unduavi, 8000′; *Stellaria media:* Sorata 8000′; *S. nemorum:* Yungas, 6000′; *Arenaria lanuginosa* Michx. Rohrb. (= *A. alsinoides* Willd.): Sorata, 10000′, Unduavi, 8000′; *Drymaria cordata:* Yungas, 6000′; *D. pauciflora:* La Paz, 10000′; *Tissa villosa* (= *Spergula villosa* Pers. = *Spergularia villosa* Cambess.): La Paz, 10000′, Yungas, 6000′; *Portulaca pilosa:* La Paz, 10000′; *Salinum patens:* Yungas, 4000′; *Calandrinia caulescens:* Yungas 6000′; *Hypericum brevistylum:* Sorata, 13 000′; *H. thesiifolium:* Unduaivi, 8000′; *H. struthiolaefolium:* Sorata ,13 000′; *Vismia Guianensis:* Mapiri, 2500′; *V. Cayennensis:* Guanai, 2000′; *V. glabra:* Yungas, 6000′; *V. tomentosa:* Unduavi, 8000′; *Clusia insignis:* Mapiri, 5001′; *C. Criova:* Eb.; *C. latipes:* Eb.; *Havetia laurifolia:* Unduavi, 8000′; *Tovomita umbellata:* Mapiri, 5000′; *Chrysochlamys myrcioides:* Yungas 6000′; *Rengifa acuminata:* Beni; *Symphonia globulifera:* Mapiri, 5000′; *Rheedia Spruceana:* Beni; *Caryocar glabrum:* Vereinigung von Beni und Madre de Dios; *Marcgravia rectiflora:* Yungas, 6000′ Reis, 1500′; *Ternstroemia Brasiliensis:* Mapiri, 5000′; *T. confertiflora:* Eb.; *Saurauja serrata:* Eb.; *S. parviflora:* Yungas, 6000′; *Laplacea semiserrata:* Eb., 4000′; *L. Orgonensis:* Eb., 6000′; *L. symplocoides:* Mapiri, 5000′; *Malvastrum Peruvianum;* Yungas, 6000′, La Paz, 10000′;

M. lobulatum: La Paz, 12000′; *M. tricuspidatum:* Reis, 15000′, Unduavi; *M. multicaule* (Schlecht.) (= *Malva multicaulis* Schlecht.): La Paz, 10000′; *Sida rhombifolia:* Sorata, 8000′; *S. glomerata:* Madeira-Fälle; *S. cordifolia:* Mapiri, 2500′ Guanai, 2000′; *S. urens:* Reis, 15000′, Guanai, 2000′; *Wissodula spicata:* Guanai, 2000′; *W. periplocifolia:* Yungas, Guanai, 2000′; *Urena lobata:* Reis, 1500′, *Pavonia Typhalea:* Mapiri, 5000′; *P. paniculata:* Guanai, 2000′; *P. communis:* Yungas, 6000′; *P. diuretica:* Madeira-Fälle Bras.; *P. malacophylla* (= *Lopimia malacophylla* Nees et Mart. = *Pavonia velutina* St. Hil.): Guanai, 2000′; *Gossypium maritimum* var. *polycarpum:* Tacna; *Chorisia speciosa:* Guanai, 2000′; *Ochroma Lagopus:* Vereinigung von Beni und Madre de Dios; *Helicteres pentandra:* Guanai, 2000′, auch von Peru; *H. brevispira:* Yungas, 6000′; *Melochia hirsuta*: Guanai, 2000′; *M. venosa*: Yungas, 4000′; *Waltheria Americana:* Guanai; *Theobroma Cacao:* Guanai, 2000′; *Th. sylvestre:* Vereinigung von Beni und Madre de Dios; *Guasuma ulmifolia:* Guanai, 2000′; *G. tomentosa:* Yungas, 4000′; *G. Carthaginensis* Jaq.: Guanai 2000′ (dieselbe Art wie Spruce No. 3900: *G. lanceolata* DC); *Triumfetta rhomboidea:* Guanai, 2000′; *T. abutiloides* (?): Mapiri, 2500′; *T. althaeoides:* Reis, 1500′; *T. semitriloba:* Guanai, 2000′, Yungas, 6000′, Mapiri, 2500–5000′; *Heliocarpus Americanus:* Guanai, 2000′, Beni River; *Corchorus hirtus:* Guanai, 2000′; *Luhea uniflora:* Madeira-Fälle; *L. speciosa:* Yungas, 4000′; *L. paniculata:* Eb.; *L. nobilis:* Guanai, 2000′; *Muntingia Calabara:* Beni; *Apioba Tibourba:* Beni, Madeira-Fälle; *A. aspera:* Mapiri, 2500′; *Prookia Crucis:* Yungas, 6000′; *P. completa*: Guanai, 2000′; *Hasseltia laxiflora:* Madeira-Fälle, Bras.; *Vallea stipularis:* Unduavi, 8000′; *Sloanea obtusa* (?): Vereinigung von Beni und Madre de Dios; *Tricuspidaria dependens:* Valparaiso, Chile; *Erythroxylon Coca:* Vereinigung von Beni und Madre de Dios, Yungas, 6000′, Mapiri, 5000′; *E. anguifugum:* Vereinigung von Beni und Madre de Dios; *E. macrophyllum:* Mapiri, 5000′; *Byrsonima crassifolia:* Yungas, 4000′, Guanai, 2000′; *B. laevigata:* Mapiri, 2500′; *B. variabilis* (?); Beni; *Bunchosia Lindeniana:* Guanai, 2000′; *Heteropteris trichanthera:* Guanai, 2000′; *H. macrostachys:* Mapiri, 2500′; *H. anoptera:* Yungas, 6000′; *Bounisterea argentea*: Mapiri, 5000′; *B. Gardneriana:* Yungas, 4000—6000′; *B. oxyclada:* Vereinigung von Beni und Madre de Dios; *B. Spruceana:* Yungas, 6000′; *Tetrapterys papyracea:* Guanai, 2000′; *Hiraea Jussieana:* Guanai, 2000′; *H. Riedleyana;* Guanai, 2000′; *Tribulus maximus:* Yungas, 6000′; *Geranium dissectum:* Valparaiso, Chile; *G. Carolinianum:* La Paz, 10000′, Sorata, 10000′; *G. diffusum:* Sorata, 10000—13000′; *Tropaeolum Smithii:* La Paz, 10000′; *Hypseocharis pimpinellifolia:* Sorata, 8000′; *Oxalis corniculata:* La Paz, 10000′, Valparaiso *(O. repens); O. microcarpa:* Mapiri, 2500′; *O. Barrelieri*: Guanai, 2000′; *O. pubescens:* La Paz, 10000′ (eine Varietät von Yungas, 6000′); *O. scandens:* Unduavi, 8000′, Sorata, 8000′; *O. medicaginea:* Unduavi, 8000′; *O. lobata:* Valparaiso, Chile; *O. violacea:* Sorata, 8000′, Yungas; *O. dendroides:* Mapiri, 2500—10000′; *Erytrochiton Brasiliensis:* Guanai, 2000′; *Esenbeckia alata:* Madeira-Fälle, Bras.; *Dictyoloma Peruvianum:* Guanai, 2000′; *Picromnia Sellowii:* Reis, 1500′; *P. Spruceana:* Vereinigung von Beni und Madre de Dios; *Ouratea acuminata* Engl. *(Gomphia acuminata* DC.*)*: Madeira-Fälle, Brasilien; *Ou. inundata* (Spruce) Engl. var. *erythrocalyx* (Spruce) Engl. (?): Eb.; *Protium unifoliatum:* Madeira-Fälle, Brasilien; *P. pubescens:* Vereinigung von Beni und Madre de Dios; *P. Guianense*: Guanai, 2000′; *Quareo trichilioides* L. *(Sycocarpus Rusbyi* Britten*)*: Eb. und Vereinigung von Beni und Madre de Dios; *Moschoxylon propinquum:* Guanai, 2000′; *Maytenus uliginosus:* Tacna, Chile; *M. Chilensis:* Valparaiso, Chile; *Rhamnus polymorpha:* Yungas, 6000′, Mapiri, 2500′; *Gouania tomentosa:* Mapiri, 2500′, Guanai, 2000′; *G. sepiaria:* Mapiri, 2500′; *Vitis sicioides:* Mapiri (Varietäten am Beni); *V. trifoliata:* Mapiri, 5000′; *Urvillea laevis:* Guanai, 2000′; *Serjania confertiflora:* Guanai, 2000′; *S. Caracasana*: Eb., Beni; *S. erecta:* Guanai, 2000′; *S. glabrata:* Madeira-Fälle, Brasilien; *S. celmatidifolia* (?): Mapiri, 2500′; *S. rubicaulis:* Vereinigung von Beni und Madre de Dios; *S. rufa:* Reis, 1500′, Guanai, 2000′; *Cardiospermum Helicacabum:* Reis, 1500′; *Paullinia riparia:* Guanai, 2000′; *P. pinnata*: Madeira-Fälle, Brasilien und Reis, Bolivia; *P. acutangula:* Guanai, 2000′; *P. Weinmanniaefolia:* Reis, 1500′; *Schmidelia laevis:* Eb.; *Sch. laevigata* (?): Madeira-Fälle, Brasilien; *Capunia scrobiculata:* Vereinigung von Beni und Madre de Dios; *Matayba scrobiculata:* Reis, 1500′; *Talisca esculenta* Radlk.

(*Sapindus esculentus* Camb.): Beni; *T. cerasina:* Madeira-Fälle, Brasilien; *Dodonaea viscosa:* La Paz, 10000′, Yungas, 4000′; *Anacardium occidentale:* Vereinigung von Beni und Madre de Dios; *Schinus molle:* Valparaiso, Chile; *Duvana dependens:* La Paz, 10000′; *Spondias lutea:* Madeira-Fälle, Brasilien; *Rourea cuspidata:* Mapiri, 2500′; *Connarus fulvus:* Eb.; *Crotalaria Pohliana:* Eb., 5000′; *C. incana:* Madeira-Fälle, Yungas, 6000′, Guanai, 2000′ (var. *grandiflora:* Sorata, 10000′); *C. anagyrioides:* Yungas, 4000′; *C. brachystachya:* Madeira-Fälle; *Lupinus humifusus:* Sorata, 13000′; *L. Bogotensis:* La Paz, 10000′, auch Neu-Granada; *Spartium junceum:* La Paz, 10000′ (aus der Cultur entschlüpft); *Medicago denticulata:* La Paz, 10000′; *M. lupulina:* Eb.; *Melilotus Indica:* Eb.; *Trifolium amabile:* Eb.; *Psoralea Mutisii:* Eb.; *P. glandulosa:* Valparaiso; *Indigofera lespedezoides:* Reis, 1500′; *Barbiera polyphylla:* Guanai, 2000′; *Tephrosia leptostachya:* Unduavi, 8000′; *T. toxicaria:* Mapiri, 5000′; *Cracca ochrolenca:* Yungas, 6000′; *Astragalus uniflorus:* Sorata, 13000′; *Chaetocalyx Brasiliensis:* Guanai, 2000′; *Amicia Lobbiana:* Sorata, 10000′; *Aeschynomene sensitiva:* Madeira-Fälle, Brasilien; *Ae. Hystrix:* Eb.; *Ae. falcata:* Guanai, 2000′; *Ae. Brasiliana:* Sorata, 10000′; *Adesmia microphylla:* Valparaiso, Chile; *A. Miroflorensis:* La Paz, 10000′; *Stylosanthes Guianensis:* Eb.; Guanai, 2000′; *Zornia diphylla:* Guanai, 2000′ (var. *latifolia:* Unduavi, 8000′); *Desmodium cajanifolium:* Guanai, 2000′, Mapiri, 5000′, Reis, 1500′, Yungas, 6000′; *D. axillare:* Madeira-Fälle, Mapiri, 5000′; *D. albiflorum:* Yungas, 6000′; *D. molliculum:* Sorata, 10000′; *D. adscendens:* Mapiri, 5000′; *D. sclerophyllum:* Reis, 1500′; *D. barbatum:* Eb.; *Vicia sativa* var. *angustifolia:* La Paz, 10000′; *V. graminea:* Sorata, 10000′; *Lathyrus pubescens:* Eb.; *Faba vulgaris:* Yungas, 4000′ (cultivirt); *Centrosema Plumieri:* Guanai, 2000′; *C. pubescens:* Reis, 1500; *C. Virginianum:* Yungas, 6000′; *C. hastatum:* Guanai, 2000′; *Clitoria Poitaei:* Eb.; *Cologania ovalifolia:* Sorata, 10000′; *Teramnus uncinatus:* Reis, 1500′; *Calopogonium caeruleum* (Benth.) (= *Stenolobium caerulenm* Benth.): Guanai, 2000′; *Galactia tenuiflora:* Eb.; *G. speciosa* (DC.) (= *Collaea speciosa* DC.): Yungas, 6000′, Unduavi, 8000′; *Cratylia floribunda:* Beni; *Canavalia ensiformis:* Mapiri, 5000′: Guanai, 2000′; *Dioclea lasiocarpa:* Eb.; *D. reflexa:* Unduavi, 8000′; *Phaseolus ovatus:* Vereinigung von Beni und Madre de Dios; *Ph. campestris:* Guanai, 2000′; *Ph. erythroloma:* Unduavi, 8000′; *Ph. peduncularis:* Vereinigung von Beni und Madre de Dios; *Pachyrhizus bulbosus* (L.) (= *Dolichos bulbosus* L. = *P. angulatus* Rich.): Beni; *Cajanus Indicus:* Mapiri, 5000′; *Dalbergia frutescens* Vell. = *Pterocarpos frutescens* Vell. = *D. variabilis* Vogel): Guanai, 2000′; *Machaerium angustifolium:* Guanai, 2000′, Yungas, 4000′; *M. sordidum (?):* Guanai, 2000′; *M. acuminatum:* Guanai, 2000′; *Pterocarpus Rohrii:* Madeira-Fälle; *P. violacens:* Vereinigung von Beni und Madre de Dios; *Derris Negrensis:* Reis, 1500′; *Andira inermis:* Madeira-Fälle, Brasilien; *Sophora macrocarpa:* Unduavi, 8000′; *Tounatea arborescens* (Aubl.) (= *Possira arborescens* Aubl. = *Rittera triphylla* Sw. = *Swartzia triphylla* Willd.): Vereinigung von Beni und Madre de Dios; *T. fugax* (Spruce) (= *Swartzia fugax* Spruce): Guanai, 2000′; *Caesalpinia pectinata:* Tacna, Chile; *Cassia bacillaris:* Reis, 1500′; *C. affinis:* Yungas, 6000′; *C. bicapsularis:* Mapiri, 2500′; *C. occidentalis:* Reis, 1500′; *C. trachypus:* Mapiri, 2500′; *C. atomaria:* La Paz, 10000′; *C. leiophylla* var. (?) *pubescens:* Guanai, 2000′; *C. emarginata:* Valparaiso, Chile; *C. tomentosa:* La Paz, 10000′, Yungas, 6000′; *C. latiopetiolata:* Tacna, Chile, La Paz, 10000′; *C. pilifera:* Mapiri, 5000′; *C. Chamaecrista:* Guanai, 2000′; *Bauhinia longifolia:* Madeira-Fälle, Brasilien; *B. inermis:* Reis, 1500′; *B. splendens:* Madeira-Fälle, Brasilien; *B. Langsdorfiana:* Guanai, 2000′; *Copaifera Langsdorfii:* Madeira-Fälle, Brasilien; *Piptadenia communis:* Guanai, 2000′; *P. colubrina:* Yungas, 6000′, Guanai, 2000′; *Mimosa albida:* Guanai, 2000′, Yungas, 4000′; *M. floribunda:* Madeira-Fälle, Brasilien; *M. asperata:* Eb. und Guanai, 2000′; *M. rufescens:* Mapiri, 2500′; *M. Boliviana:* Yungas, 6000′, Guanai, 2000′; *M. Soratensis:* Sorata, 10000′; *Acacia Cavenia:* Valparaiso, Chile; *A. Farnesiana:* Sorata, 8000′; *A. lutea* (Mill.) = *Mimosa lutea* Mill. (= *A. macracantha* Humb. et Bonpl.): Vereinigung von Beni und Madre de Dios; *Pithecolobium latifolium:* Eb.; *P. trapezifolium:* Guanai, 2000′; *P. Saman:* Yungas, 6000′; *P. divaricatum* Benth.: Vereinigung von Beni und Madre de Dios.

4. Antarktisches Florenreich.

(Antarktische Inseln und pacifisch-patagonische Küste s. von 40° s. Br.)

(R. 286—289.)

286. **Guppy, H. E.** Flora of the antarctic islands. (Nature, XXXVIII, 1888, p. 40.)

Verf. betont den Einfluss der Captauben auf die Verbreitung von Samen in den antarktischen Meeren, da dieselben in der Richtung von O. nach W. 5000 englische Meilen einem Schiffe folgen, also leicht von Tristan d'Acunha nach Amsterdam Samen verschleppen könnten. Er hält eine Theilung der antarktischen Inseln in zwei parallele Zonen für angebracht, nämlich

1. von 37—40° südl. Br. (Tristan d'Acunha, Amsterdam, St. Paul),
2. von 47—55° südl. Br. (Feuerland, Crozets, Kerguelen, Macquarie etc.)

Er hält diese Inseln für ursprünglich insular, durch Vögel u. a. mit Pflanzen besiedelt, eine gleiche Annahme hält er für die westpacifischen Inseln für richtig (vgl. auch R. 613).

287. **Hemsley, W. B.** Dissemination of Plants by Birds. (Nature, XXXVIII, 1888, p. 53.)

Verf. stimmt der im vorigen Ref. ausgesprochenen Ansicht betreffs der Thätigkeit der Vögel bei Verbreitung der Pflanze bei. Dagegen glaubt er ein endemisches Element für diese Inselgruppen annehmen zu müssen. Das bekannteste Beispiel dafür ist *Pringlea antiscorbutica,* die eine der gemeinsten Pflanzen von den Prinz Eduard Inseln bis zur Macdonald-Gruppe ist und doch ihre nächsten Verwandten in *Cochlearia* der nördlichen Erdhälfte hat. Ferner gehört dazu *Lyallia kerguelensis*, die auf die Kerguelen beschränkt scheint, aber der andinen Gattung *Pycnophyllum* und der nordamerikanischen *Cordia* nahe steht.

288. **A. Franchet** (289) bespricht ausführlich die Vegetation an der Magelhaenstrasse. Neben einigen neuen Arten (vgl. R. 289) verdienen *Primula farinosa* und *Uncinia microglochia* ihrer interessanten Verbreitung wegen hervorgehoben zu werden, da beide in dem behandelten Gebiete vorkommen, während sie sonst meist auf die nördliche Erdhälfte beschränkt sind. (Ueber letztere vgl. Bot. J., XVI, 1888, 2., p. 69ff., R. 100.)

289. **Hariot, P., Petit, P., Muller d'Argovie, J., Bescherelle, E., Massalongo, C.** et **Franchet, A.** Mission scientifique du Cap Horn. 1882—1883. (T. S. Botanique. Paris, 1889. 400 p., 2 K., 33 Taf.)

Verf. bearbeitete die Ausbeute an Gefässkryptogamen und Phanerogamen, die auf der 1882—1883 unternommenen Expedition der Fregatte Romanche nach dem Cap Horn gemacht worden war. (p. 313 ff. des im Titel genannten Bandes.) Verf. zählt 193 Phanerogamen (132 Dicotylen, 59 Monocotylen, *Libocedrus tetragona* Endl. und *Lepidothamnus Fonki* Philippi), 2 Varietäten von *Lycopodium clavatum* L., *Isoetes Savatieri* Franch. und 21 Farne auf. Unter den 51 phanerogamen Familien sind am besten vertreten die Compositen mit 38, die Gramineen mit 28, die Cyperaceen mit 15, die Ranunculaceen mit 10, die Rosaceen, die Scrophularieen und die Umbelliferen mit je 6 Arten. Neu sind folgende: p. 320 *Ranunculus Savatieri,* verwandt *R. chilensis* DC. Magelhaenstrasse. p. 344 *Lagenophora Harioti* = *L. Commersonii* Hariot non Cassini, nicht mit *L. Commersonii*, sondern vielmehr mit *L. Forsteri* DC. verwandt. Clarence-Insel. p. 345 *Cotula Hombroni*, verw. *C. scariosa*, Magelhaenstrasse. p. 348, T. 2 *Senecio Hyadesii*, Picton-Insel. p. 349, T. 3 *Leuceria Hahnii*, Beagle-Canal. p. 366 *Chloraea Bugainvilleana* (zweifellos Druckfehler, anstatt *Bougainvilleana*. Ref.), Bougainville-Bai, Blüthen sehr ähnlich denen von *Ch. magellanica* Hook. f. p. 375 *Elynanthus sodalium* = *Schoenus sodalium* Hariot, Orange-Bai. p. 376, T. 5 *Carex urolepis*, verw. *C. Darwinii* Boott, Patagonien. p. 376, T. 6 *C. incompta*, gleichfalls *C. Darwinii* nahe stehend, Magellhaenenge. p. 379, T. 7 A. *Uncinia macrotricha*, Patagonien. p. 379, T. 7 B. *U. cylindrica*, Archipel der Mère-de-Dieu. p. 382, T. 11 *Agrostis airoides*, verw. *A. inconspicua* Kunze, Magellaen. p. 384 *Aira aciphylla*, verw. *A. parvula* Hook., Patagonien; nebst var. *pumila*, Eb. p. 384, T. 9 *Trisetum Dozei*, ähnlich *Aira Kingii* Hook., Patagonien. p. 385 *Poa Commersoni*, sehr ähnlich *Agrostis antarctica* Hook., Duclos-Bai. p. 387 *Festuca pogonantha*, verw. *F. fuegiana* Hook., Patagonien. p. 388 T. 8 C. *F. Commersonii*, Magelhaenstrasse. Matzdorff.

5. Andines Florenreich.

(Argentina, Chile [einshl. Juan Fernandez] und tropische Anden s. vom Aequator [einschl. Galapagos-Inseln].) (R. 290—305.)

Vgl. auch R. 12 (Auf einzelne Gipfel der Anden beschränkte Arten), 173 (Weizenbau in Chile), 285 (Neue Standorte).

290. **Caruel, T.** Contribuzione alla flora delle Galapagos. (Rendiconti della R. Academia dei Lincei V, fasc. 9, 1889.) (Cit. u. ref. nach Journal de botanique III, 1889, revue bibliogr., p. LXI—LXII.)

Verf. bespricht die Flora der Galapagos-Inseln, die 1847 von J. D. Hooker in den „Transactions of the Linnean Society" und 1857 von N. J. Andersson in den Abhandlungen der Stockholmer Akademie beschrieben ist. Die Zahl der Arten beläuft sich jetzt auf 414—425. Die Flora ist ihrem Wesen nach amerikanisch (nur *Paspalum scrobiculatum* ist bisher nicht anderswoher aus Amerika bekannt), sie ist ausgezeichnet durch starken Endemismus; oft sind die Arten auf eine oder wenige Inseln beschränkt.

291. **Kerfyser, Ed** Le bois dans l'Argentine. Insuffisance de bois. Product. rapide et avantageuse par l'Eucalyptus. Élément de colonisation. Bruxelles (Polleunis et Co.), 1889. 12 p. 8°.

292. **Müller, K.** Fortschritte in der Erkenntniss der Pampasformation. (Natur, 1889, p. 597—600.)

293. **Morong, Th.** First Glimpses of South American Vegetation. (B. Torr. B. C., XVI, 1889, p. 43—49.)

Verf. beobachtete bei Buenos-Ayres in Teichen und an deren Rändern massenhaft: *Sagittaria Montevidensis*, *Acicarpha tribuloides* (mit Köpfen weisser Blüthen auf einem dornigen Involucrum), *Spergula grandiflora*, *Cerastium Commersonianum* (*C. humifusum* Camb.), *Lepidium pubescens*, *Senecio Hualtata*, *Ranunculus (Aphanostema) apiifolius*, *R. muricatus*, *Medicago denticulata*, *Capsella Bursa pastoris*, *Sonchus oleraceus*, *Conium maculatum* und *Rumex pulcher*. Auf bebautem Boden fand sich als Unkraut *Brassica (Sinapis) alba*. Weiter beobachtete Verf. u. a. *Tropaeolum chymocarpum* (*T. pentaphyllum* L.), *Tradescantia Guayanensis*, *Cestrum Parquii*, *Hymeranthus Yaborosa (H. integrifolia)*, *Solanum nigrum* var., *S. spinosissimum*, *S. boerhaaviaefolium*, *Urtica spathulata*.

Bei der Stadt La Plata, 20 Meilen südlich von Buenos Ayres, sah Verf. wild in einem Garten *Erigeron Bonariense*, *Gnaphalium Americanum*, *Soliva anthemiifolia*, *S. sessilis*, *Malva parviflora*, *Heliosciadium leptophyllum* und *Bromus unioloides*. Aus dem N von Argentinien nennt Verf. *Duvana longifolia*, *Tillandsia bicolor*, *Carica (Vasconella) quercifolia* und *Buddleia hebiflora*.

Cultivirt fanden sich u. a. *Robinia pseudacacia*, *Acacia Bonariensis*, *Melia Azedarach*, *Tamarix Africana* und *Nicotiana glauca*.

294. **Philippi, R. A.** Aus Chile. (G. Fl., XXXVIII, 1889, p. 88—90.)

Der grösste Theil des Araucanerlandes ist eben wie ein Tisch, der Untergrund besteht aus Geröll und ist mit Ackerkrume von durchschnittlich 1 m Tiefe bedeckt. Nur der nördlichste Theil ist grösstentheils Sand, selbst mit kleinen Dünen. Abgesehen von diesem Theil ist das Land schön; grössere oder kleinere Waldwiesen, auf denen weitläufig unseren Eichen im Wuchs ähnliche *Fagus obliqua* stehen, wechseln mit meilenlangen Weizenfeldern und Brachäckern und mit kleinen dichteren und mit Unterholz versehenen Wäldchen ab. Wo das Land durch Flüsse und Bäche eingeschnitten, ist dichterer und durch Schlingpflanzen fast undurchdringlicher Wald. Die hohen Berge tragen über dem Waldsaum ewigen Schnee. Der Boden ist fruchtbar, der Weizen trägt 20fältig (10fältig bei schlechter Ernte). Gerste soll sich zum Anbau schlecht eignen, *Phaseolus* leidet durch Nachtfröste, Mais wird wenig gebaut.

Südöstlich von Traiguen fand Verf. *Avena hirsuta* aus Südeuropa so massenhaft, dass auf grossen Strecken kaum eine andere Pflanze dazwischen wuchs. In Valdivia ist stellenweise *Hypochoeris radicata* zur Landplage geworden, sie unterdrückt zwei andere Landplagen *Rumex Acetosella* und *Brunella vulgaris*, wird aber wieder durch *Trifolium repens* unterdrückt, das sich immer mehr ausbreitet.

295. **Philippi, R. A.** Ueber einige chilenische Pflanzengattungen. (Ber. D. B. G., VII, 1889, p. 115—119)

Verf. bespricht folgende chilenische Pflanzen: *Tribeles australis*, *Epipetrum* (= *Dioscorea pusilla* Hook.?), *Solaria miersioides*, *Lenzia chamaepitys* und *Geanthus humilis*.

296. **Pax, F.** (294) giebt nach Berichtigung einiger Bestimmungen in Grisebach's „Symbolae ad Floram Argentinam" eine Aufzählung aller aus Argentina bekanuter *Amaryllidaceae*, nämlich folgender 39 Arten (nebst Angaben über Verbreitung):

Zephyranthes mesochloa, *Z. entreriana*, *Z. Commersoniana*, *Z. longistyla*, *Z. minima*, *Z. candida*, *Z. Hieronymi*, *Z. robusta*, *Z. mendocensis*, *Z. gracilifolia*, *Z. Andersoni*, *Z. coerulea*, *Crinum argentinum*, *Hymenocallis Niederleinii*, *Hieronymiella didanthoides* Pax (= *Clidanthus fragrans* Gris.), *Eustephia argentina*, *Eu. marginata*, *Hippeastrum tubispathum*, *H. pallidum* (Herb.) Pax (= *Habranthus pallidus* Lodel), *H. bifidum* (Herb.) Bak. (= *Habranthus bifidus* Herb.), *H. petiolatum*, *H. Jamesoni*, *H. gladioloides*, *H. angustifolium*, *H. rutilum*, *H. aulicum*, *H. ambiguum*, *Bomarea macrocephala* Pax (= *Collania involucrata*), *B. stricta*, *B. rosea*, *B. purpurea* Herb. (= *Alstroemeria purpurea* R. et Pav.), *B. edulis*, *Alstroemeria apertiflora*, *A. Bakeri* Pax (= *A. peregrina* Griseb. Symb.), *A. inodora*, *A. rosea*, *A. spathulata*, *Schickendantzia Hieronymi* und *Hypoxis decumbens*.

297. **Klatt, F. W.** (323) nennt noch Bestimmungen aus Herbarien: *Baccharis Quitensi aff.* (Lübecker Herbar Spruce 5829) = *B. hambatensis* H.B.K. (Anden von Ecuador), *B. alaternoides* H.B.K. (Spruce 5026, von ebenda) = *B. obtusifolia* H.B.K., *B. odorata* H.B.K. (Spruce 5828, von ebenda) = *B. tridentata* Vahl, *Werneria Lechleri* Schultz Bip. (Lechler 2803, von St. Gavar in Peru) = *Pipterocarpha asterotrichia* Baker. Ausführlich beschrieben werden *Baccharis pulchella* Schultz Bip. und *B. Mandonii* Schultz Bip. aus der Nähe des Sorate, sowie *Tagetes Mandonii* Schultz Bip. von ebenda.

298. **Castillo, Drake del.** Contribution à la flore de l'Amérique. (Journal de botanique, III, 1889, p. 73—77, 237—240.) (Vgl. R. 300.)

Verf. bespricht aus einer Sammlung von Pflanzen aus den Anden von Loja und Huacopamba (auf der Grenze von Ecuador und Peru) die *Ericaceae* und *Campanulaceae*, welche Familien für jene Gegend besonders charakteristisch zu sein scheinen. Ausser einigen neuen Arten (vgl. R. 300) werden namhaft gemacht:

Macleania Salapa Bth. Hook. (*Ceratostemma Salapa* Bth. = *Tyria Salapa* Klotzsch), *Psammisia penduliflora* Kl. (= *Thibaudia penduliflora* DC.), *Oreanthes buxifolius*, *Cavendishia melastomoides* Bth. Hook. (= *Thibaudia melastomoides* K.B.K. = *Proclesia melastomoides* Klotzsch.), *Thibaudia floribunda*, *Vaccinium Mortinia*, *Gaultheria reticulata*, *G. loxensis*, *Befaria grandiflora* und *Centropogon erianthus* Bth. Hook. (= *Siphocampylos erianthus* Bth.).

299. **Pax, F.** Beiträge zur Kenntniss der Amaryllidaceae. (Engl. J., XI, 1889, p. 318—337.) (Vgl. R. 296.)

Verf. beschreibt folgende neue *Amaryllidaceae*: *Zephyranthes longistyla* (Argentina), *Z. Hieronymi* (Uruguay), *Crocopsis fulgens* n. sp. gen. nov. (Peru), *Crinum argentinum* (Argentina), *Hymenocallis Niederleinii* (Eb.), *Hieronymiella clidanthoides* n. sp. gen. nov. (Eb.), *Eustephia argentina* (Eb.), *Eu. marginata* (Eb.), *Hippeastrum tubispathum* (Eb.), *H. petiolatum* (Eb.), *H. angustifolium* (Eb.), *Bomarea macrocephala* (Eb.), *B. Hieronymi* (Columbia), *B. stricta* (Argentina), *B. Stübelii* (Peru), *B. lutea* var. *polyantha* (Columbia), *B. glaberrima* (Eb.), *Alstroemeria Bakeri* (Argentina) und *Schickendantzia Hieronymi* n. sp. gen. nov. (Eb.).

300. **Castillo, Drake del** (298) beschreibt folgende neue Arten aus den Anden von Ecuador:

Macleania Poortmanni, Orthaea abbreviata, Ceratostemma Andreanum, Vaccinium escallonioides, Befaria decora, Centropogon erythraeus, C. gracilis, C. reticulatus, C. capitatus, C. gesneraeformis, C. hirtiflorus und *C. pallidus.*

301. **Baker, J. G.** (118). Neue Amaryllideen des argentinischen Pampasgebietes: p. 35 *Zephyranthes (Zephyrites) robusta* Baker, = *Habranthus robusta* Herb., Buenos Ayres. *Z. (Z.) versicolor* Baker, = *Habranthus versicolor* Herbert. Maldonado. p. 36 *Z. (Z.) mendocensis* Baker, Provinz Mendoza in Argentinien. *Z. (Z.) gracilifolia* Baker = *Habranthus gracilifolia* Herb., Maldonado, Monte Video. p. 37 *Z. (Z) Andersoni* Baker = *Habranthus Andersoni* Herb., Monte Video. *Z. (Z.) caerulea* Baker = *Amaryllis caerulea* Griseb., Concepcion. p. 42 *Hippeastrum (Habranthus) brachyandrum* Baker, am Parana. Matzdorff.

302. **Baker, J. G.** (118) beschreibt als neue Amaryllideen und Alstroemerieen aus dem Andengebiet: p. 37 *Zephyranthes (Pyrolirion) aurea* Baker = *Pyr. aureum* Herb., Peru. *Z. (P.) flava* Baker = *Pyr. flavum* Herb., eb. *Z. (P.) flammea* Baker = *Amaryllis flammea* Ruiz et Pavon., eb. p. 38 *Z. (P.) albicans* Baker = *Pyr. alb.* Herb., Peru. *Z. (P.) boliviensis* Baker, Anden von Bolivia, 8—9000′. p. 42 *Hippeastrum Habranthus) soratense* Baker, eb. p. 49 *H. (Aschamia) scopulorum* Baker, eb., verw. *H. Reginae* Herb. und *H. miniatum* Herb. *H. (A.) Mandoni* Baker, eb., steht zwischen *H. Reginae* und *H. aulicum*, vielleicht = *H. Warszewiczianum* A. Dietr. p. 105 *Stricklandia eucrosioides* Baker = *Leperiza eucr.* Baker, Ecuador. p. 112. *Calliphruvia tenera* Baker, Neu-Granada. p. 115 *Stenomesson coccineum* Herb. var. *breviflorum* Herb., Peru. p. 128 *Hymenocallis (Ismene) deflexa* Baker = *Ism. defl.* Herb., Peru. p. 143 *Bomarea (Sphaerine) phyllostachya* Masters, Columbien. p. 145 *B. (Sph.) recurva* Baker, Peru. p. 147 *B. (Wichuraea) glaucescens* Baker var. *dulcis* Baker = *Alstroemeria dulcis* Hook. und var. *puberula* Baker = *Collania pub.* Herb., Ecuador, Bolivia, Peru, bis 14000′. p. 149 *Bom. stenopetala* Baker, Neu-Granada. p. 150 *B. crassifolia* Baker, verw. *B. fimbriata* Herb., eb. p. 154 *B. parvifolia* Baker, Peru. p. 155 *B. Herbertiana* Baker = *B. formosissima* Herb. et Benth., Anden von Bogota. p. 157 *B. Patini* Baker, verw. *B. patacocensis* Herb., Neu-Granada. Matzdorff.

303. **Baker, J. G.** (118). Neue Amaryllideen und Alstroemerieen aus dem chilenischen Gebiet: p. 36 *Zephyranthes (Zephyrites) andicola* Baker = *Habranthus and.* Herb., Chile, Antuco. p. 139 *Alstroemeria Volkmanni* Baker, verw. *A. Ligtu* Linn. Prov. Araucanien. p. 140 *Alstr. Philippii* Baker = *Alstr. violacea* Phil. non Fl. Atac., Chile. Matzdorff.

304. **Philippi, R. A.** Drei neue Monocotyledonen. (G. Fl., XXXVIII, 1889, p. 369-371.)

Verf. beschreibt *Latace Volkmanni* n. sp. gen. nov. Liliac. (verw. *Leucocoryne*) aus den Anden von Santa Rosa, ferner *Tillandsia Geissei* n. sp. von Caldera und endlich *Stemmatium narcissoides* n. sp., das zwischen Copiapó und Huako nicht selten ist.

305. **Caruel, T.** beschreibt als neue Arten von den Galapogos-Inseln: *Cyperus galapagensis* (verw. *C. strigosus, insignis* und *densiflorus*) und *Polygonum galapagense.*

6. Neotropisches Florenreich.

(Parana-Gebiet, Amazonas-Gebiet, Magdalena-Orinoko-Gebiet, Westindien [einschl. Florida[1]], Mittelamerika [eischl. Mexico[1]].)

(R. 306—377.)

Vgl. auch R. 12 (Grenzland zwischen Urwald und Savanne), 121 (Cultur in Bolivia), 122 (Nutzpflanzen der alten Peruaner), 190 (Cacaopflanzen Columbicus), 284 (*Rubiaceae* Südamerikas). 285 (Neue Standorte), 299 (Amaryllid.), 516 (Pflanzen Niederkaliforniens).

[1]) Da eine genaue pflanzengeographische Begrenzung oft schwer möglich ist, sollen Florida und Mexico ganz diesem Florenreich zugerechnet werden, soweit nicht Arbeiten sich deutlich ganz auf ein anderes Florenreich beziehen, auch dann wird hierauf verwiesen.

306. **Moewes, F.** Die epiphytische Pflanzenwelt der amerikanischen Tropenwälder. (Humboldt, VIII, 1889, p. 333—336.)

Verf. liefert eine ausführliche Besprechung von Schimper's Arbeit über die Epiphyten der amerikanischen Tropenwälder (vgl. Bot. J., XVI, 1888, 2, p. 118, R. 283). Da das Original Ref. nicht zugängig war, erlaubt er sich einige wenige für die Pflanzengeographie wichtige Ergebnisse nach diesem Bericht mitzutheilen. Schimper unterscheidet 260 Gattungen von Epiphyten aus 34 Familien, davon zählen die *Orchideae* 119, *Bromeliaceae* 18, Farne 18, *Gesneriaceae* 16, *Rubiaceae* 14 und *Ericaceae* 13. Die Zahl der namhaft gemachten *Araceae* (5 Gattungen) ist wahrscheinlich zu gering. Die Epiphyten der Alten und Neuen Welt zeigen systematisch viele Uebereinstimmung. Die Epiphyten müssen sich natürlich aus Erdpflanzen der Tropenwälder entwickelt haben, aber dazu waren nur solche fähig, deren Samen durch Thiere oder durch den Wind auf die Bäume getragen wurden. Es giebt auch Pflanzen, die in dem Humus wachsen, den viele Bromeliaceen in ihren Blattbasen anhäufen, z. B. *Utricularia nelumbifolia.*

Besonders reiche epiphytische Vegetation beherbergt *Crescentia Cajete* wegen ihres dicken weichen Korks. Palmen tragen besonders vielfach epiphytische Farne.

Im ganzen zeigt die epiphytische Vegetation des amerikanischen Tropenwaldes viel Gleichartigkeit in systematischem und physiognomischen Charakter. Ihre Hauptvertreter sind Bromeliaceen, besonders *Tillandsieae,* deren grüne Arten fast ausschliesslich schattige Standorte bewohnen, während die auf der ganzen Oberfläche beschuppten und daher grau oder weiss erscheinenden Arten das Sonnenlicht aufnehmen. Nächst diesen sind die *Aechmea*-Arten am häufigsten, dann *Araceae, Orchideae* und Farne.

Die *Araceae* sind zwar nicht formenreich, aber durch mächtige Dimensionen vorwiegend. Die *Orchideae* sind dagegen formenreich, aber meist klein und unscheinbar, vorherrschend unter ihnen sind *Pleurothallis* und *Epidendron,* jede mit mehr als 400 Arten. Die Dicotylen treten mit Ausnahme von *Clusia* und *Ficus* zurück.

Die Epiphyten der Savannen besitzen meist dicke, lederartige Blätter als Schutz gegen die Trockenheit, doch finden sich solche auch in Wäldern. Sämmtliche Savannenepiphyten gehören Gattungen an, die auch in Wäldern vorkommen, woraus man schliessen kann, dass sie letzteren ursprünglich entstammen. Nur wo der Dampfgehalt der Luft und die Regenmenge gross genug sind, um terrestrischen Gewächsen das Gedeihen auf Bäumen zu gestatten, konnten sich selbständig Epiphyten entwickeln, tropische Hitze ist aber keine Vorbedingung dafür; so finden sich am Ostabhang des Himalaya in 4000—5000′ Höhe Epiphyten an *Rhododendron, Vaccinium, Hedera, Sorbus, Evonymus* u. a., also Gewächse der gemässigten Zone.

Aehnliches ist im antarktischen Amerika, woher 18 Arten Epiphyten Verf. bekannt sind, am merkwürdigsten ist *Luzuriaga* (Liliac.). Auch auf Neuseeland finden sich autochthone Epiphyten (besonders charakteritisch *Astelia* [auch Liliac.]), doch ist dies auch das einzige extratropische Gebiet der nördlichen Erdhälfte mit mehr als 200 m Regenhöhe. Bei geringerer Regenmenge findet man nirgends autochthone Epiphyten, wohl aber aus feuchteren Gebieten eingewanderte. So haben sich einzelne Epiphyten der amerikanischen Tropen, soweit sie in der obersten Etage des tropischen Urwaldes xerophil geworden, auch in die Savannen und gar ausserhalb der Wendekreise bis nach Argentinien und zur südlichen Union verbreitet.

307. Flora Bras. Fasc. 104, 105.

308. **Warming, Eug.** Annotationes de Caricaceis, Rubiaceis, Sterculiaceis, Tiliaceis, Bombaceis. (Symbolae ad floram Brasiliae Particula, XXXIII), Vid. Medd., 1889, p. 336—357.

Verf. giebt Zusätze zum Theil biologischen Inhalts zu den genannten von Graf Solms-Laubach und K. Schumann bestimmten Familien. Von *Jacaratia dodecaphylla* A. DC. wird ein Habitusbild in entlaubtem Zustande gegeben. O. G. Petersen.

309. **Seitz.** Im Urwald. (Gaea, 1889, p. 193—197.)

Populäre Schilderung eines brasilianischen Urwalds.

310. **Schenk.** Schilderung des Mangrovewaldes. (Helios, VII, 1889, p. 110—112.)

Beschreibung des brasilianischen Mangrovewaldes.

311. **Rusby, H. H.** Floral features of the Amazon Valley. (Ph. J., vol. 19. London, 1889. p. 868—870, 1053—1056.)

Verf. schildert den botanischen Charakter des Amazonas-Thales. Die eine Region bilden die weiten Wälder im Grunde desselben, die andere die Abhänge der Berge, die es auf drei Seiten umgeben. Verf. giebt eine Anzahl Bilder der verschiedenen Oertlichkeiten und berücksichtigt namentlich Cultur- und Handelsgewächse. Matzdorff.

312. Die **Kokospalme** (Cocos nucifera L.). (Mit Abbildung.) (Natur, 1889, p. 420—421, 431—432.)

313. Die brasilianische **Kohlpalme**. (Natur, 1889, p. 484.) *Euterpe oleracea.*

314. **Rusby, H. H.** Floral Features of the Amazon Valley. (New England Druggist 1889, p. 14—19.) (Cit. nach B. Torr. B. C., XVI, 1889, p. 201.)

315. **Morong, Th.** Paraguay and its flora. (Bot. G., XIV, 1889, p. 222—227.)

Verf. bespricht die Flora von Paraguay. Die gemeinste Palme ist *Cocos australis*, häufig sind auch *C. sclerocarpa* und *Livistona (?)*, sowie *Copernicia cerifera*. Gut entwickelt findet sich *Ricinus communis*. Auch Cacteen und Agaven kommen vor, Yuccas sind zahlreich. Dagegen fehlen ganz in Paraguay die Kiefern, Eichen, Eschen, Schierlingstannen, Sprossenfichten, Walnüsse und Pappeln, aber es finden sich andere werthvolle Bäume wie „Quebracho colorado", *Enterolobium timbosa, Cedrela Brasiliensis* u. a.

316. **André, E.** Bromeliaceae Andreanae. — Histoire et description des Broméliacées dans la Colombie, l'Ecuador et le Venézuéla (in 4⁰. XII, 118 p., 40 pl. Paris, 1889). (Cit. u. ref. nach Journal de botanique, III, 1889, Revue bibliogr. p. LXXXV—LXXXVII.)

Verf. beschreibt aus Columbia, Ecuador und Venezuela *Bromeliaceae* und zwar aus folgenden Gattungen (die eingeklammerten Zahlen geben die Zahl der Arten an): *Karatas* (1), *Greigia* (1), *Ananas* (1), *Chevalliera* (1), *Aechmea* (8), *Quesnelia* (1), *Pitcairnia* (22), *Puya* (11), *Sodiroa* (4), *Caraguata* (15), *Guzmania* (2), *Catopsis* (2), *Tillandsia* (57) und *Tecophyllum* (2). (Die letztere Gattung ist neu aufgestellt.) Verf. geht auf die Verbreitung der einzelnen Gattungen näher ein, da Ref. aber die Arbeit im Original nicht zugängig war, kann er nur im Allgemeinen darauf hinweisen.

317. **Lehmann, F. C.** Mittheilungen über Odontoglossum vexillarium. (G. Fl., XXXVIII, 1889, p. 350—353.)

Verf. macht Mittheilungen über *Odontoglossum vexillarium* aus Columbia (u. a. auch genaue Verbreitung), die für die Cultur der Art werthvoll sind.

318. **Maury, P.** Enumération des plantes du Haut-Orénoque. (Journal de botanique III, 1889, p. 157—164, 196—200, 209—212, 260, 266—273.)

Verf. nennt ausser einigen neuen Arten (vgl. R. 356) folgende Arten vom oberen Orinoko:

Manisuris granularis, Andropogon Montufari H.B.K. (*Trachypogon Montufari* Nees, *T. polymorphus* Hack.), *A. contortus, A. leucostachys, A. fastigiatus* Sw. (*Diectomis fastigiata* Beauv.), *A. bicornis* L. (*Anatherum bicorne* Beauv.), *Paspalum papillosum* Spreng. (*Paspalus multiflorus* Poiret), *P. plicatum, P. virgatum, P. stellatum, P. carinatum, P. lanciflorum, P. chrysodactylon* Döll (*P. canescens* Nees), *Panicum chrysodactylon* Trin.), *Helopus punctatus* Nees (*Agrostis punctata* Lam., *Eriochloa punctata* Hamilt.), *Panicum rottboellioides, P. velutinosum, P. Megiston* Schultes (*P. altissimum* Meyer), *P. latifolium* L. (*P. divaricatum* L., *P. glutinosum* Lam., *P. ruscifolium, P. agglutinans* Knuth, *P. cayennense* Lamk. (*P. campestre* Nees), *P. zizanioides* H.B.K. (*P. pseudarizoides* Steud., *P. orizoides* Sw.), *P. petrosum* Trin. (*Tylothrasya petrosa* Döll.), *P. Thrasya* Trin. (*Thrasya paspaloides* H.B.K.), *P. micranthum, P. leucophaeum* H.B.K. (*Trichachne insularis* Nees, *Panicum insulare* Meyer), *Setaria macrostachya* Kth. (*P. setosum* Sw., *P. macrostachyum* Döll), *Olyra latifolia* L. (*O. paniculata* Sw., *O. arundinacea* H.B.K.), *Sporobolus tenacissimus* Beauv. (*Vilfa tenacissima* H.B.K., *Agrostis tenacissimus* Jacq.), *Dactyloctenium mucronatum* Willd. (*D. aegyptiacum* Willd.), *Eragrostis poaeoides* Beauv., *Cyperus amabilis* Vahl (*C. aureus* H.B.K., *C. aurantiacus* H.B.K.), *C. elegans* L. (*C. tolucensis* H.B.K.), *C. Haspan* L. (*C. nudus* H.B.K.), *C. sphacelatus, C. flavus* Bcklr. (*Mariscus flavus* Vahl, *M. confertus* H.B.K.), *Kyllingia odorata, Fimbristylis capillaris* Gray (*Scirpus capillaris*

L., *Isolepis capillaris* Roem., *I. bufonia* H.B.K.), *F. junciformis* Nees (*I. junciformis* H.B.K.), *Eleocharis sulcata* Nees, *Hypolytrum longifolium* Nees, *Dichromena nervosa* Vahl (*D. ciliata* Vahl, *Rhynchospora nervosa* Bcklr.), *D. pubera* Vahl (*D. Humboldtiana* Nees, *Rhynchospora pubera* Bcklr.), *Rh. capitata* Roem. et Schult. (*Chaetospora capitata* H.B.K.), *R. barbata* Kth. var. *glabra* (*Chaet. pterocarpa* H.B.K.), *R. hirsuta* Vahl (*Dichromena hirsuta* Kth., *R. cephalotes, Scleria verticillata* Mühl. (*Sc. tenella* Kth., *Hypoporum tenellum* Nees), *S. bracteata* Cavan. (*S. floribunda* H.B.K., *Macrolomia bracteata* Nees), *Philodice Hoffmannseggii, Paepalanthus Lamarckii* Kth. (*Eriocaulon fasciculatum* Lamk., *E. Lamarckii* Steud., *Paepalanthus Ottonis* Klotzsch), *P. subtilis* Miq. (*P. subulatus* Klotzsch), *P. Humboldtii* Knuth (*Eriocaulon umbellatum* H.B.K.), *P. fertilis* (*P. caulescens* Kth., *P. procerus* Klotzsch), *Eriocaulon Humboldtii, Lophocarpus guyanensis, Pistia Stratiotes γ. obcordata, Caladium picturatum, Dichorisandra Aubletiana, Tinantia Sprucei, Xyris lacerata, Abolboda pulchella, Eichhornia natans β. pauciflora, Smilax maypurensis, Curculigo scorzoneraefolia* Bth. (*Hypoxis scorzoneraefolia* Lamk.), *Barbacenia Alexandrinae* Schomb. (*Vellozia tubiflora* H.B.K., *Radia tubiflora* Rich.), *Cipura paludosa* Aubl. (*C. humilis* et *gracilis* H.B.K.), *Schieckia orinocensis* Meisn. (*Wachendorfia orinocensis* H.B.K.), *Pitcairnia pungens, Maranta arundinacea, Myrosma cannaefolium* L. f. (*Calathea Myrosma* Kcke., *Maranta Myrosma* Dietr., *Thalianthus macropus* Klotzsch), *Heliconia cannoidea, Epidendrum bicornutum, E. Schomburgkii, E. floribundum, Cattleya violacea* H.B.K. (*C. superba* Schomb., *Epidendrum violaceum* Rchb. f.), *Brassavola cucullata, Polystachya luteola* Hook. (*Epidendrum minutum* Aubl., *Dendrobium polystachion* Sw.), *Campylocentron micranthum* Lindl. (*Aeranthus micranthus* Rchb. f.), *Habenaria trifida, H. quadrata, H. Schomburgkii, H. viridiaurea, Burmannia bicolor* Mart. (einschl. *B. quadriflora* Willd. und *B. brachyphylla* Willd.). Nach lebenden Pflanzen wurden noch bestimmt: *Epidendrum variegatum* und *Rückerae, Hexadesmia aurigera* und *Catasetum Bungerotii*, die Verf. an's Museum für Naturkunde geschickt hatte).

319. **Sievers, W.** Die Cordillere von Merida nebst Bemerkungen über das karibische Gebirge. Ergebnisse einer mit Unterstützung der geographischen Gesellschaft zu Hamburg 1884—1885 ausgeführten Reise. (Geogr. Abhandl. Herausgeg. von A. Peuck. Wien, 1888. 238 p. 8⁰.)

In dem 5. Abschnitt des Werkes finden sich ausführliche Angaben über Vegetation und Agricultur. Zunächst wird die verticale Vertheilung der Organismen besprochen. Da jedoch zahlreiche Fehler in diesem Abschnitt von Ernst in Engl. J., XI. Literaturbericht p. 45ff. nachgewiesen sind, mag hier nur auf dies Ref., sowie auf ein anderes im Bot. C., XLII, p. 278ff. verwiesen werden. Dagegen mag die horizontale Verbreitung ausführlicher besprochen werden, die Ernst selbst in jenem Ref. als einen „höchst wichtigen Beitrag zur Pflanzengeographie Venezuelas" bezeichnet. Verf. unterscheidet folgende Regionen:

1. Der Palmengürtel umspannt wesentlich die Ränder der Cordillere, besonders den Nordrand mit dichtem Wald. In der Cordillere selbst steigt er auf dem Nordabhang ununterbrochen auf mit undurchdringlichem Dickicht. Wie diese Zone von O nach W an Breite zunimmt, so auch an Dichtigkeit. Völlig unmerklich geht sie aber in die Region der Baumfarren über, so dass nirgends eine Trennungslinie zu ziehen möglich ist. Auch am Südabhang ist dichter Wald, doch steht dieser nicht mit dem Tieflandswald in unmittelbarem Zusammenhang. Es werden dort die Waldbestände durch Llanos getrennt. Je weiter man aber nach SW fortschreitet, desto dichter werden die Wälder, was vielleicht auf den Einfluss des Passats zurückzuführen ist; der Südabhang des Karibischen Gebirges ist waldarm, wahrscheinlich, weil der Passat nördlich von 9⁰ n. Br. kaum noch seine Niederschläge absetzen kann, andererseits aber das Gebirge hier nicht mehr so hoch aufsteigt und daher nicht mehr so Wasserdampf ausscheidet, wie in der westlichen Cordillere.

2. Die Cacteen-Vegetation findet sich namentlich an den Rändern im O und W, welche im Regenschatten liegen. In der centralen Cordillere ist vor allem das mittlere Chama-Thal von Ejido abwärts mit dieser öden Vegetation bedeckt. Auch im Karibischen Gebirge ist die Cactus-Vegetation sehr ausgedehnt und überzieht z. B. die sandigen Strecken der Küste.

2. Farren- und Cinchonenwald bilden in den inneren Ketten meist gemeinsam einen Gegensatz gegen den tieferen Wald einerseits, die Ackerbaudistricte andererseits und endlich auch gegen die Páramos. Wo dagegen, wie am Nordabhang das Gebirge unmittelbar aus der Ebene schroff aufsteigt, schliessen sich Farn- und Cinchonenwald derart an den Palmenwald an, dass keine Grenze zu ziehen möglich ist. Dies geschieht aber nur am Nordabhang und an der trujillanischen Kette des Südabhanges. Gegen O ist die Sierra Nevada selbst bis zur Höhe von fast 3000 m mit diesen Wäldern bedeckt. Dort erblickt man besonders den Unterschied der Vegetationsstufen, die im Allgemeinen hier höher liegen als an den übrigen Ketten. Oberhalb Mérida, das selbst schon in die Region der Baumfarn gehört, folgt zunächst eine Zone waldlosen, verwitterten Bodens, dann die Farren und Cinchonen. Im Chama-Thal beginnen an der Südseite die Wälder erst in 1800 m Höhe, an der Nordseite sind sie überhaupt spärlich, da der nördliche Hang desselben im Regenschatten liegt, finden sie sich erst in grösserer Ausdehnung von 2500 m an. Auch die Südseite der Kette von Tovar-Bailadores ist fast waldlos. Im Karibischen Gebirge finden sich Hochwälder eigentlich nur an der nördlichen Hauptkette, und zwar vor allem auf der Nordseite. Ueberall zeigt sich grösste Abhängigkeit der Wälder von der Regenmenge.

Die Paramoregion umfasst die vier oberhalb der Baumgrenze liegenden Vegetationsstufen der Befarien, Gräser, Alpenkräuter und Espeletia, die einen scharfen Gegensatz gegen die Waldgebiete ausmachen. Die Baumgrenze liegt im Mittel bei 3000 m, nur 10 Theile der Cordillere ragen darüber hinaus; bis in die Schneegrenze erheben sich allein die Sierra Nevada de Mérida und die Sierra de Santo Domingo.

Als wichtigste Culturpflanzen des ganzen Gebietes werden genannt: Kaffe, Cacao, Zuckerrohr, Mais, Bananen, Mandioca, Cocos, Reis, Indigo, Baumwolle, Tabak, *Agave americana*, Cinchonen (doch nicht gebaut), Kartoffeln, Gerste (Roggen und Hafer fehlen), Weizen (nicht unterhalb 500 m, besonders aber in 1600 m Höhe; in 2500 m Höhe rechnet man fünf Monate als Reifezeit), Bohnen (*Phaseolus vulgaris* und *Ph. Mungo*) und *Lathyrus sativus* (Weinbau findet sich nicht in Venezuela, wohl aber wilde Reben an manchen Stellen der Cordillere) ausführlich besprochen, doch vgl. dazu wegen einiger Ungenauigkeiten das erwähnte Ref. von Ernst.

Der letzte Abschnitt des Werkes geht u. a. auch auf pflanzliche Industrieproducte ein.

320. **Dupré**. Causerie sur les bois de la Guyane. Nantes (Mellinet), 1889. 28 p. 8⁰.

321. **Bureau, E.** et **Poisson, J.** Notice biographique sur le Dr. Sagot, suivie de la Liste de ses Publications. (B. S. B. France, XXXVI, 1889, p. 372—378.)

Verff. geben eine kurze Biographie des um die botanische Erforschung von Guiana verdienten Sagot. Da seine Schriften fast sämmtlich für die Pflanzengeographie bedeutsam sind, sei hier auf das Verzeichniss derselben besonders aufmerksam gemacht, in dem ausser Schriften über die Flora jenes Landes vor allem solche über Nährpflanzen vorwiegen.

322. **Alfaro, A.** Lista de las plantas encontradas hasta ahora en Costa Rica y en los territorios limétrofes, extractada de la „Biologia centrali-americana". (An. del Nuseo Nacional. Rep. de Costa Rica. T. 1. Anno de 1887. San José, 1888. p. 1—102.)

Verff. schildert in der Einleitung zum Verzeichniss der Pflanzen Costa Ricas und der benachbarten Gebiete die Vegetationsverhältnisse erstgenannten Landes. Der Vulcan Los Votos trägt an seinen Abhängen (5000—6000′) Wälder von *Cedrela*, Myrtaceen, Laurineen, Melastomaceen etc., *Chamaedorea*, *Ardisia*, *Psychotria hebeclada*, *Hemelia patens*, *Verbisina microcephala* bei 7000′ Eichen und eine *Podocarpus*-Art. Auf dem Gipfel wachsen (8000′) *Vaccinium consanguineum* und *Comarostaphylis rubescens*. Der Vulcan Barba ist von 6000—7000′ mit Wäldern von *Credela odorata*, *Eugenia lepidota*, Lorbeeren und Eichen bedeckt. Weiter finden sich hier *Mapouria parviflora*, *Palicourea mexicana*, *P. costaricensis*, *Higginsia psychotriaefolia*, *Montagnaea hibiscifolia*, *Ardisia nigropunctata*, *Glockeria sessilifolia*, *Siphocampylus gutierrezii*, *Berberis paniculata*, *Oreinotinus costaricanus* und zahlreiche Epiphyten. Bei 7000′ wiegen *Quercus costaricensis* und *Q. granulata* vor, bei 10000′ Ericaceen und *Gaultheria Oerstediana*. Vom Vulcan Reventado sind zu nennen *Siphocampylus*, *Ardisia*, *Proclesia*, *Mahonia*, ein *Paspalum*, *Oncostylis nigricans* und *Chaetocyperus viviparus*, *Lupinus clarkei*, *Castilleja irasnensis*, eine *Alchemilla* u. s. f. Das nachfolgende Verzeichniss umfasst 297 Gefässkryptogamen, 775 Monocotyledonen, 4 Gymnospermen und 2310 Dicotyledonen. Matzdorff.

323. **Klatt**, **F. W.** Beiträge zur Kenntniss der Compositen. (Leopoldina, 1889 p. 104—109.)

Verf. nennt ausser einigen neuen Arten (vgl. R. 279) folgende *Compositae* aus Costarica (C.) und Guatemala (G.): *Pigneria densiflora* (C.), *P. pilosa* (C.), *Eupatorium glandulosum* (C.), *E. ixiocladon* (C.), *E. leiophyllum* (C.), *E. macrophyllum* (C.), *E. Schultzii* (C.), *Chrysopsis graminifolia* Nutt. var. *β.* (*Ch. argentea* Nutt.) (G.), *Erigeron subspicatum* (C.), *Baccharis hirtella* (C.), *Chionolaena lavandulacea* (C.), *Melampodium divaricatum* (C.), *Tragoceras zimoides* (G.), *Sclerocarpus divaricatus* Bth. Hook. (= *Gynopsis divaricata* Bth.) (C., G.), *Montanoa hibiscifolia* (C.), *Wulffia elongata* (C.), *Zexmenia (Lipochaeta) costaricensis* (C., G.), *Z. longipes* (C.), *Tithonia aristata* (C.), *Helianthus longeradiatus* (G., C.), *Perymenium grande* (C.), *Encelia polycephala* (C.), *Verbesina gigantea* (C.), *Synedrella vialis* (C.), *Cosmos scabiosoides* (G., C.), *C. sulphureus* (C.), *Bidens pilosa* (C.), *B. sambucifolia* (G.), *B. squarrosa* (C.), *Galinsoga hispida* (C.), *Tridax procumbens* (C.), *Villanova pratensis* (C.), *Dysodia tagetiflora* (G.), *Tagetes lucida* (G., C.), *T. microglossa* (C.), *T. patula* (G., C.), *Pectis dichotoma* (G.), *Liabum Sinclairii* (C.), *Erechtites carduifolia* (C.), *Senecio Benthamii* (C.), *S. multivenius* (C.).

324. **Smith**, **J. D.** Enumeratio Plantarum Guatemalensium imprimis a H. de Tuerkheim collectarum. Pars I. (Oquawkac, 1889, p. 68 p. 8⁰.)

Verf. giebt die Bestimmungen folgender Phanerogamen aus Guatemala:

Thalictrum peltatum, *Ranunculus Hookeri*, *Guatteria grandiflora*, *Cissampelos Pareira*, *Bocconia frutescens*, *Nasturtium Mexicannm*, *Capsella Bursa-Pastoris*, *Lepidium Menziesii*, *Jonidium parietariaefolium*, *Sauvagesia erecta*, *Polygala Americana*, *P. asperuloides*, *P. floribunda*, *P. paniculata*, *P. scoparia*, *Monnina evonymoides*, *Vochysia Guatemalensis*, *Cerastium viscosum*, *Stellaria prostrata*, *Arenaria alsinoides*, *Drymaria cordata*, *Portulaca oleracea*, *Ascyrum hypericoides*, *H. gymnanthum*, *H. uliginosum*, *Chrysochlamys Guatemaltecana*, *Saurauja macrophylla*, *S. Veraguensis*, *Anoda acerifolia*, *Sida rhombifolia*, *S. spinosa*, *Abutilon elatum*, *Malvaviscus arboreus*, *Helicteres guazumaefolia*, *Triumfetta longicuspis*, *T. semitriloba*, *Linum Schiedeanum*, *Bunchosia nitida*, *Stigmaphyllon puberum*, *Gaudichaudia Schiedeana*, *Geranium Mexicanum*, *Tropaeolum Moritzianum*, *Oxalis corniculata*, *O. divergens*, *Rhamnus capreaefolia*, *Cissus sicyoides*, *Negundo aceroides*, *Rhus terebinthifolia*, *Crotalaria ovalis*, *Indigofera mucronata*, *Harpalyce rupicola*, *Diphysa floribunda*, *Aeschynomene Americana*, *Stylosanthes Guianensis*, *Zornia diphylla*, *Desmodium adscendens*, *D. orbiculare*, *Cologania pulchella*, *Canavalia pilosa*, *Phaseolus speciosus*, *Vigna luteola*, *Rhynchosia discolor*, *R. longeracemosa*, *R. phaseoloides*, *Cassia leptocarpa*, *C. laevigata*, *C. stenocarpa*, *Bauhinia Pansamalana*, *B. Rubeleruziana*, *Mimosa floribunda*, *M. invisa*, *M. sesquijugata*, *Acacia filicina*, *A. pennatula*, *Anneslia Calothyrsus*, *A. grandiflora*, *A. Quetzal*, *A. tetragona*, *Inga edulis*, *Rubus adenotrichus*, *R. floribundus*, *R. Schiedeanus*, *R. urticaefolius*, *Alchemilla sibbaldiaefolia*, *A. tripartita*, *A. venusta*, *Weinmannia elliptica*, *Proserpinaca palustris*, *Psidium Araça*, *Myrcia cucullata (?)*, *Eugenia Jambos*, *Centradenia grandifolia*, *Heeria macrostachya*, *H. rosea*, *Arthrostemma fragile*, *Monochaetum Deppeanum*, *Triolena paleolata*, *Oxymeris multiplinervis*, *Conostegia lasiopoda (?)*, *C. subhirsuta*, *C. Xalapensis*, *Miconia Fothergilla*, *Clidemia cymifera*, *C. laxiflora*, *Calophysa setosa*, *Blakea Guatemalensis*, *Topobea calycularis*, *Cuphea appendiculata*, *C. Balsamona*, *C. hyssopifolia*, *Lythrum Vulneraria*, *Jussiaea Peruviana*, *Ludwigia palustris*, *Oenothera rosea*, *Fuchsia minimiflora*, *F. parviflora*, *Lopezia albiflora*, *Turnera diffusa*, *Passiflora Choconiana*, *P. fascinata*, *P. maliformis*, *P. trinifolia*, *Echinocystis Coulteri*, *Cyclanthera Langaei*, *Melothria pendula*, *Hanburia parviflora*, *Begonia lobulata*, *B. Tovarensis*, *Hydrocotyle Asiatica*, *H. Mexicana*, *Spananthe paniculata*, *Sanicula Mexicana*, *Apium leptophyllum*, *Daucus montanus*, *Viburnum ferrugineum*, *V. glabratum*, *Cinchona Calisaja*, *Manettia barbata (?)*, *Rondeletia gracilis, R. Roezlii, R. stenosiphon, Gonzalea thyrsoidea, Coccocypselum canescens, C. Tontanea, Hamelia calycosa, H. patens, Hoffmannia Ghiesbreghtii, H. lenticellata, Posoqueria latifolia, Psychotria uliginosa, Palicourea lasiorrhachis (?), Cephaelis tomentosa, Triodon angulatum, Diodia rigida, Crusea calocephala, Borreria laevis (?), Spermacoce tenuior, Mitracarpum villosum, Richardsonia scabra, Relbunium hypocarpium, Galium uncinulatum, Valeriana Mikaniae, V. sorbifolia, Vernonia Deppeana, V. Poeppigiana, V. Schiedeana, Elephantopus scaber, Ageratum conyzoides, Stevia clatior, Eupatorium aromatisans, E. collinum, E. leucocephalum, E. malvaefolium, E. pycnocephalum, E. semialatum, E. tubiflorum, E. Tuerckheimii, Mikania pyramidata, Erigeron Canadensis, E scaposus, E. subdecurrens, Conyza asperifolia, C. Chilensis, Baccharis glutinosa, B. hirtella, B. rhexioides, Achyrocline Moritziana, A. Vargasiana, Gnaphalium spicatum, Clibadium arboreum, Polymnia maculata, P. Oaxacana, Melampodium brachyglossum, Ambrosia artemisiaefolia, Heliopsis buphthalmoides, Siegesbeckia flosculosa, Gymnolomia patens, Mirasolia scaberrima, Wedelia filipes, Zexmenia Guatemalensis, Perymenium grande, Melanthera oxylepis, Encelia pleistocephala, Verbesina diversifolia, V. Oerstediana (?), Otopappus verbesinoides, Spilanthes beccabunga, S. Guatemalensis, S. sessilifolia, Hidalgoa ternata, Bidens leucantha, B. mollis, B. Warscewicziana, Galinsoga hispida, Calea integrifolia, C. trichotoma, C. Zacatechichi, Tagetes micrantha, T. microglossa, Liabum asclepiadeum, Schistocarpha bicolor, Sch. Lindenii, Neurolaena lobata, Erechthites valerianaefolia, Senecio Deppeanus, Cnicus conspicuus, C. Mexicanus, C. nivalis, Chaptalia nutans, Sonchus oleraceus, Centropogon cordifolius, Lobelia Ghiesbreghtii, L. laxiflora, L. Tuerckheimii, Macleania cordata, Cavendishia crassifolia, C. pubescens (?), Sophoclesia maior, Gaultheria hirtiflora, Clethra suaveolens, Monotropa coccinea, Centunculus pentandrus, Myrsine myricoides, Parathesis corymbosa, Ardisia micrantha, A. pectinata, A. Tuerckheimii, Asclepias Curassavica, Vincetoxicum Mexicanum, Gonolobus macranthus, G. picturatus, G. velutinus, Spigelia Humboldtiana, Buddleia Americana, B. floribunda (?), Erythraea divaricata, E. tetramera, Loeselia rupestris, Cobaea triflora, Nama Jamaicense, Hydrolea spinosa, Cordia riparia, Tournefortia bicolor, T. cymosa, Ipomoea cathartica, I. coccinea, I. discoidesperma, I. fastigiata, I. Tuerckheimii, Dichondra repens, Cuscuta Americana, Solanum callicarpaefolium, S. lanceolatum, S. nudum, S. olivaeforme, S. torvum (?), S. sideroxyloides, Datura arborea, Cestrum aurantiacum, C. nocturnum, Ghiesbreghtia grandiflora, Russelia polyedra, Tetranema evoluta, Stemodia parviflora, Herpestis chamaedryoides, Vandellia diffusa, Veronica peregrina, Buchnera pilosa, Castilleja communis, Lamourouxia integerrima, Pinguicula caudata, P. crenatiloba, Gloxinia antirrhina, Isoloma Deppeanum, I. Schiedeanum, Solenophora Endlicheriana, Alloplectus tetragonus, Columnea glabra, Besleria glabra (?), Anetanthus parviflorus, Hygrophila lacustris, Ruellia Macrosiphon, Lonteridium Donnell-Smithii, Blechum Brownei, Lepidagathis alopecuroidea, Aphelandra acutifolia, A. pectinata, Beloperone Pansamalana, Dianthera inaequalis, Jacobinia aurea, Thyrsacanthus geminatus, Lantana hispida, L. tiliaefolia, Lippia callicarpifolia, L. lanceolata, L. myriocephala, Stachytarpheta dichotoma, Verbena exilis, V. officinalis, V. polystachya, Cornutia grandifolia, Catopheria capitata, C. Chiapensis, Marsypianthes hyptioides, Hyptis atrorubens, H. capitata, H. Guatemalensis, H. pectinata, H. spicata, Micromeria Xalapensis, Salvia amarissima, S. amethystina, S. hyptoides, S. involucrata, S. lavanduloides, S. occidentalis, S. pulchella, S. purpurea, Scutellaria lutea, S. Moçiniana, S. orichalcea, S. purpurascens, Brunella vulgaris, Stachys parvifolia (?), Leonurus Sibiricus, Teucrium inflatum, Plantago Virginica, Amarantus spinosus, Telanthera obovata, T. Tuerckheimii, Iresine celosioides, Chenopodium ambrosioides, Polygonum acuminatum, P. Tuerckheimii, Piper auritum, P. Jalapense, P. lapathifolium, P. Mexicanum, P. patulum, Peperomia Muelleri, P. reflexa, Siparuna riparia, Daphnopsis radiata, Loranthus spirostylis, Phoradendron flavescens, Helosis Mexicana, Euphorbia dentata, E. hypericifolia, E. lancifolia, E. pilulifera, E. pulcherrima, Phyllanthus Carolinensis, Ph. lathyroides, Acalypha alopecuroides, Ricinus communis, Tragia Mexicana, Trophis Americana, Dorstenia Choconiana, D. contrajerva, Pilea microphylla, P. pubescens, P. rubiaefolia (?), Boehmeria cylindrica, Myriocarpa heterostachya, Phenax hirtus, Debregeasia longifolia, Myrica Xa-*

lapensis, Alnus acuminata, Salix Humboldtiana, Dictyostegia campanulata, Arpophyllum alpinum, A. spicatum, Microstylis umbellulata, Coelia Guatemalensis (?), Bletia verecunda, Hartwegia purpurea, Epidendrum cochleatum, E. culmidophorum, E. floribundum, E. glaucum, E. polybulbon, Eriopsis elegans, Xylobium elongatum, X. pallidiflorum, Lycaste Skinneri, Maxillaria alba, M. variabilis, M. Yzubalana, Dichaea squarrosa (?), Comparettia falcata, Oncidium leucochilum, Brassia brachiata, Ornithocephalus Salvinii, Sobralia xantholeuca, Ponthieva glandulosa, P. Guatemalensis, Selenipedium caudatum, Stromanthe Touckat, Tillandsia anceps, T. bulbosa, T. usneoides, T. Valenzuelana, Pitcairnia Tuerckheimii, Sisyrinchium tinctorium, Hypoxis racemosa, Zephyranthes sessilis, Hippeastrum Reginae, Bomarea acutifolia, Hymenocallis Caymanensis (?), Dioscorea trifoliata, Smilax invenusta, Smilacina thyrsoidea, Pontederia cordata, Mayaca Aubletii, Commelyna pallida, Tinantia fugax, Campelia Zanonia, Juncus marginatus, Carludovica utilis (?), Anthurium amoenum, A. scandens, Heteranthera reniformis, Cyperus Haspan, C. Humboldtianus, C. humilis, C. ochraceus, C. Olfersianus, C. proliscus, C. thyrsiflorus, Kyllingia caespitosa, Heleocharis geniculata, H. nodulosa, H. Rothiana, H. spiralis, H. sulcata, Dichromena nervosa, Fimbristylis ciliatifolius, F. polymorphus, Rhynchospora aurea, R. florida, R. Mexicana, R. polyphylla, Uncinia Mexicana, Carex cladostachya, C. Donnell-Smithii, C. Pseudocyperus, C. straminea, Paspalum Cordovense (?), P. paniculatum, P. platycaule, P. purpurascens, Panicum aturense, P. laxum, P. nitidum, P. pollens, P. rhizophorum, P. rugulosum, P. sabulicolum (?), Oplismenus Humboldtianus, O. Liebmanni, O. setarius, Pennisetum crinitum, P. bambusiforme, Sporobolus densiflorus, S. Indicus, Eleusine Indica, Pereilema Braziliana, Eragrostis limbata, E. Purshii, Zeugites Mexicana, Poa infirma.

325. **Rovirosa, J. N.** Vida y Trabajos del Naturalista Belga Augusto B. Ghiesbrecht, Explorador de Mexico. (Cit. u. ref. nach Bot. G., XIV, 1889, p. 227.)

Verf. giebt ein Verzeichniss der von Ghiesbrecht in Mexico gesammelten Pflanzen.

326. **Watson, S.** giebt die Bestimmungen der von Palmer um Guaymas (Mexico), bei Malejo und der Los Angeles Bucht in Niederkalifornien, sowie auf der Insel San Pedro Martin im Golf Kalifornien gefundenen Pflanzenarten. Von den 415 gesammelten Arten sind 89 neu. Als cultivirt oder mit der Cultur eingeschleppt, werden genannt:

Oligomeris glaucescens, Portulaca oleracea, Gossypium herbaceum, Triphasia trifoliata, Melilotus parviflorus, Tamarindus Indicus, Capsicum cordiforme, C. annuum, Crescentia alata, Beta vulgaris, Panicum sanguinale, Sorghum Halepense, Eleusine Aegyptiaca, E. Indica, Eragrostis major und *Lolium perenne.*

Die meisten Arten der Sammlung gehören Typen an, welche für das ganze trockene Gebiet von Südostkalifornien, Arizona und Neu-Mexico bis in Mexico hinein charakteristisch sind, die aber verschieden von den Pflanzen sowohl Kaliforniens als der Golf-Staaten sind. Fast $^2/_3$ der Arten gehen nordwärts über das mexicanische Gebiet hinaus. Viele der um Guaymas gefundenen Arten kommen auch in den Bergen von Chihuahua vor. Die tropischen oder subtropischen Gattungen *Rhizophora, Haematoxylon, Portlandia, Citharexylum, Pedilanthus, Ficus* u. a. finden da wahrscheinlich ihre Nordgrenze.[1])

Aus der Vertheilung der Familien hebt Verf. hervor, dass von den 415 Arten ein Viertel gleichmässig unter *Compositae* und *Gramineae* vertheilt ist, die mit je 50 Arten vertreten sind. Ein zweites Viertel umfasst 4 Familien, nämlich *Leguminosae* (44), *Euphorbiaceae* (32), *Malvaceae* (17) und *Solanaceae* (15). Dann folgen *Nyctagineae* (15), *Convolvulaceae* (13), *Asclepiadaceae* (10) und 53 weitere Familien, während von verbreiteten Familien die *Ranunculaceae, Rosaceae, Saxifragaceae, Umbelliferae, Ericaceae, Cupuliferae, Coniferae* und *Orchidaceae* in der Sammlung ganz fehlen, von *Monocotyledoneae* ausser *Cyperaceae* und *Gramineae* überhaupt nur 5 Arten vertreten sind.

---

[1]) Es scheinen hier daher das neoboreale und neotropische Florenreich sich zu berühren, im ganzen aber ersteres mehr Anrecht auf dies Gebiet zu haben. Ref.

Im Uebrigen muss auf das Original verwiesen werden, das durch einen Index der Gattungen zum Nachschlagen bequem eingerichtet ist.

327. **Jeht, H.** Gärten in der Hauptstadt Mexico. (G. Fl., XXXVIII, 1889, p. 11—12, 33—36.)

328. **Palmer, E.** The Effect on Vegetation of the Variable Rainfall of Northwestern Mexico. (Amer. Naturalist, vol. 22. Philadelphia, 1888. p. 459—461.)

Verf. schildert den Nordwesten Mexicos als ein überaus trockenes Land, in dessen heisser Jahreszeit nur Cacteen und wenige Leguminosen blühen und Frucht tragen, während der steinige Boden im Allgemeinen jedes Grüns ermangelt. Aber auch der Umstand, dass die Regengüsse verheerend sich ergiessen, ist ein Grund für die spärliche Vegetation. Ende Juni ist es am heissesten, die Regenzeit dauert vom Juli bis December, doch schwankt sie innerhalb dieser Grenzen für die einzelnen Oertlichkeiten.

Matzdorff.

329. **Britton, Dr.** Deutzia Mexicana. (B. Torr. B. C., XVI, 1889, p. 314.)

Verf. erwähnt die Auffindung einer *Deutzia* in Mexico, die auffallend ist, weil alle anderen Arten der Gattung in Asien vorkommen.

330. **Millspaugh, C. F.** Euphorbiaceae Mexicanae. (B. Torr. B. C., XVI, 1889, p. 57—67.)

Verf. nennt folgende *Euphorbiaceae* aus den Staaten Jalisco, Tamanlipas und Nuevo Leon:

Euphorbia villifera, Eu. radioloides, Eu. Guadalajarana, Eu. subreniforme, Croton ciliato-glandulosus, C. monanthagynus (Gynamblosis monanthogyna), Argyrothamnia serrata, Acalypha hederacea α. genuina, Stillingia Torreyana, S. Zelayensis.

331. **Wittmack, L.** Cucurbita ficifolia Bouché (C. melanosperma Al. Br.) in Mexico. (G. Fl., XXXVIII, 1889, p. 275—276.)

Verf. bespricht ein Exemplar von *Cucurbita ficifolia* Bouché (= *C. melanosperma* Al. Br.) aus Guadalajara, welches wahrscheinlich macht, dass die Art in Mexico heimisch ist.

332. **Porter, Th. C.** Utricularia resupinata B. D. Greene. (B. Torr. B. C., XVI, 1889, p. 277.)

Verf. nennt *Utricularia resupinata* von Manatee als neu für die Westküste von Florida.

333. **Heilprin, H.** Explorations on the west coast of Florida and in the Okeechobee wilderness. (VI u. 134 p. 8⁰. Mit Taf. 1—18. Transact. of the Wagner Free Inst. of Science of Philadelphia, vol. 1, 1887, p. 2 u. 45. Cf. Bot. C., vol. 42, p. 175.

334. **Gardiner, J.** and **L. J. K. Brace.** Provisional List of the Plants of the Bahama Islands. With notes and additions by Ch. S. Dolley. (Proc. Acad. Nat. Sci. Phila. 1889. p. 349—426, reprinted.) (Cit. u. ref. nach B. Torr. B. C., XVII, p. 187—188.)

Nach derselben sind jetzt 621 heimische, eingeführte und cultivirte Arten von den Bahamas bekannt, während Grisebach 1864 deren nur ca. 200 nennt.

335. Report of the Committee Appointed for the Purpose of Exploring the Flora of the Bahamas. (Proc. Brit. A. A. S. Bath Meeting 1886.) (Cit. nach B. Torr. B. C., XVI, 1889, p. 201.)

336. **Flower, Morris, D., Carruthers, Sclater, Thiselton-Dyer, Sharp, Du Cane, Godman F., Newton.** Second Report of the Committee appointed for the purpose of reporting of the present state of our Knowledge of the Zoology and Botany of the West India Islands, and taking steps to investigate ascertained deficiencies in the Fauna and Flora. (Rep. 59. Meet. Brit. Ass. Adv. Sc. Newcastle-upon-Tyne. 1889. London, 1890. p. 93—94.)

337. **Eggers, H. F. A. Baron.** Supplement til St. Croix's og Jomfruöernes Flora. Vid. Medd. 1889, p. 11—21.

Supplement zu einer früheren Abhandlung: Flora of St. Croix and the Virgin Islands in „Bulletin of the Smithsonian Institution in Washington“ 1879, No. 13. Verf. findet durch fortgesetzte Untersuchungen seine früher vorgetragene Ansicht bestätigt, dass St. Croix in einem frühen Stadium durch mehrere tausend tiefe Klüften im Meere von den übrigen Inseln isolirt war, während an der andern Seite die Jungferninseln („Jomiruöerne") wahrscheinlich erst spät von dem benachbarten Portorico getrennt sind. Die Anzahl wildwachsender Pflanzen ist jetzt für St. Croix 666, für die Jungferninseln 838, für alle Inseln unter Eins 920. Werden die naturalisirten Arten mitgenommen, umfasst die Flora der Inseln jetzt in Allem 1052 (davon St. Croix 792, die Jungferninseln 953). Von den aufgeführten Arten ist neu: *Vanilla aphylla* Egg. No. 4416, 1958. O. G. P.

338. **Morris, D.** Report (Second) of the Committee appointed for the purpose of reporting on the present state of our knowledge of the Zoology and Botany of the West India Islands, and taking steps to investigate ascertained deficiensies in the Fauna and Flora. (Ref. nach Nature XL, 1889, p. 553—554.)

Der vorliegende Bericht berücksichtigt hauptsächlich St. Lucien und Dominica. Unter den neu gesammelten Pflanzen scheinen auch neue Arten zu sein, doch werden die in dem zu Gebote stehenden Referat nicht genannt, weshalb auf den ursprünglichen Bericht hingewiesen werden muss.

339. **Morris, D.** Jamaica Drift Fruit. (Nature, XXXIX, 1889, p. 322—323.)

In Jamaica werden häufig durch die Golfströmung Früchte und Samen verschiedener südamerikanischer Pflanzen angetrieben, z. B. *Manicaria saccifera, Carapa guianensis, Dimorphandra mora* u. a. Darunter befindet sich eine Art, die dem Verf. seit Jahren Schwierigkeit in der Bestimmung gemacht hat; er bildet diese ab, welche er für *Humiria balsamifera* hält, ohne aber zu sicherem Resultat gekommen zu sein.

340. **Radlkofer, L.** (344) lässt in der Gattung *Theophrasta* nach genauer Revision (vgl. im systematischen Theil dieses Jahresber.) nur folgende 4 Arten:

Th. americana L.: S. Domingo.
Th. fusca Dcne.: Heimath unbekannt.
Th. Jussiaei Lindl.: S. Domingo.
Th. densiflora (= *Th. Jussiaei* Hook. Bot. Mag.): Ebenda.

341. **Garcke, A.** Ueber Cassine domingensis Spr. (Engl. J., XI, 1889, p. 110—111.)

Verf. stellt fest, dass *Cassine domingensis* Sprengel von St. Domingo identisch mit *Ceanothus Chloroxylon* Nees. (*Laurus Chloroxylon* L.) aus Jamaica sei.

342. **Suringar, W. T. R.** Nieune bydrager tot de kennis der melocacti von West-Indië. Versslagen en Mededeelingen der koninklyhe Akademie van Wetenschappen. Amsterdam, 1889. p. 408—461.

Zum Theile mittels vom Verf. selbst mitgebrachten Materials, zum Theil durch nachher empfangenes war Verf. im Stande, viele Melocacteen von Westindien eingehender zu untersuchen: Die Pflanzen wurden im botanischen Garten zu Leiden cultivirt und gediehen daselbst zum Theil verhältnissmässig gut. Vorläufig konnte Verf. den Maassstab zur Unterscheidung der Arten nicht viel geräumiger nehmen, als dies von Miquel und anderen geschah. Bezüglich der verschiedenen Kennzeichen giebt Verf. seine Erfahrung über ihre Veränderlichkeit und ihren Werth zur Speciesbestimmung. Sein Urtheil über den Zusammenhang der verschiedenen Formen stellt Verf. in einer „Tabula affinitatis" bildlich dar. Giltay.

343. **Suringar, W. T. R.** Melocacti novi la insula Araba, Adjectes supplementes ad Speciezoni jam ante descriptarum, Characteres. Versslagen en Mededeelingen der koninklyhe Akademie von Wetenschappen. Amsterdam, 1889. p. 438—461.

Die folgenden neuen *Melocactus*-Species werden in dieser Abhandlung aufgestellt: *Melocactus roseus, argenteus* (ejusdem var.: *tenuispina*), *obliquus* (ejusdem *forma* 4-spina), *limis, flexus, incurvus* (ejusdem var. ? *nanus*), *capillaris, extensus, rudis, martialis, compactus, pentacanthus, contortus, radiatus, albispinus* (ejusdem forma *quadrispina*), *eburneus* (ejusdem forma *plurespina*), *euryacanthus, Baarsianus, Besleri, arcuata, uncinatus, elongatus, sordidus, stellatus, flavispinus, reticulatus, flexilis, obovatus, dilatatus,* (? var. *leucacanthus*), *inflatus, trachycephalus, trigonus, ovatus, flammeus, pulvinosus, armatus*.

Ferner giebt Verf. Addenda für *M. Koolwykianus* Sur. und für *M. stramineus* Sur. und *M. Evertszianus* Sur. Der Name *M. ferus* wird in *M. ferox* umgeändert.

In einem Supplementum beschreibt er noch als Species nova Venezuelana *M. humilis* und als Varietates Curassavicae: die var. *aduncus* und *contractus* von *M. Salmianus* L.O. und die var. *olivascens* von *M. microcephalus* Miq. Giltay.

344. **Radlkofer**, L. Zur Klärung von Theophrasta und der Theophrasteen, unter Uebertragung dahin gerechneter Pflanzen zu den Sapotaceen und Solanaceen. (Sitzber. d. Math.-Phys. Classe d. K. Bayer. Akad. d. Wiss., 1889, Bd. XIX, Heft II. München, 1889. p. 221—281.) (Vgl. auch R. 340.)

Verf. stellt die neue Solanaceen-Gattung *Coeloneurum* auf, von der er folgende beiden Arten unterscheidet:

C. lineare (= *Jacquinia linearis*, non Jcq., Bertero herb. = ? *Jacquinia ferruginea* Spreng. t. A.DC.) von S. Domingo.

C. Eggersii (= *Goetzea Eggersii* Urban) von ebenda.

345. **Urban**, J. Simaruba Tulae Urb. (G. Fl., XXXVIII, 1889, p. 257—258.)

Verf. beschreibt und bildet ab *Simaruba Tulae* Urb. n. sp. aus den Urwäldern von Puerto Rico.

346. **Klatt**, F. W. (323) beschreibt *Verbesina scandens* n. sp. von Puerto Rico.

347. **Baker**, J. G. (118.) Neue Amaryllidee des westindischen Gebietes: p. 32 *Zephyranthes Wrigthii* Baker von Cuba. Matzdorff.

348. **Focke**, W. O. Oxalis thelyoxys n. sp. (Abhandl. d. Naturw. Ver. zu Bremen, 1889, p. 516.)

O. thelyoxys n. sp. von Cuba (Wright 2178) = *O. corniculata* var. *pygmaea* Griseb. (verw. *O. pilosiuscula* und *corniculata*, die zum Vergleich damit beschrieben werden).

349. **Baker**, J. G. (118) beschreibt als neue Amaryllideen und Agaveen des mexicanischen Gebietes: p. 125 *Hymenocallis Horsmanni* Baker. p. 168 *Agave (Littaea) multilineata* Baker = *A. heteracantha* Hort. Anyl. non Zucc., wahrscheinlich Mexico. p. 178 *A. pumila* Hort. de Smet., wahrscheinlich Mexico. p. 178 *A. (Auagave) Baxteri* Baker, wahrscheinlich Mexico. p. 185 *A. integrifolia* Baker. p. 195 *A. Todavoi* Baker, wahrscheinlich Mexico. p. 197 *A. (Manfreda) protuberans* Engelm. = *A. guttata* Hemsl., San Luis-Potosi, 6000—8000'. Matzdorff.

350. **Millspaugh**, C. F. (330) beschreibt *Euphorbia Montereoana* n. sp. aus der Sierra Madre, sowie neue Varietäten von *Eu. umbellulata*, *Eu. radioloides* und *Eu. campestris*.

351. **Runge**, C. Zwei neue Cacteen. (G. Fl., XXXVIII, 1889, p. 105—106.)

Maxillaria Grusoni n. sp. und *Echinocactus Bolansis* n. sp. aus Coahuila (Mexico).

352. **Wittmack**, L. Tillandsia Kirchhoffiana Wittm. n. sp. (G. Fl., 1889, p. 107—109.)

Tillandsia Kirchhoffiana n. sp. (verw. *T. foliosa* Mart. et Gal., Sect. *Platystachys* Bak.), die wahrscheinlich aus Mexico stammt.

353. **Klatt**, F. W. (323) beschreibt *Cnicus Chrismarii* n. sp. aus Mexico, *Tagetes aristata* n. sp. von Orizaba.

354. **Fritsch**, K. Ueber eine neue Potentilla aus Mittelamerika. (Engl. J., XI, 1889, p. 314—317.)

Potentilla heterosepala n. sp., mit Varietäten, einer aus Guatemala, einer aus Mexico.

355. **Smith**, J. D. Undescribed plants from Guatemala. (Bot. G., XVI, 1889, p. 25—30.

Verf. beschreibt folgende neue Arten und Varietäten aus Guatemala:

Guatteria grandiflora, *Clidemia cymifera*, *Blakea Guatemalensis*, *Clibodium arboreum*, *Neurolaena lobata* R. Br. var. *indivisa*, *Ardisia micrantha*, *Tournefortia bicolor* Swz. var. *calycosa*, *Ipombea discoidesperma*, *Solanum sideroxyloides* Schlecht. var. *ocellatum*, *Solanum olivaeforme*, *Tetranema evoluta*, *Lauteridium Donneli*, *Scutellaria orichalcea*, *Daphnopsis radiata*, *Hypoxis racemosa*.

356. **Maury**, P. (318) beschreibt und bildet ab folgende neue Arten vom oberen Orinoko:

Andropogon aturensis, *Paspalum Chaffaujonii*, *Eragrostis incana*, *Scirpus Gaillardii*; *S. aturensis*, *S. radiciflorus*, *Rhynchospora elegantula*, *Dioscorea Holmioidea*, *Schieckia flavescens* und *Pitcairnia armata*.

357. **Baker**, J. G. Neue Amaryllidee aus dem cisäquatorialen Südamerika: p. 87 *Crinum (Platyaster) graciliflorum* Knuth u. Bouché var. *Fendleri* Bak., Venezuela, bei Maracaibo. Matzdorff.

358. **Regel**, E. Eucharis Lehmanni Rgl. (G. Fl., XXXVIII, 1889, p. 313—314.)

Eucharis Lehmanni n. sp. aus Popayan (Neu-Granada).

359. **Sodiro**, L. Gramineae Ecuadorianae de la provincia de Quito. (Sep.-Abdr. aus Annales de la Univers. de Quito, 1889, 11 p.) (Ref. nach Bot. C., XLII, p. 311—312.)

Ueber die Vertheilung der Arten auf die verschiedenen Gattungen, vgl. Bot. C. Neue Arten sind:

Paspalum Sodiroanum Hack., *Hackelianum* Sod., *Streptochaeta Sodiroana* Hack., *Stipa dumetorum* Sod., *S. latifolia* Sod., *S. Sodiroana* Hack., *Aphanelytrum decumbens* n. sp. gen. nov., *Sporobolus ligularis* Hack., *Agrostis Hackeliana* Sod., *A. Floresii* Sod., *Calamagrostis crassifolia* Hack., *Gynerium triaristatum* Sod., *G. Wolfii* Sod., *Eragrostis densiflora* Hack., *E. densissima* Hack., *Poa Sodiroana* Hack., *P. cucullata* Hack., *P. leioclava* Hack., *P. trachyphylla* Hack., *P. Quitensis* Sod., *Festuca glumosa* Hack., *F. leioclada* Hack., *F. flacca* Hack., *F. Sodiroana* Hack., *Brachypodium Andinum* Hack., *Arundinaria Sodiroana* Hack., *Chusquea Quitensis* Hack. und *C. Coamañoi* Sod.

360. **Klatt**, F. W. (323) beschreibt folgende neue Arten aus Costarica (C.) und Guatemala (G.):

Eupatorium (Hebeclinium) myriocephalum (C.), *Gymnolomia silvatica* (C.), *Zexmenia phyllostegia* (G.), *Cosmos aurantiacus* (G.), *Syncephalanthus sanguineus* (G., C.) *Senecio Hoffmannii* (C.).

361. **Regel**, E. (717) beschreibt *Eucharis Lehmanni* n. sp. von Neu-Granada, *Maxillaria crocea* β. *Lietzei* nov. var. von Brasilien, *Diastema Lehmanni* n. sp. von Neu-Granada, *Clavija cauliflora* Rgl. (= *Theophrasta antioquiensis* Linden) von Neu-Granada (Provinz Antioquia).

362. **Taubert**, P. Leguminosae novae v. minus cognitae antro-americanae. (Flora. Neue Reihe. 47. Jahrg., 1889, p. 421—430.)

Verf. beschreibt folgende neue *Leguminosae* aus Brasilien:

Sellocharis (gen. nov.) *paradoxa*, *Crotalaria breviflora* DC. var. *Riedelii*, *C. Urbaniana*, *C. velutina* Benth. var. *Sellowii*, *Sesbania oligosperma*, *Aeschynomene Riedeliana*, *Chaetocalyx ilheotica*, *Ch. Glaziovii*, *Cranocarpus Mezii*, *Galactia Aschersoniana*, *Camptosema (?) pentaphyllum* und *Rhynchosia Schenkii*.

363. **Loessner**, Th. Ueber einige neue Pflanzenarten aus Brasilien. (Sep.-Abdr. aus Flora. Neue Reihe. 47. Jahrg, 1889, p. 75—79.)

Verf. beschreibt folgende neue Arten aus Brasilien:

Trichilia gracilis, *Cathedra grandiflora*, *Topirira fasciculata*, *Gaylussacia pruinosa*, *Leucothoe stenophylla*, *Oxypetalum Glaziovianum* und *Adenostephanus rufa*.

364. **Klatt**, F. W. (323) beschreibt *Chlamyphorus obvallatus* n. sp. gen. nov. Mutisiac. aus Brasilien, *Eleutheranthera areolata* n. sp. vom Maranon, *Tridax verticillata* n. sp. aus Brasilien.

365. **Radlkofer**, L. Ueber Nothochilus, eine neue Scrophularineen-Gattung aus Brasilien, nebst einem Anhange: Ueber zwei neue Touroulia-Arten. (Sitzber. d. Mathem. Physikal. Classe d. K. Bay. Akad. d. Wiss., Bd. XIX, Heft II, p. 213—220.)

Nothochilus (gen. nov. Scrophular., aff. *Melasma Escobedieurum*) *coccineus* aus Brasilien (Minas Geraes), Diagnose: Bot. C., XLI, p. 152).

Touroulia pteridophylla n. sp. aus Brasilien (Alto Amazonas).

T. decastyla n. sp. aus Brasilien (Minas Geraes).

366. **Petersen**, O. G. Additamenta ad Scitamineas in Florae Brasiliensis Fasc. CVII tractatas. (Warming Symbolae Particula, XXXIII, p. 327—336.) Vid. Medd. 1889.

Neue Marantaceen, von Glaziou oder Warming gesammelt: *Calathea gracilis*, *C. sciuroides*, *C. Koernickeana*, *C. vaginata*, *Maranta parvifolia*, *M. bracteosa*, *Saranthe ? pluriflora*. O. G. Petersen.

367. **Warming, Eug.** Symbolae ad floram Brasiliae centralis cognos. cendam. Particula XXXII (Vochysiaceae, Trigoniaceae, Ternstroemiaceae, Rhizoboleae, Dichapetalae, Turneraceae, Hederaceae, Melastomaceae Auct. E. Warming). Vid. Medd., 1889, p. 22.

Neue Arten: *Vochysia spathulata*, *V. Schwackeana*, *V. Saldanhana*. Sonst enthält die Abhandlung Zusätze zu den früher zum Theil von andern Botanikern bearbeiteten Familien. O. G. Petersen.

368. **Baker, J. G.** (118) beschreibt als neue Amaryllideen und Alstroemerieen des brasilianischen Gebietes: p. 35 *Zephyranthes (Zephyrites) sylvatica* Bak. = *Amaryllis sylvatica* Mart., Bahia. p. 36 *Z. (Z.) cearensis* Bak. = *Habranthus cearensis* Herb., Ceara. *Z. (Z.) franciscana* Herb., Rio St. Francisco. p. 52 *Hippeastrum (Lais) rutilum* Herb. var. *acuminatum* Roem. = *Amaryllis acuminatum* Gawl., Rio de Janeiro. p. 128 *Hymenocallis nutans* Bak. = *Ismene nutans* Herb., soll aus Brasilien stammen. p. 134 *Alstroemeria Schenkiana* Bak. = *A. cunea* Schenk von Vellozo, nahe verw. *A. isabellina* Herb., San Ioao das Antas in Centralbras. p. 135 *A. apertiflora* Bak., Paraguay. p. 136 *A. pianhyensis* Gardn., verw. *A. pulchella* L., Veiras, Provinz Pianhy. Matzdorff.

369. **Raunkiär, C.** Sapotaceae Glaziovianae herbarii Hauniensis (Symbolae ad floram Brasiliae centralis cognoscendam edit. Eug. Warming. Part. XXXI). (Vid. Medd., 1889, p. 1—9, tab. I—II.)

Neue Sapotaceen: *Mimusops Glaziovii*, *Sideroxylon parvifolium*, *Lucuma Beaurepairei*, *L. lanceolata*, *Chrysophyllum elegans*. O. G. Petersen.

370. **Maury, P.** Observations sur le genre Chevalliera Gaudichaud et description d'une espèce nouvelle. (Association française pour l'avancement des sciences. 16 session à Toulouse, 1887. Paris, 1888.) (Ref. in Bot. C., XLIV, p. 263—264.)

Chevalliera gigantea n. sp. von Rio de Janeiro (die Gattung muss von *Aechmaea* getrennt bleiben).

371. **Cogniaux, A.** Sur quelques Cucurbitacées rares ou nouvelles, principalement du Congo. (Bull. Ac. R. de Belgique. 58 ann., 3. s., t. 16. Bruxelles, 1888. p. 232—244.)

Beschreibung beziehungsweise Aufführung von 21 Arten oder Abarten vom Congo oder aus Brasilien. Aus ersterem Gebiet sind neu: p. 234 *Peponia dissecta*, verw. *Cienkowskii* Hook. f., bei Brazzaville. p. 237 *Cogniauxia Brazzaei*, Ogôvué. p. 238 *Momordica enneaphylla*, verw. *clematidea* Sond., Eb. p. 239 *M. Phollonii*, verw. *Welwitschii* Hook. f., Eb.

Neue Cucurbitaceen aus Brasilien: p. 242 *Ceratosanthes parviflora*, verw. *Hilariana* Cogn., St. Catharina, bei Blumenau. p. 243 *Cayaponia (Eucay.) Schenkii*, steht in der Nähe von *C. podantha* Cogn., zeigt aber keine nähere Verwandtschaft zu irgend einer Art dieser Gattung, Itoupava bei Blumenau. Matzdorff.

372. **Marchal, E.** Diagnoses de deux espèces nouvelles de Didymopanax. (B. S. B. Belg., XXVIII, 1889, p. 51—53.)

Didymopanax falcatum n. sp. von Rio de Janeiro und *D. acuminatum* n. sp. aus Brasilien (ohne nähere Angabe).

373. **Franchet, A.** Note sur deux nouveaux genres de Bambusées. (Journ. de bot., III, 1889, p. 277—284.) (Vgl. auch R. 652.)

Glaciophyton mirabile n. sp. gen. nov. Bambus. Arundinac. von Rio de Janeiro.

374. **Briquet, J.** Fragmenta monographiae Labiatarum. Note sur quelques Labiées américaines. (Bull. de la Soc. bot. de Genève, 1889, p. 20—122.) (Ref. nach B. S. B. France, XXXVII, 1889, p. 82—83.)

Neue Arten aus Paraguay: *Peltodon comaroides*, *Hyptis incana*, *H. tripartita*, *H. Muelleri*, *H. Balansae*, *H. mirabilis*, *Eriope elegans*, *E. trichopode*, *E. nudicaulis*, *Salvia Balansae*, *S. lucida*, *S. cinerarioides*, *S. approximata* und *S. ambigens*.

375. **Heimerl, A.** Neue Arten von Nyctaginaceen. (Engl. J., XI, 1889, p. 84—91.)

Verf. beschreibt folgende neuen *Nyctaginaceae*:

Mirabilis Watsoniana (Guatemala), *Boerhavia gracillima* (Mexico), *Abronia pogonantha* (Südkalifornien), *Bougainvillea brachycarpa* (Brasilien), *Neea Wiesneri* (Columbia und Venezuela).

376. **Wittmack, L.** Plantae Lehmannianae in Guatemala, Costarica, Columbia, Ecuador etc. collectae. Bromeliaceae. (Engl. J., XI, 1889, p. 52—71.)

Verf. giebt eine Aufzählung der von Lehmann in Guatemala, Costarica, Columbia, Ecuador u. s. w. gesammelten *Bromeliaceae*, worunter folgende neue Arten sind: *Pitcairnia Gravisiana* (Columbia), *Sodiroa Andreana* (Eb.), *Caraguata palustris* (Eb.), *C. Mosquerae* (Eb.), *C. Bakeri* (Eb.), *Schlumbergeria Lehmanniana* (Eb.), *Guzmania Kränzliniana* (Eb.), *Tillandsia Schenkiana* (Eb.), *T. Engleriana* (Eb.), *T. Urbaniana* (Costa Rica), *T. Magnusiana* (Guatemala), *T. Barbeyana* (Ecuador), *T. Schimperiana* (Columbia), *T. Aschersoniana* (Costa Rica), *Vriesea subsecunda* (Eb.), *Catopsis Garckeana* (Columbia) und *C. Schumanniana* (Eb.).

377. **Britton, N. L.** (285) beschreibt folgende neue Arten und Varietäten aus Südamerika:

Daguetia? glabra spec. nov.: Vereinigung von Beni und Madre de Dios.
Trigyneia Boliviensis spec. nov.: Vereinigung von Beni und Madre de Dios.
Cardamine speciosa spec. nov.: Unduavi 10 000′.
C. ovata var. *corymbosa* n. var.: Unduavi 10 000′.
Sisymbrium(?) Rusbyi: Sorata 10 000′.
Cremalobus Bolivianus: Unduavi, 8000′
Morisonia oblongifolia: Vereinigung von Beni und Madre de Dios.
Viola Boliviana: Mapiri 5000′.
V. Humboldtii var. *renifolia:* Mapiri 5000′, Sorata.
V. Bridgesii: Sorata 13 000′.
V. thymifolia: Unduavi 10 000′.
Alsodeia ovalifolia: Vereinigung von Beni und Madre de Dios.
Polygala andina Bennett: La Paz 10 000′.
P. formosa Bennett: Mapiri 5000′.
Monninda Boliviensis Bennett: Yungas 4000′.
Freziera inaequilatera: Mapiri: 2500′.
Saurauja Rusbyi: Yungas 6000′.
Malvastrum Rusbyi: La Paz 10 000′.
Sida Benensis: Vereinigung von Beni und Madre de Dios.
Wissadula andina: La Paz 10 000′.
Helicteres Rusbyi: Guanai 2000′.
Buettneria pescapraefolia: Guanai 2000′.
B. Benensis: Vereinigung von Beni und Madre de Dios.
B. Boliviana: Vereinigung von Beni und Madre de Dios.
B. coriacea: Eb.
Mollia Boliviana: Mapiri 2500′.
Oxalis Boliviana: Yungas 6000′.
O. andina: Unduavi 8000′.
Protium Bolivianum: Unduavi 2000′.
Thinonia coriacea: Guanai 2000′.
Bourea glabra H.B.K. var. *trifoliolata:* Vereinigung von Beni und Madre de Dios.
R.(?) Bakeriana: Eb.
Dalea Boliviana: La Paz 10 000′.
Coursetia Boliviana: Sorata 8000′.
Astragalus capitellus: La Paz.
Desmodium Mandoni: Sorata 10 000′, Yungas 6000′.
D. Yungasense: Yungas 4000′.

Galactia montana: Sorata 8000′.
Bauhinia Rusbyi: Guanai 2000′.
Calliandra Boliviana: Eb. und Mapiri 2500′.

7. Neoboreales Florenreich.

(Kalifornien, Montana-Gebiet, Texanisches Gebiet, Virginisches Gebiet [einschl. Bermudas-Inseln].) (R. 378—522.)

Vgl. auch R. 26 (Entstehung der Prärien), 53 (zwei Steppenläufer), 95 (*Nelumbium* in New Jersey), 118 (*Platanus*), 154 (Culturpfl. der Union), 242 (Futterpfl. aus Südkalifornien), 272 (*Eubolus Californicus*), 325—331 (Pflanzen Mexicos), 332, 333 (Florida), 349—354 (Neue Arten aus Mexico), 375 (*Nyctagineae*).

378. **Gray, A.** Synoptical Flora of North America: the Gamopetalae. A Second Edition of Vol. I, Part 2 and Vol. II, Part 1 collected. 8⁰. 460 + 494 p. (Washington, 1888.)

Die zweite Ausgabe des Bot. J. XIV, 1886, 2., p. 226, R. 626 kurz erwähnten Werkes wird von **J. G. Baker** in der Nature XXXVIII, 1888, p. 242—243 einer längeren Besprechung unterzogen, aus der hier einige Thatsachen hervorgehoben werden mögen.

Die Flora des gemässigten Nordamerikas kommt an Artenzahl fast genau der Europas gleich, doch ist die Vertheilung der Familien eine etwas verschiedene. Von Gamopetalen finden sich da 3521 Arten, darunter nur 162 nicht endemische. Sie vertheilen sich auf 562 Gattungen, von denen 520 als heimische zu betrachten sind. Die *Compositae* umfassen allein 1636 Arten, also weit mehr als alle Phanerogamen Grossbritanniens. Ihnen folgen der Grösse nach die *Scrophulariaceae* mit 367 Arten (in 38 Gattungen). Von den fast auf Nordamerika beschränkten *Hydrophyllaceae* finden sich 129 Arten (in 14 Gattungen), von den gleichfalls fast endemischen *Polemoniaceae* 133 Arten. Der im Vergleich zu Europa mehr tropische Charakter der Flora wird angedeutet durch 44 *Rubiaceae*, die nicht zu den Stellaten gehören, 9 *Sapotaceae*, 97 *Asclepiadaceae*, 6 *Bignoniaceae* und 41 *Acanthaceae*.

379. **Sargent, C. S.** Portions of the Journal of André Michaux, Botanist, written during his Travels in the U. St. and Canada, 1785 to 1796. With an Introduction and Explanatory Notes. (Proc. Amer. Philos. Soc. Philadelphia, vol. 26. Philadelphia, 1889. p. 1—145.) Das hier veröffentlichte Tagebuch enthält zahllose pflanzengeographische Einzelbeobachtungen. S. fügt allen genannten Pflanzennamen die heute geltenden hinzu.

Matzdorff.

380. **Mayr, H.** Die Waldungen von Nordamerika, ihre Holzarten, deren Anbaufähigkeit und forstlicher Werth für Europa im Allgemeinen und Deutschland insbesondere. Mit 24 Textabbild., 10 Taf und 2 Karten. München (Rieger), 1889. (Vgl. Bot. C., XLI, p. 393—395.)

381. **Jones, N. E.** Forestry. (Journal of the Cincinnati Society of natural history. Oct. 1889, p. 93—103.)

Verf. fordert zu rationellerer Bewaldung in der Union im Gegensatz zu der ausgedehnten Entwaldung auf, weist auf klimatische und öconomische Schäden der ersteren hin.

382. **Pringle, C. G.** The Forest Vegetation of the Rio Grande Valley. (Garden and Forest II, n. 393—394.) (Cit. nach B. Torr. B. C., XVI, 1889, p. 281.)

383. **Sargent, C. S.** Notes upon some North American Trees. (Garden and Forest II, n. 73—86, 1889.) (Cit. nach B. Torr. B. C., XVI, 1889, p. 309.)

384. **Halsted, B. D.** Our worst weeds. (Bot. G., XIV, 1889, p. 69—71.)

Verf. hat nach Berichten über die schlimmsten Unkräuter aus den verschiedensten Theilen der Union folgende Arten als die schädlichsten erkannt (nach dem Grade der Schädlichkeit):

Cnicus arvensis, Argropyrum repens, Xanthium Canadense, Cenchrus tribuloides, Panicum sanguinale, Ambrosia artemisiaefolia, Xanthium strumarium, Rumex Acetosella, Amarantus retroflexus, Ambrosia trifida, Setaria glauca, Chenopodium album, Chrysan-

themum Leucanthemum, Portulaca oleracea, Rumex crispus, Panicum Crus galli, Convolvulus sepium, Capsella Bursa-pastoris, Cnicus lanceolatus, Arctium Lappa.

Weitere gefährliche Unkräuter sind: *Amarantus albus, A. spinosus, Asclepias Cornuti, Bidens frondosa, Brassica Sinapistrum, Datura Stramonium, Hypericum perforatum, Erigeron annuum, Rumex obtusifolius, Setaria viridis, Solanum Carolinense, S. rostratum, Taraxacum officinale, Vernonia fasciculata.*

385. **Goff, E. S.** Noxious Weeds of Wisconsin. (Cit. u. ref. nach Bot. G., XIV, 1889, p. 230.)

Verf. nennt als gefährlichste Unkräuter von Wisconsin: *Cnicus arvensis, Arctium Lappa, Chrysanthemum Leucanthemum, Linaria vulgaris, Xanthium strumarium, Sonchus arvensis* und *Rumex crispus.*

386. **Bessey, C. E.** Two Big-rooted Plants of the Plains. (Amer. Nat., vol. 23. Philadelphia, 1889. p. 174—176.)

Einige nordamerikanische Pflanzen nehmen in den „Ebenen" Merkmale an, die ihnen im Osten fehlen. B. erhielt *Cucurbitella perennis* Gray mit einer 7′ langen und 80 Pfund schweren Wurzel. *Ipomoea leptophylla* Torr. hatte eine 3′ lange Wurzel.

Matzdorff.

387. **Porter, Th. C.** A new Foreigner. (B. Torr. B. C., XVI, 1889, p. 247.)

Cuscuta Epithymum Murr. var. *vulgaris* Engelm. *(C. Trifolii* Babington*)* findet sich bei Seidersville, Northampton Co., Pa. neben *Leontodon hirsutus, L. autumnale, Picris hieracioides* und *Lactuca Scariola.*

388. **Trelease, W.** A Study of North American Geraniaceae. (Memoirs Boston Soc. of Nat. Hist., vol. 4. Boston, 1888. p. 71—104. Pl. 9—12.)

Verf. giebt eine monographische Schilderung der einheimischen und einiger eingeführten Geraniaceen Nordamerikas. 1. Geranieen: *Geranium* 10 Arten. *Erodium* 4 Arten. 2. Limnantheen: *Limnanthes* 4 Arten, darunter (p. 85, Taf. 12, Fig. 18) neu *L. Macounii = Floerkea proserpinacoides* Macoun = *L. Douglasii* Macoun, non R. Br. und Baillou, vom Vancouver Island. *Floerkea* 1 Art. 3. Oxalideen: *Oxalis* 13 Arten, darunter neu (p. 89) *O. Suckstorfii = O. corniculata* Gray, aus Oregon 4. Balsamineen: *Impatiens* 2 Arten. 5. Pelargonien *(Pelargonium* und *Tropaeolum)* kommen im Gebiet nur cultivirt vor.

Matzdorff.

388a. **Scribner, L.** List of the North American Andropogoneae. Compiled from Prof. E. Hackel's Monograph of the Andropogoneae in the Sixth Volume of DeCandolle's „Monographiae Phanerogamarum". (B. Torr. B. C. XVI, 1889, p. 233—241.)

389. **Coulter, J. M.** and **Rose, J. N.** Notes on North American Umbelliferae. (Bot. G., XIV, 1889, p. 274—284.)

Neue Fundorte nordamerikanischer *Umbelliferae:*

Caucalis microcarpa: Niederkalifornien; *Cuminum Cyminum* angepflanzt bei El Paso (Texas), spontan an den Ufern des Rio Grande auf der Insel Isleta (gegenüber El Paso); *Angelica arguta:* Küstengebirge von Oregon und Mt. Rainier im Washington Terr. (6000′); *Selinum Hookeri*: Seattle (Washington Terr.); *Tiedemannia Fendleri*: Bear Creek in Colorado; *Leptotaenia anomala*: Carbondale (Kalifornien); *Peucedanum graveolens:* subspontan bei Las Angeles (Kalifornien); *P. villosum:* massenhaft bei Fort Buford (Dakota); *P. Austinae:* Plumas County (Kalifornien); *P. Martindalei* var. *angustatum:* Ellensburg (Washington); *P. Canbyi:* Spokane River (Washington); *Ligusticum scopulorum;* Sierra County (Kalifornien) und Küstengebirge von Oregon; *L. Porteri:* S. Utah; *L. apiifolium*: Pierce County (Oregon); *L. Grayi:* Mt. Rainier (Washington) und auf Bergen nördlich von Griffin Lake, B. C.; *L. filicinum:* massenhaft bei Lake City (Colorado) und auf Bergen bei Denver, sowie (als *L. apiifolium* Rothrock) um Twin Lakes (Colorado). *Coelopleurum Gmelini*: Seattle; *Oenanthe sarmentosa:* Südkalifornien und Washington; *Cynosciadium pinnatum:* Texas; *Sanicula Nevadensis:* San Bernardino Mountains (Kalifornien); *S. laciniata:* Mt. Tamalpais (Kalifornien); *S. Menziesii:* Nördliches Niederkalifornien; *S. bipinnata:* Nordkalifornien und Südoregon; *(S. bipinnatifida* hat 2″ lange Früchte); *Foeniculum vulgare*: gemein in Kalifornien; *Apiastrum angustifolium*: San Diego county (Kalifornien),

Niederkalifornien und Cedros-Insel (auf letzterer Insel einzige bekannte Umbellifere); *Musenium divaricatum:* Fort Buford (Dakota); *M. tenuifolium:* Nordwest-Nebraska; *Eulophus Bolanderi:* Sierra County (Kalifornien); *Eu. Pringlei:* San Luis Obispo, Kalifornien, *Eu. Parishii* (wird nach neuem Material ausführlicher beschrieben); Cuyamaca Mountain, San Diego County, Kalifornien (alles, was Parish früher für *Carum Gardineri* hielt, ist *E. Parishii,* so dass das Vorkommen von *Carum Gardineri* in Südkalifornien zweifelhaft wird); *Scandix Pecten Veneris:* Napa Valley, Kalifornien (naturalisirt); *Choerophyllum Anthriscus:* Alameda (Kalifornien); *Osmorhiza brachypoda:* San Diego County (Kalifornien); *Sium cicutaefolium:* Lake Pend d'Oreille (Idaho); *Carum Kelloggii:* Tuolumne county (Kalifornien); *C. Oreganum:* Siskiyon (Kalifornien); *Cicuta bulbifera:* Keweenaw county (Michigan); *Berula angustifolia:* Britisch Columbia (neue Arten s. Ref. 495).

390. **Trelease, W.** Revision of North American Ilicineae and Celastraceae. (Transact. of the St. Louis Acad. of Science, vol. V, No. 3, p. 343—357.)

Verf. giebt eine Revision der nordamerikanischen *Ilicineae*, von welchen er folgende Arten unterscheidet:

Ilex opaca Ait. (von Massachusetts bis Florida, bis nach Missouri und Texas, nordöstlich bis New-York), *I. Dahoon* Walt. (Virginia bis Florida; var. *myrtifolia* Chapm. [= *I. myrtifolia* Walt.]: Nordcarolina bis Florida, westwärts bis Lousiana), *I. Cassine* Walt. (Virginien bis Florida und Bermuda, westwärts bis Arkansas und Texas), *I. decidua* Walt. (Virginien bis Florida, westwärts bis Missouri und Texas), *I. longipes* Chapm. (= *Nemopanthes Canadensis* Gatt.: Nord-Carolina bis Tennessee, Alabama und Louisiana), *I. ambigua* Chapm. (= *Cassine Caroliniana* Walt.: Nordcarolina bis Florida, westwärts bis Arkansas und Texas; var. (?) *coriacea:* Florida), *I. monticola* Gray (Berge von New-York bis Alabama), *I. mollis* Gray (Berge von Pennsylvanien bis Georgien), *I. Amelanchier* M. A. Curtiss. (Ränder der Sümpfe, Südcarolina, Alabama), *I. glabra* Gray (= *Prinos glaber* L.: nahe der Küste, Neu-Schottland, Massachusetts bis Florida und Louisiana), *I. lucida* Torr. et Gr. (= *Prinos lucidus* Ait. Georgia, Florida, Alabama und Louisiana), *I. verticillata* Gray (= *Prinos verticillatus* L.: Canada bis Florida, westwärts bis Wisconsin und Missouri; var. *tenuifolia* Torr. u. var. *padifolia* T. et Gr. sind blosse Formen), *I. laevigata* Gray (= *Prinos laevigatus* Pursh.: Neu-England bis Virginien, westwärts bis Pensylvanien, nordwärts bis Massachusets und südwärts bis New-Yersey), *I. lanceolata* Chapm. (= *Prinos lanceolatus* Pursh.: Georgia und Louisiana), *Nemopanthes Canadensis* (Canada bis zu den Gebirgen von Virginia, westwärts bis Minnesota und Indiana).

Anschliessend daran behandelt Verf. in gleicher Weise die *Celastraceae* Nordamerikas, von denen er folgende Arten unterscheidet:

Euonymus Americanus (Feuchte Wälder von New-York bis Florida, westwärts bis Arkansas und Texas; var. *angustifolius* Wood [= *E. angustifolius* Pursh.]: Georgien; var. *sarmentosus:* im südlichen Verbreitungsgebiete der Art; var. *obovatus* Torr. et Gr. [*E. obovatus* Nutt]: Canada bis Pennsylvanien und Kentucky), *E. Europaeus* L. (*E. vulgaris* Scop.: oft gebaut und verwildert, z. B. um New-York, doch kaum eingebürgert), *E. occidentalis* Nutt. (Oregon und Kalifornien), *Pachystima Canbyi* Gray (Westvirginien), *P. myrsinites* Raf. (= *Ilex (?) myrsinites* Pursh.: Gebirge von Britisch Amerika nach Kalifornien, längs dem Felsengebirge bis in Mexico hinein), *Celastrus scandens:* Canada bis Nord-Carolina, westwärts bis Minnesota, Kansas und Neu-Mexico, *Maytenus phyllanthoides* Benth. (Florida Keys, sowie in Niederkalifornien am Rio Grande, in Mexico u. s. w. *Myginda ilicifolia* Lam. (Südflorida und Florida Keys), *M. Rhacoma* Swartz (= *Rhacoma crassopetalum* L.: Florida Keys), *M. pallens* Smith (= *M. arborea* Shuttl.: Florida Keys), *M. integrifolia* Lam. (Key West), *M. latifolia* Swartz (Florida Keys und Guadeloupe), *Schaefferia cuneifolia* Gray (Texas, Neu-Mexico bis Mexico), *S. frutesceus* Jacqu. (Südflorida und Keys, von Westindien), *Mortonia sempervirens* Gray (Texas und Neu-Mexico), *M. scabrella* Gray (Arizona und Neu-Mexico bis Mexico), *M. Greggii* Gray (Mexico, in Texas hineinragend), *Hippocratea ovata* (Florida) und eine neue Art vgl. R. 503.

391. **Trelease, W.** North American Rhamnaceae. (Transact. of the St. Louis Academy of Science, V, 3, 1889, p. 358—369.)

Verf. giebt eine Revision der nordamerikanischen *Rhamnaceae*, in welcher er folgende Arten unterscheidet:

Condalia obovata Hook. (Texas bis Mexico), *C. spathulata* Gray. (Südkalifornien, Arizona und Texas bis in Mexico hinein), *C. Mexicana* (Südarizona bis Mexico), *C. ferrea* Griseb. (= *Scutia ferrea* Brongn. = *Rhamnus ferrea* Vahl.) (Südflorida und Florida-Keys bis Westindien). *Zizyphus obtusifolia* Gray. (= *Rhamnus (?) obtusifolia* Hook. = *Paliurus Texensis* Scheele) (Texas bis Mexico), *Z. lycioides* Gray. (Neu-Mexico bis Mexico var. *canescens* Gray, Arizona bis Südkalifornien und Niederkalifornien), *Z. Parryi* Torr. (Südkalifornien), *Microrhamnus ericoides* Gray. (Neu-Mexico bis Texas und Mexico), *Berchemia volubilis* DC. (= *Rhamnus volubilis* L. f. = *R. scandens* Hill.: Virginia bis Florida und Texas), *Karwinskia Humboldtiana* Zucc. (Mexico und Niederkalifornien bis Texas und Neu-Mexico), *Reynosia latifolia* Griseb. (= *Rhamnidium revolutum* Chapm.: Südflorida und Florida Keys bis Westindien), *Rhamnus crocea* Nutt. (Kalifornien und Arizona var. *pilosa*: Berge von San Diego Co. Cal.), *Rh. cathartica* L. (Heckenpflanze, aber im Osten bisweilen an trockenen Orten verwildert), *Rh. lanceolata* Pursh. (Pennsylvanien bis Missouri, südlich bis Alabama und Texas), *Rh. alnifolia* L'Her (Kalte Sümpfe von Neu-Braunschweig bis Saskatchavan, Montana und Oregon, südlich bis Pennsylvanien, Illinois und Kalifornien), *Rh. Caroliniana* Walt. (New-York bis Florida, westlich bis Kansas und Texas), *Rh. Purshiana* DC. (Britisch Columbia und südlich in den Bergen bis Kalifornien, Montana und Texas), *Rh. Californica* Esch. (Kalifornien und Nevada bis Südcolorado und Mexico, var. *tomentella* Brew. et Wats. [= *Rh. tomentella* Benth.]: Südkalifornien, Arizona und Neu-Mexico, var. *rubra* Trel. [= *Rh. rubra* Greene]: Ostabhang der Sierra Nevada, Kalifornien), *Sageretia Michauxii* Brongn. (= *Rhamnus minutiflora* Michx.: Längs der Küste, Nordcarolina bis Florida und Alabama), *S. Wrightii* Wats. (Neu-Mexico bis Texas), *Ceanothus* (vgl. die frühere Arbeit des Verf.'s, Bot. J. XVI, 1888, 2., p. 411, R. 317), *Colubrina Texensis* Gray. (= *Rhamnus (?) Texensis* Torr. et Gr. = *Condalia obovata* Gray: Texas und Mexico), *C. reclinata* Brongn. (= *Ceanothus reclinatus* L'Her. = *Rhamnus elliptica* Ait. = *Zizyphus Domingensis* Nouv. Duhamel: Sudflorida bis Westindien), *C. ferruginosa* Brongn. (= *Rhamnus Colubrinus* L.: Südflorida und Florida Keys bis Westindien), *Adolphia infesta* Meisn. (= *Ceanothus infestus* H. B. K. = *Colletia (?) multiflora* DC. = *C. (?) disperma* DC.: Arizona und Neu-Mexico bis Mexico), *A. Californica* Wats. (Südkalifornien), *Gouania Domingensis* L.: Südflorida und Key, über Westindien bis Brasilien).

392. **Trelease, W.** North American Species of Thalictrum. (Proc. Boston Soc. Nat. Hist., vol. 23. Boston, 1888. p. 293—304, Taf. 1.)

Verf. schildert die 12 nordamerikanischen Thalictrumarten morphologisch und anatomisch und giebt sodann ausführliche Diagnosen. Ihre Verbreitung im genannten Bezirk wird kurz angegeben. Neu ist: *Th. venulosum* (p. 302, Fig. 9) aus Britisch Amerika, dem Washington Territorium, Wyoming, Colorado. Zum Schluss werden 6 mexikanische Arten genannt. Matzdorff.

393. **Parry, C.** The North American genus Ceanothus. With an enumerated list and notes and descriptions of several pacific coust species. (Proc. of the Davenport Academy, V, 1889, p. 162—174.) (Ref. in Bot. C., XLIV, p. 159—161.)

Die Einzelverbreitung der Arten von *Ceanothus* findet man in dem citirten Ref des Bot. C.

394. What is a **Sycamore?** (Garden and Forest, II, 349—350.) (Cit. u. ref. nach B. Torr. B. C., XVI, 1889, p. 257.)

Sycamore werden in Nordamerika *Ficus Sycomorus*, *Acer Pseudo Platanus* und *Platanus occidentalis* genannt, obwohl eigentlich nur die erstere Berechtigung zu dieser Benennung hat.

395. **Stokes, A. C.** A Key to the Genera of Compositae as Delimited in Gray Synoptical Flora of North America. (Journ. of the Trenton Natural History Society Trenton N. J., January 1889, p. 9 - 40.)

396. **Stokes, A. C.** A Key to the Species of Solidago as Diagnosed in Gray's Synoptical Flora of North America. (Eb., p. 41—51.)

397. **Stokes, A. C.** A Key to the Species of Aster. (Eb., p. 52—74.)

Die Verbreitung der Arten oder Gattungen ist nicht berücksichtigt.

398. **Best, G. N.** North American Roses, Remarks on Characters with Classification. (Eb., p. 1—7.)

Gleich den vorstehend genannten Arbeiten wesentlich nur für die Systematik von Bedeutung.

399. **Bebb, S.** Notes on North American Willows. (Bot. G., XIV, 1889, p. 49—54, 115—117.)

Verf. setzt seine Untersuchungen über nordamerikanische Weiden fort (vgl. Bot. J., XVI, 1888, 2., p. 157, R. 398 O.).

400. **James, J. F.** Distribution of Vernonia in the United States. (Journ. of the Cincinnati Society of Natural History. January 1889, p. 136—140.)

Die Verbreitung der Arten von *Vernonia* in der Union ist kurz folgende:

V. Arkansana: Missouri, Kansas bis Texas; *V. Jamesii:* Nebraska und Arkansas bis Texas; *V. Lettermani:* Arkansas und Texas; *V. angustifolia:* Nordcarolina bis Florida, Arkansas und Texas (var. *scaberrima:* Südcarolina bis Florida, var. *Texana:* Arkansas, Louisiana und Texas, var. *pumila:* Südflorida); *V. Lindheimeri:* Westtexas; *V. Noveboracensis:* Allgemein doch besonders im Osten (var. *latifolia:* Pennsylvanien und Ohio bis Florida); *V. Baldwinii:* Ostmissouri (Westtennessee) bis Texas; *V. altissima:* Westpennsylvanien bis Illinois, Louisiana und Florida (var. *grandiflora:* Illinois und Kentucky bis Texas); *V. fasciculata:* Allgemein, aber besonders im centralen Theil; *V. oligophylla:* Nordcarolina bis Florida.

401. **Britton, N. L.** Preliminary Note on the North American Species of the Genus Tissa, Adans. (B. Torr. B. C., XVI, 1889, p. 125—129.)

Die nordamerikanischen Arten der Gattung *Tissa* sind folgendermaassen verbreitet:

1. *T. marina* (L.) (*Arenaria rubra* L. var. *marina* L. incl. *Lepigonum marinum* Kindb. und bezüglich der nordamerikanischen Pflanzen auch *L. medium* Fries und *L. leiospermum* Kindb.): Längs der ganzen Küste an beiden Seiten des Continents, weniger häufig am Golf von Mexico, auch um Salzseen und auf alkalischem Boden im Innern.

2. *T. salina* (Presl.) (*Spergularia salina* Presl.): An Meerbusen, seltener auf Wiesen, an der Küste von Neu-England und Canada, südlich bis Eastport und South Gouldsboro.

3. *T. rubra* (L.) (*Arenaria rubra* L., *Spergularia rubra* Presl., *Lepigonum rubrum* Fries.): Auf trockenem Sandboden an beiden Küsten, doch nicht westlich von den Alleghanies, noch östlich von Kalifornien, doch wahrscheinlich nur eingeführt aus Europa.

4. *T. diandra* (Guss.) (*Arenaria diandra* Guss., *A. salsuginea* Bunge, *Lepigonum salsugineum* Kindb.): Galveston, Texas, Rio Brazos, Texas, Sierra-Thal, Cal., Sandbank des Columbia, Westklickatat, Co., Washington. (Sehr ähnliche Formen in Arabien, vielleicht von *T. rubra* nicht specifisch zu trennen.)

5. *T. gracilis* (S. Wats.) (*Lepigonum gracile* S. Wats.): Los Angeles, Cal., Otay, San Diego Co., Dallas, Texas.

6. *T. tenuis* Greene (*Lepigonum tenue* Greene): Alameda Cal., Santa Barbara, Santa Monica.

7. *T. macrotheca* (Hornem.) (*Arenaria macrotheca* Hornem., *Lepigonum macrothecum* Fisch. et Mey): Vancouver-Insel bis Südkalifornien, auf alkalischem Boden des San Bernardino-Thals (var. *scariosa:* Bei San Francisco und Monterey).

8. *T. pallida* Greene in litt.: San Francisco.

9. *T. villosa* (Pers.): Auf alkalischem Boden, Südkalifornien, San Diego, San José, auch im westlichen Südamerika.

10. *T. Mexicana* (Hemsl.) (*Spergularia Mexicana* Hemsl.): San Luis Potosi.

402. **Cannon, Miss.** Claytonia Virginica and Erythronium Americanum in flower from High Bridge. (B. Torr. B. C., XVI, 1889, p. 146.)

403. **Day, D. F.** The new Locality for Subularia aquatica L. (B. Torr. B. C., XVI, 1889, p. 291—293.)

Verf. giebt die Verbreitung von *Subularia aquatica* in **Nordamerika** an (Maine, New Hampshire, Vermilion-Bai, Kalifornien).

404. **Delamare, E., Renauld, F. et Cardot, J.** Flora Miqueloniensis. Florule de l'île Miquelon (Amerique du Nord). (A. S. B. Lyon, L, 1887, ersch. 1888, p. 65—143.)

Nach Besprechung von Bodenbeschaffenheit, Klima etc. der Insel folgt eine systematische Aufzählung der Pflanzen dieser Insel. Hier sei nur die pflanzengeographische Tabelle über Verbreitung der bekannten Arten mitgetheilt. Die Verf. unterscheiden:

1. Amerikanische Arten.

A. Boreale Arten (südwärts nicht über 42⁰ nördl. Br.):

Ranunculus cymbalaria, Hudsonia ericoides, Viola Muehlenbergii, Rubus acaulis, Potentilla tridentata, Pirus arbutifolia, Ribes oxyacanthoides, Conioselinum canadense, Viburnum squamatum, Solidago Terrae Novae, Hieracium canadense, Aster puniceus, A. nemoralis, Cassandra calyculata, Kalmia glauca, Mertensia maritima, Swertia corniculata, Utricularia cornuta, Abies nigra, A. alba, Pholanthera fimbriata, Ph. psychodes, Ph. blephariglottis, Arethusa bulbosa, Spiranthes cernua, Cypripedium acaule, Smilacina stellata, Juncus Pylaei, Carex xanthophysa, Scirpus atro-virens, Bromus canadensis, Poa canadensis, Betula papyracea, B. pumila.

B. Arten, welche südlich bis 40⁰ nördl. Br. reichen:

Rubus triflorus, Pirus americana, Ribes prostratum, Heracleum lanatum, Cornus canadensis, Vaccinium pennsylvanicum, Chiloglenes hispidula, Gaultheria procumbens, Rhodora canadensis, Lysimachia racemosa, Streptopus roseus, Tofieldia glutinosa.

C. Arten, die bis 30⁰ nördl. Br. nach Süden reichen:

Rubus canadensis, Cornus alba, Prunus pennsylvanica, Trientalis americana, Lycopus virginicus, Juniperus virginiana, Phalanthera orbiculata, Clintonia borealis, Eriophorum virginicum.

D. Subtropische Arten (zwischen 30 und 36⁰ nördl. Br.):

Thalictrum corynellum, Nuphar americanum, Sarracenia purpurea, Viola blanda, V. cucullata, Hypericum virginicum, Poterium canadense, Rosa nitida, Fragaria canadensis, Amelanchier canadensis, Prunus serotina, Aralia nudicaulis, Lonicera diervilla, Perideraea repens, Cirsium muticum, Prenanthes alba, Kalmia angustifolia, Microstylis ophioglossoides, Calopogon pulchellus, Iris versicolor.

2. Asiatisch-amerikanische Arten (fehlend in Europa).

Ranunculus salsaginosus, Senecio pseudo-arnica, Coptis trifolia (auch auf Island), *Smilacina trifolia.*

3. Europäisch-amerikanische Arten.

a. Nordwesteuropäisch, daher vielleicht in Europa nur eingeschleppt:

Sisyrinchium anceps (West-Irland), *Phalanthera hyperborea* (Island), *Eriocaulon septangulare* (Hebriden, West-Irland).

b. Arktisch-subarktische Arten (in Amerika südwärts bis 42⁰, in Europa bis 53⁰ nördl. Br.):

Coptis trifolia, Rubus arcticus, R. chamaemorus, Archangelica Gmelini, Ligusticum scoticum, Cornus suecica, Ledum palustre[1]*, Diapensia lapponica, Juncus balticus, Eriophorum russeolum.*

c. Alpin-subalpine Arten (auch vielfach in nördlichen Ebenen):

Cochlearia officinalis, Silene acaulis, Geum rivale, Potentilla fruticosa, Rubus idaeus, Spiraea salicifolia, Sedum rhodiola, Lonicera coerulea, Vaccinium uliginosum Linnaea borealis, Pirola secunda, Arctostaphylos alpina, Azalea procumbens, Polygonum viviparum, Empetrum nigrum, Streptopus amplexifolius, Scirpus caespitosus.

d. Maritime oder submaritime Arten:

Cakile maritima, Lathyrus maritimus, Mertensia maritima, Plantago maritima Triglochin maritimum, Elymus arenarius, Ammophila arenaria.

---

[1]) Wohl mit Unrecht in dieser Gruppe, in Deutschland südlicher als 53⁰ nördl. Br. Ref.

e. Moorpflanzen Europas.

Drosera rotundifolia, *D. longifolia*, *Comarum palustre*, *Andromeda polifolia*, *Pinguicula vulgaris*, *Utricularia intermedia*, *Anagallis tenella*, *Menyanthes trifoliata*, *Myrica gale*, *Eriophorum vaginatum*, *E. polystachium*, *Carex pauciflora*, *Rhynchospora alba* (vielleicht hierher zu nehmen: *Lobelia Dortmanna* und *Lathyrus palustris*).

f. In Europa gemeine Arten:

Ranunculus acer, *R. flammula*, *Viola tricolor*, *Trifolium repens*, *Potentilla anserina*, *Malus communis*, *Myriophyllum verticillatum*, *Epilobium palustre*, *E. tetragonum*, *E. spicatum*, *Achillea millefolium*, *Campanula rotundifolia*, *Euphrasia officinalis*, *Rhinanthus minor*, *Brunella vulgaris*, *Rumex acetosella*, *Polygonum Convolvulus*, *P. aviculare*, *P. amphibium*, *Alnus glutinosa*, *Juniperus communis*, *Majanthemum bifolium*, *Sparganium natans*, *Potamogeton natans*, *P. perfoliatus*, *Luzula pilosa*, *L. multiflora*, *L. campestris*, *Juncus glaucus*, *J. lamprocarpus*, *J. effussus*, *J. tenageia*, *J. filiformis*, *J. bufonius*, *Carex panicea*, *C. Oederi*, *Agrostis alba*, *Trifolium repens*.

g. Eingeschleppte Arten:

Sagina procumbens, *Trifolium pratense*, *Ribes uva-crispa*, *Taraxacum dens-leonis*, *Leontodon autumnale*, *Leucanthemum vulgare*, *Bellis perennis*, *Anagallis arvensis*, *Plantago maior*, *P. lanceolata*, *Rumex acetosa*, *R. crispus*, *R. obtustifolius*, *Atriplex rubra*, *Euphorbia peplus*, *Urtica dioica*, *Festuca elatior*, *Avena elatior*, *Bromus mollis*, *Dactylis glomerata*, *Lolium perenne*, *Phleum pratense*, *Anthoxanthum odoratum*, *Poa pratensis*.

Der ganze Charakter der Flora ist also ein boreal-amerikanischer.

Am Schlusse der Aufzählung findet sich eine Ergänzung dieser Listen nach der Bot. J., XVI, 1887, p. 237, R. 534 kurz erwähnten Arbeit.

Vgl. hierzu auch Bot. C., XXXIV, p. 171.

405. **Lawson, G.** Remarks on the distinctive characters of the Canadian Spruces, species of Picea. (Proceed. Canad. Instit. Toronto, ser. 3, vol. 6, p. 169.) (Cf. Bot. C., vol. 40, p. 152.)

Verf. erörtert die specifische Selbständigkeit von *Picea nigra*, *P. alba* und *P. rubra*, sowie ihre Verbreitung. (Vgl. darüber im Bot. C.)

406. **Britton, Dr.** A Siberian Labiate, Elsholtzia cristata, collected by Dr. John J. Northrop on the gravelly s hore of Natre Dame du Lac, Termiscouata County, Quebec. (B. Torr. B. C., XVI, 1889, p. 243.)

407. **Fowler, J.** On the arctic flora of New-Brunswick. (Proc. a. Trans. Roy. Soc. Canada, vol. 5, 1888, p. 189.) (Cf. Bot. C., vol. 38, p. 639)

408. **Rand, E. L.** Pinus Banksiana on the Coast of Maine. (B. Torr. B. C., XVI, 1889, p. 294—295.)

Verf. theilt mit, dass *Pinus Banksiana* an der Frenchman's Bay in Maine vorkomme, also bedeutend weiter südwärts, als bisher bekannt war.

409. **Redfield, J. H.** Pinus Banksiana with Corema Conradii. (B. Torr. B. C., XVI, 1889, p. 295—297.)

Verf. fand *Pinus Banksiana* in Maine unter 44° 20′ nördl. Br. Zugleich fand er *Corema Conradii*, für welche noch drei weitere Standorte angegeben werden.

410. **Bailey, W. W.** Notes from New Hampshire. (B. Torr. B. C., XVI, 1889, p. 329—330.)

Verf. beobachtete an den Franconia-Bergen in New-Hampshire u. a.: *Nardosmia palmata*, *Aster puniceus*, *A. cordifolius*, *A. macrophyllus*, *A. acuminatus*, *Rubus odoratus*, *Impatiens biflora*, *Viburnum Opulus*.

Am Mt. La Fayette sammelte Verf.: *Solidago Virga-aurea* var. *alpina*, *Arenaria Groenlandica*, *Geum radiatum* var. *Peckii*, *Prenanthes Boottii*, *P. nana*, *Juncus trifidus*, *Agrostis canina* var. *alpina*, *Carex rigida*, *Spiraea salicifolia*, *Vaccinium Vitis-Idaea*, *V. uliginosum* und noch an der Baumgrenze *Veratrum viride*.

411. **Clarke, Miss.** Polygonum articulatum and Pogonia trianthophorus gathered at Intervale, N. H. on the eastern slope of the White Mountains. (B. Torr. B. C., XVI, 1889, p. 38.)

412. **Bebb, M. S.** White Mountain Willows. (B. Torr. B. C., XVI, 1889, p. 39—42.)

413. **Deane, W.** A few Cape Cod plants. (Bot. G., XIV, 1889, p. 45—46.)

Verf. berichtet über eine Excursion nach Cape Cod (Massachusetts).

414. **Goodale, G. L.** Heather in Townsend. (Amer. Journ. Sci., XXXVI, p. 295—296.)

Verf. theilt mit, dass *Calluna vulgaris* schon seit 20 Jahren in Townsend in Massachusetts vorkommt.

Cobb, N. A. List of Plants found growing wild within thirty miles of Amherst. (Pamph. 8⁰. 51 p. 1887.) (Cit. nach B. Torr. B. C., XVI, 1889, p. 34.)

415. **Slade, D. D.** First Appearance of Hepatica triloba. (Garden and Forest II, 226, 227.) (Cit. u. ref. nach B. Torr. B. C., XVI, 1889, p. 173.)

Verf. theilt Daten für die erste Blüthe von *Hepatica triloba* von Newton (Massachusetts) mit vom 2. März 1880 bis zum 17. März 1889.

416. **Wheelock, W. E.** Crepis virens, found at Greenwich, Conn., and not reported from that State in Mr. Bishop's Catalogue. (B. Torr. B. C., XVI, 1889, p. 314.)

417. **Davis, Ch. H. S.** A List of the Forest Trees and Shrubs to be Found in Meriden, Conn. (Trans. Meriden Sci. Assoc. III, 46—78.) (Cit. nach B. Torr. B. C., XVI, 1889, p. 119.)

418. **Bailey, W. W.** Notelets. (B. Torr. B. C., XVI, 1889, p. 136 u. 263.)

Verf. nennt *Tragopogon porrifolius* von West Point, N. Y., *Hieracium aurantiacum* von Lebanon, N. Y., *Humulus Japonicus* scheint auf Rhode Island gefährliches Unkraut zu werden, *Forsythia suspensa* hat dort den ganzen Winter im Freien geblüht, *Houstonia coerulea* blühte am 26. März, *Acer dasycarpum* noch einige Tage früher.

419. **Allen.** Block Island. (B. Torr. B. C., XVI, 1889, p. 314.)

Verf. macht auf die Armuth der Flora von Block-Island aufmerksam. Es kommen da dieselben Arten vor wie auf dem Ostende von Long Island, nur ist *Oenothera fruticosa* var. *humifusa* ersetzt durch *Solidago nemoralis.*

420. **Ogden.** Vinca minor in bloom in West Chester County. (B. Torr. B. C., XVI, 1889, p. 89.)

421. **Miller, E. S.** Magnolia glauca not many years ago in the swamps near New Utrecht, Long Island. (B. Torr. B. C., XVI, 1889, p. 90.)

422. **Britton, Dr.** Pinus inops sent from May's Landing, New Jersey. (B. Torr. B. C., XVI, 1889, p. 90.)

423. **Dudley, W. R.** A Preliminary List of the Vascular Plant of the Lackawanna and Wyoming Valleys. (Proc. and Coll. of the Lack. Inst. of Hist. and Sci. I, 29—106.) (Cit. u. ref. nach B. Torr. B. C., XVI, 1889, p. 58.)

Verf. zählt 769 Pflanzen aus den Lackawanneon-Wyoming-Thälern auf, darunter *Arceuthobium pusillum.*

424. **Russell, L. W.** Rare Trees of Rhode Island. (Garden and Forest II, 34.) (Cit. u. ref. nach B. Torr. B. C., XVI, 1889, p. 58—59.)

Verf. nennt von Rhode-Island: *Quercus palustris, Qu. obtusiloba, Liriodendron Tulipifera, Juglans nigra* und *Diospyros Virginiana.*

425. **Bailey, W. W.** Oxyphaphus nyctagineus. (B. Torr. B. C., XVI, 1889, p. 24.)

Oxybaphus nyctagineus findet sich an der Bahn bei Providence, R. J.

426. **Hollick, A.** und **Britton, N. L.** Flora of Richmond Co., N. Y. — Additions and New Localities 1886—1889. (B. Torr. B. C., XVI, 1889, p. 132—134.) (Vgl. auch eb. p. 163.)

Verff. nennen neue Standorte aus Richmond Co., N. Y., für folgende Arten:

Clematis ochroleuca, Ranunculus septentrionalis, Nasturtium silvestre, Lechea racemulosa, Drosera intermedia var. *Americana, Malva silvestris, Trifolium hybridum, Lathyrus maritimus, Rosa humilis* var. *lucida* (Ehrh.) (= *R. lucida* Ehrh.), *Crataegus coccinea, Tiedemannia rigida* var. *longifolia, Lonicera xylosteum* (wahrscheinlich durch Vögel verschleppt, ganz eingebürgert, früher für *L. ciliata* gehalten), *Aster spectabilis, A. cordifolius* var. *laevigatus, A. cordifolius* var. *lanceolatus, A. Novi-Belgii* var. *laevigatus, A. Novi-Belgii* var. *elodes, Solidago patula, Heliopsis helianthoides, Helianthus grosse-serratus,*

Lactuca hirsuta, Gaultheria procumbens, Pyrola secunda, Pycnanthemum incanum, Lophanthus nepetoides, Cynoglossum officinale, Sabbatia dodecandra, Amarantus hybridus Juglans cinerea (von Ackerly in Trans. N. Y. State Agric. Soc. 1843 für *J. cathartica* gehalten), *Hicoria alba* var. *maxima*, *Quercus Phellos, Qu. ilicifolia, Qu. Rudkinii, Qu. heterophylla, Betula nigra, Salix candida, S. tristis, S. purpurea, Tsuga Canadensis, Zannichellia palustris, Potamogeton pauciflorus, P. pulcher, Microstylis unifolia, Smilax glauca, Chamaelirium luteum, Juncus Balticus* var. *littoralis, J. dichotomus, Eleocharis tuberculosa, Carex glaucodea, Panicum latifolium* var. *molle, P. nitidum* var. *ramulosum, Cystopteris fragilis* var. *dentata, Onoclea sensibilis* var. *obtusilobata, Azolla Caroliniana.*

427. **Millspaugh, C. F.** Solanum rostratum. (B. Torr. B. G., XVI, 1889, p. 136.)

Verf. erwähnt *Solanum rostratum* von Waverley, N. Y., und *Blephilia ciliata* von Binghamton.

428. **Peck, Ch. H.** Report of the Botanist New York State Museum of Natural History (41st Ann. Rep. Trustees 1887, p. 51—122). (Ref. nach B. Torr. B. C., XVI, 1889, p. 36.)

Verf. nennt als neu für den Staat New York: *Aster junceus, Salix amygdaloides, Potamogeton Zizii, P. Hillii, Panicum nervosum, Deyeuxia Porteri* und *Eatonia Dudleyi.*

429. **Sargent, C. S.** The story of Shortia. (Garden and Forest I, 506, fig. 80.) (Cit. nach B. Torr. B. C., XVI, 1889, p. 36.)

430. **Field Committee.** On the several Field Days. (B. Torr. B. C., XVI, 1889, p. 206.)

Lonicera coerulea und *Poa debilis* werden als neu für Pennsylvanien genannt, *Deyeuxia Porteri* als neu für den 100-Meilenkreis von New York.

431. **Bebb, S.** White Mountain Willows III. (B. Torr. B. C., XVI, 1889, p. 211—215.)

432. **Martens, J. W.** Plants found in the vicinity of Lake Mohegan, Westchester County, New York, and new to the flora of that county. (B. Torr. B. C., XVI, 1889, p. 123—124.)

Verf. nennt als neu für Westchester County, New York: *Viola palmata, Nemopanthes Canadensis, Rubus triflorus, Aster cordifolius* var. *laevigatus, Senecio aureus* var. *obovatus, Lactuca Floridana, Limnanthemum lacunosum, Mentha sativa, Amarantus chlorostachys, Quercus ilicifolia, Habenaria bliphariglottis, Xyris Caroliniana, Potamogeton gramineus, P. pauciflorus, Eriophorum gracile* und *Aspidium Bootii.*

433. **Cannon, Miss.** Flowering specimens Dicentra Cucullaria collected March 27th at High Bridge, New York. (B. Torr. B. C, XVI, 1889, p. 124.)

434. **Ward, L. F.** The King-Devil. (Bot. G., XIV, 1889, p. 10-17.)

Verf. bespricht die Entdeckung und Ausbreitung von *Hieracium praealtum* in New York. Vgl. auch Bot. G., XIV, 1889, p. 81.

435. **Bicknell, E. P.** Notes on the Flora of the Palisades of the Hudson. (B. Torr. B. C., XVI, 1889, p. 51—53.)

Verf. nennt von den Palissaden des Hudsons:

Cerastium arvense, Impatiens aurea, Amorpha fruticosa, Desmodium cuspidatum, Phaseolus polystachius, Baptisia tinctoria, Crantzia lineata, Sambucus racemosa, Solidago arguta, Cynoglossum Virginicum, Orontium aquaticum und *Woodsia Ilvensis.*

Als seltene Pflanzen vom Hudson auf der Seite New Yorks nennt Verf.:

Arabis lyrata, Geranium Robertianum, Staphylea trifolia, Rubus odoratus, Cornus circinata, Galium lanceolatum, Solidago squarrosa, Gaultheria procumbens, Gerardia Virginica, Teucrium Canadense, Asclepias verticillata und *Andropogon provincialis.*

436. **Johnson, L. N.** A Trip among the Rangeley Lakes. (B. Torr. B. C., XVI, 1889, p. 263—265.)

437. **Sturtevant, E. D.** The Oriental Nelumbium Naturalised in America. (Garden and Forest, II, 172, 173, illustrated) (Cit. u. ref. nach B. Torr. B. C., XVI, 1889, p. 141.)

Verf. theilt mit, dass *Nelumbo spesiosa* bei Bordentown, New Jersey ganz naturalisirt sei.

438. **Hollick, A.** New and Noteworthy Additions to the Flora of Staten Island. (Proc. Nat. Sci. Ass. n. of S. J. Meh., 14, 1889.) (Cit. nach B. Torr. B. C., XVI, 1889, p. 145.)

439. **Steele, Miss.** Albina flowers of Polygala paucifolia from Concord, N. H. (B. Torr. B. C., XVI, 1889, p. 179.)

440. **Lighthipe.** A single specimen of Hyoscyamus niger, found near the railroad at Woodbridge, N. J. (B. Torr. B. C., XVI, 1889, p. 180.)

441. **Redfield, J. H.** Corema in New Jersey. (B. Torr. B. C., XVI, 1889, p. 193—195.)

Verf. macht Mittheilungen über die Wiederentdeckung von *Corema Conradii* in New Jersey.

442. Botany in the University of **Pennsylvania.** (Bot. G., XIV, 1889, p. 1—5.)

443. **Porter, Th. C.** Aster cordifolius and Two New Varieties. (B. Torr. B. C., XVI, 1889, p. 67—68.)

Zwei neue Varietäten von *Aster cordifolius* aus Pennsylvanien.

444. **Meehan, Th.** Note on Pinus pungens and its allies. (P. Ac. Philad., 1889, 1, p. 56—58.)

Vor wenigen Jahren fehlte *Pinus pungens* Mx. nördlich des Potomac, während sie jetzt da an verschiedenen Orten beobachtet ist. Um Lewistown wächst sie zusammen mit *P. Strobus, P. mitis, P. inops* und *P. rigida.* Zusammen mit ihr wächst wie in Virginien *Polypodium vulgare*, fast immer auf silurischem Fels, ferner wird sie begleitet von *Quercus coccinea, Qu. Prinus monticola, Qu. tinctoria, Juglans nigra, Carya tomentosa, Castanea Americana, Betula lenta, Acer rubrum, Ostrya Virginica, Rubus Canadensis, Rosa humilis, Juniperus Virginiana, Corydalis flavula* (vgl. über diese a. a. O. p. 58—59), *Danthonia spicata, Pycnanthemum muticum* u. a.

445. **Meehan, Th.** Trientalis Americana Pursh. (P. Ac. Philad., 1888, part 3, p. 394—396.)

T. Americana muss früher in Philadelphia County häufig gewesen sein, findet sich jetzt sehr selten, sie ist zerstreut über Canada, die Alleghanies, Kalifornien und Aláska, ja wenn man die ihr nahe stehenden *T. Europaea* und *T. arctica* mit ihr vereint, über den ganzen Norden Europas und Amerikas. An der weiten Verbreitung sind sicher die Stolonen betheiligt. Aehnliche Verbreitung wie diese zeigen *Allium Canadense, Amelanchier Botryapium, Cypripedium pubescens, Hypoxys erecta, Mediola Virginica, Mitchella repens, Goodyera pubescens, Osmunda spectabilis, Oxalis violacea, Pogonia verticillata, Polemonium reptans, Pyrola elliptica, Pyrus arbutifolia, Viburnum acerifolium, Viola pubescens, Veratrum viride* und *Aspidium cristatum.* Auch sie sind local vorhanden. Vielleicht kommen bei ihnen ähnliche Gründe in Betracht wie bei *T. Americana*, bei welcher offenbar früher stärkere Fortpflanzung durch Samen stattfand.

446. **Sellers, B.** Check List of Plants, Compiled for the Vicinity of Baltimore. (Pamph. 12 mo, 72 p. Baltimore, 1888.) (Ref. nach B. Torr. B. C., XVII, p. 163.)

In einem Gebiet von 25 (engl.) Quadratmeilen, dessen Centrum die City Hall von Baltimore ist, sind 1609 Arten und Varietäten von Phanerogamen gefunden.

447. **Porter, Th. C.** Notes on two Rhododendrons. (B. Torr. B. C., XVI, 1889, p. 220 - 221.)

Verf. nennt *Rhododendron canescens* (Michx.) (= *Azalea canescens* Michx.) von Südcarolina, Virginia, Nordalabama, Pennsylvanien und den Catshills von New York. *Rh. arborescens* (Pursh.) Torr. ist kürzlich bei Lancaster Pa. gefunden.

448. **Boynton, F. E.** The Home of Shortia. (Garden and Forest, II, 214—215.) (Cit. u. ref. nach B. Torr. B. C., XVI, 1889, p. 175.)

Verf. theilt mit, dass die sonst so seltene *Shortia* im Jocasse-Thal, N. C. massenhaft vorkomme.

449. **Coulter, J. M.** Some notes on Hypericum. (Bot. G., XIV, 1889, p. 200.)

Verf. theilt mit, dass *Hypericum lobocarpum* auch am Lake Charles in Louisiana gefunden sei, also vom unteren Mississippi bis Tennessee verbreitet sei. Gleichzeitig theilt er mit, dass *H. cistifolium* Lam. weder mit *H. opacum* Torr. et Gr. noch mit *H. nudiflorum* Michx., wohl aber mit *H. sphaerocarpum* Michx. identisch sei. In seiner früheren Uebersicht der Gattung muss also *H. sphaerocarpum* Michx. durch *H. cistifolium* Lam. ersetzt werden, *H. cistifolium* seiner Uebersicht dagegen (nicht Lam.) als *H. nudiflorum* Michx. bezeichnet werden. Ebenso muss es dort heissen unter *H. opacum* Torr. et Gr. statt *H. cistifolium* Wats. „*H. cistifolium* Torr. et Gr. und späterer Autoren, nicht Lam.“ (Vgl. Bot. J., XIV, 1886, 2, p. 231, R. 642 u. 643.)

450. **Burgess, T. J. W.** The Lake Erie Shore as a Botanizing Grand. (Journ. and Proc. Hamilton Assn., February, 15, 1889.) (Cit. nach B. Torr. B. C., XVI, 1889, p. 308.)

451. **Beal, W. J.** Comparison of the Flora of Eastern and Western Michigan in the Latitude of 48° 40′. (P. Am. Ass., XXXVII, 1888 [Salem 1889], p. 288.)

Kurzes Ref. über eine Arbeit aus „Report of the Michigan State Board of Agriculture for 1888“. Am westlichen Ufer des Sees finden sich viele südliche Pflanzen, welche am östlichen fehlen, umgekehrt kommen am östlichen Ufer viele nordische Arten vor, die am westlichen nicht vorhanden sind.

452. **Beal, W. J.** Observations on the succession of forests in Northern Michigan. (P. Am. Ass., XXXVII, 1888 [Salem, 1889], p. 288.)

Ref. über eine Arbeit aus „Report of the Michigan State Board of Agriculture for 1888“. Junge Wälder zeigen oft einen alten Charakter durch Baumstümpfe, wie sie sich sonst in entwaldeten Gebieten finden. Diese rühren von Bränden her, welche mehr als einmal die Wälder ganz oder theilweise zerstörten. *Pinus Banksiana* ist denselben am meisten angepasst, da sie jung ist und reichlich Samen bringt, welche sieben und mehr Jahre lang in den Zapfen sitzend ihre Keimkraft bewahren. Einige Zapfen sollen sich nicht öffnen, ehe die Bäume durch das Feuer vernichtet sind.

453. **Meehan, Th.** Nonnea rosea. (Bot. G., XIV, 1889, p. 129.)

Verf. theilt mit, dass *Nonnea rosea* bei Germantown (Pennsylvanien) verwildert ist.

454. **Wright, A. A.** Preliminary List of the Flowering and Fern Plants of Lorain County, Ohio (Pamph. 8°. 30 p. Oberlin, 1889). (Cit. nach B. Torr. B. C., XVI, 1889, p. 230.)

455. **Hill, E. J.** Lactuca Scariola. (Bot. G., XIV, 1889, p. 153.)

Lactuca Scariola ist in Illinois verwildert.

456. **Hill, E J.** Aster ptarmicoides var. lutescens Gray. (Bot. G., XIV, 1888, p. 153—154.)

Verf. macht Mittheilungen über *Aster ptarmicoides* var. *lutescens*, die ausser in Illinois nirgends in der Union, wohl aber im britischen Nordamerika nachgewiesen ist.

457. **Wright, A. A.** Preliminary List of the Flowering and Fern Plants of Lorain County, Ohio. Map. 8°. Oberlin, O. (E. J. Goodrich), 1889. (Cit. nach Bot. G., XIV, 1889, p. 207.)

458. **Hicks, G. H.** Erysimum cheiranthoides. (Bot. G., XIV, 1889, p. 130.)

Verf. nennt *Erysimum cheiranthoides* vom Au Sable river (Groylin), von Lansing und Port Huron als einzigen Orten ihres Vorkommens in Michigan.

459. **Wheeler, W. M.** Flora of Milwaukee County (First Supplement). (Proceed. of the natural history society of Wisconsin. April, 1888. p. 229—231.)

Durch die Ergänzungen zu der Bot. J., XVI, 1889, 2. Abth., p. 150, R. 356 erwähnten Arbeit wächst die Zahl der aus jenem County bekannten Arten auf 749, die der eingeschleppten auf 117. Als eingeschleppt sind neuerdings beobachtet: *Brassica campestris, Fumaria officinalis, Rumex conglomeratus* und *Tragopogon pratensis* (wenn auch bei anderen Arten, wie *Vicia Cracea, Bidens cernua,* allenfalls auch *Galium trifidum* und *Pyrola secunda,* diese Annahme nicht ganz ausgeschlossen ist).

Bei dieser Gelegenheit mögen auch weitere Ergänzungen zu dem Ref. über die Hauptarbeit mitgetheilt werden, welche Verf. einzusehen inzwischen Gelegenheit hatte.

Die Kieferflora, welche im nördlichen Wisconsin so sehr hervortritt, hat nur wenige Ausläufer in den nordöstlichen Theil dieses Gebiets entsandt; die einst häufigen Lärchen sind fast verschwunden.

Von den eingeführten Arten stammen sieben, nämlich *Argemone Mexicana, Cleome pungens, Helianthus annuus, Nicotiana rustica, Amarantus hypochondriacus, A. reflexus,* und *A. albus* aus dem tropischen Amerika, *Onosmodium Carolinianum* aus dem südlichen Theil der Union, *Polygonum maritimum* aus dem östlichen, *Grindelia glutinosa* aus dem westlichen Theil derselben, *Galinsoga parviflora* aus Südamerika, alle anderen aus Europa, 75 aller eingeführten Arten scheinen Gartenflüchtlinge zu sein. Alle 113 aus Europa eingeführten Arten kommen in Deutschland vor, da gerade Deutsche häufig nach Milwaukee auswandern, aber noch ausser diesen voraussichtlich verschleppten erinnern viele Arten an Deutschland, wie *Ranunculus aquatilis, scleratus, repens, Galium Aparine, triflorum* (Alpen) und *boreale, Cultha palustris, Brunella vulgaris* u. a. Manche der als aus Europa eingeschleppt bezeichneten, wie *Centaurea Cyanus, Tragopogon porrifolius, Linum usitatissimum* sind auch hier nicht sicher ursprünglich heimisch, aber doch wohl fraglos von hier dorthin gebracht.

460. **Tracy, C. F.** Catalogue of Plants Growing without. Cultivation in Ripon and the Near Vicinity. (Pamph, p. 26, Ripon, Wis, March, 1889.) (Cit. nach B. Torr. B. C., XVII, p. 219.)

461. **Holzinger, J. M.** Notes on Minnesota Plants. (Bot. G., XIV, 1889, p. 290—291.)

Verf. nennt aus Minnesota: *Ludwigia palustris, Actaea alba, A. rubra, Cassia Chamaecrista, Mentha Canadensis, Lycopus Europaeus* var. *sinuatus.*

462. **Hitchcock, A. S.** Additions to the Jowa Flora. (B. Torr. B. C., XVI, 1889, p. 69—70.)

Verf. nennt folgende Arten als neu für Jowa:

Linum rigidum, Astragalus latiflorus var. *brachypus, Petalostemon villosus, Psoralea lanceolata, Trifolium agrarium, Potentilla Anserina, Rosa lucida, Cnicus altissimus,* var. *filipendulus, Coreopsis tinctoria, Tragopogon pratensis, Lysimachia nummularia, Ipòmoea pandurata, Hyoscyamus niger, Plantago Patagonica* var. *aristata, Atriplex patula* var. *littoralis, Cycloloma platyphyllum, Salsola Kali, Shepherdia argentea, Boehmeria cylindrica, Heteranthera limosa, Tradescantia Virginica* var. *flexuosa, Echinodorus rostratus, Carex trichocarpa* var. *aristata, Agropyrum glaucum, A. unilaterale, Eragrostis Purshii, Melica Porteri, Paspalum setaceum, Phalaris Canariensis, Setaria verticillata, Stipa comata, Triplosis purpurea, Tripsacum dactyloides.*

463. **Hitchcock, A. S.** Notes on the flora of Jowa. (Bot. G., XIV, 1889, p. 127—129.)

Verf. theilt einige Beobachtungen aus der Flora von Jowa mit.

464. **Pammel L. H.** Report of the Department of Botany, Jowa State Agricultural College and Farm. (Reprint from 13th Bien. Rept. Board of Trustees 1888 and 1889, p. 42—48.) (Ref. nach B. Torr. B. C., XVII, p. 224.)

Neuerdings eingeschleppt in Jowa sind: *Cuscuta Epithymum, Solanum Caroliniense, S. rostratum* und *Lactuca Scariola.*

465. **Halstead, B. D.** Figuring against Weeds. (Amer. Naturalist., vol. 22. Philadelphia, 1888. p. 774—779.)

Verf. unterwirft 297 krautige Pflanzen des States Jowa einer Untersuchung, die sich auf ihren Schaden für den Farmer bezieht. Die Nutzpflanzen sind hier ausgeschlossen. Von 51 sehr schädlichen Pflanzen (A) sind 28 ein-, 6 zweijährig und 17 ausdauernd. Für 94 minder schädliche Gewächse (B) gelten die entsprechenden Zahlen 34, 12 und 48 und für die verbleibenden 152 indifferenten Kräuter (C) 22, 9, 121. 87 der Gesammtzahl sind eingewandert, 201 einheimisch. Von ersteren sind 44 einjährig (A 18, B 19, C 7), 12 zweijährig (A 3, B 6, C 3) und 31 ausdauernd (A 7, B 12, C 12), während von den letzteren 40 einjährig (10, 16, 14), 15 zweijährig (3, 6, 6) und 155 ausdauernd (10, 35, 110) sind. Es kommen also in der schädlichsten Classe (A) auf 23 einheimische, 28 eingewanderte Gewächse. Verf. führt die hierher gehörigen Pflanzen auf. Die einjährigen unter ihnen zeichnen sich durch ungeheuern Samenreichthum aus (Staudenmelde eine Million, *Veronica* in einem Exemplar 186292 Samen). Matzdorff.

466. **Henry, J.** A Contribution to the Knowledge of Grasses of Central Kansas. (Bull. Washburn Coll. Lab. Nat. Hist. II, 61—63.) (Cit. nach B. Torr. B. C., XVI, 1889, p. 173.)

467. **Smith, B. B.** Catalogne of the Flowering Plants and Ferns of Kansas. (Bull. Washburn Coll. Lab. Nat. Hist. II, 43—61.) (Cit. nach B. Torr. B. C., XVI, 1889, p. 169.)

468. **Vasey, G.** U. S. Department of Agriculture Botanical Division Bulletin No. 8. Washington, 1889. (Ref. nach Bot. C., XXXIX, 1889, p. 281—282.)

Zunächst wird über Culturversuche mit Gräsern in Kansas berichtet. Dann folgt eine Revision der 64 *Panicum*-Arten der Union, worin als neu beschrieben werden: *P. Reverchoni* (Texas), *P. subspicatum* (eb.), *P. platyphyllum* (eb.), *P. pedicellatum* (eb.), *P. Joarii* (Louisiana), *P. nudicaule* (Florida), *P. Wilcoxianum* (Nebraska), *P. sparsiflorum* Vasey = *P. angustifolium* Chapm. non Ell.

469. **Smith, J. G.** Some Nebrasca grasses. (Bot. G., XIV, 1889, p. 231.)

Melica Porteri, die von Colorado bis Arizona bekannt war, ist bei Weeping Wales (35 engl. Meilen östlich von Lincoln, Nebraska und 15 Meilen vom Missouri) gefunden, *Eragrostis pilifera* an der Nordgrenze von Nebraska, eben westlich vom 100. Meridian (sonst aus Texas und Arizona bekannt).

470. **Webber, H. J.** Polygonum incarnatum Ell. with fourparted Perianth. (Amer. Nat., vol. 23. Philadelphia, 1889. p. 264.)

Verf. fand bei Lincoln, Nebraska, *Polygonum incarnatum* Ell., bei dem die meisten Blüthen jedes Blüthenstandes 4, nur wenige 5 Sepala hatten. Von Arten mit regelmässig vierspaltigem Perianth findet sich in der Nähe nur *P. virginianum* L. Matzdorff.

471. **Bessey, C. E.** A Few Notable Weeds of the Nebraska Plains. (Amer. Naturalist, vol. 22. Philadelphia, 1888. p. 1114—1117.)

Verf. schildert eine Anzahl wichtiger und stellenweise in grosser Menge auftretenden Kräuter der Ebenen Nebraskas: *Cenchrus tribuloides* L. (Sandklette) ist heimisch auf den Sandinseln und -Bänken der Flüsse Republican, Platte, Loup, Elkhorn, Niobrara und Missouri und in Folge seiner Kletteigenschaften weit verbreitet. *Solanum rostratum* Dunal (Büffelklette) füllt namentlich im südlichen Mittelnebraska weite Strecken. *Helianthus annuus* L. ist in der Gegend des Weissen Flusses zu Hause. *Hordeum jubatum* L. (Kitzelgrass) ist sehr gemein. Weiter kommen häufig *Amarantus albus* L. und *Cycloloma platyphyllum* Moq. vor, Pflanzen, die weithin vom Winde verweht werden.

Matzdorff.

472. **Bessey, C. E.** The Grass Flora of the Nebrasca Plains. (Amer. Naturalist., vol. 22. Philadelphia, 1888. p. 171—172.)

Verf. schildert die Gräser der Ebenen Nebraskas. Sehr häufig ist das echte „Büffelgras", *Buchloë dactyloides* Engelm., das sich früher östlich bis an den Missouri ausdehnte, heute aber selten jenseits des 100. Meridian angetroffen wird. Es kommt in der Salzmarsch bei Lincoln vor und bildet sehr charakteristische Rasen. Weiter finden sich „Gramma", *Bouteloua oligostachya* Torr, und „Muskitogras", *B. racemosa* Lag. Im W, über 3500' Meereshöhe, kommt das falsche „Büffelgras", *Munroa squarrosa* Torr., auf Salzboden das „Salzgras", *Distichlis maritima* Raf., in grossen Mengen vor. Bemerkenswerth in allen Gegenden sind die „Blaugräser" *Andropogon provincialis* Lam., *A. scoparius* Michx. und *Chrysopogon nutans* Benth. Der W besitzt ausserdem *A. saccharoides* Swz., der O die Quecke *Agropyrum glaucum* R. a. S. Auf trocknerem Land sind *Koeleria cristata* Pers., *Eatonia obtusata* Gr. und *Sporobolus asper* Ksh. gemein. Matzdorff.

473. **Webber, H. J.** The Flora of Central Nebrasca. (Amer. Natur., vol. 23. Philadelphia, 1889. p. 633—636.)

Verf. giebt ein Bild der bisher vernachlässigten Flora der Sandhügel Centralnebraskas. Im Thale des Middle Loup River bestand die Grasmatte aus *Agropyrum glaucum* R. a. S., *Koeleria cristata* Pers., *Elymus canadensis* L., dazwischen *Onoclea sensibilis* L. und *Aspidium thelypteris* Swartz. Die Prairien wiesen auf: *Argemone platyceras* Link. u. Otto, *Pentstemon coeruleus* Nutt., *Erigeron strigosus* Muhl., *Oenothera biennis* L., *Haplopappus spinulosus* DC., *Amorpha canescens* Nutt., *Petalostemon violaceus* Michx., *candidus* M., *villosus* Nutt., *Ceanothus ovatus* Desf., *Eriogonum annuum* Nutt., *Lithospermum hirtum* Lehm. Hier auch *Opuntia missouriensis* DC. In Teichen *Azolla caroliniana* Willd., *Lemna minor* L., *trisulca* L., *Spirodela polyrrhiza* L., *Ranunculus*, *Potamogeton*-Arten. Im Süden des Dismalflussthales *Juniperus virginiana* L. In dem bewaldeten Theil des Thales *Glyceria arundinacea* Kunth., *Gl. nervata* Trin., *Panicum virgatum* L., *Celtis occidentalis*, *Prunus americana*, *demissa*, *Ulmus americana*, *Cornus stolonifer*, *Negundo aceroides*, *Populus monilifera*, *Salix longifolia*, *Rhus glabra*, *Shepherdia argentea*. Hier auch *Elymus striatus* Will., *Agrostis exarata* Trin., *Impatiens pallida* Nutt., *Orizopsis micrantha* Trin. u. Rupr. an einem Teich, auf Sand *Alopecurus geniculatus* L. var. *aristulatus* Torr. Matzdorff.

474. **Bessey, C. E.** The Flora of the Upper Niobrara. (Amer. Nat., vol. 23. Philadelphia, 1889. p. 537—538.)

Verf. zeigt, dass die Flora des oberen Niobrara eine Mischflora der Rocky Mountain und des Ostens ist. Verf. führt als Belegstücke eine Anzahl Pflanzen an. Matzdorff.

475. **Britton, Dr.** Collection of plants made by Rev. Dr. Chas. H. Hall in the Yellowstone National Park. (B. Torr. B. C., XVI, 1889, p. 38)

Verf. nennt als neu für den Yellowstone National Park: *Ranunculus alismaefolius*, *Camelina sativa*, *Polygala paucifolia*, *Dodecatheon Jeffreyi* var. *alpinum*, *Hydrophyllum capitatum*, *Mertensia oblongifolia*, *Lithospermum angustifolium*, *L. pilosum*, *Echinospermum deflexum*, *Oxybaphus nyctagineus*, *Polygonum ramosissimum* und *Carex Hoodii*.

476. The **Desert** in June. (West. Am. Sci. VI, 21–26.) (Cit. u. ref. nach B. Torr. B. C., XVI, 1889, p. 172.)

Pflanzenlisten aus der Colorado-Wüste.

477. **Cockerell, T. D. A.** Notes on the Flora of Custer County, Colorado. (West. Am. Sci. VI, 10–12.) (Cit. nach B. Torr. B. C., XVI, 1889, p. 172.)

478. **Crépin, F.** Observations sur le Rosa Engelmanni Watson. (B. S. B. Belg., XXVIII, 1889, p. 93—95)

Verf. betrachtet *Rosa Engelmanni* Watson aus Colorado nur als ein Synonym seiner *R. acicularis* Lindl. var. *Bourgeauiana*.

479. **Thacher, G. W.** Alpine Flowers of Colorado. (Appalachia, the journal of the Appalachian Mountain Club, V, 1889, p. 284–291.)

Eine der gewöhnlichsten alpinen Pflanzen Colorados ist *Geum Rossii*. Bei dem Seven Lakes House fand sich häufig *Sibbaldia procumbens*, die auf dem White Mountain so eifrig gesucht wurde; auf dem Pike's Peak fand Verf. *Primula angustifolia*, *Myosatis silvatica* var. *alpestris* und *Androsace Chamaejasme* sowie ganz oben als einzige Blüthenpflanze *Claytonia megarrhiza*. Von anderen Charakterpflanzen jenes Gebietes nennt Verf.: *Ranunculus digitatus*, *Thalictrum alpinum*, *Trollius laxus* var. *albiflorus*, *Caltha leptosepala*, *Viola palustris*, *Silene acaulis*, *Lychnis montana*, *Cerastium alpinum* var. *Behringianum*, *Arenaria biflora* var. *carnosula*, *Claytonia megarrhiza*, *Trifolium dasyphyllum*, *T. nanum*, *Dryas octopetala*, *Geum triflorum*, *Saxifraga flagellaris*, *S. chrysantha*, *S. caespitosa*, *S. cernua*, *S. rivularis*, *S. nivalis*, *Sedum Rhodiola*, *Cymopterus alpinus*, *Solidago humilis* var. *nana*, *Actinella grandiflora*, *Artemisia borealis*, *A. Norvegica*, *Senecio Fremonti*, *S. amplectens*, *S. petraeus*, *Campanula uniflora*, *Vaccinium Myrtillus* var. *microphyllum*, *Primula Parryi*, *Gentiana barbellata*, *G. prostrata*, *G. frigida*, *Phlox Douglasii*, *Polemonium confertum*, *P. humile* var. *pulchellum*, *Mertensia alpina*, *Chionophila Jamesii*, *Synthyris alpina*, *Veronica alpina*, *Castilleia pallida* var. *occidentalis*, *Oxyria digyna*, *Polygonum Bistorta* var. *viviparum*, *Betula glandulosa*, *Salix reticulata* und *Lloydia serotina*.

480. **Lopatecki, M.** The Trees of British Columbia. (West Am. Sci. VI, 88—91.) (Cit. nach B. Torr. B. C., XVI, 1889, p. 284.)

481. **Macoun, J.** List of Plants Collected by Dr. G. M. Dawson in the Yukon District and Adjacent Northern Portion of British Columbia in 1887. (Ann. Rep. Geol. Surv. Canada, III, 215b—228b, 1889.) (Cit. nach B. Torr. B. C., XVII, p. 130.)

482. **Drew, E. R.** Notes on the Botany of Humboldt County, California. (B. Torr. B. C., XVI, 1889, p. 147—152.)

Verf. nennt als wichtige Funde aus dem Humboldt County Kaliforniens:

Thlaspi Californicum, *Viola Hallii*, *Arenaria macrophylla*, *Trifolium plumosum*, *T. Howellii*, *Hosackia decumbens*, *Potentilla elata*, *Sedum radiatum*, *Ptilocalais gracililoba* Greene (= *Calais gracililoba* Kell), *Bellis perennis*, *Cnicus arvensis*, *Gaultheria Myrsinites*, *Pentstemon Rattani*, *Aphyllon pinetorum*, *A. fasciculatum* (einige Exemplare als Uebergangsglieder zu *A. uniflorum*), sowie einige neue Arten und Varietäten.

483. **Behr, H. H.** Flora of the Vicinity of San Francisco. (Cit. nach B. Torr. B. C., XVI, 1889, p. 33.)

484. **Steele, J. G.** Die Coniferae Kaliforniens. (Pharm. Rundschau, vol. 7, 1889, No. 8.)

485. Pittonia, vol. 1, 1889:

p. 266. Greene, E. L., A supplementary list of Cedros Islands plants.
p. 261. „ „ The vegetation of the San Benito Islands.

vol. 2, 1889:

p. 13. Greene, E. L., New or noteworthy species.
p. 25. „ „ The N. Amer. Neilliae.
p. 31. „ „ Geogr. Distrib. of Western Unifolia.
pt. 3, p. 215, 280, 300. New or noteworthy species.

486. **Orcutt, C. R.** Trees and Shrubs of San Diego County, California. (West. Am. Sci., VI; 64—65.) (Cit. nach B. Torr. B. C., XVI, 1889, p. 258.)

487. **Orcutt, C. R.** Flora of the Alamo. (West. Am. Sci., VI, 132—134.) (Cit. nach B. Torr. B. C., XVI, 1889, p. 336.)

488. **Macoun, J.** The Mountain Forests of Vancouvers Island. (Garden and Forest, II, 525.) (Cit. nach B. Torr. B. C., XVI, 1889, p. 336.)

489. **Behr, H. H.** Changes in the Fauna and Flora of California. (P. Calif. Acad. 2 ser., 1 vol., 1 part., p. 94—99.)

Gelegentlich einiger Angaben über die Aenderung in der Häufigkeit einiger Reptilien werden auch einige über das Verschwinden von Pflanzen in Kalifornien gemacht.

490. **Brandegee, T. S.** Flora of the Santa Barbara Islands. (P. Calif. Acad., vol. I, Part. 2, p. 201—226.)

Zunächst wird eine grosse Zahl von Ergänzungen zu Greene's „Catalogue of the Flowering Plants and Ferns of the Island of Santa Cruz" gegeben. Dann giebt Verf. eine Aufzählung der Pflanzen von Santa Rosa. Endlich vergleicht er beide Floren mit der der Santa Inez-Berge. Einige Hauptpunkte der Vergleichung stellt er am Schluss zusammen: *Delphinium Parryi* Gray ist eine der gemeinsten Arten jener Berge und auch auf den Inseln häufig. *Platystigma Californicum* Benth. et Hook. ist identisch mit *P. denticulatum* Greene, nur sind die Formen der Inseln mehr gezähnt als die des Festlandes; ebenso *Thysanocarpus laciniatus* Nutt. = *T. ramosus* Greene; *Calandrininia Breweri* Wats. scheint häufiger auf Santa Cruz als auf dem Festland; *Rhamnus crocea* Nutt. = *R. insularis* Kellogg (die grossblätterige Inselform erscheint wieder in höheren Erhebungen der Berge), *Rhus ovata* Wats. ist wie alle ihre Gattungsgenossen grösser und baumartiger auf der Insel als auf dem Festland; *Galium Californicum* Hook. et Arn. = *G. flaccidum* Greene (auch *G. Aparine* Europas findet sich auf Santa Rosa); *Audibertia stachyoides* ist gemein auf beiden Inseln; *Calochortus albus* Dougl. findet sich mit weissen Blüthen auf dem Festland, mit purpurnen auf Santa Cruz. Es schwinden dadurch viele vermeintlich endemische Formen der Insel; die Variation in der Flora ist bedingt durch die Winde, daher am geringsten in Santa Cruz, im Ganzen ist aber der Unterschied vom nächsten Festland gering.

491. **Gray, Asa**. (Gaea 1888, p. 359—361.) Necrolog. (Vgl. Bot. J., XVI, 1888, 2 Abth., p. 143, R. 321.)

492. **Baker, J. G.** (118). Neue Amarylidee und Agavee des Prairien-Gebietes: p. 126 *Hymenocallis galvestonensis* Bak. = *Choretis galvestonensis* Herb.. Texas. p. 172 *Agave (Euagave) huachucensis* Bak., verw. *A. Shawii* Engelm., Arizona, Huachucaberge. Matzdorff.

493. **Porter, Th. C.** Additions to our Native Flora. (B. Torr. B. C., XVI, 1889, p. 21.)

Verf. beschreibt folgende neue Varietäten aus der Union: (vgl. R. 468)

Geum album Gmelin var. *flavum:* Ostpennsylvanien und New-Jersey.

Gaylussacia resinosa (Ait.) T. et G. var. *leucocarpa:* Warriors Ridge, Huntingdon Co., Pa; auch New-Jersey.

Boehmeria cylindrica Willd. var. *scabra:* Crawford und Lancaster ounties, Penn. u. Budd's Lake, Morris Co., N.-J.

494. **Greene, E. L.** Some American Polemoniaceae I. (Pittonia, vol. I, part. III, p. 120—139.) (Ref. nach Bot. C., XXXVIII, 1889, p. 778—779.)

Revision der Gattungen *Polemonium, Collomia* und *Navarretia.* Neu sind: *P. filicinum, C. diversifolia, N. prostrata* (= *Gilia* Gray), *N. nigellaeformis, N. mitracarpa, N. prolifera, N. penninsularis, N. subuligera, N. tagetina, N. foliacea* und *N. hamata.*

495. **Coulter, J. M.** and **Rose, J. N.** (389) beschreiben folgende neuen *Umbelliferae* aus Nordamerika:

Peucedanum Hassei: Los angeles county, Kalifornien.

„ *Torreyi (verw. P. Oreganum* und *Parryi):* Yosemite-Thal (Kalifornien).

„ *evittatum (verw. P. Canbyi und bicolor):* Ellensburg, Spokane county; Washington.

Peucedanum Lemmoni: Huachuca Mountains (Südostarizona),

„ *Plummerae (verw. P. Nevadense):* Sierra county (Kalifornien).

Eryngium Lemmoni (verw. E. Wrightii): Chirricahua Mts. (Südostarizona).

Eulophus Parishii var. *Rusbyi:* Arizona (Bill Williams Mountain).

Velaea arguta var. *ternata:* San Diego county (Kalifornien).

Carum Lemmoni (verw. C. Oreganum): Tuolomne forest (Kalifornien).

Taenipleurum (n. gen.) *Howellii* (= *Carum Howellii* C. et R. = *Ataenia Howellii* Greene, Pittonia): Grants Pass, Oregon.

496. **Vasey, G.** and **Rose, J. N.** List of Plants Collected by Dr. Edward Palmer in Lower California in 1889. (Proc. U. S. Nat. Mus., 1888, 527—536.) (Cit. u. ref. nach B. Torr. B. C., XVI, 1889, p. 283.)

Verf. beschreiben folgende neuen Arten aus Niederkalifornien:

Hosackia (Syrmatium) *Watsoni, H. Palmeri, Ribes Palmeri, Aplopappus fasciculatus, Senecio peninsularis, Gilia* (Siphonella) *laxa, Phacelia* (Eutoca) *Palmeri, Solanum Palmeri, Antirrhinum Watsoni, Vigniera microphylla, Encelia laciniata, E. Palmeri* und *Krynitzkia Grayi.*

497. **Jack, J. G.** Magnolia glauca in its Most Northern Home. (Garden and Forest II, 363—364.) (Cit. u. ref. nach B. Torr. B. C., XVI, 1889, p. 283.)

Verf. giebt *Magnolia glauca* aus den Sümpfen des Essex Co., Massachusets an, welches ihr nördlichster bekannter Standort ist.

498. **S. W.** Tigridia buccifera. (Garden and Forest II, 412, fig. 125.)

Tigridia buccifera ist eine neue Art aus den Gebirgen von Nordmexico.

499. **Watson, S.** Contributions to American Botany. (P. Am. Ac., XXIV, p. 36—87.)

Verf. beschreibt folgende neue Arten von Guaymas (Mexico), der Los Angeles Bucht (Niederkalifornien) oder der Insel San Pedro Martin im Golf von Kalifornien:

Cardamine Palmeri, C. Angelorum, Nasturtium (?) laxum, Lepidium Palmeri, Cleome tenuis, Horsfordia rotundifolia, H. Palmeri, Abutilon scabrum, Sphaeralcea axil-

laris, Melochia speciosa, Atenia filiformis, Bunchosia parvifolia, Bursera laxiflora, B. pubescens, Zizyphus Sonorensis, Colubrina glabra, Serjania Palmeri, Paullinia Sonorensis, Tephrosia Palmeri, T. constricta, Desmodium scopulorum, Caesalpinia Palmeri, Prosopis articulata, P. Palmeri, Pithocolobium Sonorae, Oenothera Angelorum, Cucurbita cordata, Apodanthera Palmeri, Maximowiczia Sonorae, Echinopogon insularis, E. Palmeri, Portlandia pterosperma, Randia Thurberi, Hofmeisteria crassifolia, H. pubescens, Malperia (nov. gen. Agerat.) *tenuis, Aster frutescens, Pelucha* (nov. gen. Pluchein) *trifida, Verbesina Palmeri, Perityle deltoidea, P. Palmeri, Porophyllum crassifolium, Pectis Palmeri, Perezia Palmeri, Sideroxylon leucophyllum, Asclepias albicans, Metastelma albiflora, Pattalias* (nov. gen. Asclepiad.) *Palmeri, Marsdenia edulis, Gilia Palmeri, Phacelia pauciflora, Cordia Palmeri, Borreria Sonorae, Caldenia angelica* (bei der Gelegenheit wird *C. brevicalyx* n. sp. von Niedercolorado getrennt von *C. Palmeri* Gray, zu welcher sie bisher gerechnet worden ist), *Ipomoea Palmeri, Jacquemontia Palmeri, Cuscuta Palmeri, Lycium carinatum, Martynia Palmeri, Dianthera Sonorae, Lippia Palmeri, Citharexylum flabellifolium, Bouchea dissecta, Hyptis Palmeri, Boerhaavia alata, B. triquetra, B. Xanti, B. Palmeri, Cryptocarpus (?) capitatus, Iresine alternifolia, Atriplex linearis, Loranthus Sonorae, Euphorbia intermixta, E. petrina, E. portulana, Jatropha Palmeri, Argythamnia Palmeri, Ficus Palmeri, F. fasciculata, F. Sonorae, Bradlea Palmeri* und *Washingtonia Sonorae.*

500. **Orcutt, C. R.** A New Species of Cereus. (West. Amer. Sci., VI, 29.) (Cit. u. ref. nach B. Torr. B. C., XVI, 1889, p. 170.)

Cereus cochal n. sp. aus Niederkalifornien.

501. **Parry, C. C.** A New Species of Eriogonum from Lower California. (West. Am. Sci., VI, 102, 103.) (Cit. und ref. nach B. Torr. B. C., XVI, 1889. p. 307.)

Eriogonum fastigiatum n. sp. von La Salada in Niederkalifornien.

502. **Lemmon, J. G.** New Californian Plants. (B. Torr. B. C., XVI, 1889, p. 221—222.)

Neue Arten aus Kalifornien:

Draba Crockeri, Potentilla (Horkelia) *congesta* (Hook) Baillon var. *lobata* und *Nama densa.*

503. **Trelease, W.** (390) beschreibt *Euonymus Parishii* n. sp. von den San Jacinta-Bergen in Kalifornien.

504. **Greene, E. L.** West American Oaks. (Pamphi, 4° 46 p., 24 plates. San Francisco. May 1889.) (Ref. nach B. Torr. B. C., XVI, 1889, p. 177—178.)

Verf. giebt eine Monographie von 20 westamerikanischen Eichen, darunter an neuen Arten:

Quercus MacDonaldi, Q. turbinella und *Q. Engelmanni.*

Q. Bremeri Engelm. (1880) = *Q. Oersteliana* R. Br. (1871).

Q. oblongifolia Engelm. = *Q. Engelmanni* Greene.

505. **Parry, C. C.** Ceanothus L. — Recent Field Notes, with a Partial Revision of Species. (Proceed. Davenport Acad. Sci., V, 185—194.) (Ref. nach B. Torr. B. C., XVI, 1889, p. 281.)

Neue Arten:

Ceanothus tomentosus, C. Lemmoni und *C. Orcuttii* von Kalifornien.

506. **Watson, S.** (499) beschreibt folgende neuen Arten aus Kalifornien:

Silene Bernardiana, Erigeron sanctorum, Boeria Parishii, Bahia Palmeri, Collinsia Wrightii, Mimulus deflexus, Eriogonum Esmeraldense, E. gracilipes und *Allium hyalinum* Curron in herb.

Weiter wird neu beschrieben: *Calathea crotalifera* n. sp. von Guatemala und Florida und *Nemastylis Pringlei* von Chihuahua (Mexico). Dann werden noch Bemerkungen meist kritischer Art angeschlossen über *Cacalia tussilaginoides, Microseris anomala, Louteridium Donnell-Smithii* und *Sisyrinchium anceps; Tigridia Dugesii* wird zur Gattung *Nemastylis* übergeführt.

507. **Greene, E. L.** The Genus Lythrum in California. (Pittonia II, 11—13.) (Cit. u. ref. nach B. Torr. B. C., XVI, 1889, p. 337.)

Ausser *Lythrum Californicum* findet sich noch *L. Hyssopifolia* in Kalifornien. Ausserdem beschreibt Verf. *L. adsurgens* n. sp. von San Francisco und *L. Sanfordi* n. sp. von Stockton.

508. **Sargent, C. S.** Pinus latifolia. (Garden and Forest II, 496, fig. 135.) (Cit. u. ref. nach B. Torr. B. C., XVI, 1889, p. 338—339.)

Pinus latifolia n. sp. von den Santa Rita Mountains.

509. **Baker, J. G.** (118). Neue Agaven des kalifornischen Gebietes: p. 182 *A. (Euagave) Pringlei* Engelm., Centralgebirge Unterkaliforniens 6000'. Matzdorff.

510. **Greene, E.** West American phases of the genus Potentilla. (Pittonia I, p. III, p. 95—106.) (Ref. nach Bot. C., XXXVIII, 1889, p. 683.)

Verf. vereinigt *Horkelia* und *Ivesia* mit *Potentilla*, wobei er folgende neue Arten aufstellt: *P. Californica* = *Horkelia Californica* Cham. et Schlecht., *P. elata* Gr., *P. Lindleyi* = *H. cuneata* Lindl., *P. pulverula*, *P. ciliata* und *P. Howellii*.

511. **Greene, E.** Some West American Asperifoliae III. (Pittonia, vol. I, part III, p. 107—120.) (Ref. nach Bot. C., XXXVIII, 1889, p. 684.)

Revision der Gattung *Cryptanthe*, zu welcher *Krynitzkia* und Arten von *Eritrichium* gezogen werden.

512. **Greene, E.** New or noteworthy species. (Pittonia, vol. I, part III, p. 139—143.) (Ref. nach Bot. C., XXXVIII, 1889, p. 775.)

Neue Arten aus Kalifornien: *Sidalcea Hickmanni*, *Clarkea Saxeana*, *Phacelia nemoralis*, *Allocarya scripta*.

513. **Greene, E. L.** Concerning some Californian Umbelliferae. (Pittonia I, 269—276.) (Cit. u. ref. nach B. Torr. B. C., XVI, 1889, p. 176.)

Verf. bespricht folgende *Umbelliferae* aus Kalifornien:

Sanicula Menziesii; *S. maritima* (letztere sehr selten); *Scandix Pecten-veneris* (naturalisirt in Napa Valley); *Cicuta virosa*, *C. maculata* und *C. Californica* werden als Arten aufrecht erhalten gegen Coulter's Einspruch; *Ataenia* Hook. et Arn. soll den Vorrang vor der jüngeren *Edosmia* Nutt. haben, die 4 Arten heissen daher *A. Gairdneri* Hook. et Arn., *A. Kelloggii* (Gray) Greene, *A. Oregana* (Nutt.) Greene und *A. Howellii* (Coult. and Rose) Greene.

514. **Greene, E. L.** New or noteworthy species VI. (Pittonia II, 13—17.) (Cit. u. ref. nach B. Torr. B. C., XVI, 1889, p. 339—340.)

Platystemon crinitus n. sp. vom Kern County, Kal., *Viola pinetorum* n. sp. von ebenda; *Viola chrysantha* Hook. muss der Priorität noch weichen vor *V. chrysantha* Schrad., daher wird *V. Douglasii* für die Art aus dem westlichen Nordamerika vorgeschlagen, sowie für die noch neuere *V. chrysantha* Philippi der Name *V. Philippiana*. *Ceanothus conniveus* n. sp. wird beschrieben aus Calaveros Co. Der Name *Sericocarpus tomentellus* Greene Pittonia wird in *Aster trichellioides* verändert.

515. **Curran, M. K.** Botanical Notes. (P. Calif. Acad., vol. I, part 2, April 1889, p. 227—269.)

Enthält I. Plants from Baja California (an der Magdalena-Bucht).

II. Papaveraceae of the Pacific Coast (10 Gattungen).

III. Miscellaneous Studies. (Meist systematischer Art.)

Neue Arten: *Drymaria Veatchii* (Cedros-Insel, Magdalena-Bucht), *Gongylocarpus frutescens* (Magdalena-Bucht), *Franseria Bryantii* (Eb.), *Oenothera ovata*.

516. **Millspaugh, C. F.** Euphorbiaceous Plants collected by Mr. T. S. Brandegee in 1889 on the mainland of Lower California and the adjacent islands of Magdalena and Santa Barbara. (P. Calif. Acad., II, 1889, p. 217—230.) (Ref. nach B. Torr. B. C., XVII, p. 44—45.)

Neu sind: *Phyllanthus Brandegei*, *P. ciliato-glandulosus*, *Croton Magdalenae*, *Argythamnia Brandegei*, *A. serrata* var. *Magdalenae*, *A. sericophylla* var. *verrucosemina* *Acalypha Comunduana*, *Bernardia viridis*, *Euphorbia Parisiana*, *E. Brandegei*, *E. pedi-*

culifera var. *minor*, *E. conjuncta*, *E. involuta*, *E. geminiloba*, *E. Comunduana* und *E. heterophylla* var. *eriocarpa*.

517. **Britton, N. L.** List of plants collected by Dr. E. A. Mearns at Ft. Verde and in the Mogollon and San Francisco Mts., Arizona, 1884—1888. (General Floral Characters of the San Francisco and Mogollon Mts. and the adjacent region, by H. H. Rusby.) (Trans. N. Y. Acad. Sci., VIII, 61—81, reprinted.) (Cit. u. ref. nach B. Torr. B. C., XVI, 1889, p. 203.)

Verf. zählt 300 Arten aus den Mogollon und San Francisco Mountains auf, darunter als neue Arten und Varietäten:

Viola canadensis var. *scariosa* Porter, *Hosackia Mearnsii*, *Lathyrus Arizonicus*, *Castilleia gloriosa*, *Audibertia Mearnsii*, *Eriogonum Mearnsii*. Wieder aufgenommen werden folgende Namen: *Stanleya pinnata* (Pursh 1813) für *S. pinnatifida* Nutt. 1818; *Bahia dissecta* (Gray 1849) für *B. chrysanthemoides* Gray 1883; *Pseudotsuga taxifolia* Lamb. für *P. Douglasii* Lamb., *Calypso bulbosa* L. (1753) für *C. borealis* Salisb. (1807); eingeführt *Micrampelis Gilensis* (Greene) für *Echiocystis Gilensis* Greene, *Unifolium racemosum* (L.) Britt. für *Smilacina racemosa* Desf.

518. **Parry, C.** Chorizanthe. Review of certains species heretofore improperly characterized or wrongly referred with two new species. (Proceedings of the Davenport Academy V, 1889, p. 174—176.)

Chorizanthe Andersoni und *robusta* n. sp. aus Kalifornien. (Vgl. Bot. C., XLIV, p. 127.)

519. **Drew, E. R.** beschreibt an neuen Arten und Varietäten von Humboldt County Kaliforniens:

Ranunculus aquatilis var. *hispidulus*, *Lupinus adsurgens*, *L. silvestris*, *Hosackia denticulata*, *Potentilla laxiflora*, *Epilobium exaltatum*, *Hemizonia scabrella*, *Scorzonella arguta*, *Eriogonum speciosum*, *Euphorbia occidentalis* und *Allium stenanthum*.

520. **Greene, E. L.** Vegetation of the San Benito Islands. (Pittonia I, 261—266.) (Cit. u. ref. nach B. Torr. B. C., XVI, 1889, p. 144.)

Verf. giebt eine Liste von 24 Pflanzen von den San Benito-Inseln (20 Meilen westlich von Cedros Island), darunter sind folgende neue Arten: *Euphorbia benedicta*, *Atriplex dilatata* und *Cryptanthe patula* (*Suaeda Torreyana* wird als *S. Moquini* aufgeführt, da sie zuerst *Chenopodina Moquini* Torrey genannt ist).

Anschliessend daran werden vom Cedros Island als neue Arten genannt: *Eriogonum taxifolium*, *E. Pondii*, *Mamillaria Pondii*, *Lycium Cedrosense* und *Physalis pedunculata*.

521. **Panicum Wilcoxianum** from Fort Niobrara. (B. Torr. B. C., XVI, 1889, p. 146.)

522. **Greene, E. L.** Plant from the Bay of San Bartolomi, Lower California. (Pittonia I, 287, 288.) (Cit. u. ref. nach B. Torr. B. C., XVI, 1889, p. 204.)

Arabis pectinata n. sp., *Astragalus Pondii* n. sp. und *Lupinus Pondii* n. sp. von San Bartolomi in Niederkalifornien.

8. Arbeiten, die sich auf mehrere asiatisch-australische Florenreiche beziehen oder deren Beziehung auf ein bestimmtes Florenreich Asiens oder Australiens nicht klar ersichtlich ist. (R. 523.)

523. **Herder, A. v.** Plantae Raddeanae apetalae I Chenopodeae et Amarantaceae a cl. Dre. G. Radde et nonnullis aliis in Sibiria orientali collectae. (Act. Petr. X, 1889, p. 583—627.)

Enthält auch Angaben über die Verbreitung ausserhalb des Gebiets, ganz wie die früheren Arbeiten des Verf.'s über die Monopetalen (vgl. die früheren Jahrgänge des Bot. J.).

9. Nordisches Florenreich.

(Asiatisch-amerikanischer Theil.)

(Canada, Columbien, Ochoskische Küstenländer, arktische Länder, Sibirien.) (R. 524—535.)

Vgl. auch R. 72 (Standortsverhältnisse subborealer Florenelemente), 81 (Pflanzen Alaskas), 404—407 (Zur Flora des nördlicheren Nordamerikas), 445 *(Trientalis)*.

524. **Keller, R.** Die Vegetation arktischer Länder. (Biol. Centralbl., 9. Bd. Erlangen, 1890. p. 161—180.)

Verf. bespricht drei die Vegetation arktischer Länder betreffende Fragen: 1. Welche Pflanzen kommen hier in eisiger Kälte vor? Wie verhalten sich die Floren der verschiedenen arktischen Gebiete zu einander? 2. Wie vergesellschaften sich diese Gewächse? Welche Vegetationsformationen kann man unterscheiden? 3. Welches ist die historische Entwicklung der genannten Flora?

Grönland besitzt etwa 360 Samen- und 26 Gefässsporenpflanzen. Fast $^1/_3$ aller Gefässpflanzen sind einkeimblättrig, die Gymnospermen sind durch eine Art vertreten. In der Schweiz bilden die Kryptogamen kaum 2,5 % der Gefässpflanzen, in Grönland 7 %. Dort verhalten sich die Monocotyledonen zu den Dicotyledonen wie 1 : 3,8, hier wie 1 : 1,7. Der Grund besteht in der grossen Widerstandsfähigkeit der Glumaceen, zu denen 27,5 % aller grönländischen Gefässpflanzen gehören; in Island sind es 20, auf Spitzbergen 28, auf Nowaja-Semlja und Waigatsch 25 % gegen 11,6 % bei uns. Auch sind die genannten Windblüthler. Dass das ein Vortheil ist, geht auch andererseits daraus hervor, dass die Schmetterlingsblüthler, die bei uns 5 % der Flora ausmachen, in Island nur 2,85, auf Nowaja-Semlja und Waigatsch 2,1, in Grönland 0,5 % betragen, auf Spitzbergen ganz fehlen. Ebenso sind die Lippenblüthler bei uns $3^1/_2$ %, in Grönland $^1/_4$, in Island 1,18, auf den Faeröer 1,83 %. Am artenreichsten sind in Grönland unter den Dicotyledonen die Caryophyllaceen (28 Arten oder 7,25 % aller Gefässpflanzen), Cruciferen (gleichfalls 28), Compositen (22 Arten, 5,7 %) und Rosaceen (18 Arten, 4,66 %). Die erstgenannten stehen auch in Island und auf Spitzbergen, hier sogar mit 10 %, hoch in der Reihe. Voran stehen auf Spitzbergen die 15 Kreuzblüthler (12 %), an dritter Stelle kommen die Saxifragaceen mit 11 Arten. Für diese Erscheinungen ist die kurze Lebensdauer vieler Caryophyllaceen und Cruciferen maassgebend. — Im Vergleich von Grönland (386 Arten) und Island (417) finden wir, dass ersterem 165 isländische, letzterem 145 grönländische Arten fehlen. Unter den 165 sind viele auf Island gemeine Pflanzen, wie z. B. *Parnassia palustris*, *Viola tricolor*, *Caltha palustris*, *Gentiana campestris* u. a. Fast $^2/_3$ aller grönländischen Arten sind in Europa und Amerika zugleich, 12 % nur in Amerika, 9—10 % nur in Europa vorhanden. Endemisch sind in Grönland 3 Potentillen, 1 Weidenröschen, 1 Gänsekresse, 1 Glockenblume, 6 Carices, 3 Gräser, zusammen 15 Arten.

In Grönland sind zwei Pflanzenregionen ausgeprägt. Die auf Südgrönland beschränkte Birkenregion besitzt offene, lichte Bestände der 2—3 m hohen genannten Pflanze, daneben an Holzgewächsen *Sorbus americana*, Abarten der Grünerle, des Wachholders, Weiden. Dazu kommen 55 Stauden. Das europäische Element wiegt hier vor. Andererseits fehlen häufige norwegische Kräuter; der Grasreichthum ist dem anderer nordischer Birkenwaldungen gleich. Die Birkenregion von Südgrönland bis zum Weissen Meer verdankt ihr Entstehen dem gleichen Klima und beruht nicht auf historischem Zusammenhang. Sobald nun auch auf Grönland das Klima continentaler wird, hören die Birkenwaldungen auf. — Die zweite, die alpine Region, nimmt den grössten Theil Grönlands ein und umfasst 6 Formationen: Gebüsch und Matte, Haide, Fjeldformation, Moor, Strandformation, Formation des gedüngten Bodens. Die Gebüsche befinden sich im Thalinnern, an Senkungen auf schwarzem Boden. Weiden *(Salix glauca)* werden unter dem 68.° noch manns-, unter dem 73.° noch 2′ hoch. Wachholder, Zwergbirke, *Archangelica officinalis*, viele andere finden sich hier; neben Pflanzen der Tieflandriesen Alpengewächse, neben bekannten deutschen Bergpflanzen uns fremde Formen. Fehlt das Weidenbuschwerk, so haben wir die Matte, die an unsere Alpenmatte sich anlehnt. Die Haide bilden ganz niedrige Sträucher, die schwarze Rauschbeere, *Cassiope tetragona*, *Ledum palustre* und *L. groenlandicum* u. a. m. Es fehlt aber z. B. *Calluna vulgaris*, und *Arctostaphylos uva ursi* ist sehr selten, so dass gegenüber den europäischen Haiden auf Island, in Skandinavien und Finland die grönländischen und die Nordostasiens amerikanisches Gepräge haben. Auf steilem und kaltem Gelände, auf den sterilen Felsen und den höchsten Gipfeln wohnt die Fjeldformation. Sie ist nach dem Grade der Bewässerung verschieden zusammengesetzt, stets aber sind Sträucher selten, und die Stauden, Moose und Flechten bilden nie eine zusammhängende Matte. Die Stauden dieser Formation wachsen oft in Haufen zusammengedrängt, die Blätter bilden an kurzen Zweigen Rosetten. nahezu $^1/_8$ aller grönländischen Gefässpflanzen (112 Arten) steigt über 2000′ empor. Die Fjeldformation ist die Flora des höchsten Nordens. Nördlich des 80.° kommen noch 33 Arten vor, nördlich vom 83°. finden sich noch *Papaver nudicaule*, *Alopecurus alpinus* und *Saxifraga oppositifolia*. Vor der sengenden Dürre des Sommers schützen sich die Pflanzen durch an Wüstenbewohnern gekannte Merkmale, Blätter mit zurückgerollten Rändern, aneinandergedrückte Nadeln, Wachsüberzüge, kleine Blätter. Daneben grosse Fülle und Pracht der Blüthen. Die Formation der süssen Gewässer (Teiche, Seen, Sümpfe und Moore): Die Wasserpflanzen sind die unsrigen, die Moore Gras- oder Moosmoore. Torfmoore fehlen. Die Strandformation ist homogener als in Norddeutschland, wo man Dünen- und Marschflora unterscheidet. Sie unterscheidet sich von der skandinavischen durch den Mangel von *Atriplex*, *Scirpus maritimus*, *Salicornia* u. a. An den Wohnplätzen der Eskimos und auf den Vogelbrutstätten ist die Formation des gedüngten Bodens zu finden, der auch die Adventivflora (*Capsella bursa pastoris*, *Stellaria media*, *Urtica urens*, *Rumex acetosa* u. a.) beizuzählen ist.

Grönland hat einst eine weit reichere Flora mit Laub- und Nadelwäldern besessen. Drude nimmt für seine Flora eine postglaciale Einwanderung von Europa aus auf einer jetzt verschwundenen Landverbindung an. Warming dagegen betont, dass viele der gewöhnlich im Gegensatz zu den rein amerikanischen Arten europäisch genannten Gewächse auch in Amerika vorkommen, dass das Relief des atlantischen Oceans die Danmarksstrasse als Scheide zwischen einer europäischen und arktisch-amerikanischen Flora erkennen lässt, und behauptet so, dass die grönländische Flora die Eiszeit im Lande selbst überlebte. Er glaubt, dass während derselben Schlupfwinkel genug vorhanden gewesen sind, um einen Theil der älteren Flora zu retten; doch ist z. B. *Salix polaris* untergegangen. Die 15 endemischen Arten sind Neubildungen. Sodann sind die Arten, die Nordamerika und Europa mit Grönland theilen, eher von Grönland nach Europa, als umgekehrt gewandert. Freilich lässt der Umstand, dass im südlichen Grönland die östlichen Typen überwiegen, auch wieder auf eine geringe Einwanderung von Osten her schliessen. Zugvögel, Winde und Meeresströmungen sind die Verbreitungsmittel, die selbst weite und tiefe Meerestheile überwinden (s. Jan Mayen). Matzdorff.

525. **Rosenvinge, L. K.** Karplanter fra det sydlige Grönland. (Meddelelser fra den botaniske Forening in Kjöbenhavn, Bd. II, 1889, No. 6.) (Ref. nach Bot. C., XLI, p. 361.)

Neu für das südliche Grönland sind: *Drosera rotundifolia*, *Viola Selkirkii* Goldie (= *V. umbrosa* Fr.), *Scirpus pauciflorus*, *Carex Buxbaumii*. Ebenda p. 363 werden nach Hansen's Sammlung neu für Nordgrönland *Tofieldia coccinea* und *Asperugo procumbens* genannt.

526. **Warming, E.** Ueber Grönlands Vegetation. (Engl. J., X, 1889, p. 364—409.)

Verf. giebt einen Auszug aus einer dänischen Arbeit über Grönlands Vegetation, über welche im vorigen Jahrgang des Bot. J. (2. Abth., p. 160, R. 409) berichtet wurde.

527. **Lawson, G.** Remarks on Flora of the Northern Shores of America with Tabulated Observations made to Mr. F. F. Payne, on the Development of Plants at Cape Prince of Wales, Hudson Strait, during 1886. (Trans. Roy. Soc. Canada, IV, 1887.) (Ref. nach B. Torr. B. C., XVII, p. 45.)

Hervorgehoben werden aus 66 gesammelten Arten *Vaccinium Vitis Idaea*, *V. uliginosum*, *Diapensia Lapponica*, *Pyrola minor*, *Rhododendron Lapponicum*, *Salix herba-*

cea, Saxifraga oppositifolia, welche in den Bergen der nordöstlichen Union vorkommen, sowie *Cerastrum vulgatum, Honckenya peploides, Eriophorum polystachyon*, welche in demgleichen Lande sogar in der Ebene wachsen.

528. **Lawson, G.** Remarks on the distinctive Charakters of the Canadian Spruces — species of Picea. (Proceed. of the Canadian Institute, Toronto, 3 ser., vol. VI, 1889, p. 169—180.)

Es lassen sich in Canada 3 Arten *Picea* unterscheiden:

1. *P. alba* Link: Besonders an den Meeresküsten und Seeufern, längs dem St. Lorenz an die Seen reichend, doch selbst auf Neu-Schottland, mindestens selten in grösserer Entfernung vom Meere.

2. *P. nigra* Link: Weit verbreitet an der Küste und im Binnenland, auch weit nach N und im S hoch auf die Berge reichend, doch meist auch an feuchteren Orten.

3. *P. rubra* Link: In Neu-Schottland. einigen Theilen von Niedercanada und nordwärts zur Hudson-Bai, aber nicht in der Union.

529. The A. A. U. S. Botanical Club's Trip to the Lakes of Muskoka, Ontario, August 31 to Septembre 2, 1889. (B. Torr. B. C., XVI, 1889, p. 285—290.)

In der Provinz **Ontario** wurden beobachtet:

Clematis Virginiana, Anemone Hepatica, A. acutiloba, Ranunculus Pennsylvanicus, R. acris, Coptis trifolia, Brasenia peltata, Castalia odorata, C. tuberosa, Nymphaea advena, Sarracenia purpurea, Cardamine hirsuta, Camelina sativa, Corydalis sempervirens, Drosera intermedia, Elatine Americana, Silene noctiflora, S. antirrhina, Geranium Carolinianum, Rhus typhina, Rh. Toxicodendron, Vitis aestivalis, Acer Pennsylvanicum, A. spicatum, A. saccharinum, A. saccharum, A. rubrum, Trifolium repens, T. hybridum, T. procumbens, Melilotus officinalis, M. alba, Medicago lupulina, Prunus Pennsylvanica, P. serotina, Spiraea salicifolia, Geum Virginianum, Potentilla Norvegica, P. palustris, Rubus villosus, Pyrus Americana, P. arbutifolia var. *melanocarpa, Amelanchier Canadensis* var. *oblongifolia, Ribes Cynosbati, Saxifraga Virginiensis, Epilobium spicatum, E. palustre* var. *lineare, E. coloratum, Rheedia Virginica, Micrampelis echinata, Cicuta bulbifera, Arabis hispida, Cornus stolonifera, C. circinata, C. Canadensis, Linnaea borealis, Diervillea trifida, Sambucus Canadensis, S. pubens, Viburnum lantanoides, V. acerifolium, Galium circaezans, Mitchella repens, Eupatorium ageratoides, Aster corymbosus, A. macrophyllus, A. paniculatus, A. laevis, A. Novae-Angliae, A. nemoralis, A. umbellatus, Erigeron Canadense, E. ramosum, Solidago bicolor, S. hirsuta, S. nemoralis, S. Canadensis, S. lanceolata, Ambrosia artemisiaefolia, Helianthus decapetalus, Bidens frondosa, B. connata, Anthemis Cotula, Achillea Millefolium, Chrysanthemum Leucanthemum, Artemisia canadensis, A. biennis, Erechthites hieracifolia, Cnicus lanceolatus, Lappa officinalis, Hieracium Canadense, Prenanthes alba, Taraxacum dens leonis, Sonchus arvensis, Lobelia Dortmanna, Oxycoccus macrocarpus, Vaccinium Pennsylvanicum, V. Canadense, Cassandra calyculata, Pyrola secunda, Chimophila umbellata, Ilex verticillata, Nemopanthes mucronata, Plantago maior, P. Rugelii, P. lanceolata, Lysimachia terrestris, L. quadrifolia, Limnanthemum lacunosum, Utricularia intermedia, U. cornuta, Verbascum Thapsus, Linaria vulgaris, Verbena hastata, V. urticifolia, Phryma leptostachya, Mentha Canadensis, Calamintha Clinopodium, Brunella vulgaris, Scutellaria lateriflora, Echinospermum Lappula, Phytolacca decandra, Chenopodium album, Ch. hybridum, Amarantus retroflexus, Polygonum Persicaria, P. Pennsylvanicum, P. tenue, P. cilinode, Sassafras officinale, Shepherdia Canadensis, Euphorbia Helioscopia, Ulmus Americana, Quercus rubra, Qu. alba, Fagus ferruginea, Corylus rostrata, Myrica Gale, Betula lutea, B. papyracea, Alnus incana, Salix cordata, S. lucida, Populus tremuloides, P. grandidentata, P. balsamifera, Pinus resinosa, P. Strobus, Picea Mariana, Larix laricina, Thuja occidentalis, Potamogeton natans, Alisma Plantago* var. *Americanum, Habenaria bracteata, Smilax herbacea, Medeola Virginica, Trillium grandiflorum, T. erythrocarpum, Clintonia borealis, Unifolium Canadense, Juncus Pelocarpus, J. bufonius, J. Canadensis, Poutederia cordata, Eriocaulon septangulare, Scirpus validus, Sc. atrovirens, Phleum pratense, Muhlenbergia silvatica, Brachyelytrum aristosum, Oryzopsis asperifolia, Danthonia spicata, Bromus*

Kalmii, *Phragmites communis*, *Triticum violaceum*, *Elymus Canadensis*, *Deschampsia flexuosa*, *Panicum filiforme*, *P. capillare*, *Setaria verticillata* und einige Gefässkryptogamen.

530. **Jardin, E.** Excursion botanique à 165 lieues du pole nord. (B. S. B. France, XXXVI, 1889, p. 194—203.)

Verf. bespricht die botanischen Funde von Greely's Expedition zur Franklin-Bai. Gesammelt wurden dort folgende Phanerogamen:

Ranunculus nivalis var. *sulfureus*, *R. affinis*, *Papaver nudicaule*, *Cochlearia officinalis*, *Braya alpina* Sternb. var. *glabella* (*B. purpurascens* R. Br.), *Vesicaria arctica*, *Parrya arenicola*, *Entrema Edwardsii*, *Cheiranthus pygmaeus* Adans (*Hesperis pygmaeus* Hook.), *Draba hirta* L. (*D. arctica* Wahlb.), *D. rupestris*, *D. alpina*, *Lychnis apetala*, *L. triflora* var. *hirta*, *Cerastium alpinum* L. (*C. lanatum* Lamk.), *Stellaria longipes* var. *Edwardsii*, *Potentilla nivea*, *P. nivea* var. *quinata*, *P. pulchella*, *P. maculata*, *Dryas octopetala* var. *integrifolia*, *Saxifraga oppositifolia*, *S. flagellaris*, *S. tricuspidata*, *S. caespitosa*, *S. nivalis*, *S. cernua*, *S. rivularis* var. *hyperborea*, *Epilobium latifolium*, *Erigeron uniflorus*, *Arnica alpina*, *Taraxacum officinale* var. *lividum*, *Cassiope tetragona*, *Androsace septentrionalis*, *Pedicularis capitata*, *P. Langsdorffii* var. *lanata*, *Oxyria digyna*, *Polygonum viviparum*, *Salix arctica*, *Luzula hyperborea* R. Br. (*L. confusa* Lindb.), *Juncus biglumis*, *Eriophorum angustifolium*, *Kobresia seirpina*, *Carex nardina*, *C. rupestris*, *C. ustulata* var. *minor*, *C. compositum* var. *trifidum*, *C. vulgaris* var. *hyperborea*, *Alopecurus alpinus*, *Arctagrostis latifolia*, *Deschampsia brevifolia* R. Br. (*Aira arctica* Sw.), *Trisetum subspicatum* Beauv., *Poa cenisia* All. (*P. arctica* R. Br.), *P. abbreviata* (?), *P. alpina* var. *vivipara*, *P. laxa*, *P. caesia*, *Festuca rubra* und *Agropyrum violaceum*.

Ein Vergleich der Artenzahl aus den einzelnen Familien mit der Flora des Nordcaps ergiebt folgendes Verhältniss:

Familie	Lady-Franklin-Bai	Nordcap
Ranunculaceae	2	8
Papaveraceae	1	—
Cruciferae	9	4
Violaceae	—	3
Caryophyllaceae	6	10
Geraniaceae	—	1
Leguminosae	—	1
Rosaceae	5	7
Onagraceae	1	3
Saxifragaceae	7	8
Umbelliferae	—	1
Valerianaceae	—	1
Compositae	4	13
Ericaceae	1	8
Primulaceae	1	1
Jasminaceae	—	1
Gentianaceae	—	1
Borraginaceae	—	1
Scrophulariaceae	2	6
Empetraceae	—	1
Amentaceae	1	6
Liliaceae	2	3
Cyperaceae	6	7
Gramineae	11	12

531. **Jardin, E.** La végétation à 165 lieues du Pole Nord. (Journ. de botanique, III, 1889, p. 350—354, 361—365.)

Verf. liefert einige Ergänzungen zu vorstehender Arbeit, besonders über die Höhenverhältnisse der gesammelten Exemplare. (Ueber die von amerikanischen Forschern auf der gleichen Expedition gesammelten Arten vgl. die Bot. J., XIII, 1885, 2. Abth., p. 170, R. 473 besprochene Arbeit, sowie „Greely, Three years of Arctic sea".)

532. **Trautvetter, E. R. v.** Syllabus plantarum Boreali-Orientalis a Dre. Alex a Bunge fil. lectarum. (Act. Petr., X, 1889, p. 483—546.)

Neu ist nur *Potentilla Tollii.*

533. **Sprenger, C.** Camassia Engelmanni Spr. (B. Ort. Firenze, XIV, 1889, p. 101—102.)

Neue Art: *Camassia Engelmanni.*

Verf. erhielt 1882 die Pflanze aus dem NO des nördlichen Amerikas und nach gelungenen Culturen und eingehenden Vergleichen mit anderen Arten gelangte er zur Feststellung, dass die Pflanze neu sei. Sie unterscheidet sich von *C. esculenta* zunächst in der Dicke der Zwiebel, sodann in den Blättern, welche steifer, breiter und bläulich bereift sind, ferner in den rippenlosen Sepalen. Von *C. Fraserii* unterscheidet sie sich, ausser in den Perigonblättern, auch in den grösseren und lichtblauen Blüthen und in der kugelrunden Kapsel. Solla.

534. **Toll.** Eine Reise nach den neusibirischen Inseln. (Gaea, 1888, p. 393—402.)

Es wird auch ganz kurz auf die Flora eingegangen, doch wesentlich nur die Physiognomie berührt.

535. **Sewell, Ph.** The Flora of the Coasts of Lapland and of the Yugor Straits (Nordwestsibirien) a observed during the Voyage of the „Labrador" in 1888 with Summarised List of all the Species known from the Islands of Novaya Zemlya and Waigatz and from the North Coast of Western Siberia. (Transact. and Proceedings of the Botanical Society, vol. XVII, Part. III. Edinburgh, 1889. p. 444 -481.)

Verf. schildert seine Reise, charakterisirt die Orte, an welchen er gelandet, vergleicht die Flora derselben mit der Grossbritanniens und giebt zuletzt eine Zusammenstellung aller aus den von ihm besuchten Gebieten bekannten Pflanzenarten nebst Angaben über Verbreitung derselben.

Neu beschrieben wird *Carex Sewellii* Bennett et Clarke.

10. Centralasiatisches Florenreich.

(Turan, Mongolei, Tibet.) (R. 536—544.)

Vgl. auch R. 681.

536. **Maximowicz, C. J.** Enumeratio plantarum hucusque in Mongolia nec non adjacente parte Turkestaniae sinensis lectarum. Fasc. 1. Thalamiflorae et Disciflorae. Petrop., 1889. IV et 138 et VII p. 4°. cum. tabb. 14.

537. **Maximowicz, C. J.** Flora tangutica sive enum. plantarum regionis Tangut (Amdo) provinciae Kansu, nec non Tibetiae praesertim orientali-borealis atque Tsaidam ex collectionib. N. M. Przewalski atque G. N. Totanin. Fasc. 1. Thalamiflorae et Disciflorae. Petrop., 1889. XVIII, 11 Oct. IV p. 4°. cum. tabb. 31.

538. **Winkler, C.** Plantae Turcomanicae a Radde, Walter, Antonow, aliisque collectae Compositae. (Act. Petr., XI, p. 115—157.)

Verf. nennt folgende *Compositae* aus Turkmenien (über die neuen Arten vgl. R. 541):

Petasites spurius, Aster alpinus, A. amellus, A. Tripolium, Calimeris Altaica, Galatella punctata var. *discoidea, Erigeron acre, Dichrocephala latifolia, Lachnophyllum gossypinum, Karelinia Caspia, Evax filaginoides, Micropus erectus, Inula Conyza, I. Oculus Christi, I. squarrosa, I. ensifolia, I. Germanica, I. Britannica, I. Caspia, Codonocephalum Peacockianum, Vartheimia Persica, Vicoa divaricata, Pulicaria dysenterica, P. gnaphalodes, Pallesis spinosa, Xanthium strumarium, Anthemis candidissima, A. altissima, A. rigescens, A. odontostephana, A. Cotula, Achillea micrantha, A. nobilis, A. Gerberi, A. Santolina, Matricaria lasiocarpa, M. lamellata, Chrysanthemum daucifolium, Ch. parthenifolium, Ch. achilleaefolium, Ch. millefoliatum, Ch. tenuissimum, Artemisia eriocarpa, A.*

arenaria, A. campestris, A. inodora, A. scoparia, A. Sieberi, A. maritima, A. Santolina, A. procera, A. vulgaris, A. fasciculata, A. Tournefortiana, Tanacetum Kotschyi, T. trichophyllum, Helichrysum plicatum, H. arenarium, H. Thiandschanicum, Gnaphalium luteoalbum, Filago Germanica, Amelyocarpum inuloides, Senecio dubius, S. viscosus, S. coronopifolius, S. subdentatus, S. vernalis, S. paludosus, Calendula gracilis, C. Persica, Dipterocome pusilla, Echinops Griffithianus, E. Ritro, E. Persicus, Xeranthemum annuum, X. inapertum, Chardinia Xeranthemoides, Saussurea Amara, Cousinia annua, C. tenella, C. minuta, C. dichotoma, C. uncinata, C. congesta, C. Kornarowii, C. trachylepis, C. alata, C. bipinnata, C. dissecta, C. leptocephala, C. lepida, C. affinis, C. xiphiolepis, C. multiloba, C. Smirnowii, C. centauroides, C. microcarpa, C. Beckeri, C. cynosuroides, C. onopordioides, Amberboa odorata, Crupina vulgaris, Centaurea pulchella, C. Behen, C. trichocephala, C. Balsamita, C. depressa, C. Scabiosa, C. arenaria, C. squarrosa, C. reflexa, C. solstitialis, C. sessilis, C. Calcitrapa, C. Iberica, Carbenia benedicta, Kentrophyllum lanatum, Carthamus oxyacanthus, Silybum Marianum, Onopordon Acanthium, O. heterocanthum, Carduus seminudus, C. hamulosus, C. uncinatus, C. tenuiflorus, Picnemon Acarna, Cnicus ciliatus, C. lanceolatus, C. elodes, C. arvensis, Echenais carlinoides, Lappa maior, Acroptilon Picris, Rhaponticum nitidum, Leuzea salina, Serratula quinquefolia, S. microcephala, Jurinea suffruticosa, J. polyclonus, J. Pollichii, J. chaetocarpa, J. mollis, J. lasiopoda, J. berberioides, Lampsana communis, Garhadiolus Hedypnois, G. papposus, Koelpinia linearis, Cichorium divaricatum, Podospermum canum, P. laciniatum, P. molle, Tragopogon maior, T. floccosus, T. ruber; T. Ruthenicus, Scorzonera pusilla, S. parviflora, S. tuberosa, S. eriosperma, S. ensifolia, S. ovata, S. hemilasia, S. acrolasia, S. ammophila, Asterothrix asperrima, Helminthia echioides, Lactuca Persica, L. undulata, L. viminea, L. saligna, Chondrilla ambigua, C. graminea, Taraxacum serotinum, T. officinale, T. Caucasicum, Barckhausia alpina, B. Marschalli, B. foetida, B. chaetocephala, Crepis pulchra, C. tectorum, Heteracia Szowitsii, Pterotheca bifida, P. obovata, Microrhynchus nudicaulis, M. fallax, Zollikoferia acanthoides, Sonchus oleraceus, S. asper, S. arvensis, Mulgedium Tataricum und *Hieracium echioides.*

539. Die Besiedlung der transkaspischen Region. (Ausland, 1889, p. 999—1000.)

Löss nimmt grosse Strecken ein, ist aber früher wegen schonungsloser Verheerung der Vegetation der Sandhügel (B.rkons) oft überdeckt worden. Letztere sind in einiger Entfernung von den Dörfern ganz von *Anabasis ammodendron* bedeckt, unter dessen Schutz verschiedene Gräser wachsen. Da es jetzt in der Nähe der Bahn verboten ist, die Vegetation derselben zu vernichten, bedecken sich auch die früher kahlen Sandhügel mit ähnlichen Pflanzen, auch künstlich sucht man von Seiten der Bahndirection dies zu unterstützen.

540. **Sprenger, C.** Gossypium Comesii Spr. (B. Ort. Firenze, XIV, 1889, p. 308—311. Mit 1 Taf.)

Verf. erhielt aus Samen von Afghanistan und Turkestan Baumwollpflanzen, welche als eine **neue Art**, von Verf. *Gossypium Comesii* benannt, erkannt wurden, jedenfalls viel zu sehr von dem nächst verwandten *G. indicum* Lmk. abweicht, um als eine einfache Varietät von diesem aufgefasst werden zu können. — Die Samen wurden zu Neapel in freie Erde ausgesetzt; die Pflanze wird kaum 1 m hoch mit holzigem Stamme, ist einjährig, dürfte aber unter milderen Breiten perenniren. Zu ihrer ausführlichen (italien.) Diagnose giebt Verf. auch eine wohl gelungene Chromolithographie.

Weiteres im Artikel bezieht sich auf die Cultur dieser die Kälte aushaltenden Pflanze. Die Baumwolle ist von einer besten Sorte; sehr fein, schneeweiss und fest wie Seide.

Solla.

541. **Winkler, C.** (538) beschreibt folgende neue Arten von Compositen aus Turkmenien:

Matricaria Raddeana, Chrysanthemum Walteri, Cousinia Raddeana, C. Turcomanica, C. Antonowi, Jurinea Antonowii, Scorzonera Raddeana.

542. **Winkler, C.** Decas quarta compositarum novarum Turkestaniae nec non Bucharae incolarum. (Act. Petr., X, p. 467—479.)

Beschrieben werden: *Cousinia pygmaea*, *C. pusilla*, *C. tomentella*, *C. pseudomollis*, *C. fallax*, *C. Jassyensis*, *C. Schmalhauseni*, *C. aurea*, *C. Bucharicae* und *C. pulchra*.

543. **Winkler**, C. Decas quinta Compositarum novarum Turkestaniae nec non Bucharae. (Act. Petr., X, p. 571—580.)

Beschreibung von *Cousinia hastifolia*, *C. lancifolia*, *C. simulatrix*, *C. semidecurrens*, *C. stephanophora*, *C. laetevirens*, *C. polyathrix*, *C. pannosa*, *C. speciosa* und *C. rotundifolia*.

544. **Regel, E.** Zwei neue Tulpen aus Buchara. (G. Fl., XXXVIII, 1889, p. 505—507.)

Tulipa Maximowiczii n. sp. (verw. *T. linifolia* Rgl.) und *T. Batalini* n. sp. aus Buchara.

II. Ostasiatisches Florenreich.

(Japan und China [mit Ausschluss des äussersten Südens, Hainans und Formosas].)[1] (R. 545–554.)

Vgl. R. 124 (Japans Landwirthschaft), 155 (Dsgl.), 202 (Sternanis von Hongkong), 580 (*Marsdenia*).

545. **Forbes, F.** and **Hemsley, W. B.** An Enumeration of all the Plants known from China Proper, Formosa, Hainau, Corea, the Luchu Archipelago, and the Island of Hongkong, together with their Distribution and Synonymy. (J. L. S. Lond., XXVI, 1889, p. 1—120.)

Fortsetzung der Bot. J., XV, 1887, 2, p. 145, R. 333 besprochenen Arbeit. Im vorliegenden Theil werden aufgezählt (die eingeklammerten Ziffern geben die Zahl der in Europa vertretenen Arten an): *Stylidieae* 1, *Goodenovieae* 3, *Campanulaceae* (einschl. *Lobeliaceae*) 37 (1), *Vacciniaceae* 6, *Ericaceae* (im weiteren Sinn) 79 (1), *Monotropeae* 1, *Diapensiaceae* 1, *Plumbagineae* 9, *Primulaceae* 97 (12), *Myrsineae* 33, *Sapotaceae* 5, *Ebenaceae* 9, (*Diospyros*), *Styraceae* 26, *Oleaceae* 52 (2), *Apocynaceae* 25 (1), *Asclepiadaceae* 59.

Es zeigt sich hier also verhältnissmässig geringere Uebereinstimmung mit der Flora Europas als in den vorher besprochenen Familien. Das Gleiche geht aus der folgenden kleinen Zahl der mit Deutschland gemeinsamen Pflanzenarten hervor.

Es sind nur: *Campanula glomerata*, *Pyrola rotundifolia*, *Androsace Chamaejasme*, *A. elongata*, *Cortusa Mathioli*, *Lysimachia thyrsiflora*, *L. vulgaris*, *Trientalis europaea*, *Glaux maritima*, *Anagallis arvensis*, *Samolus Valerandi*, *Syringa vulgaris* (?). Doch auch das mediterrane Element ist verhältnissmässig wenig vertreten, mehr tritt das indische hervor, doch zeigt sich in Bezug auf die einzelnen Provinzen kein wesentlicher Unterschied von dem im früheren Referat angegebenen. Besonders artenreiche Gattungen in dem vorliegenden Theil sind: *Adenophora* (10), *Rhododendron* (65), *Primula* (43), *Androsace* (12), *Lysimachia* (35), *Ardisia* (18), *Symplocos* (18), *Jasminum* (15), *Ligustrum* (14) und *Cynanchum* (24).

Als wichtigere Culturpflanzen seien hervorgehoben: *Diospyros Kaki* (wahrscheinlich auch wild, wie in Indien und Japan), *D. Lotus* (wild wie noch in Kleinasien, Indien und Japan). Auch *Hoya carnosa* scheint im Gebiet wild vorzukommen. Ueber die neuen Arten vgl. R. 549.

546. Aus **O. Beccari's** Malesia erfahren wir die Bereicherung des chinesisch-japanischen Vegetationsgebietes um folgende drei neue Palmenarten:

Pinanga Philippinensis n. sp., auf Berg Bulacan, auf den Philippinen in 100 m Meereshöhe (beziehungsweise Vidal); *Arenga Engleri* n. sp., auf Formosa (beziehungsweise R. Oldham); *Licuala Fordiana* n. sp., aus dem südlichen China (beziehungsweise C. Ford). Solla.

547. **Meehan, Th.** On the forms of Lonicera Japonica; with notes on the origin of the forms. (P. A. Philad., p. 279—281.)

Grossentheils biologisch.

[1] Auch hier war nicht immer sichere Abgrenzung möglich, wie in allen zweifelhaften Fällen wird dann die Arbeit citirt, wohin sie eventuell gehören kann.

548. **Forbes, F. B.** und **Hemsley, W. B.** (545) beschreiben folgende neuen Arten: *Adenophora capillaris* Hemsl. (Hupeh), *A. stenophylla* Hemsl. (Mandschurei), *A. pubescens* Hemsl. (Hupeh), *A. remotidens* Hemsl. (Corea), *A. rupincola* Hemsl. (Hupeh), *Vaccinium Henryi* Hemsl. (Hupeh), *V. urceolatum* Hemsl. (Szechuen), *Picris? Swinhoei* Hemsl. (Fokien), *Rhododendron (Eurhododendron) aucubaefolium* Hemsl. (Hupeh, sehr selten), *Rh. (Eu.) Augustinii* Hemsl. (Hupeh), *Rh. (Eu.) auriculatum* Hemsl. (Hupeh), *Rh. (Eu.) concinnum* Hemsl. (Szechuen), *Rh. (§ Eu) Faberii* Hemsl. (Eb.), *Rh. (Eu.) Hanceanum* (Eb.), *Rh. (Eu.) hypoglaucum* Hemsl. (Hupeh), *Rh. (Eu.) pittosporaefolium* Hemsl. (Eb.), *Rh. (Eu.) Westlandii* Hemsl. (Kwangtung), *Lysimachia auriculata* Hemsl. (Hupeh), *L. capillipes* Hemsl. (Eb.), *L. circaeoides* Hemsl. (Eb.), *L. congestiflora* Hemsl. (Eb.), *L. crispidens* Hemsl. (Eb. — abgebildet), *L. ophelioides* Hemsl. (Szechuen), *L. paludicola* Hemsl. (Hupeh), *L. parvifolia* Franch. (Cheekiang), *L. pterantha* Hemsl. (Szechuen — abgebildet), *L. rubiginosa* Hemsl. (Hupeh), *L. simulans* Hemsl. (Formosa), *L. stenosepala* Hemsl. (Hupeh), *Myrsine Playfairii* Hemsl. (Kwangtung), *Embelia (?) oblongifolia* Hemsl. (Eb.), *Ardisia* (= *Bladhia*, welcher Name eigentlich nach den Prioritätsrechten jenem vorgezogen werden müsste) *affinis* Hemsl. (Kwangtung), *A. caudata* Hemsl. (Szechuen), *A. Faberii* Hemsl. (Hupeh), *A. Fordii* Hemsl. (Kwangtung), *A. Henryi* Hemsl. (Hupeh), *Sarcosperma (?) pedunculata* Hemsl. (Kwangtung), *Diospyros armata* Hemsl. (Hupeh), *D. rhombifolia* Hemsl. (Cheekiang), *D. sinensis* Hemsl. (Szechuen), *Halesia (?) Fortunei* Hemsl. (Fokien, Hainau), *Jasminum inornatum* Hemsl. (Kwangtung), *J. pachyphyllum* Hemsl. (Eb.), *J. sinense* Hemsl. (Hupeh), *Fraxinus (§ Ornus) bracteata* Hemsl. (Hupeh), *F. (O.) insularis* Hemsl. (Linkin), *Osmanthus Fordii* Hemsl. (Kwangtung), *Ligustrum deciduum* Hemsl. (Hupeh), *L. Henryi* Hemsl. (Hupeh), *L. strongylophyllum* Hemsl. (Hupeh), *Anodendron Benthamianum* Hemsl. (Formosa), *Pycnostelma lateriflorum* Hemsl. (Chihli), *Holostemma sinense* Hemsl. (Hupeh), *Cynanchum (§ Vincetoxicum) affine* Hemsl. (Kwangtung), *C. amplexicaule* Hemsl. (= *Vincetoxicum amplexicaule* Sieb. et Zucc.) (Chihli, Shingking, Shantung, Kiangsi, Mongolei, Mandschurei, Japan), *C. (§ Vincetoxicum) Fordii* Hemsl. (Kwangtung), *C. (V.) linearifolium* Hemsl. (Kiangsu), *C. (V.) stenophyllum* Hemsl. (Hupeh, Szechuen), *C. (?) verticillatum* Hemsl. (Szechuen), *Pentatropis officinalis* Hemsl. (Hupeh), *Henrya (Cynanchearum* nov. gen.) *Augustiniana* Hemsl. (Hupeh), *Marsdenia sinensis* Hemsl. (Hupeh), *Dregea sinensis* Hemsl. (Hupeh, Szechuen), *Buddleia albiflora* Hemsl. (Hupeh) und *B. variabilis* Hemsl.

549. **Baker, J. G.** (118). Neue Amaryllideen des chinesisch-japanischen Gebietes: p. 75 *Crinum (Stenaster) asiaticum* L. var. *sinicum* Roxb., China var. *anomalum* Herb. = *plicatum* Livingstone, China var. *japonicum* Baker, Japan.

Matzdorff.

550. **Franchet, A.** Nomocharis, nouvea genre de Liliacées-Tulipées. (Journ. de bot., III, 1889, p. 113—114.)

Nomocharis pardanthina n. sp., gen. nov. (verw. *Lilium* und *Fritillaria*) aus Yunnan. (Ein Habitusbild nebst Analysen ist beigefügt.)

551. **Baillon, H.** Le Pentanura du Yunnan. (B. S. L. Par., No. 102, 1889, p. 812.)

Verf. begründet auf *Pentanura Khasiana* aus dem Yun-nan eine neue Gattung *Stelmacrypton*, die nächst verwandt der Gattung *Omphalagonus* mit der Art *O. calophyllus* aus Sansibar ist.

552. **Franchet, A.** Un nouveau Type de Musa, Musa lasiocarpa. (Journ. de bot., III, 1889, p. 329—331.)

Musa lasiocarpa n. sp. von Yun-nan als Vertreterin einer neuen Section *Musella*.

553. **Pierre, L.** Sur l'Harmandia. (B. S. L. Par., No. 97, 1889, p. 769—770.)

Harmandia mekongensis n. sp. gen. nov. Olacac. aus Hinterindien.

554. **Baillon, H.** Sur une Asclépiadacée comestible da Laos. (B. S. L. Par n. 101, 1889, p. 801—803.)

Telectadium edule n. sp. Asclepiad., die vielleicht zu *Crypta lepis* zu rechnen ist. Sie soll in Laos gegessen werden.

12. Indisches Florenreich.

(Himalaya[1]), Indien, Sunda-Inseln, Papua-Gebiet, Nordaustralien[2]), Polynesien.) (R. 555—582.)

Vgl. auch R. 3 (Birma), 38 (südas. Strandpfl.), 78 (Entwaldung), 116 (*Bombaceae* Charakterpflanzen des malayischen Gebiets), 190 (Indiens Theecultur), 217 (Kapokwolle), 238 (Gärtnerisches aus Singapore), 550—554 (Pfl. aus Südchina und Hinterindien), 613 (Pfl. Polynesiens auf den Kermadec-Inseln).

555. **Tenison-Woods, J. E.** Geographical Notes in Malaysia and Asia. (Proc. Linn. Soc. New South Wales. 2. S. V. 3. Sydney, 1889. p. 557—650.)

Verf. giebt in seinem Bericht über die geographischen Ergebnisse seiner Reisen, die er in den Jahren 1883 bis 1886 nach der malayischen Halbinsel, dem indischen Archipel, Süd-, Ostasien, den Philippinen und Japan machte, eine Reihe botanischer Bemerkungen. Da eine ausführlichere Schilderung der beobachteten Pflanzenwelt in denselben Proc. V. 4, p. 9ff. erfolgt, kann hier auf dieselbe verwiesen werden.

Matzdorff.

556. **Duthie, J. F.** Black Mountains. (Nature, XXXIX, 1888, p. 111.)

Verf. erwähnt als besonders interessant die Auffindung von *Abies Webbiana* und *Pinus excelsa* in den schwarzen Bergen Nordindiens.

557. Die landwirthschaftliche Statistik der Insel Ceylon. (Ausland, 1889, p. 540.)

558. **Beccari, O.** Triuridaceae malesi. (Malesia, III. Firenze—Roma, 1889. 4⁰. Taf. XXXIX—XLII.)

Vier Tafeln zu dem später (1890) zu erscheinenden Texte. Solla.

559. **Beccari, O.** Malesia: raccolta di osservazioni botaniche intorno alle piante dell'arcipelago indo-malese e papuano, vol. III, fasc. 4. Firenze—Roma, 1889. 4⁰. p. 169—280. Mit 7 Taf.

Verf. bringt in dem neuesten Hefte der Malesia zwei Abhandlungen, welche in der stets gleichen und bekannten Weise die Gewächse des indo-malayischen Archipels schildern. Die erste Abhandlung bringt die Beschreibung von 23 neuen asiatischen Palmenarten (p. 169—200); die zweite (p. 201—280) ist eine Monographie der malayischen Bombaceen, zu welcher bereits im vorjährigen Hefte (vgl. Bot. J., XV, 2., p. 164) 24 Tafeln erschienen waren, welche im vorliegenden durch eine neue (Taf. XXXVI) ergänzt werden.

Auch werden in diesem Hefte zwei Tafeln zu einer monographischen Studie der Gattung *Pritchardia*, mit dem Habitus der *P. Thurstoni* F. V. M. et Dr. und mit Detailstudien zu *P. pacifica* Seem., *P. lanigera* Becc. (Blüthenstand), *P. Hillebrandi* Becc. (Blüthenstand), *P. Gaudichaudii* H. Wendl. und *P. Martii* H. Wendl. ausgegeben. — Schliesslich vier Tafeln zu einer Bearbeitung der malayischen Triuridaceen, welche Habitus und Details zu *Sciaphila papillosa* Becc., *S. corniculata* Becc., *S. affinis* Becc., *S. major* Becc., *S. Sumatrana* Becc., *S. Papuana* Becc., *S. Arfakiana* Becc., *S. crinita* Becc. und *S. Andajensis* Becc. vorführen.

(Der Text zu den beiden letztgenannten Monographien erschien im V. Hefte, März 1890. Ref.) Solla.

560. **Beccari, O.** Nuove palme asiatiche. (Malesia, III, Firenze-Roma, 1889, p. 169—200.)

Ders. Le bombacee malesi (l. c. p. 201—280).

Für das indische Monsun-Gebiet giebt B. als neue Vorkommnisse an:

Von den Palmen, *Pinanga Scortechini* n. sp., *P. polymorpha* n. sp., *P. subruminata* n. sp., *P. Perakensis* n. sp., sämmtliche im Gebiete von Perak auf der Halbinsel Malaka; *P. stylosa* n. sp., auf Sumatra; *P. Manii* n. sp., auf den Nicobaren;

---

[1]) Wenn auch wissenschaftlich die Theilung des Himalaya unter die anstossenden subtropischen Florenreiche richtiger ist, so mag doch aus praktischen Gründen dies Gebirge hierher gezogen werden.

[2]) Vgl. indess bei Australien.

Nenga macrocarpa Scortech. n. sp., auf Malaka; *Didymosperma Hookeriana* n. sp., *Ignanura corniculata* n. sp., *I. bicornis* n. sp., *I. polymorpha* n. sp, *I. polymorpha β. canina* Becc., *Licuala Scortechini* n. sp., *L. Kingiana* n. sp, *L. pusilla* n. sp., *L. modesta* n. sp., *L. malajana* n. sp., *Livistona Kingiana* n. sp., die letzteren sämmtliche ebenfalls von der Halbinsel Malaka.

Von den Bombaceen, *Durio conicus* n. sp., auf Borneo, nächst Kutciñg in Sarawak; *D. graveolens* n. sp., ebenda; *D. dulcis* n. sp., am Abhange des Berges Mattañg nächst Kutciñg; *D. gratissimus* n. sp., zu Kutciñg; *D. testudinarum* n. sp., am Berge Mattañg; *D. testudinarum* var. *Pinangianus* Becc., auf der Insel Pinañg; *D. affinis* n. sp. (= *D. Malaccensis* Mast.), zu Kutciñg; *D. Sumatranus* n. sp., auf Ajer Mancior in der Provinz Padañg auf Sumatra; *Neesia ambigua* n. sp., zu Kutciñg; *N. glabra* n. sp., am Berge Mattañg; *N. purpurascens* n. sp., ebenda; *N. piluliflora* n. sp., ebenda; — *Coelostegia Sumatrana* n. sp., auf Ajer Mancior; *C. Borneensis* n. sp., zu Kutciñg. Solla.

561. **Sture, M.** Notes from the Phillippine Islands. (B. Torr. B. C., XVI, 1889, p. 217—218.)

562. **Treub, M.** Notice sur la nouvelle flore de Krakatau. (Ann. du jard. bot. de Buitenzorg, vol. 7. Leide, 1888. p. 213 223. 1 Karte.)

Verf. untersuchte die neuentstandene Flora der am 26. oder 28. August 1883 durch den bekannten vulkanischen Ausbruch umgestalteten Insel Krakatau am 19. und am 24. Juni 1886. Der Gipfel ist 2500′ hoch. Sie ist von Java 40,8, von Sumatra 37,1, von der Insel Sibesie 18,5 km entfernt. Es steht erstens fest, dass die jetzige Flora Krakataus völlig und ohne menschliche Hülfe eingewandert ist. Sodann liegt hier zum ersten Mal der Fall vor, dass die pflanzliche Besiedelung einer vulkanischen Insel beobachtet werden kann. (S. über die Korallen-Inseln von Hemsley. Bot. J., XIII, 2, p. 153.) Auch hier brachten Meeresströmungen und Vögel die ersten Samen, und die von ihnen abstammenden Gewächse erstiegen vom Ufer aus allmählich die Höhe. Doch verlangsamt sich stufenweise diese Wanderung und die Gipfel werden von Vögeln mit Samen versehen. Sobald eine Humusschicht gebildet ist, wirken auch die Winde bei der Besäung mit. Verf. fand nun an der Küste Samen oder Früchte von *Heritiera littoralis* Dryand, *Terminalia Catappa* L., *Cocos nucifera* L., 2 *Pandanus*, *Barringtonia speciosa* L., *Calophyllum Inophyllum* L., junge Exemplare von einer *Erythrina, Caloph. Inoph.* L., *Cerbera Odallam* Gärtn., *Hernandia sonora* L., 2 Cyperaceen, *Ipomoea pes-caprae* Sw., *Gymnothrix elegans* Büsc., *Scaevola Königii* Vahl. Alle diese, mit Ausnahme der auf Java häufigen *Gymnothrix*, sind Korallen-Inselpflanzen. Auf dem gebirgigen Theil fanden sich eine *Wollastonia*, eine *Senecio*, zwei *Conyza*, *Scaev. König.* Vahl, *Gymnothrix el.* B., *Phragmites Roxburghii* N. ab E., *Tournefortia argentea* L. und die Farne *Gymnogramme calomelanos* Kaulf., *Blechnum orientale* L., *Acrostichum scandens* J. Sm., *A. aureum* Cav., *Pteris longifolia* L., *P. aquilina* L. var., *P. marginata* Bory, *Nephrolepis exaltata* Schott, *Nephrodium calcaratum* Hook.. *N. flaccidum* Hook., *Onychium auratum* Kaulf., sowie zwei Moose. Bemerkenwerth ist die Verschiedenheit der beiden Florenabschnitte, die Anwesenheit von vier Körbchenblüthlern, die der vielen Farne. Jene weisen auf die zweiffellose Windverbreitung hin. Diese gehören mit Ausnahme von *Acrost. aureum* und *Nephrolepis* nicht den Inseln warmer Regionen an. Da ferner drei Jahre nach der ersten Pflanzeneinwanderung kaum Phanerogamen gefunden worden sind, so kommt offenbar den Farnen die Aufgabe zu, den Boden für höhere Gewächse vorzubereiten. Auffallend ist es, wie dieselben und ihre Prothallien auf dem trockenen vulkanischen Boden[1]) fortkommen, der erhitzt von der Sonne, keinen Schatten darbietet.

Für die Farne sind nun aber die Existenzbedingungen durch die vorherige An-

---

[1]) Zwei Analysen ergaben %:

SiO_2	61,36	68,99	MnO	0,41	0,28
TiO_2	1,12	0,82	CaO	3,43	3,16
Al_2O_3	17,77	16,07	MgO	2,32	1,08
Fe_2O_3	4,39	2,63	K_2O	2,51	1,83
FeO	1,71	1,10	Na_2O	4,98	4,04

siedlung niederer Sporenpflanzen gewährt worden. Flechten wurden freilich nicht, wohl aber Algen gefunden. Fast durchgängig waren Gestein und Asche bedeckt mit einer *Tolypothrix*, einer *Anabaena*, einer *Symploca* und drei *Lyngbya*, die Verf. vorläufig *L. Verbeckiana*, *minutissima* und *intermedia* benennt. Die erstgenannte *Lyngbya* war die häufigste.[1])

Matzdorff.

563. **Fawcett**. Cayman Islands. (Nature, XL. 1889, p. 15.)

Etwa 20 % der vom Verf. auf den Cayman-Inseln beobachteten Pflanzen sind in den Tropen allgemein verbreitet. Mit Krakatau waren z. B. *Acrostichum aureum* und *Terminalia Catappa* genannt.

564. **Lister, J. J.** On the Natural History of Christmas Island, in the Indian Ocean. (Proc. Zool. Soc. London, 1888. London. p. 512—531.)

Verf. giebt in seiner zoologischen Schilderung der Weihnachts-Insel des indischen Oceans folgende Vegetationsskizze. Am Ufer finden sich weitverbreitete Strandpflanzen, *Hibiscus tiliaceus*, *Tournefortia argentea*, *Scaevola Koenigii*, *Vadebra Macleari*, letztere als der Insel eigenthümlich. Hie und da stehen *Pandanus*-Dickichte. Innerhalb des Ufersaums wächst bis auf die Gipfel hohes Gebüsch, darin bis 200′ hohe Bäume. Hier fallen auf *Barringtonia racemosa*, *Erythrina indica*, *Randia densiflora*, eine neue *Hoya*, *Asplenium nidus*, insgesammt etwa 50 (mehrere neue) Blüthenpflanzen und 16 Farne, darunter je ein endemisches *Acrostichum* und *Asplenium*. *Dictydium cernuum* wurde auch hier gefunden.

Matzdorff.

565. **Müller, F. v.** Brief Report on the Papuan Highland Plants, gathered during Sir William MacGregor's Expedition in May and June 1889. 2 p. fol.

Verf. theilt einige Hauptergebnisse für die Pflanzengeographie, die sich nach den Sammlungen MacGregor's am Owen Stanley über die Zusammensetzung der Gebirgsflora Neu-Guineas ergeben. Von den Pflanzen, welche zwischen 8000 und 13000′ Meereshöhe wachsen, sind ca. 80 Arten bisher unterschieden. Von diesen scheint nahezu die Hälfte endemisch zu sein, wenigstens nach unserer jetzigen Kenntniss, wobei allerdings zu berücksichtigen ist, dass von der Gebirgsflora der Sunda-Inseln noch wenig bekannt ist. Von diesen anscheinend endemischen Pflanzen sind zwei, nämlich *Ischnea elachoglossa* und *Decatoca Spenceri*, Repräsentanten neuer Gattungen, von denen die erste der auf Italien beschränkten *Nananthea*, die zweite der Gattung *Trochocarpa* am nächsten verwandt ist. Von den anderen endemischen Arten sind 19 vom himalayischen Typus, nämlich *Hypericum MacGregorii*, *Sagina donatioides*, *Rubus MacGregorii*, *Anophalis Mariae*, *Myriactis bellidiformis*, *Vaccinium parvulifolium*, *V. amblyandrum*, *V. acutissimum*, *V. amplifolium*, *V. Helenae*, *V. Macbainii*, *Gaultheria mundula*, *Rhododendron gracilentum*, *R. spondylophyllum*, *R. culminicolum*, *R. phaeochiton*, *Gentiana Ettingshauseni*, *Trigonotis Haackei* und *T. oblita*; die *Ericaceae* (incl. *Vacciniaceae*), die in Australien spärlich entwickelt sind (vgl. auch Ref. 584), treten hier mehr hervor. Nichts desto weniger herrschen die südländischen Typen vor, theils australische, theils neuseeländische, oder sub-antarktische; dies zeigen von endemischen Arten *Ranunculus amerophyllus*, *Metrosideros Regelii*, *Rubus diclinis*, *Olearia Kernatii*, *Vittadinia Alinae*, *V. macra*, *Veronica Lendenfeldi*, *Libocedrus Papuana*, *Schoenus curvulus* und *Festuca oreboloides*, aber noch mehr solche Typen, die gar identisch mit südlicheren Arten sind, wie *Epilobium pedunculare*, *Galium Australe*, *Lagenophora Billardierii*, *Styphelia montana*, *Euphrasia Brownii*, *Myosotis Australis*, *Sisyrinchium pulchellum*, *Astelia alpina*, *Carpha alpina*, *Carex fissilis*, *Uncinia riparia*, *U. Hookeri*, *Agrostis montana*, *Danthonia penicillata*, *Festuca pusilla*, *Lycopodium scariosum*, *Gleichenia dicarpa* und *Dawsonia superba*, die alle bisher nicht aus solcher Nähe des Aequators bekannt waren. Vier bisher nur von Borneo bekannte Arten wurden gefunden, nämlich *Drimys piperita*, *Drapetes ericoides*, *Rhododendron Lowii* und *Phyllocladus hypophyllus*. Selbst englische Pflanzen fehlen nicht ganz, wie *Taraxacum officinale*, *Scirpus caespitosus*, *Aira caespitosa*, *Festuca ovina*, *Lycopodium clavatum*, *L. Sel[illegible]*, *L. alpinum*, *Hymenophyllum Tunbridgense* und *Aspidium aculeatum*. Als sub-antarktische Typen können *Gaultheria mundula*, *Uncinia Hookeri*, *Schoenus curvulus* und *Festuca pusilla* gelten.

Höck.

[1]) Vgl. hierzu auch Hemsley's Ref. in Nature, XXXVIII, 1888, p. 622.

Die Baumflora hört in der Owen Stanley-Kette bei 11500' Höhe auf, ohne dass ein Wechsel der geologischen Formation eintrete, doch mag sie stellenweise höher reichen, wie ein Vergleich mit dem Himalaya ergiebt, so kommt *Scirpus caespitosus* noch bei 17000' Höhe vor, *Cyathea MacGregorii* reicht bis 12000—13000', was zu den höchsten Vorkommnissen aller Baumfarne gehört.

Auch auf Nutzpflanzen wird kurz eingegangen.

566. **Schumann, K.** und **Hollrung, M.** Die Flora von Kaiser Wilhelms-Land. (Beiheft zu den Nachrichten über Kaiser Wilhelms-Land und den Bismarck-Archipel, 1889, 137 p. 8⁰.)

Verff. geben eine Zusammenstellung der aus Kaiser Wilhelms-Land bekannten Pflanzen, meist nach Sammlungen des Letzteren. Da eine Aufführung aller Arten hier zu weit führen würde, muss Ref. sich auf Nennung der vertretenen Gattungen beschränken.[1]) (Ueber die neuen Arten vgl. R. 578.)

Folgende Gattungen sind aus dem Gebiete bekannt (vgl. hierzu auch Bot. J., XIV, 1887, 2, p. 158, Ref. 377 u. 378):

Cycas, Araucaria, Gnetum, Smilax, Dracaena, Cordyline, Dianella, Eurycles, Crinum, Dioscorea, Flagellaria, Commelyna, Cyanotis, Monochoria, Areca, Actinorhytis, Actinophloeus, Calyptrocalyx, Linospadix, Arenga, Nipa, Calamus, Pandanus, Freycinetia, Pothos, Rhaphidophora, Epipremnum, Lasia, Cyrtosperma, Schismatoglottis, Colocasia, Alocasia, Pistia, Paspalum, Oplismenus, Pennisetum, Leptaspis, Coix, Pollinia, Rottboellia, Ophiurus, Andropogon, Anthistiria, Apluda, Eleusine, Phragmites, Centotheca, Lophatherum, Oxytenanthera, Cyperus, Kyllingia, Fimbristylis, Scirpus, Mapania, Remirea, Rhynchospora, Scleria, Globba, Curcuma, Tapeinochilus, Amomum, Zingiber, Costus, Alpinia, Clinogyne, Phrynium, Heliconia, Dendrobium, Spathoglottis, Phajus, Eulophia, Sarcochilus, Cleisostoma, Acriopsis, Podochilus, Appendicula, Anoectochilus, Peristylus, Habenaria, Casuarina, Piper, Pipturus, Villebrunea, Poikilospermum, Procris, Laportea, Elatostema, Boehmeria, Cypholophus, Malaisia, Pseudomorus, Artocarpus, Antiaropsis, Trema, Polygonum, Deeringia, Celosia, Amarantus, Cyathula, Achyranthes, Gomphrena, Boerhaavia, Pisonia, Sesuvium, Cassytha, Hernandia, Cinnamomum, Anamirta, Pericampylus, Stephania, Myristica, Clematis, Tetracera, Stelechocarpus, Uvaria, Cananga, Popowia, Goniothalamus, Nymphaea, Nelumbo, Nasturtium, Capparis, Crataeva, Schuurmansia, Casearia, Ochrocarpus, Calophyllum, Tripetalum, Vateria, Triumfetta, Corchorus, Althoffia, Sterculia, Heritiera, Kleinhofia, Abroma, Melochia, Commersonia, Sida, Urena, Hibiscus, Abelmoschus, Thespesia, Bombax, Oxalis, Averrhoa, Impatiens, Durandea, Evodea, Herzogia, Citrus, Dysoxylum, Hearnia, Melio-Schinzia, Soulamea, Canarium, Santiria, Connarus, Mangifera, Semecarpus, Dracontomelum, Allophylus, Pometia, Guioa, Sarcopteryx, Toechima, Lepidopetalum, Dodonaea, Harpullia, Tristellateia, Xanthophyllum, Cansjera, Opilia, Combretopsis, Salacia, Pittosporum, Cissus, Tetrastigma, Leea, Ventilago, Smythea, Colubrina, Alphitonia, Gouania, Euphorbia, Codiaeum, Baccaurea, Acalypha, Excoecaria, Phyllanthus, Claoxylon, Antidesma, Croton, Breynia, Hemicyclia, Mallotus, Macaranga, Endospermum, Panax, Gymnopetalum, Lagenaria, Luffa, Momordica, Cucumis, Cucurbita, Bryonopsis, Melothria, Passiflora, Hollrungia, Modecca, Carica, Jussiaea, Terminalia, Combretum, Quisqualis, Rhizophora, Brugniera, Pemphis, Lagerstroemia, Osbeckia, Melastoma, Otanthera, Allomorphia, Dissochaeta, Medinilla, Astronia, Eugenia, Barringtonia, Phaleria, Parinarium, Pygeum, Rubus, Crotalaria, Indigofera, Tephrosia, Ormocarpus, Aeschynomene, Desmodium, Uraria, Phylacium, Abrus, Glycine, Erythrina, Strongylodon, Mucuna, Vigna, Canavalia, Pueraria, Psophocarpus, Dalbergia, Pterocarpus, Derris, Pongamia, Inocarpus, Sophora, Caesalpinia, Afzelia, Maniltoa, Cynometra, Schizosiphon, Cassia, Entada, Serianthus, Albizzia, Hansemannia, Adenanthera, Begonia, Aristolochia, Loranthus, Maesa, Ardisia, Sideroxylon, Illipe, Mi-

---

[1]) Eine solche wird Ref. vielfach bei grösseren Arbeiten anwenden, da sie genügt, um die Monographen von Gattungen oder Familien auf das Werk zu verweisen, eine Kürzung der Referate aber seitens des Verlegers gewünscht wird.

musops, *Diospyros*, *Linociera*, *Jasminum*, *Exacum*, *Couthovia*, *Fragraea*, *Sarcolobus*, *Hoya*, *Dischidia*, *Ceropegia*, *Alyxia*, *Cerbera*, *Ochrosia*, *Vinca*, *Alstonia*, *Orchipeda*, *Tabernaemontana*, *Parsonsia*, *Ichnocarpus*, *Erycibe*, *Ipomoea*, *Lepistemon*, *Cordia*, *Tournefortia*, *Heliotropium*, *Solanum*, *Nicotiana*, *Physalis*, *Capsicum*, *Datura*, *Striga*, *Büchnera*, *Vandellia*, *Bonnaya*, *Ocimum*, *Anisomeles*, *Callicarpa*, *Geunsia*, *Premna*, *Gmelina*, *Vitex*, *Faradaya*, *Clerodendron*; *Petraeovitex*, *Cyrtandra*, *Tecoma*, *Dolichondrone*, *Hygrophila*, *Ruellia*, *Hemigraphis*, *Acanthus*, *Eranthemum*, *Lepidagathis*, *Justicia*, *Graptophyllum*, *Calycacanthus*, *Rungia*, *Dicliptera*, *Scaevola*, *Sarcocephalus*, *Stephegyne*, *Ourouparia*, *Bikkia*, *Hedyotis*, *Oldenlandia*, *Ophiorrhiza*, *Mussaenda*, *Urophyllum*, *Randia*, *Gardenia*, *Guettarda*, *Timonius*, *Knoxia*, *Ixora*, *Pavetta*, *Coffea*, *Pachystylus*, *Morinda*, *Psychotria*, *Lasianthus*, *Hydnophytum*, *Adenostema*, *Mikania*, *Blumea*, *Bidens*, *Siegesbeckia*, *Wedelia*.

Im Bot. C., XLI, p. 265 werden folgende Verbesserungen zu dem Werke mitgetheilt: *Mallotus Hellwigianus* ist wahrscheinlich identisch mit *M. Moluccanus*; *Artocarpus Blumeana* ist zu streichen, *Schizosiphon* in *Schizoscyphos* zu verändern, *Herzogia* ist nur eine Monstrosität von *Evodia hortensis*.

Anschliessend daran werden einige Pflanzen der Louisiaden kurz erwähnt, nämlich *Pandanus MacGregorii*, die wie die meisten Arten der Inselgruppe malayischen Charakter trägt und die vielleicht nutzbare *Heritiera litoralis*, *Pueraria phaseoloides*, *Brugniera sp.*, *Ipomoea Batatas*, *Ficus sp.* und *Dioscorea sativa*.

567. **Oppel, A.** Kaiser Wilhelms-Land in Neu-Guinea. (Ausland, 1889, p. 86.)

Verf. geht u. a. auch auf die Vegetationsverhältnisse von Kaiser Wilhelms-Land ein.

568. **Gill, W. W.** Botanische Miscellen aus der Südsee. (Mittheil. Geogr. Ges. [für Thüringen] zu Jena, VII. Jena, 1889. p. 83—105.)

Verf. schildert einige interessante Bäume der Südsee, nämlich *Pandanus odoratus*, *P. utilis* (Mattenbaum), *Carica Papaya* (trägt das ganze Jahr hindurch, gedeiht ohne besondere Pflege), *Artocarpus incisa* (nächst Pisang Hauptfrucht), *A. integrifolia* (weniger von Bedeutung), *Ficus prolixa* (Baniane, liefert einen Zeugstoff), *Freycinetia Banksii* (Kiekiebaum, Früchte ähnlich denen der Ananas), *Fagraea Berteriana* (Puabaum, den Eingeborenen heilig), *Aleurites triloba* (liefert den Insulanern Beleuchtungsmaterial in seinen Kernen), *Inocarpus edulis* (Riesenkastanie, Früchte zerrieben zu einer Art Pudding), *Barringtonia speciosa* (Utabaum, auf allen vulkanischen Inseln, einer der schönsten Bäume), *Hibiscus tiliaceus* (einziger Fruchtbaum, der ursprünglich heimisch auf den Hervey-Inseln), *Cocos nucifera*.

569. Norfolk-Insel. (Ausland, 1889, p. 918—920.)

Charakterbäume: *Araucaria excelsa*, *Areca Baueri* und gegen 30 Baumfarne, besonders *Alsophila excelsa*. — Von den ursprünglichen dichten Urwäldern sind noch verschiedene stattliche Waldstriche erhalten, die mit Grasfluren wechseln.

570. Die **Schraubenbäume** (Pandanus) der Südsee-Inseln. (Mit Abbildung von P. odoratissimus.) (Natur, 1889, p. 305—306.)

Der Melonenbaum auf den Südsee-Inseln. (Mit Abbildung von *Carica Papaya* L.) (Natur, 1889, p. 317.)

571. Die **Kastanie** der Südsee. (Natur, 1889, p. 462—463.)

Inocarpus edulis.

572. Der schönste Baum der Südsee-Inseln. (Natur, 1889, p. 318—319.)

Barringtonia speciosa von den Hervey-Inseln.

573. **Baker, J. G.** (118). Neue Amaryllideen des indischen Monsungebietes: p. 76 *Crinum (Stenaster) Wattii* Bak., verw. *C. defixum* Kev., Manipur. p. 81 *C. (Platyaster) amoenum* Roxb. var. *caudiceum* Herb., Ceylon, und var. *verecundum* Car., Rangun. p. 82 *C. (Pl.) pratense* Herb. var. *venustum* Car., Silhet. Matzdorff.

574. **Pax, F.** Nachträge und Ergänzungen zu der Monographie der Gattung Acer. (Engl. J., XI, 1889, p. 72—83.)

Ergänzungen zur Monographie der Gattung *Acer*. (Vgl. Bot. J., XIII, 1885, 2,

p. 162, R. 450.) Ausser zahlreichen neuen Varietäten und Formen wird als neue Art: *A. molle* vom Nordwesthimalaya (2300—3300 m) beschrieben.

(Vgl. weiter bei dem Bericht über Pflanzengeographie von Europa.)

575. **Pierre, L.** Sur l'Harmandia. (B. S. L. Paris, 97, 1889, p. 769—770.)

Harmandia mekongensis n. sp., gen. nov. aus Laos.

576. **Drake, del Castillo.** Note sur une Thymeléacée nouvelle du Tonkin. (Journ. de bot., III, 1889, p. 226—228.)

Wickstroemia Balansae n. sp. aus Tonkin, die als Faserpflanze angebaut wird, um zur Papierfabrikation benutzt zu werden (ähnlich wie *Edgeworthia papyrifera* und *Wickstroemia indica*).

577. **Crépin, F.** Rosa Colletti. Une Rose Nouvelle découverte par M. le général Collet dans le Haut Burmen. (B. S. B. Belg., XXVIII, 1889, p. 49—51.)

Rosa Colletii n. sp. aus Barma. Vgl. auch eb. p. 11 ff.

578. **Schumann, K.** und **Hollrung, M.** (566) publiciren die Beschreibungen folgender neuen Arten aus Kaiser Wilhelms-Land (wo kein Autor genannt, ist K. Schumann als solcher zu ergänzen):

Araucaria Hunsteinii, Gnetum costatum, Actinophloeus Schumanni Becc., *Calyptrocalyx elegans* Becc., *Linospadix Hollrungii* Becc., *Arenga microcarpa* Becc., *Calamus Hollrungii* Becc., *Pandanus Krauelianus, P. Danckelmannianus, Rhaphidophora Hollrungii* Engl., *Rh. Neo-Guineensis* Engl., *Oxytenanthera brachythyrsus, Fimbristylis maxima, Globba pulchella, Tapeinochilus Hollrungii, T. acaulis, Amomum labellosum, Alpinia nutans, A. papilionacea, Phrynium macrocephalum, Dendrobium Hollrungii* Kränzl., *Spathoglottis portus Finschii* Krzl., *S. Hollrungii* Krzl., *Sarcochilus Papuanus* Krzl., *Cleisostoma marsupiale* Krzl., *Habenaria stauroglossa* Krzl., *Piper Rueckeri, Pipturus melastomatifolius, Artocarpus involucrata, Antiaropsis* (nov. gen. Morac.) *decipiens, Pisonia membranacea, Stephania circinnans, Myristica heterophylla, M. tuberculata, Uvaria lutescens, Goniothalamus cauliflorus, Casearia mollis, Ochrocarpus pachyphyllus, Tripetalum* (nov. gen. Clusiac.) *cymosum, Durandea pallida, Evodia cuspidata, E. tetragona, E. crassiramis, Herzogia* (nov. gen. Rutac.) *odorifera, Dysoxylum Arnoldianum, Melio-Schinzia* (nov. gen. Meliac.) *macrophylla, Canarium polyphyllum, Santiria floribunda, S. acuminata, Semecarpus magnifica, Dracontomelum laxum, Lepidopetalum hebecladum* Radlk., *L. subdichotomum* Radlk., *Harpullia crustacea* Radlk., *Combretopsis* (nov. gen. Olacac.) *pentaptera, Salacia erythrocarpa, Ventilago microcarpa, Euphorbia velutina, Antidesma olivaceum, Mallotus chrysanthus, M. Hellwigianus, Macaranga punctata, Momordica coriacea* Cogn., *Terminalia complanata, T. rubiginosa, Lagerstroemia Koehneana, Allomorphia macrophylla* Cogn., *A. cordifolia* Cogn., *Dissochaeta Schumannii* Cogn., *Astronia Hollrungii* Cogn., *Dissochaeta Schumannii* Cogn., *Eugenia Buettneriana, E. acutangula, E. nutans, E. neurocalyx, Barringtonia calyptrocalyx, B. Schuchardtiana, Pygeum brevistylum, Mucuna cyanosperma, Schizosiphon* (nov. gen. Caesalpin.) *roseus, Hansemannia brevipes, Aristolochia megalophylla, A. momandul, Loranthus Hollrungii, L. Seemenianus, Sarcolobus retusus, Alyxia acuminata, Cerbera floribunda, Tabernaemontana longepedunculata, Premna nitida, Vitex monophylla, Calycacanthus* (nov. gen. Acanthac.) *Magnusianus, Mussaenda ferruginea, Urophyllum heteromerum, Randia speciosa, Coffea uniflora, Pachystylus* (nov. gen. Rubiac.) *Guelcherianus, Psychotria stricta, P. puberula.*

579. **Baillon, H.** Sur quelques Gynopogon néo-calédonicus. (B. S. L. Par. n. 97, 1888, p. 775—776.)

Neue *Gynopogon*-Arten aus Neu-Caledonien:

G. sapiifolium, G. suave, G. brevipes, G. Microbuxus und *G. rubricaule.*

580. **Baillon, H.** Sur trois Stephanotis néo-calédonicus. (B. S. L. Par. n. 102, 1889, p. 811-812.)

Verf. theilt mit, dass *Stephanotis* nur als eine Section von *Marsdenia* zu betrachten ist, also dass die drei neu-caledonischen Arten heissen müssen: *Marsdenia speciosa, M. Balansae* und *M. Vicillardi* (letztere vielleicht nur Varietät der zweiten). Die Gattung ist ausserdem zu finden in Südamerika, China, dem malayischen Archipel und Madagascar.

581. **Zahlbruckner, A.** Eine bisher unbeschriebene Sapotacee Neu-Caledoniens. (Sep.-Abdr. aus Oest. B. Z., 1889, No. 8, 2 p.)

Lucuma Baillonii n. sp. (verw. *L. Sellowii* A. DC.) von Neu-Caledonien. (Von dort sind noch sonst folgende *Sapotaceae* bekannt: *Leptastylis longiflora* Benth., *L. filipes* Benth. und der monotypischen Gattung *Pycnandra* Benth. Ueber die Flora Neu-Caledoniens vgl. auch Bot. J., XVI, 2, p. 176, R. 431 i.)

582. **Drake del Castillo, E.** Illustrationes florae insularum maris pacifici. Fasc. 5. Parisiis, 1889. 10 Taf. mit Text.

Neue Arten von Tahiti: p. 85, T. 43 *Cyrtandra Vescoi*, steht zwischen *C. biflora* Forst. und *C. paludosa* Gaud. p. 87, T. 44 *C. Vairiae*, verw. der vorigen, am See Vairia. p. 94, T. 48 *C. vestita*, der vorigen nahe stehend. Matzdorff.

13. Australisches Florenreich.[1]) (R. 583—606.)

Vgl. auch R. 71 (Beziehung zwischen Regen und Pflanzenwuchs in Australien), 78 (Entwaldung in Australien), 92 (verwilderte Pflanzen Australiens), 94 (europäische Unkräuter in Australien), 96 (australisches Element in Europa), 613 (verwandschaftliche Beziehungen zur Flora der Kermadec-Inseln).

583. **Müller, F. v.** Systematic Census of Australian Plants with Chronologic Literary and Geographic Annotations. Fourth Supplement. (For 1886, 1887 and 1888. Melbourne, 1889. 8 p. 4°.)

Verf. nennt als neueste Entdeckungen für Australien: *Nymphaea tetragona*, *Mitrophora Frogattii, Daphnandra aromatica, Pycnarrhena Australiana, Hoya Larnachiana, Xanthoxylon venenificum, Zygophyllum crenatum, Biophytum apodoscias, Sida Kingii, Corchorus Elderi, Euphorbia corynoclada, Ficus subulata, F. infectoria, Casuarina paludosa, Cupania pleurophylla, Hyssophila Halleyana, Drymaria diandra, Ptilotus Maclayi, P. Carlsoni, Atriplex Quinii, Boerhaavia elegans, Jacksonia Forrestii, J. Clarkei, Pultenaea Baeuerleni, Bossiaea Scortechinii, B. Stephensonii, Templetonia Bottii, Swainsonia Bessleyana, Cassia Cuthbertsonii, Acacia spodiosperma, A. plagiophylla, A. Graffiana, A. craspedocarpa, A. Baileyana, A. mollissima, Albizzia Lebbek, Spiraeanthemum Davidsoni, Rotala Mexicana, R. occultiflora, Haloragis Baeuerleni, Lhotzkya Smeatonia, Agonis lysicephala, Melaleuca seorsiflora, M. Deanii, Metrosideros pachysperma, Eugenia Holtzeana, E. jucunda, Medinilla Balls-Headleyi, Cryptandra propinqua, Vitis Japonica, Aralia Macdowalii, Pentapanax Willmottii, Hydrocotyle comosa, Actinotus Schwartzii, Hollandaea Sayeri, Grevillea Kennedyana, G. pinnatifida, G. Scortechinii, Hakea Eduleana, H. Brookseana, H. Macraeana, H. Persichana, Morinda hypotephra, Trichosanthea Holtzei, T. Muelleri, Melothria subpellucida, M. Celebica, Ethulia conyzoides, Solenogyne bellioides, S. Emphysopus, Aster lepidophyllus, Pluchea Dioscoridis, Athrixia Crowiniana, Erechthites picridioides, Candollea Tepperiana, C. Merralliana, Goodenia deflexa, G. Stephensoni, G. pusilliflora, G. O'Donnellii, Gentiana quadrifaria, Lagania peuriflora, Stemodia Kingii, Euphrasia arguta, Roettlera Kinnearii, Prostanthera Schulzii, Newcastlia Dixoni, Rhododendron Lochae, Agapetes Meiniana, Dracophyllum Sayeri, Dammara Palmerstoni, Dendrobium Holtzei, D. Eriae, D. eriaeoides, Phajus Blumei, Drakaea Huntiana, Prasophyllum Deaneanum, P. apostasioides, Elodea verticillata, Elachanthera Sewelliae, Pandanus Solms-Laubachii, Freycinetia insignis, Potamogeton tricarinatus, P. Tepperi, Carex haematostoma, Pogonatherum saccharoideum, Bambusa Arnhemica* und einige Gefässkryptogamen.

Dann folgen Angaben über Verbreitung schon aus Australien bekannter Arten für Gebiete, innerhalb derer sie bisher nicht gefunden waren. Doch mag die Aufzählung dieser Arten mit Rücksicht auf die inzwischen erschienene neue Auflage des Census (vgl. folgende Ref.) unterbleiben.

Darauf werden als neueste Entdeckungen genannt: *Commersonia Tatei* (Südaustr.),

[1]) Wo eine genaue Abgrenzung nicht mit Sicherheit möglich war, wurde eine Arbeit, die sich auf einen festländischen Theil Australiens bezieht, immer hierher gezogen.

Brachycome cuneifolia (Eb.), *Comesperma silvestre* (Neu-Südwales), *Eriostemon lamprophyllus* (Eb.), *Bertya (= Lambertya) Blepharocarpa* (zu den *Anacardiaceae* zu stellen), *Dysphania myriocephala* = *D. litoralis*, *Atriplex exilifolium* = *A. prostratum*, *A. holocarpum* = *A. spongiosum*, *A. isatideum* = *A. cinereum*, *Kochia lobostoma* = *K. pyramidata*, *Albizzia Sutherlandi* = *Acacia Sutherlandi*, *Helichrysum rutidolepis* (Queensland), *Glossostigma Drummondi* (Victoria, Nordaustr.), *Roxburghia* (= *Stemona*, 1790), *Potamogeton obtusifolius* (Westaustr.), *Schoenus Tepperi* (Tasman.), *Agrostis scabra* (Queensl.), *Eragrostis nigra* (Eb.). Es folgt eine Aufzählung der Familien nach der Zahl der aus Australien bekannten Arten geordnet. Da die Artenzahl nach der neuen Ausgabe des Census im folgenden Ref. angegeben ist, mag hier nur eine Aufzählung der Familien mit mehr als 100 Arten in jener Reihenfolge gegeben werden. Es sind:

Leguminosae, *Myrtaceae*, *Proteaceae*, *Compositae*, *Cyperaceae*, *Gramineae*, *Orchideae*, *Epacrideae*, *Euphorbiaceae*, *Goodeniaceae*, *Filices*, *Rutaceae*, *Liliaceae*, *Rubiaceae*, *Sterculiaceae*, *Labiatae*, *Salsolaceae*, *Umbelliferae* und *Sapindaceae*. (Vgl. auch Bot. C., XLII, p. 312—313.)

Am Schluss stellt Verf. die Zahl der Ende 1888 aus Australien bekannten Familien von Gefässpflanzen auf 149, die der Gattungen auf 1394, die der Arten auf 8909 fest; von letzteren kommen 3559 in Westaustralien, 1904 in Südaustralien, 1030 in Tasmanien, 1904 in Victoria, 3260 in Neu-Südwales, 3711 in Queensland, 1977 in Nordaustralien vor. Das Verhältniss in den einzelnen Theilen ist:

Westaustralien	40 %
Südaustralien	21,4 „
Tasmanien	11,6 „
Victoria	21,4 „
Neu-Südwales	36,6 „
Queensland	41,6 „
Nordaustralien	22,2 „

584. **F. v. Müller** (583) liefert eine neue Auflage seines Census der australischen Flora, in welchen von den einzelnen Arten nicht nur die Verbreitung in Australien, sondern auch die ausserhalb dieses Erdtheiles kurz angegeben ist. Die Eintheilung stimmt im Wesentlichen mit der im vorigen Jahrgang für den „Key to the System of Victorian Plant" angegebenen (vgl. Bot. J., XVI, 1888, 2., p. 188, R. 445) überein, einzelne Abweichungen in der Reihenfolge sind aus folgender Uebersicht zu ersehen, in der die in Klammern beigefügten Zahlen die Anzahl der Gattungen und Arten jeder Familie innerhalb Australiens andeuten:

Dilleniaceae (4 G., 95 A.), *Ranunculaceae* (5 G., 17 A.), *Ceratophylleae* (1 G., 1 A.), *Nymphaeaceae* (3 G., 5 A.), *Piperaceae* (2 G., 10 A.), *Magnoliaceae* (1 G., 4 A.), *Anonaceae* (11 G., 19 A.), *Monimiaceae* (7 G., 16 A.), *Myristiceae* (1 G., 1 A.), *Lauraceae* (7 G., 37 A.), *Menispermeae* (15 G., 17 A.), *Papaveraceae* (1 G., 1 A.), *Capparideae* (6 G., 24 A.), *Cruciferae* (14 G., 54 A.), *Violaceae* (4 G., 13 A.), *Flacourtieae* (4 G, 7 A.), *Samydaceae* (2 G., 4 A.), *Pittosporeae* (8 G., 40 A.), *Droseraceae* (3 G., 46 A.), *Elatineae* (2 G., 4 A.), *Hypericinae* (1 G., 1 A.), *Ternstroemiaceae* (1 G., 1 A.), *Guttiferae* (2 G., 3 A.), *Polygaleae* (4 G., 32 A.), *Tremandreae* (3 G., 17 A.), *Meliaceae* (11 G., 36 A.), *Ochnaceae* (1 G., 1 A.), *Rutaceae* (26 G., 222 A.), *Simarubeae* (6 G., 7 A.), *Zygophylleae* (3 G., 22 A.), *Lineae* (3 G., 4 A.), *Geraniaceae* (5 G., 8 A.), *Malvaceae* (15 G., 110 A.), *Sterculiaceae* (20 G., 125 A.), *Tiliaceae* (7 G., 56 A.), *Euphorbiaceae* (39 G., 226 A.), *Urticaceae* (19 G., 65 A.), *Cupuliferae* (2 G., 4 A.), *Casuarineae* (1 G., 24 A.), *Celastrinae* (11 G., 18 A.), *Sapindaceae* (14 G., 100 A.), *Malpighiaceae* (2 G., 2 A.), *Burseraceae* (3 G., 3 A.), *Anacardiaceae* (6 G., 9 A.), *Stackhousieae* (2 G., 13 A.), *Frankeniaceae* (3 G., 4 A.), *Portulaceae* (3 G., 32 A.), *Caryophyllaceae* (10 G., 26 A.), *Amarantaceae* (12 G., 100 A.), *Salsolaceae* (13 G., 111 A.), *Ficoideae* (9 G., 28 A.), *Polygonaceae* (4 G., 25 A.), *Phytolacceae* (6 G., 11 A.), *Nyctagineae* (2 G., 6 A.), *Thymeleae* (4 G., 75 A.), *Leguminosae* (95 G., 1085 A.), *Connaraceae* (2 G., 2 A.), *Rosaceae* (8 G., 17 A.), *Saxifrageae* (22 G., 36 A.), *Nepenthaceae* (1 G., 2 A.), *Aristolochieae* (1 G., 5 A.), *Crassulaceae* (1 G., 6 A.), *Hammamelidaceae* (eine unbestimmte Art aus Queensland), *Onagraceae* (4 G., 5 A.), *Salicaricae* (7 G., 19 A.), *Halorageae* (7 G., 64 A.), *Callitrichineae* (1 G., 2 A.), *Rhizophorcae* (4 G., 7 A.), *Combretaceae* (4 G., 27 A.), *Myrtaceae* (40 G., 666 A.), *Melastomaceae* (5 G., 7 A.), *Rhamnaceae* (10 G., 90 A.), *Viniferae* (1 G., 17 A.), *Leeaceae* (1 G., 2 A.), *Araliaceae* (10 G., 23 A.), *Umbelliferae* (16 G., 106 A.), *Elaeagnaceae* (1 G., 1 A.), *Olacineae* (9 G., 15 A.), *Balanophoraceae* (1 G., 1 A.), *Santalaceae* (7 G., 43 A.), *Loranthaceae* (5 G., 27 A.), *Proteaceae* (33 G., 597 A.), *Cornaceae* (1 G., 1 A.), *Rubiaceae* (30 G., 129 A.), *Caprifoliaceae* (1 G., 2 A.), *Passifloreae* (2 G., 6 A.), *Cucurbitaceae* (10 G., 27 A.), *Compositae* (91 G., 541 A.), *Campanulaceae* (4 G., 35 A.), *Candolleaceae* (4 G., 97 A.), *Goodeniaceae* (11 G., 219 A.), *Gentianeae* (5 G., 24 A.), *Loganiaceae* (7 G., 52 A.), *Plantagineae* (1 G., 4 A.), *Primulaceae* (3 G., 6 A.), *Myrsinaceae* (5 G., 12 A.), *Sapotaceae* (6 G., 19 A.), *Ebenaceae* (2 G., 15 A.), *Styraceae* (1 G., 2 A.), *Jasmineae* (5 G., 21 A.), *Apocyneae* (17 G., 48 A.), *Asclepiadeae* (15 G., 61 A.), *Convolvulaceae* (12 G., 70 A.), *Hydrophylleae* (1 G., 2 A.), *Solanaceae* (9 G., 79 A.), *Scrophularinae* (22 G., 80 A.), *Orobancheae* (1 G., 1 A.), *Lentibularinae* (2 G., 25 A.), *Podostemoneae* (1 G., 1 A.), *Gesneriaceae* (4 G., 4 A.), *Bignoniaceae* (4 G., 7 A.), *Pedalinae* (1 G., 3 A.), *Acanthaceae* (13 G., 30 A.), *Labiatae* (21 G., 126 A.), *Verbenaceae* (22 G., 81 A.), *Myoporinae* (2 G., 76 A.), *Asperifoliae* (12 G., 52 A.), *Ericaceae* (5 G., 7 A.), *Epacrideae* (18 G., 273 A.), *Coniferae* (10 G., 29 A.), *Cycadeae* (3 G., 14 A.), *Scitamineae* (7 G., 11 A.), *Orchideae* (49 G., 270 A.), *Apostasiaceae* (1 G., 1 A., vgl. hierzu Ref. 596), *Burmanniaceae* (1 G, 2 A.), *Irideae* (4 G., 24 A.), *Hydrocharideae* (7 G., 9 A.), *Taccaceae* (1 G., 1 A.), *Haemodoraceae* (5 G., 66 A.), *Amaryllideae* (7 G., 21 A.), *Dioscorideae* (2 G., 4 A.), *Roxburghiaceae* (1 G., 1 A.), *Liliaceae* (45 G., 161 A.), *Palmae* (10 G., 25 A.), *Nipaceae* (1 G., 1 A.), *Pandaneae* (2 G., 11 A.), *Aroideae* (6 G., 10 A.), *Typhadae* (2 G., 2 A.), *Lemnaceae* (2 G., 6 A.), *Fluviales* (10 G., 36 A.), *Alismaceae* (3 G., 6 A.), *Pontederiaceae* (1 G., 1 A.), *Philyrideae* (1 G., 1 A.), *Commelineae* (6 G., 19 A.), *Xyrideae* (1 G., 9 A.), *Flagellariaceae* (1 G., 1 A.), *Junceae* (2 G., 16 A.), *Eriocauleae* (1 G., 18 A.), *Restiaceae* (14 G., 93 A.), *Cyperaceae* (29 G., 38 A.), *Gramineae* (76 G., 345 A.), *Rhizospermae* (5 G., 11 A.), *Lycopodinae* (5 G., 22 A.), *Filices* (34 G., 212 A.).

Ueber die Reihenfolge der Familien und die procentische Vertheilung in den verschiedenen Territerien vgl. R. 583, da die dort gegebenen Zahlen nicht irgendwie wesentlich von den aus dieser Arbeit zu berechnenden abweichen.

585. **Müller, F. v.** (603) giebt neue Standorte aus Australien für folgende *Gompholobium*-Arten an:

G. Baxteri, *G. amplexicaule* (= *ovatum*), *G. obcordatum*, *G. marginatum*, *G. aristatum*, *G. tomentosum*, *G. viscidulum*, *G. Shuttleworthii*, *G. venustum*, *G. Knightianum*, *G. polymorphum*, *G. pedunculare*, *G. latifolium*, *G. grandiflorum*, *G. minus*, *G. uncinatum*, *G. glabratum* und *G. pinnatum*. (Gelegentlich sind auch Bemerkungen beschreibender oder kritischer Art beigefügt.)

586. **Müller, F. v.** (597) nennt bei Gelegenheit der Beschreibung einer neuen *Drakaea* (vgl. R. 597) folgende neue Standorte aus Australien:

D. irritabilis: Cave Creek, Newcastle.

D. elastica: Stirling's Range, Geographé-Bai.

Caleya maior: Aireys Julet, Barghurk Creek, Moe, Fulham, Lal Lal Creek, Richmond River.

C. minor: Ulladulla. (Die unter diesem Namen in der „Fl. Austr." von New England erwähnte Art ist eine kleine Form von *C. maior*.

C. nigrita: Upper Swan River.

587. **Müller, F. v.** (600) giebt bei Gelegenheit der Beschreibung einer neuen *Chorilaena* folgende neuen Standorte an:

Nematolepis phlebalioides: Mt. Rugged.

Chorilaena quercifolia: Shannon (30 hoch).

588. **Müller, F. v.** Iconography of Australian species of Acacia and cognate genera. (Decade 1—13. 4°. 130 Taf. Melbourne, 1888.) (Ref. in Bot. C., XL, 1889, p. 152.)

118 Arten *Acacia*, 9 *Albizzia* und je eine *Adenanthera*, *Erythrophlaeum* und *Neptunia* werden abgebildet. Der Text ist kurz, giebt aber Auskunft über die Verbreitung der Arten.

589. **Maiden, J. H.** Notes on the Geographical Distribution of some New South Wales Plants. (Proc. Linn. Soc. New South Wales, 2 ser., vol. 4. Sydney, 1889. p. 107—112.)

Verf. schildert die pflanzengeographischen Verhältnisse der Region des Clyde und des Braidwood-Districts in Neu-Südwales. Es endigt dort die Sandsteinformation. 78 vom Verf. aufgeführte Arten finden dort ihre Südgrenze. Drei von ihnen, *Boronia pilosa* Labill., *B. rhomboidea* Hook. und *Lindsaya trichomanoides* Dry. stammen wahrscheinlich aus Tasmanien.

Die beiden *Boronia* sowie *Pomaderris phylicifolia* Lodd. sind für Neu-Südwales neu. Sechs Arten finden an genannter Stelle ihre Nordgrenze. Schliesslich sind in diesem Gebiet folgende neue Arten gefunden worden: *Eriostemon Coxii*, Sugar Loaf Mountain 3800′ auf Granit; *Correa Baeuerlenii*, ebendort; *Pultenaea Baeuerlenii*, Thal von Currockbilly auf Sandstein; *Haloragis monosperma*, Westfuss der Clydeberge auf Sand und Granit; *Grevillea Renwickeana*, ebendort auf Granit und Quarz; *Hakea Macracana*, Sugar Loaf Mountain 3800′ auf Granit. Sämmtliche Arten sind von F. v. Müller bestimmt.

Matzdorff.

590. **Tate, P. R.** Plants of the Lake Eyre Basin. (Transact. and Proceed. and Report of the Royal Society of South Australia. Adelaide, 1889. p. 85—100.)

Das Becken des Lake Eyre ist bezüglich seiner Flora charakteristisch für das ganze innere Australien, das Verf. als „Eremian region" bezeichnet. Eine Zusammenstellung der gesammten Flora des Gebiets ist daher für die Kenntniss der australischen Flora von Bedeutung. Wenn deswegen nur die als ganz speciell für das Gebiet charakteristischen Arten hervorgehoben werden, so geschieht es nur, um den Raum dieses Berichts nicht zu sehr in Anspruch zu nehmen. Als solche müssen nach Verf.'s Verzeichniss gelten:

Erysimum Blennodia, Stenopetalum velutinum, S. nutans, S. croceum, Lepidium phlebopetalum, Capparis Mitchelii, Sida virgata, S. intricata, S. inclusa, Abutilon halophilum, A. diplotrichum, A. leucopetalum, A. otocarpum, A. Fraseri, Gossypium Sturtii, Euphorbia erythrantha, Eu. Wheeleri, Phyllanthus Fuernrohrii, Ph. lacunarius, Dodonaea microzyga, Tribulus hystrix, Zygophyllum iodocarpum, Z. Howittii, Claytonia Balonensis, C. pleiopetala, C. ptychosperma, Euxolus Mitchelii, Ptilotus exaltatus, P. Murrayi, P. parvifolius, P. latifolius, P. incanus, Polycnemon Mesembryanthemum, Chenopodium auricomum, Atriplex nummularium, A. rhagodioides, A. velutinellum, A. halimoides, A. holocarpum, A. fissivalve, A. leptocarpum, Dysphania simulans, Bassia bicornis, B. lanicuspis, B. bicuspis, B. uniflora, B. quinquecuspis, Babbagia dipterocarpa, B. acroptera, Kochia lanosa, K. eriantha, K. sedifolia, K. ciliata, K. brachyptera, Salicornia leiostachya, Aizoon quadrifidum, A. zygophylloides, Gunnia septifraga, Mollugo orygioides, Rumex crystallinus, Isotropis Wheeleri, Crotalaria dissitiflora, Trigonella suavissima, Indigofera brevidens, Swainsonia oligophylla, S. campylantha, S. phacifolia, Glycine falcata, G. sericea, Cassia pruinosa, C. pleurocarpa, C. Sturtii, Bauhinia Carroni, Acacia Peuce, A. cyperophylla, A. Murrayana, A. stenophylla, A. Sentis, A. doratoxylon, Melaleuca hakeoides, M. trichostachya, Eucalyptus microtheca, Pimelea trichostachya, Grevillea pterosperma, G. juncifolia, G. nematophylla, Hakea leucoptera, Loranthus gibberulus, Didiscus glaucifolius, Eryngium plantagineum, Oldenlandia tillaeacea, Podocoma cuneifolia, Minuria integerrima, M. denticulata, Calotis cymbacantha, C. plumulifera, C. porphyroglossa, Brachycome melanocarpa, Erodiophyllum Elderi, Pterigeron liatroides, Centipeda thespidioides, C. Cunninghami, Myriocephalus Rudalli, Gnephosis eriocarpa, G. codonopappa, G. arachnoidea, Calocephalus platycephalus, Rutidosis helichrysoides, Millotia Greevesii, Helichrysum semifertile, H. podolepideum, Helipterum pterochaetum, H. strictum, Senecio Gregori, Isotoma petraea, Leschenaultia divaricata, Goodenia cycloptera, G. Mitchelii, G. heteromera, G. microptera, Scaevola depauperata, S. collaris, Cynanchum floribundum, Marsdenia Leichhardtiana, Solanum chenopodinum, S. Sturtianum, S. lacunarium, S. orbiculatum,

Mimulus prostratus, Peplidium Muelleri, Josephinia Eugeniae, Breweria media, Polymeria longifolia, P. angustata, Heliotropium filaginoides, Prostanthera striatiflora, Newcastlia spodiotricha, Eremophila Daliana, E. Sturtii, E. Latrobei, E. Mac Donnellii, E. Freelingi, E. Goodwini, E. Duttoni, E. polyclada, E. maculata, E. latifolia, E. bignoniflora, E. Bowmani, Crinum flaccidum, Thysanotus exiliflorus, Cyperus Gilesii, Panicum reversum, P. coenicolum, Pennisetum refractum, Spinifex paradoxus, Anthistiria membranacea, A. avenacea, Astrebia pectinata, A. triticoides, Chloris acicularis, Sporobolus Lindleyi, Eriachne aristidea, Eragrostis laniflora, E. chaetophylla, E. lacunaria, E. falcata, E. trichophylla und *Poa ramigera.*

591. **Ludwig, F.** Ueber eine eigenthümliche australische Tertiärflora. (Natur, 1889, p. 86—87.) (Ref. nach Bot. C., XXXVII, p. 402.)

Auf tertiären Ablagerungen findet sich bei Adelaide eine eigenthümliche Flora aus winzigen Pflanzen aus den Gattungen *Helipterum, Calocephalus, Rutidosis, Tillaea, Stylidium, Drosera, Hydrocotyle, Leeuwenhookia, Wahlenbergia, Mitrasacme, Isoetopsis, Triglochin, Scirpus, Centrolepis* und *Iris.*

592. **Müller, F. v.** Notes on some new and rare plants. (Papers and proceedings of the royal Society of Tasmania for 1887. Tasmania, 1888. p. 53.)

Als neu für Tasmanien werden genannt: *Potamogeton Cheesemanii* und *Sporobolus virginicus;* von *Bellendena montana, Richea pandanifolia, Prionotes cerinthoides, Richea Gunnii, Donatia Novae Zelandiae* und *Milligania densiflora* werden neue Standorte genannt.

593. **Müller, F. v.** Deal Island. (Papers and Proceed. of the Royal Society of Tasmania for 1884. Tasmania, 1885. p. 282—283.)

Eine Aufzählung der von Deal-Island (Kent's Group) bekannten Pflanzen.

594. **Lendenfeld, R. v.** Das australische Bergland. (Ausland, 1889, p. 230—232.)

Verf. bespricht u. a. kurz die Vegetation im Mountain-Creek-Thal.

595. **Müller, F. v.** Descriptions of new Australian Plants with occasional other annotations. (Extra print from Victorian Naturalist, December, 1890.)

Neue Arten: *Lepidium Merrallii, Astrotricha, Rudolphiana, Thismia Rodwayi* (letztere nahe verwandt der Gattung *Bagnisia*).

596. **Müller, F. v.** Description of an Orchid, new for Victoria. (From the „Victorian Naturalist" December 1889.)

Prasophyllum Frenchii n. sp. von Victoria (zwischen Verra- und Daudenoog-Kette), nächst verwandt *P. brevilabrum* von Tasmanien. (Verf. bemerkt, dass er die *Apostasiaceae* als eigene Familie betrachte, die zwischen *Orchideae* und *Burmanniaceae* vermittele). (Vgl. auch Bot. C., XLI, p. 122—123.)

597. **Müller, F. v.** Description of a new form of the Orchid Genus Drakaea indigenous to New South Wales and Victoria. (Sep.-Abdr. ohne Angabe des Publicationsortes.) (Vgl. R. 586.)

Drakaea Huntiana n. sp. (verw. *D. irritabilis* vom Mount Tingiringi (5000′ hoch)

598. **Müller, F. v.** Notes on a new Species of Eucalyptus, (E. Maideni) from Southern New South Wales. (From, vol. IV [Ser. 2nd] of the „Proceedings of the Linnean Society of New South Wales". [25th September 1889] p. 1020—1022. Plates XXVIII and XXIX.)

Verf. beschreibt und bildet ab *Eucalyptus Maideni* n. sp. aus dem südlichen Neu-Südwales (nach N. bis Braidwood und Nelligen District), die im Habitus *Eu. goniocalyx* am ähnlichsten ist, in der Frucht aber mehr *Eu. globulus* gleicht. Sie wird als Nutzholzpflanze empfohlen (ähnlich wie *Eu. tereticornis, hemiphloia, goniocalyx, melliodera, eugenioides* u. a.)

599. **Müller, F. v.** Description of a new species of Chloanthes from Western Australia (Extra print from the Victorian Naturalist., 1889, Oct.). (Bot. C., XL, 1889, p. 268—269.)

Chloanthes Teckiana n. sp. vom Deborah-See (Australien). Sie ist nächstverwandt *Ch. Denisonii*, müsste zur Gattung *Pityrodia* gezogen werden, falls man diese nicht mit *Chloanthes* vereinigen will.

600. **Müller, F. v.** Description of a new Chorilaena. (From the Victorian Naturalist., 1889, September.)

Chorilaena Hassellii n. sp. von der Stirling Kette (Australien). (Vgl. Bot. C., XL, p. 94.)

601. **Tate, R.** Additions to the Flora of the Port Lincolm District, including briet Descriptions of Two New Species. (Transact. and Proceed. and Report of the Royal Society of South Australia, XI. Adelaide, 1889. p. 82—84.)

Die neuen Arten sind:

Commersonia Tatei F. v. M. und *Brachycome cuneifolia* Tate. (Im Uebrigen werden für ca. 50 Arten neue Fundorte genannt.)

602. **Müller, F. v.** Description of a new Logania. (Extra print from the Victorian Naturalist., 1889, November.) (Bot. C., XLI, p. 28.)

Logania choretroides n. sp. von den östlichen Quellen des australischen Schwanenflusses.

603. **Müller, F. v.** Description of a new Gompholobium from South Western Australia with notes on other Species of that Genus. (Extra print from „The Victorian Naturalist", May 18.)

Verf. beschreibt *Gompholobium Eatoniae* n. sp. aus der Nähe der östlichen Quellen des Schwanenflusses (Südwestaustralien); sie ist nächst verwandt *G. Baxteri*.

604. **Müller, F. v.** Notes on Australian Loganiaceae. (Bot. C., XXXVIII, 1889. p. 461—462.)

Logania flaviflora n. sp. vom Schwanenflusse in Australien. (Gleichzeitig giebt Verf. neue Standorte für verschiedene *Logania-* und *Mitrasacme-*Arten Australiens, sowie für *Strychnos psilosperma*. Ueber diese vgl. im Bot. C., XXXVIII, p. 461—462.)

605. **Müller, F. v.** Descriptions of some new australian plants. (Victorian Naturalist., 1889, July.) (Bot. C., XXXIX, p. 236—237.)

Verf. beschreibt folgende neue Arten aus Australien (vgl. Bot. C., XXXIX, p. 236):

Oldenlandia Psychotrioides: Russell-River,
Morinda Hypotephra: Mount-Bellenden-Ker,
Eulophia Holtzei: Port Darwin.

606. **Moore, T. B.** Notes on the discovery of a new Eucalyptus. (Papers and proceedings of the royal society of Tasmania for 1886. Tasmania, 1887. p. 207—209.)

606a. **Müller, F. v.** Introductory Remarks. (Eb., p. 209—210.)

Moore beschreibt *Eu. Muelleri* n. sp. von Tasmanien. **F. v. Müller** knüpft daran einige Bemerkungen über die *Eucalyptus-*Arten Tasmaniens, woraus nur hervorgehoben werden mag, dass bis zur Auffindung dieser Art 12 Arten der Gattung von Tasmanien bekannt waren, worunter *Eu. cordata*, *urnigera* und *vernicosa* der Insel eigenthümlich sind, während die anderen auch auf dem australischen Festland vorkommen.

14. Neuseeländisches Florenreich.

(Neu-Seeland, Kermadec- und Chatham-Inseln, Aucklands- und Campbells-Inseln, Mac Quarrie-Inseln). (R. 607—621.)

Vgl. auch R. 74 u. 75 (Bäume Neu-Seelands).

607. **Kirk, T.** The Forest Flora of New Zealand. (Folio, 345 pages and 160 plates. Wellington, 1889.) (Ref. nach Nature, XL, 1889, p. 388—389)

Von den 1000 bekannten Phanerogamen Neu-Seelands werden hier fast alle baum- und strauchartigen beschrieben und die meisten (115 Arten) abgebildet, während die so sehr charakteristischen Farnbäume nicht berücksichtigt sind. Sehr charakteristisch für die behandelten Pflanzen ist Heterophyllie, die sich ähnlich auf Rodiguez wiederfindet. Sie findet sich hier, namentlich bei *Coniferae* z. B. *Dacrydium Colensoi* und *D. Kirkii* als Dimorphismus; geradezu Polymorphismus findet sich bei den *Araliaceae* (z. B. *Pseudopanax crassifolium*), dann bei *Rubus australis* und *Hoheria populnea*.

Interessant ist namentlich das Vorkommen von drei *Fuchsia*-Arten auf Neu-Seeland, da die Gattung sonst ganz auf Amerika beschränkt ist; unter diesen erreicht *F. excorticata* 43′ Höhe und der Stamm 3′ Durchmesser (nur *F. arborescens* aus Centralamerika wird ebenso gross) und liefert eines der besten Hölzer der Insel.

Neu beschrieben werden die weiblichen Blüthen von *Podocarpus totara* und das männliche Kätzchen von *Dacrydium cuppressinum*.

608. **Kirk, T.** On the Naturalised Dodders and Broom-rapes of New Zealand. (Trans. N. Zeal., XX, 1888, p. 182—185.)

Verf. bespricht die Schmarotzerpflanzen Neu-Seelands, um vor ihrer Verbreitung zu warnen; eingeschleppt sind *Cuscuta hassiaca* (aus Kalifornien), *C. epithymum* var. *trifolii*, *C. epilinum*, *Orobanche minor* und *O. picridis* (heimisch sind *Cuscuta densiflora* und *C. novae-zealandiae*).

609. **Lendenfeld, R. v.** In den Alpen Neu-Seelands. (Ausland, 1889, p. 877—880.)

Die ausserordentliche Stacheligkeit der Gebüsche in der Umgebung der Gletscherzungen ist die wichtigste Charaktereigenthümlichkeit der subalpinen Vegetation in den neuseeländischen Alpen. Verf. betrachtet sie als Schutz gegen die jetzt meist ausgestorbenen grossen Laufvögel. (Auch sonst wird in dem durch viele Nummern sich hindurchziehenden Aufsatz hin und wieder ein Streifblick auf die Vegetation geworfen.)

610. **Adams, J.** On the Botany of Te Moehau Mountain, Cape Colville. (Tr. N. Zeal., XXI, 1888. Wellington, 1889. p. 32—41.)

Der Te Moehau (am Hauraki-Golf der Nord-Insel) ist sehr steil, daher schwer zugänglich, aber oben reich an Seltenheiten, welche sich nicht näher als an der Ruahine-Kette in dem Hawke's Bai District wieder finden. An der Meeresbucht beobachtete Verf. *Metrosideros tomentosa*, *Pittosporum crassifolium*, *P. umbellatum*, *Myoporum laetum*, *Corynocarpus laevigata*, *Sophora tetraptera*, *Panax Lessoni*, sowie an sandigen Orten *Isolepis nodosa* und *Calystegia soldanella*, an felsigen *Sicyos angulatus* und *Bidens pilosa*; die Klippen, welche hervorragen, tragen u. a. *Astelia Banksii*, *Paspalum scrobiculatum*, *Bromus arenarius*, *Oxalis corniculata*, *Arthropodium cirrhatum*, *Cassinia leptophylla*, *Veronica pubescens* und auf den kleinen Inseln *Coprosma Baueriana*. An geschützten Orten finden sich *Sophora tetraptera*, *Dodonaea viscosa*, *Coriaria ruscifolia*, *Rhipogonum scandens*, *Alectryon excelsum*, *Melicytus ramiflorus*, *Aristotelia racemosa*, *Podocarpus ferruginea* u. a. Längs den Wasserläufen am Fusse des Berges beobachtete Verf. *Melicytus ramiflorus*, *Melicope ternata*, *Fuchsia excorticata*, *Carpodetus serratus*, *Geniostoma ligustrifolia*, *Areca sapida*, *Entelea arborescens* und *Cyathea dealbata*. Am steilen Abhang traten besonders hervor: *Metrosideros robusta*, *hypericifolia* und *scandens*, *Myrtus bullata*, *Panax Edgerleyi*, *P. arboreum*, *Coprosma robusta*, *Brachyglottis repanda*, *Myrsine salicina*, *M. Urvillei*, *Olea Cunninghami*, *Veronica salicifolia*, *V. macrocarpa*, *Vitex littoralis*, *Hedycarpa dentata*, *Laurelia Novae-Zealandiae*, *Beilschmiedia tawa*, *Litsaea calicaris*, *Pimelea virgata*, *P. prostrata*, *Dacrydium cupressinum* und *Agathis australis*; durch Schönheit auffallend waren *Vitex littoralis*, *Dysoxylum spectabile* und *Areca sapida*. Auf der höchsten Spitze des Te Matau fanden sich *Veronica pubescens* (7′ hoch), *Panax arboreum*, *Rhabdothamnus Solandri*, *Astelia trinervia*, *Microlaena avenacea*, *M. polynoda*, *Poa anceps*, *Uncinia australis* und *Carex dissita*. Dagegen trug der Gipfel des Te Moehau: *Fuchsia excorticata*, *Panax Sinclairi*, *P. Colensoi*, *P. Edgerleyi*, *Corokia buddleoides*, *Coprosma lucida*, *C. Colensoi**, *Celmisia incana*, *Gaultheria antipoda*, *Cyathodes empetrifolia**, *Pentachondra pumila*, *Dracophyllum latifolium*, *Myrsine salicina*, *Ourisia macrophylla*, *Phyllocladus glauca**, *P. alpina*, *P. trichomanoides**, *Dacrydium Bidwillii**, *Podocarpus nivalis*, *Dendrobium Cunninghami*, *Thelymitra longifolia*, *Astelia linearis*, *Arthropodium cirrhatum**, *Danthonia semiannularis* var. *alpina* und einige Gefässkryptogamen, von denen die mit * versehenen erst am Hikurangi wiederkehren.

611. **Robinson, R.** Kauri Gum Industry. (Ph. J., vol. 19. London, 1889. p. 306—307.)

Ausflug nach den Anpflanzungen der Kaurifichte *(Dammara australis)* in der Umgegend Aucklands. Man kam durch Culturland mit Apfel- und anderen Fruchtbäumen, traf dann *Leptospermum scoparium*, sodann im Urwald *Rhipogonum scandens* mit Sarsaparilla ähnlichen Wurzeln, *Corynocarpus laevigata*, *Dacrydium cupressinum*, *Metrosideros robusta* und hier auch Exemplare der Kaurifichte, die bis 72′ Umfang und 80′ Höhe ohne Verzweigung erreicht. *Cyathaea medullaris* und *Lygodium articulatum* waren ferner bemerkenswerth. Verf. schildert nun die „Sommer- und Wintergummifelder". Matzdorff.

612. **Cheeseman, T. F.** Notes on the Three Kings Islands. (Tr. N. Zeal., XX, 1888, p. 141—150.)

Auf der Reise von den Kermadec-Inseln nach Neu-Seeland verbrachte Verf. einige Stunden auf den Dreikönigs-Inseln (im WNW von Cap Maria van Diemen), über deren Naturgeschichte bisher noch nichts bekannt war. An der Südostküste der grössten Insel der Gruppe (Great King) waren kahle schwarze Felsen; der Gipfel der Insel schien bedeckt mit kurzen Theebäumen, Flachs (neuseeländ.?) und Hecken und gab wenig Aussicht auf Ausbeute. Beim Landen bemerkte Verf. zunächst *Mesembryanthemum australe*, *Apium australe*, *Spergularia rubra*, *Senecio lautus*, *Lobelia anceps*, *Isolepis nodosa* u. a. Zwischen den Felsen fanden sich *Sicyos angulatus* und *Angelica rosaefolia*, sowie etwas höher *Phormium tenax* und *Arundo conspicua*. Dann wurden kleine Bäume der seltenen *Pisonia umbellifera* beobachtet, ferner *Hymenanthera latifolia*, die selten in Neu-Seeland, aber häufig auf den Norfolk-Inseln ist, dann *Coprosma Baueriana*, welche so häufig auf allen Klippen um die Nordinsel Neu-Seelands. Sehr häufig fand sich eine Varietät der in Neu-Seeland fehlenden, aber von Australien und den Norfolk-Inseln bekannten *Davallia pyxidata*. Auf dem Gipfel der Insel wuchsen *Leptospermum scoparium*, ferner im Schutze dieses Theebaumes *Leucopogon Fraseri*, *Pimelea prostrata*, *Haloragis alata*, *H. depressa*, *Lagenophora Forsteri*, *Gnaphalium involucratum* u. a., sehr vereinzelt auch *Metrosideros tomentosa*. In tieferen Thälern nimmt der Theebaum bedeutendere Grösse an; da fand sich auch die seltene *Colensoa physaloides*, dann *Melicytus ramiflorus*, *Melicope ternata*, *Tetranthera calicaris* u. a.

Im Ganzen wurden 82 Arten Gefässpflanzen beobachtet, darunter von neuen Arten abgesehen (vgl. R. 621) noch folgende Phanerogamen: *Clematis parviflora*, *C. indivisa*, *Cardamine hirsuta*, *Oxalis corniculata*, *Coriaria ruscifolia*, *Leptospermum ericoides*, *Metrosideros scandens*, *Hydrocotyle heteromera*, *H. novae-zealandiae*, *Corokia cotoneaster*, *Coprosma grandifolia*, *C. robusta*, *Lagenophora Forsteri*, *Gnaphalium collinum*, *Sonchus oleraceus*, *Wahlenbergia gracilis*, *Myosotis spathulata*, *Convolvulus sepium*, *C. tuguriorum*, *Dichondra repens*, *Pisonia brunoniana*, *Muhlenbeckia complexa*, *Hedycarya dentata*, *Parietaria debilis*, *Peperomia Urvilleana*, *Piper excelsum*, *Acianthus Sinclairii*, *Microtis porrifolia*, *Thelymitra longifolia*, *Cordyline australis*, *Dianella intermedia*, *Arthropodium cirrhatum*, *Scirpus nodosus*, *Cladium teretifolium*, *Uncinia australis*, *Carex testacea*, *C. paniculata* var. *virgata*, *C. breviculmis*, *Panicum imbecille*, *Echinopogon ovatus* und *Poa anceps*. Es sind also im Ganzen 66 Phanerogamen bekannt.

613. **Cheeseman, T. F.** On the Flora of the Kermadec Islands, with Notes on the Faun. (Trans. N. Zeal., XX, 1888, p. 151—181.)

Verf. vergleicht die Flora der Kermadec-Inseln mit der der zunächst liegenden Inselgruppen. Besondere Aehnlichkeit zeigt sich zu der der Norfolk- und Lord Howe-Inseln, sowie zu Neu-Seeland. Am deutlichsten zeigt sich das Verhältniss zu den Nachbarfloren in folgender nur die Phanerogamen berücksichtigende Uebersicht: (Siehe p. 143 u. 144.)

Hierzu kommen, um die Flora nach unseren jetzigen Kenntnissen vollständig zu charakterisiren, noch 31 Gefässkryptogamen und folgende eingeführte Pflanzen: *Fumaria officinalis*, *Alyssum maritimum*, *Capsella bursa-pastoris*, *Senebiera coronopus*, *S. didyma*, *Cerastium vulgatum*, *Stellaria media*, *Trifolium pratense*, *T. repens*, *Apium graveolens*, *Daucus Carota*, *Erigeron canadense*, *Senecio vulgaris*, *Hypochaeris radicata*, *Physalis Peruviana*, *Nicotiana Tabacum*, *Plantago maior*, *P. lanceolata*, *Veronica arvensis*, *Rumex obtusifolius*, *Euphorbia peplus*, *Cynodon dactylon*, *Dactylis glomerata*, *Poa annua*, *P. pratensis* und *Lolium perenne*.

	Endemisch	Neu-Seeland	Norfolk-Inseln	Lord Howe-Insel	Australien	Polynesien
Cardamine stylosa	—	1	—	—	1	—
Melicytus ramiflorus	—	1	1	—	—	—
Pittosporum crassifolium	—	1	—	—	—	—
Geranium dissectum	—	1	—	—	1	—
„ *molle*	—	1	—	—	1	—
Oxalis corniculata	—	1	1	1	1	1
Melicope ternata	—	1	—	—	—	—
Corynocarpus laevigata	—	1	—	—	—	—
Coriaria ruscifolia	—	1	—	—	—	—
„ *thymifolia*	—	1	—	—	—	—
Canavalia obtusifolia	—	—	1	1	1	1
Acaena sanguisorbae	—	1	—	—	1	—
Haloragis alata	—	1	—	—	1	—
Callitriche verna	—	1	—	—	1	—
Metrosideros polymorpha	—	—	—	1	—	1
Sicyos angulatus	—	1	1	1	1	—
Mesembryanthemum australe	—	1	1	1	1	—
Tetragonia expansa	—	1	1	1	1	—
„ *trigyna*	—	1	—	—	1	—
Hydrocotyle moschata	—	1	—	—	—	—
Apium australe	—	1	—	1	1	—
Panax arboreum	—	1	—	—	—	—
Coprosma Baueriana	—	1	1	—	—	—
„ *petiolata*	—	1	1	1	—	—
„ *acutifolia*	1	—	—	—	—	—
Ageratum conyzoides	—	—	—	—	1	1
Lagenophora Forsteri	—	1	—	—	—	—
„ *petiolata*	—	1	—	—	—	—
Siegesbeckia orientalis	—	—	—	—	1	1
Bidens pilosa	—	1	—	1	1	1
Cotula australis	—	1	—	—	1	—
Gnaphalium luteo-album	—	1	1	1	1	—
„ *involucratum*	—	1	1	1	1	—
„ *collinum*	—	1	—	—	1	—
Senecio lautus?	—	1	—	—	1	—
Senecio ?	—	—	—	—	—	—
Sonchus oleraceus	—	1	—	—	1	—
Scaevola gracilis	1	—	—	—	—	—
Wahlenbergia gracilis	—	1	—	1	1	—
Lobelia anceps	—	1	1	1	1	—
Samolus repens	—	1	1	—	1	1
Myrsine kermadecensis	1	—	—	—	—	—
Convolvulus sepium	—	1	—	—	1	—
„ *soldanella*	—	1	1	1	1	—
Ipomoea palmata	—	1	1	1	1	1
„ *pes-caprae*	—	—	—	1	1	1
Solanum nigrum	—	1	1	—	1	1

	Endemisch	Neu-Seeland	Norfolk-Inseln	Lord-Howe Insel	Australien	Polynesien
Solanum aviculare	—	1	1	1	1	—
Veronica salicifolia	—	1	—	—	—	—
„ *ligustrifolia*	—	1	—	—	—	—
Myoporum laetum	—	1	—	—	—	—
Rhagodia nutans	—	1	—	—	1	—
Rumex flexuosus	—	1	—	—	—	—
Pisonia brunoniana	—	1	1	1	1	1
Aleurites moluccana	—	—	—	—	1	1
Carumbium polyandrum . . .	1	—	—	—	—	—
Parietaria debilis	—	1	1	1	1	—
Boehmeria australis	—	—	1	—	—	—
Ascarina lucida	—	1	—	—	—	1
Piper excelsum	—	1	1	1	1	1
Peperomia Urvilleana	—	1	1	1	—	—
Acianthus Sinclairii	—	1	—	—	—	—
Microtis porrifolia	—	1	—	—	1	—
Cordyline terminalis	—	—	—	—	1	1
Kentia Baueri	—	—	1	—	—	—
Typha angustifolia	—	1	1	—	1	1
Cyperus ustulatus	—	1	—	—	—	—
Scirpus nodosus	—	1	1	1	1	—
Carex sp.	—	—	—	—	—	—
Carex sp.	—	—	—	—	—	—
Paspalum scrobiculatum . . .	—	1	—	—	1	1
Panicum sanguinale	—	—	—	1	1	1
Panicum sp.	—	—	—	—	—	—
Oplismenus compositus	—	—	—	1	1	1
„ *setarius*	—	1	1	1	1	1
Cenchrus calyculatus	—	—	—	—	—	1
Imperata arundinacea	—	—	—	—	1	1
Polypogon monspeliensis . . .	—	—	—	—	1?	—
Dichelachne sciurea	—	1	1	—	1	—
Deyeuxia Forsteri	—	1	—	1	1	—
Agrostis (?) sp.	—	—	—	—	—	—
Eleusine indica	—	—	—	—	1	1
Poa sp.	—	—	—	—	—	—
Agropyrum scabrum	—	1	1	—	1	—

Von der Sonntag-Insel ist mit Ausnahme des Kraters alles mit Wald bedeckt. Darin herrscht besonders *Metrosideros polymorpha* vor, demnächst *Kentia Baueri*. Auch ein Baumfarn *(Cyathea Milnei)*, welcher der Insel eigenthümlich ist, ist sehr häufig. *Corynocarpus laevigatus* und *Myoporum laetum* sind besonders in der Nähe der Küste häufig. Von anderen Bäumen kommen noch ziemlich oft vor: *Melicope ternata*, *Melicytus ramiflorus*, *Coriaria ruscifolia* und *Panax arboreum*. Auch *Piper excelsum* ist recht verbreitet.

Selten ist dagegen *Aleurites moluccana*. Auf die Küstengegenden beschränkt sind *Pittosporum crassifolium*, *Coprosma petiolata* und *C. Baueriana*. Von Kräutern ist besonders häufig *Ipomoea pes-caprae*, während *I. palmata* nur sehr vereinzelt auf den Klippen gefunden wurde. *Canavalia obtusifolia*, eine häufige Strandpflanze der Tropen, wurde auf der Meyer-Insel, einer kleinen Insel in kaum einer englischen Meile Entfernung von der Sonntags-Insel gefunden.

Sicyos angulatus ist eine der häufigsten Pflanzen in den niedrigen Theilen der Insel. Die der Gruppe eigenthümliche *Scaevola gracilis* ist häufig an felsigen Orten. Häufig sind noch *Haloragis alata, Hydrocotyle moschata, Lagenophora Forsteri* und *Parietaria debilis. Bidens pilosa, Ageratum conyzoides, Siegesbeckia orientalis* und *Solanum nigrum* finden sich überall auf offenem oder cultivirtem Boden. *Typha angustifolia* findet sich in Krater-Seen. *Cyperus ustulatus* nimmt immer Besitz von verlassenem Culturland. *Imperata arundinacea* ist auf den Klippen häufig. Eins der häufigsten Unkräuter ist *Physalis peruviana.*

Die Macaulay-Insel ist besonders mit Gras bewachsen, unter dem *Gnaphalium involucratum, Haloragis alata, Oxalis, Erigeron* u. a. zerstreut erscheinen; auf den Klippen sind da *Mesembryanthum australe, Scaevola gracilis, Tetragonia expansa, Lobelia anceps* und *Coprosma petiolata* häufig.

Nach der Verbreitung der Pflanzenarten, verbunden mit Untersuchungen über Meerestiefen hält Verf. die Inselgruppe für eine stets insulare, nie mit Neu-Seeland verbundene. (Vgl. auch Hemsley's Ref. in Nature, XXXVIII, 1888, p. 622.)

614. **Reischek, A.** Notes on the Islands to the South of New Zealand. (Tr. N. Zeal, XXI, 1888. Wellington, 1889. p. 378 389.)

Kurz wird auch der Flora jener Inseln gedacht.

615. **Lee, C. W.** Notes on a Plant (Glossostigma elatinoides) found beside the Maungapuri Street, Otaki. (Tr. N. Zeal., XXI, 1888. Wellington, 1889, p. 108—109.)

Die Art ist bisher bekannt von Auckland, Nelson und Südland. Es wird eine ergänzende Beschreibung derselben geliefert.

616. **Buchanan, J.** Botanical Notes. (Tr. N. Zeal., XX, 1888, p. 255, Plates XII and XIII.)

Verf. beschreibt folgende neuen Arten aus Neu-Seeland:

Melicope parvula, Ranunculus tenuis und *Notothlaspi Hookeri.* Die letzteren beiden sind abgebildet.

617. **Colenso, W** On new Phaenogamic Plants of New Zealand. (Tr. N. Zeal., XX, 1888, p. 188—211.)

Verf. beschreibt folgende neuen Arten aus Neu-Seeland:

Ranunculus reticulatas (verw. *R. pinguis* Hook. f.), *Melicytus microphyllus* (verw. *M. micranthus* Hook. f.), *Callitriche microphylla* (steht den bisher auf Neu-Seeland beobachteten Arten, nämlich *C. verna* und *C. stagnalis* sowie auch den aus Europa [*C. pedunculata* und *autumnalis*], sowie aus Nordamerika [*C. terrestris*] bekannten Arten sehr fern), *Hydrocotyle echinella* (auch allen neuseeländischen Arten der Gattung sehr fern), *Panax integrifolia* (verw. *P. simplex*), *Galium trilobum* (vielleicht nur eine südliche Varietät des *G. tenuecaule* der neuseeländischen Nordinsel), *Olearia xanthophylla, O. Hillii, O. rigida, Ravenala albo-sericea* (verw. *R. australis* und *Munroi*), *Forstera trumentella, Oreostylidium affine, Gaultheria divergens, Leucopogon heterophyllus, Epacris affinis* (verw. *E. alpina*), *Dracophyllum rubrum* (verw. *D. recurvum* und *rosmarinifolium*), *Myosotis Hamiltonii* (verw. *M. australis* und *Forsteri*), *Veronica Cookiana* (verw. *V. macroura* und *salicifolia*), *V. compacta* (verw. *V. nivulis*), *V. vulcanica, V. longiracemosa* (verw. *V. elongata* Benth. von Neu-Seeland und *V. plebeia* und *calycina* von Australien), *Muehlenbeckia microphylla* (früher vom Verf. für identisch mit *M. axillaris* gehalten), *Pimelea stylosa* (verw. *P. buxifolia*), *Thelymitra cornuta, Th. concinna, Th. nervosa, Prosophyllum variegatum, Astelia planifolia* (verw. *A. graminifolia*), *Uncinia capillaris, U. disticha* (sp. nov.?) und *U. variegata* (letztere sehr nahe verwandt mit *U. australis* Pers. und *U. ferruginea* Boott, ausserdem mit *U. alopecuroides* Col.).

618. **Colenso, W.** A Description of some newly-discovered Phaenogamic Plants; being a further Contribution towards the making known the Botany of New Zealand. (Tr. N. Zeal., XXI, 1888. Wellington, 1889, p. 80—108.)

Neu beschrieben werden: *Carmichaelia corymbosa* (verw. *C. flagelliformis*), *Dro-*

sera minutula (verw. *D. pygmaea* von Neu-Seeland, Tasmanien und Australien), *Hydrocotyle amoena* (verw. *H. intermixta*), *H. sibthorpioides* (verw. *H. hirta*, *tasmanica* und *colorata*), *Coprosma pendula*, *C. multiflora*, *C. coffaeoides*, *Asperula aristifera* (verw. *A. perpusilla*, doch auch sehr nahe Beziehungen zur Gattung *Galium* zeigend), *Celmisia setacea* (verw. *C. longifolia* Cass. von Neu-Seeland, Australien und Tasmanien), *Senecio pumiceus* (verw. *S. Banksii* und *velleioides*), *Pernettya macrostigma* (verw. *P. tasmanica*), *Dracophyllum recurvatum* (grösste Art von Neu-Seeland), *Myrsine pendula* (verw. *M. divaricata*), *Convolvulus (Calystegia) truncatella* (verw. *C. tugufiorum*), *Limosella ciliata* (verw. *L. aquatica*), *Veronica parkinsoniana* (verw. *V. salicifolia*), *Ourisia calycina*, *Mühlenbeckia hypogaea*, *M. paucifolia*), *Pimelea rugulosa* (verw. *P. prostrata*), *Isolepis Novae-Zealandiae* (verw. *I. basilaris* Hook. f. von Neu-Seeland), *Carex picta* (verw. *C. Colensoi*), *C. polyneura*, *C. longiacuminata*, *Microlaena ramosissima* (verw. *M. polynoda*), *Apera purpurascens* (verw. *A. arundinacea* Hook. f.), *Agrostis (?) striata*.

619. **Colenso, W.** A Description of a Species of Orobanche (supposed to be new) parasitical on a Plant of Hydrocotyle. (Tr. N. Zeal., XXI, 1888. Wellington, 1889. p. 41—43.)

Orobanche Hydrocotylei Col. n. sp.?: Waipawa-County.

620. **Petrie, D.** Description of a new Species of Uncinia, Persoon. (Tr. N. Zeal., XX, 1888, p. 186—187.)

Uncinia Clarkii n. sp.: Eweburn Creek, 2000′; Hector Mountains 3000—5000′; Mount Tyndall 3000—4000′.

621. **Cheeseman, C. F.** (612) beschreibt folgende neue Arten von Great King: *Pittosporum Fairchildi* (verw. *P. crassifolium* und *umbellatum*), *Coprosma macrocarpa* und *Paratrophis (Uromorus) Smithii*.

15. Arbeiten, die sich auf mehrere afrikanische Florenreiche beziehen, oder deren Beziehung auf ein bestimmtes Florenreich nicht klar ersichtlich ist. (R. 622.)

622. **Stapf, O.** Die neuen Ergebnisse der Stanley'schen Expedition. (Z. B. G. Wien, XXXIX, 1889, Sitzungsberichte, p. 87.)

Ein ungeheurer undurchdringlicher Urwald findet sich westlich vom Albert-See bis nahe an den Unterlauf des Aruwimi, nördlich wahrscheinlich bis an den Nepoko. Im W ist er südlich vom Kongo bekannt am Leopold II-See, im SW und S am Tschuapa, Sankuru und Lomami, sowie zwischen Tanganika und Njangue; eine schmale Zunge von ihm scheint sich zwischen Albert-See und Muta-Nsige über den Semliki bis zum Fuss des Ruwenzori zu erstrecken, wenn es nicht ein isolirter Waldgürtel ist wie am Kilimandscharo zwischen 2000 und 3000 m. Der nördliche Theil des Semliki-Thales und die östlichen und südöstlichen angrenzenden Plateaus von Wanyoro, Wasangoro, Unyampeke und Aukori sind Savannenland. Ueber dem Waldgürtel des Ruwenzori folgt offenes Land mit zerstreuten Dracaenen, Palmen und Baumfarn, dann ein Gürtel von Bambus, darüber eine Region mit zerstreutem Buschwerk, theils krüppeliger Bambusen, theils bis 3,5 m hohen Eriken, mit Brombeerhecken, Heideln, Veilchen, üppiger Moos- und Flechtenvegetation. Die höchsten Erhebungen des mehr als 5000 m hohen Bergs scheinen, soweit sie schneefrei sind, vegetationsfrei zu sein. Der Berg zeigt also ähnlichen Vegetationscharakter wie Kilimandscharo und Kenia, auch wie diese, viele Beziehungen zu Habesch.

16. Südafrikanisches Florenreich.[1])

(Südafrika bis zum Oranje-Fluss und zur Kalahari mit Ausschluss der Ostküste von Port Elisabeth an, aber mit Einschluss von St. Helena und Ascension. (R. 623—631.)

623. **Kuhn, M., Hackel, E., Böckeler, O.** und **Buchenau, F.** Plantae Marlothianae.

---

[1]) Auch hier war genaue Umgrenzung des Gebietes nicht immer möglich.

Nachtrag Polypodiaceae, Gramineae, Cyperaceae und Juncaceae. (Engl. J., XI, 1889, p. 396—409.)

F. Buchenau nennt aus den „Plantae Marlothianae" *Juncus lamprocarpus* vom Betschuanenland und *J. maritimus* von Westgriqualand.

(Im Anschluss daran wird als Ergänzung zu den *Combretaceae Terminalia porphyrocarpa* vom Hereroland aufgeführt.)

624. **Hackel, E.** Plantae Marlothianae. S. No. 623.

Verf. nennt aus den „Planthae Marlothianae" aus Südafrika: *Erianthus Sorghum, Rottboellia compressa, Andropogon amplectens, A. Trinii, A. Sorghum, A. contortus, A. Schoenanthus, A. Nardus, Themeda Forskalii, Anthophora pubescens, Tragus racemosus, Panicum commutatum, P. glomeratum, P. quadrifarium, P. coloratum, P. madagascariense, Tricholaena grandiflora, Pennisetum cenchroides, Aristida caerulescens, A. congesta, A. vestita, A. uniplumis, Stipa parvula, Sporobolus virginicus, Sp. brevifolius, Cynodon Dactylon, Chloris petraea, Pappophorum molle, P. scabrum, Schmidtia quinqueseta, Triraphis nana, Fingerhuthia africana, Diplachne grandiglumis, Eragrostis superba, E. obtusa, E. sclerostachya* und *E. cyperoides*, sowie einige neue Arten (vgl. R. 626).

625. **Bolus, H.** The Orchids of the Cape Peninsula. With 36 plates, partly coloured. Off-print from the Transactions of the South African Philosophical Society, 1888, vol. V, Part. I. (Cape Town, 1888.) (Ref. nach Nature, XXXIX, 1889, p. 222.)

Verf. liefert eine Monographie der Orchideen der Cap-Halbinsel, eines Gebiets, das nur um ein Viertel grösser als die Insel Wight ist, dennoch 102 Orchideen-Arten hat, so dass die Familie nur den *Compositae*, *Leguminosae* und *Ericaceae* an Artenzahl nachsteht. Sie finden sich in dem Gebiet hauptsächlich in einer centralen Gebirgskette, deren Hauptgipfel der Tafelberg 3360′ Höhe erreicht, 59 Arten steigen da nie tiefer als 500′, 20 werden dagegen immer niedriger gefunden, während die übrigen 23 in dieser Beziehung sich verschieden verhalten. 15 Arten finden sich nur zwischen 2000 und 3000′ Höhe, 6 immer über 3000′ Höhe. Diese genaue Vertheilung der Arten nach der Erhebung, welche sie mit Arten vieler anderer Gruppen dort theilen, rührt von der Gleichmässigkeit der Wärme- und Feuchtigkeitsverhältnisse in gleicher Höhe wegen der grossen Nähe des Meeres her.

Disa uniflora des Tafelberges ist wegen ihrer grossen Schönheit nahe daran, ausgerottet zu werden.

626. **Hackel, E.** (633) beschreibt aus den „Plantae Marlothianae" folgende neue Arten *Gramineae:*

Panicum (Sect. Brachiaria) *Marlothii* (Betschuanenland), *P.* (Sect. Brach.) *melanotylum* (Eb.), *Aristida* (Sect. Arthratherum) *Marlothii* (Hereroland), *Sporobolus Marlothii*, (Betschuanenland), *Sp. nebulosus* (Hereroland), *Diplachne cinerea* (Eb.), *Eragrostis* (Sect. Plagiostachya) *Marlothii* (Betschuanenland), *E.* (Sect. Plag.) *truncata* (Eb.).

627. **Böckeler, O.** Plantae Marlothianae. S. No. 623.

Verf. nennt aus den „Plantae Marlothianae" folgende *Cyperaceae:*

Cyperus aristatus (Hereroland), *C. marginatus* (Westgriqualand), *C. pseudoniveus* (Betschuanenland), *C. longus* L., *C. tenuiflorus* Böckeler (= *C. tenuiflorus* Rottb.) (Westgriqualand), *C. congestus* (Betschuanenland), *C. esculentus* (Hereroland), *Scirpus inanis* (Westgriqualand), *S. dioicus* (Eb.), *C. arenarius* (Betschuanenland), *Fimbristylis ferruginea* (Hereroland) und *Cladium Mariscus* (Betschuanenland), sowie einige neue Arten (s. R. 628.)

628. **Böckeler, O.** (623) beschreibt aus den „Plantae Marlothianae" folgende neue *Cyperaceae:*

Cyperus (Cycreus) *betschuanus* (Betschuanenland),
C. brunneo-vaginatus (Westgriqualand),
C. (Mariscus) *Marlothii* (Betschuanenland).

629. **Böckeler, O.** Ein neues Cyperaceen-Genus. (Bot. C., XXXIX, 1889, p. 73)

Cylindrolepis nov. gen. Cyper. (verw. *Cyperus*) aus Natal oder Transvaal.

630. **Bolus, H.** The Orchids of the Cape Peninsula. (Transact. South African Philos. Soc., vol. 5, 1888, pt. I.) (Cf. Bot. C., vol. 39, p. 325.)

Eulophia tabularis Bol. = *Satyrinus tabulare* L., *E. ustulata* Bol. = *Cymbidium ustulatum* Bol. Zu *Disa* werden *Monadenia*, *Schizodium*, *Penthea* und *Herschelia* gezogen. Im Uebrigen vgl. Ref. 625, sowie im Bot. C.

631. **Baker, J. G.** (118) beschreibt neue Amaryllideen des Caplandes: p. 22 *Hessea Zeyheri* Baker, *H. (Imhofia) spiralis* Baker, verw. *filifolia*. p. 26 *Apodolirion Macowani* Baker. p. 55 *Cyrtanthus Huttoni* Baker. p. 68 *Haemanthus (Diacles) albiflos* Jacq. var. *brachyphyllus* Baker und var. *Burchellii* Baker. p. 70 *H. (D.) Cooperi* Baker. p. 71 *H. (D.) callosus* Burchell. Matzdorff.

17. Ostafrikanisches Florenreich.

(Madagascar, Mascarenen, Amiranten, Seychellen, Comoren.)

(R. 632–638.)

Vgl. auch R. 580 *(Marsdenia)*.

632. **Buchenau, F.** Reliquiae Rutenbergianae VIII. (Abhandlung d. Naturw. Ver. zu Bremen, 1889, p. 369–396.)

Schluss der Reliquiae Rutenbergianae (vgl. Bot. J., XII, 1884, p. 228, Ref. 722). Dieser enthält zunächst Verbreitungsangaben über folgende Arten:

Cardamine africana, *Cleome dumosa*, *C. tenella* var. *madagascariensis*, *Leptolaena multiflora*, *Xylolaena Richardi*, *Büttneria aspera*, *B. heterophylla*, *Corchorus hamatus*, *Sparmannia discolor*, *Triumfetta rhomboidea*, *T. rhomboidea* var. *glandulosa*, *Grewia* (aff. *triflorae*), *G.* (aff. *Humblotii*), *Gomphia deltoidea*, *Phellolophium madagascariense*, *Pimpinella bisecta*, *P. laxiflora*, *Solanum myoxotrichum*, *Capsicum frutescens* L. (*C. longum* DC.?), *Dicraea* spec., *Hydrostachys imbricata* var. *Thouarsiana*, *H. multifida*, *Dipcadi heterocuspe* und einige neue Arten (vgl. R. 637).

Dann folgt eine systematische Aufzählung aller in der Hinterlassenschaft Rutenberg's aufgefundener Pflanzen mit Angabe der Stelle der Arbeit, wo sie berücksichtigt sind. Im Ganzen sind 605 Arten beschrieben, und zwar 329 Dicotyledonen, 113 Monocotyledonen, 49 Pteridophyten, 54 Moose, 50 Lebermoose und 10 Flechten. Es wird dann noch einmal angegeben, welchen Gruppen die (in den früheren Bänden dieses Jahresberichts namhaft gemacht) neuen Arten und (5) Gattungen angehören. Schliesslich folgt noch ein alphabetischer Index der Familien.

633. **Baillon, H.** (638) nennt von weiteren Pflanzen aus Madagascar (vgl. Bot. J., XV, 1887, 2, p. 429, R. 200):

Ricinus communis: Comoren; *Jatropha Curcas*: Nossi-Bé, Békapaké, Centralmadagascar; *Manihot utilissima*: Nossi-Bé (cultivirt); *Tannodia cordifolia*: Mayotta (Comoren); *Tournesolia Rutenbergii* (= *Caperonia Rutenbergii* M. arg.): ohne genaueren Standort, und *Aleurites moluccana* W. (= *A. ambinux* Pers. = *A. triloba* Forst.): Ostmadagascar, Antsianaka.

634. **Baillon, H.** Histoire physique, naturelle et politique de Madagascar; publiée par M. Alfr. Grandidier, vol. XXVIII. (Histoire naturelle des plantes, t. II, Atlas 3e partie. Paris, imprim. Nationale MDCCCLXXXIX, in 4⁰. 44 planches (pl. 87–1330 et 2 pl. bis) (Ref. nach B. S. B. France, XXXVII rev. bibl., p. 186.)

Folgende Pflanzen Madagascars werden abgebildet:

Adansonia madagascariensis, *Elaeocarpus sericeus*, *E. rhodantoides*, *E. alnifolius*, *E. Hildebrandtii*, *E. Humblotii*, *E. Richardi*, *E. Thouarsii*, *Sarcolaena grandiflora*, *S. eriophora*, *S. Grandidieri*, *S. diospyroidea*, *Schizolaena cauliflora*, *S. taurina*, *Rhodolaena Bakeriana*, *R. Humblotii*, *Eremolaena Humblotiana*, *Xylolaena Richardi*, *Tisonia ficulnea*, *T. velutina*, *Prockiopsis Hildebrandtii*, *Pittosporum Pervillei*, *P. Humblotianum*, *Oxalis Mimosella*, *O. Hildebrandtii*, *O. Commersonii*, *Hugonia sphaerocarpa*, *H. Castanea*, *Erythroxylon Boiviniana*, *E. amplifolium*, *E. corymbosum*, *Homalium Scleroxylon*, *H. sangui-*

neum, H. albiflorum, H. involucratum, H. paniculatum, H. laxiflorum, H. nobile, H. leucophloeum, Asteropeia multiflora, A. amblyocarpa.

635. **Baker**, J. G. (49) beschreibt folgende neue Arten von Madagascar:

p. 442. *Popowia micrantha*, Baron 4773.
„ 443. *Cyclea madagascariensis*, Baron 3766 (Gattung wohl bekannt im indo-malayischen, bisher nicht im madagassischen Gebiet).
„ 443. *Gamopoda densiflòra* n. sp. gen. nov. Menisperm, Baron 2927 (verw. *Triclisia*).
„ 444. *Nasturtium millefolium*, Baron 4428, Hildebrandt 4056 (Antananarivo).
„ 444. *Aphlogia minima*, Baker 4514.
„ 444. *Pittosporum pachyphyllum*, Baron 1174, 3950.
„ 445. *P. vernicosum*, Baron 4942.
„ 445. *Polygala leptocaulis*, Baron 4548, 4590, 4598 (verw. *P. hyssopifolia*).
„ 446. *Garcinia cernua*, Baron 2653.
„ 446. *G. orthoclada*, Baron 3633.
„ 446. *G. cauliflora*, Baron 1786.
„ 447. *G. polyphlebias*, Baron 3064, 3101 (p. 447 wird mitgetheilt, dass *Rhodolaena Bakeriana* Baill. in B. L. S. Par., 1886, p. 566, 571 = *R. altivola* Baker in Journ. Linn. Soc., XX, p. 95, non Thouars).
„ 447. *Hibiscus sciphocuspis*, Baron 4533, 4581, 4675, 4679, 4797.
„ 447. *H. cytisifolius*, Baron 703, 3942, 4594.
„ 448. *H. oblatus*, Baron 3353 (verw. *H. Ellisii*).
„ 448. *H. nummulariaefolius*, Baron 4827 (verw. *H. xiphocuspis*).
„ 449. *Dombeya acerifolia* Baron 3446 (verw. *D. platanifolia* Bojer).
„ 449. *D. megophylla* Baron 3443 (verw. *D. spectabilis* Bojer), *D. lucida* Baill. B. L. S. Par., 1885, p. 496 = *D. floribunda* Bak., Baron 2373).
„ 450. *D. insignis*, Baron 3388 (verw. *D. macrantha* Bak., Baron 710, Hildebrandt 3895).

636. **Keller**, C. Die Insel Réunion. (Ausland, 1889, p. 488—493, 509—512.)

Verf. bespricht neben Anderem auch die Flora von Réunion.

637. **Buchenau**, F. (632) beschreibt folgende neue Arten von Madagascar.

Vohemaria Messeri (n. sp. gen. nov. Asclepiad.), *Hydrostachys Rutenbergii* und *Viscum Rutenbergii.*

638. **Baillon**, H. Liste des plantes de Madagascar. (B. S. L. Par., No. 102, 1889, p. 810—811.)

Givotia madagascariensis n. sp. von Békapaké am Mourounduva in Madagascar.

18. Tropisch-afrikanisches Florenreich.

(Südlich von Aegypten und der Sahara.)[1] (R. 639—656.)

Vgl. auch R. 80, 141 (Pfl. aus Nyassa), 144 (Ostafr. Nutzpfl.), 206 (Westafr. Kautschuck), 207 (Gummi vom Senegal).

639. **Büttikofer**, J. Reisebilder aus Liberia. Resultate geographischer, naturwissenschaftlicher und ethnographischer Untersuchungen während der Jahre 1879—1832 und 1886—1887 (Leiden, 1889).

Verf. behandelt die Pflanzenwelt von Liberia, wobei er nach dem Ref. allein vorliegenden Inhaltsverzeichniss unterscheidet: Strandflora (Dorngebüsch, Ipomoea, zwerghafte Dattelpalmen), Sumpfflora (Rhizophorenwälder), Grassteppe (mit Steppenbäumen und Buschwald), Palmen (Oel-, Wein-, Cocospalme), Urwald, Hochfläche mit Weiden und Landbau. Heimische Nutzpflanzen sind Tischlerhölzer, Rothholz, Indigo, Kautschuck, Man-

[1]) Wenn auch im Ganzen die Sahara ein Uebergangsgebiet zwischen diesem und dem folgenden Florenreich ist, soll sie in der Regel doch hierher gerechnet werden. Ueber die Begrenzung des Gebietes im Süden vgl. bei dem südafrikanischen Florenreich.

groveholz, Calabarbohnen, Kolanuss, Oel- und Weinpalme. Eingeführt sind Reis, Maniok, Bataten, Arrowroot, Yams, Aradus, *Ricinus*, Caffee, Cacao, Tabak, Zuckerrohr, Küchengewächse, Obst, Gewürze und Gespinnstpflanzen.

640. **Franchet, A.** Observation sur le genre Guaduella Franch. (Journ. de bot., III, 1889, p. 305—306.)

Guaduella marantifolia, deren generische Trennung von *Guadua* Verf. gegenüber den Ansichten Hackel's aufrecht zu erhalten sucht, findet sich in Gabon und Ogowe (Insel N'Djolé) in feuchten, schattigen Wäldern.

641. **Mönkemeyer, W.** Vegetationsskizze am Unterkongo. (Natur, 1889, p. 132—133.)

Verf. hebt vor allem die Baumarmuth der Gegend hervor. Ausser meist vereinzelten Baobabs und Baumwollenbäume finden sich nur hartblättrige Feigen und Anacardiaceen sowie Palmen mit halbvertrockneten Wedeln, auf den Hügeln in der heissen Zeit versengte Gräser.

642. **Büttner, R.** (142). Das ganze Gebiet am Kongo, Quango und Kasai ist heute Kampinenlandschaft, in welcher kleine Haine sowie an den Flüssen etwas Buschland zerstreut liegen. Zwischen Kongo und Quango findet sich gar kein Urwald (oder Regenwald nach Pechuel-Lösche). Wohl aber glaubt Verf., dass die hochstämmigen Uferwälder am Kongo zwischen Lukolela und der Aequatorstation und die im Mündungsgebiet des Ikelemba und Uraki zu ausgedehnten Regenwäldern gehören; ein ausgedehnter Regenwald war der von Sibange, sowie wahrscheinlich an den Arthingtonfällen bei Kisulu, der seine prachtvolle Entwicklung den feuchten Meerwinden verdankt, die an den steilen Abfällen des Somboplateaus Widerstand finden. Vielfach scheinen auch Haine Reste früherer Urwälder zu sein. In solchen Hainen bauen die Eingeborenen oft ihre Dörfer auf, verändern also dadurch sehr deren ursprüngliches Aussehen.

Die Buschwälder begleiten in schmalen Streifen den Lauf der Flüsse, wo die Flüsse schluchtenähnliche Thäler durchfliessen, werden diese zu Etagenwäldern.

Die Gräser der Kampine stehen nicht dicht und gleichmässig wie auf Wiesen, sondern büschelig, wodurch die Wurzeln auch bei Kampinenbränden sich erhalten. Besonders häufig sind *Andropogon*-Arten, doch treten daneben noch andere auf, so in den hohen Kampinen besonders *Pennisetum*, *Setaria* und *Arundinella*, in den niederen *Panicum*, *Eragrostis*, *Ctenium* und *Silfa*. Bisweilen machen sogar andere Pflanzen, z. B. *Smilax* und *Anisophyllaea* den Gräsern den Boden streitig.

An Blumenmannichfaltigkeit übertreffen unsere Wiesen bei Weitem die Kampinen, doch finden sich in niederen Kampinen u. a. *Uraria picta*, *Desmodium lasiocarpum*, *Tephrosia bracteolata*, *Crotalaria retusa*, *C. glauca*, *Aspilia Kotschyi*, *Vernonia Meehourana*, *Sonchus*, *Lactuca*, *Gladiolus*, *Cynoglossum micranthum*, *Pseudarthria*, *Gomphocarpus*, in hohen dagegen *Vigna*, *Vitis ibuensis*, *V. adenocaulis*, *Ipomaea involucrata*, *I. palmata*, *Apocynaceae* und *Asclepiadeae* (z. B. *Ectudiopsis*). In niederen Kampinen sind mehr buntblühende Pflanzen, als in hohen, doch meist kleinblüthige, z. B. *Indigofera*, *Rhynchosia Menonia*, *Desmodium mauritianum*, *D. triflorum*, *Alysicarpus vaginalis*, *Stylosanthes*, *Torenia parviflora*, *Boerhaavia paniculata*, *Gynura cernua*, *Ageratum conyzoides*, *Adenostemma viscosum*, *Vernonia gerberaeformis*. Die Kampine ist arm an hohen Bäumen.

Palmen finden sich besonders im Urwald. Dagegen ist *Adansonia* Charakterpflanze der offenen Landschaft. Bei Gabun enthielt die Kampine *Mangifera*, nicht aber im Kongogebiet. Weit charakteristischer für die westafrikanische Kampine sind kleine Bäume oder Sträucher, wie *Anona senegalensis*, *Parinarium Mobola*, *Strychnos innocua*, *Psorospermum febrifugum*, *Crossopteryx Kotschyana*, *Münteria tomentosa*, *Cassia mimusoides*.

Von Bäumen der Regenwälder nennt Verf. als charakteristisch: *Parkia*, *Pentaclethra*, *Baphia*, *Erythrophloeum*, *Lonchocarpus*, *Millettia*, *Zanthoxylum*, *Eriodendron*, *Avicennia*, *Sterculia* u. a.

Für das Unterholz charakteristisch sind *Combretum*, *Quassia*, *Gomphia*, *Ochna*, *Connarus*, *Manotes*, *Antidesma*, *Bridelia*, *Heterostylis*, *Glyphaea*, *Mohlana* (Mittlerer Kongo), *Bixa*, *Oncoba*, *Alsodeia*, *Cordia*, *Clerodendron*, *Mussaenda*, *Heinsia*, *Raudia*, *Brunaichia* (Mittlerer Kongo) *Trema*, *Dorstenia*, die stammlose *Baphia*, *Calamus*, *Landolphia* (Quango),

Diospyros und *Eudea* (Gabun). Moos und Rasen fehlen im afrikanischen Wald, doch finden sich buntblühende Kräuter wie *Osbeckia*, *Cissampelos Pareira*, *Acanthus* u. a. In den Siedelhainen findet man *Spondias lutea*, *Bixa Orellana*, *Leea sambucina*, *Paullinia pinnata*, *Micania scandens*, *Tephrosia Vogelii*, *Millettia drostica*, *Abrus precatorius*, *Pterocarpus tinctorius*, *P. erinaceus*, *Dioclea reflexa*, *Chrysobalanus Icaco*, *Carica Papaya*, *Canna indica*, *Amomum granum paradisii* u. a.

Die häufigsten Ruderalpflanzen der Kongo- und Quangodörfer sind: *Gynandropsis pentaphylla*, *Portulaca oleracea*, *Melia Azedarach*, *Vernonia senegalensis*, *Bidens pilosus*, *Emilia sagittata*, *Batatas paniculata*, *Oxalis corniculata*, *Solanum nigrum*, *S. indicum*, *Physalis minima*, *Amarantus caudatus*, *Chenopodium ambrosioides*, *Fleurya aestuans*, *Tragia cordifolia*, *Ocimum gratissimum*, *O. canum*, *Centotheca lappacea*, *Eleusine indica* u. a.

Während das niedrige Land an der Mündung des Kongo Mangrovesümpfe, das am Mittellauf desselben Schilf trägt, zeigten sich zwischen Kongo und Quango nur eng begrenzte Sümpfe. Wo die Ufer weiter zurücktreten, finden sich *Baphia*, *Papyrus*, *Lissochilus delectus*, *Honckenya ficifolia*, *Kostelctzkia Büttneri*, *Impatiens Irvingii*, *I. Kirkii* u. a., sowie auf dem Wasser *Azolla*, *Nymphaea Lotus* und *N. stellata*. Auf dem Hochland zwischen Pool und Quango treten Sümpfe sogar inmitten des Hochlands auf.

Nach diesen beschreibenden Bemerkungen folgen einige allgemeine über Anforderungen, die an einen Botaniker zu stellen sind, welcher in Centralafrika mit Erfolg botanisiren will.

Endlich folgt ein systematisches Verzeichniss der bisher bestimmten Pflanzen.

643. **Hoffmann, F.** Beiträge zur Kenntniss von Centralostafrika. Inaug.-Diss. zu Jena. Berlin, 1889. 39, p. 89.

Verf. giebt Bestimmungen der Choripetalen aus Centralostafrika. Ausser einigen neuen Arten (vgl. R. 656) werden folgende genannt:

Nymphaea stellata, *Gynandropsis pentaphylla*, *Cleome hirta*, *Jonidium enneaspermum*, *Oncoba spinosa*, *Polycarpaea corymbosa*, *Garcinia Livingstonei*, *Vatica africana*, *Wissadula rostrata*, *Abutilon indicum*, *Hibiscus furcatus*, *H. cannabinus*, *H. Solandra*, *Gossypium Barbadense*, *Sterculia alata*, *S. tomentosa*, *Waltheria americana*, *Hermannia tigrensis*, *Grewia salvifolia*, *Triumfetta rhomboidea*, *Corchorus olitorius*, *Oxalis abyssinica*, *Commiphora mollis*, *Turraea obtusifolia*, *Cissus gracilis*, *Paullinia pinnata*, *Anaphrenium abyssinicum*, *Odina Schimperi*, *O. humilis*, *Combretum holosericeum*, *C. collinum*, *Eugenia owariensis*, *Dissotis phaeotricha*, *Jussiaea pilosa*, *J. villosa*, *J. diffusa*, *Trapa bispinosa*, *Homalium Abdessammadi* und *Gisekia pharnaceoides*.

Nach Böhm's Original liefert Verf. in der Einleitung eine Schilderung der Vegetationsverhältnisse der von ersterem durchreisten Gebiete und nennt u. a. folgende Culturpflanzen: *Zea Mays*, *Saccharum officinarum*, *Andropogon Sorghum*, *Oryza sativa*, *Manihot utilissima*, *Convolvulus Batatas* und *Arachis hypogaea*.

644. **Deutsch Witu-Land.** (Naturwissenschaftl. Wochenschr., III, p. 29.)

Witu-Land ist meist fruchtbar, stellenweise indess weniger. An dem Fluss Osi kommt in Folge der Gezeiten viel salzhaltiger Sand vor, der sich nur zu Cocosplantagen eignet. Im Galla-Land und am Tana ist der Boden fetter; dort giebt es gutes Weideland. Der Pflanzenwuchs besteht im Allgemeinen aus Dumpalmen nebst Mimosen und Savannengras oder aus Savanenstrecken. Im Innern giebt es Urwald, so bei den Dörfern Witu, Utwani und Mpeketoni. Im Galla-Land ist der Urwald häufiger. Nicht anbaufähiger Sand ist selten und findet sich nur bei Kipini, von wo aus bis zur Formosa-Bai sich Dünen hinziehen. Ein ziemlich bedeutender Theil des Landes ist bekannt. Jährlich werden neue Wald- und Steppenstrecken cultivirt.

645. **Ascherson, P.** Botanisches Register zum 1. bis 3. Theil von „Nachtigal", Sahara und Sudan (p. 537—548).

Das Register berücksichtigt sowohl die wissenschaftlichen als die heimischen und auch die deutschen Namen der Pflanzen, ist daher zum Nachschlagen gut verwendbar. Das Werk selbst hat Ref. nicht einsehen können.

646. **Schweinfurth, G.** Ueber seine Reise nach dem glücklichen Arabien. (Verh. d. Gesellsch. f. Erdk. zu Berlin 1889, No. 7. 10 p.)

Verf. berichtet über seine Reise nach Jemen. Die auf derselben gesammelten Pflanzen wird er an verschiedene botanische Institute zur Bearbeitung vertheilen. Er berichtet kurz über verschiedene früher dahin gemachte botanische Reisen. Das Land ist als Durchgangsland vieler Pflanzen von Bedeutung. So ist bekanntlich durch seine Vermittlung der Kaffee nach Europa gekommen. Im Alterthum war es das Weihrauchland. Hier ist die Heimath der Sykomore und *Persea* (vgl. R. 244).

647. **Hemsley, W. B.** Botany of Socotra. (Nature XXXIX, 1888, p. 99—100.)

Auf Grund von Balfour's Arbeit (vgl. Bot. J. XVI, 1888, 2., p. 206, R. 484) vergleicht Verf. die Flora von Socotra mit anderen Floren. Fälschlich hat Balfour behauptet, sie stände im Endemismus der Madagascars gleich, denn letztere Insel hat 80 % endemische Arten (während auf Socotra nur 36,5 % der Arten und 6,3 % der Gattungen endemisch sind), an Endemismus wird Socotra auch noch übertroffen von Australien (80 %), Mexico und Centralamerika 70 %) und Britisch Indien (68 %). Wichtig ist ein Vergleich mit den Bermudas, welche mehr als drei Mal so weit wie Socotra vom Festland entfernt sind und doch keine endemische Gattung und nur etwa 6 endemische Arten haben, welche noch dazu wenig differenzirt sind; dieses zeigt deutlich den Unterschied des verschiedenen Alters der Inseln. Dagegen hat das kleine Juan Fernandez, das 400 englische Meilen von Chile liegt, 21 % endemische Gattungen und 78 % endemische Arten.

Unter den endemischen Arten der Insel sind besonders interessant *Thamnosma socotrana,* die einer mexicanischen Gattung angehört, *Dirachma,* eine Geraniacee, die gleichfalls in Amerika ihre nächsten Verwandten hat und *Coelocarpus*, eine Verbenacee aus einem amerikanischen Verwandtschaftskreis. Doch finden sich ähnliche Beziehungen zur amerikanischen Flora in Madagascar.

648. **Baker, J. G.** (118). Neue Amaryllideen des Sudan-Gebietes: p. 22 *Hessea Rehmanni* Baker, Transvaal. p. 26 *Apodolirion Ettae* Baker, Natal. p. 28 *Anoiganthus breviflorus* Baker var. *minor* Baker, Berge Natals und des östlichen Caplandes. p. 55 *Cyrtanthus (Monella) brachyscyphus* Baker, Pondoland. p. 56 *C. (M.) rectiflorus* Baker, brit. Kaffvaria. p. 58 *C. (M.) lutescens* Herb. var. *Cooperi* Baker, östlich Cap-Colonie, Natal, Transvaal. p. 66 *Haemanthus (Gyaxis) membranaceus* Baker, verw. *puniceus* L., Natal. *H. (G.) magnificus* Herb. var. *Gumbletoni* Baker und var. *superbus* Hort., Natal und Delagoa-Bai. p. 69 *H. (Diacles) Mackenii* Baker, Natal. p. 79 *Crinum (Stenaster) Lastii* Baker, Kongoneberge (Zanzibar). *C. (St.) Thruppii* Baker, Somaliland, verw. *C. Tinneanum* Kotschy und Peyritsch. p. 85 *C. (Platyaster) crassicaule* Baker, südöstliches tropisches Afrika, verw. *C. angustum* Roxb. p. 99 *Brunsvigia ? Kirkii* Baker, Usaguraberge, ist wahrscheinlich eine eigene Gattung. p. 101 *Nevine flexuosa* Herb. var. *Sandersoni* Baker, Transvaal und var. *angustifolia* Baker (= *N. pulchella* var. *ang.* Baker), Oranjefreistaat. Matzdorff.

649. **Hennings, P.** Erythrophloeum pubistamineum n. sp. (G. Fl., XXXVIII, 1889, p. 39—42.)

Erythrophloeum pubistamineum n. sp. von Angola.

650. **Engler, A.** Scilla Ledieni Engl. (G. Fl., XXXVIII, 1889, p. 153.)

Verf. beschreibt *Scilla Ledieni* n. sp., die Ledien am Südufer des Kongo, vier Tagereisen westlich vom Einfluss des Quilou versteckt in dicken Haufen hoher Gräser fand.

651. **Büttner, R.** Neue Arten von Guinea, dem Kongo und dem Quango I. (Sep.-Abdr. aus d. Abhandl. d. Bot. Vereins d. Provinz Brandenburg, XXXI, p. 64—96.)

Neue Phanerogamen von Guinea, dem Kongo oder Quango:

Pennisetum reversum Hack., *Isachne Buettneri* Hack., *Panicum pubescens* Hack., *Scleria Buettneri* Böcklr., *Scirpus Buettnerianus* Böcklr., *Cyperus Buettneri* Böcklr., *Xyris congensis* Bütt., *Lactuca Schulzeana* Bütt., *Geophila Aschersoniana* Bütt., *Leptactinia Leopoldi* Bütt., *Sabicea Schumanniana* Bütt., *S. Kolbeana* Bütt., *S. (?) Henningsiana* Bütt., *Mussaenda Soyauxii* Bütt., *M. stenocarpa* Hiern. f. *congensis*, *Pouchetia Baumanniana*

Bütt., *Diplorrhynchus angolensis* Bütt., *Spathodea Danckelmanniana* Bütt., *Vitis* (*Cissus* Planch) *Gürkeana* Bütt., *Alsodeia Woermanniana* Bütt., *Cogniauxia ampla* Cogn., *C. cordifolia* Cogn., *Coccinia Buettneriana* Bütt., *Kosteletzkya Buettneri* Gürke, *Maesobotrya Bertramiana* Bütt., *Osbeckia Congolensis* Cogn., *O. Buettneriana* Cogn., *Dissotis Thollonii* Cogn.

652. **Franchet, A.** (373) beschreibt *Microcalamus barbinodis* n. sp. gen. nov. Bambus. Arundinar. vom Kongo.

653. **Ridley, H. N.** On the foliar organs of a new species of Utricularia from St. Thomas, West Africa. (Ann. of Bot. vol. 2. London, 1888—1889. p. 305—307. T. 19.)

Verf. beschreibt von Coimbra, St. Thomé, 1300′ hoch, *Utricularia bryophila* nov. spec. Sie wächst zwischen Moos auf Bäumen. Matzdorff.

654. **Klatt, F. W.** (323) beschreibt *Coreopsis Buchneri* n. sp. und *C. oligoflora* n. sp. von Malange (Angola). (Gleichzeitig theilt er mit, dass *Matricaria hispida* Vatke = *Brachycome hispida*.)

655. **Rodrigues de Carvalho.** Apontamentos sobre a flora da Zambesia. (Boletim da Sociedade Broteriana. Coimbra, VI, 1888, p. 133—144.)

In der Aufzählung der am unteren Sambesi gesammelten Monocotylen werden neu beschrieben von Hackel: *Panicum Mosambicense*, *P. oplismenoides* und *Aristida longicauda*.

656. **Hoffmann, F.** (643) beschreibt folgende neue Arten aus Central-Ost-Afrika:

Nymphaea Reichardiana, Thespesia Garckeana, Melochia bracteosa, Grewia Boehmiana, Toddalia glomerata, Ochna ovata, O. Schweinfurthiana, Cissus Koehneana, Terminalia Kaiseriana, T. torulosa, Combretum turbinatum, C. obovatum, C. grandifolium, C. fragrans, C. gondense, C. glandulosum, C. oblongum, Eugenia Aschersoniana.

19. Mittelländisches Florenreich.

(Asiatisch-afrikanischer Theil.)

(Nordafrika [einschliesslich Makaronesien] und Vorderasien [ausschliesslich Südarabien].) (R. 657—718.)

Vgl. auch R. 15 (Heimath von *Castanea*), 39 (Pflanzen der Schneeregion des Kaukasus), 65 (Libanoncedern), 85 (Pfl. Altägyptens), 86 (Leincultur aus Südeuropa), 118 (*Platanus*), 120 (*Helleborus*), 137 (Nutzpflanzen Aegyptens), 138 (Gartenbau Nordwestafrikas), 139 und 140 (Pflanzencultur in Algier), 153 (*Phaseolus Mungo* in Mesopotamien), 170 (Heimath des Weizens), 203 (Persisches Insectenpulver), 207 (Gummi von Oberägypten), 209 (Culturpflanzen Algiers), 215 (Halfa), 245 (Unkräuter aus Palästina), 539, 540.

657. **Nadji, Abdur-Rahmann.** Die orientalischen Digitalis. Salonique, 1889. (Türkisch.) (Ref. in Bot. C., XLIII, p. 337.)

Digitalis ist in Europa und Westasien in 14 Arten bekannt: *D. ferruginea, nervosa, laevigata, orientalis, Canariensis, lanata, leucophaea, grandiflora, ciliata, Thapsi, purpurea, purpurascens, lutea, viridiflora,* davon sind 10 orientalisch; *D. lutea* fehlt im Orient. Bei Konstantinopel, vorzüglich aber an der gegenüberliegenden asiatischen Küste, am Berg Burgurlu, findet sich *D. ferruginea*. Verf. hat im vorigen Jahr auf dem Berg Tsairli die nach ihm von Heldreich bekannte *D. Nadji* aus der Sect. *Tubiflorae* entdeckt.

658. **Crépin, F.** Les Roses des îles Canaries et de l'île de Madère. (B. S. B. Belg., XXVI, 1889, 2., p. 97—102.)

Verf. fordert vor allem auf zu Untersuchungen über die *Rosa*-Arten dieser Inseln, da Sicheres noch kaum darüber bekannt ist; von beiden Gruppen sind zwar Formen der *R. canina* erwähnt, vor allem aber ist *R. Mandonii* noch sehr zweifelhaft.

659. **Piccone, A.** Alghe della crociera del „Corsaro" alle Azorre. (N. G. B. J., XXI, 1889, p. 171—214.)

Auf seiner Expedition nach den Azoren sammelte E. A. D'Albertis, August 1886, unter anderen auch folgende Phanerogamen, welche Verf. näher bestimmte:

Peplis Portula L., *Thymus micans* Sol., *Myrsine africana β. retusa* DC., *Juncus uliginosus* Rth., *Scirpus parvulus* A. et S.: mit Ausnahme des *Thymus* von der Pik-Insel, sämmtliche übrige von der Insel St. Miguel, zu Lagoa di Furnas. Ueberdies ein *Myriophyllum (?)* und eine Grasart, welche nicht näher bestimmt werden konnte. Solla.

660. **Sprenger, C.** Nerine sarniensis Herb. var. magnifica Spr. (B. Ort. Firenze, XIV, 1889, p. 376—378.)

Zwiebeln, von den Azoren erhalten, haben Verf. eine Form von *Nerine sarniensis* Herb. gegeben, welche er als **neue Varietät**, *magnifica*, geradezu anspricht. Der Habitus der Pflanze ist ein kräftigerer als bei der typischen Art, die Blüthen zeigen sich goldglänzend, die Antheren sind goldgelb, die Blätter länger als breit.

Die geographische Vertheilung der Art wird umfassender dargelegt. Solla.

661. **Thomson, J.** Forschungsreisen im Atlas-Gebirge. (Ausland, 1889, p. 394—400.)

Verf. bespricht kurz die Vegetation des Atlas.

662. **Trabut, L.** Notes agrostologiques. (B. S. B. France, XXXVI, 1889, p. 404—412.)

Revision der nordafrikanischen *Stipa*- und *Avena*-Arten.

663. **Trabut, L.** Les zones botaniques de l'Algérie. (Ass. franc. p. l'avanc. des sc. C. r. 17 sess. Oran, 1888. Paris. 1 P., p. 186, 2 P., p. 286—294.)

Verf. theilt Algerien pflanzengeographisch in drei Regionen: die Mittelmeerregion, die Bergregion und die Region der Hochebenen. Die Nähe des Meeres vermag nicht andere klimatische Einflüsse zu besiegen; so scheiden sich scharf Gegenden mit 1 m und mehr jährlicher Regenmenge (La Calle, Djidjelli) von solchen mit kaum 40 cm Regen (Oran). An der ganzen Küste von Oran ist das Steppengras Halfa, *Stipa tenacissima* gemein.

Verf. unterscheidet ausser diesen Strichen 8 Zonen, deren 1., die des Oelbaums, 20—1200 m, sehr ausgebreitet ist, wenig charakteristisches enthält und sich mit den Zonen zwei, drei und fünf vermischt. 2. Zone der Korkeiche, 10—1300, gewöhnlich 200—800 m, ½—1 m Regenmenge. Hier ist die Cultur ohne Bewässerung möglich. Häufig sind Esche, Rüster, Zürgelbaum, Eichen, Oelbaum, Pappeln; an den feuchtesten Orten kommen Erle, Espe, Kastanie, *Pinus Pinaster* vor. Gewöhnlich und kennzeichnend sind *Myrtus communis*, *Cyclamen africanum*, *Allium triquetrum*, *Colchicum autumnale*, *Iris stylosa*, Moose des mittleren und südlichen Europas. Ueber 100 Arten *Eucalyptus* sowie Akazien, weiter australische, Cap-, indische, japanische, aussertropisch-amerikanische Gewächse können hier cultivirt werden. In den Niederungen sind Süsswasser-Seen und -Sümpfe, besiedelt von *Alisma*, *Utricularia*, *Myriophyllum*, *Ceratophyllum*, *Najas*, *Sparganium* u. s. f. 3. Zone der Zwergpalme, 10—1200 m Höhe, 30—40 cm Regenmenge. Verf. theilt sie in die drei Unterzonen des *Zizyphus Lotus*, der grossen Doldenblüthler (*Ferula*, *Thapsia*, *Foeniculum*) und das *Eryngium campestre*. In letzterer erreicht die Zwergpalme ihre obere Grenze. In dieser Zone finden sich der Oelbaum, die Mastixpistazie, *Genista*, *Phillyrea*, *Cistus*-Arten, *Cynara cardunculus*, *Asparagus albus* und *horridus* u. a. m. An thonigen Stellen kommen *Hedysarum*, *Cordylocarpus*, *Convolvulus tricolor*, *Daucus*, *Calendula* u. a. vor. 4. Zone der *Othonna cheirifolia*, die östlichen Ebenen von 1000 m Höhe. Neben der genannten Pflanze ist *Retama sphaerocarpa* charakteristisch; weiter finden sich *Eryngium campestre*, *Thapsia garganica*, *Cynara cardunculus*, *Peganum harmala*, *Anacyclus pyrethrum*, *Hedysarum pallidum*, *Zizyphus lotus*, *Artemisia herba alba*, *A. campestris*, *Lygeum spartium*, *Onopordon macracanthum* u. a. Sümpfe, Schotts und Salzseen. Die Regenmenge ist dieselbe wie in der *Chamaerops*-Zone, aber die Temperatur ist niedriger. 5. Zone der Aleppokiefer. Sie fängt 60—120 km vom Meeresufer entfernt an und umfasst die drei Unterzonen der *Callitris quadrivalvis*, der *Juniperus oxycedrus* und der *J. phoenicea*. Die Aleppokiefer bildet namentlich zwischen 800 und 900 m Bestände, erreicht jedoch auch 1700 m. 20—20 cm Regenmenge. Ausser den genannten Charakterpflanzen finden sich oft *Rosmarinus officinalis*, *Cistus albidus*, *Spartium biflorum*, *Ephedra altissima*, *Pistacia lentiscus*, *Santolina squamosa*, *Quercus coccifera*, *Wangenheimia lima*, *Stipa tenacissima* u. a. m. 6. Zone der Haselnusseiche, *Qu. ballota*. 1000—1600 m Höhe, ausnahmsweise schon bei 350 m und noch bei 2700 m. Die genannte Eiche bildet mit der Aleppokiefer die Waldungen auf den Abdachungen zum Mittelmeer hin und auf den Massiven der Sahara, wo sie die nördlichen und östlichen Abhänge vorzieht, um die südlichen der *Juniperus phoenicea* und dem Halfagras zu überlassen. Die Flora ist eine an besonderen Formen reiche Bergflora: *Viola gracilis, Geranium atlanticum, Balansaea Fontanesii, Festuca triflora, F. spadicea, F. atlantica, Cynosurus Balansae, Arabis pubescens, Cerastium pumilum, Bromus rigidus, Silene mellifera, Acer, Cerasus avium* u. a. m. 7. Zone der Ceder, 1200—1900 m. Charakteristisch sind *Taxus baccata, Ilex aquifolia, Berberis hispanica, Bupleurum spinosum, Draba hispanica.* Verf. führt noch eine grössere Reihe eigenthümlicher, namentlich auch alpiner Pflanzen aus dieser Zone auf. 8. Zone. Steppen der Hochebenen. Vier Unterzonen. a. Die Felsensteppe ist durch *Stipa*-Arten gekennzeichnet. Sie umfasst die der Salze beraubten Strecken. b. Die Sumpf- und Salzsteppe hat diese sowie den Thon erhalten. Hier finden sich *Lygeum spartium, Artemisia herba alba* und salzliebende Chenopodiaceen. c. Die Sandsteppe weisst auf *Aristida pungens,* daneben *Muscari maritimum, Malcolmia parviflora, Matthiola parviflora, Scorzonera undulata, Ctenopsis pectinella, Bromus tectorum, Trisetum valesiacum,* weiter Küstenpflanzen: *Deverra, Festuca memphitica, Lepidium subulatum* u. a. m. d. Die Region der Daya mit *Pistacia atlantica.*[1]) Matzdorff.

664. **Battandier et Trabut.** Flore de l'Algérie etc. (vgl. R. 697) Dicotylédones par J. A. Battandier, I, Fascicule. Alger, 1888. (Vgl. Bot. J., XVI, 1888, p. 208, R. 486 d.)

Die Vertheilung der Thalamifloren auf Algerien ist folgende (die in Klammern angegebenen Zahlen beziehen sich auf Arten, welche in Marokko, nicht aber in Algier vorkommen):

Gattung	Zahl der Arten (ohne Berücksichtigung der Unterarten etc.)	Gattung	Zahl der Arten (ohne Berücksichtigung der Unterarten etc.)
Clematis	2	*Erucaria*	3
Thalictrum	2	*Rapistrum*	8 (+ 1)
Anemone	2	*Kremeria*	1
Adonis	3	*Muricaria*	1
Myosurus	1	*Crambe*	2 (+ 2)
Ceratocephalus	1	*Zilla*	2
Ranunculus	27 (+ 2)	*Calepina*	1
Ficaria	1	*Neslia*	1
Aconitum	0 (+ 1)	*Myagrum*	1
Delphinium	9	*Euclidium*	1 (?)
Aquilegia	1	*Isatis*	2
Nigella	3	*Clypeola*	2
Poeonia	1	*Biscutella*	4
Epimedium	1	*Iberis*	3 (+ 1)
Berberis	1	*Teesdalia*	1
Nymphaea	0 (+ 1)	*Thlaspi*	3
Nuphar	0 (+ 1)	*Hutchinsia*	2
Papaver	5 (+ 2)	*Bivonaea*	1
Roemeria	2	*Capsella*	1
Glaucium	2	*Senebiera*	3 (+ 1)
Chelidonium	1	*Jonopsidium*	1 (+ 1)
Hypecoum	3	*Lepidium*	8
Corydalis	1 (+ 1)	*Aethionema*	2
Sarcocapnos	1	*Farsetia*	2
Platycapnos	1 (+ 1)	*Alyssum*	10
Fumaria	10 (+ 1)	*Ptilotrichum*	1
Cossonia	1 (+ 2)	*Koniga*	2 (+ 1)
Raphanus	3	*Draba*	3 (+ 1)
Enarthrocarpus	2	*Roripa*	1
Hemicrambe	0 (+ 1)	*Camelina*	1
Cakile	1	*Succovia*	1

Höck.

[1]) Vgl. auch Bot. C., Beiheft 3, p. 220—222.

Gattung	Zahl der Arten (ohne Berücksichtigung der Unterarten etc.)	Gattung	Zahl der Arten (ohne Berücksichtigung der Unterarten etc.)
Carrichtera	1	*Cucubalus*	1
Vella	1	*Silene*	48 (+ 7)
Psychine	1	*Eudianthe*	2
Sinapis	7	*Melandrium*	1 (+ 1)
Eruca	3	*Agrostemma*	1
Brassica	16	*Saponaria*	5
Erucastrum	3	*Dianthella*	1
Hirschfeldia	1	*Dianthus*	12 (+ 2)
Diplotaxis	9	*Velezia*	1
Moricandia	4	*Cerastium*	12 (+ 1)
Henophyton	1	*Holosteum*	1
Savignya	1	*Stellaria*	2 (+ 1)
Sisymbrium	11	*Moehringia*	2
Maresia	3	*Arenaria*	6 (+ 1)
Malcolmia	7 (+ 2)	*Alsine*	7
Conringia	1	*Queria*	1
Erysimum	5	*Buffonia*	4
Cheiranthus	1 (+ 1)	*Sagina*	4 (+ 1)
Matthiola	9 (+ 1)	*Scleranthus*	1
Lonchophora	1	*Spergula*	2
Notoceras	1	*Spergularia*	5 (+ 1)
Morettia	1	*Robbairea*	1
Anastatica	1	*Loeflingia*	1
Cardamine	2	*Ortegia*	1
Arabis	10 (+ 2)	*Polycarpon*	3 (+ 2)
Nasturtium	4 (+ 1)	*Sclerocephalus*	1
Barbaraea	1	*Illecebrum*	1
Cleome	1	*Paronychia*	7
Capparis	1	*Gymnocarpon*	1
Astrocarpus	1	*Herniaria*	6
Randonia	1	*Pteranthus*	1
Reseda	10 (+ 5)	*Corrigiola*	2
Oligomeris	1	*Telephium*	2
Cistus	11 (+ 1)	*Glinus*	1
Halimium	2 (+ 3)	*Portulaca*	1
Helianthemum	34	*Montia*	1
Fumana	5	*Melia*	1 (cult.)
Viola	6	*Vitis*	1
Polygala	6 (+ 2)	*Acer*	3
Frankenia	7 (+ 2)	*Coriaria*	1
Parnassia	1?	*Oxalis*	4
Drosophyllum	0 (+ 1)	*Radiola*	1
Malope	2	*Linum*	14 (+ 1)
Malva	6 (+ 1)	*Tribulus*	1
Lavatera	7—9	*Fagonia*	9
Althaea	5	*Zygophyllum*	4 (+ 1)
Abutilon	1	*Peganum*	1
Hibiscus	2 u. 1 cult.	*Nitraria*	1
Gossypium	1 cult.	*Ruta*	5 (+ 1)
Monsonia	1	*Hypericum*	11 (+ 2)
Geranium	12 (+ 1)	*Elatine*	2
Erodium	27 (+ 1)		

pseudo-chamaepitys Desf., (Hippodrome): *Asphodelus tenuifolius* Cav., *Euphorbia heterophylla* Desf., *Picridium discolor* Pom., *Anagallis collina* Schousb., *Brassica Tournefortii* Gouan, *Rosmarinus littoralis* O. Deb. Weiter skizzirt Verf. die Flora von Gambetta nach den dort vorhandenen Oertlichkeiten, sowie die der Batterie-Espagnole. Daran schliessen sich kritische Bemerkungen über das Vorkommen von *Picridium tingitanum* Desf., *discolor*, *vulgare* im Gebiet. *Rosmarinus lavendulaceus* de Not. var. *littoralis* Debeaux erhebt Verf. zu einer Art (s. o.). Matzdorff.

671. **Debeaux, O.** Notes sur quelques plantes rares ou peu connues de la flore Oranaise. (Ass. franç. p. l'avanc. d. sc. C. r. 17. sess. Oran, 1888. Paris. 1. P., p. 187, 2. P., p. 302—317.)

Verf. stellt seine in den Jahren 1880—1885 an Pflanzen der Umgebung Orans gemachten Beobachtungen zusammen. Dieselben beziehen sich zum grössten Theil auf genaueres Vorkommen nach Oertlichkeit und Standort. Verf. giebt über ca. 160 Gewächse Bericht. Matzdorff.

672. **Amé, G.** Le jardin d'essai du Hamma à Mustapha, près d'Alger. Bordeaux et Paris (Feret et fils), 1889. 61 p. 8⁰. et grav.

673. **Madinier, P.** Sur l'introduction en Algérie des plantes économiques de l'Arizona, la Californie méridionale et le Nouveau Mexique. (Ass. franç. p. l'avanc. des sc. C. r. 17. sess. Oran, 1888. Paris. 1. P., p. 189—190, 2. P., p. 320—326.)

Verf. bespricht aus Arizona, dem südlichen Kalifornien und Neu-Mexico in Algerien eingeführte Pflanzen: *Prosopis juliflora* und *pubescens*, *Cereus giganteus*, *Agave deserti*, *Palmeri*, *Parryi*, *heteracantha*, *Yucca baccata*, *Echinocactus Wislizeni*, *Dasilyrium texanum*, *Fouquiera splendens*, *Larrea mexicana*, *Olneya*, *setosa*, *Robinia*, *Prunus pumila* und *demissa*, *Pinus edulis*, *lambertiana*, *pondorosa*, *Abies Engelmanni*, *Pseudotsuga Douglasii*, *Buchloe*, *Bouteloua*, *Stipa*, *Eriocoma*, *Sporobolus*, *Vilfa*, *Poa arachnifera*, *Erodium cicutarium*. Verf. discutirt die Gebiete, in denen die Einbürgerung gelingt, ihr Fortkommen, ihre Culturbedeutung u. a. m. Matzdorff.

674. **Sargnon, L.** Un mois en Tunisie et en Algérie. (Annales de la Société Botanique de Lyon, XL, 1886. Erschienen 1887, p. 1—35.)

Verf. theilt zahlreiche Funde aus Algerien und Tunis mit. Die Flora des nördlichen Tunis zeigt ausserordentliche Aehnlichkeit mit der Siciliens, wie vor allem die Gemeinschaft folgender Arten bezeugt: *Glaucium corniculatum*, *Zizyphus lotus*, *Lupinus reticulatus*, *L. luteus*, *Astragalus Epiglottis*, *Thapsia gurganica*, *Scandix australis*, *Evax astericiflora*, *Nonnea nigricans*, *Antirrhinum calycinum*, *Linaria triphylla*, *Marrubium Allyssum*, *Teucrium campanulatum*, *Plantago albicans*, *Catapodium siculum*, ferner das von *Valerianella discoidea* Lois, die Sicilien und Sardinien gemein, das von *Lonas inodora*, die Sicilien und der neapolitanischen Region gemein ist, endlich das von *Echinops strigosus*.

Eine Aufzählung aller anderen Einzelheiten scheint um so mehr überflüssig, als eine Flora Algeriens im Erscheinen begriffen ist (vgl. R. 664).

675. **Doûmet-Adanson.** Exploration scientifique de la Tunisie. Rapport sur une mission bot. exécutée en 1884 dans la Régione saharienne, au nord des grand chotts et dans les îles de la côte orient. de la Tunisie. Paris (impr. nation.), 1889. 153 p. 8⁰.

676. **Blanc, E.** Notes recueillies au cours de mes derniers voyages dans le Sud de la Tunisie. (B. S. B. France, XXXVI, 1889, p. 37—55.)

Mittheilung über botanische Beobachtungen, die er im S von Tunesien anstellte. (Er theilt u. a. auch einige Volksnamen von Pflanzen mit.)

677. **Blanc, E.** La forêt de gommiers du Bled Thalah. (Annales forest. Revue des eaux et forêts. T. 28. Année 1889. Paris. p. 49—59.)

Verf. schildert den Wald von Gummiakazien von Bled Thalah im südlichen Tunis, eine botanische Merkwürdigkeit. In forstlicher Beziehung kann man in Tunis drei Zonen unterscheiden: 1. einen breiten Küstenstreifen zwischen der Nordküste und dem Thal Medjedahs. Es ist die Region der Laubwälder, der Korkeichen und wilden Oelbäume. Die 2. Region erstreckt sich von dem genannten Thal bis zur Breite von Feriana; sie entspricht den algerischen Hochebenen und besteht aus Kreide- und Nummulitenterrains, die sich von 500—1590 m erheben. Der grösste Theil ist mit Trümmern von Wäldern aus harzführenden Bäumen bedeckt. Die Aleppokiefer und der phönicische Wachholder sind die richtigsten Erscheinungen. Mit dem Breitengrad von Feriana beginnt 3. die Küstenregion. Kalkketten mit Gyps- und Sandflächen tragen die Saharaflora. Hier ist der einzige Wald der oben genannte, der zwischen 34° 30′ und 34° 39′ liegt. Er ist nicht zusammenhängend, sondern die ihn bildenden Gummiakazien, *Acacia tortilis* Kayne angehörig, die sonst auch in Yemen, in Nubien und am Senegal vorkommt, dehnen sich über 35000 ha aus. Ein Drittel dieses Gebietes macht den Eindruck eines peu-bois; es stehen die Bäume etwa 50 m von einander, so dass vier auf das Hectar kommen. In den übrigen zwei Drittel stehen die Bäume mindestens 100 m von einander (1 Baum pro 1 ha). Die Stämme verzweigen sich etwa 1 m über dem Boden und sind unter der Gabelung höchstens $^1/_2$ m dick. 12—15 m beträgt die Höhe. Sie wachsen sehr langsam; die Samen werden meist von einem Bruchus zerstört. Ausser diesem Walde kommen nur ganz vereinzelte Exemplare der Akazie vor.

Matzdorff.

678. **Cosson, E.** Plantae in Cyrenaica et Agro Tripolitano, anno 1875, acl. 7. Duveau lectae. (B. S. B. France, XXXVI, 1889, p. 100—103.)

Verf. giebt ein systematisch geordnetes Verzeichniss der Gefässpflanzen, die Duveau 1875 in Tripoli und der Cyrenaica sammelte.

679. **Letourneux, A.** Note sur un voyage botanique à Tripoli de Barbarie. (B. S. B. France, XXXVI, 1889, p. 91—99.)

Verf. theilt eine grosse Zahl von Pflanzenfunden von der Oase Tripoli mit. Es seien hier nur die cultivirten Arten hervorgehoben:

Nigella sativa, *Brassica Napus*, *B. oleracea* (mit *forma capitata*, *forma gongylioides*, *forma Botrytis*), *Raphanus sativus*, *Dianthus Caryophyllus*, *Malva silvestris*, *Lavatera arborea*, *Hibiscus esculentus*, *Corchorus olitorius*, *Vitis vinifera*, *Citrus aurantium* (auch *fructu sanguinea* und *fructu parva*), *C. vulgaris*, *C. Limetta*, *C. Limonum* (auch *fructu dulci*), *C. medica*, *Zizyphus vulgaris*, *Z. Spino-Christi*, *Pistacia atlantica*, *Medicago sativa*, *Trigonella Foenum-graecum*, *Cicer arietinum*, *Faba vulgaris*, *Ervum Lens*, *Pisum sativum*, *Dolichos Lubia*, *Lupinus Termis*, *Acacia Farnesiana*, *Ceratonia Siliqua*, *Persica vulgaris*, *Amygdalus communis*, *Armeniaca vulgaris*, *Prunus domestica* (var. *fructu crasso nigro* und var. *fructu minimo lutescente*), *Fragaria vesca*, *Rosa centifolia*, *Cydonia vulgaris*, *Pirus communis*, *Malus communis*, *Punica Granatum*, *Lawsonia inermis*, *Tamarix articulata*, *Lagenaria vulgaris* (auch *fructu longiore eduli*), *Cucurbita Pepo*, *Cucumis Melo*, *C. sativus*, *C. Citrullus*, *Opuntia Ficus-indica*, *Apium graveolens*, *Petroselinum sativum*, *Scandix Cerefolium*, *Foeniculum officinale*, *Daucus Carota*, *Carum Carvi*, *Coriandrum sativum*, *Carthamus tinctorius*, *Cichorium Endivia*, *Lactuca sativa* (auch var. *capitata*), *Olea europaea*, *Jasminum Sambac*, *J. officinale*, *Nerium Oleander*, *Convolvulus Batatus*, *Solanum tuberosum*, *S. Melongena*, *Capsicum annuum*, *C. frutescens*, *Lycopersicum esculentum*, *Nicotiana glauca*, *Mentha piperita*, *Ocimum Basilicum* (auch var. *latifolium*), *Beta vulgaris* (auch var. *rubra*), *Spinacia oleracea*, *Rumex Acetosa*, *Laurus nobilis*, *Celtis australis*, *Morus nigra*, *M. alba*, *Ficus Carica*, *Allium Porrum*, *A. sativum*, *A. Cepa*, *Polianthes tuberosa*, *Musa paradisiaca*, *Phoenix dactylifera*, *Cyperus esculentus*, *Zea Mays*, *Sorghum vulgare*, *Penicillaria spicata*, *Arundo Donax*, *Hordeum vulgare* und *Triticum durum*.

680. **Ascherson, P.** et **Schweinfurth, G.** Suplément à l'Illustration de la flore d'Égypte. (Le Caire 1889. Extrait du vol. II des Memoires de l'Institut Egyptien. 5 mars 1889. p. 745—821.)

Die Verff. liefern zunächst Verbesserungen und Ergänzungen zu ihrer in Bot. J., XV, 1887, 2. Abth., p. 183, R. 413 besprochenen Arbeit. Da die Zahl der berücksichtigten Arten eine zu grosse ist, können diese nicht einzeln hervorgehoben werden. (Ueber die neuen Arten und Varietäten vgl. R. 710.)

Dann folgt ein Verzeichniss der Arten, welche im Wadi ed Arich und dessen Umgebung (305 Arten) und derjenigen von den Ufern des Sebakh-el-Berdâwil (59 Arten), beide vom ersteren der Verff. bearbeitet. Endlich ist noch ein Index der Gattungen hinzugefügt.

Von den früher genannten Arten sind zu streichen: *Polycarpon arabicum*, *Astragalus sparsus*, *Anthemis deserti*, *Reichardia picroides* und *Amarantus patulus*. Andere sind durch neue Untersuchungen richtiger bestimmt, so ist z. B. *Linum humile* Mill. durch *L. usitatissimum* L. zu ersetzen. Die Zahl aller wild in Aegypten vorkommenden Arten beläuft sich auf 1316. Von den früher als endemisch bezeichneten Arten sind in der Beziehung zu streichen: *Hypecoum parviflorum*, *Helianthemum Sancti Antonii*, *Carthamus Mareoticus*, *Echium setosum*, *Verbascum Letourneuxii*, *Helianthemum Ehrenbergii*, *Zygophyllum decumbens*, *Astragalus trimestris* und *Panicum leiogonum*; dagegen sind in der Beziehung hinzuzufügen: *Echinopus galalensis*, *Scorzonera Schweinfurthii*, *Heteroderis aegyptiaca* und *Colchicum Guessfeldtianum*.

681. **Ascherson, P.** Zur Synonymie der Eurotia ceratoides (L.) C. A. Mey. und einiger ägyptischer Paronychieen. (Sep.-Abz. aus Öst. B. Z., 1889, No. 3 ff., 16 p. 8⁰.)

Eurotia ceratoides, die über West- und Centralasien und Osteuropa (bis Oesterreich — auch in Spanien) verbreitet ist, seit dem vorigen Jahrhundert mit Unrecht als Synonym von *Achyranthes papposa* betrachtet wurde und daher auch als verbreitet in Arabien galt, ist bis jetzt noch nicht da nachgewiesen, wenn auch ihr Vorkommen in der ägyptischen Wüste dies nicht unwahrscheinlich macht.

Bei der Gelegenheit giebt Verf. weitere Bemerkungen meist kritischer Art zu anderen ägyptischen *Paronychieae* als Ergänzung zu dem Supplement der von ihm und Schweinfurth bearbeiteten Flora Aegyptens (vgl. R. 680). *Corrigiola repens* Forsk. wird von Delile unrichtig zu *Polycarpia memphitica*, richtig zu *P. fragilis* gezogen, letztere muss daher heissen *P. repens* (Forsk.) Aschers. et Schweinf. Dagegen muss *Polycarpia memphitica* Del. = *Arversia depressa* (L. fil. Klotzsch) *Polycarpon prostratum* (Forsk.) Aschers. et Schweinf. heissen, ist aber von *Robbairea prostrata* (Del.) Boiss. = *Polycarpia prostrata* (Del.) Decne = *Polycarpon prostrastum* (Forsk.) Pax zu scheiden.

Für *Paronychia desertorum* und *P. longiseta* werden nach erneuter Prüfung und Scheidung auf Grund anderer Merkmale genauere Standortsangaben gemacht, als sie in der oben genannten Flora für Aegypten möglich waren. Ihr Vorkommen in der Literatur wird ausführlich erörtert. Danach muss *P. longiseta* den Namen *P. arabica* (L.) DC. führen, während *P. desertorum* als *P. lenticulata* (Forsk.) Aschers. et Schweinf. zu bezeichnen ist.

Schliesslich bemerkt Verf., dass die Zahl der endemischen Arten Aegyptens nur 47 sei, nicht wie im Supplement angegeben, 50 betrage, da *Wolfia hyalina* in Kordofan, *Silene Hussoni* in Palästina und *Atriplex Ehrenbergii* F. v. M. (= *A. crystallinum* Ehrb. nec v. M.) am rothen Meer vorkomme. (Fälschlich nennt Hart, wie Verf. nachweist, in dem Bot. J., XIII, 1885, 2, p. 196, R. 569 besprochenen Werke *Sisymbrium erysimoides*, *Zygophyllum simplex*, *Erigeron Bovei* Boiss. [unrichtiger *Conyza Bovei* DC. oder *Blumea Bovei* Vatke], *Pentatropis spiralis*, *Atriplex leucocladus*, *Caylusea canescens*, *Polycarpon succulentum* (Del.) Gay [als *P. arabicum* Boiss.], *Euphorbia aegyptiaca* Boiss., *Silene colorata* Poir. (= *S. Oliveriana* Boiss.) als Novitäten für Palästina, da sie schon früher von dort bekannt waren.)

682. **Ascherson, P.** Adventivpflanzen. (Verh. Brand, p. XXX—XLIV.)

Verf. nennt Adventivpflanzen, die mit Oelfrüchten bei Mannheim eingeschleppt wurden. Zunächst finden sich darunter orientalische und südosteuropäische, die schon häufiger beobachtet sind, nämlich: *Spergularia fallax*, *Hibiscus Trionum*, *Trigonella Foenum graecum*, *Ammi Visnaga*, *Carum copticum* und *Artemisia scoparia*. Die anderen sind Tropenbewohner, nämlich: *Cardiospermum Halicaccabum*, *Amarantus spinosus*, *Albersia caudata*, *Chloris barbata* und *Eleusine indica*, die tropische Kosmopoliten sind, sowie *Vernonia cinerea*, *Gnaphalium indicum*, *Ipomoea sessiliflora* und *Digera alternifolia* Aschers. (= *D. arvensis* Forsk.), die auf die Tropen der Osthemisphäre beschränkt sind. Da nun erstere Pflanzen mit diesen Tropenbewohnern nur im nördlichen (besonders nordwestlichen) Indien zusammen vorkommen, wird dies wohl die Heimath der meisten derselben sein. In der That wird auch *Sinapis glauca* von dort neuerdings als Oelfrucht nach Europa gebracht. Dort ist denn auch das zwar ebenfalls in Mesopotamien, Assyrien, Nordpersien und

Afghanistan vorkommende *Carum copticum* besonders zu Hause. Die einzige in Indien fehlende Art ist *Ammi Visnaga*, die auf Einführung aus einem Mittelmeerhafen deutet, sie ist wohl mit Sesam eingeschleppt, welches auch vielleicht an der Einschleppung der meisten anderen Schuld ist, da es aus Indien oder der Levante stammt.

Die in der Sammlung enthaltene *Spergularia fallax*, welche identisch mit *Lepigonum eximium* ist und welche vielfach mit *Spergula arvensis* und *pentandra* verwechselt ist, giebt Verf. zu ausführlichen Erörterungen systematischer Natur Veranlassung, welche in der Trennung der Gattungen *Delia*, *Spergularia* und *Spergula* auf andere als bisher übliche Merkmale gipfeln, an dieser Stelle des Berichts aber nicht weiter besprochen werden können. Schliesslich wird ein Schlüssel der fünf *Spergula*-Arten gegeben und eine Zusammenstellung der bisher bekannten Fundorte für die jetzt als *Sp. flaccida* (Roxb.) Aschers. zu bezeichnende Art geboten, aus der hier nur die grösseren Gebiete (Canaren, Madeira, Marokko, Algerien, Tunesien, Tripolitanien, Cyrenaica, Marmarika, Aegypten, Palästina, Nubien, Arabien, Mesopotamien, Afghanistan, Beludschistan, Nordwesthimalaya) hervorgehoben werden können, die zeigen, dass die Art eine Bewohnerin der ganzen nördlichen Sahara ist, welche aber nach Westen sowohl als nach Osten dies Gebiet überschreitet.

683. **Wettstein, R. v.** Die Astragalus-Arten aus der Section Melanocercis. (Bot. C., XXXIX, p. 250.) (Z. B. G. Wien, XXXIX, 1889, Sitzber., p. 35.)

Verbreitung der *Astragalus*-Arten aus der Section *Melanocercis* Davon sind aussereuropäisch nur:

A. angustifolius Lam.: Armenien (auch Griechenland und dessen Inseln).
A. pungens Willd: Kleinasien (auch Ostgriechenland).
A. gymnolobus Fisch., *A. Hermoneus*, *A. Heideri* Wettst.: Oestl. Kleinasien.
A. Serbicus Wettst.: Pontische Küste (auch Serbien und Bulgarien).

Eriksson, J. Collectio cerealis, varietates cerealium in Suecia maturescentes continens. Fasciculus I, No. 1—10. Stockholm, 1889. (Bot. C., XXXIX, p. 152—153.)

684. **Deflers.** Voyage au Yémen. Journal d'une excursion botanique faite en 1887 dans les montagnes de l'Arabie Heureuse, suivi d'un Catalogue des plantes recueillies d'une liste des principales espèces cultivées avec leurs noms arabes et nombreuses déterminations barométriques d'altitude. Paris, 1889. 8⁰. 246 p., 6 pl. (Ref. nach B. S. B. France, XXXVII, rev. bibl., p. 26—30.)

In oben genanntem Ref. werden hervorgehoben unter den alpinen Pflanzen von Menakhah: *Primula verticillata, Bulbine abyssinica, Haemanthus abyssinicus, Crinum Yemense* und *Euphorbia officinarum*. In der Gegend von Dhamar, Yerim und Taez werden als bedeutsamste hervorgehoben: *Acacia tortilis, A. Segal, Indigofera paucifolia, Salvadora persica, Ceratophyllum demersum*, ferner bei Hès: *Tamarix articulata, Cadaba rotundifolia, Cissus quadrangularis, C. rotundifolia, Cassia obovata, Acacia Ehrenbergiana, Calotropis procera, Euphorbia Schimperi, Jatropha villosa* und *Aeluropus mucronatus*. Unter den zahlreichen Pflanzen, welche Yemen mit Habesch gemein hat, sind am wichtigsten: *Pittosporum abyssinicum, Melhania abyssinica, Grewia carpinifolia, G. Petitiana, Pelargonium multibracteatum, Acacia glaucophylla, A. nubica, A. verugera, Combretum trichanthum, Carissa Schimperi* und *Tarchonanthus camphoratus*. (Ueber die neuen Arten vgl. R. 712.)

685. **Candargy, C. A.** Flore de l'île de Lesbos. Plantes sauvages et cultivées. Uster-Zürich (Diggelmann), 1889. 64 p. 8⁰.

686. **Aitchison, J. E. T.** The Botany of the Afghan Delimitation Commission. London, 1888. (Ref. nach Nature, XXX, VIII, 1888, p. 219—220.)

Die trockene Region von Südwestasien zieht sich nach Indien hinein in Sind, Pundshab und Rajputana, welches Gebiet von Hooker in der Flora Indiens berücksichtigt ist, während das dazu gehörige Afghanistan bisher nur in Boissier's „Flora Orientalis" behandelt wurde. Die vorliegende Arbeit zählt 800 Arten aus dem Gebiete auf, am zahlreichsten vertreten sind die *Leguminosae* (78 Arten, allein 37 *Astragalus*), *Compositae* (77), *Gramineae* (63), *Cruciferae* (57), *Chenopodiaceae* (38). Von petalen Monocotylen herrschen die *Iridaceae* und *Liliaceae* vor.

Nach dem Original, welches Ref. erst später zuging, sei noch hinzugefügt, dass die einzigen Sträucher *Chenopodiaceae (Salsola, Suaeda, Anabasis)* und *Polygonaceae (Calligonum, Atraphaxis* und *Pteropyrum)* unregelmässig über die Ebenen zerstreut waren; der einzige beobachtete Baum war *Pistacia Terebinthus* var. *mutica* (vgl. Transact. and Proceed. of the Botanical Society, XVII, part 3, Edinburgh, 1889, p. 421—434.)

687. **Crépin, F.** Découverte du Rosa Moschata Mill. en Arabie. (B. S. B. Belg., XXVIII, 1889, 2., p. 47—49.)

Auffindung von *Rosa moschata* Mill. in Arabien (*R. abyssinica* R.Br., die wohl nur eine Form dieser Art ist, war allerdings schon früher in Yemen gefunden). Dieselbe Art findet sich in Persien und Afghanistan nur im cultivirten Zustande.

688. **Ascherson, P.** Lasiospermum brachyglossum. (Sitzber. d. Ges. Naturf. Fr. zu Berlin, 1889, p. 151—154.)

Verf. fand unter Pflanzen von der Sinai-Halbinsel (neben *Convolvulus Schimperi*) das bisher nur aus Südafrika bekannte *Lasiospermum brachyglossum* in einer Form, die, von der Blüthenfarbe abgesehen, nur durch Unterschiede, welche auf einen weniger nahrhaften Boden oder geringere Feuchtigkeit zurückzuführen sind, von den aus Südafrika bekannten abweichen, also sich ähnlich verhalten wie die Formen von *Cynosurus coloratus* und *Fingerhuthia* aus dem Mittelmeergebiet sich zu südafrikanischen Verwandten verhalten, eine Beziehung, die sich für etwas entferntere Verwandten (vgl. Engler, Entwicklungsgesch. d. Pflanzenwelt u. s. w., I., p. 76ff.) bei einer Reihe anderer Gattungen nachweisen lässt. Im Gegensatz zu Engler, der sie als Nachkommen einstiger Tropenbewohner auffasst, weist Verf. darauf hin, dass an der ganzen Ostküste Afrikas, vom Capland bis fast zum Golf von Sues, ein wenig unterbrochenes Hochland mit meist trockenem Klima sich befindet, das, wie Schweinfurth bemerkte, noch heute die Wanderung derartiger Typen nicht schwierig erscheinen lässt und falls es sich um ein Geringes in der Richtung grösserer Trockenheit änderte, diese Wanderung mit noch grösserer Leichtigkeit gestatten würde, dass aber solche Schwankungen früher statt gehabt haben.

689. **Gandoger, M.** Plantes de Indée (deuxième Note). (B. S. B. France, XXXVI, 1889, p. 177—181.)

690. **Gillman, H.** The Flora of Palestine. (Amer. Naturalist, vol. 22. Philadelphia, 1888. p. 642—643.)

Verf. berichtigt die Ansicht, dass der Blüthenreichthum Palästinas während der Regenzeit nur auf der reichen Entwicklung weniger Arten beruhe. Er fand in der nächsten Nähe Jerusalems allein 11 *Geranium*, eingerechnet *G. tuberosum*. Bemerkenswerth ist ferner Stachligkeit und Dornigkeit bei den dortigen Kreuzblüthlern. Von Gartenpflanzen blühen bei Jerusalem Narcisse, Scharlachanemone, *Cyclamen*, blaue *Iris*, *Crocus*, Orange, Asphodill, *Echium violaceum*, Mandel. In Nordpalästina reitet man im März und April Tage lang durch Scharlachanemonen, Ranunkeln, Lupinen, Scabiosen, *Adonis*, rothen, schwarz und weiss gefleckten Mohn. Daneben finden sich purpurne *Gladiolus*, *Convolvulus jalapa* und andere Arten, *Tulipa Gesneriana*. Matzdorff.

691. **Haynald, L.** Denkrede auf Edmund Boissier, gehalten in der Plenarsitzung der ungarischen Akademie der Wissenschaften am 26. November 1888. 8°. 22 p. Budapest, 1889. (Ref. in Bot. C., XLI, p. 353—354.)

692. **Stapf, O.** Beitrag zur Flora von Persien. (Z. B. G. Wien, XXXIX, 1889, p. 205—212.)

Als Ergänzung zu der Bot. J. XVI, 1888, 2. Abth., p. 218, R. 505 erwähnten Arbeit werden genannt:

Corydalis rutaefolia, *Barbarea plantaginea* (von Kleinasien und Syrien über Armenien und Kurdistan bis in den Elburs [bei Teheran] in Nord- und bis an den Kuh-Dinah in Südpersien; die weite Lücke zwischen Elburs und dem südlichen Zagros wird durch die Standorte bei Sultanabad und Hamadan eingeschränkt), *Parlatorea rostrata* (bisher nur vom Elburs bekannt), *Boreava* sp., *Lepidium Draba*, *Silene ampullata* (sonst am oberen Euphrat, auf dem Elwend und im persischen Kurdistan), *Hypericum scabrum*, *Trigonella Persica* (bisher nur aus Südpersien bekannt), *Astragalus grammocalyx* (mittlerer und östlicher Elburs), *A. Demawendicus* (sonst nur Demawend), *A. pulchellus* (die bisherigen Standorte von Isfahan und Urmia und Mianeh verbindend), *A. curvirostris* (sonst Hamadan, Karaghan und Südpersien), *A. Schahrudensis* (Nordpersien von Chorassan bis an das zagrisch-kurdische Gebirgssystem, also Sultanabad Südwestpunkt), *Cicer oxyodon* (sonst Elwend, Elburs, Sergendeh, persisch Kurdistan, Karadscha-Dagh, also Sultanabad eine Lücke ausfüllend), *Lathyrus erectus* Log (= *L. inconspicuus* Stapf Bot. Ergebn. d. Polak'schen Exped. II, p. 76 [344], im Mediterrangebiet und Orient weit verbreitet), *Crataegus melanocarpa* (Südrussland, Kaukasus, Elburs bis ins Turkmenengebiet, also hier südlichster Ort), *Chaerophyllum macropodum* (der Ort verknüpft das Hauptgebiet der Art im zagrisch-kurdischen Gebirge mit dem in der Biaban-Region zwischen Hamadan und Teheran), *Scandix pinnatifida* (wahrscheinlich in ganz Iran), *Prangus uloptera* DC. var. *brachyloba* Boiss. (= *P. brachyloba* Stapf et Wettst., vertritt im Süden und Südwesten Persiens, sowie im Inneren die im Norden und Nordwesten herrschende Form mit langen Blattabschnitten), *Galium subvelutinum* (bisher nur Elwend), *G. humifusum*, *Pterocephalus canus*, *Pyrethrum myriophyllum* (sehr häufig in der Gestrüppformation der oberen Dschaengael- und Saerhadd-Region), *Centaurea pergamacea*, *Linaria Dalmatica* var. *grandiflora* (bisher nur Mendeli und Nordpersien), *L. Michauxii* (Biaban-Region von Nordpersien bis zur Breite Isfahans), *Polakia paradoxa* (sonst Hamadan), *Salvia Szovitziana* (sonst Aserbeidschan), *Nepeta sessilifolia* (sonst nur Kohrud, 160 km östlich von Sultanabad), *N. heliotropifolia* (in Persien sonst nur Sengem im südlichen Adserbidschan, ausserdem aber Kurdistan und Mesopotamien), *Stachys lavandulaefolia*, *Eremostachys macrophylla*, *Echinospermum barbatum* (bisher dort südlichster Standort), *Rheum Ribes*, *Urtica dioica* L. f. *xiphodon* (= *U. xiphodon* Stapf, hierher Haussknecht's *U. dioica* der Zagros-Ketten.)

693. **Wettstein, R. Ritter v.** Beitrag zur Flora von Persien. Bearbeitung der von J. A. Knapp im Jahre 1884 in der Provinz Adserbidschan gesammelten Pflanzen. I. Labiatae von H. Braun. II. Salsolaceae. III. Amarantaceae und IV. Polygonaceae von C. Rechinger. (Aus den Verh. d. k. k. Zoologisch-Botanischen Gesellsch. in Wien [Jahrg. 1889] besonders abgedruckt.

Bestimmungen einiger von Knapp in Adserbidschan (Persien) gesammelten Pflanzen. Die *Labiatae* sind von H. Braun, die anderen von C. Rechinger bearbeitet. Gesammelt wurden:

Labiatae: Mentha viridis, M. incana, M. Chalepensis Miller (auf diese Art und verwandte Formen, sowie deren Synonymik wird ausführlich eingegangen), *Lycopus europaeus*, *Origanum parviflorum*, *Thymus Kotschyanus* (eine var. *intercedens* wird neu aufgestellt), *Th. hirsutus*, *Satureja hortensis*, *S. macrantha*, *Calamintha intermedia*, *C. umbrosa*, *C. Acinos*, *C. graveolens*, *Clinopodium vulgare*, *Melissa officinalis*, *Ziziphora rigida*, *Z. Persica*, *Z. tenuior*, *Salvia Hydrangea*, *S. Shielei*, *S. Szovitziana*, *S. glutinosa*, *S. Syriaca*, *S. verbascifolia*, *S. limbata*, *S. Staminea*, *S. campestris*, *S. nemorosa*, *S. verticillata*, *Nepeta menthoides*, *N. racemosa*, *N. nuda*, *N. micrantha*, *Lallemantia peltata*, *L. Iberica*, *Scutellaria orientalis*, *S. albida*, *S. galericulata*, *Brunella vulgaris*, *Marrubium Astracanicum*, *M. propinquum*, *M. parviflorum*, *Sideritis purpurea*, *S. montana*, *Stachys lanata*, *S. spectabilis*, *S. silvatica*, *S. palustris*, *S. subcrenata*, *S. fruticulosa*, *S. inflata*, *S. lavandulaefolia*, *S. pubescens*, *Betonica orientalis*, *Leonurus Cardiaca*, *Lamium amplexicaule*, *L. maculatum*, *L. album*, *Ballota nigra*, *Phlomis Armeniaca*, *Ph. pungens*, *Ph. tuberosa*, *Eremostachys laciniata*, *Ajuga Chamaepytis*, *Teucrium orientale*, *T. scordioides*, *T. Chamaedrys*, *T. Polium*.

Salsolaceae: Beta longespicata, *Chenopodium Vulvaria*, *Ch. album*, *Ch. Botrys*, *Blitum rubrum*, *B. virgatum*, *Spinacia oleracea*, *Atriplex nitens*, *A. littorale*, *A. hastatum*, *A. laciniatum*, *A. verruciferum*, *Eurotia ceratoides*, *Ceratocarpus arenarius*, *Kochia scoparia*, *K. hyssopifolia*, *K. lanata*, *Salicornia herbacea*, *Halopeplis amplexicaulis*, *Halocnemum strobilaccum*, *Suaeda altissima*, *S. maritima*, *S. salsa*, *Schanginia baccata*, *Sal-*

sola brachiata, S. Soda, S. Kali, S. crassa, S. glauca, S. verrucosa, S. vermiculata, Noëa spinosissima, Girgensohnia oppositiflora, Anabasis aphylla, Petrosimonia triandra, Halocharis sulphurea, Halimocnemis gibbosa, Halanthium rarifolium.

Amarantaceae: Amarantus Blitum, A. retroflexus.

Polygonaceae: Calligonum comosum, Rheum Ribes, Oxyria digyna, Rumex Patientia, R. crispus, R. pratensis, R. conglomeratus, R. scutatus, R. tuberosus, R. acetoselloides, Polygonum Bistorta, P. amphibium, P. Persicaria, P. lapathifolium, P. Convolvulus, P. rottboellioides, P. Olivieri, P. Bellardi, P. ammanioides, P setosum, P. thymifolium.

Ueber die neuen Arten vgl. R. 716.

694. **Wettstein, R. v.** Beiträge zur Flora des Orientes. Bearbeitung der von Dr A. Heider im Jahre 1885 in Pisidien und Pamphylien gesammelten Pflanzen. (Sep.-Abz. aus. d. Sitzber. d. Kais. Acad. d. Wiss. zu Wien. Math.-Naturw. Classe, Bd. XCVIII, 1. Apr. 1889, 51 p. 8⁰.) (Vgl. R. 711.)

Bestimmungen der von Heider in Pisidien und Pamphylien gesammelten Pflanzen. Ausser einigen neuen Arten (vgl. R. 711) befinden sich darunter folgende Phanerogamen:

Cynodon dactylon, Hordeum crinitum, Melica Cretica, Oryzopsis holciformis, Agropyrum intermedium, Cyperus flavescens, C. rotundus, Juncus maritimus, Allium rotundum, (?), A. subhirsutum, Asparagus acutifolius, Ruscus aculeatus, Lemna minor, Juniperus foetidissima, J. Oxycedrus, J. excelsa, Pinus Halepensis, P. Pallasiana, Ephedra fragilis, Ostrya carpinifolia, Quercus infectoria, Q. calliprinos, Q. Syriaca, Platanus Orientalis, Parietaria Lusitanica, Populus alba, Amarantus albus, Polygonum alpestre, P. Bellardi, Thesium divaricatum, Osyris alba, Daphne oleoides, Plantago maior, P. eriophylla, Plumbago Europaea, Acantholimon Echinus, Pterocephalus Pinardi, Scabiosa setulosa, Bellis silvestris, Inula heterolepis, Helichrysum scandens, H. niveum, Achillea Santolina, Anthemis brachyglossa, Pyrethrum Cappadocicum, Xeranthemum annuum, X. squarrosum, Centaurea solstitialis, Cichorium Intybus, Chondrilla juncea, Taraxacum serotinum, Lactuca viminea, L. Saligna, Hieracium pannosum, H. macranthum, Galium erectum, Rubia Olivieri, Asperula stricta, Jasminum fruticans, Olea Europaea, Phillyrea media, Fontanesia phillyreoides, Salvia verticillata, S. grandiflora, Zizyphora serpyllacea, Origanum Onites, Micromeria cristata, Sideritis stricta, Ballota acetabulosa, Phlomis fruticosa, Ph. linearis, Ph. Samia, Teucrium Chamaedrys, T. Parnassicum, T. Polium, Ajuga Chia, A. vestita, Vitex Agnus Castus, Heliotropium villosum, Echium diffusum, Paracaryum Cappadocicum, Ipomoea littoralis, Cuscuta Europaea, C. globulosa, Verbascum Pestalozzae, Scrophularia alata, Digitalis Orientalis, Veronica Anagallis, Orobanche alba, Arbutus Andrachne, Ammi Visnaga, Bupleurum subuniflorum, Chrithmum maritimum, Ampelopsis Orientalis, Umbilicus globulariaefolius, Sedum Urvillei, Clematis flammula, Nigella arvensis, N. Assyriaca, Delphinium halteratum, Glaucium leiocarpum, Arabis Billardieri, Capsella rubella, Telephium Imperati, Alsine anatolica, A. viscosa, Arenaria Tmolea, Tunica Pamphylica, Hypericum crispum, Paliurus aculeatus, Rhamnus Alaternus, Rh. intermedia, Rh. oleoides, Euphorbia Chamaesyce, Eu. Paralias, Eu. Aleppica, Eu. falcata, Eu. Nicaeensis, Rhus Coriaria, Pistacia Terebinthus, Tribulus orientalis, Erodium cicutarium, E. laciniatum, Myrtus communis, Crataegus orientalis, C. monogyna, Rosa pulverulenta, Potentilla reptans, Agrimonia Eupatoria, Poterium Sanguisorba, Ononis antiquorum und *Trifolium resupinatum.*

696. **Trautvetter, E. R. v.** Plantas in deserto Kirghisorum sibiricorum ab J. J. Slowzow collectas enumeravit. (Act. Petr., X, 2, p. 395—438.)

695. **Baker, J. G.** Handbook of the Amaryllideae including the Alstroemieae and Agaveae. London, 1888, XII, 216 p.

Neue Amaryllideen des Mittelmeergebietes: p. 10 *Narcissus Jonquilla* L. var. *minor* Haw. = *N. Webbii* Paol., Algerien. p. 12 *N. poeticus* L. subsp. *radiiflorus* Salisb. = *N. angustifolius* und *majalis* Curt., Mittelmeergebiet. Matzdorff.

697. **Battandier** et **Trabut.** Flore de l'Algérie, ancienne Flore d'Alger transformée,

contenant la description de toutes les plantes signalées jusqu'à ce jour comme spontanées en Algérie. Dicotyledones, par Battandier; 2. fasc., p. 185—384, Calyciflores polypétales. Un volume in 8⁰ grand raisin. Alger et Paris, 1889. (Ref. nach B. S. B. France, XXXVI, 1889, rev. bibliogr., p. 89—90.)

Fortsetzung ihrer Flora von Algier (vgl. Bot. J., XVI, 1888, 2, p. 208, R. 486 d.) Darin werden zum ersten Male beschrieben:

Genista retamoides Spach. (inéd. verw. *G. spartioides* Spach.), *G. Cossoniana* Batt. et Trab. (*G. retamoides* Batt. et Trab. exsicc., non Spach.), *G. demnatensis* Coss. n. sp. (aus Marokko, nur citirt, nicht beschrieben), *Cytisus kosmariensis* Coss. (sub. *Genista,* aus Marokko, nur citirt), *Ononis incisa* Coss. et DR. (verw. *O. cenisia* L.), *O. cirtensis* Batt. et Trab. (verw. *O. hirta* Desf.), *Astragalus Aristidis* Coss. (verw. *A. radiatus* Ehr.), *A. Trabutianus* Batt., *A. Kralikii* Coss., *Tamarix brachystylis, bounopaea, Balansae* und *pauci-foliata*, *Selinopsis montana* n. sp. gen. nov. und *S. foetida*, *Ferula vesceritensis* Coss. et Dr., *F. longipes* Coss., *Ammiopsis Aristidis* Coss. (Bisher von der Gattung nur *A. daucoides* Boiss aus Marokko bekannt), *Ammodaucus leucotrichus* Coss. et DR. n. sp. gen. nov. aus der Sahara und *Daucus Rebondii* Cass.

Die Gattung *Acanthyllis* wird auf *Anthyllis tragacanthoides* Desf., die Gattung *Tragiopsis* auf *Pimpinella dichotoma* begründet. Sehr umfangreich ist die Gattung *Ononis* mit 42 Arten, auch *Genista* ist stark vertreten.

698. **Battandier** et **Trabut.** Flore de l'Algérie etc. Fasc. 3, p. 385—576. Calyciflores gamopétales. (Cit. und ref. nach B. S. B. France, XXXVI, 1889, Rev. bibliogr., p. 120—122.)

Verff. beschreiben im 3. Fasc. der Flore de l'Algérie zum ersten Mal:

Oldenlandia inconstans Pomel. (*O. sabulosa* Munb., non DC.), *Patoria brevifolia* Coss. et D.R., *Galium Bourgaeanum* Coss., *G. Perralderii* Coss. et D.R., *G. petraeum* Coss., *Valerianella fallax* Coss. et D.R., *Cephalaria atlantica* Coss. et D.R., *Pulicaria mauritanica* Coss., *Perralderia purpurascens* Coss., *Chrysanthemum macrocarpum* Coss. et Kral., *Senecio giganteo-Cineria* (nouvel hybride), *Atractylis polycephala* Coss., *Centaurea microcarpa* Coss. et D.R., *C. omphalotricha* Coss. et D.R., *C. kroumirensis* Coss., *Amberboa Omphalodes* Batt., *Carduncellus rhaponticoides* Coss. et D.R., *Hypochaeris Claryi* Batt., *Leontodon Djurdjurae* Coss. et D R., *Lactuca numidica* n. sp., *Crepis suberostris* Coss. et D.R., *C. amplexifolia* Godr., *C. myriocephala* Coss. et D.R., *C. Claryi* n. sp.

Neue Varietäten werden beschrieben von *Asperula aristata, Galium parisiense, Scabiosa maritima, Filago spathulata, Helichrysum Staechas, Senecio leucanthemifolius* und *Podospermum laciniatum.*

Sehr artenreich sind *Evax* und *Filago.*

Eine beigegebene Tafel stellt die Früchte aller algerischen Arten von *Fedia* und *Valerianella* dar.

699. **Chabert, A.** Note sur la Flore d'Algérie. (B. S. B., France, XXXVI, 1889, p. 15—31.)

Neue Arten oder Varietäten aus Algier:

Ranunculus aquatilis var. *elegans* (*Batrachium elegans* Chabert in litt. et exsicc.): Monzaïa.

R. aurasicus Pomel (*R. demissus* Coss., non DC., *R. Villarsii* Letourn., non DC.) wird in folgende Varietäten zerlegt:

a. *genuinus:* Ras Pharaoun;
b. *pseudo-demissus* (*R. demissus* Coss.) } Djurdjura, 1700—2200 m.
c. *djurdjurae* }

Paeonia algeriensis (*P. Russi* Munby, *P. Russi* var. *coriacea* Coss., *P. corallina* var. *atlantica* Coss.): Bergregion 1300—1900 m.

Alyssum Djurdjurae (sect. *Eualyssum* Coss.): Djurdjura 2000—2200 m.

Saponaria depressa Biv. var. *Djurdjurae:* Djurdjura.

Alsine verna Bartl. var. *umbrosa:* Tirourda.

Cytisus triflorus L'Hér. var. *bidentatus:* Nador bei Médéah.

Lathyrus Ochrus L. var. *ochroides* (*L. ochroides* Chabert in litt. et exsicc.): Um Medeah.
Amelanchier vulgaris Moench. var. *Djurdjurae*: Ostdjurdjura.
Potentilla caulescens var. *Djurdjurae* (*P. caulescens* Munby, *P. petiolulata* var. *Djurdjurae* Chabert olim.): Djurdjura 1100—1800 m.
Eryngium campestre L. var. *algeriense*: Aumale.
Pimpinella Battandieri: Djurdjura.
P. Djurdjurae: Djurdjura 1500—2200 m.
Scabiosa Djurdjurae: Djurdjura, besonders im Westen (mit var. *fulva*).
Bellis silvestris Cyr. var. *akeniis glabris*: Aumale.
Artemisia kabylica (sect. *Abrotanum* DC): Kabylische Berge 1000—1200 m.
Carduncellus atractyloides Coss. et Dur. var. *elatus*: Mittlere Djurdjura.
Campanula macrorrhiza J. Gay. var. *jurjurensis* (*C. jurjurensis* Pomel): Djurdjura 1400—2300 m.
„ „ var. *rotundata*: Tamda-Ouguelmin.
Vincetoxicum officinale var. *acutatum*: Aït Daoud.
„ „ „ *dentiferum*: Tala Aïlal.
„ „ „ *floribundum*: Aït ou Abban.
Daphne kabylica: Aït ou Abban.
Trisetum flavescens P. B. var. *nodosum*: Medeah.

700. **Chabert, A.** (667) beschreibt folgende neue Arten und Varietäten aus Algerien:

Linum corymbiferum var. *Meyeri*, *Sedum acre* var. *morbijugum*, *Passerina annua* var. *algeriensis*, *Merendea filifolia* Camb. var.? *atlantica* (*M. atlantica* Chab. in litt. et exsicc.), *Allium ? Tourneuxii*, *Gagea Liottardi* Roem. et Sch. var.? *algeriensis* (*G. algeriensis* Chab. in litt. et exsicc.), *Narcissus serotinus* var. *emarginatus*, *N. algirus* var. *eminens*, *N. algirus* var. *discolor*, *Cladium Durandoi*.

701. **Pomel, A.** Note sur un nouveau Cyclamen d'Algérie et sur l'espèce des environs de Tunis. (B. S. B. France, XXXVI, 1889, p. 354—356.)

Cyclamen saldense n. sp. aus Algerien. (Bei Tunis wird *C. persicum* cultivirt, auf welche Art Verf. auch näher eingeht.)

702. **Doumergue.** Note sur trois espèces algériennes. (Ass. franc. p. l'avanc. d. sc. C. r. 17 sess. Oran, 1888. Paris, 1 P., p. 186, 2 P., p. 296—298.) (R. 703 und 704.)

703. **Doumergue.** Note sur deux Ononis algériens de la section fruticosae. (Ass. franc. p. l'avanc. d. sc. C. r. 17 sess. Oran, 1888. Paris, 1 P., p. 190.)

Doumergue (702) stellt *Ononis hispida* Desf., die nicht krautig, sondern strauchig ist, in die Nähe von *O. arborescens* Desf. Die bisher zu letzterer gezogenen Pflanzen aus der Umgebung Orans und Teniet-el-Haads sind eine neue Var.: *glomerata*. Die Stammform nennt Verf. *genuina*. Matzdorff.

704. **Doumergue.** Note sur le Seriola laevigata Desf. (Ass. franc. p. l'avanc. d. sc. C. r. 17 sess. Oran, 1888. Paris, 1 P., p. 190.)

Doumergue (702) unterscheidet die *Seriola laevigata* Desf. aus der Umgegend Orans als n. var. *pinnatifida*. Die Stammpflanze bildet die Abart *genuina*.

Matzdorff.

705. **Debeaux.** Une espèce nouvelle de Centaurea de la section Melanomala. (Société d'hist. natur. de Toulouse, séance du 13 mars 1889.) (Cit. u. ref. nach B. S. B. France, XXXVI, 1889, Revue bibliogr. p. 122.)

Centaurea Claryi Debeaux n. sp. aus der Provinz Oran.

706. **Debeaux.** Notes sur quelques plantes rares ou peu connues de la flore oranaise. (Association française pour l'avancement des sciences, Congrès d'Oran 1888, Tirage à part de 16 pages in 8°.) (Cit. u. ref. nach B. S. B. France, XXXVI, 1889, Revue bibliogr. p. 122.)

Neue Varietäten aus Oran:

Linum maritimum L. var *giganteum*, *Orobanche minor* var. *Ballotae*, *Salvia nemorosa* var. *oranensis*, *Rosmarinus lavandulaceus* var. *littoralis*, *R. laxiflorus* var. *reptans*.

707. **Clary, L. R.** Catalogue des plantes observées à Daya (Algérie). (Bulletin de la Société d'histoire naturelle de Toulouse 1888.) (Cit. u. ref. nach B. S. B. France, XXXVI, 1889, Revue bibliogr. p. 41.)

Verf. bespricht die Flora von Daya (Algier). An neuen Varietäten werden aufgestellt:

Trifolium ochroleucum var. *floribus roseis.*
Lythrum Hyssopifolia var. *grandiflorum* Clary.
Teucrium fruticans var. *linearifolium* Clary.
Beta vulgaris var. *Debeauxii* Clary.

708. **Cosson, E.** Gramineae duae novae tunetanae e genere Sporobolus. (B. S. B. France, XXXVI, 1889, p. 250—254.)

Sporobolus Tourneuxii n. sp. und *S. laetevirens* n. sp. aus Tunis.

709. **Cosson, E.** Species novae Cyrenaicae. (B. S. B. France, XXXVI, 1889, p. 103—106.)

Neue Arten und Varietäten aus der Cyrenaica:

Sinapis pubescens var. *cyrenaica*, *Tunica Davaeana*, *Hypericum Decaisneanum Micromeria Juliana* var. *conferta*, *Teucrium Davaeanum* und *Plantago Coronopus* var. *crassipes.*

710. **Ascherson, P.** und **Schweinfurth, G.** (680) beschreiben folgende neue Arten und Varietäten aus Aegypten:

Robbairea prostrata (Forsk.) Boiss. var. *maior* Aschers. et Schweinf. und *R. prostrata* var. *minor* Aschers. et Schweinf.
Vicia narbonensis L. var. *aegyptiaca* Kcke. und *V. narbonensis* var. *affinis* Kcke.
Chrysanthemum coronarium L. var. *discolor* Aschers. et Schweinf.
Echinopus galalensis Schweinf. n. sp. (für *E. glaberrimus* DC. des Originals).
Heteroderis aegyptiaca Schweinf. n. sp.
Paracaryum Boissieri Schweinf. n. sp.
Colchicum Guessfeldtianum Aschers. et Schweinf. n. sp. (für *Colchicum* spec. des Originals).
Panicum Crus galli L. var. *Sieberianum* Aschers. et Schweinf.
P. repens L. var. *leiogonum* (Del.) Schweinf.

711. **Wettstein, R. v.** (694) beschreibt aus Kleinasien:

Cirsium Pisidium n. sp. von Sagalassus (*Carlina pallescens* n. sp. vom Wege von Termessus nach Gülik Han, *Satureja Pisidia* n. sp. von Sagalassus, *Podanthum supinum* n. sp. vom Aglassan Dagh, *Silene Acantholimon* n. sp. vom Damm des Aglassan Dagh *Dianthus pulverulentus* n. sp. von Termessus, *Acer Willkommii* n. sp. aus Lycien, *Sageretia spinosa* n. sp. von Termessus, *Astragalus Muradicoides* n. sp. (ohne genaueren Fundort), *A. Heideri* n. sp. von Sagalassus. (Im Anschluss an letztere giebt er eine übersichtliche Zusammenstellung der Arten der Gattung *Astragalus* Sect. *Melanocercis.*)

712. **Deflers** (684) beschreibt aus Yemen folgende neue Arten: *Aspidopteris Yemensis* (verw. *Caucanthus edulis*), *Berchemia Yemensis*, *Senecio Sumarae*, *S. harasianus*, *Cichorium Bottae*, *Jasminum gratissimum*, *Boucerosia penicillata*, *B. cicatricosa*, *Euphorbia*-Arten, *Bicornella arabica*, *Crinum Yemense*, *Aloe tomentosa.*

713. **Freyn, J.** Colchicum Bornmülleri sp. nov. und Biologisches über dieselbe. (Ber. D. B. G., VII, 1889, p. 319—321.)

Colchicum Bornmülleri n. sp. aus Kleinasien (Ak Dagh).

714. **Favrat, M.** Diagnose de Cephalaria salicifolia espèce nouvelle. (Bulletin de la Société Vaudoise des sciences naturelles, XXV. Lausanne, 1889. p. 59.)

Cephalaria salicifolia n. sp. von Aintab (nördl. Syrien).

715. **Regel, E.** Tulipa Dammanni Rgl. (G. Fl., XXXVIII, 1889, p. 314.)

Tulipa Dammani n. sp. vom Libanon (verw. *T. linifolia* und *Maximowiczi* aus Ostbuchara.

716. **Braun, H.** (693) beschreibt *Nepeta Wettsteinii* n. sp. und *Marrubium ballotaeforme* n. sp. aus Adserbidschan (Persien). (Beide Arten sind abgebildet.)

717. **Regel, E.** Descriptiones et emendationes plantarum in horto imperiali botanico Petropolitano cultarum. Petropoli, 1889. 14 p. 8⁰.

Tulipa Maximowiczii n. sp. aus Ostbuchara, *T. Batalini* n. sp. aus Buchara, *T. Dammani* n. sp. vom Libanon, *Allium Sprengeri* n. sp. aus Syrien (bei Jaffa) und *Gypsophila Raddeana* (n. sp. sect. nov. *Thylacospermum* Rgl.).

718. **Trautvetter, E. R. v.** Contributionem ad floram Dagestaniae ex herbario Raddeano anni 1885 eruit. (Act. Petr., XI, 1888, p. 97—134.)

Neu sind: *Trifolium Raddeanum* Trautv., *Veronica daghestanica* Trautv. und *Betula Raddeana* Trautv.

Nachtrag.[1])

Inhalt:

I. Allgemeine Pflanzengeographie.

II. Specielle Pflanzengeographie.

---

1. **Palacky, J.** Ueber Drudes polyphyletische Ansichten. (Oest. B. Z., XXXIX, 1889, p. 236—239.)

P. bespricht Drude's Bot. J., XIV, 1886, 2, p. 91—94, R. 2 erwähnte Arbeit. Ausführlich geht er dabei auf den von D. vertheidigten Polyphyletismus ein, dessen Vertheidiger er selbst schon seit 1864 ist. Um die Frage zu lösen, muss man zunächst untersuchen, welche Länder haben ungestört ihre Flora entwickeln können. So sind Skandinavien, Grönland, Britisch-Nordamerika alte Länder, ihre Florenentwicklung ist aber durch die Eiszeit unterbrochen. Dagegen sind Portugal und Westspanien, Brasilien, Westaustralien, ein grosser Theil Afrikas alte Länder ohne solche Unterbrechung. Ferner muss man sich hüten eine locale Erscheinung zu generalisiren. Rückwanderung von Pflanzen nach der Eiszeit fand in Nordeuropa statt; schon eine Wanderung arktischer Pflanzen auf die Hochgebirge im S ist nur vereinzelt denkbar. Dem stehen die vielen Endemismen in südlichen Hochgebirgen (Atlas, Sierra Nevada, Habesch), sowie die Gegenarten einzelner europäischer

1) Einige Ref. über Arbeiten, die dem Berichterstatter erst nach Einsendung des Manuscripts zugängig wurden.

wie alpiner Formen in Gebirgen des tropischen Afrika gegenüber, die natürlich nicht eingewandert sein können. Zur Masseneinwanderung gehört vor allem freies Land. Auch zur Tertiärzeit war überall in den Tropen ein breiter Meergürtel, der N und S schied, so im Mississippi, Indus- und Yanges-Thal u. s. w. Breitere Verbindung scheint nirgends bestanden zu haben, ist nur für China und Hinterindien möglich, doch noch unentschieden. Dafür spricht, dass die Kohlenflora des N und S sehr differiren, aber in Tonkin zusammenstossen, sowie dass die Floren des Tertiärs von Java, Sumatra und Borneo nicht sehr von den jetzigen dortigen abweichen. Dies zeigt, dass die gleichen Florenstufen nicht überall wiederkehren müssen, wie Ettinghausen annahm. Auffallend ist, dass von 54 Jurapflanzen Japans 19 in Sibirien, 10 in England, 7 in Spitzbergen, aber nur 4 in China und Indien wiederkehren, beweist aber die damals schon bestandene Differenzirung der Flora. Die grösseren tropischen Landmassen sind meist jung, darum braucht es aber nicht die Tropenflora zu sein. Vielfach sind nur Bäume oder Wasserpflanzen fossil erhalten. Drude giebt selbst p. 199 zu, dass im Tertiär keine borealen Pflanzen mehr nach S gekommen. Aber in der Kreidezeit waren die Länder noch isolirter als im Tertiär, konnte solche Wanderung also erst recht nicht geschehen.

Unrichtig ist (p. 196), dass Ettinghausen's und Müller's Resultate sich widersprächen, die Pflanzen des Letzteren sind entschieden jünger, aus dem Pliocän stammend, in welcher Zeit schon immer mehr Aehnlichkeit mit der jetzigen Flora nachweisbar, wie Reid für das englische Forestbed zeigte, wodurch auch das höhere Alter der jetzigen nordeuropäischen Vegetation klar wird.

Wichtig sind die Auffindung einer fossilen *Araucaria* auf Kerguelen und der *Sequoia tornalis* in Südamerika.

Nach Verf. herrschten:

1. Paläozoische Zeit: Zwei Jahreszeiten, dürre und feuchte, auf der ganzen Erde ausserhalb der Sümpfe geringe Vegetation.

2. Kreidemiocän: Auf einem grossen Theil der nördlichen Halbkugel stets feuchte, starke Sommerregen, wie in den tropischen Floren, keine Winterkälte, eher Winterdürre, wie in den Subtropen. Eocen (in Westeuropa) als das feuchtere, kühlere Miocen.

3. Eiszeit: Ueberhandnehmen einjähriger Pflanzen und jener mit Accomodation an Winterkälte, beschränkt auf einen Teil der borealen und antarktischen Gegenden (ob gleichzeitig?), zugleich Entstehung aller Hochgebirge der Erde. Diese fehlt in Ostasien (selbst am Amur), Mexico, Florida, Spanien u. s. w., daher dort schon die jetzige Flora.

Entscheidend sind die Entdeckungen Conwentz's, dass Fichtenwälder Bernstein lieferten. Damit fallen alle Hypothesen von nordischer Herkunft der jetzigen Vegetation, die nicht aus Skandinavien, dem Altai oder Nordamerika stammt, sondern sich schon im Pliocen entwickelte und durch die Eiszeit die meisten Reste der subtropischen Pflanzen des Miocen verlor bis auf wenige Reste (*Myrica gale*, *Lobelia Dortmanna*, *Loranthus Europaeus*, *Dioscorea Pyrenaica* u. a.).

2. **Krašan, F.** Kalk und Dolomit in ihrem Einfluss auf die Vegetation. (Oest. B. Z., XXXIX, 1889, p. 366–371, 399—402.)

Der Dolomit zerklüftet und verwittert weit leichter als der Kalkfels, liefert oft bräunlichen eisenhaltigen Sand. Wegen seiner geringen Cohärenz und Tenacität, der zahlreichen Poren und Drusen schreitet die Wärme sehr langsam fort, der Dolomit wirkt daher isolirend. Durch ihn gelangt weniger Sonnenwärme zu den Baumwurzeln als durch den homogenen Kalkfels, aber auch der Antheil der Erdwärme fällt spärlicher aus. Daher ist hier in geringerer Tiefe niedere Wärme als in entsprechenden Regionen der Kalkalpen. Die mit Sand und Schutt von Dolomit ausgefüllten Thalmulden z. B. am Raibler See und an der oberen Save sind daher durch charakteristische Vegetation ausgezeichnet, durch lange verzweigte Stengel und Wurzeln, z. B. *Dianthus Sternbergii*, so dass die ganzen Pflanzen in den Boden eingeschlossen sind. Ganz im Gegentheil sind auf felsigem Dolomitboden z. B. am Grazer Schlossberg die Wurzeln kurz, breiten sich aber hart am Boden aus, z. B. Birke, Föhre, Fichte. Es muss also zwischen beiden Bodenarten unterschieden werden. Auffallend ist ferner der Gegensatz zum Kalk, wie man besonders im Raibl-Thal oder Raceolana- und Seisera-Thal oder am Tagliamento beobachten kann. Bevor man noch Raibl erreicht, trifft man schon *Pinus Mughus*, *Rhododendron hirsutum* und *Dryas octopetala*, über 900 m erscheint die mächtige Schutthalde, die sich bis zur Predilstrasse erstreckte, wo zwischen jenen *Sorbus Chamaemespilus*, *Saxifraga aizoides* und *caesia* wachsen; um den Raibler See finden sich *Silene acaulis*, *Saxifraga Burseriana*, *sedoides* und *crustata*, *Cerastium alpinum*, *Hutchinsia alpina*, *Arabis pumila*, *Papaver Burseri* und *Leontopodium alpinum*. Dagegen findet man an der Vitriolwand auf compactem Kalk bei 1100 m *Ostrya carpinifolia* (direct darunter bei 900 m *Salix Jacquinii*, *Armeria alpina* und Krummholz). Ebenso wächst im oberen Save-Thal *Ostrya* über einer Krummholzregion mit *Rhododendron*, *Erica carnea*, *Dryas* und *Globularia cordifolia*. Diesen „Heideboden" charakterisiren ausser den letzten beiden meist *Campanula caespitosa*, *Dianthus inodorus*, *Euphorbia amygdaloides*, *Helleborus niger*, *Polygala Chamaebuxus*, *Dorycnium decumbens*, *Anthyllis affinis*, *Asperula longiflora*, *Gentiana austriaca*, *Euphrasia Carniolica*; seltener sind *Senecio abrotanifolius*, *Rhodothamnus Chamaecistus*, *Polygala Forojulensis* und *Dianthus Sternbergii*. Auf den Südabhängen behält die Heide über Dolomitsand meist den Charakter, nur tritt an steilen Felsen darüber *Fraxinus Ornus* auf (*F. excelsior* wächst in den Niederungen der Thalsohle).

Es zeigen sich deutlich die Gegensätze zwischen compactem Kalkfels und losem Trümmergestein. Es zeigen sich da verschiedene Kategorien von Pflanzen: 1. Dolomitschutt schliesst sie aus z. B. *Ostrya*, 2. sie verkümmern darauf z. B. *Fagus silvatica*, 3. sie gedeihen auf beiden Bodenarten z. B. *Erica carnea*, *Globularia cordifolia*, 4. sie erscheinen auf beiden Bodenarten, aber in verschiedener Gestalt z. B. *Dianthus Monspessulanus*, *D. Sternbergii*, *Polygala vulgaris*, *P. Forojulensis*, *Hieracium villosum*, *Asperula longiflora*, *A. Cynanchica*, *Scabiosa Gramuntia*, *Silene inflata*. Um Untersuchungen hierüber zu machen, stellte Verf. Culturversuche an.

D. Sternbergii gedieh danach auf compactem Fels schlecht, besser gelang es, wenn Humus darauf gebracht wurde. Dagegen wächst *D. plumarius* da gut. Ersterer verlangt einen Boden, der nach der Tiefe kälter wird, letzterer liebt warmen Boden, ähnlich *D. monspessulanus*. Aehnliche Arten zeigen also Anpassung an ganz verschiedenen Boden Verf. fordert zu weiteren Untersuchungen mit den anderen genannten Arten auf.

3. **George, F. J.** Autumnal Flowering of Mercurialis perennis. (J. of B., XXVII, 1889, p. 22—23.)

4. **Fryer, A.** Autumnal Flowering of Mercurialis perennis. (J. of B., XXVII, 1889, p. 251.)

5. **Entleutner, A. F.** Die periodischen Lebenserscheinungen in den Anlagen von Meran. (Oest. B. Z., XXXIX, 1889, p. 18—22.)

Die dortige Pflanzenwelt im November 1888.

Vgl. auch R. 67, 77.

6. **Magnus, P.** Notiz über bemerkenswerthe Vegetationserscheinungen im Sommer 1889. (Oest. B. Z., XXXIX, 1889, p. 364—366.)

Die anhaltend heisse und trockene Witterung im Mai und Juni 1889 und die häufigen Niederschläge bei niederer Temperatur im Juli erzeugten bei Berlin verschiedene abnorme Erscheinungen: An *Tilia grandifolia*, deren Wurzeln nicht tief in die Erde reichen, war wegen des tiefen Stands des Grundwassers das Laub vielfach vertrocknet, sie zeigte vielfach Ende Juli frischen Austrieb, der also weit später als sonst der zweite Austrieb, der sogenannte Johannistrieb, eingetreten ist. Zweimaliges Blühen zeigten *Robinia Pseudacacia* (vgl. hierzu des Ref. phänologische Beobachtungen aus dem gleichen Jahr), *R. viscosa*, *Cytisus Laburnum* und *Andromeda polifolia* (bei letzterer häufig zu beobachten).

Bei Bodenbach zeigte *Vaccinium Myrtillus* am 10. August zweiten Austrieb, doch ohne Blüthen, desgleichen einige Stöcke von *Populus alba* und *Fagus* (nicht aber *Betula* und *Pinus sylvestris*).

Die Wirkung eines auf heissen Sommer folgenden feuchten Herbstes zeigte wegen des trockenen und felsigen Bodens besonders Teplitz im südlichen basaltischen Mittelgebirge. Dort blühten von neuem *Galium Cruciata*, *Tithymalus Cyparissias*, *Viola canina*, *V.*

hirta, Cornus sanguinea, Sedum boloniense, Vaccinium Myrtillus, Ononis repens, O. spinosa, Fragaria vesca, Potentilla verna, Polygonum Bistorta (letztere drei blühen oft im Herbst) und zwar Ende August oder im September. *Erodium cicutarium* fand Verf. in kleinen diesjährigen Pflanzen in Blüthe.

7. Kew trees. (G. Chr., V, 1889, p. 264—265, fig. 47.)

Ein grosses Exemplar der aus China und Japan stammenden *Gingko adiantifolia* vom Garten in Kew wird besprochen und abgebildet unter Hinweis auf andere grosse Exemplare derselben Art.

8. **Sciadopitys verticillata.** (G. Chr., VI, 1889, p. 104.)

Von obiger Art existirt bei Nikko (Japan) ein Exemplar von 24 m Höhe, 4,15 m Stammumfang und einem Alter von ca. 250 Jahren.

9. **Kirk, T.** The Forest Flora of New Zealand (Wellington). (Ref. in G. Chr., VI, 1889, p. 695—696.)

In obigem Ref. werden u. a. einige Angaben über grosse Exemplare der Kaurifichte *(Agathis australis)*, des vorherrschendsten Waldbaums Neu-Seelands mitgetheilt.

10. **Eucalyptus amygdalina.** (G. Chr., VI, 1889, p. 14.)

Von obiger Art wurde im Yarragon-District (Australien) ein Exemplar von 410′ Höhe gemessen.

11. **Phytolacca dioica.** (G. Chr., 1889, V, p. 218.)

Die Art, welche schon als Baumpflanze in den Promenaden Nizzas auffällt, wird in Madeira geradezu riesig, wie die beigegebenen Abbildungen zeigen.

12. **Smith, W. G.** Gigantic Fig Tree at Ruscoff. (G. Chr., VI, 1889, p. 468.)

Besprechung und Abbildung eines alten Feigenbaumes von $2^1/_2$′ Durchmesser in $3^1/_2$′ Höhe, dessen Zweige 80′ beschatten, aus Roscoff (Nordwestfrankreich).

13. Chronik der Pflanzenwanderung. (Oest. B. Z., XXXIX, 1889, p. 116—119, 190—194, 452.)

Unter obiger Bezeichnung will die Redaction eine Zusammenstellung über die einzelnen Daten der Wanderung von Pflanzen liefern. In dem vorliegenden Bande wird so *Galinsoga parviflora* behandelt.

14. **Ettinghausen, C. v.** und **Krašan, F.** Beiträge zur Erforschung der atavistischen Formen an lebenden Pflanzen und ihrer Beziehungen zu den Arten ihrer Gattung III. Folge und Schluss. (Denkschr. d. Kais. Akad. d. Wiss. zu Wien, LVI. 4⁰. 22 p. und 8 Taf. im Naturselbstdr. Wien, 1889.) (Ref. in Bot. C., XLVI, p. 284—288.)

Vgl. auch R. 1.

15. **Douglas, R.** Succession of Forest Growth. (Nach „Garden and Forest“ in G. Chr., VI, 1889, p. 40–42.)

Ausgehend von der weit verbreiteten irrigen Ansicht, dass auf dem Boden, wo ein Wald zerstört ist, nicht ein solcher derselben Art wieder entstehe, zeigt Verf., dass dies lediglich von den Verbreitungsmitteln der Bäume abhänge. *Populus tremuloides* übertrifft in der Beziehung alle anderen Bäume.

Aber im Allgemeinen gedeihen gerade Bäume wieder da, wo sie seit Jahrhunderten wuchsen. Die Eiche steht zwar an Samenzahl und an Verbreitungsmitteln für die Früchte weit zurück gegen die meisten anderen Bäume, wo sie aber einmal festen Fuss gefasst hat, lässt sie schwerlich andere Bäume aufkommen. Nur, wo der Boden zu sandig ist, lässt sie daher andere Bäume aufkommen, z. B. die Kiefer.

16. **Trail, W. H.** Un conscious Influence of human agency on the Flora of Scotland. (G. Chr., VI, 1889, p. 103.)

In Scotish Naturalist, 1884, p. 243—258 veröffentlichte Verf. eine Liste der in Nordostschottland eingeführten Pflanzen. Von diesen (140 Arten) haben sich nur wenige wirklich eingebürgert, so *Trifolium hybridum* und *agrarium*, *Lupinus perennis, Sedum Telephium* und *reflexum, Linaria vulgaris, Mimulus luteus, Veronica Buxbaumii, Elodea canadensis* und *Lolium italicum*. Dafür aber sind verschiedene heimische Gewächse sehr zurückgedrängt. Auch die meisten an die Nähe der menschlichen Niederlassungen gebundenen Pflanzen werden ursprünglich eingeschleppt sein. Dafür sind aber die ursprünglichen Wälder sehr zurückgedrängt.

17. **The disappearance of British Plants.** (G. Chr., VI, 1889, p. 694.)

Vgl. auch R. 73.

18. **Boulger, G. S.** The Uses of Plants: a Manual of Economie Botany, with special reference to Vegetable Products introduced during the last Fifty Years. (London, Roper et Drowley. 8⁰. VIII u. 224, p. 61.) (Ref. in J. of B., XXVII, 1889, p. 377—379.)

19. **Maiden, J. H.** The Usefule Native Plants of Australia (including Tasmania). London, Trübner. 8⁰. XII u. 696 p., 12 s. 6 d.) (Ref. eb.)

Ersteres wird wenig anerkennend, letzteres sehr günstig besprochen. (Ueber letzteres vgl. auch Bot. C., XLVI, p. 296—298.)

20. **Kew Bulletin.** (G. Chr., V, 1889, p. 48.)

Die Januarnummer der obigen Zeitschrift behandelt *Erythroxylon Coca*, ferner *Hankornia ficifolia* (Faserpflanze aus Westafrika), *Pachyrrhizus tuberosus* und *Puya edulis* (letztere soll vielfach Indianer vom Hungertode gerettet haben) u. a. Nutzpflanzen.

21. **The Origin of Cultivated Plants.** (G. Chr., VI, 1889, p. 381.)

In Centralasien und Kleinasien wird die Frucht von *Morus alba* vielfach gegessen; vielleicht ist sie specifisch von *M. nigra* gar nicht verschieden, wie schwarze Früchte der ersteren auf Jeso vermuthen lassen. Als Stammform der *Anemone japonica* hält Verf. *A. j. elegans*. Auch *Spiraea palmata* scheint wie die beiden vorhergehenden in Japan heimisch, desgleichen *Pyrus japonica*, dessen Stammform wohl *P. Manlei* Mast. ist, *Camellia* ist desgleichen wohl nur aus dort wilden Formen durch Cultur hervorgegangen.

Vgl. auch R. 56.

22. **Solms-Laubach, H., Graf zu.** Die Heimath und der Ursprung des cultivirten Melonenbaumes, Carica Papaya L. (Bot. Z., XXXVII, 1889, Sp. 709—720, 725—734, 741—749, 757—767, 773—781, 789—798.)

Verf. gelangt auf Grund morphologischer Untersuchungen zu der Ansicht, dass *Carica Papaya* nirgends im wilden Zustand nachweisbar sein wird, dass sie aber ein Product alter Cultur Südamerikas sei und dort oder in Centralamerika ursprünglich durch Bastardirung, wozu ihre Verwandten auch in freier Natur grosse Neigung zeigen, entstanden sei. Später sind noch weitere Kreuzungen mit Formen der Antillen vorgekommen. Doch fordert Verf. zu weiteren Untersuchungen auf.

Vgl. auch R. 57.

23. **Boulger, G. S.** The Mulberry, and its introduction into England. (G. Chr., VI, 1889, p. 37—38.)

Morus alba scheint um 1550, *M. nigra* noch vor Ende desselben Jahrhunderts in England eingeführt zu sein. (Vgl. R. 21.)

24. **Rolfe, R. A.** Selenipedium Isabellanum Rodr. (G. Chr., V, 1889, p. 552.)

Selenipedium Isabellanum von Para in Brasilien ist ähnlich verwendbar wie die Vanille, das Gleiche gilt von *S. Chica* von Panama. (Erstere Art wird nach lebenden Pflanzen genauer besprochen, eine dritte Art der Gattung, *S. palmifolium*, ist von Guiana bekannt.)

25. **Thompson, A. B.** Vegetation after Forest Fires. (G. Chr., V, 1889, p. 692.)

In Sumatra wird durch Abbrennen von Wald aus einer *Ficus*-Art geeigneter Boden für Tabakbau gewonnen.

Vgl. auch R. 15, 47.

26. **Knapp, J. A.** Die Heimath der Syringa Persica L. (Oest. B. Z., XXXIX, 1889, p. 430—432.)

Obige Pflanze ist sicher als heimisch in Afghanistan, Kashmir und Ghilan nachgewiesen, wahrscheinlich auch nach Kleinasien und Kan-su, sowie vielleicht nach Indien hinein verbreitet.

27. **Hemsley, W. B.** The History of the Chrysanthemum. (G. Chr., VI, 1889, p. 521—523, 555—557, 585—586, 652—653.)

Die ältesten Nachrichten über *Chrysanthemum*-Culturen in Holland stammen aus dem

Jahre 1689. Die ersten Herbarexemplare nach England wurden 1703 aus Amoy gebracht. Cultivirt wurde ein *Chrysanthemum* als *Matricaria indica* zuerst 1761 in England, doch scheint die Cultur wieder verschwunden zu sein, bis 1789 neuerdings aus China Exemplare eingeführt wurden. Die ersten Arten waren *Ch. indicum* und *Ch. sinense*. Auf die weitere Geschichte dieser Zierpflauzen kann hier nicht eingegangen werden. Doch sei erwähnt, dass eine ausführliche Synonymik der wilden Stammformen von *Ch. indicum* und *Ch. morifolium*, sowie genaue Angaben über deren Verbreitung gegeben werden. Erstere ist von Hongkong bis Peking, sowie aus Japan wild bekannt, letztere von den Liukiu-Inseln und aus dem centralen China, *Ch. morifolium* var. *gracile* von den Bergen um Peking, der südlichen Mandschurei und Japan. Für die übrigen Einzelheiten muss auf das Original verwiesen werden.

28. **Newberry, P. E.** Egyptian Wreaths. (G. Chr., VI, 1889, p. 17–18.)

Verf. berichtet über Reste von altägyptischen Kränzen. In diesen sind nachweisbar *Gnaphalium luteo-album, Narcissus Tazetta, Rosa sancta, Origanum Majorana, Matthiola Librator* u. a., welche also schon im Alterthum (wenn auch theilweise erst unter griechischem Einfluss) Verwendung fanden.

29. **Reichel, R.** Die Pflanze in Sprache und Glauben des deutschen Volkes. (Jahresber. des Grazer Lehrervereins für das XXI. Vereinsjahr 1887—1888. 21 p. 8°.) [Ref. in Oest. B. Z., XXXIX, 1889, p. 37.)

30. **Dyer, T. F. T.** The Folk-lore of Plants. London, 1889. 328 p. 8°. (Ref. in J. of B., XXVII, 1889, p. 122—124.)

31. **Tuckwell, W.** Tongues in Trees. (G. Chr., VI, 1889, p. 321—322, 438—439, 557—558, 649—650, 717—718. Wird fortgesetzt.)

Ueber Volksnamen von Pflanzen und volksthümliche Erzählungen über Pflanzen.

32. **Christmas Trees and Flowers.** (G. Chr., VI, 1889, p. 724.)

Verschiedene als Weihnachtsbäume oder -Blumen bezeichnete Pflanzen werden besprochen.

Vgl. auch R. 28.

33. **Caruthers, W.** Report of the Department of Botany, British Museum, for 1888. (J. of B., XXVII, 1889, p. 275—277.)

Bericht über neue Zugänge zum Herbarium des „British Museum".

34. **Britton, J.** Dr. Seemann's Study-set. (J. of B., XXVII, 1889, p. 102—105.)

35. **Reichenbach, H. G. fil.** Peristeria Rossiana n. sp. (G. Chr., V, 1889, p. 8–9.)

Heimath unbekannt.

36. **Reichenbach, H. G. fil.** Schomburgkia Lepidissima n. sp. (Eb., p. 72—73.)

Heimath unbekannt.

37. **Reichenbach, H. G. fil,** Vanda Kimballiana n. sp. (Eb., p. 232—233.)

Heimath unbekannt.

38. **Brown, N. E.** Zygopetalum Gibeziae n. sp. (Lindenia t. 181.) (Cit. nach G. Chr., VI, 1889, p. 48.)

Heimath unbekannt.

39. **Rolfe, R. A.** Catasetum Darwinianum Rolfe n. sp. (G. Chr., V, 1889, p. 394.)

Diese neue Art von der Gegend von Roraima (britisch Guiana) wurde als *C. fuliginosum* Lindl. in G. Chr., ser. 3, vol. IV, 1888, p. 473 fälschlich vom Verf. beschrieben.

40. **Rolfe, R. A.** Zygopetalum (Huntleya) lucidum Rolfe n. sp. (G. Chr., V, 1889, p. 799.)

Britisch Guiana. (Vgl. auch R. 24.)

41. **Brown, N. E.** Anthurium cymbiforme N. E. Br. n. sp. (Eb., VI, p. 67.)

Aus Columbia oder dessen Nachbarländern.

42. **Rolfe, R. A.** Odontoglossum Hunnewellianum n. sp. (Eb.)

Neu-Granada (Bogota).

43. **Rolfe, R. A.** Acineta chrysantha Lindl. (G. Chr., VI, 1889, p. 94.)

Acineta chrysantha = *Nieppergia chrysantha* E. Morr. scheint aus Neu-Granada und nicht, wie man früher annahm, aus Mexico zu stammen.

Vgl. auch R. 22, 24.

44. **Solms, H. Graf zu** (22) beschreibt:
Carica Bourgeaei n. sp.: Mexico (Cordova) und
C. Cubensis n. sp. = *C. Papaya* Griseb. Ptae Cub. Wrightianae n. 2596: Cuba.

45. **Tigridia baccifera.** (G. Chr., VI, 1889, p. 350—351.)

Die Beschreibung obiger neuen Art aus Mexico wird nach „Garden and Forest I, 1889, p. 415, fig. 61" mitgetheilt.

46. **Fawcett, W.** Flora of the Cayman Islands (West Indies). (G. Chr., V, 1889, p. 531.)

Die Flora dieser Inselgruppe besteht zu 20% aus Arten, die in allen Tropenländern zu finden sind, also auf jeder Tropeninsel erwartet werden können, z. B. *Terminalia Catappa* und *Acrostichum aureum*, die z. B. auch auf Krakatao schon wieder zu finden sind. 35% sind überall im tropischen Amerika und Westindien zu finden, von denen mehr als die Hälfte weit über diese Gebiete hinausreichen, während andere beschränkter sind, z. B. *Cassia ligustrina* auf Westindien und Guiana beschränkt, *Stachytarpheta jamaicensis* dagegen auch in Florida vorhanden ist. 16% sind auf Westindien und Centralamerika, 14% auf Westindien beschränkt, wenn man zu letzteren 3 auch nach Florida reichende Arten zählt, 11% finden sich nur in Jamaica, Cuba und Haïti (mit Einschluss von 4 auch auf den Bahamas und 2 auf Florida); 2 Orchideen endlich sind endemisch, nämlich *Schomburgkia Thompsoniana* und *Dendrophyla Fawcettii* (letztere nahe verwandt *D. funalis* von Jamaica).

47. **Californium Forestry.** (G. Chr., V, 1889, p. 682.)

Pseudotsuga Douglasii und *Pinus ponderosa* sind durch die ganzen Küstengebirge von Oregon durch Kalifornien bis Mexico verbreitet, während andere sehr beschränkt sind, so entspricht *Abies grandis* der Küstenkette *A. concolor* der Sierra Nevada, ebenso ist *Pinus contorta* im Binnenland durch *P. Murrayana* vertreten, *Sequoia sempervirens* der Küste correspondirend ist *S. gigantea* der Sierras. In den Cascaden finden sich *Abies amabilis* und *grandis*, in der Sierra *A. magnifica* und *concolor*. Während beim Vergleich der verwandten Arten eine Abnahme in der Grösse auffällt, wenn man nach S reist, wird die Frucht oft vergrössert, so z. B. bei *Abies magnifica* und *concolor*. Ganz local sind *Cupressus macrocarpa* und *Pinus insignis*, die auf wenige Meilen längs der Monterey-Küste beschränkt sind; *Abies bracteata* findet sich nur in 3 Cañons der Santa Lucia-Berge von Südkalifornien und *Pinus Torreyana* nur bei San Diego; auch *Sequoia gigantea* ist auf wenig zerstreute Orte der Sierra Nevada beschränkt.

Vgl. auch R. 53.

48. **Sargent, C. S.** Pinus latifolia Sargent. (G. Chr., VI, 1889, p. 586—587.)

Mittheilung der Beschreibung einer neuen Art von Südarizona (Südabhang der Santa Rita-Berge) nach „Garden and Forest, October 16, 1889".

49. **Freyn, J.** Plantae Karoanae. Aufzählung der von Ferdinand Karo im Jahre 1888 im baikalischen Sibirien, sowie in Daburien gesammelten Pflanzen. (Oest. B. Z., XXXIX, 1889, p. 354—361, 385—390, 437—440.)

Neu oder wenigstens neu revidirt scheinen folgende Formen zu sein: *Atragene alpina* var. *ochroleuca* Freyn = *A. alpina* var. *β.* Turcz. = *A. Sibirica* Spr., *Thalictrum foetidum* var. *β.* Led. = *Th. acutifolium* DC. = *Th. foetidum α. genuinum* Lus. *τ. glaucum* Regel; *Pulsatilla albana* Spr. var. ς. Turcz. = *Anemone ambigua* Turcz. = *P. albana β floribus coeruleis* Led.; *Anemone dichotoma* L. amoen. Turcz. = *A. pennsylvanica* L. Led. (vielfach irrthümlich für *Ranunculus aconitifolius* gehalten, deren angebliches Vorkommen in Ostsibirien wohl so zu erklären). *Adonis sibirica* Patr. = *A. apennina β. sibirica* Led. = *A. apennina* var. *β.* Turcz.; *Ranunculus radicans* C. A. Mey. var. *β.* Turcz. = *R. Purshii β. terrestris α. subglaber* Led.; *R. dahuricus* Turcz. exsicc. = *R. pedatifidus* Turcz.; *Caltha ranunculoides* Schur. = *C. membranacea* Beck = *C. palustris* var. *membranacea* Turcz. = *C. palustris* Led.; *Papaver nudicaule* DC. *α. commune* Turcz. = *P. alpinum α. nudicaule* Led.; *Cardamine Hayneana* Welw. = *C. pratensis* Led., Turcz.; *Dentaria tenuifolia* Led. = *Cardamine tenuifolia* Turcz.; *Draba repens* M.B., Turcz. = *β. sibirica* Led. = *D. Gmelini* Adams.; *D. nemorosa* L. *α. leiocarpa* Led. = *D. lutea* Gilib.; *Thlaspi baicalense* DC. = *T. arvense β. baicalense* C. A. Mey. = *T. ar-*

vense Turcz.; *Viola pinnata* L. β. *pilosa* = *V. pinnata* var. β. Turcz. = *V. dissecta* Turcz.; *V. Patrinii* DC., Led. = *V. Gmeliniana* Freyn in Karo exsicc.; *V. Gmeliniana* R. et Sch., Turcz. α. *hispida* Led. = *V. Patrinii* Freyn in Karo exsicc; *V. silvestris* Fr. var. *glaberrima* Freyn = *V. silvestris* Lam., Led.; *Polygala comosa* Schk., Led., Turcz. (in Früchten von der europäischen Art etwas verschieden), *Dianthus versicolor* Fisch., Turcz. = *D. Seguerii* var. γ. b. Led.; *Gypsophila davurica* Turcz. α. *latifolia* Fenzl. = *D. Gmelini* Bge. δ. *dahurica* Turcz.; *Silene repens* Patria, Led., Rohrb. = *S. repens* β. *latifolia* Turcz.; *S. tenuis* Willd. β. *Jenisseia lus.* β. Rohrb. = *S. graminifolia* Otth. α. *grandiflora* Led. b. *unguibus glabris* Led. = *S. Jenisseia* Steph. herb. ap. Turcz. ε *latifolia* Turcz.; *Wahlbergella tristis* Freyn. = *Lychnis tristis* Bge., Turcz. = *Melandrium triste* Fenzl.; *Eremogene juncea* Fenzl. = *Arenaria juncea* M.B., Turcz.; *Stellaria Bungeana* Fenzl. = *S. nemorum* Turcz. non L.; *S. dichotoma* L. α. *cordifolia* Bge. = *S. dichotoma* var. α. Turcz.; *S. glauca* Witt., Turcz. α. *communis* Fenzl. f. *parviflora* Freyn = *S. glauca* var. *parviflora* Petrovsky; *Cerastium arvense* L. β. *angustifolium* Fenzl. lus. 2 = *C. incanum* Ledeb.; *Linum sibiricum* DC. = *L. perenne* L., Led. (Nach Alefeldt ist dies das ächte *L. perenne* L., also nach ihm *L. perenne* L. = *L. anglicum* Mill. + *L. sibiricum* DC.); *Geranium pseudosibiricum* J. Mey., Led. = *G. bifolium* Patrin, Turcz.; *Medicago ruthenica* Led. = *Trigonella ruthenica* Turcz.; *Trifolium Lupinaster* L., Turcz. = β. *purpurascens* Led.; *Oxytropis oxyphylla* DC., Turcz., Led. = *O. myricophylla* Freyn in Karo exsicc.; *O. caespitosa* Pers., Turcz., Led. = *O. leucantha* Freyn in Karo exsicc. non DC.; *Phaca membranacea* Fisch. ap. Bge. = *P. alpina* β. *dahurica* Fisch. ap. Turcz. = *P. Richteriana* Freyn in Karo exsicc. = *Astragalus membranaceus* Bge.; *Astragalus danicus* Retz. = *A. Hypoglottis* Led., Turcz.; *A. adsurgens* Pall., Turcz. = *A. adsurgens floribus ochroleucis* Led.; *A. Karoi* Freyn n. sp. (§ *Onobrychoides* DC.); *Vicia Cracca* subsp. *heteropus* Freyn = *V. tenuifolia* Turcz. non Roth; *Lathyrus altaicus* Laxm. β. *humilis* Led. = *L. humilis* Fisch., Turcz., Trautv.; *Geum Aleppicum* Jacq. var. *glabratum* Borbas = *G. strictum* Ait., Led., Turcz.

50. **Foster, M.** Iris caucasica and J. orchioides. (G. Chr., V, 1889, p. 588—590.)

Iris caucasica, die ausser vom Kaukasus noch von Turkestan und den benachbarten Gebieten in verschiedenen Formen bekannt ist, scheint zu *I. orchioides* Uebergänge zu bilden.

51. **Freyn, J.** (49) nennt aus dem baikalischen Sibirien und Daurien (aus der Gegend von Irkutzk) ausser neuen Arten: *Clematis angustifolia*, *Thalictrum baicalense*, *maius*, *trigynum*, *Pulsatilla patens* β. *ochroleuca* DC., *Anemone narcissiflora*, *silvestris*, *Ranunculus sceleratus*, *Cymbalariae*, *polyanthemos*, *acris*, *auricomus*, *Caltha nutans*, *Trollius asiaticus*, *Isopyrum fumarioides*, *Aquilegia sibirica* Lam. β. *discolor* Turcz, *Delphinium grandiflorum*, *Menispermum dahuricum*, *Corydalis sibirica*, *Arabis pendula*, *Cardamine macrophylla*, *Hesperis aprica*, *Lepidium micranthum*, *ruderale*, *Viola dactyloides*, *arenaria*, *uniflora*, *Polygala sibirica* α. *latifolia*, *Silene nutans*, *aprica*, *Lychnis sibirica*, *Alsine verna*, *Moehringia lateriflora*, *Stellaria graminea*, *Cerastium pilosum* (aus denselben Theilen Sibiriens sind schon bekannt *C. dahuricum*, *lithospermifolium* und *maximum*), *Geranium eriostemon*, *Erodium Stephanicum*, *Caragana arborescens*, *Astragalus melilotoides*, *davuricus*, *fruticosus*, *Gueldenstaedtia pauciflora*, *Vicia sepium*, *Orobus lathyroides*, *Prunus Padus* und *Sanguisorba tenuifolia*. Ueber die zahlreichen neuen Formen vgl. R. 49.

52. **The Chinese Flora.** (G. Chr., VI, 1889, p. 442—443.)

In China ist die Heimath verschiedener wichtiger Gartenpflanzen, z. B. der chinesischen Primel und der *Skimmia japonica*, die eigentlich als *S. Fortunei* bezeichnet werden müsste. Im Ganzen ist die Flora Chinas wenig bekannt. Zwischen den Gebieten, welche Maximowicz, Index Florae Pekinensis" und „Bentham, Flora Hongkongensis" umfassen, ist fast alles unbekannt, welche Lücke erst jetzt ausgefüllt wird.

Ein Brief von A. Henry berichtet über neue Entdeckungen, doch sind die Bestimmungen der gesammelten Pflanzen noch nicht ausreichend vollständig.

Vgl. auch R. 7, 8, 27.

53. **Hemsley, W. B.** The Chinese Tulip Tree. (G. Chr., VI, 1889, p. 718.)

Vor 30 Jahren zeigte A. Gray, dass die Verwandtschaft der Floren Japans und des östlichen Nordamerikas eine grössere sei als die zwischen dem westlichen Nordamerika und Japan, sowie zwischen Japan und Europa. Dies ist seitdem durch weitere Funde auch für China bestätigt; unter denen nimmt wohl die erste Stelle *Liriodendron* ein, von dem bei Kinkiang in der Provinz Kiang-si eine Form entdeckt wurde, die man zwar für etwas verschieden von der nordamerikanischen Art hielt. Neuerdings ist nun in Hupeh dieselbe nördlich und südlich vom Yangtze gefunden, welche Funde zeigten, dass sie nicht von der nordamerikanischen verschieden ist. Bei 6000′ Meereshöhe fand sich die Art noch bei Paokang als 6′ hoher Strauch. (In Nordamerika ist die Art nach neuesten Daten von Südwestvermont durch das westliche Neu-England, südwärts bis Nordflorida [30° nördl. Br.], westwärts durch New-York, Ontario und Michigan bis zum Michigan-See, südlich von 43° 30′ nördl. Br., dann südwärts bis 31° nördl. Br. in den Golfstaaten zum O des Mississippi durch Südillinois und Südostmissouri bis Crowloy's Riedge, Nordostarkansas, verbreitet.)

54. **Primulina Tabacum n. sp.** (G. Chr., VI, 1889, p. 356.)

Obige von Hance im „J. of B., XXI, p. 169—170" beschriebene Gesneriacee aus China (Tai-li) wird besprochen und abgebildet.

55. **Rolfe, R. A.** Cypripedium Margaritaceum Franch. in „L'Orchidophile" VIII, p. 368 with a coloured plate and a woodcut. (G. Chr., V, 1889, p. 43.)

Cypripedium margaritaceum n. sp. von Yunnan bildet eine neue Subsection *Trigonopodia* (der *Diphyllae*) zusammen mit *C. debile* (Japan), *C. elegans* (Tibet), *C. japonicum* (Japan, China), *C. guttatum* (weit verbreitet in Nordasien), *C. acaule* (Nordostamerika) und *C. fasciculatum* (Kalifornien).

56. **Cultivation of usefol Plants in Hainan.** (G. Chr., V, 1889, p. 23.)

Als Culturpflanzen aus Hainan werden besprochen: Zuckerrohr, *Ipomaea Batatus* und Wassermelonen.

57. **Hance.** Podophyllam pleianthum Hance n. sp. (G. Chr., VI, 1889, p. 298.)

Obige Art von Formosa ist sehr nahe verwandt *Podophyllum Emodi* Nordamerikas, bildet also ein ähnliches Bindeglied der Floren Ostasiens und Nordamerikas, wie *Diphylleia* und *Caulophyllum* in Japan und Sachalin und *Jeffersonia* in der Mandschurei. (Ob die Art wie *P. peltatum* Nordamerikas essbare Früchte hat, ist fraglich.)

58. **Rolfe, R. A.** Eria marginata R. n. sp. (G. Chr., V, 1889, p. 200.)

Neue Art aus Barma.

59. **Rolfe, R. A.** Bulbophyllum suavissimum R. n. sp. (G. Chr., V, 1889, p. 297.)

Von Ober-Barma.

60. **Roebelin, C.** The Habitat of the Cypripediums. (G. Chr., V, 1889, p. 531.)

Cypripedium callosum, *C. Godefraya* und *C. concolor Regnierii* wachsen alle am Golf von Siam in geringen Erhebungen, nie über 100 m, wie früher angegeben ist, die erstere besonders auf Sand, die beiden anderen auf Kalk. Meist sind sie nur auf der Westseite der kleinen Inseln zu finden. Während des Sommers erhalten sie keinen Regen, sondern entnehmen die nöthige Feuchtigkeit aus dem Thau.

61. **Rolfe, R. A.** Bulbophyllum fallax R. n. sp. (G. Chr., VI, 1889, p. 558.)

Assam.

62. **Trimen, H.** Additions to the Flora of Ceylon 1885—1888. (J. of B., XXVII, 1889, p. 161—172.)

Verf. nennt als neu für Ceylon: *Cleome Chelidonii*, (*Vatica obscura* wird vollständiger beschrieben), *Limonia crenulata* Roxb. = *L. acidissima* Auct. plur. non L., *Suriana maritima*, *Crotalaria tecta*, *Sonneratia apetala*, *Gardenia turgida*, *Glossogyne pinnatifida*, *Holostemma Rheedii*, *Ceropegia Decaisneana*, *Cordia subcordata*, *Achyranthes aquatica*, *Viscum ramosissimum*, *Halophila Beccarii*, *Liparis Trimenii*, *Crinum latifolium*, *Typhonium cuspidatum*, *Naias maior* All. = *N. muricata* Del., *Isachne minutula* Knuth, (*Panicum* Gaud.), *Oplismenus Burmanni* Beauv. (*Panicum* Retz.), *Oryza granulata*, *Arundinella stricta*, *Eragrostis (Myriostachya) Wightiana* Benth. (*Leptochloa* Nees in Steud.).

63. **Trimen, H.** (62) beschreibt als neue Arten oder Varietäten von Ceylon: *Balanocarpus zeylanicus*, *Eugenia pedunculata*, *Ceropegia parviflora*, *Thunbergia fragrans* Roxb. var. *parviflora*, *Andrographis paniculata* Nees. var. *glandulosa*, *Coleus elongatus*, *Loranthus malvaeoides*, *Urginea congesta* Wight. var. *rupicola*, *Oryza sativa* var. *collina* (eine von der in Sümpfen gewöhnlich gefundenen grossen Form des wilden Reises weit verschiedene, die im trockenen O der Insel sich auf sandigem Boden im Schatten von Bäumen, meist nicht weit von einem Strom entfernt findet), *Garnotia Fergusonii*, *G. panicoides* und *Sporobolus Wallichii* Muro M. S. in Herb. Kew (Wallich No. 3769a).

64. **Rolfe, R. A.** Liparis fulgens R. n. sp. (G. Chr., VI, 1889, p. 620.)

Philippinen.

65. **Brown, N. E.** Phaius philippinensis N. E. Br. (n. sp.). (G. Chr., VI, 1889, p. 239.)

Philippinen.

66. **O'Brien, J.** Phoenix Roebelenii. (G. Chr., VI, 1889, p. 475.)

Vermuthlich neue Art von Manila, doch unvollständig bekannt.

Vgl. R. 67.

67. **Röbelen, C.** Phoenix Roebeleni. (G. Chr., VI, 1889, p. 758.)

Obige Art (vgl. R. 66) stammt aus den Laos Staaten Siams, wo sie häufig an Felsenufern des Mekong bis 22° nördl. Br. nach Norden zu finden ist, also ein Sinken der Temperatur bis 5° C, erträgt. Im botanischen Garten zu Singapore ist eine jedenfalls ähnliche Palme, welche den Namen *Ph. farinosa* trägt, ohne dass deren Heimath angegeben wäre, doch bezweifelt Verf. ihre Identität mit obiger Art, an der er vergebens nach Blüthen und Früchten suchte.

68. **Nepenthes Burkeii.** (Eb., VI, 1889, p. 492.)

Unter obigem Namen wurde von Messrs. Veitch in der letzten Sitzung der „Royal Horticultural Society" eine vermuthlich neue Art von Borneo gezeigt, die hier unter gleichem Namen von M. T. M. (Masters ? Ref.) beschrieben wird.

Vgl. auch R. 25.

69. **Müller, F. v.** The Mountains of New Guinea. (G. Chr., VI, 1889, p. 330.)

Die Owen Stanley Kette trägt von 11 000 – 13 000′ eine fast alpine Vegetation, die sich aus nordischen und südländischen Typen zusammensetzt. Auf dem Kamm finden sich Arten von *Ranunculus*, *Hypericum*, *Arenaria*, *Potentilla*, *Rubus*, *Epilobium*, *Aster*, *Erigeron*, *Helichrysum*, *Senecio*, *Gentiana*, *Veronica*, *Euphrasia*, *Scirpus*, *Schoenus*, *Carex*, *Agrostis*, *Aira*, *Poa* und *Festuca*, darunter sogar einige Arten Europas. Gleichzeitig finden sich als Vertreter des S Arten von *Drimys*, *Drapetes*, *Donatia*, *Styphelia*, *Phyllocladus*, *Libertia*, *Carpha*, darunter viele bis Neu-Seeland reichen. Vorherrschend scheinen *Ericeae*. Verschiedene Arten sind mit dem Kinu-Balu Borneos gemeinsam, z. B. *Drapetes ericoides* und *Drimys piperita*. Beobachtet wurden ferner *Araucaria Cunninghami* und Arten von *Podocarpus* und *Phyllocladus*. Viele australische Typen finden sich in der Flora.

70. **Rolfe, R. A.** Dendrobium chrysolabrum Rolfe n. sp. (G. Chr., V, 1889, p. 770.)

Neu-Guinea.

71. **Rolfe, R. A.** Dendrobium lineale Rolfe n. sp. (G. Chr., VI, 1889, p. 381.)

Neu-Guinea.

72. **Rolfe, R. A.** Dendrobium Fairfaxii Rolfe n. sp. (G. Chr., V, 1889, p. 798 – 799.)

Die neue Art stammt von den Neuen Hebriden. Unter gleichem Namen ist von F. v. Müller in Sydney Mail for September 21, 1872, p. 360 eine Art beschrieben, die aber nur eine Form von *D. teretifolium* ist.

73. **Norfolk-Island.** (G. Chr., V, 1889, p. 81 – 82.)

Die Norfolk-Insel war einst mit Wald aus *Araucaria excelsa* u. a. bedeckt, jetzt aber nur parkartig bewachsen. Zwei *Solanum*-Arten und *Cassia laevigata* unterdrücken fast alle Culturpflanzen. Ausser obiger Conifere sind besonders *Areca Baueri* und *Alsophila excelsa* für diese Insel charakteristisch.

74. **Read, R. B.** True Wedding Lily. (G. Chr., V, 1889, p. 371.)

Wedding Lily oder Wedding flower wird auf der Lord Howe Insel die jetzt seltener werdende *Morea Robinsoniana* und nicht, wie Bull in seinem Catalog (1885) angiebt, *Crinum pedunculatum pacificum* genannt.

75. **F. v. M.** (Müller ? Ref.) The Victorian Waratah (Telopea Oreades). (G. Chr., V, 1889, p., 371.)

Telopea Oreades, welche fast auf Ostgippsland beschränkt ist, nur noch im äussersten Süden von Neu-Südwales an der Quelle des Shoalhaven gefunden ist, wird zur Cultur in den milden Gebieten Englands empfohlen. (Verschiedene grosse Exemplare davon werden erwähnt.)

Vgl. auch R. 10, 18.

76. **Kirk, Th.** A new Chenopodium from New Zealand. (J. of B., XXVII, 1889, p. 139—140.)

Chenopodium Buchanani n. sp.

Vgl. auch R. 9.

77. **Adlam, R. W.** Natal to the Transvaal. (G. Chr., V, 1889, p. 183—184.)

Verf. beschreibt eine Excursion von Maritzburg bis Pretoria. Mitte September fand er schon blühend *Thunbergia natalensis, Richardia aethiopica* und *Cyrtanthus angustifolia* an feuchten buschigen Orten, sowie *Pentanisia variabilis* an trockenen Hügelseiten, die theilweise oft erst sechs Wochen später blühen. An Hügelseiten fand er auch *Cineraria cruenta, Gladiolus longicollis, Tritona natalensis* und *Gazania serrulata.* Zu Highlands, 5000′ hoch, an der höchsten Bahnstation Natals fand Verf. *Sparaxis pendula* in 3 Formen, ferner *Anemone Fannini, Nerine pudica, Gerbera Kraussii, Calliopsis laureola* u. a. Am Tagela bei 3400′ Höhe wuchs *Buddleia salviaefolia;* bei Lady Smith, dem Endpunkt der Bahn, wachsen nur *Acacia horrida,* Aloen, Cassonien und wenige andere. Kurz bevor der „Berg" (in der Nähe des Drakensbergs) erreicht wurde, fand Verf. *Cyrtanthus angustifolius,* am Fusse des „Berg" *Greyia Sutherlandi, Dais cotinifolia, Dictes Huttoni, Scilla natalensis* u. a., nahe an seinem Gipfel *Protea grandiflora, Galtonia candicans* u. a. Im Transvaal fiel Verf. vor allem der Mangel an Bäumen auf. An die Flora Natals erinnerte in Sümpfen *Cyrtanthus breviflorus,* an niederen Orten *Gladiolus papilio, G. tristis, Ixia radiata;* zuletzt bewahrten noch den Charakter der Flora Natals *Watsonia densiflora, Helichrysum foetidum* und *H. umbraculigerum.* Aus Grasebenen erheben sich bald nur wenige Hügel. In diesem Gebiet nennt Verf. als charakteristisch *Moraea polyanthos, Hypoxis elata* und *Cyclonema hirsutum.*

Nur bis zum Vaal beobachtete Verf. *Gazania serrulata,* jenseits desselben dagegen *Vieusseuxia fugax.*

Auf dem ganzen Wege von Maritzburg bis Pretoria fanden sich *Scabiosa columbaria* und *Ajuga ophrydis.* Bei Heidelberg hebt Verf. hervor: *Pinus insignis* und *Pinaster, Eucalyptus globulus, Acacia dealbata* und *Casuarina tenuissima,* welche alle gut gedeihen. Bei Pretoria beobachtete Verf. u. a. *Trichodesma physaloides, Cyanotis nodiflora* und *C. elephantorhiza.*

78. **Brown, N. E.** Habenaria Macowaniana N. E. Br. n. sp. (G. Chr., V, 1889, p. 168.)

Grahamstown (Südafrika?).

79. **Baker, J. G.** Gladiolus Adlami n. sp. (Eb., p. 233.)

Transvaal.

80. **Baker, J. G.** Albuca (Eualbuca) trichophylla Baker n. sp. (G. Chr., VI, 1889, p. 94—95.)

Aus Natal. (Nächst verwandt *A. juncifolia.*)

81. **Baker, J. G.** Gladiolus Leichtlini Baker n. sp. (Eb., p. 154.)

Pietermaritzburg.

Vgl. auch R. 11 (Madeira).

82. **Lissochilus speciosus.** (G. Chr., VI, 1889, p. 380—381.)

Obige Art aus Südafrika wird für Culturen an lichten warmen Orten empfohlen.

83. **Baker, J. G.** Sanseviera subspicata Baker n. sp. (G. Chr., VI, 1889, p. 436.)

Neue Art von der Delagoa-Bai (verw. *S. thyrsiflora* Thunb. vom Cap).

84. **Baker, J. G.** Aloe (Eualoe) Monteiroi Baker n. sp. (Eb., p. 523.)

Von ebenda, verw. *A. obscura* Miller = *A. picta* Thunb.

85. **Brown, N. E.** Stapelia erectiflora N. E. Br. (new sp.). (Eb., p. 650.)

Von der Karu (Clanwilliam District).

86. **Baker, J. G.** Massonia (Eumassonia) amygdalina Baker n. sp. (G. Chr., VI, 1889, p. 715.)

Blocksberg (Capland).

87. **Williams, F. N.** The Pinks of the Transvaal. (J. of B., XXVII, 1889, p. 199—200.)

Neue Arten: *Dianthus mecistocalyx, moviensis* und *Nelsoni*. (Ausserdem bekannt: *D. Zeyheri, micropetalus* und *crenatus*.)

88. **Baker, J. G.** New Petaloid Monocotyledons from Cape Colony. (J. of B., XXVII, 1889, p. 1–4, 42—45.)

Dioscorea Burchellii, D. malifolia, D. Mundtii, D. undatiloba, D. Forbesii, D. Tysoni, Hypoxis Scullyi, H. Woodii, H. acuminata, H. colchicifolia, H. oligotricha, Vellosia villosa, V. humilis, Asparagus Saundersiae, A. myriocladus, Kniphofia Northiae, K. modesta, K. Tysoni, Gasteria radulosa, G. transvaalensis, Aloe leptophylla, A. Brownii, Aptera turgida, Hawforthia columnaris.

89. **Brown, N. E.** Stapelia Desmetiana n. sp. (G. Chr., VI, 1889, p. 684.)

Von den Ufern des kleinen Fisch-Flusses bei Somerset East, sowie bei Shilow, Oxkraal Mountains.

90. **Brown, N. E.** Eulophia bella N. E. Br. (n. sp.). (G. Chr., VI, 1889, p. 210.)

Zambesi.

91. **Brown, N. E.** Paulowilhelmia speciosa Hochst. (G. Chr., VI, 1889, p. 749–750.)

Obige, bisher nur aus Habesch bekannte Art, ist auch in Kamerun gefunden und identisch mit *Ruellia sclerochiton* Moore von Niam-niam, welcher Fundort also eine Brücke zwischen Osten und Westen bildet.

Vgl. auch R. 20.

92. **Conrath, P.** Ein Ausflug in die Alpen und Alpenregion des somchetischen Erzgebirges. (Oest. B. Z., XXXIX, 1889, p. 379—381.)

Kysyl-tasch hat seinen Namen von *Cornus mas* (Kysyl). An diesem Berge sammelte Verf. *Astrantia helleborifolia* und *Pyrethrum carneum*, sowie an lichteren Stellen des Waldes *Polygonum bistorta* u. a.

Im Uebrigen sei auf den Excursionsbericht selbst verwiesen.

93. **Baker, J. G.** Iris (Sect. Oncocyclus) atropurpurea n. sp. (G. Chr., V, 1889, p. 330.)

Syrien.

94. **Baker, J. G.** Galanthus Fosteri Baker n. sp. (Eb., p. 458.)

Kleinasien (Provinz Sirwas).

95. **Baker, J. G.** Muscari Maweanum Hort., Leichtlin n. sp. (Eb., p. 648.)

Armenien (bei Trebizond [? Ref.]).

96. **Baker, J. G.** Ornithogalum (Cathissa) apertiflorum Baker n. sp. (G, Chr., VI, 1889, p. 38.)

Die neue *O. narbonense* und *pyrenaicum* verwandte Art stammt aus dem Orient, doch ist ihre genauere Heimath nicht bekannt.

97. **Baker, J. G.** Fritillaria (Monocodon) hericaulis Baker n. sp. (Eb., 38.)

Von Chopobadar Dagh, Kleinasien.

Vgl. auch R. 21, 26.

XVII. Pflanzenkrankheiten.

Referent: **Paul Sorauer.**

Die durch Pilze und Thiere veranlassten Krankheiten werden von besonderen Referenten bearbeitet; nur Schriften von vorwiegend praktischem Interesse aus obigen Abschnitten sind hierher gezogen worden.

Die mit * bezeichneten Arbeiten waren dem Ref. nicht zugänglich.

I. Schriften verschiedenen Inhalts.

*1. **Boltshauser.** Kleiner Atlas der Krankheiten und Feinde des Kernobstbaumes und des Weinstocks. Lief. 5. Frauenfeld (Huber), 1890. 8°. 5 Taf.

2. **Briosi, G.** Rassegna crittogamica. (Bull. N. Agr., an. XI, 1889, p. 1261—1265.)

Verf. sendet einen Bericht ein über die dem Laboratorium für Kryptogamenkunde zu Pavia eingesandten Krankheitserscheinungen an cultivirten Pflanzen.

Es werden jedoch nicht allein die durch Pilze verursachten Schäden mitgetheilt, sondern auch solche, welche durch Thiere (Insecten, Phytoptiden etc.) hervorgerufen werden. — Namentlich schädigend traten *Sphaceloma ampelinum* De By. und die Larven von *Cochylis ambiguella* an Reben auf; ferner *Plasmodiophora brassicae* Wor. auf Wurzeln von *Brassica nigra; Gloeosporium Lindemuthianum* auf Hülsen, Stengeln und Blättern der Bohnenpflanzen. Solla.

3. **Briosi, G.** Rassegna crittogamica sul mese di luglio 1889. (Bull. N. Agr., an. XI, 1889, p. 1526—1529.)

Der Bericht über die Thätigkeit des Laboratoriums im Monat Juli zählt mehrere Schädlichkeiten auf, welche von Pilzen und von Insecten hervorgerufen wurden, erstreckt sich aber besonders auf die Verbreitung von *Peronospora viticola.* Solla.

*4. **Chavée-Leroy.** Traitement des maladies organiques de la vigne. (Journ. de micrographie, 1889, vol. 13, p. 535.)

5. **Cuboni, G.** Notizie sull' attività della R. Stazione di patologia vegetale di Roma nell'anno 1888. (Bull. N. Agr., XI, 1889, p. 255.)

Ueberblick über die Thätigkeit der Station im ersten Jahre ihres Bestehens. — Zur Untersuchung gelangten 967 pathologische Fälle. Solla.

6. **Hartig, R.** Lehrbuch der Baumkrankheiten. Zweite vermehrte und verbesserte Auflage mit 137 Textabbildungen und 1 Farbendrucktafel. Berlin (Julius Springer), 1889. 8°.

Diese zweite Auflage ist gegen die sieben Jahre früher erschienene erste Auflage dieses anerkannt guten Werkes wesentlich erweitert, theilweis geändert (Prädisposition). Die Benützung des Werkes ist dem Laien wesentlich erleichtert durch die Annahme der auch in anderen Lehrbüchern der Pflanzenkrankheiten befolgten Einrichtung, ein Verzeichniss der Krankheiten nach den Nährpflanzen aufzustellen.

*7. **Mareck, Gd.** Mittheilungen aus dem landwirthschaftlich-physiologischen Laboratorium und landwirthschaftlich-botanischen Garten der Universität Königsberg. Heft II. Königsberg (F. Beyer), 1889. 222 p. 8°.

8. **Massa, C.** Le principali malattie della vite ed i migliori metodi di cura. (L'Italia agricola; an. XXI. Milano, 1889. 4°. No. 1 ff.; zusammen ca. 19 p.)

In der vorliegenden populären Darstellung der hauptsächlichsten Rebenkrankheiten und ihrer Vorbeugungsmittel (vgl. Bot. J., XVI, p. 355, 2. Abth.) werden zunächst die von Thieren verursachten Schäden zu Ende geführt. Phytoptus, Conchylis ambiguella, Engerlinge werden besprochen; die künstlichen und natürlichen (Kälte!) Mittel zur Abwehr der Feinde erörtert.

In dem folgenden, die Kryptogamen behandelnden Theile wird sehr ausführlich *Peronospora viticola* auf den Blättern und in den Trauben geschildert. Auch sind die krankhaften Erscheinungen der Trauben eingehender discutirt, welche zu einer Verwechslung mit *Peronospora* Veranlassung geben könnten. — Die übrigen Feinde der Rebe, aus der Reihe der Pilze *Phoma, Coniothyrium, Sphaceloma* u. dergl. sind sehr kurz abgethan, zum Schlusse geradezu eine Reihe von Ampelomyceten einfach aufgezählt. Solla.

*9. **Raimann, R.** Ueber einige Krankheitserscheinungen der Nadelhölzer. (Mitth. d. Sect. f. Naturk. d. Oesterr. Touristenclub, 1889, No. 11.)

10. **Sorauer, P.** Atlas der Pflanzenkrankheiten. Dritte Folge. Taf. XVII—XXIV. Verlag von P. Parey. Berlin.

Taf. XVII stellt den Getreiderost, und zwar *Puccinia graminis* dar; nebenbei ist auch *Phyllachora graminis* Fuck. abgebildet. — Taf. XVIII Staubbrand (*Ustilago carbo*) an Gerste. Taf. XIX Krankheiten der Speisezwiebeln. Darauf neu eine von Sorokin beschriebene Hefekrankheit. Die Zwiebeln verwandelten sich im Juni in einen gelben Brei, der von Bacterien wimmelte. Als Anfangsstadium der Krankheit bemerkte man zwischen den jungen Schuppen fast im Centrum der Zwiebel kleine weisse gelatinöse Tröpfchen, welche ausschliesslich aus Hefezellen (*Saccharomyces Allii* Sorok.) bestanden. — Taf. XX Gummosis bei Süsskirschen. — Taf. XXI Milbensucht der Birn- und Apfelbäume. — Taf. XXII. Die Schorffleckenkrankheit der Birnbäume (*Fusicladium pyrinum* Fuck.) — Taf. XXIII. Rungelschorf des Aborns (*Rhytisma acerinum*). — Taf. XXIV. Krebs der Rothbuche.

11. **Vuillemin, Paul.** Antibiose et Symbiose. Association française pour l'avancement des sciences. Congrès de Paris. Séance de 14 août 1889. 8⁰. 19 p. Mit 2 Taf.

In dem ersten Abschnitt der mit zwei Tafeln (darstellend die Entwicklung eines *Olpidium* auf Mohn und der Bacteriosis auf der Aleppo-Kiefer) versehenen Arbeit beschäftigt sich Verf. mit der Frage: „Was ist Parasitismus“. Er führt dort aus, dass die Formen des Zusammenlebens der Organismen eine weite Scala darstellen, bei welcher das eine Extrem sich dadurch kennzeichnet, dass der eine Organismus die Assimilato, die verausgabte Arbeitskraft des anderen für sich zum eignen Aufbau verwendet und damit das andere Lebewesen zerstört, ohne dass dieses den geringsten eignen Widerstand zu leisten vermöchte. Dieses Verhältniss, das V. mit der Lage eines Opfers vergleicht, das durch den Giftzahn der Schlange getroffen und dann verzehrt wird, nennt er nun die „Antibiosa“.

Das angreifende Individuum ist der Antibiote, das passive ist hier einfach die Unterstützung („support“) des anderen. Das genau entgegengesetzte Verhältniss bezeichnet Verf. als Symbiose: die beiden mit einander in Beziehung tretenden Lebewesen entwickeln beiderseits eine gleiche Activität und gegenseitige Dienstleistung, welche beiden zum Vortheil gereicht (Lichenismus — Mycorhiza).

Zwischen diese beiden Extreme gruppirt Verf. nun die Fälle des Parasitismus und reiht als Beispiele wachsender Annäherung an die reine Symbiose der Erscheinungen der Gallenbildungen, der durch Aecidien veränderten *Euphorbia* u. dergl. ein.

Je nach dem Verhalten des Wirthsorganismus kann derselbe Angriff in einem Falle zu einem Ueberschuss an Gesundheit („santé exubérante) im anderen zum reinen Vergiftungsprocess werden. Es entscheidet die Concurrenz der Lebensprocesse, die bald auf der einen Seite, bald auf der des anderen Individuums noch durch cosmische Einflüsse begünstigt werden. Bei einem rationellen Eingriff des Menschen kann der Kampf der Organismen durch compensatorische Thätigkeit derart geregelt werden, dass das antibiotische Verhältniss in ein symbiotisches umgewalndelt und die Krankheit damit beherrscht wird.

*12. **Wolf, R.** Le malattie crittogamiche delle piante erbacee coltivate; compilazione del Dr. W. Zopf. Traduzione con note ed aggiunte di P. Baccarini. Milano, 1889. kl. 8⁰. IX + 208 p.

Der Uebersetzer adaptirt stellenweise das Buch den italienischen Verhältnissen und fügt einzelne Krankheitserscheinungen des Südens hinzu: *Pleospora Oryzae* Gav. et Catt. und die Sclerotienkrankheit des Reises; Bacillenkrankheit der Erdäpfel (nach Sorauer), Perisporiaceen am Getreide, an Bohnenpflanzen, Melonen u. s. f. Solla.

II. Wasser- und Nährstoffmangel.

*13. **Canevari, A.** Clorosi. (L'Italia enologica, an. III. Roma, 1889. p. 226-227).

Verf. macht die Ansichten von Foëx über die Chlorose der Reben zu den eigenen, bespricht die Mittel zu deren Verbesserung und Hintanhaltung. Solla.

*14. **Cuboni, G.** La clorosi. (Le Stazioni sperimentali agrarie italiane, vol. XVI. Roma, 1889. gr. 8°. p. 40—46.)

Wiedergabe des wesentlichen Inhaltes von Professor Sachs' Abhandlung über die Chlorose und deren Behandlung in: Arbeiten des Botanischen Instituts zu Würzburg, Bd. III, p. 433 ff. Solla.

*15. **Minà Palumbo, F.** Il giallume o clorosi della vite. (L'Agricoltura italiana, XV. Pisa, 1889. 8°. p. 333—345.)

Der Aufsatz, eine Uebersetzung von F. Sahut's gleichbetitelter Schrift (vgl. Bot. J., XIV, 130) ist nicht physiologischer Natur, sondern bespricht die Chlorose von pathologischem Standpunkte. Solla.

16. **Nobbe.** Ueber das Auswachsen der Samen. (Praktischer Rathgeber f. Obst- und Gartenbau. Frankfurt a./O. p. 112.)

Auf eine Anfrage, in wie weit vorgekeimte und nachträglich trocken gewordene Samen oder Sämlinge wieder weiter wachsen können, antwortet Verf. mit einer Anzahl von Zahlen älterer Versuche bei Rothklee. Bei dieser Pflanze kann das Aufquellen der Samen und deren Entwicklung bis 1 mm Wurzellänge durch Trockenheit unbeschadet unterbrochen werden. War dagegen das vorgängig entwickelte Würzelchen bereits 5 mm lang, so war etwa ein Drittel Ausfall bei Wiedereintritt der Feuchtigkeit bemerkbar und ausserdem hat auch die Qualität der noch gekeimten Samen gelitten. Keimpflänzchen mit 10 mm Wurzellänge schienen sich nicht mehr wiederzubeleben. Bei Wicken erwies sich eine Beeinträchtigung der Keimung erst, wenn die Würzelchen vor dem Austrocknen eine Länge von 8 und mehr Millimeter erreicht hatten. Bei Erbsen dagegen sank die Keimkraft nach dem Eintrocknen auf 30—35 %, wenn die Trockenperiode nach 12—24stündiger Quellung (ohne bereits erfolgten Austritt des Würzelchens) eintrat. Sehr schwächlich erwiesen sich auch Buchweizen und Mais. Bei letzteren drückte die Trockenheit bei einer Vorentwicklung der Pflänzchen bis 2 mm Wurzellänge die nachträgliche Entwicklungsfähigkeit schon auf 12 % herab. Roggen und Weizen sind entschieden widerstandsfähiger gegen das Austrocknen als Hafer und Gerste. Eingetrocknete Roggenpflänzchen mit 20 mm langen Hauptwürzelchen und 10 mm langem Halm entwickelten sich bei der Wiederbefeuchtung zu 94 %. Hafer und Gerste hatten schon stark gelitten, wenn das Würzelchen vor dem Eintrocknen 5 mm lang und das Hälmchen noch gar nicht hervorgetreten war.

III. Wasser- und Nährstoffüberschuss und verwandte Erscheinungen.

17. **Casoria, E. e Savastano, L.** Il mal nero e la tannificazione delle querce. (Rend. Lincei, vol. V, 1889. 2°. sem. p. 94—101.)

Verff. studiren das Auftreten des sogenannten malnero bei den Eichen. Das Schwarzwerden des Holzes wird sowohl bei Wurzelfäulniss als bei Holzkrebs, bei Insectenfrass, bei traumatischen Zuständen und dergleichen als nothwendige Folge des Uebels beobachtet. Es ist somit sehr undeutlich und unzulänglich mit dem Ausdrucke „Schwarzwerden" (malnero) eine bestimmte Krankheit bezeichnen zu wollen.

Es giebt aber besondere pathologische Fälle, welche keine der genannten Ursachen als Urheber haben und mit der Eiche haben auch besonders der Nussbaum, die Kastanie und der Weinstock — d. i. lauter tanninreiche Pflanzen — eine solche krankhafte Erscheinung gemein. Dieselbe besteht in der Desorganisation der Gerbstoffe, woran auch eventuell Zellwand und Zellinhalt theilnehmen können.

Das was die Verff. als „Tannification des Eichenholzes" bezeichnen ist aber ein natürlicher (vgl. Ref. im Abschnitt für Stoffumsatz!), nicht ein pathologischer Process.

Solla.

18. **Comes, O.** Conseguenze dell' annata umida coriente sui frutti ancora pendenti. (Sep.-Abdr. aus Rendiconto del R. Istitute d'Incorraggiamente. Napoli, 1889. Fasc. 7—8. 4°. 8 p.)

Verf. vereinigt in seinen Betrachtungen über die Folgen der feuchten Jahreszeit auf die hängenden Früchte mehrere Argumente pathologischen Inhaltes. Zunächst wendet er seine Aufmerksamkeit der *Peronospora*-Frage zu und bespricht im Anschlusse daran die Nothwendigkeit und die Nützlichkeit der Anwendung von Schwefel mit Kalk gemengt, oder (für Hügelland) der Kupfervitriollösung als Vorbeugungsmittel. — Ferner betrachtet Verf. das Vergilben der Blätter: als unmittelbare Ursache dessen hält Verf. die starke Luftfeuchtigkeit. Der Andrang der Flüssigkeiten in den Blattzellen lässt die Chloroplasten stark aufquellen, oxydirt und zersetzt sie. Gleichzeitig wirken die Wasserdämpfe in der Atmosphäre wie Lichtabschluss, indem sie schlaffe, dünnere, meist chlorotische Organe entstehen lassen. Folgen starke Unterschiede in der Tages- und Nachttemperatur, so vertrocknen die Blätter und fallen ab. — Die Luftfeuchtigkeit, wenn excessiv, hat auch ein Abfallen von Blüthen und von unreifen Früchten zur Folge, wogegen durch geeignete Culturmittel vorgebeugt werden könnte. Solla.

19. **Gilbert, J. H.** Ergebnisse von Versuchen zu Rothamsted über das Wachsthum von Rüben während vieler aufeinanderfolgenden Jahre auf ein- und demselben Lande. Aus „Agricultural students Gazette", vol. III; cit. Biedermann's C. Bl. f. Agriculturchemie, 1889, p. 29.

Aus den reichhaltigen Versuchen ergeben sich auch einige Thatsachen von pathologischem Interesse, insofern über die Folgen von Stickstoffüberschuss bei Rüben (sowohl Turnips, *Brassica Rapa*, als auch schwedischen Rüben, *B. campestris rutabaga* und Mangold *Beta vulgaris* var.) berichtet wird. Bei Turnips stellte sich heraus, dass die Düngung (einerseits Stalldünger, andererseits Kalksuperphosphat) eine starke Anhäufung nicht stickstoffhaltiger Substanz hervorruft, wodurch gleichsam der hohe Stickstoffgehalt, welchen die naturwüchsige, uncultivirte Rübe besitzt, verdünnt wird. Nicht, dass die cultivirte Rübe nicht auch mehr Stickstoff aufnehme, sondern in Verhältniss zu diesem wird eine grosse Menge an andern Stoffen, z. B. Zucker gebildet. Namentlich der Phosphorsäuredünger bewirkt diese Anhäufung in den Wurzeln; doch wird der höchste absolute Ertrag nicht stickstoffhaltiger Stoffe, wie Zucker, unterm Einfluss stickstoffhaltiger Düngung erzielt. Wird diese im Uebermaass angewendet, so wird die Erzeugung von Wurzelsubstanz hintan gehalten und ungebührlich viel an Blättern geerntet. Je höher die Gabe an Stickstoffdünger und je schwerer der Boden ist, um so grösser ist die Neigung der Pflanze, viel Blätter zu erzeugen. Dasselbe Resultat zeigte sich bei der *Rutabaga*, bei der die Wurzeln in der Regel um so weniger ausgereift sind, je kräftiger die geernteten Blätter sich noch erhalten haben.

Bei der Mangoldwurzel erwiesen sich fast zwei Drittel der Trockensubstanz als Zucker; sie enthielt procentisch davon um so mehr, je reifer die Rüben waren. In den reiferen Rüben findet sich auch der weit grössere Theil des Stickstoffs in Form von Eiweiss, dagegen ist er in sehr saftigen und unreifen Rüben um so mehr in Form von Amiden vorhanden.

20. **Horváth, G.** A dohány mozaikbetegséye. Die Mosaikkrankheit des Tabaks. (Természettud. Közlöng. Budapest, 1889. XXI. Bd., p. 117—119 [Ungarisch].)

Verf. berichtet, dass auf den Tabakfeldern der Gemeinde Szulok im Comitate Somogy die Mosaikkrankheit aufgetreten sei. Ein Katastraljoch, welches im Jahre 1874 noch 873 kg Tabakblätter im Werthe von 169 fl. 64 kr. ö. W. gab, lieferte im Jahre 1887 nur noch 450 kg im Werthe von 74 fl. 56 kr. Neues kann Verf. den Beobachtungen Mayer's nicht zufügen, giebt aber eine Anweisung zur Unterdrückung der Krankheit, die ihren Ausgangspunkt in den Warmbeeten haben kann. Staub.

21. **Nobbe, F.** Beobachtungen über den zeitlichen Verlauf des Blattfalls bei Erlen. (G. Fl., herausgegeben von Wittmack, 1889, p. 6.)

Die bekannte Erscheinung, dass Erlen schon im Laufe des Sommers reichlichen Blattfall häufig zeigen, hat N. veranlasst, an seinen Wasserculturpflanzen, die bereits Bäume von 9—11 kg Gewicht darstellen, dieses Verhalten genauer zu beobachten. Die abgestossenen oder bei sehr leichter Berührung sich lösenden Blätter wurden täglich gesammelt und es stellte sich heraus, dass in zwei aufeinanderfolgenden Jahren an verschiedenen Bäumen der Blattfall zu verschiedenen Zeiten begann und aufhörte.

Es verlor Baum A im Jahr 1886. — Baum B im Jahre 1887:

	Baum A (1886)	Baum B (1887)	
im Mai		0,06 %	von der Gesammtzahl
Juni	4,21 %	4,40 „	„
Juli	6,89 „	26,50 „	„
August	14,63 „	15,93 „	„
September	24,47 „	19,47 „	„
October	44,75 „	33,64 „	„
November	5,00 „		

Die gewonnene Blattzahl ist an den einzelnen Tagen ungemein verschieden und die sprungweise Variation des Blattfalls liess sich in gewissem Grade auf Witterungszustände zurückführen. „Schroffe Wechsel, sei es von regnerisch kühler zu trocken sonniger Luft, oder in entgegengesetzter Richtung, waren meist von einem gesteigerten Blattfall begleitet. Extreme Unterschiede des Maximums und Minimums der Tageswärme beförderten den Blattfall. Heftige Winde hatten eine stärkere Ausbeute an ablöslichen Blättern im Gefolge.

22. **Savastano, L.** Il mal dello spacco nei frutti delle Auranziacee e di altre piante. (Bollettino della Soc. dei Naturalisti in Napoli, 1889, p. 273—288.)

Verf. führt das Aufspringen der Hesperideen- und anderer Früchte auf pathologischen Zustand zurück, welcher durch Regen und ungünstige Witterungsverhältnisse zwar gefördert werden kann, aber auch unabhängig davon auftritt. Verf. erklärt sich die Sache folgendermaassen: Die reifen Früchte (oder nahezu) saugen mittels der Plasmathätigkeit in ihren Zellen soviel Wasser auf, dass die relativ schwach widerstehenden Wände genöthigt werden, zu reissen, und in Folge dessen stellen sich mehr oder weniger regelmässige Risse in dem relativ dichten Fleischkörper der Früchte ein.

Regulirung der Wasserzufuhr zu den Pflanzen, Beschneiden der Aeste blieben gegen das Uebel erfolglos. Verf. vermuthet, dass Pfropfversuche zu günstigeren Resultaten führen dürften. Solla.

23. **Savastano, L.** Tumori nei coni gemmari del carrubbo. (Bollettino della Soc. di Naturalisti in Napoli, 1889, p. 247—254. Mit 1 Taf.)

Verf. bespricht eingehender die Tuberkelbildung an den Knospen der *Ceratonia Siliqua*, deren nächste Ursache ihm unbekannt bleibt. Derlei Abscesse kommen regelmässig auf den Aesten, zuweilen auch an den Stämmen zur Ausbildung.

Bei jungen Individuen kann ein tief ausgeführtes Beschneiden noch das Vorgreifen des Uebels — welches nach Verf. übertragbar ist — aufhalten; alte Bäume dürften am besten abgehauen werden. Solla.

24. **Sorauer, Paul.** Mittheilungen aus dem Gebiete der Phytopathologie. I. Die Lohkrankheit der Kirschen. (Bot. Z., 1889, No. 11.)

Die bisher bei Kirschen nicht bekannt gewesene Krankheit äussert sich vorzugsweise an den diesjährigen Zweigen der Süsskirsche bei kräftigen Baumschulstämmen. Im September zeigte sich an der unteren Hälfte diesjähriger Triebe die sonst noch geschlossen bleibende Korkbekleidung mannichfach geschlitzt oder schon in weiten, klaffenden Längsrissen auseinandergetrieben, wobei die Ränder der abgehobenen Korklamelle zurückrollen und theilweis abblättern. Die blossgelegten Rindenstellen bilden ochergelbe sammtig aussehende Flächen, die bei trockener Aufbewahrung des Zweiges die Finger bei Berührung gelb gefärbt erscheinen lassen und bei Erschütterung deutlich stäuben.

Die Betrachtung mit blossem Auge führt zunächst zur Vermuthung, dass die gelben Ueberzüge Rostpilze wären, thatsächlich aber erweisen sie sich als Massen cylindrischer, einzeln oder gruppenweise sich ablösender Füllkorkzellen. Dort, wo die Flächen stäuben, ist der Zweig bereits unbeblättert; nach der Spitze hin findet sich gesundes Laub und deutliche Abnahme der aufgerissenen Stellen, die allmählich nur noch als kleine Sprünge erscheinen und am höchsten Theile nur noch durch normal bekleidete, aber etwas aufgetriebene Rindenstellen vertreten werden. Dies sind die Anfangsstadien, die sich bis auf das oberste Internodium verfolgen lassen.

Die Auftreibungen sind Lenticellenpolster unter der noch erhaltenen Epidermis; die Polster erscheinen in der Zweigmitte stark verbreitert, häufig mit einander verschmolzen und dann bisweilen ein Drittel des Zweigumfangs einnehmend. Durch Sprengung der primären Tafelkorklage kommen die ocherfarbigen Flächen zum Vorschein. Der vorliegende Fall krankhaft gesteigerten Lenticellenwachsthums äussert sich nicht bloss in der grösseren Zahl und Ausdehnung der einzelnen Heerde, sondern im gesteigerten Auftreten mehrschichtiger Lenticellen, bei denen der Korkbildungsprocess etagenweise in das Innere fortschreitend sich wiederholt. Die Schichtung entsteht dadurch, dass bei der jedesmaligen Anlage einer neuen Korkpartie unterhalb der ersten nicht alle Zellen in der ganzen Dicke der Lage als Füllkork ausgebildet werden, sondern die untersten in Tafelform, wie bei der normalen Korkbildung verbleiben. Diese Tafelkorklamelle bildet die Trennungsschicht zwischen zwei übereinanderliegenden Füllkorkmassen. Nur in seltenen Fällen sind alle Zellen der primären, sowie der nachgebildeten Korklagen als Füllkork entwickelt; dann schliessen sich die nachgebildeten, aus schmal cylindrischen Zellen bestehenden Füllkorkreihen unmittelbar unterseits an die erstentstandenen an und man erblickt nun Polster von 20 und mehr Zellen Höhe, von denen sich die äusseren aus dem Verbande lösen und das abstäubende Pulver darstellen.

Verf. beschreibt nun noch nebenhergehende Lockerungserscheinungen der Primärrinde und des Holzkörpers, wie dies auch bei der Lohkrankheit der Apfelbäume vorkommt. Bei der Kirsche kommen in den den Holzkörper lockernden parenchymatischen Querbinden die Anfänge von Gummosis vor.

Der anatomische Befund, sowie die Umstände, unter denen die Krankheit bei den Kirschen auftritt, und die Angaben früherer Beobachter führen den Verf. zu dem Schlusse, dass die hier zu Tage tretende Lenticellenwucherung auf eine Steigerung des Turgors in den jugendlichen Geweben zurückzuführen ist, welche durch Verhinderung oder wesentliche Herabstimmung der Verdunstungsthätigkeit bedingt wird. Bei den erkrankten Kirschen war im Juli eine Gelbfärbung und darauffolgender vorzeitiger Abfall des Laubes der Factor, der die Verdunstung herabdrückte. Erst nach dem vorzeitigen Laubfall war die Lohbildung aufgetreten.

25. **Wakker, J. H.** Nouvelle recherches sur la gommose des Jacinthes et plantes analogues. Aus „Contributions a la pathologie végétale" in Archives Néerlandaises tome XXIII, p. 373—400; cit. Journ. of mycology. Washington 1889. Vol. 5, No. IV, 224.

Als Nachtrag zum vorjährigen Referat (s. Jahrg. 1888, II, p. 344) ist über Gummosis der Zwiebelgewächse noch nachzutragen, dass W. Gummosis auch bei der Tulpe entdeckt hat, sowie bei *Tecophilea cyanocrocus*. Eine ähnliche Erscheinung zeigten Zwiebeln von *Ixia* (Masters) und *Cyclamen* in den Blättern (Prillieux). Betreffs des Gummiflusses der Hyacinthen kommt Verf. zu folgenden Resultaten: Gummi wird wesentlich gefunden entweder zwischen dem Parenchym der Schuppen oder zwischen Epidermis und Parenchym. In der Nachbarschaft der Gummiherde verschwindet die Stärke aus den Parenchymzellen und wird durch Gummi ersetzt. Solche gänzlich der Stärke beraubte Zellen können noch bedeutend an Grösse zunehmen und sich tangential theilen. In Zellen, die vorzeitig sterben, bleibt die Stärke unverändert. Gummose und weisser Rotz (white rot) sind ein und dieselbe Krankheit. Von parasitären Ursachen ist keine Spur zu finden.

26. **Wakker, J. H.** Les renflements des branches de quelques espèces de Ribes. Aus Archives Néerlandaises tome XXIII. (Contributions à la pathologie végétale); cit. in Journ. of mycology. Washington, 1889. Vol. V, No. 4, p. 226.

Als Wurzelsucht (rhizomania) bei *Ribes* bezeichnet W. eine Neigung der Aeste zur Bildung zahlreicher Adventivwurzeln. Diese abnormen Wurzeln durchbrechen entweder gar nicht die Rinde oder sterben doch bald nach dem Durchbruch ab, wobei sie eine leichte kegelförmige Erhebung hinterlassen. Dabei tritt eine Hypertrophie und Degeneration verschiedener Gewebe ein, speciell der Rinde; es entstehen schwarze oder braune, holperige (rough) und unregelmässige, rundliche oder verlängerte Tumoren, die manchmal einen grösseren Durchmesser als die Zweige selbst haben. Die Haupttriebe, sowie kräftige, verticale Zweige und diesjährige Triebe zeigen keine Spur von Auschwellungen und da, wo nur eine einzige Wurzel gebildet wird, wurde keine pathologische Veränderung beobachtet. Die Neigung zur Adventivwurzelbildung ist gänzlich unabhängig von der Schwerkraft oder der Lichtrichtung.

*27. Warts on Vine leaves. (Gard. Chron., 1889, I, p. 503.)

IV. Wärmemangel.

28. **Bessey, C. E.** Effect of Ice upon Trees. (Amer. Naturalist, vol. 22. Philadelphia, 1888. p. 352–353.)

Verf. schildert die Wirkung, die Eisüberzug auf die Zweige verschiedener Bäume ausübte. Je mehr der Winkel, unter dem die Verzweigung erfolgt, dem rechten sich nähert, um so geringer war die Zahl der abgebrochenen Zweige. So litt *Populus monilifera* Ait. (90°) viel weniger als *P. dilatata* Ait. (135°). *Acer dasycarpum* Ehrh. wurde arg, *Celtis occidentalis* L. wenig verstümmelt. *Pinus Strobus* L. wurde mehr als die schottische und österreichische Fichte geschädigt. Matzdorff.

29. **Frostschutz durch Kainit.** Aus „Sächs. Landw. Z., 1888, No 45"; cit. in Biederm. C. Bl. f. Agriculturchemie, 1889, p. 204.

Heyking in Babelu machte folgende Versuche. Er bestreute eine Miete ganz dünn mit Kainit und deckte eine schwache Lage Kartoffelkraut darüber; in der folgenden Nacht sank die Temperatur auf — 6° R, ohne dass die bestreute Erde gefroren wäre. Eine Miete nur mit Kainit bestreut (ohne Krautdecke) zeigte in den ersten Tagen die Erde überhaupt nicht gefroren, später bildete sich eine Kruste, die aber gegenüber der Frostrinde unbestreuter Mieten sehr dünn blieb. Ferner machte H. zwei Häufchen von Kartoffeln, bedeckte beide ganz dünn mit Erde und bestreute eines dünn mit Kainit. Am andern Morgen waren die nicht bestreuten Kartoffeln vollständig erfroren, die bestreut gewesenen dagegen ganz gesund und die Erde darauf nur ganz unbedeutend gefröstelt. Hervorgehoben wird, dass der Kainit in allen Fällen nur ganz dünn gestreut worden ist.

30. **Schneedecke, Schädlichkeit der —.** (Gartenflora red. v. Wittmack, 1889, p. 242.)

R. Müller in Praust macht darauf aufmerksam, dass zunächst die Schwere einer hohen Schneedecke bei dem Zusammensinken nach warmer Witterung den Gewächsen schädlich wird. Bei dem Heruntersinken werden die Seitenzweige junger Bäumchen abgerissen und dabei ein Theil der Stammrinde abgeschlitzt.

Für Coniferen und Ziersträucher gilt dasselbe. Ferner sah Verf., dass überall da, wo hoher Schnee (1,5—2 m hoch) sehr lange im Frühjahr liegen blieb, das Wachsthum der darunter befindlich gewesenen Pflanzen im folgenden Sommer ein schwächliches war: kleine Blutbuchen zeigten Absterben der unteren Zweige und spärlichen Trieb, während allerdings die dazwischen stehenden unveredelten Unterlagen keine Beschädigung erkennen liessen. Stachelbeersträucher begannen erst zu Johanni zu wachsen und blieben sehr zurück; ebenso verhielten sich *Syringa chinensis* und junge Pflaumenbäume. *Sambucus racemosa* war vollständig abgestorben.

V. Wärmeüberschuss.

*30. **Canevari, A.** Danni che la vite soffre per la siccità e pel soverchio caldo. (L'Italia enologica, an. III. Roma, 1889. p. 179.)

Die von der Dürre und von hohen Temperaturen am Weinstocke hervorgerufenen Schäden sind bekannt. Nicht ganz richtig ist, was Verf. über die Wirkungsweise des Schwefels aussagt. Solla.

31. **Cuboni, G.** Il mal del secco nei grappoli d'uva a Verona. (Le Stazioni sperimentali agrarie italiane, XVII. Roma, 1889. gr. 8°. p. 469—476. Im Auszug auch in Rass. Con., III, 1889, p. 743 ff.)

Verf. führt das Austrocknen oder Dörren unreifer Weinbeeren, wie es ziemlich tiefgreifend im Veronesischen auftrat, auf Sonnenbrand zurück. Beweisend dafür sind: der absolute Mangel jeder Pilzspur in den Weinbeeren, die Ungünstigkeit der Witterung namentlich zu Beginn der wärmeren Jahreszeit; schliesslich das Verhalten der Beeren ähnlich jenen, welche Verf. für eine besondere Studienreihe vorher bereits künstlich gedörrt hatte. Das künstliche Verfahren des Verf.'s bestand einmal in einer Concentrirung der Sonnenstrahlen auf Weinbeeren, ferner in der Aufstellung von Trauben in einem Dörrofen bei 50—60° C. — Die in Rede stehenden kranken Beeren verhielten sich entsprechend jenen, welche mit concentrirten Wärmestrahlen lädirt wurden: in beiden Fällen beobachtete Verf. am Mikroskope in der dritten bis vierten Zellreihe unterhalb der verbrannten Epidermis, eine starke Entwicklung von grossen Stärkekörnern, welche den Zellinhalt nahezu ganz ausfüllten.

Solla.

*32. **Grazzi Soncini, G.** Colpi di sole. (Rass. Con., 1889, p. 654—656.)

In der Umgegend von Verona verursachte der Sonnenbrand empfindliche Schäden für die Weincultur, namentlich bei den daselbst „uva corrina" genannten Rebenformen. (Vgl. Ref. von Cuboni No. 31.) Solla.

VI. Schädliche Gase und Flüssigkeiten.

33. **Carbolineum Avenarius**, Gefährlichkeit des —. (Prakt. Rathgeber f. Obst- und Gartenb. Frankfurt a./O., 1889. p. 174.)

Das als Anstreichmittel vielfach zur Verwendung kommende Carbolineum ist durch seine Ausdünstung der Vegetation schädlich. Der Prospect der Fabrikanten sagt selbst, dass es rathsam sei, alle Holztheile längere Zeit vor der Benutzung zu streichen. Uebrigens hat die Erfahrung gelehrt, dass in geschlossenen Räumen sich noch nach zwei bis drei Jahren eine schädliche Wirkung auf die Pflanzen geltend machen kann.

34. **Carbolineum Avenarius, Schädlichkeit des —.** (Prakt. Rathgeber f. Obst- und Gartenbau, 1889, p. 611.)

Zur Erhaltung der Baumpfähle und anderen Holzwerkes erweist sich Carbolineum empfehlenswerth. Ein Beobachter fand, dass nach der im Januar bis März vorgenommenen Imprägnirung und baldigen Verwendung der noch abfärbenden Pfähle weder bei Obstbäumen noch bei freistehenden Reben oder Johannis- und Stachelbeeren irgend ein schädlicher Einfluss bemerkbar war; dass dagegen Weinstöcke und Pfirsiche an einem mit Carbolineum getränkten, stark besonnten Spalier Brandflecke auf die Blätter bekamen, welche ihren Tod nach sich zogen. Im nächsten Sommer aber trieben die Reben wieder kräftig. Ein anderer Beobachter verlor sämmtliche Pflanzen in einem mit dem Mittel gestrichenen Mistbeetkasten und sah selbst im zweiten Jahre noch schädliche Wirkungen. In einem dritten Falle erkrankten alle Pflanzen, die in ein mit Carbolineum gestrichenes Gewächshaus nach dem Abtrocknen des Anstrichs gebracht worden waren und ein Drittel dieser Pflanzen ging gänzlich zu Grunde. Nachdem der verderbliche Anstrich durch Oelfarbe überdeckt worden war, wurden neue Pflanzen eingeräumt, „doch nach kaum 14 Tagen waren die Pflanzen wieder verbrannt".

35. **Just, L.** und **Heine, H.** Zur Beurtheilung von Vegetationsschäden durch saure Gase. (Die Landw. Vers.-Stat., Bd. 36. Berlin, 1889. p. 135—158.)

Verff. besprechen eine Reihe neuerer Veröffentlichungen (Oster, Kraft, Prevost) über die durch saure Gase, namentlich schweflige Säure, hervorgerufenen Vegetationsschäden kritisch und wiesen die Schwierigkeiten und daraus folgenden Ungenauigkeiten in der Beurtheilung der vorliegenden Frage nach. Matzdorff.

36. **Kohlenoxydgas, Einfluss des — auf die Keimung.** (Aus C. rend., 108, cit. Biederm. C. Bl. f. Agriculturchemie, 1889, p. 573.)

Linossier fand nur eine geringe Wirkung des Kohlenoxydgases; wenn dessen Menge 50% betrug, zeigte sich Verlangsamung der Keimung, aber selbst bei 79% findet keine vollkommene Hemmung statt. Claude Bernard hat dagegen behauptet, dass bereits $^1/_6$ CO in der Luft die Keimung zum Stillstand bringt.

37. **Nicotina, Schädlichkeit der —.** (Prakt. Rathgeber f. Obst- und Gartenbau, 1889, p. 610.)

Als Blattlausvertilgungsmittel ist ein Präparat unter dem Namen „Schmidts Nicotina" im Handel. Dasselbe ist im Wesentlichen als ein Tabaksabsud aufzufassen und erweist sich nach den Beobachtungen von Schilling als schädlich, sobald die Lösung auf den Blättern auftrocknet. Die Epidermiszellen werden getödtet. Am Ende des Artikels resumirt Verf. seine Beobachtungen dahin: „Tabaksabsud schadet bei flüchtigem Gebrauch (der freilich gegen Insecten nichts ausrichtet) dem Pflanzenkörper wenig, oft nicht; bei gründlichem und wiederholtem Gebrauch, besonders bei trockener Temperatur schadet er".

VII. Wunden.

38. **Pappeln, Abhauen der —.** (Prakt. Rathgeber für Obst- und Gartenbau, 1889, p 854.)

Es ist bekannt, dass Baum- und Strauchculturen in der Nähe von Pappeln meist nur kümmerlich gedeihen, weil die Wurzeln von *Populus* den Boden weithin ausmagern. Das Fallen der Bäume und Ausroden des Hauptwurzelstockes innerhalb der Zeit der Vegetationsruhe genügt nicht, da die im Boden verbleibenden Wurzeläste reichlich Adventivsprossen bilden und im Boden weiter wachsen. Dagegen hat das Fällen des Baumes mitten im Sommer, während der kräftigsten Vegetation, sich sehr gut bewährt; die im Boden verbleibenden Pappelwurzeln waren „im Saft erstickt" und gefault.

39. **Tubeuf, C. Freiherr von.** Ueber normale und pathogene Kernbildung der Holzpflanzen und die Behandlung von Wunden derselben. (Zeitschr. f. Forst- u. Jagdwesen, 21. Jahrg. Berlin, 1889. p. 385–403.)

Verf. polemisirt gegen die übermässige Neigung, den natürlichen Wundverschluss von Holzwunden unserer Holzpflanzen für kräftig genug zu halten, um einen künstlichen Schutz derselben nicht für nöthig zu erachten; also gegen Frank, Temme, Praël. Er stellt auch fest, dass der Splint gleich dem Kernholz selbständig die Gefässe verschliesst, dass das letztere an Wundstellen wie das normale im Baumcentrum keinen Schutz gegen Pilze bietet, dass Laubholz im Winter seine Wunden langsamer mit Thyllen und Gummi verschliesst, dass Nadelholzbäume auch im Winter sofort einen Harzverschluss erhalten. Matzdorff.

40. **Veredlung, Einfluss der Unterlage auf das Edelreis.** (Gartenflora, 1889, p. 446.)

Von einer grösseren Anzahl Rosen wurde eine Hälfte auf *Rosa canina*, die andere auf *R. polyantha* veredelt. Sämmtliche Exemplare wurden zum Treiben angesetzt und gleichmässig behandelt. Die auf *R. polyantha* veredelten Pflanzen lieferten zwei Mal mehr Blüthen als diejenigen auf *Rosa canina* und hatten ausserdem den Vorzug, dass sie zwei Wochen früher zur Blüthe kamen. (Nach „Journal des Roses").

VIII. Wind, Hagel, Blitzschlag.

41. **Belházy, J.** A szélvihar által lúczfenyvesekben elöidézett Károk egy új neme. Ein neuer durch Windbruch in den Fichtenbeständen verursachter Schaden. (Erdészeti Lapok., Jahrg. 28. Budapest, 1889. p. 240—243. Mit 1 Abb. [Ungarisch.])

Bretter, die aus von Windbruch getroffenen Fichtenstämmen in den Wäldern des Comitates Máramaros (Ungarn) erzeugt wurden, fielen der Quere nach auseinander. Es erwies sich, dass solche Stämme an mehreren Stellen der einen Seite gebrochen waren, die Bruchstelle vernarbte aber, indem sich die Jahresringe der folgenden zwei Jahre darüber legten. Der Stamm zeigte dann aussen an seiner verletzten Stelle nur halbringförmige Aufschwellungen. Die Fasern des Stammes mussten daher bis zu einer gewissen Tiefe gerissen sein. Staub.

42. **Wiesner, J.** Ueber den Einfluss der Luftbewegung auf die Transpiration der Pflanzen. (Aus „Der Naturforscher" cit. in Biederm. C. Bl. f. Agriculturchemie, 1889, p. 135.)

Eine Luftbewegung, welche der in Wien herrschenden mittleren Windgeschwindigkeit, für die Vegetationsperiode berechnet, entspricht (3 m pro Secunde) übt schon eine beträchtliche Wirkung aus. Gewöhnlich erfolgt Steigerung der Transpiration, seltener Herabsetzung unter denselben Verhältnissen. Häufig werden die Spaltöffnungen verengt oder vollständig verschlossen in Folge der Herabsetzung des Turgors der Schliesszellen durch starke Verdunstung. Es giebt Organe, deren Spaltöffnungen schon auf sehr kleine Windgeschwindigkeiten reagiren und andere, deren Spaltöffnungen selbst in starkem Winde geöffnet bleiben. Die grösste Wirkung erzielt ein Luftstrom, welcher senkrecht auf das transpirirende Organ auffällt. Eine Herabsetzung der Transpiration tritt ein, wenn durch raschen und vollständigen Verschluss der Spaltöffnungen in Folge des Windes die ganze intercellulare Transpiration aufgehoben wird und die epidermoidale Verdunstungsfähigkeit nur eine geringe ist. Bei solchen Pflanzen, deren Stomata im Winde offen bleiben, ist die Transpiration sehr stark. Bei sehr starker epidermoidaler Verdunstung kann selbst dann eine sehr beträchtliche Förderung der Transpiration eintreten, wenn die Spaltöffnungen sich rasch schliessen.

43. **Freda, P.** Ueber den Einfluss des elektrischen Stromes auf die Entwicklung chlorophyllfreier Pflanzen. (Stazione speriment. Agrar. Ital., vol. XIV, 1888, p. 39, cit. in Biederm. C. Bl. f. Agriculturchemie, 1888, p. 718.)

Verf. fand, dass ein schwacher elektrischer Strom auf *Penicillium* ohne Einfluss zu sein scheint. Wird der Strom dagegen so stark, dass er im Dunkeln Lichterscheinungen giebt, so wird die Entwicklung des *Penicillium glaucum* stark verzögert. Diese Wirkung wird durch Ozon stark vermehrt, welches durch den elektrischen Strom entwickelt wird; man kann daraus wohl schliessen, dass Ozon auf die Schimmelbildung von tödlicher Wirkung ist.

44. **Canevari, A.** La grandine e le viti. (L'Italia enologica, an. III. Roma, 1889. p. 162.)

Verf., auf Foëx' Ansichten eingehend, erweitert die Hypothese, dass beim Hagelschlage Elektricität in der Art eines Funkens entladen werde, und dass die Intensität derselben den schwachen Schlägen eines Ruhmkorff'schen Apparates gleichkomme.

Im Besonderen bespricht Verf. die dadurch an den Reben hervorgerufenen Schäden, denen — resp. deren nachtheiligen Folgen — auszuweichen, Sache eines trefflichen Beschneidens ist. Solla.

IX. Degeneration, Prädisposition.

45. **Lange.** Beiträge zur Acidität des Zellsaftes. (Aus „Forschungen auf d. Geb. d. Agriculturphysik, Bd. XI; cit. Biederm. C. Bl. f. Agric. Chemie, 1889, p. 355.)

In Rücksicht auf den Einfluss des Säuregehaltes der Pflanzen auf ihre Erkrankungsfähigkeit sind die Versuche des Verf.'s zu erwähnen. Derselbe kam zu dem Resultate, „dass am Morgen eine Zunahme der Acidität gegenüber dem vorhergehenden Tage und umgekehrt am Abend eine Abnahme derselben gegenüber der vorangehenden Nacht ganz allgemein nachgewiesen werden kann. Die Entsäuerung am Tage geht in den leuchtenden Strahlen (der rothen Spectralhälfte energischer vor sich, als in den sogenannten chemischen Strahlen des Spectrums (der blauen Spectralhälfte)".

46. **Unfruchtbare Apfelbäume.** (Prakt. Rathg. f. Obst- u. Gartenb. Frankfurt a./O., 1889, p. 721.)

Zehnjährige Apfelbäumchen, die bei dichtem Stande und starker Düngung sehr stark stets Holztriebe ausbildeten, aber nicht Blüthen entwickelten, bedeckten sich mit Tragknospen, nachdem im Herbst etwa 80 cm vom Stamm ein etwa ebenso tiefer Graben ausgeworfen worden war. Die Wurzeln wurden scharf abgestochen und mit dem Messer nachgeschnitten.

47. **Unfruchtbare Pfirsichbäume.** (Prakt. Rathg. f. Obst- u. Gartenb. Frankfurt a./O., 1889, p. 722.)

Ein zwölfjähriger Pfirsichbaum, der in fetter aber sandiger Gartenerde sehr üppig wuchs, auch alljährlich reichlich Früchte ansetzte, dieselben aber bei Haselnussgrösse sämmtlich fallen liess, reifte nach Kalkdüngung 450—500 Stück aus.

48. **Unfruchtbarkeit mancher Sauerkirschbäume.** (G. Fl. red. von Wittmack. Berlin, 1889.)

Zunächst berichtet Silex (Tamsel) (l. c. p. 137) über verschiedene Beispiele anhaltender Unfruchtbarkeit. Ein in der Neumark wohnender Grossgrundbesitzer hat etwa 1200 Sauerkirschen an Wegen angepflanzt und seit 20 Jahren nur vereinzelt Früchte erhalten, obwohl die Bäume stets reichlich blühten. In den Provinzen Sachsen und Pommern soll es Kirschalleen geben, die niemals Früchte tragen. S. hat viele Kirschbaumanpflanzungen aufgesucht und stets einzelne Bäume mitten zwischen fruchtbaren gefunden, welche keine Früchte überhaupt getragen haben. Man nimmt vielfach an, dass die aus Ausläufern gezogenen Exemplare stets fruchtbar wären, was Silex indess nach seiner Erfahrung verneint.

Ein anderer erfahrener Baumzüchter, Hafner (Radekow) berichtet (l. c. p. 248), er kenne in Pommern eine grosse Allee von Sauerkirschbäumen, welche den ganzen Sommer hindurch blühten, aber nur wenige, kleine kümmerliche Früchte, die fast ungeniessbar waren, zur Reife brachten. Diese Bäume waren Sämlinge. H. warnt ganz besonders vor der üblichen Methode, die Bäume aus Samen zu ziehen und unveredelt zu verkaufen; man müsse unbedingt alle Sämlinge in Kronenhöhe veredeln. Am sichersten sei die Anzucht aus Ausläufern, wenn man gewissenhaft dieselben nur von solchen Bäumen nimmt, die sich Jahre lang als gute Fruchtträger erwiesen haben.

X. Beschädigungen durch Thiere.

49. **Targioni Tozetti** und **Berlese**. Mittel zur Vertilgung von Insecten. (Stazione sperimentale agrar. ital., vol. XIV, 1888, p. 26; cit. Biedermann's C. Bl. f. Agriculturchemie, 1888, p. 717.)

Von den Mitteln zur Bekämpfung der Insecten ist der Schwefelkohlenstoff von hervorragender Wirkung, die sich noch nachhaltiger machen lässt, wenn man sie mit einem Theil Oel, Fett oder Theer mischt. Seine Wirkung ist noch bemerkbar, wenn in 2 Liter Luft wenigstens 2 cgr Schwefelkohlenstoff vertreten sind. Mischungen und Emulsionen lassen sich mittels Wasser aus folgenden Stoffen herstellen: Petroleum und Seife; Petroleum, Seife, und 60proc. Phenol; Petroleum, Seife, Phenol und Schwefelkohlenstoff; Seife, Phenol und Schwefelkohlenstoff; Seife, Schwefelkohlenstoff, flüssiger Theer; Oel, Schwefelkohlenstoff, Kalkwasser; Oel, Schwefelkohlenstoff, Seifenlauge; Kalkwasser, Schwefelkohlenstoff, flüssiger Theer; Kalkwasser und Phenol. Nach der insectentödtenden Kraft ist zuerst der Schwefelkohlenstoff als der wirksamste zu nennen; es folgen dann in absteigender Linie Phenol, Petroleum, Naphtalin, Benzin, Aethylsulfid, Mirbanöl.

50. **Mäusefrass**, Mittel gegen. (Prakt. Rathg. f. Obst- u. Gartenb. Frankfurt a./O., 1889, p. 98.)

Die Aussaaten, Stecklinge und Zwiebeln in Treibhäusern und Mistbeetkästen, die durch die Mäuse oft arg geschädigt werden, sind durch Kartoffeln am besten zu vertilgen, die mit Phosphor behandelt sind. Man nehme frisch gekochte (noch ganz heisse) Knollen und stecke in dieselben, wenn Phosphor auf andere Weise nicht zu erlangen ist, 5—6 phosphorhaltige Streichhölzer, wodurch sich die Kartoffel ganz mit Phosphor durchzieht.

51. **Coloradokäfer**, Vernichtung des. (G. Fl. red. v. Wittmack, 1889, p. 61.)

Die Zeitschrift übernimmt eine Mittheilung aus dem „Staatsanzeiger“, wonach das Preussische Landwirthschafts-Ministerium erklärt, dass die Maassnahmen gegen den im Jahre 1887 in den Gemarkungen von Melitzsch (Provinz Sachsen) und Lohe (Provinz Hannover) aufgetretenen Coloradokäfer von vollem Erfolge begleitet gewesen sind, so dass man annehmen darf, der Schädling sei innerhalb der Monarchie nicht mehr vorhanden.

52. **Ohrwürmer**, Schädlichkeit der —. (Prakt. Rathg. f. Obst- u. Gartenb., 1889, p. 577.)

Wirklich schädigend sind die Ohrwürmer bei Georginen, wo sie besonders gern die halboffenen Blüthen aufsuchen. Zum Fang bediene man sich kleiner Blumentöpfe, welche, halb mit Moos gefüllt, auf den Georginenpfahl gestülpt werden. Morgens hebt man vorsichtig die Töpfe ab, in denen über Nacht sich zahlreiche Schädlinge gesammelt haben.

53. **Thümen, F. v.** Untersuchungen über das Einbeizen von Mais- und Hülsenfruchtsaatgut zwecks Abhaltung unterirdischer thierischer Schädlinge. (Aus „Bericht der Versuchsstation von Klosterneuburg“, No. 10, 1. März 1889; cit. Biederm. C. Bl. f. Agriculturchemie, 1889, p. 539.)

Eine Reihe von Versuchen beschäftigt sich mit der Frage, inwieweit Petroleum als Schutzmittel des Saatgutes gegen thierische Angriffe Verwendung finden kann. Zunächst wurde mit Mais experimentirt, dessen Keimprocent vorher geprüft und nahezu auf 100 % festgestellt worden war. Die Petroleumbeize scheint die Keimung etwas zu verlangsamen, da nach 17 Tagen die ersten jungen Pflänzchen erschienen und erst nach 26 Tagen die Versuchstöpfe mit Pflanzen voll bestanden waren. Die Dauer des Beizprocesses bewegte sich zwischen 5 Minuten bis 48 Stunden; bei letztgenannter Beizdauer zeigten sich noch 74 % schön entwickelte Pflanzen. Zeichen von Kränklichkeit oder abnormer Verfärbung waren nicht wahrnehmbar, wohl aber besassen Erde und junge Pflanzen noch einen verhältuissmässig starken Petroleumgeruch. Aehnlich günstige Resultate ergab eine Wiederholung des Versuches in einer an thierischen Bewohnern aller Art ausgesucht reichen Erde. Allerdings stehen diesen günstigen Ergebnissen die total ungünstigen Resultate der Just'schen Versuche gegenüber.

Ebenso wie der Mais wurden Hülsenfrüchte gebeizt und in Saatgefässe, die reichlich begossen wurden, ausgesäet, und zwar sofort nach ihrem Austritt aus der Beize.

Bei einer Beizdauer	von 5 Minuten	und von 48 Stunden
keimten von Feldbohne	12 %	18 %
Feuerbohne	36 „	12 „
Pferdebohne	20 „	6 „
Sojabohne	8 „	0 „
Felderbse	78 „	82 „
Linse	13 „	7 „
Gelbe Lupine	66 „	40 „
Wicke	40 „	21 „

Soweit wäre ausser bei Mais nur noch etwa bei Felderbsen und gelben Lupinen das Beizverfahren anwendbar.

*54. **Prost, A.** Disparition des phylloxéras gros et petits. (Destruction de tous les parasites qui s'infiltrent au végétal pour passer à l'animal. Lyon, 1889. 115 p. 8°.)

55. **Blattläuse,** Vertilgung der Eier. (Prakt. Rathg. f. Obst- u. Gartenb. Frankfurt a./O., 1889, p. 205.)

Es wird von Frhrn. v. Schilling darauf aufmerksam gemacht, dass die Blattläuse mit grossem Erfolg bekämpft werden können, wenn man zu Ausgang des Winters die Eier an den Zweigen vertilgt. Die (anfangs grasgrünen, später schwarzen) Eier der Apfelblattlaus sitzen wie feines Schiesspulver an den Zweigspitzen, oft zu 50—60 pro □cm. Man bepinsele oder (bei grossen Anlagen) bespritze die Zweige vor Beginn des Frühjahrs mit einem Gemisch von kräftigem, lauwarmen Tabaksabsud und Schmierseife. „Ein gutes Zeichen von Vorhandensein von Leben in den Eiern ist der scharfe, ammoniakähnliche Blattlausgeruch; ist er nach Trocknen der Zweige völlig verschwunden, so sind die Eier todt."

56. **Coccus Adonidum (Kaffeelaus),** Mittel gegen die —. (G. Fl. red. v. Wittmack, 1889, p. 499.)

Cotes vom indischen Museum in Calcutta hat mit Erfolg die Kerosin-Emulsion gegen die Kaffeelaus angewendet. Man mischt zwei Theile Kerosin mit einem Theil Seifenmilch (1 Pfd. gewöhnliche Seife mit 10 Pfd. Wasser). Die Mischung wird bei 45° entweder stark geschüttelt oder mit einem Besen geschlagen und mit Wasser verdünnt und die Pflanzen in einem feinen Sprühregen bespritzt.

57. **Raupen,** Vertilgung der —. (G. Fl. red. v. Wittmack, 1889, p. 28 u. 502.)

Professor Nessler, Karlsruhe hat einen billigen Frostspannerleim zusammengesetzt, der sich besser bewährt hat als andere theuerere Sorten. Man nimmt 1 kg Harz, 600 gr Schweineschmalz und 550 gr Stearinöl.

Anderweitig empfohlen: 1 Pfd. Chlorkalk mit 0,5 Pfd. Fett vermischt, wird zu Rollen geformt, die mit Werg umwickelt und um den Baumstamm befestigt werden. Die Raupen in der Baumkrone sollen davon herabfallen. — Ferner sollen 150 gr Alaun in heissem Wasser gelöst und mit 20 l Wasser die Lösung verdünnt die Raupen und auch die Blutlaus durch Bespritzen der Pflanzen tödten.

58. **Seippel.** Ein neuer Rosenfeind (Oculiermade). (Prakt. Rathg. f. Obst- u. Gartenb. Frankfurt a./O., 1889. p. 754.)

Es ist eine weitverbreitete Erscheinung, dass eingesetzte Edelaugen, welche gut angewachsen sind, nach einigen Wochen schwarz werden. Als Ursache findet man 1—2 mm lange, rosenrothe (orangefarbene Ref.) Maden, die Wundcallus und Cambium zerstören. Professor Taschenberg erklärt sie für Fliegenlarven, zu denen das vollkommene Insect noch nicht bekannt ist. Die Eier werden vom Fliegenweibchen in die Wundstelle gelegt und daher dürfte ein sofortiges Decken der Oculationswunde mit Baumwachs das beste Verhütungsmittel sein.

59. **Kellermann, W. A.** Branch Knot of the Hackberry (Celtis occidentalis). (Report of Botanical Department extracted from the first annual Report of the Kansas Experiment Station. (State Agricultural College, for the year 1888, p. 302. Mit 2 Taf.)

Bei *Celtis occidentalis* L. kommt eine knotige Hexenbesenbildung vor, und zwar sowohl bei wilden wie angepflanzten Bäumen, namentlich wenn diese isolirt stehen. Die im dichten Holze erwachsenen Pflanzen zeigen die Erscheinung selten. Die Knospen des Knotens (Knot) beherbergen einen Mehlthau und eine Milbe; ersterer ist beschrieben als *Sphaerotheca phytoptophila* Kell. et Sw. Die (vielleicht durch beide Organismen) hervorgerufene Deformation besteht in einer Anhäufung abnormer, mehr oder weniger abortirter Zweigchen, welche einen compacten Knoten von $^1/_2—1^1/_2$ Zoll Durchmesser bilden. Einzelne dieser Zweigchen sind bis auf die Länge einiger Zoll ausgewachsen und tragen dann wieder kleinere Knoten. Die abortirten Zweigchen haben ausserordentlich zahlreiche Knospen, die alle mit den Milben bevölkert und vom Pilz besiedelt sind. Bei dieser *Sphaerotheca* ist der Conidienzustand gleichzeitig mit den Perithecien zu finden und manchmal auch auf die Zweige und Blattunterseiten übergegangen. Die Perithecien sind schon im Frühling zu finden, reifen ihre Sporen aber erst im Herbst und Winter. Nach eingehender Beschreibung der Knotenbildung und der beiden Parasiten kommt Verf. zu den Heilmitteln; er empfiehlt Ausschneiden und Verbrennen aller erkrankten Zweige während des Winters und Bepudern mit Schwefelpräparaten während des Sommers.

60. **Kellermann** u. **Swingle**. Branch knot of the Hackberry. (Report of Botanical Department, in first Annual Report of the Kansas Experiment Station, 1888; cit. Journ. of mycol., vol. 5, No. III, p. 177.)

Die „Hackberry" *(Celtis occidentalis)* zeigt Zweignester und Zweigknoten, verursacht durch *Phytoptus*. Auf den Gallgeweben fanden die Verff. eine fructificirende Erysiphee, welche sie *Sphaerotheca phytoptophila* nannten. Auf *Celtis* waren bisher nur zwei Uncinula-Arten bekannt und eine *Microsphaera* als Bewohner von *Phytoptus*-Gallen.

61. **Filzkrankheit des Weinstocks**. Aus „Staz. Speriment. Agrar. Ital.", vol. XV; cit. Biederm. C. Bl. f. Agriculturchemie, 1889, p. 426.

Vorkommen der Milbe innerhalb des Blüthenstandes. Ausser Löw beobachtete Cavazza solchen Fall. Die jetzt der pathologischen Station in Rom von Letztgenanntem übergebenen Trauben hatten noch keine aufgeblühten Blumen; dieselben waren von dichtem *Erineum* überzogen; ebenso zeigten sich Haarfilze auf dem Traubenkamm. — Passerini beobachtete in Parma einen Fall, bei welchem auf den Seitenästen der Traube weisse Haarhäufchen von fast kugeliger Gestalt und 1—2 mm Durchmesser sassen. „Ein Längsschnitt durch die Häufchen zeigte einen Hauptzweig mit seitlichen Ansätzen, in deren Achseln sich ein Haufen Augen angesetzt hatte". Die bedeckenden Haare waren kürzer, als die von *Phytoptus* herrührenden. Morphologisch erschien das Ganze als eine Metamorphose der Blüthenorgane.

62. **Peyritsch**, J. Ueber künstliche Erzeugung von gefüllten Blüthen und anderen Bildungsabweichungen. (Sitzber. Kais. Akad. d. Wiss. Wien, Math.-Naturw. Classe, Bd. XCVII, Abth. I, Oct. 1888, cit. Bot. C. Bl., 1889, II, p. 103.)

Phytoptus wurde vom Verf. auf verschiedene Pflanzen geimpft und dadurch eine Anzahl Bildungsabweichungen künstlich erzogen. Eine Art, welche Knospendegeneration an *Valeriana tripteris* erzeugt, wurde mit Erfolg auf *Valeriana dioica*, *officinalis* und *supina*, sowie auf mehrere *Valerianella*-Arten und auf *Centranthus Calcitrapa*, *macrosiphon* und *Fedia Cornucopiae* übertragen. Weniger auffallende Missbildungen wurden durch Uebertragung der *Valeriana tripteris*-Milbe auf folgende Cruciferen veranlasst:

Biscutella auriculata, *Brassica nigra*, *Capsella bursa pastoris*, *Cochlearia officinalis*, *Eruca sativa*, *Lepidium sativum*, *Malcolmia bicolor*, *maritima* und *Sisymbrium Sophia*. — Durch Uebertragung von *Phytoptus Coryli* wurden erfolgreich inficirt: *Sisymbrium austriacum*, *Capsella bursa pastoris*, *Myagrum perfoliatum*, *Bellis perennis* und *Euphorbia Peplus*. *Bellis perennis* wurde ausserdem noch mit dem Phytoptus der *Campanula Tenorii* inficirt und verhielt sich den drei verschiedenen Parasiten gegenüber im Wesentlichen gleich.

63. **Kühn, Jul.** Anleitung zur Bekämpfung der Rübennematoden. (Ber. a. d. Physiol. Lab. u. d. Versuchsanstalt d. Landw. Inst. d. Universität Halle, 1886, Heft 6, p. 176, cit. Biederm. C. Bl. f. Agriculturchemie, 1888, p. 774.)

Verf. giebt hier eingehende Vorschriften betreffs Ausführung der Fangpflanzensaat für Nematoden auf rübenmüdem Boden. Auf diese für die Praxis höchst nothwendigen Winke sei hier nur hingewiesen. Betreffs des Pflanzenanbaues auf dem durch Fangpflanzen gereinigtem Lande empfiehlt Verf. solche Culturgewächse, welche von den Nematoden wenig oder gar nicht aufgesucht werden: Gerste, Hanf, Lein, Mohn und Erbsen. Stets ist auf solchem Lande bei allen Früchten das Aufkommen nematodenhegender Unkräuter, wie Hederich, Ackersenf, Rade, Melde etc. zu verhüten.

64. **Scribner, F. L.** Diseases of the Irish Potato. (Bulletin of the Agricultural Experiment station of the University of Tenessee, April 1889, cit. Journ. of mycology, 1889, vol. 5, No. III, p. 178.)

Knollen, die der Verf. vom Universitätsfelde erhielt, waren welk, trockneten dann ab und wurden hart. Die Schale ist nur theilweis verfärbt, aber die Oberfläche erschien mit kleinen Bläschen bedeckt, von denen jedes mit einer Vertiefung umgeben war. Nur unmittelbar unterhalb der Bläschen erschien das (etwas welke) Fleisch der Kartoffel verfärbt. Die gebräunten Stellen waren von Massen verschieden grosser Nematoden erfüllt.

X. Kryptogame Parasiten.

a. Abhandlungen vermischten Inhalts.

*65. **Bellucci, E.** Le malattie della vite. (L'agricoltura italiana, XV Pisa, 1889. p. 526 ff.)

Auszug aus einem öffentlichem Vortrage. — Witterungsschäden, Parasitismus von Pilzen (darunter auch *Agaricus melleus*), Schädigungen durch Thiere (besonders *Phytoptus*) werden besprochen. Gegenmittel werden erwähnt, sowie die Zweckmässigkeit der Culturen von amerikanischen Reben erörtert. Solla.

66. **Cuboni, G.** Rassegna crittogamica: nota dei casi di malattie vegetali presentati alla R. Stazione di patologia vegetale di Roma nei mesi di ottobre e novembre 1888. (Bull. N. Agr., XI, 1889, p. 250—254.)

Verf. giebt eine Uebersicht der durch Pilze von Culturgewächsen hervorgerufenen pathologischen Erscheinungen, soweit solche aus dem Lande ihm in der Zeit October-November 1888 zur Beobachtung vorgelegt wurden.

Hervorzuheben sind darunter: *Melanconium fuligineum* (Vial.) Cavr. aus Lodi und Conegliano (nebst den Angaben von A. N. Berlese, vgl. Bot. J., XVI, Cap. Pilze). Das Auftreten des Uebels blieb jedoch beschränkt. — *Puccinia Pruni* Prs. trat zu Conegliana auf *Prunus domestica* sehr nachtheilig auf. — Ein *Cladosporium* auf reifenden Oliven aus Meleto (Toscana), woselbst der Parasit grossen Schaden anrichtete. Die Krankheit manifestirt sich als kreisrunde, eingesenkte, rostrothe Flecken; unterhalb derselben fault das Fruchtfleisch; später brechen aus der Epidermis, schwarzen Pünktchen ähnlich, die Fruchtträger des Pilzes hervor. — „Mosaikkrankheit" des Tabaks zu Bassano und Rom. — *Cercospora beticola* Sacc., im Gebiete von Conegliano sehr nachtheilig.

67. **Cuboni, G.** Nota di casi di malattie dei vegetali presentati alla R. Stazione di patologia vegetale di Roma, dal 1° dicembre 1888 al 30 aprile 1889. (Bull. N. Agr., XI, 1889, p. 1220—1227.)

Während der Zeit: December 1888 bis Ende April 1889 wurden ungefähr 60 pathologische Fälle vorgelegt; darunter hervorzuheben: in der Provinz Rovigo tödtete der „Grind" ungefähr 20% der Reben. — Sehr verbreitet trat *Ascochyta Pisi* Lib. auf Erbsenfrüchten um Rom auf. — *Sphaerotheca pannosa* Lév. zu Solagna (Provinz Vicenza) in den Knospen der Apfelbäume: widerstand den angewendeten Gegenmitteln. — Die Oelbäume von Montenassi (Provinz Grosseto) zeigten den Stamm im Boden auf einer Strecke von 5—15 cm Höhe, abnorm aufgetrieben, die Rinde vollständig vertrocknet, grösstentheils abgefallen; das Holz gebräunt. Parasiten wurden nicht ausfindig gemacht. Heftige Windstösse werden als die nächste Ursache vermuthet. — *Dematophora necatrix* Hrtg. auf Wurzeln von *Cedrus Deodora* zu Albano Laziale. — *Microstroma album* Sacc., sehr verbreitet auf Blättern von *Quercus pedunculata* zu Braniano; auch aus Oppido Mamertina (Calabrien) eingesandt. — *Peziza Willkommii* Hrtg., auf jungen Lärchenbäumen im Walde Cajada (Provinz Belluno). — Daselbst auch *Trametes radiciperda* Hrtg., auf Tannen und Lärchen und *Xylostroma corium* Prs. unterhalb der Rinde der von der Fäule angegriffenen Föhren. Solla.

68. **Cuboni, G.** Nota dei casi di malattie dei vegetali presentati alla R. Stazione di patologia vegetale di Roma durante i mesi di maggio, giugno e luglio 1889. (Bull. N. Agr., an. XI, 1889, p. 1504—1525.)

In dem Berichte für die Sommermonate 1889 wird ein besonderer Umfang den Krankheiten der Reben eingeräumt, insbesondere der *Peronospora viticola*, welche eine ausnehmende Verbreitung erlangt hatte. Ein allgemeiner Ueberblick, nach Provinzen, veranschaulicht die Mittheilungen. — Ausserdem traten mit empfindlichem Nachtheile auf *Oidium Tuckeri* Brk., namentlich in den südlichen Provinzen, *Sphaceloma ampelinum* dBy., weniger häufig und an verschiedenen Punkten im centralen Italien. — *Exoascus deformans* (Brk.) Fuck., in den Pfirsichculturen um Padua. — *Ramularia Tulasnei* Sacc. auf Erdbeerblättern um Mailand, die Erdbeerernte stark beeinträchtigend. — Auch Schäden durch Thiere werden erwähnt.

69. **Cuboni, G.** Rassegna crittogamica dei mesi di agosto e settembre 1889, della R. Stazione di patologia vegetale di Roma. (Bull. N. Agr., an. XI, 1889, p. 1942—1949.)

Unter den Angaben beziehentlich auf die Monate August und September 1889 macht Verf. aufmerksam auf: *Macrophoma acinorum* Pass. und *Phoma ampelocarpa* Pass., zwei neue Arten auf Weinbeeren (Parma), aber nur geringen Schaden verursachend. — *Septosporium Fuckelii* Thüm. erscheint für Italien neu. Wurde auf Rebenblättern zu Sauteramo beobachtet. — „Sonnenbrand" an verschiedenen Orten des mittleren Italien (vgl. Ref. No. 31). — *Gloeosporium lagenarium* Sacc. et Roum. auf Stengeltheilen und Blättern der Wassermelone zu Mogliano (Venetien).

Auch Insectenschäden werden angeführt. Solla.

70. **Gasperini, G.** Sopra un nuovo morbo che attacca i limoni e sopra alcuni ifomiceti. (Ricerche e lavori eseguiti nell'Istituto botan. di Pisa, fasc. II, p. 74—99. Pisa, 1888.)

Wiederabdruck der Arbeit des Verf.'s von 1887 (vgl. Bot. J., XV, 531, 544). Solla.

71. **Nessler, J.** Ueber die Verwendung von schwefeliger Säure zum Bekämpfen des Schimmels an den Kellerwandungen und des Wurzelschimmels an Reben. (Aus „Weinbau und Weinhandel", 7. Jahrg., cit. Biederm. C. Bl. f. Agriculturchemie, 1889, p. 360.)

Zur Entfernung des Schimmels in den Kellerräumen verdünnt man doppelt schwefligsauren Kalk im Verhältniss von 1 : 10—15 und streicht derart an, dass die Flüssigkeit in alle Fugen eindringt. Nach mehreren Tagen kann ein Anstrich mit Kalkmilch erfolgen. — Des Verf.'s Versuche machen es aber auch wahrscheinlich, dass der Wurzelschimmel der Reben sich durch dieses Mittel wird bekämpfen lassen. Man verdünnt den doppelt schwefligsauren Kalk (zu beziehen von der Actiengesellschaft für chemische Industrie zu Mannheim) mit der 15fachen Menge Wasser und begiesst beim Rigolen die Erde mit einer Giesskanne. Wenn schon Pflanzen auf dem Acker stehen, ist im Frühjahr und Sommer Vorsicht nöthig. Nach der Behandlung soll man den Boden mit etwa 25 Ctr. Kalisuperphosphat pro Hectar und im folgenden Frühjahr mit 4 Ctr. Chilisalpeter düngen. Reben, welche an Wurzelschimmel leiden, sollten nur mit künstlichen Düngern behandelt werden und ausserdem pro Hectar etwa 12 Ctr. Gips erhalten.

72. **Pilze in den Mistbeeten.** (Prakt. Rathgeber f. Obst- und Gartenbau. Frankfurt a./O., 1889. p. 64.)

Häufig leiden die Culturen in den Frühbeeten durch Pilze. Man verhütet das Auftreten derselben, wenn man über die Pferdedunglage eine Laubschicht packt oder Viehsalz aufstreut, bevor man die Erde überschüttet.

73. **Vermehrungspilz,** Mittel gegen den —. (Prakt. Rathgeber f. Obst und Gartenbau. Frankfurt a./O., 1889. p. 155.)

Die Vermehrungskästen müssen mit gewaschenem Sande gefüllt werden und dieser Sand dann durchdringend mit kochendem Wasser begossen werden. Hauptsache ist, dass das Wasser wirklich kochend auf den Sand kommt.

74. **Rostrup, E.** Afbildning og Beskrivelse af de farligste Snyltesvampe i danmarks Skove. (Abbildung und Beschreibung der gefährlichsten Schmarotzerpilze in der Wäldern Dänemarks.) Mit 8 col. Tafeln und einigen Holzschnitten. Kopenhagen, 1889. 4⁰. 31 p.

Beschreibung und Schilderung der Lebensweise folgender Pilze: *Agaricus melleus, Trametes radiciperda, Polyporus fomentarius, P. radiatus, Thelephora laciniata, Melampsora pinitorqua, M. betulina, M. salicina, Peridermium Pini, Chrysomyxa Abietis, Accidium clatinum, Lophodermium pinastri, L. Abietis, Hypoderma macrosporum, H. sulcigenum, H. nervisequum, Rhytisma acerinum, Peziza Willkommi, Taphrina betulina, Nectria ditissima, N. Cucurbitula, N. cinnabarina, Rosellinia quercina, Herpotrichia parasitica, Phytophthora Fagi.* Die meisten dieser Pilze sind durch sehr schöne und naturgetreue handcolorirte Abbildungen illustrirt und ihre Beziehungen zu den Wirthspflanzen werden eingehend besprochen. O. G. Petersen.

75. **Sepp, Cl.** Die Rothstreifigkeit des Bau- und Blockholzes und die Trockenfäule. (Ztschr. f. Forst- u. Jagdwesen, 21. Jahrg. Berlin, 1889. p. 257—269.)

Verf. bespricht den gleichlautenden Aufsatz von R. Hartig aus der Allg. Forst- und Jagdztg., November 1887. Matzdorff.

76. **Viala, Pierre.** Une Mission Viticole en Amerique. Montpellier (Coulet) und Paris (Masson), 1889. 387 p.; cit. Journ. of mycology. Washington, 1889. Vol. 5, No. IV, p. 223.

Die von V. im Auftrage der französischen Regierung im Jahre 1887 unternommene Reise hatte den Zweck, diejenigen amerikanischen Weinsorten kennen zu lernen, welche auf mergeligem oder kalkigem Boden wachsen, um etwa eine für Frankreich passende Sorte zu finden. Das Werk giebt aber mehr und stellt eine Studie über alle den amerikanischen Weinbau betreffenden Fragen dar und beschäftigt sich namentlich auch mit dem Studium der Krankheiten des Weines in ihrem Mutterlande. Nach V. sind in Amerika 18 Species, in den anderen Theilen der Erde nur noch 12 heimisch, wovon eine in Europa, *V. vinifera*, die andern in Asien. Von den amerikanischen Species werden theils als Fruchtträger, theils als Veredelungsunterlage für Frankreich beachtenswerth genannt: *Vitis Berlandieri, V. cordifolia, V. rupestris* und *V. riparia* nebst deren Varietäten. Die vom Verf. eingehend behandelten Krankheiten sind black rot, white rot, bitter rot, anthracnose u. s. w.

***Wakker.** Contributions á la pathologie végétale Archives Néerlandaises, vol. 23, 1889.

b. Schizomycetes.

77. **Cuboni, G.** Sui bacteri della rogna della vite. (Rass. Con., an. III, p. 230—232. Auch N. G. B. J., XXI, 1889, p. 455 ff.)

Verf. führt die Ursache des Grindes der Reben auf Bacterien zurück, welche er im Innern der bekannten Auswüchse am Weinstocke beobachtete. Bietet auch dieses Vorkommen eine starke Analogie mit den von Vuillemin und von Prillieux studirten Tuberkelbildungen am Oelbaume und bei *Pinus halepensis,* so fehlt dennoch der experimentelle Beweis, um darzuthun, dass durch Inoculation der beobachteten Mikrophyten in gesunden Stöcken eine ähnliche Krankheitserscheinung hervorgerufen werde.

Die Zellen, welche die von den Bacterien ausgefüllten Höhlen umgeben, sind todt und zum Theile auch verdorben; die Wände der erhalten gebliebenen Zellen sind braun, so dass man selbst mit freiem Auge auf einem Durchschnitte die Knötchen und Gänge erkennen kann, worin die Bacterien vorkommen. Um die Höhlen herum und jenseits der Zone todter Elemente kommen plasmareiche, kernführende Parenchymzellen, stärkereiche Elemente, Korkschichten und Bastfasern uebst gekrümmten Tracheïden wirr durcheinander vor. Solla.

78. **Kellermann, W. A.** Preliminary Report of Sorghum Blight. Exp. Stat., Kansas State Agricultural College. Bull. 5 cit. Journ. of mycology. Washington, 1889. Vol. 5, No. 1, p. 43.

Bei *Sorghum* bekommen die Blätter breite Flecke; die Wurzeln sind krank, bisweilen gänzlich zerstört und dann ist auch die Stengelbasis erkrankt; in anderen Fällen bleibt der Stengel gesund, ausgenommen an etwaigen Wundstellen. Ursache ist *Bacillus Sorghi*, der bei Impfversuchen gesunde Pflanzen anzustecken vermochte. Man muss vermeiden, auf ein, wenn auch nur wenig erkranktes Feld, eine neue Bestellung derselben Pflanze zu machen. Die Stoppeln eines kranken Feldes dürfen nicht untergepflügt, sondern müssen gesammelt und verbrannt werden.

79. **Ludwig, F.** Weitere Mittheilungen über Alkoholgährung und die Schleimflüsse lebender Bäume. (Centralbl. f. Bacteriologie und Parasitenkunde, vol. 6, 1889, p. 133—137, 162—165.)

Verf. bespricht zum Vergleich mit dem von ihm beobachteten Schleimfluss der Apfelbäume den amerikanischen „Apple blight", führt dann weitere Fälle von braunem Schleimfluss an; er giebt ferner die wesentlichsten Charaktere an, die den Eichenschleimfluss von andern Schleimflüssen unterscheiden und hebt hervor, dass der von Hansen untersuchte Ulmenschleimfluss von dem der Eichen verschieden sei; als Urheber des letzteren betrachtet er den *Leuconostoc*, während der *Endomyces* beziehungsweise seine Hefeform, die Gährung hervorruft. Hansen's Schluss, es gehören Ascusfructification, *Saccharomyces* und *Oidium* nicht zusammen, weil erstere in den Culturen aus letzterem nicht erhalten wurden, ist nach Verf. nicht berechtigt. Zum Schluss werden die Thiere angeführt, welche die Schleimflussstellen besuchen. Ed. Fischer.

c. Phycomycetes.

80. **Shipley, A. E.** On the Fungus causing the onion disease. Peronospora Schleideniana. (Proc. Cambridge Philos. Soc., vol. 6. Cambridge, 1889. p. 127—128.)

Verf. schildert die Ursache der Zwiebelkrankheit auf den Bermudas, den Pilz *Peronospora Schleideniana*. Thau oder Regen bei warmem, ruhigem Wetter und der Mangel an Sonnenschein und kalten Winden begünstigen den Erfolg der Infection. Der Pilz hindert den Luftzutritt zu dem Blattgewebe und saugt den Zellinhalt auf. Durch die Spaltöffnungen dringt das Mycel nach aussen und bildet hier Sporen. Die Dauersporen gerathen in die Erde und bleiben zwei bis 3 Jahre keimfähig. Von der *Peronospora* befallene Stöcke werden leicht ausserdem von *Macrosporium parasiticum* angegriffen. Weitere Feinde sind ein Thrips und eine Fliege. Matzdorff.

81. **Gilbert, J. H.** Ergebnisse zwölfjährigen ununterbrochenen Kartoffelbaues auf den Versuchsfeldern zu Rothamsted. Aus „Agric. Students' Gazette", vol. IV, Part II; cit. Biederm. C. Bl. f. Agriculturchemie, 1889, p. 823.

Die Versuche gewähren einen Einblick über den Zusammenhang zwischen Düngung und Erkrankungsintensität.

Im Mittel aus den Erträgen von zwölf Jahren finden sich an kranken Knollen:

a. auf ungedüngtem Lande . . . . . 3,15 % des Gesammtertrages
b. bei Superphosphat allein . . . . . 3,66 „ „ „
c. Superphosphat, Kali-, Natron- und Magnesiasalze . . . . 3,45 „ „ „
d. Ammoniumsalze allein (jährlich 96 kg Stickstoff pr. ha) . . . . 4,06 „ „ „

e. Natronsalpeter allein (jährlich 96 kg N. pr. ha) . . . . 4,93 % des Gesammtertrages
f. Ammoniumsalze und gemischte Mineraldüngung wie c. . . . . 6,26 „ „ „
g. Natronsalpeter u. Mineraldüngung c. 7,00 „ „ „

Hervorzuheben ist, dass durch ununterbrochenen Anbau von Kartoffeln auf demselben Lande der Procentsatz kranker Knollen nicht zunahm. Das starke Anwachsen der Zahl erkrankter Knollen bei Ammoniumsalzen und Natronsalpeter wurde aber nicht in der letzten vierjährigen, trockenen Periode beobachtet, wo unter allen Düngungsverhältnissen fast dieselbe Menge (1,16 bis 1,98 %) kranker Knollen gefunden wurde.

Es folgen nun Versuche über die Wirkung des Stallmistes, wobei sich im Vergleich mit den durch Kunstdünger ernährten Kartoffeln derselben Sorte eine beträchtlich geringere Erntemenge herausstellt. Der Grund hierzu liegt in dem geringen, meist den flüssigen Ausleerungen der Thiere entstammenden Theile des Stickstoffs im Stallmist, welchen allein die Pflanzen bald aufnehmen können; der grösste Theil des Stickstoffs bleibt vorerst unwirksam.

Es zeigten sich im Durchschnitt von 12 Jahren an kranken Knollen in Procenten des Gesammternteertrages:

a. ungedüngt . . . . 3,15 %
b. Stallmist 6 Jahre, ungedüngt weitere 6 Jahre . . . . 4,56 „
c. Stallmist mit Superphosphat 7 Jahre lang; dann Stallmist allein 5 Jahre hindurch . . . . 4,93 „
d. Stallmist, Superphosphat und Natronsalpeter 6 Jahre lang; dann Stallmist mit Superphosphat 1 Jahr, darauf Stallmist allein 5 Jahre hindurch . . . . 8,82 „

Bemerkenswerth ist, dass der Antheil kranker Kartoffeln unter allen Düngungsverhältnissen während der ersten Versuchsjahre grösser als während der letzten war. Aber auch hier zeigt sich wieder ein deutlicher Zusammenhang der Krankheit mit Stickstoffdüngung und üppigem Wachsthum. Zur Erklärung der Thatsache einer Abnahme des Erkrankungsprocentsatzes in den letzten Jahren dürften die Analysen heranzuziehen sein. Aus ihnen ergiebt sich, dass in der zweiten (6jährigen) Periode die Knollen ein höheres specifisches Gewicht, höheren Gehalt an Trockensubstanz und geringeren Gehalt der Trockensubstanz an Mineralstoffen besassen, also besser ausgereift erschienen.

Zur Feststellung der chemischen Veränderungen in kranken Knollen wurden die von 10 verschieden gedüngten Parzellen geernteten Knollen der Analyse unterworfen. Die Durchschnittszahlen für die Ernten der 3 Jahre 1876—1878 betragen in Procenten:

	1876 %	1877 %	1878 %
Trockensubstanz in grossen Knollen	22,52	26,05	24,20
„ „ kleinen „	21,65	25,15	22,74
„ „ kranken „	19,35	22,63	20,02
Mineralstoffe in der Trockensubstanz in grossen Knollen	4,16	3,88	4,06
„ „ „ „ „ kleinen „	4,35	4,16	4,71
„ „ „ „ „ kranken „	5,11	4,88	5,39
Stickstoff in der Trockensubstanz der grossen Knollen .	1,147	0,953	0,963
„ „ „ „ „ kleinen „ .	1,266		
„ „ „ „ „ kranken „ .	1,486		
Zucker (Polariskop) im Safte der grossen Kartoffeln .	0,50	0,39	1,41
„ „ „ „ „ kleinen „ .	0,61	0,63	1,51

Die Trockensubstanz ist bei den kranken also stets geringer, als bei den gesunden Knollen und der Mineralstoffgehalt ein höherer. Daraus schliesst Verf., dass in den kranken Knollen ein Verlust an Trockensubstanz zu constatiren ist. Der höhere Stickstoffgehalt der kranken Knollen erklärt sich dadurch, dass die nicht stickstoffhaltigen Bestandtheile der Trockensubstanz besonders starken Verlust erlitten haben. Mit fortschreitender Reife der Knollen nimmt der Zucker ab.

Die durchschnittliche Zusammensetzung des weissen und andererseits des braungefärbten erkrankten Theiles der kranken Knollen ergiebt:

	1876	1877	1878
Procente des Saftes an Mineralstoffen im weissen Fleisch . .	1,986	1,488	1,050
„ „ „ „ „ „ braunen „ . .	1,432	1,511	1,059
Stickstoff im weissen Fleisch	0,281	0,232	0,213
„ „ braunen „	0,172	0,135	0,110
Zucker (Polariskop) im weissen Fleisch	1,307	1,13	2,69
„ „ „ braunen „	0,078	0,49	0,65
Gesammtglycose im weissen Fleisch	—	1,839	3,635
„ „ braunen „	—	0,445	1,766
Procentgehalt des Markes an Mineralstoffen im weissen Fleisch	1,01	0,843	
„ „ „ „ „ „ braunen „	1,99	1,370	
Stickstoff im weissen Fleisch	0,352		
„ „ braunen „	1,613		

In dem von der *Phytophthora* durchzogenen braunen Theile häuft sich also der Stickstoff an. Zucker ist in dem gebräunten Theile weniger, obgleich die erkrankten Knollen im Allgemeinen einen höheren Zuckergehalt als die gesunden besitzen. Verf. schliesst, dass der Pilz die Stärke in Zucker umwandelt (dafür spricht die allmählich spindelförmig werdende Gestalt und schliessliche Lösung der Stärkekörner und das Verbleiben der Proteïnkrystalle im braunen Fleische. Ref.). Den Bedarf an Stickstoff deckt der Pilz aus dem Safte, d. h. Stickstoff findet sich im Safte des kranken Theiles weniger als in dem des weissen Theiles; dagegen ist er im Marke (Pressrückstande? Ref.) des gebräunten Theiles angehäuft.

82. **Lecq, M.** Invasion du Peronospora infestans. (Assoc. franç. pour l'avanc. d. scienc. sess. XVII, I, 1888, p. 244.)

Durch Impfung der Sporen der *Peronospora infestans* auf keimende Kartoffelknollen wurde später die *Peronospora* auf den Blättern erzielt. Sydow.

83. **Marguerite-Delacharlonny.** Die Unterdrückung der Kartoffelkrankheit durch Eisensulfat. Aus Journ. d'agric. pratique 1889, t. 1, No. 4, cit. Biederm. C. Bl. f. Agriculturchemie, 1889, p. 275.

Im Jahre 1886 hatte Dr. Griffiths Sporangien der *Phytophthora* mit Gips und kohlensaurem Kalk (welche Substanzen sich sehr reichlich im Luftstaube finden) gemischt und dieses Gemisch 7 Monate bei einer Temperatur von 35° erhalten, ohne dass die Keimfähigkeit der Sporangien gelitten hätte, da sie bei Aussaat auf Kartoffelstückchen sich noch keimfähig erwiesen. Da erst eine 10monatliche Austrocknung bei 35° genügte, um das Leben der Sporen zu tödten, so ist in unserm Klima selbst der heisseste Sommer nicht im Stande, die Lebensfähigkeit der *Phytophthora*-Keime zu zerstören.

Bringt man aber den Pilz oder seine Sporen in Berührung mit 0,1 % Eisensulfatlösung, so findet eine sofortige Zersetzung der Zellmembran statt, während die gewöhnliche Cellulose selbst bei den Algen nicht angegriffen wird.

Die *Phytophthora* bewirkt in den Kartoffeln die Bildung von Milchsäure durch Spaltung von Glycosen, die zweifellos durch Hydrirung des Amylums entstanden sind. Umgekehrt bewirkt die Milchsäure, wenn sie auf die Kartoffeln gebracht wird, dieselben Krankheitserscheinungen wie der Pilz.

Chevreuil hat nachgewiesen, dass Kalisalze das Gedeihen der Pilze sehr begünstigen. Das Auftreten der Kartoffelkrankheit um 1830, also 250 Jahre nach ihrer Einführung, dürfte mit der Anwendung der künstlichen Düngemittel im Zusammenhang stehen, indem die Kalisalze den Pilz noch mehr begünstigen als das Wachsthum der Kartoffel. Nach Griffiths Untersuchungen lässt sich die Absorption des Kali durch Zusatz von Eisensulfat bis zu einem gewissen Grade vermindern, indem ein Theil dieser Base durch Eisenoxyd ersetzt wird, so dass man die pilzbegünstigende Wirkung des Kalis herabdrücken kann. Ein Versuch ergab, dass die Kartoffeln auf einem mit Kainit gedüngtem Felde beträchtlich von der Kartoffelkrankheit zu leiden hatten, während dieselben auf einer mit Eisensulfat gedüngten Fläche völlig unversehrt geblieben waren.

Es wird sich empfehlen, sowohl den auf den Acker zu bringenden Compost, als auch die Saatkartoffeln mit einer 1 proc. Lösung von Eisensulfat zu befeuchten, um die etwa vorhandenen *Phytophthora*-Keime zu zerstören.

Aehnlich günstige Resultate, wie Griffiths in England, erzielte Gaillot in Frankreich. Derselbe stellte an der landwirthschaftlichen Versuchsstation zu Béthane (Pas de Calais) einen Versuch mit 12 Streifen Kartoffeln an, von denen abwechselnd eine Reihe mit Eisensulfat zwei Mal behandelt wurde (Kraut sowohl als Erde). Die Lösung bestand aus 2500 gr Eisensulfat auf 100 l Wasser. Es kam auf diese Weise 10 kg Eisenvitriol auf 1 a. Die Ernte ergab bei den mit Sulfat behandelten Streifen 2%, bei den unbespritzten Zwischenreihen 13% an Kranken und pro Ar einen Mehrertrag von 55 kg bei den Besprengten. Auch blieben bis zum 15. December die Knollen der letzteren Reihen sämmtlich gesund, während bis zu dieser Zeit von den eisenfreien Reihen noch 6% Knollen total verfault waren. In einem zweiten Versuche gelang es, durch Eisenvitriol die Kartoffelkrankheit gänzlich fern zu halten, und ebenso sprechen auch einige andere Fälle für die Brauchbarkeit des Mittels, das für sandige Böden in Mengen bis 100 kg pro Hectar gegeben werden kann. Bei zunehmendem Kalkgehalt des Bodens muss eine grössere Quantität (bis 500 kg) angewendet werden, ja, wenn trotzdem die Krankheit auftritt, ist die Gabe bis 1000 kg pro Hectar zu steigern. Die Eisensulfatdüngung geschieht am vortheilhaftesten, wenn die Pflänzchen einige Centimeter Höhe erreicht haben.

84. **Weed, Clarence M.** An experiment in preventing the injuries of potato Rot. (Phytophthora infestans). (Journ. of mycology 1889, vol. 5, No. III, p. 158.)

Von 4 Kartoffelsorten, die in 20 Reihen ausgepflanzt waren, wurde ein 12 Fuss langes Endstück jeder Reihe mit Bordeaux-Mischung bespritzt, und zwar am 28. Mai, 6. Juni, 29. Juni und 16. Juli. Der Pilz erschien Mitte Juni und richtete in den nächsten 6 Wochen ernstlichen Schaden an. Der bespritzte Theil wurde viel weniger beschädigt und blieb noch grün, während die unbespritzten Partieen bereits abgestorben waren. Das Ernteergebniss an Knollen war durchschnittlich besser. Anscheinend war bei dem bespritzten Theile auch der Procentsatz an schorfigen Kartoffeln verringert.

85. **Zacharewicz, Ed.** Traitement de la Maladie des Pommes de terre, des Tomates et des Melons par les sels de cuivre. (Le Progrès agricole et viticole, 14 Juillet 1889, cit. Journ. of mycology. Washington, 1889. Vol. 5, No. IV, p. 227.)

Bei einem vergleichenden Versuch mit Tomaten bewährte sich als Vorbeugungsmittel vollständig gut die abwechselnde Behandlung mit Eau celeste und Sulfostéatite (1 Theil gepulvertes Kupfersulfat auf 9 Theile Kalk). Am 8. und 28. Mai und 18. Juni gelangte Eau celeste, am 20. Mai, am 8. und 26. Juni der Steatit zur Anwendung. Die Versuchsreihen blieben gesund, während danebenstehende Pflanzen schon am 10. Juni nicht nur das Laub, sondern auch den grössten Theil der Früchte verloren. Eine in denselben Zeiten ausgeführte Besprengung mit Eau celeste allein schützte eine andere Reihe nicht; etwa $^1/_3$ der Früchte erlag der Fäulniss.

86. **Alessandri, P. E.** Studi sull'azione fisica, chimica e fisiologica delle sostanze solubili e insolubili (specie i composti a base di rame) applicati come rimedi antiperonosporici sulle foglie della vite. (L'Italia agricola, an. XXI. Milano, 1889. 4⁰. No. 1 ff., zusammen ca. 19 p.)

Die Schrift betrachtet das Verfahren der Heilung der Reben mit den verschiedenen vorgeschlagenen Mitteln von physiologischer Seite auf Grund selbständiger Experimente und bringt einen Aufschluss über die Wirkungsweise der Salze. (Vgl. den Abschnitt für Physiologie.) Solla.

87. **Alessandri, P. E.** Studi sull'azione fisica, chimica e fisiologica delle sostanze solubili e insolubili applicati come rimedi antiperonosporici. (L'Italia agricola, an. XXI, Milano, 1889. 4⁰. No. 1 ff., zusammen ca. 19 p.)

Verf. hat sich zur Untersuchung die Frage vorgelegt, welche ist die physiologische

Wirkungsweise der vorgeschlagenen Heilmittel gegen *Peronospora viticola* auf den Reben selbst? Vorzüglich sind es die Kupferverbindungen, und zwar insbesondere das Kupfersulfat und eine ammoniakalische Lösung des Kupfervitriols, welche er im Auge hat. Eine Reihe von Experimenten wurden sowohl im Laboratorium als im Freien nach dieser Richtung hin angestellt. Zunächst wurde ermittelt, dass die Salze durch Oosmose aus dem Aeusseren in das Innere der Blätter eindringen und hier ihre eigentliche Thätigkeit entfalten. Diese Thätigkeit erstreckt sich zunächst auf das Chlorophyll, wie solches gleichzeitig an der intensiveren Färbung des Pigmentes zu entnehmen ist; in welcher Form auch immer Kupfersalze der Pflanze verabreicht werden, stets wird eine lösliche neben einer unlöslichen Kupferverbindung mit dem Chlorophyll stattfinden. Die organischen Säuren und Salze (Weinstein, freie Weinsäure u. dergl.) werden sodann von dem Reagens — immer wurden nur minimale Procente, wie solche zur Einschränkung der Pilzinvasion vorgeschlagen werden, angewendet — alterirt; die Blätter werden — bei Anwendung von Kupfersulfat — steifer, hingegen — bei Gegenwart auch des Ammoniaks — weicher, fast schlaff, „gleichsam als wären sie mit Glycerin bestrichen und nachher getrocknet worden". — Die Blätter saugen jedoch nicht allein Kupfer-, sondern auch andere Salze und Verbindungen (Kalkmilch, Barytwasser, Phenol, Kaliumnitrat, Salycilsäure, Brucin, etc.) auf und verhalten sich dabei wie Dialysatoren, wobei jedoch die Exosmose je nach der Natur der Verbindungen sich ändern kann. Die von den Blättern aufgenommenen Verbindungen werden sodann mittels der Spiralgefässe nach den verschiedenen Geweben der Pflanze hin, sowohl in auf- wie in absteigender Richtung geleitet. Es kann dabei jedoch auch vorkommen, dass die gelösten Salze im Innern der Gewebe feste Verbindungen eingehen, welche die Gefässe verstopfen und es ist vielleicht darauf die Loslösung der Blätter an ihrer Insertionsstelle zurückzuführen. Mittels der Wurzeln werden dem Boden verabreichte Kupfervitriollösungen ebenfalls aufgenommen, allein der Strom dieser Salze steigt nicht gar hoch im Innern der Pflanze.

Aus allen den vorgelegten Erfahrungen an den vorgenommenen Experimenten zieht Verf. einige Schlüsse für die Praxis bei der Anwendung von Heilmitteln gegen *Peronospora viticola*. Solla.

88. **Baccarini, P.** La peronospora sui tralci. (Rass. Con., an. III, 1889, p. 415—416.)

Verf. beobachtete *Peronospora viticola* auch auf Stammtheilen der Weinrebe, und zwar auf ein- bis mehrjährigen. Die Rinde ist mit dunklen und erhobenen, bald linearlänglichen, bald breiten ringförmigen Flecken bestreut, deren Oberfläche mit feinen schwarzen Pünktchen dicht bedeckt ist. Die jüngeren solcher Flecke tragen noch einige Fructificationen des Pilzes, während bei den älteren die Rinde sich abhebt und das bereits angegriffene Holz blosslegt. — Zwischen den Elementen der sich auflösenden Rinde beobachtete Verf. das Mycel und die charakteristischen Oosporen der *Peronospora*.

Die Invasion dürfte nach Verf. durch die Lenticellen erfolgt sein. Solla.

89. **Cazalis, F.** La peronospora sui tralci. (Rass. Con., an. III, 1889, p. 455—459: übersetzt aus Messager Agricole.)

Verf. erwidert Baccarini und Cuboni gegenüber (vgl. die Ref. No. 88 und 90), dass die Gegenwart von *Peronospora* auf den Zweigen der Weinstöcke bereits von Foëx und Viala (1885) angegeben und von E. Dupont (1889) näher geschildert und illustrirt wurde. Solla.

90. **Baillon, H.** Sur un mode particulier de propagation du Mildew. (Bull. mensuel d. l. Soc. Linnéenne de Paris No. 96. Supplément au Journal de Botanique 1889, No. 6.)

Verf. vermuthet, dass die *Peronospora viticola* ihre Reproductionsorgane in den Rindenrissen der Reben überwintert. Er nahm zur Zeit der Vegetationsruhe zwei entblätterte Reben von einer inficirten Lage, pflanzte dieselben in Kies und hielt sie in seinem Laboratorium bis zum Frühjahr fast ganz trocken. Trotzdem waren die Blätter zu Ende des folgenden Sommers mit Rasen von *Peronospora* bedeckt, was eine Bestätigung obiger Vermuthung zu sein scheint.

91. **Briosi, G.** Rassegna crittogamica del mese di agosto 1889. (Bull. N. Agr., an. XI, 1889, p. 1891—1893.)

Für den August sind keine besonderen Krankheiten angegeben; am meisten wird noch in dem Berichte über *Peronospora viticola* gesprochen. Solla.

*92. **Caruso, G.** Esperienze sui metodi per combattere la peronospora della vite, fatte nell'anno 1888. (L'Agricoltura italiano; an. XV. Pisa, 1889. 8⁰. p. 129—143. — Auch in Atti della R. Accad. dei Georgofili, ser. IV, vol. 12. Firenze, 1889.)

Bespricht: Zweck der Versuche, Verlauf der Krankheit, Durchführung der Versuche, Kosten der Gegenmittel, Ergebnisse, Schlussfolgerungen. In den letzteren wird den Verbindungen mit Kupfersulfat der Vorrang eingeräumt. Solla.

93. **Caruso, G.** Efficacia delle medicature antiperonosporiche. (L'Agricolt. italiana, XV. Pisa, 1889. 8⁰. p. 345-346.)

Empfiehlt für die localen Verhältnisse die Mischung von Kupfervitriollösung mit Kalkmilch. Solla.

94. **Cavara, F.** La peronospora ed altri parassiti della vite nell'Alta Italia. (L'Italia agricola; an. XXI. Milano, 1889. 4⁰. p. 309ff.)

Verf. kommt bei der Darstellung der Parasiten der Rebe in Oberitalien auf eine besondere Form des Auftretens von *Peronospora viticola* in den Beeren zu sprechen, welche bisher noch nicht beobachtet oder wenigstens nicht angegeben worden war. Zunächst erhielt Verf. Blüthenstände der Rebe aus Ligurien, an welchen der Pilz die Ovarienfläche vollständig deckte, selbst wenn der Fruchtknoten nach erfolgter Befruchtung wesentlich vergrössert war. Der äussere Belag dieser Organe wurde von den aus der Epidermis hervorbrechenden Gonidienträgern gebildet; während aber das Mycel im Innern die charakteristische Form beibehalten hatte, zeigten sich die Gonidien bald kuglig, bald eiförmig und sehr gross. Während diese Form kurz nach der Blüthezeit, wenn nicht schon zu derselben, zur Entwicklung gelangt, zeigt sich im Hochsommer eine weitere Form, welche sterile Mycelien im Innern der Beeren entwickelt. Diese letztgenannte — im Lande als „negrone" bekannte — Form entspricht der von Cuboni als „gedeckte Form" angesprochenen *Peronospora*-Invasion, die auch anderweitig bekannt geworden. Solla.

95. **Cavara, F.** La peronospora ed altri parassiti della vite nell'Alta Italia. (L'Italia agricola, an. XXI. Milano, 1889. 4⁰. p. 309—310, 325—327.)

Verf. giebt einen Ueberblick über die Feinde der Rebe in Oberitalien, während des laufenden Jahres.

Zunächst wird eine Kritik der Bekämpfungsmethoden der *Peronospora viticola* vorangeschickt. Das Vorkommen dieses Pilzes auf den Trauben und in den Beeren, speciell im Lande als „negrone" bekannt, wird ausführlicher besprochen.

Auch die Anthracnose u. a. nahm an Intensität zu.

Von Thierparasiten werden besonders die *Cochylis ambiguella*, dann *Anomala* und sonstige Lamellicornier genannt; ziemlich weit verbreitet war das Auftreten der *Cecidomya oenophila*, mit deren Biologie Verf. sich ausführlicher befasst. — Interessant ist auch der erwähnte Fall eines gleichzeitigen Vorkommens von *Phytoptus vitis* und *Peronospora viticola* auf demselben Blatte. Dann brachen jedoch die Gonidienträger von den wenigen Spaltöffnungen auf der Blattoberseite hervor. Solla.

96. **Cerletti, G. B.** La peronospora considerata nell'autunno. (Bollettino d. Soc. generale dei viticolt. italiani, an. IV. Roma, 1889. p. 449—452)

Geschichte der Verbreitung der Reben-*Peronospora* in Italien seit ihrem ersten Auftreten. Tragweite des Schadens. Kritik der anwendbaren Gegenmittel. Solla.

97. **Cuboni, G.** Nota dei casi di malattie dei vegetali presentati alla R. Stazione di patologia, Roma. (Bull. N. Agr., an. XI, 1889, p. 1220ff.)

Verf. machte zur Feststellung, ob das Mycelium von *Peronospora viticola* in den Knospen oder in den Zweigen der Reben perennire, zahlreiche Präparate an quergeschnittenen Knospen, deren Anzahl 100 überschritt. Die Untersuchungen lehrten, dass in den Objecten keine Spur eines Mycels nachzuweisen war. Solla.

98. **Cuboni, G.** La peronospora. (L'Italia enologica, an. III. Roma, 1889, p. 167.)

Mit Rücksicht auf das Auftreten von *Peronospora viticola* in Italien im Jahre 1889 — seiner Art und Weise nach — bestätigt Verf. folgende Punkte: Das Auftreten des Parasiten wurde jedes Jahr beschleunigt; zu Anfang war er nur in den Herbstmonaten bekannt, nunmehr erscheint er bereits in der zweiten Hälfte des Mai. Damals bloss auf den Blättern; gegenwärtig auf den jungen Fruchtständen (selbst Blüthenständen), Blättern und gar auf den Stöcken. — Die Verbreitung des Uebels greift immer mehr nach dem Süden hinein, im Norden selbst nicht verschwindend. Solla.

99. **G. Cuboni.** La peronospora nei tralci. (Bollettino della Soc. gener. di viticoltori italiani, an. IV. Roma, 1889. p. 378—379.)

Verf. hat an Weinstöcken aus Cerignola die *Peronospora viticola* unter den gleichen Verhältnissen wahrgenommen, wie P. Baccarini solches für das Gebiet von Avellino (vgl. Ref. No. 88) angegeben hatte. Nur hat Verf. in den krankhaften Flecken zwar das charakteristische Mycel und Oosporen, nicht aber die Gonidienäste zu bemerken vermocht. Solla.

100. **G. Cuboni.** La peronospora della vite nelle Puglie. (Bull. N. Agr., an. XI, 1889, p. 1133—1136.)

Das Gebiet wird in Folge herrschender Witterungsungunst gleichsam zum ersten Male von dem Uebel heimgesucht; der Pilz greift zunächst die Blüthenstände an. Eine rechtzeitige Anwendung von Kupfersulfat schränkt die Invasion ein. Solla.

*101. **G. Cuboni.** Per combattere la peronospora. (Bollettino della Società generale dei viticoltori, an. IV. Roma, 1889. p. 134—136.)

Ermahnt zu einem rechtzeitigen Vorgehen gegen die Pilzinvasion; empfiehlt Kupferverbindungen, da Nickelsulfat, Borsäure u. dergl. keine günstigen Resultate ergeben haben; Kalkmilch ist, weil zu theuer, weniger empfehlenswerth. Solla.

*102. **G. Cuboni.** Particolarità intorno ai rimedi contro la peronospora. (Bollettino d. Soc. generale di viticolt. ital., an. IV. Roma, 1889. p. 353.)

Im Wesentlichen nur eine Erweiterung des obigen Artikels. Solla.

103. **Grazzi-Soncini, G.** La peronospora combattuta d'inverno. (Rass. Con., an. III, 1889, p. 14—17.)

Entwickelt die Ideen von A. Jemina („Il Coltivatore", 1888) über eine Bepinselung der Weinstöcke mit einer kalt gesättigten wässerigen Lösung von Kupfervitriol als Präventivmittel (! Ref.) gegen *Peronospora viticola.* Solla.

104. **Knezevich, V. Bar. v.** Egy új szölöbetegség. Eine neue Traubenkrankheit. (Természettud. Füzet. Temesvár, 1889, Bd. XII, p. 20—22 [Ungarisch].)

Verf. giebt Anweisung, wie man *Peronospora viticola* Bary am Weinstocke vernichten kann. Staub.

105. **N.N.** Conclusioni dei rapporti pervenuti al Ministero intorno agli esperimenti fatti nell' anno 1888 per combattere la peronospora della vite e voti espressi nella Riunione viticola tenutasi a Firenze nell' aprile 1889. (Bull. N. Agr, an. XI, 1889, p 595—618.)

Kupfersulfat ist noch immer das geeignetere Gegenmittel: im Mai solle man dasselbe in Pulverform verabreichen, im Hochsommer sind die Reben mit einer wässerigen Lösung desselben — noch besser mit Zusatz von Kalk — zu besprengen. Solla.

106. **N.N.** Conclusioni e voti approvati nelle adunanze della Riunione viticola, tenutasi in Firenze nell' aprile 1889. (Bull. N. Agr., XI, 1889, p. 679—685.)

107. **Rossel, A.** Die Bekämpfung des falschen Mehlthaues mit Azurin. (Weinlaube, 1888, No. 8; cit. in Biedermann's C. Bl. f. Agriculturchemie, 1888, p. 718.)

Verf. fand, dass zur Bekämpfung der *Peronospora viticola* besser als die reinen Kupfervitriollösungen und bequemer als die Bordelaiserbrühe das Azurin sei, das den Pflanzen und dem Wein unschädlich sei, obwohl es bis zum Herbst noch Kupfersulfat auf den Blättern belasse. Azurin wird hergestellt durch Lösung von 1 kg Kupfervitriol in Wasser und Hinzufügung von 1,5 l Salmiakgeist von 22° Beaume. Diese Lösung wird auf 200 l verdünnt. Die erste Bespritzung findet im Juni (erste Hälfte) mit 1—1,5 l Azurin auf 100 l Wasser statt, die zweite nach der Blüthe im Juli mit 2—3 l Azurin auf 100 l Wasser.

108. **Vannuccini, V.** La peronospora in Toscana e la scelta di un vitigno. (Rass. Con., an. III, 1889, p. 710—715.)

Aus Verf.'s vorliegendem Aufsatze, mehr praktischen Inhalts als wissenschaftlich, erfahren wir nicht allein eine grössere oder geringere Widerstandsfähigkeit der Rebenvarietäten — in Toscana wenigstens — der *Peronospora viticola* gegenüber (immun sind z. B. die daselbst cultivirten: Portgieser, Gamai, Teinturier, Yorks Madeira etc.; von den einheimischen widerstehen noch am besten: Gorgottesco, Trebbiano u. s. w.), sondern entnehmen auch, wie die gleiche Varietät sich verschiedenen Pilzen gegenüber (*Oidium*, *Peronospora*, Pockenkrankheit) in einem verschiedenen Grade resistent zeigt. — Auch ist Verf. der Ansicht, dass die Krone der Feldahorne — bekanntlich werden in Toscana an diesen Bäumen die Reben geschlungen — einen Schutz den Weinstöcken gewähren gegen *Peronospora*, dadurch, dass sie die Thaubildung an denselben hintanhält. Solla.

*109. **Baillon.** Mode particulier de propagation du Mildew. (Ref. Journ. de pharm. et de chimie, ser. V, vol. 20, p. 143.)

*110. **Baratta, P.** La peronospora ed i suoi rimedii. Alba, 1889. Solla.

*111. **Bei, J.** Le maladies de la vigne et les meilleurs cépages français et americains. Paris (Baillière es Fils), 1889. 8⁰. 324 p., 111 Fig.

*112. **Cavazza, D.** La lotta contro la peronospora, risultato degli esperimenti finora eseguiti IIIa. eviz. Alba, 1889. 8⁰. 15 p. Solla.

113. **Cinelli, O.** Un vitigno italiano resistente alla peronospora viticola. (Rass. Con., an. III, 1889, p. 583—585.)

Eine toscanische Rebe (nicht näher benannt) um Imola gepflanzt, widerstand durch Jahre hindurch (seit 1886) der *Peronospora*-Invasion. Solla.

*114. **Colosso, A.** Poche osservazioni sulla preservazione delle viti dalla peronospora, Lecce, 1889. Solla.

*115. **Comese Deperais.** Primo risultato attenuto dall' uso del cloruro d'alluminio e proposta di nuovi rimedii contro la peronospora della vite. (Rendic. dell'Istituto d'incoraggiam. Napoli, 1889. Fasc. 9—18.)

*116. **Cugini, G.** Irimedi da preferirsi contro la peronospora della vite. (Annali della Soc. agrar. provinc. di Bologna, vol. XXVIII.) Solla.

*117. **Cugini, G.** Relazione sulle esperienze fatte nell' anno 1888 sui metodi intesi a combattere la Peronospora viticola. Modena, 1889. 8⁰. 194 p. Solla.

*118. **Dufour, J.** Notice sur quelques maladies de la vigne, le black-rot et le mildiou des grappes. (Bull. soc. Vaudoise des sciences naturelles XXIII, p. 97.)

*119. **Dufour, J.** Le mildiou et son traitement. Lausanne (Bridel), 1888.

*120. **Duplessis, J.** Les maladies de la vigne. (Resumé analytique des conférences agricoles.) Orleans (Herluison), 1889. 64 p. 8⁰.

*121. **Ferrer.** Moyens de combattre le Mildew employés dans les Pyrènèes-Orientales en 1887. (Journ. de pharm. et de chimie, sér. V, vol 17, p. 586.)

*122. **Galloway, B. T.** Experiments in the treatment of Vine-diseases. (Annual Report of the Depart of Agricult. for 1888)

*123. **Gerosa, O.** Descrizione popolare della peronospora viticola, con norme per combatterla. Capodistria, 1889. 8⁰. 39 p. Solla.

*124. **Grazzi-Soncini, G.** La peronospora. (Rass. Con., an. III, 1889, p. 193—198, 341—342, 374—375.)

Bespricht die verschiedenen neuerdings vorgeschlagenen Gegenmittel gegen *Peronospora* der Reben. Solla.

125. **Millardet, E.** Contro la peronospora. (Rass. Con., an. III, 1889, p. 270—272.) Uebersetzung des Artikels in „Journal d'Agric. prat.". 2. Mai 1889. Solla.

*126. **Millardet, A.** Instruction pratique pour le traitement du Mildiou, du Rot et de l'Anthracnose de la vigne, suivi d'une notice sur le traitement de la maladie de la tomate et de la homme de terre. (Nouvelle edition 1889. 12⁰. 48 p.)

*127. **Ottavi, E.** Esperienze comparative per combattere la peronospora del pomodoro. Casale Monferrato, 1889. Solla.

128. **Pichi, P.** Poche parole sull' infezione peronosporica della vite. (Ricerche e lavori eseguiti nell' Istituto botanico di Pisa; fasc. II, p. 47—49. Pisa, 1888.)

Wiederabdruck aus P. V. Pisa, 1886 (vgl. Bot. J., XIV, 459). Solla.

*129. **Pinolini, D.** Le crittogame più dannose alla vitis. Torino, 1889. Solla.

130. **Privat, J.** L'ampelosoter. Nouveau procedé pour combattre le mildiou et l'Oidium. (Vigne americain, 1889, p. 24 u. 25.)

*131. **Ráthay, E. W.** Die Peronospora viticola in Niederösterreich. (Zeitschr. f. Weinbau und Kellerwirthschaft, 1889, n. 36.)

*132. **Ráthay, E. W.** Lassen sich die Peronospora-Laubkrankheit und der sogenannte Laub- oder Kupferbrand von einander unterscheiden? (Weinlaube, 1889, p. 483, cf. Bot. C., vol. 41, p. 267.)

*133. **Rosi, R.** La peronospora nella provincia di Ancona. (L'Italia enologica, an. III. Roma, 1889. p. 259—260.)

Nichts Wesentliches. Solla.

*134. **Sannino, A.** La peronospora nella provincia di Avellino. (L'Italia enologica, an. III. Roma, 1889. p. 322—324.)

Nichts Wesentliches. Solla.

*135. **Speth, M.** Blattfallkrankheit (Peronospora viticola) und deren Bekämpfung. (Weinbau und Weinhandel, 1889, p. 515.)

136. **Zecchini, M.** Per la lotta contro la peronospora. (Annuar. della R. Stazione enolog. speriment. Asti, 1889.) Solla.

d. Ustilagineae.

137. **Arthur, J. C.** Smut of Wheat and Oats. (Bull. of the Agricultural Experiment Station of Indiana, No. 28, September 1889, cit. Journ. of mycology, vol. 5, No. III, p. 165, 1889.)

Die Arbeit ist für Praktiker berechnet und beschäftigt sich vorzugsweise mit dem Stinkbrand, den A. statt *Tilletia laevis* mit *Tilletia foetens* Rav. bezeichnet[1]), da Ravenel, der erste Beobachter, diesen Namen gebraucht hat. Betreffs der Verbreitung des Brandes macht Verf. darauf aufmerksam, dass ein Feld nur inficirt werden kann, wenn die Sporen am Korne mitgebracht werden oder sich im Acker schon vorfinden (nicht wie beim Rost von Feld zu Feld durch Aufliegen der Sporen auf die erwachsene Pflanze). Es muss deshalb jede Uebertragung auf das gesunde Saatgut vermieden werden. Solche Besiedlung mit Sporen kann erfolgen beim Ausdrusch, wenn Brandähren darunter sind, beim Fegen und Werfen, wenn die Geräthe vorher brandiges Getreide bearbeitet haben, bei dem Gebrauch nicht gehörig desinficirter Säcke etc. Zu beachten ist auch, dass der Brand durch Dünger verbreitet werden kann, da die Sporen ihre Keimkraft behalten, wenn sie auch durch den Thierkörper gehen und am Stroh haften. Bei trockner Aufbewahrung bleiben die Brandsporen 2—3 Jahre keimfähig; auf dem Felde allerdings dürften sie wohl schon in 2 Jahren zu Grunde gehen.

138. **Campenhausen, E.** Staubbrandpilz. (Deutsche Landw. Presse, 16. Jahrg., Berlin, 1889. p. 420—421.)

Verf. zählt nach der „Baltischen Wochenschrift, 1889, No. 20" Bekämpfungsmittel des Staubbrandpilzes auf. Matzdorff.

139. **Canevari, A.** Parassiti vegetali del frumento. (L'Agricoltura italiana, XV. Pisa, 1889. 8⁰. p. 236—242.)

Flüchtige Besprechung der *Tilletia Caries*, von *Ustilago Carbo*, des Getreiderostes, der *Gibellia cerealis* u. a. Solla.

140. **Galloway, B. T.** Prevention of smut. (Journ. of mycology, vol. 5, No. III, p. 164, 1889.)

Im Anschluss an die frühere Mittheilung über das Jensen'sche Verfahren der

[1]) *Tilletia Caries* mit rauhen Sporen entspricht der *T. tritici* des Verf.'s

Saatbehandlung mit heissem Wasser behufs Tödtung der Brandkeime veröffentlicht Verf. jetzt das technische Verfahren mit Jensen's eignen Worten. Das Getreide wird in einen flachen, cylindrischen Kasten von etwa 12 Zoll Tiefe geschüttet. Der Kasten ist mit grobem Segeltuch gefüttert und mit einem Deckel versehen, der aus ebensolchem, über einen in den Kasten passenden Ring gespanntem Segeltuch besteht. Das Tuch muss den Ring etwa 1 Zoll hoch ringsum überragen. Es wird nun Wasser in einen möglichst grossen Kessel zum Kochen erhitzt und neben denselben 2 Gefässe hingestellt, deren Inhalt dem Kesselinhalt gleicht. Angenommen der Kessel fasste 25 Gallonen, so schüttet man in jedes Gefäss etwa 12,5 Gallonen kochendes und eben so viel kaltes Wasser und erhält damit in jedem Gefäss 25 Gallonen von 132° Fahr. Der etwa $^3/_4$ Scheffel fassende flache Kasten mit den Körnern wird nun 4 Mal in das erste Gefäss getaucht, was ungefähr $^1/_2$—1 Minute in Anspruch nimmt und die Temperatur des Wassers um 8—9° herabdrückt; darauf taucht man den Kasten 5—6 Mal in das andere Gefäss, was 1 Minute Zeit beansprucht und dann noch 3 Mal von je 1 Minute. Die ganze Tauchzeit in beiden Gefässen beträgt also etwa 5 Minuten. Bei Gerste soll die Anfangstemperatur des Wassers 129—130° betragen, bei Hafer, Weizen und Roggen schadet es nichts, wenn die Anfangstemperatur 133—136° Fahr. beträgt. Da das Wasser durch das Eintauchen abkühlt, muss von Zeit zu Zeit heisses Wasser nachgefüllt werden, bis das eingesenkte Thermometer die nothwendige Temperatur von 132° Fahr. wieder erreicht hat.

Nach dem Eintauchen werden die Körner durch Uebergiessen von kaltem Wasser abgekühlt, was am besten über einem dritten Gefässe geschieht, um das ablaufende erwärmende Wasser zum Auffüllen des Kessels benutzen zu können. Das abgekühlte Getreide wird nun ausgeschüttet und zum Trocknen in dünnen Schichten ausgebreitet.

141. **Jensen, J. L.** The propagation and prevention of smut in oats and barley. (Journ. of the R. Agric. Soc. of England, vol. XXIV, part II, cit. Journ. of mycology. Washington 1889, vol. 5, No. 1, p. 42.)

Die Experimente des Verf.'s führen denselben zu folgenden Schlussfolgerungen: 1. Die Brandsporen, die auf die Erde fallen, afficiren in der folgenden Bestellungszeit den Hafer und die Gerste nicht merklich. 2. Die Brandsporen, die im Dünger auf den Acker gebracht werden, verursachen ebenfalls keine merkliche Infection bei diesen Getreidearten. 3. Die äusserlich dem Gersten- und Haferkorn anhaftenden Brandsporen sind unfähig, in bemerkenswerthem Grade die nächste Ernte zu schädigen. 4. Dagegen findet eine Infection durch diejenigen Sporen statt, welche Zutritt in das Innere der Schale (within the husk) erlangt haben und dort bis zur Keimung des Kornes ruhend bleiben.

Die Versuche führen den Verf. ferner zu der Ansicht, dass wenn Hafer-, Gersten- und Weizenbrand keine verschiedenen Species sein sollten, sie doch verschiedene Varietäten darstellen und der Praktiker braucht nicht zu fürchten, dass z. B. ein brandiges Gerstenfeld ein Haferfeld ansteckt.

Betreffs der verschiedenen Bekämpfungsmittel sagt J., dass $^1/_4$% Kupfervitriol genügend sei; immerhin leidet auch dabei noch ein Theil der Körner. Bei 1% Lösung werden schon etwa drei Viertel der Samen getödtet und eine grosse Anzahl von Pflänzchen bleiben 2—3 Wochen lang ohne Wurzeln. Diese Pflanzen sind auch noch grün, wenn die anderen schon nahezu reif sind. Von allen anderen Methoden, wie Beizen mit Kupfervitriol und nach 12 Stunden folgender Behandlung mit Aetzkalk, sowie Beizen mit Schwefelsäure allein oder darauffolgender Behandlung mit gewöhnlichem Salz sieht Verf. ebenfalls ab, da sich meist auch Verluste an Saatgut ergaben. Dagegen ist die Behandlung der Samen mit Wasser von 127° Fahrenheit für 5 Minuten ebenso wirksam wie die Beizen, ja bei der Gerste viel besser und beschädigt die Samen in keiner Weise.

142. **Jensen, J. L.** Neue Untersuchungen über den Brand des Getreides I. und II. Aus „Markfrökentors" und „Mitth. beim Nord. Landw. Congress zu Kopenhagen" 1888; cit. Biederm. C. Bl. f. Agriculturchemie, 1889, p. 50.

Die Versuche beziehen sich auf *Ustilago Carbo* der Sommersaat, auf *Urocystis occulta* und *Tilletia Caries*.

Zunächst betont Verf. im Gegensatz zu der üblichen Annahme, dass die Flugbrandsporen nicht über Winter im Boden ihre Keimkraft bewahren, wie dies auch Nielsen im Jahre 1876 bereits gefunden hat. Wenn die Keimkraft bliebe, müsste bei permanenter Gerstencultur die Zahl der Brandähren gegenüber der Wechselcultur zunehmen; die an der dänischen Landbauhochschule 1885/86 durchgeführten Versuche ergaben das Gegentheil. Die allgemeine Schwächung der Brandpflanzen stellte Verf. durch Aehrenzählung fest.

Es ergaben 100 Brandpflanzen 152 Aehren bei 5843 cm Brandgerstenstroh
„ „ 100 gesunde Pflanzen 260 „ „ 6522 cm Gerstenstroh.

Dieses Ergebniss der geringeren Aehrenzahl bei Gerste steht im Gegensatz zu den Erfahrungen bei Weizen, von welchem Tillet und Nielsen durch Zählungen gefunden, dass die Zahl der Aehren durch Steinbrand nicht verhindert wird, dagegen wird die Strohlänge beim Weizen durch *Tilletia Caries* ebenso wie das Gerstenstroh durch *U. Carbo* um ca. 7 cm verkürzt.

Im Widerspruch mit Brefeld und Kühn behauptet Verf., dass die dem Stalldünger und den Streuhalmen anhaftenden Brandsporen ganz unschädlich sind. Wenn ein mit Stalldünger frisch gedüngter Boden mehr Brandähren liefert, soll dies nach J. von dem kräftigeren Ernährungszustande abhängen. Jährliche starke Stalldüngung ergab gegenüber voller Kunstdüngung nur 0,2 % mehr Brandähren im analogen Boden.

Die Versuche lehrten ferner die Bedeutungslosigkeit beziehungsweise Unschädlichkeit der bei Hafer und Gerste der Aussenhülle anhaftenden Ustilagosporen. Hierdurch erklärt sich die sowohl vom Verf. als auch von Plowright und Tillet gemachte Erfahrung, dass durch Besäen (Schwärzung) der Körner mit Flugbrandsporen man keinen brandigen Hafer und Gerste erzeugen kann. Im vorliegenden Falle geschieht die Uebertragung nur durch diejenigen Sporen, welche innerhalb der Spelzen des Hafers und der Gerste sich befinden. Da aber die Spelzen bei diesen Getreidearten fest am Korn anliegen, so muss die Blüthezeit, wo die Spelzen zum Heraustreten der Staubgefässe sich etwas öffnen, die günstigste Zeit für die Fortpflanzung des Brandes sein.

Die Versuche, den Flugbrand bei Hafer durch verschiedene Beizmethoden zu tödten, ergaben, dass das Auftreten der Brandähren im Acker mit der Verminderung der Keimfähigkeit der Sporen gleichen Schritt hält. $^1/_4$proc. Kupferlösung hatte zwar den Brand bedeutend reducirt, aber auch den Ernteertrag wesentlich verkleinert. Eine Kupferlösung von 1 % tödtete den Hafer gänzlich; eine nach der Kupferbeize folgende Behandlung mit gebranntem Kalk stellte zwar die Entwicklungsfähigkeit des Hafers wieder her, liess aber die Kupferwirkung in einer merklichen Verringerung des Aehrenansatzes bei der Ernte zum Ausdruck kommen. Schwefelsäure in der zur Sporentödtung nöthigen Concentration schädigte auch den Hafer bedeutend.

Durch trockenes Erhitzen des Saatguts bis auf 54° C. während 7 Stunden verminderte der Brand sich nicht; dagegen reichte ein 5stündiges (vielleicht schon 1stündiges) Erhitzen auf 52,5 % C. in feuchter Luft aus, um den Brand gänzlich zu vernichten, beeinflusste aber auch den Ernteertrag sehr. Vollständige Befreiung vom Brande ohne jede Spur einer Schädigung der Ernte ergab ein 5 Minuten langes Eintauchen in Wasser von 53—56° C.

Bei Gerste ergaben die gewöhnlichen Brandmittel selbst bei starker Concentration fast gar keinen Erfolg; die Zahl der Brandähren blieb nahezu so gross wie bei unpräparirtem Saatgut. Ebenso wenig wirkten trockene Wärme oder 5 Minuten währendes Eintauchen in Wasser von 56° C.; aber bei 5stündiger Behandlung der Aussaat mit feuchter Luft bei 52,5° C. wurde die Gerste total brandfrei, ohne jegliche Beeinträchtigung der Keimfähigkeit.

Dies Resultat erklärt sich dadurch, dass die Spelzen des Hafers das Korn lockerer umschliessen, als bei der Gerste.

Bei Weizensteinbrand ergaben die Versuche die gänzliche Verwerflichkeit des von Haberlandt empfohlenen übermangansauren Kalis als Beizmittel, da selbst 4proc. Lösung die Keimkraft der *Tilletia Caries* nicht schwächte. — Schwefelsäure in der nöthigen Concentration (1—1,5 %) drückte die Keimfähigkeit des Weizens auf 21—27 % herab. — Kupfervitriol (1 %) tödtete wohl die Brandsporen, aber drückte ebenfalls den

Keimprocentsatz auf 36 herab. Ein 5 Minuten dauerndes Eintauchen des Saatgutes in Wasser von 52—60° C. beeinträchtigte nicht merkbar die Keimfähigkeit und tödtete die Pilzsporen vollständig.

Feldversuche ergaben übereinstimmende Resultate mit den auf kleinen Versuchsparzellen durchgeführten genauen Versuchen. Ausserdem aber liess sich erkennen, dass der geringe Werth der Vitriolsaat hauptsächlich in der grösseren Schwäche der Pflanze beruht. Die Zahl der Pflanzen erwies sich nur etwa um 4 % geringer, als die des mit warmem Wasser behandelten Saatgutes, aber das Durchschnittsgewicht pro Pflanze war um etwa 14 % geringer. Von den vitriolisirten Pflanzen gingen auch während des Winters mehr Exemplare zu Grunde.

Betreffs des *Urocystis occulta* wurde vorläufig festgestellt, dass die Sporen durch ein 5 Minuten währendes Eintauchen des Saatgutes in Wasser von 52,5 ° C. vollständig getödtet werden. Versuche über den Einfluss der Beizmittel auf die Keimfähigkeit des Roggens fehlen noch.

143. **Kühn, Julius.** Zur Bekämpfung des Flugbrandes. (Aus „Mittheilungen des Landw. Instituts d. Universität Halle" vom 31. März 1889 citirt in Biedermann's C. Bl. f. Agriculturchemie, 1889, p. 406.)

Verf. erhebt zunächst entschieden Widerspruch gegen Jensen's Behauptung, dass die Fortpflanzung des Flugbrandes nur durch die Sporen erfolge, welche innerhalb der Vorspelzen des Hafers und der Gerste sich befinden und bleibt bei seiner Ansicht, dass die Verbreitung auch durch den Dünger in hohem Maasse begünstigt wird, da jede keimende Spore eine auflaufende Nährpflanze inficiren kann. Die Beobachtung, wonach die Erwärmung auf 52½° C. die Keimfähigkeit der Brandsporen fast ganz vernichtet, kann K. für den Gerstenbrand bestätigen; jedoch konnte er selbst bei 5 Minuten langer Einwirkung dieser Temperatur noch vereinzelte, widerstandsfähige Sporen beobachten. Dieselben zeigten nachher aber ein eigenthümliches Verhalten bei der Keimung; es verhielt sich dann nämlich der Gerstenbrand ähnlich wie der Haferbrand, die Brefeld als zwei Species unterschieden hat. Der Haferbrand bildet nämlich zahlreiche Conidien, die sich durch hefeartige Sprossung (namentlich in Nährstofflösung) stark vermehren können, während der Gerstenbrand unter normalen Verhältnissen keine Conidien erzeugt. Bei den trotz der Erwärmung lebendig gebliebenen Gerstenbrandsporen beobachtete nun K. regelmässig 1—4 Conidien am Keimschlauch, ausserdem aber noch, dass bei dem Jensen'schen Erwärmungsverfahren das Keimungsvermögen der Gerste selbst in erheblichem Grade herabgedrückt wird. Daher warnt K. vor diesem Verfahren. Bei Hafer und Weizen dürfte sich der Keimprocentsatz zwar etwas günstiger gestalten, weil beide ein um 5° höheres Optimum der Keimungstemperatur haben, aber die Gefahr des Verbrühens der Samen bei Zugiessen des heissen Wassers ist doch zu naheliegend, so dass auf das Jensen'sche Verfahren eine Hoffnung nicht zu setzen ist.

Neuere Versuche des Verf.'s ergaben übrigens, dass man die Beizdauer in Kupfervitriol nicht herabsetzen darf, da bei Anwendung einer geringeren Concentration oder einer kürzeren Quellzeit namentlich in verdünntem Mistdecoct sich noch keimende Brandsporen zeigten. Es ist deshalb durchaus an einem 12—16stündigen Einweichen des Saatgutes in eine ½ proc. Kupfervitriollösung festzuhalten.

Die Verminderung der Keimfähigkeit durch das Beizen lässt sich durch die bei Weizen von Dreisch angewendete Methode der nachträglichen Behandlung mit Kalkmilch abschwächen. Verf. verwendete jedoch für Gerste eine stärkere Kalkmilch mit längerer Einwirkungszeit, indem er nach Abgiessen der Kupfervitriollösung die Kalkmilch fünf Minuten lang unter stetem, mässigen Umrühren der Masse einwirken und dann die mit Kalk behafteten Samen trocknen liess. Die derartig behandelte Gerste keimte ebenso früh, wie die 12 Stunden lang in destillirtem Wasser eingeweicht gewesene und zeigte sogar noch eine etwas grössere Keimungsenergie. Bei den Versuchen fand auch eine bei Dampfdrusch unter Beseitigung des Entgranners und Enthülsers, bei mittlerer, eher etwas weiterer Stellung des Mantels von der Trommel und bei normalem, nur mässig raschem Gange einer sechspferdigen Maschine gewonnene Gerste Verwendung.

K. empfiehlt daher folgendes Verfahren zur Prüfung. 1. Mindestens 12stündiges Einweichen des Saatgutes in einer ½proc. Kupfervitriollösung, die handhoch die Samen bedecken muss. 2. Nach Ablaufen der Lösung alsbaldiges Aufgiessen von Kalkmilch, bereitet pro je 100 kg Saatgetreide aus 110 l Wasser und 6 kg gutem, gebranntem Kalk (Weisskalk). Die Kalkmilch muss 5 Minuten hindurch einwirken, und während dieser Zeit ist die ganze Masse beständig mässig stark durchzurühren. 3. Die gekalkten Samen sind ohne Nachspülen mit Wasser auf der Tenne zu trocknen und baldmöglichst zu säen. Der Transport des Saatguts nach dem Felde erfolgt in Säcken, die 16 Stunden in einer ½proc. Kupfervitriollösung eingeweicht und dann in Wasser ausgewaschen worden sind. Ausserdem müssen mehrere Jahre hintereinander die brandigen Gerstenpflanzen, sobald sie erkennbar sind, vor dem Ausstäuben der Sporen ausgerauft und verbrannt werden. Die Wiederholung der Maassnahmen für eine Reihe hintereinander folgender Jahre ist darum nöthig, weil trotz aller Vorsicht eine neue Infection durch die bei späteren Bearbeitungen im Boden an die Oberfläche gelangenden und keimenden Sporen immer wieder stattfinden kann. Die Sporen behalten ihre Keimfähigkeit 6—8 Jahre hindurch im Boden. Dies gilt für den Flugbrand der Gerste und des Weizens, die derselben Art angehören und auf wildwachsenden Pflanzen nicht vorkommen. Bei dem Haferbrande ist dagegen noch zu berücksichtigen, dass derselbe auch durch die wilden Hafergräser (namentlich häufig durch das französische Raygras, *Avena elatior*) verbreitet werden kann. Es müssen daher alle brandigen Gräser ausgestochen werden, weil das Mycel des Parasiten im Wurzelstock perennirt.

144. **Kühn**, J. Zur Bekämpfung des Flugbrandes. (Fühlings Landw. Ztg., 38. Jahrg. Leipzig, 1889, p. 260—265.)

Verf. prüfte das Jensen'sche Verfahren zur Bekämpfung des Weizensteinbrandes und des Hafer- und Gersteflugbrandes. J. hat einmal Unrecht, wenn er die Ansteckung durch im Dünger vorhandene oder durch verstäubende Sporen ausschliesst. Sodann ist sein Sterilisationsverfahren nicht stichhaltig. Von Nutzen ist allein 12stündiges Einbeizen in ½ proc. $CuSO_4$-Lösung und nachfolgende Behandlung mit Kalkmilch.

Matzdorff.

145. **Kellermann** and **Swingle**. Preliminary Report on Smut in Oats. (Bull. 8. Experiment Station, Kansas State Agricultural College 1889; cit. Journ. of mycol. 1889, vol. 5, No. IV, p. 218.)

Wenn Hafer in eine Lösung von Eisensulfat (1,5 Pfd. pro Gallone) eingeweicht wurde, war keine wesentliche Abnahme des Brandes und keine Schädigung des Samens erkennbar. In Kupfersulfatlösung (4 Unzen pro Gallone) 18 Stunden eingeweicht, wurde der Brand wohl verhütet, aber auch das Saatgut beschädigt. Behandlung des Hafers mit heissem Wasser (15 Minuten bei 132° Fahr.) verhütete den Brand und steigerte eher noch die Keimkraft, anstatt sie zu vermindern. Boden, dem Stalldung und Brandsporen im vergangenen August zugeführt worden waren, ergab einen geringeren Procentsatz an Brandpflanzen, als der sich selbst überlassene Boden. Dies spricht für die Ansicht von Jensen, dass behülste Getreidesamen nicht von den Sporen des Brandes inficirt werden können. Wurde Hafer 18 Stunden lang in eine 5proc. Lösung concentrirter Lauge eingeweicht, wurde der Brand zwar verhütet, aber auch das Saatgut beschädigt. Das Einweichen in 3proc. Schwefelsäurelösung (18 Stunden hindurch) verhütete nicht den Brand; 10proc. Lösung bewahrte allerdings vor Brand, aber schädigte in hohem Maasse auch das Saatgut.

146. **Mohrhoff**, G. G. La distruzione del carbone. (L'Italia agricola, an. XXI. Milano, 1889. 4°. p. 233.)

Auszug aus dem Berichte von J. Kühn — gegenüber den Ansichten Jensen's — in „Landw. Gartenb. und Hausw.", 4. April 1889. Solla.

147. **Thümen**, N. Freiherr v. Zur Bekämpfung des Maisbrandes. (Fühling's Landw. Ztg., 38. Jahrg. Leipzig, 1889. p. 782—784.)

Verf. fand, dass die Behandlung von Maiskörnern mit ½ % $CuSO_4$-Lösung die Sporen von *Ustilago Maydis* zerstörte, ohne die Keimkraft des Maises zu beeinträchtigen.

Matzdorff.

e. Uredineae.

148. **Bolley, L.** Wheat Rust. Bull. of the Agricultural Experiment Station of Indiana. Purdue University. July 1889.

Aus den Schlussfolgerungen der 19 Seiten umfassenden Abhandlung heben wir die Ansicht des Verf.'s hervor, dass Stickstoffüberschuss im Boden zwar nicht erwiesenermaassen, aber doch sehr wahrscheinlich (nach den praktischen Erfahrungen) den Weizen zur Rosterkrankung geneigter mache. In Gegenden, die starken Rosterkrankungen häufig ausgesetzt sind, empfiehlt es sich, frühreifende Weizensorten zu bauen.

149. **Pound, N. R.** Ash Rust in 1888. (Amer. Naturalist., vol. 22. Philadelphia, 1888. p. 1117.)

Verf. bemerkt, dass der Escheurost, *Aecidium fraxini*, der in Lincoln, Neb., 1885 häufig, 1886 und 1887 selten war, 1888 *Fraxinus viridis* so stark befallen hat, dass fast jedes Blatt inficirt war. Matzdorff.

f. Discomycetes.

150. **Martelli, U.** Sulla Taphrina deformans. (N. G. B. J., XXI, 1889, p. 532—535.)

Verf. bespricht die durch *Taphrina deformans* Tul. hervorgerufene Krankheit der Pfirsichbäume. Er gedenkt der Verwechslungen, welche über die wahre Ursache dieser Krankheitserscheinung bis auf Prillieux (1872) gemacht wurden und noch derzeit wird von den Bauern in Toscana das Uebel den Seewinden zur Last gelegt. — Weiters beschreibt Verf. kurz die Lebensweise der Mycelhyphen unterhalb der Cuticula der Blätter, die Sporenbildung auf diesen und den jungen Zweigen, sowie höchst wahrscheinlich auch im Innern der reifenden Früchte. Auch glaubt er auf Grund der wahrgenommenen Thatsachen annehmen zu können, dass das Mycel im Innern der Axengebilde perennire.

Die Krankheit verursachte durch vorzeitigen Laubfall und Abwerfen der noch unreifen Früchte erhebliche Schäden hin und wieder in Toscana. Solla.

151. **Tubeuf, C. v.** Hexenbesen an Erlen. (Sitzber. des Bot. Ver. in München, 10. Dezember 1888. Bot. C. Bl. 1889, I, p. 79.)

Viele Weisserlen im bayerischen Walde, den bayerischen Alpen und in der nächsten Umgebung Münchens zeigen sehr reichlich Hexenbesen (oft über 100 Stück an einem Baume). Dieselben belauben sich spät mit gelblichen, langgestreckten Blättern, auf denen im August beiderseits die Asken als weisser Ueberzug erscheinen; die kranken Blätter fallen früher als die gesunden ab. Der Parasit hat am meisten Aehnlichkeit mit *Exoascus epiphyllus*, für welchen jedoch Sadebeck keine Hexenbesenbildung angiebt.

152. **Borggreve, B.** Ueber die Lärchenkrankheit. (Forstl. Bl. 3. F. 13. Jahrg. [26. Jahrg.] Berlin, 1889. p. 231—233.)

Verf. behauptet entgegen R. Hartig, dass die *Peziza calycina*, von H. *P. Willkommii* umgetauft, nicht mit dem Lärchenkrebs identisch ist. Es finden sich bei Münden *Peziza*-Becher auf Holz ohne Krebsbeulen, üppig fortwachsende Lärchen mit solchen Krebsbeulen ohne Pezizen. Die Lärchenkrankheit beruht auf der Zerstörung durch die Lärchenmotte und anderen Insecten. Matzdorff.

153. **Schwappach.** Absterben der Fichte im norddeutschen Küstengebiete. (Zeitschr. f. Forst- u. Jagdwesen, 21. Jahrg. Berlin, 1889. p. 608—611.)

Verf. schildert die Verbreitung der nach von Tubeuf durch *Hysterium macrosporum* verursachten Krankheit der „Fichtenschütte". Sie findet sich seit 15—20 Jahren in allen Theilen des norddeutschen Flachlandes, wo die Fichte nicht heimisch ist. Geringe Erhebungen (Deister) scheinen schon Immunität zu bewirken. Befallen werden namentlich Stangenorte von 20—30 Jahren, und am meisten auf frischem und moorigem Boden mit Ort- und Raseneisensteinen im Untergrund. Matzdorff.

*154. **N. N.** I licheni degli alberi. (L'Italia agricola, an. XXI. Milano, 1889. 4°. p. 283.)

Der Flechtenüberzug wird als den Bäumen — insbesondere den Oelbäumen — in mehrfacher Hinsicht als nachtheilig dargestellt. Es werden zwei Methoden angegeben, denselben zu tilgen. Solla.

g. Pyrenomycetes.

155. **Experiments in the treatment of gooseberry Mildew and apple scab.** (Journ. of mycology by Galloway. Washington, 1891. Vol. 5, No. I, p. 33.)

I. Prof. Goff von der New Yorker Versuchsstation wandte als Vorbeugungsmittel gegen den Mehlthau der Stachelbeeren *Sphaerotheca mors uva* B. et C. das Bespritzen mit einer Lösung von Kaliumsulfid (Schwefelleber) an (theils $^1/_2$ Unze, theils $^1/_4$ Unze[1]) pro Gallone). Begonnen wurde am 3. Mai nach Ausbruch der Blätter und das Verfahren wiederholt nach jedem starken Regen bis zum 24. Juni. Gegen Mitte des Sommers zeigten sich sowohl die alten Stöcke, als auch die bespritzten Sämlinge dunkler und kräftiger und fast ganz frei von Mehlthau, während die nicht bespritzten Exemplare stark ergriffen waren. Nach Aufhören der Behandlung erschien der Mehlthau auf den Sämlingen ziemlich stark. Aber immerhin machte sich die vorhergegangene Behandlung noch günstig bemerkbar; denn in der mit der stärkeren Lösung ($^1/_2$ Unze pro Gallone) behandelten Reihe waren nur 1,7 %, bei der schwächeren Lösung 7 % und bei den nicht bespritzten Pflanzen 11,3 % erkrankt. Da die Behandlung nicht wieder im Laufe des Sommers aufgenommen wurde, nahm der Mehlthau überall bedeutend zu; es geht daraus hervor, dass das Bespritzen hätte müssen den ganzen Sommer über fortgesetzt werden.

II. Betreffs Bekämpfung des Apfelschorfs *Fusicladium dendriticum* Fkl. lagen bereits Erfahrungen mit Sodahyposulphite (unterschwefelsaurem Natron) vor. Vergleichsweise wurden dazu genommen Schwefelkalium ($^1/_2$ Unze per Gallone) und Schwefelcalcium. Es wurden eine Anzahl Bäume zur Hälfte mit jedem Mittel bespritzt und die Ernten der bespritzten mit denen der freigebliebenen Hälften verglichen. Das Verfahren begann bei Laubausbruch und wurde nach jedem starken Regen wiederholt. Die Ernte ergab einen höheren Procentsatz an Früchten ersten Ranges bei der Anwendung von unterschwefelsaurem Natron und Schwefelkalium, während Schwefelcalcium sich unwirksam erwies. Der grössere Schwefelgehalt in der Schwefelleber gegenüber dem Sodahyposulphite ergab keine grössere Wirkung.

156. **Powdery mildew of the bean.** Notes by Galloway. (Journ. of mycol. Washington, 1889. vol. 5, No. IV, p. 214.)

Mc. Callan von St. George, Bermuda, berichtet, dass am 20. November die dortige Gegend von einem dichten Nebel heimgesucht worden war und wenige Tage später seine Sechswochenbohnen vom Mehlthau stark befallen sich erwiesen (wahrscheinlich *Erysiphe communis* Lév.). Er nahm sofort eine gründliche Bestäubung mit Schwefelblumen vor und nach einer Woche war der Pilz gänzlich verschwunden und die Ernte gerettet, während in mehreren früheren Fällen er die Bohnen gänzlich durch den Parasiten verloren hatte. In seiner Gegend leiden sonst meist die spät gepflanzten Erbsen vom Mehlthau. Eine Mischung aus gleichen Theilen von Kalk, der an der Luft zerfallen (air-slaked) und Schwefelblüthen ist ein gutes Heilmittel gegen den Erbsenmehlthau, wenn die Anwendung bei dem ersten Auftreten der Krankheit erfolgt und in Zwischenräumen von 10—12 Tagen wiederholt wird (bei reichlichem Regen noch öfter).

*157. **Galloway, B. T.** Treatment of Pear Leaf Blight and Apple Powdery Mildew. (Journ. of mycol., 1889, vol. 5.)

158. **Rosenschimmel, Mittel gegen —.** (Gartenflora red. v. Wittmack, 1889, p. 501.)

Von französischen Pflanzenzüchtern empfohlen: Man koche in einem eisernen Topfe 250 gr Schwefelblumen und 250 gr frischgelöschten Kalk mit 3 l Wasser 10 Minuten lang unter fortwährendem Umrühren. Die Flüssigkeit wird nach dem Erkalten und Klären auf Flaschen gebracht und hält sich bei guter Verkorkung 2—3 Jahre, was man an der grünlich schillernden Färbung erkennen kann, die sie dem Wasser giebt. Auf einem Theil der Mischung kommen 100 Theile Wasser und mit dieser Lösung erfolgt ein zwei- bis dreimaliges Bespritzen.

---

[1]) 1 engl. Unze = $^1/_{16}$ Handelspfund; 1 Pfd. engl. = 0,454 Kilo, 1 Unze = 28,4 Gramm.

159. **Seelig.** Gegen den Rebenpilz (Oidium). (Prakt. Rathg. f. Obst- u. Gartenb. Frankfurt a./O., 1889. p. 460.)

In mehreren vom Verf. selbst beobachteten Fällen hat sich gegen *Oidium Tuckeri* auf Blättern und Trauben ein Bespritzen mit einer Lösung von doppelt kohlensaurem Natron (1 : 100) vortrefflich bewährt. Die Trauben wurden gegen Abend für einige Secunden in die Lösung eingetaucht, bis die Oberfläche vollständig benetzt erschien, die Blätter bespritzt. Am nächsten Abend wurde das Spritzen wiederholt. Allerdings bekamen die Blätter erbsengrosse, schwarze Flecke und die Beeren der frühen Sorten, die schon nahezu ausgewachsen waren, schrumpften und gingen zurück. Bei den späten Sorten dagegen, deren Beeren erst die Hälfte ihrer vollkommenen Grösse erreicht, war kein Wachsthumsstillstand zu beobachten; die Beeren gelangten zur vollkommenen Ausbildung. „Die Stellen, an welchen Pilze gesessen hatten, waren allerdings auch hier wahrnehmbar, indem hier die Oberhaut der Beeren etwas verdickt und schwach graubraun gefärbt war. Im Geschmack zeigte sich keine Beeinträchtigung.“ Im Herbst wurden die Reben mit der modificirten Rivers'schen Salbe bestrichen. In eine Auflösung grüner Seife, wird Thonbrei, Schwefelpulver und Kalk eingeführt, bis eine mit dem Pinsel noch streichbare Masse entsteht. Ausserdem wird in eine Lösung von Aloë soviel Kienruss eingebracht, bis dieselbe Consistenz erreicht ist. Letzteres Gemisch wird dem ersteren im Verhältniss von 1 : 4 bis zur Gleichartigkeit beigerührt.

160. **Schwefeln,** Schädlichkeit des —. (Prakt. Rathg. f. Obst- u. Gartenb. Frankfurt a./O., 1889. p. 480.)

Iwan Kirschkamp hat die Beobachtung gemacht, dass das Schwefeln gegen den Mehlthau auf Rosen, Reben, Johannisbeeren u. s. w. sich bewährt, aber schädlich bei Stachelbeeren wirkt. Mehlthaukranke Sträucher, mit Schwefelblüthe bestreut, entlaubten sich binnen 4 Tagen und liessen auch die Früchte fallen. In Folge dieser Beobachtung wurde eine ganz gesunde Stachelbeerstaude mit Schwefelblüthe behandelt und es zeigten sich dieselben schädlichen Folgen, während die ebenso behandelten Johannisbeeren gesund blieben. Die entlaubten Sträucher entwickelten später wieder frische Triebe.

161. **Galloway, B. T.** Ascospores of the Black-Rot fungus as affected by covering with earth. (Journ. of myc. Washington, 1889. vol. 5, No. II, p. 92.)

Nachdem erkannt worden ist, dass die Ascosporen des Black-Rot-Pilzes im Frühjahr und Vorsommer auf den alten Beeren reifen, erhält die Frage eine Bedeutung, ob es lohnend ist, die alten Beeren durch Unterpflügen in die Erde zu beseitigen. Zu dem Zwecke wurden erkrankte Beeren im Mai 1888 in lockeren Gartenboden etwa 3 Zoll tief eingescharrt und im April 1889 wieder aufgenommen. Die Pusteln der *Laestadia* waren leicht erkennbar, aber in keiner einzigen wurde eine Spore gefunden; die Kapseln waren leer. Wahrscheinlich war die Mehrzahl der Sporen im ersten Sommer ausgetreten, hatten im feuchten Boden gekeimt und waren dann zu Grunde gegangen.

162. **Galloway, B. T.** An Experiment in the treatment of Black-Rot of the Grape. (Journ. of mycol., vol. 5, No. IV, p. 204.)

Lange Versuchsreihen von Weinstöcken, die mit verschiedenen pilztödtenden Mitteln behandelt wurden, um die Verluste durch den Black-Rot zu vermindern, ergaben folgende Resultate: 1. Die Kosten der Behandlung machen sich bezahlt. 2. Im Allgemeinen betrachtet ist das beste Vorbeugungsmittel eine Bordeauxmischung, die 6 Pfd. Kupfersulfat und 4 Pfd. Kalk auf 22 Gallonen Wasser enthält. 3. Ein geringerer Kupfergehalt schmälert die Wirkung der Lösung als Perventivmittel. 4. Die Anwendung der Mischung muss in allen Fällen schon um die Zeit beginnen, wenn die Blüthen sich öffnen. 5. Bespritzen der Weinstöcke vor Laubausbruch mit einfacher Kupfersulfatlösung ist entschieden vortheilhaft.

163. **L'Ecluse, A. de.** Traitement du Black-Rot, Rapport à M. le Ministre de l'Agriculture. (Le Progrès Agricole. Oct. 13, 1889; cit. Journ. of mycol. Washington, 1889. vol. 5, No. IV, p. 219.)

Verf. nimmt als sicher an, dass die Blattflecke und der Black-Rot auf den Beeren identisch sind und behandelte die ganze grüne Oberfläche der Pflanze mit den verschiedenen Mitteln. Auf Grund einjähriger Freilandversuche kommt Verf. zu dem Schluss, dass die

Wirksamkeit der Kupfermittel gegen Black-Rot unumstösslich sei und Misserfolge nur der unrichtigen Anwendung zuzuschreiben wären; ihre Wirkung ist sowohl preventiv wie curativ.

164. **N.N.** La peronospora ed il Black-Rot in Amerika. (L'Italia agricola, an. XXI. Milano, 1889. 4°. p. 451–452).

Auszug aus F. Lamson Scribner's Mittheilungen, (Agricult. depart., Washington) über die Bekämpfungsmethoden (1888) der beiden genannten Parasiten. Solla.

165. **Frank.** Das diesjährige Ergebniss der Bekämpfung der Kirschbaumseuche im Altenlande. (G. Fl. von Wittmack, 1889, p. 12.)

In Folge der vom Verf. getroffenen Maassnahmen ist die Kirschbaumkrankheit aus dem alten Laude so gut wie verschwunden.

166. **Eidam, E.** Erkrankungen durch Rhizoctonia an keimenden Seradella- und Runkelrübensamen. (Aus „Feierabend des Landwirths", 18. Jahrg.; cit. in Biedermann's C. Bl. f. Agriculturchemie, 1889, p. 405.)

Bei Gelegenheit der Prüfung von *Seradella*-Samen auf ihre Keimfähigkeit bemerkte Verf. an vielen Körnern einen Pilz, der in Form eines schneeweissen Geflechts sich in grosser Schnelligkeit über die andern im Keimbett liegenden *Seradella*-Samen ausbreitete und nach wenigen Tagen die Keimlinge tödtete. Wo die Mycelfäden mit den jungen Würzelchen in Berührung kamen, umspannen sie dieselben und trieben Aeste in das Wurzelparenchym, das einen auffallend rothen Farbenton annahm. Dadurch wurden sofort die Stellen an den *Seradella*-Keimlingen, wo das septirte Mycel eingedrungen war, deutlich gemacht. Das ergriffene Wurzelgewebe erschlafft und erweicht schliesslich breiartig zu einer tiefbraunen Masse. Bei der Cultur des Pilzes zeigten sich keine Conidien, aber auf dem Mycel erschienen zahlreiche weisse Punkte, die aus einem dichten Geflecht strotzend gefüllter Aeste bestanden und den Anlagen von Sclerotien glichen. Die Pünktchen wuchsen unter reichlicher Tropfenausscheidung zu kugeligen oder glatt kuchenförmigen Massen heran und erreichten 1–1,5 mm Grösse; dabei färbten sie sich durch die ganze Masse tief rothbraun. Der Pilz besitzt am meisten Verwandtschaft mit *Rhizoctonia*.

Bei Untersuchung der durch *Rh. Betae* an Zucker- und Futterrüben hervorgerufenen Infectionskrankheit bemerkte Verf., dass nicht nur die erwachsenen Rübenwurzeln, sondern auch Keimlinge davon befallen werden. Einzelne Proben von Rübensamen zeigten sich bei der Keimprobe pilzbehaftet und das Wachsthum des Parasiten erfolgte in ähnlicher Weise wie bei der *Seradella*.

h. Sphaeropsideae und Hyphomycetes.

167. **Massa, C.** La Greeneria fuliginea sulle viti. (L'Italia agricola, an. XXI. Milano, 1889. 4°. p. 35–37.)

Verf. vertheidigt seine Ansicht, dass *Melanconium fuligineum* (Vial. et Scrb.) Cavr. in den Weinbeeren, die als „Bitter Rot" bezeichnete Desorganisation hervorrufe, und zwar in den Fällen, in welchen gleichzeitig auch *Peronospora* in den Beeren auftritt, nicht dieser letztere, sondern der erstgenannte Pilz die wahre und einzige Ursache des Verderbens sei. *Peronospora* schadet den Weinbeeren direct nicht; niemals tritt sie in jenen einzeln, sondern stets in Begleitung mit anderen Parasiten auf und letztere allein (*Phoma, Tubercularia, Pestalozzia* etc.) sind die unmittelbaren Erreger des Uebels. Aehnliches spricht sich auch in der „gedeckten Form" der *Peronospora* in den Weinbeeren (vgl. Cuboni, 1888) aus: der Pilz tritt hier auf, wenn die Beere schon vollkommen reif ist, ja der Pilz fructificirt gar nicht! Solla.

168. **Galloway, B. T.** Notes. Journal of mycology. Washington, 1889. vol. 5, No. 1, p. 37.

1. Sulphuret of Potassium wurde gegen den Bitterrost der Aepfel (*Gloeosporium fructigenum*) angewendet. Da zwischen dem dritten und vierten Bespritzen eine grössere Pause gemacht werden musste, ist der Erfolg nicht durchschlagend gewesen. Immerhin war das Ergebniss verhältnissmässig günstig. Verf. betont aber auch dabei wieder, dass es wichtig ist, das Bespritzen schon vor dem Erscheinen des Pilzes anzuwenden.

2. Bordeauxmischung gegen Pflaumenrost (*Puccinia pruni-spinosa*). Im October

hatten die besprengten Bäume noch etwa $^2/_5$ ihres Blattapparates, während die unbenetzt gebliebenen Reihen nahezu blattlos dastanden.

3. Tomatenkrankheit. In Vineland (N. J.) litten die Tomaten, namentlich die unter Glas gezogenen Pflanzen bedeutend an Blättern und jungen Trieben durch *Cladosporium fulvum*, das auch in England bedeutenden Schaden verursacht. Die Krankheit wurde durch die Bordeauxmischung im Zaum gehalten. Die erste Anwendung geschah im December, wo die Pflanzen anscheinend noch gesund waren.

169. **Southworth, E. A.** Gloeosporium nervisequum (Fckl.) Sacc. (Journ. of mycol., 1889, vol. 5, No. II, p. 51.)

Die Sykomore (*Platanus orientalis*) leidet in letzterer Zeit sehr stark durch *Gloeosporium nervisequum*. Das Uebel ist öconomisch um so bedeutsamer, da ein enormer Verbrauch des Holzes zu Tabakkisten stattfindet. Die kranken Bäume sind auf weite Entfernung zu erkennen. Im letzten Frühjahr ergriff die Krankheit die ausgewachsenen und jungen Blätter nahe der Zweigspitze. Manchmal werden die jungen, unverholzten Axen in einiger Entfernung von der Spitze ergriffen und dann welken sämmtliche Blätter oberhalb der Angriffsstelle, ohne dass der Pilz in ihnen nachweisbar wäre. Zu Washington sah man in diesem Frühjahr wenig ausgewachsene Blätter ergriffen, aber die äusseren Blätter der sich entfaltenden Knospen waren erkrankt und manche Knospe schon todt, bevor sie vollkommen offen war. Man bekommt den Eindruck, dass in einigen Fällen eine Infection der Knospen durch Sporen erfolgt sein muss, welche schon vorhanden waren, bevor das Wachsthum anfing; in anderen Fällen scheint Mycel aus dem Zweige in die Knospe gewachsen zu sein.

170. **Sorauer, P.** Ueber Stengelfäule der Kartoffeln. (Oest. Landw. Wochenbl., Jahrg. 1888, No. 33.)

Die Krankheit ist noch neu oder doch noch nicht erforscht; sie trat mit der Phytophthora-Krankheit gemeinsam auf. Während aber bei dieser der Stock zunächst seine gesunde grüne Farbe behält und das straffe Laub eine nahezu flache Ausbreitung zeigt, wobei nur die befallenen Stellen braun werden und erweichen oder verdorren, fällt bei den stengelfaulen (schwarzbeinigen) Stöcken das gelbe, schlaffe Aussehen sämmtlicher Blätter einzelner oder aller Stengel einer Pflanze in die Augen. Meist beginnt die Krankheit an der Stelle, wo der Stengel die Bodenoberfläche berührt und setzt sich von da nach oben und unten fort. Ursache ein Pilz (*Fusarium pestis* Sor.). Bekämpfung: vermehrter Luftzutritt zur Stengelbasis und den Knollen.

171. **Hartig, R.** Eine Krankheit der Weisstanne. (Sitzber. d. Bot. Ver. in München, v. 10. December 1888. Bot. C. Bl., 1889, I, p. 78.)

Die Krankheit, die im Bayerischen Walde beträchtlichen Schaden angerichtet, besteht im Absterben der Rinde jüngerer und älterer Zweige. Die Nekrose umfasst in der Regel allmählich den ganzen Umfang der Axe und veranlasst damit das Absterben des gesammten über der todten Stelle belegenen Pflanzentheils. In der abgestorbenen Rinde finden sich sehr reichlich schwarze, stecknadelkopfgrosse Pycniden, welche die sie bedeckende Korkschicht sprengen. Die Pycniden enthalten spindelförmige, einzellige Conidien, die leicht keimen. Fast stets finden sich in unmittelbarer Nähe der erkrankten Stelle zahlreiche Apothecien der *Peziza salicina*; doch liess sich ein Zusammenhang mit den Pycniden nicht nachweisen. Letztere sind vom Verf. vorläufig als *Phoma abietina* n. sp. eingeführt worden.

172. **Cuboni, G.** A proposito di una malattia ritenuta Black-Rot. (Bollettino della Societa generale dei viticolt. ital., an. IV. Roma, 1889. p. 534—535.)

Entgegen einer von G. Norsa im „Polesine agricolo" veröffentlichten Mittheilung wehrt C. ab, dass es sich um Black-Rot handle. Die dafür gehaltene Erscheinung sei vielmehr auf *Phyllosticta vitis* Sacc. — welche allerdings ein der *Phoma uvicola* Berk. ähnelndes Auftreten hat — zurückzuführen. Solla.

173. **Smith, Erwin F.** Peach rot and peach blight. (Journ. of mycol., 1889, Washington, vol. 5, No. III, p. 123.)

In den grossen Pfirsichdistricten zwischen der Chesapeake und Delaware Bay fand

Verf., dass *Monilia fructigena* manchmal die Hälfte bis drei Viertel, ja stellenweis die ganze Ernte vernichtet. Durch den Einfluss des Pilzes verlieren die Früchte ihre normale Farbe und Geruch und hören auf, zu wachsen; sie werden lederfarbig oder dunkelbraun und von den Praktikern als „faulig" bezeichnet, obgleich der Zustand, der übrigens in 3—4 Tagen bei Tausenden von Früchten auftritt, keine eigentliche Fäulniss ist. Das Verhängnissvolle ist, dass anscheinend gesund gepflückte Früchte während des Transportes erkranken. Die Frühsorten leiden mehr; dies hängt wahrscheinlich davon ab, dass reiche Regenfälle im Juli und August auftreten. Ein einziger Regen nahe der Reife kann die Zahl der befallenen Früchte sofort verdoppeln. Verletzung der Frucht behufs Eintritt des Pilzes ist nicht nöthig, aber wirkt natürlich begünstigend. Im Laboratorium liessen sich Früchte mit Leichtigkeit dadurch inficiren, dass *Monilia*-Sporen in einem Tropfen Wasser auf die Oberhaut gebracht wurden. Am erfolgreichsten vollzieht sich die Infection, wenn die Luft nahezu mit Wasserdampf gesättigt und der Temperatur nicht viel unter 90° Fahr. beträgt; eine Temperaturerhöhung um 10—20° bedingt eine erstaunliche Wachsthumsbeschleunigung.

An demselben Mycel entstehen an den auf dem Baume oder am Boden überwinterten Früchten neue Conidienpolster. In Delaware fand Verf. die *Monilia* schon am 29. April an den Blumen und jungen Früchten und in dieser Gegend war die Ernte trotz des reichen Blühens gering. In Maryland befiel der Pilz die Pfirsichen im Mai, als sie etwa die Grösse einer Lambertsnuss hatten und hier zeigte sich deutlich der Infectionsherd in einer Menge alter Früchte, die vom vorigen Jahre auf den Bäumen hängen geblieben waren und nach den häufigen Frühjahrsregen aufgeweicht und mit frischen Conidienpolstern bedeckt waren.

Wahrscheinlich kann der Pilz auch in den Zweigen überwintern; denn er greift auch diese an und man nennt die Krankheit dann den Brand (blight). Verf. sah die Erscheinung in ausgedehntem Maasse; selten geht der Pilz aber bis auf zweijähriges Holz zurück. Dagegen findet man ein tiefer im Zweig hinabsteigendes Absterben als Mycel nachweisbar ist. Letzteres ist nur reichlich in der näheren Umgebung des Fruchtstiels. Die frühesten Varietäten leiden am meisten von diesem Pilzbrand und Verf. sah auf solchen Bäumen immer noch mumificirte Früchte. Bäume ohne Fruchtansatz zeigten im Sommer noch keinen Brand.

Verf. bestätigt dann die Sorauer'schen Versuche der Impfung von Aepfeln, Birnen und Pfirsichen mit *Monilia*-Sporen der Pflaumen; er impfte ferner Kirschen und Pflaumen mit Sporen von der Pfirsich und umgekehrt. Ausser auf Aepfeln, Birnen und Quitten fand Arthur den Pilz noch auf Brombeeren und Sorauer impfte ihn auf Wein, Kürbis und junge Haselnüsse; ausserdem wurden als inficirbar noch genannt die Mispel und Cornelkirsche *(Cornus mas)* und vom Verf. der Pilz auch auf grünen Hagebutten gefunden. Die beste Bekämpfungsmethode ist das allgemeine und sorgfältige Einsammeln aller kranken Früchte.

174. **Galloway, B. T.** und **Southworth, E. A.** Treatment of apple scab. (Journ. of mycology, vol. 5, No. IV, 1889, p. 210.)

Nach gemeinsamem Plane wurden von den Professoren Taft in Michigan und Goff in Wisconsin Bekämpfungsversuche des Apfelschorfes (*Fusicladium dendriticum* Fckl.) vorgenommen. In siebenmaliger Wiederholung kamen zur Verwendung vom Monat Mai an 1. Schwefelkalium (½ Unze pro Gallone Wasser), 2. unterschwefeligsaures Natron. Von diesem wurde anfangs 1 Pfd. auf 10 Gallonen Wasser genommen, von der fünften Bespritzung an aber 1 Pfd. auf 12 Gallonen benutzt, da das Laub einige Beschädigungen zeigte. Ferner wurden versucht 3. lösliches Schwefelpulver (1 Pfd. auf 10 Gallonen). 4. Kupfercarbonat, von Taft hergestellt durch Lösung von 3 Unzen Kupfercarbonat in 1 Quart Ammoniak und Verdünnung auf 22 Gallonen. Die Mischung erzeugte bei den Früchten ein russiges Aussehen und ist daher besser zu verdünnen auf 28 Gallonen. Goff stellte das Mittel als Niederschlag aus einer Kupfersulfatlösung durch kohlensaures Natron dar; 1½ Unze des trockenen Präcipitats wurden in 1 Quart Ammoniak gelöst und dazu 90 Theile Wasser gebracht. Da auch hier die Epidermis der Früchte beschädigt wurde und ein rostiges Aussehen bekam, wurde die Lösung später auf die Hälfte verdünnt. 5. Eau celeste, hergestellt durch Lösung von 2 Pfd. Kupfersulfat in heissem Wasser und (in einem anderen Gefässe) von $2^1/_2$ Pfd. kohlensaurem Natron. Beide Lösungen wurden gemischt, auf 22 Gallonen verdünnt und vor dem Gebrauch mit 1,5 Pint Ammoniak versetzt. Die Oberhaut der Früchte zeigte sich gleichfalls beschädigt, so dass eine Verdünnung auf 30 bis 32 Gallonen wünschenswerth erschien.

Die Ernteresultate ergeben sich aus folgender Tabelle:

Goff's Versuche.

Behandlung	Zahl der Bespritzungen	Früchte schorffrei	leicht schorfig	stark schorfig	Kosten pro Baum in Cts.
Schwefelkalium	7	30,04 %	48,55 %	21,41 %	37
Schwefeligsaures Natron . . .	7	43,24 „	42,78 „	13,98 „	29
Schwefelpulver	7	32,72 „	54,31 „	12,97 „	31
Ammoniak. Kupferlösung . .	7	75,02 „	23,35 „	1,63 „	38
Eau celeste	—	—	—	—	—
Schwefellösung	3	42,09 „	48,99 „	8,11 „	—
Nicht besprengt	—	23,34 „	53,89 „	22,71 „	—

Taft's Versuche.

Behandlung	Zahl der Bespritzungen	Früchte schorffrei	leicht schorfig	stark schorfig	Kosten pro Baum in Cts.
Schwefelkalium	7	25,5 %	74,3 %	0,2 %	39
Schwefeligsaures Natron . . .	7	23,6 „	75,4 „	0,89 „	23
Schwefelpulver	6	17,6 „	81,2 „	1,1 „	31
Ammoniak. Kupferlösung . .	7	51,2 „	48,6 „	0,16 „	49
Eau celeste	7	68,8 „	31,0 „	2,0 „	60
Schwefellösung	—	—	—	—	—
Nicht besprengt	—	12,5 „	85,7 „	1,8 „	—

175. **Göthe.** Die Bekämpfung des Apfelrostes. (Gartenflora red. v. Wittmack, 1889, p. 241.)

Als „Apfelrost“ bezeichnet Verf. die schwarzen Flecke durch *Fusicladium*. Bereits früher hatte er zur Bekämpfung eine Lösung von 3 kg Kupfervitriol und 3 kg Kalk pro 100 l Wasser empfohlen; dieselbe ist allerdings wirksam, wirkt aber bei einzelnen Individuen ätzend. Dieser Umstand sei erklärlich, wenn man gelöschten Kalk nehme, der längere Zeit an der Luft gelegen. Es habe dann der Wassergehalt desselben so bedeutend zugenommen, dass der eigentliche Kalkgehalt in der Lösung nicht mehr ausreiche, um die schädliche Wirkung des Kupfervitriols zu neutralisiren. Man muss eben das vorgeschriebene Quantum von frisch gebranntem, noch nicht gelöschtem Kalk nehmen. Nach neueren Erfahrungen scheinen schon 2 kg Kalk und 2 kg Kupfervitriol zur Bekämpfung des *Fusicladium* hinzureichen, wenn die Lösung bereits vor der Blüthe angewendet wird.

176. **Arthur, J. C.** Spotting of Peaches and Cucumbers. (Bull. of the Agricultural Experiment Station of Indiana, No. 19, 1889. Purdue University. Lafayette Ind.)

Die Flecke auf den Pfirsichfrüchten werden durch *Cladosporium carpophilum* Thüm. (Wiener Landw. Wochenbl., 1877, p. 450) hervorgerufen. Bei den Gurken ist ein neues *Cladosporium* als Ursache des Fleckigwerdens nachgewiesen worden. Diese Krankheit ist bisher nur in einer Localität in New York beobachtet worden, dort aber auch so reichlich, dass sie die ganze Ernte der Einlegegurken vernichtete. Sie tritt auf, wenn die Früchte 1—2 Zoll lang sind, in Gestalt grauer, später grünschwarzer leicht eingesunkener Flecke mit schwach sammetiger Oberfläche. Häufig werden diese Flecke von Tropfen einer gummiartigen Substanz begleitet, die als Folge der Zellzerstörung durch den Pilz anzusehen ist, wobei die Zellwandungen verschwinden. Aus dem zu einem dichten Maschenwerk zusammengetretenen Mycel erheben sich die sporentragenden Hyphen, die grosse Aehnlichkeit mit denen des Pfirsichpilzes haben. Ellis und Arthur nennen den Pilz *Cl. cucumerinum* E. et A.

177. **Smith, Erwin F.** Spotting of peaches. (The journal of Mycology by B. T. Galloway, vol. 5, No. I, p. 32. Washington, 1889.)

Cladosporium carpophilum v. Thüm. ist an Blättern und Früchten der Pfirsiche ungemein häufig in Nordamerika, so dass die von ihm verursachten Flecke in manchen Gegenden als normale Erscheinung betrachtet werden, die für manche Sorten charakteristisch ist. Es leiden besonders späte Sorten mit festem Fleische. Die Angriffsweise des Schmarotzers ähnelt der des *Fusicladium* an Aepfeln und Birnen: die halbausgewachsenen Pfirsichen bildet eine schützende Korklage unterhalb des Pilzherdes. Wenn die Frucht später noch bedeutend anschwillt, zerklüftet die Korkschicht tief und unregelmässig; es siedelt sich dann gern *Monilia fructigena* Pers. an und darauf beginnt die Fäulniss. Das Aufreissen und die Fäulniss werden durch Regenwetter begünstigt.

178. **Galloway, B. T.** The Grape-leaf blight. (Journ. of mycol. Washington, 1889. vol. 5, No. II, p. 93.)

Im östlichen Theil der Vereinigten Staaten, speciell entlang der Küste des atlantischen Oceans leiden die Blätter der wilden und cultivirten Reben oft stark von *Cladosporium viticolum*. Im Mai 1888 fand Verf. unter einer wilden Rebe *(Vitis aestivalis)* noch Blätter mit den charakteristischen Flecken. Der Pilz war vollkommen lebend und die Sporen keimten bereits nach 4 Stunden. Stellenweis bildete das Mycel kugelige, dunkle Massen, aus welchen die Conidien tragenden Fäden hervorsprossten. Wahrscheinlich erhält sich der Pilz über Winter durch diese Mycelhaufen. Man sieht hieraus, wie nothwendig es ist, die Blätter bald nach dem Laubfall zu zerstören.

179. **Fairman, Charles.** Black spot of Asparagus berries. (Journ. of mycol., 1889, vol. 5, No. III, p. 157.)

Schwarzfleckigkeit der Spargelbeeren, hervorgebracht zum Theil durch ein im Innern wachsendes Mycel, (wahrscheinlich *Penicillium*) und einen äusseren Ueberzug von *Cladosporium*.

180. **Briosi, G.** Elenco delle ricerche fatte al Laboratorio di botanica crittogamica di Pavia nei mesi di settembre e ottobre 1889. (Bull. N. Agr., an. XI, 1889, p. 2228—2231.)

Verf. erwähnt *Cladosporium Fumago* Lk. als sehr schädigend auf Weintrauben zu Villa d'Adda (Bergamo). — Ferner *Sclerotium Oryzae* Catt. und *Leptosphaeria Oryzae* (Gar. et Catt.) Sacc. in Reisanpflanzungen der Lombardei; nicht stark auftretend. — *Ustilago destruens* Lév. zerstörte die Culturen der Hirse auf den Feldern um Brescia. — *Microstroma album* (Dsm.) Sacc. auf Blättern von *Quercus Robur* zu Volpedo (Provinz Alexandrien). — *Exoascus coerulescens* Sadeb. auf Zerreichenblättern zu Lizzano (Bologna).

Solla.

181. **Russthau, Mittel gegen —.** (Gartenflora red. v. Wittmack, 1889, p. 275.)

Gegen die bekannten schwarzen Pilzüberzüge auf Linden, Weissdorn und andern Gehölzen sowie auf vielen Topfgewächsen soll nach den Mittheilungen des steiermärkischen Gartenbauvereins Salicylsäurelösung ein vorzügliches Mittel sein. Man löst 3 gr pro Liter in heissem Wasser und bestreicht nach dem Erkalten der Lösung die befallenen Pflanzen.

182. **Bottini, A.** Sulla struttura dell'oliva. (N. G. B. J., XXI, 1889, p. 369—380. Mit 2 Taf.)

Verf. wurde anlässlich eines Studiums der Histologie der Oliven auf eine Krankheit der letzteren aufmerksam, welche bereits im Juli etliche Früchte eintrocknen und fallen lässt, bei anderen Früchten, die auf dem Baume bleiben, bedingt das Uebel eine abnorme Wucherung einzelner Gewebspartien, während die übrigen einschrumpfen. — Verf. hat derartig beschädigte Früchte im November—December untersucht: die Gewebe sind abgestorben, die Sclerenchymzellen besitzen zwar verholzte, aber nur wenig verdickte Wände; das Oel verschwindet aus den Parenchymzellen oder wird in denselben gar nicht gebildet, und die Wände der letztgenannten Gewebselemente cutinisiren bald, bald quellen sie auf oder werden gar desorganisirt. Die Oberhaut, im Allgemeinen ganz und gut erhalten, zerbröckelt entsprechend den Stellen, wo im Innern das Gewebe alterirt wird.

Ueber die Ursache dieser Krankheit sagt Verf. aus, dass meteorische Niederschläge gänzlich auszuschliessen sind; ebensowenig dürfte die *Septoria oleaginea* Thüm. hier vorliegen. Es gelang ihm zwar hie und wieder subepidermale hervorbrechende Perithecien — die schon von aussen als schwarze Pünktchen sichtbar sind — wahrzunehmen, aber in deren Innern vermochte er nur Körnelungen und keinerlei Sporen zu entdecken. Bei Aufhellung der Präparate mittels Kalilauge wurde auch ein schwaches zerstreutes Mycel sichtbar, doch vermochte Verf. den Zusammenhang derselben mit den genannten Perithecien nicht klarzulegen.

Die Krankheit bewirkte grossen Schaden (1888) an mehreren Punkten im Gebiete von Colle Salvetti (Pisa). Solla.

Anhang.

Arbeiten unbekannten Inhalts.

*183. **Baccarini, P.** Intorno ad una malattia dei grappoli d'uva. (Atti dell'Istit. botan. della R. Università di Pavia, ser. II, vol. 1⁰, p. 251 ff.)

Nicht gesehen. Solla.

*184. **Benedetti, M.** Cagioni nemiche della vite; parassiti vegetali, ecc. Note pratiche. Orviete, 1889. 8⁰. 26 p.

Nicht gesehen. Solla.

*185. **Dubourg, W. A.** Recherches sur les causes de la chlorose de la vigne. Considerations physiologiques. Angoulème. Chassaignai, 1889. 8⁰. 48 p.

*186. **Humphrey, J. S.** The potato scab. VIII Annual Report of the board of control of the State Agricultural Experiment Station at Amherst. Massachusetts, 1889.

*187. **Kean, A. L.** A Lily-disease in Bermuda — The Onion disease in Bermuda. (Annals of Bot., 1889, vol. 4.)

*188. **Ludwig.** Mycologische Notizen, II. Schleimfluss. (Deutsche bot. Monatsschrift 1889, No. 9.)

*189. **Ludwig, F.** Krankheiten der Chausseebäume in Thüringen und der schwarze Schleimfluss. (Deutsche bot. Monatsschrift, 1889, No. 9.)

*190. **Magnus, P.** Eine Pflanzenepidemie, beobachtet im Berliner Universitätsgarten im Juni und Juli 1889. (Naturwiss. Rundschau, 1889, p. 34.)

*191. **Meyners d'Estrey.** La maladie des caféiers au Bresil. (Rev. d. sc. nat. appliquées, vol. 36, 1889.)

192. **Meneghini, S.** Difendiamo i nostri prati dalla cuscuta. (Annuar. del Comizio agrario di Conegliano; an. IV. Treviso, 1889.) Solla.

193. **Ottavi, E.** Primanera umida e malattia della vite. (L'Agricoltore ticinese. Lugano, 1889.) Solla.

194. **Ottavi, E.** Avversità e malattie degli alberi da frutte. Casale, 1889. Solla.

195. **Passerini, G.** La nebbia del pomodoro. (Bollettino del comizio agrario parmense. Parma, 1889. 3 p.)

Nicht gesehen. Solla.

*196. **Smith, E. F.** Peach yellows. A preliminary report, Washington 1888. 254 p. 8⁰. 37 plates. United St. Department of Agriculture. Bot. Division. Bull. Sect. of vegetable pathology 1889 = Journ. of mycology vol. 5, No. 9.

*197. **Studer, Th.** Ueber das Abfallen der Tannästchen. (Mittheil. d. Naturf. Ges. für Bern, 1889, No. 1195–1214. p. X.)

*198. **Vuillemin, P.** La maladie du peuplier pyramidal. (C. r. Paris, t. CVIII, 1889, p. 632 u. 1133.)

XVIII. Pflanzengeographie von Europa.

Referent: **J. E. Weiss.**

Disposition:

1. Arbeiten, die sich auch auf andere Erdtheile beziehen.
2. Arbeiten, die sich auf Europa allein beziehen.
   a. Arbeiten, welche sich auf mehrere Länder, beziehungsweise nicht auf ein bestimmtes Florengebiet beziehen.
   b. Nordisches Gebiet. Dänemark, Schweden, Norwegen.
   c. Deutsches Florengebiet.
      1. Arbeiten mit Bezug auf mehrere deutsche Länder.
      2. Baltisches Gebiet. Mecklenburg, Pommern, West- und Ostpreussen.
      3. Märkisches Gebiet. Brandenburg, Posen.
      4. Schlesien.
      5. Obersächsisches Gebiet. Sachsen und Thüringen.
      6. Niedersächsisches Gebiet. Hannover, Oldenburg, Bremen, Hamburg, Lübeck, Schleswig-Holstein, Ostfriesische Inseln.
      7. Niederrheinisches Gebiet. Rheinprovinz und Westfalen.
      8. Oberrheinisches Gebiet. Hessen-Nassau, Pfalz, Elsass-Lothringen und Baden.
      9. Südostdeutschland. Württemberg und Bayern.
      10. Oesterreich. Arbeiten, die sich auf mehrere Länder der Monarchie beziehen.
      11. Böhmen.
      12. Mähren und Oesterreichisch-Schlesien.
      13. Nieder- und Oberösterreich, Salzburg.
      14. Tirol und Vorarlberg.
      15. Steiermark und Kärnthen.
      16. Krain, Küstenland, Istrien, Kroatien.
      17. Schweiz.
   d. Niederländisches Florengebiet. Luxemburg, Belgien, Holland.
   e. Britische Inseln.
   f. Frankreich.
   g. Pyrenäen-Halbinsel.
   h. Italien.
   i. Balkanhalbinsel.
   k. Karpathenländer. Ungarn, Galizien, Siebenbürgen, Rumänien.
   l. Russland.
   m. Finland.

Referate.

1. Arbeiten, die sich auch auf andere Erdtheile beziehen.

1. **Pax, F.** Monographische Uebersicht über die Arten der Gattung Primula (Engl. J., 1889, 10. Bd., p. 136—241.)

Verf. bemerkt im Allgemeinen, dass dem arktischen und subarktischen Gebiete Europas *Primula sibirica* var. *finnmarchica*, *Pr. scotica*, *stricta*, *farinosa* var. *genuina* und *acaulis* angehören; dem Mittelmeergebiet *Pr. officinalis, elatior, acaulis, Auricula* und *Palinuri;* den Karpathen gehören aus der Sectio Auricula an: *Pr. Clusiana, Auricula* und *minima,* den Pyrenäen *Pr. villosa, hirsuta, integrifolia,* der Balkanhalbinsel *Pr. Kitaibeliana* und *minima*, den Sudeten nur *minima*, den Alpen *Pr. Clusiana*, *marginata*, *integrifolia*, *pedemontana*, *viscosa*, *glutinosa*, *commutata*, *villosa*, *oenensis*, *spectabilis*, *glaucescens*, *Wulfeniana*, *carniolica*, *ciliata*, *tyrolensis*, *Allionii*. Im Speciellen sei bemerkt: *Primula elatior* var. *genuina* in Mitteleuropa; var. *intricata* Pax in den Pyrenäen, den Alpen, Bosnien; var. *Pallasii* in Asien; *Pr. acaulis* var. *genuina* Pax und var. *caulescens* in Mitteleuropa und der ganzen Mittelmeergegend; var. *balearica* Wk. auf den Balearen; var. *Sibthorpii* im Peloponnes und bei Konstantinopel; *Pr. officinalis* var. *genuina* im mittleren und nördlichen Europa; var. *Columnae* Pax von Spanien bis Armenien; *Pr. elatior* × *amoena* Pax am Kasbeck; *P. elatior* × *acaulis* 1. *subacaulis* × *genuina*, *Pr. superacaulis* × *genuina* unter den Eltern; *Pr. elatior* × *officinalis* 1. *elatior* × *genuina* in Holstein, Thüringen, Sachsen, Schlesien, Niederösterreich, Tirol, der Schweiz und in Frankreich; 2. *elatior* × *inflata* in Niederösterreich; *Pr. officinalis* × *acaulis* 1. *subacaulis* × *genuina* unter den Eltern; *superacaulis* × *genuina* unter den Eltern; *acaulis* × *inflata* in Niederösterreich; *acaulis* × *Columnae* unter den Eltern; *Pr. sibirica* var. *finnmarchica* Jacq. in Finnland und dem nördlichen Skandinavien; *Pr. stricta* in Norwegen, Finnland, im nördlichen und arktischen Russland, Island; *farinosa* α. *genuina* in Europa, Asien und Nordamerika; var. *lepida* ebenda, var. *exigua* Pax in Bulgarien; *Pr. scotica*, Nordschottland, Orkney-Inseln; *Pr. longiflora* in den Alpen, den Karpathen, in Bosnien und Montenegro; *Pr. longiflora* × *farinosa* im Engadin; *Pr. frondosa* Janka im nördlichen Thracien; *Pr. ciliata* in Judicarien; *Pr. Auricula* × *ciliata* in Judicarien; *Pr. Auricula* in den Alpen und Karpathen; *Pr. Palinuri* am Vorgebirge Palinuri; *Pr. marginata* in den Westalpen; *Pr. auricula* × *carniolica* bei Idria, auf dem Robila; *Pr. carniolica* in Kärnthen; *Pr. ciliata* × *spectabilis* am Monte Baldo; *Pr. integrifolia* × *Auricula* in den rhätischen Alpen; *Pr. integrifolia* in den Pyrenäen und den Centralalpen der Schweiz; *Pr. Clusiana* in den Nordostalpen, in Siebenbürgen; *Pr. spectabilis* in den Südostalpen, var. *longobarda* in der Lombardei und in Judicarien; *Pr. glaucescens* auf den Comerseealpen; *Pr. Wulfeniana* in den Südostalpen; *Pr. Kitaibeliana* in den croatischen Alpen, in Serbien und Montenegro; *Pr. integrifolia* × *hirsuta* in Graubündten; *Pr. hirsuta*, var. *ciliata*, var. *pallida*, var. *nivea* in den Alpen und Pyrenäen; *Pr. villosa* in Steiermark; *Pr. oenensis* in den Alpen von Süd- und Westtirol, in der Schweiz; *Pr. hirsuta* × *oenensis* in Val Muranza in der Ostschweiz; *Pr. Auricula* × *hirsuta* 1. *superauricula* × *hirsuta* und 2. *subauricula* × *hirsuta* in den Tiroler- und Schweizeralpen; *Pr. Auricula* × *villosa* 1. *subauricula* × *villosa*, 2. *superauricula* × *villosa* in Steiermark; *Pr. Auricula* × *oenensis* 1. *superauricula* × *oenensis*, 2. *subauricula* × *oenensis* in Judicarien; *Pr. hirsuta* × *viscosa* in den rhätischen Alpen; *Pr. viscosa* in den Pyrenäen, den West- und Centralalpen; *Pr. commutata* in Steiermark; *Pr. integrifolia* × *viscosa* 1. *superintegrifolia* × *viscosa*, 2. *subintegrifolia* × *viscosa* in den rhätischen Alpen; *Pr. Auricula* × *viscosa* 1. *superauricula* × *viscosa*, 2. *subauricula* × *viscosa* in den Alpen der Schweiz; *Pr. pedemontana* in den Alpen der Schweiz; *Pr. Allionii* in Piemont; *Pr. tyrolensis* in Südtirol und Venetien; *Pr. ciliata* × *tyrolensis* in den Venetianer Alpen; *Pr. Wulfeniana* × *tyrolensis* in den Venetianer Alpen; *Pr. glutinosa* in den Centralalpen von Tirol bis Kärnthen; *Pr. glutinosa* × *minima* 1. *biflora* in den Tiroleralpen; 2. *salisburgensis* in den Alpen Tirols, Kärnthens, Steiermarks und Salzburgs; 3. *Floerkeana* in den Centralalpen von Tirol ostwärts; 4. *Huteri* in den Tiroleralpen; *Pr. minima* in den Central- und Ostalpen, in den Karpathen, in Thracien und Bulgarien; *Pr. Clusiana* × *minima*, 1. *superclusiana* × *minima* in Steiermark, Niederösterreich; 2. *subclusiana* × *minima* in den österreichischen Alpen; *Pr. spectabilis* × *minima* 1. *subminima* × *spectabilis*, 2. *superminima* × *spectabilis* in den Südwestalpen Tirols; *Pr. minima* × *oenensis* in den Alpen Südtirols; *Pr. minima* × *hirsuta* 1. *superhirsuta* × *minima* und 2. *subhirsuta* × *minima* in den Centralalpen Tirols; *Pr. minima* × *villosa* in den Steiereralpen.

2. **Pax, F.** Nachträge und Ergänzungen zur Monographie der Gattung Acer. (Engl. J., Bd. XI, 1889, Heft 1, p. 72—83).

In der Uebersicht über die Verbreitung der Gattung *Acer* in Europa hebt Verf. hervor: Neu für Europa sind: *Acer hyrcanum* Fisch. et Mey., *A. Dobrudschae* Pax und *A. fallax* Pax. Des Weiteren wird angegeben: *Acer tataricum* in Südosteuropa; var.

incumbens Pax in Bulgarien; var. *Sledzinskii* Raciborski in Galizien und in der Ucrain; *A. Pseudo-Platanus* subs. *villosum* in Dalmatien und Süditalien, subsp. *typicum* in Mittel- und Südeuropa; *A. Heldreichii* Orph. subsp. *Eu-Heldreichii* in Nordgriechenland, subsp. *macropterum* (Vis.) Pax in Serbien, Montenegro und in der Herzegowina; *A. campestre* var. *marsicum* in Istrien, Bulgarien; var. *lobatum* in Mittel- und Südeuropa; var. *acutilobum* in Serbien, Dalmatien und Istrien; var. *leiophyllum* in Südosteuropa; var. *pseudomonspessulanum* in Serbien; var. *glabratum* in ganz Mitteleuropa; var. *lasiophyllum* in ganz Mittel- und Südeuropa; var. *austriacum* in Südosteuropa; *A. campestre* × *monspessulanum* in der Herzegowina; *A. obtusatum* subsp. *obtusatum* im südöstlichen Europa weit verbreitet; subsp. *neapolitanum* in Neapel; *A. italicum* subsp. *hispanicum* im östlichen und südlichen Spanien; subsp. *opulifolium* in Südfrankreich, in der südlichen Schweiz, in Ober- und Mittelitalien; var. *hyrcanum* in Montenegro und im südlichen Serbien; *A. reginae Amaliae* im nördlichen Griechenland; *A. monspessulanum* im südlichen Europa und im ganzen Mittelmeergebiet; var. *illiricum* in Istrien, Dalmatien und Italien; var. *ibericum* in Ungarn und Russisch-Rumänien; var. *cruciatum* in Istrien, Dalmatien und Serbien; *A. creticum* im südlichen Griechenland und auf Creta; *A. Lobelii* subsp. *Tenorei* in Neapel; *A. Dobrudschae* in der Dobrudscha; *A. fallax* in Dalmatien und *A. platanoides* im mittleren und ganzen mediterranen Europa weit verbreitet.

3. **Schiffner, Vict.** Die Gattung Helleborus. (Engl. J., Bd. XI, 1889, Heft 1, p. 92.)

Verf. bemerkt im Allgemeinen bezüglich der geographischen Verbreitung der Gattung *Helleborus*, dass sie nur in der Alten Welt von den Kaukasusländern und Kleinasien durch den ganzen europäischen Continent mit Ausnahme des hohen Nordens vorkomme. Im Speciellen sei bemerkt, soweit europäische Arten in Betracht kommen: *Helleborus foetidus* L. gehört dem west- und südeuropäischen Florengebiet an, verbreitet; *H. corsicus* Willd. α. **latifolius** Schiffner, β **angustifolius** Schiffner auf Corsica, Sardinien und den Balearen; *H. lividus* Ait. und var. **pictus** Schiffner von den Balearen bekannt; *H. niger* in den nordöstlichen Kalkalpen von Tirol durch das bayerische Hochland bis in die nordöstlichsten Ausläufer der Alpen Niederösterreichs und die Voralpen Ungarns; *H. macranthus* vertritt den *H. niger* im westlichen und südlichen Gebiet von der Provence bis in die siebenbürgisch-wallachischen Karpathen; *H.* **Kochii** Schiffner in den Var. **hirsutus** Schiffner und **glaber** Schiffner vom Schwarzen Meere und dem Kaukasus bis zum westlichen Talysch; *H. cyclophyllus* Boiss. in der südlichen Türkei und in Griechenland, auf Euböa; *H. odorus* in den unteren Donauländern von Istrien und Oberitalien bis Krain, Kärnten und dem südlichen Steiermark; *H. multifidus* Vis. und var. *Bocconi* Tenore von Dalmatien durch die Herzegowina, Montenegro, Bosnien, Croatien bis Siebenbürgen; er findet sich noch in Istrien, Krain und in Italien bis Calabrien; *H.* **siculus** Schiffner n. sp. in Sicilien; *H. viridis* L., var. *laxus*, var. *pallidior* Schiffner in Mitteleuropa; *H. occidentalis* im westlichen und südwestlichen Europa; *H. dumetorum* im südöstlichen Gebiet mit dem Verbreitungscentrum in Ungarn und dem croatischen Litorale; *H. atrorubens* wie *dumetorum; H. intermedius* (*atrorubens* × *dumetorum*), bei Agram, Sufed, Sambor, bei Neustädtel in Unterkrain; *H. graveolens (atrorubens* × *odorus?)* in Slavonien, in Ober-, Unter- und Innerkrain bei Utik, Germada und Grosskahlenberg; *H. purpurascens* und var. *Baumgartenii* in Ungarn bis Montenegro und Siebenbürgen und dem Banat.

4. **Kronfeld, M.** Monographie der Gattung Typha. (Verh. B. Z. Wien, 1889, p. 89–192.)

Verf. bearbeitete die Gattung *Typha* monographisch. In pflanzengeographischer Beziehung sei bemerkt: *Typha minima* findet sich in England, Spanien, Belgien, Frankreich, in der Schweiz, Italien, Deutschland, Oesterreich-Ungarn, Serbien, Rumänien und Russland, sowie in Asien und zweifelhaft auf S. Domingo in Amerika. Die var. **Regelii** Kronf. findet sich nur in Asien; *T. Martini* Jord. auf den Rhône-Inseln unterhalb Lyon, an der Isère bei Vaule, an der Arne bei Étrambières am Zusammenfluss der Rhône und Arne; var. **Davidiana** Kronf. in der Mongolei bei Géhol; *T.* **Haussknechtii** Kronfeld in Armenien; *T. angustifolia* L. in ganz Europa mit Ausschluss Griechenlands, in Asien und Amerika; var. **Brownii** Kronf. in Australien und Polynesien; *T. australis* in Afrika; *T.*

javanica auf den Mascarenen und Seychellen, auf Ceylon, den Sunda-Inseln und den Philippinen; *T. Mülleri* Rohrb. in Australien; *T. angustata* Bory et Chaub. in Europa, in Griechenland, in Asien und Afrika; *β. leptocarpa* Rohrb. in Abyssinien; *T. aethiopica* Kronf. im Lande der Kitsch und in Abyssinien; *T. domingensis* Pers. in Nordamerika, Westindien, Central- und Südamerika; *T. elephantina* Roxb. in Asien und Afrika; *T. Schimperi* Rohrb. in Abyssinien; *T. glauca* Godr. in Lothringen; *T. Laxmanni* Lepechin in Rumänien und Russland, sowie in Asien weit verbreitet; var. **mongolica** Kronf. n. v. in der Mongolei; var. **planifolia** Kronf. in Persien; *T. Shuttleworthii* Koch et Sond. in Frankreich, der Schweiz, Oberitalien, Baden, Bayern, Württemberg, Steiermark, Ungarn, Siebenbürgen; *T. orientalis* Presl in China und Japan; *T. latifolia* in ganz Europa ausser Lappland, in Asien, Afrika, Amerika; *T. capensis* Rohrb. in Capland; var. **Hildebrandtii** Kronf. n. v. in Madagascar.

5. **Wettstein, Rich. v.** Die Astragalus-Arten aus der Section Melanocercis. (Bot. C., 1889, Bd. XXXIX, p. 250.)

Nach dem Verf. findet sich von den Arten der Sectio *Melanocercis: Astragalus Pumilio* auf den Balearen: *A. Massiliensis* im östlichen Spanien, in Südfrankreich, Sardinien, Corsika; *A. Sirinicus* auf Sardinien, Corsika, in Italien, Sicilien, Dalmatien; *A. angustifolius* in Griechenland, auf den angrenzenden Inseln, in Armenien; *A. pungens* in Ostgriechenland und Kleinasien; *A. Tymphresteus* in Griechenland; *A. Hermoneus, gymnolobus, Heiri* im östlichen Kleinasien und *A. serbicus* in Serbien, Bulgarien und an den Küsten des Pontus.

6. **Sabransky, H.** Batographische Miscellaneen. (D. B. M., 1889, p. 129.)

Verf. bespricht verschiedene *Rubus*-Formen: *Rubus polyanthemos* Lindeb. in Surrey; *R. Bastardianus* Genév. in Middlessex, Gloucestershire, Carnarvonshire; *R. cedrorum* Kotschy im Taurus; *R. ulmifolius* × *tomentosus* zwischen Imoski und Macarsca in Dalmatien; ebendort auch *R. ulmifolius* var. *dalmatinus; Rubus Arrhenii* in Seine-Inférieure; *R. Halácsyi,* Semmering; auch im Trencsiner Comitat und um Nemes-Podhrázy; *R. eurythyrsos* wird in *R.* **Vindobonensis** Sabr. et H. Braun umgetauft; *R. macrophyllus* subsp. **squalidus** Sabr. in den Kleinen Karpathen nächst Pressburg; *R. nitidus* im Lausitzer Gebiete bei Alt-Georgswalde.

7. **Rein.** Verbreitung des Ranunculus bullatus. (Verb. des Naturh. Vereins der preuss. Rheinlande, Westfalens und des Reg.-Bez. Osnabrück, 1889, Sitzber. p. 27—28.)

Nach dem Verf. bewohnt *Ranunculus bullatus* die Ebenen und Hügellandschaften (keine Gebirge) der westlichen wärmeren Mittelmeerregion; namentlich kommt er vor in Südportugal, Spanien, Marokko, Algier und Tunis, in Sicilien, Kephalonia und Kreta; Verf. giebt noch Merida am Guadiana als Standort an.

8. **Fritsch, Karl.** Ueber die Auffindung der Waldsteinia ternata Steph. innerhalb des deutschen Florengebietes. (Z. B. G. Wien, 1889, p. 69.)

Verf. bespricht zunächst *Waldsteinia.* Zwei Arten, *W. lobata* und *fragarioides,* wachsen in Nordamerika; *W. geoides* ist von Galizien bis in die Krim verbreitet, während *W. ternata* in Japan, im östlichen Sibirien, in Siebenbürgen und in Kärnthen am Wolfsberg am Fusse der Raxalpe wächst.

9. **Fritsch, Karl.** Ueber Spiraea und die mit Unrecht zu dieser Gattung gestellten Rosifloren. (V. B. Z. G. Wien, 1889, p. 26—31.)

Ohne pflanzengeographische Notizen.

10. **Bennett, Arthur.** Carex elytroides Fries in Britain. (J. of B., 1889, p. 117.)

Verf. theilt mit, dass er von Mr. J. E. Griffith of Bangor *Carex elytroides* von Anglesia bekommen habe; die Pflanze findet sich sonst in Grönland, Lappland und Upland in Schweden.

11. **William, Frederick N.** Revision of the specific forms of the Genus Gypsophila. (J. of B., 1889, p. 321 329.)

Pflanzengeographisch ohne Interesse.

12. **Wittich, Christoph.** Pflanzenarealstudien. Die geographische Verbreitung unserer bekanntesten Sträucher. Inaug.-Diss. Giessen, 1889.

13. **Briquet, J.** Fragmenta monographiae Labiatorum. (Bull. des travaux de la Soc. bot. de Genève, No. 5, 1889.)

Nicht zugänglich.

14. **Chodat, R.** Monographie des Polygalacées. I Partie Genre Polygala. (Compte rendu des travaux présentés à la 72. session de la Société Helvétique des sciences naturelles à Lugano. 1889. p. 16.)

Nicht gesehen.

15. **Palla, Ed.** Zur Kenntniss der Gattung Scirpus. (Engl. J., 1889, p. 293—301.)

Eine monographisch-anatomische Untersuchung, ohne pflanzengeographisches Interesse.

16. **Gandoger, M.** Flora Europae terrarumque adjacentium, sive enumeratio plantarum per Europam atque totam regionem Mediterraneam cum insulis Atlanticis sponte crescentium novo fundamento instauranda. Tom XVI. complectens Gentianaceas, Convolvulaceas, Solanaceas, Boraginaceas et Verbenaceas. 8°. 395 p. Paris, 1889.

Dieser Band enthält 3 neue Gattungen: 1. *Deflersia* für *Verbascum sinuatum* und die verwandten Species; 2. *Acanthothapsus* für *Verbascum spinosum* und 3. *Neosotis* für die *Myosotis*-Arten mit von angedrückten Haaren geschlossenen Kelchen.

Der Band XVII enthält 3 neue Gattungen: 1. *Debeauxia* gegründet auf die Sectionen *Thymastrum* und *Pseudothymbra* der Gattung *Thymus;* 2. *Perardia*, die *Menthae spicatae* umschliessend und 3. *Phyllotaphrum* verschiedene Pflanzen von *Nepeta Calamintha* und *Melissa* umschliessend.

II. Arbeiten, die sich auf Europa allein beziehen.

a. Arbeiten, welche sich auf mehrere Länder, beziehungsweise nicht auf ein bestimmtes Florengebiet beziehen.

17. **Nägeli, C. v.** et **Peter, A.** Die Hieracien Mitteleuropas. Bd. II. Monographische Bearbeitung der Archieracien mit besonderer Berücksichtigung der mitteleuropäischen Sippen. Heft 3, p. 241—340. München, 1889.

Das III. Heft enthält die *Glandulifera*. Spec. *Hieracium glanduliferum* Hoppe subsp. *piliferum* Hoppe *α. genuinum* Näg. et Peter[1]) 1. normale N. et P. *α. verum* N. et P. am Monte Pian in den Tiroler Dolomiten; b. *latifolium* N. et P. in der Ostschweiz und in Tirol; c. *brevipilum* N. et P. in der Schweiz und in Tirol; 2. *Schraderi* Schleich, Alpen; 3. *multiglandulum* N. et P., Alpen; 4. *calvifolium* N. et P., Tirol und Ostschweiz; 5. *tubuliflorum* N. et P., Schweiz und Tirol; 6. *opeolepum* N. et P., Alpen *β. glandulisquamum* N. et P., Pyrenäen und Dauphiné: *γ. fulginatum* Hut. et Gand., Tirol und Ostschweiz; subsp. *subnivale* Gren. et Godr. 1. normale N. et P. in Savoyen; b. *hypoleion* N. et P., Savoyen. 2. *Glanduliferum:* 1. subsp. *leucopsis* Arv.-Touv., Dauphiné; 2. subsp. *absconditum* Huter, Tirol und Westschweiz; 3. subsp. *glanduliferum* Hoppe *α. genuinum* N. et P. 1. normale N. et P. *α. verum* N. et P., Alpen; b. *albescens* N. et P., Schweiz und Tirol; 2. *pilicaule* N. et P., Schweiz und Tirol; 3. *calvescens* Fr., ebenso; 4. *tubulosum* Fröl. in der Westschweiz; *β. leptophyes* N. et P. in der Ostschweiz; 4. subsp. *hololeptum* N. et P. 1. normale N. et P. Alpen; 2. *pilosius* N. et P. in der Schweiz und in Tirol. *Hieracium cochleare* Kern. = *glanduliferum* × *alpinum;* subsp. *pseudalpinum* N. et P. beim Simplonhospiz. *H. cirritum* Arv.-Touv. = *glanduliferum* × *silvaticum*. 1. subsp. *leucochlorum* Arv.-Touv. × *genuinum* N. et P. 1. normale in der Dauphiné am Monte Viso; 2. *longipilum* N. et P. in der Schweiz und in Savoyen; *β. rhombophyllum* N. et P., Schweiz; 2. subsp. *nigritellum* Arv.-Touv. 1. normale N. et P., Westalpen; 2. *Favrei* Arv.-Touv. am Simplon; 3. subsp. *cirritum* Arv.-Touv. 1. normale N. et P. in der Dauphiné; 2. *lingulatum* N. et P. in der Dauphiné; 3. *latifolium* N. et P. in Piemont; 4. *longipilum* N. et P. in Piemont und der Ostschweiz; 4. subsp. *ustulatum* Arv.-Touv. 1. normale N. et P. in der Dauphiné; 2. *dentatum* Arv.-Touv., ebendort; 5. subsp. *hypochaeroideum* Arv.-Touv. auf

[1]) Die mit N. et P. (Nägeli et Peter) als Autoren versehenen Pflanzen sind neu.

den Cottischen Alpen; 6. subsp. *elisum* Arv.-Touv. ebendort; *Sectio Armerioides*: 1. subsp. *armerioides* Arv.-Touv. 1 normale N. et P. in Dauphiné, in Piemont und der Westschweiz; 2. *puberulum* Arv.-Touv am Monte Viso; 3. *pilosum* N. et P. in Piemont und der Westschweiz; 2. subsp. *phalacrophyllum* N. et P. 1. normale N. et P. in der Westschweiz; 2. *calrescens* N. et P. in der Dauphiné; 3. subsp. *crispulum* N. et P. in Wallis; 4. subsp. *Toucetii* N. et P. in Savoyen.

IV. Gruppe *Tomentosa*. *Hieracium tomentosum* All. I. *Tomentosum*. 1. subsp. *tomentosum* All. 1. normale N. et P. in Piemont und der Westschweiz; 2. *coronariifolium* Arv.-Touv., Dauphiné und Westschweiz; b. *dentifolium*, Dauphiné und Piemont; 2. subsp. *floccosum* Arv.-Touv., Dauphiné; 3. subsp. *phlomidifolium* Arv.-Touv., Dauphiné; 4. subsp. *Ravaudii* Arv.-Touv., Dauphiné; 5. subsp. *pteropogon* Arv.-Touv., Dauphiné; II. *Andryaloides* subsp. *andryaloides* Vill. *α. genuinum* N. et P., Dauphiné und Savoyen; *β. Liottardi* Vill., Dauphiné; *γ. eriopsilon* Jord., Dauphiné. *H. pannosum* Boiss. 1. subsp. *pannosum* Boiss.; *α. genuinum* N. et P., Vorderasien und Griechenland; *β. taygeteum* Boiss. et Heldr., Griechenland; 2. subsp. *Friwaldii* Rchb. f. in Serbien; 3. subsp. *Mokragorae* N. et P., Westserbien; 4. subsp. *Parnassi* Fries, Griechenland. *H. thapsiforme* Uechtr. 1. subsp. *thapsiforme* Uechtr., Montenegro und Serbien; 2. subsp. *gymnocephalum* Griseb. *α. genuinum* N. et P., Montenegro, Westserbien; *β. plumulosum* Kern. 1. *normale* Montenegro; 2. *nudicaule* N. et P., Montenegro, Dalmatien, Westserbien, Bosnien; 3. subsp. *lanifolium* N. et P. in Croatien.

Zwischenformen und Bastarde der *Tomentosa*: *H. erioleion* N. et P. (*tomentosum* × *glaucum*), Piemont 2. subsp. *gnaphalodes* Arv.-Touv., Piemont. *H. eriophyllum* Schleich. (*tomentosum* × *villosum*), Südwestalpen 1. subsp. *albatum* N. et P. *α. genuinum* N. et P., Piemont; *β. leucomallum* N. et P. 2. subsp. *chionodes* N. et P., Piemont; 3. subsp. *eriophyllum* Schleich. 1. normale, Piemont; 2. *brachiatum* N. et P., Piemont; 3. *protractum* N. et P., Westschweiz, Oberösterreich und Niederösterreich; 4. subsp. *criovillosum* N. et P., Piemont. *H. chloropsis* Gren. et Godr. = *tomentosum* × *scorzonerifolium*, Westalpen; *β. mespilifolium* Arv.-Touv., Monte Viso; *γ. chloropsiforme* Arv.-Touv., Lautaret. *H. argothrix* N. et P. = *tomentosum* × (*villosum-prenanthoides*) subsp. *unisodon* N. et P., Piemont; subsp. *argothrix*, Piemont; subsp. *candidulum* N. et P., Piemont. *H. pogonites* N. et P. (*H. tomentosum* × *piliferum*), Piemont. *H. bombycinum* Scheele, Garten; subsp. *eriosphaeron* N. et P., Wallis. *H. calophyllum* N. et P. = *tomentosum* × *silvaticum* subsp. *pseudotomentosum* N. et P. bei Zermatt; subsp. *calophyllum* N. et P. 1. normale N. et P., Westschweiz; 2. *brevipilum* N. et P., Piemont; subsp. *lacistum* N. et P. *α. genuinum* N. et P., Piemont; *β. albicomum* N. et P., Croatien; subsp. *pseudolanatum* Arv.-Touv., Dauphiné; subsp. *quercifolium* N. et P., Piemont; *H. oligocephalum* Arv.-Touv., Monte Viso; subsp. *leiopogon* Gren., Dauphiné; subsp. *Leithneri* Heldr. et Sart., Griechenland. *H. pulchellum* Gren. = *tomentosum* × *pictum*, Wallis; subsp. *sensanum* Arv.-Touv., Dauphiné. *H. lychnoides* Arv.-Touv., Piemont. *H. lancisum* Arv.-Touv. = *tomentosum* × *humile*; *α. genuinum* N. et P., Dauphiné; *β. doronicoides* Arv.-Touv., Dauphiné. *H. Kochianum* Jord. = *tomentosum* × *humile* *α. genuinum* N. et P., Dauphiné; *β. lyratum* Arv.-Touv., Dauphiné. *H. plumiferum* N. et P. n. sp. = *tomentosum* × *amplexicaule*, Piemont. *H. thapsifolium* Arv.-Touv. subsp. *mallophorum* N. et P., Piemont; subsp. *linguiforme* N. et P., Piemont; subsp. *taxifolium* Arv.-Touv., Dauphiné; subsp. *melandrifolium* Arv.-Touv., Dauphiné; subsp. *thapsoides* Arv.-Touv., Dauphiné; subsp. *menthifolium* Arv.-Touv., Dauphiné; subsp. *capreifolium* N. et P., Piemont. *H. villiferum* N. et P. n. sp. 1. normale N. et P., Piemont; 2. *oligophyllum* N. et P., Piemont; subsp. *lanosum* N. et P., Piemont; *H. anserinum* Ravaud. = *tomentosum* × *sabaudum*, Dauphiné. *H. Gaudrii* Boiss., Parnass. *H. divergens* N. et P. = *pannosum* × *brevifolium*, Türkei. *H. marmoreum* Vis. et Panc. = *pannosum* × *foliosum*, Südserbien; subsp. *Paulovicii* N. et P., Serbien; subsp. *reticulatum* N. et P., Serbien. *H. lanatum* W. et K. = *thapsiforme* × *tridentatum*, Croatien. *H. calophyllum* Uechtr. = *thapsiforme* × *prenanthoides*, Montenegro, Dalmatien. *H. cepentum* N. et P. = *thapsiforme* × *sabaudum*, Münchner Garten spontan entstanden. *H. thapsigenum* N. et P. = *thapsiforme* × *umbellatum*, spontaner Gartenbastard.

18. **Wettstein, Richard von.** Untersuchungen über Nigritella angustifolia Rich. Mit Taf. XIII. (Ber. D. B. G., Bd. VII, 1889, Heft 8, p. 306.)

Verf. bespricht *Nigritella nigra* Rchb., welche er zu *Gymnadenia* zieht und *Gymnadenia nigra* nennt. Die geographische Verbreitung ist: Norwegen und nördliches Schweden, Pyrenäen, Central-Frankreich, Alpen, französischer, schweizerischer und badischer Jura, Italien und Balkanhalbinsel; die var. *rosea* vereinzelt im Gebiet; var. *rubra* auf der Balkanhalbinsel.

19. **Krause, Ernst H. L.** Beitrag zur Kenntniss der Verbreitung der Kiefer in Norddeutschland. (Engl. J., Bd. XI, 1889, Heft 2, p. 123—133.)

Nach dem Verf. gehört die Kiefer zu den boreal-alpinen Bäumen; sie wächst in Schottland, auf der skandinavischen Halbinsel, in Russland, Oesterreich-Ungarn, Deutschland, auf den Gebirgen Südeuropas von Macedonien bis Granada; sie fehlt in Irland, England, dem französischen Tiefland, in Belgien, Holland und Dänemark. Durch Sibirien ist sie bis zum Amur verbreitet.

20. **Braun, H.** Bemerkungen über einige Arten der Gattung Mentha. (Verh. Z. B. G. Wien, 1889, p. 41—46.)

Verf. bespricht kritisch folgende *Mentha*-Arten, deren geographische Verbreitung näher angegeben sein möge: *Mentha incana* Willd. bewohnt die Küsten des Mittelmeeres und der Adria, die Lombardei und das mittlere Italien, *M. viridescens* in Frankreich, der Schweiz, in Italien, Croatien und in Siebenbürgen wachsend; *M. diversifolia* in Mitteleuropa (Schweiz, Tirol, Steiermark, Niederösterreich, Württemberg, Baden, Hessen, Rheinprovinz, Frankreich und Belgien.)

21. **Drude, O.** Die Durchforschung der Torfmoore mit Rücksicht auf Pflanzengeographie. Isis, 1889. p. 26.

Verf. bespricht die Charakteristik der Hochmoore, die in Moos- und Wiesenmoore eingetheilt werden. *Pinus montana* kommt allein im Alpengau deutscher Flora vor, d. h. von den Alpen bis zum herzynischen Bergland und verlässt das Gebirgsland nur in den Seefeldern bei Steinerz in Schlesien und in der Görlitzer Haide. Alle anderen Charakterarten, wie *Betula nana, Empetrum, Eriophorum vaginatum, Ledum, Vaccinium Oxycoccos* und *uliginosum, Andromeda, Scirpus caespitosus, Carex irrigua, limosa* und *pauciflora* sind auch der Tiefebene Deutschland und den Alpenmooren gemeinsam.

22. **Borbás, V. v.** Ueber Arten der Gattung Tilia mit sitzenden Bracteen. (Oest. B. Z., 1889, p. 361—364.)

Verf. bespricht die Tilien mit sitzenden Bracteen; pflanzengeographisch ist bemerkenswerth: *Tilia aenobarba* Borb. et Braun bei Ober-St. Veit in Niederösterreich; *T. bicuspidata* Curt. in Oravitza und bei Rákos-Keresztúr; var. *subangulata* bei Carlstadt und Kis-Terenc; *T. apiculata* Court bei Ofen, bei Güns und Ober-St. Veit, bei Kis-Terene, bei Ofen, im Auwinkel und in Sachsen; *T. spectabilis* am Lindenberge bei Ofen und bei Oravitza; *T. pyramidalis* bei Ofen, bei Güns; var. *sphenophylla* Borb. im Auwinkel, Leopoldifeld, Schwabenberg, Buda-Eörs und Mödling; var. *latissima* im Auwinkel und Vadaskert.

23. **Freyn, J.** Ueber einige kritische Arabis-Arten. (Oest. B. Z., 1889, p. 101—108, 128—134.)

Verf. bespricht mehrere kritische *Arabis*-Arten, deren Verbreitung hier angeführt sein möge. 1. *A. Halleri* L. auf den europäischen Gebirgen; 2. *A. ovirensis* Wulf., Krain, Kärnthen, Niederösterreich, Ostungarn, Westsiebenbürgen, Südsiebenbürgen; 3. *A. neglecta* Schult., Centralkarpathen, Siebenbürgen; 4. *A. croatica* Schott, Nym., Kotschy, croatisch-dalmatische Hochgebirge; 5. *A. multijuga* Borb., hohe Tatra von Zakopane bis zum Tychapass; *β. stolonifera* Freyn, Ostkarpathen; 6. *A. faroënsis* Horn., Grossbritannien; *A. hispida* Myg., Niederösterreich; *β. intermedia* Freyn, Salzburg; 8. *A. arenosa* Scop., Westeuropa bis Kärnthen mit rothen, in Ungarn mit weissen Blüthen.

24. **Borbás, V. v.** Ueber den Formenkreis von Cortusa Matthioli L. (Oest. B. Z., 1889, p. 140—145.)

Verf. berichtet, dass sich *Cortusa Matthioli* L. in folgende Arten spalten lässt: *C.*

sibirica Andrz., *C. hirsuta* Schur., *C. Matthioli;* erstere im Osten, letztere im Westen, *C. hirsuta* in Siebenbürgen.

25. **Pax, F.** Beiträge zur Kenntuiss der Amaryllidaceae. Mit Tafel. (Engl. J., Bd. XI, 1889, p. 318-337.)

Diese Abhandlung behandelt nur argentinische Arten.

26. **Charrel, Louis.** Colchicum micranthum Boiss. (Oest. B. Z., 1889, p. 421—422.)

Verf. giebt eine ausführliche Diagnose von *Colchicum micranthum* Boiss. Standort ist keiner angegeben.

27. **Townsend, Frederick.** Ranunculus Steveni Andrz. and R. acris L. (J. of B., 1889, p. 140—141.)

Verf. bespricht *Ranunculus Steveni* und *R. acris* in systematischer Beziehung; *R. Steveni* ist gemein in Frankreich, reicht bis Aragonien, kommt in der Schweiz vor, ist selten in Deutschland und Mitteleuropa, findet sich in Ostungarn, Ostgalizien, Siebenbürgen, Rumänien und Vollhynien, findet sich aber nicht in Italien.

28. **Wiemann, Aug.** Saxifraga Braunii n. hybr. (muscoides Wulf. × tenella Wulf.). (Z. B. G. Wien, 1889, p. 479.)

Verf. beschreibt **Saxifraga Braunii** n. hybr. = *S. muscoides* Wulf. × *tenella* Wulf., spontan im Garten entstanden.

29. **Wettstein, R. v.** Untersuchungen über einige Orchideen. (Verh. Z. B. G. Wien, 1889, p. 83—84.)

Verf. bespricht zunächst *Nigritella angustifolia;* bis jetzt wären zwei Arten unter diesem Namen vereinigt gewesen; *Gymnadenia nigra* die allgemein bekannte Pflanze (= *Nigritella angustifolia* mit dunklen Blüthen) in Schweden und Norwegen, in Centralfrankreich, in den Pyrenäen, Apenninen, im Jura und in den Alpen östlich bis nach Niederösterreich, Steiermark, Krain und dann wieder auf der Balkanhalbinsel verbreitet; *G. rubra* mit rothen Blüthen in den östlichen Alpen, in Niederösterreich, Steiermark, Krain, Kärnthen und in den Karpathen, vereinzelt in Salzburg, in den bayerischen Alpen, in Tirol und Graubündten.

30. **Stapf, Otto.** Die Arten der Gattung Adonis. (Verh. Z. B. G. Wien, 1889, p. 73.)

Verf. bespricht die Formenkreise der Arten der Gattung *Adonis;* die *Adonia* treten in den Mittelmeerländern auf; die *Aquilonia* sind im Westen des europäischen Continents im Zurückweichen begriffen.

31. **Keller, Robert.** Das Potentillarium von Herrn H. Siegfried in Winterthur. (Bot. C., 1889, Bd. XL, p. 169—171, 199—203, 240—246, 277—283.)

Verf. beschreibt gelegentlich der Besprechung des Potentillariums von H. Siegfried: **Potentilla Roemeri** Siegf. in schedis von Honigberg Corona in Siebenbürgen; *P.* **superopaca** L. n. auct. × *P.* **argentea** L. = *P.* **Jaeggiana** Siegf. in sched. zwischen Marthalen und Rheinau in der Schweiz; *P. superrubens* Crantz × *opaca* L. n. auct. = *P* **Kelleri** Siegf. in sched. bei Hard in der Schweiz; *P. superpraecox* F. Schultz × *P. autumnalis* Opiz = *P.* **Burseri** Siegf. bei Stockarberg bei Schaffhausen; *P. superopaca* L. n. auct. × *P. parviflora* Gaud. = *P.* **Mermodi** Siegf. auf den Osmontischen Alpen bei Le Sépey; *P.* **Battersbyi** Siegf. in St. Vallier. Der Culturbestand umfasst nunmehr 300 Formen, aus allen Ländern stammend, soweit Potentillen vorkommen.

32. **Beyer, R.** Ueber Primeln aus der Section Euprimula Schott. (Primula veris L.) und deren Bastarde. (Verh. Brand., 1888, p. 22—29.)

Verf. bespricht die Primelbastarde der Species aus der Section Euprimula, *Primula acaulis* × *officinalis;* er findet sich in Frankreich und England häufig, in Schleswig, Dänemark, in der Schweiz und in einigen Bezirken der österreichischen Alpen; *P. acaulis* × *elatior* kommt im Gebiete der Alpen an verschiedenen Orten vor, ferner in Frankreich, Dänemark, Bosnien; *P. elatior* × *officinalis* bei Leipzig, Waldau in Ostpreussen, Chillon am Genfer See, Vill und Ambras bei Innsbruck, zwischen Mautern, uud Rossatz in Niederösterreich.

33. **Seemen, O. v.** Melica picta C. Koch bei Sulza in Thüringen. (Verh. Brand., 1888, p. 19—21.)

Verf. beobachtete *Melica picta* C. Koch bei Sulza in Thüringen auf der Krähenhütte und im Walde von Schwindchausen. Nach der Verschiedenartigkeit der Hüllspelzen will Verf. zwei Formen unterscheiden: *M. picta α. viridiflora* und *M. picta β. rubriflora*. Diese Pflanze war bis 1883 bereits von Südrussland, Bulgarien, Serbien, Ungarn und Siebenbürgen bekannt; 1883 gab sie Čelakovsky für Böhmen an und auch für Aschersleben, Uechtritz fand sie in Oesterreichisch-Schlesien und Mähren und Haussknecht 1886 bei Jena.

34. **Areschoug, F. W. C.** Ueber Rubus obovatus G. Br. und R. ciliatus C. J. Lindeb. (Bot. C., XXXVII, 1889, p. 268—270, 299—300.)

Ohne pflanzengeographisches Interesse. *Rubus obovatus* G. Braun hb. *R. Germaniae* stimmt mit *R. Lindebergii* überein; er scheint somit sein Centrum in Schonen in Schweden zu haben. *R. Balfourianus* scheint im westlichen und mittleren Europa sehr verbreitet zu sein.

35. **Braun, H.** Ueber einige kritische Pflanzen der Flora von Niederösterreich. (Oest. B. Z., 1889, p. 440—443.)

Verf. bespricht *Rosa sarmentacea* Woods.; sie ist dem Verf. bekannt von England, von Schweden, Mähren (Kuhberg bei Znaim) und aus der Gegend von Röschnitz in Niederösterreich.

36. **Nyman, Carolus Friedr.** Conspectus florae Europaeae. Supplement II. Pars I. 8⁰. 224 p. Stockholm, 1889.

Verf. bringt weitere Ergänzungen zur Flora von Europa.

37. **Hackel, E.** Die Gräser in den Alpen. (Mitth. der Section für Naturkunde des Oesterr. Touristen-Clubs, 1889, No. 12.)

38. **Janczewski, Edouard de.** Les hybrides du Genre Anemone. I, II. Extrait du Bull. international de l'Academie des sciences de Cracovie, 1889, juin. 4 p. Krakau, 1889.

Ein Referat ist nicht eingelaufen.

39. **Löffler, Ant.** Ueber Klima, Pflanzen- und Thiergeographie. Ein Beitrag zur Belebung des geographischen Unterrichts. Programm des deutschen Com.-Gymnasiums zu Brüx. 8⁰. 61 p. Brüx, 1889.

Nicht gesehen.

40. **Pabst, G.** Köhler's Medicinalpflanzen in naturgetreuen Abbildungen mit erklärendem Text. Lief. 35/36. 4⁰. 24 p. Mit 8 Tafeln.

Ohne besonderes pflanzengeographisches Interesse.

41. **Rosen, F.** Systematische und biologische Beobachtungen an Erophila verna. (B. Z., 1889, p. 565. Mit Tafel.)

Ohne besonderes pflanzengeographisches Interesse.

42. **Seidel, L. E.** Das Pflanzenleben in Charakterbildern und abgerundeten Gemälden. 8⁰. VIII. 399 p. Langensalza, 1889.

Nicht gesehen; jedenfalls ohne besonderes pflanzengeographisches Interesse.

43. **Schröter, L.** Taschenflora des Alpenwanderers. 8⁰. 18 Blatt. Text und 18 color. Tafeln. Zürich, 1889.

Ohne pflanzengeographisches Interesse.

44. **Wächter, Ch.** Methodischer Leitfaden für den Unterricht in der Pflanzenkunde. 8⁰. 173 p. Altona, 1889.

45. **Witlaczil, E.** Thier- und Pflanzenleben auf den Gletschern. (Mitth. d. deutschen und österr. Alpenvereins, 1889, No. 22.)

46. **Sturm, Ernst.** Das Stammland der Hochalpenpflanzen. (Unsere Zeit, 1889, Heft 8.)

Nicht gesehen.

47. **Beck, Günther v.** Alpenpflanzen an Thalstandorten und die Wichtigkeit ihrer Beobachtungen. (Mitth. der Section für Naturkunde des österr. Touristen-Clubs, Jahrg. I, 1889, No. 1/2, p. 3.)

Nicht zugänglich.

b. Nordisches Gebiet. Dänemark, Schweden, Norwegen.

48. **Neuman, L. M.** Berättelse öfver en resa till Danmark 1888. (= Bericht über eine Reise nach Dänemerk 1888.) Sundsvau, 1889; als Schulprogramm. 6 p. 4°.)

Verf. richtete seine Aufmerksamkeit vorwiegend auf die *Rubus*-Formen, doch werden die diesbezüglichen Ergebnisse zum grössten Theil für später aufgespart.

Lappa nemorosa, bei Horsens, eine Form mit kleineren Köpfen, grünen, gelbgespitzten Hüllblättern und reichlichem Spinnwebefilz.

Sonchus oleraceus, n. v. *albescens*, äussere Blüthen verlängert, weiss, mit violetten Nerven.

Veronica aquatica Bernh., neu für Schleswig.

Epilobium palustre × *pubescens*, zwischen Spedalso und Boller.

Rubus opacus Focke, Munkebjerg bei Vejle fjord.

R. Langei G. Jensen; nach Exemplaren bei Munkebjerg und Haderslev gesammelt, meint Verf., dieselbe als eigene Art neben *R. villicaulis* nicht anerkennen zu können.

Ononis campestris × *procurrens*. In der Nähe von Horseus, mit den vermuthlichen Eltern zusammen kam eine so gedeutete Form vor. Theils intermediäre, theils gemischte Merkmale. Pollen äusserst schlecht; Hülsen meist fehlschlagend. — Verf. erinnert sich, denselben Bastard bei Lomma in Schonen, Schweden, gesehen zu haben.

Ljungström.

49. **Friderichsen, K.** und **Gelert, O.** Om Rubus commixtus og norsloaende Former. (Bot. T., 17. Bd., p. 245—247.)

Verff. besprechen *Rubus commixtus* F. et G., früher von genannten Batologen als *R. Dethardingii* f. *nostras* F. et G. aufgeführt; dieselbe findet sich hie und da in allen dänischen Provinzen. O. G. Petersen.

50. **Kiörskou, Hjalmar.** Er Brassica oleracea L. nogensinde funden vildtvoxende i Danmark? (Ist Brassica oleracea jemals in Dänemark wildwachsend gefunden?) (Bot. T., 17. Bd., p. 178.)

Verf. beantwortet diese Frage verneinend. O. G. Petersen.

51. **Elgenstierna, C.** Några för Vestmanland nya växtlokaler. (= Einige für [die Provinz] Westmanland [in Schweden] neue Standorte.) (Bot. N., 1889, p. 248—249. 8°.)

Standortsangaben, meistens in der Gegend der Stadt Nora. Für die Provinz neu sind:

Dracocephalum thymiflorum L.

Farsetia incana (L.) R.Br.

Cerastium arvense L.

Schoenus ferrugineus L.

Carex tenella Schk. Ljungström.

52. **Almquist, S.** Ueber das Vorkommen von Euphrasia salisburgeusis. (Bot. C., Bd. XXXVIII, p. 696.)

Verf. fand *Euphrasia salisburgensis* auf Gotland stets neben *Schoenus ferrugineus*, was auf den Parasitismus hindeutet.

53. **Johansson, K.** Bidrag till Gotlands växtgeografi. (= Beiträge zur Pflanzengeographie von Gotland.) (Bot N., 1889, p. 128—131. 8°.)

Standortsangaben. Zu erwähnen sind: *Veronica persica*, Visby; *Batrachium confervoides*, Hangröna; *Muscari botryoides*, Vestkinde; *Festuca* * *dumetorum* L., Klintehamn.

Ljungström.

54. **Thedenius, K. Fr.** Om Potentilla thuringiaca Bernh. i Sverige. (= Ueber Potentilla thuringiaca in Schweden.) (Bot. N., 1889, p. 12—16. 8°.)

Apotheker Hugo Thedenius fand diese Art im Sommer 1889 in grosser Menge auf einer Strecke von 1/4 Meile auf dem sogenannten Sicklalandet, 1/2 Meile von Stockholm. Früher wurde die Art gefunden: bei Gripsholm und Strengnäs in Södermanland von Hofberg; in Viby, Provinz Nerike, 1860 von C Hartmau; Ockelbo, Provinz Gestrikland, 1884 von C. O Schlyter (2 Standorte); Skara, Provinz Vestergötland, von K. B. J Forsell.

Die Art ist als eingebürgert anzusehen, da sie so oft und zum Theil in grossen Massen aufgefunden worden ist. Eine Beschreibung wird nach den Stockholm-Exemplaren gegeben.

Ljungström.

55. **Svanlund, F.** Förteckning öfver Bleckings Fanerogamer och ormbankar. (= Verzeichniss der Phanerogamen und Farnkräuter der Provinz Bleckinge.) Karlskrona, 1889. 59 p. 8⁰.

Verzeichniss mit Angabe der geographischen Verbreitung der Arten innerhalb der Provinz. Ljungström.

56. **Svanlund, F.** Anteckningar till Blekinges flora III. (= Notizen zur Flora der Provinz Blekinge.) (Bot. N., 1889, p. 6—11. 8⁰.)

Standortsangaben mit Beiträgen von Herren Arnell, C. B. Nordström und W. P. Nordväger. Hier sei hervorzuheben:

Meum athamanticum Jacq. wurde (Bot. N. 1883) von Widmark für Sternö angegeben, wächst aber daselbst nur in einem Garten, und zwar seit 30 Jahren cultivirt.

Colchicum autumnale verwildert in Gärten bei Karlskrona.

Trientalis europaea L. f. *roseolis binis*, Stiel mit 2 getrennten Blattrosetten, beide oder nur die untere mit Blüthen in den Blattaxen.

Epilobium montanum × *obscurum*.

Potentilla procumbens × *Tormentilla*.

Myrica Gale L. f. *monoica*. Obere Kätzchen normal ♀, untere ♂, einzelne von den letzteren, und zwar die obersten, mit ♀Blüthen an der Spitze. Ljungström.

57. **Skårman, J. A. O.** Om Alnus incana (L.) Willd. f. arcuata n. f. (Bot. N., 1889, p. 1—6. 8⁰. Mit Abbild.)

Verf. fand diese Form in der schwedischen Provinz Wärmland. Uebersandte Exemplare wurden von Prof. Regel als *A. incana* (L.) Willd. ε. *parvifolia* bestimmt, womit Verf. aber nicht einverstanden ist. — Charakteristisch für die Form ist: Zweige verlängert, schmal, in die Richtung der Verzweigungen niederer Ordnung gestreckt; Nebenblätter gut entwickelt, spät hinfällig; Blätter kleiner als bei der Art (etwa halb so gross), oval oder oval-eiförmig; ungleich doppelgesägt mit den Zähnen erster Ordnung stumpf (die Hauptart regelmässig doppelgesägt mit spitzen Zähnen erster Ordnung); Nervatur unregelmässig; Hauptnerven ungleich entspringend, bogig, nicht anastomosirend, bisweilen gröbere Verästelungen zeigend. — Nur ein Exemplar gefunden, ein Strauch von etwa 3—4 m.

Ljungström.

58. **Neuman, L. M.** Bidrag till Medelpads Flora. (= Beiträge zur Flora von Medelpad.) (Sv. Vet. Ak. Öfvers, 1889, No. 2. 15 p. 8⁰.)

Hauptsächlich Standortsangaben seltener Pflanzen der schwedischen Provinz Medelpad. Für die Provinz neu sind: *Galium silvestre*, *Vicia lathyroides*, *Populus tremula* v. *villosa*, *Potamogeton nitens*, *Carex vulpina*.

Carduus tenuiflorus Curt ein Mal früher in der Provinz angetroffen, wurde jetzt auf einem anderen Local aufgefunden.

Ein Fund von *Thalictrum*-Formen veranlasst Verf. zu Studien derselben in der Natur und in Herbarien, aus denen hervorging, dass man unter dem Namen *Th. Kemense* Fr. nördliche Formen der beiden Arten *Th. flavum* (v. *rotundifolium* Wahlenberg Fl. lapp.) und *Th. Kochii* Auct. Suec. (*Th. majus* Wahlenb. Fl. Suec.) zusammengeführt hat. — Verf. fand auch die „differentia specifica“ zwischen *Th. Kochii*, *minus* und **flexuosum* nicht stichhaltig, so dass er geneigt ist, dieselben zusammenzuschlagen.

Drosera longifolia β. *obovata* wuchs mit *D. longifolia* und *rotundifolia* zusammen und hatte sehr schlechte Pollen, weshalb sie als Hybrid von diesen Arten anzusehen ist.

Alnus incana v. *microconus* L. M. Neuman n. v. hat kleine, oft gestielte Zapfen, fast glatte ♀Zapfentriebe und sehr kleine Samen. Zapfen der Hauptform etwa 15 mm, der Varietät etwa 7—10 mm lang. Samen der Hauptform etwa 3 × 3 mm, der Varietät etwa 1,5 oder 1,5 × 1,6 oder 1,6 mm. Ljungström.

59. **Thedenius, C. G. H.** Einige eigenthümliche Phanerogamenformen aus Ahus, Skåne (südl. Schweden). (Bot. C., 1889, Bd. XXXVIII, p. 696.)

Verf. fand bei Ahus in Skåne: *Pulsatilla pratensis* fl. *flava*, eine f. *monstrosa*, *Medicago falcata* f. *arenaria*, *Listera cordata* f. *pallida*. *Trapa natans* im See Immeln entdeckt, scheint in gewissen Jahren häufig zu sein.

60. **Jungner**, J. R. Ueber Rumex crispus L. × Hippolapathum Fr. (Bot. C., Bd. XXXVIII, 1889, p. 733)

Verf. bespricht den *Rumex crispus* × *Hippolapathum*, welchen er in Upland, in Westergothland und Schonen fand.

61. **Almquist**, S. Ueber eine eigenthümliche Form von Potamogeton filiformis. (Bot. C., 1889, Bd. XXXVIII, p. 662.)

Verf. fand in der Provinz Södermanland Gälö eine eigenthümliche Form von *Potamogeton filiformis*, welches vielleicht *P. marinus* L. sein könnte.

62. **Fries, Th. M.** Ueber Stenanthus curviflorus Lönnr. (Bot. C., 1889, Bd. XL, p. 37—39.)

Verf. berichtet, dass auf Grund eingehender anatomischer Untersuchungen *Stenanthus curviflorus* von Åby nichts anderes als *Orchis militaris* sei.

63. **Arrhenius, Axel.** Ueber Polygonum Rayi Bab. f. borealis A. Arrh. n. f. (Bot. C., Bd. XXXVIII, p. 481—482.)

Verf. beschreibt *Polygonum Rayi* Bab. f. **borealis** A. Arrh. n. f. von Nässeby und Nyborg in Varangria in Norwegen.

64. **Almquist**, S. Ueber die schwedischen Potamogeton-Formen aus der Gruppe „Ligulati". (Bot. C., Bd. XXXVIII, p. 439—440.)

Nach dem Verf. kommen aus der Gruppe der *Ligulati* der Gattung *Potamogeton* drei wohlgetrennte Arten in Schweden vor, nämlich *Potamogeton pectinatus, filiformis* und *vaginatus*.

65. **Thiselius, G.** Ueber Potamogeton fluitans Roth. (Bot. C., 1889, Bd. XXXVIII, p. 438—439.)

Verf. fand *Potamogeton fluitans* Soth. einige Meilen von Stockholm (bei Wallstanäs, Upland); es scheint aus Schweden zu verschwinden.

66. **Hult, R.** Ueber eine Gruppe von Salix alba L. (Bot. C., Bd. XL, 1889, p. 373.)

Verf. bespricht eine bei der Stadt Jywäskylä angebaute Gruppe von *Salix alba*; die Stadt ist 62° 17′ nördl. Br. gelegen; in Schweden geht *S. alba* bis 60° 40′ nördl. Br., in Norwegen 63° 52′ nördl. Br.

67. **Lundström, A. N.** Einige Beobachtungen über Calypso borealis. (Bot. C., Bd. XXXVIII, 1889, p. 697—700.)

Pflanzengeographisch ohne Interesse.

68. **Köster, B.** Ajuga pyramidalis × reptans L. (Bot. N., 1889, p. 243.)

69. **Wainio, E.** Androsace filiformis ny för Europa. (Bot. N., 1889, p. 144.)

70. **Schübeler, F. C.** Viridarium Norvegicum. Norges Växtrige. Et Bidrag till Nord-Europas Natur-og Culturhistorie, Bd. III. 4°. VI. 679 p. 2 Bl. Christiania, 1889.

71. **Stärbäck, K.** Om tvenne fanerogamfynd å Upsala slottsbacke. (Bot. N., 1889, Heft 5, p. 183.)

72. **Neuman, L. M.** Studier öfver Skånes och Hallands flora. (Bot N., 1889, p. 234.)

73. **Jungner, J. R.** Om Papaveraceerna i Upsala botaniska trädgård, jemte ny a hybrida former. (Bot. N., 1889, p. 252.)

74. **Grevillius, A. J.** Om fanerogam vegetationen på Ölands alvar. (Bot. N., 1889, Heft 5, p. 1879.)

75. **Grönvall, A. L.** Ett par anmärkningsvärda fanerogamfynd i Skåne. (Bot. N., 1889, p. 200.)

76. **Thedenius, C. G. H.** Några egendomliga fanerogamformer från Ahus in Skåne. (Bot. N., 1889, p. 68)

77. **Mörner, C. Th.** En form of Betula verrucosa Ehrh. (Bot. N., 1889, Heft 5, p. 189.)

78. **Stenström, K. O. E.** Värmländska Archieracier. Anteckningar till Skandinaviens Hieracium-Flora. 8°. 76 p. u. tab. Upsala, 1889.

79. **Almquist, S.** Ueber die Gruppeneintheilung und die Hybriden in der Gattung Potamogeton. (Bot. C., 1889, Bd. XXXVIII, p. 619–620, 661–662.)

Ohne pflanzengeographische Notizen.

c. Deutsches Florengebiet.

1. Arbeiten mit Bezug auf mehrere deutsche Länder.

80. **Wörlein, Georg.** Beiträge in Bezug auf die Verbreitung der Potentilla-Arten. (D. B. M., 1889, p. 7–10.)

Potentilla norvegica, Nymphenburg bei München; *P.* **monacensis** Wörl., n. sp., München, Dresden; *P. fallax*, Hartmannshofen; *P. procumbens*, Nymphenburg; *P. microphylla*, Tegernsee; *P. mollis*, Südtirol, Serbien; *P. recta*, Iphofen in Unterfranken; *P. obscura*, Niederbayern bei Deggendorf, Ludwigslust in Mecklenburg; *P. canescens* Würzburg; *P. fissidens*, Pasing bei München; *P. polyodonta*, Garchinger Heide, Feldmoching, Moosach; *P. Heidenreichii*, Berlin; *P. collina*, Oberpinzgau; *P. Schultzii*, Uckermark, Prenzlau; *P. decumbens*, Westfalen bei Witten; *P. perincisa*, Ortenburg in Niederbayern; *P. incanescens*, Landau in der Pfalz; *P. thuringiaca*, Windsheim; *P. rubens*, von der Donau bis in die Voralpen; *P. subopaca*, Nymphenburg, Wohlfahrtshausen, Hessellohe in Oberbayern, auch in Tegernsee, bei Geisenhausen in Niederbayern; *P. longifolia*, Salzburger Alpen; *P. aestiva*, am Guglhörl bei Murnau; *P. Billotii*, bei Tegernse; *P. Gaudini*, Bayerische Alpen, Leermoos in Tirol; *P. villosa*, Rauheck in den Allgäuer Alpen.

81. **Beckmann, C.** Carex remota × canescens A. Schultz. Carex Arthuriana Beckmann et Figert. (B. D. B. G., Jahrg. VII, 1889, Heft 1, p. 30.)

Verf. beschreibt *Carex remota × canescens* A. Schultz (*Carex Arthuriana* Beckmann et Figert) unweit Schorlingborstel bei Lowe; auch bei Liegnitz wurde die Pflanze beobachtet, und zwar bei Klein-Reichen im Kreis Lüben. Lowe liegt im Bassumer Bezirk. *Carex remota × panniculata* wächst bei Osterbinde.

82. **Neuberger, J.** Salix daphnoides × incana mas. Wimm. = S. Wimmeri Kern. (Mitth. Bad. Bot. Ver., 1889, No. 62, p. 96—99.)

Verf. beschreibt *Salix daphnoides × incana mas.* Wimm. = *S. Wimmeri* Kerner neu für die Flora des deutschen Reiches; er wächst auf einer Donauinsel zwischen Dürenstein und Rossatz, bei Krems in Oesterreich und auf einer Insel zu Neuenburg am Rhein.

83. **Seemen, O. v.** Carex acutiformis × filiformis Asch. (Verh. Brand., 1888, p. 18.)

Verf. fand den Bastard von *Carex acutiformis × filiformis* Aschers. im Grunewald auf dem Bruch bei Paulsborn und der Hundekehle; ausserdem kommt die Pflanze nur bei Pretzin in der Provinz Brandenburg vor und in Schlesien bei Liegnitz.

84. **Callier, A.** Mittheilung über Alnus glutinosa × incana. (D. B. M., Jahrg. VII, 1889, p. 51–55.)

Verf. giebt folgende Eintheilung der Bastarde von *Alnus glutinosa × incana:* a. *A. Tauschiana* Callier in den Formen: *pubescens*, *badensis* und *hybrida;* b. *A. Beckii* Callier in den Formen: *ambigua* Beck und *Figerti* Callier. Alle diese Formen kommen in Deutschland vor.

85. **Wohlfarth, R.** Die Pflanzen des deutschen Reiches, Deutsch-Oesterreichs und der Schweiz. Nach der analytischen Methode zum Gebrauch auf Excursionen, in Schulen und beim Selbstunterricht bearbeitet. 2. Ausg. 8⁰. XVI. 788 p. Berlin, 1890.

86. **Tubeuf, von.** Ueber Formen von Viscum album. (Bot. C., 1889, Bd. XL. p. 312—313.)

Ohne pflanzengeographische Bedeutung.

87. **Kräpelin, K.** Excursionsflora für Nord- und Mitteldeutschland. 3. Aufl. 8⁰. XXVIII. 314 p. Leipzig, 1889.

Nicht gesehen.

88. **Potonié, H.** Illustrirte Flora von Nord- und Mitteldeutschland mit einer Einführung in die Botanik. 4. Aufl. 8⁰. VIII. 598 p. Berlin, 1889.

Nicht gesehen.

89. **Christ, H.** Analytischer Schlüssel der deutschen Arten der Gattung Rosa. (Mitth. Freiburg, No. 64, 1889, p. 109—113.)

In diesem Schlüssel sind Standorte nicht angegeben.

2. Baltisches Gebiet. Mecklenburg, Pommern, West- und Ostpreussen.

90. **Knuth, Paul.** Grundzüge einer Entwicklungsgeschichte der Pflanzenwelt in Schleswig-Holstein. Gemeinfasslich dargestellt. (Schriften des Naturw. Ver. für Schleswig Holstein, Bd. VIII, 1889, Heft 1. 8°. Biel, 1889. Sep.-Abdr. p. 1—54.)

Verf. schildert zunächst eingehend die geognostischen Verhältnisse von Schleswig-Holstein. Tertiär, Alluvium mit der ihnen in Schleswig-Holstein eigenthümlichen Flora werden besprochen. Die letzte Epoche in der Entwicklungsgeschichte wird durch das Auftreten des Menschen hervorgerufen; durch das Abholzen, durch die Trockenlegung von Seen, durch den Ackerbau und die dabei auftretenden Ackerunkräuter und durch den Verkehr werden wesentliche Veränderungen in der Flora hervorgerufen. Ueberall zählt der Verf. die betreffenden Pflanzen auf; neue Species bürgern sich ein, ältere einheimische verschwinden. Endemisch ist *Aira Wibeliana* und einzelne *Rubus*- und Hieracien-Formen. Im Uebrigen ist Schleswig-Holstein eine Vereinigung von Gewächsen der verschiedensten Heimath. Füglich sei bemerkt, dass die Arbeit Beachtung verdient und sei dieselbe allen Pflanzengeographen empfohlen.

91. **Struck, C.** Ueber Nuphar pumilum. (Archiv der Freunde der Naturgeschichte in Mecklenburg, 42. Jahrg. Güstrow, 1889. p. 200—202.)

Verf. bemerkt, dass der Standort für *Nuphar pumilum* im Schwinkendorfer See zu streichen ist, dagegen findet sich diese Pflanze im Dorf- und Mittelsee bei Langewitz und im Nieke und Greten Moor.

92. **Ruben, R.** Ein botanischer Gang durch die Grossherzogl. Gärten zu Schwerin, nebst einer botanischen Excursion nach den Marstallwiesen, dem Kalkwerder, Kaninchenwerder, dem Pinnower See und dem Schwerinerseeufer von Rabensteinfeld bis Gorslow, (Archiv des Ver. der Freunde der Naturgeschichte in Mecklenburg. 42. Jahrg. Güstrow, 1889. p. 14—56.)

Verf. schildert zunächst die Vegetation der grossherzoglichen Gärten zu Schwerin, die dort wild wachsenden und cultivirten Gewächse von Stelle zu Stelle aufzählend. Die Marstallwiesen beherbergen an seltenen Pflanzen *Barbaraea intermedia, Primula elatior, Lysimachia thyrsiflora, Myrica cerifera* var. *media* Michx. Den Kalkwerder dürfte *Epipogon aphyllus* wohl nicht mehr beherbergen; *Ornithogalum umbellatum* ist bemerkenswerth; der Kaninchenwerder besitzt *Anemone nemorosa* × *ranunculoides;* am Pinnower See: *Dentaria bulbifera, Senecio viscosus* × *silvaticus,* letztere neu für Schwerin.

93. **Winkelmann, J.** Ein Ausflug nach Hinterpommern. (Verh. Brand., 1888, p. 187.)

Verf. beobachtete auf seinem Ausfluge nach Hinterpommern folgende interessantere Pflanzen: Bei Gloetzin: *Filago germanica* subsp. *canescens, Astragalus glycyphyllus, Eriophorum alpinum, Luzula sudetica* var. *pallescens;* auf dem Galgenberge: *Peucedanum Cervaria, Tetragonolobus siliquosus, Oxytropis pilosa;* auf Feldern und Rainen: *Hieracium aurantiacum, Campanula bononiensis;* auf dem Wege nach Tempelburg: *Polemonium coeruleum* und *Nuphar pumilum;* am Ufer der Persante: *Libanotis montana* und *Chaerophyllum bulbosum.* Füglich werden in systematischer Reihenfolge alle beobachteten Pflanzen aufgezählt. Bei Colberg an einer Wasserlache: *Atriplex litorale, Salsola Kali, Salicornia herbacea, Spergularia salina* und *Festuca thalassica.*

94. **Klinggräff, H. v.** Botanische Reisen im Sommer 1888. (Schriften der Naturf. Ges. in Danzig. N. F., Bd. VII, 1889, p. 247.)

Der Verf. durchsuchte zunächst den Kreis Karthaus; beobachtet wurde *Cardamine amara* var. *Opizii,* neu für Preussen, bei Berent; *Astragalus danicus,* neu für Westpreussen.

95. **Kalmuss, F.** Botanische Streifzüge auf der frischen Nehrung von Neukrug bis Probbernau. (Schriften der Naturf. Ges. in Danzig. N. F., Bd. VII, 1889, Heft 2, p. 224.)

Verf. beobachtete auf der frischen Nehrung folgende bemerkenswerthe Pflanzen: *Erythraea linariifolia, Epipactis rubiginosa, Astragalus arenarius, Lathyrus maritimus;* Am Fusse des Kameels sowie bei Schmergrube: *Calamagrostis litorea;* am Haffufer: *Achillea cartilaginea, Archangelica officinalis, Rumex maximus;* bei Kahlberg: *Scirpus Duvalii, Tunica saxifraga;* bei Linz: *Sisymbryum Sinapistrum;* in Torfmooren: *Hydrocotyle vulgaris, Empetrum nigrum;* von Brombeerarten seien erwähnt: *Rubus Sprengelii, macrophyllus, pyramidalis.*

96. **Taubert, P.** Bericht über die im Kreise Schlochau im Juli und August 1888 unternommenen botanischen Excursionen. (Schriften der Naturf. Ges. in Danzig. N. F, Bd. VII, 1889, Heft 2, p. 210—223)

Verf. untersuchte den Kreis Schlochau. Als bemerkenswerthe Funde sind charakterisirt: *Carlina acaulis* zwischen Woltersdorf und Pollnitz, Gestell; *Lobelia Dortmanna* im Barkenfelder See: *Vaccinium Myrtillus* × *Vitis Idaea*, linkes Ufer des Olschefskafliesses; *Dracocephalum thymiflorum* bei Konitz am Bahnhof; *Goodyera repens* am Olschefskafliess; *Polygonatum verticillatum* bei Gneven, an der Brahe; *Scirpus radicans* bei Gneven; *Sc. radicans* × *silvaticus* bei Gneven; *Glyceria nemoralis,* Zierfliess, Elsenauer Buchwald, *Isoëtes lacustris* im Barkenfelder See.

97. **Preuschoff-Tolkemit.** Beitrag zur Flora des Elbinger Kreises. (Schriften der Naturf. Ges. in Danzig. N. F., Bd. VII, 1889, Heft 2, p. 179—181.)

Verf. theilt neue Standorte mit: *Thalictrum minus* bei Tolkemit; überhaupt stammen alle Pflanzen aus der unmittelbaren Nähe von Tolkemit. Gefunden wurden dort: *Ranunculus sardous, Aconitum variegatum, Coronopus Ruellii, Lepidium ruderale, Spergula Morisonii, Holosteum umbellatum, Lathyrus pratensis* f. *pubescens, L. paluster, Rubus thyrsoides, Alchemilla arvensis, Berula angustifolia, Anthriscus cerefolium, Pleurospermum austriacum, Linnaea borealis, Valerianella dentata, Senecio viscosus, silvaticus, Centaurea austriaca, Vincetoxicum officinale, Melampyrum arvense, Nepeta Cataria, Stachys annua, Albersia Blitum, Salsola Kali, Chenopodium Bonus Henricus, Triglochin maritimum, Orchis Morio, mascula, incarnata, Listera ovata, Gagea arvensis, Polygonatum officinale, Brachypodium silvaticum, Arundo arenaria, baltica, Lolium remotum.*

98. **Bericht über die 26. Versammlung des preuss. Botan. Vereins zu Königsberg** am 4. October 1887. (Schriften der Physik.-Oecon. Ges. Königsberg, 1889. p. 82—105.)

Dem Berichte über diese 26. Versammlung entnehmen wir folgende pflanzengeographische Daten:

Caspary fand von interessanten Pflanzen: *Euphorbia Esula* zu Mellwin; *E. Cyparissias* zwischen Grossentin und Gr. Gowin; *Equisetum Telmateja* f. *brevis* neu für den Kreis Neustadt. Dem Berichte über die botanische Untersuchung der Gewässer des Kreises Schlochau durch Prof. Caspary nach dessen handschriftlichen Mittheilungen ist zu entnehmen: Verf. untersuchte etwa 120 Seen des Kreises Schlochau und beobachtete von selteneren Pflanzen: *Carlina acaulis, Cladium Mariscus, Carex cyperoides, Scolochloa festucacea.* Neu für das östliche Deutschland ist: *Agrimonia odorata* × *Eupatoria;* ausserdem *Nuphar luteum* × *pumilum, Drosera anglica* × *rotundifolia.* Im Amtssee wächst: *Zannichellia palustris, Potamogeton curvifolius, Carex glauca, Potamogeton gramineus* var. *Zizii* im Kl. See; *Lycopodium inundatum;* im und am Muskendorfer See: *Gentiana cruciata, Potamogeton lucens* × *praelongus, Allium vineale;* im Jenzniker See: *Potamogeton obtusifolius;* am Gr. Lodzin-See: *Drosera intermedia;* am Kl. Torfsee von Ottoshof: *Astragalus arenarius* var. *glabrescens, Pedicularis silvatica;* in und an den Tümpeln bei Richnau: *Potentilla norvegica;* bei Peterswalde: *Allium vineale;* im Peterswalder Mühlenteich: *Myriophyllum verticillatum;* zwischen diesem Teiche und Prutzenwalde: *Allium vineale;* am Torfsee bei der Ziegelei Wusters: *Pedicularis silvatica;* im Kesselsee: *Nuphar luteum* × *pumilum;* in Peterswalde: *Potentilla norvegica;* am Ziegenhals: *Eriophorum gracile;* im Springsee: *Zannichellia palustris;* bei der Oberförsterei Lindenberg: *Rubus Bellardi;* im See von Woltersdorf: *Carex intermedia*; an der Schönwerder Mühle: *Agri-*

monia Eupatoria × *odorata*, *Rubus Wahlbergii*; im Garzer See: *Potamogeton nitens* b. *curcifolius*, *P. rutilus*; in der Küddow: *Ranunculus fluitans*; im grossen See von Barkenfelde: *Litorella juncea* und *Lobelia Dortmanna*; in der Zahne an der Schlossmühle: *Potamogeton pectinatus* var. *zosteraceus*; im südlichen der Pfaffenseen: *Carex cyperoides*; am Gr. Ziethensee bei Prechlau: *Viola mirabilis* und *Galium aristatum*; am Prechlauer Dorfsee: *Drosera intermedia*; im Kl. Ziethensee: *Scolochloa festucacea*; ebenso im Ranzugsee bei Prechlau: *Stachys arvensis*; am Sternsee: *Polygonatum verticillatum* und *Glyceria nemoralis*; im Raukensee: *Litorella juncea* und *Isoëtes lacustris*; im Torfsee Glino: *Ranunculus confervoides*; im Linosee: *R. reptans*, *Isoëtes lacustris*; im See von Neuhof: *Ranunculus confervoides*, *Isoëtes lacustris* f. *falcata*; im See von Sichts: *Ranunculus confervoides*; im Kraasensee: *Lobelia Dortmanna*, *Isoëtes lacustris*, *Sparganium simplex* b. *fluitans*; im Kl. Gluchisee: *Cladium Mariscus*; am Raukensee: *Gnaphalium luteo-album*, *Juncus capitatus*; am Teiche der Pflastermühle: *Oriza clandestina*; am Suckausee: *Carex paradoxa*; um Eisenbrück in einem Tümpel: *Sparganium minimum*; im Gr. Lepzinsee: *Hippuris vulgaris*; im Plötzensee: *Lobelia Dortmanna*; im Gr. Röskesee: *Potamogeton lucens* × *praelongus*; im Kl. Röskensee: *Cladium Mariscus*; am grossen schwarzen Kuhukensee: *Malaxis paludosa*; am weissen Kuhukensee: *Utricularia minor*, *Sparganium simplex* var. *fluitans*, *Malaxis paludosa*; zwischen Eisenbrück und Alt-Braa: *Lycopodium complanatum* var. *Chamaecyparissus*; im Selonsee: *Litorella juncea*, *Lycopodium inundatum*; im Wangerinsee: *Cladium Mariscus*; am Rohrsee: *Cladium Mariscus*; am Czieczewkosee: *Nuphar luteum* × *pumilum*; am Kl. Wieczíwnosee: *Najas minor*, *Nuphar pumilum*; im Czarnysee: *Nuphar pumilum*; in den Seen um Gr. Konarczyn: im Mosssee: *Nuphar pumilum*; am Kl. Karlinkensee: *Malaxis paludosa* und *Drosera anglica* × *rotundifolia*; im Linowkesee: *Malaxis paludosa*, *Lobelia Dortmanna*, *Isoëtes lacustris*; im Kl. Brachsee: *Lobelia Dortmanna* und *Nuphar pumilum*.

Bericht des Lehrers **Georg Fröhlich** aus Thorn über seine Excursionen im Kreise Strasburg, Section Rheden und Gollub. Neu für den Kreis Strasburg sind: *Silaus pratensis*, *Salix myrtilloides*, *S. aurita* × *myrtilloides*, *Silene Armeria* × *deltoides*; neu für den Kreis Löbau: *Melittis Melissophyllum*.

Bericht des Lehrers **Max Günther** über seine Excursionen in den Kreisen Tuchel, Schwetz und Strasburg. Neu für den Kreis Schwetz sind: *Viola arenaria* × *canina*, *Stellaria crassifolia*, *Batrachium aquatile* f. *paucistamineum*, *Ranunculus Steveni*, *Hieracium Auricula* × *Pilosella*, *Lemna gibba*, *Orchis Morio*, *Bupleurum longifolium*, *Salvia verticillata*, *Lavatera thuringiaca*, *Androsace septentrionalis*, *Sedum reflexum*, *Bromus erectus*, *Crepis nicaeensis*, *Dianthus arenarius* × *Carthusianorum*, *Hieracium cymosum*, *Rosa canina* × *rubiginosa*, *Valerianella Auricula*, *Linaria Elatine*. Im Kreise Tuchel sind durch die Bahn eingeschleppt: *Silene conica*, *Dracocephalum thymiflorum*, *Androsace septentrionalis*, *Potentilla digitato-flabellata*. Die Umgegend von Bartnitzka beherbergt an Seltenheiten: *Sedum villosum*, *Peucedanum Cervaria*, *Campanula Cervicaria*, *Carex cyperoides*, *Swertia perennis*; in der Umgebung von Strasburg: *Geranium dissectum*, *Carex cyperoides*; bei Gurzno: *Pirola media*, *Galium aristatum*, *Juncus Tenageia*; bei Lauterburg: *Lycopodium inundatum*, *Trifolium alpestre* b. *glabratum*; am Laskowitzer See: *Linaria Elatine*.

Die von Schmitt und Schultz ausgeführte nochmalige Untersuchung des Ortelsburger Kreises ergab neue Standorte seltener Pflanzen für *Arabis hirsuta*, *Drosera anglica* × *rotundifolia*, *Potentilla reptans*, *Utricularia intermedia*, *Salix myrtilloides*, *S. livida* × *repens*.

99. **Brischke, C. G. A.** Bericht über eine Excursion nach Steegen auf der frischen Nehrung, im Juli 1888. (Schriften Naturf. Ges. Danzig, N. F., Bd. VII, 1889, p. 193.)

Enthält entomologische Beobachtungen.

3. Märkisches Gebiet. Brandenburg und Posen.

100. **Ascherson et Gürke.** Bericht über die 48. Hauptversammlung des botanischen Vereins der Provinz Brandenburg zu Fürstenwalde a. d. Spree. (Verh. Brandenburg, 1888, p. I—XI.)

In dem Fürstenwalder Stadtpark wurden gelegentlich der Excursion der Versammlung beobachtet: *Asplenium Ruta muraria, Galium boreale, Trifolium alpestre, Teesdalia nudicaulis, Veronica verna, Chrysosplenium alternifolium, Impatiens Noli tangere, Veronica spicata, Lathyrus montanus, Genista pilosa* und *germanica* und andere gemeine Pflanzen.

101. **Magnus, P.** und **Köhne, E.** Verzeichniss bemerkenswertherer Gefässpflanzen der Umgegend von Buckow. (Verh. Brand., 1888, p. XIII—XIV.)

Die Verff. zählen folgende bemerkenswerthere Pflanzen der Umgebung von Buckow mit ihren Standorten auf: *Clematis Vitalba, Hepatica triloba, Pulsatilla pratensis, Adonis aestivalis, Helleborus foetidus, Aquilegia vulgaris, Epimedium alpinum, Neslea paniculata, Helianthemum Chamaecistus, Reseda lutea, Drosera anglica, Polygala comosa, Viscaria viscosa, Silene conica, Pavia flava, Geranium pyrenaicum, G. sanguineum, Medicago minima, Oxytropis pilosa, Astragalus cicer, Onobrychis viciaefolia, Vicia tenuifolia, Fragaria moschata, Potentilla rupestris, Sanguisorba minor, Circaea alpina, Hippuris vulgaris, Anthriscus Cerefolium, Adoxa Moschatellina, Galium cruciata, Gnaphalium dioicum, Doronicum Pardalianches, Senecio paluster, Echinops sphaerocephalus, Campanula sibirica, Vaccinium Oxycoccos, Andromeda polifolia, Ledum palustre, Pirola chlorantha, media, minor, uniflora, Ramischia secunda, Vinca minor, Asperugo procumbens, Omphalodes verna, Veronica prostrata, Orobanche rubens, Salvia pratensis, Stachys recta, Teucrium Scorodonia, Primula officinalis, Polygonum Bistorta, Salix alba, Scheuchzeria palustris, Calla palustris, Orchis militaris, Cephalanthera rubra, Coralliorrhiza innata, Cypripedium Calceolus, Anthericum Liliago, Carex obtusa, humilis, digitata, silvatica, Stipa pennata, Melica nutans, Poa Chaixii, Catabrosa aquatica, Lycopodium annotinum, Equisetum pratense, Botrychium matricariaefolium, Polypodium vulgare, Asplenium Trichomanes, Phegopteris polypodioides, Aspidium lobatum, Cystopteris fragilis.*

102. **Magnus, P.** et **Köhne, E.** Excursion um Buckow. (Verh. Brand., 1888, p. XI—XII.)

Im Moritzgrund bei Buckow wächst *Omphalodes verna* und *Epimedium alpinum*, sowie *Clematis vitalba, Helleborus foetidus, Galium cruciata, Pavia flava*, ebenso kommt nach Krügel dort *Cypripedium Calceolus* vor; in der Silberkehle trifft man ganze Strecken bedeckend: *Doronicum Pardalianches, Epimedium alpinum, Omphalodes verna.*

103. **Jacobasch.** Seltene Pflanzen aus den Provinzen West- und Ostpreussen. (Verh. Brand., 1888, p. 341—343.)

Verf. erhielt von Scharlok in Graudenz eine Collection interessanter Pflanzen aus Westpreussen, zum Theil auch aus Ostpreussen. Es sind dies: *Pulsatilla patens* × *vernalis, pratensis* × *vernalis, patens* × *pratensis, Ranunculus Frieseanus, Cimicifuga foetida, Impatiens nolitangere* mit cleistogamen Blüthen; *Viola collina, V. persicifolia* × *silvestris, V. Riviniana* × *silvestris, Dianthus Armeria, D. arenarius* × *carthusianorum, Trifolium Lupinaster, Geum strictum, Potentilla norvegica* f. *normalis* und f. *ruthenica, Artemisia scoparia, Campanula latifolia, Collomia grandiflora, Cuscuta lupuliformis, Rumex ucranicus, Atriplex nitens, Salix myrtilloides, Galanthus nivalis* und var. *Scharlokii.*

104. **Jacobasch.** Funde eingewanderter und seltener Pflanzen bei Berlin. (Verh. Brand., 1888, p. 337—339.)

Verf. entdeckte: *Lathyrus Nissolia* unweit der Wielandstrasse bei Friedenau; *Lepidium incisum* im Südend; *Turgenia latifolia* in der Wielandstrasse; *Echium Wierzbickii* im Südend; *Elatine alsinastrum* zwischen Schöneberg und Südend; *Juncus Tenageia* zwischen Steglitz und Zehlendorf; *Salvia verticillata* unweit des Joachimsthaler Gymnasiums; *Erigeron acer* × *canadensis* in Wilmersdorf; *Kochia scoparia* bei Wilmersdorf; *Chenopodium album* var. *microphyllum* bei Friedenau; *Atriplex litorale* zu Schönberg; *Papaver intermedium* Beck. bei Berlin; *Humulus japonicus* bei Friedenau; *Campanula Trachelium* × *glomerata* beim Forsthaus Bredow.

105. **Taubert, P.** Beitrag zur Flora der Neumark und des Oderthales. (Verh. Brand., 1888, p. 310.)

Verf. durchsuchte die an Pommern grenzenden Theile der Provinz Brandenburg, nämlich die Neumark und das Oderthal. Bei Lippehne fand Verf. *Anthemis adulterina*, am Oderufer *Achillea Ptarmica* und *cartilaginea*, *Polygonum danubiale*, im Thal der Schlibbe *Asarum europaeum*. Ein systematisches Verzeichniss aller gemachten Funde ist beigegeben.

106. **Warnstorf, C.** Ein Ausflug nach der Uckermark. (Verh. Brand., 1888, p. 288—298.)

Verf. durchsuchte die Umgegend von Bräsenwalde und strebte besonders die Moosflora der genannten Gegend zu erforschen. Bei dieser Gelegenheit notirte Verf. auch die hauptsächlichsten Phanerogamen. Die Gegend ist moorig. Von Phanerogamen wurden notirt: *Hepatica triloba*, *Ranunculus lanuginosus*, *Corydalis intermedia*, *Dentaria bulbifera*, *Viola silvatica*, *palustris*, *Drosera rotundifolia*, *Stellaria crassifolia*, *Genista pilosa*, *Astragalus glycyphyllus*, *Vicia cassubica*, *Lathyrus vernus*, *montanus*, *Alchemilla vulgaris*, *Circaea alpina*, *Sanicula europaea*, *Hedera Helix*, *Asperula odorata*, *Galium silvaticum*, *Phyteuma spicatum*, *Vaccinium Oxycoccos*, *Andromeda polifolia*, *Ledum palustre*, *Pirola minor*, *Ramischia secunda*, *Pulmonaria officinalis*, *Lathraea squamaria*, *Salix ambigua*, *Neottia Nidus avis*, *Paris quadrifolia*, *Convallaria majalis*, *Juncus obtusiflorus*, *Luzula pilosa*, *Cladium Mariscus*. *Scirpus pauciflorus*, *Eriophorum vaginatum*, *Carex dioica*, *diandra*, *stricta*, *ericetorum*, *limosa*, *digitata*, *silvatica*, *filiformis*, *Milium effusum*, *Melica uniflora*, *Brachypodium silvaticum*, *Juniperus communis*.

107. **Behrendsen, W.** Ein Vorkommen von Adventivpflanzen zu Rüdersdorf bei Berlin. (Verh. Brand., 1888, p. 282—287.)

Verf. zählt die bei Rüdersdorf bei Berlin von ihm und Ascherson und Dormeyer und Mez aufgefundenen Ruderalpflanzen auf. Neu sind 1. für Deutschland: *Hypecoum procumbens* var. *grandiflorum*, *Sisymbrium junceum*, *Trigonella Besseriana*, *Scandix iberica*, *Anthemis tinctoria* × *ruthenica* und *Poa songarica*; 2. ausserdem noch für Brandenburg: *Chorispora tenella*, *Conringia austriaca*, *Bunias Erucago*, *Lathyrus Cicer*, *Aphaca*, *Vicia narbonnensis* var. *serratifolia*, *V. lutea* und *lutea* var. *hirta*, *V. pannonica* var. *stricta*, *Galium pedemontanum*, *Carduus pycnocephalus*, *Dracocephalum thymiflorum*, *Beckmannia erucaeformis*, *Triticum villosum* und *cristatum*.

108. **Taubert, P.** Ueber zwei neue aus dem märkischen Gebiet bisher nicht bekannte Gramineen. (Verh. Brand., 1888, p. 279—280.)

Verf. fand, dass in der Mark *Panicum ambiguum* bei Brandenburg (Schramm) und Rhinow (Ascherson) gefunden wurde. Diese Pflanze kommt vor in Anatolien, Persien, Syrien, Italien, Frankreich, in der Schweiz, Oesterreich und in Deutschland, zu Schwetzingen und Frankenhausen und an den beiden Orten in der Mark. *Melica picta* findet sich bei Gross-Oschersleben-Hakel an der Domburg.

109. **Winkler, A.** Chenopodium album f. microphyllum Coss. et Germ. in der Provinz Brandenburg. (Verh. Brand., 1888, p. 72—75.)

Verf. bespricht *Chenopodium album* f. *microphyllum*, welches an der Strasse von Eberswalde nach Freienwalde, dann beim Friedrichshain und später vor dem Matthäikirchhofe, sodann bei Brodowin und bei Charin bei Bralitz, sowie an mehreren anderen Orten des Regierungsbezirks Frankfurt a. O. beobachtet wurde.

110. **Jacobasch, E.** Floristisches. (Verh. Brand., 1888, p. 190.)

Verf. berichtet, dass *Vicia villosa* mit rein weissen Blüthen bei Schmargendorf beobachtet wurde; er selbst fand *Potentilla intermedia* am Südend. Der Bastard *Erigeron acer* × *canadensis* wurde vom Verf. beim Bahnhof Wilmersdorf-Friedenau gesammelt.

111. **Seemen, O. von.** Anemone ranunculoides × nemorosa bei Berlin gefunden. (Abh. Brand., 1888.)

Verf. fand in Charlottenburg den Bastard von *Anemone ranunculoides* × *nemorosa*; sonst findet sich diese Pflanze in Sachsen, Schlesien, Baden und im märkischen Gebiete im Grüneberger Forst bei Zerbst.

112. **Seemen, Otto von.** Zwei neue Weiden: Salix Straehleri und S. Schumanniana. (D. B. M., 1889, p. 33—38.)

Verf. beschreibt *S.* **Straehleri** Seem. n. sp. bei Spremberg, auf den Rüdersdorfer

Kalkbergen bei Berlin, in der Netzeniederung bei Wronke und in Upsala. *S.* **Schumanniana** Seem. n. sp., Wilmersdorf bei Berlin = *S. triandra* × *pentandra*.

113. **Spribille, Franz.** Verzeichniss der in dem Kreise Inowraclaw und Strelno bisher beobachteten Gefässpflanzen mit Standortsangaben. (Progr. d. Gymn. 4⁰. 21 p. Inowraclaw, 1889)

Nicht gesehen.

114. **Rüdiger, M.** Beiträge zur Kenntniss der Baum- und Strauchgewächse der Umgegend von Frankfurt a. O. (Samml. naturw. Vortr., herausgegeben von E. Huth, Bd. III, 1889, Heft 2. 8⁰. 24 p. 1 Taf. Berlin, 1889.)

Nicht gesehen.

4. Schlesien.

115. **Jungck, M.** Flora von Gleiwitz und Umgegend. 8⁰. X, 127 p. Göttingen, 1889.

Verf. bringt in seiner Inaugural-Dissertation eine Flora von Gleiwitz und Umgegend. In der Einleitung bespricht der Verf. die Gegend in geologischer, oro- und hydrographischer Beziehung, die Art der Verbreitung u. s. w. Die Flora umfasst 26 Gefässkryptogamen und 759 einheimische und 98 fremde Arten, abgesehen von 347 Zellenkryptogamen. Seit Kabath's Flora, 1845 sind im Gebiete vom Verf. neu beobachtet worden: *Potamogeton praelongus, pectinatus, compressus, obtusifolius, Typha latifolia, angustifolia, Carex dioica, praecox, silvatica, Polypogon monspeliensis, Avena brevis, pubescens, flavescens, Poa serotina, nemoralis. Festuca ovina, heterophylla, arundinacea, Bromus tectorum, Triticum caninum, Lolium italicum, Gagea lutea, Salix pentandra, babylonica, daphnoides, rubra, Alnus incana, Parietaria officinalis, Polygonum orientale* und *Sieboldi, Atriplex hortense, nitens, hastatum, Mercurialis annua, Berberis vulgaris, Arabis hirsuta, arenosa, Hesperis matronalis, Alyssum calycinum, Cochlearia Armoracea, Lepidium ruderale, campestre, Iberis intermedia, Bunias orientalis, Tilia parvifolia, Geranium pratense, dissectum, Silene noctiflora, dichotoma, Polygala comosa, Saxifraga granulata, Levisticum officinale, Anethum graveolens, Chaerophyllum temulum, Cornus stolonifera, Circaea alpina, Callitriche stagnalis, autumnalis, Prunus avium, Sorbus Aria, Pirus malus, Fragaria viridis, Potentilla norvegica, mixta, Sanguisorba officinalis, minor, Ulex europaeus, Ononis repens, rotundifolia, Anthyllis Vulneraria, Medicago sativa, falcata, media, Ornithopus sativus, Pirola chlorantha, umbellata, Primula elatior, (Auricula), Lappula myosotis,* **Pulmonaria alba** Jungck n. sp., *Lycium barbarum, Nicandra physaloides, Fraxinus excelsior, Asclepias Cornuti, Verbascum thapsiforme, Veronica longifolia, opaca, Utricularia minor, Mentha piperita, Lamium album, Stachys germanica, annua, Galeopsis bifida, Ajuga genevensis, Campanula Rapunculus, Galium vero-Mollugo, Valerianella olitoria, Solidago serotina* u. *canadensis, Helianthus tuberosus, Rudbeckia laciniata, Anthemis tinctoria, Cirsium canum, oleracea* × *canum, Carduus crispus, Onopordon Acanthium, Sonchus paluster, Crepis nicaeensis, Hieracium floribundum, plumbeum, prenanthoides, sabaudum* und *boreale*. Wie man sieht, hat der Verf. auch ziemlich viele verwilderte Gartenpflanzen einbezogen.

116. **Fiek, F.** Excursionsflora für Schlesien, enthaltend Phanerogamen und Gefässkryptogamen. 8⁰. 259 p. Breslau, 1889.

Ein Taschenbuch für Excursionen, in dem die in Schlesien wachsenden Pflanzen charakterisirt sind.

117. **Praetorius, Ignaz.** Zur Flora von Konitz. (Progr. d. Gymn. zu Konitz, 1889, 4⁰. 62 p. Konitz, 1889.)

Nicht zugänglich.

118. **Kreisel, Heinrich.** Die Samenpflanzen in der Umgegend Jägerndorfs. (Progr. 8⁰. 38 p. Jägerndorf, 1889.)

Nicht gesehen.

119. **Fiek und Pax.** Resultate der Durchforschung der schlesischen Phanerogamenflora im Jahre 1888. (Jahresb. d. schles. Ges. f. vaterl. Cultur. Breslau, 1889. p. 174.)

Die Verff. zählen zunächst die für das Gebiet neuen Pflanzen auf. *Isopyrum tha-*

lictroides bei Schmiedeberg; *Linum perenne* bei Grünberg; *Medicago falcata* var. *glandulosa* bei Kontopp und Bolkenhain; *Potentilla reptans* var. **pubescens** Fiek. n. var. bei Kontopp; *Agrimonia Eupatoria* var. **fallax** Fiek n. var. Breslau, Grünberg, Gross-Lassowitz; *Amelanchier canadensis*, Liegnitz; *Pimpinella magna* var. *laciniata*, altes Bergwerk im Riesengebirge; *Centaurea Cyanus* var. *discoidea*, Goldberg; *Crepis tectorum* var. *tubulosa*, Winow bei Oppeln; *Hieracium vulgatum* var. **czantoriense** Fiek auf der Grossen Czantory in den Beskiden; *Phacelia tanacetifolia*, verwildert am Töpferberg bei Liegnitz; *Mimulus moschatus* an der Biel in Ober-Langenbielau; *Bartschia alpina* f. *rubriflora* am Brunnenberge im Riesengebirge; **Mentha pauciflora** Figert sp. n. bei Liegnitz; *Primula officinalis* var. *inflata* Pax am langen Berge bei Donnerau; *Pr. elatior* × *officinalis* var. *macrocalyx*, spontan entstanden; *Polygonum Persicaria* × *minus* bei Liegnitz; *Euphorbia* **Esula** × **Cyparissias** Fig. n. h. bei Gross-Strichen unweit Lüben; *Fagus silvatica* var. *puberula* Fiek, Grünberg; *Alnus* **serrulata** × **glutinosa** Fiek n. hybr., Löwenberg, Krummhübel im Riesengebirge und wahrscheinlich auch bei Steinberg im Kreise Goldberg; **Salix cinerea** × **acutifolia** Fig. n. h. bei Liegnitz; *Carex panniculata* × *canescens* bei Lüben; *C. canescens* × *remota* A. Schulz im Sakwintener Walde in Ostpreussen und bei Lüben in Schlesien; *Athyrium filix femina* var. *pruinosa*, Eulengrund des Riesengebirges, Brunnberg.

Ausserdem werden für zahlreiche Arten neue Standorte angegeben, bezüglich derer wir auf die Originalarbeit verweisen.

120. **Figert, E.** Carex riparia × rostrata n. hybr., C. Beckmanniana m., ein neuer Carex-Bastard in Schlesien. (D. B. M., Jahrg. VII, 1889, No. 11/12, p. 185.)

Verf. beschreibt *Carex riparia* × *rostrata* n. hybr. = **C. Beckmanniana** Fig. bei Krummlinde im Kreis Lüben.

121. **Figert, E.** Zwei neue Bastarde aus Schlesien. (Deutsche Bot. Monatsschr., 1889, p. 85–87.)

Verf. beschreibt: **Pimpinella intermedia** Fig. = *P. magna* × *Saxifraga* zu Schönau bei Glogau; **Carex solstitialis** Fig. = *C. panniculata* × *paradoxa* n. hybr. bei Krummlinde im Kreise Lüben.

122. **Figert, E.** Botanische Mittheilungen aus Schlesien. (D. B. M., Jahrg. VII, Heft 5/6, p. 70—72.)

Verf. hält *Cirsium acaule* All. var. *caulescens* nur für eine abnorme Form, die durch die Ungunst der Verhältnisse eine besondere Höhe erlangt; auch *Fragaria collina* var. *subspinnata* Cel. wird nur für eine Wachsthumsmodification gehalten.

123. **Figert, E.** Mentha pauciflora n. sp. Eine neue Mentha in Schlesien. (D. B. M., 1889, p. 11–12.)

Verf. beschreibt **Mentha pauciflora** Fig. n. sp. um Neuhof bei Liegnitz.

124. **Figert, E.** Botanische Mittheilungen aus Schlesien. I. (D. B. M., Jahrg. VII, 1889, No. 2, p. 21–22.)

Verf. bespricht: *Taraxacum erythrospermum* Andrz., welches nie an feuchten und grasigen, sondern stets an trockenen Localitäten wächst.

125. **Bornmüller, J.** Zur Flora der Umgebung Leipzigs. (D. B. M., Jahrg. VII, 1889, No. 3, p. 42–43.)

Verf. beobachtete in den Jahren 1879—80 interessante Funde in und um Leipzig: *Silene dichotoma*, *Diplotaxis tenuifolia*, *Centaurea solstitialis*, *Barbaraea stricta*, *Vicia villosa*, *Plantago arenaria*, *Centaurea calcitrapa*, *Xanthium spinosum*, *Teucrium Scorodonia*, *Thlaspi alpestre*, *Hydrocotyle* und *Geranium*; meist also Ruderalpflanzen. *Salix Mauternensis* wächst bei Leutsch und *Anemone nemorosa* × *ranunculoides* bei Eutritsch.

5. Obersächsisches Gebiet. Sachsen und Thüringen.

126. **Reichert, A.** Zur Flora von Leipzig. (D. B. M., Jahrg. VII, 1889, No. 5/6, p. 88.)

Verf. bemerkt, dass die von Bornmüller als für Leipzig seltene Pflanzen (siehe voriges Ref.) bereits in O. Kuntze's Taschenflora von Leipzig 1867 aufgeführt sind, wenigstens

Barbaraea stricta, *Centaurea calcitrapa*, *solstitialis*, *Hydrocotyle*, *Teucrium Scorodonia* und *Thlaspi alpestre*.

127. **Schulze. M.** Melica Aschersonii (M. nutans × picta). (Mitth. d. Geogr. Ges. für Thüringen und des Bot. Ver. für Gesammtthüringen, Bd. VII, Heft 3–4, p. 38—40.)

Verf. charakterisirt *Melica Aschersonii (M. nutans × picta)* auf dem Kunitzberge bei Jena, im Nerckewitzer Grund; *M. picta* im Isserstedter Wald bei Jena.

128. **Torges.** Festuca gigantea × rubra n. hybr. (F. Hausskuechtii m.). (Mitth. d. Bot. Ver. für Thüringen zu Jena, 1889, Bd. VIII, Heft 1,2, p. 6–8.)

Verf. beschreibt **Festuca Haussknechtii** Torg. (*F. gigantea × rubra* n. hybr.) und die Formen: *diffusior*, *strictior* und *debilis*; gefunden wurde der Bastard bei Binz auf der Insel Rügen.

129. **Torges.** Epilobium hirsutum × roseum = E. Schmalhausenianum M. Schulze. (Mitth. d. Bot. Ver. f. Thüringen zu Jena, Bd. VIII, 1889, Heft 1,2, p. 8–10.)

Verf. beschreibt *Epilobium hirsutum × roseum* = *E. Schmalhausenianum* A. Schulze, welches er in der Umgegend von Berka aufgefunden hat; es werden noch zwei Formen erwähnt; 1. *E. indutum* Torg. im Mühlthalthale bei Jena und f. *glabrescens* Torg. bei Becka.

130. **Reineke.** Beiträge zur Flora des Erfurter Kreises. (Mitth. d. Geogr. Ges. zu Jena u. d. Bot. Ver. f. Gesammtthüringen. Bd. VII, Heft 3—4, 1889, p. 11—12.)

Verf. fand eine grössere Anzahl für den Erfurter Kreis neue Pflanzen, so *Cerinthe minor*, *Sorothamnus scoparius*, *Potentilla recta*, *Sinapis juncea*, *Rosa Jundzilliana*, *Cnidium venosum*, *Nasturtium austriacum*, *Clematis recta*, *Epilobium brevipilum*. Ferner fand er bis jetzt folgende *Rosa gallica*-Hybriden: *R. gallica × canina*, × *dumetorum*, × *glauca*, × *tomentosa* und × *trachyphylla*. *R. Hampeana* kommt am Veronicaberge bei Martinroda vor.

131. **Petry, Arth.** Die Vegetation des Kyffhäusergebirges. Halle, 1889. 4°. 55 p.

Verf. schildert eingehend und in beachtenswerther Weise die Vegetationsverhältnisse des Kyffhäusergebirges. Die Einleitung handelt von der Umgrenzung des Gebietes; der weitere Abschnitt bespricht die einschlägige Literatur, ferner wird behandelt die Zusammensetzung der Vegetation (859 Gefässpflanzen kommen darauf vor). Ein anderer Abschnitt bespricht den Einfluss des Bodens auf die Vertheilung der Pflanzen; so kommen im Kyffhäusergebirge auf einem Boden mit ansehnlichem Kalkgehalte 150 Species, auf kalkarmen Boden 43 Species vor. Der letzte Abschnitt endlich behandelt die pflanzengeographische Stellung dieser Flora. Das Kyffhäusergebirge liegt innerhalb der Zone des Inlandeises; boreal-alpine Pflanzengruppen, die pannonische Association, die Halophyten und eine geringe Menge seit langem dort lebender Pflanzen bilden die Geschichte der Flora dieses Gebietes. Die Arbeit hat hohen pflanzengeographischen Werth.

132. **Beckmann, C.** Ein von Herrn G. Oertel angeblich bei Dessau beobachteten Carex-Bastard. (Verh. Brand., 1888, p. 76—77.)

Eine kritische Besprechung persönlicher Natur. *Carex paniculata × teretiuscula* kommt bei Bassum vor und soll nach O e r t e l auch bei Dessau vorkommen.

133. **Sagorski, E.** Plantae criticae Thuringiae. (D. B. M., 1889, p. 6—7, 132—134.)

Verf. bespricht *Hieracium chlorocephalum* von Weimar und Thüringen nach Garcke, ist eine Form von *H. vulgatum*. Auf Seite 6—7 werden die *Euphrasia*-Formen beschrieben: *Eu. stricta* ist in Thüringen vielfach vertreten; Formen sind: *E. stricta* Hort. f. *genuina* an fruchtbaren Stellen; f. *reducta* auf Haiden; var. *versus coeruleam* auf Viehtriften bei Kösen; f. *robusta* an besonders fruchtbaren Stellen.

134. **Sagorski, E.** Plantae criticae Thuringiae. (D. B. M., 1889, p. 38—42.)

Verf. beobachtete in Thüringen eine ungemein grosse Anzahl von Hybriden der *Rosa gallica*, nämlich: *R. gallica × tomentosa* var. *typica*, *R. gallica × tomentosa* var. *subglobosa*, *R. gallica × tomentosa* var. *scabriuscula*, *R. gallica × tomentosa* var. *venusta*, *R. gallica × tomentosa* var. *cristata*, *R. gallica × rubiginosa* var. *comosa*, *R. gallica × agrestis* var. *pubescens*, *R. gallica × graveolens* var. *calcarea*, *R. gallica × tomentella* var.

affinis, *R. gallica* × *trachyphylla*, *R. gallica* × *pumila*, *R. Christii (gallica* × *trachyphylla)*, *R. gallica* × *trachyphylla* var. *Aliothii*, *R. gallica* var. *trachyphylla* var. *Jundzilliana*, *R. canina* var. *Lutetiana* × *gallica*, *R. canina* var. *Andegavensis* × *gallica*, *R. canina* var. *dumalis* × *gallica*, *R. canina* var. *biserrata* × *gallica*, *R. canina* var. *hirtella* × *gallica*, *R. canina* var. *firmula* × *gallica*, *R. canina* var. *glabberrima* × *gallica*, *R. gallica* × *glauca* var. *typica*, in den var. *recedens* ad *glaucam* und *recedens* ad *gallicam*, *R. gallica* × *glauca* var. *complicata* und *recedens* ad *complicatam*, *R. gallica* × *glauca* var. *myriodonta* n. var. *recedens* ad *glauc.* var. *myriodontem*, *R. dumetorum* var. *platyphylla* × *gallica*, *R. dumetorum* var. *trichoneura* × *gallica*, *R. gallica* × *dumetorum* × *Thuillieri*, *R. pergallica* × *dumetorum*, *R. dumetorum* var. *obtusifolia* × *gallica*, *R. coriifolia* var. *typica* × *gallica* und f. *aprica*, *R. coriifolia* × *Scaphusiensis* × *gallica*, *R. coriifolia* × *gallica versus album*, *R. alba*, *R. coriifolia* var. *complicata* × *gallica*, *R. arvensis* × *gallica*.

135. **Wobst, A.** Vorlage und Besprechung neuer und seltener Pflanzen für die Flora von Sachsen. Isis, 1888. p. 25—26.

Verf. fand *Blitum virgatum* an der Strehlener Strasse zu Dresden; *Rosa alpina* L. var. *fraxinifolia* in der Nähe des Gaussiger Parks bei Bautzen; *Rosa lucida* in der Nähe von Colmnitz verwildert; *Botrychium rutaceum* am grossen Winterberge in der sächsischen Schweiz von Poscharsky entdeckt, neu für Sachsen.

136. **Rostock, M.** Phanerogamenflora von Bautzen und Umgegend, nebst einem Anhange: Verzeichniss Oberlausitzer Kryptogamen. Isis, 1889. p. 3—25.

Verf. zählt die bei Bautzen vorkommenden Pflanzen recht übersichtlich, mit Angabe der Standorte bei den selteneren Species auf. Verschwunden sind: *Genista sagittalis* bei Dertschen und *Utricularia vulgaris* und *Gladiolus imbricatus*; vorübergehend waren anwesend: *Dracocephalum nutans*, *Anthyllis Vulneraria*, *Anthemis tinctoria*, *Silene noctiflora*, *S. Otites*, *Lathyrus sativus*, *Senecio vernalis*, *Cerinthe minor*, jedoch sind auch sie wieder verschwunden. Zu den Seltenheiten gehören: *Epipogon aphyllus* bei Pichow; *Malva moschata* bei Arnstorf.

137. **Excursion in die Lössnitz.** Isis. Dresden, 1889, p. 26–27.

Die Excursion hatte den Zweck, die Charakterarten in dem mit östlichen und süddeutschen Pflanzengenossenschaften besetzten warmen Hügellande der Lössnitz kennen zu lernen. Beobachtet wurden: *Geranium sanguineum*, *Centaurea paniculata*, *Scabiosa ochroleuca*, *Stachys recta*; selten sind *Barkhausia foetida* und *Physalis Alkekengi*; *Carex humilis* überall zerstreut. Am Todstein bei Wahndorf wachsen: *Cotoneaster*, *Rosa tomentosa* und *mollissima*. Die Formation der Bäume umfasste: *Betula verrucosa*, *Quercus Robur*, *Rosa canina*; jene der Sträucher: *Calluna vulgaris*; die allgemeine Staudenformation: *Cytisus nigricans*, *Helianthemum Chamaecistus*, *Peucedanum Oreoselinum*, *Asperula cynanchica*, *Campanula persicifolia*, *Viscaria*, *Silene nutans*, *Pulsatilla pratensis*, *Trifolium alpestre*, *Hieracium murorum*, *Anthyllis Vulneraria*, *Genista germanica*, *Orobus tuberosus*, *Cynanchum*; bemerkenswerthe Einzelheiten sind: *Biscutella laevigata*, *Thesium alpinum*, *Peucedanum cervaria*. Die Standorte von *Alyssum montanum* und *Helleborus viridis*, letztere an den Mauern von Niederwartha wurden aufgesucht.

138. **Schulze, M.** Die Orchideen der Flora von Jena. Mit 1 Taf. (Mitth. d. Geogr. Ges. f. Thüringen und des Bot. Ver. f. Gesammtthüringen, Bd. VIII, Heft 3/4, p. 14—40.)

Verf. lieferte eine sehr sorgfältige Zusammenstellung der bei Jena vorkommenden Orchideen, mit Angabe der Häufigkeit und Seltenheit des Vorkommens. Es finden sich dort: *Aceras hircina*; a. **genuina**, b. **thuringiaca**, c. **anomala n. var.**; *A. pyramidalis* Rchb. f. nur im Taupadeler Holz; *Orchis Morio*, *coriophora* und var. *Polliniana*; *O. ustulata*, *O. tridentata*, *O. tridentata* × *ustulata* zwischen Kahla und Dornburg; *O. militaris*, *O. purpurea*, in den Varietäten: *obcordata* Wirtg., *rotundata* Wirtg., *triangularis* Wirtg., *O. militaris* × *purpurea* in Schillerthal, Randabhang der Wöllmisse, Jenalöbnitz, Taupadel, Hohe Lenden, Mönchsberg, Winzerla, Kunitzberg; *O. mascula* und var. *genuina*, *speciosa* und *obtusiflora*, *O. pallens*, *O. mascula* × *pallens* am Kunitzberge, im Gleissethal und am

Weidenberg; *O. incarnata* und var. *lanceata* und *brevicalcarata*, *O. Traunsteineri* Sauter nur im Schillerthal; *O. latifolia*, *O. incarnata* × *latifolia* zwischen Winzerla und Göschwitz, Olknitz und von da nach Bockedra; *O. latifolia* × *Traunsteineri?* im Schillerthal bei Löbichau; *O. sambucina* und var. *bracteata* am Forst; *O. maculata* und *O. maculata* × *Traunsteineri* im Schillerthal; *Ophrys muscifera*, a. *genuina*, b. *bombifera*. c. *parviflora* bei Leutra; *O. aranifera*, *O. aranifera* × *muscifera* an allen Fundorten der *aranifera*; und zwar in folgenden Variationen: *O. hybrida* Pok., *O. apicula* J. C. Schmidt, *O. Reichenbachiana*; *O. apifera* und β. *Muteliae*; *Herminium Monorchis* in den Jenaer Rathskiefern zwischen dem Hainberg und Forst; *Gymnadenia albida*, *odoratissima* und zwar var. *heteroglossa* und *ecalcarata*; *G. conopea* und zw. *sibirica* und *densiflora*; *G. conopea* × *odoratissima* im Schillerthal; *Platanthera bifolia* Rich. und zw. *laxiflora* und *densiflora* und *pervia*; *P. montana* an mehreren Stellen; *P. viridis* und var. *bracteata* bei Bollwerk; *Cephalanthera rubra*, *Xiphophyllum* und *grandiflora*, *Epipactis palustris*, *rubiginosa*, *latifolia* var. *varians* und *viridans*; *E. sessiliflora*; *Neottia Nidus avis*; *Listera ovata* und *cordata* (ist vom Verf. nicht wieder gefunden worden): *Helleborine spiralis* bei Ruttersdorf; *Goodyera repens*, *Epipogon aphyllus* vom Verf. bei Waldeck noch nicht gefunden; *Coralliorrhiza innata*, *Liparis Loeselii* bei Löbichau und *Cypripedium Calceolus*.

139. **Lutze.** Euphorbia Lathyris und Epipogium aphyllus. (Mitth. d. Geogr. Ges. zu Jena und des Bot. Ver. f. Gesammtthüringen, Bd. VII, Heft 3 u. 4, 1889, p. 10.)

Verf. fand *Euphorbia Lathyris* in Sondershausen verwildert; *Epipogon aphyllus* aus der Hainleite bei Sondershausen gelangte zur Vertheilung.

140. **Rottenbach, H.** Zur Flora Thüringens, insbesondere des Meininger Landes. 4⁰. 18 p. Meiningen, 1889.

Nicht zugänglich.

141. **Hennig.** Phanerogamenfunde aus dem Harthwalde. (Sitzber. d. Naturf. Ges. zu Leipzig, XIII—XIV.)

Nicht gesehen.

142. **Ludwig, F.** Ueber eine eigenthümliche Art der Verbreitung des Chrysanthemum suaveolens (Pursh) Aschs. (Zeitschr. f. Naturwiss. f. Sachsen u. Thüringen, 4. Folge, Bd. VII, 1888, Heft 6.)

Nicht gesehen.

143. **Schulze.** Orchideen um Jena. (Verh. Brand., 1888, p. III.)

Der 46. Hauptversammlung des Bot. Vereins der Provinz Brandenburg übersandte Sch. aus Jena zur Vertheilung folgende von Jena stammende Orchideen: *Cypripedium Calceolus*, *Ophrys muscifera*, *aranifera*, *Orchis ustulata*, *tridentata* und *ustulata* × *tridentata*, *O. purpurea* und *militaris*, sowie *militaris* × *purpurea*, *incarnata* × *latifolia* und *Himantoglossum hircinum*.

144. **Wiefel, C.** Ein Digitalis-Bastard in Thüringen. (D. B. M., Jahrg, VII, 1889, No. 5/6, p. 87, 88.)

Verf. fand *Digitalis purpurea* × *ambigua* am grossen Mittelberge in Thüringen.

145. **Sagorski, E.** Berichtigungen zur Flora von Thüringen. (D. B. M., 1889, p. 72.)

Verf. theilt mit, dass bei Naumburg a. Saale entgegen den Angaben von Staritz *Viscum album* nicht auf *Quercus* vorkomme.

146. **Beling, Th.** Fünfter Beitrag zur Pflanzenkunde des Harzes und seiner nächsten nordwestlichen Vorberge. (D. B. M., 1889, p. 12—14.)

Verf. giebt für eine grössere Anzahl von Pflanzen neue Standorte an: nämlich für *Dentaria bulbifera*, *Reseda lutea*, *Silene noctiflora*, *Sagina apetala* var. *ciliata*, *Melilotus macrorrhizus*, *Hippocrepis comosa*, *Rosa repens*, *Selinum carvifolia*, *Gnaphalium luteoalbum*, *Hieracium praealtum* var. *fallax*, *Lithospermum purpureo-coeruleum*, *Linaria spuria*, *Stachys alpina*, *annua*, *recta*, *Prunella grandiflora*, *Teucrium Botrys*, *Epipogon Gmelini*, *Cephalanthera rubra*, *Epipactis latifolia* var. *violacea*, *rubiginosa*, *Carex leporina* var. *argyroglochin*, *caespitosa*, *strigosa*, *Glyceria plicata*, ebenso auch für einige Gefässkryptogamen.

6. Niedersächsisches Gebiet. Hannover, Oldenburg, Bremen, Hamburg, Lübeck, Schleswig-Holstein, Ostfriesische Inseln.

147. **Prahl, P.** Kritische Flora der Provinz Schleswig-Holstein, des angrenzenden Gebietes der Hansa-Städte Hamburg und Lübeck und des Fürstenthums Lübeck. II. Theil, I. Heft, Bogen 1–8. Kiel, 1889.

Des Verf.'s kritische Flora gehört zu den besten Specialfloren Deutschlands. In diesem I. Heft der II. Abtheilung werden speciell die Ranunculaceen — Saxifragaceen von E. H. L. Krause bearbeitet. Die Varietäten sind zumeist mit Diagnosen angegeben; die Standorte sind übersichtlich geordnet. Die Abbildungswerke für die einzelnen Arten sind angeführt. Neue Arten, Varietäten und Bastarde sind: **Batrachium hirsutissimum** in Gräben und Tümpeln nicht selten; *R. acer* f. **balticus** Prahl auf Strandwiesen der dänischen Inseln und Mecklenburgs; *Nasturtium anceps* f. **Reichenbachiana** n. f., häufig, f. **Wahlenbergianum** bei Hamburg; *Viola tricolor* f. **baltica** n. f. an der Kieler Föhrde, bei Heiligenhofen; *V.* **slesvicencis** n. hybr. *(silvatica × holsatica)* bei Kiel und Eckernförde; *V. Riviniana* f. **riparia** n. f. ebendort; *V.* **Bethkeana** n. h. = *V. silvatica × Riviniana; V. flavicornis*, f. **dunalis** n. f. an der Kieler Bucht, f. **palustriflora** n. f. unweit Kiel bei Probsteierhagen; *V.* **megapolitana** n. h. = *V. silvatica × flavicornis* bei Friedrichsort, Kiel und Bondesholm; *V.* **Kiliensis** n. h. = *V. Riviniana × flavicornis* bei Kiel und Friedrichsort; *Melandryum rubrum* f. **striatulum** n. f. bei Eckernförde und am Eidercanal; *Erodium cicutarium* f. **holoporphyreum** n. f. am sandigen Strande der Ostsee, auf Dünen der Nordsee-Inseln; **Rubus rugicus** n. h. = *R. plicatus × Grabowskii* auf Rügen; *R.* **circipanicus** n. f. bei Gross-Müritz; *R. Sprengelii* var. **pseudovillicaulis** n. f. bei Lützow und Rostock; *R. chlorothyrsus* f. **vandalicus** n. f. auf der Rostocker Heide; *R. infestus* var. **Marianus** n. f. bei Flensburg; *R.* **atrichantherus** n. sp. an mehreren Orten; *R. vestitus* var. **chloroscarythros** n. f. an mehreren Orten; *R.* **Prahlii** n. h. = *R. pallidus × Bellardii* bei Eutin; *R.* **pallidifolius** n. sp. bei Schleswig und in den Hüttener Bergen; *R. semivestitus* × **Benzonianus** n. h. *(R. Idaeus × vestitus)* bei Flensburg; **Potentilla confusa** n. h. = *P. procumbens × erecta* um Kiel. Die Umbelliferen-Rubiaceen bearbeitete Fischer-Benzon, die Valerianeen-Scrophularineen P. Prahl; *Bellis perennis* γ. **villosa** n. f. bei Flensburg.

148. **Dalla Torre.** Die Flora der Insel Helgoland. (Sep.-Abdr. aus den Berichten des Naturw. Vereins für 1889. 31 p.)

Verf. stellte ein recht übersichtliches Verzeichniss der Pflanzen Helgolands zusammen; es kommen dort 220 Arten und mit den eingeführten Holzpflanzen 300 Arten vor. Neu aufgeführt sind: *Papaver Argemone, Matthiola tristis* neu für Deutschland; *Sisymbrium austriacum, Diplotaxis muralis, Lobularia maritima, Crambe maritima, Viola tricolor* var. *arvensis; Dianthus deltoides, Vaccaria parviflora, Silene vulgaris, dichotoma, noctiflora, Melandrium album, rubrum, dubium, Cerastium glomeratum, Malva mauritanica, Geranium pyrenaicum, dissectum, rotundifolium, Erodium cicutarium, Medicago sativa, Melilotus officinalis, Trifolium angustifolium, Scleranthus annuus, Apium graveolens, Bupleurum rotundifolium, Valerianella olitoria, Galinsoga parviflora, Gnaphalium uliginosum, Senecio jacobaea, Cichorium Intybus, endivia, Cynoglossum coelestinum, Anchusa arvensis, Symphytum asperum, Cerinthe major, Echium vulgare, Myosotis hispida, Verbascum Thapsus, phoeniceum, Alectorolophus major, Salvia Horminum, Glechoma hederacea, Lamium maculatum, album, Ajuga reptans, Armeria maritima, Amarantus retroflexus, Chenopodium polyspermum, Atriplex hortense, Buschiana, Polygonum amphibium, Tithymalus exiguus, Lemna trisulca, Paspalum elegans, Panicum Crus galli, Setaria viridis.*

149. **Krause.** Geographische Uebersicht der Flora von Schleswig-Holstein. (Petermann's geogr. Mittheilungen, 1889, Heft 5.)

Dem Ref. nicht zugänglich.

150. **Knuth, Paul in Kiel.** Die Frühlingsflora der Insel Sylt. (D. B. M., p. 146–151, 187–190.)

Verf. schildert die Vegetation der Insel Sylt. Pflanzengeographisch werthvolle Angaben sind nicht enthalten.

151. **Knuth, Paul.** Gab es früher Wälder auf Sylt? (Humboldt, 1889, Heft 8.) Nicht gesehen.

152. **Raunkiär, C.** Notes on the vegetation of the North-Frisian islands and a contribution to an eventuel flora of these islands. (Bot. T., 17. Bd., p. 179—201.)

Verf. giebt die Zahl der an den nordfriesischen Inseln gefundenen Pflanzen zu 475 an, eine recht bedeutende Zahl, mit demjenigen zusammengehalten, was man von den übrigen friesischen Inseln kennt; an den ostfriesischen Inseln sind nach Buchenau's „Flora der ostfriesischen Inseln" ca. 400 wildwachsende Arten gefunden und an den westfriesischen Inseln ca. 560. Von den obengenannten 475 Arten fehlen 155 an den ostfriesischen Inseln; von diesen fehlen 83 ausserdem an den westfriesischen Inseln. Die charakteristischen Züge der Vegetation der nordfriesischen Inseln lassen sich folgendermaassen zusammenfassen: Ausser den gemeiniglich verwischten Spuren einer Holzvegetation finden wir an dem Glacialsande eine Vegetation, die hauptsächlich die selbe ist, wie an dem Glacialsande von Westjütland. Eine Marschvegetation, die an einigen Localitäten meist zwergartig entwickelt ist wegen Zusandung. Eine Dünenvegetation, eben so arm an Species als jene der jütländischen Dünen, aber nichtsdestoweniger kräftig und blüthenreich, und schliesslich eine Moorenvegetation, die im Verschwinden begriffen ist und folglich sehr interessante Zwergformen darbietet. Ueberall können wir eine Verwandtschaft mit Westjütland darthun und kommen daher zu dem Schlusse, dass die östliche und südliche Küste der Nordsee in einen nördlichen und einen südlichen Theil geschieden ist, mit der Elbmündung als scheidende Grenze. O. G. Petersen.

7. Niederrheinisches Gebiet. Rheinprovinz, Westfalen.

153 **Schemmann, W.** Beiträge zur Phanerogamen- und Gefässkryptogamenflora Westfalens. (Verh. des Naturh. Vereins der preuss. Rheinlande, Westfalens und des Reg.-Bez. Osnabrück, Abh. p. 17—50.)

Verf. berücksichtigte bei der Anfertigung dieses seines Verzeichnisses das ihm bekannt gewordene und von ihm durchforschte Gebiet Westfalens mit Ausnahme der Kreise Bochum, Dortmund und Hagen. Leider müssen wir des Umfanges des Verzeichnisses halber auf die Originalarbeit verweisen.

154. **Melsheimer.** Limodorum abortivum bei Linz am Rhein. (Verh. des Naturh. Vereins d. preuss. Rheinlande, Westfalens und des Reg.-Bez. Osnabrück, 1889, Corresp. p. 60.)

Verf. berichtet, dass *Limodorum abortivum,* neu für den Reg.-Bez. Coblenz, von Engels im Casbachthale gefunden wurde.

155. **Sassenfeld, J.** Flora der Rheinprovinz. Anleitung zum Bestimmen der Blüthenpflanzen und der Gefässkryptogamen, sowohl der wildwachsenden, als der häufig angepflanzten. Zum Gebrauche in Schulen, beim Selbstunterricht und auf Ausflügen. 8°. VIII. 272 p. Mit 110 Holzschnitten. Trier, 1889.

Nicht zugänglich.

156. **Karsch.** Flora der Provinz Westfalen. Ein Taschenbuch zu botanischen Excursionen. 5. Aufl. 8°. LXIV. 375 p. Münster, 1889.

Verf. gab die fünfte vermehrte und verbesserte Auflage der Flora der Provinz Westfalen heraus. Das für Schüler und Anfänger bestimmte Buch ist zweckentsprechend eingerichtet. Aus diesem Grunde und zu diesem Zwecke kann ihm eine Vollständigkeit, die durch Aufführung aller Varietäten, Formen und Bastarde erzielt würde, nicht zugemuthet werden. Die Standortsangaben sind sehr knapp bemessen. Die 5. Auflage beweist hinreichend die Brauchbarkeit.

8. Oberrheinisches Gebiet. Hessen-Nassau, Pfalz, Elsass-Lothringen und Baden.

157. **Hoffmann, H.** Nachträge zur Flora des Mittelrheingebietes. (Schluss. 26. Bericht der Oberhessischen Ges. für Natur- und Heilkunde. Giessen, 1889. p. 122.)

Verf. bringt seine Vegetationstafeln für folgende Arten: *Trifolium alpestre, aureum, fragiferum*, *ochroleucum*, *rubens*, *spadiceum*, *striatum*, *maritimum*, *Triticum caninum*, *Trollius europaeus*, *Tulipa silvestris*, *Typha angustifolia*, *Utricularia minor*, *vulgaris*, *Vaccinium Oxycoccos*, *uliginosum*, *Vitis idaea*, *Valerianella Auricula*, *Morisonii* und var. *lasiocarpa*, *Verbascum Blattaria*, *Schraderi*, *Veronica acinifolia* (sehr selten), *V. agrestis*, *fructibus reticulatis* (sehr selten), *V. Buxbaumii*, *latifolia*, *longifolia*, *montana*, *opaca*, *polita*, *praecox*, *prostrata*, *spicata*, *verna*, *Viburnum Lantana*, *Vicia lutea*, *pisiformis*, *silvatica*, *tenuifolia*, *villosa*, *Vinca minor*, *Viola arenaria*, *mirabilis*, *palustris*, *pratensis*, *stagnina*, *V. tricolor*, *Xanthium spinosum* um Worms, *strumarium* häufiger; *Zannichellia palustris*.

158. **Wagner**, H. Flora des unteren Lahn-Thales mit besonderer Berücksichtigung der näheren Umgebung von Ems. Zugleich mit einer Anleitung zum Bestimmen der darin beschriebenen Gattungen und Arten. Theil I. Bestimmungstabellen. 8⁰. VIII. 42 p. 11 Tafeln. Theil II. Beschreibung der Arten. 8⁰. VIII. 191 p. Ems, 1889.

159. **Jännicke, Wilhelm.** Die Sandflora von Mainz. Eine pflanzengeographische Studie. (Flora, 1889. p. 93—113.)

Verf. bespricht ganz besonders die Sandflora des Mainzer Gebietes in ihrem Verhältniss zu der Verbreitung der Pflanze im übrigen Europa; es werden 81 um Mainz (Mainzer Sandgebiet) verbreitete Pflanzen in dieser Hinsicht aufgeführt und es ergiebt sich, dass davon 19 Arten allgemein verbreitet sind, 6 Arten sind mitteleuropäisch, 32 südosteuropäisch, 22 südeuropäisch und 2 westeuropäisch; damit ist der Florencharakter durch den Reichthum an südöstlichen Arten bestimmt; allgemein verbreitet sind: *Pulsatilla vulgaris*, *Berberis vulgaris*, *Geranium sanguineum*, *Cotoneaster vulgaris*, *Monotropa Hypopitys*, *Cephalanthera rubra*, *Epipactis rubiginosa*, *Convallaria Polygonatum*, *Helianthemum vulgare*, *Vicia lathyroides*, *Spiraea Filipendula*, *Carlina vulgaris*, *Erigeron acre*, *Veronica spicata*, *Calamintha Acinos*, *Asparagus officinalis*, *Ononis repens*, *Artemisia campestris*, *Fragaria collina*; mitteleuropäisch sind: *Pyrola chlorantha*, *Cirsium acaule*, *Carex humilis*, *Thalictrum Jacquinii*, *Potentilla cinerea*, *Scabiosa suaveolens*; südosteuropäisch: *Trifolium alpestre*, *Polygala comosa*, *Seseli annuum*, *Peucedanum Oreoselinum*, *Gnaphalium arenarium*, *Anthericum ramosum*, *Anemone silvestris*, *Alsine Jacquini*, *Trinia vulgaris*, *Aster Amellus*, *Centaurea maculosa*, *Euphrasia lutea*, *Orobanche arenaria*, *Euphorbia Gerardi*, *Adonis vernalis*, *Alyssum montanum*, *Viola arenaria*, *Gypsophila fastigiata*, *Linum perenne*, *Eryngium campestre*, *Jurinea cyanoides*, *Scorzonera purpurea*, *Onosma arenarium*, *Plantago arenaria*, *Salsola Kali*, *Kochia arenaria*, *Carex supina*, *Koeleria glauca*, *Stipa capillata*, *pennata*, *Phleum arenarium*, *Triticum glaucum*; südeuropäisch: *Viburnum Lantana*, *Helianthemum Chamaecistus*, *Reseda lutea*, *Dianthus Carthusianorum*, *Genista sagittalis*, *Coronilla varia*, *Bupleurum falcatum*, *Asperula cynanchica*, *Orobanche Epithymum*, *Verbascum Lychnites*, *Stachys recta*, *Brunella grandiflora*, *Globularia vulgaris*, *Allium sphaerocephalum*, *Silene conica*, *Medicago minima*, *Verbascum pulverulentum*, *phlomoides*, *Veronica prostrata*, *Cynodon Dactylon*, *Helianthemum Fumana* und *Brunella alba*; westeuropäisch: *Sedum reflexum*, *Armeria plantaginea*. Diese Pflanzen besiedelten allgemein den Boden, den das Tertiärmeer zurückliess, zur Eiszeit wurden sie zurückgedrängt, im Rhone- und Rheingebiet, im Jura und im thüringischen Berglande hielten sie sich während der Eiszeit; mit dem Rückgange des Eises folgten sie wieder der frei gewordenen Strecke, konnten sich aber nicht mehr überallhin verbreiten, da veränderte Bedingungen obwalteten.

160. **Dürer.** Seltene Pflanzen aus Frankfurt a. M. (Mitth. d. Geogr. Ges. zu Jena und des Bot. Vereins für Gesammtthüringen, VII. Bd., Heft 3—4, p. 1889, p. 13.)

Verf. sandte an den botanischen Verein von Gesammtthüringen eine grössere Anzahl von Pflanzen aus der Gegend von Frankfurt am Main, welche jedoch für diese Gegend schon bekannt sind.

161. **Sandberger, F. v.** Notizen zur Flora des Hanauer Oberlandes. (Bericht der Wetterauischen Ges. für die gesammte Naturkunde. Hanau, 1889. p. 14—18.)

Verf. erforschte das Gebiet zwischen dem oberen Kinzig- und Sinnthal, in welchem Buntsandstein, Röth, Wellenkalk und weniger verbreitet auch Muschelkalk die Unterlage bilden. Die charakteristischen Pflanzen der Kiesel- und Kalkboden erscheinen hier ebenso ausschliesslich auf die entsprechenden angegebenen Unterlagen beschränkt, wie in der Rhön. Von interessanten Pflanzen wurden beobachtet: *Actaea spicata* bei Stoppelsberg; *Adoxa moschatellina* bei Weichersbach; *Ajuga Chamaepitys* bei Sterbfritz; *Anagallis coerulea* ebendort; *Anemone silvestris* bei Ramholz; *Aspidium lobatum* bei Oberzell; *Asplenium adiantum nigrum* bei Stoppelsberg; *A. septentrionale* auf Basalt bei Rothen; *Atropa Belladonna* bei Ramholz, Hopfenberg, Oberzell; *Blechnum spicant* bei Speicherz; *Botrychium Lunaria* bei Ahlersbach; *Bupleurum rotundifolium* bei Ramholz; *Cardamine impatiens* bei Stoppelsberg; *Carlina acaulis* und var. *caulescens* bei Ramholz und Sterbfritz; *Centaurea montana* bei Stoppelsberg; *C. nigra* bei Weichersbach; *C. pseudophrygia* bei Oberzell; *Cephalanthera ensifolia, pallens* und *rubra* bei Ramholz; *Circaea alpina*, Haag bei Oberzell; *Convallaria polygonatum* und *verticillata* am Stoppelsberg; *Coronilla varia*, Stifters, Stoppelsberg; *Cypripedium Calceolus*, Schwarzenfels; *Dentaria bulbifera*, Nickus und Alsberg; *Dianthus caesius, Digitalis ambigua, Epipactis latifolia*, Stoppelsberg; *E. rubiginosa* bei Ramholz; *Equisetum Telmateja*, Elm und Ahlersbach; *Galium cruciata*, Schwarzenfels; *Gentiana cruciata* auf Wellenkalk; *Linaria spuria*, Sterbfritz; *Lycopodium annotinum* bei Speicherz; *Lysimachia thyrsiflora*, Stoppelsberg; *Ophris muscifera, Orchis fusca, militaris*, Stoppelsberg; *Ophioglossum vulgatum*, Ahlersbach; *Orobus vernus*, Stoppelsberg und Escheberg; *Physalis Alkekengi* bei Sterbfritz; *Potentilla Fragariastrum*, Weichersbach; *Rumex scutatus*, Schwarzenfels, verwildert; *Trientalis europaea*, Grieshof; *Trifolium spadiceum*, Escheberg und Hopfenberg bei Schwarzenfels; *Veronica latifolia*, Stoppelsberg; *Vinca minor*, Haag bei Oberzell, Grosser Nickus; *Viola palustris* bei Schwarzenfels. Die geognostische Unterlage ist bei jeder Species angegeben.

162 **Lutz.** Ergänzende Beiträge zu unserer heimischen Flora. (Mitth. Botan. Ver. Baden, No. 65, 1889.

Verf. bringt Angaben aus dem Bereiche der pfälzischen und angrenzenden Flora. *Salix repens* f. *argentea* bei Sanddorf; *S. incana* daselbst, neu für die Pfalz; *S. nigricans* ebendort; *S. purpurea* × *viminalis* am Neckarufer beim Schlachthausdamm und auf der Friesenheimer Insel; *Goodyera repens* im Sandwald bei Sanddorf in Hessen, im badischen in der Nähe häufiger; *Euphorbia falcata* im „Rheinfeld"; *Parietaria diffusa* unterhalb der Mannheimer Kettenbrücke; *Amarantus albus* auf der Friesenheimer Insel zwischen Ludwigshafen und Mundenheim; *Thalictrum galioides*, Friesenheimer Insel; *Peucedanum alsaticum* und *Astragalus hypoglottis* daselbst; *Carex humilis* in der Nähe des Rothen Loches im Friedrichsfelder Walde; *Carex tomentosa* und *glauca* daselbst und auf der Friesenheimer Insel; *Carduus acanthoidi-nutans* am Neckardamm; *Vicia villosa* bei Wallstadt, bei Dielheim; *Geum rivale* bei Mannheim; *Galium rotundifolium* im Käferthaler Walde; *Glyceria distans* bei Mannheim; *Himantoglossum hircinum* bei Diehlheim; *Ophrys muscifera* bei Thairnbach; *Actaea spicata* ebendort und bei Eichtersheim; *Cephalanthera ensifolia, rubra, Carex longifolia* dortselbst; *Triglochin palustre* bei Eichtersheim; *Andropogon Ischaemum* ebendort, bei Oestringen auf dem Bocksberg; *Passerina annua* auf dem Bocksberg; *Daphne Mezereum* zwischen Angelloch und Elsenz; *Ranunculus lanuginosus* dortselbst; *Geranium palustre* von Eichtersheim—Mühlhausen; *Salvia verticillata* öfters; *Aristolochia Clematitis* zu Wollstadt; *Torilis infesta* am Rheindamm und bei Altwiesloch; *Sinapis alba* am Rheindamm; *Chrysanthemum segetum* am Neckardamm; *Helminthia echioides* nach dem Waldhof und der Ladenburg; *Barkhausia setosa* am Neckardamm und *Malva borealis* auf der Mühlau, breitet sich aus.

163. **Maus.** Botanische Wanderungen um Altbreisach in den Monaten Juli und August. (Mitth. Bot. Vereins Baden, No. 60, p. 1889.)

Verf. durchsuchte zunächst die Gegend von Altbreisach; an alten Mauern wächst *Cheiranthus Cheiri* und *Sempervivum tectorum;* auf dem Eckhardsberg haben sich *Eryngium campestre, Centaurea maculosa* und *Bupleurum falcatum* angesiedelt; in Wasserlöchern um Altbreisach findet sich *Hydrocharis morsus ranae, Oenanthe Lachenalii;* am Strassenrand *Stachys germanica, Marrubium vulgare.* An der Faulen Waag am Kaiserstuhl; die seltenste beobachtete Pflanze, welche gefunden wurde, ist *Sturmia Loeselii.*

164. **Sterk.** Corylus glandulosa. (Bitth. Bot. Vereins Baden, No. 59, 1889, p. 76.)

Nach dem Verf. findet sich *Corylus glandulosa* am Isteiner Klotz, an den Vorbergen des Schwarzwaldes, am Freiburger Schlossberg. Als neu für die Freiburger Flora fand Verf. *Sisymbrium Sinapistrum* Crantz am Rhein bei Rheinweiler.

165. **Kneucker, A.** Carduus nutans × acanthoides Koch = C. orthocephalus Wallr. (Mitth. Bot. Vereins Baden, 1889, No. 58.)

Verf. giebt die Diagnose von *Carduus nutans × acanthoides* Koch, welcher von ihm an Rainen zwischen Mühlburg, der Appenmühle und Daxlanden und in der Karlsruher, sowie auch in der Wertheimer Gegend bei Wenkheim im Wetzthale beobachtet wurden.

166. **Winter.** Am Isteiner Klotze. (Mitth. Bot. Vereins Baden, 1889, No. 57, p. 50 - 63.)

Verf. untersuchte in Begleitung eines orts- und pflanzenkundigen Führers den dem Jura angehörigen Isteiner Klotz. Neue Pflanzen wurden nicht entdeckt. Charakterpflanze des Isteiner Berges ist *Carex gynobasis*. Der Raum mangelt uns, um die von Localität zu Localität beobachteten Pflanzen aufzuzählen, wie es vom Verf. geschehen ist.

167. **Neuberger.** Bemerkungen zur Flora Heidelbergs. (Mitth. Bot. Vereins Baden, No. 60, 1889.)

Verf. stellt seine um Heidelberg gemachten botanischen Funde zusammen. Vorzugsweise sind die Standorte früherer Autoren auf ihre Richtigkeit geprüft worden. Fünf neue Funde sollen gemacht sein; leider sind die Species nicht erkenntlich. *Achusa italica* in einer Kiesgrube bei Heidelberg; *Aristolochia Clematitis* bei Nussloch nicht selten, sondern häufig; *Bromus inermis* bei Ziegelhausen; *Carum Bulbocastanum* bei St. Ilgen und Walldort; *Centaurea solstitialis* bei Friedrichsfeld; *Chrysocoma Linosyris* zwischen Wieblingen und Ladenburg; *Cirsium acaule* f. *caulescens* bei der Rheinau; *Comarum palustre* bei Walldorf; *Crepis setosa* bei St. Ilgen; *Festuca silvatica* bei der Mausbachwiese; *Gagea stenopetala* bei Dossenheim; *Galinsoga parviflora* von St. Ilgen nach Nussloch; *Helianthemum Fumana* zwischen St. Ilgen und Walldorf; *Impatiens parviflora* verbreitet sich rasch; *Lathyrus paluster* hinter der Rheinau; *Leonorus Cardiaca* am Neckar bei der neuen Brücke; *Lepidium Draba* hat sich ausgebreitet; *Lepidium ruderale* in der Nähe des Neckars jetzt häufig; *Limosella aquatica*, Eisweiher bei Neuenheim; *Linaria striata* am Neckarufer unterhalb der neuen Brücke; *Lolium perenne* f. *cristatum* gegen Rohrbach; *Menyanthes trifoliata* bei Walldorf; *Muscari botryoides* bei Ziegelhausen; *M. comosum* bei Leimen; *Neslia paniculata* gegen Schlierbach; *Ononis repens* bei Ziegelhausen; *Physalis Alkekengi* zwischen Rohrbach und Leimen, am Philosophenwege; *Pirola uniflora* bei Walldorf; *Rosa pimpinellifolia* am Klingenteich; *R. pomifera* am Schlosse, in der Rheinau; *R. pomifera × cinnamomea*, Klingenteich und in den drei Trögen; *R. cinnamomea* am Gaisberg und bei Weinheim; *R. trachyphylla* am Philosophenweg; *Rumex crispus × obtusifolius* f. *subobtusifolius* und f. *subcrispus* nicht selten; *R. conglomeratus × maritimus* bei Neuenheim, häufig; *Salix fragilis* am Neckar, häufiger am Rhein; *S. fragilis × alba* ebenso, überall häufig; *S. triandra* f. *discolor* seltener im Gebirge, häufig am Rhein; *S. viminalis × triandra* f. *hippophaëfolia* jetzt häufig am Neckar; *S. viminalis·triandra* f. *mollissima* wie vorige; *Salix babylonica* bei Neuenheim; *S. viminalis × purpurea* häufig im Gebiete; *S. daphnoides* cultivirt bei Mannheim, Heidelberg und Ziegelhausen, jedoch nicht mehr wild am Rhein: *S. Caprea* bei Schlierbach mit androgynen Kätzchen; *S. repens* bei Saudorf; *Sempervivum tectorum* vor dem Haarlass; *Sisymbrium strictissimum* bei der Benzheimer Mühle verschwunden; *Sparganium simplex* beim Haarlass und bei Neuenheim; *S. simplex*, *S. fluitans* hinter der Rheinau; *Symphytum bulbosum* im Schwetzinger Schlossgarten, jedoch nicht mehr am Gaisberg; *Torilis helvetica* jetzt häufig bei Neuenheim, ferner bei Wiesloch.

168. **Scheuerle.** Die frühblüthigen Weiden. (Mitth. Bot. Vereins Baden, No. 61, 1889, p. 86—91.)

In pflanzengeographischer Beziehung sei bemerkt: *Salix dasyclados* (im Badischen) nur angepflanzt; *S. daphnoides* verbreitet im Stromgebiet des Rheines; *S. pulchra* und *acutifolia* nur angepflanzt; *S. grandiflora* ist Alpenpflanze, findet sich aber auch am Feldberg, bei Wolfegg (Württemberg) und bei München (Bayern); *S. grandifolia × aurita* am Feldbergsee und *S. grandifolia × cinerea* im Zarstlerthale.

169. **Appel**. Beiträge zur Flora von Baden. (Mitth. Bot. Vereins Baden, No. 62, 1889, p. 93-96.)

Verf. giebt als Beiträge zur Flora von Baden an: *Carex ampullacea* × *vesicaria* (*C. Pannewitziana* Figert) in einem Riede bei Mönchsweiler und Königsfeld; *Carex praecox* var. *distans* A. am Fusse des Hohentwiel; *Gagea lutea* Schultes var. *glauca* Bl. (p. sp.) auf dem Mägdeberg, auch im Canton Schaffhausen; *Litorella lacustris* var. *isoëtoides* Ble. in Baden; *Primula elatior* f. *subacaulis* zwischen dem Hohentwiel und Hohenkrähen; *Viscum laxum* var. *albescens* nahe der Schaffhausener Grenze; *Viola hirta* × *odorata* (*V. permixta* Jord.) am Hohentwiel und zwischen Hohentwiel und Hohenkrähen.

170. **Badischer Bot. Verein**. Pfingstexcursion an den Kaiserstuhl. (Mitth. Freiburg, 1889, p. 100—106.)

Schilderung des Ausfluges an den Kaiserstuhl. Beim Lilienhof wurde *Limodorum abortivum* gesammelt, in der Faulen Waage: *Ophrys arachnites* und *apifera*, *Chloris perfoliata*, *Gymnadenia odoratissima*, *Orchis incarnata*, *Senecio spathulifolius*, *Gentiana utriculosa*; neu war *Orchis palustris*.

171. **Glaser, Ludwig**. Die Holzgewächse des Mannheimer Stadtgebietes, besonders des Schlossgartens und Stadtparkes. (52—55. Jahresber. des Vereins für Naturkunde zu Mannheim, 1889, p. 1—87.)

Verf. nennt die besonders im Schlossgarten und Stadtpark cultivirten Pflanzen. Pflanzengeographisch ohne Interesse.

172. **Kneucker**. Eine kleine Pfingstexcursion im Kraichgau. (Mitth. Bot. Vereins Baden, No. 66, 1889, p. 130—132.)

Verf. beobachtete im Kraichgau zwischen Münzesheim und Unteröwisheim *Orobanche rubens*; bei Ubstadt *Carex Hornschuchiana* und *Scirpus Tabernaemontani*; an der Ubstadter Salzquelle *Apium graveolens* und *Hordeum secalinum*; zwischen Ubstadt und Bruchsal *Chaerophyllum bulbosum* und *Lathyrus bulbosus*.

173. **Appel, O**. Caricologische Mittheilungen. (Mitth. Bot. Vereins Baden, Heft 67/68, 1889, p. 146—148.)

Verf. fand *Carex nemorosa* Rebentisch zwischen Blumberg und Achdorf; *Carex leporina* × *remota* Ilse findet sich bei Zug in der Schweiz (neu für dieses Land); Verf. sah ihn bei Schaffhausen bei Howart.

9. Süddeutschland. Württemberg und Bayern.

174. **Eyrich**. Crocus vernus. (Mitth. Freiburg, 1889, p. 92.)

Verf. bemerkt, dass der Standort von *Crocus vernus* auf Wiesen um die Schlossruine Zavelstein bei Calw schon längst bekannt sei.

175. **Scheuerle, J**. Schleicher's 86 „Arten" der Salix nigricans. (Forts.) (D. B. M., 1889, p. 134.)

Verf. bemerkt in pflanzengeographischer Beziehung nur, dass bei Frittlingen in Württemberg *Salix Caprea* × *purpurea*, *Caprea* × *cinerea*, *Caprea* × *aurita*, *cinerea* × *aurita*, *aurita* × *nigricans* vorkommen.

176. **Harz**. Cuscuta lupuliformis Krock., ein neuer Bürger der Münchener Flora. (B. C., XL., 1889, p. 334.)

Verf. fand die bezeichnete *Cucuta* auf *Geranium zonale* im Hofgarten zu Nymphenburg.

177. **Schultheiss, Fr**. Sporadische Pflanzen der Localflora Nürnbergs. (Jahresber. der Naturhist. Ges. zu Nürnberg, Bd. VIII, 1888. Nürnberg, 1889. p. 79—88.)

Verf. zählt eine grosse Anzahl von Pflanzenarten auf, welche sporadisch um Nürnberg vorkommen. Die Aufzählung gruppirt sich in zwei Abschnitte, nämlich A. Arten, welche dem fränkischen Jura, in der Keuperformation um Nürnberg nicht heimisch sind: *Adonis aestivalis* var. *pallida*, *Fumaria Vaillantii*, *Arabis alpina*, *Erysimum orientale*, *Isatis tinctoria*, *Melilotus macrorrhizus*, *Vicia villosa* und var. *glabrescens*, *V. tenuifolia*, *Lathyrus hirsutus*, *Orlaya grandiflora*, *Caucalis daucoides*, *Scandix Pecten Veneris*, *Asperula arvensis*, *Galium tricorne*, *Aparine* var. *spurium*, *Anthemis Cotula*, *Chrysanthemum inodorum*, *Asperugo procumbens*, *Echinospermum Lappula*, *Myosotis silvatica*, *Linaria Elatine*, *Galeopsis angustifolia*, *versicolor*, *Stachys annua*, *Bromus inermis*. B. Arten, die um Nürnberg nicht einheimisch sind, sporadisch und spontan auftreten, theilweise schon früher beobachtet; abgesehen von Gartenflüchtlingen seien angeführt: *Arabis arenosa*, *Sisymbrium pannonicum*, *Erysimum repandum*, *Erucastrum Pollichii*, *Diplotaxis tenuifolia*, *D. muralis*, *viminea*, *Lepidium sativum*, *Rapistrum rugosum*, *perenne*, *Cakile maritima*, *Saponaria Vaccaria*, *Silene dichotoma*, *Geranium pyrenaicum*, *Hibiscus Trionum*, *Trifolium striatum*, *Ornithopus sativus*, *Vicia lens*, *Pimpinella anisum*, *Coriandrum sativum*, *Ambrosia artemisiaefolia*, *Artemisia Absynthium*, *Chrysanthemum suaveolens*, *Centaurea solstitialis*, *Xanthium spinosum*, *strumarium*, *Heliotropium europaeum*, *Nonnea rosea*, *Plantago arenaria*, *Coronopus*, *Salsola Kali*, *S. Soda*, *Blitum capitatum*, *virgatum*, *Cannabis sativa*, *Panicum miliaceum*, *capillare*, *verticillatum*, *italicum* und *italicum* var. *germanicum*, *Cynodon Dactylon*, *Phalaris canariensis*, *Lagurus ovatus*, *Avena fatua*, *strigosa*, *orientalis*, *Triticum Spelta*, *Lolium multiflorum*.

178. **Schwarz** und **Buchner**. Neu- und Wiederfunde um Nürnberg. (Jahresber. d. Naturhist. Ges. zu Nürnberg, 1889, p. 40—41.)

Die Berichterstatter theilten mit, dass um Nürnberg neu aufgefunden wurden: *Helianthemum fumana* bei Pegnitz; *Silene linicola* bei Obertrubbach; *Sagina ciliata* bei Kriegenbrunn; *Potentilla opaca* bei Deining; *Thesium pratense* bei Neumarkt in O.; *Veronica scutellata* var. *pubescens* am Dutzendteich; *Lycium chinense* bei Glaishammer, Forsthof; neu aufgefundene Eindringlinge: *Lupinus angustifolius*, *Rapistrum rugosum*, *Trifolium striatum*, *Pimpinella Anisum*, *Matricaria discoidea*, *Panicum capillare*, *Setaria italica*, *Lagurus ovatus* und *Lolium multiflorum*; wieder aufgefundene Bürger der Flora: *Cerastium brachypetalum* bei Dietersdorf; *Cytisus sagittalis* bei Dutzendteich; *Aspidium Lonchitis* bei Engelthal; *Goodiera repens* bei Engelthal und Lichteneck; *Gentiana Pneumonanthe* bei Allersberg; *Potamogeton densus* bei Hipoltstein; *Vicia tenuifolia* bei Deining; *Setaria verticillata* bei Forsthof; *Diplotaxis tenuifolia* am Bahnhof.

179. **Münderlein.** Die Flora von Windsheim in Bayern. (D. B. M., Jahrg. VII, No. 2, p. 17—20.)

Nach dem Verf. gehört die Gegend von Windsheim zu den wenig durchforschten Districten. Selten sind *Eryngium campestre*, *Senebiera Coronopus*, *Trifolium fragiferum*, *Erythraea pulchella*, *Chenopodium Vulvaria*, *Sclerochloa dura*; auf den Weinbergshügeln *Tulipa silvestris*; auf der Gräs findet sich die für Bayern neue *Potentilla thuringiaca*. Im Uebrigen verweisen wir auf das Original.

180. **Beiträge zur Fauna und Flora von Aschaffenburg.** Mittheilungen des Naturw. Vereines zu Aschaffenburg. 8⁰. 116 p. Aschaffenburg, 1889.

181. **Wörlein, G.** Viola Caflischii m. n. sp. nebst Bemerkungen über die Bestimmung und das Vorkommen einiger Veilchenarten in Bayern. (11. Bericht des Bot. Ver. in Landshut, 1889, p. 159—174.)

Verf. bespricht viele Veilchenarten Bayerns. Es finden sich: *Viola canina* L. var. *montana* auct. bei München und Landshut; var. *lucorum* Rchb., München, Wolfratshausen, Murnau, Passau, Rheinpfalz; var. *lucorum* f. *pinetorum* Wörl., München an mehreren Orten; var. *flavicornis* Sm., Nürnberg; var. *ericetorum* Schrad., München, Murnau, Ingolstadt; var. *Ruppii* Rchb., Gegend von Tölz, Tegernsee, Murnau; var. *Einseleana* Fr. Schultz bei Tegernsee, Murnau, Schwaiganger, Berchtesgaden, Allach; var. *lancifolia* bei Aschaffenburg; *Viola stricta* Hornem. bei Kehlheim; *V. Schultzii* Billot bei Berchtesgaden und Wertingen; *V.* **Caflischii** Wörl. in Schwaben und Oberbayern; *V. stagnina*, Rheinpfalz und Kaufbeuren, Oberstaufen, Regensburg, München; *V. pratensis*, Oberpfalz, Oberbayern und Niederbayern; *V. elatior* Fries bei Moosburg und München.

182. **Bary, v.**, **Meyer, Bernh**, **Maier, J.**, **Schinnerl** und **Schnabl.** Ergänzungen zur Flora des Isargebietes aus der Umgebung Münchens. (11. Bericht des Bot. Ver. in Landshut, 1889, p. 154—157.)

In erster Linie werden Arten beziehungsweise Varietäten und Formen aufgeführt, welche für die Umgebung Münchens neu sind: *Juncus tenuis*, *J. lamprocarpus β. fluitans*,

Luzula campestris a. *sudetica*, *Carex Davalliana* var. *Sieberiana* Op.; *C. panicea* var. *rhizogyna* bei Thalkirchen; *C. verna* var. *umbrosa* bei Thalkirchen; *Briza media β. pallens* bei Thalkirchen; *Arundo Phragmites* var. *picta* bei Neufahren; *Bromus asper* var. *serotinus*, *Lolium perenne* var. *ramosum*, *Taraxacum paludosum*, *Erica carnea* var. *albiflora*, *Viola stricta*, und bei den Lagerhäusern: *Polycnemum majus*, *Eryngium campestre*, *Lathyrus latifolius*, *Asperula taurina*. Des weiteren sind für viele Pflanzen neue Standorte aufgezählt.

183. **Progel, Aug.** Flora des Amtsbezirkes Waldmünchen. Nachträge und Berichtigung. (11. Bericht des Bot. Ver. in Landshut, 1889, p. 123—153.)

Verf. bringt Nachträge zur Flora des Amtsbezirkes Waldmünchen im Bayerischen Wald. Neu für diesen Bezirk sind: *Ranunculus Philonotis* Ehrh., *Aconitum Lycoctonum*, *Barbaraea stricta*, *Arabis Halleri*, *Malva silvestris*, *Geranium molle*, *Oxalis stricta*, *Evonymus europaeus*, *Ononis repens*, *Melilotus officinalis*, *Rubus Vestii*, *R. leptocaulon* Boul. et Let.? var. **aciphyllus** Prog. bei Waldmünchen; *R. Genevierii* Bor. f. *pallidiflora*, *R.* **scrupeus** Prog., *R. serpens* W. var. *appendiculatus*, var. *longepedunculatus*, var. *melanadenes* Utsch., var. *begoniaefolius*, *R. hercynicus* var. *lasiocladus*, f. *lasiandra*, f. *fallax*, var. *parviflorus*, *R. argutifolius*, var. *frondosus* Prog., var. *tomentellus* Prog., var. *lamprophyllus* Prog., *R. isolatus* subsp. *rhaphidacanthus* Prog., *R. hirtus* W. et K. var. *ciliatus* Prog. supsp. *latifrons* Prog., *R. Kaltenbachii* var. *subalpinus* Prog., *R.* **egeniflorus** Prog., *R.* **insidiosus** Prog., *R. Burnati*, *R. Guentheri* var. *lasiandrus* Prog., *R. brachyandrus* Gremli, *R. Schnelleri* Holuby, *Potentilla reptans*, *Myriophyllum verticillatum*, *Callitriche stagnalis*, *hamulata*, *autumnalis*, *Thysselinum palustre*, *Laserpitium prutenicum*, *Galium silvaticum*, *Helichrysum arenarium*, *Cineraria crispa*, *Cirsium acaule*, *Mulgedium alpinum*, *Hieracium praealtum*, *Campanula Cervicaria*, *Verbascum spurium*, *Digitalis grandiflora*, *Veronica Buxbaumii*, *Lathraea squamaria*, *Galeopsis bifida*, *G. Ladanum*, *Salix purpurea*, *Triglochin palustre*, *Potamogeton crispus*, *perfoliatus*, *Orchis ustulata*, *Listera cordata*, *Allium vineale*, *A. oleraceum*, *Juncus alpinus*, *J. silvaticus*, *Heleocharis acicularis*, *Aira stolonifera*, *Calamagrostis epigeios*, *lanceolata*, *Koeleria cristata*, *Avena strigosa*, *flavescens*, *Poa fertilis*, *Brachypodium silvaticum*, *Lolium linicolum*.

184. **Braun, Heinrich.** Ueber einige in Bayern und dem Herzogthum Salzburg wachsende Formen der Gattung Rosa. (11. Bericht des Bot. Vereins in Landshut, 1889, p. 85—122.)

Es werden aufgeführt: *Rosa turbinata* Ait. um Zell am See, cultivirt; *R. silvestris* Herm. um Zell am See; *R. hybrida* Schleicher var. *subcordata* Borbás bei Zell am See; *R. gallica* var. *haplodonta* Borbás bei Markt Bibart im Steigerwald, beim Schlosse Buck, Hesselberg bei Röckingen; *R. austriaca* Crantz bei Zell am See; *R. cinnamomea* L. v. *foecundissima* Münch bei Hammer bei Nürnberg, Plech bei Velden; *R. pimpinellifolia* var. *scotica* Miller, Hallerwiese bei Nürnberg; *R. pendulina* L. var. *pubescens* Koch bei Waldmünchen; *R. glauca* Vill. bei Waldmünchen, Grünwald bei München, am Kalvarienberg bei Salzburg, bei Zell am See; *R. glauca* var. **submicrocarpa** H. Braun bei Zell am See; *R. glauca* var. *Reuteri* Godet bei Waldmünchen; *R. glauca* var. **subrubelliflora** H. Braun bei Waldmünchen; *R. glauca* var. *subcanina* Christ, Taus in Böhmen, bei Waldmünchen; *R. glauca* var. *Gravetii* Crépin bei Waldmünchen; *R. glauca* var. *Joannis* Keller et Wiesbaur bei Waldmünchen; *R. glauca* var. *imponens* Rip., Salzburg, Zell am See; *R. glauca* var. *complicata* Gren., Bayerischer Wald; *R. glauca* var. *myriodonta* Christ bei Waldmünchen; *R. glauca* var. **Norimbergensis** H. Braun bei Nürnberg und Waldmünchen; *R. glauca* var. *transiens* Gren. bei Zell am See; *R. glauca* var. *Salaevensis* am Kalvarienberg bei Zell am See; *R. glauca* var. *Caballicensis* Puget, var. *fugax* Grenier und *R. alpestris* Rapin in Salzburg; *R. canina* L. bei Waldmünchen; *R. canina* var. *lasiostylis* Borbás bei Tirschenreuth; *R. canina* var. *Lutetiana* Lemon bei Waldmünchen und Nürnberg; *R. canina* var. **subhercynica** H. Braun bei Waldmünchen; *R. canina* var. *nitens* Desv. bei Waldmünchen; *R. canina* var. *fallens* Déségl. bei Waldmünchen; *R. canina* var. *finitima* Déségl. bei Waldmünchen; *R. canina* var. *Desvauxii* H. Braun bei Traunstein und bei Nürnberg; *R. canina* var. *flexibilis* Déségl., Waging bei Traunstein; *R. canina* var. *fissidens* Borbás bei Waldmünchen; *R. canina* var. *semiserrata* Borbás bei Waldmünchen; *R. canina* var.

mentacea Puget ms. um Waldmünchen; *R. canina* var. *oxyphylla* Rip. bei Zell am See, ebenso *R. canina* var. *euoxyphylla* Borbás; *R. canina* var. *spuria* Puget bei Zell am See; *R. canina* var. **calosepala** H. Braun bei Waldmünchen; *R. canina* var. *pratincola* bei Waldmünchen; *R. canina* var. *montivaga* Déségl. bei Zell am See; *R. canina* var. *sphaerica* Gren. bei Waldmünchen, im fränkischen Jura, bei Zell am See; *R. canina* var. *insubrica* Wierzb. bei Nürnberg; *R. canina* var. *myrtilloides* bei Waging; *R. canina* var. *senticosa* Acharius bei Zell am See; *R. canina* var. *dumalis* Bechst. bei Waldmünchen (auch bei Taus in Böhmen); *R. canina* var. *innocua* Rip. beim Rosstaller Bahnhof in Mittelfranken, bei Waldmünchen; *R. canina* var. *eriostyla* Rip. et Déségl. bei Waldmünchen; *R. canina* var. *glaucina* Rip. bei Waldmünchen; *R. canina* var. *sarmentoides* Puget bei Waldmünchen; *R. canina* var. *laxifolia* Borbás bei Zell am See; *R. canina* var. *rubelliflora* Rip. bei Waldmünchen, bei Zell am See; *R. canina* var. *glaucifolia* Opiz bei Waldmünchen; *R. canina* var. **sublivescens** H. Braun bei Waldmünchen; *R. canina* var. *Starnbergensis* H. Braun bei Gauting und Starnberg; *R. canina* var. *oblonga* Déségl. et Rip. bei Waging, bei Deining, Waldmünchen; *R. canina* var. *sphaeroidea* Rip. bei Waldmünchen; *R. canina* var. *biserrata* Mérat. bei Waldmünchen; *R. canina* var. **subsenticosa** H. Braun, Chiemseegebiet; *R. canina* var. *corticola* Puget bei Zell am See, *R. canina* var. *viridicata* Puget bei Augsburg; *R. Andegavensis* var. *agraria* Rip. bei Fürth; *R. Kosinskiana* Besser bei Kaprun bei Salzburg; *R. dumetorum*, Waldmünchen, Regensburg, Zell am See; *R. dumetorum* var. **Schwarziana** H. Braun bei Nürnberg; *R. dumetorum* var. *trichoneura* Rip., Bayerischer Wald, Nürnberg, Salzburg; *R. dumetorum* var. *platyphylloides* Chab. et Déségl., Waldmünchen, Salzburg; *R. dumetorum* var. *implexa* Gren., Waldmünchen; *R. dumetorum* var. *hirta* H. Braun, Waldmünchen; *R. dumetorum* var. *obscura* Puget, Salzburg; *R. dumetorum* var. *peropaca* H. Braun, Waldmünchen; *R. dumetorum* var. *sphaerocarpa* Puget, Waldmünchen; *R. dumetorum* var. *subglabra* Borbás, Salzburg; *R. dumetorum* var. *juncta* Pug., Waging; *R. dumetorum* var. *platyphylla* Rau, Waldmünchen; *R. dumetorum* var. *hirtifolia* H. Braun, Augsburg; *R. dumetorum* var. **quadica** H. Braun, Waldmünchen; *R. dumetorum* var. *ciliata* Borbás, Augsburg, Waging, Waldmünchen; *R. dumetorum* var. **perciliata** H. Braun, Münchon, Waging; *R. dumetorum* var. **Przybylskii** H. Braun, Steiermark; *R. dumetorum* var. *subatrichostylis* Borbás, Zell am See; *R. dumetorum* var. *hemitricha*, Zell am See; *R. dumetorum* var. **myrtillina** H. Braun, Zell am See; *R. coriifolia* Fries, Salzburg; *R. coriifolia* var. *saxetana* H. Braun, Waldmünchen; *R. coriifolia* var. *pseudorenosa* H. Braun, Waldmünchen; *R. coriifolia* var. *subcollina* Christ, Salzburg; *R. coriifolia* var. *trichostylis* Borbás, Zell am See; *R. coriifolia* var. **Progelii** H. Braun, Waldmünchen; *R. collina* Jacq. bei Salzburg; *R. scabrata* Crépin bei Augsburg; *R. tomentella* Lem. bei Augsburg; *R. tomentella* var. *bohemica* H. Braun bei Leimburg; *R. tomentella* var. *tiroliensis* A. Kerner, Zell am See; *R. trachyphylla* Rau bei Fürth; *R. sepium* Thuill. var. *vinodora* A. Kerner, Waldmünchen, Fürth; *R. graveolens* var. *calcarea* Christ bei Neumarkt in der Oberpfalz; *R. graveolens* var. *elliptica* Tausch., Zell am See; *R. micrantha* var. *permixta* Déségl. bei Waldmünchen; *R. rubiginosa* L., Zell am See, Neumarkt, Pottenstein; *R. rubiginosa* var. *rotundifolia* Rau, fränkischer Jura; *R. rubiginosa* var. *parvifrons* H. Braun, fränkischer Jura; *R. rubiginosa* var. *apricorum* Rip. bei Nurnberg und Salzburg; *R. rubiginosa* var. *comosa* Rip. bei Nürnberg und Salzburg; *R. rubiginosa* var. *echinocarpa* Rip. bei Nürnberg; *R. rubiginosa* var. **calcophila** H. Braun bei Neumarkt; *R. rubiginosa* var. *Gremlii* Christ bei Salzburg; *R. tomentosa* var. *subglobosa* Smith, Zell am See; *R. tomentosa* var. *Seringeana* Dum., München, Salzburg; *R. tomentosa* var. *flaccida* Déségl., Zell am See; *R. scabriuscula* Smith f. **typica** H. Braun, Nürnberg; f. *subcollosa* Christ, Nürnberg; *R. resinosa* Sternberg, Salzburger Gebiet; *R. spinulifolia* Dematra im Algäu bei Ermengest.

10. Oesterreich. Arbeiten, die sich auf mehrere Länder der Monarchie beziehen.

185. **Kerner, A.** Schedae ad floram exsiccatam austro-hungaricam. V. 8⁰. IV. 118 p. Wien, 1889.

Leider nicht gesehen.

186. **Kronfeld, M.** Die Verbreitung der Typha-Arten in Oesterreich-Ungarn. (Oest. B. Z., 1889, p. 230.)

Thypha minima in Vorarlberg, Tirol, Salzburg, Oberösterreich, Niederösterreich, Steiermark, Krain, Kärnthen, Ungarn, Galizien; *T. angustifolia* in der ganzen Monarchie, ausgenommen die Bukowina; *T. Shuttleworthii*, Steiermark, Ungarn, Siebenbürgen; *T. latifolia* verbreitet.

187. **Schiffner, V.** Uebersicht der Arten der Gattung Helleborus und deren Verbreitung in der Monarchie. (Oest. B. Z, 1889, p. 307—308.)

Nach Verf. kommen gemäss der Abhandlung „Die Gattung *Helleborus* in Engler's Bot. J., XI, II. Heft, p. 97 in der Oesterreich-Ungarischen Monarchie" vor: *Helleborus foetidus* in Südtirol, Kärnthen, Krain, Salzburg, Steiermark; *H. niger*, Tirol, Ober- und Niederösterreich, Salzburg, Steiermark, Westungarn, Kärnthen, Krain; *H. macranthus*, Südtirol, Kärnthen, Krain, Littorale, Croatien, Siebenbürgen, Bosnien(?); *H. odorus*, Ungarn, Croatien, Slavonien, Bosnien, Herzegowina, Krain, Kärnthen, Steiermark; *H. multifidus*, Dalmatien, Herzegowina, Bosnien, Croatien, Südungarn, Siebenbürgen, Istrien, Krain; *H. viridis*, Schlesien, Böhmen, Mähren, Nord- und Westungarn, Ober- und Niederösterreich, Salzburg, Steiermark, Krain, Kärnthen, Südtirol; *H. dumetorum* und *atrorubens* in Ungarn, Croatien, Slavonien, Siebenbürgen, Niederösterreich, Steiermark, Krain; *H. intermedius* in Croatien, Krain; *H. graveolens* in Slavonien und Krain; *H. purpurascens* in Ungarn, Ostgalizien, Bukowina, Siebenbürgen, Krain, Croatien, Slavonien.

188. **Hackel.** Aufzählung der in Oesterreich-Ungarn vorkommenden Andropogoneen. (Oest. B. Z, 1889, p. 341—342.)

Andropogon distachyus var. *genuinus* in Dalmatien; *A. Ischaemum* var. *genuinus; A. sorghum* subsp. *Halepensis* var. *Halepensis* subsp. *sativus* var. *technicus; A. Gryllus* subsp. *genuinus;* subvar. *typicus* in Ungarn, Siebenbürgen, Bosnien, Croatien, Niederösterreich; subvar. *eriocaulis* im Banat; *A. hirtus* var. *genuinus* im Mediterrangebiet; *A. contortus* var. *glaber* subv. *Allionii* in Südtirol, Dalmatien; *Imperata arundinacea* var. *genuina* subvar. *europaea* im Mediterrangebiet; *Erianthus Ravennae* subv. *genuinus* in Istrien und Dalmatien; *E. Hostii* in Südungarn und Dalmatien.

189. **Wettstein, R. v.** Pinus digenea (P. nigra Arn. × montana Dur.). (Oest. B. Z., 1889, p. 108—109.)

Verf. beschreibt die **Pinus digenea** Wettst. n. hybr., aus den Alpen stammend und im Wiener botanischen Garten cultivirt. Auf p. 153 benennt Fritsch diese *P. digenea* als **Pinus Wettsteinii** Fritsch.

190. **Kerner, A.** Schedae ad floram exsiccatum austro-hungaricam. Wien, 1888.

Verf. bringt die Scheden zu den zur Vertheilung gelangenden No. 1601—2000 der Exsiccatenflora Oesterreich-Ungarns. Zur Ausgabe gelangten unter anderen folgende seltene Typen: *Onobrychis alba* W. K. von Krassó-Szöreny-Comitat; *Lathyrus Hallersteinii* Baumg. vom Tordagebirge in Siebenbürgen; *Trifolium brachyodon* Čel. von Chudenic in Böhmen; *Trifolium noricum* Wulf. am Cerna-perst an der Grenze des Littorale; *Potentilla porphyracea* Saut. vom Rivelaungebiet bei Bozen; *P. bolzanensis* Saut. vom Kalvarienberg bei Bozen; *P. Serpentini* Borb. zwischen Borostyankö und Vörösvágás in Ungarn; *Rosa cordifolia* Host. von Zagrab in Croatien; *R. Mayeri* H. Braun vom Kuhberg bei Znaim; ebenso *R. acutiformis* H. Braun; *R.* **rigida** H. Braun n. sp. von Krems; *R. intercedens* H. Braun von Mauer bei Wien; *R.* **pratincola** H. Braun n. sp. von Neuwaldegg bei Wien; *R.* **dolata** H. Braun n. sp. vom Gschnitzthal in Tirol; *R.* **Frivaldskii** H. Braun zu Schemnitz in Ungarn; *R. eulanceolata* H. Braun = *R. lanceolata* Opiz in Flora V, p. 268 (1822) in Gumpoldskirchen; *R.* **rivularis** Braun et Borb. n. sp. = *R. intermedia* Kit. pro parte, im Schwarzathal; *R.* **dimorphocarpa** Borb. et Braun n. sp. bei Schemnitz; *R. Rocheliana* H. Braun in Comitat Arad; *R.* **incanescens** H. Braun n. sp. bei Baden in Niederösterreich und bei Prencov in Ungarn; *R. campicola* H. Braun bei Wien; *R.* **albida** Kmet bei Schemnitz; *R. Schemnitzensis* Kmet bei Schemnitz; *R. patens* Kmet bei Schemnitz, *R.* **Myglndi** H. Braun n. sp. bei Prechtoldsdorf bei Wien; *R. Wirtgeni* H. Braun im Thajathal bei Znaim; *R.*

Briacensis H. Braun bei Briac; *R. Klukii* Bess. im Schwarzathal; *R.* **rubiginella** H. Braun n. sp. im Pusterthal; *R. Sauteri* H. Braun im Pusterthal; *Tilia Haynaldiana* Simk. = *T. platyphyllos* × *supertomentosa* im Comitat Arad; *T. Juranyiana* Simk. auf dem Skericza im Comitat Arad; *Callianthemum anemonoides* Zahlbr. bei Schwarzau und bei Unter-Laussa; *C.* **Kernerianum** Freyn in herb. Kern. n. sp. am Monte Baldo; *Verbascum Kerneri* Fritsch im Wiener botanischen Garten; *Mentha minutiflora* Borb., Comitat Bihari; *M. Bihariensis* Borb. bei Sebes-Korös in Ungarn; *Adenostyles crassifolia* A. Kern. in Centraltirol, im Martarthale, im Gschnitz.

11. Böhmen.

191. **Čelakovsky.** Viola ambigua W.K. in Böhmen und Mähren. (Oest. B. Z., 1889, p. 231—232.)

Nach dem Verf. ist obige *Viola* auf dem Milager Berge bei Laun gefunden worden, wo auch die östliche *Stipa Tirsa* vorkommt und ebenso *Linum austriacum;* auch in Mähren kommt sie vor, vielleicht im Thaja-Thal, vielleicht greift sie sogar nach Thüringen über.

192. **Neue Standorte aus Böhmen.** (Oest. B. Z., 1889, p. 309.)

Sommer fand *Hieracium aurantiacum* am Doberner Berg bei Bensen; Wurm *Potentilla alba* bei Sakschen.

193. **Cypers, V. v.** Für Böhmen neue Arten und neue Standorte. (Oest. B. Z., 1889, p. 188—189.)

Enthält neue Moose, keine Phanerogamen.

194. **Wiesbaur, J.** Correspondenz aus Mariaschein. (Oest. B. Z., 1889, p. 74—75.)

Verf. bemerkt, dass *Althaea micrantha* mit *A. officinalis* diesseits als jenseits des Inn in Gärten cultivirt wird.

12. Mähren und Oesterreichisch-Schlesien.

195. **Oborny, A.** Für Oesterreichisch-Schlesien neue Pflanzen und neue Standorte. (Oest. B. Z., 1889, p. 450—451.)

Nach dem Verf. wachsen auf Wiesen um Karlsbrunn und Hubertuskirchen: *Hieracium Pilosella* subsp. *vulgare, H. subcaulescens* subsp. *melanocomum* et var. *acutissimum; H. Auricula* subsp. *epilosum, H. collinum* subsp. *sudetorum* et subsp. *Uechtritzii; H. flagellare* α. *genuinum* et subsp. *cerniforme* 1. *longipilum* und 2. *brevipilum; H. pulveratum, H. floribundum* subsp. *erubens; H. florentinum* subsp. *obcurum* beim ehemaligen Hochofen; *H. floribundum* var. *epilosum* und *H. floccosum* var. *pilosiceps* in Karlsbrunn; ebenso *magyaricum,* welches auch in Klein-Mohrau vorkommt; *H. Bauhini* subsp. *plicatum* und subsp. *transgressum* um Karlsbrunn, letzteres auch in Dürrseifen; *H. magyaricum* subsp. *filiferum* und *H. prussicum* in Karlsbrunn.

196. **Sabransky, H.** Ein Beitrag zur Kenntniss der mährischen Brombeeren-Flora. (Oest. B. Z., 1889, p. 402—406, 436—437.)

Verf. beschreibt: *Rubus villicaulis* Koch var. **Donbravnicensis** Sabr. auf den Hügeln Hlavaćow und Libenice bei Donbravnik entdeckt; **Rubus Formanekii** n. sp. Sabr. = *R. oreogeton* × *tomentosus* am Hügel Bezinka bei Donbravnik; *R.* **Maravicus** Sabr. n. sp. in Zbánovskyżleb am Plateau Drahan bei Plumenau; *R.* **Spitzneri** n. sp. im Walde Skalice bei Prossnitz; *R. Bayeri* Fock. var. **Drahanensis** Rabr. n. var. auf der Studínka por Andébem Stráźcem bei Drahan.

197. **Schierl, Ad.** Für Mähren neue Pflanzen. (Oest. B. Z., 1889, p. 378.)

Corydalis lutea wächst nach dem Verf. unter der Ruine am Polauer Gebirge; *Crataegus Crus galli* unter der Klentnitzer Ruine; *Ornithogalum pyramidale* bei Neumühl an der Thaja

198. **Schierl, Ad.** Neue Pflanzen für Mähren. (Oest. B. Z., 1889, p. 309.)

Verf. fand *Limodorum abortivum* im Wald Hloźek bei Klobouk und bei Gurdau, *Amygdalus nana* oberhalb Poppitz bei Auspitz.

199. **Formánek, Ed.** Correspondenz aus Brünn. (Oest. B. Z., 1889, p. 37—38.)

Verf. fand *Pulsatilla vulgaris* f. *albiflora* Form. auf dem Tupy-Kopec bei Kohontowitz nächst Brünn.

200. **Formánek, Ed.** Correspondenz aus Brünn. (Oest. B. Z., 1889, p. 74.)

Verf. giebt für *Galium laeve* Thuill. folgende Standorte an: Schluchten bei Billowitz, bei Adamsthal, bei Kiritein, Punkwa-Thal bei Blansko, Ruditz, Cacowitz, Karthaus, Horka bei Cinzendorf, Mottenkopf bei Marschendorf und bei Bautsch.

201. **Formánek, Ed.** Mährisch-schlesische Galium- und Asperula-Formen. (D. B. M., 1889, p. 50.)

Verf. zählt die im mährisch-schlesischen Gebiete vorkommenden *Galium*- und *Asperula*-Formen mit allen ihren Standorten auf; es sind folgende: *Galium silvaticum* häufig; *G. Schultesii* ebenso; *G. Mollugo* var. *dumetorum* im Punkwa-Thal; *G. erectum* häufig; *G. insubricum* bei Lundenburg(?), *G. erecto* × *verum* an mehreren Orten; *G. scabrum* var. *typicum* an mehreren Orten; *G. scabrum* var. *scabriusculum* H. Braun an vielen Orten, ebenso *G. scabrum* var. *nitidulum* und var. *subglabratum; G. austriacum*, *laeve* und *uliginosum* sind gemein; *G. palustre* var. *asperum* bei Deutsch-Liebau; *G. Vaillantii* bei Blauda und Bodenstadt, var. *asperum* bei Gross-Ullersdorf; *G. boreale* var. *hyssopifolium* bei Lundenburg; *Asperula Aparine* bei Billowitz; *A. tinctoria* und *glauca* an mehreren Orten.

202. **Neue Funde aus Mähren.** (Oest. B. Z., 1889, p. 116)

Als neue Beobachtungen werden für Mähren angegeben von Formánek: *Hieracium Obornyanum* Näg. et Peter in Breitenwalde bei Altmarkt; *H. umbelliferum* subsp. *Neilreichii* Näg. et Pet. bei Sokolnitz und Scharatitz.

13. Niederösterreich, Oberösterreich, Salzburg.

203. **Braun, H.** Systematische Uebersicht und Verbreitung der Gattung Thymus L. in Niederösterreich. (Oest. B. Z., 1889, p. 186—188.)

Verf. berichtet, dass *Thymus angustifolius* in Niederösterreich nur längs des Marchfeldes vorkomme; *Th. Lövyanus* Opiz (*Th. arenarius* Bernh.), überall auf Wiesen der Ebene und Bergregion, seltener auf Kalk; Varietäten sind: a. *genuinus*, b. *stenophyllus*, c. *bracteatus*, d. *ellipticus*, e. *pilosus*, f. *lanuginosus*, alle Formen ziemlich häufig auftretend; *Th. Kosteleckyanus* Opiz, bei Baden, Mödling, Vöslau, auf den Hainburger Bergen, auf den Leiserhöhen, und var. b. *brachyphyllus* Opiz, c. *piligerus* Opiz; *Th. Marschallianus* Willd. am Leopoldsberg, am Bisamberg, bei Pressburg, Znaim; *Th. Braunii* Borbás bei Bernstein im Eisenburger Comitate); *Th. ovatus* Miller an vielen Orten, var. b. *subcitratus*, var. c. *concolor; Th. Chamaedrys* fehlt in der näheren Region Wiens, sehr häufig in der Voralpenregion, bei Znaim; b. *alpestris* an manchen Bergen; *Th. parviflorus* Opiz am Galizin und Michelerberge bei Dornbach nächst Wien; *Th. praecox* mit den var. a. *genuinus*, b. *spathulatus*, c. *caespitosus*, d. *Trachselianus* ziemlich verbreitet.

204. **Neue Funde für Niederösterreich.** (Oest. B. Z., 1889, p. 115—116.)

Als neu für das Kronland gefunden von verschiedenen Sammlern werden angegeben: *Rosa rigida* H. Braun, Braunstorferberg bei Krems; *R. intercedens* H.B., Mauer bei Wien; *R. semibarbata* Borb., Kahlenberg bei Wien; *R. pratincola* H. B., Kahlenberg; *R. curtincola* H. B.; Neuwaldegg; *R. Timeroyi* Chab., Perchtoldsdorf; *R. rivularis* Braun et Borbás, Hillenthal bei Gloggnitz; *R. incanescens* H. Braun, Baden bei Wien; *R. campicola* H. B., Berge um Wien; *R. Klukii* Besser, Höllenthal, Gumpoldskirchen; *Tilia pyramidalis* Host., bei Mödling; *T. betulaefolia* Hofm., bei Krems; *Ceratocephalus testiculatus; Mentha dissimilis* Déségl., Mauer bei Wien; *M. paludosa* Sole, ebendort.

205. **Sennholz, G.** Für Niederösterreich neue Pflanzen. (Oest. B. Z., 1889, p. 312.)

Carex Ohmülleriana wächst zwischen Mauerbach und Gablitz und von Purkersdorf zum Troppberge; *Petasites Lorenzianus* im Gebiete der Raxalpe und des Schneeberges (Nasswald, Krummbachgraben, Grosses Höllenthal).

206. **Sennholz, G.** Adenostyles canescens (A. glabra Vill. × A. Alliariae Gouan). (Oest. B. Z., 1889, p. 332—333.)

Verf. beschreibt **Adenostyles canescens** Sennh. n. hybr. im Krummbachgraben des Schneeberges (Niederösterreich), wo die beiden Stammarten häufig sind.

207. **Wettstein, R. v.** und **G. Sennholz.** Zwei neue hybride Orchideen. (Oest. B. Z., 1889, p. 319—322.)

Die Verf. beschreiben **Orchis speciosissima** Wettstein und Sennholz = *O. speciosa* Host. fl. Austr. II, p. 527 × *O. sambucina* L. fl. Succ. p. 312, zwischen den Eltern bei Klein-Zell und zwischen Brennalpe und Reisalpe in Niederösterreich; **O. pentecostalis** Wettst. et Sennholz (*O. speciosa* Host. × *maculata* L. Sp. plant. p. 942) zwischen den Eltern zwischen der Brenn- und Reisalpe in Niederösterreich.

208. **Neue Funde für Niederösterreich.** (Oest. B. Z., 1889, p. 309.)

Hingerl fand *Cyclamen europaeum* mit weissen Blüthen bei Melk; *Myricaria germanica* bei Melk; v. Perndorffer: *Stellaria palustris* im Prater bei Wien; v. Wettstein: *Cirsium subalpinum* im Luggraben bei Scheibs; *C. hybridum* bei Waidhofen a. d. Ybbs und bei Pöchlarn; *C. erucagineum* im Luggraben, Kalte Kuchel bei Schwarzau und Klosterthal; *C. Candolleanum* im Luggraben, um Neuhaus bei Mariazell; *C. ochroleucum* bei Weizen und Hohenberg; *C. triste* am Wiener Brückel, zwischen Nestelberg und Lackenhofen, im Luggraben.

209. **Borbás, V. v.** Für Niederösterreich neue Arten. (Oest. B. Z., 1889, p. 375.)

Verf. giebt *Quercus hiemalis* Stev. für Laxenburg an; *Ceratophyllum Haynaldianum* Borb. bei Simmering; *Echium Wierzbickii* im Prater bei Wien.

210. **Wettstein, R. v.** Für Niederösterreich neue Standorte. (Oest. B. Z., 1889, p. 375.)

Myosotis variabilis auf dem Sonnwendstein und Pinkenkogl; *Adoxa Moschatellina* auf dem Sonnwendstein, Unterberg, Dürer Wand, Gamstein bei Palsau; *Globularia nudicaulis*, Gamstein; *Verbascum Kerneri* bei Weyer; *Orobanche flava* bei Weyer; *Rhododendron intermedium*, Ostabhang des Sonnwendsteines; *Peucedanum Oreoselinum* zwischen Inzersdorf und Atzgersdorf; *Turgenia latifolia* am Kaisersteinbruch bei Bruck a. L.; *Saxifraga adscendens* bei Weyer und am Gamstein.

211. **Neue Funde für Niederösterreich.** (Oest. B. Z., 1889, p. 414—415.)

F. A. Tscherning fand *Scirpus supinus* im alten Donaubette bei Kagran; Kronfeld *Stenactis bellidiflora* bei Oberweidlingau und bei Au Kraking und *Cichorium Intybus* mit lichtgelben Blüthen von Weidlingau nach Hadersdorf neben dem Laudonpark; Wettstein fand *Lappa ambigua* Čelak. häufig nahe der Belvedere-Linie bei Wien und an Wegrändern bei Bruck a. L.; Borbás *Viola cyanea* Čelak. bei Kalksburg und Neumühle.

212. **Wettstein, R. v.** Studien über die Gattungen Cephalanthera, Epipactis und Limodorum. (Oest. B. Z., 1889, p. 395—409, 422—430.)

Verf., welcher in einer längeren Abhandlung die Gattungen *Cephalanthera*, *Epipactis* und *Limodorum* bespricht und zuletzt *Limodorum* und *Cephalanthera* zu *Epipactis* zieht, beschreibt **Epipactis speciosa** Wettst. n. h. = *Cephalanthera alba* × *Epipactis rubiginosa* bei Scheibbs am Eingange in den Luggraben von Obeist gefunden.

213. **Kempf, H.** Touristisch-botanischer Wegweiser auf den Schneeberg in Niederösterreich. 2. Aufl. 8⁰. 115 p. Mit 1 Rundschau und Orientirungsskizze. Wien, 1889.

Nicht gesehen.

214. **Dörfler, J.** Neue Funde aus Oberösterreich. (Oest. B. Z., 1889, p. 155—159.)

Verf. giebt als neu für Oberösterreich an: *Rosa silvestris* Herm. am Ufer des Traunsees bei Gmunden; *R. pratincola* H. Braun am Hongar bei Pinsdorf; *R. sphaeroidea* Rip. am Traunsee bei Weier; *R. pilosa* Opiz an der Kleinen Ramsau bei Gmunden und *R. Seringeana* Dum. am rechten Ufer des Traunsees bei Steinhaus bei Gmunden. Ferner giebt Verf. für Ried folgende neue Standorte von Phanerogamen an: *Carex distans* bei Niederbrunn, *C. pseudocyperus* bei Niederbrunn und bei der Tegelmühle; *Cyperus fuscus* bei Niederbrunn, *Luzula pilosa* mit weissen Perigonblättern am Hochholz; *Cephalanthera Xiphophyllum* bei Pranert; *Matricaria inodora* bei der Schwimmschule; *Salvia silvestris* an Bahndämmen; *Veronica montana* auf dem Pattighamer Hochkuchl; *Primula officinalis* findet sich noch vereinzelt; *Pirola uniflora* bei Pranert und *Ranunculus aconitifolius* mit gefüllten Blüthen bei Niederbrunn.

215. **Vierhapper, F. jun.** Neue Standorte für Oberösterreich. (Oest. B. Z., 1889, p. 342.)

Verf. fand in der Nähe von Ischl: *Equisetum variegatum*, *Scolopendrium officinarum* an der Ruine Wildenstein; *Lycopodium Selago* am Kolowrat; *Bromus asper* var. *racemosus* bei Ischl; *Allium carinatum* bei St. Wolfgang; *Goodyera repens*, Zimitzwildniss; *Spiranthes aestivalis* in einer Sumpfwiese; *Taxus baccata* am Siriuskogel; *Senecio subalpinus* am Kolowrat; *Carduus viridis* um Ischl; *Veronica longifolia* an den Traun; *Orobanche Salviae*, Redtenbachwildniss; *Saxifraga caesia*, Zimitzwildniss; *Corydalis lutea* verwildert; *Circaea intermedia* am Kolowrat; *Lathyrus silvester* am Kolowrat.

216. **Oborny, A.** Für Oberösterreich neue Pflanzen und neue Standorte. (Oest. B. Z., 1889, p. 273.)

Verf. giebt folgende Daten bekannt: *Hieracium boreale*, Traunthal bei Laufen; *H. murorum* var. *alpestre*, Gosauen und Zwieselalm; *H. bifidum*, Zwieselalm; *H. subcaesium*, Pötschenpass, Hütteneckalm, Steg bei Hallstatt; *H. saxifragum* bei Hallstatt, *H. Jacquinii*, Hütteneckalm bei Ischl, *H. alpinum*, Zwieselalm; *H. villosum* Donnerkogel bei Gosau; *H. bupleuroides*, Hütteneckalm, Predigstuhl bei Goisern; *H. staticefolium* gemein im Traum-, Gosau- und Weissenbachthal; *H. Pilosella* subsp. *subvirescens*, Traunufer bei Goisern; *H. Pilosella* subsp. *subcaulescens*, Steg bei Hallstatt, Zwieselalm; *H. florentinum* subsp. *subobscurum*, Pötschenhöhe bei Hallstatt, Laufen, Primesberg bei Goisern; *H. florentinum* subsp. *subfrigidarum*, Donnerkogel, Gosau am See; *H. florentinum* subsp. *Berninae*, Goisern, Soolenleitung längs der Ramsau im Traunthale; *Gentiana Sturmiana*, Hütteneckalm; *Orobanche flava*, Gosauzwang bei Hallstatt; *O. Salviae*, Predigstuhl bei Goisern; *O. alba*, Hütteneckalm, am ersten Gosau-See; *O. gracilis* bei Steg bei Hallstatt; *Thymus montanus* und *Chamaedrys*, Rostmoosalm, Hütteneckalm; *Mentha rubra*, Goisern, Hütteneckalm; *Salix retusa*, Donnerkogel; *S. arbuscula*, ebendort; *Potamogeton densus*, Goisern; *Epipactis palustris*, Rostmoosalm; *E. atrorubens*, Weissbachthal bei Ischl; *Allium carinatum*, Laufen bei Ischl.

217. **Vierhapper, Friedr.** Prodromus einer Flora des Innkreises in Oberösterreich. Theil V (Schluss). (Progr. d. Gymn. zu Ried, 1889. 8⁰. 31 p. Ried, 1889.)

218. **Fritsch, Carl.** Beiträge zur Flora von Salzburg. (Verh. Z. B. G. Wien, 1889, p. 575—592.)

Verf. bringt eine Reihe neuer Standorte und zugleich hat er in den letzten zwei Jahren eine grössere Anzahl für das Salzburgerland neue Species beobachtet, welche hier Erwähnung finden sollen. *Sesleria varia* die *Sesleria* unserer Kalkalpen; *Carex verna* am Radstädter Tauren und auch sonst; *Chenopodium acutifolium* bei Itzling, Geigl, Grödig, bei der Carolinenbrücke; *Ch. glaucum* im Lungau gemein; *Senecio rupestris* am Gaisberg, auf Mauern in St. Michael; *Centaurea decipiens* am Damme der Mur bei St. Michael; *Carduus Groedigensis* bei Grödig; *Verbascum austriacum* bei Pfarrwerfen; *V. subnigrum* bei Pfarrwerfen; *Veronica latifolia* im Raingraben bei Hallein und bei Tamsweg; *V. Teucrium* = *V. latifolia* auct. plur.; *V. agrestis* bei Seekirchen; *Saxifraga pallens* Fritsch aus dem Kapruuerthale; *Bergenia crassifolia*, Kalkfelsen des Kapuzinerberges; *Caltha laeta* bei St. Michael; *Caltha alpestris* am Abhange des Moserkopfes bei Mauterndorf; *Lepidium virginicum* bei Salzburg; *Rapistrum perenne* bei Gröding; *Epilobium adnatum* bei Saalbrück; *Filipendula denudata* vereinzelt und selten bei Salzburg; *F. subdenudata* in der Saalau bei Saalbrück; *Trifolium aureum*, Dürrnberg bei Hallein zwischen Pfarrwerfen und Werfenweng zwischen Hüttau und Eben; *T. campestre* bei Salzburg nicht selten; *T. Schreberi* von Pfarrwerfen nach Werfenweng; *T. minus* bei Salzburg häufig; *Oxytropis Tyrolensis*, *Vicia glabrescens* = *V. villosa* Hinterhuber in Salzburg vorkommend.

219. **Neue Funde aus Salzburg.** (Oest. B. Z., 1889, p. 153—154.)

Als neu für Salzburg werden angeführt: *Rubus suberectus* bei Söllheim, Leopoldskron, Gois; *R. plicatus* bei Salzburg, Mühlbachthal und Fritzthal; *R. sulcatus*, Geisberg, Fürstenbrunn; *R. Vestii*, *thyrsanthus*, *argyropsis*, *persicinus* bei Salzburg; *R. bifrons* sehr häufig bei Salzburg; *R. macrostemon* bei Salzburg; *R.* **macrostemonoides** Fritsch, *caesius* × *macrostemon* am Fusse des Gaisberges; *R. Caflischii* bei Salzburg; *R. Radula* bei Hallein am Dürrnberg; *Rubus drudis* im Blühnbachthal; *R. Metschii*, *insolatus*, *brachyandrus*, *coloratus, Bellardii* bei Salzburg; *R. caesius* × *Idaeus*, Salzachau bei Salzburg; *Veronica agrestis* bei Seekirchen, sonst meist *V. polita; Rosa resinosa* bei Zell am See; *Tilia platyphyllos*, Aigen bei Salzburg; *T. cordata*, Aigen bei Salzburg.

220. **Fritsch, Carl.** Ueber einen neuen Carduus-Bastard. (Verh. B. Z. G. Wien, 1889, p. 89—90.)

Verf. beschreibt *Carduus Groedigensis* Fritsch n. hybr. (*C. crispus* L. × *viridis* Kern.) von Grödig im Salzburgischen.

14. Tirol und Vorarlberg.

221. **Murr, Josef.** Wichtigere neue Funde von Phanerogamen in Nordtirol. (Oest. B. Z., 1889, p. 9—13.)

Verf. giebt neue Standorte von folgenden seltenen Pflanzen für Nordtirol an: *Anemone alpina* var. *apiifolia* Scop. bei Leutasch; *Helleborus niger* an der Walderalpe; *Fumaria Vaillantii* zu Hall und zu Rothenbrunn im Sellrainthale als Unkraut; *Arabis coerulea* am Plattachferner im Wettersteingebirge; *A. pumila* bei der Ehrenberger Klause bei Reutte; *Petrocallis pyrenaica* verbreitet im Wettersteingebirge; *Draba tomentosa* Wettersteingebirge und Hohe Munde; *Erophila stenocarpa* bei Natters; *Lepidium campestre*, Innsbrucker Bahnhof; *Silene acaulis* f. *albo* beim Drachensee im Wettersteingebirge; *Sagina nodosa*, Nordwestufer des Seefelder Sees; *Hypericum hirsutum*, Leermoos und Reutte; *Linum viscosum* Pinswang bei Reutte; *Geranium silvaticum* um Oberleutasch; *G. pyrenaicum*, St. Jacob im Stanzerthal; *Rhamnus saxatilis*, Leutasch; *Rh. pumila*, Leutasch-Schanz, Elbigenalp und Bach; *Trifolium alpestre*, Hühnerspiel; *Astragalus Onobrychis* mit *Plantago maritima* von Mötz nach Obsteig, Oberinnthal; *Pisum arvense* Heiterwang bei Reutte; *Potentilla Sauteri*, Tiefenthaler Höfe bei Oberperfuss; *Ribes alpinum*, Leutasch und Hohe Munde; *Pleurospermum austriacum*, Volderthal; *Heracleum elegans*, Auen bei Häselgehr im Lechthal; *Conium maculatum* um Innsbruck, zahlreich bei Ellbögen und Aling; *Viscum album* bei Telfs auf Föhren; *Galium helveticum*, Wettersteingebirge; *G. lucidum*, Bieberwir am Fern; *G. vero-Mollugo* nächst Hochleiten bei Nassereit; *Knautia arvensis* fl. *albo* bei Schwaz; *Adenostyles albifrons* im hinteren Gaisthal, bei Lautersee nächst Mittenwald; *Aster alpinus*, Berglklamm bei Leutasch; *Gnaphalium Hoppeanum*, Hohe Munde; *G. carpaticum* am Lavatschjoch, Almajurjoch bei St. Jacob; *Achillea macrophylla*, Almajurjoch; *Anthemis tinctoria*, Innsbrucker Bahnhof; *Leucanthemum coronopifolium* um Leutasch; *L. vulgare* strahllos um Leutasch; *Aronicum scorpioides* im Wettersteingebirge; *Senecio lyratifolius* und *S. Reisbachi* um Heiterwang bei Reutte, von Reutte nach Füssen; *Cirsium praemorsum* bei Seefeld, Unterleutasch, von Obsteig nach Nassereit, um Reutte und Hohenschwangau, bei Bielbach; *C. affine*, Häselgehr im Lechtthale; *C. decoloratum*, Elmen Elbingalpe, Kaisers, um Reutte; *Carduus nutans* fl. *albo* über Oberpettnau; *Saussurea pygmaea* am Prediigerstuhl, im Wettersteingebirge; *Centaurea montana*, Obsteig bei Telfs, im ganzen Ferngebiet und Lechthal; *C. Scabiosa* fl. *albo*, Heiterwang bei Reutte, am Barmsee bei Mittenwald; *Aposeris foetida*, Gegend von Reutte; *Leontodon hyoseroides*, nördlich von Telfs, Brennerstrasse unter Schönberg; *Scorzonera humilis* bei Oberleutasch, Ampass bei Hall; *Hypochaeris maculata*, Obsteig-Nassereit, Heiterwang und Pinswang bei Reutte, um Forchach im Lechthal; *Barckhausia foetida* zu Thaur bei Hall; *Hieracium Auricola* × *Pilosella*, Höfen bei Reutte; *H. super Pilosella* × *praealtum* var. *Berninae* von Völs nach Rematen und am Spitzbühel bei Möhlau; *Hieracium incisum* im Innsbrucker und Haller Kalkgebirge sehr verbreitet; *H. oxyodon* an den Frau Hitt; *H. rhoeadifolium*, Kaiserjoch bei Pettnau im Stanzerthal, am Lavatschjoch bei Hall und ober Innsbruck; *H. saxatile* häufig; auch *H. saxatile* var. *latifolium* nicht selten.

222. **Eichenfeld, Michael v.** Doronicum Halacsyi. (Bot. C., Bd. XXXIX, p. 8.)

Verf. fand **Doronicum Halacsyi** (*D. cordatum* × *glaciale*) Eichenfeld n. h. bei Lienz in Tirol auf der Kerschbaumen-Hochalpe.

223. **Sauter, F.** Ueber die Potentillen des mittleren Tirols. (Oest. B. Z., 1889, p. 210—214.)

Verf. zählt die Potentillen des mittleren Tirols auf. Aus der Gruppe der *Annuae*, da *Potentilla supina* bei Salurn nicht wieder gefunden wurde, kommt kein Vertreter vor. Die *Axilliflorae* sind vertreten: durch *P. erecta* L., *P. sciaphila* bei Seis; *P. reptans* und var. **minor** Saut. n. v., *P. microphylla*, Unterinn am Ritten; *P. anserina* und var. *argentea* in Gebirgswäldern südlich des Brenner. Die *Pinnatae* liefern *P. rupestris*, die *Palmatisectae; P. recta, P. argentea* × *recta* bei Haslach bei Bozen = *P.* **leucophylla** Saut. n. hybr. und *P. recta* × *argentea* von ebendort; *Collinae; P. collina* scheint zu fehlen, dagegen kommen vor: *P. praecox* und *P.* **praecocioides** Saut. bei Bozen; *P. thyrsiflora* am Guntscha, Weg nach Sarnthal; *P. brachyloba* und *confinis* am Guntscha; *P. Wiemanniana* am Baltener See und Mitteiberg bis Gmund; *P. Johanniniana* mit zwei Formen; *P. porphyracea* Saut. im Rivelaun und am Calvarienberg bei Bozen. Aus der Reihe der *Argentea* kommt vor: *P. argentea* var. *latisecta* und var. *angustisecta;* var. *perincisa* nur in Gebirgsthälern südlich des Brenners; *P. minuta* um Bozen; *P. decumbens* um Bozen und bei Gmund; *P. incanescens* f. **typica** Saut. und f. **incanescens** Saut., letztere nur um Bozen, Meran und Klausen. Aus der Gruppe der *Chrysanthae* kommt kein Vertreter vor. Aus der Gruppe der *Aureae: P. opaca* bei Lienz; *P. glandulifera* um Sigmundskron und Eppan, bei Ruchbach um Bozen; *P. abbreviata*, Fischeleinthal im Pusterthal, Unterinn, am Mendelpasse; *P. puberula* bei Kühbach und Nals bei Bozen; *P. Bolzanensis* die verbreitetste Art und var. *macrantha, micrantha, astelligera, glandulifera, umbrosa, prorepens, latifolia; P. Tiroliensis* über den Brennerpass südwärts gehend; *P. aurigena* bei Sexten; *P. aurea* gemein; *P. dubia* am Brenner und im Pusterthal; *P. villosa* im Pusterthal und im südlichen Tirol; und var. **macropetala** Saut. am Schlern; *P. grandiflora, P. frigida* am Brenner, am Hühnerspiel auch in der Form *quinqueloba; P. nivea* und *Brennia* im Norden des Gebietes. Aus der Gruppe *Fragariastrae* ist es *P. caulescens*, ferner *P. Clusiana* am Wormserjoch; *P. alba, P. nitida* und *albiflora* speciell in den Dolomiten, dagegen fehlen *P. Fragariastrum* und *micrantha*.

224. **Borbás**. Neue Pflanzen für Tirol. (Oest. B. Z., 1889, p. 415.)

Verf. theilt mit, dass Aichinger *Viola cyanea* bei Bozen beobachtete.

225. **Cobelli, G. de**. Neue Standorte für Tirol. (Oest. B. Z., 1889, p. 451.)

Nach der Beobachtung des Verf.'s wächst *Epipogon aphyllus* im Val del Travignolo und am Fusse des Dostaccio bei Paneveggio.

226. **Eichenfeld, M. v.** Eine neue Doronicum-Hybride, Doronicum Halácsyi nova hybr. (Z. B. G. Wien, Bd. XXXIX. 8°. Wien, 1889. p. 10—11.)

Siehe obiges Ref.

227. **Sündermann, F.** Primula Giuribella (minima × Tiroliensis n. hybr.) (Oest. B. Z., 1889, p. 156.)

Verf. beschreibt den bei der Alpe Giuri bella gesammelten Bastard *Primula* **Juribella** Sünderm. n. hybr. zwischen *P. minima* und *Tiroliensis* stehend. Giuri bella liegt in Südtirol im Val Travignolo.

15. Steiermark und Kärnthen.

228. **Pacher, David.** Systematische Aufzählung der in Kärnthen wildwachsenden Gewächse. II. Abth. Dicotyledones. (Jahrb. des naturh. Landesmuseums von Kärnthen, 19. Heft. Klagenfurt, 1888—1889.)

Verf. zählt in diesem Bande die Papilionaceen mit allen ihren Standorten auf. Neu sind: *Cytisus capitatus* var. **purpurascens** Pach. von Zellbach im Lavantthale. Im Anhange sind Nachträge gegeben; es sind dies neu einzuschaltende Arten und Gattungen, also Seltenheiten für die Flora. *Stipa pennata* L. am Dobratsch bei Föderaun; *Eragrostis poaeoides* P. B., Krumpendorf, Melling, Villach; *Cynosurus echinatus* L., Villacher Bad Melling; *Asparagus tenuifolius* am Dobratsch bei Föderaun; *Ophrys Arachnites*, Dobratsch und Gailitz bei Arnoldstein; *Limodorum abortivum*, Ruine Hohenburg bei Oberdrauburg; *Potamogeton trichoides* ober dem Warmbade bei Villach; *Linosyris vulgaris* bei Völkermarkt; *Inula ensifolia*, Ausgang der Rotlaschlucht; *Echinops sphaerocephalus* bei Finkenstein; *Centaurea dichroantha* = statt *C. rupestris; Satureja montana* zwischen Pontafel und Leopoldskirchen;

Molopospermum cicutarium am Raibler-See; *Epimedium alpinum* L. bei Gailitz-Arnoldstein; *Rosa alpina* f. *brevifolia* Gdger., *R. glauca* var. *complicata modi* f. *acutifolia* bei Lassach; *R. dumetorum* f. *Gremliana* vom Bleiberg; *R. dumetorum* f. *brachycella*, Malborgeth; *Rosa dumetorum subgallicanae proxima* am Deutsch-Bleiberg; *R. urbica* f. *semiglauca* bei Obervellach; *R. hirtifolia* f. *gracilenta* bei Bleiberg; **R. Ressmanni** Kell. et Pach., Malborgeth; *Prunus Padus* var. *leucocarpa*, Hörmesberg bei Bleiberg, Kreuzen bei Paternion.

229. **Steiermark.** Neue Pflanzen für das Kronland Steiermark. (Oest. B. Z., 1889, p. 189.)

Mentha diversifolia am Calvarienberg bei Seckau; *Cirsium erucagineum (oleraceum × rivulare)* bei St. Ruprecht an der Raab; *Arabis crispata* am Gosuik bei Cilli; *Verbascum Kerneri* Fritsch auf dem Grossen Kirschberg bei Deutsch-Fristritz; *Viola Kerneri* Wiesb. um Deutsch-Fristritz; *V. hybrida* Val de Lievre, nächst Spital am Semmering.

230. **Neue Pflanzen für Steiermark.** (Oest. B. Z., 1889, p. 342.)

Sennholz fand *Geum inclinatum* auf dem Plateau der Schneealpe und A. Kerner *Petasites Lorezianus* zwischen Mürzsteg und dem Scheiterboden.

231. **Wettstein, v.** Für Steiermark neue Arten und neue Standorte. (Oest. B. Z., 1889, p. 275.)

Verf. fand: *Isopyrum thalictroides* um Spital am Semmering; *Rhododendron intermedium* am Südostabhange des Sonnwendsteines, auf der oberen Roderalm am Hochthore.

232. **Borbás, V. v.** Für Steiermark neue Pflanzen und neue Standorte. (Oest. B. Z., 1889, p. 275)

Verf. führt an: *Galinsoga parviflora* bei Graz, *Verbascum rubiginosum* bei Hartberg; *Pirola rotundifolia*, Fürstenberg; *P. secunda* von Oberwarth bis Graz; *Aquilegia nigricans* am Semmering, var. *Carnica* Borb. am Freinsattel; *Tilia vitifolia* bei dem Andritz-Ursprung bei Graz.

233. **Eichenfeld, M. v.** Floristische Mittheilungen aus der Umgegend von Judenburg. (Z. B. G. Wien, 1889, p. 67.)

Verf. fand nachfolgende Species auf einer Voralpenwiese der Seethaler Alpen, zwei Stunden von Judenburg in Steiermark entfernt: *Euphrasia montana* Jord.; *Cirsium pauciflorum* Spr., *C. Juratzkae* Reich., *C. Reichardtii*, *C. Scopolianum* Schz.-Bip., *C. Przujbylskii* Eichenf., *C. pauciflorum*, *Erisithales × oleraceum*, *C. Wankelii* Reich., *C. Tappeineri* Bb., *C. Huteri* Treuinfels *C. affine* Tausch und *C. heterophyllum*.

234. **Eichenfeld, M. v.** Auf einer Alpenwiese bei Judenburg in Steiermark gesammelte Pflanzen. (B. C., 1889, XL, p. 168.)

Vgl. das vorhergehende Ref.

235. **Heinricher, E.** Asphodelus albus Mill. in Steiermark. (Mitth. d. Naturw. Ver. f. Steiermark, Jahrg. 1888. 8°.)

236. **Jabornegg.** Neue Pflanzen für Kärnthen. (Oest. B. Z., 1889, p. 272.)

Verf. fand *Stellaria bulbosa* Wulf und *Viola uliginosa* zwischen Maria-Wörth und Dellach am Wörth-See.

237. **Fritsch, C.** Beiträge zur Flora von Kärnthen. (Oest. B. Z., 1889, p. 449—450.)

Verf. liefert Beiträge zur Flora von Kärnthen; neu sind: *Verbascum carinthiacum* Fritsch (*V. austriacum* Schott. × *thapsiforme* Schrad.) bei Gmünd a. d. Lieser; *Waldsteinia ternata* Fritsch (*W. trifolia* Rochel) am Fusse der Ronalpe bei Wolfsberg. Ausserdem ist eine grosse Anzahl neuer Standorte, sonst dort seltener Pflanzen angegeben, bezüglich deren wir auf die Arbeit verweisen.

238. **Fritsch, Karl.** Ueber ein neues hybrides Verbascum. (Z. B. G. Wien, Bd. XXXIX, 1889, p. 71.)

Verf. beschreibt *Verbascum carinthiacum* Fritsch n. h. (*V. austriacum* × *thapsiforme*) in Kärnthen, bei Gmünd gefunden.

16. Krain, Küstenland Istrien, Croatien.

239. **Borbás, V. v.** Neue Funde für Krain. (Oest. B. Z., 1889, p. 275.)

Verf. beobachtete: *Galeopsis canescens* um Adelsberg; *G. pubescens* bei Adelsberg; *Thymus carniolicus* Borb. auf dem Szovitzberge bei Adelsberg.

240. **Borbás, V. v.** Neue Funde aus Istrien. (Oest. B. Z., 1889, p. 232.)

Calamintha subnuda Freyn wächst am Monte Santo bei St. Roch in Croatien und *Stachys ambigua* bei Abbazia.

241. **Halácsy, E. v.** Viola Eichenfeldii (adriatica Freyn × scotophylla Jord. n. hybr.). (Oest. B. Z., 1889, p. 181—182.)

Verf. beschreibt *Viola Eichenfeldii* Halácsy n. hybr.; die Pflanze wächst auf der Insel Quarnero bei Lussin.

242. **Halácsy, E. v.** Viola adriatica Freyn und V. Eichenfeldii Hal. (adriatica × scotophylla). (Bot. C., Bd. XXXIX, p. 314.)

Verf. zeigte den von Heiden auf der Insel Dossin gesammelten Bastard *Viola adriatica* × *scotophylla* = *V. Eichenfeldii* vor.

243. **Vukotinovic, L. v.** Beitrag zur Kenntniss der croatischen Eichen. (Verh. Z. B. G. Wien, 1889, p. 193—200.)

Verf. publicirt wieder eine ganze Reihe von neuen croatischen Eichen, die hier angeführt sein mögen: *Quercus torulosa* var. *granulata*, *Qu. sectifolia*, *Qu. pinnatifida* var. *parviglandis*, var. *dissecta* bei Novi; *Qu. Bacunensis* bei Bacun am Fusse des Agramer Gebirges; *Qu. heterophylla* bei Bacun; *Qu. lacinifolia* bei Gracan; *Qu. rufa* bei Cucerje bis gegen Planina, Ostseite des Agramer Gebirges; *Qu. tetracarpa* bei Rude Samobar; *Qu. pusilla* im Wäldchen Ribujak; *Qu. coriifolia*, Ribujak; *Qu. sulcata* ebendort; *Qu. avellanoides* im Walde Maximir; *Qu. spathulaefolia*, Maximir; *Qu. castanoides* ziemlich häufig; *Qu. erythroneura* zwischen Remete und Maximir; *Qu. filipendula* var. *xylolepis* in Maximir; *Qu. abbreviata* zwischen Bukovec und Lascina; *Qu. farinosa* vis-à-vis der Villa Xaveri bei Agram; *Qu. Ilex* L. auf dem Küstenlande strauchartig; *Qu. Cerris* L. häufig in Croatien.

244. **Hirc, Dragutin.** Nachträge zur Flora von Buccari. (Oest. B. Z., 1889, p. 174—178.)

Verf. liefert Nachträge zur Flora von Buccari. Neu für diesen Bezirk sind: *Viola austriaca* A. et J. Kern., Buccari; *R. odorata* L. selten; *Rhamnus carniolica* A. K. auf dem Felsen Peci, bei Plase; *Rosa dumalis* subsp. *oblonga* Désigl. et Rip. auf dem Cista bei Buccari; *Sorbus Aria* = ist *S. obtusifolia* Spach., *S. torminalis* von Buccari bis St. Cosmo; *Laserpitium verticillatum*, Tuhobic; *Libanotis montana* auch am Tuhobic; *Chrysanthemum macrophyllum* bei Zlobin und am Tuhobic; *Cirsium Erisithales* am Tuhobic; *Prenanthes purpurea* bei Zlobin; *Verbascum phlomoides*, Peci bei Zlobin; *Digitalis ambigua* bei Zlobin; *Melampyrum silvaticum* bei Zlobin; *Lamium purpureum* nur am Scoglio St. Marco; *Stachys silvatica* in Buccari; *Prunella grandiflora*, Tuhobic und Strazbenica; *Statice Limonium* var. *macroclada* Veglia; *Ulmus montana*, Auen bei Zlobin; *Lilium Martagon* bei Zlobin; *Festuca elatior* bei Buccari, *F. rigida* am Fusse der Cista.

245. **Hirc, Dragudin.** Die Hängefichte in Croatien. (Verh. Z. B. G. Wien, 1889, p. 22-23.)

Verf. theilt mit, dass die Hängefichte: *Picea excelsa* var. *viminalis* in Niederösterreich, Tirol, Kärnthen und in Croatien vorkomme; in letzterem Lande bei Cerua gora bei Trsce und bei Warasdin, und zwar am grossen Friedhof und in einem Parke.

17. Schweiz.

246. **Beust, F. v.** Schlüssel zum Bestimmen aller in der Schweiz wild wachsenden Blüthenpflanzen sowie der für ein Herbar wichtigen Sporenpflanzen nach Ordnungen und Familien des natürlichen Systemes. Zürich, 1889. II. Aufl. p. 49.

Verf. giebt einen Schlüssel zum Bestimmen der Ordnungen und Familien des natürlichen Systemes. Pflanzengeographisch ohne Interesse. In systematischer Beziehung ist an einem anderen Orte referirt.

247. **Wortmann, B. et Schlatter, Th.** Kritische Uebersicht über die Gefässpflanzen der Kantone St. Gallen und Appenzell. St. Gallen, 1881—1888.

Die Verff. lieferten in ihrer kritischen Uebersicht über die Gefässpflanzen der

Kantone St. Gallen und Appenzell eine mit grossem Fleisse zusammengetragene und kritisch gemusterte Flora, Diagnosen sind nur bei schwierigen Species, bei Bastarden und Formen gegeben. Die Standorte sind wohl alle aufgeführt.

248. **Gremli, A.** Excursionsflora für die Schweiz. Nach der analytischen Methode bearbeitet. 6. Aufl. 8⁰. XXIV, 509 p. Aarau, 1889.

Sechste Auflage der rühmlichst bekannten Schweizerflora von Gremli.

249. **Gremli, A.** The flora of Svitzerland. (Translated into english by L. W. Paitson. 8⁰. XXIV, 454 p. Zürich, 1889.)

Uebersetzung der Gremli'schen Flora ins Englische.

250. **Asper** und **Heuscher, J.** Die Naturgeschichte der Alpen-Seen. (Ber. über die Thätigkeit der St. Gallischen Naturw. Ges. St. Gallen, 1889, p. 246—267.)

Die Verff. untersuchten verschiedene Seen in pflanzlicher und faunistischer Beziehung vorzugsweise. Im Schön-Bodensee wachsen: *Nuphar luteum, Nymphaea alba, Potamogeton natans, Scirpus lacustris, Phragmites communis, Equisetum limosum, Pedicularis palustris;* am Ufer und an dessen Gehängen: *Calamintha alpina, Helianthemum vulgare, Veratrum album, Gentiana lutea, Orchis incarnata, Ranunculus aconitifolius* und *Phalaris arundinacea;* ähnliche gemeine Pflanzen wachsen am und in den Schwendi-Seen, auch *Menyanthes trifoliata, Oxycoccos palustris, Swertia perennis, Eriophorum alpinum;* der Grappel-See dagegen ist sehr arm. Auch der Voralp-See 1116 m über dem Meer weist nur gemeine Pflanzen auf.

251. **Schröter, C.** Beiträge zur Kenntniss schweizerischer Blüthenpflanzen. (Ber. über die Thätigkeit der St. Gallischen Naturw. Ges. St. Gallen, 1889, p. 223—245.)

Verf. giebt zunächst seine Mittheilungen zur Unterscheidung der schweizerischen *Phleum*-Arten bekannt; demnach finden sich in der Schweiz: *Ph. pratense, Ph. pratense* var. *medium, Ph. alpinum, Ph. alpinum* var. *commutatum, Ph. Michelii, Ph. Boehmeri* und *Ph. asperum,* ferner *Ph. pratense* var. *macrochaeton, Ph. alpinum* var. *fallax,* var. *subalpinum.* Die schweizerischen *Agrostis*-Arten sind: *A. alba, vulgaris, canina, alpina* und *rupestris.*

252. **Winter.** Ins Engadin. 17.—25. Juli 1887. (D. B. M., 1889, p. 27—29, 55—61, 76—81, 151—159, 168—180.)

Verf. beschreibt eine botanische Tour ins Engadin. Verf. zählt die von Standort zu Standort beobachteten Pflanzen auf; wir verweisen auf die Originalarbeit, hervorhebend, dass derartige Aufzählungen von Excursionsfunden im Grunde meist recht belanglos sind.

253. **Bonnier, Gaston.** Études sur la végétation de la vallée de Chamonix et de la chaine du Mont-Blanc. (Revue général de Botanique. Tome I, 1891, No. 1, p. 28.)

Nicht gesehen.

254. **Briquet, J.** Notes floristiques sur les Alpes Lémaniennes. (Bull. des travaux de la Soc. bot. de Genève, 1889.)

Nicht zugänglich.

255. **Chodat, R.** Révision et critique des Polygala suisses. (Bull. des travaux de la Soc. bot. de Genève, 1889.)

Nicht gesehen.

256. **Chodat, R.** Ophrys Botteroni Chod. (Bull. des travaux de la Soc. bot. de Genève, 1889.)

Nicht gesehen.

257. **Christ, H.** Sur quelques espèces du genre Carex. (Bull. des travaux de la Soc. bot. de Genève, 1889.)

Nicht gesehen.

258. **Favrat, L.** Sur quelques plantes rares ou nouvelles pour la Suisse. (Bull. des travaux de la Soc. bot. de Genève, 1889.)

d. Niederländisches Florengebiet. Luxemburg, Belgien, Holland.

259. **Rouy, G.** Compte-rendu de l'herborisation da la Campine limbourgeoise. (Compt. rendus. B. S. R. de Belg., 1889, 26 T., 2 fasc., p. 162—166.)

Verf. zählt die auf dieser ins Limburgische gehende Excursion beobachteten Pflanzen auf. Nebenbei bemerkt Verf., dass *Lobelia Dortmanna* in der Gironde in Frankreich vorkomme, sonst nur im Norden Deutschlands und nördlicher; ebenso hat *Subularia aquatica* in Frankreich seine Südgrenze.

260. **Crépin, Fr.** Nouvelle Recherches à faire sur le Rosa obtusifolia Desv. (Compt. rend. du B. S. R. de B. de Belg., 26 tome, 2 fasc., 1889, p. 65—69.)

Ohne pflanzengeographische Notizen.

261. **Durand, Théophile.** Quelques considerations sur la Flore du Département du Pas-de-Calais. (B. S. R. B. de Belg. Compt. rend., 1889, T. 26, 2 fasc., p. 23—28.)

Verf. bespricht den Catalogue raisonné von Masclef über die Flora des Départements Pas-de-Calais. Die Dünen beherbergen *Brassica oleracea, Crambe maritima, Crithmum maritimum* und *Statice occidentalis*, welche in Belgien wachsen; die belgische viel weiter ausgedehnte Küste hat nur 4 Species, welche in Pas-du-Calais nicht vorkommen, nämlich *Trifolium maritimum, Zostera nana, Spartina stricta* und *Glyceria Barreri.* Folgende 26 Arten des Pas-du-Calais fehlen in Belgien: *Papaver hybridum, Brassica oleracea, Crambe maritima, Silene maritima, Spergularia pentandra, Geranium nodosum, Trifolium patens, Tetragonolobus siliquosus, Orobus vernus, Potentilla splendens, Rosa stylosa, Daucus gummifer, Galium anglicum, Filago gallica, Linaria supina, Melampyrum cristatum, Orobanche major, Statice occidentalis, Rumex pulcher, Polygonum Bellardi, Euphorbia palustris, Scirpus Savii, Carex hordeistichus, Agropyrum pycnanthum, Scleropoa loliacea.*

262. **Wesmael.** Revue des Espèces du genre Populus. (Bull. S. R. B. de Belg., Tom. 26, deuxième fascicule, p. 371—379.)

Ohne pflanzengeographische Notizen, soweit es sich um europäische Species handelt.

263. **Durand, Th.** Les aquisitions de la flore Belge en 1886. (Compt. rend. in B. S. R. de B. de Belg., T. 26, 2 fasc., p. 6—25.)

Verf. stellte die Resultate der botanischen Durchforschung Belgiens zusammen: Ganz neu für Belgien ist *Limodorum abortivum* zwischen Nimes und Dourbies; zweifelhaft waren geworden *Brunella grandiflora* und *Alopecurus bulbosus;* erstere bei Olloy, letztere bei Rieuport, für die Juragegend sind neu: *Gypsophila muralis, Geranium pyrenaicum, Medicago minima* und *Bupleurum falcatum;* für die Kalkzone: *Trientalis europaea* und *Herminium Monorchis;* für die Meereszone: *Juncus tenuis* und *Luzula multiflora;* für die Sandzone: *Sparganium minimum.* Bagnet und Jâque haben bei Wilsele beim Canal verschiedene Ruderalpflanzen beobachtet, die erst auf ihre Standortsbeständigkeit geprüft werden müssen.

264. **Durand, Th.** Essai d'une Monographie des Ronces de Belgique. (B. S. R. B. de Belg., Tom. 26, deuxième fascicle, p. 289—369.)

Nach dieser Monographie finden sich in Belgien: *Rubus saxatilis, R. Idaeus, R. suberectus* bei St. Job, Groenendael, Sart-les-Spa, Banneux; *R. plicatus, R. sulcatus,* Ardennen; *R. sulcatus* var. *pilosa* Dur. bei Lüttich, ebenso *R. sulcatus, R. Weihei* bei Verviers; *R. Libertianus* bei Verviers und Spa; *R. nitidus* bei Verviers und Spa; *R. carpinifolius* bei Verviers, Spa und Theux; *R. affinis* bei Verviers und Obourg; *R. arduennensis* bei Verviers, bei Rochefort, Morville und Frahan; *R. thyrsoideus* bei Nessonvaux und Malmedy; *R. ulmifolius* in den Formen *ellipticus* Malbranche bei Voroux-lez-Liers, Paifve und Watermael; f. *emarginata Malbranche* bei Watermael und f. *microphylla Malbranche,* ebendort. Die Hauptform ist sehr verbreitet; *R. hedycarpus* mit 4 Formen, *macrostemon, Winteri, pubescens* und *geniculatus* verbreitet; *R. villicaulis* bei Woluwe-St.-Lambert; *R. leucandrus* bei Verviers und Spa; *R. gratus* bei Ixelles; *R. macrophyllus* bei Verviers; *R. Sprengelii* bei Verviers, Nessonvaux und Spa; *R. Schlickumi* bei Spa (sonst bei Bingen und Coblenz); *R. melanoxylon* bei Jambe; *R. Leyi* bei Malmedy und Eupen; *R. pyramidalis* bei Spa, Boitsfort, Grönendael, Watermael; *R. vestitus* verbreitet, var. *vestitissima* Dur. bei Verviers; *R. Menkei* bei En Rive; *R. obscurus* bei Spa; *R. festivus* bei Spa; *R. Lejeunii* bei Malmedy und bei Spa; *R. Radula* bei Verviers; *R. rudis* bei Verviers, Spa und Watermael; *R. thyrsiflorus* bei Spa; *R. pallidus* bei St. Denis und Obourg; *R. fuscus* bei Spa; *R. rosaceus* bei Verviers; *R. hystrix* bei Verviers und Tongres; *R. Koehleri* bei Spa und Franchimont; *R. Schleicheri* bei Spa; *R. serpens* bei Verviers und En Rive; *R. subcanus* bei Ixelles und

Petite-Suisse; *R. Bellardi* häufiger; *R. serpentinus* bei Pepinster und Woluwe-St. Lambert; *R. dumetorum* verbreitet mit folgenden Formen: *deltoideus, corylifolius, agrestis* und *horridus; R. caesius* und *R. caesius* × *Idaeus* bei Hastière und bei Verviers.

265. **Eeden, F. W. van.** Desideratae voor de flora Batava. (Nederl. Kruidk. Archief, Ser. II, Deel V, 1889, Stuk 3.)

Ein Referat lief nicht ein.

266. **Butaye, R. en Haas, E. de.** Lijst der planten te Oudenbosch en omstrecken. (Nederl. Kruidk. Archief, Ser. II, Deel V, Stuk 3.)

Ein Referat ist nicht eingelaufen.

267. **Nederlandsche Botanische Vereeniging.** Lijst der Phanerogame en cryptogamae vasculares, waargenomen van het station Heino naar Wijhe, op den 28. Juli 1888. (Nederl. Kruidk. Archief, Ser. II, Deel V, 1889, Stuk 3.)

Ein Referat lief nicht ein.

268. **Kobus, J. D. en Goethart, J. W. Chr.** De Nederlandsche Carices. (Nederl. Kruidk. Archief, Ser. II, Deel V, 1889, Stuk 3.)

Referat nicht eingelaufen.

269. **Heneau, Alph.** Flore élémentaire de la basse et de la moyenne Belgique. Détermination facile des plantes, noms français, néerlandais et latins. (Botanique appliquée. 8⁰. 56 p. Bruxelles, 1889.)

Ohne besonderes pflanzengeographisches Interesse.

270. **Goetbloets, Maria.** Note sur le Sedum palustre L., plante signalée autrefois dans la Campine Limbourgeaise. (Comptes rendus des séances de la Société R. de Bot. de Belgique, 1889. p. 57.)

271. **Vries, H. de.** Bijdrage tot de flora van het Gooi. (Nederl. Kruidk. Archief, Ser. II, Deel V, 1889, Stuk 3.)

Dem Ref. nicht zugänglich.

c. Britische Inseln.

272. **Fryer, Alfred.** Gnaphalium uliginosum L. var. pilulare Wahl. (J. of B., 1889, p. 83—85.)

Verf. fand *Gnaphalium uliginosum* L. var. *pilulare* Wahl. bei Chatteris.

273. **Pratt, Anne.** The Grasses, Sedges and Ferns of Great Britain and their allies the Club Mosser, Pepperworts and Horsetails. 8⁰. 150 p. London, 1889.

Referat ist nicht eingelaufen.

274. **Mathews, W.** County botany of Worcester. (Middl. Naturalist. 1889. Juli.)

275. **Lobley, J. L.** Hampstead Hill: its structure, materials and sculpturing, with the flora of Hampstead by Henry T. Warton. 4⁰. 100 p. London, 1889.

Ein Referat ist nicht eingelaufen.

276. **Grant, J. F. and Bennett. Arth.** Contributions towards a flora of Caithness. (Scottish Naturalist, 1889, April.)

277. **Turnbull, R.** Index of British plants according to the London catalogue (8the edit.) including the synonyms used by the principal authors, an alphabetical list of english nams also references to the illustrations of Syme's english botany and Bentham's British Flora. 8⁰. 98 p. London, 1889.

Nicht zugänglich.

278. **Melvill, Kosmo.** Plantago maritima L. f. pumila Kjellmann, in the Faroë Islands. (J. of B., 1889, p. 377.)

Verf. zeigt an, dass *Plantago maritima* f. *pumila* auch auf den Faroë-Inseln wachse.

279. **Whitwell, William.** Arenaria gothica Fries in Britain. (J. of B., 1889, p. 354—359.)

Verf. bespricht ausführlich die bei Bibblehead vorkommende *Arenaria gothica*. Der Ort liegt in Mid-West Yorkshire.

280. **Rogers, W. Moyle.** Erica vagans near Bournemouth. (J. of B., 1889, p. 344.)

Verf. theilt mit, dass *Erica vagans* bei Bournemouth vorkomme.

281. **Marshall, Edw. S. A.** Correction. (J. of B., 1889, p. 344.)

Gemäss einer Berichtigung wächst nicht *Hieracium melanocephalum*, sondern *H. gracilentum* in Argyle.

282. **Koper, F. C.** Welsh Records 1889. (J. of B., 1889, p. 343—344.)

Neu für Merionethshire, N.-Wales, sind: *Cardamine hirsuta*, *Drosera intermedia*, *Menyanthes trifoliata*, *Scutellaria galericulata*, *Anagallis tenella*, *Salix repens*, *Scirpus fluitans*, *Carex lepidocarpa*, *Phragmites communis*, *Aira praecox*, alle bei Festiniog Road; *Salix repens* bei Llyn Llagi; für Carnarvonshire: *Polygala depressa*, *Oenanthe fluviatilis*, *Lactuca muralis*.

283. **Saunders, James.** Flora of the Ivel Valley, Bedfordshire. (J. of B., 1889, p. 338—340.)

Verf zählt die interessanteren, von ihm im Ivel-Thal in Bedfordshire beobachteten Pflanzen auf; besonders interessante Pflanzen befinden sich nicht darunter.

284. **Scully, Reginald W.** Juncus tenuis in Kerry. (J. of B., 1889, p. 335—336.)

Verf. fand *Juncus tenuis* Willd. von Sneem bis Caherdaniel bei Darrynane, und von Blackwater Bridge bis Kenmare in Kerry.

285. **Bennett, Arthur.** Notes on some british Carices. (J. of. B., 1889, p. 330—335.)

Pflanzengeographisch ohne Interesse.

286. **Sargeaunt, J.** Euphorbia Esula in Northhamptonshire. (J. of B., 1889, p. 315.)

Verf. fand diese Pflanze bei Aldwinkle in Northhamptonshire.

287. **Druce, G. C.** Plants of North Bucks. (J. of B., 1889, p. 315.)

Verf. fand in North Bucks interessante Pflanzen. Neu für den District sind: *Festuca Myurus*, *Chenopodium hybridum*, *Rubus corylifolius*, *Rosa senticosa*, *Jasione montana*, *Arctium majus*, *Atriplex erectus*, *Ornithopus perpusillus*.

288. **Bennett, Arthur.** Atriplex tatarica L. (J. of B., 1889, p. 314—315.)

Verf. sammelte *Atriplex tatarica* zwischen Brighton und Portslade, Sussex.

289. **Bennett, Arthur.** Carex laevigata Sm. var. (J. of B. 1889, p. 314.)

Verf. erhielt durch Mr. Beckwith eine *Carex laevigata* von Salop, für welche er die Bezeichnung *Carex laevigata* var. *gracilis* Bennett vorschlägt.

290. **Williams, J. W.** Lilium Martagon naturalised in Worcestershire. (J. of B., 1889, p. 314.)

Verf. fand *Lilium Martagon* neutralisirt bei Dick Brook bei Stourport in Worcestershire; *Vinca minor* ist gemein bei Lincombe Bai, Stourport.

291. **Whitwell, William.** Arenaria gothica Fries in Britain. (J. of B., 1889, p. 314.)

Verf. berichtet, dass Lister Rotheray *Arenaria gothica* zu Ribblehead in West-yorkshire fand.

292. **White Buchanan.** Poa palustris L. in Britain. (J. of B., 1889, p. 273.)

Verf. theilt mit, dass Barclay *Poa palustris* im River Tay bei Perth fand.

293. **Dowker, Geo.** Falcaria Rivini in Kent. (J. of B., 1889, p. 272.)

Verf. theilt mit, dass *Falcaria Rivini* bei Birchington wächst. *Lepidium Draba* hat sich sehr ausgebreitet.

294. **Saunders, J.** New Bucks Plants. (J. of B., 1889, p. 271—272.)

Verf. fand *Arnoseris pusilla* in Great Brickhill (Bucks); *Nephrodium Thelypteris* kommt in der Grafschaft Beds bei Gret Brickhill vor.

295. **Flower, Brnges.** Melampyrum silvaticum in Gloucestershire. (J. of B., 1889, p. 271.)

Verf. hält dafür, dass bei Wych Cliffs in Gloucestershire nicht *Melampyrum silvaticum*, sondern *M. pratense* vorkomme.

296. **Briggs, T. R. Archer.** Hybrid Thistles near Plymouth. (J. of B., 1889, p. 270—271.)

Verf. fand *Carduus nutanti-crispus* bei Leigham Estate, Egg Buckland.

297. **White, F. Buchanan.** A List of British Willows. (J. of B., 1889, p. 265—267.)

Verf. zählt die in England vorkommenden Weiden auf; es sind dies: *Salix triandra* L., *decipiens* Hoffm., *undulata* Ehrh., *pentandra* L., *cuspidata* Schultz, *hexandra* Ehrh., *fragilis* L., β. *britannica* B. White, *S. alba* L., b. *vitellina* L., *viridis* Fr., *S. cinerea* L., *aurita* L., *lutescens* A. Kerner, *Caprea* L., *Reichardtii* A. Kerner, *capreola* J. Kerner, *S. repens* L., *ambigua* Ehrh., *cinerea* × *repens* Wimm., *Caprea* × *repens* Lasch., *nigricans* × *repens* Heidenr., *S. phylicifolia* L., α. *phylicifolia* auct., b. *nigricans* Sm., c. *phylicifolia* × *nigricans* Wimm., *laurina* Sm., *Wardiana* B. White, *ludificans* B. White, *tephrocarpa* Wimm., *latifolia* Forbes, *strepida* Forbes, *coriacea* Forbes, *S. arbuscula* L., *Dicksoniana* Sm., *S. viminalis* L., *Smithiana* Willd. et a. *stipularis*, b. *sericans*, c. *velutina*, d. *ferruginea*, e. *acuminata*, *S. lanata* L., *S. Sadleri* Syme, *stephania* B. White, *S. Lapponum* L., b. *helvetica* Vill., *S. spuria* Willd., *S. Myrsinites* L., *Wahlenbergii* And., *serta* B. White, *S. herbacea* L., *Grahami* Baker, *Moorei* Watson L. C., *simulatrix* B. White, *sobrina* B. White, *marginata* B. White, *S. reticulata* L., *S. semireticulata* B. White und *S. sibyllina* B. White.

298. **White, James Walter.** Molinia coerulea in the Bristol Flora. (J. of B., 1889, p. 252.)

Nach dem Verf. kommt *Molinia coerulea* um Bristol bei Clifton Down und Durdham Down bei Gully vor.

299. **Clarke, C. B. A.** Pertshire Orchid. (J. of B., 1889, p. 250—251.)

Ohne pflanzengeographische Bedeutung.

300. **Marshall, Edw. S.** Festuca heterophylla Lam. in Britain. (J. of B., 1889, p. 249—250.)

Verf. fand *Festuca heterophylla* bei Bentworth House, bei Alton in N.-Hants und vermuthet diese Pflanze noch an anderen südlicheren Stationen.

301. **Briggs, T. R. Archer.** Orchis latifolio × maculata Towns. (?) in Devon. (J. of B., 1889, p. 244—245.)

Verf. fand *Orchis latifolio* × *maculata* zu Furdson und Derriford in Devon.

302. **Marshall, Edw. S.** Notes on Highland plants. (J. af B., 1889, p. 229—237.)

Verf. durchsuchte das Hochgebirge von Schottland, und zwar Mid-Perth, Torfar, W.-Inverness und Argyle. Neu für die betreffenden Districte sind: *Fumaria densiflora* bei Ballinluig Station in Argyle; *Cardamine flexuosa* bei Forth William (Inverness); *Cochlearia danica*, Little Culrannoch (Torfar); *Subularia aquatica*, Lochan Mathair Etive (Argyle); *Cerastium arcticum*, Ben Nevis (Inverness); *Sagina Linnaei*, Clach Leathad (Argyle); *Rosa mollis*, Glen Doll (Torfar); *Myrrhis odorata*, Nevis Water (Inverness); *Hieracium melanocephalum* bei Kingshouse (Argyle); *H. lingulatum* Clach Leathad (Argyle), Glen Nevis (Inverness); *H. aggregatum* Glen Nevis (Inverness); *H. vulgatum*, Glen Nevis (Inverness), Kingshouse (Argyle), Doll Shooting-Lodge (Torfar); *Betula odorata* var. *parvifolia* Stob Ban (Inverness), Clach Leathad (Argyle), Luib (Mid-Perth); *Betula nana*, Moorland by Lochan Mathair Etive, Kingshouse (Argyle); *Carex echinata* var. *Crypus*, Clach Leathad (Argyle); *C. curta*, Glen Nevis (Inverness); *C. aquatilis*, Ben More und Am Binnein (Argyle); *C. limosa*, Lochan Mathair Etive (Argyle); *C. vaginata* Stob Ban (Inverness); *C. vesicaria*, Glen Nevis (Inverness).

303. **Beeby, W. H.** On some british Viola-forms. (J. of B., 1889, p. 226—229.)

Verf. bespricht einige englische Veilchenformen; bezüglich deren geographischer Verbreitung mögen folgende Angaben Platz haben: *Viola Riviniana* var. *villosa* in Surrey, Bucks; var. *nemorosa* in Surrey; *V. Riviniana* × *silvestris* in Surrey; *V. Riviniana* × *canina* in Surrey, Sussex E. und Kent W.; *V. canina* f. *simplex* in Cambs; *V. canina* var. *crassifolia* in Cambridgeshire; *V. lactea* × *canina* zu Reigate; *V. lactea* in Plymouth; *V. canina* × *stagnina*, Key's Corner, Chatteris, Cambs und Hunts.

304. **Painter, W. H.** Additional notes on the flora of Derbyshire. (J. of B., 1889, p. 178—179.)

Verf. giebt für Derbyshire folgende, von verschiedenen Floristen gesammelte Pflanzen an: *Ranunculus trichophyllos*, *Fumaria pallidiflora*, *Erysimum cheiranthoides*, *Lepidium campestre*, *Reseda lutea*, *Stellaria media* var. *neglecta*, *Montia fontana* var. *rivularis*, *Lotus tenuis*, *Lathyrus silvester*, *Rubus suberectus*, *Potentilla argentea*, *Rosa tomentosa* var. *subglobosa*, *R. canina* var. *sphaerica*, var. *decipiens*, var. *coriifolia*, *Pyrus Malus* var.

mitis, *Drosera rotundifolia*, *Peplis Portula*, *Galium silvestre* var. *nitidulum*, *Solidago virgaurea* var. *cambrica*, *Hieracium argenteum*, *murorum*, *caesium* var. *Smithii*, *vulgatum*, var. *rubescens* et *nemorosum*, *tridentatum*, *Leontodon hirtus*, *Wahlenbergia hederacea*, *Pirola minor*, *Hypopitys multiflora*, *Menyanthes trifoliata*, *Orobanche major*, *Spiranthes autumnalis*, *Habenaria albida*, *Juncus compressus*, *Sparganium simplex*, *Acorus Calamus*, *Potamogeton pusillus*, *Osmunda regalis*, *Equisetum maximum* und *Lycopodium clavatum* und *Selago*.

305. **Thompson, H. S.** Rare plants in Somersetshire. (J. of B., 1889, p. 183.)

Verf. sammelte *Cicuta virosa* und *Rhynchospora fusca* im Burtle Moor bei Shapwick; *Rubus saxatilis* von Banwell Castle; *Althaea officinalis* von Dunball; *Vicia lathyroides* von Burnham Sandhills; *Anthemis nobilis* und *Lepidium Smithii* von Bristol Coal-field; *Polygonum maritimum* von Burnham Sandhills.

306. **Fryer, Alfred.** Irish Potamogetons. (J. of B, 1889, p. 183.)

Potamogeton polygonifolius var. *pseudo-fluitans*, Syme zu Recess, Galway.

307. **Marshall, Edw. S.** Primula hybrids. (J. of B., 1889, p. 184—185.)

Primula veris × *vulgaris* kommt in E. Suffolk vor und *P. vulgaris* × *elatior* in Saffron Walden.

308. **Marshall, Edw. S.** West Cornish plants. (J. of B. 1889, p. 185.)

Verf. fand *Hieracium vulgatum* bei Helston; *Carex Oederi* bei Ruan Miner; *Polygonum minus* bei Lizard Town; *P. maculatum* Scilly, bei Lizard Town und Ruan Minor; *Solidago virgaurea* var. *cambrica* bei Kynance.

309. **Babington, C. C.** Hypericum linariifolium Vahl in Carnarvonshire. (J. of B., 1889, p. 185.)

Verf. berichtet, dass W. Hunt Painter von Boduan bis Pwllheli *Hypericum linariifolium* fand.

310. **Linton, E. F.** Norfolk plants. (J. of B., 1889, p. 185—186.)

Verf. fand *Crepis biennis* in E. Norfolk in der Grafschaft Thorpe, bei Norwich.

311. **Druce, G. Cl.** Plants of Easterness and Elgin. (J. of B., 1889, p. 200—205.)

Verf. botanisirte in den beiden Districten; neu sind dafür gemäss der 2. Auflage der Topographical Botany: um Boat of Garten wachsend: *Alopecurus myosuroides*, *Agropyrum repens* var. *Vaillantium*, *Habenaria chlorantha*, *Thymus Chamaedrys*, *Plantago lanceolata* var. *capitata*, *Epilobium palustre* var. *lineare*, *Potamogeton natans*, *Galium palustre* var. *Witheringii*, *Myosotis caespitosa*; um Loch Mallachi und Spey Side: *Scirpus lacustris*, *Carex riparia*, *Rosa involuta* var. *Doniana*, *R. tomentosa* var. *foetida*, *R. canina* var. *dumalis*, var. *andegavensis*, var. *verticillacantha*, var. *Watsoni*, var. *subcristata*, var. *glauca*, *Hieracium gothicum*, *Polygala vulgaris*, *Poa nemoralis* var. *montana*; um Rothiemurchus: *Orchis mascula*, *Trisetum pratense*; um Culbin Sands: *Plantago Coronopus* var. *prostrata*, *Agropyrum acutum*, *Agrostis alba* var. *maritima*, *Festuca rubra* var. *arenaria*, *Allium oleraceum*, *Polygala vulgaris*, *Geum intermedium*, *Rosa canina* var. *surculosa*, var. *Watsoni*, var. *glauca*, *Sedum Telephium*, *Thymus Chamaedrys*, *Myosotis repens*, *M. caespitosa*, *Carex flava*.

312. **Linton, E. F.** und **Linton, W. R.** New County records for Skye, Ross, Sutherland and Caithness. (J. of B., 1889, p. 207—209.)

Die Verff. fanden neu für Skye: *Ranunculus Flammula* var. *petiolaris*, *Nymphaea alba* var. *minor*, *Hieracium murorum*, *H. sparsifolium*, *anglicum* var. *longibracteatum*, *H. Schmidtii*, *H. caledonicum*, *Carex filiformis*, *Aira setacea* mit *Eriocaulon septangulare*; für West Ross: *Hieracium murorum* var. *ciliatum*; für Sutherland East: *Montia fontana* var. *rivularis*, *Senecio viscosus*, *Sonchus asper*, *Stachys arvensis*, *Rumex aquaticus*, *Festuca rubra* var. *pruinosa*; für Sutherland West: *Aira setacea*; für Caithness: *Linum catharticum*, *Lathyrus silvester*, *Rubus hemistemon*, *Rosa canina* var. *Watsoni*, *Carex arenaria*.

313. **Saunders, James.** Notes on the Flora of South Bedfordshire. (J. of B., 1889, p. 209—212.)

Verf. bringt ein reichhaltiges Verzeichniss von neuen Standorten und von für Süd-Bedfordshire neuen Pflanzen; leider sind letztere nicht besonders erkenntlich gedruckt.

314. **Carruthers, Wm.** Festuca heterophylla Lam. in Britain. (J. of B., 1889, p. 216–217.)

Verf. theilt mit, dass Ed. S. Marshall *Festuca heterophylla* als einheimisch in Surrey fand.

315. **Stewart, Augustus.** Gentiana Amarella var. praecox. (J. of B., 1889, p. 217.)

Verf. fand diese *Gentiana Amarella* var. *praecox* zu Bembridge, Bonchurch, Boniface und Rew auf der Insel Wight.

316. **Hanbury, Fred J.** Further Notes on Hieracia new to Britain. (J. of B., 1889, p. 73—77.)

Verf. bespricht einige für England neue Hieracien; diese sind: *Hieracium lapponicum* Fr. zu Cwm Tarell, Breconshire; *H. sparsifolium* Lindeb. zu Beinn Cruachan, Argyllshire, bei Penygwrydel, Carnarvonshire, zu Uig in Skye, in Glen bei Lyon; *H. salicifolium* Lindeb. zu Cliffs of Llyn Duly, Carnarvonshire; *H. murorum* var. *ciliatum* Almq. zu Almond in Perthshire; *H. diaphanoides* Lindeb. in Tresdale, um Settle; *H.* **Backhousei** n. sp. zu Dhuloch, Aberdeenshire, Loch Aan, Banff und Glen Eunach in Easterness; *H. anglicum* var. *longibracteatum* um Betty Hill, bei Ben Hope und westwärts von Durness, Reay in Caithness; *H.* **caledonicum** n. sp., Küste von Caithness und Sutherland; *H.* **Farrense** n. sp.; Naver in der Grafschaft Farr, Sutherland; *H.* **proximum** n. sp. zu Reay Links, Caithness, Thurso River in Caithness und Naver in Sutherland; *H. crocatum* var. *maritimum*, Sutherland.

317. **Fryer, Alfred.** Notes on Pondweeds. (J. of B., 1889, p. 65—67.)

Verf. beschreibt **Potamogeton falcatus** Fryer n. sp. Die Pflanze, welche auch abgebildet ist, wurde bei Ramsey in Hundingtonshire gefunden.

318. **Ewing, P.** Flora of Beinn Laoigb. (J. of B., 1889, p. 51.)

Verf. berichtet, dass *Cystopteris montana* in Menge auf der Perthshir Seite wachse; *Arabis petraea* kommt ebenfalls vor, bei Rillin; *Drosera obovata* wächst um Coninish Farm und bis Beinn Chuirn. Ferner *Dryas octopetala*, *Pyrola secunda* und *rotundifolia*, *Carex vaginata* und var. *borealis*.

319. **Towndrow, Rich. F.** Ranunculus Baudotii in Worcestershire. (J. of B., 1889, p. 50—51.)

Verf. berichtet, dass er *Ranunculus Baudotii* in Stews zu Madresfield Court bei Malvern in Worcestershire fand.

320. **White, J. W.** Juncus Gerardi Lois. (J. of B., 1889, p. 49—50.)

Verf. fand *Juncus Gerardi* Lois am Channel Gestade bei Berow, zwischen Boran und Burnham, ebenso bei Stanton Drew.

321. **Fryer, Alfred.** Notes on Pondweeds. (J. of B., 1889, p. 33—36.)

Verf. beschreibt **Potamogeton varians** Morong in herb. ined. Die Pflanze wächst in Nordamerika und findet sich in Cambridgeshire im Blockslock Moor bei Mepal.

322. **Bennett, Arthur.** Potamogeton perfoliatus var. Richardsonii Bennett. (J. of B., 1889, p. 25.)

Verf. nennt *Potamogeton perfoliatus* var. *lanceolatus* nunmehr *P. perfoliatus* var. *Richardsonii*. Die Pflanze findet sich in Schottland, Amerika, Preussen, Sachsen, Landsberg in Bayern.

323. **Rogers Moyle, W.** Rosa stylosa var. pseudo-rusticana Crépin. (J. of B., 1888, p. 23—24.)

Verf. beschreibt *Rosa pseudo-rusticana* Crép.; sie wächst zu Haldon, Teigu Valley, in S. Devon, zu Doddiscombsleigh und Torquay; ferner zu Leigh und Bailey Ridge in Dorset und zu Bron Hackett und Hagler's Hole in S. Wilts.

324. **Benbow, J.** Crepis taraxacifolia in Middlessex. (J. of B., 1889, p. 22.)

Verf. fand *Crepis taraxacifolia* zu Drayton und Staines und in grosser Menge zwischen Staines und Laleham und bei Laleham und Penton Hook Lock. Bei Lock findet sich auch *Campanula glomerata* und zwischen Habridge und West-Drayton, noch nicht für die Grafschaft erwähnt.

325. **White, J. W.** Scilla autumnalis on St. Vincents Rocks. (J. of B, 1889, p. 21—22.)

Verf. theilt mit, dass *Scilla autumnalis* zu Clifton nahe der Gloucestershire-Seite wachse.

326. **Rogers Moyle, W.** Notes on the Flora of South Hants. (J. of B., 1889, p. 12—16.)

Verf. zählt die von ihm gemachten Funde auf; eine grosse Anzahl neuer Standorte ist angegeben. Für Süd-Hants sind von diesen Funden in der Flora von Hampshir oder die der Topographical Botany noch nicht aufgeführt: *Brassica Briggsii, Polygala oxyptera, Rosa vinacea, R. arvatica, R. obtusifolia, R. leucochroa, Rubus fissus, R. nitidus* et var. *hamulosus, Rubus divaricatus, R. cordifolius, R. mucronatus, Agrostis nigra, Elymus arenarius*. In den verschiedenen Theilen von West-Cliff, Bournemouth haben sich eingebürgert: *Alyssum maritimum, Oxalis stricta, Sedum album, Linaria Cymbalaria, Myosotis silvatica, Anchusa sempervirens, Polygonum Fagopyrum, Asparagus officinalis.*

327. **Fryer, Alfred.** Notes on Pondweeds. (J. of B., 1889, p 8—10.)

Verf. beschreibt **Potamogeton coriaceus** Fryer = *P. lucens* var. *coriaceus* Nolte von Welches Dam bei Chatteris. Dürfte häufiger in Grossbritannien vorkommen.

328. **Stewart, S. A.** Report on the Botany of South Clare and the Shannon. (Proceed. of the Royal Irish Society. Dublin, 1889.)

Verf. liefert Beiträge zur Pflanzenkunde von Süd-Clare und Shannon; die Grenzen des Gebietes liegen zwischen der Südseite des Shannon-Gebirges bis zu Ennis und von Limerick bis Kerry Head, drei Grafschaften, Clare, Limerick und Kerry theilweise umfassend. *Rubus althaeifolius* ist neu für Irland; *R. caesius* var. *intermedius* neu für Grossbritannien, ebenso *Sagina maritima* var. *densa; Potamogeton Friesii* ist nunmehr bestimmt eine auch in Irland vorkommende Pflanze. Neue Funde für den District 1 der Cybele Hibernica sind: *Raphanus maritimus, Sagina maritima* var. *densa, Rubus caesius* var. *intermedius* und *Arenaria leptocladus.* Für den Bezirk 6 sind neu: *Ranunculus penicillatus, Viola odorata, Stellaria holostea, Cerastium tetrandrum, Vicia silvatica, Rubus rusticanus, macrophyllus, Koehleri, corylifolius* und var. *conjungens, althaeifolius, Aegopodium podagraria, Oenanthe Lachenalii, crocata, Scabiosa arvensis, Bidens cernua, Artemisia maritima, Solanum Dulcamara* var. *marinum, Linaria vulgaris, Scrophularia aquatica, Veronica montana, Mentha sativa, Atriplex hastata, Empetrum nigrum, Callitriche hamulata, Salix alba, aurita, Juncus obtusiflorus, Typha latifolia, Potamogeton pusillus, Zizii, Zannichellia palustris Scirpus fluitans, Carex ovalis, C. extensa, Holcus mollis, Bromus racemosus, Equisetum maximum, E. palustre.*

329. **Nicholson, George.** Extracts from report of the botanical exchange club for 1889. (J. of B., 1889, p. 52—59.)

Nach dem Verf. gelangten folgende interessante Pflanzen zur Vertheilung: *Viola Curtisii* Forst. var. von Southshor, Blackpool, W. Lancashire; *Stellaria umbrosa* von, Tortworth, W. Glaucestershire; *Anthyllis Vulneraria* von Shouting, E. Kent; *Rubus coriifolius* von Harracles Mill, Rudyard, Staffordshire, wo auch *Ranunculus peltatus, Potentilla procumbens, Epilobium obscurum, Galium elongatum, Valeriana Mikanii, Arctium nemorosum, Veronica Buxbaumii, Atriplex erecta, Potamogeton natans* und *Sparganium neglectum;* in der 2. Ausgabe der Topogr. Botany noch nicht aufgeführt, wachsen: *Rubus nemoralis* von Quakers Wood bei York; *R. melanoxylon* von Branksome, Dorset; *R. chlorothyrsus* von Shirley und *R. gratus* von Shirley in Derbyshire; *R. Maassii* von Ansley in Warwickshire und von St. Pauls Cray Common in Kent; *R. foliosus* von Ansley; *R. Purchasii* von Wood-Howle Hill, Herefordshire; *R. caesius* zwischen Hipley Rock und Longcliff Wharf, Derbyshire; *Rosa Ripartii* von Barnes Common in Surrey; *R. agrestis* von Wytham, Berks, Beckley, Oxon; *R. tomentosa* var. *uncinata* von Llys-y-wynt bei Llanfairfechan; *Aster Novi-Belgii* vom New Bedford River; *Pyrethrum corymbosum* von Bangar; *Melampyrum pratense* von Findhorn bei Logie, Nairn; *Mentha silvestris* var. *nemorosa*, River-bank, Whitney, Herefordshire; *M. pubescens, Ceratophyllum aquaticum, Luzula maxima* var; *gracilis* von Foula, Shetland; *Sparganium neglectum* zwischen Gumfrestan und Hollow-ways.

Potamogeton flabellatus von mehreren Standorten; *Festuca ovina* var. *tenuifolia* von Hedge-Court, Surrey; *Bromus erectus* von Chesterton, Warwickshire.

330. **Barrett-Hamilton, G. et Glascott, L. S.** Plants found near New-Ross, Ireland. (J. of B., 1889, p. 4–8.)

Verff. bringen ein Verzeichniss von neuen Pflanzenstationen. Neu für den 2., 3. oder 4. Bezirk der Cybele Hybernica sind: a. in der Grafschaft Wexford: *Ranunculus trichophyllus*, *Polygala depressa*, *Lavatera arborea*, *Lotus corniculatus* var. *tenuis*, *Valerianella Auricula*, *Carex divisa*, *Alopecurus agrestis*. b. Für die Grafschaft Kilkenny sind neu für den District: 3. *Hypericum calycinum*, *Vicia angustifolia*, *Aster Tripolium*, *Glaux maritima*, *Plantago Coronopus*, *Salicornia herbacea*, *Scirpus Tabernaemontani*, *Carex extensa*, *Poa maritima*, *Festuca sciuroides* und *Hordeum pratense*. c. Aus der Grafschaft Waterford (District 2): *Cochlearia anglica* um Blenheim; *Crepis taraxacifolia* um Blenheim.

331. **Hillhouse.** The disappearance of british plants. (J. of B., 1889, p. 359—365.)

Verf. giebt die in gewissen Districten verschwundenen Pflanzen bekannt; es sind dies folgende: *Trollius europaeus* aus Mid-Aberdeen; *Nymphaea alba* um Dunfries, Birnie bei Elgin; *Meconopsis cambrica* Water of Leith und Currie, Midlothian; *Glaucium flavum* von Bay of Nigg bei Aberdeen; *Dianthus Armeria* von Glencarse Station (Pertshire); *Lychnis viscaria*, Blackford Hill, Midlothian; *Lychnis alpina* ist nunmehr selten auf dem Clova-Gebirge; *Hypericum perforatum* von Cromarty Nursery; *H. quadrangulum* von Fortrose (Rossshire); *Lotus pilosus* von Alford in Mid-Aberdeen; *Oxytropis uralensis* von Invergordon (Rossshire); *Lathyrus niger* von Killiecrankie Pass; *Agrimonia Eupatoria* nur noch selten in Urquhart (Invernessshire); *Pirus Aria* von Arran; *Sedum spurium* von Birnie (Elgin); *Drosera anglica* in Kincardine, um Alford, Mid-Aberdeen verschwunden; *Hippuris vulgaris* um Alford; *Eryngium maritimum* um St. Cyrus und St. Fergus verschwunden; *Linnaea borealis* von Dingwall und Kingsmills; *Silybum Marianum* von Tarbet-ness Lighthouse, Rossshire; *Lactuca alpina* von Coreen Hills; *Vaccinium Oxycoccos* von Mealfourvouny; *Phyllodoce taxifolia* von Sow of Athal; *Pyrola media* von White Hills, Calvend, Kirkcudbrightshire; *Moneses grandiflora* von Woodhead Hill, Traqueer, Dumfriesshire, von Forres, von Brodie und von Coul Woods bei Strathpeffer, ebenso von Rothiemurchen verschwunden; *Primula scotica* von Edinburgh, Pentland Hills; *Asperugo procumbens* von Balnahuish, im Dornoch Firth; *Mertensia maritima* von Bay of Nigg, Aberdeen; *Echium vulgare* fast ausgerottet bei Blacke Isle, zwischen Inverness und Fortrose; *Atropa Belladonna* von Renlop Abbey bei Birnie; *Hyoscyamus niger* von Avoch; *Utricularia vulgaris* und *minor* in Central-Aberdeen; *Ajuga pyramidalis* in Achilty, Dingwall, Rossshire; *Paris quadrifolia* bei Inverness fast ausgerottet; *Juncus balticus* verschwunden im Loch of Park und Links, nördlich von Aberdeen; *Sparganium ramosum*, *simplex*, *affine*, *minimum* alle verschwunden in Mid-Aberdeen; *Scheuchzeria palustris* in Methven; *Carex limosa* in Maxwelltown Loch, Kirkcudbrightshire; *Melica uniflora* in Golspie in Sutherland. Auch einige Gefässkryptogamen sind ausgerottet an früher bekannten Standorten.

332. **White, Jas. W.** Introduced Plants. (J. of B., 1889, p. 376.)

Verf. hält *Lilium Martagon* in Worcestershire für eingeführt, ebenso *Omphalodes verna* bei Bristol; *Ornithogalum pyrenaicum* und *Glaucium phoeniceum* bei Warmley in West-Glaucestershire.

333. **Wayman, Arthur W.** Rubus Hystrix in Salop. (J. of B., 1889, p. 376—377.)

Verf. fand *Rubus Hystrix* in Whitecliffe Wood bei Ludlow in Salop, in Shropshire.

334. **Druce, G. C. A.** Northamptonshire Potamogeton. (J. of B., 1889, p. 377.)

Verf. berichtet, dass der für Oxendon in Northamptonshire angegebene *Potamogeton heterophyllus* ein unreifes Exemplar von *P. crispus* sei.

335. **Marshall, Edw. S.** A new British Festuca. (J. of B., 1889, p. 94–95.)

Verf. fand *Festuca heterophylla* Lam., neu für England, zu Witley in Surrey.

336. **Scully, Reginald W.** Further notes on the Kerry flora. (J. of. B., 1889, p. 85—92.)

Verf. bringt weitere Beiträge zur Kerry Flora. Neu für den District I von Cybele Hibernica sind: *Ranunculus Godronii* Gren. zu Muckross; *R. floribunda* Bab. von dort;

Fumaria pallidiflora bei River Laune, Killonglin, Castlegregory; *Sagina ciliata* beim Upper Lake, Killarney, Tralec Banna; *Trifolium filiforme* bei Spa, Tralec; *Thymus Chamaedrys* bei Banna; *Lamium hybridum* bei Killorglin; *Sparganium neglectum* Clogherbrian, bei Tralec; *Potamogeton Zizii*, Doo Lake, Muckross; *P. flabellatus* bei Castlegregory, Blennerville; *Ruppia spiralis* bei Castlegregory Lake; *Zannichellia pedunculata* bei Banna, Ballyheige; *Eriophorum latifolium* am River Laune; *Carex Boenninghausiana* bei Muckross Abbey; *C. aquatilis*, Caragh Lake.

337. **Hanbury, Frederick J.** Callitriche truncata Guss. in Gloucestershire. (J. of B., 1889, p. 95.)

Verf. beobachtete *Callitriche truncata* im Herbarium Boswell, vermischt mit *Potamogeton pusillus*, sie stammt von Berkeley Canal in Gloucestershire.

338. **Moffert, C. B.** Plants near Ballyhyland, Co. Wexford. (J. of B., 1889, p. 105—107.)

Verf. zählt die von ihm bei Ballyhyland, Co. Wexford, und zwar im Norden dieser Grafschaft, beobachteten Pflanzen auf: *Ranunculus peltatus, Papaver Argemone, Lepidium Smithii, Viola tricolor, Saponaria officinalis, Malva moschata, Hypericum dubium, Geranium columbinum, Linum angustifolium, Trifolium procumbens, Anthyllis Vulneraria, Poterium Sanguisorba, Aegopodium Podagraria, Sambucus Ebulus, Viburnum Opulus, Galium Mollugo, Petasites fragrans, Bidens tripartita* und *cernua, Artemisia vulgaris, Tanacetum vulgare, Centaurea Cyanus, Carduus pratensis* et *nutans, Cichorium Intybus, Apargia hispida, Wahlenbergia hederacea, Chlora perfoliata, Gentiana Amarella, Cuscuta Trifolii, Echium vulgare, Lithospermum arvense, Myosotis palustris, repens, caespitosa, Orobanche Rapum, minor, Mentha rotundifolia, Galeopsis Ladanum, Lamium album, Calamintha Acinos, Linaria vulgaris, Scrophularia aquatica, Orchis Morio, Habenaria chlorantha, Potamogeton pusillus, Carex pendula, Trisetum flavescens, Melica uniflora, Poa compressa, Lolium temulentum, Equisetum silvaticum* und *maximum, Lastraea Oreopteris* und *Hymenophyllum Wilsoni* sind aufgeführt.

339. **Hanbury, F. J.** und **Melvil, J. Cosmo**. New county records for Sutherland, Caithness and Ross, July 1888. (J. of B., 1889, p. 107 109.)

Die Verff. beobachteten als neu für East Sutherland: *Trifolium hybridum* bei Helmsdale; für West-Sutherland: *Ranunculus Flammula* var. *pseudoreptans*, Loch Naver, Altnaharra Inn; *Nymphaea alba*, Loch Hope, Loch Maidie, Altnaharra Inn; *Cochlearia officinalis* var., Ben Hope; *Stellaria umbrosa*, Betty Hill; *Vicia silvatica*, Melvich; *Rosa dumalis*, Betty Hill; *Epilobium anagallidifolium*, Ben Hope; *Galium silvestre*, Ben Hope; *Leontodon autumnalis* var. *pratensis*, Ben Hope; *Hieracium holosericeum*, Ben Hope; *H. lingulatum*, Alt-na-caillich, Casheldu; *Melampyrum pratense* var. *montanum*, Ben Hope; *Mentha hirsuta*, Strath Naver; *Plantago maritima* var. *pumila*, Ben Hope; *Rumex aquaticus*, Alt-na-caillich, Betty Hill, bei River Naver; *Sparganium simplex*, Alt-na-caillich; *Carex pauciflora*, Ben Hope; *Alopecurus agrestis*, Alt-na-caillich; in Caithness: *Ranunculus acer* var. *homophyllos*, Sandside Bay, Reay; *Rumex aquaticus*, Reay; und endlich in East-Ross: *Trientalis europaea* zu Tor Achilty.

340. **Druce, G. C.** Calamagrostis borealis Laestad. in Scotland. (J. of B., 1889, p. 117—118.)

Verf. fand *Calamagrostis borealis* Laestad. zu Swath Tay, in Mid.Perth.

341. **More, A. G.** Erica mediterranea var. hibernica in Achill Island. (J. of B., 1889, p. 118.)

Verf. erhielt von J. R. Sheridan *Erica mediterranea* var. *hybernica* von Achill-Island; ebenso kommen dort *Eriocaulon septangularis* und *Potamogeton nitens* vor, welche er selbst fand.

342. **White, J. W.** Rubus pallidus W. et N. in North Somerset. (J. of B., 1889, p. 118—119.)

Verf. berichtet, dass *Rubus pallidus* W. et N. in North Somerset zu Downside Common, Edfort, etwa 12 Meilen von Bristol entfernt, vorkomme.

343. **Fryer, Alfred.** Polygala calcarea F. Schultz in Cambridgeshire. (J. of B., 1889, p. 119.)

Verf. fand *Polygala calcarea* im Chippenham Moor in Cambridgeshire mit *Carex filiformis*, *Juncus obtusiflorus*, *Schoenus nigricans*, *Epipactis palustris* und *Liparis Loeselii*.

344. **Marshall, Edward S.** Notes on Epilobia. (J. of B., 1889, p. 143—147.)

Nach dem Verf. kommen folgende Epilobien in England vor: *Epilobium collinum* in Perthshire; *E. lactiflorum*, *Hornemanni* und *davuricum* finden sich nicht; *E. angustifolium* var. *brachycarpum* zu Tilford in Surrey; *E. parviflorum* f. *aprica* zu Tilford u. Witley in Surrey und zu Savernake in Wilts, f. *brevifolia* zu Chalk Bank, Headley Lane in Surrey und Forest Row in Sussex; *E. montanum* f. *minor* in W. Surrey; *E. lanceolatum* f. *parvula* bei St. Heliers in Jersey; *E. adnatum* zu Eye in E. Suffolk; *E. obscurum* f. *annua* zu Witley; f. *strictifolia* zu Parkstone in Dorset; f. *minor* bei Tilford in Surrey; f. *elatior* bei Witley; f. *faccida* ebendort, auch f. *ramosissima; E. Lamyi*, Worcestershire Rent, bei Witley; *E. palustre* var. *lavandulifolium*, Shetland, Invervar, Glen Lyon, Mid-Perth, Braemar und Caithness; f. *minor*, *simplex*, *angustifolia* Loch Kinnardlochy, Mid-Perth; *E. anagallidifolium* in den schottischen Gebirgen; *E. adnatum* × *obscurum* bei Witley; *E. Lamyi* × *montanum* bei Tilford; *E montanum* × *obscurum* zu Lawers, Mith-Perth, alle neu für England; *E. montanum* × *parviflorum* zu Witley; *E. palustre* × *parviflorum* zu Tilford; *E. parviflorum* × *roseum* zu Derbyshire.

345. **Britten, James.** Melampyrum silvaticum in Caithness. (J. of B., 1889, p. 152.)

Verf. bezweifelt die Angabe, dass diese Pflanze zu Wick Cliffs bei Swayne in Caithness vorkomme.

346. **Druce, G. C.** Festuca heterophylla Lamk. in Oxfordshire. (J. of B., 1889, p. 153.)

Verf. fand *Festuca heterophylla* Lamk. gemeinschaftlich mit Richards zu Chiselhampton in Oxfordshire.

347. **Bennett, A.** Records of Scottish plants during 1888. (Transact. of the Botanical Soc. of Edinburgh, vol. XVIII, 1889, fasc. 3.)

Nicht gesehen.

348. **Bird, G.** Rarer plants of Dovrefjeld. (Transact. of the Botanical Soc. of Edinburgh, vol. XVIII, 1889, fasc. 3.)

349. **Berby, W. H.** On the flora of Shetland. Glyceria distans v. prostrata n. v. (Scottish Naturalist 1889, No. 1.)

Nicht gesehen.

350. **Bennett, Arthur.** Record of Scottish plants in 1888. (Scottish Naturalist, 1889, No. 7.)

351. **Druce, G. C.** Plants of Peebleshire. (Scottish Naturalist, 1889, No. 1.)

Nicht gesehen.

352. **Grand, J. F.** and **Bennett, Arthur.** Flora of Caithness. (Scottish Naturalist, 1889, No. 1.)

f. Frankreich.

353. **Clavaud.** Sur les Zannichellia du département de la Gironde. (Bul. Soc. Linn. de Bordeaux, 1888. Compt. rend. p. LVII.)

Im Departement Gironde finden sich: *Zannichellia cyclostigma* Clav. = *Z. macrostemon* Wk. et Lge. Prodr Hisp. bei Pauillac; *Z. lingulata* Clav. = *Z. palustris* Wk. et Lge. l. c. = *Z. palustris* Bor. Fl. Centr. ed. 3 in Talais; 3. *Z. pedicellata* bei Verdon und Talais; *Z. repens α. viridis* bei Saint Emilian und Targon; *aerea* bei Verdon.

354. **De Loynes.** Découverte du Menyanthes trifoliata. (Bul. Soc. Linn. de Lyon, 1888. Compt rend., p XLIII.)

Menyanthes trifoliata wächst um Issac, bei Jalle de la Capelle.

355. **Clavaud.** Sur les Fumaria de la Section Capreolata et Agraria et sur Vicia aquitanica. (Bul. Soc. Linn. de Bordeaux 1889 Compt. rend., p. LXIX.)

Verf. bespricht die genannten Pflanzen; ohne pflanzengeographische Daten.

356. **Clavaud.** Sur une Station du Rubus gratiflorus. (Actes de la Soc. Linnéenne de Bordeaux 1888. Compt. rend., XXVII et LXIX.)

Verf. sagt auf p. 69, dass der ursprünglich *R. gratiflorus* bezeichnete *Rubus R. cinereus* Clav. sei; er stammt aus der Gironde.

357. **Giraudias.** Notes critiques sur la flore ariégeoise. (Bull. Soc. étud. scientif. d'Angers 1888. 17 p.)

Verf. bringt in seinen kritischen Bemerkungen folgende Neuheiten: *Biscutella Timbali, Teucrium Contejeani (T. montano × pyrenaicum), Globularia Galissieri (G. nana × vulgaris), Gl. fuxeensis (G. nana × nudicaulis).*

358. **Niel, Eugen.** Catalogue des plantes phanérogames vasculaires et cryptogames semi-vasculaires croissant spontanément dans le département de l'Eure. 8⁰. 138 p. Paris, 1889.

Das Gebiet des Departements Eure enthält mit Rücksicht auf seine geographische Lage und seine Bodenbeschaffenheit manche bemerkenswerthe Pflanzen; so gehören der Strandzone an: *Glaucium corniculatum, Cochlearia danica* et *anglica, Frankenia levis, Spergularia marginata, Trifolium maritimum, Crithmum maritimum, Aster Tripolium, Chrysanthemum maritimum, Artemisia maritima, Armeria maritima, Obione portulacoides, Salicornia herbacea, Rumex maritimus, Glyceria maritima, Hordeum maritimum* etc. Der Sumpf Vernier enthält Seltenheiten, so: *Lathyrus palustris, Apium graveolens, Sium latifolium, Menyanthes trifoliata, Utricularia minor, Pinguicula lusitanica, Glaux maritima, Euphorbia palustris, Alisma ranunculoides, Orchis palustris, Epipactis palustris, Triglochin maritimum, Potamogeton plantagineum, Cyperus fuscus, Schoenus nigricans, Cladium mariscus, Rhynchospora alba, Scirpus fluitans, Carex divisa, Aspidium Thelypteris.* Seltenheiten sind: *Viola rothomagensis, Geranium phaeum, Genista prostrata, Seseli annuum, Digitalis purpurascens, Herminium Monorchis, Avena longifolia.* Im Ganzen beherbergt das Gebiet gegen 1300 Species.

359. **Duffort.** Rapport sur excursions botaniques des 29, 30 et 31 juillet 1887 dans la Charente. (Annales de la Société des sc. natur. de la Charente-Inferieure. 10 p. in 8⁰. La Rochelle 1888.)

Als neu für die Charente werden aufgeführt: *Rubus Idaeus, Epilobium palustre, Eriophorum gracile, Sparganium minimum* und *Liparis Loeselii.*

360. **Viallanes, A.** et **d'Arbaumont, J.** Flore de la Côte-d'Or, contenant la description des plantes vasculaires spontanées ou cultivées en grand dans ce département, un aperçu de leurs propriétés médicales et de leurs usages, des tableaux analytiques pour la détermination des familles, des genres et des espèces et un vocabulaire des mots techniques. LXX et 526 p. Dijon, 1889.

Das Buch ist durch den Titel schon entsprechend charakterisirt; als für unser Referat wichtig möge hervorgehoben sein: Die Verff. theilen das Gebiet in 4 Bezirke: 1. Flora des Morvan, in welchem man die gewöhnlichen Pflanzen der Tieflagen beobachtet (kieselhaltigen Boden), *Ranunculus aconitifolius, Anagallis tenella, Viola palustris, Nardus stricta* kommen hier vor. 2. Die Thäler des Auxois; die Flora dieser dem Lias angehörigen Region enthält nichts bemerkenswerthes. 3. Die Vegetation des „Plateaux jurassique“ ist durchweg kalkliebend und weist eine grosse Anzahl alpiner und subalpiner Species auf; so: *Draba aizoides, Acer opulifolium, Athamantha cretensis, Carlina acaulis, Carduus defloratus, Ligularia sibirica, Hieracium alpinum, Linaria alpina, Thesium alpinum, Daphne alpina, Schoenus ferrugineus, Poa alpina* etc.; südliche Pflanzen sind daselbst: *Ruta graveolens, Acer monspessulanum, Convolvulus cantabrica, Plantago Cynops* und sehr selten sind: *Dictamnus albus, Silaus virescens, Cypripedium Calceolus.* 4. Die weite Saône-Ebene umschliesst 3 Zonen mit Rücksicht auf die Bodenbeschaffenheit: 1. eine Kalkzone mit hauptsächlich den Pflanzen der plateaux jurassique abgesehen von den Alpenpflanzen und einige eigene Pflanzen (*Erucastrum Pollichii, Myagrum perfoliatum, Androsace maxima, Orobanche amethystea, Aristolochia Clematitis*); in der 2. wasserreichen Zone findet man an eigenthümlichen Pflanzen: *Ranunculus sceleratus, Braya supina, Silene noctiflora, Lathyrus paluster, Inula graveolens* et *Helenium, Doronicum Pardalianches, Carex Davalliana, elongata, strigosa, polyrrhiza.* Die 3. vorzugsweise kieselreiche Zone ist charakterisirt durch: *Elatine Alsinastrum*, *Cytisus supinus*, *Adenocarpus parviflorus*, *Genista germanica*, *Trifolium Michelianum*, *Potentilla supina*, *Oenanthe silaifolia*, *Campanula cervicaria*, *Lindernia pyxidaria*, *Scutellaria hastifolia*, *Chenopodium ficifolium*, *Potamogeton acutifolius*, *Fritillaria Meleagris*. *Carex cyperoides*, *Eragrostis major*; südliche Pflanzen sind: *Fumaria capreolata*, *Rapistrum rugosum*, *Ammi majus* et *Visnaga*, *Centaurea paniculata*, *Elodea canadensis* etc.

361. **Gandoger, Michel.** Voyage botanique au Mont Viso. (B. S. B. France, 1889, p. 437—446.)

Verf. führt die von ihm an den einzelnen Localitäten beim Besteigen des Mont Viso beobachteten Pflanzen auf. Auf einer Höhe von 2523 m beobachtete der Verf. noch: *Ranunculus glacialis*, *gracilis*, *Hutchinsia alpina*, *Cardamine alpina*, *Arenaria biflora*, *Lotus corniculatus* var. *alpinus*, *Alchemilla pentaphylla*, *Geum montanum*, *Saxifraga androsacea*, *retusa*, *oppositifolia*, *Aronicum Clusii*, *Taraxacum Dens leonis*, *Gentiana nivalis*, *brachyphylla*, *bavarica*, *Myosotis alpestris*, *Eritrichium nanum*, *Bartsia alpina*, *Plantago alpina*, *Salix herbacea*, *Oreochloa pedemontana*. Als besonders selten wird *Isatis alpina* Gandg. erwähnt.

362. **Camus, E. G.** Quelques faites nouveaux sur la flore des environs de Paris. (B. S. B. France, 1889, p. 401—402.)

Verf. zeigt an, dass *Carex tomentosa* L. bei Villebon im Walde von Clamart gefunden wurde; ebenso wurde *Digitalis lutea* zwischen Vallangoujard (Canton de l'Isle-Adam) und Aronville neu gefunden.

363. **Clos, D.** Le Convolvulus tenuissimus Sibth. et Sm. espèce française. (B. S. B. France, 1889, p. 384—386.)

Verf. giebt an, dass *Convolvulus tenuissimus* früher als *C. argyraeus* oder *althaeoides* angesehen, bei Aix vorkomme.

364. **Fliche, P.** Notes sur la flore de la Corse. (B. S. B. France, 1889, p. 356—370.)

Verf. liefert einen umfangreichen Beitrag an neuen Standorten für die Flora von Corsika. Neu für die Insel sind: *Cistus monspeliensis* × *salvifolius* zu Ajaccio; *Helianthemum vulgare*, Wald von Valdoniello; *Viola hirta* bei Vico bei Saint-François: *Coronilla scorpioides* zu Bonifacio; *Rosa canina* bei Sartene und bei Vico; **Salix pedicellata** × **S. purpurea** zu Calvi; *S. nigricans* zu Porto-Vecchio, Vico; *Juniperus communis*, Wälder von Aïtone und Méllo; *Equisetum arvense* an einem Bachrande bei Stabbiaccio; bei Porto Vecchio.

365. **Camus, G.** Localités nouvelles de plantes plus ou mains rares des environs de Paris et du Nord de la France. (B. S. B. France, 1889, p. 341—344.)

Nach dem Verf. wächst *Potentilla mixta* zu Meudon, beim Anémométre; *Carex ericetorum* bei Méry (Seine-et-Oise); *C. humilis* bei Parc des Stores; *Orobanche Epithymum* var. *lutescens* bei Montrognon, Champagne (Seine-et-Oise); ebendort auch *Koeleria cristata*; *Peucedanum Chabraei* bei Champagne; ebenso *Valeriana excelsa*; *Orchis ambigua* Kerner, Marais des Precles, Ivette-Thal, beim Teich Grand-Moulin; *Orchis Chatini* bei Amiens; *O. Luizetiana* Camus (*Or. laxiflora* × *incarnata*) Marais d'Épizy.

366. **Luizet.** Sur le Carex obesa. (B. S. B. France, 1889, p. 316.)

Verf. berichtet, dass er die seltene *Carex obesa* All. bei la Chaise-à-l'Abbé, am Rande der Strasse de Médicis bei Fontainebleau wieder gefunden habe.

367. **Luizet.** Sur des Orchis hybrides, provenant du croisement de l'Aceras anthropophora R.Br. et de l'Orchis militaris L., découvertes à Fontainebleau, le 30 mai 1889 par Guignard et D. Luizet.

Verf. bespricht ausführlich den bei Fontainebleau gefundenen Bastard zwischen *Aceras anthropophora* und *Orchis militaris*.

368. **Malinvaud.** Alyssum edentulum W. et K., nouvelle Crucifère pour la flore de France. (B. S. B. France, 1889, p. 311—312.)

Verf. vertheilte das von Dr. Bras an den Ruinen des Schlosses Assier (Lot) gefundene *Alyssum edentulum* (*A. gemonense*), welche Pflanze für Frankreich neu ist.

369. **Hua, Henri.** Anemone nemorosa L. var. anandra. (B. S. B. France, 1889, p. 255—266.)

Verf. beschreibt *Anemone nemorosa* var. **anandra** Hua, welche er im Park des Schlosses Luat bei Ecouen (Seine-et-Oise) fand.

370. **Le Grant, Ant.** Note sur le Cyperus distachyos et quelques autres espèces des Corbières. (B. S. B. France, 1889, p. 157—158.)

Verf. theilt mit, dass er *Cyperus distachyos* bei Narbonne schon 1862 fand und zur gleichen Zeit auch *Anthyllis cytisoides, Alkanna lutea;* dass *Bupleurum glaucum* bei Salces vorkomme und dass *Salvia silvestris* eine gute Aquisition für die Corbières sei.

371. **Clos, D.** Le Stachys ambigua Sm. est-il espèce, variété ou hybride? (B. S. B. France, 1889, p. 67—71.)

Pflanzengeographisch ohne Interesse.

372. **Rouy, G.** Le Silaus virescens Boiss. dans les Pyrénées-Orientales. (B. S. B. France, 1889, p. 65—66.)

Verf. theilt mit, dass nach einem Funde von Olivier *Silaus virescens* zu Orry im Thale von Eynes in den Pyrénées-Orientales vorkomme.

373. **Martin, B.** Notice sur les Iberis de la flore du Gard. (B. S. B. France, 1889, p. 32—35.)

Verf. bespricht die in der Flora von Gard vorkommenden *Iberis*-Arten. Diese sind: *Iberis Violetti* Soy.-Will. ist eine *I. deflexifolia* Jord. zu Jonguières bei Bagnols. Auch *Iberis intermedia* kommt nicht vor. Dagegen wächst *Iberis collina* in den Departements Herault, Aveyron und Gard; *Iberis panduraeformis;* sie wächst bei Narbonne und bei Meude und in den Cévennen von Gard. Im Departement von Gard finden sich: *Iberis pinnata, Prostii, deflexifolia, saxatilis, collina, amara* und *panduraeformis.*

374. **Billiet.** Extrait d'une lettre à M. Malinvaud. (B. S. B. France, 1889, p. 15.)

Verf. zeigt brieflich die Auffindung von *Bupleurum ranunculoides* und *Allium fallax* in der Auvergne an; Dumas, welcher diese beiden Pflanzen fand, entdeckte auch *Cracca villosa* auf dem Plateau von Chanturgue bei Clermont und *Cynosurus echinatus* auf dem Puy-de-Montaodoux bei Clermont. Gonod. d'Artemare fand *Cochlearia pyrenaica* zu Ardes (Puy-de-Dôme) im Thale von Rentières.

375. **Petit, E.** Sur une nouvelle espèce de Bryonia. (Bot. T. 17. Bd. p. 242—244. Mit 1 col. Tafel)

Diagnose und Beschreibung einer in Corsika aufgefundenen neuen *Bryonia,* die Verf. *B. marmorata* nennt; dieselbe ist mit *B. syriaca* am nächsten verwandt.

O. G. Petersen.

376. **Guillaud, J. A.** Les zones botaniques du Sud-Oucst de la France. (Extr. du Journal d'histoire naturelle de Bordeaux et du Sud-Ouest. 8°. 15 p. Bordeaux, 1889.)

Nicht zugänglich.

377. **Gadeceau, Emile.** Ascension botanique du col du Galibier, Hautes-Alpes, altitude 2800 m. 8°. 11 p. Nantes, 1889.

Nicht zugänglich.

378. **Franchet, A.** Notes sur Ranunculus chaerophyllos. (J. de Bot., 1889. Janvier 1.)

Nicht zugänglich.

379. **Dangeard.** Compte rendu de l'excursion botanique de Bellême. (Bull. de la Soc. Linnéenne de Normandie. Sér. IV. Vol. II. 1889. p. 166.)

Nicht gesehen.

380. **Catalogue des plantes de Provence.** Résultat des herborisations faites pendant plus de dix années dans les départements des Bouches-du-Rhône, du Var et des Alpes Maritimes par mm. R. Shuttleworth, A. Huet et Jacquin, Hanry, complété par les recherches de mm. Thuret, Canut, H. Roux, Blaize, Authemann, Albert, Gooty, Consolat etc. dans le mêmes départements. 8°. 165 p. Pomiers, 1889.

Nicht zugänglich.

381. **Bonnier, G.** et **D. Layens, George.** Pétite flore des écoles, contenant les plantes les plus communes ainsi que les plantes utiles et nuisibles, ouvrage destiné à l'étude pratique de la botanique élémentaire. 8°. 144 p. avec 89 fig. Paris, 1889.

Ohne pflanzengeographisches Interesse.

382. **Bonnier, G.** Observations sur les Ranunculacées de la Flore de France. (Revue générale de Botanique, T. I, 1889, No. 6.)

Nicht gesehen.

383. **Boullu.** Herborisations dans le département de l'Aude, ou session des Corbières de la Société botanique de France. 8⁰. 10 p. Lyon, 1889.

Nicht gesehen.

384. **Bonnier, G.** Observations sur les Ranunculacées dans la flore de France. (Revue générale de Botanique, T. I, 1889, No. 11.)

Nicht gesehen.

385. **Saint-Lagger.** Note sur quelques plantes de la Haute-Maurienne. 8⁰. 12 p. Paris, 1889.

Nicht zugänglich.

386. **Revel, Joseph.** Essai de la flore du Sudouest de la France, ou recherches botaniques faites dans cette région. 8⁰. p. 404—609. Villefranche, 1889.

Nicht zugänglich.

387. **Ravaud.** Guide du botaniste en Dauphiné. Excursions bryologiques et lichénologiques, suivies pour chacune d'herborisations phanérogamiques où il est traité des propriétés et des usages des plantes du point de vue de la médicine, de l'industrie et des arts. Onzième excursion: Isère et Hautes-Alpes. (Champ, Vizille, lacs de Laffrey, la Motte-les-Bains, la Mure, la Salette, environs de Gap.) 8⁰. 64 p. Grenoble, 1889.

Nicht zugänglich.

388. **Niel, Eugène.** Catalogue des plantes phanérogames vasculaires et cryptogames semi-vasculaires croissant spontanément dans le département de l'Eure. (Bull. de la Soc. des amis des sciences natur. de Rouen. 8⁰. 139 p. 1889.)

Nicht gesehen.

389. **Masclef, A.** Les formes critiques d'Hellebores de la Savoie et du Dauphiné. (Revue général de Botanique, T. I, 1889, No. 12.)

Nicht gesehen.

390. **Meyran, Octave.** Herborisations dans les Alpes. (B. S. B. Lyon. 8⁰. 1889.)

Nicht zugänglich.

391. **Masclef, A.** Études sur la géographie botanique du Nord de la France. (Journ. de Bot., 1889. 15 fevrier.)

Nicht gesehen.

392. **Masclef, A.** Note sur le Daucus hispidus. (Journ. de Bot., 1889. 15 fevrier.)

Nicht gesehen.

393. **Malinvaud, E.** Ranunculus macrophyllos. (Journ. de Bot., 1889. 15 fevrier.)

Nicht gesehen.

394. **Malinvaud, E.** Ranunculus chaerophyllus et flabellatus. (Bull. de la Soc. Lin. de Normandie. Sér. IV. Vol. II. 1889. p. 135.)

Nicht zugänglich.

395. **Lloyd, James.** Flore de l'ouest de la France, ou déscription des plantes qui croissent spontanément dans les départements de: Charente-Inférieure, Deux-Sèvres, Vendée, Loire-Inférieure, Morbihan, Finistère, Côtes-du-Nord, Ille-et-Vilaine. 4. édit., augmentée des plantes de la Gironde, des Landes et du littorale des Basses-Pyrénées par J. Foucaud. 8⁰. LXXII. 458 p. Rochefort, 1889.

Nicht zugänglich.

396. **Gonse, E.** Supplément à la flore de la Somme. (Mém. de la Soc. Lin. du nord de la France. T. VII. 1889. Amiens.)

Nicht zugänglich.

397. **Gentil, Amb.** Petite flore mancelle, contenant l'analyse et la description sommaire des plantes vasculaires de la Sarthe. 2. édit. 8⁰. 250 p. Le Mans, 1889.

Nicht zugänglich.

398. **Viallanes, A.** et **d'Arbaumont, J.** Flore de la Côte-d'Or, contenant la description

des plantes vasculaires spontanées et cultivées en grand dans le département, un aperçu de leurs propriétés médicales et de leurs usages, des tableaux analytiques pour la détermination des familles, des genres et des espèces, et un vocabulaire des mots techniques. 8°. LXX. 525 p. Dijon, 1889.

Nicht zugänglich.

399. **Timbal-Lagrave, Ed. et Marçais, Ed.** Essai monographique sur les espèces françaises du genre Heracleum. (Revue Botanique. T. VIII. 1889. Paris.)

Nicht zugänglich.

g. Pyrenäen-Halbinsel.

400. **Paul.** Nota sobre plantas recogidas en una excursion al pueblo de Camas. (Anales de la sociedad española de historia natural, 1889, p. 6)

Verf. zählt die am 28. November bei Camas blühend gefundenen Pflanzen auf: *Bellis perennis, Silene inflata, Ecbalium Elaterium, Calendula arvensis, Ficaria ranunculoides, Solanum nigrum, Daphne Cnidium, Lythrum acutangulum, Mentha Pulegium, Centaurea Calcitrapa, pullata, Mandragora autumnalis, Cichorium Intybus, Cynodon Dactylon, Microlonchus Clusii, Rubus fruticosus, Verbena officinalis, Foeniculum officinale, Chara foetida.*

401. **Delás.** Excursión botanica à Vallvidrera. (Anales de la Sociedad española de historia natural a Madrid, 1889, p. 51.)

Beobachtet wurden: *Fumaria capreolata* und *officinalis, Diplotaxis erucoides, Alyssum maritimum, Erodium moschatum, Ulex parviflorus, Euphorbia terracina, Characias, Calendula arvensis, Lavandula Stoechas.*

402. **Willkomm, Maurice.** Illustrationes florae Hispanicae insularumque Boleariurn. Livr. 15. Bd. II, p. 65—84. Mit 10 Taf. Stuttgart, 1889.

Verf. beschreibt und bildet ab: *Satureja obovata* Lag. var. **genuina** Wk., var. *canescens* Roy, var. **gracilis** Wk. im südöstlichen und südlichen Aragonien, a. vorzugsweise in Valencia, Murcia und Granada; b. in Valencia, Murcia; c. Aragonien und Neu-Castilien und in Granada; *Satureja intricata* Lge. in Granada und auf der Sierra Nevada bei 2000 bis 2100 m; *Micromeria Rodriguezii* Freyn et Janka auf der Baleareninsel Menorca; *Micromeria filiformis* Benth. auf den Balearen und auf Corsika; *Calamintha rotundifolia* in Südostspanien, var. *gracilis* Wk. in Aragonien, γ. *purpurascens* Boiss. in Granada auf der Sierra Nevada; *Teucrium chrysotrichum* Lge., Sierra de Mijas in Granada; *Teucrium aureum* Schreb. var. β. *angustifolium* Wk. auf der Sierra Nevada; *T. eriocephalum* Wk., Meeresgegend von Granada; *T. Carthaginense* Lge. in Murcia und Valencia; *T. capitatum* L. var. *spicatum* Rouy auf Menorca; *T. Majoricum* Rouy auf den Balearen; *T. Aragonense* Losc.-Pardo und var. **latifolium** Wk., var. *brevifolium* Wk., var. *integrifolium* Wk. in Unter-Aragonien; *Scorzonera crispatula* Boiss. in Ost-, Südost- und Südspanien; *Hieracium bombycinum* Boiss. et Reut. in Nord- und Centralspanien.

403. **Willkomm, Maurice.** Neue Arten der spanisch-portugiesischen Flora. (Oest. B. Z., 1889, p. 317-319.)

Verf. beschreibt: **Serratula Sevanei** Wk. n. sp. bei Covora in Galicien auf den Gebirgen von Painceiras und Pungeiro bei Cabañas; **Omphalodes Kusinskyanae** Wk. am Cabo da Rocca in Portugal; *Saxifraga Cintrana* Kurz = *S. Willkommii* Kurz in litt. non Boiss. bei Cintrana in Portugal.

404. **Willkomm, Maurice.** Ueber einige kritische Labiaten der spanisch-balearischen Flora. (Oest. B. Z., 1889, p. 85--93.)

Verf. bespricht zunächst *Satureja obovata* Lag.; sie wächst in Süd- und Ostspanien; geht über Sicilien und Dalmatien bis Kleinasien; *S. intricata* Lge. auf der Sierra Nevada; *Calamintha rotundifolia* in einem grossen Theil des östlichen und südlichen Spaniens verbreitet; *Teucrium Majorana* auf den Balearen.

405. **Willkomm, Maurice.** Nachtrag zu meinen Mittheilungen über einige kritische Labiaten der spanisch-balearischen Flora. (Oest. B. Z., 1889, p. 161-162.)

Kritische Bemerkungen über *Teucrium Majorana* P. = *T. Majoricum* Rouy, ohne pflanzengeographisches Interesse.

406. **Debeaux, O.** Synopsis de la Flore de Gibraltar. (Actes de la Soc. Linnéenne de Bordeaux, 1888, p. 121—378.)

Verf. zählt die Pflanzen der Flora von Gibraltar auf. Neu beschrieben werden: *Clematis cirrhosa* L. var. **Dautezi** Debeaux in herb., südliches Spanien; *Teucrium fruticans* var. *rotundifolium* Daut. et Deb. in herb., Sierra Carbonèra, Gibraltar, Algéziras; die Flora besitzt 1005 Species. Sehr schöne Vergleiche stellt der Verf. an bezüglich der Gibraltar-Flora und der umgrenzenden Gebiete etc. Angeführt möge noch sein, dass Reverchon 1887 in der Gegend von Gibraltar fand, und zwar als neu für Europa: *Ulex megalorites, Ononis foetida, Bupleurum foliosum, Senecio gibraltaricus, Myosotis maritima, Mercurialis Reverchoni* und *Leersia hexandra;* als neu für Spanien: *Ranunculus lutarius, Psoralea plumosa, Bartsia aspera, Mentha Bauhini, Allium rubrovittatum, Cyperus Gussonei, Scirpus pubescens.* Dautez fand von 1882 bis 1888 a. als neu für Europa: *Reseda propinqua, Ulex megalorites, Sedum baeticum, Anagallis platyphylla;* als neu für Spanien: *Anemone coronaria, Linum decumbens, Torilis purpurea, Salvia triloba, Erythraea sanguinea.* Dasoi fand als neu für Europa: *Retama retam, Psoralea dentata, Scandix persica, Scabiosa gracilis* und als neu für Spanien: *Ranunculus spicatus, Calycotome infesta, Medicago cylindracea, Vicia altissima, Helminthia aculeata, Zollikofera resedifolia, Scolymus grandiflorus, Laurentia tenella, Cuscuta subulata.* Abgebildet ist *Salvia triloba* L. f. var. **Calpeana** G. D. et O. Debeaux n. var. von Gibraltar.

407. **Perez Lara, Josefo.** Florula Gaditana. (Anales de la Sociedad española de Historia natural., 1889, p. 35—143.)

Verf. bringt den 3. Theil seiner Aufzählung der Florula gaditana. Neu beschrieben werden: *Lobelia urens* L. var. **longebracteata** Perez Lara, an mehreren Stellen; var. **brevibracteata** Perez Lara bei Jerez; *Lonicera implexa* Ait. var. *puberula* Perez Lara bei Arcos und Jerez und sonstwo; *Lavandula Stoechas* var. *elongata* Perez Lara bei Benaocaz; *Calamintha Acinos* Clairv. var. **granatensis** = *C. granatensis* Boiss. et Reut. bei Grazalema, Cerro de San Christòbal, Benaocaz; *C. Clinopodium* Moris var. **pterocephala** Perez Lara an vielen Stellen; *Stachys germanica* L. β. **lusitanica** = *S. lusitanica* Brot., häufig; **Teucrium aristatum** Perez Lara bei Jerez; *T. pseudoscorodonia* Desf. und *baeticum* werden als Varietäten von *T. Scorodonia* gezogen; *Echium plantagineum* L. v. **megalanthos** Perez Lara = *E. megalanthos* Lapeyr.; *Myosotis palustris* var. **baetica** Perez Lara, Sierra del Aljibe und Jerez; *Convolvulus meonanthus* var. **spathulatus** Perez Lara, Jerez; *Linaria amethystea* var. **Broussonetii** Perez Lara = *Antirrhinum Broussonetii* Poir.; *L. verticillata* var. **gaditana** Perez Lara in herb., Sierra de Pinar; *Veronica racemifoliata* Perez Lara, Jerez.

408. **Daveau, J.** Contributions pour l'étude de la flore portugaise. Plumbaginées du Portugal. (Bolet'm Soc. Broteriana. Coimbra, VI, Farc. 3. Coimbra, 1888. p. 145.)

Nicht zugänglich.

409. **Colmeiro, Miquel.** Enumeracion y revision de las plantas de la Peninsula Hispano-Lusitano é Islas Baleares, con la distribución geográfica de las especies y sus nombres vulgares, tanto nacionales como provinciales. Tomo V. Monocotyledóneas y Criptógamas. 8⁰. 1087 p. Madrid, 1889.

Nicht gesehen.

410 **Rouy, G.** Un hybride des Centaurea calcitrapa L. et C. pullata L. (B. S. B. France, 1889, p. 425—426.)

Verf. beschreibt *Centaurea mirabilis* Rouy *(C. calcitrapa × pullata)*, welche in Portugal bei Alfeite, um Lissabon gefunden wurde.

411. **Daveau, J.** Plombaginées du Portugal. (Bol. da Sociedade Broteriana VI. Coimbra, 1889.)

Verf. behandelt die Plumbagineen Portugals. Von der Gattung *Armeria* sind unter 25 Arten, die in Portugal vorkommen, allein 12 nur in Portugal zu finden. Neu ist **Armeria Rouyana** Daveau.

412. **Murray, R. P.** Sedum pruinatum Brot. (J. of B., 1889, p. 142—143.)

Verf. bespricht *Sedum pruinatum*; die Pflanze wächst am River Homem von S. João do Campo bis Caldas do Gerez.

413. **Rouy.** Observations sur quelques hybrides de Chênes. (B. S. B. France, 1889, p. 65.)

Verf. theilt mit, dass Pereira Continho in seiner Monographie der *Quercus* von Portugal dort folgende Hybriden beobachtete und beschrieb: *Quercus pedunculata* × *lusitanica*, *Qu. Tozza* × *lusitanica*, *Qu. Ilex* × *Suber*; *Qu. alpestris* Boiss., *hybrida* Brot. und *Mirbeckii* Dur. werden als Varietäten zu *Qu. lusitanica* gezogen und *Qu. Ballota* und *avellanaeformis* mit *Qu. Ilex* vereinigt.

414. **Mariz, Joaquim de.** Una excursão botanica em Traz os Montes. (Bol. de la Sociedade Broteriana. Coimbra. Vol. VII, 1889, p. 1.)

Nicht zugänglich.

h. Italien.

415. **Terracciano, A.** Le viole italiane spettanti alla sezione Melanium DC. Appunti di studii filogenetico-sistematici. (N. G. B. J., XXI, 1889, p. 320—331.)

Von Verf.'s Bearbeitung der italienischen Violae aus der Section Melanium DC., welche entweder localen Charakter an sich tragen oder gar endemisch, und zwar auf den Inseln am meisten, sind, lässt sich nur in Kürze das vom Verf. aufgestellte Gliederungsschema wiedergeben; für die Einzelheiten, namentlich bezüglich der Verbreitung der einzelnen Formen, auf den Text selbst hinweisend:

1. *V. tricolor* L. emend. et aut.
α. *normalis* = *V. tricolor* L., Wiesen und Felder des Continents und der Inseln,
1. formae campestres: var. *arvensis* (Murr.), unter der Saat,
„ *hortensis* (DC.), cultivirt,
„ *gracilescens* (Jord.), Süditalien und kleinere Inseln;
2. formae submontanae: var. *arvensoides* (Strb.), Fuss des Aetna,
„ *garganica* (Strb.), am M^e. Gargano,
„ *saxatilis* (Schm.), hohe Kuppen der Alpen;
β. *parviflora* = *V. parviflora* Kit., hin und wieder, namentlich im Süden,
var. *micrantha* (Bert.), Rom, Centralitalien etc.;
γ. *parvula* = *V. parvula* Tin.!, Bergweiden in Calabrien und auf Sicilien,
var. *Presliana* = *V. micrantha* Pr., Bergregion Siciliens,
„ *bellidioides* (Dub.), Corsika.

2. *V. lutea* Hds., Berg- und alpine Weiden der Alpen,
var. *Villarsiana* = *V. grandiflora* Vill., tiefer als die Art.

3. *V. nummulariaefolia* All., Lombardische und See-Alpen,
var. *minima* (DC.), Berge auf Corsika.

4. *V. Comollia* Mass., Berge des Veltlins.

5. **V. Tenorii n. sp.**
α. *Eugeniae* Parl. p. p. = *V. alpina* Ten.! p. p. — Centralappennin,
n. var. *parvifolia* Terrac., höhere Spitzen des Appennin,
„ „ *pubescens* Terrac., Matese,
„ „ *pallidiflora* (Huet.) p. p. Majella;
β. *grandiflora* = *V. grandiflora* Seb. et Maur.!, um Rom,
n. var. *intermedia* Terrac., Spoleto, Rom etc.,
„ *subasica* Terrac., am Subasio-Berge.

6. *V. cenisia* L. emend. et Aut.
α. *normalis* = *V. cenisia* L., alpine Alpenregion,
var. *valderia* (All.), Piemont,
n. var. *glabrescens* Terrac., mit der Art,
„ „ *sardoa* Terrac., Sardinien;

β. praetutiana Terrac.,
var. *microphylla* (Rolli!), Centralappenninen,
n. var. *caespitosa* Terrac., Gran Sasso,
„ *magellensis* (Strb.), Majella.

7. *V. calcarata* L. emend. et Aut.
α. normalis = *V. calcarata* L., alpine Region der Alpen,
var. *grandiflora* (L.), Westalpen,
„ *Zoysii* (Wlf.), Carnien, Ostalpen;
β. apennina = *V. calcarata* Aut. ital., *V. Ludovicea* Jan., *V. lutea γ. multicaulis* Arc. — nördl. und central. Appennin;
var. *pseudogracilis* (Strb.), Berge von Castellammare,
„ *nebrodensis* (Pr.), Madonien und Pizzuta (Palermo),
„ *Minae* (Strb.), Aetna.

8. *V. gracilis* Sbt. et Sm. emend. et Aut.
α. normalis = *V. gracilis* S. et S., Süditalien, Sicilien,
n. var. *calabra* Terrac., Aspromonte, Monte Pollino,
„ „ *garganica* (Terrac.), am Gargano;
β. insularis Terrac., grössere Inseln,
var. *aetnensis* (Raf.), am Aetna,
„ *Bertolonii* (Sal.), Sardinien und Berge von Corsika;
γ. heterophylla (Bert.), vom Süden, längs der Appenninenkette bis zu den Alpen;
1. formae australes: var. *elongata* (Huet.), Neapel,
n. var. *pubescens* Terrac., Apulien;
2. formae septentrionales: n. var. *lancifolia* Terrac. = *V. calcarata* Aut., Toscana, Modena, Parma, Corni di Canzo,
var. *declinata* (WK.), Ostalpen.

V. cornuta L., von den Pyrenäen und bisher nur aus dem Monte Senario in Italien, und mit Zweifel angeführt, dürfte vielleicht aus der italienischen Flora auszuschliessen sein.

Es folgen 6 Tabellen, die Verwandtschaftsverhältnisse der vorgeführten Arten darstellend. Solla.

416. **Arcangeli, G.** Una lettera del Dott. E. Lévier sull'Armeria Majellensis Boiss. (P. V. Pisa, vol. VI, 1888, p. 154—158.)

Verf. erwähnt, über seine auf dem Berge Amiata charakteristische *Armeria*-Art — welche er vorläufig für *A. gracilis* Ten. bezeichnete (vgl. Ref. im Abschnitt für Geographie) — von Dr. E. Lévier nähere Aufschlüsse erhalten zu haben, wonach die Pflanze richtiger die *A. Majellensis* Boiss. wäre. Der Name *A. gracilis* Tenore's wäre, nach Lévier, überhaupt zu ignoriren, da es ganz unnützer Weise, d. i. „ohne Argumente", für eine Form der sehr polymorphen Art creiirt und seither aufrecht erhalten wurde. Tenore selbst dürfte diesen Speciesnamen selbst anderen Arten unterschoben haben.

Darauf stellt L. folgende italienische Formen der *A. Majellensis* Boiss. fest: *α. alpina* (*A. alpina* Ten. non W.) mit zweiförmigen Blättern; *β. subalpina*, die häufigsten von allen (in Calabrien als *A. arenaria* Prs. No. 303 von Huter, Porta et Rigo 1887 gesammelt); *γ. elatior* (*A. argyrocephala* Wllr., *Statice undulata* Bor. et Chb. (auf dem M. Gargano, zu St. Nicandro, als *A. plantaginea* von Porto et Rigo 1876 gesammelt); *δ. marginata* mit schlaffen, am Rande häutigen, durchscheinenden Blättern von zweierlei Gestalt (auf M. Libro Aperto und M. Cimone, im centralen Appennin); *ε. pallida* (*Statice canescens* Hst.) im östlichen Calabrien (Huter, Porta et Rigo 1877, sub No. 3056). Diese letztere Varietät allein zeigt, namentlich bezüglich der Dimensionen der Blüthenstiele, eine Uebereinstimmung mit der Schilderung der *A. gracilis* von Tenore; gerade diese zeigt aber andererseits die meisten abweichenden Merkmale von der *A. Majellensis* Boiss.

Der Brief Lévier's ist lateinisch abgefasst; bei jeder Form ist eine kurze Diagnose nebst ausführlichen Standortsangaben gegeben. Solla.

417. **Belli, S.** Che cosa siano Hieracium Sabaudum Linné e H. Sabaudum Allioni; studi critici. (Mlp., III, 1890, p. 433–450. Mit 3 Taf.)

Durch das Versehen Allioni's, welcher ein *Hieracium* aus Piemont für *H. Sabaudum* L. interpretirte und nach der Natur (Flor. pedem., XXVII, 2) abbildete, verbreitete sich eine irrige Auffassung der Linné'schen Art derart, dass bei manchen Autoren (namentlich in Italien) als *H. Sabaudum* L. eine Pflanze angeführt ist, welche von *H. Sabaudum* L. wesentlich abweicht.

Verf. hat sich vorgenommen, diesem Irrthume Schranken zu setzen, indem er die Geschichte von Allioni's Versehen durchgeht und die von Linné determinirte Art aus dem Herbarium Linné's (London), sowie die piemontesische aus dem Herbare Allioni's in Photogrammen auf den beiden Tafeln XIV und XV vorhält. — Aus der interessanten Abhandlung geht hervor, dass *H. Sabaudum* L. (Herb. et Sp. plant. 1131) das *H. boreale* Fr. und der meisten Autoren nachher ist. Hingegen entspricht das *H. Sabaudum* All. (Herb. et Fl. Ped., l. c.) dem *H. symphytaceum* Arv. Touv. und dürfte wahrscheinlich mit *H. autumnale* Gris. und *H. provinciale* Jord. synonym sein. Solla.

418. **Cicioni, G.** Sopra una varietà della Myosotis intermedia e del Polygonum dumetorum. (N. G. B. J., XXI, 1889, p. 267—269.)

Verf. beschreibt als *Myosotis intermedia* β. **Berengeri n. var.** eine Form der genannten Gattung, welche kräftig entwickelt völlig blattlose Blüthenstände (ähnlich wie *M. intermedia* Lk.) besass; aber in der Länge der Inflorescenzaxe, sowie der Blüthenstiele kürzer als der Kelch und des zur Fruchtreife gleichfalls offenen Kelches wegen mehr der *M. hispida* Schl. sich näherte.

Die Pflanze wurde zu Paterno im mittleren Arnothale gesammelt. Solla.

419. **Cicioni, G.** sammelte auf dem Monte Tezio nächst Perugia ein *Polygonum dumetorum*, welches einen über 1 m langen windenden Stengel besass, Blätter an der Basis sehr breit, Früchte glänzend, gekörnelt, aber nicht gestreift, hauptsächlich aber flügellose Pericarpien entfaltete, wodurch eine Verwechslung mit *P. Convolvulus* sehr naheliegend wäre. Eine solche kann aber der übrigen angeführten Merkmale halber nicht statthaben, auch nicht weil *P. Convolvulus* in jener Gegend gar nicht vorkommt. So benennt Verf. vorliegende Form: *P. dumetorum*, **n. var. montanum.** Solla.

420. **Mattei, G. E.** Di due nuove quercie orientali. (Rivista italiana di scienze naturali; an. IX. Siena, 1889. p. 281–282.)

Verf. erhielt durch Prof. Heldreich mehrere Eichenarten aus Griechenland, worunter er zwei besonders hervorhebt und als **neu** beschreibt (mit ausführlicher lateinischer Diagnose). Es sind:

Quercus Macedonica Alph. DC., **nov. var.** *Heldreichiana* (p. 281) aus Chovolis, einem Dorfe auf den nördlichen Abhängen Arkadiens. Es unterscheidet sich vorliegende Varietät — welche Verf. mit wohlentwickelten Früchten bekommen — von der typischen Art: in den nahezu um die Hälfte kleineren Blättern, welche am Rande nur entfernt sägezähnig, auf der Oberseite kahl und glänzend, auf der Unterseite nur spärlich behaart sind; in den Fruchtbechern, deren mittlere Schuppen dreieckig, mit freier aber kaum zurückgeschlagener Spitze, sind.

Quercus Muzaura, von Balsamaki im Dorfe Sapoto der Wälder Arkadiens gesammelt und nach deren Vulgärnamen, als **neue Art** (aber ohne Diagnose und nicht veröffentlicht) so benannt (p. 282). Die Form der Eichel und der Schuppen des Fruchtbechers (jene nahezu kugelförmig, haselnussähnlich; diese in der Mitte der cupula mit langgezogener, halbcylindrischer, dicker und stark hakenförmig gekrümmter freier Spitze), lassen sehr leicht diese Art von den übrigen der stirps *Aegilops* unterscheiden. Solla.

421. **Mattei, G. E.** Ricerche intorno alla nuova quercia italiana. (Rivista italiana di scienze naturali; an. IX. Siena, 1889. p. 172–177. Mit 1 Taf.)

Verf., mit dem Studium der fraglichen neuen Quercus-Art Italiens beschäftigt, glaubt feststellen zu können, dass *Qu. Macedonica* DC. und *Qu. Trojana* Webb. zwei selbständige, von einander wesentlich zu unterscheidende Arten sind. Ferner entspricht die von Grisebach in Macedonien gesammelte und von Bornmüller später (1886) auch in der Herzegowina wiedergefundene Art der *Qu. Grisebachii* Kotschy (1862). — Die fragliche und mit *Qu. macedonica* Alph. DC. fälschlich identificirte Eichenart Unteritaliens vollkommen entsprechend dem Exemplare, welches Orphanides in Macedonien gesammelt hatte (in Herb. Boissier, No. 444 als *Qu. Macedonica*), sowie den Eichen, welche Pančić im Montenegrinischen gesammelt (und früher, Elench. plant., als *Qu. castaneaefolia* publicirt) hatte, wird von Verf. mit *Qu. ostryaefolia* Borb. (1887) identificirt. — Es folgen (p. 177) die diagnostischen Phrasen (lateinisch) für *Qu. Macedonica* Alph. DC. und *Qu. ostryaefolia* Borb. mit einem Ueberblick über die geographische Verbreitung der beiden Arten.

Auf der beigegebenen Tafel ist ein Fruchtzweig der *Qu. Grisebachii* Ktsch. und daneben ein Blatt der Sammlungen Bornmüller's, alles in natürlicher Grösse, skizzirt.

Solla.

422. **Panizzi, F.** Descrizione della Moehringia frutescens. (N. F. B. J., XXI, 1889, p. 475—478.)

Verf. beschreibt eine **neue Art, Moehringia frutescens**, welche er im westlichen Ligurien unweit Triora gesammelt. Die ausführliche Beschreibung ist lateinisch gehalten. — Die neue Art, von Mai bis October in Blüthe, ist besonders durch die holzige Natur ihrer Hauptaxe, dann aber auch durch die gegliederten Zweige und durch die Form der Samen („reniformia, nigro-fulvescentia, minutissime albo-punctata, interdum concava marginata, margine sub vitro ruguloso; strophiolum lacero-fimbriatum") zur Genüge gekennzeichnet. Sie ähnelt der *M. sedifolia* Willd., wiewohl sie letztere Art um das Doppelte bis nahezu Dreifache überragt. — Affinitäten sind nicht angegeben. Solla.

423. **Longo, A.** Ancora sulla quercia fragno. (Rivista italiana di scienze naturali; an. IX. Siena, 1889. p. 165—172.)

Eine Polemik gegen A. Borzì bezüglich der *Quercus macedonica* (vgl. Bot. J., p. 279.) Solla.

424. **Belli, S.** Le festuche italiane del R. Museo botanico torinese. (Mlp., III, 1889, p. 139—142.)

Bearbeitung der im botanischen Museum zu Turin vorhandenen Festuceen nach Vorlage von Hackel's Monographie. Besprochen sind nur *F. ovina* L. und *F. rubra* L. mit *F. elatior* L. ist erst begonnen worden. Solla.

425. **Goiran, A.** Alcune notizie sulla flora veronese. (N. G. B. J., XXI, 1889, p. 270—271.)

Verf. erwähnt aus dem veronesischen Gebiete eine **neue** *Potentilla*-Art, welche er **P. haematosticta** nennt und (p. 270) ausführlich lateinisch beschreibt. Dieselbe wäre mit *P. albescens* Op. (in A. Zimmeter, die europäische Art der Gattung *Potentilla*, p. 19) verwandt; von letzterer jedoch sofort an den blutrothen Flecken auf den Kronenblättern zu unterscheiden. Solla.

426. **Corazza, G.** Contribuzione alla flora dei dintorni di Spoleto. Studi. Spoleto, 1889. 8°. 184 p.

Nicht gesehen. Solla.

427. **Herzen, A.** Il secondo Abruzzo ulteriore. Note ed Appunti. Udine, 1889.

Nicht gesehen. Solla.

428. **Voglino, P.** Il territorio d'Alba. Alba, 1889.

Nicht gesehen. Solla.

429. **Zambrano, G.** Sguardo economico-scientifico sul besco com. di S. Pietro nel territ. di Caltagirone con la raccolta delle piante del luogo. Caltagirone, 1889.

Nicht gesehen. Solla.

430. **Arcangeli, G.** Alcune notizie riguardanti la flora italiana. (Ricerche e lavori eseguiti nell'Ist. botanico di Pisa, fasc. II, p. 50—53. Pisa, 1888.)

Aus P. V. Pisa 1886 (vgl. Bot. J., XV, II, 451, 460) wieder abgedruckt.

Solla.

431. **Lojacono-Pojero, M.** Notizie. (Il Naturaliste Siciliano, an. VIII. Palermo, 1888. p. 54.)

Rosa montana Chx. kommt auch auf den Nebroden in ca. 1700 m Höhe in feuchten Buchenwäldern auf Kalkboden, obgleich selten, vor. Solla.

432. **Palumbo, A.** Note di Zoologia e botanica sulla plaga selinuntina. (Il Naturaliste Siciliano, an. VIII. Palermo, 1889. No. 12.)

Das bis jetzt Publicirte bezieht sich ausschliesslich auf die Thierwelt. Solla.

433. **Penzig, O.** Piante nuove o rare trovate in Liguria. I. (Mlp., III, 1889, p. 90.) II. (l. c., p. 272–283.)

Verf. liefert folgende Beiträge zur Flora Liguriens:

I. *Trifolium isthmocarpon* Brot. wurde vor Jahren ausserhalb der Mauern Genuas von Savignone gesammelt, ist aber nicht wiedergefunden worden.

T. obscurum Sav. an dem gleichen Standorte von demselben Floristen (bereits 1848) gesammelt.

Tragopogon eriospermum Ten., 1885 im Lagaccio-Thal innerhalb Genuas von Dufour zunächst beobachtet, wird alljährlich in Menge daselbst gesammelt.

II. *Roemeria hybrida* L. bei den Mühlen am Sturla-Strome nächst Genua mehrmals von Dr. Baglietto gesammelt.

Platycapnos spicatus Brnh. in Gemüse- und Weingärten, namentlich nahe der Küste zu Taggia häufig.

Biscutella lyrata L. auf den Wiesen der Villa Balbi zu Sampierdarena häufig.

Erucaria aleppica G. nächst Porto Maurizio, sehr vermuthlich mit Getreide recent importirt; die Pflanze entwickelte Früchte in Menge.

Lepidium virginicum L. seit 1856 aus Pegli bekannt und neuerdings auch nächst Voltri als sehr häufig beobachtet.

L. perfoliatum L. vor Jahren ausserhalb Genuas von Dr. Savignone gesammelt, sicherlich adventiv, und später nicht wieder gesehen worden.

Brassica elongata Ehrb. var. *integrifolia* Boiss. an mehreren Orten ausserhalb Genuas weit verbreitet.

B. fruticulosa Cyr. im Strombette Bisagno nächst Genua beobachtet (G. Bastreri).

Gypsophila elegans M. B., 1888 in einem einzigen Exemplare im Bisagno-Bette von Bastreri gesehen.

Sedum hirsutum All. nächst Nava auf Felsen (G. Gentile).

Asperula galioides M. B. im Lagaccio-Thale.

Callistemma Sibthorpianum Boiss., 1847 von Dr. Savignone bei den Mühlen ausserhalb Genuas gesammelt und darauf nicht wieder gesehen worden.

Scabiosa prolifera L. ausserhalb Genua.

Senecio foeniculaceus Ten. aus Porta Isola bella zu Spezia (leg. Costantini).

S. andryaloides DC. häufig auf der Strasse zwischen Quarto und Quinto.

Notobasis syriaca L. in sporadischen, sicherlich adventiven Exemplaren nächst Quinto, sowie im Lagaccio-Thale.

Centaurea alpestris reg. Heer. an einem Wasserlaufe oberhalb Voltri (180—200 m Meereshöhe), von Dr. Baglietto gesammelt.

C. iberica Trev. ziemlich häufig in der Umgebung Genuas, sowie Quintos.

Crepis succisaefolia Tausch. zu Mendatica und in den Bergen oberhalb Garessio von G. Strafforello gesammelt.

Araujа albens G. Don. ausserhalb Genuas, vermuthlich verwildert.

Gentiana utriculosa L. am Bosco di Rezzo (leg. Berti).

Convolvulus hirsutus Stev., Grasplätze am Zerbino ausserhalb Genuas (Gennari 1858), zu Massabovi nächst Porto Maurizio (Strafforello).

Cynoglossum cheirifolium L. in Ligurien verbreitet.

Cyclamen europaeum L. zu Roccia Ferraira in den Seealpen (820 m).

Plantago lusitanica W., 1847 ausserhalb Genuas von Dr. Savignone gesammelt, seither verschwunden.

Amarantus spinosus L., spontan um Voltri, immer mehr um sich greifend.

Polygonum arenarium W.K. vor Jahren bei den Mühlen ausserhalb Genuas adventiv.

Rumex maritimus L. in den Strandteichen nächst Nizza.

Ulmus pedunculata Foug. von Strafforello in den Wäldern von Mendatica gesammelt.

Iris Xiphium L. zu Diano Borello (200 m) zwischen Seggen.

Asphodelus ramosus Gou. an verschiedenen Orten der Seealpen und längs der Riviera di Ponente.

Bellevalia trifoliata Kth. nächst Bordighiera (Bicknell).

Cyperus globosus All. zwischen Voltri und Arenzano, ferner ausserhalb Pegli's (Gennari).

Carex chaetophylla Steud. aus Cap Noli (Gennari), ferner längs der Strasse von Sturla nach S. Martino.

C. basilaris Jord. zu Mentone und nächst Sestri Ponente im Thale dei Molinacci.

Pennisetum longistylum Hchst. an verschiedenen Orten zwischen Genua und Pegli verwildert.

Digitaria paspaloides Dub., wie die vorige Art.

Echinochloa colonum Pal. Beauv. im Lagaccio-Thale (Baglietto).

Elymus crinitus Schrb. im Lagaccio-Thale, zu Voltri und anderswo sporadisch auftretend.

Athyrium alpestre Nyl., Ponti di Nava, im Tanaro-Thale (Strafforello).

Solla.

434. **Goiran, A.** Alcune notizie sulla flora veronese. (N. G. B. J., XXI, 1889, p. 270—271, 281—285.)

Verf. theilt folgende neue Errungenschaften der Flora von Verona mit. — *Potentilla haematosticta*, **n. sp.** (vgl. den Abschnitt für Systematik!), aus dem Thale von Pantena (auf Monte Gain), April 1886; *Argyrolobium Linnaeanum* Wlp. auf der Bergkette der Lessineralpen zwischen den Thälern von Pantena und Squaranto, woselbst auch *Ononis Columnae* All. (von Pollini irrig als *O. minutissima* in seiner Flora angegeben); *Coronilla cretica* L. ebenfalls im Pantena-Thale und nahe den Stadtmauern von Verona; *Galinsoga parviflora* Cav. auf dem Marsfelde längs der Etsch. — Ferner macht Verf. auf das Vorkommen von *Diospyros Lotus* in dem Gebiete, und zwar an mehreren Punkten: im Pantena-, sowie im Squaranto-Thale (zwischen 96 und 300 m Meereshöhe), aufmerksam. Die Gegenwart dieser Pflanze in jener Gegend war schon Gessner (1561) bekannt, der sie aber irriger Weise in der Benützung des Fruchtfleisches als Leim mit einer anderen Pflanze verwechselt und sie „guajacum“ nennt, welcher Name auch von Anderen (Seguier, Ray, Bauhin) wiederholt wird; aber keiner der italienischen Autoren nennt den *Diospyros* aus dieser Gegend, woselbst er mit *Laurus nobilis* und *Olea europaea* wild vorkommt.

Solla.

435. **Basteri, V.** Flora ligustica. Le Composite; P^{e}. I—III. (Giornale della Società di Letture e Conversazioni scientifiche: Genova 1888 und 1889. 8^{0}. Zusm. 260 p.)

Verf.'s vorliegende Flora Liguriens ist eine Bearbeitung der Compositen des Gebietes nach De Notaris' Repertorium florae ligusticae, in italienischer Sprache. Die Form ist die synoptische; ausführlich wird die Familie zunächst, dann werden die Unterfamilien, die Gattungen besprochen; schliesslich sind die einzelnen Arten mit ausführlichen Literatur- und iconographischen Angaben, vorwiegend nach Untersuchungen an lebendem Materiale, behandelt, wobei jedoch die Schilderungen von De Notaris oder von anderen Autoren stets berücksichtigt und angeführt werden.

Die drei Theile der Flora beziehen sich entsprechend auf die Corymbiferen, die Cynarocephalen und die Cichoraceen.

Zum Schlusse lenkt Verf. die Aufmerksamkeit auf folgende im Gebiete seltene oder für dasselbe überhaupt neue, von Dr. Savignone gesammelte Arten: *Carlina lanata* L. am Capo delle Mele; *Atractylis cancellata* L. auf den Alpen von Triora; *Carthamus tinctorius* L. am C. delle Mele, jedoch nur ein einziges Mal daselbst gesehen worden; *C. mitissimus* L. nächst Novi Ligure, längs dem Scrivia; *C. tingitanus* L. auf dem Portofino-Berge; *Cnicus benedictus* L. am Seestrande von Ventimiglia; *C. heterophyllus*

Willd. zu St. Remo; *Onopordum acanthium* L. längs dem Nero-Bache, zu Gavi; *Centaurea pectinata* L. nächst St. Remo; *C. napifolia* L. auf der Insel zu Sestri-Levante; *Lapsana communis β. crispa* Prs. im Bette des Bisagno; *Arnoseris pusilla* Grtn. zu Sassello; *Catananche lutea* L. zwischen dem Felsen am C. delle Mele; *Apargia taraxaci* Willd. auf dem Berge von Portofino; *Urospermum asperum* DC. auf den Hügeln um Pegli; *Leontodon lucidus* DC. zu Mentone; *Chondrilla aspera* Poir. am Monte d'Antola; *Lactuca stricta* W.K. ausserhalb des Thores vom Fort Castellaccio; *Sonchus integerrimus* DC. am Bisagno; *Hieracium humile* Hst. nächst Voltaggio und Gavi; *Seriola laevigata* L. ausserhalb des Thores von St. Bartholomä; *Achyrophorus pinnatifidus* DC. in der Ebene um Albenga; *Tragopogon orientale* L. auf den Bergen von Creto.

Ein misslicher, sehr in die Augen fallender Uebelstand in der Arbeit sind die häufigen Druckfehler. Solla.

436. **Tornabene, F.** Species duae novae ad floram siculam additae. Catinae, 1889. gr. 8⁰. 11 p.

Verf. giebt als Ergänzung zu seiner Flora Sicula (1887) bekannt, dass es ihm gelungen ist, für 10 Phanerogamen-Arten das Vorkommen in Sicilien zu sichern, während er dieselben in op. cit. mit der Bemerkung „deest" publicirt hatte. Sämmtliche Arten kommen auf dem Etna vor.

Weiters giebt Verf. an, auf dem Felsen am Strande von Syrakus *Senebiera pinnatifida* DC., neu für Sicilien, gesammelt zu haben. — Schliesslich auf dem Etna, auf ca. 1000 m Meereshöhe, *Cardamine spathulata* Mchx., neu für Italien. Solla.

437. **De Toni, E.** Note sulla flora del Bellunese. (N. G. B. J., XXI, 1889, p. 55—76.)

Verf. ergänzt die bisher bekannte — und von ihm in der Einleitung gewürdigte — Liste der Gefässpflanzen aus dem Gebiete von Belluno durch Mittheilung einiger für die Gegend neuer Varietäten und besonderer Fälle, welche — eigentlich — nur teratologische Einzelheiten richtiger zu nennen wären. — Es sind im Ganzen 81 Arten, welche Verf. hier mittheilt. 24 davon gelten als „Anhang" zur Flora des Gebietes; die übrigen 57 sind, systematisch geordnet, ausführlicher besprochen.

Von den letzteren verdienten gerade hervorgehoben zu werden — als floristische Errungenschaft: *Chelidonium majus* L. var. *laciniatum* DC. sehr häufig ausserhalb der Stadt; *Biscutella laevigata* L. var. *lucida* (DC.) sehr verbreitet im Gebiete; *Saxifraga androsacea* L. var. *tridentata* Gaud. aus dem Fassa-Thale und auf den Bergen um Agordo; *S. tridactylites* L. var. *controversa* (Sternb.) im Folega-Thale nächst Agordo; *Campanula caespitosa* Jcq. var. *pubescens* (Schm.) auf dem Corno di Valle oberhalb Agordo; *Gentiana verna* L. var. *brachyphylla* (Willd.) auf den Hügeln um Belluno; *G. Amarella* L. var. *obtusifolia* (W.) auf dem Colle Vicentino; *Calamintha parviflora* Lam. var. *glandulosa* Bnth., häufig in nächster Nähe der Stadt; *C. alpina* Lam. var. *granatensis* (Boiss. et Reut.) in der Umgegend von Agordo; *Nigritella angustifolia* Rich. var. *rosea* auf Wiesen zwischen Falcade und St. Pellegrino und auch anderswo im Gebiete; *Crocus vernus* All. var. *medius* Parl. auf den Felsen von Roe alte di Poian; *Sesleria sphaerocephala* Ard. var. *echinata* zugleich mit *Poa alpina* L. var. *badensis* (Hke.) auf dem Monte Pelsa oberhalb Agordo, woselbst jedoch die erstgenannte selten. Solla.

438. **Belli, S.** Osservazioni su alcune specie del genere Hieracium, nuove per la Flora Pedemontana e su alcuni loro caratteri differenziali. (Mlp., III, 1889, p. 134—138.)

Verf. stellt fest, dass die aphyllopode Art *Hieracium polyadenum* Arv. Touv. (1883 von den cottischen Alpen) 1867 von Cesati auf Hügeln um Turin gesammelt (aber dem *H. boreale* zugeschrieben) worden, desgleichen 1868 zu Biella. 1848 sammelte Zumaglini die Pflanze auf den Alpen von Biella (und sprach sie für *H. sabaudum* an), desgleichen 1867 Rosellini auf den Hügeln um Casale. Verf. führt diese kritische Pflanze auf die richtige Arvet-Touvet'sche Art zurück und bezeichnet deren Verbreitungsbezirk auf den Hügeln von Mancalieri bis Casale, auf den cottischen und penninischen Alpen (SW), auf den Seealpen und auf dem ligurischen Appennin. Die Art fehlt in der Schweiz.

Auf den Hügeln um Turin fand Verf. sehr häufig eine phyllopode Form, welche er vorläufig als var. *β. taurinense* der genannten Art bezeichnet. Solla.

439. **Terracciano, A.** Dell'Allium Rollii e delle specie più affini. (Mlp., III, 1889, p. 289–304. Mit 1 Taf.)

Verf. erwähnt als Beitrag zu Italiens Flora die von ihm beschriebene neue Art *Allium Rollii,* von Prof. Rolli zu Maglianella in der römischen Campagna, sowie auf den Bergen um Corneto gesammelt.

Ueber die Verwandtschaft dieser mit den affinen Arten vgl. man das Ref. in dem Abschnitte für Phanerogamen. Die Pflanze ist in den charakteristischen Organen auf der beigegebenen Tafel abgebildet. Solla.

440. **Baldacci, A.** Squardo sulla flora di Corfù. (Rivista italiana di scienze naturali, an. IX. Siena, 1889. p. 135—136.)

Verf., die recenten und die früheren botanischen Erforschungen der Balkan-Halbinsel ignorirend, zieht mächtig ins Feld, dass dieses dem „culturreichen" Europa so nahe liegende Fleckchen Landes nicht näher berücksichtigt werde. Diese Lücke auszufüllen ist Verf. „bemüht" die Vegetation der Insel Corfu zu schildern, was er auch in wenigen Zeilen thut, um zu sagen, wie beschaffen die Gesteinsnatur der Insel ist und dass auf derselben weitverbreitet die Oelbaumcultur — noch von den Venetianern her datirend — gedeiht! Solla.

441. **Mattei, G. E.** Note botaniche. (Rivista italiana di scienze naturali, an. IX. Siena, 1889. p. 136, 248)

Verf. erwähnt:

Narcissus albulus Lév. häufig in der Umgegend von Asolo (Provinz Treviso) woselbst neu.

Viola arenaria DC. neu für die Flora von Modena, am Passo del Saltello auf dem Appennin.

Juncus monanthos Jacq. auf dem Felsen am Lago Santo, 1500 m, modenesischer Appennin.

Quercus Cerris var. *cycloloba* Borb. (1889) zu Frassineto, im Sillaro-Thale auf dem bolognesischen Appennin. Solla.

442. **Arcangeli, G.** Le piante fino ad ora raccolte in Gorgona. (Ricerche e lavori eseguiti nell'Istituto botanico di Pisa; fasc. III, p. 109—144. Pisa, 1888.)

Verf. giebt ein Verzeichniss sämmtlicher bisher auf der Insel Gorgona gesammelter Pflanzen, worin er die Angaben von P. Savi (1844), die eigenen und die Sammlungen von Costa, Reghini und Marcucci, sowie die bryologischen Untersuchungen von Bottini (1887) einbegreift.

Dem Verzeichnisse geht eine ganz kurze morphologisch-geologische Schilderung der Insel voran. Aus derselben lässt sich entnehmen, dass die Gesteinsnatur von Gorgona die gleiche ist als jene der Apuaner Alpen: Gneisbildungen, reich an Glimmer und kalkführend, herrschen vor; ferner Kalkschiefer, im Süden und die obersten Punkte einnehmend; hin- und wieder Serpentin- und Diabasgesteine. — Die Winde sind sehr heftig und frequent; Schnee- und Eisbildung ausserordentlich selten; häufig hingegen die Herbstregen.

Von den aufgezählten 446 Arten sind 334 Phanerogamen, 9 Prothallogamen, 44 Bryogamen, 7 Flechten und 52 Algen; der Typus der Vegetation entspricht jenem von Ligurien und Toscana, wiewohl besonders der Mangel von *Trifolium pratense,* von *Bellis perennis* und von jedweder spontanen Rosenart hervorzuheben ist. Auch die Vegetationsdecke der Serpentine auf Gorgona ist eine ganz verschiedene als jene der gleichen Gesteinsbildungen auf dem Festlande und des Gabbro der Berge um Livorno. — Ein grosser Theil der Insel wird mit Weinreben und Oelbäumen bepflanzt. Im Uebrigen findet man die mittelländischen maquis mit ihrer charakteristischen Vegetation — Hin und wieder tritt *Pinus halepensis* vereinzelt bestandbildend auf; ein kleiner und einziger Wald von *Quercus Ilex* dürfte wohl angepflanzt worden sein.

Das Verzeichniss ist systematisch abgegliedert; jede Art fortlaufend nummerirt (mit

Ausnahme der auf der Insel cultivirten Gewächse, die nur mit einem vorgesetzten * bezeichnet sind), ist mit Standortsangabe und dem Namen des Beobachters oder Sammlers versehen.

Solla.

443. **Parlatore, F.** Flora italiana continuata da T. Caruel. Vol. VIII, p°. 2ª e 3ª (p. 177—773). Firenze, 1889.

In der vorliegenden Ergänzung der von T. Caruel fortgesetzten Flora Italiens von F. Parlatore (vgl. Bot. J. XVI) gelangen zur Bearbeitung:

die Hederaceen;

die Apiaceen, von T. Caruel kritisch gesichtet, mit einzelnen geographischen Angaben, nebst der verschiedenen Artauffassung der Vertreter dieser Familie;

die Plumbagineen (von A. Mori bearbeitet);

die Primulaceen, ziemlich unvollständig, namentlich was die geographischen Mittheilungen anlangt; aus dem Nachlasse von L. Caldesi;

die Diospyraceen und Styraceen;

die Ericifloren Italiens: letztere sämmtlich von T. Caruel bearbeitet.

Solla.

444. **De Toni, E.** Note sulla Flora friulana. Ser. III. (Mlp., III, 1890, p. 396—403, 508—512.)

Verf. bereichert um gelegentliche Beobachtungen und Angaben die Flora Friauls bei einer ziemlich weiten Auffassung des genannten Gebietes. Die hier vorgeführten Pflanzen folgen dem im Syllabus von Pirona beobachteten Systeme; darunter sind die als neu für das Gebiet angegebenen mit einem vorgesetzten * gekennzeichnet. — Es wären diese: *Anemone montana* Hpe., Ampezzo; *Ranunculus trichophyllus* Chz., Manzano; *Hypericum hyssopifolium* Vill. mit *Linum campanulatum* L. zu Buttrio; *Astragalus baeticus* L. um Cividale; *Sedum Telephium* L. var. *maximum* (Sut.), ebenda; *Chrysanthemum Myconis* L. in haararmen Exemplaren, mit den oberen Blättern scharf-, den unteren abgerundet gesägt, zu Pavia d'Udine; *Sonchus tenerrimus* L., Buttrio; *Hieracium prenanthoides* Vill., Carnia etc.; *Lycium europaeum* L., Moruzzo; *Verbascum virgatum* With., Buttrio; *Veronica bellidioides* Wlf., Cividale; *Orobanche Hederae* Dub., Purgesimo; *Polygonum orientale* L. verwildert nächst Udine, Manzinello; *Allium pulchellum* Don., var. *violaceum* (W.) zu Buttrio.

Solla.

445. **Terracciano, A.** Le piante spontanee dell'Isola Minore nel lago Trasimeno. (N. G. B. J, XXI, 1889, p. 146—155.)

Verf. giebt nach eingehender Schilderung der Isola Minore im See von Perugia ein Verzeichniss der von ihm, von Frizzi und von Cicioni daselbst gesammelten oder beobachteten spontan vorkommenden Gewächse. Gleichzeitig ist Verf. auch auf die Vegetation der Isola Maggiore im gleichen See, sowie der Seeufer aufmerksam und schöpft hierbei auch aus Batelli's floristischen Angaben. — Mitgetheilt werden 160 Arten, einschliesslich der Varietäten, und davon entfallen 14 auf die Kryptogamen (Farne, Moose, Flechten).

Zu erwähnen eine **neue** Varietät *Micromeria graeca* Bth. var. **glomerata** Terrac. (p. 152) = *Satureja Juliana* Batelli non L., „floribus ad foliorum axillas dense sub petiolo communi longiusculo glomeratis, in fructu apice tantum fere divaricatis, foliis brevioribus vel pene aequantibus, bracteis calycis tubo haud majoribus, laciniis calycinis in fauce pilosis ac divaricatis"; von Cicioni als *Satureja Juliana* aus Isola Maggiore, woselbst die Pflanze häufig auf Mauern ist, mitgetheilt. Auch in der Umgebung Perugias.

Solla.

446. **Lenticchia, A.** I primi fiori nel cantone Ticino. (Rivista italiana di scienze naturali; an. IX. Siena, 1889. p. 121 ff.)

Verf. schickt seiner Aufzählung der frühzeitigen Blüthen im Canton Tessin eine allgemeine und ziemlich breite Betrachtung der geologischen Verhältnisse und der durch dieselben bedingten Einwanderung der Arten. Wie seine — derzeit unvollendet vorliegende — Abhandlung eingetheilt ist, betrachtet er die Vegetation des Thales, der Berge und der Alpenregion je für sich. Doch hält er sich des Näheren auf über die Gewächse, welche nicht an eine dieser drei Zonen gebunden sind, sondern auf verschiedenen Erhebungen vorkommen können, ohne dass sie ihren Charakter deswegen änderten; wie das *Rhododendron ferrugineum*, die *Biscutella laevigata* (von welcher nur als eine ganz besondere Form die var. *lucida* DC. zu betrachten ist) und so noch weitere 28 Arten, welche Verf. mit Beispielen namentlich aufzählt. Hierbei lässt er sich auch in die These der Culturen von Alpenpflanzen, deren Ergebnisse, das Auftreten von Mittelformen u. dergl. ein. Es folgen Betrachtungen über die klimatischen Verhältnisse in den Alpenregionen und deren Einfluss auf das Aufblühen der Pflanzen, an mehreren Beispielen erörtert.

Es folgt im besonderen Theile die systematisch geordnete Aufzählung der Pflanzen, welche in einer jeden der angenommenen drei Zonen zuvörderst zum Blühen gelangen, mit Angabe der — durchschnittlichen — Epoche und des Standortes. Solla.

447. **Mattirolo, O.** Sul valore systematico della Saussurea depressa Gren., nuova per la flora italiana. (Mlp., III, 1890, p. 468—478.)

Für *Saussurea depressa* Gren., von O. Mattirolo richtiger als *S. alpina* DC. var. *depressa* (vgl. den Abschnitt für Systematik!) gedeutet, wird das Vorkommen in Italien gesichert. — Derselbe Verf. führt als Standorte auf: Mont Cenis (Huguenin und Colla, welch Letzterer die Pflanze als *S. subacaulis* Labill. angesprochen hat); auf dem Rocciamelone in der Provinz Susa, 2834—3317 m Meereshöhe (Defilippi et Mattirolo). Solla.

448. **Belli, S.** Che cosa siano Hieracium Sabaudum Linné e H. Sabaudum Allioni; studi critici. (Mlp., III, 1890, p. 433—450. Mit 3 Taf.)

Hieracium symphytaceum Arv. Touv., das von Allioni fälschlich für *H. Sabaudum* L. angesprochen wurde (Flora Pedemont.), ist eine italienische Pflanze und kommt ausser an den von Allioni angegebenen noch an folgenden Standorten vor: auf den Seealpen (nach Burnat et Gremli), auf Hügeln um Turin, in Hügelländern des ligurischen Appennins (Belli), Hügel um Alexandria (Delponte).

(Vgl. über die Artberechtigung das Referat im Abschnitte für Systematik.) Solla.

449. **Simonelli, V.** Terreni e fossili dell'Isola di Pianosa nel Mar Tirreno. (Bollettino del R. Comitato geologico d'Italia; ser II, vol. 10. Roma, 1889. 8°. p. 193—237. Mit 5 Taf.)

Verf. bespricht anlässlich der Schilderung der geologischen Bildung der Insel Pianosa im Tyrrhenischen Meere auch die gegenwärtige Fauna und Flora. Ueber die letztere hatte Verf. bereits früher in Kürze berichtet (vgl. Bot. J., XII, 2., p. 337); im Vorliegenden erfahren wir zwar nicht viel mehr, doch wird auf die typische *Linaria Capraria* Mor. et De Not. hingewiesen. Der Charakter der Vegetation ist, ungeachtet der Vertreter des Südens (vgl. l. cit., Ref.!), jenem der toscanischen Maremmen entsprechend. Der Charakter der Baumvegetation ist jedoch durch den allerdings häufigen wilden Oelbaum ausschliesslich gegeben. Die günstigen Temperaturverhältnisse auf der Insel haben auch eine vorzeitige Entwicklung in der Vegetationsthätigkeit zur Folge; so blüht der Mandelbaum daselbst bereits im Januar, Kirschen, Maulbeerbäume etc. schlagen bereits im März aus.

Die Insel gehört dem mittleren Miocen an und besitzt einzelne pliocene Auflagerungen. Solla.

450. **Longo, A.** Notizie di botanica. (Rivista italiana di scienze naturali; an. IX. Siena, 1889. p. 39.)

Verf. führt als neu für die Flora der Abruzzen an: *Antirrhinum tortuosum* Bosc. auf alten Mauern von Teramo, und *Solanum Sodomaeum* L. am Strande von Giulianova gesammelt. Solla.

451. **Foggi, F.** e **Rossetti, C.** Contribuzione alla flora della porte Nordovest della Toscana. (N. G. B. J., XXI, 1889, p. 9—28.)

Verff. geben ein Verzeichniss von 291 Gefässpflanzen, welche aus neuen Standorten Toscanas datiren. Es sind davon 220 Di-, 59 Monocotylen und 12 Pteridophyten, welche Verff auf den Apuaner Alpen, weniger in den Umgegenden von Pisa, Livorno und Lucca, hingegen noch um Albiano, in dem unteren Garfagnana-Thale und auf dem lucchesischen Appennin (bis St. Pellegrino) beobachtet und gesammelt haben. Eine Durchmusterung des Pisaner Herbars ergab auch manchen Standort, der bisher nicht allgemein bekannt war und von den Verff. zur Ergänzung ihres Verzeichnisses benützt wird.

Indem für die neuen Standorte der bekannteren Arten auf das Original verwiesen wird, hebe ich hier noch die für die Apuaner Alpen — im Texte durch ein vorgesetztes * hervorgehoben — neuen Arten hervor: *Dentaria bulbifera* L., *Hesperis laciniata* All. (ein einziges Individuum am Mt. Alto in der Versilia); *Moehringia trinervia* Clrv. (an verschiedenen Punkten), *Stellaria graminea* L., *Scleranthus annuus* L., *Elatine triandra* Schk., *Geum urbanum* L. (an mehreren Orten); *Potentilla aurea* L. (am Passo di Sella); *Epilobium palustre* L., *E. alsinefolium* Vill., *Circaea alpina* L., *Sedum rubens* L., *Chaerophyllum hirsutum* L. β. *glabratum* DC., *Sambucus racemosa* L., *Conyza ambigua* DC., *Senecio lividus* L. (selten), *Cynoglossum officinale* L., *Hyoscyamus albus* L., *Salix nigricans* Sm. (vom Mt. Corchio); *Spiranthes aestivalis* Rich , *Orchis pauciflora* Ten., *Juncus diffusus* Hpe., *J. capitatus* Weig., *Blysmus compressus* Fenz., *Digitaria debilis* Willd.; und für Toscana überhaupt neu (im Texte durch zwei vorgesetzte * gekennzeichnet):

Eruca sativa Lam. (zu Massa, im Bette des Frigido, und zu Pisa, Aufschüttungen nächst Porta a Mare); *Erodium alnifolium* Guss. (zu Pisa, an mehreren Punkten, worunter Bahnhof!, Exerzierplatz! etc.); *Kochia scoparia* Schrd. (zu Massa-Carrara, nur wenige Individuen im Bette des Frigido); *Euphorbia Preslii* Guss. (ein einziges Individuum im Bette des Magra, nächst Albiano); *E. thymifolia* Brmn. (verwildert im botanischen Garten zu Pisa, in Menge längs der Bahnroute Pietrasanta-Avenza, zu Massa im Bette des Frigido); *Trisetum aureum* Ten. (auf einer Wiese ausserhalb Pisa)

Solla.

452. **Arcangeli, G.** Una lettera del Dott. E. Levier sull'Armeria Majellensis Boiss. (P. V. Pisa, vol. VI, 1888, p. 154 - 158.)

Verf. corrigirt auf Grund einer brieflichen Mittheilung von E. Levier seine obige Angabe bezüglich der vermutheten *Armeria gracilis* Ten. dahin, dass er die Pflanze für *A. Majellensis* Boiss. anspricht. Allerdings würde aus dem vorgelegten Briefe hervorgehen, dass die fragliche Art unter den vielen der polymorphen *A. Majellensis* am meisten noch der Form ε. *pallida* entspricht, das ist der Form, welche die grösste Abweichung vom Typus zeigt, derart, dass es vielleicht zweckmässiger wäre, sie dennoch als selbständige Art zu betrachten. (Vgl. Abschn. für Morphologie. Ref.!) Solla.

453. **N. N.** L'alto Vallespir. Note di un turista e naturalista. (Rivista italiana di scienze naturali; an. IX. Siena, 1889. p. 79 ff)

Unter dem Titel: Der obere Vallespir schildert ein anonymer Verfasser in touristischer Form und mit Angaben naturwissenschaftlichen Inhaltes (malacologische, geologische, botanische etc.), einen weiteren Ausflug in die östlichen Pyrenäen, dessen Ausgangspunkt der genannte Berg gebildet.

Die botanischen Mittheilungen sind kurz, und zwar: *Molospermum cicutarium* DC. sehr häufig auf den Felsen von Campo Magne (2200 m). — Unweit Prato de Mollo (3300) gegen Rocca Gallinera: *Erigeron acris* L., *Andropogon distachyon* L , *Euphorbia nicaeensis* All., *Orobanche speciosa* DC., *Dianthus deltoides* L., *D. silvaticus* Hop. etc.; bei Torre di Mia *Anemone nemorosa* L (? Mitte Juli! Ref.) sehr gemein. — Bei Constonges verschiedene Arten von *Teucrium, Coris, Laserpitium, Leucanthemum;* und von hier aus gegen St. Aniol zu *Lithospermum oleaefolium* Lap., das vielfach übersehen worden ist (laut Verf.!), und *Anthyllis Erinacea* L.

Die gar zu häufigen Druckfehler in den Angaben der Pflanzennamen lassen aber einige Zweifel über die Identicität der Arten aufkommen! Solla.

454. **Arcangeli, G.** Sopra alcune piante raccolte nel Monte Amiata. (N. G. B. J., XXI, 1889. p. 119—121.)

Verf. macht auf das Vorkommen von *Nectaroscordum siculum* Lindl. auf dem Amiata-Berge (Toscana) aufmerksam und bespricht eingehender die geographische Verbreitung dieser Pflanze. — Im Anschlusse daran erwähnt Verf. noch des Vorkommens auf dem genannten Berge von *Actaea spicata* L., *Viola calcarata* L. var. *aetnensis*, *Linaria Cymbalaria*

L. var. *acutangula* (Ten.), *Ribes multiflorum* Kit., *Smyrnium perfoliatum* L., *Asperula odorata* L., *Leontodon fasciculatus* Nym., *Armeria majellensis* Boiss. (von Santi fälschlich für *A. plantaginea* vom Monte Labbro mitgetheilt), welche Arten zumeist einen ganz entfernteren Verbreitungsbezirk besitzen.

Die Pflanzen waren ungefähr im zweiten Drittel des Juni meist alle in Blüthe.

Solla.

455. **Gennari, P.** Florula di Palabanda. (N. G. B. J., XXI, 1889, p. 28—34.)

Verf. giebt ein trockenes Verzeichniss von 348 Gefässpflanzen — worunter 3 Pteridophyten — welche in dem Thälchen von Palabanda im SW von Cagliari, und zwar gerade, wo neben den Trümmern eines römischen Amphitheaters der botanische Garten gelegen ist, vorkommen. — Das Verzeichniss ist systematisch abgetheilt, sagt aber weiter nichts; nur sind einige Arten von den hervorragenderen aus der Umgegend des genannten Gebietes mit aufgenommen und durch ein links angebrachtes * von den übrigen unterschieden. Solla.

456. **Belli, S.** Le festuche italiane del R. Museo botanico Torinese. (Mlp., III, 1889, p. 139—142.)

Verf. liefert im Vorliegenden einen interessanten Beitrag zur geographischen Verbreitung der verschiedenen Formen von *Festuca ovina* L. (sens. ampl.) und von *F. rubra* L. (sens. ampl.), sowie der *F. arundinacea* Schreb. subvar. *strictior* Hack. in den beiden Formen *aristulata* und *mutica,* in Piemont. Veranlassung dazu bot die Durchsicht der im botanischen Museum zu Turin vorliegenden Festuceen nach der Mustermonographie Hackel's. Die Arbeit soll fortgesetzt werden. Solla.

457. **Paulucci, M.** Lettera. (N. G. B. J., XXI, 1889, p. 464—465.)

Verf. macht neue Standorte bekannt für: *Geranium tuberosum* L. zu Bagnoa Ripoli (Toscana) und bei der Certosa von Florenz; ferner für *Teesdalia Iberis* DC., *Spergula pentandra* L., *Tillaea muscosa* L., *Orchis atlantica* Willd., *Ophrys fusca* Lk., *Molineria minuta* Parl., welche alle nächst Sanmerzano im mittleren Arnothale beobachtet und gesammelt wurden. — Schliesslich *Lathraea squamaria* L. in dem Walde nächst Vallombrosa. Solla.

458. **Panizzi, F.** Descrizione della Moehringia frutescens. (N. G. B. J., XXI, 1889, p. 475—478.)

Verf. erwähnt eine **neue Art,** *Moehringia frutescens* Paniz., welche nächst Triora an dem Flecken der „Nostra Signora di Loreto" im westlichen Ligurien von ihm gesammelt wurde. Solla.

459. **Terracciano, A.** La flora della Basilicata; contribuzioni I—III. (N. G. B. J., XXI, 1889, p. 500—505.)

Verf. legt drei Verzeichnisse von Phanerogamen vor, welche im Gebiete der Basilicata (Lucaniens) gesammelt worden und über deren Vorkommen daselbst in der vorräthigen phytogeographischen Literatur bisher nichts bekannt war.

Es sind im Ganzen 88 Arten mit ihrem Standorte erwähnt; und zwar 32 Arten, welche N. Terracciano 1860—1861 von Melfi aus zwischen Forenza und Palazzo S. Gervasio, 35 Arten, welche G. Corazza 1888 zu Matera und 21 Arten, welche N. Terracciano 1860—1861 zwischen Bella und San Fele gesammelt haben. Solla.

460. **Terracciano, A.** La flora della Basilicata; contribuzione IV. (N. G. B. J., XXI, 1889, p. 511—517.)

Ein vierter Beitrag zu genannter Flora wird durch die Sammlungen des Verf.'s selbst, in der Umgegend von Castelgrande gegeben. Derselbe umfasst 126 Phanerogamen, darunter: *Arabis albida* Stev., **n. var.** *Lucana* (p. 512) am Berge Giano und auf dem Felsen des Gartens Caruso; *Erodium cicutarium* L'Hér., **n. var.** *prostratum* an verschiedenen Punkten um Castelgrande; *Hypochoeris pinnatifida* Cyr., **n. var.** *glabrata* (p. 515), am Capo di Giano und anderswo. Solla.

461. **Micheletti, L.** Sulla subspontaneità del Lepidium virginicum in Italia. (N. G. B. J., XXI, 1889, p. 479—481.)

Verf. hat durch A. Massa aus Cassano d'Adda in der Lombardei Exemplare von *Lepidium virginicum* L. bekommen, welche daselbst einzig zwischen Backsteinen eines nahen Ziegelofens vorkommen. Verf. hat weiter ermittelt, dass während 6 Jahre bereits 3 Jahre hindurch die genannte Pflanze an der gleichen Stelle gesehen worden ist. Ferner findet sich im Herbare Caruel ein *Lepidium virginicum* L. vor, welches von P. Gennari 1856 in „Liguria occidua secus torrentem la Varenna" gesammelt worden ist.

Verf. erklärt somit die Art für subspontan in Italien. Solla.

462. **Micheletti, L.** Ancora sulla subspontaneità del Lepidium virginicum L. in Italia. (N. G. B. J., XXI, 1889, p. 523—524.)

Verf., lebende Exemplare von *Lepidium virginicum* L. aus Cassano d'Adda vorführend, ergänzt die frühere Mittheilung mit der Angabe, dass das Territorium, worauf die Pflanze wächst, ungefähr 500 m Fläche umfasse und im Osten des Ortes gegen den Fluss zu, nur wenige Meter von dessen Ufer entfernt, zu liegen komme. Solla.

463. **Clerici.** Contribuzione alla flora dei tufi vulcanici della provincia di Roma. (Bullettino della Società geologica italiana; an. VII. Roma, 1889.)

Nicht gesehen. Solla.

464. **Goiran, A.** Sulla presenza di Melittis albida Guss. nel Veronese. (N. G. B. J., XXI, 1889, p. 415—416.)

Verf. scheint *Melittis albida* Guss. als selbständige Art aufzufassen und erwähnt, dass die Pflanze in den Wäldern und in Gebüschen des Veronesischen, vom Thale bis zur subalpinen Region häufig ist; häufiger sogar als die Art mit rosenrothen Blüthen. — Die glänzend weisse Farbe der Corolle lässt Verf. vermuthen, dass es sich eigentlich um *M. nivea* Kern. handeln dürfte. Solla.

465. **Goiran, A.** Sulla presenza di Bellevalia romana Reich. nel Veronese. (N. G B. J., XXI, 1889, p. 478.)

Verf. giebt ferner an, dass in der Stadt Verona im Garten des Collegio degli Angeli *Bellevalia romana* Reich. spontan vorkomme.

Ebendaselbst wurden auch, wahrscheinlich durch Verwilderung, *Allium neapolitanum* Cyr. und *Tulipa Clusiana* DC. vorgefunden.

Verf. giebt weitere bekannte Standorte für *Bellevalia* in Norditalien an; wonach der gegenwärtige einer der äussersten ist. Solla.

466. **Lojacono-Pojero, M.** Flora sicula o descrizione delle piante vascolari spontanee o indigenate in Sicilia, vol. I, p. I, 1. Palermo, 1888—1889. 4⁰. XIV und 234 p. Mit 20 Taf.

Verf. bespricht in dem vorliegenden Bande seiner Flora Sicula die *Polypetalae Thalamiflorae* der Insel und der dazugehörigen Inselchen als eine emendirte bereicherte und selbständige Auflage der Synopsis von Gussone. Das vorgelegte Material ist sowohl auf Grund der Ausflüge und Reisen des Verf.'s als auf Grund eines Studiums der zu Palermo aufbewahrten Herbare als auch nach einer kritischen Richtung der vorhandenen Literatur (wobei Strobl's Floren der Nebroden und des Etna dem Verf. angeblich unzugänglich gewesen) zusammengestellt. In der Einleitung will zunächst Verf. die Gründe besprechen, welche ihn zu der Auffassung der specifischen Art in der Betrachtung der Flora des Gebietes geleitet haben; aber nicht allein ist Verf. darin sehr unklar, sondern er scheint auch mit sich selber nicht besonders einig, wenn er beispielshalber *Draba verna* L. und *Capparis spinosa* L. (neben *C. rupestris* S. u. S.) als selbständige Arten auffasst und aufzählt u. dgl. m.

Vorangeschickt wird noch ein allgemeiner Ueberblick über die phytogeographischen Verhältnisse des Gebietes, welcher im Wesentlichen nur ein Abdruck einer früheren Abhandlung (aus 1886) des Verf.'s ist, mit den vergleichenden Verzeichnissen der Aehnlichkeiten mit den Floren des benachbarten Festlandes sowie jener mehrerer anderer Vegetationsgebiete im Mittelmeere.

Die Bearbeitung des speciellen Theiles ist streng nach der Synopsis; die einzelnen angeführten Arten sind mit ausführlichen lateinischen Beschreibungen — wie auch die einzelnen Prospecte der Gattungen und Familien und die Schlüssel der Arten lateinisch sind — versehen, denen die Angaben über das Vorkommen im Gebiete und eventuelle Bemerkungen hie und da in italienischer Sprache beigefügt sind. Nach der Besprechung der einzelnen Gattungen sind die im Gebiete cultivirten Pflanzen oder jene Arten, welche von anderen Autoren citirt, Verf. aus der Flora des Gebietes ausschliesst, genannt.

Bei einer derartigen Bearbeitung der Vegetation eines Gebietes sind **neue Arten** selbstverständlich nicht unmöglich; man findet aber in Lojacono's Werk auch mehrere interessante Neuheiten publicirt, welche noch von Tineo datiren, dieser aber Zeit über in seinem Herbare aufbewahrt und der Allgemeinheit entzogen hatte. Die nun aufgestellten resp. ihrem Verstecke entrissenen Arten sind (im Folgenden die abgebildeten durch ein vorgesetztes * bezeichnet). **Ranunculus vespertilio* Loj. (p. 33, Taf. III) der Gruppe *R. coenosus* angehörig und von Tineo als *A. hederaceus*, *R. saniculaefolius?* in sched. Herb. Host. R. Pan. bezeichnet, während die Pflanze durchaus nicht der Beschreibung und Abbildung von *R. saniculaefolius?* Fl. Lyb. entspricht. Aus Trapani ohne nähere Angabe im April blühend. *R. foeniculaceus* Loj. (p. 37, Pl. It. Sel. Cent. I, No. 45), entsprechend dem *R. fluitans* Guss. von Lam. nec. Willd., während aber die Gussone'sche Art von Grenier und Godron in mehrere Formen aufgelöst worden ist, welche Verf. alle als selbständige gute Arten betrachtet. — *R. vitifolius* Loj. (p. 43) entsprechend dem *R. lanuginosus β. constantinopolitanus* Ten., non D'Urv. nec Bary et Chb. und nach Verf. mit dem *R. palustris* L. höchstwahrscheinlich übereinstimmend. — *Fumaria ambigua* Loj. (p. 62, Pl. Sic. var., cent. VII, No. 638), wahrscheinlich eine exotische Art zwischen den Saaten und zu Boccadifalco als advena vorkommend. — *Arabis elegans* Tin. ined. (p. 106) auf eine der vielen Formen der *A. alpina* zurückführbar; zu Militelle im Noto-Thale; Maj. — *Brassica Tinei* Loj. (p. 113, Pl. It. sel., Cent. II, No. 158), von Tineo als *Sinapis* n. sp. in Herb. bezeichnet. Auf schattigen Kalkfelsen in den Bergen: zu Terrapilata nächst Cattanissetta (leg. Tin.), zu Marianopoli und in den Serre di Chibo (leg Loj.) Maj. Die Pflanze würde für die Fruchtstellung und -form der *B. Botteri* Vis. vollkommen sich anpassen, nur findet Verf. die Blüthen bei der letzten Art sehr klein. — *Pendulina crassifolia* Loj. (p. 118) = *Diplotaxis crassifolia* DC., *D. pendula* Prsl. — *Silene Porcari* Tin. ined. (p. 158), Rocca di Meb. auf den Felsen der hohen Spitzen der Nebroden; Juni. Mit *Heliosperma Tommasinii* Vis. affin, aber mit kürzeren Blättern und längeren Internodien; Stengelblätter breit lineal zugespitzt sitzend, Wurzelblätter spatelig, aber ganz flach; Kelchzähne kurz, abgerundet eiförmig. — *Dianthus aeolicus* Loj. (p. 163) = *D. rupicola* Loj. etc., auf den vulkanischen Felsen von *Lipari; Cerastium busambarense* Loj. (p. 181, Pl. Sic. var. Cent. II, No. 135), mit *C. hirsutum siculum* Guss. und *C. arvense β. glandulosum* Guss. identificirt, aber ohne jedwede Standortsangabe.

Nebstdem wird als neu für die Insel: *Elatine alsinastrum* L. aus einem Sumpfe bei Diana di Greci angegeben.

Ausser der genannten bringen die übrigen Tafeln nach der Natur und den Habitus der Pflanzen darstellend: *Thalictrum calabricum* Sprng., *Ranunculus coenosus* Guss., *R. macranthus* Tod. ined., *R. rupestris* Guss., *R. fontanus* Prsl., *R. Marchesini* Loj. n. sp. (1886), *Arabis longisiliqua* Prsl., *Erodium soluntinum* Tod., *Hesperis Cupaniana* Guss., *Barbarea sicula* Prsl., *B. bracteosa* Guss., *Cistus florentinus* Lam., *Sinapis virgata* Prsl., *Dianthus contractus* Jan., *Brassica rupestris* Raf. *Cistus Skanbergi* Loj. n. sp. (1884), *Brassica macrocarpa* Guss., *Saponaria depressa* Biv., *Linum punctatum* Prsl. Solla.

467. **Mattei, G. E.** Di due nuove quercie orientali. (Rivista italiana di scienze naturali; an. IX. Siena, 1889. p. 281—282.)

Verf. veröffentlicht als neue Beiträge zur Flora Griechenlands *Quercus macedonica* Alph. DC. **nov. var.** *Heldreichiana* bei Chovolis auf den nördlichen Bergabhängen Arkadiens und *Qu. Muzaura* Balsam ined. (n. sp.) beim Dorfe Sapoto in den Forsten Arkadiens. Solla.

468. **Tornabene, F.** Flora aetnea, vol. I. Catinae, 1889. 8⁰. XL und 256 p.

Verf. publicirt den ersten Band seiner Flora des Aetna, welcher die dicotylen Thalamifloren (im Ganzen 19 Ordnungen umfassend) nach dem Systeme von A. P. de Candolle streng geordnet, begreift. Verf. schickt dem Werke als Einleitung einige diffuse Notizen zu einer „vorläufigen Kenntnissnahme des Berges" voraus, welche die Topographie, die Natur der Laven, die Klimatologie, ferner ganz allgemeine Ueberblicke über die Vertheilung der Gewächse auf dem Aetna und über dessen Vegetationszonen, schliesslich die Bebauung des Berges zum Gegenstande haben. Weiters bespricht ein besonderes Capitel die Autoren, welche botanische Studien am Vulkane gemacht haben, das Capitel ist aber mangelhaft.

Bei der Besprechung der einzelnen Arten giebt Verf. zu einer jeden eine ausführliche lateinische Beschreibung der Pflanze, wobei er von der Blüthe ausgeht und mit den Wurzeln endet; es folgen die Daten über Blüthezeit, Standort — mitunter auch unter Hervorhebung der Natur des Bodens; die Synonymie und Literatur (sammt Iconographie), welche beide jedoch kurz gehalten sind und der Vulgärname, soweit ein solcher bekannt ist.

Solla.

469. **Manzini, V.** Su alcuni fiori alpini. (Ausz. aus Cronaca della Soc. alpina friulana. Udine, 1889.)

Verf. unternimmt eine populäre Schilderung der bekannteren Alpengewächse nach ihren Legenden, ihrem Nutzen in der Volksmedicin (letztere mit Angaben der Pharmakopöen verglichen) und ähnliches. Solla.

470. **Sommier, S.** Erborazioni fuori di stazione. (N. G. B. J., XXI, 1889, p. 482—484.)

Verf. wurde bei einem kurzen Frühjahrsausfluge in die Apuaner Alpen auf folgende Pflanzen aufmerksam, welche für Toscana grösstentheils neu sind:

Bei Ponte nero, von Pracchia aus in das Serchio-Thal hinab, vereinigen sich die litorale und die Vegetation der Berge; so zeigen sich daselbst auf Felsen an fast unzugänglicher Stelle neben *Globularia incanescens* Viv., *Peucedanum Schottii* Bess. und *Bellidiastrum Michelii* Cass. auch *Quercus Ilex* L. und *Viburnum Tinus*. — Von Gallicano weiter bis gegen Vergemoli zu, die seltene *Omphalodes verna* Mnch. In einem Kastanienwalde nächst Gallicano auch *Arum maculatum* L., gerade in Blüthe; ferner *Corydalis ochroleuca* Kch. und *Salix crataegifolia* Bert. mit *Polygala Chamaebuxus* L. — Am Porchette-Passe *Coronilla vaginalis* Lam., bisher für Toscana nicht angegeben. Auf Wiesen zwischen Vergemoli und Petrosciana ein Hybrid zwischen *Primula suaveolens* Bert. und *P. vulgaris* Hds.

Ergänzend bemerkte **F. Caruel** im Frühjahre im Casentino *Gagea lutea* neu für Toscana gesammelt zu haben. Solla.

471. **Micheletti, L.** Sulla presenza della Smyrnium perfoliatum L. e dell' Osyris alba L. nel Monte Murello. (N. G. B. J, XXI, 1889, p. 524–525.)

Verf. erwähnt, dass er am Monte Murello, oberhalb Florenz, in der Höhe von 700—900 m ü. d. M. Exemplare von *Smyrnium perfoliatum* L., und zwar an mehr als einem Punkte gesehen und gesammelt habe. Es mag wahrscheinlich sein, dass die Pflanze durch weidende Pferde aus den toscanischen Maremmen dahin verschleppt worden sei; es habe sich auch ergeben, dass die Zahl der Individuen an der Stelle, wo er schon 1880 die Pflanze zum ersten Male gesammelt, abgenommen habe; ob aber überhaupt damit ein Verschwinden dieser Art verbunden sei, bliebe späteren Nachsuchungen vorbehalten.

Auf demselben Berge sammelte Verf. ungefähr auf 300 m M.H. Exemplare von *Osyris alba* L., die früher von hier nicht bekannt waren. Solla.

472. **Marcialis, E.** Piccola flora spontanea dei dintorni di Cagliari. Cagliari, 1889. 8⁰. 66 p.

Verf. legt ein Verzeichniss von Pflanzen vor, welche in der Umgegend von Cagliari spontan oder wenigstens subspontan vorkommen, und welche er auf mehrjährigen Excursionen gesammelt hat. Das vorgelegte Verzeichniss soll einem wahren Mangel abhelfen und den Neulingen der Wissenschaft zum Nutzen gereichen: es ist aber selbst ausserordentlich lückenhaft und sein vermeintlicher Nutzen beschränkt sich auf die Hervorhebung des Vulgär- und des italienischen Artnamens — wo ein solcher vorhanden — neben den lateinischen Artbezeichnungen. Dass es ferner kein guter Führer sein kann für diejenigen, welche in die Wissenschaft eingeführt sein wollen, liegt auch in der Unmasse von Druckfehlern derart, dass keine einzige Seite frei davon ist.

Verf. führt die einzelnen Arten unter Hervorhebung ihrer Standorte an, nicht bei jeder Pflanze ist auch der Standort angegeben. So weiss man z. B. für *Spergularia diandra* Guss., *Panicum repens* L., *Poa bulbosa* L. etc. etc. gar nicht, wo sie eigentlich vorkommen. Bezüglich der systematischen Anordnung sagt Verf. in der Einleitung, dass er einen Mittelweg [!! Ref.] zwischen jener bei Moris, Flor. sard. und jener bei Arcangeli, Comp. fl ital, eingeschlagen habe.

Angesichts der weiten, in der Einleitung ausführlich gegebenen Versprechen, bleibt man beim Durchblättern des Schriftchens einigermaassen enttäuscht. So scheint es u. a. doch sonderbar, dass gar keine *Rosa*-Art und von Bromsträuchern bloss *Rubus fruticosus* vorkomme, dass in der Familie der Oleaceen nur der Oelbaum aber weder Phillyreen, noch *Ligustrum* noch *Fraxinus* erwähnt sind. Und solches dürfte genügen, wenn nicht näher angegeben wird, wie viele Arten Verf. aufnehme. Erwähnt sei noch, dass neben den Gefässpflanzen auch einige Bryo- und wenige Thallophyten angeführt sind. Ein Verzeichniss der „Abkürzungen", d. i. der abgekürzten Autorennamen beschliesst die sehr unzeitgemässe Schrift. Solla.

473. **Sprengel, C.** Primula Palinuri Pent. (G. Fl., 1889, p. 563.)

Beschreibung der auf dem Vorgebirge Palinuri bei Neapel vorkommenden *Primula Palinuri.*

474. **Solla, R. F.** Ein Tag in Migliarino. (Oest. B. Z., 1889, p. 60—69.)

Verf. schildert die Vegetationsverhältnisse von Migliarino in der Provinz Pisa, 2043 Hectare umfassend. Die einzelnen beim Wandern durch den Pinienforst beobachteten Pflanzen werden aufgezählt.

475. **Armitage, E.** Appunti sulla flora dell'isola di Malta. (N. G. B. J., XXI, 1889, p. 495—500.)

Verf., welcher 4 Wintermonate auf den Zwillingsinseln Malta und Gozo zugebracht, liefert einen Ueberblick über die Flora derselben, soweit er während seines Aufenthaltes daselbst einen solchen sich selbst verschaffen konnte. — Mit wenigen Worten wird die Lage und geognostische Natur der beiden Inseln gegeben; ferner macht Verf. einleitend auf die starke Invasion der alles zerstörenden *Oxalis cernua* aufmerksam, sowie auf das gänzliche Fehlen einer Baumvegetation. Als Repräsentanten der letzteren sieht man nur einzelne niedere Exemplare der cultivirten *Ceratonia Siliqua*, welche in der Ausbreitung ihrer Zweige einen Umfang mit dem Durchmesser von 10 m und darüber erreichen. Wenige Orangen- und Olivenbäume kommen nur an geschützten Stellen vor.

Ueber die Flora der Inseln existirt als jüngste Publication das Verzeichniss von Grech-Delicata (1853); doch findet Verf., dass dieselbe ziemlich mangelhaft mehrere von den gemeineren Arten weglässt. Er selbst hat über 30 Arten, welche in diesem Verzeichnisse nicht genannt sind, beobachtet und schätzt den Reichthum der dortigen Flora auf nicht weniger als 800 Arten. — Beim Ueberblicke dieser Vegetation unterscheidet Verf. 1. die Gewächse der Saaten, der Wege und dergleichen, wobei auf *Galium saccharatum* (Malta) und *G. tricorne* (Gozo) als wahre Plagen jedweder Cultur aufmerksam gemacht wird. In den Wintermonaten sind die genannten Orte recht reichblüthig; 2. die Pflanzen der Felsen und steinigen Thäler mit *Asphodelus ramosus, Narcissus Tazzetta, Scilla sicula, Antirrhinum siculum* etc.; 3. jene der steilen Abstürze im Südwesten: darunter das *Hypericum aegyptiacum, Lygaeum Spartium, Hedysarum capitatum* u. s. w.; 4. jene der flachen Ufer im Nordosten mit: *Frankenia hirsuta, Anthemis secundiramens, Inula crithmoides, Cressa cretica* und dergleichen; 5. beherbergen die flachen Einbuchtungen des nackten Gesteines, welche bei verschiedener Tiefe und Feuchtigkeit einen Durchmesser von 1—5 m haben, eine nicht weniger interessante Flora, die vorwiegend durch *Sedum coeruleum, S. corymbosum, Tillaea muscosa* und dergleichen gegeben ist, aber weiter noch: *Elatine macropoda, Isoëtes Hystrix, Batrachium aquaticum, Zannichellia palustris, Callitriche truncata;* zuweilen auch *Damasonium stellatum* aufnimmt.

Häufig unter den cultivirten Gewächsen ist *Hedysarum coronarium;* auf den Mauern nicht selten ist *Enarthrocarpus pterocarpus.*

Es folgt das Verzeichniss der Arten, welche Verf. bei Delicata nicht angegeben, gefunden hat. Solla.

i. Balkanhalbinsel.

476. **Bornmüller, J.** Beiträge zur Eichenflora des südöstlichen Europa. (B. C., 1889, Bd. XXXVII, p. 129—131.)

Verf. sammelte in Triest: *Quercus Cerris, lanuginosa, crispata, Tergestina, Vukotinovicci;* in Dalmatien: *Qu. lanuginosa* und var. *Budensis* bei Ragusa; *Qu. Tommasinii* bei Ragusa; *Qu. ilex* überall; in der Herzegovina: *Qu. Cerris, conferta* und var. *hungarica,* var. *spectabilis, Qu. lanuginosa, crispata, Budensis, Macedonica* alle bei Domanovic; am Mostarsko Blato: *Q. pinnatifida;* bei Roujica: *Qu. sessiliflora;* in Ostbulgarien: *Qu. Cerris* und var. *cycloloba* und *austriaca, Qu. conferta, lanuginosa, pinnatifida, crispata;* in Attika: *Qu. Ilex* var. *calycina, Aegilops, Pseudococcifera* und *Qu. coccifera;* auf Korfu: *Qu. Haas* var. **atrichoclados** Borb. et Born. n. var., *Qu. infectoria, Qu. pinnatifida* und *sessiliflora.*

477. **Bornmüller, J.** Beitrag zur Flora Dalmatiens. (Oest. B. Z., 1889, p. 333—337.)

Verf. zählt eine grössere Anzahl von neuen Standorten von selteneren Pflanzen auf. Neu für die Flora der österreichisch-ungarischen Monarchie sind: *Erigeron linearifolium* von Budua und *Linum elegans* von Ragusa; neu für Dalmatien sind: *Solanum persicum* auf der Mossonspitze; *Veronica anagalloides* bei Budua; *Teucrium Chamaedrys* var. **Illiricum** Borb. et Born. n. var. bei St. Stefano und Spalato, sowie bei Porto Ré und Sagnia im ungarischen Littorale; *Plantago arenaria* bei Budua.

478. **Formánek, Ed.** Beitrag zur Flora von Bosnien und der Herzegovina. (Oest. B. Z., 1889, p. 22—28, 55—60, 145—147.)

Verf. fährt in der Aufzählung der Pflanzen mit ihren Standorten in Bosnien und der Herzegovina fort; alle Standorte, soweit sie bis jetzt bekannt sind, werden erwähnt. Neu beschrieben werden: *Rosa repens* Scop. f. **Hasaniensis** Form., *R. Neilreichii* Wiesb. f. **Zalinensis** Form. bei Zalni in Bosnien; *R. macrocalyx* Borb. var. **Mokrana** Form. bei Mokra in Bosnien; *R. austriaca* f. **Dobojensis** Form. bei Doboj; *R. mollis* Sm. f. **Erici** Form. bei Serajevo.

479. **Vandas, K.** Beiträge zur Flora von Südherzegovina, Fortsetzung. (Oest B. Z., 1889, p. 14—18, 50—53, 178—181, 266—269, 295—297.)

Verf. fährt in der Aufzählung der von ihm in der Südherzegovina beobachteten Pflanzen fort; neu beschrieben werden: *Hieracium Virga aurea* Coss. var. **subsetosum** Freyn. in litt. von Bogovic; *H. stupposum* Rchb. var. **depilatum** Freyn. in litt. bei Milanov; *Linaria vulgaris* Mill. f. **pubescens** Vand. am Rande des Dabar-polje bei Beljani; *L. lasiopetala* Freyn. var. **apetala** Vand. Brachäcker bei Pridvorci; **Melampyrum fimbriatum** Vand. n. sp. am Gliva bei Trebinje; **Salvia brachyloba** Vand. n. sp. in Südherzegovina zwischen Ulica und Vrbanje bei Orien; **Celtis betulaefolia** Vand. n. sp. am Gliva bei Trebinje 600 m ü. d. Meere.

480. **Szyszyłowicz, Ignace de.** Une Excursion botanique au Montenegro. (B. S. B. France, 1889, p. 113—123.)

Der Verf. beschreibt eine grössere Anzahl neuer Pflanzen aus Montenegro: *Allium carinatum* L. var. **montenegrinum** Beck. et Szysz. n. var. am Dziebeze-Berg; **Cerastium dinaricum** Beck. et Szysz. n. sp. am Kom-Kucki; **Dianthus Nicolai** Beck. et Szysz. n. sp. am Dziebeze; **D. medunensis** Beck. et Szysz. n. sp. um Medun; *Sempervivum Heufelii* Schott. var. **glabrum** Beck. et Szysz. n. var. bei Orahovo, am Vila, am Dzieboze, auf dem Hum Orahovski; *Rosa pendula* L. var. **pseudorupestris** Braun n. var. auf dem Hum Orahovski, am Fusse des Vila im Skrobotusawalde, am Dziebeze; *R. rubrifolia* Vill. var. **praerupticola** H. Braun n. var. am Dziebeze; *R. canina* L. subsp. *nitens* Desv. var. **subfirmula** H. Braun n. var. bei Ljeva, Rjeka; *R. dumalis* Bechst. subsp. *insignis* Gren. var. **dissimilis** H. Braun bei Medun; *R. surculosa* Woods subsp. **rupivaga** H. Braun um Medum; *R. pilosa* Opitz var. **subviolacea** H. Braun am Hum Orahovski; *R. dumetorum* var. **valdefoliosa** H. Braun am Hum Orahovski und bei Orahovo; *R. collina* Jacq. var. **ornata** H. Braun bei Orahovo; *R. agrestis* var. **Milenae** H. Braun bei Ljeva Rjeka; *R. Heckeliana* Tratt. var. **Szyszyłowiczii** H. Braun am Hum Orahovski; var. **montenegrina** H. Braun, häufig in Montenegro; *Betonica officinalis* L. var. **Cernagorae** Beck. et Szysz. bei Orahovo und auf dem Hum Orahovski; *Achillea abrotanoides Visiana* var. **montenegrina** Beck. et Szysz. am Veliki Maglii, am Hum Orahovski; *Cirsium odontolepis* Boiss. var. *montenegrinum* bei Orahovo.

481. **Heldreich, Th. v.** Die Malabaila-Arten der griechischen Flora. (Oest. B. Z., 1889, p. 241—243.)

Es finden sich nach dem Verf. folgende Arten in Griechenland: *Malabaila aurea* Boiss., Attica, Peloponnes, Euböa, Thessalien; *M.* **Bornatiana** Heldr., Corfu, Parnass; *M. involucrata* Boiss. et Spr., Attica, Insel Petalia, Malevo im Peloponnes; *M.* **Parnassica** Heldr. = *M. involucrata* f. humilior *virescens* Heldr. ol. im herb. Graec. norm. No. 660, untere Region des Parnass; *M.* **Psaridiana** Heldr. am Taygetos; *M. obtusifolia* am Schwarzen Meer und auf Euboea.

482. **Gelmi, E.** Contribuzione alla flora dell'isola Corfu. (N. G. B. J., XXI, 1889, p. 446—454.)

Verf. giebt ein Verzeichniss von 220 Gefässpflanzenarten, welche er im Frühjahr auf der Insel Corfu gesammelt: welche Zahl — wie er selbst angiebt — bedeutend vermehrt wäre, wenn er sämmtlichen blühenden Gewächsen seine Aufmerksamkeit geschenkt hätte. — Wenige Worte über das Aussehen der Insel und über deren Reichthum an Olivenformen werden vorangeschickt; die letzteren verhindern in den heissen Sommermonaten eine allzustarke Verdunstung des Bodens und vermögen daher, selbst zu jener Jahreszeit, eine lebensfrische Vegetationsdecke zu erhalten.

Die Arten sind einfach mit Standortsangabe aufgezählt. Darunter: *Silene Ungeri* Fenzl. mit fraglicher Angabe über die Richtigkeit der Bestimmung. *Chamaepeuce gnaphalodes* DC., bisher bloss aus Calabrien bekannt. Eine zweifelhafte, nicht näher benannte *Fritillaria*-Art zwischen *F. latifolia* und *F. pontica* ist einzureihen. *Poa Balbisii* Parl., bisher bloss aus Sardinien angegeben. Solla.

483. **Seidel, C. F.** Peucedanum aegopodioides. Isis, 1888. p. 86—92.

Verf. bespricht und beschreibt *Peucedanum aegopodioides*, welche in den Gebirgsgegenden Macedoniens im District Bitolia oberhalb Brusnik gesammelt wurde.

484. **Goesche, Franz.** Pinus Peuce Griseb., die rumelische Kiefer. Mit Abbildung. (G. Fl., 1889, p. 341.)

Besprechung der in Rumelien vorkommenden *Pinus Peuce*.

485. **Gheorghieff, St.** Beiträge zur Flora von Südbulgarien (Thracien). (Sep.-Abdr. aus Sbornik za narodni umotidorenija, nauka, kniznina, herausgegeben vom Ministerium des Unterrichts in Bulgarien, Bd. I, 1889. Sophia, 1889.)

Ein Referat ist nicht eingelaufen.

486. **Beck, Günther v.** Pinus leucodermis Ant., eine noch wenig bekannte Föhre der Balkanhalbinsel. (Wiener Gartenzeitung, 1889, Heft 4.)

487. **Beissner, L.** Pinus excelsa Wall. var. Peuce Griseb., die rumelische Weymouthskiefer. (G. Fl., 1889, p. 403.)

Beschreibung der Pinus Peuce, die in Bulgarien vorkommt.

488. **Velenovsky, J.** Lepidotrichum Vel. Born., eine neue Cruciferen-Gattung. (Oest. B. Z., 1889, p. 322—324.)

Verf. charakterisirt die neue Gattung **Lepidotrichum** Vel. Born.; die einzige Species ist *L. Uechtritzianum* Born. sub. *Pstilotricho* bei Varna am Schwarzen Meer wachsend.

489. **Candargy, C. A.** Flore de l'île de Lesbos. Plantes sauvages et cultivées. 8⁰. 64 p. Uster-Zürich, 1889.

Nicht zugänglich.

k. Karpathenländer. Ungarn, Galizien, Siebenbürgen, Rumänien.

490. **Sagorski, E.** Die Rosen der Hohen Tatra und der nächsten Umgebung. (D. B. M., 1889, p. 141—146, 161—166.)

Verf. zählt die in der Hohen Tatra und der nächsten Umgebung vorkommenden Rosen auf. Es sind dies: *R. austriaca, turbinata, pimpinellifolia, R. alpina* und var. *lagenaria, pubescens, balsamea, adenosepala, adenophora, R. umbelliflora, inodora, scabrata, nitidula*, *R. Jundzilli* var. *minor*, *R. coriifolia* et var. *pycnacantha*, *patens*, *Schemnitzensis*, *R. incana* und var. *tmetosepala* und *Kmetiana*, *R. Vagiana* und var. *conjuncta*; *R. solstitialis*, *R. obtusifolia*, *uncinella* in den Varietäten *ciliata* und **Tatrae** n. var., *R. collina*, *R. Ilseana* und var. **pubescens** n. var., *R. Mankschii* Kit., *R. glauca* in den var. *complicata*, *pilosula*, *acutifolia* und *imponens*, *R. sphaerica*, *canina* var. *Lutetiana* und *nitens*, *R. spuria* und var. *fissidens* und *oenophora*, *R. dumalis* und var. *laxiphylla* und *rubelliflora*, *R. podolica*, *sphaeroidea*, *eriostyla*, *R.* **subalpina** 'H. Br. in lit. n. sp. bei Belá-Höhlenhain.

491. **Borbás, Vinc. de.** Tilia Richteri Borb. n. sp. hybr. (T. cordata [T. parvifolia] × super-petiolaris) und zu der Geschichte der Silberlinde. (B. C., 1889, Bd. XXXVII, p. 161—168.)

Verf. beschreibt die von Richter im Marilla-Thale bei Oravitza beobachtete Linde. Bezüglich der *Tilia tomentosa* werden vom Verf. folgende Formen unterschieden: var. *parvifrons* von Talmás in Siebenbürgen, var. *virescens* Spach. von Talmas, am Domugled beim Herkulesbad und bei Oravitza; *pannonica* und var. *sphaerobalana* bei Orovatza, Carlowicz und St. Margarethen-Insel in Budapest.

492. **Richter, Vincenz Aladár.** Zwei für die Flora von Ungarn neue Soldanellen: Soldanella minima Hopp. und S. pusilla Baumg. × S. montana Willd. n. hybr. nebst Bemerkungen zum Artikel: das Artenrecht der Soldanella hungarica von Dr. Eustach Woloszczak. (Engl. J., 1889, Bd. 11, p. 359—466.)

Verf. theilt zunächst mit, dass *Soldanella minima* ein Bewohner der „Gyomber's" in Ungarn sei; weiter wird *S.* **superpusilla** × **montana** Richt. n. hybr. beschrieben in den Karpathen und wahrscheinlich von der Marmaroscher Petrosa stammend; *S. hungarica* ist eine Mittelform von *S. alpina* und *montana*.

493. **Borbás, V. v.** Die Hybriden der pentapetalen Linden. (D. B. M., 1889 p. 1—6.)

In pflanzengeographischer Beziehung bemerkt Verf. nur, dass *Tilia Budensis* Borb., *T. subflavescens* Borb. und *T. subparviflora* in den Ofener Wäldern vereinzelt vorkommen.

494. **Borbás, V. v.** Correspondenz aus Budapest. (Oest. B. Z., 1889, p. 73—74.)

Verf. bemerkt, dass er *Prangos ferulacea* beim Eisernen Thore fand; dort wächst auf Wiesen *Trifolium patens* und *Poa silvicola*. *Prangos* wächst nicht in Ungarn; in der Wallachei nächst Orsova wachsen: *Thesium elegans*, *Jasione Jankae*, *Tunica Haynaldiana* *Gymnogramme Marantae*. In Remete in Siebenbürgen wachsen: *Rosa dacica*, *R. uncinella* var. *ciliata* und *R. spuria*.

495. **Simonkai, L.** Bemerkungen zur Flora von Ungarn. (Oest. B. Z., 1889, p. 13—14, 54—55, 137—140.)

Verf. beschreibt **Inula Méneslensis** *(obvallata × pleiocephala)* Sim. n. hybr. auf den Méneser Bergen heimisch, wo *I. salicina* und *I. cordata* nicht vorkommen. *Bromus Baumgarteni* wird neu beschrieben, er stammt aus Siebenbürgen; ebenso *B. Barcensis* Simk. am Czenk bei Brasovia; *Alchemilla pilosissima* Schur ist identisch mit *A. acutiloba* Stev., folglich kommt *A. acutiloba* in Siebenbürgen vor; *Verbascum grandicalyx (Blattaria × subaustriacum)* Simk. wächst bei Temesest im Comitate Arad und *V. vidavense* von Vida im Comitate Bihar ist *V. austriacum × sub-Blattaria*.

496. **Simonkai, L.** Correspondenz aus Arad. (Oest. B. Z., 1889, p. 38.)

Verf. theilt mit, dass er *Centaurea Gaudini* bei Balaton-Füred auf dem Tormányhégy in Ungarn traf.

497. **Celakovsky, L.** Althaea armeniaca Ten. in Ungarn. (Oest. B. Z., 1889. p. 285—287.)

Verf. bemerkt, dass *Althaea armeniaca* Ten. bei Ofen und bei Gran gefunden wurde; sie gehört sonst dem Oriente an; sonst kommen in Ungarn noch *A. cannabina* und *micrantha* vor.

498. **Woloszczak, Eustach.** Ueber das Artenrecht der Soldanella Hungarica Simk.

In der einleitenden Bemerkung führt Verf. in pflanzengeographischer Beziehung an, dass *Melampyrum saxosum* auf der Czorna Hora, und zwar auf dem Pop Iwan vorkomme und bis in die Bukowina reiche, während *Melampyrum silvaticum* im Chomiok bei Tartarow am Peuth häufig sei, aber bis zum Pop Iwan nicht mehr reiche. *Soldanella Hungarica* von der Czorna Hora hält W. für eine gute Art.

499. **Borbás, V.** A Lembergi Egyetem Herbariumában levő Schur-féle erdélyi szegfüvekről. Die im Lemberger Universitätsherbarium aufbewahrten siebenbürgischen Nelkenarten. (Természetrajzi Füzetek, vol. XII. Budapest, 1889. p. 40—53 [Ungarisch und Lateinisch], p. 55—56 [Deutsch].)

Verf. untersuchte die von Schur im Lemberger Universitätsherbar niedergelegten siebenbürgischen Nelken und giebt darüber kritische Bemerkungen. Verf. beschreibt und bespricht 18 siebenbürgische Nelken, darunter *Dianthus digeneus* Borb. (*D. monspessulano* × *superbus*), aber ohne Fundort; daher wahrscheinlich Gartenpflanze. — *D. brachyanthus* Schur wird als *D. Carpaticus* (*D. callizonus* × *tenuifolius*) beschrieben. Staub.

500. **Csato, J.** Kirándulás a Királykőre. Excursion in alp. Királykö. (Magy. Növényt. Lapok. Kolozsvár, 1889, Bd. XIII, p. 53—60 [Ungarisch].)

Verf. beschreibt eine Excursion auf die Alpe Királykö bei Brassó und zählt die unterwegs gesammelten Pflanzen auf. Die Revision derselben verdankt Autor Herrn Dr. Simonkai. Staub.

501. **Schilberszky, K.** A hévvizi tündérrózsa budai termőhelye. Der Standort von Nymphea thermalis DC. bei Budapest. (Természettud. Közlöny, Budapest, 1889, Bd. XXI, p. 370—374. Mit 1 Abb. — Kertészeti Lapok., IV. Jahrg., p. 177—180. Mit 1 Abb. [Ungarisch].)

Verf. schildert den Standort von *Nymphea thermalis* DC. bei Budapest. Da derselbe in Folge der Strassenregulirung in kurzer Zeit übermauert und so die Existenz dieser Pflanze gefährdet wird, giebt der Verf. auch eine Abbildung des Standortes. Derselbe befindet sich am Fusse des Josefberges, wo die das Lucasbad nährenden Thermen entspringen. In den von diesen gebildeten kleinen See wurde *N. thermalis* im Jahre 1800 von Paul Kitaibel verpflanzt, der die Pflanzen von Grosswardein mit sich brachte. Die Temperatur der Therme bei Grosswardein beträgt ca. 33,75—41,25° C.; die des Lucasbades 26° C.; was eine Differenz von 7—15° giebt; bemerkenswerth ist ferner, dass die Grosswardeiner Therme keine Schwefelverbindung enthält und überhaupt dem gewöhnlichen Trinkwasser nahe steht; während die Therme des Josefsberges entschieden schwefelig ist und auch sonst quantitativ und qualitativ von der Grosswardeiner abweicht. Die Pflanze blüht bei Budapest von anfangs Juni bis Ende October. Staub.

502. **Flatt, K. v.** A Pirus salicifolia Pall. hazánkban. Pirus salicifolia Pall. in Ungarn. (Magyar Növényt. Lapok. Klausenburg, 1889. Bd. XIII, p. 23—24 [Ungarisch].)

Verf. berichtet, dass sich auf der Besitzung des Gr. Zichy bei Alsó Lugos im dortigen Obstgarten mehrere Exemplare von *Pinus salicifolia* Pall. vorfinden. Verf. besitzt diesen Baum auch in seinem eigenen Garten. Seine Früchte haben herben Geschmack. Staub.

503. **Weber, S.** Ein Alpendorf in der Hohen Tátra. (Jahrb. d. Ung. Karpathen, Ver. Jahrg. XVI. Igli, 1889. p. 14—22 [Ungarisch und Deutsch].)

Verf. sammelte am 30. Juli 1888 in der Umgebung des kleinen Dorfes Zseljár in der Hohen Tátra (1072 m) Pflanzen, die er namentlich aufführt. Staub.

504. **Richter, A.** Gömör megye Rosaceái és még néhány adat. Szepesés abauj-Torna megyék Rózsa-Féléinek ismeretéhez. Die Rosaceen des Comitates Gömör und noch einige Daten zur Kenntniss der Rosaceen der Comitate Szepes und Abanj-Torna. (Természetrajzi Füzetek, vol. XII. Budapest, 1889. p. 1—12. Mit 1 color. Tafel. [Ungarisch].)

Verf. giebt Beiträge zur Rosaceenflora der Comitate Gömör, Szepes und Abanj-Torna in Nordungarn. Im Ganzen werden vom Autor 87 Arten aufgezählt. Diagnostische Bemerkungen und Fundortsangaben in lateinischer Sprache. Als neue Art wird beschrieben und abgebildet *Rubus Fabryi* vom Badeorte Stóosz im Comitate Abanj-Torna. Als neue Rosenvarietäten finden wir eine *Rosa subduplicata* Borb. var. *albiflora* und von *R. pendulina* L. eine II. var. und *Foliolis subsimpliciter serratis*. Staub.

505. **Borbás, V.** Vasvármegye növényföldrajza és flórája. Geographia atque enume-

ratio plantarum Comitatus Castriferrei in Hungaria. (Herausg. vom landwirthschaftlichen Vereine des Comitates Vas. Szombathely 1887/88, 395 p. [Ungarisch mit lateinischen Diagnosen].)

Verf. schildert die pflanzengeographischen und floristischen Verhältnisse des Comitates Vas in Ungarn. Im ersten Theile finden wir die Oro- und Hydrographie und Geologie des Comitates; ferner die Beschreibung des Bodens und dessen Einfluss auf die Vegetation; die Flora des Comitates im Allgemeinen, Beschreibung der einzelnen Excursionen des Verf.'s u. s. w., endlich folgt von p. 136 an die systematische Aufzählung der aus diesem Gebiete bekannt gewordenen Pflanzen, u. z. **Thallophyta**. *Algae* 33 Species, davon 3 vom Verf. selbst bestimmt; die vierte ist die fossile Kalkalge *Lithothamnium;* die übrigen 29 bestimmte Gg. Istvánffy nach an von B. gesammelten *Utricularia vulgaris* gefundenen Arten; *Characeae* (3); *Fungi* (206) zusammengestellt nach Clusius, Chernel und des Verf.'s eigenen Beobachtungen; *Lichenes* (40), *Hepaticae* (8), *Musci frondosi* (82), *Equisetaceae* (10), *Polypodiaceae* (25), *Ophioglossaceae* (1), *Lycopodiaceae* (1). — **Gymnospermae** (9). — **Monocotyledones**. *Gramineae* (121), darunter *Aira pratensis* L. var. *megastachya, Molinia coerulea* (L.) Pol. var. *vivipara, Koeleria cristata* (L.) var. *pubiculmis* Hack. in lit., *Festuca pseudoovina* Hack. var. *subpruinosa, F. pallens* Host c), *pseudorepens, Lolium temulentum* L. b.), *leptostachyum*; *Cyperaceae* (61), darunter die neuen Varietäten und Formen von *Carex vulpina* L. var. *composita* et var. *vivipara, C. virens* Lam. var. *subpaniculata, C. Gondenowii* Gray f. *subnuda, C. flacca* Schreb. b) *semiscabra*, — *Alismaceae* (3), *Butomaceae* (1), *Juncaceae* (13), *Melanthaceae* (4), *Liliaceae* (28), *Smilaceae* (7), *Dioscoreae* (1), *Hydrocharideae* (2), *Irideae* (6), *Amaryllideae* (3), *Orchideae* (28), *Najadeae* (9), *Aroideae* (1), *Typhaceae* (6). — **Dicotyledones**. *Ceratophylleae* (1), *Callitrichineae* (3), *Betulaceae* (6), *Cupuliferae* (9), *Ulmaceae* (3), *Moreae* (2), *Urticaceae* (3), *Cannabineae* (2), *Salicineae* (19), *Salsolaceae* (22), *Amarantaceae* (5), *Polygoneae* (24), *Santalaceae* (4), *Daphnoideae* (3), *Aristolochiaceae* (2), *Plantagineae* (5), *Valerianeae* (8), *Dipsacaceae* (13), darunter *Knautia arvensis* (L.) var. *dipsacoides, Scabiosa ochroleuca* L. var. *aequiflora*, — *Compositae* (74), darunter *Inula hirta* L. var. *angustata, Cynarocephalae* (43), darunter *Cirsium Castriferrei* n. sp, *C. Tataricum* (L.) var. *haplophyllum pinnatum* et *purpurascens, C. Siegerti* Schultz Bieb. var. *monocephalum, Cichoriaceae* (62), darunter *Hieracium Castriferrei* n. sp., *H. melanocalathium* n. sp., *H. bifurcum* Cnrt. b. *seminiveum* et d., *eflagellum, H. spermacrotrichum* var., *V. praealtum* Vill. var. *decipiens* et *sublongisetum, H. murorum* L. var. *subplumbeum* et *parvifrons, H. boreale* Fr. var. *brevifrons, H. umbellatum* L. var. *flaccidifolium, Ambrosiaceae* (2), *Campanulaceae* (13), darunter *Campanula rotundifolia* L. var. *tenuissima, C. patula* L. var. *platyphylla, Rubiaceae* (28), darunter *Galium palustre* L. var. *submollugo, Lonicereae* (6), *Oleaceae* (3), *Apocynaceae* (1), *Asclepiadeae* (2), *Gentianae* (9), *Labiatae* (94), darunter *Mentha Kunzii* n. sp., *M. Szensyana* n. sp., *M. peracuta* n. sp., *M. levipes* n. sp., *M. arvensis* L. var. *oxyodonta;* ferner *Thymus Carniolicus* n. sp., *Th. Radoi* n. sp., *Th. Braunii (spathulatum* × *subcitratus)* n. h., *Th. subhirsutus* Borb. et Braun *(Th. Lövyanus* × *spathulatus), Th. salvifrons* Borb. et Braun, (*Th. brachyphyllus* Borb., ferner *Th. spathulatus* Op. var. *Castriferrei, Salvia pratensis* L. var. *dichroa, Prunella intermedia* Link. var. *angustifolia, Galeopsis Frehi* n. sp., *G. pubescens* Bess. var. *setulosa, G. flavescens* n. sp. und *Ajuga Genevensis* L. var. *roseiflora, Verbenaceae* (1), *Asperifoliae* (32), darunter *Pulmonaria angustifolia* L. var. *leucantha, Convolvulaceae* (7), *Solanaceae* (11), *Scrophularinae* (63), darunter *Veronica Kovacsii* n. sp., *Verbascum Austriacum* Schott. var. *ochroleucum, Euphrasia Rostkoviana* var. *minoriflora, Melampyrum commutatum* Tausch b. *angustifrons, Orobancheae* (9), darunter *Orobanche lutea* Bmg. var. *podantha, Utricularieae* (2), *Primulaceae* (11), *Ericaceae* (1), *Vaccinieae* (2), *Pirolaceae* (6), *Monotropeae* (2), *Umbelliferae* (62), darunter *Heracleum macranthum* n. sp., *H. chloranthum* var. *pisiforme, Pastinaca opaca* var. *stenocarpa, Angelica silvestris* L. var. *rubriflora, A. montana* Scheich. var. *roseiflora, Araliaceae* (2), *Corneae* (2), *Loranthaceae* (2), *Crassulaceae* (9), darunter *Sempervivum adenophorum* n. sp., *Saxifragaceae* (4), *Ribesiaceae* (3), *Ranunculaceae* (49), darunter *Thalictrum elatum* Jacq. var. *substipellatum, Th. subsphaerocarpum* n. sp, *Th. glaucescens* L. var. *eumicrophyllum, Aquilegia vulgaris* L. var. *adeno-*

poda, *Berberideae* (1), *Papaveraceae* (11), darunter *Papaver Rhoeas* L. var. *macrocephalum*, *Cruciferae* (72), darunter *Thlaspi Goesingense* Hal. var. *truncatum* et *cochleatum*, *Th. alpestre* L. var. *stenopetulum*, *Resedaceae* (2), *Nymphaeaceae* (4), *Cistineae* (1), *Droseraceae* (1), *Violaceae* (18), darunter *Viola Szilyana* n. sp, *V. hirta* L. var. *subciliata*, *Cucurbitaceae* (7), *Portulacaceae* (1), *Caryophyllaceae* (58), darunter *Arenaria serpyllifolia* L. var. *pusilla*, *Phytolaccaceae* (1), *Malvaceae* (8), *Tiliaceae*, darunter *Tilia Hazslinszkyana* n. sp., *T. cordata* Mill. f. *macrodonta*, *Hypericineae* (7), *Elatineae* (1), *Tamariscineae* (2), *Acerineae* (3), *Hippocastaneae* (2), *Polygaleae* (5), *Staphyleaceae* (1), *Celastrineae* (2), *Ampelideae* (2), *Rhamneae* (2), *Euphorbiaceae* (22), darunter *Euphorbia falcata* L. var. *pseudoerythrosperma*, *Juglandeae* (1), *Diosmeae* (1), *Rutaceae* (1), *Geraniaceae* (11), *Lineae* (7), *Oxalideae* (2), *Balsamineae* (1), *Oenotherae* (21), darunter *Epilobium Radoi* (*E. super-collinum* × *Lamyi*) und *E. Castriferrei* (*E. collinum* × *obscurum*), *Halorageae* (4), *Lythrarieae* (3), *Pomaceae* (11), *Rosaceae* (124), darunter *Rosa Kuneii* n. sp., *R. Austriaca* Cr. var. *dearmata*, *delanata*, *subglandulosa*, *magnifica*, *fruticans*, *R. victoria*, *Hungarorum* n. sp., *R. Batthyanyorum* n. sp., *R. canina* var. *α. fissidens*, *R. laxifolia* n. sp., *R. uncinella* var. *ciliata*, *subatrichostylis* et *heterotricha*, *R. subbiserrata* n. sp., *R. coriifolia* Fr. var. *trichostylis*, *R. globularis* Fr. var. *atroviridis* et *acutifolius*, *R. scabrata* Crép. var. *subrotunda*, *R. oligoseta* Borb. et Kmet., *R. Beytei* n. sp., *R. Zalana* Wierzb. var. *Piersiana*, *R. micrantha* Im. var. *semitomentella*, *R. flaccida* Déségl. var. *Castriferrei*, *R. pendulina* L. var. *acanthoderium*, ferner *Rubus Szaboi* n. sp., *R. bifrons* Vukot. var. *heterotrichus*, *R. Hunfoloyanorum* n. sp., *R. Batthyanyanus* (*superbifrons* × *cardiophyllus*)? *R. chlorthyrsus*? vel. sp. div., *R. ditrichoclados* n. sp., *R. Clusii* n. sp. et var. *perglandulosus*, *R. Goencyanus* n. sp., *R. hirtiformis* n. sp., *R. Haynaldianus* n. sp. et var. *peradenoclados*, *R. Schleicheri* Wke. var. *isandrogynus* et *Piersianus*, *R. subaculeatus* n. sp. et var. *longifrons* et *percymosus*, *R. hirtus* Wke. var. *subdiscolor*, *R. Koefalvianus* n. sp., *R. Waisberkeri* n. sp., *R. semitomentosus* n. sp., *R. corylifolius* n. sp. et var. *grandifrons*, *R. Berthae* n. sp., *R. caesius* L. var. *microdontus*, *Potentilla Wiemanniana* Günth. et Schum. var. *sublaciniata*, *P. argentea* L. var. *cinerascens*, *P. canescens* Bess. var. *polyodonta*, *P. pilosa* Willd. var. *viscidula*, *Amygdaleae* (10), *Papilionaceae* (84), darunter *Cytisus supinus* L. var. *semiglaber* et *macrotrichus*, *Medicago varia* Mart. var. *adenocarpa*. In dieser Enumeration sind die cultivirten Pflanzen nur zum Theile berücksichtigt, insoferne sie mit laufender Nummer angeführt werden. Staub.

506. **Haynald, L.** Gedenkrede über P. E. Boissier, gehalten in der ungarischen wissenschaftlichen Akademie am 26. November 1888. (Magy. Növényt. Lapok. Klausenburg 1889, Bd. XIII, p 5—22 [Ungarisch].)

Verf hielt über P. E. Boissier eine tiefgefühlte Denkrede, in welcher er das wissenschaftliche und humane Wirken des Verstorbenen ausführlich schildert. Staub.

507. **Richter, Aladár.** Rubus Fábryi Al. Richt. n. sp. und Rosa subduplicata Borb. var. n. albiflora A. Richt. (Bot. C., XXXVIII, 1889, p. 817—819.)

Verf. beschreibt **Rubus Fábryi** A. Richt. n. sp. von Stooszens im Comitat Albany-Torna in Ungarn.

508. **Błocki, Br.** Rosa gypsicola n. sp. (Bot. C., Bd. XXXIX, p. 246—247.)

Verf. beschreibt **Rosa gypsicola** Bł., die an Waldrändern in Raczanówka bei Skatat in Nordostgalizien auf Gypsboden gefunden wurde.

509. **Błocki, Br.** Rosa thyraica n. sp. (Bot. C., Bd. XXXIX, 1889, p. 311—312.)

Verf. beschreibt **Rosa thyraica** n. sp., die Pflanze wächst an den Abhängen des Dniester und Seret in Südostgalizien bei Bilcze, Błyszczanka, Sinkow, Dobrowlany u. Horodnica.

510. **Błocki, Br.** Rosa Knappii n. sp. (Bot. C., 1889, Bd. XL, p. 197—198.)

Verf. beschreibt **Rosa Knappii** Bł. n. sp., welche Art am Strypaflusse zwischen Przewłoka und Buczacz in Südostgalizien vorkommt.

511. **Błocki, Br.** Rosa Ciesielskii n. sp. (Oest. B. Z., 1889, p. 189—190.)

Verf. beschreibt **Rosa Ciesielskii** Bł. n. sp. von Hołosko nächst Lemberg.

512. **Błocki, Br.** Rosa pseudocaryophyllacea spec. nov. (Oest. B. Z., 1889, p. 154—155.)

Verf. beschreibt **Rosa pseudocaryophyllacea** Bł. n. sp. am Seretfluss bei Bilcze,

Błyszczanka und Monasterek in Südostgalizien; *Rumex Kerneri* wird in *R.* **Borbasii** Bł. umgetauft; *Festuca glaucantha* wächst auf der Krolewska góra; *Sesleria coerulea* kommt auf der Ksieza góra vor und *S. Heufleriana* am Dniester in Horadnica in grosser Menge.

513. **Błocki, Br.** Potentilla Knappii n. sp. (Oest. B. Z., 1889, p. 8.)

Verf. beschreibt **Potentilla Knappii** Bł. n. sp., die Pflanze findet sich auf Sandtriften der Kortumowa góra bei Lemberg und bei Hołoska und Brzuchowice bei Lemberg.

514. **Borbás, V. v.** Tilia semicuneata Rupr. ? in Galizien. (Oest. B. Z., 1889, p. 44—45.)

Verf. berichtet, dass er von Błocki aus dem Kaiserwäldchen bei Lemberg eine Linde erhielt, welche *T. semicuneata* sein dürfte; letztere stammt aus Russland.

515. **Błocki, Br.** Rosa Tynieckii n. sp. (Oest. B. Z., 1889, p. 311.)

Verf. beschreibt **Rosa Tynieckii** Bł. n. sp., die Pflanze wächst in Raczanówka bei Skałat in Nordostgalizien.

516. **Błocki, Br.** Potentilla Tynieckii n. sp. (Oest. B. Z., 1889, p. 49—50.)

Verf. beschreibt die am kleinen Sandberge bei Lemberg gesammelte **Potentilla Tynieckii** Bł. n. sp.

517. **Wołoszczak, Eug.** Kritische Bemerkungen über siebenbürgische Weiden. (Oest. B. Z., 1889, p. 291—295, 330—332.)

Verf. durchsuchte das Schur'sche Herbarium und bringt auf Grund seiner Untersuchung in pflanzengeographischer Hinsicht folgende Thatsachen. *Salix pentandra* kommt vor bei Hermannstadt und Kronstadt; *S. fragilis* von Tolmacs; *S. Russelliana* in den galizischen Karpathen; *S. alba* dürfte unter 700 m Höhe nicht selten sein; *S. amygdalina* aus der Arpascher Tannenregion, aus Hermannstadt und Kronstadt, Aluto bei Talmács; *S. undulata* findet sich nicht, dagegen *S. amygdalina* × *viminalis* in der Form *hippophaëfolia; Salix daphnoides* bei Treck an der Aluta; *S. Pontederana* ist aus der Flora Siebenbürgens zu streichen; *S. sordida* aus Talmács und Carona; *S. sericans* aus Vecken und von einem nicht näher bezeichneten Standort; *S. nigricans* in Bucses und auf den Kreceforer Alpen; *S. silesiaca* in den galizisch-ungarischen Karpathen gemein. Das Vorkommen von *S. appendiculata* ist zweifelhaft; *S. hastata* vom Kuhhorn, Retyezat, Bucsées und Kercsesoer Alpen. Fayaraser Alpen, Sienathal.

518. **Procopianu-Procopovici, A.** Relativ la Flora Monastirei Slatina. (Le Bull. de la Société des méd. et des naturalistes de Jassy, vol. III, 1889, No. 2, p. 57—65 [Rumänisch].)

Ein Referat ist nicht eingegangen.

l. Russland.

519. **Eismond, A. P.** Verzeichniss der wildwachsenden Pflanzen, gesammelt in den Umgebungen der Stadt Rischinew im Frühsommer des Jahres 1886. (Memoiren der neurussischen Naturf.-Ges., Bd. XIV, 1889, Heft 1, p. 209—230. 8⁰. Odessa, 1889. [Russisch].)

Ein Referat lief nicht ein.

520. **Regel, Robert.** Ueber die Pflanzencolonisation im Gouvernement St. Petersburg. (Arb. der St. Petersburger Naturf.-Ges., Bd. XIX, Abth. Botanik, 1888, p. 8—17 [Russisch].)

Ein Referat ist nicht eingelaufen.

521. **Busch, N.** Materialien zur Flora des Gouvernements Wjatka, Lief. 1. Flora der Kreise Wjatka, Orlow und Nolinsk. (Arb. der Naturf.-Ges. an der Kais. Universität Kasan, Bd. XXI, 1889, Heft 2. 8⁰. 148 p. Kasan, 1889. [Russisch].)

Ein Referat ist nicht eingegangen.

522. **Akinfieff, J. J.** Die Vegetation der Umgegend der Stadt Ickaterinoslaw am Ende des ersten Jahrhunderts ihrer Existenz. 8⁰. Mit Bildern und Plänen. Ickaterinoslaw, 1889. [Russisch].)

Ein Referat lief nicht ein.

523. **Lipsky, Wladimir.** Die Flora Bessarabiens. (Denkschr. der Kiewer Naturf. Ges., Bd. X, 1889, No. 2, Kiew [Russisch].)

Ein Referat ist nicht eingelaufen.

524. **Kusnetzoff, N. J.** Reisen in die Kubanschen Berge. (Vorläufiger Bericht über

pflanzengeographische Forschungen an der Nordseite des Kaukasus. Nachrichten der k. Russ. Geogr. Ges., Bd. XXV, 1889, Petersburg [Russisch].)

Referat nicht eingelaufen.

525. **Kippen, Fr. Th.** Geographische Verbreitung der Holzgewächse des europäischen Russlands und des Kaukasus. Theil II. 8⁰. IV, 592 p. Mit 5 Karten St. Petersburg, 1889.

Referat nicht eingelaufen.

526. **Kaufmann, N.** Moskauer Flora oder Beschreibung der höheren Pflanze und Pflanzengeographie. Skizze des Gouvernements Moskau. 2. verb. u. verm. Aufl. von P. Majewsky. 8⁰. XXXVIII, 761 p. Moskau, 1889 (Russisch).

Ein Referat ist nicht eingelaufen.

527. **Meinshausen, K. F.** Die Sparganien Russlands, insbesondere die Arten der ingermanländischen Flora. Ein Beitrag zur Kenntniss der russischen Flora. (Bull. de la Soc. des naturalistes de Moscau, 1889, p. 167—175.)

Verf. bespricht die Sparganien Russlands; es sind folgende: *Sparganium ramosum* Huds. in der nördlichen Hemisphäre des östlichen und westlichen Welttheiles, ebenso *Sp. simplex* Huds. *Sp. simplex* var. **gracilis** Meinsh. n. var. auf magerem Boden im nördlichen Tieflande; *Sp. fluitans* Fries im Ingrien im Nordgebiete; *Sp. stenophyllum* Mass. Südostmandschurei, beim Dorfe Nikolsk, auch Neuseeland; *Sp. natans* im Norden, südliche Gebirgsgegenden nicht unter 3000′; *Sp. minimum* in ganz Europa; *Sp. oligocarpum* Angstr. in Ingrien noch nicht beobachtet; *Sp.* **ratis** Meinh. n. sp. in kleinen Seen des nördlichen Ingriens; *Sp.* **septentrionale** Meinsh. n. sp. im Nordgebiete Ingriens auf Moorboden; *Sp. angustifolium* Michx. im nördlichen Skandinavien, im russischen Lappland, am Remi-Flusse, nicht in Ingrien.

528. **Rothert, W.** Ueber die Vegetation des Seestrandes im Sommer 1888. (Correspondenzblatt des Naturf. Ver. zu Riga, XXXII. Riga, 1889. p. 37—45.)

Verf. berichtet, dass die See von Majorenhof bis Bullen wenige Meter vom Ufer entfernt, eine schmale Sandinsel bildete, zwischen dem Strande und sich eine meilenlange, vom Meere fast völlig abgeschiedene Lache lassend. Diese Lache, als auch eine ziemliche Zone des Strandes war im Mai und Juni von einer ziemlich üppigen Vegetation besetzt. Es fanden sich: *Juncus bufonius, Ranunculus sceleratus, Rumex maritimus, Veronica anagallis, Limosella aquatica, Festuca distans, Glyceria fluitans* und einige andere, auch sonst am Ufer vorkommende Species. Auf dem trockneren Ufersande wuchsen: *Chenopodium album, glaucum, Atriplex hastatum, Polygonum aviculare, lapathifolium, Senecio vulgaris, Capsella bursa pastoris, Nasturtium palustre, Sisymbrium Sophia, Erysimum cheiranthoides, Potentilla Anserina, Poa annua, Triglochin palustris, Medicago lupulina, Stellaria media, Sagina nodosa, Chrysanthemum inodorum, Polygonum Convolvulus, Silene inflata, Lycopsis arvensis,* also theils Ruderalpflanzen, theils in der Nähe wachsende Species; nach einigen Stürmen im Juli war die Vegetation verschwunden.

529. **Rostowzew, S.** Ein interessanter Wohnort wilder Pflanzenformen, oder Verzeichniss der auf der „Galitschja Gora" wildwachsenden Pflanzen. (Bot. C, 1889, Bd. XL, p. 305—310, 336—341, 369—372, 401—407.)

Verf. bespricht zunächst die Lage Galitschja Gora am rechten Ufer des oberen Don, ein steiles, felsiges Ufer, etwa eine Werft (1,006 Kilom.) lang mit 15000 □Faden = 6250 □m Flächeninhalt. Die Flora ist höchst interessant und enthält 357 Arten in 223 Gattungen. Seltenheiten sind: *Thalictrum angustifolium, Sisymbrium pannonicum, Euclidium syriacum, Neslia panniculata. Chorispora tenella, Viola persicifolia α. elatior; Gypsophila altissima, Silene inflata, viscosa, Cucubalus baccifer, Arenaria graminifolia γ. procumbens, Linum nervosum, Hypericum elegans, Citysus biflorus, Oxytropis pilosa, Astragalus austriacus, A. virgatus, Lathyrus silvester, pisiformis, Orobus canescens, Potentilla intermedia, cinerea, Lythrum salicaria, Sedum maximum, Sambucus racemosa, Viburnum Opulus, Valeriana officinalis, Galatella punctata, Hauptii, Bidens tripartitus, Cirsium pannonicum, Scorzonera purpurea, Crepis sibirica, Campanula glomerata, Cervicaria, Solanum Dulcamora,* selten, *Verbascum phoeniceum, Orobanche purpurea, arenaria alba,*

Libanotidis, coerulea, Salvia verticillata, Scutellaria altissima, Amarantus Blitum, Polygonum alpinum, dumetorum, Corylus Avellana, Muscari pallens, Melica ciliata, Kochleria cristata, Ephedra vulgaris, Pteris aquilina und *Equisetum pratense.*

m. Finnland.

530. **Arrhenius Axel.** Ueber Stellaria hebecalyx Fenzl. und St. Pojonensis A. Arrh. n. sp. (Bot. C., XL, 1889, p. 345-349.)

Verf. bespricht die bei Orloff auf der Halbinsel Kola gesammelte *Stellaria hebecalyx* in systematischer Beziehung, die Verf. *St.* **Ponogensis** A. Arrh. n. sp. beschreibt.

531. **Saelan, Th.** Ballastpflanzen. (Bot. C., 1889, Bd. XXXVIII, p. 525.)

Verf. theilt mit, dass Laurer bei der Stadt Wasa in Finnland: *Sisymbrium altissimum, austriacum, Loeselii, Roemeria hybrida* und *Silene muscipula* fand.

532. **Saelan, Th.** Eine Scrophularia nodosa L. mit gelblich-grünen Blüthen. (Bot. C., 1889, Bd. XXXVIII, p. 525.)

Die betreffende Pflanze wurde bei Abo gefunden.

533. **Saelan, Th.** Ein bisher unbeschriebener Bastard von Pyrola minor L. und P. rotundifolia L. (Bot. C., 1889, Bd. XXXVIII, p. 524—525.)

Verf. charakterisirt *Pyrola minor* × *rotundifolia* n. hybr. von Pyhäjärvi bei Lainiotunturi in Finnland.

534. **Kihlman, A. Osw.** Ueber das Vorkommen von Festuca glauca Hack. in Finnland. (Bot. C., XL, 1889, p. 384—375.)

Verf. theilt mit, dass *Festuca glauca* subvar. *caesia* in Finnland und in Ingrien vorkomme.

535. **Brenner, M.** Ueber Juncus articulatus. (Bot. C., 1889, Bd. XL, p. 374—375.)

Verf. berichtet in pflanzengeographiscller Hinsicht, dass er von *Juncus fuscooter,* der über ganz Finnland verbreitet, var **microcarpus** M. Br. n. var. und var. **arthrophyllus** M. Br. n. subsp. unterscheide. *Juncus lamprocarpus* ist im südlichen Finnland gemein.

536. **Brenner, M.** Einige Ruderalpflanzen. (Bot. C., 1889, Bd. XXXVIII, p. 481.)

Verf. fand *Papaver Argemone* und *Potentilla fruticosa* zu Hangö; *Trifolium fragiferum* und *Ajuga reptans* zu Gamla Karleby in Finnland.

537. **Brenner.** Några notiser an den finska fanerogamfloran. (Bot. N., 1889, Heft 5, p. 218.)

538. **Kihlmann, A. Osw.** Om en ny Taraxacum. (Meddel. of Soc. pro Fauna et Flora fennica, Bd. XVI, 1889, p. 7—9 [Schwedisch].)

539. **Kihlmann, A. Osw.** Om larex helvola Bl. och några närst äende Carex-former. (Meddel. of Soc. pro Fauna et Flora fennica, Bd. XVI, 1889, p. 10—16 [Schwedisch].)

540. **Kihlmann, A. Osw.** Taraxacum nivale n. sp. J. Lange. (Bot. N., 1889, p. 145.)

541. **Kihlmann, A. Osw.** Rumex crispus × domesticus in Finnland. (Bot. N., 1889, p. 145.)

542. **Kihlmann, A. Osw.** Atragene alpina. (B. N., 1889, Heft 1, p. 26.)

Referat nicht eingelaufen.

XIX. Palaeontologie.

Referent: **Moritz Staub.**

Schriftenverzeichniss.

1. **A**ndersson. On the stratigraphial position of the Fish and Plant-bearing beds on the Palbregar River. (Records of the Geol. Sur. of N. S. Wales, vol. I, part 2. Sydney, 1889.) (Ref. 132.)
2. — Studier öfver Torfmossar i södra Skåne. (Bihang till K. Svenska Vet. Akad. Handl. XV. Afd. III, No. 3.) (Ref. 95.)
3. Antonelli, G. Contributo alla flora fossile del suolo di Roma. (Bollet. d. Soc. Géol. Ital., vol. VII, 1889, No. 3.) — Ref. Riv. ital. Siena, 1889. p. 90. (Ref. 101.)
4. Arnell, H. W. Fossila hasselnötter (= Fossile Haselnüsse). (Bot. N., 1889, p. 29.) (Ref. 94.)
5. Ascherson, P. und Gürke, M. Die fossilen Hydrocharitaceen. (A. Engler u. K. Prantl, Die natürl. Pflanzenfam., II. Th., 1. Abth., p. 246, 252, 255, 257, 258. Leipzig, 1889.) (Ref. 182.)
6. **B**arber, C. A. The structure of Pachytheca. (Ann. of Botany, vol. III, p. 141—148 w. 1 pl.) (Ref. 18.)
7. Barrois. Le bassin houiller de Valenciennes d'aprés les travaux de MM. A. Olry et R. Zeiller. (Ann. de la Soc. Géol. du Nord, T. XVI, 1888/89, Liv. 1.) (Ref. 59.)
8. Bateson, W. Suggestion that certain fossils known as Bilobites, may be regarded as casts of Balanoglossus. (Proc. Cambridge Phil. Soc., VI, p. 298.) — Ref. Ann. Univ. Géol., VI, p. 1050. (Ref. 1)
9. Bennett, A. W. and Murray, G. A Handbook of Cryptogamie Botany. (8°. 473 p. with 378 Illustr. London, 1889.) — Ref. Bot. C., Bd. XL., p. 135—138. (Ref. 213.)
10. — Fossil Rhizocarps. (Nature, t. XLI, p. 154) (Ref. 163.)
11. Bertrand, C. E. et Renault, B. Les Poroxylons. (Bull. de la Soc. d'hist. nat. d'Autun, T. II. 8°. 60 p. Autun, 1889.) — Ref. Ann. Géol. Univ., T. VI, p. 1067. (Ref. 49.)
12. Bertrand, C. E. Les Poroxylons végétaux fossiles de l'époque houillière. (Ann. de la Soc. Belge de Microscope, T. XIII. Mém. p. 1—49, avec 36 fig. Bruxelles, 1889.) (Ref. 48.)
13. Bleicher et Fliche. Recherches relatives à quelques tufs quaternaires du Nord-Est de la France. (Bull. de la Soc. Géol. de France, ser. III, t. XVII, 1889, p. 566—602 avec fig.) (Ref. 99.)
14. Blytt, A. The probable cause of the displacement of beach lines. Second edit. notes. (Christ. Vid. Selsk. Forh., 1889, p. 75—82. Christiania, 1889.) — Ref. Engl. J., XI. Lit. p. 96—99. (Ref. 206.)
15. Bordage. Sur deux nouveaux espèces de Chondrites des terrains jurassiques. (Soc. Sc. La Rochelle 1888 [1889], p. 349—352.) (Ref. 20.)
16. Boulay, N. Flore pliocène des environs de Théziers (Gard). Paris, 1889. 8°. 70 p. avec 7 pl. — (Ref. Ann. Géol. Univ., T. VI, p. 1084.) (Ref. 97.)
17. Boursault, H. Sur de nouvelles empreintes problématiques boloniennes. (C. R., T. CVIII. Paris, 1889. p. 1265—1266.) (Ref. 10.)
18. — Nouvelles empreintes problématiques des couches boloniensis du Portel (Pas des Calais). (Bull. Soc. Géol. France, T. XVII, p. 725—728 avec fig.) (Ref. 10.)
19. Braun. Versteinerte Bäume in den Steinkohlenlagern von St. Etienne an der Stätte ihres ursprünglichen Wachsthums noch eingewurzelt und aufrecht stehend. (Gaea, Jahrg., XXV, p. 17—19. Leipzig, 1889.) (Ref. 63.)

20. Bruder, J. Livistona macrophylla, eine neue fossile Palme aus dem tertiären Süsswasserkalke von Tuchorschitz. (Lotos. N. F. Bd. X. p. 37—40. Mit 2 Taf. Prag, 1889.) — Ref. Bot. C., XLI, p. 297. (Ref. 87.)

21. Brun, J. et Tempére, J. Diatomées fossiles du Japon. Espèces marines et nouvelles des calcaires argilleux de Sendai et de Yedo. (Mém. Soc. Phys. et d'Hist. nat. Genève, T. XXX, No. 9. 75 p. avec 9 pl. Genève, 1889.) — Ref. Notarisia, IV, p. 829. (Ref. 31.)

22. Buchenau, Fr. und Hieronymus, G. Fossile Juncaginaceen. (A. Engler u. K. Prantl, Die natürl. Pflanzenfam., II. Th., 1. Abth., p. 223. Leipzig, 1889.) (Ref. 179.)

23. Buchenau, Fr. Fossile Butomaceen. (A. Engler u. K. Prantl, Die natürl. Pflanzenfamilien, II. Th., 1. Abth., p. 233. Leipzig, 1889.) (Ref. 181.)

24. — Die fossilen Alismaceen. (A. Engler u. K. Prantl, Die natürl. Pflanzenfam., II. Th., 1. Abth., p. 229. Leipzig, 1889.) (Ref. 180.)

25. Buschan, G. Prähistorische Gewebe und Gespinnste. Untersuchungen über ihr Rohmaterial, ihre Verbreitung in der prähistorischen Zeit im Bereiche des heutigen Deutschlands, ihre Technik, sowie über ihre Veränderung durch Lagerung in der Erde. Kiel, 1889. 4°. 32 p. (Ref. 117.)

26. Carruthers, W. Visit to the natural history Museum, Botanical Department; demonstration of fossil Algae. (Proc. Geol. Ass., t. 10, p. 468.) — Ref. Ann. Univ. Géol., T. VI, p. 1054. (Ref. 24.)

27. Caspary, R. Einige fossile Hölzer Preussens. Nach dem handschriftlichen Nachlass des Verfassers bearbeitet von R. Triebel. (Abhandl. z. geol. Specialkarte v. Preuss. u. d. Thür. Staaten, Bd. IX, Heft 2. Berlin, 1889. 86 p. Atlas mit 15 Taf.) — Ref. Bot. C., Bd. XLII, p. 26. (Ref. 146.)

28. Castracane, F. Il Tripoli Africano della valle inferiore del Dabi fra Assab ed Aussa. (Atti d. Accad. Pontif. dei N. Lincei, t. XLII, sess. III, 17 Febbr. 1889. Roma.) — Ref. Notarisia, An. IV, p. 806. — Bot. C., Bd. XLII, p. 146. (Ref. 30.)

29. Cerfontaine. Découverte d'un fruit de Conifére dans les grés bruxelliens. (Soc. belg. Géol., 1888 [1889], p. 498—499.) (Ref. 75.)

30. Clerici, E. Contribuzione alla flora dei tufi vulcanici della provincia di Roma. (Bull. d. Soc. Geol. Ital., vol. VII, No. 3, 1889, p. 413—415.) — Ref. Ann. Géol. Univ., T. VI. (Ref. 100.)

31. Cohn, F. Ueber Gefässe aus Taxusholz in den Gräberfunden von Sackrau bei Hundsfeld in Schlesien. (26. Jahresber. d. Schles. Ges. f. vat. Cultur, p. 164—166. Breslau, 1889) (Ref. 112.)

32. — Ueber die Thätigkeit der Commission für Untersuchung der schlesischen Moore. (26. Jahresber. d. Schles. Ges. f. vat. Cultur, p. 166—168. Breslau, 1889.) (Ref. 106.)

33. Conwentz, H. Ueber Thyllen und Thyllen-ähnliche Bildungen vornehmlich im Holze der Bernsteinbäume. (Ber. D. B. G., Bd. VII. Generalvers.-Heft. p. 34—40. Berlin, 1889.) — Tagebl. d. Versamml. Deutsch. Naturf. u. Aerzte, 1889, p. 62. Beiheft Bd. I zum Bot. C., p. 73—75. (Ref. 156.)

34. — Die phytopaläontologische Abtheilung des naturhistorischen Reichsmuseums in Stockholm. (Engl. J., Bd. XI. Beiblatt No. 25, p. 1—7. Leipzig, 1889.) (Ref. 217.)

35. Credner, G., Geinitz, E., Wohnschoffe, F. Ueber das Alter des Torflagers von Lauenburg an der Elbe. (N. Jahrb. f. Min. etc., 1889, II., p. 194 -199.) (Ref. 105.)

36. Crépin, F. Sur les restes de Roses découvertes dans les tombeaux de la nécropole d'Arsinoe de Fayoum (Epypte). (B. S. B. Belg., T. XXVII, 2.) — Ref. Bot. C., Bd. XXXIX, p. 331. (Ref. 114)

37. Crié, L. Paléontologie des Colonies Françaises et des pays de Protectorat. Exposition paléophytique. (Exposition Univ. de Paris en 1889. gr. 8°. 32 p.) (Ref. 154.)

38. — Beiträge zur Kenntniss der fossilen Flora einiger Inseln des südpacifischen und indischen Oceans. (W. Dames und E. Kayser, Pal. Abhandlgn. N. F. Bd. I, Heft 2. 17 p. 10 Taf. Jena, 1889.) — Ref. Bot. C., XLVI, p. 392–395. (Ref. 155.)

39. Dawson, W. Fossil Rhizocarps. (Nature, vol. XLI, 1889, p. 10.) (Ref. 162.)

40. — Ueber einige devonische Pflanzen. (Zeitschr. d. Deutsch. Geol. Ges., Bd. XLI, p. 553—554.) (Ref. 125.)

41. — Cretaceous Floras of the Northwest Territories of Canada. (Amer. Naturalist, vol. 22. Philadelphia, 1888. p. 953—959.) — Ref. Bot. J., XVI, 2., p. 261, Ref. No. 118. (Ref. 130.)

42. — A new Erian (Devonian) plant allied to Cordaites. (Amer. Journ., vol. XXXVIII, p. 1–3 with 1 fig.) (Ref. 124.)

43. — On fossil plants from the Mackenzie and Bowrivers. (Trans. R. Soc. Canada, VII. sect. IV. p. 69–74, pl. X—XI.) — Ref. Ann. Univ. Géol., T. VI, p. 1080—1081. (Ref. 131.)

44. Delpino, F. Osservazioni e note botaniche. Decuria prima. IX. Sul affinita della Cordaitee. (Mlp., III, 1889, p. 337—357. Mit 1 Taf.) — Ref. Bot. C., Bd. XLIV, p. 128. (Ref. 168.)

45. — Applicazione di nuovi criteri per la classificazione delle piante: seconda memoria. (Mem. d. R. Acc. d. Sc. d. Ist. di Bologna, ser. IV, t. X.) (Ref. 210.)

46. Drude, O. Betrachtungen über die hypothetischen vegetationslosen Einöden im temperirten Klima der nördlichen Hemisphäre zur Eiszeit. (Petermann's Mittheilungen etc., 35. Bd., 1889, p. 282–290.) — Ref. Bot. C., Bd. XLVI, p. 288–290. (Ref. 205.)

47. — Fossile Ericaceen. (A. Engler u. K. Prantl., Die natürl. Pflanzenfam., IV. Th. 1. Abth., p. 37, 42, 44, 65. Leipzig, 1889.) (Ref. 193.)

48. — Fossile Palmen. (A. Engler u. K. Prantl, Die natürl. Pflanzenfam., II. Th., 3. Abth., p. 30, 32, 37, 90—93. Leipzig, 1889.) (Ref. 172.)

49. Eichler, A. W. Fossile Cycadaceen. (A. Engler u. K. Prantl, Die natürl. Pflanzenfam., II. Th., 1. Abth. p. 20. Leipzig, 1889.) (Ref. 164.)

50. Engler, A. Fossile Gattungen der Cycadaceae. (A. Engler u. K. Prantl, Die natürl. Pflanzenfam., II. Th., 1. Abth., p. 24–26. Leipzig, 1889.) (Ref. 165.)

51. — Dolerophyllaceen. (A. Engler u. K. Prantl, Die natürl. Pflanzenfam., II. Th., 1. Abth., p. 27. Leipzig, 1889.) (Ref. 169.)

52. — Cordaitaceae. (A. Engler u. K. Prantl, Die natürl. Pflanzenfam., II. Th., 1. Abth., p. 26, 27, 262. Leipzig, 1889.) (Ref. 167.)

53. — Die fossilen Coniferen. (A. Engler u. K. Prantl, Die natürl. Pflanzenfam., II. Th., 1. Abth., p. 67, 69, 73, 75, 76, 80, 81, 84, 85, 87, 91, 95, 97, 98, 100, 101, 102, 106, 108, 109, 111, 112, 113—116, 262. Leipzig, 1890.) (Ref. 166.)

54. — Die fossilen Sparganiaceen. (A. Engler u. K. Prantl, Die natürl. Pflanzenfam., II. Th., 1. Abth., p. 193. Leipzig, 1890.) (Ref. 175.)

55. — Fossile Gattungen der Potamogetonaceen. (A. Engler u. K. Prantl., Die natürl. Pflanzenfam., II. Th., 1. Abth., p. 200, 203, 207, 209, 214. Leipzig, 1889.) (Ref. 176.)

56. — Die fossilen Araceen. (A. Engler u. K. Prantl, Die natürl. Pflanzenfam., II. Th., 3. Abth., p. 110, 118, 153. Leipzig, 1889.) (Ref. 177.)

57. — Fossile Balanophoraceen. (A. Engler u. K. Prantl, Die natürl. Pflanzenfam., III. Th., 1. Abth., p. 249. Leipzig, 1889.) (Ref. 192.)

58. Etheridge, M. R. Remarks on a Fen (Cycadopteris scolopendrium) from the Winnamatta Shales near Sydney. (Records of the Geol. Sur. of N. S. Wales, vol. I, part 2, w. 1 pl. Sydney, 1889.) — Ref. Ann. Géol. Univ, T. VI, p. 1068. (Ref. 136.)

59. Etheridge, R. Additions to the Fossil Flora of Eastern Australia. (Proc. Linn. Soc. New South Wales. 2. S. V. 3. Sydney, 1889. p. 1300—1309. Taf. 37, 38.) (Ref. 137.)

60. Ettingshausen, C. v. Contributions to the tertiary flora of Australia. Part I. translat. by M. Arvid Neilson. Part II. translat. by the author. (Mem. geol. Surv. New South Wales, No. 2, p. 1—192, pl. I—XIV.) (Ref. 139.)

61. — Das australische Florenelement Europa. Graz, 1890. (Erschienen 1889.) 4⁰. 10 p. Mit 1 Taf. (Ref. 204.)

62. Ettingshausen, C. Frhr. v. und Krasan, F. Beiträge zur Erforschung der atavistischen Formen an lebenden Pflanzen und ihrer Beziehungen zu den Arten ihrer Gattung. II. Folge. (Denkschriften d. K. Akad. d. Wiss. Wien, Bd. 55. Wien, 1889, p. 1—38. Mit 4 Taf.) — Ref. Bot. C., Bd. XLIV, p. 21—26. (Ref. 197.)

63. — Beiträge zur Erforschung der atavistischen Formen an lebenden Pflanzen und ihrer Beziehungen zu den Arten ihrer Gattung. III. Folge und Schluss. (Denkschriften d. K. Akad. d. Wiss. Wien, 1889, Bd. LVI, p. 47—48. Mit 8 Taf.) — Ref. Bot. C., Bd. XLVI, p. 284—288. (Ref. 198.)

64. Feistmantel, O. Vorläufiger Bericht über fossile Pflanzen aus den Stormbergschichten in Südafrika. (Sitzber. d. K. Böhm. Ges. d. Wiss. Mn. Cl., Jahrg. 1889, Bd. I. Prag, 1889. p. 375—377.) (Ref. 118.)

65. — Uebersichtliche Darstellung der geologisch-paläontologischen Verhältnisse Südafrikas. I. Th. Die Karoo-Formation und die dieselbe unterlagernden Schichten. (Abhandl. d. Kgl. Böhm. Ges. d. Wiss., VII. Folge, Bd. III., p. I—V, 1—89. Mit 4 Taf.) (Ref. 119.)

66. — Ueber die geologischen und paläontologischen Verhältnisse des Gondwána-Systems in Tasmanien und Vergleichung mit anderen Ländern, nebst einem systematischen Verzeichniss der im australischen Gondwana-System vorkommenden Arten. (Sitzber. d. Kgl. Böhm. Ges. d. Wiss., Jahrg. 1888. Prag, 1889. p. 584—654.) — Ref. Bot. C., Bd. XXXVIII, p. 801—803. — N. Jahrb. f. Min. etc., 1890. I, p. 177—178. (Ref. 140.)

67. — Einige Zusätze und Correcturen zum Aufsatze „Ueber die geologischen und paläontologischen Verhältnisse des Gondwána-Systems in Tasmanien. (Sitzber. d. Kgl. Böhm. Ges. d. Wiss., Mn. Cl., Jahrg. 1889, Bd. I. Prag, 1889. p. 268—270.) — Ref. N. Jahrb. f. Min. etc., 1890, I, p. 178. (Ref. 141.)

68. — Ueber die bis jetzt geologisch ältesten Dicotyledonen. (Zeitschr. d. Deutsch. Geol. Ges., Bd. XLI, 1889, p. 27—34.) — Ref. Bot. C., Bd. XLII, p. 281. — N. Jahrb. f. Min. etc., 1890, I, p. 176. (Ref. 128.)

69. — Ueber die bis jetzt ältesten dicotyledonen Pflanzen der Potomac-Formation in Nordamerika, mit brieflichen Mittheilungen von Prof. Wm. M. Fontaine. (Sitzber. d. Kgl. Böhm. Ges. d. Wiss., Mn. Cl., Jahrg. 1889, Bd. I. Prag, 1889. p. 257—268.) (Ref. 128.)

70. Fliche, P. Sur les bois silicifiés d'Algérie. (C. R. Paris, T. CIX, 1889, p. 873—874.) (Ref. 149.)

71. Fliche, M. Note sur les tufs et les tourbes de Lasnez, prés de Nancy. (Bull. Soc. Sc. Nancy, 1889. 14 p. Mit Abb.) (Ref. 98.)

72. Fontaine, W. M. The Potomac or Younger Mesozoic Flora. (Monographs of the Unit. Stat. Geolog. Survey, vol. XV, w. atlasz of 180 pl. 4⁰. 377 p. Washington, 1889.) (Ref. 129.)

73. Friedrich, J. J. Silicified woods from California. (Trans. New York. Akad. Sc., VIII, p. 29—30.) — Ref. Ann. Géol. Univ., T. VI, p. 1085. (Ref. 152.)

74. Fuchs, Th. Ueber die Natur der sogenannten „Fucoiden“ des Flysches oder Wiener Sandsteines. (Z.-B. G. Wien, Bd. XXXIX, p. 50—51.) — Ref. Bot. C., Bd. XL, p. 73—74. (Ref. 14.)

75. Gardner, J. St. A correction. — Mesozoic Monocotyledon. (Geol. Mag. Dec. III, vol. VI, 1889, p. 144.) (Ref. 96.)

76. Gaudry, A. Observations à propos de la Communication de M. Fliche. (C. R. Paris, T. CIX, p. 874—875.) (Ref. 149.)
77. Geinitz, H. B. Ueber die rothen und bunten Mergel des oberen Dyas bei Manchester. (Isis, Dresden 1889, p. 48—57.) — Ref. Bot. C., Bd. XLI, p. 296. (Ref. 67.)
78. Grand'Eury. Développement souterrain, semences et affinités de Sigillaires. (C. R. Paris, T. CVIII, p. 879—883. Paris, 1889.) (Ref. 45.)
79. — Calamariées: Arthropitus et Calamodendron. (C. R. Paris, T. CVIII, p. 1086—1090.) (Ref. 47.)
80. Gümbel, v. Ueber einen aufrecht stehenden Kohlenstamm der Pilsener Mulde. (Verhandl. d. K. K. Geol. R.-A. Wien, Jahrg., 1889, p. 203—204.) (Ref. 57.)
81. Harz, C. O. Ueber den Dysodil. (Bot. C., Bd. XXXVII, p. 39—43, 72—74. Cassel, 1889.) (Ref. 211.)
82. Herment. Note relative aux arbres silicifiés de l'Algerie. (C. R. Paris, T. CIX, 1889, p. 924.) (Ref. 150.)
83. Hick, T. and Cash, W. The structure and affinities of Lepidodendron. (Proc. Yorkshire geol. and polyt. Soc. XI, p. 316—332.) — Ref. Ann. Géol. Univ., T. VI, p. 1063. (Ref. 39.)
84. Hieronymus, A. Fossile Santalaceen. (A. Engler u. K. Prantl, Die natürl. Pflanzenfamilien, III. Th., 1. Abth., p. 211, 227. Leipzig, 1889.) (Ref. 191.)
85. Hoffmann, O. Fossile Compositeen. (A. Engler u. K. Prantl, Die natürl. Pflanzenfamilien, IV. Th., 5. Abth., p. 116. Leipzig, 1889.) (Ref. 195.)
86. Hooker, J. D. Pachytheca. (Annals of Botany, vol. III, p. 135—140, w. 1 pl.) (Ref. 17.)
87. Jssel, A. Figure di viscosità et impronte radiculare con parvenza di fossili. (Ateneo ligure 1889.) — Ref. La Nuova Notarisia, I, p. 201. (Ref. 16.)
88. Jankó, J. Abstammung der Platanen. (Engl. J., Bd. XI, p. 412—458, Taf. IX—X. Leipzig, 1889.) (Ref. 183.)
89. Joly, J. On the Permanency of Frost-Marks, and a Possible Connexion therewith with Oldhamia radiata and O. antiqua. (The Sc. Proc. of the R. Dublin Soc. N. S. V. 5. Dublin, 1886—1887. p. 156—158.) (Ref. 2.)
90. — On a Peculiarity in the Nature of the Impressions of Oldhamia antiqua and O. radiata. (Scient. Proc. of the R. Dublin Soc. N. S. V. 5. Dublin, 1886—1887. p. 445—447.) (Ref. 3.)
91. Karop, G. C. Some critical Remarks by Herr A. Grunow on the Oamaru Diatom Papers of Messrs Grove and Sturt, with annotations by E. Grove. (Journ. Quekett. Micr. Club 1889, p. 387—391.) — Ref. La Nuova Notarisia, 1890, p. 133. (Ref. 33.)
92. Keim, C. H. and Schultze, E. A. A fossil marine Diatomaceous deposit from Atlantic City, N. J. (B. Torr. B. C. New York 1889, vol. XVI, p. 207, T. XCII—XCIII.) — Ref. Notarisia, IV, p. 832, 854, 862. (Ref. 32.)
93. Kidston, R. On the Fructification of some Ferns from the Carboniferous Formation. (Trans. R. Soc. Edinburgh, vol. 33. Edinburgh, 1888. p. 137—156. Pl. 8, 9.) (Ref. 55.)
94. — On the Fossil Plants in the Ravenhead Collection in the Free Library and Museum, Liverpool. (Tr. Edinb., vol. XXXV, p. 391—417, w. 2 pl.) (Ref. 54.)
95. — On some fossil plants from Teilia Quarry, Gwaenysgor, near Prestatyn, Flintshire. (Tr. Edinb., vol. XXXV, p. 419—428, w. 2 pl.) (Ref. 53.)
96. — Additional Notes on some British Carboniferous Lycopods. (Ann. Mag. Nat. Hist. vol. 4, 6. ser. London, 1889. p. 60—67. T. 4.) (Ref. 38.)
97. — Note on two specimens of Lepidodendron from the Lower Carboniferous of Goonoo-Goonoo, N. S. Wales. (Records of the Geol. Sur. of N. S. Wales, vol. I, part 2.) — Ref. Ann. Géol. Univ., T. VI, p. 1056. (Ref. 133.)
98. Kinkelin, F. Der Pliocensee des Rhein- und Mainthales und die ehemaligen Main-

läufe. (Bericht über die Senckenbergische Naturf. Ges. Frankfurt a. M., 1889, p. 39—161.) (Ref. 109.)

99. Kinkelin, F. Hermann Theodor Geyler. (Leopoldina, XXV, 1889, No. 11—12. 4 p.) (Ref. 220.)

100. Knowlton, F. H. Descriptons of a problematic organism from the Devonian at the Falls of the Ohio. (Amer. Journ., vol. XXXVII, 1889, p. 202—209, w. fig.) — Ref. N. Jahrb. f. Min. etc., 1890, I, p. 371. (Ref. 11.)

101. — Fossil Wood and Lignite of the Potomac Formation. (Bull. of the Unit. Stat. Geol. Survey, No. 56. Washington, 1889. 52 p., w. 7 pl.) — Ref. Jahrb. f. Min. etc. 1890, I, p. 179. (Ref. 151.)

102. — The Fossil Forests of the Yellowstone National Park. (Amer. Naturalist, vol. 22. Philadelphia, 1888. p. 254.) (Ref. 153.)

103. Knuth, P. Gab es früher Wälder auf Sylt? (Humboldt, Jahrg. VIII, p. 297—300. Stuttgart, 1889.) (Ref. 203.)

104. — Grundzüge einer Entwicklungsgeschichte der Pflanzenwelt in Schleswig-Holstein. (Schriften d. Naturw. Ver. f. Schleswig-Holstein, vol. VIII, 1. 8⁰. 55 p.) — Ref. Egl. J., Bd. XII, Lit. p. 58. (Ref. 202.)

105. Kolbe, H. J. Zur Kenntniss von Insectenbohrgängen in fossilen Hölzern. (Zeitschr. d. Deutsch. Geol. Ges., Bd. XV, p. 131—137. Mit 1 Taf. Berlin, 1888.) (Ref. 157.)

106. Krasan, F. Ueber die Vegetationsverhältnisse und das Klima der Tertiärzeit in den Gegenden der gegenwärtigen Steiermark. (20. Jahresber. d. II. Staats-Gym. in Graz pro 1889, p. 3—32. 8⁰.) — Ref. Engl. J., XI, Lit. p. 99. (Ref. 201.)

107. Krasser, F. Ueber den Kohlegehalt der „Flyschalgen". (Ann. d. K. K. Naturh. Hofmus. Wien, 1889, Bd. IV, p. 183—187.) — Ref. Bot. C., Bd. XL, p. 73. (Ref. 13.)

108. — Ueber die fossilen Pflanzenreste der Kreideformation in Mähren. (Z.-B. G. Wien, Bd. XXXIX, Sitzber. p. 31—34.) — Ref. Bot. C., Bd. XXXIX, p. 249—250. (Ref. 78.)

109. — Bemerkungen über die Phylogenie der Platanen. (Z.-B. G. Wien, Bd. XXXIX, Sitzber. p. 6—10.) (Ref. 184.)

110. Krassnow, A. N. Versuch einer Entwicklungsgeschichte der Flora des südlichen Theiles des östlichen Thianschan. (Inaug.-Diss. Sep.-Abdr. aus d. Mem. d. Kais. Russ. Geogr. Ges. 8⁰. 413 p. Mit 1 Karte u. 7 Taf. St. Petersburg. 1888.) — Ref. Beihefte zum Bot. C., Bd. I, p. 146—152. (Ref. 200.)

111. Kušta, J. Rostlinné otisky v tretihorním jílu Vrestánském (Perschen) u Bíliny. Pflanzenabdrücke im tertiären Tegel von Preschen bei Bilin. (Sitzber. d. Kgl. Böhm. Ges. d. Wiss., Jahrg. 1888. Prag, 1889. p. 453—462.) — Ref. Verhandl. d. K. K. Geol. Reichsanst. Wien, 1889, p. 267—268. (Ref. 91.)

112. — Druhy seznam tretihorních rostlin z plastiekého jílu u Vrestáu blíze Bíliny. Ein zweites Verzeichniss tertiärer Pflanzen des plastischen Thones von Vrestán nächst Bilin. (Sitzber. d. Kgl. Böhm. Ges. d. Wiss., Mn. Cl., Jahrg., 1889, II. Prag, 1890. p. 347—351. [Czechisch.]) — Ref. Verhandl. d. K. K. Geol. Reichsanst. Wien, 1890, p. 205—206. (Ref. 92.)

113. Lanzi, M. Le diatomee fossili della via Aurelia. (Atti d'Accad. Pontif. dei N. Lincei, Anno XLII. Sess. III. Roma, 1889.) — Ref. Notarisia, IV, p. 798. — Boll. R. Com. Geol. d'Italia, 1890, p. 410. (Ref. 25.)

114. — Elenco delle diatomee fossili rinvenuta del Gianicolo. (Citta Leonina-Roma). — (Atti dell'Acad. pontif. d. Nuovi Lincei. Anno XLII. T. 52, sess. VII. Roma, 1889.) — Ref. Notarisia, V, p. 977. — La Nuova Notarisia, 1890, p. 54. — R. Com. Geol. d'Italia, 1890, Bollet. p. 411. (Ref. 26.)

115. Lima, W. de. Oswald Heer e a Flora fossil Portugueza. (Commisao Trab. Geol. 1889. Lissabon.) (Ref. 219.)

116. Macadam, W. J. On some new fossil Resins from the Coal Measures. (Chem. News. V. 59. London, 1889. p. 1—2.) (Ref. 46.)

117. Matajiro Yokoyama. Jurassic plants from Kaya, Hida and Echizen (Japan). — (Journ. of Coll. of Sc. Imp. Univ. Japan. Vol. III, 1889. 66 p. 14 Taf.) — Ref. Bot. C., Bd. XLI, p. 153—155. (Ref. 120.)

118. Meschinelli, L. Studio sulla flora fossile del Monte Piano. (Atti d. Soc. Veneto-Trentina di Sc. nat. res. in Padova, vol. X, 1889, p. 374—396. T. V.) — Ref. Bot. C., Bd. XXXIX, p. 130. — R. Com. Geol. d'Italia, 1890. Bollet. p. 417. — N. Jahrb. f. Min. etc., 1890, II, p. 170. (Ref. 85.)

119. Meunier, St. Apparence singulière présentée par une roche considérée comme météorite charbonneuse. (Le Naturaliste, An. II. Paris, 1889. p. 79—82, avec fig.) (Ref. 4.)

120. — Examen des roches houillières à Bacillarites Stur. (C. R. Paris, T. CVIII, p. 468—470.) (Ref. 5.)

121. — Les Bacillarites. (Le Naturaliste, 11e Année, p. 111—113, avec 8 fig. Paris, 1889.) (Ref. 6.)

122. — Sur la Spongeliomorpha Saportai, espèce nouvelle parisienne. (C. R. Paris, T. CIX, p. 536—537.) (Ref. 8.)

123. — Espèce Nouvelle de Spongeliomorpha. (Le Naturaliste, 11e Année, p. 265—266, avec 1 fig. Paris, 1889.) (Ref. 9)

124. Miller, S. A. North American Geology and Palaeontology for the use of Amateurs, Students and Scientists. Cincinati, 1889. roy. 8. 664 p. w. 1194 ill. (Ref. 215.)

125. Morière, M. Note sur un échantillon de Williamsonia Carruth. trouvé dans l'Oxfordian de Vaches-Noires, en 1865. (Bull. de la Soc. Linnéenne de Normandie, sér. 4, vol. 2. Caen, 1889. p. 61—70 avec 1 pl.) (Ref. 74.)

126. — Note sur une fougère trouvée dans le grès liasique de Ste-Honorine-la-Guillaume (Orne). (Bull. de la Soc. Linnéenne de Normandie, sér. 4, vol. 2. Caen, 1889. p. 45—47 avec fig.) (Ref. 71.)

127. Müller, A. Fossiles Holz. (Nobbe's Landw. Versuchsstat., Bd. 36, 1889, p. 263—265. Berlin, 1889.) (Ref. 158.)

128. Nathorst, A. G. Ueber verzweigte Wurmspuren im Meeresschlamme. (Ann. d. K. K. Naturh. Hofmus. Wien, Bd. IV, 1889, Notizen p. 84—85.) (Ref. 15.)

129. — Ueber Goldenberg's Onisima ornata. (Zeitschr. d. Deutsch. Geol. Ges., Bd. XLI, p. 545—546. Mit Abb.) (Ref. 50.)

130. — Sur la présence du genre Dictyozamites Oldham dans les couches jurassiques de Bornholm. (Bull. de l'Acad. Roy. Danoise etc., 1889, p. 96—104 avec 1 pl.) — Ref. Bot. C., Bd. XLV, p. 190—191.) (Ref. 70.)

131. — Ueber das Vorkommen der Gattung Ptilozamites in rhätischen Ablagerungen Argentiniens. (N. Jahrb. f. Min. etc., Jahrg. 1889, I, p. 202—203.) (Ref. 134.)

132. Naville. La question de l'origine des espèces. (Bibl. univ. et Revue suisse 1889, No. 9.) (Ref. 209.)

133. Newberry, J. S. Devonian plants from Ohio. (Journ. Cincinnati Soc. nat. hist. 1889, p. 48—56, pl. IV—VI.) — Ref. Ann. Géol. Univ., T. VI, p. 1054. (Ref. 122.)

134. Newberry, P. E. On the plant-remains discovered by Mr. W. M. Flinders Petrie in the cemetery of Hawara, Lower Egypt. (Report of the Brit. Ass. for the advanc. of Sc., 1888. London, 1889. p. 712.) — Ref. Bot. C., Bd. XLV, p. 314. (Ref. 113.)

135. Nicholson, H. A. and Lydekker, R. A Manual of Palaeontology for the use of Students. With a general Introduction on the principles of Palaeontology. 3. edit. 2 vol. Edinburgh, 1889. roy. 8. Vol. I, p. 18 and 1—885. Vol. II, p. 11 and 886—1624 with 1419 illustr.) (Ref. 214.)

136. Orton, E. The discovery of sporocarps in the Ohio shals. (Proc. Am. Ass. Cleveland meeting, p. 179.) — Ref. Ann. Géol. Univ., T. VI, p. 1055. (Ref. 123.)

137. **P**antocsek, J. Beiträge zur Kenntniss der fossilen Bacillarien Ungarns. II. Theil: Brackwasser-Bacillarien. Anhang, Analyse der marinen Depôts von Bory, Bremia, Nagy-Kürtös in Ungarn; Ananino und Kusnetzk in Russland. 123 p. Mit 30 Taf. in Lichtdruck. Nagy-Tapolcsańy, 1889. — Ref. Notarisia, IV, p. 831. (Ref. 27.)

138. Papasogli, G. La torba di Orentano presso Altopascio. (Le Staz. speriment. agrarie ital., XVII, p. 245–256. Roma, 1889.) (Ref. 102.)

139. Pax, F. Nachträge und Ergänzungen zu der Monographie der Gattung Acer. (Engl. J., XI, 1889, p. 72—83.) — Ref. Bot. C., XL, p. 181. (Ref. 188.)

140. — Fossile Gattungen der Monimiaceae. (A. Engler u. K. Prantl, Die natürl. Pflanzenfamilien, III. Th., 2. Abth., p. 105. Leipzig, 1889.) (Ref. 186.)

141. — Fossile Lauraceen. (A. Engler u. K. Prantl, Die natürl. Pflanzenfam., III. Th. 2. Abth., p. 110, 114, 116, 117, 119, 124, 125. Leipzig, 1889.) (Ref. 185.)

142. — Fossile Myrsinaceen. (A. Engler u. K. Prantl, Die natürl. Pflanzenfam., IV. Th., 1. Abth., p. 87, 92—94, 96. Leipzig, 1889.) (Ref. 194.)

143. Penhallow, D. P. Notes on Devonian Plants. (Canad. Rec. of Sc. 1889, p. 430—432. — Trans. Roy. Soc. Canada, VII Sect. IV, 1889. Montreal, p. 19—30. Mit 2 Taf.) — Ref. La Nuova Notarisia, 1890, p. 98. — Engl. J., XII, Lit. p. 62. (Ref. 121.)

144. Petersen, O. G. Die fossilen Zingiberaceen. (A. Engler u. K. Prantl, Die natürl. Pflanzenfam., II. Th., 6. Abth., p. 17. Leipzig, 1889.) (Ref. 178.)

145. Portis, Al. Nuove localita fossilifere in Val di Susa. (Boll. d. R. Com. Geol. d'Italia, ser. 2, vol. X, p. 141—183. Rom, 1889.) (Ref. 60.)

146. Potonié, H. Die systematische Zugehörigkeit der versteinerten Hölzer (vom Typus Araucarioxylon) in den palaeolithischen Formationen. (Naturw. Wochenschr., Bd. III, p. 163—166. Mit Abb. Berlin, 1889.) — Ref. Bot. C., Bd. XLI, p. 265—266. (Ref. 145.)

147. — Das grösste Pflanzenfossil des europäischen Continents. (Ber. D. B. G., VII, 1889, p. 304—405.) (Ref. 44.)

148. **R**aciborski, M. O niektórych skamienialych drzewach okolicy Krakowa. Ueber einige fossile Hölzer der Umgebung von Krakau. (S. Kom. Fiz. Krak., XXIII, p. 170—181. Mit 1 Taf. Krakau, 1889 [Polnisch].) (Ref. 147.)

149. Rattray, John. On some recently observed new species of Diatoms. (Journ. of the Quekett Microscop. Club., ser. II, vol. IV, 1889, p. 38—41, with 2 pl.) — Ref. Bot. C., Bd. XL, p. 210. (Ref. 29.)

150. — A Diatomaceous Deposit from North Tolsta, Lewis. (Trans. R. Soc. Edinburgh, vol. 33. Edinburg, 1888, p. 419—441, T. 29.) (Ref. 23.)

151. Reid, C. and Ridley, H. N. Fossil arctic plants from the lacustrine deposit at Hoxne in Suffolk. (Rep. 58, Meet. Brit. Assoc. Adv. Science. Bath, 1888. London, 1889. p. 674.) (Ref. 96.)

152. Renault, B. Sur un nouveau genre fossile de tige cycadéenne. (C. R. T., CVIII, p. 1073–1075. Paris, 1889.) (Ref. 56.)

153. — Sur les feuilles de Lepidodendron. (C. R. Paris, T. CIX, 1889, p. 41—43.) (Ref. 41.)

154. — Communication faite au nom de la Société d'histoire naturelle d'Auteur au Congrès des sociétés savantes, dans la séance du 23 mai 1888. (Bull. Soc. d'hist. nat. d'Autun, II, p. 485—487.) — Ref. Ann. Géol. Univ., T. VI, p. 1060. (Ref. 52.)

155. Roemer, F. Ueber Blattabdrücke in senonen Thonschichten bei Bunzlau in Niederschlesien. (Zeitschr. d. Deutsch. Geol. Ges., Bd. XLI, 1889, p. 139—147. Mit 1 Taf.) (Ref. 81.)

156. Roth, L. v. Pflanzen aus den alluvialen Kalktuffbildungen aus dem Comitate Krassó-Szörény. (Ber. d. Kgl. ung. geol. Anstalt für das Jahr 1888. Budapest, 1889. p. 93–94 [Ungarisch].) (Ref. 111.)

157. — Pflanzen aus dem unteren Rothliegend bei Csiklovabánya im Comitate Krassó-Szöreny. (Ber. d. Kgl. ung. geol. Anstalt für das Jahr 1888. Budapest, 1889, p. 78—79 [Ungarisch].) (Ref. 69.)

158. Rothpletz, A. Ueber Sphaerocodium Bornemanni, eine neue fossile Kalkalge aus den Raibler Schichten der Ostalpen. (Sitzber. d. Bot. Ver. in München d. 9. Dec. 1889.) — Ref. Bot. C., Bd. XLI, p. 9. (Ref. 19.)

159. Sandberger, F. v. Ueber die Entwicklung der unteren Abtheilung des devonischen Systems in Nassau, verglichen mit jener in anderen Ländern. Nebst einem paläontologischen Anhang. (Jahrb. d. Nassauischen Ver. f. Naturkunde, Jahrg. 42. Wiesbaden, 1889. p. 1—146. Mit 5 Taf.) (Ref. 35.)

160. — Bemerkungen über die fossile Flora des Infraliassandsteines von Burgpreppach bei Hassfurt. (Sitzber. d. phys. med. Ges. Würzburg, 1889. p. 158—160.) (Ref. 73.)

161. — Notizen zur Flora des Hanauer Oberlandes. (Abhandl. a. d. Ber. d. Wetterauer Ges. f. d. ges. Naturk. zu Hanau, 1887—1889.) (Ref. 89.)

162. Saporta, G. de. Ephédrées; Spirangiées et Typeo proangiospermiques. (Paléont. Française etc. 2e série: Végetaux Terrain Jurassique Livr. 40—41, p. 209—272, pl. XXIX—XL.) (Ref. 170.)

163. — Les inflorescences des palmiers fossiles. (Revue gén. de Botan., T. I, 1889, p. 229—240 avec 2 pl.) (Ref. 173.)

164. — Dernières adjonctions à la Flore fossile d'Aix-en-Provence, précédées de Notions stratigraphiques et paléontologiques á l'étude du gisement des plantes fossiles d'Aix-en-Provence. (Ann. de Sc. Nat. Botan. Ann. 58 Livr. VII, T. 7 et 8, LX et 192 p a. 33 pl. Paris, 1889.) (Ref. 82.)

165. — Revue des travaux de Paléontologie végétale parus en 1888 ou dans le cours des années précédentes. (Rev. gén. de Bot., 1889, No. 10, 11.) (Ref. 216.)

166. Schenk, A. Ueber Medullosa Cotta und Tubicaulis Cotta. (Abhandl. d. m. ph. Cl d. Kgl. Sächs. Ges. d. Wiss., Bd. XV, p. 523—537. Mit 3 Taf. Leipzig, 1889.) — Ref. Bot. C., Bd. XLI, p. 111—114. — N. Jahrb. f. Min. etc., 1890, I, p. 172—173. (Ref. 144.)

167. — Bemerkungen über einige Pflanzenreste aus den triasischen und liasischen Bildungen der Umgebungen des Comersees. (Ber. d. math. phys. Cl. d. Kgl. Sächs. Ges. d. Wiss., 1889. 8°. 13 p. Mit 1 Taf. Leipzig, 1889.) — Ref. Bot. C., XXXVIII, p. 714. — Boll. d. R. Com. Geol. d'Italia, ser. III, vol. I, p. 524. (Ref. 72.)

168. — Palaeophytologie in K. A. Zittel's Handbuch der Paläontologie. II. Abth., 7—8. Lief, Dicotylae, p. 573—668, 669—764. Mit zahlr. Abb. München und Leipzig, 1889. (Ref. 161.)

169. Schlechtendal, D. v. Bemerkungen und Beiträge zu den Braunkohlenfloren von Rott am Siebengebirge und Schossnitz in Schlesien. (Arb. a. d. min. Inst. zu Halle, pal. Abth. III, Zeitschr. f. Naturw., Bd. LXII, 1889, 4. Folge, Bd. VIII, Heft 5, p. 383—394. Mit 2 Taf. Halle, 1889.) — Ref. Bot. C., Bd. XLII, p. 316. (Ref. 86.)

170. Schweinfurth. Ueber Ficus Sycomorus aus altägyptischen Gräbern. (Sitzber. d. Ges. naturf. Freunde zu Berlin, Jahrg. 1889. Berlin, 1889. p. 157—158.) (Ref. 115.)

171. — Sur les dernières trouvailles botaniques dans les tombeaux de l'Ancienne Egypte. (Bull. Inst. Egypt., 1889, Cairo, 15 p.) (Ref. 116.)

172. Sernander, Rütger. Om växtlemningar i Skandinaviens marina bildningar. (Bot. N., 1889, p. 190.) (Ref. 199.)

173. Snow, F. H. On the discovery and significance of stipules in certain dicotyledonous leaves of the Dakota rocks. (Trans. of the 20- and 21- th. Ann. Meet. of the Kansas Acad. of Sc. (1887—1888), vol. XI. Tosseka, 1889. p. 33—35. w. fig.) (Ref. 196.)

174. Sokoloff, W. Kosmischer Ursprung der Bitumina. (Bull. de la soc. Imp. des Nat. de Moscou. Année 1889, p. 720—739.) (Ref. 212.)

175. Solereder, H. Fossile Aristolochiaceen. (A. Engler u. K. Prantl., Die natürl. Pflanzenfam., III. Th., 1 Abth., p. 270. Leipzig, 1889.) (Ref. 189.)

176. Solms, H. Graf zu. Die fossilen Pandanaceen. (A. Engl. u. K. Prantl, Die natürl. Pflanzenfam., II. Theil, 1. Abth., p. 191. Leipzig, 1889.) (Ref. 174.)

177. — Fossile Rafflesiaceen. (A. Engler u. K. Prantl, Die natürl. Pflanzenfam., III. Th., 1. Abth., p. 278. Leipzig, 1889.) (Ref. 190.)

178. Squinabol, S. Contribuzioni alla flora fossile dei Terreni Terziarii della Liguria. II. Caracee-Felci. Con un saggio bibliografico delle opere di Paleontologia vegetale italiana del secolo presente. 70 p., 12 t. Berlin, 1889.) — Ref. Boll. d. R. Com. Geol. d'Italia, ser. III, vol. I, p. 530. — Ann. Géol. Univ. T. VI, p. 1083. (Ref. 84.)

179. — Cenno preliminare sulla flora fossile di Santa Giustina. (Ann. d. mus. civico di storia nat. di Genova, ser. II, vol. VII, 4 p. Genova, 1889.) — Ref. Boll. d. R. Com. Geol. d'Italia, ser. III, vol. I, p. 529—530. — Ann. Géol. Univ., T. VI, p. 1083. (Ref. 83.)

180. Squinabol, S. e Issel, A. Sui fossili pliocenici di Savona. (Bull. Soc. Géol. d'Italia, vol. III, 3 p. Roma, 1888.) (Ref. 103.)

181. Stache, G. Die liburnische Stufe und deren Grenzhorizonte. Eine Studie über die Schichtenfolgen der cretaceisch-eocänen oder protocänen Landbildungsperiode im Bereiche der Küstenländer von Oesterreich-Ungarn. Heft I, Abth. 1. Geologische Uebersicht und Beschreibung der Farnen- und Florenreste. (Abhandl. d. K. K. Geol. Reichsanst. Wien, Bd. XIII, Heft 1. 9°. 170 p. 1 Karte und 8 Taf. Wien, 1889.) (Ref. 21.)

182. Standfest, F. Ein Beitrag zur Phylogenie der Gattung Liquidambar. (Denkschrift d. Kais. Akad. Wiss. Wien, Bd. XLV. Wien, 1889. p. 361—364. Mit 1 Taf.) (Ref. 187.)

183. Stapf, A. Die Arten der Gattung Ephedra. (Denkschrift d. Kais. Akad. d. Wiss. Wien, 1889, Bd. LVI, 112 p. Mit 1 Karte u. 5 Taf.) (Ref. 171.)

184. Staub, M. Megváltoztatták e a Föld sarkai helyzetöket vagy nem? Haben die Erdpole ihre Lage verändert oder nicht? (F. K., Bd. XIX, p. 145—154. Budapest, 1889 [Ungarisch].) (Ref. 207.)

185. — Sabal major Ung. sp. a Maros völgyéből. Sabal major Ung. sp. aus dem Marosthale. (F. K. Budapest, 1889. XIX. Bd., p. 258—265 [Ungarisch], p. 299—303 [Deutsch]. Mit 1 Abb.) (Ref. 80.)

186. — Besprechung von J. Pantocsek's Beiträge zur Kenntniss der fossilen Bacillarien Ungarns. I. Theil: Marine Bacillarien. (F. K. Budapest, 1889. XIX. Bd., p. 344—364 [Ungarisch], p. 390—392 [Deutsch].) (Ref. 28.)

187. — Kisebb phytopaläontologiai Közlemények. Kleinere phytopaläontologische Beiträge. (F. K. Budapest, 1889. XIX. Bd., p. 415—418 [Ungarisch], 457—460 [Deutsch].) (Ref. 68, 88, 93, 111.)

188. — Magyarorszag kövesült fatörzsei. Die fossilen Holzstämme Ungarns. (Supplementhefte zum T. K. Budapest, 1889. VIII. Heft, p. 182—191 [Ungarisch].) (Ref. 148.)

189. — A m. kir. földtani intézet fitopaleontologiai gyüjteményének szaporodása az 1887- és 1888- iki évek folyamában (III. ik. jelentés). Bericht über den Zuwachs der phytopaläontologischen Sammlung der Kgl. Ung. Geol. Anstalt während der Jahre 1887—1888. (Jahresb. der Kgl. Ung. Geol. Anst. für 1888. Budapest, 1889, p. 148—160 [Ungarisch].) (Ref. 218.)

190. De Stefani, C. Il lago pliocenico e le ligniti di Barga nella valle del Serchio. (Boll. ed R. Com. Geol. d'Italia, ser. II, vol. X, p. 278—287, 329—352, c. 1 tav. Roma, 1889.) (Ref. 104.)

191. Stenzel, G. Die Gattung Tubicaulis Cotta. (Bibliotheca Botanica. Heft No. 12. Cassel, 1889. 4°. 50 p. Mit 7 Taf.) — Mitth. a. d. Kgl. min.-geol. u. prähist. Mus. zu Dresden, Heft VIII. 4°. 50 p. Mit 7 Taf. — Ref. Bot. Z., Jahrg. 47, p. 320—321. (Ref. 143.)

192. Stephens. Attempt to synchronise the Australian, S. African and Indian Coal-measure I. (Proc. of the Linn. Soc. of N. S. Wales, ser. 2, vol. IV, Part. 2, 1889.) (Ref. 142.)

193. Stur, D. Ueber die Steinkohlenflora Englauds. (Verhandl. d. K. K. Geol. Reichsanst. Wien, 1889, p. 11—23.) — Ref. Bot. C., XL, p. 122—123. (Ref. 58.)

194. — Momentaner Standpunkt meiner Kenntniss über die Steinkohlenformation Euglands. (Jahrb. d. K. K. Geol. Reichsanst. Wien, Bd. 39, p. 1—20.) (Ref. 58.)

195 — Eine Sammlung fossiler Pflanzen aus der Kreideformation Böhmens. Geschenk der Herren Professor A. Fritsch und Dr. J. Velenovsky. (Verhandl. d. K. K. Geol. Reichsanst. Wien, Jahrg. 1889, p. 183—185.) (Ref. 77.)

196. Termier, P. Sur une phyllite nouvelle, la leverriérite, et sur les bacillarites du terrain houiller. (C. R. T., CVIII, p. 1071—1073. Paris. 1899.) (Ref. 7.)

197. Tondera, F. Opis flory Kopalnej Pokladow Weglowych Jaworzna, Dabrowy i Sierszy w Okrega Krakowskim. (Pamietnik Wydr. Akad. Umiej. w Krakowic, 1889.) (Ref. 62.)

198. Toula, F. Geologische Untersuchungen im centralen Balkan. (Denkschr. d. Kais. Akad. d. Wiss. Wien, Bd. LV. Wien, 1889. 108 p. Mit Karte, Taf. u. Textfig.) (Ref. 79.)

199. Triebel. Die Herstellung mikroskopischer Dünnschliffe von solchen fossilen Hölzern, welche zu weich oder zu bröcklich sind. (Naturw. Wochschr., Bd. IV, 1889, p. 245.) (Ref. 159.)

200. Velenovsky, J. Květena českého cenomanu. Die Flora des böhmischeu Cenoman. (Abh. d. Kgl. Böhm. Ges. M. N. Cl. v. J. 1889—1890. Prag, 1890 [erschienen 1889]. 75 p. Mit 6 Taf. [Czechisch].) — Ref. Verhandl. d. K. K. Geol. Reichsanst. Wien, 1890, p. 253—255. (Ref. 76.)

201. Verschaffelt, E. De flora van het steenkooltydperk. (Bot. Jaarb. nitg. dorr het kruidk. gen. Dodonaea te Gent., I, 1889, p. 189—218.) (Ref. 61.)

202. Waagen, W. Mittheilung eines Briefes von Herrn A. Derby über Spuren einer carbonen Zeit in Südamerika, sowie einer Berichtigung Herrn J. Marcou's. (N. Jahrb. f. Min. etc., Jahrg. 1888, II, p. 172—177.) (Ref. 135.)

203. Wallace, A. R. Darwinism. An exposition of the theory of natural selection with some of its applications. 494 p. with Portrait, Map and Illustr. London, 1889. — Ref. Bot. C., Bd. XLIII, p. 32—34. (Ref. 208.)

204. Ward, Lestor F. Remarks on an undescribed vegetable organism from the Fort Union Group of Montana. (P. Am. Ast., vol. XXXVII, 1889, p. 199—201.) (Ref. 12.)

205. — The Geographical Distribution of fossil plants. (Eigth Annual Report of the Director of the U. S. Geol. Survey, 1886—1887. Washington, 1889. 4⁰. 297 p. w. 1 pl.) — Ref. Bot. C., Bd. XLV, p. 312—314. (Ref. 160.)

206. Weed, W. H. The Diatom marsches and Diatom beds of the Yellowstons National Park. (Bot. G., vol. XIV, 1889, p. 117.) (Ref. 34.)

207. — On the formations of siliceous sinter by the vegetation of thermal springs. (Amer. Journ., vol. XXXVII, p. 351—359.) (Ref. 22.)

208. Weiss, Ch. E. Ueber Drepanophycus spinaeformis Göpp., Sigillaria Brardi Germ. und Odontopteris obtusa Brngt. (Zeitschr. d. Deutsch. Geol. Zeitschr., Bd. XLI, 1889, p 167—171.) — Ref. Bot. C., Bd. XLI, p. 231—232. (Ref. 126.)

209. — Beobachtungen an Sigillarien von Wettin und Umgegend. (Zeitschr. d. Deutsch. Geol. Ges., Bd. XLI, 1889, p. 376—379.) — Ref. Bot. C., Bd. XLI, p. 230—231. (Ref. 37.)

210. — Brief an Herrn Tenne. (Zeitschr. d. Deutsch. Geol. Ges., Bd. XLI, 1889, p. 554—555.) (Ref. 127.)

211. — Ueber Sigillaria culmiana A. Röm. (Sitzber. d. Ges. naturf. Freunde zu Berlin, Jahrg. 1889. Berlin, 1889. p. 76.) — Ref. N. Jahrb. f. Min., 1889, II, p. 387. (Ref. 43.)

212. — Fragliche Lepidodendronreste im Rothliegenden und jüngeren Schichten. (Jahrb.

d. K. Preuss. Geol. Landesanst. f. 1888. Berlin, 1889. p. 159—165. Mit 1 Taf.) Ref. Bot. C., Bd. XXXIX, p. 232. — N. Jahrb. f. Min. etc., 1890, I, p. 173. (Ref. 42.)

213. Williamson, W. C. On the Organisation of the Fossil Plants of the Coal-measures. Part. XVI. (Proc. R. S. London, vol. 45. London, 1889. p. 438—440.) (Ref. 40.)

214. — On the fossil trees of the Coal Measures. (Read before the Manchester Geol. Society. Januar 27 th. 1888.) (Ref. 64.)

215. — Report of the Committee, consisting of Prof. C. W. Williamson and M. W. Cash, appointed for the purpose of investigating the Flora of the Carboniferous Rocks of Lancashire and West-Yorkshire. (Brit. Ass. Bath meeting, p. 150.) — Ref. Anu. Géol. Univ., T. VI, p. 1062. (Ref. 65.)

216. Woitschach. Ueber das Vorkommen eines Lignitflötzes unter Geschiebelehm bei Freystadt in Niederschlesien. (26. Jahresber. d. Schles. Ges. f. vaterl. Cultur, p. 131—133. Breslau, 1889.) (Ref. 108.)

217. — Ueber einige Moore Niederschlesiens. (26. Jahresber. d. Schles. Ges. f. vaterl. Cultur, p. 169—173. Breslau, 1889.) (Ref. 107.)

218. Woodward, A. S. On the Palaeontology of Sturgeons. (Proc. Geol. Assoc. London, 1889. 8⁰. 21 p. w. 1 pl. und 1 Illustr.) (Ref. 66.)

219. Zeiller, R. Notes sur quelques empreintes végétales des couches de charbon de la Nouvelle-Calédonie. (Bull. de la Soc. Géol. France, t. XVII, 1889, p. 443—446.) (Ref. 138.)

220. — Sur les variations de formes du Sigillaria Brardi Brongniart. (Bull. de la Soc. Géol. France, t. XVII, 1889, p. 603—610, pl. XIV.) (Ref. 36.)

221. Zimmermann, E. Ueber die Gattung Dictyodora Weiss. (Zeitschr. d. Deutsch. Geol. Ges., Bd. XLI, 1889, p. 165—167.) — Ref. Bot. C., XLI, p. 188. (Ref. 51.)

Problematische Organismen und Algen.

1. **W. Bateson** (8) hält nach dem Ref. Zeiller's Bilobites für die Hohlform gewisser Organe von *Balanoglossus*.

2. **J. Joly** (88) beobachtete Weihnachten 1884, dass nach nächtigem Frost bei Thauwetter am Tage auf den weichen schlammigen Landstrassen in Geleisen und Pfützen, wo der Schlamm eine glatte Oberfläche besass, der Frost eigenthümliche Marken eingegraben hatte, die das Ausehen von Bündeln hatten, die von einem Mittelpunkt ausgehend aus radiären Strahlen bestanden, die mehrfach gegabelt über die weiche Fläche dahinliefen. Sie hatten ganz das Ansehen der fraglichen *Oldhamia radiata*, so dass das Entstehen dieses Fossils vielleicht in gleicher Weise wie die geschilderte Erscheinung so zu erklären ist, dass lose von Wasser umgebene Sandtheilchen, nachdem die, welche von ihnen vorragten, Krystallisationsmittelpunkte geworden waren, bei fortschreitender Krystallisation die Lage der Eisnadeln aunahmen. Auch der *O. antiqua* ähnelnde Frostmarken fand Verf., wenn auch dieselben nicht in gleich hohem Maasse an die fossilen Vorkommnisse erinnerten. Ein Versuch, mit ausgewaschenen feinen Erdtheilen *O. antiqua* zu erhalten, schlug fehl, doch war vielleicht die Wahl des Schlammes keine gute. Matzdorff.

3. **J. Joly** (90) fand in Verfolgung seiner Frostmarkentheorie für *Oldhamia* an Schieferstücken, die *O. antiqua* und *radiata* enthielten, dass, wenn *O. antiqua* aus vertieften Linien bestand, *O. radiata* erhabene aufwies, oder umgekehrt. In situ war auf der Oberfläche der Ablagerung stets *O. radiata* vertieft, *O antiqua* erhaben. Dem Verf. scheint diese Beobachtung der Möglichkeit, seine Theorie auf beide Oldhamien in gleicher Weise anzuwenden, zu widersprechen, während sie einer Annahme des organischen Ursprungs genannter Gebilde nicht im Wege steht. Matzdorff.

4. **St. Meunier** (119) untersuchte den Dünnschliff der am 10. August 1885 bei

Grazac (Torn) gefallenen Meteoriten und entdeckte in denselben Organismen, die er *Bacillarites amphioxus* benannte.

5. **St. Meunier** (120) beschreibt aus einem dunklen Sandsteiu (obere Kohle von Loire, Gard und anderen Localitäten), dem man organischen Ursprung zuschreibt: *Bacillarites Grand'Euryi* und *B. Favarcqii.* Aus einem vermeintlichen Meteoriten, den aber Verf. selbst für terrestrische Kohle hält, gesammelt bei Grazac, beschreibt er *Bacillarites amphioxus.*

6. **St. Meunier** (121) beschreibt aus dem von Grand Eury organischen Ursprung zugeschriebenem Gestein aus den Kohlenablagerungen von Loire, Gard u. a. O. *Bacillarites Grand'Euryi* und *B. Favarcqii.* Vorläufig wurde erstere vom Verf. eingehend untersucht.

7. **P. Termier** (196) untersuchte die von Meunier aus dem Kohlensandsteine beschriebenen *Bacillarites,* denen er organischen Ursprung zuschreibt; dieselben erweisen sich als ein neues Mineral, dem Verf. den Namen Leverriérite giebt.

8. **St. Meunier** (122) beschreibt aus den über dem Grobkalk von Paris liegenden Sanden von Beauchamp *Spongeliomorpha Saportai* n. sp., die *Saporta* für seine *Sp. iberica* hielt.

9. **St. Meunier** (123). Man vgl. Ref. No. 8.

10. **H. Boursault** (17, 18) beschreibt aus den oberen Juraschichten von Portel (bei Boulogne-sur-Mer) folgende neue problematische Organismen: *Taonurus boloniensis* und *Portelia Meunieri.*

11. **F. H. Knowlton** (100) beschreibt unter dem Namen *Calcisphaera Lenuni* (Corniferous limestone vom unteren Devon an der Ohiomündung) problematische Körper, die an die Früchte der Charen erinnern, aber das Sporostegium hat 9—10 Spiralen (Zellen), welche nach rechts gedreht sind (während bei *Chara* fünf nach links gedrehte Spiralen vorkommen). Auch stammte sie aus der Tiefe des Meeres, welche für das Leben einer *Chara* nicht geeignet ist.

12. **F. Lester Ward** (201) Vgl. Bot. Jahresber., 1888, 2, p. 259, Ref. 108.

13. **F. Krasser** (107) prüfte die Behauptung Maillard's, dass alle fossilen „Algen" sich als vom Gestein isolirbare Körper repräsentiren und dass ihre Constitutionsmasse sich fast immer durch den Gehalt an organischer Substanz auszeichne, experimentell an den Fucoidenkörpern und Mergeln des Flysches der Umgebung von Wien. Die letzteren erwiesen sich ebenso als mit Kohlepartikelchen erfüllt wie erstere und ist so Maillard's Ansicht nicht haltbar.

14. **Th. Fuchs** (74) läugnet die organische Natur der Fucoiden des Wiener Sandsteins. Sie sind die Spuren und Gänge von Würmern. Unter den lebenden Algen haben sie kein Analogon und die scheinbare Kohlensubstanz besteht aus demselben Mergel, der ober der Fucoidenbank liegt. Denselben Ursprung haben *Taonurus* und *Spirophyton;* an letztere erinnert sehr *Chondrites affinis* Heer.

15. **A. G. Nathorst** (128) konnte sich nach Versuchen überzeugen, dass die Würmer im Meeresschlamm ebenso verzweigte Fährten erzeugen, die dem im Gestein vorkommenden Abdrücken der Chondriten vollkommen entsprechen. Die Fährten erhalten sich im Schlamme dadurch, dass derselbe vollständig vom Wasser durchtränkt ist und so kaum nennenswerthen Druck erleidet; andererseits sondern die in ihm kriechenden Würmer fortwährend Schleim aus.

16. **A. Issel** (87) demonstrirt, dass oft durch das Absondern krystallinischer Substanz zwischen zwei Gesteinsschichten, welche Substanz sich anfänglich in klebrigem Zustande befindet, den fossilen Algen täuschend ähnliche Dendriten entstehen. Zwei Glasplatten mit Druckerschwärze bedeckt und aufeinander gelegt, bringen ähnliche Figuren hervor.

17. **J. D. Hooker** (86) publicirt alle Ansichten, die sich auf *Pachytheca* von 1853 angefangen bis zur Gegenwart beziehen. Damit ist aber die Natur dieser eigenthümlichen Körper noch nicht erkannt. Die von Hooker angegebene Tafel mag aber dies anderen Forschern erleichtern.

18. **C. A. Baker** (6) ist ebenfalls der Ansicht Hooker's, dass *Pachytheca* eine am Seegrund vom Wasser hin und her gerollte Alge sein mag. Sie scheint aber ohne Parallel-

form in der Jetztwelt zu sein, obwohl Thisselton-Dyer aus dem Belvedere Lake, Mullingar ähnliche kleine runde Körper beschreibt, die auf die Symbiose oder den Parasitismus von *Risularia* mit *Cladophora* hindeuten. B. fand *Pachytheca* in den den Uebergang vom Silur zum Old Red Sandstone bildenden Schichten in Gesellschaft der Crustacee Lingula cornea und anderen organischen Ueberresten.

19. A. **Rothpletz** (158) beschreibt *Sphaerocodium Bornemanni*, eine den Siphoneen zugehörige Kalkalge, die in den Raibler Schichten der Ostalpen oft fast ausschliesslich starke Kalkbänke zusammensetzt.

20. **Borelage** (15). Dem Ref. unbekannt.

21. G. **Stache** (181) entdeckte im Küstenlande von Oesterreich-Ungarn an der Basis der Alveolinen und Nummuliten führenden Schichten des Eocen einen charenführenden, paralischen Grenzhorizont mit eigenartiger Land- und Süsswasserfauna. Derselbe ist im Alter aequivalent mit dem Danien (unteres Eocen, eigentlich cretacisch-eocen oder protocen).

In den festen Kalkbänken der Gruppe der *Stomatopsis*-Schichten des nördlichen krainisch-istrischen Verbreitungsgebietes kommen Fruchtknospen von Characeen nur selten und sparsam vor. Reichlich, aber in ungünstigem Erhaltungszustande erscheinen dieselben in einzelnen schwarzen, kohligen Schieferlagen der kohlenführenden Schichten. St. unterscheidet *Nitella? (Chara) globulus* n. f., *Kosmogyra (Chara) cingulata* n. g. et sp. ?*Kosmogyrella (Chara) carinata* n. sp., *Nitella (Chara) Cosinensis* n. sp. Ueber diesen Grenzhorizont wurden zumeist kieselreiche Kalksteinbänke abgesetzt, die eine reiche und mannichfaltige Characeenflora einschliessen. (Cosina-Facies der mittleren Protocenstufe.) St. unterscheidet: 1. Eiknospen von flaschenförmiger Gestalt. Hierher das neue bisher nur fossile Genus *Lagynophora* Stache mit den Formenkreisen *L. liburnica*, *L. foliosa (L. nodulifera* et *L. foliosa)*, *L. symmetrica*, *L. articulata*. — 2. Eiknospen von kuglig-ovaler Gestalt. Aussenwände der Rindenschlauchzonen verziert. Hierher die *Kosmogyreae* Stache, bisher nur fossil: (Formenkreis der *Chara tuberculata* Lyell) mit *K. superba* n. f. und *K. guttifera* n. f. (Formenkreis der *Chara Dütemplei* Watelet., *K. perannata*, *K. ornata*, *K. acanthica* Stache und die *Cristatella*-Form der *Kosmogyreae: Kosmogyrella*. — 3. Eiknospen gewöhnlich kuglig-eiförmig, Oberfläche der Rindenschlauchzonen glatt. Wandzonen weniger als 9, Krönchen aus zweizelligen Rindenschlauchspitzen gebildet. a. Eingetiefte Nahtlinien. *Nitella* v. Leonhard mit *N. (Chara) Stacheana* Ung. mit den Formen *N. subimpressa*, ? *N. robusta* und ? *N. devestita*. b. Kielläufige Nahtlinien. Hierher *Cristatella* subgen. nov. mit *C. doliolum* St. — 4. Eiknospen länglich-oval bis spindelförmig, Wandzonen zahlreich, Oberfläche der Rindenschlauchzonen glatt, Krönchen aus einzelligen Rindenschlauchspitzen gebildet: *Chareae* Leonh. (lebend und fossil): a. Eingetiefte Nahtlinien. *Chara* Vaill. (lebend und fossil). b. Kielläufige Nahtlinien. *Charella* Stache, bisher ohne sichere typische Vertreter. Diese Zusammenstellung ist ein Versuch, die fossilen Characeenreste nach den Merkmalen, die das Oogonium zu bieten vermag, anzuordnen.

22. W. H. **Weed** (207) studirte das Entstehen des Kieselsinters im Geysirgebiete des Yellowstone National Park. An der Ausscheidung der Kieselsäure aus dem heissen Wasser ist ausser physikalischen und chemischen Kräften die Algenvegetation hervorragend betheiligt. In den Becken des Geysirs trifft man eine üppige Vegetation dieser Pflanzen an *(Calothrix gypsophila*, *Mastigonema thermale*, *Leptothrix ochracea)* und um die Fäden derselben scheidet sich alsbald die Kieselgallerte aus. Ein Theil des Sinterplateaus des Midway Geysers ist 12 Fuss dick und zeigt 24 Schichten; 10 Fuss dieser Ablagerung ist allein durch Algen hervorgebracht. Es erweist sich dabei, dass dies auch auffallend rasch geschieht. 4—5 Zoll bilden sich unter sehr günstigen Umständen in verschiedenen Monaten und das actuelle Experiment zeigte die Entstehung einer $1^1/_8$ Zoll dicke Schichte innerhalb $2^1/_2$ Monate. Auch die Moose betheiligen sich an dieser Arbeit *(Hypnum aduncum* Hedw. var. *gracilescens* Br. et Schp.). Der durch die Lebensthätigkeit der Vegetation entstandene Kieselsinter unterscheidet sich physikalisch von dem auf unorganischem Wege entstandenen (Geyserit). Er ist lichter und opaker; er ist oft weich und färbt den Finger. Die chemische Untersuchung zeigt uns seinen grösseren Gehalt an Kieselsäure. So enthält Geyserite 81.95, Algensinter 93.88 und Moossinter 89.72 % SiO_2. Dasselbe konnte Verf. auch an dem

Kieselsinter von Neuseeland constatiren und so gelangte er zur Ueberzeugung, dass die Ablagerung von Kieselsinter im Yellowstonepark vorzüglich der Vegetation des Wassers der heissen Springquellen ihre Entstehung verdanken.

23. J. **Rattray** (150) schildert die Diatomeenflora aus dem Osabbatsee, North Tolsta, woselbst sich der Diatomit auf dem felsigen Grund rein vorfand. Verf. giebt seine äusseren Merkmale und die physikalischen Bedingungen der Fundstätte. Die gefundenen Exemplare sind sämmtlich Süsswasserarten; es wiegen die Gattungen *Navicula, Epithemia, Eunotia* und *Surirella* vor, seltener sind *Cymbella, Encyonema, Synedra, Fragilaria, Tabellaria, Cocconeida, Cyclotella*. In dem schweren Bestandtheil der Proben wiegen Naviculen und Surirellen, in dem leichten kleine Formen von *Navicula*, Cymbellen, Fragilarien und *Cyclotella* vor. Einige, selbst grosse Arten, wie *Gomphonema geminatum* Ag. var. nov. *bipunctata*, sind sehr selten, gegenüber häufigen Verwandten, wie z. B. *G. acuminatum* Ehbg. Seltener sind *Encyonema ventricosum* (Kütz.) Grun., *Navicula mesolepta* Kütz., *N. macilenta* Grun., *N. tenella* Breb., *N. inaequistriata* sp. nov., *N. interrupta* (W. Sm.), *Epithemia gibba* Kütz. var. nov. *rectimarginata, E. hyndmanni* W. Sm., *Eunotia major* (W. Sm.) Rabenh. var. nov. *semelconstricta, E. gracilis* (Ehbg.) Rabenh. var. nov. *semelmonticulata, Synedra ulna* Ehbg. var. nov. *tolstensis, Tabellaria fenestrata* Kütz., *T. flocculosa* Kütz.

Verf. beschreibt sodann die 45 gefundenen Arten: 24 Rhaphidieen, darunter 14 *Navicula* und 4 *Gomphonema;* 20 Pseudoraphidieen, darunter 7 *Epithemia*, 7 *Eunotia*, 2 *Tabellaria* und 2 *Surirella;* und die Cryptoraphidice *Cyclotella antiqua* W. Sm. Neu sind folgende Formen: (p. 422, T. 29, F. 1a. 1b.) *Navicula obtusa* W. Sm. var. nov. *lata*. (p. 423, T. 29, F. 4a.) *N. macilenta* Grun. var. nov. *elliptica* mit schrägeren Rippen an der Peripherie der centralen Erweiterung, elliptischen endständigen hyalinen Areolen und schwach markirter, aber durch die ganze Länge verlaufender Raphe. (p. 425, T. 29, F. 2) *N. oblonga* (W. Sm.) var. nov. *subparallela*. Sie weicht namentlich durch die terminalen Rippen und die Form der medianen hyalinen Area ab. (p. 426, F. 3) *N. cardinalis* (Ehbg.) var. nov. *subconstricta* mit schwach abgeschnürten Körperenden u. a. Eigenthümlichkeiten. (p. 426, T. 29, F. 4) *N. inaequistriata* spec. nov. Die Streifen verlaufen um den hyalinen Centralraum und an den Enden schräg, dazwischen quer. (p. 427, T. 29, F. 5) *Gomphonema geminatum* Ag. var. nov. *bipunctata* zeigt zahlreiche Abweichungen von der Stammform. (p. 433, T. 29, F. 6) *Epithemia gibba* Kütz. var. nov. *rectimarginata*. Die Enden sind stumpf abgerundet und die Rippen unregelmässig; intercostale Punkte fehlen. (p. 436, T. 29, F. 8) *Eunotia major* (W. Sm.) Rabenh. var. nov. *semelconstricta*. Die grosse centrale Zusammenschnürung ist dem einen Ende näher als dem andern. (p. 437, T. 29, F. 9) *E. gracilis* (Ehbg.) Rabenh. var. nov. *semelmonticulata* besitzt ventralwärts einen breiten, fast centralen Vorsprung mit convexem Rand, der assymmetrisch dem einen Ende etwas näher ist. (p. 437, T. 29, F. 12) *Synedra ulna* Ehbg. var. nov. *tolstensis*. (p. 440, T. 29, F. 11) *Surirella inaequisculpta* nov. spec., verwandt *S. arcta* A. S., aber die Apicalkegel sind nicht gleichartig und die Terminalareolen nicht identisch, die Canaliculi sind unbestimmter und an den Enden zarter und gekrümmter. Von *S. gracilis* Grun. unterscheidet sie sich durch die deutlichere mediane Einschnürung, durch eine geringere Gleichmässigkeit in der Lage der Canaliculi und durch grössere Krümmung der Enden. Gleicher Weise ist sie von *S. angusta* Kütz. verschieden und differirt von *S. linearis* W. Sm. durch die terminalen Areolen.

Matzdorff.

24. W. **Carruthers** (26) meint, nach dem Ref. Zeiller's, dass *Xanthidium* aus dem Turon Englands wohl zu den Desmidien gehören dürfte.

25. M. **Lanzi** (113) zählt aus dem Diatomeenlager der via Aurelia Diatomeen auf. Die Ablagerung besteht aus zwei Schichten. Die untere enthält Diatomeen des Meeres und des Brackwassers, aber auch solche des Süsswassers; in der oberen Schichte fehlen die Meeresformen; die des Süsswassers aber sind im Uebergewichte.

26. M. **Lanzi** (114) zählt von Gianicolo fossile Süsswasserdiatomeen auf, die nach J. Deby in allen Süsswässern gemein sind.

27. J. **Pantocsek** (137) giebt einen reichen Beitrag zur Bacillarienkunde Ungarns

und Russlands. Das Material hierzu lieferten ihm die der sarmatischen Stufe angehörigen brackischen Ablagerungen von Abauj-Szántó, Aranyos (Saugschiefer) und Czekeháza (Polirschiefer und Trippelgestein) im Comitate Abauj; Csipkés (Polirschiefer) im Comitate Sáros; Erdöbénye und Tálya (Kleb- und Polirschiefer) im Comitate Zemplén; Szokolya (Klebschiefer) im Comitate Hont; Gyöngyös Pata (Menilit, Klebschiefer, bituminöser Kalkmergel und Kalk), Szücsi (Cerithiumkalk) und Szurdok-Püspöki (Menilit- und bituminöser Kalkschiefer) im Comitate Heves; schliesslich Felménes und Kavna (Klebschiefer) im Comitate Arad. Von diesen Fundorten beschreibt P. 173 Arten, Varietäten oder Formen; darunter folgende neue:

Raphidieae. Cymbelleae. *Amphora acuminata* Kg. var. *fossilis*, *A. arcuata*, *A. bituminosa*, *A. coffeaeformis* (Ag.) Kg. var. *fossilis*, *A. curvata*, *A. czekeházensis*, *A. Eulensteinii* Grun. var. *fossilis*, *A. hevesensis*, *A. lybica* Ehrbg. var. *interrupta*, *A. minuta*, *A. Neupaueri*, *A. permagna*, *A. protracta*, *A. salina* W. Sm. var. *fossilis*, *A. striata*, *A. striolata*, *A. Szabói*, *A. Wiesnerii*, *Cymbella Chyzerii*, *C. erdöbényensis*, *C. hevesensis*, *C. hungarica*, *C. Karuensis*, *C. Neupaueri*, *C. salina*. — Naviculaceae: *Mastogloia lanceolata* Thwait. var. *hungarica*, *Navicula arenariaeformis*, *N. Beckii*, *N. bituminosa* mit den Var. *latecuspidata*, *robusta*, *signata*, *staurophora*, *N. bivittata*, *N. Chyzeri*, *N. cincta*, *N. curtestriata*, *N. czekeházensis*, *N. debilis*, *N. discernenda*, *N. elongatula*, *N. Gálikii*, *N. Gorjanovicii* Pant. var. *major*, *N. grata*, *N. halionata* Pant. var. *directa*, *N. Hazslinszkyi*, *N. Hecrii*, *N. heteroflexa* mit den var. *constricta*, *minor*, *N. hevesensis*, *N. hordeiformis*, *N. ignobilis*, *N. insignis*, *N. interrupta* Kg. var. *fossilis*, *N. Kochii*, *N. levis*, *N. Macraena*, *N. menilitica*, *N. notabilis*, *N. nuda*, *N. ovalis* Hilse var. *fossilis*, *N. parallelistriata*, *N. procera*, *N. rhamphoides*, *N. robusta*, *N. Szabói*, *N. tenella* Bréb. var. *fossilis*, *N. troglodytes*, *N. Yarrensis* Grun. mit den Var. *bituminosa* und *valida*, *Amphipora dilatata*. — Gomphonemeae. *Gomphonema intricatum* Ktzg. var. *fossilis*, *G. olivaceum* E. mit den Var. *fossilis*, *salinarum* und *staurophora*, *G. salsa*. — Cocconeideae. *Cocconeis californica* Grun. var. *menilitica*, *C. Pediculus* Ehrbg. var. *salinarum*. — **Pseudoraphidieae.** Fragilarieae. *Epithemia cruciformis* et var. *subcapitata*, *E. Debyi*, *E. inflexa*, *E. multicostata*, *E. salina* et var. *nuda*, *E. subsalsa* et var. *validior*, *E. vittata*, *Synedra fasciculata* Kg. var. *obtusa*, *S. salinarum*, *Fragilaria bituminosa* mit den Var. *curta*, *elongata*, *minor*, *perlonga*, *validior*, *F. brevistriata* Grun. var. *fossilis*, *F. microcephala*, *F. minuta*, *Staurosira Kavnensis*, *St. venter* Grun. var. *fossilis*. — Surirelleae *Surirella Neupauerii*, *S. rotunda* Pant. var. *minor*. — Nitzschieae. *Nitzschia bicuspidata*, *N. bituminosa* et var. *tenuior*, *N. frustulum* (Kg.) Grun. mit den Var. *acuta*, *curvata*, *constricta*, *hungarica*, *minuta*, *obtusa* et *producta*, *N. hevesensis*, *N. Szabói*. **Crypto-Raphidieae.** Melosireae. *Melosira bituminosa* mit den Var. *dilatata* et *interrupta*, *M. crenulata* Kg. var. *fossilis*, *M. Dickiei* Kg. var. *fossilis*, *M. menilitica*, *Podosira hungarica*, *P. robusta*. — Actinocycleae. *Stephanodiscus biharensis*, *St. matrensis*, *St. minutus*.

Noch reicher an Bacillarien sind die marinen Ablagerungen, von denen der Trachyt-Andesittuff von Bory (Com. Hont) und aus dem Thale Bremia bei Arad (Com. Arad) der sarmatischen Stufe; der thonige Mergel und Andesittuff von Nagy-Kürtös (Com. Nográd) aber der mediterranen Stufe angehören. — Von den 476 beschriebenen sind neue Arten, Varietäten und Formen: **Raphidieae.** Cymbelleae. *Amphora acuta* Greg. var. *neogena*, *A. crassa* Greg. var. *minor*, *A. gigantea* Grun. var. *andesitica*, *A. Gründlerii* Grun. var. *trachytica*, *A. lima*, *A. litoralis* Donk. var. *fossilis*, *A. Lóczyi*, *A. Lunyacsekii*, *A. megapora*, *A. mexicana* A. S. var.? *boryana*, *A. neogradensis*, *A. obtusa* Greg. var. *fossilis*, *A. staurophora*, *A. Szontághii*, *A. tertiaria*, *A. vittata*; *Cymbella lanceolata* E. var. *fossilis*. — Naviculaceae. *Mastogloia obtusa*, *M. Szontághii*, *Navicula andesitica*, *N. aspera* E. var. *hungarica*, *N. bacillifera*, *N. bimaculata*, *N. boryana*, *N. brasiliensis* Grun. var. *fossilis*, *N. Dóczii*, *N. formosa* Greg. var. *fossilis*, *N. Fuchsii*, *N. fusca* var. *permagna*, *N. gastrum* (E.) Kg. var. *boryana*, *N. Hantkeni*, *N. Haynaldii*, *N. Hennedeyi* W. Sm. var. *fossilis*, *N. Hoffmannii*, *N. humerosa* Bréb. var. *elongata*, *N. inflexa* Greg. var. *biharensis*, *N. inhalata* A. Schm. var. *biharensis*, *N. irregularis*, *N. irrorata* Grev. var. *fossilis*, *N. Kelleri*, *N. Kinkerii*, *N. lacrimans* A. Schm. var. *fossilis*, *N. latissima* Greg.

mit den Var. *capitata* et *minor*, *N. Le Tourneurii*, *N. Lóczyi*, *N. Lyra* Ehrbg. mit den Var. *acuta* et *producta*, *N. nitescens* Ralfs var. *fossilis*, *N. nobilis* (Ehrbg.) Ktzg. var. *fossilis*, *N. O'Swaldii* Jan. var. *hungarica*, *N. parca* A. Schm. var. *producta*, *N. perlonga*, *N. pinnata*, *N. Rattrayi*, *N. Sandriana* Grun. var. *fossilis*, *N. sectilis* A. Schm. var. *boryana*, *N. Smithii* Bréb. var. *minor*, *N. venusta*, *N. Yarrensis* Grun. var. *gracilior*, *Alloconeis Castracanei*, *A. Grunowii*, *Berkeleya hungarica*, *Scoliopleura szakalensis*, *Pleurosigma neogradense*, *Amphipora Poscwitzii*. — Achnantheae. *Achnanthes Lóczyi*. — Cocconeideae. *Orthoneis notata*, *Cocconeis andesitica*, *C. biharensis* et var. *minor*, *C. Grunowii*, *C. perpusilla*, *C. Raeana*, *C. Scutellum* Ehrbg. var. *fossilis*. — **Pseudoraphidieae.** Fragilarieae. *Epithemia gibba* (E.) Kg. var. *boryana*, *E. gibberula* Kg. var. *perlonga*, *E. Pethöi*, *Himantidium boryanum*, *Plagiogramma? boryanum*, *P. salinarum*, *P. Truanii*, *Dimerogramma boryanum*, *Rhaphoneis boryana*, *R. gemmifera* E. mit den Var. *biharensis* et *subtilior*, *Synedra biharensis*, *S. bremiana*, *S. crystallina* Kg. var. *fossilis*, *Cymatosira? biharensis*. — Tabellarieae. *Climacosphenia moniligera* Ehrbg. var. *hungarica*, *Entopyla hungarica*, *E. Rinnboeckii*, *Grammatophora hungarica*, *G. robusta* Dipp. var. *gracilis*, *Salacia boryana*, *Rhabdonema adriaticum* Kg. var. *fossilis*. — Surirelleae. *Surirella fastuosa* Ehrbg. var. *fossilis*, *Campylodiscus angularis* Greg. var. *punctata*, *C. Eulensteinii* *C. Kidstonii*. — Nitzschieae. *Nitzschia andesitica*, *N. Lóczyi*. — **Crypto-Raphidieae.** Rutilarieae. *Rutilaria szakalensis*. — Thaumatodisceae. *Gyrodiscus hungaricus*, *Ktenodiscus hungaricus*, *Stephanogonia aculeata*, *St. cincta*, *St. striolata*, *St. Szontághii*. — Melosireae. *Melosira arenaria* Moore var. *hungarica*, *M. Lóczyi*, *M. undulata* (E.) Kg. var. *minor*, *Paralia sulcata* Cleve var. *hungarica*, *Podosira boryana*, *P. Lóczyi*. — Biddulphieae. *Hydrosera boryana* et var. *hexagona*, *Hemiaulus Szabói*, *Biddulphia élesdiana*, *B. Lóczyi*, *B. permagna*, *B. tridentata* E. var. *andesitica* et f. *minor*, *B. Tuomeyi* (Bail) Rop. var. *boryana* et *hungarica*, *B. vasta*, *Triceratium boryanum*, *T. elevatum*, *T. horridum* et f. *quadrigona*, *T. junctum* A. Schm. var. *fossilis*, *T. Lóczyi*, *T. Pethöi*, *T. Pileus* E. var. *robustior*, *T. Rzehakii*, *T. suborbiculare*. — Aulacodisceae. *Cerataulus boryanus*, *C. hungaricus*, *C. turgidus* var. *hispidissima*, *Pseudocerataulus Tempèreii*, *Aulacodiscus boryanus*, *A. Haynaldii*, *A. margaritaceus* Ralfs var. *hungarica*, *A. notabilis*. — Heliopelteae. *Actinoptychus boryanus*, *A. glabratus* Grun. var. *andesitica*, *A. Pethöi*, *A. Petitii*, *A. Schmidtii*, *A. Semseyi*, *A. Staubii*, *A. Szontághii*, *A. undulatus* (Kg.) Ralfs var. *subtilis*. — Asterolampreae. *Asterolampra Marylandica* E. var. *fossilis*, *A. hungarica*. — Arachnoidisceae. *Stictodiscus boryanus*. Actinocycleae. *Actinocyclus boryanus*, *A. bremianus*, *A. disseminatus*. — Coscinodisceae. *Endictya boryana*, *E. Lunyacsekii*, *E. Schmidtii*, *Coscinodiscus bremianus*, *C. Weissflogii*, *C. Boeckhii*, *C. Debyi*, *C. spiraliter-punctatus*, *C. intumescens* Pant. var. *interrupta*, *Haynaldia antiqua* n. gen. et spec. — Die Arbeit enthält auch Beiträge zu den im ersten Theile von Pantocsek's Bacillarienwerk erwähnten Fundorten Szakal, Kékkö, Szent-Péter, Élesd, Felsö Esztergály.

Der Bacillarientuff von Ananino im russischen Gouvernement Simbirsk gehört nach P. der Kreide an. Von den 128 aufgezählten Arten sind folgende neu: *Navicula simbirskiana*, *Rhaphoneis Fuchsii*, *Kentrodiscus fossilis*, *Mastogonia simbirskiana*, *Melosira cristata*, *M. Thumii*, *Centroporus crassus*, *Hyalodiscus nobilis*, *H. rossicus*, *Trinacria excavata* Heibg. var. *producta*, *T. Pachtii*, *Odontotropis birostrata*, *Cheloniodiscus ananinensis* *Biddulphia robusta*, *Triceratium ananinense*, *T. conciliatum* et var. *elatior*, *T. exornatum* Grev. var. *ananinensis* et *simbirskiana*, *T. Kidstonii*, *T. sarmaticum*, *T. tertiarium*, *T. vittatum*, *Pseudoauliscus Brunii*, *P. Rattrayi*, *P. Schmidtii*, *Rattrayella oamaruensis* (Grun.) de Toni, *Aulacodiscus ananinensis*, *A. antiquus*, *A. conciatus*, *A. hispidus*, *A. hystrix*, *A. Lahusenii* O. W. var. *partita*, *A. simbirskianus*, *A. Truanii*, *A. tuberculatus*, *A. Weissflogii*, *Actinoptychus ananinensis*, *A. Tschestnovii*, *Actinodictyon antiquorum*, *Wittia insig*[illegible] *Tschestnovia mirabilis* et var. *partita* et *polygona*, *Stictodiscus Wittii*, *Stephanopyxis delectabilis*, *St. gyrata*.

Der Polycystinentuff von Kusnetzk im russischen Gouvernement Saratow gehört der Trias an. Von den beschriebenen 68 Arten sind neu: *Melosira irregularis*, *M. Saratoviana*, *M. sarmatica*, *Paralia rossica*, *Ethmodiscus rossicus*, *Hemiaulus perlongus*, *H. ? sarato-*

vianus, H. Tschestnovii, Trinacria Semseyi, T. Tschestnovii, Odontotropis birostrata, Keratophora nitida, K. robusta, Biddulphia elegantula Grev. mit den Var. *polycystina* et *sarmatica, B. ? rossica, B. saratoviana, Triceratium abyssorum* Grun. var. *saratovianum, T. cuculatum* mit den Var. *disseminato-punctata* et *latior, T. Debesii, T. Duchartrei* Pant. et Temp., *T. fasciatum, T. hystrix, T. idoneum, T. Kusnetzkianum, T. Lahusenii, T. lanceolatum, T. Mereskovskii, T. Petitii, T. Peragalloii, T. protractum, T. Rattrayi, T. renunciatum, T. saratovianum, T. Semseyi, T. septum, T. Smithii, T. squamatum, T. subcapitatum, T. tetragonum, T. triasicum, T. Truanii, T. undatum, T. undosum, T. Weisseianum, Entogonia saratoviana, E. Truanii, E. Tschestnovii, Pseudoceratulus Kinkerii, Aulacodiscus Darwinii, A. interruptus, A. Kellerii, A. Ledebourii, A. Tschestnovii, Arachnoidiscus giganteus, A. rossicus, Stictodiscus Pantocsekii* Temp. n. sp., *Brightwellia rossica, Stephanopyxis rossica.*

28. **M. Staub** (186) giebt eine ausführliche Besprechung von J. Pantocsek's Beiträgen zur Kenntniss der fossilen Bacillarien Ungarns, I. Theil: Marine Bacillarien. (Man vgl. Bot. Jahresber., Jahrg. XV, 2, p. 276.) St. stellte die beschriebenen Arten nach geologischen Horizonten zusammen und findet, dass von den aus dem tertiären Meere Ungarns beschriebenen 447 Bacillarien 30, d. i. 6.7 % an sämmtlichen und drei verschiedenen Horizonten angehörigen Localitäten vorkommen. Nimmt man aber alle Arten in Betracht, welche sich vom Mediterran bis in die Congerienstufe verbreiten, so ist deren Anzahl 76, d. i. 17 % sämmtlicher Arten. Um die geologische Verbreitung der verschiedenen Familien übersichtlicher zu machen, construirte St. eine Tabelle, deren Details hier nicht referirt werden können.

29. J. **Rattray** (149) beschreibt nach dem Ref. Pantocsek's aus dem Depot von Ananino: *Aulacodiscus zonulatus* n. sp. und *Au. apedicellatus* n. sp.; aus Japan *Au. nobilis* n. sp.

30. **F. Castracane** (28) beschreibt nach dem Ref. in der Notarisia die Diatomeen des Trippels von Assab und Aussa im oberen Dabithale in Afrika. Zu erwähnen ist *Cymbella Assabensis* n. sp.

31. J. **Brun** et J. **Tempére** (21) beschreiben aus dem bituminösen Kalk von Sendai und Yedo in Japan 328 Arten und Varietäten von Diatomeen. Von diesen sind folgende neue Arten beschrieben:

Cymbelleae: *Amphora fallax, A. Petiti, A. Pleurosigma, A. zebrata.* — **Naviculaceae**: *Amphiprora coarctata, A. fragilis, Mastogloia Clevei, M. reticulata* Gr. var. *Japonica, M. rugosa, Navicula adonis, N. anthracis, N. baccata, N. crucifix, N. cubitus, N. delicata* Pant. var. *radiata, N. foliola, N. Guinardiana, N. index, N. reticulo-radiata, N. scintillans, N. Temperei, Pleurosigma hamuliferum, P. sagittatum.* — **Gomphonemeae**: *Gomphonema curvirostrum.* — **Achnantheae**: *Achnanthes Leudugeri.* — **Cocconeideae**: *Cocconeis antiqua, C. sigma* Pant. var. *sparsipunctata, P. splendida* Greg. var. *crucifera* et var. *lucida, C. curvirotunda, C. sigmoradians.* — **Fragillarieae**: *Epithemia Argentina, Plagiogramma fenestra, P. Gregorianum* var. *robusta, Rhaphoneis Asiatica, Rh. lumen, Rh. pinnularia, Sceptroneis Coluber, Synedra tibialis, Cymatosira Debyi, C. Japonica.* — **Tabellarieae**: *Grammatophora flexuosa* var. *Japonica, G. monilifera, Rhabdonema biquadratum, Rh. elegans, Rh. Japonicum, Rh. valdelatum.* — **Surirelleae**: *Campylodiscus canalisatus, C. Chrysanthemum, C. clivosus, C. Hypodromus, C. rivulosus, C. scalaris, C. simplex, C. teniatus* A. S. var. *radiosa, C. vitricavus, Nitzschia Asiatica, N. longissima* var. *fossilis, N. pennata, N. protuberans.* — **Chaetocereae**: *Chaetoceros sigmo-calamus.* — **Melosireae**: *Stephanopyxis aristata, S. limbata* var. *cristagalli, S. nidulus, S. Peragallii, Rutilana capitata, R. longicornis, R. hexagona* var. *cornuta, Cyclotella Asiatica, Podosira spino-radiata, Melosira Clypeus, M. cornuta, Ethmodiscus vitrifacies.* — **Biddulphieae**: *Anaulus latecavatus, Euodia inornata* Castr. var. *curvirotunda, E. margaritacea, Zygoceros circinus* Baill. var. *trapezoidalis, Biddulphia calamus, B. nobilis, Triceratium Balaniferum, T. arcticum* var. *vulcanica* et *lucida, T. Bergonii, T. cellulosum* Grev. var. *Japonica, T. constellatum, T. curvilimbum, T. dulce* Grev. var. *Japonica, T. elegans* var. *Japonica, T. luminosum, T. multifrons, T. planoconcavum, T. radians, T radiato-punctatum* var. *calcarea*, *T. Schlumbergeri*, *T. simplex*, *T. tripolaris*, *T. truncatum*, *T. venulosum* var. *Japonica*. — **Aulacodisceae:** *Auliscus ambiguus* Grev. var. *multiclava*, *A. Asiaticus*, *A. crystallinus*, *A. Grunowii* A. S. var. *flammula*, *A. tricorona*, *A. trigemis* A. S. var. *robusta*, *A. trilunaris*, *Aulacodiscus Adonis*, *A. angulatus* Grev. var. *Japonica*, *A. crater*, *A. giganteus*, *A. multispadix*, *A. nigricans*, *A. tripartitus*, *A. tubulocrenatus*, *Craspedoporus Corolla*, *C. Pantocsekii*. — **Heliopelteae:** *Actinoptychus adamans*, *A. Anemone*, *A. Asiaticus*, *A. erinaceus*, *A. nitidus* var. *turgida*, *A. Papilio*, *A. pericavatus*, *A. trifolium*, *A. trifurcatus*, *Asteromphalus scnectus*, *A. stellaris*. — **Coscinodisceae:** *Actinocyclus Calix*, *A. flos*, *Brigthwellia mirabilis*, *Porodiscus calyciflos*, *Stephanodiscus elegans*, *Stictodiscus Hardmanianus* var. *Japonica*, *Coscinodiscus gigas* E. var. ? *stellifera*, *C. robustus* Grev. var. *amoena*, *C. Temperei*, *C. tubiformis*. Es sind noch zu erwähnen *Auricula Japonica*, *A. ostrea*, *Bacteriastrum ? Halo*, *Cladogramma conicum* Grev. var. *reticulata*, *Liostephania ? Japonica*, *Liradiscus lucidus*, *Lithodesmium Californicum* Grun. var. *tigrina*, *Pterotheca spada*, *Staurosigma Asiaticum* und *Tabulina testudo* n. gen. et sp. Diese Flora enthält eine reiche Menge von Arten, die bisher nur aus den jungtertiären Ablagerungen Ungarns und von Ananino in Russland bekannt sind.

32. **C. H. Keim** und **E. A. Schultze** (92). Dem Ref. unbekannt.

33. **G. C. Karop** (91) theilen nach dem Ref. in der La Nuova Notarisia das Referat Grunow's über Grove und Sturt's Abhandlung von den Oamaru Diatom (vgl. Bot. J., 1887, p. 278, Ref. No. 24) mit und schaltete die Bemerkungen Grove's über die Arten von *Triceratium*, *Aulacodiscus*, *Rattrayella* (*Debya* Rattr. non Pant.) ein.

34. **W. H. Weed** (206). Dem Ref. unbekannt.

Fossile Flora Europas.

Paläozoische Aera.

35. **F. v. Sandberger** (159) bespricht die untere Abtheilung des devonischen Systems in Nassau. Als pflanzenführend erweisen sich die Orthoceras-Schiefer, das oberste Glied dieser Abtheilung. Dasselbe enthält viele Algen; *Haliserites Dechenianus* füllt stellenweise ganze Bänke aus. Es fanden sich mehrere *Sphaerococcites lichenoides* Göpp., *Confervites acicularis* Göpp. vor. Beschrieben und abgebildet wird *Lycopodium myrsinitoides* Sandb. Hinsichtlich der Lagerung der Schichten dieses Complexes findet er in jenen von Olkenbach in der südöstlichen Eifel, am Porsquen bei Brest, in jenen von Collada de Lama in der spanischen Provinz Leon sein Aequivalent.

36. **R. Zeiller** (220) konnte sich an bei Lardin gefundenen Exemplaren davon überzeugen, dass *Sigillaria Brardi* und *S. spinulosa* nur die verschiedenen Entwicklungsformen einer und derselben Art sind.

37. **Ch. E. Weiss** (209) legt an Sigillarien aus der Steinkohlengrube von Wettin dar, dass die Leiodermarien-Form der Oberfläche ein späteres, die Cancellaten-Form ein früheres Stadium des Wachsthums vertritt. Dies schliesst aber nicht aus, dass beide Formen als alleinige an besonderen Sigillarien vorhanden sind. Die eigentlichen Sigillarien könnten durch das Verschwinden ihrer Längsfurchen in die Leiodermarien-Form übergehen; es lassen sich daher die Sigillarien folgenderweise gruppiren: A. Subsigillarien: 1. Leiodermarien. 2. Cancellaten. — B. Eusigillarien: 3. Favularien. 4. Rhytidolepis.

38. **R. Kidston** (96) bespricht einige Lycopodiaceen des britischen Carbons. *Lepidodendron Veltheimianum* Sternb. *Sigillaria discophora* König ist mit *Ulodendron majus* und *minus* L. a. H. identisch; ebendahin gehört *Sig. Menardi* Lesqx. non Brongn. (f.) *Bothrodendron Wükianum* nov. sp. (p. 65, Taf. 4, F. 2—4) ist vielleicht mit Heer's *Lepidodendron Wükianum* von der Bären-Insel identisch. Matzdorff.

39. **T. Hick** et **W. Cash** (83) resumiren nach dem Ref. Zeiller's die heutigen Kenntnisse über die Structur von *Lepidodendron*.

Sie unterscheiden in den jungen Stämmen ausserhalb der centralen libro-ligneusen Axe, nämlich in der Rinde zwei Zonen, das innere Parenchym und das Hypoderm, an de

Peripherie desselben tritt nachträglich ein Cambiumring auf, der ein sclerenchymatisches Phelloderm erzeugt. Diese Structur lässt sich mit der von *Lycopodium* und *Selaginella* vergleichen. Verff. sind auch der Ansicht, dass die Lepidodendreen als besondere Gruppe der Lycopodineen zu betrachten seien.

40. **W. C. Williamson** (213) bespricht die Entwicklung des Markstranges bei den kohlebildenden Lycopodiaceen, die eines kleinen Zweigbündels von *Lepidodendron Harcourtii*, die neue Art *L. mundum* mit eigenthümlicher Entwicklung des Markes, die neue Art *L. intermedium* mit einer eigenthümlich entwickelten exogenen Zone und *L. fuliginosum* als zweites Beispiel des exogenen Xylems. *L. fuliginosum* besitzt nur wenige radial gestellte Blätter von Gefässen in der innersten Rinde, *L. intermedium* dagegen zeigt einen zusammenhängenden Ring von Tracheïden, und die radial gestellten Blätter sind stets im Zellgewebe eingebettet. Bei jungen Exemplaren von *L. Spenceri* n. sp. findet sich kein Mark, wohl aber eine Anzahl senkrecht verlängerter Zellen und unvollständig verholzter Leitertracheïden, die von vollständig verholzten eingeschlossen sind; wir haben hier also ein Beispiel der centripetalen Entwicklung eines Gefässbündels vor uns, wie sie die heutigen Lycopodien zeigen. Bei der Beschreibung von *L. parvulum* n. sp. setzt Verf. die Unterschiede zwischen der Entwicklung des Markes bei den exogenen Sporenpflanzen und den exogenen Dicotyledonen auseinander. Das bei beiden gleich genannte Gewebe ist nicht genetisch homolog. Das Mark erscheint übrigens bei den verschiedenen *Lepidodendron*-Arten zu verschiedenen Zeiten. Schliesslich schildert Verf. die zweierlei Weise, auf welche die Zweige mit Gefässbündeln ausgestattet werden. Matzdorff.

41. **B. Renault** (153) konnte am Stamme sitzende Blätter von *Lepidodendron rhodumnense* untersuchen. Dieselben nähern sich sehr denen der Sigillarien. Aeusserlich unterscheiden sich diese nur durch den Mangel der Furche auf der Oberfläche der Blattbasis; fällt jene aber auf die mittlere Partie des Blattes, ist sie weniger markirt als wie bei den Sigillarien. Das strahlige Holz der letzteren besteht nur aus einigen spiraligen und gestreiften Zellen, die grössere Partie besteht aus gefässförmigen, punktirten und netzigen Zellen. Dieser Bau hatte in biologischer Hinsicht gewiss Bedeutung für diese Pflanzen.

42. **Ch. E. Weiss** (212) berichtigt die Bestimmung des *Lepidodendron frondosum*, welchen Göppert aus dem Kalksteine des Rothliegenden von Niederrathen in Niederschlesien beschrieben hat. Derselbe erweist sich als *Sigillodendron frondosum* Göpp. sp. W. beschreibt noch *Walchia longifolia* Göpp. von Berschweiler unweit Kirn a. d. Nahe. (Rother Thoneisenstein der Acanthodes-Lager der Lebacher Stufe.) *Pinites lepidodendroides* Röm. stimmt vollkommen mit Zeiller's *Lepidodendron aculeatum* Sternbg. aus der Steinkohlenformation von Valenciennes überein. *Lepidodendron* geht über das Rothliegende nicht hinaus.

43. **Ch. E. Weiss** (211) bemerkt, dass *Sigillaria culmiana* A. Röm. ein *Lepidodendron* sei.

44. **H. Potonié** (147) macht vorläufige Mittheilung von einem im Piesberger Steinkohlenbergwerk bei Osnabrück gefundenen Lycopodinen-Stammstrunk (*Sigillaria* oder *Lepidodendron*) mit Wurzeln (Stigmaria).

45. **Grand'Eury** (78) konnte in den Sigillarien-Wäldern von Champelaus (Gard) und Méons (Loire) die Sigillarien aus der Section *Leiodermariae* gründlich studiren. Bei Champelaus fand er eine Sigillaria von ihren Wurzeln bis zu ihren Blättern erhalten und benennt sie *Sigillaria Mauricii* n. sp. Der Stamm der Sigillarien beginnt sich in der Form dicker Knollen zu entwickeln, die oben den Stamm aussenden, an ihrer abgerundeten Basis aber vier Ausbauchungen zeigen und schliesslich sich zur *Stigmariopsis* oder *Stigmaria* ausbilden. Im Innern der Stämme und der unterirdischen Zweige fand GE. mehrere Gefässcylinder, in den Knollen nur einen einzigen. Die Sigillarienstämme zeigen in ihren oberen Partien die Charaktere von *Syringodendron*. Verf. konnte constatiren, dass *Syringodendron cyclostigma, pachyderma, Brongniarti* sich identificiren mit *Sigillaria lepidodendrifolia, Mauricii, affinis.* Fruchtähren fand Verf. in grosser Menge (*Sigillariostrobus fastigiatus* Göpp.), ebenso Makrosporen ohne die Samen anderer Pflanzen. Die essentiellen

Charaktere der Entwicklung und Reproduction machen die Sigillarien zu Kryptogamen ohne entsprechende Typen der Jetztwelt. In den Blättern sind sich alle Arten gleich und nur nach den Blattnarben specifisch unterscheidbar; ebenso sind auch die Fruchtähren kaum verschieden; eine und dieselbe Form derselben finden wir an verschiedenen Stämmen und ebenso gestalten sich die Rhizome zu einer kleinen Zahl einfacher Typen.

46. **W. J. Macadam** (116) untersuchte Harzstücke aus dem Carbon, die wahrscheinlich von *Lepidodendron* herrühren. Verf. giebt die procentualische Zusammensetzung für die bei Kilmarnock und Methil gefundenen Harze an und vergleicht dieselben mit Anthracoxenit und Schlanit, die ähnlich zusammengesetzt sind. Matzdorff.

47. **Grand'Eury** (79) betrachtete noch vor einigen Jahren die Calamodendreen als den Gnetaceen mehr oder weniger nahestehende Gymnospermen; aber zahlreiche Beobachtungen, die er in den Kohlenfeldern von Gard machte, bewiesen auch ihm, dass diese Pflanzen Kryptogamen sind. Bei ihrem massenhaften Vorkommen findet man nie Samen, sondern immer nur sporentragende Aehren. *Arthropitus* trägt im Quirl *Asterophyllites* als seine Zweige und an diesen *Volkmannia* als Fruchtstand; von ihr unterscheidet sich *Calamodendron* durch das Ensemble seiner Charaktere. Am calamitoïden Stengel stehen die Internodien in sehr grosser Entfernung von einander; die Zweige sind nicht gleichförmig verzweigt, die langen und gestreiften Blätter an der Basis befestigt, die viel kleineren Aehren haben die Form von kolbigen Kätzchen, an denen die Bracteen und die von ihnen geborgenen Sporangien sitzen.

48. **C. E. Bertrand** (12) beschreibt die fossile Pflanzengattung *Poroxylon*. Es scheint dies ein Auszug aus der grösseren Monographie zu sein, die B. im Vereine mit Renault schon früher publicirte. (Vgl. Bot. J., 1888, II, p. 240, Ref. No. 41.) Die anatomische Untersuchung lässt uns die *Poroxylon*-Arten als Phanerogamen erscheinen, die aber den Cycadeen und Cordaiten untergeordnet sind, indem bei ihnen das centripetale Holz weniger entwickelt ist, als bei diesen, aber andererseits treten ihre phanerogamen Charaktere deutlicher hervor als bei den gleichzeitigen *Lyginodendron*, *Sigillariopsis* und *Sigillaria*. *Poroxylon* vertritt die Formen, die von den Gefässkryptogamen zu den gymnospermen Phanerogamen führen; sie sind niedere Phanerogamen mit den Ueberbleibseln der Lycopodiaceen-Organisation.

49. **C. E. Bertrand** et **B. Renault** (11). Ist nach dem Ref. Zeiller's das Resumé einer von den Verff. früher veröffentlichten Arbeit. (Man vgl. Bot. J., 1888, II., p. 240, Ref. 41.)

50. **A. G. Nathorst** (129) weist nach, dass Goldenberg's *Onisima ornata*, welche für einen Isopodenrest erklärt wurde, zu *Fayolia* gehört.

51. **E. Zimmermann** (221) vergleicht im Harz gefundene Exemplare von *Dictyodora* mit den in Thüringen gefundenen. Die gefundenen Unterschiede lassen eine neue Artbestimmung nicht zu und so mögen auch die oberharzer Plattenschiefer culmisches oder dem Culm nahestehendes Alter haben.

52. **A. Renault** (154) beschreibt nach dem Ref. Zeiller's aus dem Culm von Esnost bei Autun Farnabdrücke mit geringelten Sporangien.

53. **R. Kidston** (95) beschreibt die Pflanzen aus dem Upper Black Limestone von Teilia Quarry, beiläufig eine Viertelmeile von der Stadt Gwaenysgor. Von den 14 beschriebenen Pflanzen kommen 7 in den Calciferons Sandstone Series von Schottland und nur 2 in den Carboniferons Limestone Series vor, was für das Alter dieser Florula spricht. K. beschreibt aus derselben auch *Sphenopteris Teiliana* sp. n.

54. **R. Kidston** (94) bestimmte die Carbonpflanzen, die bei Ravenhead nahe zu St. Helens in South Lancashire gesammelt wurden. Die Kohlenlager ruhen dort unmittelbar auf dem Millstone Grit, die productive Kohle geben die Middle Coal measures. In dem Verzeichniss der Pflanzen kommt eine *Sphenopteris Marratii* n. sp. vor. — *Sphyropteris Crépini* Stur hält K. nicht für verschieden von *Sph. obliqua Marrat.* sp.

55. **R. Kidston** (93) bespricht die Fruchtbildung einiger Farne des Carbons: *Calymmatotheca bifida* L. a. H. sp.; (p. 143, T. 8, F. 6) der neuen Art *Soroclados antecedens*, die sich von *S. stellatus* Lesqx. durch das grössere Indusium und das deutlich doppeltfiedrige Laub unterscheidet; *Calymmatotheca affinis* L. a. H. sp.; *C. asteroides*

Lesqx. sp.; *Zeilleria avoldensis* Stur. sp.; *Neuropteris heterophylla* Brogn. (p. 152.) *Alciconopteris* nov. gen. steht bezüglich seiner sterilen Theile *Racophyllum*, mit seinen fertilen Zweigen *Triphyllopteris collombi* Schimper und *Cyclopteris acadica* Dawson nahe. (p. 152, T. 8, F. 11—15) *Alc. convoluta* nov. spec. Matzdorff.

56. **B. Renault** (152) beschreibt aus der oberen Steinkohle von Autun aus der Familie *Cycadoxyleae* einen neuen fossilen Stamm, den er *Ptychoxylon* nennt. Er unterscheidet sich von den zu dieser Familie gehörigen Genera durch seinen einzigen Holzcylinder. Dieser setzt sich zusammen aus einer peripherischen holzigen Lage, die im Momente, als sie sich zur Kreislinie schliessen will, ihre beiden Enden gegen das Innere wendet, die sich dort derart placiren, dass der Holzcylinder das Ansehen gewinnt, als bestände er aus drei concentrischen Cylindern. Die Holzlamellen bestehen aus Tracheïden mit mehrreihigen behöften Tüpfeln in strahligen Reihen von centrifugalem Wachsthum; dagegen haben sie in den beiden concentrischen Flügeln dieses Kreises centripetales Wachsthum in Folge ihrer Einbiegung in das Innere des Stammes. Der Stamm trägt cylindrische, in eine Spirale geordnete Zweige, deren Querschnitt dieselbe Structur zeigt wie der Stamm. Die Rinde beider hat keine Spur jener hypodermischen Lamellen, die man in der Rinde der Stämme von *Medullosa* und *Colpoxylon* antrifft.

57. **v. Gümbel** (80) beschreibt einen mit *Cycadites columnaris* Presl übereinstimmenden Stamm, der in aufrechter Stellung und gut erhaltener Gestalt in dem der oberen Kohle angehörigen Flötze der Frisch-Glück Zeche bei Littitz unfern Pilsen in Böhmen gefunden wurde. Der Stamm beweist, dass bei der Bildung der Kohle die Mitwirkung grossen Druckes nicht nothwendig ist.

58. **D. Stur** (193, 194) giebt eine Vergleichung der Steinkohlenformation Englands mit der des europäischen Continentes. Das Resultat seiner Studien fasst er in folgender Tabelle zusammen:

Uebersicht der Schichten und deren englischer Fundorte:

Perm	Dyas, unterster Theil	Alveley; Leebwood Coal Pit.
Ober-Carbon	Rossitzer Schichten (Flöha)	Bristol, Radstock, Llanelly, Swansea, Forest of Dean, Forest of Wyre, Shrewsbury, Weltbatch, Wigan (Cocklebed above Alzey mine).
	Zemech und Wiskauer Schichten	fehlt.
	Radnitzer u. Miröschauer Schichten (Griesborn, Oberhohndorf b. Zwickau)	fehlt.
Unter-Carbon	Schwadowitzer Schichten (Gaislautern; am Donetz)	fehlt.
	Schatzlarer Schichten: Saarbecken, Frankreich, Belgien, Westfalen, Niederschlesien, Mähren, Oberschlesien, Poln. Becken, am Donetz	Bidfort (Upper Culm Measures); Coalbrock Dale; zwischen Birmingham, Dudley (Coseley), Wolwerhampton, Warsall; Oldham, Ringley; Whitehaven; Newcastle u. T., Durham und Northumberland; Derbyshire und Yorkshire; Barnsley, Darten, Pennyston, Halifax, Leeds; Warwickshire u. Leicester.
Culm II	Ostrauer u. Waldenburger Schichten: Nieder- und Oberschlesien, Donetz, Ural	Milstongrit.
Culm I	Culm-Dachschiefer	Bourdie House, Lower carboniferous Shale of Slateford, Calciferons Sandston bei Edinburgh; Bidefort (Lower Culm Measures).

Die Schlussfolgerung des Verf.'s geht dahin, dass „während der Steinkohlenzeit grossartige Veränderungen in der Configuration des festen Landes statt hatten und dass die Ablagerung der Kohle und der sie enthaltenden Gesteine zeitweilig an gewissen Stellen aufgehört und an anderen Stellen begonnen habe und dies wiederholt wurde, so dass fast jede jüngere Schichtenreihe auf den älteren Schichtenreihen oder dem Grundgebirge discordant auflagere". Beide Abhandlungen enthalten zahlreiche kritische Bemerkungen bezüglich der Steinkohlenpflanzen.

59. **Barrois** (7). Dem Ref. unbekannt.

60. **A. Portis** (145) studirt neun fossilführende Gebiete im Susa-Thale, und zwar besonders die Sedimentbildungen im oberen Theile des Valle Stretta von Melezet, oberhalb Bardonnecchia. Dieselben bestehen (nach Aufschlüssen des Ing. Mattirolo) aus kohlenführendem Sandstein mit schwarzen und bläulichen, zumeist gegen den Thalansgang zu geneigten Schieferlagern; hin und wieder und namentlich nahe der Grenze sind Triasbildungen in zerstreuten Kuppen aufgelagert. Letztere sind an thierischen Resten sehr reich (Muschelkalk), während hingegen die Anthracitlager Pflanzenreste führen.

Das Studium dieser Bildungen ergab eine grosse Uebereinstimmung derselben mit den fossilen Ablagerungen von Petit-Coeur im Tarentaise, welche von E. de Beaumont studirt wurden (1828) und die Bestätigung der Angaben von Brongniart (am Col du Chardonnet), wie eine solche bekanntlich schon durch die Sammlungen von Bunbury und Heer (1848—1861) gegeben worden war.

Aus der eingehenden Besprechung der einzelnen zerstreut aufgefundenen Arten — wie sie Verf. im Vorliegenden giebt — ist zu entnehmen, dass die Zahl der fossilen Reste 13 beträgt, nämlich: 1. *Sphenopteris Hoeninghausii* Brngt., 2. *Dicksoniites Pluckenetii* (Schlt. sp.) Brngt. sp., 3. *Lepidodendron Sternbergii* Brngt., 4. *Lycopodium denticulatum* (Gld.) Schimp., 5. *Lepidophyllum trilineatum* Heer, 6. *L. majus* Brngt., 7. *Distrigophyllum bicarinatum* (Lindl. sp.) Heer?, 8. *Calamites Succovii* (Brngt. ex p.) Stur emend., 9. *C. Cistii* Brngt., 10. *C. ramosus* Artis, 11. *Calamites* sp., *Calamocladus, Asterophyllites, Volkmanniae* aut *Bruckmanniae* etc., 12. *Cordaites (Eu-cordaites) borassifolius* Sternb., 13. *C. (Poa-cordaites) microstachys* Goldb. — Von den genannten Vorkommnissen lassen sich drei, nämlich 1., 4. und 10. als neu für die Kohlenablagerungen der Westalpen angeben, wiewohl *Calamites ramosus* Artis von Haug auch zu Barles in der Dauphiné entdeckt wurde. Fünf weitere der genannten Vorkommnisse, nämlich 2., 3., 8., 9. und 12. sind sehr häufig innerhalb des studirten Gebietes; *Cordaites microstachys*, in schweizerischen Ablagerungen ziemlich häufig, war aus Savoyen bislang nicht bekannt; das gleiche liesse sich bezüglich 7. und 5. aussagen, welche beide ein sehr beschränktes Verbreitungsgebiet besitzen; *Lepidophyllum majus*, gleichfalls ein seltenes Auftreten, ward von Verf. bereits am Kleinen St. Bernhard erkannt.

Die vorgeführten Vorkommnisse würden für sich kaum zu irgend einem Schlusse berechtigen, allein, mit Rücksicht auf die Ergebnisse der Forschungen und Studien von Gras, Heer, Stur und Saporta lässt sich die Gegenwart von zwei pflanzenführenden Kohlehorizonten nicht verkennen. In dem Gebiete des Valle Stretta vereinigen sich beide Horizonte: ein unterer (jener der Dauphinè) tritt in den oberen Höhenlagen, der Abdachung des Felsens von Chardonnet entlang bis jenseits der Rocca Gran Tempesta auf; ein oberer (jener von Tarentaise) ist hier tiefer, dem Thalgrunde zu (Lago Lavora, Vallone Serre) gelegen. — Mit den Resultaten der Forschungen von Haug in der Dauphinè (1889) hat man die Uebereinstimmung des Vorkommens von *Calamites ramosus* allein oder höchstens noch von einer zweiten Cordaitee gemeinsam; die Anthracitlager in der Provinz Cuneo (Val Maira, Valle d'Arma, Valle Stura) haben bisher keine fossilen Pflanzenreste zu Tage gefördert; hingegen hat man solche in den Alpenketten im Süden des Piemont und im ligurischen Appennin, woselbst erst jüngsthin die Erforschungen begonnen wurden.

Solla.

61. **E. Verschaffelt** (201) giebt eine Uebersicht der Steinkohlenflora, hauptsächlich nach Solms-Laubach's Einleitung in die Paläophytologie. Giltay.

62. **F. Tondera** (197). Vgl. Bot. J., 1888, II., p. 245, Ref. No. 58.

63. **Braun** (19) acceptirt nicht die modernen Theorien über die Entstehung der Steinkohlen und die Versteinerung der Baumstämme; sondern es waren „Siedbecken" mit zusammengeschwemmtem Pflanzenbrei. Die im Wasser dieses Breies aufgelösten Mineralien drangen in die Holzporen der Bäume und versteinerten sie, während die durch das Kochen im Wasser unlöslich gewordenen vegetabilischen Bestandtheile des Breies nicht in das Holz eindringen konnten.

64. **W. C. Williamson** (214). Dem Ref. unbekannt.

65. **W. C. Williamson** (215). Dem Ref. unbekannt.

66. **A. S. Woodward** (218). Dem Ref. unbekannt.

67. **H. B. Geinitz** (77) beschreibt aus den dem oberen Zechstein zugehörigen rothen und bunten Mergeln von Manchester: *Voltzia Liebeana* Gein., ? *Ullmannia selaginoides* Brngt., die Palmenfrucht *Guilielmites permianus* Gein., die Alge *Spongillopsis dyasica* Gein.

68. **M. Staub** (187) fand in der Sammlung der Kgl. Ung. Geol. Anstalt Pflanzen aus dem krystallinischen Kalke von Karniowice bei Krakau vor. Es sind dieselben Arten, die in F. Römer's Geologie von Oberschlesien von A. Schenk beschrieben wurden; nur schliesst sich noch der Rest eines Calamiten an, der sich von dem von F. Römer aus der productiven Steinkohle Schlesiens abgebildeten Reste nicht unterscheiden lässt.

69. **L. Roth** (157) fand in den dem unteren Rothliegenden angehörigen Schieferthone *Walchia piniformis* Schloth. sp., *W. filiciformis* Schloth. sp., *Odontopteris obtusiloba* Naum.

Hierher auch Ref. No. 1, 2, 3, 5, 6, 7, 8, 9, 11, 12, 17, 18, 19, 143, 144, 145, 147.

Mesozoische Aera.

70. **A. G. Nathorst** (130) fand die bisher aus den indischen Rajmahal Hills und Japan bekannte Gattung *Dictyozamites* in der dem Lias angehörigen Thongrube nahe bei Hasle auf Bornholm. Verf. benennt die der *D. Indicus* Feistm. nahestehende Art *D. Johnstruppi*.

71. **M. Morière** (126) beschreibt aus dem liasischen Sandstein von Ste.-Honorine-la-Guillaume (Orne) *Thinnfeldia rhomboidalis* Ettgsh.

72. **A. Schenk** (167) beschreibt aus der Umgegend des Comersees *Bactryllium canaliculatum* Heer und *B. Schmidii* Heer, Calamitenstände von *Equisetum arenaceum* Schimp., Axenreste von *Asterophyllum spinosum* Schimp., ? *Andriaria Stoppani*, *Lomoptopteris* Schimp. oder *Cycadopteris* Sap., *Pecopteris angusta* Heer, Coniferenzweige von *Pagiophyllum* Heer und einen unbestimmbaren Rest eines Cycadeen-Blattes. Die Pflanzenreste lassen auf das Vorkommen liasischer Bildungen beim Comersee schliessen.

73. **F. v. Sandberger** (160) zählt aus dem infraliasischen Sandsteine von Burgpreppach 18 in neuerer Zeit gesammelte Pflanzen auf, von welchen *Anomozamites laevis* Brauns sp., *Pterophyllum aequale* Brngt., *P. propinquum* Göpp., *Lepidopteris Ottonis* Göpp. sp., *Ctenopteris falcata* Nath. aus dem Infralias Oberfrankens noch unbekannt waren.

Die Flora von Burgpreppach ist nicht die älteste des Infralias.

74. **M. Morière** (125) beschreibt die im Oxfordien von Vaches-Noires aufgefundene Frucht *Williamsonia Morierei* Sap. et Mar.

75. **Cerfontaine** (29). Dem Ref. unbekannt.

76. **J. Velenovsky** (200) bringt nach dem Ref. Procházká's in dieser Arbeit seine Studien über die Flora des böhmischen Cenomans (Perucer Schichten) zum vorläufigen Abschlusse. Im systematischen Theil zählt V. 136 Arten auf, von denen folgende am verbreitetsten sind und sich wahrscheinlich als Leitfossilien dieses Horizontes erweisen werden: *Laccopteris Dunkeri* Schk., *Cunninghamia elegans* Cda., *Dammara borealis* Heer, *Widdringtonia Reichii* Ett., *Grevilleophyllum constans* Vel., *Myricanthium amentaceum* Vel., *Araliphyllum Daphnophyllum* Vel., *Eucalyptus Geinitzi* Heer, *Dewalquea coriacea* Vel., *Butomites cretaceus* Vel. Besonders reichhaltig erweisen sich die bald grossen, bald kleinen im Sandsteine eingelagerten Nester der Schieferthone, die V. für Ueberreste, für Fetzen einer weit verbreiteten, zu wiederholten Malen erodirten Pflanzendecke ansieht, welche sich von Mähren her über Böhmen nach Sachsen hinein verfolgen lässt. Die Flora von Atane

in Grönland zeigt denselben floristischen Charakter, weshalb während der Cenomanperiode ein floristischer Unterschied, mit Rücksicht auf die geographische Breite, zwischen Grönland und Böhmen nicht bestand oder wenigstens sehr unbedeutend gewesen sein musste. V. hält dafür, dass der Typus der Cenomanflora sich mit den Typen der recenten Pflanzenwelt in einen vollkommenen Einklang nicht bringen lässt. — Für folgende Pflanzen fungirt der Verf. als Autor: *Puccinites cretaceus, Gleichenia multinervosa, G. crenata, Marattia cretacea, Thyrsopteris capsulifera, Acrostichum cretaceum, Platycerium cretaceum, Osmundophyllum cretaceum, Jeanpaulia carinata, Kirchnera dentata, Pecopteris minor, Marsilia cretacea, Sagenopteris variabilis, Selaginella dichotoma, Podozamites obtusus, P. longipennis, P. pusillus, Zamites bohemicus, Nilssonia bohemica, Podocarpus cretacea, Dammaraphyllum striatum, Araucaria bohemica, Sequoia crispa, S. heterophylla, S. major, S. minor, Ceratostrobus sequoiaephyllum, C. echinatus, Microlepidium striatulum, Cyparissidium minimum, Chamaecyparites Charonis, E. minor, Plutonia cretacea, Pinus longissima, P. protopicea, Picea cretacea, Frenelopsis bohemica, Platanus rhomboidea, P. laevis, Ficophyllum stylosum, F. elongatum, Crotonophyllum cretaceum, Protcopsis Proserpinae, Dryandrophyllum cretaceum, Grevilleophyllum constans, Lambertiphyllum durum, Conospermophyllum hakeaefolium, Banksiphyllum pusillum, B. Saportanum, Proteophyllum paucidentatum, P. trifidum, P. laminarium, P. coriaceum, P. productum, P. decorum, P. cornutum, Myricophyllum serratum, M. glandulosum, Myricanthium amentaceum, Myrsinophyllum varians, Diospyrophyllum provectum, Sapotophyllum obovatum, Bignoniphyllum cordatum, Cussoniphyllum partitum, Araliphyllum anisolobum, A. trilobum, A. Kowalewskianum, A. minus, A. transitivum, A. propinquum, A. Daphnophyllum, A. dentiferum, A. furcatum, A. decurrens, Hederophyllum credneriaefolium, Terminaliphyllum rectinerve, Menispermophyllum Celakovskianum, Cocculophyllum cinnamomum, Sapindophyllum pelagicum, S. apiculatum, Cissophyllum vitifolium, C. exulum, Ternstroemiphyllum crassipes, Eucalyptus angustus, Callistemon cretaceum, Leptospermum cretaceum, Sterculiphyllum limbatum, Bombacophyllum argillaceum, Illiciphyllum deletum, Hymenaeophyllum inaequale, H. elongatum, Ingophyllum latifolium, Credneria bohemica, Dewalquea pentaphylla, D. coriacea, Diceras cenomanicus, Bresciphyllum cretaceum, Butomites cretaceus.*

77. **D. Stur** (195) berichtet über eine Sammlung von Kreidepflanzen aus Böhmen, die die K. K. Geologische Reichsanstalt in Wien zum Geschenke erhielt.

78. **F. Krasser** (108) fand in den cenomanen Thonen von Kunstadt in Mähren Pflanzen, von denen er folgende als neu anführt: *Matonidium Wiesneri, Myrica indigena, Celtiophyllum cretaceum, Ettingshausenia cuneiformis, E. irregularis, E. moravica, E. Pseudo-Guillelmae, Platanus acute-triloba, P. betulaefolia.*

79. **F. Toula** (198) sammelte an drei Localitäten im centralen Balkan Pflanzenfossilien, die D. Stur bestimmte: 1. Am Markovstock cf. *Aralia anisoloba* Vel. 2. Am Belno Vrh (Stanćov Han OSO): *Geinitzia cretacea* Endl., *Pecopteris Zippei* Corda, cf. *Aralia coriacea* Vel. 3. Kohlenlocalität am Dissak, Blattspitzen einer nicht näher bestimmbaren Cycadee und cf. *Ternstroemia crassipes* Vel. Die Kohle enthält 78,35 % Kohlenstoff; den Ablagerungen kommt kein höheres als höchstens mittel- oder jungcretaceisches Alter zu.

80. **M. Staub** (185) beschreibt und bildet ab ein Fächerblatt von *Sabal major* Ung. sp., welches am rechten Ufer der Maros bei Borberek im wahrscheinlich der oberen Kreide angehörigen Karpathensandstein gefunden wurde.

81. **F. Römer** (155) beschreibt aus dem obersenonen Thon von Bunzlau in Niederschlesien folgende Pflanzen: *Debeya serrata* F. A. W. Miq. (sehr häufig), *D. Haldemiana* (*Dewalquea Haldemiana* Sap. et Mar. die ganzrandigen Blätter der Gattung), *Salix?* sp., *Alnus?* sp., *Menispermites (?) Bunzlaviensis* n. sp., *Sequoia Reichenbachi* Gein., *Eolirion nervosum* Hos. et v. d. Marck (?) (sehr häufig).

Hierher auch Ref. 20, 24.

Känozoische Aera.

82. **G. de Saporta** (164) unterzieht die Flora von Aix auf Grund neuer und reicher Funde einer wiederholten Revision. Bezüglich ihrer Stratigraphie prüft er auch die Ver-

breitung ihrer Molluskenfauna. Diese Schichtengruppe gehört fünf partiellen Niveaus an, deren alle pflanzenführend sind, am reichsten aber das vierte und fünfte. Es ist eine Süsswasserablagerung, welche einerseits in den den Grobkalk von Passy und vom Trocadero vertretenden Niveau von Fongamante, andererseits in den Cyrenenmergel eingeschlossen ist und gehört daher dem Tongrien, dem marinen Oligocen an. Diese Flora ist durch ihre neuen Elemente zur reichsten tertiären Flora geworden. Sie enthält 499 Formen. In der vorliegenden Arbeit giebt S. ausser einigen Ergänzungen und Berichtigungen zu seinen früheren Publicationen die Beschreibung folgender neuer Arten: **Fungi**: *Phyllerium inquinans*, *Sphaeria Cinnamomi*, *S. baccharicola*, *S. Bumelianum*, *S. Vaccinii*, *S. transiens*, *Depazea Andromedae*. — **Hepaticae**: *Blyttia? multisecta*, *Jungermannites anceps*. — **Musci** (nach Philibert): *Gymnostomum minutulum*, *Fissidens antiquus*, *Bryum gemmiforme*, *Polytrichum aquense*, *Leptodon plumula*, *Thuidium priscum*; das nach Capseln aufgestellte Genus *Palaeothecium* mit *P. ambiguum*, *P. proximum*, *P. operculatum*. — **Filices**: *Chrysodium dilaceratum*, *Ch. minus*, *Pteris disjecta*, *Phegopteris provincialis*, *Gleichenia semidestructa*, *Lygodium tenellum*, *L. distractum*. — **Salviniaceae**: *Salvinia aquensis*. — **Isoetaceae**: *Isoetopsis subaphylla*. — **Cupressineae**: *Philibertia* gen. n. (syn. *Freuelites?* Sap., *Equisetum lacustre* Sap. ex p., *Casuarina* Ettgsh. ex p. Haering.) mit *Ph. exul*. — **Abietineae**: *Abies abscondita*, *A. palaeostrobus*, *Pinus tetraphylla*, *P. sodalis*, *P. senescens*, *P. seminifer*, *P. vetustior*, *P. parvula*, *P. setiformis*. — **Gnetaceae**: *Ephedra nudicaulis*. — **Gramineae**: *Poacites spicans*, *P. reciduus*, *P. corrugatus*, *P. spoliatus*, *P. vaginatus*, *P. rescissus*, *P. bambusinus*, *P. exaratus*, *P. glycerioides*, *P. firmior*, *P. striatulus*, *P. adscriptus*, *Arundo lacerata*. — **Cyperaceae**: *Carex Philiberti*, *C. cornuta*, *C. acutior*, *C. apiculata*, *C. sodalis*, *C. diffusa*, *Cyperites assimilis*, *C. adjunctus*, *C. costinervis*, *C. effossus*, *C. lacerus*, *C. notandus*, *C. plicatifolius*, *C. detectus*, *C. reflexus*, *C. gracilis*, *C. intricatus*. — **Centrolepideae**: *Podostachys minutiflora*. — **Rhizocauleae**: *Rhizocaulon perforatum*. — **Asparagineae**: *Dracaenites pusillus*. — **Smilaceae**: *Smilax Coquandii*, *S. Philiberti*. — **Irideae**: *Iridium aquense*, *I. latius*, *Crocus? atavorum*. — **Typhaceae**: *Typha angustior*. — **Naiadeae**: *Potamogeton asperulus*, *P. trinervius*. — **Scitamineae**: *Zingiberites petiolaris*. — **Myricaceae**: *Myrica elongata*, *M. iliciformis*, *M. dryonorpha*, *M. palaeomera*. — **Betulaceae**: *Betula stenolepis*, *B. sodalis*. — **Cupuliferae**: *Quercus aquisextana*, *Qu. elaeomorpha*, *Qu. lauriformis*, *Qu. Socia*, *Qu. areolata*, *Qu. ilicina*, *Qu. spinescens*. — **Moreae**: *Ficus superstes*. — **Salicineae**: *Salix aquensis*, *S. demersa*, *S. rectinervis*. — **Chenopodiaceae**: *Chenopodites helicoides*. — **Laurineae**: *Phoebe aquensis*, *Oreodaphne vetustior*, *O. gracilis*, *O. detecta*, *O. restituta*, *Cinnamomum elongatum*, *C. minutulum*, *C. subtilinervium*, *C. palaeocarpum*, *C. spiculatum*, *Daphnogene amplior*, *D. parvula*, *D. lacera*. — **Santalaceae**: *Osyris socia* (*Carpites stipatus* vielleicht eine *Osyris*-Frucht), *Leptomeria* Ettgsh. Häring ist die Inflorescenz einer Palme: *Palaeorachis*. — **Thymeleae**: *Daphne impressa*, *Pimelea obscura*. — **Proteaceae**: *Proteoides Philiberti*. — **Compositae**: *Baccharites* (syn. *Lomatites* Sap.), *Cypselites aquensis*, *C. fractus*, *C. trisulcatus*, *C. spoliatus*, *C. tenuirostratus*, *Hieracites stellatus*, *H. nudatus*. — **Oleaceae**: *Olea grandaeva*, *Fraxinus longinqua*, — **Apocynaceae**: *Nerium exile*, *Apocynophyllum macilentum*, *Catalpa microsperma*, *C. palaeosperma*. — **Myrsineae**: *Myrsine subretusa*, *M. pachyderma*, *M. miranda*, *M. punctulata*, *M. reperta*, *Myrsinites primaevus*, *M. palacanthus*. — **Sapotaceae**: *Bumelia expansa*, *B. minuta*. — **Styraceae**: *Styrax atavium*. — **Ebenaceae**: *Diospyros multinervis*. — **Ericaceae**: *Andromeda adjuncta*, *A. adscribenda*. — **Vaccinieae**: *Vaccinium admissum*, *V. minutifolium*, *V. nummularium*. — **Araliaceae**: *Aralia transversinervia*, *A. corrugata*, *A. aquisextana*, *A. paratropiaeformis*, *A. cristata*. — **Umbelliferae**: *Peucedanites aethusaeformis*, *P. coronatus*. — **Ranunculaceae**: *Ranunculus palaeocarpus*, *Clematis nudistyla*. — **Magnoliaceae**: *Magnolia proxima*. — **Berberideae**: *Berberis aculeata*. — **Cruciferae**: *Isatides microcarpa*, *I. capselloides*. — **Polygalaceae**: *Polygala pristina*. — **Acerineae**: *Acer oligopteryx*. — **Sapindaceae**: *Sapindus lacerus*. — **Cedrelaceae**: *Cedrelospermum* (syn. *Embothrites* Ung., *Embothrium* Sap.), *C. Philiberti*, *C. abietinum*, *C. cultratum*, *C. cyclopterum*, *C. refractum*. — **Zygophylleae**: Hierher die Früchte von *Ulmus Bronnii* Ung., die analog sind den Früchten mehrerer asiatischer Zygophylleen und *Raepera* aus

Australien. *Zygophyllum primaevum*, *Z. cyclopterum*. — **Celastrineae**: *Celastrus emarginatus*, *C. lacerus*, *C. gracilior*, *C. crenulatus*, *C. Adansoni*, *C. salyensis*. — **Rhamneae**: *Rhamnus approximatus*, *Rh. cyclophyllus*. — **Anacardiaceae**: *Rhus effossa*, *Rh. macilenta*, *Rh. denticulata*. — **Zanthoxyleae**: *Zanthoxylon aquense*. — **Myrtaceae**: *Myrtus palaeogaea*, *M. aquensis*, *M. priscorum*. — **Amygdaleae**: *Amygdalus obtusata*. — **Leguminosae**: *Trifolium protocalyx*, *Cytisus palaeocarpus*, *Calpurnia microcarpa*, *Dalbergia phleboptera*, *D. provincialis*, *D. microcarpa*, *D. oligosperma* (syn. *Micropodium oligospermum* Sap.); *D. superstes*, *D. affinis*, *D. adjuncta*, *D. collecta*, *D. minima*, *D. emarginata*, *Gymnocladus modesta*, *Caesalpinites colligendus*, *C. oxycarpus*, *Cassia aquensis*, *Mimosa macroptera*, *M. Philiberti*, *Acacia brachycarpa*, *A. exilis*, *A. gracillima*, *A. oblita*, *A. assimilanda*, *A. discreta*, *A. adscripta*, *Leguminosites microspermus*, *L. verrucosus*, *L. superstes*, *L. vestitutus*. — **Species incertae sedis**: *Phyllites squamosus*, *Ph. assimilis*, *Ph. pistaciaeformis*, *Ph. plicato-rugosus*, *Ph. repertus*, *Ph. socius*, *Ph. proximus*, *Ph. extractus*, *Ph. litigiosus*, *Ph. spinulosus*, *Ph. pachydermus*, *Ph. vestitus*, *Ph. mimosaeformis*, *Anthites exul*, *A. spoliatus*, *A. trifidus*, *A. fragilis*, *A. caryophylloides*, *A. obscurus*, *A. residuus*, *A. clausus*, *Carpites capsularis*, *C. trapaeformis*, *C. nucamentosus*, *C. appendiculatus*, *C. sulcato-rugosus*, *C. discoidalis*, *C. glomeratus*, *C. punctulatus*, *C. decipiens*, *C. pusillus*, *C. incertus*, *C. collectus*, *C. compressus*, *Spermites semialatus*, *Sp. pilosus*, *Sp. hians*.

83. **S. Squinabol** (179) fand nach dem Ref. Zeiller's in dem kleinen tongrischen Becken von Santa-Giustina, am südlichen Abhang des ligurischen Appennin eine reiche Flora, die *Sabal*, verschiedene Laurineen, mehrere Eichen, grossblättrige *Ficus*-Arten, *Myrica*, *Grewia* und zahlreiche *Cassia*-Arten enthält.

84. **S. Squinabol** (178) beschreibt nach dem Ref. Zeiller's die bei Santa-Giustina gefundenen Farnkräuter. Zu erwähnen sind zwei dem recenten *Chrysodium aureum* nahestehende Arten. Die Polypodiaceen sind durch ein neues *Polypodium* von dem Typus *Pleuridium* vertreten, die Pterideen durch einige zweifelhafte Fragmente von *Pellaea* und *Adiantum*, durch mehrere *Pteris*-Arten; von denen eine verwandt ist mit *Pteris arguta*, ebenso zwei neue *Blechnum*-Arten. Aus den übrigen Gruppen ist zu erwähnen *Woodwardia Roessneriana*, *Asplenium* sp. n., mehrere *Aspidium*- und drei *Goniopteris*-Arten, von denen *G. polypodioides* durch die Grösse seines Laubes auffallt. Die Hymenophylleen figuriren mit zwei Arten, mit *Hymenophyllum* und *Trichomanes*; auch *Lygodium Gaudini* kommt vor.

85. **L. Meschinelli** (118) beschreibt die beim Monte Piano gesammelten fossilen Pflanzen, im Ganzen 26 Arten, darunter *Ceratozamites vicentinus* n. g. et sp. Das Alter der Flora ist oligocen.

86. **D. v. Schlechtendal** (169) giebt Berichtigungen zu der Flora von Rott und Schossnitz. Rott: *Rhus ailanthifolia* Web. ist in Folge der gefundenen Frucht *Ailanthus Weberi* Schimp. Von *Pistacia Gervaisii* Sap., bisher nur nach den Früchten bekannt, wurden nun auch die Blätter gefunden; ferner werden beschrieben: *Engelhardtia Fritschii* n. sp. und *Embothrites Rottensis* n. sp. — Schossnitz: Die von Göppert als Hülsen von *Cassia sennaeformis* beschriebenen Reste sind die Nebenblätter von Weiden. — *Populus Assmanniana* Göpp. (T. XV, fig. 1) gehört zu *Trapa Assmanniana* Göpp.

87. **J. Bruder** (20) zählt aus dem Süsswasserkalke von Tuchorschitz (Saazer Gegend in Böhmen) eine kleine Flora auf, darunter befindet sich die Palme *Livistona macrophylla* n. sp., welche Gattung bisher aus der tertiären Flora Europas überhaupt nicht bekannt war.

88. **M. Staub** (187) beschreibt aus dem wahrscheinlich dem Aquitanien zugehörigen grauen Kalkschiefer aus dem Straczenaer Thale bei Dobschau *Glyptostrobus Europaeus* Brngt. sp. und *Phragmites Oeningensis* Al. Br. und stellt die ungarländischen Fundorte der ersteren Pflanze zusammen.

89. **F. v. Sandberger** (161). Dem Ref. unbekannt.

90. **J. St. Gardner** (75) corrigirt eine seiner früheren Publicationen. (Vgl. Bot. J. f. 1886, p. 17, Ref. No. 30.) Das als Frucht beschriebene Exemplar erwies sich als ein Lavastück.

91. **J. Kusta** (111) beschreibt die von ihm im plastischen Thone von Preschen

gesammelten 98 Arten auf. Dem Alter nach gehören sie der helvetischen Stufe an. Neue Arten werden nicht beschrieben.

92. **J. Kusta** (112) zählt nach dem Ref. Procházka's 36 Arten auf, die er neuerdings aus dem plastischen Thone von Vrestán nächst Bilin sammelte. Neue Arten enthält das Verzeichniss nicht.

93. **M. Staub** (187) beschreibt aus dem der sarmatischen Stufe angehörigen und Barompiacz benannten Fundorte bei Nagy-Enyed *Cystoseira Partschii* Sternbg.

94. **H. W. Arnell** (4) theilt nach einer Zeitungsnotiz mit, dass bei Näs, Säbrå, in der Provinz Ångermanland in einem Sumpf fossile Haselnüsse in einer Tiefe von $1^1/_2$ bis 2 Ellen aufgefunden wurden. Heutzutage kommt die Hasel erst 2 Meilen davon entfernt wachsend vor. Ljungström.

95. **Andersson** (2). Dem Ref. unbekannt.

96. **C. Reid** and **H. N. Ridley** (151). S. Bot. J., XVI, 2., p. 254, Ref. 95.

97. **N. Boulay** (16) setzte nach dem Ref. Zeiller's seine Untersuchungen über die Flora aus den Potamides Basteroti-Schichten von Voquières und Théziers, von denen schon ein Dutzend Arten von de Saporta und Marion publicirt wurden, fort und beschreibt 33 Arten, von denen mehrere neu sind, so *Alnus acutidens, Populus flaccida, Phillyrea lanceolata, Viburnum Cazioti, Acer Nicolai, Tilia crenata.* Ausser diesen enthält die Flora Arten, die in dem Gebiete des Fundortes noch vorkommen, aber auch solche, die von dort verschwunden sind. B. folgert daraus, dass die Atmosphäre damals beträchtlich feuchter war, wie heute und vergleicht die Pflanzenvergesellschaftung mit der der Bergregion des östlichen Thibet.

98. **M. Fliche** (71) giebt ausführlichere Mittheilungen über die Flora der Tuffe und des Torfes von Lasnez bei Nancy. (Vgl. Bot. J., 1888, p. 253, Ref. 91.) In einem Aufschlusse zeigen sich unter der Culturschichte drei mit ebensoviel Vegetationsschichten abwechselnden Tuffschichten, auf welche eine mit Torf gemengte Schichte von Tuff und schliesslich Torf folgt. In einem anderen Aufschlusse fehlen die oberen Schichten, man stösst unmittelbar auf den mit Torf gemengten Tuff und den darunter liegenden Torf, welcher wieder auf Tuff liegt. In den oberen Tuffen fand F. nebst Thierresten zahlreiche monocotyle Reste, darunter *Carex* und den Abdruck des Rhizomes von *Phragmites vulgaris* Tim.; ferner *Fagus sylvatica* L., *Corylus Avellana* L., *Rhamnus Frangula* L. und *Acer Pseudo platanus* L.? Im Torfe fanden sich ausser Thierresten (Bos taurus L, Equus Caballus L. u. s. w.) und Steinwerkzeuge folgende Pflanzenreste vor: *Neckera complanata* (L.) Br. et Sch, *Hypnum cuspidatum* L., *Alnus glutinosa* L. (Holz, Blätter?), *Betula alba* L. var. *pubescens, Salix cinerea* L.? (Blätter), *Corylus avellana* (Holz, zahlreiche Früchte), *Ulmus effusa* Willd.? (Rinde), *Cerasus padus* (L.) DC. (Frucht), *Cornus sanguinea* L. (Frucht), *Sambucus nigra* L. (zahlreiche Früchte), *Galium palustre* L. (Früchte). — In dem unter dem Torfe liegenden Tuffe: *Pinus sylvestris* L. oder *P. montana, Populus tremula* L., *Salix cinerea* L., *S. nigricans* Fries var. *antiqua*, *S. vagans* Ander. Die beiden Floren zeigen auf verschiedenes Klima hin, letztere auf kaltes; erstere dagegen auf ein dem gegenwärtigen ähnliches, welches bald trockenere, bald feuchtere Perioden aufweist.

99. **Bleicher et Fliche** (13) beschreiben die organischen Einschlüsse der Tuffe, die sich an verschiedenen Localitäten im Nordosten von Frankreich vorfinden. Ausser einer reichen Molluskenfauna fanden sich vor bei Pont-á-Mousson (Meuothe-et-Moselle): *Pellia epiphylla* (L.) N. ab E., *Typha latifolia* L., *Salix cinerea* L. (sehr häufig), *S. Caprea* L., *Populus tremula* L., *Quercus pedunculata* Ehrh., *Corylus Avellana* L.?, *Rumex* sp.?, *Tilia parvifolia* Ehrh.? und *T. grandifolia* Ehrh., *Berberis vulgaris* L., *Lepidiopsis rufacea* n. sp. (Fruchtfragment einer Crucifere), *Evonymus europaeus* L., *Rhamnus Frangula* L., *Rumex* sp., *Hedera Helix* L., *Solanum dulcamara* L., das Blattfragment einer Ericacee. — La Sauvage (Grossh. Luxemburg): *Taxus baccata* L., *Carex paniculata* L., *C. panicea* L., *C. riparia* Curt., *Quercus* sp., *Acer pseudoplatanus* L. (sehr häufig), *A. platanoides* L., *Tilia grandifolia* Ehrh., *Rhamnus Frangula* L., *Fraxinus excelsior* L. — Perle oder Presle (Aisne): *Conferva* sp., *Marchantia polymorpha* L., *Carex riparia* Curt., *Phragmites communis* Trin., *Juncus glaucus* Ehrh.?, *Salix cinerea* L., *Populus nigra* L., *Betula ver-*

rucosa Ehrh., *B. pubescens* Ehrh., *Alnus incana* DC., *Corylus Avellana* L., *Quercus pedunculata* Ehrh.?, *Juglans regia* L., *Ficus carica* L., *Ulmus campestris* L., *Sassafras?*, *Heracleum*, *Malus acerba* (DC.), *Evonymus europaeus* L., *Cercis siliquastrum* L., *Tilia parvifolia* Ehrh., *T. grandifolia* Ehrh., *Acer campestre* L., *Clematis vitalba* L. und ein fraglicher zu den Synanthereen gehöriger Rest.

Diese Flora gehört dem Quatär an und weist auf ein sich von dem jetzigen durch grössere Feuchtigkeit unterscheidendes Klima. Ihr geht die Flora der Lignite von Jarville, von Bois l'Abbé voran und folgt ihr die Flora am Grunde der Torfe, welcher sich dann die Waldflora anschliesst, in welcher die Buche, wenigstens in der Region der Hügel, vorherrscht.

100. **E. Clerici** (30) fand nach dem Ref. Zeiller's in den vulkanischen Tuffen von Anagni bei Rom dieselben Pflanzen, wie Antonelli (Ref. No. 101), mit Ausnahme von *Laurus nobilis* und *Hedera helix*; dagegen fand er einige specifische Formen, die von der erwähnten Localität nicht bekannt wurden, so *Abies pectinata*, *Corylus Avellana*, *Quercus pedunculata*, *Qu. sessiliflora*, *Vitis vinifera*.

101. **G. Antonelli** (3) beschreibt die Tuffbildungen des Besitzes Valchetta in der römischen Campagna und die pflanzlichen Fossilien in demselben, welche in Form von Blattabdrücken, von Früchten, Zweigen und fossilen Stämmen — im Ganzen auf 18 Arten zurückführbar — erhalten sind. In einem Anhange werden einige Phylliten aus dem Travertine der Monti Parioli beschrieben und ein zweiter Anhang bringt das Verzeichniss sämmtlicher bisher bekannt gewordener fossiler Pflanzen aus der römischen Campagna mit den Angaben ihres Vorkommens.

Aus dem Vorliegenden bildet Verf. folgende Schlüsse: Die Vegetation der römischen Campagna bestand in der quaternären Epoche aus Land- und Süsswasserpflanzen; dieselbe dürfte von der heute auf demselben Boden — und auch in anderen Gebieten Italiens — aufkommenden Vegetation nicht wesentlich veschieden sein. Auch das Klima dürfte damals nicht viel verschieden von dem gegenwärtigen gewesen sein. Solla.

102. **G. Papasogli** (138) analysirt den Torf des Sumpfes von Bientina, zu Orentano in der Provinz Lucca. Derselbe besteht (nach A. Poli) aus Rhizomstücken von *Phragmites communis*, von *Osmunda regalis* und nur zuweilen finden sich vegetative Reste von Sphagnen darunter.

Verf. beschreibt ausführlich die chemische Zusammensetzung und den Nutzen des Torfes. Solla.

103. **S. Squinabol** e **A. Issel** (180) schildern in der vorliegenden vorläufigen Mittheilung über die Fossilien des Pliocens von Savona die reichlich darin abgelagerte Thierwelt. Die Pflanzenwelt wird nur gestreift, da „die gesammelten pflanzlichen Reste noch nicht zur Genüge studirt worden sind". Auf *Zoophycos* aus dem Grunde des Meeres wird die Aufmerksamkeit gerichtet; nebst Coniferen (*Abies*-) werden auch Palmenreste angegeben und noch 9—10 Carpolithen genannt, deren nähere Kenntniss in einer späteren Mittheilung bekannt gegeben werden wird. Solla.

104. **C. de Stefani** (190) entwirft ein geologisches Bild des oberen Serchio-Thales im Anschlusse an seine früheren Studien in der Garfagnana des gleichen Thalgebietes (vgl. Bot. J., XV, 2., p. 294). Vorliegende Arbeit ist ausschliesslich geologischer Natur. Aus derselben geht hervor, dass aus der pliocenen Synklinalen längs des Serchio zwischen den Apuaner Alpen und dem Appennin im gegenwärtigen Barga-Gebiete ein weiter längsgestreckter See hervorging, dessen Tiefe wahrscheinlich 600 m — also tiefer als der Meeresgrund — betrug. Die Zuflüsse stammten aus den Apuaner Alpen (Torrite di Gallicano und Torite Cava); die Abflüsse des Appenins blieben ohne merkliche Wirkung. Der Erdboden war wie jener im Kessel von Castelnuovo (vgl. Ref. loc. cit.!), damals von üppiger Vegetation bedeckt und die Gegend reich an Herbi- und Omnivoren. Später verödete die Gegend, die Thäler vertieften sich und es fanden nur grobe Ablagerungen statt.

Die Lignitablagerungen von Barga sind mit sehr schlecht erhaltenen Blattresten gebildet und unter den Fossilien werden Zweige von *Glyptostrobus* noch einigermaassen deutlich. Solla

105. **H. Credner, E. Geinitz, F. Wahnschaffe** (35) erklären das Alter des Torflagers von Lauenburg an der Elbe für postglacial. (Man vgl. Keilhack R. Bot. Jahresber., XII, 2, p. 83, Ref. No. 73.)

106. **F. Cohn** (32) bespricht die Wichtigkeit der Untersuchung der schlesischen Moore.

107. **Woitschach** (217) mit der Untersuchung der niederschlesischen Moore beschäftigt, giebt die ausführliche Schilderung des Moores von Altteich bei Muskau. Die Holz-, Nadel- und Borkenreste von *Pinus silvestris*, das Vorwiegen von Gramineen (mit Ausschluss von *Phragmites*), das Vorkommen von *Ledum palustre*, einer Leguminose mit Knöllchen etc. deuten darauf hin, dass vor der Existenz des Moores eine Waldvegetation von *Pinus silvestris, Picea, Betula, Salix, Corylus, Tilia* das junge Erraticum besetzt hielt (trockene Periode). Hierauf versumpfte diese Vegetation und machte einer Rasenmoorbildung Platz, wie aus dem massenhaften Auftreten von *Phragmites*, deren Pollen von *Polygonum amphibium* und den Diatomeen hervorgeht. An den hohen Uferrändern dieser versumpften Thalsenke wachsen die oberwähnten Bäume (nasse Periode). Auf dieser Rasenmoorbildung baute sich eine Waldvegetation aus denselben Elementen auf, welche eine etwa 1,5 m starke Torfschicht mit eingelagerten Holzstämmen hinterliess. Dann wurde dieser üppige Waldbestand von einer *Sphagnum*-Vegetation vernichtet und ein 2 m starkes Sphagnetum darüber gelagert, welches heute noch im Wachsen begriffen zu sein scheint (nasse Periode).

108. **Woitschach** (216). In einer Lehmgrube der städtischen Ziegelei bei Freystadt steht unter Glaciallehm ein etwa 0,75 m mächtiges Kohlenflötz an. Dasselbe wird von einer torfartigen Masse umschlossen, welches aus Pollen von *Pinus silvestris*, *Alnus*, *Betula Ulmus*, Cyperaceen und Gramineen, Sporen von *Sphagnum* und *Equisetum (?)* besteht. Ausserdem fand sich ein Zellkörper vor, der einer Makrospore von *Salvinia natans* mit abgesprungenem Exospor gleicht, aber kleiner wie diese ist. Auch Holzreste von *Alnus* oder *Salix* sind nicht selten. Die Kohle gehört einer Abietinee und wahrscheinlich *Pinus* an, liess sich aber mit keiner lebenden oder tertiären identificiren. Die Ablagerung ist demnach ein Torflager.

109. **F. Kinkelin** (98) bespricht in seiner geologischen Abhandlung über den Pliocen-See des Rhein- und Mainthales die klimatologische Bedeutung der Pliocenflora von Frankfurt a. M. (Vgl. Bot. Jahresber., 1887, II, p. 294, Ref. No. 78.)

110. **M. Staub** (187) beschreibt aus dem diluvialen Kalktuffe von Almás (Com. Komorn, Ungarn) die Blattabdrücke von *Acer Pseudoplatanus* L. und *Populus alba* L. f. *Bachofenii* Wierzb.

111. **L. Roth** (156) fand in dem alluvialen Kalktuffe des Thales Valea marea (Comitat Krassó-Szörény), der eine Mächtigkeit von 20 m hatte, vor: Schilfrohr, Moose, die Blätter von *Carpinus, Betulus, Fraxinus excelsior, Tilia, Corylus Avellana, Zea Mays* L. (? Ref.).

Hierher noch Ref. No. 21, 23, 25, 26, 27, 28, 29, 146, 148.

Anthropozoische Periode.

112. **F. Cohn** (31) theilt mit, dass in einem vorhistorischen Grabe in der Nähe des Dorfes Sackrau, 9 m nordöstlich von Breslau ein Wassereimer und ein Schöpfgefäss gefunden wurden, welche beide aus Taxusholz geschnitzt waren.

113. **P. E. Newberry** (134) zählt nach dem Ref. Jännicke's aus den Gräbern des Kirchhofes von Hawara in Unteregypten 58 Pflanzenarten auf, deren Alter auf nahezu 2000 Jahre geschätzt wird.

114. **F. Crépin** (36). Die in den egyptischen Gräbern gefundenen Rosen gleichen sehr der *Rosa sancta* Rich., welche gegenwärtig in Abessinien cultivirt wird und die in Egypten kaum einheimisch gewesen sein mag.

115. **Schweinfurth** (170) entnahm dem Sarge eines zur Zeit der XX. Dynastie, etwa 1100 Jahre v. Chr. in Theben bestatteten Privatmannes einen Zweig von *Ficus Sycomorus* Z.

116. **G. Schweinfurth** (171). Dem Ref. unbekannt.

117. **G. Buschan** (25). Dem Ref. unbekannt.

Fossile Floren der Alten Welt
(mit Ausschluss Europas).

Afrika. Asien.

118. **O. Feistmantel** (64) beschreibt folgende Pflanzen aus den Stormbergschichten (obere Abtheilung der sogenannten Karúformation, Equivalent des Gondwana-System in Indien) in Südafrika: *Thinnfeldia odontopteroides* Morr. sp. (Fstm.), *Th.* comp. *trilobata* John., *Asplenium* comp. *nebbense* Bgt., *Taeniopteris Carruthersi* Ten. Words., *T.* conf. *Daintreei* Mc. Coq., *Anthrophyopsis* sp. (comp. obovata Nath.). — *Zeugophyllites (Podozamites) elongatus* Morr. — *Baiera Schencki* n. sp. Die Schichten sind als oberste Trias, beziehungsweise unterster Jura (am besten Rhät) anzusehen.

119. **O. Feistmantel** (65) bringt in dieser Abhandlung eine kritische Bearbeitung der pflanzenführenden Gruppen Südafrikas. Für die archaische und palaeozoische Gruppe gelangt er zu folgender Gruppirung:

Capformation (Dr. A. Schenck).	Carbonisch (wohl zumeist obere Abtheilung)	Zuurbergen-, Zwartebergen- und Wittebergen-Schichten in der Capcolonie; ebenso die Kohlenschichten bei Tata am Zambasi. Mit carbonischen Pflanzen.
	Devon	Bokkeveld-Schichten in der Capcolonie mit devonischen marinen Petrefacten.
	Unterstes Devon:	Tafelbergsandstein (Dr. Gürich).
Südafrikanische Primärformation (z. Th. metamorphisch)		Malmsburg-Schichten. — (Theilweise Silur metamorphisch.)
		Namaqualand-Schiefer, Gneis etc.

Die Gruppe der Karooformation zerfällt 1. in die untere Karooformation (Ekkoschichten), aus welcher Verf. folgende Pflanzen beschreibt: *Glossopteris Browniana* Bgt., *Gangamopteris cyclopteroides* var. *attenuata* Feistm., *Noeggerathiopsis Hislopi* Feistm., aus welchem Vorkommen und mit Berücksichtigung der geologischen Verhältnisse Verf. folgende Zusammenstellung vorlegt:

Südafrika	Indien	N.-S.-Wales	Victoria	Queensland	Tasmanien
Ekka-Kimberley-Schichten mit Petrefacten (Unt. Karooformat.)	Karharbári- u. Táltschir-Schichten (Unt. Gondwána-Schichten)	Newcastle' beds (zum Theil)	Bacchus-Marsh Sandsteine	Obere, vorwiegend Süsswassergruppe mit marinen Einlagerungen	Mersey-Kohlen-Schichten (Obere Partie)
Dwykaconglomerat	Táltschirconglomerat	Marine Schichten mit Blöcken	Bacchus-Marshconglomerat	?	?

2. Aus der mittleren Karooformation (Beaufortschichten) beschreibt Verf. folgende Pflanzen: *Schizoneura (?) africana* n. sp., *Phyllotheca* sp., *Glossopteris Browniana* Brngt., *G. angustifolia* Brgt., *G. Tatei* n. sp., *G. communis* Feistm., *G. stricta* Bunb., *G. retifera* Feistm., *G. damudica* var. *stenoneura*, *Rubidgea Mackayi* Tate. Diese und die Thierpetrefacten erlauben den Schluss, dass ihre Schichten die Trias repräsentiren; die andere Karooformation daher das Perm. (Tabelle siehe folgende Seite.)

3. Die obere Abtheilung der Karooformation (die Stormbergschichten). Aus ihr sind bis jetzt nur wenig Pflanzenreste bekannt. Es sind dies ein Equisetaceenstammfragment, *Sphaenopteris elongata* Carr., *Thinnfeldia odontopteroides* Feistm. (Morr. sp.), *Th. trilobita (?)* Johnst., *Taeniopteris Carruthersi* T. Woods., *T. Daintreei* Me'Coq., *Anthrophyopsis (?)* (? comp. obovata Nath.), *Alethopteris* sp. (comp. *Asplenium nebbense* Heer), *Podozamites (Zeugophyllites) elongatus* Morr. sp. (Feistm.), *Podozamites* sp., *Baiera Schencki* n. sp.

Südafrika	Indien	Victoria	N.-S.-Wales
Beaufort-Schichten	Damuda-Pantschet-Gruppe	?	Niveau- und klimatische Veränderungen vor der Ablagerung der Hawkesbury-Schichten
Ekka-Kimberley-Schichten	Táltschir-Karharbári-Gruppe	Bacchus-Marsh-Sandsteine	Newcastlebeds

Diese Schichten entsprechen der obersten Trias (etwa Rhät) und ihr Aequivalent in Indien sind die Rádschmahál-Schichten, in Ostaustralien die Wianamatta-Hawkesbury-Schichten (Neu-Südwales)-, Tivoli-, Ipswich-Schichten (Queensland)- Jerusalem Bassin (Tasmanien).

120. **Matajiro Yokoyamo** (117) beschreibt aus den jurassischen Schichten der japanesischen Provinzen Kaya, Hida und Echizin 45 Pflanzenarten, von denen neu sind: *Thyrsopteris Kayensis, Adiarilites Heerianus, A. Kochibeanus, A. lameus, Equisetum Ushimarense, Nilsonia Ozoana, N. Nipponensis, Diomites Kotoei, Dictyozamites Indicus* Feistm. var. *distans, D. grossinervis, Ginkgodium Nathorsti, Carpolithes ginkgoideus.* Diese Flora gehört dem Bathonien an und zeigt mit der Flora von Sibirien besondere Verwandtschaft.

Hierher noch Ref. No. 30, 31, 149, 150.

Amerika. Australien.

121. **D. P. Penhallow** (143) revidirt nach dem Ref. Niedenzu's die aus dem Devon des nördlichen atlantischen Amerika bekannt gewordenen Algenabdrücke, von denen er nachweist, dass sie den recenten Laminarien nahe stehen. Er benennt sie nun: *Nematophyton Logani* C., *N. Hicksii* Dn., *N. crassum* Pen., *N. laxum* Pen., *N. tenue* Pen.

122. **J. S. Newberry** (133) beschreibt nach dem Ref. Zeiller's aus dem mittleren Devon — Coniferous Limestone — von Ohio (Nordamerika) Pflanzenreste, u. z. Farnstämme, die an *Protopteris* oder *Dicksonia* erinnern, einen mehrfach verzweigten *Sphenophyllum*-Stamm und *Lepidodendron Gaspianum.*

123. **E. Orton** (136) behauptet nach dem Ref. Zeiller's, auf Grund der Sporocarpienfunde, dass das devonische Meer von Ohio von Rhizocarpeen bevölkert war.

124. **W. Dawson** (42) beschreibt aus dem lower Catskill (Oberdevon) von Mechoppen, Wyoming Co. Pennsylvanien ein belaubtes Zweigfragment, welches vollkommen mit *Cordaites* übereinstimmt, aber die Blätter zeigen die Nervatur der *Noeggerathia.* D. will dieser Pflanze den Namen *Dictyo-cordaites Lacoi* geben.

125. **W. Dawson** (40) wendet sich gegen die Bemerkungen Weiss' über *Drepanophycus spinaeformis* Göpp. (Vgl. Ref. No. 126.) Wollte sich diese Pflanze als Landpflanze erweisen, so muss sie wenigstens so lange, bis die Fructification bekannt ist, auf *Arthrostigma* bezogen werden. *Psilophyton robustius* ist eine selbständige Pflanze und kein Farnwedelstiel, wie es Solms-Laubach meint.

126. **E. Ch. Weiss** (208) bespricht folgende Arten: 1. *Drepanophycus spinaeformis* Göpp. aus dem unterdevonischen Thonschiefer von Hackenburg in Nassau, zeigt, dass *Psilophytum princeps* generisch mit ihm zu vereinigen ist, da aber *Drepanophycus* keine Alge ist, so ist der Name in *Drepanophytum* umzuwandeln. — 2. Ein Exemplar von *Sigillaria Brardi* Germ. zeigt sowohl an seinem Stamme wie auch an dessen Zweige eine auffallende Formveränderung der Polster und Blattnarben. — 3. *Odondopteris obtusa* Brngt. verglichen mit *O. obtusa* Zeill., *Alethopteris Grand'Euryi* Zeill. (partim) und *Callipteris discreta* Weiss. Die beiden Arten Zeiller's sind mit letzteren identisch. Auch Brongniart's Art (Histoire, p. 255, t. 78, F. 4) ist eine *Callipteris.*

127. **Weiss** (210) bemerkt Dawson gegenüber (Vgl. Ref. No. 125), dass seine Behauptungen bezüglich *Drepanophycus* und *Psilophyton* richtig sein können, aber noch nicht bewiesen sind.

128. **O. Feistmantel** (68, 69) erinnert daran, dass die jüngere Literatur bereits solche Mittheilungen bringt, die dahin weisen, dass die Dicotyledonen ein älteres Alter haben, wie die Cenomanstufe. Es beweisten dies nun hinreichend die Funde, die M. Fontaine in der Potomacformation (ein Theil der sedimentären Schichten von Maryland und Virginia), dem amerikanischen Aequivalent des europäischen Neocoms machte. Im Ganzen hat Fontaine 370 Arten Pflanzen bestimmt, von welchen den Dicotyledonen angehören: *Conospermites* (1 Art), *Acaciaephyllum* n. g. (4), *Proteaephyllum* n. g. (8), *Rogersia* n. g. (2), *Sassafras* (3), *Ficophyllum* n. g. (4), *Ficus* (2), *Sapindopsis* n. g. (8), *Saliciphyllum* n. g. (3), *Celastrophyllum* n. g. (9), *Querciphyllum* (2), *Vitiphyllum* n. g. (3), *Myrica* (1), *Bombax* (1), *Populophyllum* n. g. (2), *Ulmophyllum* n. g. (3), *Sterculia* (1), *Aralia* (1), *Juglandophyllum* n. g. (1), *Myricaephyllum* n. g. (1), *Platanaephyllum* n. g. (1), *Araliaephyllum* n. g. (4), *Hymenaea* (1), *Acerophyllum* n. g. (1), *Menispermites* n. g. (1), *Aristolochiaephyllum* n. g. (1), *Hederaephyllum* n. g. (2), *Eucalyptophyllum* n. g. (1), *Phyllites* (1); im Ganzen daher 29 Gattungen und 73 Arten. Die Potomacformation, die nicht jünger als Wealden ist, ist also ein Entstehungsherd und ein Ausgangspunkt für die Verbreitung der Dicotyledonen. Es sind vorwiegend solche urtypische Formen, wie man sie in einer solchen Formation erwarten würde, d. h. Sammeltypen, nicht hoch differenzirte Formen, die als Vorläufer der späteren, vollkommen entwickelten Familien anzusehen sind.

129. **W. M. Fontaine** (72). Im nordamerikanischen Staate Virginien zwischen dem Potomac River und dem James River ruht auf den rhätischen Ablagerungen eine in vereinzelnden Arealen vorkommenden Ablagerung von Sandsteinen, Sand von weisser oder lichtgrauer Farbe, dem Thon beigemengt ist und in dem auch Blöcke von Thon mitunter mit einem Durchmesser von 3—4′ vorkommen. Bei Fredericksborg kommen auch Kiesel, welche Fragmente des Potsdam Quarzit sind, vor. Diese Ablagerung, die ihre grösste Mächtigkeit am Acquies-Creek zeigt, nämlich 140 Fuss, scheint sich herwärts weiter hinab zu erstrecken. Ihre Altersbestimmung hat wiederholt die verschiedensten Deutungen erfahren; den Namen Potomacformation hat sie von W. J. Mc Gee mit Rücksicht auf ihre bedeutende Entwicklung am Potomac River erhalten und ihren zahlreichen Pflanzenresten nach, die fast ausschliesslich von Fontaine gesammelt und bestimmt wurden, weiss man jetzt, dass sie dem europäischen Neocom entspricht, welche Thatsache für die Entwicklungsgeschichte der Pflanzenwelt von grosser Bedeutung ist.

In Maryland, bis wohin sich diese Formation erstreckt, ruhen auf diesen mächtigen Sandablagerungen mächtige Massen von Thon und sandigem Thon, die von Tyson und Roger's „Variegated Clays" benannt und als das oberste Glied der Potomacformation, vom Alter der plastischen Thone New Yerseys — entsprechend dem europäischen Cenomanien — betrachtet werden. Es giebt daher eine untere und eine obere Potomacformation, welch' letztere in Virginien wieder das Liegende einer echt marinen Ablagerung, des eocenen Grünsandes bildet. Die Potomacformation selbst ist eine Bildung des Süsswassers, das Product einer dem Rhät folgenden Diluvialzeit, liegt aber unter den Ablagerungen des geologischen Diluviums begraben, und nur die Einwirkung der Erosion fördert sie zu Tage. Die reiche Flora die sie birgt, giebt über ihr Alter den besten Aufschluss. Unter den Kryptogamen zeigten schon die Equiseten den Wechsel der Flora an. Unter ihnen kommt weder *Equisetum Rogersi* noch eine *Schizoneura*-Art vor, dagegen *Equisetum Virginicum* sp. n., *E. Marylandicum* sp. n. und *E. Lyelli* Mant. — Die Farne sind ein wichtiges Element der Potomacformation. Alle cenomanen Arten fehlen in ihr, dagegen kommen Formen des Jura in ihr vor; einige wieder zeigen Anklänge an die Formen des europäischen Wealden und sprechen so deutlich für das neocome Alter dieser Formation. Die Gattung *Cladophlebis* ist durchgehends durch neue Arten vertreten: *C. constricta, C. latifolia, C. Virginiensis, C. denticulata, C. falcata, C. parva, C. acuta, C. oblongifolia, C. crenata, C. inclinata, C. distans, C. alata, C. rotundata, C. sphaenopteroides, C. petiolata, C. inaequiloba, C. pachyphylla, C. brevipennis* etc.; unter den *Pecopteris*-Arten kommt die Wealdenform *P. Brow-*

niana Dunk. und *P. socialis* Heer vor, daneben die neuen *P. Virginiensis*, *P. strictinervis*, *P. ovatodentata*, *P. microdonta*, *P. constricta*, *P. brevipennis*, *P. angustipennis*, *P. pachyphylla*; davon ist *P. Virginiensis* sp. n., die sehr ähnlich der *P. denticulata* Brngt. ist, vielleicht die verbreitetste Pflanze der Formation. Von der Gattung *Sphenopteris* ist *Sph. latiloba* sp. n. weit verbreitet; ausser der sehr polymorphen *Sph. Mantelli* Brngt., deren Gepräge viele Farne der Potomacformation zeigen, kommen auch vor: *Sphaenopteris thyrsopteroides* sp. n., *Sph. acrodentata* sp. n., *Sph. spatulata* sp. n., *Sph. pachyphylla* sp. n. — *Aspidium*, welche eine der gemeinsten Gruppen zu sein scheint, giebt der Flora ein anderes Ansehen, doch verrathen noch einige gut charakterisirte Species den jurassischen Typus. Einer der verbreitetsten Farne ist *Aspidium Dunkeri* Schmp., sp. und ihm schliessen sich an die neuen Arten: *A. Fredericksburgense*, *A. ellipticum*, *A. heterophyllum*, *A. Virginicum*, *A. augustipinnatum*, *A. cystopteroides*, *A. oblongifolium*, *A. parvifolium*, *A. pinnatifidum*, *A. dentatum*, *A. macrocarpum*, *A. microcarpum*. An diese schliessen sich die dem Genus nach nur provisorisch bestimmbaren *Polypodium Faydenioide* sp. n., *P. dentatum* sp. n. und *Acrostichum crassifolium* sp. n. Letzteren folgt eine Gruppe von Farnen, welche in den meisten Charakteren jenem, und zwar der Section *Rhipidopteris* am nächsten steht, dennoch in ihren sterilen Formen mit *Baieropsis* übereinstimmt. Combiniren wir die fructificirenden Fiederchen von *Rhipidopteris* als Basalsegmente mit den vielen *Baieropsis*-artigen Fiederchen; so haben wir die neocome Gattung *Acrostichopteris*, von welcher F. folgende neue Arten unterscheidet: *A. longipennis*, *A. densifolia*, *A. parvifolia*, *A. parcelobata*, *A. cyclopteroides*. *Asplenium dubium* sp. n. weist darauf hin, dass das Vorkommen dieses Genus in der Potomacflora nicht sicher ist; dagegen kommen vor: *Thinnfeldia variabilis* sp. n., *Th. granulata* sp. n., *Th. rotundiloba* sp. n., *Stenopteris Virginica* sp. n., *Angiopteridium auriculatum* sp. n., *A. nervosum* sp. n., *A ellipticum* sp. n., *A. densinerve* sp. n., *A. pachyphyllum* sp. n., *A. ovatum* sp. n., *A. strictinerve* sp. n. und dessen var. *latifolium* und *A. dentatum* sp. n. Ein combinirter Typus von *Pteris*, *Asplenium* und *Osmunda* scheint wieder *Aspleniopteris* gen. n. zu sein, von dem sich *A. pinnatifida* sp. n. und *A. adiantifolia* sp. n. unterscheiden lassen. Nicht sicher ist *Gleichenia Nordenskioldi* ? Heer. Reichlich ist der eminent jurassische Typus *Thyrsopteris* vertreten, dessen Fructification leider nicht gefunden wurde. F. beschreibt *Th. Virginica* sp. n., *Th. brevifolia* sp. n., *Th. dentata* sp. n., *Th. nervosa* sp. n., *Th. rarinervis* sp. n., *Th. brevipennis* sp. n. *Th. alata* sp. n., *Th. divaricata* sp. n., *Th. Meckiana* sp. n. mit der var. *angustiloba*, *Th. crenata* sp. n., *Th. insignis* sp. n. mit der var. *angustipennis*, *Th. densifolia* sp. n., *Th. crassinervis* sp. n., *Th. decurrens* sp. n., *Th. angustifolia* sp. n., *Th. microphylla* sp. n., *Th. pachyrachis* sp. n., *Th. elliptica* sp. n., *Th. distans* sp. n., *Th. angustiloba* sp. n., *Th. pachyphylla* sp. n., *Th. pecopteroides* sp. n., *Th. pinnatifida* sp. n., *Th. heteromorpha* sp. n., *Th. varians* sp. n., *Th. rhombifolia* sp. n., *Th. heteroloba* sp. n., *Th. bella* sp. n., *Th. microloba* sp. n., *Th. nana* sp. n., *Th. inaequipinnata* sp. n., *Th. heterophylla* sp. n., *Th. obtusiloba* sp. n., *Th. sphenopteroides* sp. n., *Th. squarrosa* sp. n., *Th. rhombiloba* sp. n., *Th. retusa* sp. n. — In der Potomacflora kommen ferner vor: *Osmunda sphenopteroides* sp. n., *O. Dicksonioides* sp. n. mit der var. *latipennis*, *Sagenopteris latifolia* sp. n , *S. elliptica* sp. n. mit der var. *longifolia*, *S. Virginica* sp. n., *S. dentata* sp. n. Es kommt ferner vor das Genus *Ctenopteris*, welches aber nicht vollkommen der typischen Diagnose entspricht und scheinen *C. insignis* sp. n., *C. Virginiensis* sp. n., *C. minor* sp. n., *C. integrifolia* sp. n., *C. angustifolia* sp. n. und *C. longifolia* sp. n. die Vertreter eines combinirten Typus zu sein. Noch auffallender ist in dieser Beziehung *Zamiopsis* gen. n., welches an das Cycadeengenus *Stangeria* erinnert und vielleicht gar nicht zu den Farnen gehört. Dieser Typus gliedert sich in folgende Formen: *Z. pinnatifida* sp. n., *Z. insignis* sp. n., *Z. longipennis* sp. n., *Z. laciniata* sp. n. und *Z. petiolata* sp. n.

Auffallend ist neben dieser reichen Farnflora auch das überwiegende Vorkommen der Cycadeen, welche diese Flora ebenfalls vom Cenoman verschieden machen. Es kommen vor: *Anomozamites angustifolius* sp. n., *A. Virginicus* sp. n., *Platypterigium densinerve* sp. n., *P. Rogersianum* sp. n, *Zamites tenuinervis* sp. n., *Z. crassinervis* sp. n., *Z. distantinervis* sp. n., *Z. ovalis* sp. n., *Z. subfalcatus* sp. n. und *Z.* sp. ?, *Ctenophyllum latifolium* sp. n., *Glossozamites distans* sp. n., *Ctenis imbricata* sp. n., *Podozamites subfalcatus* sp. n., *P. distantinervis* sp. n., *P. pedicellatus* sp. n., *P. grandifolius* sp. n., *P. acutifolius* sp. n., ferner *Dioonites Buchianus* Schmp. mit seinen var. *obtusifolius* und *angustifolius*. Auch in dieser Gruppe fehlen nicht die combinirten Typen, so *Encephalartopsis* gen. n. mit den Charakteren von *Encephalartos* und *Ctenis* (*E. nervosa* sp. n.) und die eigenthümlichen Stammfragmente *Tysonia* gen. n., welche *Bennettites* und *Mantellia* Brngt. in Combination bringen.

Das wichtigste Element der Potomacflora bilden aber die Coniferen nicht nur ihrer grossen Verbreitung, sondern auch der Zahl der individuellen Formen wegen. Die ausgestorbenen Typen sind unter ihnen überwiegend, dabei treten aber auch modernere Arten auf und weist so diese Pflanzengruppe in der Art ihres Auftretens ebenfalls auf das neocome Alter der Ablagerung hin. Auch die an vereinzelten Localitäten vorkommende grosse Menge von Ligniten besteht aus Coniferenstämmen. Eine der entwickelten und charakteristischsten Formen ist *Nageiopsis* gen. n., dessen Blätter denen von *Podozamites* täuschend ähnlich sind, aber die Nerven convergiren und vereinigen sich nicht in der Spitze und sind daher den Blättern der Section *Nageia* von *Podocarpus* sehr ähnlich. Dieser Typus spaltet sich dabei in viele Formen: *Nageiopsis longifolia* sp. n., *N. Zamioides* sp. n., *N. recurvata* sp. n., *N. crassicaulis* sp. n., *N. latifolia* sp. n., *N. decrescens* sp. n., *N. ovata* sp. n., *N. obtusifolia* sp. n., *N. inaequilateralis* sp. n., *N. acuminata* sp. n., *N. heterophylla* sp. n., *N. microphylla* sp. n., *N. angustifolia* sp. n., *N. subfalcata* sp. n. Theils diesem Typus, theils *Phyllocladus* ähnlich ist *Phyllocladopsis heterophylla* gen. et sp. n., *Feildeniopsis* gen. n. ist auch nur durch eine Art, *crassnioides* sp. n. vertreten. *Baieropsis* gen. n. vereinigt wieder die Charaktere von *Jeanpaulia, Baiera, Ginkgophyllum,* ja auch *Adiantum* in sich und ist durch folgende Arten vertreten: *Baieropsis expansa* sp. n., *B. pluripartita* sp. n. mit der var. *minor*, *B. foliosa* sp. n., *B. denticulata* sp. n. mit der var. *angustifolia*, *B. longifolia* sp. n., *B. adiantifolia* sp. n. mit der var. *minor* und *B. macrophylla* sp. n. An diese Gruppe schliessen sich an *Baiera foliosa* sp. n., *Frenelopsis ramosissima* sp. n., *F. parceramosa* sp. n., *Brachyphyllum crassicaule* sp. n., *B. parceramosum* sp. n., *Leptostrobus longifolius* sp. n., *L. foliosus* sp. n., *L. ? multiflorus* sp. n. Die Vorläufer ihres Geschlechtes scheinen zu sein *Laricopsis* gen. n. mit *L. longifolia* sp. n., *L. angustifolia* sp. n., *L. brevifolia* sp. n., ferner *Cephalotaxopsis* gen. n. mit *C. magnifolia* sp. n., *C. ramosa* sp. n., *C. brevifolia* sp. n. und *C. microphylla* sp. n. Es kommen ferner vor *Torreya Virginica* sp. n. und *T. falcata* sp. n. Ein comprehensiver Typus ist wieder *Athrotaxopsis* gen. n. In den Blättern und Zweigen ähnlich *Echinostrobus* und *Palaeocyparis*, in den Zapfen *Sequoia*. F. unterscheidet von ihm *A. grandis* sp. n., *A. tenuicaulis* sp. n., *A. expansa* sp. n., *A. pachyphylla* sp. n. An diese Gruppe schliessen sich an ausser *Sequoia Reichenbachi* (Gem.) Heer mit der var. *longifolia*, *S. subulata* Heer, *S. ambigua* Heer, *S. rigida* Heer noch *S. cycodopsis* sp. n., *S. densifolia* sp. n., *S. delicatula* und andere nicht näher bestimmbare Reste dieses Genus; ferner *Araucaria podocarpoides* sp. n., *A. obtusifolia* sp. n., *A. Zamioides* sp. n., *Taxodium (Glyptostrobus) ramosum* sp. n., *T. Virginicum* sp. n., *T. expansum* sp. n., *T. fastigiatum* sp. n., *T. denticulatum* sp. n., *T. Brookense* sp. n. mit der var. *angustifolium*, *Sphenolepidium parceramosum* sp. n., *Sph. dentifolium* sp. n., *Sph. recurvifolium* sp. n., *Sph. pachyphyllum* sp. n., *Sph. Virginicum* sp. n., *Sph. Kurrianum* sp. n., *Sph. Sternbergianum* (Dunk. sp.) Heer mit der var. *densifolium* und eine Menge von Blüthen- und Fruchtresten, die Gymnospermen angehören.

Williamsonia Virginiensis sp. n. führt uns nun zu dem merkwürdigen Elemente der Potomacflora, zu den Angiospermen.

Als an Formen reich erwiesen sich *Proteaephyllum* gen. n. (*P. reniforme* sp. n., *P. orbiculare* sp. n., *P. oblongifolium* sp. n., *P. ovatum* sp. n., *P. ellipticum* sp. n., *P. tenuinerve* sp. n., *P. dentatum* sp. n.), *Protea cordata* Thunb., *P. glabra* Thunb. und *Persoonia*-Arten können hier in Vergleich gebracht werden; ebenso *P. mollis* R. Br. bei *Rogersia* gen. n. (*R. longifolia* sp. n. und *R. angustifolia* sp. n.); ferner *Celastrophyllum* gen. n. (*C. arcinerve* sp. n., *C. proteoites* sp. n., *C. acutidens* sp. n., *C. obtusidens* sp. n., *C. Brookeria* sp. n., *C. denticulatum* sp. n., *C. latifolium* sp. n., *C. tenuinerve* sp. n., *C. obo-*

vatum sp. n.), reich an Individuen ist *Sapindopsis* gen. n. (*S. cordata* sp. n., *S. elliptica* sp. n., *S. magnifolia* sp. n., *S. variabilis* sp. n., *S. parvifolia* sp. n., *S. brevifolia* sp. n., *S. tenuinervis* sp. n., *S. obtusifolia* sp. n.), ferner *Ficophyllum* gen. n. (*F. crassinerve* sp. n., *F. tenuinerve* sp. n., *F. serratum* sp. n., *F. eucalyptoides* sp. n., *F. Virginiensis* sp. n., *F. Fredericksborgensis* sp. n.); schliesslich *Acaciaephyllum* gen. n. (*A. longifolium* sp. n., *A. spathulatum* sp. n., *A. microphyllum* sp. n., *A. variabile* sp. n.). Wir haben noch aufzuzählen: *Conospermites ellipticus* sp. n., *Sassafras parvifolium* sp. n , *S. bilobatum* sp. n., *S. cretaceum* Newb., *Saliciphyllum* gen. n. mit *S. longifolium* sp. n., *S. ellipticum* sp. n., *S. parvifolium* sp. n., *Quercophyllum* gen. n. mit *Qu. grossedentatum* sp. n. und *Qu. tenuinerve* sp. n., *Vitiphyllum (Cissites ?)* gen. n. mit *V. crassifolium* sp. n., *V. parvifolium* sp. n., *V. multifidum* sp. n., *Myrica Brookensis* sp. n., *Bombax Virginiensis* sp. n., *Populophyllum* gen. n. mit *P. reniforme* sp. n., *P. hederaeforme* sp. n., *P. crassinerve* sp. n., *Ulmiphyllum* gen. n. mit *U. Brookense* sp. n., *U. tenuinerve* sp. n., *U. crassinerve* sp. n., *Sterculia elegans* sp. n., *Juglandiphyllum integrifolium* gen. et spec. n., *Myricaephyllum dentatum* gen. et spec. n., *Platanophyllum crassinerve* gen. et spec. n., *Araliaephyllum* gen. n. mit *A. obtusilobum* sp. n., *A. acutilobum* sp. n., *A. magnifolium* sp. n., *A. aceroides* sp. n., *Hymenaea Virginiensis* sp. n., *Aceriphyllum aralioides* gen. et spec. n., *Menispermites Virginiensis* sp. n., *M. tenuinervis* sp. n., *Aristolochiaephyllum crassinerve* gen. et spec. n., *Hederaephyllum* gen. n. mit *H. crenulatum* sp. n. und *H. angulatum* sp. n., *Eucalyptophyllum oblongifolium* gen. et sp. n. und schliesslich *Phyllites pachyphyllus* sp. n. Vgl. auch Ref. No. 151.

130. **W. Dawson** (41) bespricht die Kreideflora von Nordwestcanada. Er unterscheidet folgende Floren und Subfloren:

Danien	Ob. Laramie und Porcupine-Hill-Reihe	*Platanus.*
	Mittl. Laramie oder Willow Creek-River	
	Unt. Laramie oder St. Mary-River-Reihe	*Lemna* und *Pistia.*
Senonien	Fox Hill-Reihe	(Seeablagerung.)
	Fort Pierre-Reihe	(Desgl.)
	Belly River-Reihe	*Sequoia* u. *Brasenia, Lignites.*
	Kohle von Nanaimo, B. C. (wahrscheinlich)	Dicotyledonen, Palmen.
Cenomanien	Dunveganreihe von Peace River	Dicotyledonen, *Cycas.*
	Mill Creek-Reihe d. Rocky Mountains	Dicotyledonenblätter.
Neocomien und Urgonien	Suskwa River und Kön. Charlotte Inseln.	*Cycas, Pinus,* einige Dicotyled.
	mittlere Reihe der Rocky Mountains	
	Kootanie-Reihe der Rocky Mountains	*Cycas, Pinus,* Farne.

Verf. bezieht sich auf frühere Abhandlungen, schildert dann die physikalischen und klimatischen Verhältnisse, unter denen die genannten Floren sich entwickelten und giebt die Beziehungen derselben zu den benachbarten Stufen des Juras und des Tertiärs im allgemeinen an.

Matzdorff.

131. **W. Dawson** (43) beschreibt nach dem Ref. Zeiller's aus der oberen Stufe der Laramiegruppe, zu welcher die Schichten von Mackenzie und Boovrivers gehören, Pflanzenabdrücke, die eine grosse Aehnlichkeit mit den tertiären Floren von Grönland, Spitzbergen, Alaska und den Hebriden zeigen, weshalb D. diese pflanzenführende Schicht der Laramiegruppe dem unteren Eocen einreiht.

132. **Anderson** (1). Dem Ref. unbekannt.

133. **Kidston** (97) studirte nach dem Ref. Zeiller's aus den Schichten von Goonoo-Goonoo in Neu-Südwales einen *Lepidodendron*, den er mit *L. Volkmannianum* in Verbindung bringt, weshalb er auch annimmt, dass diese Schichten eher dem Untercarbon angehören mögen und nicht dem Devon, wie es O. Feistmantel behauptete.

134. **A. G. Nathorst** (131) macht zu der Arbeit Szajnocha's über die Pflanzenreste von Cacheuta in Argentinien (vgl. Bot. Jahresb., 1888, II, p. 259, Ref. No. 109) Bemerkungen und erwähnt dabei, dass *Cardiopteris Zuberi* Szajn. zur Gattung *Ptilozamites* gehöre, welche bisher nur in rhätischen Ablagerungen gefunden wurde.

135. **W. Waagen** (202), der in seiner Arbeit über die „Carbone Eiszeit" erwähnte, dass in Südamerika keine Anzeichen für die Existenz dieser Zeit zu finden sind, erhielt von Derby die Aufklärung, dass solche im südlichen Brasilien wohl zu finden seien. Grosse transportirte Blöcke kommen im Carbon Brasiliens ebenfalls vor.

136. **M. R. Etheridge** (58) beschreibt nach dem Ref. Zeiller's aus den Wianamatta-Schichten bei Sydney *Cycadopteris scolopendrina*, von welcher er behauptet, dass sie positiv zum Genus *Cycadopteris* des europäischen Jura gehöre und sehr an *C. Brauniana* erinnere.

137. **R. Etheridge** (59) beschreibt drei neue fossile Farne von Queensland. Aus dem unteren Carbon der „Drummond Range" stammt (p. 1304, Taf. 37) *Aneimites austrina*; die Art steht *A. adiantoides* L. u. H. in der verkehrt eiförmigen oder birnenförmigen Gestalt der Fiedern nahe und unterscheidet sich dadurch von *A. acadia* Dn., ist aber von erstgenannter durch die verhältnissmässige Grösse der entsprechenden Theile verschieden. Der unteren mesozoischen Formation des „Ipswich Bassins" gehört *Phlebopteris alethopteroides* (p. 1306, Taf. 38, Fig. 1, 2) an; in der Berippung ähnelt diese Art *P. affinis* Schenk. Im oberen Mesozoic von „Croydon goldfield" fand sich *Didymosurus (?) gleichenoides* Old., and Mor. in einer Abart mit kleinerem Laub und anscheinend dichteren Fiedern.

Matzdorff.

138. **R. Zeiller** (219) bestimmte aus dem obercretaceischen Kohlenlager von Portes-de-Fer bei Nouméa in Neu-Caledonien *Podocarpium tenuifolium*, die grossen Blätter von *Podozamites* f. *P. latipennis* und Dicotyledonenblätter, die zu *Sassafras* und *Cinnamomum* gehören.

139. **C. v. Ettingshausen** (60). Man vgl. Bot. J., 1883, II, p. 53, Ref. No. 20 und 1887, II, p. 304, Ref. No. 112.

140. **O. Feistmantel** (66). Anstatt eines längeren und die Sache doch nicht erschöpfenden Referates reproduciren wir die vom Verf. construirte, auf p. 340 und 341 befindliche Tabelle.

In einer zweiten Tabelle stellt Verf. die Verbreitung einiger Pflanzenformen aus Tasmanien in anderen Ländern dar und giebt eine Uebersicht der aus dem Gondwána-System von Australien und Tasmanien bis jetzt beschriebenen Pflanzen- und Süsswasserthierpetrefacte. Von ersteren werden aufgezählt *Equisetaceae* (11), *Filices* (77), *Lycopodiaceae* (10), *Cycadeaceae* (8) und Pflanzen, deren Stellung nicht ganz sicher (4), *Coniferae* (12); dem folgt eine Uebersicht der Fundorte der fossilen Pflanzen und schliesslich die Schlussbemerkungen. Diesen entnehmen wir kurz Folgendes: In Australien beginnt die Reihe der Formationen ähnlich wie in Europa. Wir finden dort silurische, devonische, marine und pflanzenführende Schichten. Ober den devonischen Schichten folgen in Neu-Südwales und in Queensland Schichten mit untercarbonen Fossilien und werden die Avon-Sandsteine in Victoria ebenfalls als untercarbonische betrachtet. In Tasmanien ist diese Gruppe als solche nicht repräsentirt. Nun treten andere Verhältnisse ein. In Neu-Südwales und in Queensland kommen marine Kohlenschichten, die jedenfalls als von obercarbonem Alter betrachtet werden, deren Flora aber einen mesozoischen Habitus besitzt, weshalb, wenigstens in Neu-Südwales, die Umwandlung der palaeozoischen Flora schon mit dem Obercarbon beginnt. Diese Kohlenperiode war aber von kurzer Dauer, es erfolgte abermals, wenigstens in Neu-Südwales, eine Meeresablagerung (obere marine), die aber auch glaciale Geschiebe einschliesst. Diese Veränderung der klimatischen Verhältnisse hatte aber keinen directen Einfluss auf die frühere untercarbone Flora, in welcher ja schon vordem eine Aenderung eingetreten war. Es folgte nun eine Senkung, die die unteren marinen Schichten zur Ablagerung brachte und in den darüber folgenden unteren Kohlenschichten erschien dann eine andere Flora, vielleicht als Einwanderung von Tasmanien. In diesen Zeitraum fällt wohl auch die Bildung des *Bacchus Marshconglomerates* in Victoria, welches ebenfalls unter Mitwirkung von Eisthätigkeit entstanden ist.

Nach der Ablagerung der oberen marinen Schichten in Neu-Südwales erfolgte abermals eine Niveauveränderung und es kamen die mächtigen Kohlenflötze der Newcastlebeds zur Ablagerung. Aehnlich fallen in diese Periode die Bacchus-Marsh-Sandsteine mit *Gangamopteris* und die entsprechenden Schichten in Queensland und Tasmania. Diese Periode wird jetzt als dem Perm äquivalent angesehen; hier ist die mesozoische Flora, die schon im Obercarbon erschien in ihrer vollen Entwicklung und damit hat auch die palaeozoische Epoche in Australien den Schluss erreicht. Es folgen jetzt noch gewisse Schieferablagerungen in Neu-Südwales, dann abermals eine Senkung zum Meeresniveau, Bildung einer der Ebbe und Fluth unterliegenden Meeresbucht, worin die Hawkesbury-Sandsteine, die als der Trias äquivalent angenommen werden, sich ablagern. An der Basis liegt ein Gerölle, das auch auf Eiswirkung deutet. Später erfolgte abermals eine Hebung dieser Schichten und es wurde ein Süsswasser-See gebildet, in welchem sich die Wianamatta-Schiefer ablagerten, die sich aber petrefactisch von den Hawkesbury-sandsteinen kaum unterscheiden. In Queensland und Tasmanien ist jene Schichtenreihe durch die mesozoischen Kohlenschichten von Tivoli, Ipswich etc. in Queensland und Jerusalem etc. in Tasmanien vertreten; so wie auch die Bellarinebeds in Victoria Vertreter derselben sein dürften. Mit diesen Schichten schliesst in Australien und Tasmanien das Gondwána-System.

In Indien herrschen der Hauptsache nach ähnliche Verhältnisse. Dort fängt das Gondwána-System gleich mit dem vermeintlich glacialen Talchirconglomerat an und die unmittelbar darauf folgenden Talchir-Schiefer und Kasharbári-Schichten, welche analoge Pflanzenreste enthalten, sind die ältesten petrefactenführenden Schichten in dem Halbinselgebiete. Die Talchir-Gruppe lagert zumeist auf metamorphischen oder auf submetamorphischen Schichten. Nirgends in Indien sind bis jetzt flötzführende Schichten unter dem Gondwána-System bekannt gemacht worden, deren fossile Pflanzen ganz normalen Steinkohlentypus zeigen. Das Uebrige weist die citirte Tabelle auf und ist diese damit zu ergänzen, dass man in Indien von einer Umwandlung der palaeozoischen Flora überhaupt nicht sprechen kann, sondern bloss von einem Auftreten einer mesozoischen Flora in palaeozoischen Schichten. Während aber die Flora der Newcastlebeds erlischt, dauert sie in Indien aus den Karharbari-Schichten in die Damuda-Schichten ohne Unterbrechung fort.

Auch in Afghanistan sind unter dem Gondwána keine flötzführenden Schichten bekannt, deren fossile Pflanzen ganz normalen Steinkohlentypus zeigen.

Schichten mit normaler Steinkohlenflora finden sich erst wieder in Südafrika, die aber unserem Obercarbon entsprechen, also auch verschieden sind von den untercarbonen Pflanzen in Australien. Die Umwandlung der palaeozoischen Flora erfolgt in Südafrika mit dem Ende der Carbonzeit, also etwas später als in Neu-Südwales.

Als Endresultat ergiebt sich schliesslich:

a. Eine Flora, die man mit Rücksicht auf europäische Verhältnisse als mesozoisch betrachten muss, tritt in Neu-Südwales, Queensland und wohl auch theilweise in Tasmanien schon in Schichten auf, die als obercarbonisch anzusehen sind. Ihre Hauptentwicklung erfährt sie im Newcastle-Horizont (Perm.).

b. In dieser Zeit erscheint sie auch in Victoria (Bacchus-Marsh-Schichten), Indien (Talchir-Karharbári-Schichten) und Afrika (Ekka-Schiefer).

a. Das Ende der Carbonzeit ist in Indien, Afrika und Australien durch gewisse Ablagerungen charakterisirt, deren Entstehen man mit Eisthätigkeit in Berührung bringt, und würde dies jedenfalls eine bedeutende klimatische Veränderung andeuten.

f. Von einer einheitlichen und gleichzeitigen *Glossopteris*-Flora kann man nicht sprechen, denn *Glossopteris* gehört entschieden drei Horizonten an, wie dies die citirte Tabelle deutlich zeigt.

141. **O. Feistmantel** (67) berichtigt einige Angaben seiner citirten Arbeit.

142. **Stephens** (192). Dem Ref. unbekannt.

Hierher noch Ref. No. 32, 33, 34, 151, 152, 153, 154, 155.

Uebersichtstabelle der einzelnen Schichten des Gondwána-Systems in nachbenannten Ländern.

Tasmanien	Oestliches Australien: Victoria	Oestliches Australien: Neu-Südwales	Oestliches Australien: Queensland	Südafrika	Südamerika	Indien	Gond-wána	Geolog. Folge
				Uitenhage-Form.		Umia-Gruppe in Kach. Jabalpur-Gruppe.	Oberes	Mesozoisch Trias — Rhät — Jura
Mesozoische Kohlenschichten: (Carbonaceous) im Jerusalem-Bassin, am Spring-Hill, bei Richmond etc. mit: *Sphenopteris elongata* Carr, *Thinnfeldia odontopteroides* Feistm., *Alethopteris australis* Morr. sp., *Zeugophyllites elongatus* Morr.	Mesozoische Kohlensch. (Carbonaceous) Bellarine-beds etc. mit: *Alethopteris australis* *Taeniopteris Daintreei*	Mesozoische Schichten: a. Wianamatta-Schichten: *Thinnfeldia odontopteroides*, *Alethopteris australis*, *Macrotaeniopteris wianamattae*, *Palaeoniscus*, *Cleithrolepis*	Mesozoische Kohlenschichten (Carbonaceous) bei Ipswich, Tivoli, Talgai etc. *Sphenopteris elongata*. *Thinnfeldia odontopteroides*.	Stormberg-Schichten (kohlenführend): *Sphenopteris elongata*. *Thinnfeldia odontopteroides*.	Schichten im Süden von Argentinien, in Mendoza, Cacheunta *Sphenopteris elongata*. *Thinnf. odontopteroides*. *Zeugophyllites elongatus* *Estheria mangaliensis*.	Rájmahál-Schichten mit: *Thinnfeldia*, *Angiopteridium spathulatum* (= ? *Taeniopteris Daintreei*), *Macrotaeniopteris*, *Alethopt. indica* (= ? *A. australis*) etc.	Oberes	
		b. Hawkesbury-Schichten: Pflanzen dieselben — ebenso Fische; ausserdem Labyrinthodonten.	*Taeniopteris Daintreei*. *Taeniopteris Carruthersi*. *Alethopteris australis*.	*Taeniopteris Carruthersi*.		Panchet-Schichten: *Thinnfeldia odontopteroides*, (?) *Glossopteris* (seltener) *Schizoneura*; *Dicynodon*.	Mittleres	
		An der Basis ein Conglomerat, mit Anzeichen von Grundeisthätigkeit. c. Narrabeen-Schichten etc.		Beaufort-Schichten mit: *Glossopteris*, *Dicynodon*, *Palaeoniscus*.		Damuda-Schichten: *Schizoneura*, *Glossopteris*, *Brachyops*; *Gondwana Saurus*, *Estheria mangal*.	Mittleres	

Palaeozoische Kohlenschichten: a. Obere Marine *(Gangamopt. angustifolia).* b. Tasmanitebed. c. Pflanzenschichten mit: *Glossopteris, Gangamopteris, Noeggerathiopsis* etc. d. Kohlenschichten. e. Untere Marine. (Diess im Mersey-Kohlenf.) Porter-Hill-Schichten bei Hobart. Von Unteren Marinen- bis zu den Pflanzenschichten mit: *Cythere, Glossopteris, Gangamopteris.*	Bacchus-Marsh Sandsteine mit: *Gangamopteris* Bacchus-Marsh Conglomerat (glacial!)	Newcastlebeeds mit *Glossopteris, Gangamopteris, Noeggerathiopsis.* Obere Marine; (glacial!) Untere Kohlensch. Untere Marine.	Obere, vorwiegend Süsswassergruppe mit marinen Einlagerungen. *Glossopteris* zahlreich. Vorwiegend marine Schichten mit: *Glossopteris* (glacial!)	Ekka-Schichten (= Kimberley-Schiefer): *Glossopteris* etc. Dwyka-conglomerat (glacial!). Carbone Schichten.		Karhabári Kohlenschichten und Talchir-Schiefer mit: *Glossopteris, Gangamopteris, Noeggerathiopsis.* Talchir-Conglomerat (glacial!)	Unteres	Palaeozoisch	Carbon — Perm
	Avon-Sandsteine mit: *Lepidodendron australe*	Strond und Port-Stephens-Schichten mit: *Calamites radiatus, Lepidodendron Veltheimianum, Rhacopteris* etc.	Bobuntungen am Drummond-Range. *Calam. radiatus, Lepid. Veltheimianum.*	Tafelberg-Sandsteine.		Vindhya-Formation.			Unter-Carbon
Weiche Schiefer von Fingal (Süsswasser): *Anodonta Gouldi*	Iguana-Creek-Schichten	Goonoo-Goonoo-Schichten mit: *Lepidodendron nothum.*	Mt. Wyatt mit: *Lepidod. nothum.*	Untere Capformation mit devonischen Fossilien.					Devon.

Fossile Hölzer.

143. **G. Stenzel** (191) giebt eine Revision der zur Gattung *Tubicaulis* Cotta gerechneten fossilen Reste, zu denen man die Stammfragmente krautartiger Farne rechnet, die noch mit Blattresten bedeckt sind. Das Resultat seiner Untersuchungen zeigt nun folgende Uebersicht:

I. **Tubicaulis** Cotta etc. Stammgefässbündel mittelständig, drehrund. 1. *T. Solenites* Cotta. — II. **Asterochlaena**. Stammgefässbündel mittelständig, tief gefurcht, mit weit vorspringenden, am Rande abgerundeten Rippen. *A. Menopteris*. Stammgefässbündel durch schmale Einschnitte gefurcht; Rippen einfach; ein Blattstielbündel, bandförmig, rinnig, die hohle Seite nach aussen gewendet. 1. *A. dubia* (Cotta). — B. *Asterochlaena* Cord. Stammgefässbündel durch breite Buchten gefurcht, Rippen verästelt; ein Blattstielbündel, bandförmig, flachrinnig, die hohle Seite nach innen gewendet. 2. *A. ramosa* (Cott.). Blattstiele gedrängt, nach oben stark verdickt. 3. *A. laxa*. Blattstiele locker, über dem Grunde kaum verdickt, nach oben dünner. *C. Clepsyaropsis* Ung. Stammgefässbündel buchtig gefurcht; ein Blattstielbündel, bandförmig eben mit verdickten Rändern. a. Blattstielbündel breit, Ränder schwach verdickt. 4. *A. Kirgisica*. Blattstiel drehrund mit gleichförmiger Rinde. 5. *A. antiqua* (Ung.). Blattstiel von aussen nach innen zusammengedrückt; Rinde innen weich, aussen derb. *A. robusta* (Ung.). *A. composita* (Ung.). b. Blattstielbündel schmal, Ränder stark verdickt. b. *A. noveboracensis* (Daws.). 7. *A. duplex* (Will.). — III. **Zygopteris** Cord. Mark im Querschnitt sternförmig; Stammgefässbündel tief buchtig gefurcht, Rippen gestutzt oder zweischenklig; Blattstielgefässbündel II-förmig. A. *Zygopteris*. Blätter alle gross mit langem Stiel (Spindel), gedrängt. 1. *Z. primaria* (Cott.). B. *Ankyropteris*. Die meisten Blätter klein, schuppenförmig, einzelne gross mit langem Stiel (Spindel). a. Blattstielparenchym gleichförmig. 2. *Z. Brongniarti* B. Ren. Stamm und Blattstiele mit Sporenschuppen; Stammgefässbündel mit dünnwandiger Scheide. 3. *Z. scandens*. Stamm und Blattstiele kahl; Stammgefässbündel mit sclerenchymatischer Scheide. b. Blattstielparenchym innen gross-, aussen klein- und langzellig. * Fiederbündel schmal, von der Mitte der Seitenplatten des Blattstielbündels entspringend. 4. *Z. Lacattii* B. Ren. Blattstiel drehrund, in seinem Rindenparenchym Gummigänge. 5. *Z. Tubicaulis* Göpp. Blattstiel drehrund ohne Gummigänge. b. *Z. elliptica* B. Ren. Blattstiel von aussen nach innen zusammengedrückt, ohne Gummigänge. ** Fiederbündel breit, von der ganzen Breite der Seitenplatten des Blattstielgefässbündels umgehend. 7. *Z. bibractensis* B. Ren. — IV. **Anachoropteris** Cord. Mark und Gefässbündel wie bei *Zygopteris*; Blattstielgefässbündel bandförmig, rinnig, die hohle Seite nach innen gewendet; Ränder eingeschlagen. 1. *A. pulchra* Cord. Blattstiel behaart, Ränder seines Gefässbündels spiralig eingerollt. 2. *A. rotundata* Cord. Blattstiel kahl, Ränder seines Gefässbündels einfach eingerollt. 3. *A. Decaisnii* B. Ren. Blattstiel kahl, Ränder seines Gefässbündels nur gegen einander gekrümmt.

Da sich zu dieser Gruppe noch *Anomopteris Mougeotii*, *A. Schlechtendalii*, *Anomorrhoea Fischeri*, *Chelepteris gracilis*, *C. vogesiaca*, *C. micropeltis*, *C. macropeltis*, *Bathypteris rhomboidea*, *B. Lesangeana*, *B. strongylopeltis*, *Osmundites Schemnitzensis*, *O. Dowkeri* anschliessen lassen; so geht ihre geologische Verbreitung vom Devon bis in das Tertiär beginnend mit *Asterochlaena*, der uns fremdartigsten Formen, nähert sich aber dann immer mehr den lebenden Farnen.

144. **A. Schenk** (166) unterzog *Medullosa* Cott. (Rothliegendes von Sachsen und Frankreich) einer neuen Untersuchung. Sch. unterscheidet folgende Formen: I. *M. Ludwigii* Göpp. et Leuck. II. *M. Leuckarti* Göpp. et Stenz. III. *M. stellata* Cott. IV. *M. Solmsii* n. sp. V. *M. Sturi* n. sp. Alle diese Reste sind durch den Bau der einzelnen Holzkörper von den Cycadeen getrennt. Sie erinnern an die Archegoniaten, aber auch von diesen unterscheidet sie der Bau des Holzes, denn jeder einzelne Holzkörper bildet ein in sich geschlossenes Ganzes, jeder ist von dem anderen durch Parenchym getrennt. Auch als intramediäre Formen kann man sie nicht betrachten. Unter den fossilen Archegoniaten-Resten zeigen *Lygonodendron* Will. *Sigillaria*, ferner *Poroxylon* und *Stigmaria* in ihrem Primärholz viel Analogie. Unter den übrigen fossilen Resten besitzen Aehnlichkeit mit den

Medulloseen *Cladoxylon mirabile* Ung., *C. dubium* Ung., *Sphenopteris refracta* Göpp. — *Colpoxylon aeduense* Brngt. gehört zu *Medullosa*. Die Auffindung der Fortpflanzungsorgane wird die systematische Stellung dieser Pflanzengruppe aufhellen.

Sch. untersuchte auch das Fragment einer sogenannten *Tubicaulis* Cott., welches ohne Zweifel auf secundärer Lagerstätte in der Uralschen Steppe zwischen Akolinsk und Semipalatinsk gefunden wurde. Es sind dies Farnstämme mit einer aus Wurzeln und Blattstielen bestehenden Hülle; bei manchen fehlt aber der Holzkörper. Solche Fragmente von Blattstielen, wo man den Zusammenhang mit Blättern oder Stämmen nicht kennt, bezeichnet Sch. nun als *Rachiopteris* und dem zu Folge das von ihm untersuchte Exemplar *R. Ludwigii*. Die Tracheïdenbündel dieser Blattstiele stimmen in ihrem Umriss mit jenen der als *Clepsidropsis* Ung. aus dem untersten Culm von Saalfeld bekannten Blattstiele überein.

145. **H. Potonié** (146). Es war immer eine auffallende Erscheinung, dass in den Schichten des oberen Carbon und des Perm häufig Holzreste vom Typus *Araucarioxylon* gefunden wurden, ohne die dazu gehörigen Blätter und Zweige zu kennen. Verf.'s Untersuchungen bringen dieses Räthsel der Lösung näher, als deren Resultat wir die von ihm gemachte Zusammenstellung geben können:

1. *Cordaïtes:* Holz = *Araucarioxylon* vom Typus *A. Brandlingii (= Cordaïoxylon).*
   Mark = *Artisia.*
   Belaubung = die bisher ausschliesslich Cordaites benannten Blätter von Monocotylen-Typus.
2. *Araucarites:* Holz = *Araucarioxylon* vom Typus *A. Rhodeanus.*
   Mark = *Tylodendron.*
   Belaubung = *Walchia?*

146. **R. Caspary** (27) beschreibt folgende fossile Hölzer: *Magnolia laxa* n. sp., *Acer borussicum* n. sp., beide von unbekanntem Fundorte in Ostpreussen; *A. terrae* n. sp. (im Schwarzharz der blauen Erde von Palmnicken), *Schinus primaevum* n. sp. (Ackerfeld von Pempau, Westpreussen), *Cornus cretacea* n. sp. (unbekannter Fundort), *C. cretacea* fr. *solidior* n. sp., (Herzogsacker in Königsberg), *Erica sambiensis* n. sp. (blaue Erde von Palmnicken), *Platanus Klebsii* n. sp. (Samländisches Tertiär), *P. borealis* n. sp. (Plietnitz, Westpreussen), *Juglans Triebelii* n. sp. (Elbing ?), *Laurus biseriata* n. sp. (Ost- und Westpreussen häufig), *L. triseriata* n. sp. (Ost- und Westpreussen), *L. perseoïdes* n. sp. (Diluvium von Palmnicken), *Quercus subgarryana* n. sp. (Königsberg). — *Araucarites borusscius* n. sp. (Königsberg mit Jura-Geschieben), *Araucariopsis macractis* n. g. et sp. (Heiligenbeil). — *Palmacites dubius* n. sp. (Diluvialboden bei Danzig).

147. **M. Raciborski** (148) beschreibt aus dem Rothliegenden der Umgebung von Krakau *Araucarites Schrollianus* Göpp., *Araucarioxylon Rollei* (Ung.) Kr. und aus dem braunen Jura *Cedroxylon polonicum* n. sp.; schliesslich aus dem Oolich von Balin *Pinites (Cedroxylon) jurassicus* Göpp.

148. **M. Staub** (188) giebt eine Zusammenstellung der bisher aus Ungarn beschriebenen fossilen Holzstämme. **Coniferen:** 1. *Cedroxylon regulare* Göpp. sp. 2. *Cupressoxylon pannonicum* Ung. 3. *C. Protolarix* Kraus. 4. *C. Hlinikianum* Ung. 5. *C. acerosum* Ung. — Unger's *Peuce tenera* von Arka und *Thuioxylon priscum* von Boldogkö sind von ihrem Autor nicht näher beschrieben worden. — 6. *Taxodioxylon palustre* Felix. 7. *Pityoxylon* sp.? Felix. 8. *Pityoxylon Mosquense* Merkl. sp. 9. *P. Sandbergeri* Kraus. 10. *Taxoxylon scalariformis* Göpp. 11. *T. priscum* Ung. 12. *Araucarites Schrollianus* Göpp. = **Dicotylae:** 1. *Betulinium priscum* Felix. 2. *Alnoxylon vasculosum* Felix. 3 *Carpinoxylon vasculosum* Felix. 4. *Quercinium compactum* Schleid. 5. *Qu. Böckhianum* Fel. 6. *Qu. primaevum* Göpp. 7. *Qu. vasculosum* Schleid. 8. *Qu. helictoxyloides* Fel. 9. *Qu. Staubi* Fel. mit der Var. *longiradiatum* Fel. 10. *Qu. leptotrichum* Schleid. 11. *Qu. transsylvanicum* Ung. 12. *Qu. sabulosum* Ung. 13. *Plataninium porosum* Fel. 14. *P. regulare* Fel. 15. *Liquidambaroxylon speciosum* Fel. 16. *Laurinoxylon aromaticum* Fel. 17. *Perseoxylon antiquum* Fel. 18. *Lillia viticulosa* Ung. 19. *Juglandinium Schenki* Fel. 20. *J. mediterraneum* Ung. 21. *Rhoidium juglandinum* Ung. 22. *Cassioxylon Zirkeli* Fel. 23. *Taenioxylon pannonicum* Fel. — **Dicotylae von zweifelhafter Stellung im System:**

1. *Staubia eriodendroides* Fel. 2. *Helictoxylon anomalum* Fel. — **Dicotylae von unbekannter Stellung im System**: 1. *Bronnites transsylvanicus* Ettgsh. 2. *Mohlites cribrosus* Ung. 3. *Cottaites robustior* Ung. 4. *Schleidenites compositus* Ung. Im Ganzen 41 Arten.

149. **P. Fliche** (70, 76) theilt als Ergänzung seiner früheren Mittheilung mit (vgl. Bot. J., 1888, p. 264, Ref. 113), dass auf verschiedenen Punkten des französischen Besitzes in Afrika bis zu den Grenzen von Marokko zahlreiche verkieselte Stammfragmente gefunden wurden, deren Mehrzahl zu *Araucarioxylum aegyptiacum* gehört. A. Gaudry fügt hinzu, dass diese Funde und Rolland's Funde von Artefacten in den Travertinen von Hel Hassi deutlich von dem früheren günstigeren Klima der Wüste zeugen.

150. **Herment** (82) entdeckte 1869 in der Provinz Constantine ein grosses Lager von verkieselten Holzstämmen. Dasselbe occupirte das ganze Plateau oberhalb der Oase Ferkan.

151. **F. H. Knowlton** (101) beschreibt aus der Potomac-Formation folgende verkieselte Hölzer: *Cupressinoxylon pulchellum* n. sp., *C. Megeei* n. sp., *C. Wardi* n. sp., *C. columbianum* n. sp., *Araucarioxylon virginianum* n. sp.

152. **J. J. Friedrich** (73) fand nach dem Ref. Zeiller's in Kalifornien vorzüglich in den Territorien von Napa und Sonoma eine Menge von verkieseltem Holze in Gesellschaft von Coniferenzapfen und anderen vegetabilischen Fragmenten. Unter den Stämmen hatte der eine bei einem Durchmesser von 1.5 m eine Länge von 60 m. Die Ablagerung mag tertiär sein, wie die am Westrande der Sierra-Nevada.

153. **Knowlton** (102) berichtet über fossile Baumstämme aus dem Nordosten des Nationalparks der Vereinigten Staaten. Der längste isolirt gefundene Stamm war 12 Fuss lang und maass ohne Rinde 26 Fuss im Umfang. Bis 30 Fuss lange Stämme konnten im Muttergestein nachgewiesen werden. Die mehr als 300 Stücke gehören über 20 Arten der Gattungen *Pinus*, *Sequoia* und *Taxus* an. Matzdorff.

154. **L. Crié** (37) betheiligte sich an der universellen Ausstellung in Paris 1889 mit seinen Dünnschliffen von in den französischen Colonien gefundenen fossilen Hölzern und anderen fossilen Pflanzen. Algier: Die Massif's von Arzew, Oran und Tafna (wahrscheinlich Trias): *Araucarioxylon Africanum* Crié. Tunis: Eocen: *Sapotoxylon Tunetanum* Crié, *Gardneria Tunetana* Crié, *Palmoxylon*. Miocen: *Poacites Auberti* Crié. Pliocen: *Palmoxylon Saportanum* Crié, *Nicolia Tunetana* Crié. — Madagascar: Tertiär: *Araucarioxylon Grandidieri* Crié. — Nossi-Bé: *Helvillea Lopparenti* Crié. — Tonking: Kohlenbecken von Ké-Bao: Farne, Cycadeen und *Araucarioxylon Zeilleri* Crié. Kohlenbecken von Hone-Gay: Farne, Cycadeen. (Diese Localitäten gehören dem Rhät an.) — Indien: Aus den tertiären Schichten von Tirivicary und Pondichery: *Araucarioxylon Blanfordi*, *Cedroxylon indicum*, *Etheridgea indica*, *Helictoxylon indicum*, *Bottgeria multiradiata*, *Taenioxylon indicum*, *T. Heberti*, *T. Medlicotti*, *Sapotoxylon indicum*, *Martinia elegans*, als deren Autor sich Crié bekennt. — Martinique: *Rhizopalmoxylon spectabile*, *Feistmantelia americana*, *Martinia Geyleri*, *Clevea americana*, *C. latiradiata*, *Laurinoxylon americanum*, sämmtliche tertiäre und neue Arten. — Neu-Caledonien: Aus trias-jurassischen Schichten verschiedener Localitäten ausser Blattabdrücke und anderen Fragmenten: *Araucarioxylon australe* n. sp, *Cedroxylon australe* n. sp. Aus dem Pleistocen: *Nicolia Caledonica* Crié. Von den Kerguelen: *Cupressoxylon Kerguelense* Crié.

155. **L. Crié** (38) beschreibt aus den triassischen Schichten Neu-Caledoniens *Araucarioxylon australe* n. sp., *Cedroxylon australe* n. sp. und aus dem Pleistocen: *Nicolia caledonica* n. sp. — Aus dem Tertiär der Kerguelen *Cupressoxylon Kerguelense* n. sp. — In den Trias-Jura-Schichten von Toï-Toï und Mastausa im Süden von Neu-Sealand: *Psaronius Huttonianus* n. sp., *Araucarioxylon australe* n. sp. — Von den Philippinen aus pliocenen oder mio-pliocenen Schichten: *Rhoidium philippinense* n. sp., *Helictoxylon luzonense* n. sp., *Palackya philippinensis* n. g. et sp.

156. **H. Conwentz** (33) berichtet, dass im Wurzel- und Astholz der Bernsteinfichte zweierlei Thyllen auftreten. Die echten Thyllen sind an die Gefässe, beziehungsweise Tracheïden gebunden; in den inneren Jahresringen der Asthölzer aber treten thyllenähnliche Gebilde auf, und zwar in grosser Häufigkeit; erstere entstehen durch Auswachsen der

Schliesshaut der einseitigen Hoftüpfel, die in der den Tracheïden und den Parenchymzellen gemeinsamen Wand liegen; letztere kommen in den Harzcanälen durch Auswachsen der Epithelzellen in die Intercellularen zu Stande.

157. **H. J. Kolbe** (105) beschreibt von einem Braunkohlenholzstück aus Zschipkau bei Senftenberg i. N.-L. dreierlei Insectenbohrgänge. Der eine erinnert an die von Anthribus gebohrten Gänge (auch die fossile Puppe findet sich vor und benennt sie Verf. deshalb Authribites Rechenbergi); ein zweiter an den Frassgang von Astynomus, daher A. tertiarus; ein kleines, kreisrundes Loch weist auf Anobium, Ptilinus u. a. hin. Aus einer senonischen Ablagerung (Fischschiefer) bei Sahil Alma im Libanon zeigte ein verkieseltes Holz Larvengänge, die an die der Curculioniden erinnern; Verf. giebt ihnen deshalb den provisorischen Namen Curculionites senonicus. Zum Schlusse stellt er die Literatur und die bisher bekannt gewordenen Funde von Frassstücken zusammen.

158. **A. Müller** (127) analysirte fossile Hölzer aus den Torfmooren von Steusjöholm. Die Reinasche ergab ohne Schwefelsäure und Chlor:

Eiche	Kiefer	
65.84 %	37.58 %	Eisenoxyd
24.25 „	37.58 „	Kalk
5.48 „	7.68 „	Magnesia
1.92 „	6.21 „	Natron
0.97 „	4.90 „	Phosphorsäure
1.54 „	6.05 „	Kieselsäure.
100.00 %	100.00 %	

Das Kali ist daher fast vollständig ausgelaugt worden.

159. **Triebel** (199) macht zu weiche oder zu bröckliche fossile Hölzer mittels eines Gemisches von Terpentinöl und Dammaraharz dazu geeignet, um von ihnen mikroskopische Dünnschliffe anfertigen zu können.

Allgemeines.

160. **F. Lester, Ward** (205) giebt eine Zusammenstellung sämmtlicher Localitäten der ganzen Erdoberfläche mit ihren geologischen Horizonten, insoferne sie Pflanzeneinschlüsse enthalten. Er bezeichnet ferner auf einer Karte sämmtliche Fundorte fossiler Pflanzen in Nordamerika ihrem geologischen Alter entsprechend mit verschiedenen — zusammen 22 — Farben. Es sind dies 442 Localitäten.

161. **A. Schenk** (168) behandelt in der 7. Lieferung seiner Palaeophytologie fortsetzungsweise die Malpighiaceen. Für die Gattung *Hiraea* sind nur die Früchte maassgebend. *H. Ungeri* Ettgsh., *H. Hermis* Ung. und *H. expansa* Heer sind sehr fraglich. In der Familie der Vochysiaceen ist in der Gattung *Vochysia* mit wenig Ausnahmen der Leitbündelverlauf sehr gleichförmig. — 12. Reihe. *Frangulinae.* Die nach Blätter, Blüthen und Früchten bestimmten Reste sind unsicher. Innerhalb der Familie der Celastraceen haben die Gruppen der Hippocrateaceen, Pittosporaceen und Aquifoliaceen den gleichen Leitbündelverlauf; daher neben viel gut bestimmtem auch viel unsicheres Material vorliegt. Man sollte die Blätter richtiger *Celastrophyllum* nennen. Was von *Rhamnus*-Früchten beschrieben ist, ist gänzlich unbrauchbar, ebenso die Früchte. Auffallend ist, dass unter den fossilen Formen der Gruppe der Frangulinen alle linearen und kleinblätterigen Formen, deren Blätter zum Theile sogenannte einnervige sind, fehlen, da sie doch ihrer heutigen Verbreitung nach, wie auch z. B. *Evonymus nanus* zu erwarten wären. — Von den Familien der Vitaceen kamen *Cissus* und *Vitus* sicher im Tertiär vor, doch hat *Cissus* keinen für alle Arten giltigen Leitbündelverlauf. — 13. Reihe. *Tricoccae.* Mit wenig Ausnahmen sind die meisten hierher gerechneten Reste unsicher. *Linum oligocaenicum* Conw. kann eine *Euphorbia*-Frucht sein. — 14. Reihe. Umbellifloren. Der einzige Beleg dafür, dass die Umbelliferen schon im Tertiär existirten, ist *Chaerophyllum dolichocarpum* Conw. Zweifelhaft sind alle der den Araliaceen zugeschriebenen Reste. Die Blätter der Cornaceen haben einen ziemlich charakteristischen Leitbündelverlauf. Die als *Nyssa* beschriebenen Früchte und die meisten als *Cor-*

nus und die wenigen als *Nyssa* beschriebenen Blätter sind zweifelhaft. — 15. Reihe. Saxifragineen. Aus den dieser Reihe angehörigen Familien haben wir viele gut bestimmte Reste. *Sedum ternatum* Göpp. gehört aber zu den Loranthaceen; der grösste Theil der zu den Saxifragaceen gezogenen Reste ist den Cunonieen anzuschliessen, doch sind die hierher gestellten Reste fraglich. *Parrotia Pseudopopulus* Ettgsh. ist auszuschliessen. Der Fruchtstand von *Platanus gracilis* Ettgsh. ist zweifelhaft. — 16. Reihe. *Passiflorinae.* Die beiden als *Passiflora* beschriebenen Blätter erweisen noch nicht das Vorkommen dieser Familie. — 17. Reihe. Myrtifloreen. Mit Ausnahme der Lythraceen sind aus allen hierher gehörigen Familien fossile Reste beschrieben, doch ist darunter viel Unbrauchbares. Ludwig's *Trapa globosa* ist eine plattgedrückte *Carya*-Frucht. *Myriophyllites capillifolius* Ung., *Rhizophora tinophila* Ettgsh., die Reste der Combretaceen und Melastomaceen sind zweifelhaft. Die Blätter der Myrtaceen haben keinen charakteristischen Leitbündelverlauf. — 18. Reihe. *Thymelinae.* Zweifelhaft sind die als Thymelaceen beschriebenen Blätter und Blüthen; von den Elaeagnaceen sind *Hippophaë dispersa* und *H. striata* zu streichen; zweifelhaft ist *Elaeagnus acuminatus* O. Web.; viele der als *Nyssa* beschriebenen Früchte können hierher gehören, aber der Steinkern *Elaeagnus arcticus* Heer und die Blüthe *E. campanulatus* Heer haben keine Beweiskraft. Bezüglich der Proteaceen sind die Ansichten der Palaeontologen getheilt, indem die Blätter Aehnlichkeit mit jenen der Myricaceen haben. Ebenso bilden die als Blüthen und Früchte beschriebenen Reste viel Unsicheres. *Petrophiloides* Bowb. hält Sch. für Zapfen einer Conifere, Gardner hat sie zu *Alnus* gestellt. *Dryandra primaeva* Ettgsh. ist ein Farn. Unsicher sind ferner Friedrich's *Stenocarpus salignoides* und die meisten übrigen zu dieser Familie gezählten Reste. Friedrich's *Proteophyllum bipinnatum* sind unzweifelhafte sterile Farnblätter; auch *Comptonites antiquus* Nils. — 19. Reihe. *Rosiflorae.* Enthält viele, besonders aus den quartären Ablagerungen gut bekannte Reste. Die Existenz von *Cydonia* während der Tertiärzeit ist noch nicht bewiesen. Die Veränderlichkeit der Blattform und des davon abhängenden Leitbündelverlaufes macht viele Reste der Pomaceen zweifelhaft; viele derselben mögen wieder unter anderen Namen beschrieben sein. Die Amygdaleen sind im Tertiär reichlicher vertreten gewesen und ist die Bestimmung der Blätter zum grössten Theile eine gesicherte; doch die Vereinigung der Steinkerne mit denselben ist in den meisten Fällen fraglich. In die Unterfamilien der Chrysobalaneen sind von Ettingshausen die von Unger als *Bumelia minor* abgebildeten Blätter eingereiht worden; diese Blattform ist aber eine bei anderen Familien sehr häufig vorkommende. — 20. Reihe. *Leguminosae.* Es ist von ihnen eine bedeutende Zahl nach Blättern und Früchten fossil bekannt, aber alle aus dem Tertiär Europas als neuholländische Formen beschriebenen Fossilien sind anfechtbar und ist die Annahme, dass das australische Florenelement in Europa vertreten war, unrichtig. Auch alle übrigen zur Familie der Papilionaceen gerechneten Reste sind noch kritisch ungesichtet. Aus der Familie der Caesalpiniaceen kann man die Existenz der Gattung *Cercis* im Tertiär als gesichert annehmen. Heer's *C. cyclophylla* ist schlecht erhalten. Alle übrigen dieser Familie zugerechneten Reste lassen Zweifel zu; am meisten gesichert ist noch *Cassia. Rhizomites Spletti* Geyl. aus dem oberen Pliocen von Frankfurt gehört zu den Papilionaceen. Beachtung verdienen *Gleditschia, Ceratonia, Gymnocladus.* Zu den Caesalpiniaceen mag auch die ausgestorbene Gattung *Podogonium* gehören. *Hymenaea Fenzlii* Ettgsh. ist kaum etwas anderes als *Sapindus falcifolius.* Von *Cassia* kennt man noch nicht die Blüthen und Früchte, die erhalten gebliebenen Blätter sind zur Gattungsbestimmung nicht geeignet. Sch. meint, dass die Existenz der Leguminosen im Tertiär ausser Zweifel steht; es ist nicht unwahrscheinlich, dass Papilionaceen, Caesalpiniaceen und Mimosaceen im Tertiär gefehlt haben; es fehlten aber tropische Gattungen; dagegen waren Gattungen vorhanden, deren Westgrenze im äussersten Osten Europas, die Ostgrenze in Japan, die Nordgrenze in Südeuropa und Nordafrika, im pacifischen und atlantischen Nordamerika liegt. — **Hysterophytae.** Für die Rafflesiaceen und Balanophoraceen fehlt jeder Nachweis ihrer Existenz; unter den fossilen Blättern der Aristolochiaceen können auch solche von Monocotylen verborgen sein. Ausser den aus dem samländischen Bernstein beschriebenen sind die übrigen fossilen Santalaceen alle zweifelhaft. Von den Loranthaceen sind nur zwei als hierher gehörig zu betrachten und sind dieselben ebenfalls der Bernsteinflora eigenthümlich. Sch. reflectirt hier noch auf die jüngeren Funde von Saporta, Fontaine, Lester Ward und Knowlton, denen zu Folge das Auftreten der Dicotylen in eine frühere Periode (Albien, Aptien) fällt, als bisher angenommen. Sch. weist darauf hin, dass die betreffenden Formen noch zu wenig bekannt sind, aber auch das Alter der Schichten, denen sie angehören, ist noch nicht mit Sicherheit festgestellt. — **Sympetalae.** I. Reihe. **Bicornes.** Die Vacciniaceen wären den Funden nach im Tertiär weit verbreitet gewesen; aber als unzweifelhaft hierher gehörig kann man vorläufig nur die im Quartär gefundenen Reste betrachten. Dasselbe gilt von den Ericaceen, von denen viele Reste beschrieben wurden. Die Funde aus dem samländischen Bernstein und dem Quartär, ebenso die heutige geographische Verbreitung mancher ihrer Arten sprechen für ihr Vorkommen im Tertiär. Die auf Neu-Holland beschränkte Familie der Epacridaceen hat bis heute keine fossilen Reste aufzuweisen. — 2. Reihe. **Primulinae.** Von den drei Familien einer Reihe haben nur die Myrsinaceen Reste hinterlassen. Diese Familie fehlt gegenwärtig Europa, war aber während der Tertiärperiode und insbesondere durch die Gattung *Myrsine* durch zahlreiche Arten vertreten; doch befindet sich unter denselben auch viel zweifelhaftes Material. — 3. Reihe. **Diospyrinae.** Die Familie der Sapotaceen ist im europäischen Tertiärlande wohl verbreitet gewesen; aber die erhalten gebliebenen Reste sind nicht von der Art, dass sie unzweifelhafte Aufschlüsse geben könnten, da ihre bei weitem grösste Anzahl aus Blättern besteht, deren Leitbündelverlauf mit jenen anderer Familien übereinstimmt. Auch der Bau der Epidermis steht jenem der Myrsinaceen sehr nahe. Unter den aus der Familie der Ebenaceen beschriebenen Resten ist es vorzüglich *Diospyros*, welches das Vorkommen dieser Familie im Tertiär beweist. So ist *Diospyros Lotus* L. ohne Zweifel ein Rest der Tertiärflora, welcher ohne das Dazwischentreten der Glacialzeit sich noch heute im nördlicheren Europa erhalten könnte. Ebenso ist die Familie der Styraceen durch Blatt-, Blüthen- und Fruchtreste der Gattungen *Symplocos* und *Styrax* in der Tertiärflora vertreten. — 4. Reihe. **Contortae.** Sämmtliche hierher gehörige Familien haben fossile Reste aufzuweisen. Das Vorkommen von *Jasminum fructicans* L. in der Westschweiz, welches wie *J. nudiflorum* Sieb. aus Japan in der Breite von Leipzig gedeiht, beweist, dass die Familien der Jasminaceen in der Tertiärflora vorkommen konnte. Man kennt aber fossile Reste noch nicht mit Sicherheit; aber unter den mit *Rhus* vereinigten Blättern erinnern einzelne an *Jasminum*-Arten mit dreizähligen Blättern. — Die Oleaceen haben einen Leitbündelverlauf, der nicht nur die Unterscheidung der Blätter der einzelnen Gattungen, sondern auch der der Familie unmöglich macht. Ausser Zweifel steht das Vorkommen von *Fraxinus*, ferner *Olea*, *Phillyrea*. Aus der Familie der **Gentianeen** sind nur wenige Reste erhalten, von denen wahrscheinlich nur einer, nämlich die in quartären Ablagerungen häufig vorkommende *Menyanthes trifoliata* L. mit Sicherheit bekannt ist.

162. **W. Dawson** (39) erklärt die in Bennet und Murray's „Cryptogamic Botany", p. 115 vorkommende Behauptung bezüglich der Macrosporen von *Protosalvinia* für unrichtig.

163. **A. W. Bennett** (10) giebt die Berechtigung des Einspruches von Seite Dawson's zu.

164. **A. W. Eichler** (49). Die fossilen Cycadaceen erscheinen mit Sicherheit zuerst in der oberen Steinkohlenformation mit der Gattung *Pterophyllum;* halten sich in Europa in den Zamiae bis im Mitteltertiär. Sie lassen sich nur zum kleinsten Theile direct mit den jetzt lebenden in Verbindung setzen.

165. **A. Engler** (50). Zusammenstellung der fossilen Gattungen der Cycadaceen nach Schimper in Zittel's Handbuch der Paläontologie, II. Bd., p. 216.

166. **A. Engler** (53). Besprechung der fossilen Coniferen z. Th. nach **Schenk** in Zittel's Handbuch der Paläontologie, Bd. II. *Sequoia* existirte wahrscheinlich auch schon im Wealden (*Pachyphyllum curvifolium* Schenk). *Phyllocladites rotundifolius* Heer (Spitzbergen) ist durchaus zweifelhafter Natur. Zu *Cephalotaxus* gehört wahrscheinlich auch *Taxites Olriki* Heer.

167. **A. Engler** (52). Besprechung der Cordaitaceae nach **Schenk in Zittel's** Handbuch der Paläontologie, Bd. II.

168. F. **Delpino** (44) äussert sich der Ansicht über die Verwandtschaft der Cordaiteen Saporta und Marion entgegen, sofern er diese Familie (wenn eine solche überhaupt aufgestellt werden kann) durchaus nicht als einen Vorfahr der Gymnospermen erblicken kann. Als Pro-Gymnosperm betrachtet Verf. nur *Noeggerathia* und *Cycas*; *Cordaites* ist nach ihm nur eine Conifere. Zwar mangelt es ihm an Untersuchungsmaterial sowie an einschlägigen Studien; allein auf Grund einer Abbildung von *Cordaites* bei Grand'Eury (in Saporta und Marion, II, 81 wiedergegeben), glaubt er Beweise genug zu besitzen, welche ihn in seiner Ansicht stärken. Die weiblichen Blüthenstände stellen eine zerstreutblüthige Aehre dar, in der Achsel eines jeden Hochblattes steht eine Samenknospe, gerade wie bei den Araucarien und Podocarpeen, nur dass die Fruchtschuppen bei *Cordaites* sehr klein sind. Die männlichen Blüthenstände sind knospenförmig und gleichartig mit den weiblichen, nur führen sie mehrere Pollenblätter und auch hierin lässt sich eine Analogie mit den Podocarpeen erblicken. Ja es treffen sogar die Uebereinstimmungen mit *Podocarpus spicata* R. Br. (welche Verf. zu einer eigenen Gattung, *Stachycarpus*, erheben möchte) schlagend zusammen, so dass die grosse Aehnlichkeit zwischen den beiden Arten von selbst hervortritt. Nur sind die Dimensionen sämmtlicher Organe bei *Cordaites* im Verhältnisse erheblich grösser; zudem sind die Blätter von *Cordaites* mehrrippig, was zwar bei *Stachycarpus* nicht der Fall ist, wohl aber bei *Podocarpus Nageia* und *P. latifolius* vorkommt. So wäre denn den Cordaiteen sogar der Grad einer selbständigen Gattung abzusprechen.

Solla.

169. A. **Engler** (51). Die *Dolerophyllaceae* besprochen nach Schenk in Zittel's Handbuch der Paläontologie, II. Bd.

170. G. **de Saporta** (162) beschreibt das fossile Genus *Goniolina* mit der Art *G. geometrica* aus dem Corallien und Kimmeridien Frankreichs. Die Pflanze ist nur in ihren Fruchtorganen erhalten, die an die Spadicifloreen erinnern. *Williamsonia* und *Goniolina* betrachtet er als zu einer Ordnung gehörig, zu der sicherlich auch *Benettites* gehöre. Gegenüber der Deutung Nathorst's bezüglich *Williamsonia angustifolia* behauptet er zu wenig Gründe zu finden und stellt *Williamsonia* und *Goniolina* auch fernerhin zu den Proangiospermen. In Folge einer aufklärenden Zuschrift Nathorst's berichtigt S. wohl sein Urtheil über Nathorst's Ansicht, aber er bleibt dabei, in *Zamites* die mit den lebenden Cycadeen sehr übereinstimmenden Blätter zu sehen. Im Corallien finden sich auch sonderbare Blattreste vor, die S. mit dem Namen *Changarniera* belegte und deren einzige Art *Ch. inquirenda* nach Bureau durch ihre Nervatur und warzige Conturen an die von einem Parasiten angegriffenen Blätter von Welwitschia erinnern. Reste, die an die Reproductionsorgane der Spadicifloreen und Phoenicoïdeen erinnern, ohne directe Verwandtschaft mit diesen actuellen Typen zu haben, beschreibt S. unter dem Namen *Palaeospadix* und unterscheidet: *P. Girardoti*, *P. stenocladus*, *P. furcatus*, *P. cornutus*, *P. spathaeformis*.

171. A. **Stapf** (183). *Ephedra* ist fossil noch nicht bekannt; die als solche beschriebenen Reste sind hinfällig.

172. O. **Drude** (48). Von den fossilen als Palmen beschriebenen Resten gehören sicher einige zu *Phoenix*. *Chamaerops humilis* L. kommt schon im Tuff von Lipari vor; *Sabal* ist weit verbreitet; doch sind noch viele Reste, besonders Blüthen und Fruchtstände nicht mit Sicherheit bestimmbar.

173. G. **de Saporta** (163) findet es auffällig, dass bei der grossen Häufigkeit von Palmenblättern in dem älteren Eocen Europa's, die Reproductionsorgane dieser Pflanzen so selten gefunden werden. Dagegen fand S., dass Ettingshausen's *Leptomeria gracilis*, *L. flexuosa* und *distans* in der Flora von Häring, daher australische Santalaceen der Inflorescenz von *Sabal major* Ung. und *Flabellaria Lamanonis* Brngt. angehören durften. Er benennt sie daher *Palaeorachis gracilis* und *P. flexuosa*. Auch S. erklärt sich gegen den vermeintlichen neuholländischen Charakter der älteren Tertiärfloren Europas.

174. H. **Solms, Graf zu** (176) *Kaidacarpum* Car. Fruchtstände gehören sicher nicht zu den Pandanaceen.

175. A. **Engler** (54). Die Sparganiaceen sind im Tertiär weit verbreitet.

176. **A. Engler** (55). Die wenigen fossilen Reste der Potamogetonaceen aus dem Tertiär und der oberen Kreide schliessen sich an *Posidonia* an. Der grösste Theil der als *Potamogeton* beschriebenen Reste lässt auch andere Deutungen zu.

177. **A. Engler** (56). Indem die Araceen zum grossen Theil an feuchten Orten wachsen, wo die abgestorbenen Theile bald zerstört werden, so kennt man von ihnen nur sehr wenige und zweifelhafte Reste.

178. **O. G. Petersen** (144). Die als fossil beschriebenen Zingiberaceen sind sehr unsicher.

179. **F. Buchenau** und **G. Hieronymus** (22) rechnen zu den fossilen Juncaginaceen *Lamprocarpites nitidus* Heer und *Laharpia umbellata* Heer.

180. **F. Buchenau** (24). Die fossilen Alismaceen sind zum Theil zweifelhaft.

181. **F. Buchenau** (23). Die Butomaceen sind durch zwei Pflanzen in der Tertiärzeit vertreten.

182. **P. Ascherson** und **M. Gürke** (5). Die als fossil beschriebenen Reste der Hydrocharitaceen sind zum Theil unsicher.

183. **J. Jankó** (88) beschäftigt sich mit der Frage der Abstammung der Platanen. Er benützte dazu die den Spross beginnenden Anfangs- oder Niederblätter der lebenden Arten, sowie die vielen Culturvarietäten, an welchen man solche Abänderungen beobachten kann, die den fossilen Formen entsprechen. Nachdem J. alle von ihm bei *Platanus orientalis* beobachteten Formen der astbeginnenden Blätter bespricht, giebt er eine Vergleichung der Nervatur sämmtlicher lebenden und fossilen *Platanus*-Arten. Dies führt ihn zu folgender Abstammungsgeschichte der Platanen. Kreide mit zwei Haupttypen. *P. primaeva* mit der untergeordneten Varietät *P. Heeri* und *P. Newberryana*. Eocen mit *P. rhomboidea, Raynoldsi, Haydeni, aceroides, Guillelmae*. In der Entwicklung am tiefsten steht *P. rhomboidea* unter ihnen. *P. Haydeni* ist die eocene Repräsentantin der *P. primaeva*; *P. Raynoldsi* steht zwischen *P. Haydeni* und *P. rhomboidea* und kann als die Fortsetzung von *P. Newberryana* gehalten werden. *P. aceroides* und *P. Guillelmae* zweigen von *P. Haydeni* ab. Miocen und Pliocen: *P. aceroides, Guillelmae*; von diesen stammen ab: *P. academiae, dissecta, appendiculata, marginata.* Die Platanen der Kreide und des Eocen finden wir im Allgemeinen nur in Amerika und Grönland auf; die am Ende des Eocen auftretenden *P. aceroides* und *P. Guillelmae* sind aber schon in den europäischen Schichten im Miocen und Pliocen zu finden, und es ist deshalb begründet, wenn man Amerika für die erste Heimath der Platanen betrachtet. Aus *P. aceroides* können sich zwei Aeste entwickelt haben, der eine in Amerika, seiner Heimath; der andere in Südeuropa und Kleinasien. Aus dem östlichen Aste entwickelte sich *P. academiae*; der westliche Ast: *P. dissecta* und *P. appendiculata* entwickelte sich noch weiter, aber langsamer. Schon *Lesquereux* hielt sie für Varietäten von *P. aceroides*. *P. Guillelmae* und *P. marginata* starben ganz aus. In Amerika fand *P. aceroides* ihre Fortsetzung in *P. occidentalis* mit ihrer geographischen Varietät *P. mexicana*. *P. racemosa* ist die höhere Form von *P. dissecta*; *P. Lindeniana* die von *P. appendiculata*; beide sind zu Arten gewordene Varietäten der *P. aceroides*. Die höchste Entwicklung der *P. occidentalis* fällt in die historische Zeit; sie erreichte in der spanischen var. *hispanica* jene höchste Stufe, die die bisherige Formentwicklung des amerikanischen Astes aufweisen kann. Der europäische Ast von *P. aceroides* hat sich dagegen weiter entwickelt als der amerikanische und zwar in zwei Richtungen. Die eine beginnt mit *P. cuneata*, deren entwickeltere Form die var. *insularis* ist. Die var. *caucasica* kann man auch als mit *P. orientalis* aus einem gemeinschaftlichen Stamme abstammend ansehen, der höher steht als *P. orientalis*, aber tiefer als *P. insularis*. *P. orientalis* steht in der Form höher als sämmtliche amerikanische Arten, bleibt aber unter *P. insularis* und *caucasica*. Von ihr sind in der Cultur die Varietäten *P. pyramidata, aurifolia* und *flabelliformis* entstanden; letztere mit ihren vollkommen gesonderten 5 Hauptnerven, weit von einander stehenden 5 Lappen und tiefen Buchten ist unter allen Platanen am höchsten entwickelt. Seinen Untersuchungen entsprechend gruppirt nun J. systematisch die lebenden und fossilen Platanen. Letztere auf folgende Weise:

A. Sectio miocenica: 1. *P. aceroides* (Göpp.) Heer mit var. *α. dissecta* Lesq. und *β. academiae* Gaud. et Str. — 2. *P. Guillelmae* Göpp. — 3. *P. marginata* (Lesq.) Heer.

B. Sectio antiqua: 4. *P. Haydeni* Newb. mit der var. *indivisa*. — 5. *P. Raynoldsi* Newb. mit der var. *integrifolia*. — 6. *P. rhomboidea* Lesq. — 7. *P. Newberryana* Heer. — 8. *P. primaeva* Lesq. mit der var. *Heeri* Lesq.

184. F. **Krasser** (109) studirte zahlreiche Blattformen der Platanen und gelangt zu dem Resultate, dass die Polymorphie derselben es mehr als wahrscheinlich macht, dass *Credneria* — wenigstens die Section *Ettingshausenia* — die Platanen der Kreidezeit seien. Dasselbe sei auch von vielen als *Quercus*, *Alnus*, *Betula* beschriebenen Blättern zu sagen und Lesquereux's Kreidearalien sind wohl auch nichts anderes.

185. F. **Pax** (141). Die Lauraceen treten schon in der Kreide auf und waren bis zum Pliocen weit verbreitet. Die Eiszeit hat sie erst aus Europa verdrängt. Zu den häufigsten gehört *Cinnamomum*.

186. F. **Pax** (140). Von den als fossil beschriebenen Monimiaceen mag nur die Frucht *Laurelia rediviva* Ung. mit Wahrscheinlichkeit hierher gehören.

187. F. **Standfest** (182) revidirt die bisher beschriebenen und *Liquidambar* zugerechneten fossilen Pflanzenreste. *L. protensum* gehört zu *L. europaeum*, welche gleichmässig mit *L. styraciflum* in Nordamerika und *L. orientale* Mill. im Orient vergleichbar sind. Die von Heer abgebildeten Staubgefässe gehören einer Eichenart an, echte *Liquidambar*-Staubblüthen fanden sich aber in Parschlag vor. Die Stengelblüthen von *L. europaeum* sind kleiner als bei den beiden lebenden Arten; auch die einzelnen Früchte sind kleiner und sitzen die Köpfchen auf steifen und geraden Stielen. Beide lebende Arten mögen daher von der einen fossilen Art abstammen; letztere liesse sich wieder von der älteren ganzrandigen *L. integrifolium* herleiten.

188. F. **Pax** (139) erwähnt in seinen Ergänzungen zur Monographie der Gattung *Acer* auch die hierher gehörigen fossilen Reste.

189. H. **Solereder** (175). Man kennt nur wenig fossile Aristolochiaceen.

190. H. **Solms, Graf zu** (177). Man kennt keine fossilen Rafflesiaceen.

191. A. **Hieronymus** (84). Mit Sicherheit gehört zu den Santalaceen nur die als *Thesianthium inclusum* Conw. beschriebene Blüthe. Auch die *Osyris*-Reste können hierher gehören.

192. A. **Engler** (57). Fossile Balanophoraceen sind mit Sicherheit nicht bekannt.

193. O. **Drude** (47). Von den als fossil beschriebenen Ericaceen erscheinen als unsicher *Ledum*, *Phyllodoce*, *Leucothoë*, *Gaultheria*, *Arbutus*, *Vaccinium* und *Erica*.

194. F. **Pax** (142). Es ist noch nicht sicher gestellt, ob und, wenn dies der Fall ist, welchen Antheil die Myrsinaceen an der Zusammensetzung der Tertiärflora der nördlichen gemässigten Zone nehmen.

195. O. **Hoffmann** (85). Die Familie der Compositeen besitzt allem Anschein nach ein verhältnissmässig geringes Alter und ist in einzelnen Zweigen noch jetzt in voller Entwicklung begriffen. Die wenigen fossilen Arten sind zweifelhaft.

196. F. H. **Snow** (173) fand *Betulites Vestii* Lesq. aus den Dakota-Schichten von Kansas, die eigenthümliche Stipula hatten. Ein grosser Theil der Blätter trug nur eine Stipula und unter 100 solcher Blätter fand sich nur eines mit bilateralen Stipulae vor, aber die Uebergänge von dem einfachen Nebenblatt zum gepaarten liessen sich beobachten.

197. C. v. **Ettingshausen** und F. **Krasan** (62) setzen ihre Studien über die atavistischen Formen an lebenden Pflanzen und ihre Beziehungen zu den Arten ihrer Gattung an der Buche fort. Vor allem stellen sie die Formelemente der lebenden Buche zusammen und unterscheiden folgende:

A. Am normalen ersten oder Frühlingstriebe.

1. Das Normalblatt der *Fagus silvatica*, welches gegenwärtig das vorherrschende Formelement der europäischen Buche ist und sich bis ins Untertertiär Grönlands zurückverfolgen lässt. — 2. *Forma pluvinervia*. Entspricht gewissen Uebergangsformen zwischen dem Normalblatt der *F. silvatica* und dem Normalblatte der *F. ferruginea* Ait. Nordamerikas

und ist identisch mit Unger's *F. Deucalionis*. — 3. *F. cordifolia*. Kommt nur an der Strauchpflanze und an älteren, zwei- oder mehrjährigen Stockschösslingen vor, ist aber ein allgemein verbreitetes Formelement der Buche, besonders häufig, wo der Baum öfteren Verstümmelungen ausgesetzt ist. Nahezu identisch mit ihr ist *F. cordifolia* Heer aus Grönland. — 4. Forma *crenata*. Entspricht in der Beschaffenheit des Randes und in der Richtung der Secundärnerven der *F. crenata* Bl. aus Japan und *F. procera* Poepp. aus Chile und kommt in Deformationserscheinungen schon im Obermiocen vor. Auch *F. Gunnii* Hook. von Tasmanien und *F. antarctica* Forst. vom Feuerland in Südamerika können in Vergleich gebracht werden. — 5. Forma *dentata* vertheilt sich in homotypischer Gleichförmigkeit über die ganze Baumkrone und finden sich Anklänge an diese Form schon im Untertertiär Grönlands. Die Normalform der *F. ferruginea*, der f. *dentata* der *F. sylvatica* bisweilen sehr ähnlich ist, f. *plurinervia* mitunter fast bis zur Identität gleicht, hat unter den fossilen Blättern viele Vertreter. — 6. *F. oblongata* kommt an niederen Strauchindividuen vor, und hat in den grönländischen fossilen Buchenblättern ihre Analoga — 7. *F. manophylla* tritt auf den unteren Aesten der Baumkrone in geschlossenem Waldwuchs, doch nur auf sehr fruchtbarem Boden auf und reicht weit bis in das Alttertiär des hohen Nordens hinauf. — 8. *F. duplicata-dentata* erinnert an *F. obliqua* Mirb., unter den fossilen an *F. Feroniae* Ung.

B. Am anormalen, aus Adventivknospen im Laufe des Monates Mai hervorbrechenden Triebe, an öfters gestützten oder sonst wie verstümmelten Bäumen:

9. *F. curvinervia*, schon in der Flora von Schossnitz vertreten.

C. Am Sommertrieb, der sich im Laufe der Monate Juni und Juli entwickelt:

10. *F. nervosa*, erscheint an den einjährigen Stockausschlägen allgemein; an den Arten der Baumkrone nur nach bedeutenden Verstümmelungen; schon aus dem Pliocen bekannt. — 11. *F. sublobata*, Pliocen. — 12. *F. attenuata* schliesst sich an die Blätter des Wetterauer Aquitans an. — 13. *F. parvifolia*, die sich an mehrere Arten der südlichen Hemisphäre mehr oder weniger anschliesst und so kennen wir, die Uebergänge nicht mitgerechnet, 13 wohl unterscheidbare Formen der *Fagus silvatica*, von denen einige weit in die Urzeit zurückreichen. Ein ferneres Studium der fossilen Buchenblätter wird uns bald die Ueberzeugung verschaffen, dass sich für unsere Buche kein Urtypus aufstellen lässt, wie dies die bisher übliche Praxis der phyllogenetischen Methode verlangt, sondern dass ihr Typus schon im ältesten Tertiär, wenn nicht früher in den verschiedensten Gegenden der Erde begann sich auszubilden, und zwar unabhängig von den bestehenden Formelementen und ist dieser Process wahrscheinlich heute noch nicht beendet. Die vergleichenden Studien der lebenden und fossilen Buchenblätter zeigt uns aber auch, dass wir uns noch immer keinen allgemein giltigen „Artenbegriff" construiren können und dass zur Begründung des natürlichen Systems uns noch viele, ja sehr viele Thatsachen fehlen; dass aber, wenn wir auch in den Besitz dieser gelangen würden, kein Mensch im Stande wäre, dieselben zu überblicken und im Systeme einzufügen. Es lässt sich nicht beweisen, von welcher fossilen Art *Fagus silvatica* abstamme; ja man könnte sie von jeder ableiten, da alle fossilen Buchenblätter der nördlichen Hemisphäre atavistische Formelemente jener sind. Man kann daher die bisher beschriebenen fossilen Buchenarten auch nicht als selbständige Arten gelten lassen, sondern man hat sie in eine Art zusammenzufassen. Dasselbe gilt für die fossilen Buchen der südlichen Hemisphäre, die ebenfalls Formelemente der *F. silvatica* repräsentiren, obwohl heute dort ausschliesslich die Abtheilung *Nothofagus* vertreten ist; doch lassen auch die Formen dieser den Vergleich mit gewissen accessorischen Formelementen der *Fagus silvatica* zu. Da in beiden Hemisphären das erste Erscheinen von *Fagus*-Resten in den Schichten der Kreideformation constatirt werden konnte, so fällt wahrscheinlich auch der Ursprung von *Eufagus* und *Nothofagus* in diese Zeit.

198. **C. v. Ettingshausen** und **F. Krasan** (63). Die mediterrane *Quercus Ilex* L. lässt an ihren gezähnten und ungezähnten Blättern 8 Haupttypen unterscheiden; *Qu. virens* Ait. in Nordamerika, die in einzelnen Elementen eine auffallende Uebereinstimmung mit *Qu.*

Ilex, hat bei einer Zerlegung ihrer Formbestandtheile wieder grosse Abweichung. Es lassen sich an ihr sechs Formen unterscheiden und ein Vergleich derselben mit denen der *G. Ilex* lässt die engere Formverwandtschaft beider Arten erkennen. Vergleichen wir die zahlreichen Eichenblätter, die die mittelmiocenen Schichten Parschlug's ergeben, so finden wir in ihnen die interessante Thatsache vertreten, dass sie weder die lebende *Qu. Ilex* L. des Mediterrangebietes, noch die *Qu. virens* Ait. Nordamerikas vertreten, sondern in ihren Charakteren ein Schwanken zwischen diesen beiden, aber auch die Formelemente von *Qu. calliprinos* verrathen. Es war also in der Flora von Parschlug ein Eichentypus vertreten, den man *Qu. Palaeo-Ilex-virens-calliprinos* nennen müsste. Derselben Erscheinung begegnen wir bei den Eichenblättern von Kumi und die Formen zeigen, die identisch sind mit solchen, die wir an ostindischen und chinesisch-malayischen recenten Eichen wiederfinden. Es macht den Eindruck, als wenn nicht die Baumindividuen, sondern die Formelemente gewandert wären und die Kenntniss der massgebenden Factoren dieser Wanderung würde uns für phylogenetische Studien die sicherste Handhabe bieten. Wir können einen *Ilex*-Stamm unterscheiden, der uns den Beweis zu liefern scheint, dass schon in der Vorwelt den Individuen die Tendenz eigen war, deren innere Ursachen wir aber nicht kennen, bestimmte Formelemente in sich zu vereinigen, andere aber auszuschliessen oder nur als accessorische Gebilde neben anderen aufzunehmen. Diese Tendenz scheint nach einer gewissen Richtung hin gewirkt zu haben, die in der Gegenwart verschieden ist von der der Tertiärzeit. „Es scheint, dass von Natur aus der Keim zur Vielartigkeit der Formen in das Individuum gelegt ist, aber Kräfte ganz anderer Art die Auslese der möglichen Typen übernehmen und regeln"; ferner „diejenigen tertiären Eichenindividuen aus dem Stamme der *Palaeo-Ilex,* bei welchen die f. *Lonchitis,* f. *Drymeja,* f. *Zoroastri* etc. derart gegen die f. *Calliprinos* zurücktreten, dass die letztere die vorherrschende wurde, constituiren daher den Stamm der *Quercus calliprinos,* der schon in der Miocenzeit im östlichen Mittelmeerbecken (dem Orient) von der *Qu. Palaeo-Ilex* ausging und sich seitdem mehr und mehr zum *Coccifera*-Typus ausgebildet hat. Bei *Qu. calliprinos* zeigt er noch starke Reminiscenzen an die tertiären *Ilex*-Eichen, bei *Qu. coccifera* sind diese fast völlig erloschen. Triftige Gründe sprechen dafür, bei den phyllogenetischen Untersuchungen auf die Frucht keine Rücksicht zu nehmen; auch hat man weniger in der momentanen Blattform, als vielmehr in der Blattfolge (Succession) das eigentliche phyllogenetische Princip zu suchen". — Der *Virens*-Stamm hat in Europa nur in *Quercus Hamadryadrum* Ung. seine fossilen Spuren hinterlassen, es gleicht dasselbe dem Blatte einer einjährigen Pflanze von *Quercus bicolor* Willd. (Nordamerika) ausserordentlich, diese Form ist aber bei *Quercus sessiliflora* Sm. (auch *Quercus pedunculata*) in Steiermark nichts seltenes; es ist daher möglich, dass die *Quercus palaeo-virens* allmählich die Fähigkeit verloren hat, Blätter der f. *elaena, chlorophylla* und *Daphnes* zu erzeugen, dafür sich aber die Fähigkeit aneignete, die f. *cuneata* und später auch die f. *Prinos* hervorzubringen, wodurch der wichtigste Schritt zur Entstehung der Prinoiden-Gruppe gegeben mag sein. Diese Gruppe bildet gegenwärtig einen hervorragenden Theil der Eichenvegetation Nordamerikas und steht der Roburoiden-Gruppe sehr nahe. Ein Unterschied liegt wohl in der keiligen Basis der Blattlamina von *Qu. Prinos,* aber der Uebergang zur Roburform ist häufig zu beobachten. Es hat daher der *Heterophylla*-Zustand, das Auftreten verschiedener Formen vom Urblatt bis zum Normalblatt auf einem und demselben Spross eine grosse Wichtigkeit. Man kann die Formelemente des *Heterophylla*-Sprosses als Componenten des echten Normalblattes und das Normalblatt selbst als Combination oder Resultirende dieser verschiedenen Formen betrachten. In diesem Zustande verschiedener Arten wird sich auch die wahre phylogenetische Verwandtschaft dieser erweisen. Zwei Punkte verdienen noch Erörterung. Das vereinzelte Vorkommen des *Hamadryadum*-Blattes macht dasselbe noch nicht bedeutungslos; da wir von der ungeheuren Menge des fossil erhalten gebliebenen Laubes doch immer nur einen verschwindend kleinen Bruchtheil bekommen. Auch die vulgären Ansichten über das Aussterben einer Baumart in der Vorzeit haben für dieselbe keine Geltung, sondern jene Factoren treten in Herrschaft, die die Form etwa wie die Normalform der *Qu. sessiliflora* durch die f. *pseudo-xalapensis,* dauernd umzuändern vermögen.

199. **Rutger Sernandor** (172). Dem Ref. unbekannt.

200. **A. N. Krassnow** (110). Man vgl. Bot. J. für 1888, II. Abth., p. 281, No. 187.

201. **F. Krasan** (106) beweist nach dem Ref. Niedenzu's in einer die vorweltliche Flora und das Klima der Steiermark behandelnden Schrift, dass die für die heutige australische Flora charakteristischen Formen noch im Miocen von Leoben vorkommen; ja die eocene Flora von Sotzka trage sogar einen vorwiegend australischen Charakter.

202. **P. Knuth** (104) schildert nach dem Ref. Reiche's die Geschichte der Vegetation in Schleswig-Holstein vorzüglich während der Diluvial- und Alluvialzeit. Für das Diluvium unterscheidet Verf. „pseudoglaciale" Pflanzen, d. i. solche, die keine eigentliche Glacialpflanzen sind, aber sich demnach mit den klimatischen Ansprüchen derselben accomodiren. Das Gebiet erhielt im Alluvium seine Flora meistens aus dem Westen und aus dem Elbgebiet; gering ist die Zahl der Bürger der pontischen Flora. Als England vom Continente losgerissen wurde, häufte das Meer den Sand auf und begrub die existirenden Wälder. Der Wechsel der Waldvegetation stimmt wohl mit dem aus dem Nordwesten Europas bekanntem überein. Die Marsch wurde ebenfalls vom Meere gebildet mit Betheiligung von *Zostera* und *Salicornia*.

203. **P. Knuth** (103). Ueberbleibsel einer Waldflora und untermeerische Torfe weisen dahin, dass einst die friesischen Inseln bewaldet waren. Ihr Verschwinden ist eine Folge des während der Alluvialzeit erfolgten Durchbruches des Canals zwischen Frankreich und England. Dadurch brachen die Wogen des atlantischen Meeres ein, und diese, sowie der constante westliche Wind zerstörte die friesischen Küsten und zerstückelte das Festland in Inseln. Wasser, Wind, Salzstaub und Sand setzten nun die Zerstörung der Wälder fort.

204. **C. v. Ettingshausen** (61) bringt v. Saporta gegenüber Beweise vor, dass das australische Florenelement in Europa vertreten war. Die Behauptung v. Saporta's, dass die Leptomerien von Häring in Tirol die Blüthenstände fossiler Palmen sei, beruht auf ungenügender Kenntniss dieser Reste, welche deutlich die erhalten gebliebenen Blattreste und Laubknospen zeigen und mit Inflorescenzen nichts zu thun haben. *Casuarina Haidingeri* von Häring ist nicht, wie v. Saporta will, eine vierklappige Frucht (*Philibertia* Sap.), Häring, Sotzka und Wies lieferten die unzweifelhaften Reste von Casuarinen. Das Vorkommen von *Dryandra* und *Comptonia* im europäischen Tertiär ist ebenfalls nicht zu läugnen. Die jetzt lebenden Banksien sind lederartig und an der Spitze abgeschnitten stumpf; während die meisten fossilen *Banksia*-Blätter, selbst die aus Australien zugespitzt sind; nur selten findet man stumpfspitzige, die v. E. als progressive Formen bezeichnet; andererseits beobachtet man auch bei den lebenden *Banksia*-Blättern Rückschläge in die fossile Form. Die dünnere Textur und anders gestaltete Nervation macht die *Myrica*-Blätter von den *Banksia*-Blättern verschieden. Wenn auch die früher von Häring als *Eucalyptus*-Früchte beschriebenen Fossilien ihre Berichtigung fanden; so machen es neuere Funde von Parschlug (Blätter, Blüthe) als unzweifelhaft, dass auch diese Pflanzengattung im europäischen Tertiär vertreten war. Die tertiäre Flora Europas enthält daher asiatische, afrikanische, amerikanische, aber auch australische Typen, die nicht durch Einwanderung dorthin gelangen konnten; wie dies auch jene Thatsache beweist, dass die australische Tertiärflora ebenso aus den Typen der fremden Continente zusammengesetzt sind. v. E. ist von der Richtigkeit seiner Anschauungen so sehr überzeugt, dass er jede fernere Polemik von sich weist.

205. **O. Drude** (46) weist gegenüber der allgemein gewordenen Meinung, dass zur Zeit der höchsten Gletscherausdehnung in der nördlichen Hemisphäre vegetationslose Einöden vorherrschten auf die Resultate der Erforschung der Gletschergebiete Alaskas hin, die deutlich beweisen, dass nicht nur die Moränen von sich zurückziehenden Gletschern, oder die in warme Thäler weit vorgeschobenen Moränen sich mit der Vegetation der umliegenden eisfreien Gründe schnell bedecken, sondern dass mitten im Eis bei genügender Sommerwärme Vegetation existiren kann. Man hat für die Eiszeit das alpine Florenelement von dem arktischen getrennt zu halten und wenn man heute weiss, dass Grönland nebst Island und den Faröern von 156 Blüthenpflanzen und Farnen 155 gemeinsam mit den Alpen besitzt; so

lässt sich das gegenseitige Herüberwandern nicht läugnen, was aber durch eine vegetationslose Einöde wohl nicht geschehen konnte. Es müssen sich daher diese Floren auch während der Eiszeit an geschützten Stellen erhalten haben und müssen die Wege ihrer Wanderung gefunden haben.

206. **A. Blytt** (14) beschäftigt sich in seiner Studie mit der Frage, ob nicht vielleicht die Verzögerung der Rotation der Erde durch die Reibung der Fluthwelle eine zureichende Kraft sei, um die wichtigsten geologischen Thatsachen zu erklären. Davon hänge auch die verschiedene Länge des Tages in den geologischen Perioden ab, welcher sich auch das Meer anpasst und so eine Verschiebung der Strandlinien nach sich zieht. Solche Verschiebungen werden auch von den Erdbeben erregt, welche ihrer Häufigkeit nach ebenfalls an eine Periode — unser Winterhalbjahr — gebunden sind. In dieser Steigung der Strandlinien mag die Unterscheidung nach geologischen Formationen ihre Grundursache finden. In der Tertiärzeit haben sich die Continente verschieden gehoben. Der Meeresboden mit seinen Organismen wurde dadurch dem Meere entzogen und es bedurfte längerer Zeit, bis dieses wieder seinen alten Boden erreichte und überfluthete, damit eine neue Schichtenreihe beginnend. Kleinere Verschiebungen kann die Scheidung der geologischen Stufen bedingt haben. Dies beweist uns der vielfache Wechsel von marinen und Süsswasserschichten. „Die Curve für die Erdbahnexcentricität ist berechnet worden für 3 250 000 Jahre in der Vorzeit und etwas mehr als 1 Million Jahre in der Zukunft. Es zeigt die Curve die bemerkenswerthe Eigenthümlichkeit, dass der mittlere Werth der Excentricität in langen Perioden steigt und sinkt unter vielen untergeordneten Oscillationen. Die Curve wiederholt sich selbst mit wunderbarer Regelmässigkeit. Die berechnete Curve zeigt drei solche Cyclen. In jedem solchen Cyclus steigt und sinkt der Mittelwerth einmal unter 16 Oscillationen, und der Mittelwerth ist für Hunderttausende von Jahren viel grösser, als für andere. Jeder Cyclus dauert ungefähr $1^1/_2$ Millionen Jahre; jede von den 16 Oscillationen eines Cyclus dauert 80—100 000 Jahre und zeigt 4 5 Präcessionen der Aequinoctien. Es ist nun annehmbar, dass die grossen Verschiebungen der Strandlinien besonders dann stattfinden werden, wenn die Excentricität einen hohen Mittelwerth durch längere Zeiträume aufweist, und dass eine jede von den 16 Oscillationen eines Cyclus an besonders schwachen Stellen der Erdoberfläche kleineren Verschiebungen entspricht, dass also ein geologischer Cyclus von 16 Stufen gebildet wird."

Da aber die Präcession der Aequinoctien eine klimatische Periode hervorbringt, so wird man zugeben, dass durch das Zusammengreifen beider Erscheinungen in der geologischen Schichtenreihe ein Wechsel entstehen muss. Die Tertiärformation entspricht zwei Cyclen: Eocen und Oligocen bis Pliocen. Jeder dieser Cyclen hat 16 kleinere Oscillationen der Strandlinie, jede dieser Stufen hat 4—5 Wechsellagerungen. Im Eocen tritt eine Ueberfluthung ein; am Ende dieser Zeit weichen die Strandlinien wieder zurück; im Oligocen und Miocen steigt das Meer wieder, um im Pliocen wieder zu sinken. Dies gestattet uns die Berechnung, dass die Tertiärzeit vor 3 250 000 Jahren ihren Anfang hatte, dass sie bis vor 350 000 Jahren dauerte, und dass die Eiszeit 1—300 000 Jahre hinter uns liegt.

207. **M. Staub** (184). Besprechung von A. G. Nathorst's Arbeit „Zur fossilen Flora Japans" in gemeinverständlicher Weise.

208. **A. R. Wallace's** (203) in dritter Auflage erschienenes Buch über den Darwinismus enthält nach dem Ref. Orton's viele neue und wichtige Argumente für die Selectionstheorie. Aus dem reichen Inhalte des Buches wollen wir aus dem Capitel über die geographische Verbreitung der Organismen hervorheben, dass W. die grossen Umänderungen, die die Continente und Meere während der geologischen Periode erlitten haben, nicht acceptirt, hätte das hypothetische Lemurien existirt, so könnten Madagascar nicht alle Haupttypen der afrikanischen und indischen Säugethiere fehlen. Dem Winde aber falle bei der Verbreitung der Pflanzen eine grosse Rolle zu. Die Dicotyledonen haben wahrscheinlich schon während des Carbons in den Gebirgsketten und Hochplateaus ihren Ursprung genommen und dass man sie bisher in den Ablagerungen jener Zeit nicht gefunden habe, liege darin, dass diese seitdem der Verwitterung anheimfielen. Auch jetzt sei das Verhältniss der Dicotyledonen zu den Monocotyledonen in den Gebirgen grösser als in der Ebene.

209. **Naville** (132). Dem Ref. unbekannt.

210. **F. Delpino** (45). Dem Ref. unbekannt.

211. **C. O. Harz** (81) giebt eine ausführliche Untersuchung der Dysodil genannten Blätter-, auch Stinkkohle. Dieselbe ist in kieselsäurereichen, ruhigen Gewässern nahezu ausschliesslich aus von den pflanzenreichen Ufern alljährlich in jene hineingelangten Blättern entstanden; mit diesen vergesellschafteten sich zahlreiche niedere Pflanzen; vor allem in grosser Menge *Palmella oligocaenica,* die auch ihr Chlorophyll zurückliess (fossiles Chlorophyll); weshalb der Dysodil besser als Chlorophyll- oder Kieselkohle bezeichnet werden sollte. Er enthält auch eine ungeheure Menge von Spaltpilzen *(Micrococcus oligocaenicus),* Pollenkörner und in geringer Anzahl Diatomaceen.

212. **W. Sokoloff** (174) hält die bezüglich der Entstehung der Bitumina bekannten Hypothesen für unrichtig. Indem er die Einseitigkeit derselben hervorhebt, stellt er seine eigenen Anschauungen über den kosmischen Ursprung aller Bitumina in folgenden Sätzen zusammen: 1. Die Vorräthe an Kohlenstoff und Wasserstoff auf den Himmelskörpern sind äusserst gross. 2. Die sich aus ihnen bildenden Kohlenwasserstoffe, entstehend unter gleichen kosmischen Bedingungen, erscheinen als Bestandtheile der Himmelskörper in sehr frühen Stadien der individuellen Entwicklung derselben. 3. Auf der Erde sind sie auf demselben Wege wie auf anderen Himmelskörpern entstanden, wobei sie sich aus einem bestimmten Vorrath bildeten, welcher nachher in beträchtlicher Menge vom Magna verschlungen wurde. 4. Bei weiterer Abkühlung und Verdichtung des Magna's schieden sich die in demselben eingeschlossenen Kohlenwasserstoffe aus, und fahren fort, ausgeschieden zu werden, wobei sie ihren Weg durch Spalten, welche in der Lithosphäre in Folge von Dislocationen entstehen, nehmen. 5. Indem die Kohlenwasserstoffe eine Condensation in den oberflächlichen Theilen unseres Planeten erleiden, liefern sie das Grundmaterial für die Entstehung der Bitumina.

213. **A. W. Bennett** and **G. Murray** (9) berücksichtigen in ihrem Handbuche der Kryptogamenkunde auch die fossilen Formen dieser Pflanzengruppe.

214. **H. A. Nicholsen** and **R. Lydekker** (135). Dem Ref. unbekannt.

215. **P. A. Miller** (124). Dem Ref. unbekannt.

216. **G. de Saporta** (165). Dem Ref. unbekannt.

217. **H. Conwentz** (34) beschreibt die phytopaläontologische Abtheilung des naturhistorischen Reichsmuseums in Stockholm. Seine Aufmerksamkeit widmet er vorzüglich den diesem Museum eigenthümlichen Pflanzen.

218. **M. Staub** (189) berichtet über den Zuwachs der phytopaläontologischen Sammlung der Kgl. Ung. Geol. Anstalt während der Jahre 1887—1888. Am Ende des Jahres 1888 enthielt die Sammlung von 139 ungarländischen Fundorten 8526 Exemplare; an 26 anderen Fundorten 332 Exemplare (zusammen 9058 Exemplare) und die Dünnschliffsammlung 170 Dünnschliffe von 48 fossilen Holzstämmen.

219. **W. de Lima** (115). Dem Ref. unbekannt.

220. **F. Kinkelin** (99) theilt die Biographie Hermann Theodor Geyler's mit.

XX. Pharmaceutische und Technische Botanik.

Referent: **P. Taubert.**

Schriftenverzeichniss.

1. **Adrian.** Nouvelle falsification du safran. (Journ. de pharm. et de chim., 1889, p. 98.)

2. Ahrens, F. B. Ueber das Mandragorin. (Ber. d. Deutsch. Chem. Ges., 1889, p. 2159.) (Ref. 35.)

3. Aitchison, J. E. T. The source of Badsha, or royal Salep. (Tr. Edinb., vol. XVIII, [1889], No. 3.)
4. Amaun, J. Leptotrichic acid. (Ph. J., XX, p. 6.) (Ref. 72.)
5. Amermann, E. Untersuchung der Blüthen von Anthemis nobilis. (Amer. Journ. of Pharm., 1889, No. 2.)
6. Anderson, F. W. Poisenous plants and the symptoms they produce. (Bot. Gazette, 1889, p. 180.)
7. Arati, N. und Canzoneri, F. Untersuchung der echten Winterrinde (Drimys Winteri Forst.). (The Drugg. Bull., 1889, No. 5, p. 140.)
8. — Quina morada. (L'Orosi, 1889, No. 2.) (Ref. 3.)
9. Arbeiten der Pharmacopöe-Commission des Deutschen Apotheker-Vereins. (Arch. d. Pharm., 1889, p. 337—366.) (Ref. 106.)
10. Arnaud. Sur la matière cristallisée active, extraites des semences du Strophantus glabre du Gabon. (Journ. de pharm. et de chim., 1889, p. 245.) (Ref. 1.)
11. Baessler, P. Ueber die Bestimmung des Fettgehaltes der Mohnkuchen. (Landw. Versuchsstat., Bd. XXXVI [1889], Heft 5/6.)
12. Baillon, H. Sur le Pambotano. (Bull. de la Soc. Linnéenne de Paris, No. 103, 1889, p. 824.)
13. Bamberger, E. Ueber den Fichtelit. (Ber. d. Deutsch. Chem. Ges., 1889, p. 635.) (Ref. 99.)
14. Barbaglia, G. A. Sull'olio essenziale di Laurus nobilis L. (P. V. Pisa, vol. VI, 1888, p. 181—184.) (Ref. 57.)
15. Bardet. Ueber Arzneipflanzen aus der Familie der Apocynaceae. (Les nouveaux remèdes 1889, avr. 24, p. 509; Pharm. Zeitg., 1889, p. 387.)
16. Bargioni, G. Sulla saccarina. (Rivista italiana di scienze naturali, an. IX. Siena, 1889, p. 33—36, 84—87.) (Ref. 27.)
17. Barth und Herzig. Untersuchuug von Herniaria. (Monatsh. f. Chem., 1889, p. 161.)
18. Bartholow, R. A practical treatise ou materia medica and therapeutica. 7. edit. revised and enlarged. London (H. K. Lewis), 1889. 8⁰.
19. Bastocki und Huchard. Emetische Wirkungen von Narcissus pseudonarcissus. (Therap. Gaz., 1889, p. 414.)
20. Benedikt und Hazura. Ueber die Zusammensetzung der festen Fette des Thier- und Pflanzenreiches. (S. Ak. Wien Mathem.-Naturw. Cl., Abth. II B., Bd. XCVIII, 1889, Heft 5.)
21. Beneke, F. Zum Nachweis der Mahlproducte des Roggens in den Mahlproducten des Weizens. (Landw. Versuchsstat., Bd. XXXVI [1889], Heft 5/6.)
22. Van den Berghe, M. L'agave d'Amérique et ses produits. (Rev. d. scienc. natur. appliq., 1889, No. 19/20.)
23. Beringer, G. M. Verfälschung des Insectenpulvers mit dem ungarischen Gänseblümchen. (Amer. Journ. of Pharm., 1889, No. 1.) (Ref. 81.)
24. Bertram-Gildemeister. Betelöl. (Journ. f. prakt. Chem., 1889, p. 349.)
25. Bielkin, Kobert et Pachorukoff. Sur les principes actifs de l'écorce de panama. (Journ. de pharm. et de chim., 1889, p. 431.) (Ref. 38.)
26. Blanc, E. La forêt de gommiers du Bled Thalah. (Extr. d. l. Rev. des eaux et forêts, 1889, No. 3.)
27. Blondel, L. Les produits odorants des rosiers. Le parfum des roses; les diverses odeurs des roses; siège du parfum chez les rosiers; distillation des roses; essences de rose et leurs falsifications. Paris (Doin), 1889. 168 p. 8⁰. av. pl.
28. Bornemann, G. Die fetten Oele des Pflanzen- und Thierreiches. 8⁰. 313 p. Mit einem Atlas von 12 Tafeln, enthaltend 202 Abbildungen. Weimar (B. F. Voigt), 1889. (Ref. 51.)
29. Boulger, G. S. The uses of plants: a manual of economic botany, with special reference to vegetable products introduced during the last 50 years. London (Roper), 1889. 230 p. 8⁰.

30. Bourgoin. Untersuchungen der Rinde vou Cordia Myxa L. und C. Sebestena. (Pharm. Centralh., 1889, p. 373.)

31. Bourquelot, Em. Recherches sur les matières sucrées de quelques espèces de champignons. (Journ. de pharm. et de chim., 1889, p. 369.)

32. Boners, C. E. Oil of Maize. (Pharm. Journ, XX, p. 404.)

33. Breidenbach, H. Untersuchungen über Kino-Sorten. (Amer. Journ. of Pharm., 1889, No. 2.)

34. Brick, C. Beitrag zur Kenntniss und Unterscheidung einiger Rothhölzer, insbesondere derjenigeu von Baphia nitida Afz., Pterocarpus santalinoides L'Hér. und Pt. santalinus L. fil. (Jahrb. d. Hamb. wissensch. Anst., VI.) (Ref. 74.)

35. Brillié, L. et Dupré, E. Etude sur les cafés. Amélioration de la qualité des cafés de consommation courante. (Publicat. de la Soc. franç. d'hygiène, 1889. 8⁰. 16 p. Paris [Chaix], 1889.)

36. Brunton, Lauder, T. Traité de pharmacologie, de thérapeutique et de matière médicale. Traduit de l'anglais par L. Deniau et E. Lauwers. Tome II. 8⁰. p. 564—1244. Bruxelles (Manceaux), 1889.

37. — Trattato di farmacologia, di terapeutica et di materia medica, adattato alla farmacopea degli Stati Uniti da Francis H. Williams. Traduzione italiana col consenso dell'autore adattata alla farmacopea francese ed alla germanica, par cura dil C. Tamburini. 8⁰. Fasc. 1. 1889. p. 1—48.

38. Bulletin of miscellaneous information. Kew, 1889. (Ref. 115.)

39. Bunting, H. Euphorbia pilulifera. (Amer. Journ. of Pharm., 1889, p. 552.)

40. Cabanès, Aug. De l'emploi des préparations d'Hydrastis canadensis en médecine (Thèse). 4⁰. 104 p. Paris (Ollier-Henry), 1889.

41. Calvert, J. Chinese method of preparing extract of Opium. (Pharm. Journ., XX, p. 148.)

42. Canevari, A. Coltivazione delle erbe da filo, oleifere, aromatiche e coloranti. 8⁰. 68 p. Alessandria (G. Panizza), 1889.

43. Cassadey. Ueber die Rinde von Evonymus atropurpureus. (Amer. Journ. of Pharm., 1889, p. 284.)

44. Cazeneuve, P. et Hugouneng, L. Sur l'homoptérocarpine et la ptérocarpine du santal rouge. (Journ. de pharm. et de chim., T. XIX, 1889, No. 2.) (Ref. 41.)

45. Cervantes, Vinc. Ensayo á la materia medica vegetal de México. Obra inedita publicada por mandato del secretario de fomento Cárlos Pacheco. 4⁰. Mexico, 1889.

46. Chemical notes on Coca. (Pharm. Journ., XIX, p. 569.) (Ref. 6.)

47. Church. Aluminium in Farnen. (Pharm. Journ., 1889, p. 846.)

48. Cinchona Cultivation in Colombia. (Pharm. Journ., XIX, p. 574.) (Ref. 9.)

49. Cinchonapflanzung auf Java. (Nederl. Tijdschr. voor Pharm., Chem. en Taxikol., 1889, p. 56.) (Ref. 11.)

50. Claassen. Cephalanthin, ein Bitterstoff. (N. Y. Pharm. Rundsch., VII, p. 131.) (Ref. 17.)

51. Conroy, M. Castor oil adulteration. (Pharm. Journ., XX, p. 385.)

52. Coster, D. J. en Opwijrda, R. J. Handleiding bij het gebruik van de tweede uitgave der pharmacopoea Neerlandica. Deel IV. Afl. 6. 8⁰. Groningen (Wolters), 1889. Fl. 1,25.

53. Crampton, C. A. Borsäure als Bestandtheil der Pflanzen. (B. d. Deutsch. Chem. Ges., 1889, p. 1072.) (Ref. 75.)

54. Cross and Bevan. Contributions to the chimistry of lignification. Constitution of Jutefibre substance. (Journ. of the Chem. Soc. of London, 1889, No. 317, April.)

55. Debière. Physiologische Wirkung der Senecio canicida. (Therap. Gaz., 1889, No. 4.)

56. Dekeyn, Eug. Les gommes copales d'Afrique. (Extrait. du Bull. d. l. Soc. Roy. belge de géogr., 1889. 8⁰. 28 p. Fr. 0,50.)

57. Delavay. Le tomentum d'une Mutisiacée employé comme matière textile. (Journ. de Bot., 1889, No. 3.) (Ref. 118.)

58. De-Toni, G. B. La Maclura aurantiaca. 8⁰. 66 p. Padova, 1889.

59. Dieck, G. Die Oelrosen und ihre deutsche Zukunft. (Gartenflora, 1889, Heft 4.)

60. Dodge, Ch. Rich. Les fibres textiles des Etats-Unis. (Extr. du Rapport sur les productions agricoles des Etats-Unis.) 8⁰. 39 p. Paris (Impr. Noblet), 1889.

61. Duckworth, D. Observations on the therapeutic action of Scopolia carniolica. (Pharm. Journ., XX, p. 466.)

62. Dujardin-Beaumetz et Egasso, E. Les plantes médicinales indigènes et exotiques; leurs usages thérapeutiques, pharmaceutiques et industriels. 8⁰. VIII. 845 p. Avec 1034 fig. et 40 planches. Paris (Doin), 1889. — Fr. 25.

64. — — —. Des Strophanthus. (Rev. d. sc. natur. appliq., XXXVI, No. 14.)

65. Dunstan, W. R. On the Occurence of Scatole in the Vegetable Kingdom. (Pharm. Journ. XIX, p. 1010. Chem. News, vol. 59. London, 1889. p. 291.) (Ref. 28.)

66. — On Scopolia carniolica. (Pharm. Journ., XX, p. 461.)

67. — The so-called Mussaenda coffee of Reunion. (Pharm. Journ., XX, p. 381.)

68. Dunstan, W. R. and Chaston, A. E. On the chemical constituents of Scopolia carniolica. (Pharm. Journ., XX, p. 461.)

69. Dupuy, B. Alcaloïdes. Histoire, propriétés chimiques et physiques, extraction, action physiologique, effets thérapeutiques, toxicologie, observations, usages en médecine etc. Tome II. 8⁰. VI. 775 p. Bruxelles (Impr. Weissenbruch), 1889. — Fr. 16.

70. Dymock, W. and Hooper, D. Podophyllum Emodi. (Pharm. Journ., XIX, p. 585.) (Ref. 19)

71. Dymock, W. and Warden, C. H. Picrasma quassioides Benn. (Pharm. Journ., XX, p. 41.)

72. Elborne, W. Plant Structure; an Introduction to Vegetable Pharmacognosy. (Pharm. Journ., XIX, p. 414–415.) (Ref. 108.)

73. — A proximate Analysis of the Seeds of Cassia Tora. (Pharm. Journ., XIX, p. 242—243.) (Ref. 20.)

74. Elsner, F. Die Praxis des Chemikers bei technischen Untersuchungen von Nahrungsmitteln und Gebrauchsgegenständen, Handelsproducten, Luft, Boden, Wasser, bei bacteriologischen Untersuchungen, sowie in der gerichtlichen und Harnanalyse. 4. Aufl. Hamburg (L. Voss), 1889. Lief. 2, 3. p. 97–288. 8⁰.

75. Farbi. Falsification de poivre. (Journ. de pharm. et de chim., 1889, p. 76.) (Ref. 79.)

76. Fedeli, Gregoria. Sull Eucalyptus globulus; sue proprietà mediche e igieniche. 8⁰. 47 p. Roma (Sinimberghi), 1889.

77. Fischer, J. L. A proximate Analysis of Grindelia robusta. (Pharm. Journ., XIX, p. 47.) (Ref. 21.)

78. Flückiger, F. A. Jalape und Jalapenharz. (Der Fortschritt, 1889, No. 18.)

79. — Strychnos Ignatii. (Arch. d. Pharm., 3. Reihe, XXVII, Heft 4, p. 145—158.) (Ref. 44.)

80. — Ueber das Entstehen des „gänsehaut"-artigen Aussehens der Copalstücke. (Der Fortschritt, 1889, p. 121. Zeitschr. d. Oesterr. Apothekervereins, 1889, p. 144; Pharm. Centralh., 1889, p. 311.)

81. Foerster, O. Dosage de l'essence de moutarde dans les graines des crucifères. (Journ. de pharm. et de chim., 1889, p. 111.)

82. Fraser, T. R. Strophanthus hispidus; its Natural History; Chemistry and Pharmacology. (Pharm. Journ., XIX, p. 660–661.) (Ref. 2.)

83. Freund, M. Neutrales Pflanzenproduct aus Hydrastis canadensis. (Ber. d. Deutsch. Chem. Ges, 1889, p. 459.) (Ref. 24.)

84. Funaro. Intorno alla senegina, glucoside della Polygala virginiana. (Gazz. chim. ital. Anno XIX. 1889. Fasc. 1.) (Ref. 97.)

85. Gans, R. und Tollens, B. Quitten- und Salepschleim. (Liebig's Ann. d. Chem., 1889, 249, p. 245.) (Ref. 59.)
86. Garcia, A. G. Recherches sur les Apocynées, étude de botanique et de matière médicale. Lyon (Plau), 1889. 257 p. 4⁰. et 2 pl.
87. Garzarolli, K. Beiträge zur Kenntniss des Strychnins. (Monatsh. f. Chemie, 1889, p. 1.) (Ref. 45.)
88. Geissler und Moeller. Realencyclopädie der gesammten Pharmacie. Wien und Leipzig (Urban u. Schwarzenberg), 1889.
89. Gerrard, A. W. and Symons, W. H. Ulexine; its physical and chemical Characters. (Pharm. Journ., XIX, p. 1029—1030.) (Ref. 18.)
90. Giacosa e Soave. Studî chimici e farmacologici sulla corteccia di Xanthoxylon senegalense, Artar root. (Ann. di chim. e di farmacol., 1889, No. 4. Milano 1889. Gazz. chimic. ital. Anno XIX, 1889, No. 16.)
91. Giessler, H. Abriss der allgemeinen Waarenkunde. 2. Aufl. 8⁰. VII. 167 p. Berlin (Langenscheidt). M. 3.
92. Gioseffi, A. Die wichtigsten chemischen Pflanzenbestandtheile und Producte. (Progr. Gymn. Mitterburg, 1889. 58 p. 8⁰.)
93. Glenk, R. Methysticin aus Piper methysticum. (Amer. Journ. of Pharm., 1889, und in Pharmac. Post, 1889, No. 5, p. 71—72.) (Ref. 7.)
94. — Harz von Populus tremuloides. (Amer. Journ. of Pharm. May 1889.)
95. Goiran, A. Sulla estrazione del vischio o pania da Viburnum Lantana L., Ilex Aquifolium L. e da altre piante. (N. G. B. J., XXI, 1889, p. 396—405.) (Ref. 100.)
96. Grätzer, E. Essai de l'Ipecacuanha. (Der Fortschritt, 1889, No. 18.)
97. Graf, B. Zur chemischen Kenntniss des Dammarharzes. (Arch. d. Pharm., XXVII, Heft 3, p. 97—111.) (Ref. 85.)
98. Grazzi Soncini, G. Fermenti e fermentazione. (Rass. Con., an. III, 1889, p. 577—582.) (Ref. 88.)
99. Greenawalt, G. Oleoresin of male fern. (Pharm. Journ., XIX, p. 951.)
100. Greenish. T. Histological characters of the rhizome of Scopolia carniolica compared with those of the root of Atropa Belladonna. (Pharm. Journ., XX, p. 471.)
101. Grisard, Jules. Le courbaril, copalier d'Amérique on caroubier de la Guyane. (Revue d. scienc. natur. appliq., Tome XXVI, 1889. No. 6.)
102. Grisard, J. et Van den Berghe. Les Palmiers utiles et leurs alliés: descriptions, propriétés, produits, usages et emplois dans l'alimentation, l'agriculture, la médecine, les arts et l'industrie. 8⁰. VIII. 232 p. av. 120 vign. et 16 chromos. Paris (Rothschild), 1889.
103. Hager, H. Mastixflüssigkeit, Mastichoneron, Mastixwasser. (Pharmac. Post, 1889, No. 3. p. 37.)
104. Haller. Sur un mode de préparation de bornéol droit pur identique au bornéol de Dryobalanops. (C. R. Paris, Tome CIX, 1889, No. 1.)
105. Hanausek, T. F. Beiträge zur Kenntniss der Nahrungs- und Genussmittelfälschung. (Zeitschr., f. Nahrungsmitteluntersuchung und Hygiene, 1889, No. 1, 2.) (Ref. 49.)
106. — Zur Frage über Nag-Kassar von Mesua ferrea. Bemerkung zu der Berichtigung des Herrn Prof. Dr. Sadebeck im Bot. C., Bd. XXXVII, No. 10, p. 297. (Bot. C., XXXVII, No. 13, p. 415. (Ref. 112.)
107. Hansen, A. Repetitorium der Botanik für Mediciner, Pharmaceuten und Lehramtscandidaten. 3. Aufl. Würzburg (Stahel), 1889. VII u. 157 p. 8⁰.
108. — Systematische Charakteristik der medicinisch-wichtigen Pflanzenfamilien, nebst Angabe der wichtigeren Arzneistoffe des Pflanzenreiches. Neu bearbeitet. 8⁰. IV. 56 p. Würzburg (Stahel), 1889. M. 1.
109. Hardy, E. et Gallois, N. Sur l'Anagyrine. (Journ. de pharm. et de chim., 1889, p. 14.) (Ref. 29.)

110. Hartig, Rob. Die anatomischen Unterscheidungsmerkmale der wichtigeren in Deutschland wachsenden Hölzer. 3. Aufl. 8⁰. 40 p. 22 Fig. München (Rieger), 1890. M. 1.
111. Hartwich, C. Ueber die Meerzwiebel. (Arch. d. Pharm., XXVIII, 1889, Heft 13.)
112. — Ueber einige Oelsamen. (Chemik.-Ztg., Jahrg. XIII, 1889, No. 41.)
113. Hawkins, L. W. Wild cherry bark (Prunus serotina). (Pharm. Journ., 1889, p. 355. Pharm. Zeitg., p. 576, 783. Pharm. Post, 1889, p. 728.)
114. Hayduck. Principes amers et résineux des houblons. (Journ. de pharm. d'Anvers, 1889, No. 6/7.)
115. Heckel et Schlagdenhauffen. Sur la constitution chimique et la valeur industrielle du latex concrété de Bassia latifolia Roxb. (C. R. Paris, T. CVIII [1889], No. 2/3.) (Ref. 87.)
116. — — Recherches sur les gutta perchas fournies par les Mimusops et les Payena, famille des Sapotacées. (Extr. du Journ. de pharmacie de Lorraine. 8⁰. 10 p. Nancy [impr. Berger-Levrault & Co.], 1889.)
117. — Sur le solom (Dialium nitidum G. et P.) et sur la pulpe qui entoure sa graine. (Journ. de pharm. et de chim., 1889, p. 11, 49.) (Ref. 65.)
118. Hefti, J. J. Ein Beitrag zur Kenntniss der speciell in Centraleuropa vorkommenden, sowie der bekannteren fremden Giftpflanzen und Pflanzengifte, ihre Anwendung, sowie deren Gegengifte. 8⁰. 124 p. Glarus (Baeschlin), 1889. M. 2.
119. Heisch, Ch. Falsification du séné. (Journ. de pharm. et de chim., 1889, p. 110.) (Ref. 78.)
120. Hell, C. Ueber das Fichtelit. (Ber. d. Deutsch. Chem. Ges., 1889, p. 498.) (Ref. 98.)
121. Hell, C. und Twerdomedoff, S. Ueber das fette Oel von Cyperus esculentus. (Ber. d. Deutsch. Chem. Ges., 1889, p. 1742.) (Ref. 47.)
122. Hennessy, F. Oil in Lycopus virginicus. (Amer. Journ. of Pharm., No. 2, Febr. 1889.) (Ref. 56.)
122a. Henry, E. Répartition du tannin dans les diverses régions du bois de chêne, suivi de: le tannin dans le chêne, nouvelles recherches. (Extr. des Ann. de la science agronom. franç. et étrang. T. I et II. 8⁰. 28 p. Nancy, 1889.)
123. Hirsch, B. Universal-Pharmakopöe. Bd. 2, Lief. 7/8. Göttingen (Vandenhoek u. Ruprecht), 1889. p. 545—720. 8⁰.
124. Hoenig. Zur Werthbestimmung des Indigo. (Zeitschr. f. angewandte Chem., 1889, Heft 10.)
125. Hoffmann. Lehrbuch der praktischen Pflanzenkunde. 4. Aufl. Stuttgart (C. Hoffmann), 1889.
126. — Loco-Weeds. (Pharm. Rundsch., 1889, p. 168.)
127. Holfert, J. Der vegetabilische Arzneischatz der Vereinigten Staaten. (Pharm. Centralh., 1889, p. 399.)
128. — Calotropis gigantea R.Br. (Pharm. Centralh., 1889, p. 550.) (Ref. 46.)
129. — Die ostindischen Gummisorten. (Pharm. Centralh., 1889, No. 3.)
130. — Hydrastis canadensis. (Pharm. Centralh., 1889, p. 699.) (Ref. 25.)
131. — Jambul. (Pharm. Centralh., 1889, p. 659.) (Ref. 89.)
132. — Kawa. (Pharm. Centralh., 1889, p. 685.) (Ref. 8.)
133. — Ueber die primäre Anlage der Wurzeln und ihr Wachsthum. (Arch. d. Pharm., 1889, p. 481—509.) (Ref. 90.)
134. Holmes, E. M. Aconite Root. (Pharm. Journ., XIX, p. 720.)
135. — Report on the Cultivation of Aconitum Napellus. (Pharm. Journ., XIX, p. 213—214.) (Ref. 23.)
136. — The Asa foetida Plants. (Pharm. Journ., XIX, p. 21—24, 41—44, 365—368.) (Ref. 104.)
137. — Massoi Bark. (Pharm. Journ., XIX, p. 465—466.) (Ref. 102.)
138. — Further Notes on Massoi Bark. (Pharm. Journ., XIX, p. 761.) (Ref. 103.)

139. Holmes, E. M. Note on Star Anise. (Pharm. Journ., XIX, p 101.) (Ref. 62.)
140. — The cultivation of medicinal plants in Cambridgeshire. (Pharm. Journ., XX, p. 122.)
141. — Notes on Calamine. (Pharm. Journ., XX, p. 474.)
142. — The natural history of Scopolia carniolica. (Pharm. Journ., XX, p. 468.)
143. Hooper, D. Proximate Analysis of Saxifraga ligulata. (Pharm. Journ., XIX, p. 123—124.) (Ref. 70.)
144. — Gymnemic Acid. (Chem. News, vol. 59. London, 1889. p. 159—160.) (Ref. 71.)
145. — Some Drugs of British Sikkim. (Pharm. Journ., XIX, p. 225—226.) (Ref. 110.)
146. — The Hybridisation of Cinchonas. (Pharm. Journ., XIX, p. 296—299, 504.) (Ref. 10.)
147. — Laurel-Nut Oil. (Pharm. Journ., XIX, p. 525—526.) (Ref. 53.)
148. — Ein pharmaceutisch-commercieller Streifzug durch Cochin und Travancor, Malabarküste, Ostindien. (Der Fortschritt, 1889, No. 1.)
149. — Musambra, a variety of East Indian aloes. (Pharm. Journ., XX, p. 121.)
150. — Balsamodendron Berryi Arn. (Pharm. Journ., XX, p. 143.)
151. — Du croisement chez les cinchona et de son influence sur la proportion d'alcaloïdes renfermées dans les écorces. (Journ. de pharm. et de chim., 1889, p. 585.)
152. Hopffeld. Le Tabac, la plante et ses variétés, climat, terrain, engrais, semis, plantation, conditions imposées, travaux d'entretien, maladies etc. 8⁰. 36 p. avec fig. Paris (Le Bailly), 1889.
153. Hurst, H. Note on Gamboge. (Pharm. Journ., XIX., p. 761.)
154. Jahns, E. Ueber Myrtenöl und Myrtol. (Arch. f. Pharm., 1889, p. 174—177.) (Ref. 48.)
155. Jeannel, J. Note sur la Physalis peruviana. (Soc. de pharm. de Bordeaux, janvier 1889. Referat in Journ. de pharm. et de chim., 1889, p. 293.) (Ref. 60)
156. Jnoko. Toxicologisches über einen japanischen Giftschwamm. (Mitth. aus der medicin. Fak. der K. Japan. Univ. Tokio, Bd. I [1889], Heft 3.)
157. Jolles, A. F. Die Verfälschung der Nahrungs- und Genussmittel. Ein Vortrag. 8⁰. 23 p. Wien (Perles), 1889.
158. v. Itallie. Ueber das Vorkommen von Jod in Chondrus crispus und Fucus vesiculosus. (Arch. f. Pharm., XXVII, p. 1132.)
159. Jürgens, B. Vergleichende mikroskopisch-pharmakognostische Untersuchungen officineller Blätter mit Rücksicht ihrer Verwechslungen und Verfälschungen. 8⁰. 62 p. Dorpat (Karow), 1889. M. 1,20.
160. Juergenson, K. Beiträge zur Pharmakognosie der Apocyneenrinde. 8⁰. 63 p. Dorpat (Karow), 1889. M. 1,20.
161. Kacaoculture in Colombia. (Pharm. Journ. and Trans., No. 970. Jan. 1889.) (Ref. 58.)
162. Kara-Stojanow, Ch. Ueber die Alkaloide des Delphinium Staphysagria. 8⁰. 61 p. Dorpat (Karow), 1889. M. 1.
163. Karsten, H. Der Sternanis. Geschichtliche Studie. (Zeitschr. d. Allg. Oesterr. Apotheker-Ver., 1889, No. 2/3.)
164. Kellner, O. und Mori, Y. Untersuchungen über das Rösten des Thees. (Mitth. der Deutsch. Ges. f. Natur- u. Völkerkunde Ostasiens in Tokio, Bd. IV, 1884—1888. Yokohama. p. 416—417.) (Ref. 68.)
165. Kennedy, J. The Loco Weed (Crazy Weed) (Astragalus mollissimus. N. O. Leguminosae). (Pharm. Journ., XIX, p. 126—128.) (Ref. 40.)
166. Kennedy und Heinitsch. Ueber Maisöl. (Pharm. Rundschau, VII [1889], No. 8, p. 183.)
167. Kirkby, W. Note on Insect Powder. (Pharm. Journ., XIX, p. 239—240.) (Ref. 80.)
168. Koehler's Medicinalpflanzen in naturgetreuen Abbildungen mit erklärendem Text. Herausgegeben von G. Pabst. Lief. 37—39. 8⁰. 28 p. Mit 12 Taf. Gera-Untermhaus (Koehler), 1889.

169. Kossel, A. Ueber das Theophyllin, einen neuen Bestandtheil des Thees. (Zeitschr. f. physiol. Chemie, Bd. XIII, 1889, Heft 3.) (Ref. 31.)
170. Kremel, A. Ueber den Alkaloidgehalt der Rhizoma Veratri. (Pharm. Post, 22, p. 527.) (Ref. 37.)
171. — Radix Rhei. (Pharm. Post, 22, p. 105.)
172. Kronfeld, M. Volksthümliche Abortiva und Aphrodisiaca in Oesterreich. (Wiener Med. Woch., 1889, No. 44/45.)
173. Ladenburg, A. und Oelschlägel, C. Ueber das „Pseudoephedrin". (Ber. d. Deutsch. Chem. Ges., 1889, p. 1823.) (Ref. 32.)
174. Lampe, H. Beiträge zur Kenntniss von Carvol und Campher. Diss. Göttingen, 1889. 53 p. 8⁰. Nach dem Titel zu urtheilen wohl mehr chemisch.
175. Landry, S. F. Notes on Anhalonium Lewinii, Embelia ribes and Cocillana. (Therapeutic Gazette, vol. XIII [1889], No. 1, p. 16.)
176. Langer, A. Ueber Bestandtheile der Lycopodiumsporen (Lycopodium clavatum). (Arch. d. Pharm., 1889, p. 241—265, 289—309.) (Ref. 117.)
177. Lasché, J. M. Untersuchung einiger als giftig bekannter Ericaceae Nordamerikas. Examination of some of the poisonous Ericaceae of North America. (N. Y. Pharm. Rundsch., VII, p. 208.) (Ref. 14.)
178. Lassalle, Alfr. Etudes sur le kamala au point de vue botanique, micrographique, chimique et médical. 4⁰. 39 p. Montpellier (Hamelin frères), 1889.
179. Lehmann, K. B. und Mori, R. Ueber die Giftigkeit und Entgiftung der Samen von Agrostemma Githago. (Arch. f. Hygiene, Bd. IX, Heft 3.)
180. Leipen, R. Notizen über das Caffeïn. (Sep.-Abdr.) 8⁰. 6 p. Leipzig (G. Freitag), 1889.
181. Lenhardt, O. F. Eriodyction californicum. (Amer. Journ. of Pharm., 1889, p. 70.)
182. Lewin, L. Ueber Areca Catechu, Chavica betle und das Betelkauen. 8⁰. VI. 100 p. 2 Taf. Stuttgart (Ferd. Enke), 1889.
183. Lichinger, F. Die officinellen Croton- und Diosmeen-Rinden der Sammlung des Dorpater pharmaceutischen Institutes. 8⁰. 52 p. Dorpat (E. J. Karow), 1889. — M. 1.
184. Liebermann, C. Ueber das Cinnamylcocaïn der Cocablätter. (Ber. d. Deutsch. Chem. Ges., 1889, No. 13)
185. — Einige weitere Cocaïne. (Ber. d. Deutsch. Chem. Ges., 1889, 22, p. 130.) (Ref. 5.)
186. — Ueber Hygrin. (Ber. d. Deutsch. Chem. Ges., 1889, p. 675.) (Ref. 4.)
187. Liégeois. Sur le Veratrum viride. (Extr. des Bull. d. l. Soc. de thérap. 1889. 8⁰. 15 p. Paris [Doin], 1889.)
188. Lierau, M. Das botanische Museum und botanische Institut für Waarenkunde zu Hamburg. (Bot. C., XXXVIII, p. 431, 476, 521, 558.)
189. Lloyd, J. U. Senegawurzel. (N. Y. Pharm. Rundsch., VII, p. 86.)
190. Lowe, C. B. Unreife Cubeben. (Amer. Journ. of Pharm., 1889, No. 3.)
192. Maiden, J. H. The Resin of Myoporum platycarpum. (Journ. Chem. Soc., vol. 55. Transact. London, 1889. p. 665—666.) (Ref. 82.)
193. — The useful native plants of Australia including Tasmania. 8⁰. XIII, 696 p. Sidney (N. S. W.) and London (Trübner), 1889.
194. — Sterculia gum: its similarities and dissimilations to tragacanth. Occurrence of Pararabin in Sterculia gums. (Pharm. Journ., XX, p. 381.)
195. — Botany Bay or Eucalyptus Kino. (Pharm. Journ., XX, p. 221, 321.)
196. Maisch, J. M. The Genus Luffa. (Pharm. Journ., XIX, p. 104—105.) (Ref. 93.)
198. — Useful plants of the genus Psoralea. (Pharm. Journ., XX, p. 183.)
199. — Ueber falsche Senega-Wurzel. (N. Y. Pharm. Rundsch., VII, p. 236.)
200. — The soluble gum of tragacanth. (Pharm. Journ., XIX, p. 762.)
201. Mankowsky, Abraham. Ueber die wirksamen Bestandtheile der Radix Bryoniae albae. (Inaug.-Diss. 8⁰. 50 p. Dorpat, 1889.)

202. Maquenne. Sur la composition du miel eucalypte. (Ann. de chim. et de phys. 1889, No. 8.)

203. Martelli, D. Su i metodi per la determinazioni della cellulosa nei foraggi. (Le Stazioni sperimentali agrarie italiane, vol. XVII. Roma, 1889. gr. 8°. p. 117—152.) (Ref. 67.)

204. Martin, S. The Toxic Action of the Albumose from the Seeds of Abrus precatorius. (Proc. R. Soc., London, vol. 46. London, 1890. p. 100—108) (Ref. 12.)

205. Martin, S. and Wolfenden, R. N. Physiological Action of the Active Principle of the Seeds of Abrus precatorius (Jequirity). (Proc. R. Soc., London, vol. 46. London, 1890. p. 94—100.) (Ref. 13)

206. — The toxic action of the albumose from the seeds of Abrus precatorius. (Proc. Roy. Soc. of London, 1889, No. 280.)

207. Martindale, W. Notes on Egyptian Opium and some other Drugs of the Cairo Bazaars. (Pharm. Journ., XIX, p. 743—744.) (Ref. 92.)

208. Masclef, A. Atlas des plantes de France utiles, nuisibles et ornamentales. 400 pl. color. repr̀és. 500 pl. communes avec 3000 figures de détail et un texte explicatif. Paris (Klincksieck), 1889.

209. Mayers, H. L. Geranium maculatum. (Amer. Journ. of Pharm., 1889, p. 238.)

210. Meidenbauer. Ueber die Podophyllwurzel und das Podophyllin und dessen Bestandtheile. (Pharm. Era, 1889, X.)

211. Meyners d'Estrey. Le papier au Japon. (Le Monde de la science et de l'industrie, 1889, No. 7.)

212. Meyer, A. Der Sitz der scharfschmeckenden Substanz im spanischen Pfeffer. (Pharm. Zeitg., 34, p. 130.) (Ref. 30.)

213. Mittmann, O. Chemische Untersuchungen über das Bay-Oel (Oleum Myrciae acris). (Arch. d. Pharm., 1889, p. 529—548.) (Ref. 55.)

214. Moeller, Jos. Zur Kenntniss der Drogen. (Pharm. Rundsch.; 1889, p. 147.)

215. — Lehrbuch der Pharmacognosie. 8°. 450 p. Mit 237 Abb. Wien (A. Hölder), 1889.

216. — Ueber Ziegelthee. (Zeitschr. f. Nahrungsmittel-Unters. u. Hygiene, 1889, p. 25—29.) (Ref. 69.)

217. Mohr, K. Ueber das Nichtvorkommen der Wurzel von Polygala Boykinii mit der Senega des Handels. (Pharm. Rundschr., 1889, No. 8, p. 191.)

218. Molisch, H. Eine neue Cumarinpflanze. (Der Fortschritt, 1889, No. 2.)

219. Morong, J. The Mandioca. (Bull. of the Torrey Botan. Club New York, 1889, No. 10.)

220. Morris, D. On the use of certain plants as Alexipharmics or Snake-bite Antidotes. (Ann. of Bot., vol. 1. London, 1887—1888. p. 153—161) (Ref. 116.)

221. — Sideroxylon dulcificum. (Pharm. Journ., XIX, p. 180.)

222. Moss, J. English destilled Oil of Mentha arvensis (Japan Peppermint). (Pharm. Journ., XIX, p. 258—284.) (Ref. 52.)

223. — Note on Cascara sagrada. (Pharm. Journ., XIX, p. 649.)

224. Müller, F. v. Materia medica of Australia. (Pharm. Journ., XIX, p. 789—791.) (Ref. 109.)

225. Murphey, E. Bark of Diospyros virginiana. (Amer. Journ. of Pharm., 1889, No. 2.)

226. Naudin, Ch. Les Acacias tannifères d'Australie. (Extr. d. l. Rev. d. scienc. natur. appliq. 5 janvier 1889. 8°. 4 p. Versailles [Cerf et fils], 1889.)

227. Nayler, A. H. and Chaplin, E. M. On the root-bark of Euonymus (Wahoo) and on Euonymin. (Pharm. Journ., XX, p. 472.)

228. Nevinny, J. Wandtafeln zur Mikroskopie d. Nahrungs- und Genussmittel aus d. Pflanzenreiche. Lief. I. Wien (A. Hölder), 1889. 8°. 4 Taf.

229. Ochsenius, C. Ueber Maqui. (Bot. C., XXXVIII, p. 689, 721.)

230. Ogle, J. The composition of tragacanth (Pharm. Journ., XX, p. 3.)

231. Oleum Rosae, Zur Prüfung des. (Bericht von Schimmel & Co., 1889.) (Ref. 54.)

232. **P**ailleux, A. Sur l'iguame plante du Japon, Dioscorea japonica et le gongoulou du Kashmir. (Extr. d. 1. Rev. d. scienc. natur. appliq. 20. février 1889. Versailles [Cerf. et fils] 1889.)

233. Paparelli, L. Étude chimique sur l'olivier. Montpellier (Grollier et fils), 1889. 20 p. 8⁰.

234. Pavlicsek. Az élelmiszerek hamisitásának megállapitásáról. Erkennung der verfälschten Nahrungsmittel. (Ergänzungshefte zum Természettud. Közlöny. Budapest, 1889. VI. Heft, p. 79–88. Mit mehreren Abb. [Ungarisch]) (Ref. 77.)

235. Peckolt, Th. Nutzpflanzen Brasiliens. (N. Y. Pharm. Rundsch., VII, p. 34, 89, 110, 133, 165, 191, 261.)

236. — Ueber Jurubeba. (N. Y. Pharm. Rundsch, VII, p. 167.) (Ref. 63.)

237. Pecori, Raff. La cultura dell'olivo in Italia. (Notizie storiche, scientifiche, agrarie, industriali. 8⁰. Firenze [tip. de Mariano Ricci], 1889)

238. Pedretto, C. B. Vanilla Cultivation in Mexico. (Pharm. Journ., XIX, p. 148.) (Ref. 66.)

239. Perkin, W. H. On Berberine. (Journ. Chem. Soc., vol. 55, 1889. Transact. London, 1889, p. 63--90.) (Ref. 36.)

240. Pfeiffer, E. Steinholz. (Arch. d. Pharm., 1889, Heft 10.) (Ref. 91.)

241. Pharmacopeia. Digest of criticisms of the United States, Part I. New-York, 1889.

242. Pizzi, A. Sul peso specifico del frumento e del mais. (L'Italia agricola, an. XXI. Milano, 1889. 4⁰. p. 116—117.) (Ref. 64)

243. Plevani, Silvio. Farmacopea ad uso degli ospitali, farmacisti e medici privati, colle applicazioni pratiche della microbiologia chimica-clinica e toxicologia. 8⁰. 142 p. Milano (Wilmaut di G. Bonelli & Co), 1889.

244. Plugge, P. C. Fortgesetzte Untersuchungen über die Verbreitung des Andromedotoxins in der Familie der Ericaceen. (Arch. d. Pharm., 1889, p. 164—172.) (Ref. 16.)

245 Power, F. B. On the chemical composition of the oils of wintergreen and birch, and the characters of the synthetic oil of wintergreen. (N. Y. Pharm. Rundsch., VII, p. 283.)

246. — Ueber die Zusammensetzung der ätherischen Oele von Gaultheria procumbens und Betula lenta, sowie über das synthetisch dargestellte Wintergrün-Oel. (N. Y. Pharm. Rundsch., VII, p. 289) Deutsche Uebersetzung des vor.

247. Power, Fr. B. und Carr, M. W. Ueber die Eigenschaften des Violin. (N. Y. Pharm. Rundsch., VII, p. 11.)

248. Power, F. B. and Werbke, N. C. The Constituents of Wintergreen leaves (Gaultheria procumbens L) (Pharm. Journ., XIX, p. 349–350.) (Ref. 15.)

249. Prebble, J. G. Notes on East Indian Gums. (Pharm. Journ., XIX, p. 683.) (Ref. 83.)

250. Proctor, B. S. Saffron and its sophistications. (Pharm. Journ, XIX, p. 801.)

251. Prosser, H. H. Paris quadrifolia. (Pharm. Journ., XIX, p. 683.) (Ref. 113.)

252. **Q**uackenbusch, B. Untersuchungen über Asclepias Cornuti und A. tuberosa. (Amer. J. of Pharm., 1889, No. 3.)

253. **R**ansom, F. Note on Cephaëlis tomentosa. (Pharm. Journ., XIX, p. 259.) (Ref. 43.)

254. — Aconite Root. (Pharm. Journ., XIX, p. 684.)

255. — The pharmacy of Scopolia carniolica. (Pharm. Journ, XX, p. 464.)

256. Raue, B. Untersuchungen über ein aus Afrika stammendes Fischgift. 8⁰. 72 p. Dorpat (E. J. Karon), 1889.

257. Rawlins, W. F. Untersuchung der Blätter von Magnolia glauca L. (Amer. Journ. of Pharm., 1889, No. 1.) (Ref 105.)

258. Rea, John. Stigmata Maydis. (Amer. Journ. of Pharm., No. 2, Februar 1889.) (Ref. 94)

259. Reider. Catechu-Untersuchungen. (Amer. Journ. of Pharm., 1889, p. 165.)
260. Reinitzer. Ueber die Lupulinbestimmung im Hopfen. (Ber. d. Oest. Ges. z. Förd. d. chem. Ind., 1889, p. 41.)
261. Reiss, R. Ueber die in den Samen als Reservestoff abgelagerte Cellulose und eine daraus erhaltene neue Zuckerart, die Seminose. (Ber. d. Deutsch. Chem. Ges, 1889, p. 609.) (Ref. 26.)
262. Renouard, Alfr. Le matériel de l'industrie textile. (Rev. scientif., T. XLIV, 1889, No. 21.)
263. Reuter, L. Weitere Beiträge zur Kenntniss der Senegawurzel. (Arch. d. Pharm., 1889, p. 309—317, 452—459.) (Ref. 96.)
264. — Zur Prüfung der Senegawurzel auf Identität und Alter. (Arch. d. Pharm., 1889, p. 549.) (Ref. 95.)
265. Rockuell, W. Untersuchung der Blätter von Fabiana imbricata (Pichi). (Pharm. Rundsch., 1889, No. 8, p. 183.)
266. Rusby, H. On Eschholtzia californica Cham. (The Drugg. Bull., vol. III, No. 6, p. 176.)
267. — On Phoradendron flavescens Nutt. (Drugg. Bull., vol. III, No. 8, p. 255.) (Ref. 101.)
268. Sadebeck, R. Zur Frage über Nag-Kassar von Mesua ferrea. (Bot. C., XXXVII, No. 10, p. 297.) (Ref. 111.)
269. — Ostafrikanische Nutzpflanzen und Colonialproducte. (Bot. C., XXXVIII, p. 435, 479.)
270. Salmon, E. F. Senna pods. (Pharm. Journ., XX, p. 281.)
271. Salzer, Theod. Prüfung von fetten Oelen vermittels Phenol. (Arch. d. Pharm., 1889, p. 433—448.)
272. Sauter, A. Oleum Lycopodii, Lycopodiumsporen. (Der Fortschritt, 1889, No. 16.)
273. Schawroff, N. Einige interessante Nutzpflanzen Transkaukasiens. (Arb. d. Landw. Kaukas. Ges., Jahrg. XXXIV, 1889, No. 9, p. 438. 8°. Tiflis, 1889 [Russisch].) (Ref. 61.)
274. Schmidt. Berberis und Papaveraceenalkaloide, Mydriatica und Bitterstoffe. (Der Fortschritt, 1889, No. 22.)
275. Schreiber, O. Ueber Cascara sagrada. (Der Fortschritt, 1889, No. 23.)
276. Schroeter, H. Ueber Hydraugin. (Amer. Journ. of Pharm., 1889, No. 3.)
277. Schroff, C. v. Historische Studie über Paris quadrifolia L. (Ein Beitrag zur Geschichte der Arzneimittellehre. 8°. VI, 185 p. Graz [Leuschner u. Lubensky], 1889. — M. 4.50.)
278. Schulze, C. F. Pharmaceutische Synonyma nebst ihren deutschen Bezeichnungen und ihren volksthümlichen Benennungen. (Ein Handbuch für Apotheker und Aerzte. Berlin [Springer], 1889.)
279. Schulze, E. Betaïn und Cholin aus den Samen von Vicia sativa. (Ber. d. Deutsch. Chem. Ges., 1889, p. 1827.) (Ref. 39.)
280. Schulze, E. und Steiger, E. Ueber den Lecithingehalt der Pflanzensamen. (Zeitschr. f. physiol. Chemie, XIII, 4.) (Ref. 42.)
281. Selle, F. Ueber die Alkaloide der Wurzeln von Stylophoron diphyllum und Chelidonium majus. Ein Beitrag zur Kenntniss der Papaveraceenalkaloide. (Zeitschr. f. Naturw., IV. Folge, Bd. VIII, 1889, Heft 3/4.)
282. Semenow, A. Histologisch-pharmakognostische Untersuchung der vegetativen Theile der Pernambuco-Jaborandi (Pilocarpus pennatifolius Lemaire). (Arbeiten aus dem pharmaceutischen Laboratorium [Prof. Tichomirow] der Moskauer Universität. — „Pharmaceut. Zeitg. für Russland“, Jahrg. XXVIII, 1889, No. 37—41, p. 577—583, 593—597, 610—614, 629—633, 642—646; No. 42, p. 658—662; No. 43, p. 674—679; No. 44, p. 689—695; No. 45, p. 705—710; No. 46, p. 721—726; No. 47, Schluss.)

283. Snow, H. W. Oil of peppermint-examination for adulteration. (Pharm. Journ., XIX, p. 1056.)

284. Solms-Laubach, H. Graf zu. Die Heimath und der Ursprung des cultivirten Melonenbaumes (Carica Papaya L). (Bot. Ztg., 1889, p. 789.)

285. Squire, P. W. On the Proper Time for collecting Aconite Root. (Pharm. Journ., XIX, p. 645–647.) (Ref. 22.)

286. Tanret, C. Sur un nouveau principe immédiat de l'ergot de seigle, l'ergosterine. (Journ. de pharm. et de chim., 1889, p. 225.) (Ref. 34.)

287. Thiel. Sur un nouveau taenicide: le moussena. (Journ. de pharm. et de chim., 1889, p. 67.) (Ref. 33.)

288. Trabut, L. Etude sur l'Halpha, Stipa tenacissima. Mémoire, ayant obtenu le premier prix au concours par le gouvernement général de l'Algérie. 8⁰. 91 p. 22 pl. Alger (Alfr. Jourdan), 1889.

289. Trimble, H. Catechu und Gambier. (Pharm. Journ., XIX, p. 307—308.) (Ref. 86.)

290. — Canaigre. (Pharm. Journ., XX, p. 187.)

291. Trimble, H. and Schroeter, J. M. Oil of Camphor. (Pharm. Journ., XX, p. 145.)

292. — — The oils of wintergreen and birch. (Pharm. Journ., XX, p. 166.)

293. — — On Fabiana imbricata. (Amer. Journ. of Pharm., 1889, p. 405.)

294. Valenta, E. Ucuhubafett. (Zeitschr. f. angew. Chem., 1889, p. 3.) (Ref. 48.)

295. — Ueber das Palmkernöl und dessen Zusammensetzung. (Zeitschr. f. angew. Chem., 1889, Heft 12.)

296. Ventre. Quelques notes sur la fabrication du sucre et le traitement de la canne en Egypte. (Bull. de l'Inst. égypt. du Caire. Sér. II. [1888], No. 9. Le Caire, 1889.)

297. Villada, Manuel. Apuntes acerca de plantas indígenas de la familia de las Compuestas, empleadas en la medicina. (Gac. med. de Mexico, 1889, p. 241.)

298. Villers, von und Thümen, F. von. Die Pflanzen des homöopathischen Arzneischatzes medicinisch und botanisch bearbeitet. Lief. 1. 4⁰. 8 p. 1 col. Tafel. Dresden (W. Baensch), 1889. — M. 1,50.

299. Vincent, C. et Delachanal. Sur la sorbite et sur sa présence dans divers fruits de la famille des Rosacées. (Journ. de pharm. et de chim., 1889, p. 453.)

300. Waage, Theod. Kunst- und Naturkaffeebohnen. (Naturw. Wochenschr., 1889, p. 155.)

301. Wallach. Aetherische Oele. (Lieb. Ann. d. Chem., 1889, p. 94.)

302. Ward, H. M. Timber and some of its diseases. With illustr. London (Macmillan), 1889. 304 p. 8⁰.

303. Warden, C. J. H. Embelia ribes. Second Notice. (Pharm. Journ., XIX, p. 305.) (Ref. 76.)

304. — Margosa Oil. (Pharm. Journ., XIX, p. 325—326.) (Ref. 50.)

305. Washburn, J. H. Ueber den Rohrzucker des Maiskorns und über amerikanischen Süssmais in verschiedenen Stadien der Reife. Göttingen (Van den Hoeck et Ruprecht), 1889. 35 p. 8⁰.

306. Washburn und Tollens. Ueber Mais und Gewinnung von krystallisirtem Rohrzucker aus demselben. (Ber. d. Deutsch. Chem. Ges., 1889, No. 7.)

307. Werner. Mandragora-Alkaloide. (Lieb. Ann. d. Chem., 1889, p. 312.)

308. Wheeler, H. J. Untersuchungen über die Xylose oder den Holzzucker, die Pentaglykose aus Buchen- und Tannenholzgummi, sowie aus Jute. Göttingen (Van den Hoeck et Ruprecht), 1889. 31 p. 8⁰.

309. Wheeler, H. J. und Tollens, B. Ueber die Xylose (Holzzucker) und das Holzgummi. (Ber. d. Deutsch. Chem. Ges., 1889, p. 1046.) (Ref. 84.)

310. White, J. F. Indigo Stem Ash. (Chem. News, vol. 59. London, 1889. p. 244.) (Ref. 73.)

311. Wiepen, Ed. Die geographische Verbreitung der Cochenillezucht. Mit 1 Karte. (Progr. d. höheren Realschule in Cöln 1889. 4⁰. 44 p. Cöln, 1889.)

312. Wilbuchewicz, Eug. Histologische und chemische Untersuchungen der gelben und rothen amerikanischen und einiger cultivirter Java-Chinarinden der Sammlung des Dorpater pharmaceutischen Institutes. (Inaug.-Diss. 8⁰. 80 p. Dorpat, 1889.) — M. 1,50.

313. Wily, H. W. Sweet Cassava, Jatropha Manihot. (Botan. Gazette, 1889, p. 71.)

314. Wills, G. S. V. A manual of vegetable materia medica. With numerous illustrations and woodcuts. 11th edition. 8⁰. 480 p. London (Simpkin), 1889. — Sh. 10,6.

315. Wilson, J. H. Note on Ginseng. (Pharm. Journ., XIX, p. 2–3.) (Ref. 107.)

315a. — Note on a new adulterant of Pulvis Acaciae. (Pharm. Journ., XIX, p. 960.)

316. Wysman, H. P. V. De diastase beschouwd als mengsel van maltase en dextrinase. 128 p. 1 Taf. Amsterdam (C. A. Spin en Zoon), 1889. (Ref. 114.)

317. Wyss, A. Ueber den Milchsaft von Hippomane Manzanillo. (Der Fortschritt, 1889, No. 14/15.)

318. Zehenter, Jos. Pharmacognostische Notizen. (Aus dem Pharmak. Instit. d. Univ. Innsbruck. — Pharmac. Post, 1889, No. 9, p. 145–147.)

319. Zoebl, A. Die zweite mährische Braugerste-Ausstellung in Brünn. (Ber. d. K. K. Mähr.-Schles. Ackerbaugesellsch. Brünn, 1889.)

320. Zune, A. Traité de microscopie médicale et pharmaceutique, vol. 1. Bruxelles (Lamertin), 1889. 139 p. 8⁰. av. 41 fig. intercalées dans le texte.

---

1. **Arnaud** (10), der vor Kurzem zwei in ihren Eigenschaften und physiologischen Wirkungen ähnliche krystallisirte Körper, das Ouabaïn $C_{30}H_{46}O_{12}$, aus dem Holze von *Acocanthera ouabaïo* stammend, und das Strophanthin $C_{31}H_{48}O_{12}$ aus den Samen von *Strophanthus Combe* beschrieb, hat den von Hardy und Gallois aus *Strophanthus glaber* erhaltenen krystallisirten, aber aus Mangel an Material nicht näher untersuchten Körper, der zu Pfeilgift Verwendung findet, eingehender studirt. Die zerstossenen Samen wurden durch starkes Pressen zwischen ungeleimtem Papier von dem grössten Theile ihres Oelgehaltes befreit, fein gepulvert und mit 70proc. Alkohol, unter Zusatz von etwas Calciumcarbonat, mehrere Tage hindurch bei einer 60⁰ nicht übersteigenden Temperatur macerirt, der Auszug im Vacuum bis zur Syrupdicke verdunstet, der Rückstand in H_2O von 50⁰ gelöst, filtrirt und das Filtrat im Vacuum getrocknet. Man erhielt 4,7 % vom Gewicht der benutzten Samen Krystalle, die äusserst kleine, durchsichtige, rechteckige Blättchen darstellten. Ihr Schmelzpunkt liegt bei 185⁰, sie sind in 150 Theilen H_2O von 8⁰ löslich. Eine wässrige Lösung derselben dreht die Polarisationsebene nach links. In ihren Eigenschaften und ihrer Zusammensetzung stimmen sie mit dem Ouabaïn überein und besitzen somit nach dem Trocknen bei 100⁰ die Formel $C_{30}H_{46}O_{12}$. H_2O. (Durch Arch. d. Pharm., 1889, p. 469.)

2. **Fraser** (82) giebt die botanischen Eigenthümlichkeiten der Pfeilgiftpflanze *Strophanthus hispidus*. Die auf Afrika beschränkte Pflanze ist ein Klettergewächs. Die dicke Wurzel ist unregelmässig eingeschnürt. Die verdickten Abschnitte zeigen eine starke Entwicklung der Reservestoffe enthaltenden Rinde. Der Stamm ist mit einer tief gefurchten Korkschicht bedeckt, die an den gegenständigen Zweigen dünner und glatt ist. Alle Axen enthalten einen sauren und bitteren Saft; der des Stammes ist klebrig und wird an der Luft bald milchig. Die einfachen Blätter sind oval zugespitzt, gegenständig, kurz gestielt oder sitzend, beiderseits kurz behaart. Die Deckblätter sind dicht behaart. Blüthenbau s. Bentham und Hooker. Für die Früchte giebt Verf. ausführliche Uebersichten über Grösse und Gewicht der Schale, des Endokarps, der Placenta, der Samenhaare, Zahl, Grösse und Gewicht der Samen. Namentlich auf die letzteren, auf ihre Haare und auf die durch letztere bewirkte Aussäung der Samen geht Verf ein. Von sämmtlichen Pflanzentheilen werden auch die mikroskopischen Verhältnisse abgebildet. Er bespricht ferner den Gebrauch des Giftes

in der Heimath der Pflanze und bildet eine Anzahl mit ihrem Saft versehener Pfeile ab. Seine chemischen Untersuchungen betreffen 1. die Samen. Es werden ausführliche Analysen unter Berücksichtigung der in Aethyläther, Alkohol und Wasser löslichen Stoffe, sowie unter Trennung der Samenschalen, der Keimblätter und des Embryos gegeben. Die Reactionen des Alkoholextractes werden geschildert. Sodann wird auf das Strophanthin, $C_{16} H_{26} O_8$, auf das Strophanthidin und auf die Combinsäure eingegangen; 2. erforschte Verf. die Chemie anderer Pflanzentheile: der Haare, der Placenta, des Endokarps, des Perikarps, der Blätter, der Rinde der Zweige und des Stammes, der Wurzel. Das Strophanthin fehlte allein in der Rinde. Matzdorff.

3. **Arati** und **Canzoneri** (7) berichten über Quina morada. Unter dieser Bezeichnung ist in einigen Districten von Bolivia und Nordargentina eine Rinde bekannt, die in therapeutischer Hinsicht der echten Chinarinde nahesteht. Der Name scheint jedoch für verschiedene Rinden in Gebrauch zu sein, denn Verf. haben als „Quina morada" eine falsche Chinarinde erhalten und festgestellt, dass dieselbe das Product von *Pogonopus febrifugus* Benth. et Hook., einer Rubiacee, ist. Sie haben aus dieser Rinde ein Alkaloid isolirt, welches „Moradeïn" genannt wurde, ferner eine Gerbsäure und eine fluorescirende Substanz, welche als „Moradin" bezeichnet wurde. Moradeïn wurde in farblosen, opaken Prismen erhalten, die in H_2O wenig, in Alkohol leicht, in Aether und Chloroform weniger leicht löslich sind. Der Schmelzpunkt liegt bei 199,5° C. Eine Elementaranalyse konnte aus Mangel an Material nicht ausgeführt werden.

Genauer studirt wurde dagegen die fluorescirende Substanz, das Moradin, das in vielen Punkten dem von Eykmann in *Scopolia japonica* entdeckten Scopoletin gleicht, hinsichtlich der Formel, die aus zahlreichen Analysen zu $C_{16} H_{14} O_8$ festgestellt wurde, sich aber von letzterem unterscheidet. Moradin schmilzt bei 201,5° C., ohne sich zu verflüchtigen und hat saure Eigenschaften. (Durch Arch. d. Pharm.)

4. **Liebermann** (186) weist nach, dass im Gegensatz zu den Angaben von O. Hesse das aus Cocablättern dargestellte Hygrin nicht ein einheitlicher Körper von der Formel $C_{12} H_{18} N$ ist, sondern aus einer ganzen Reihe flüssiger Basen besteht, von denen Verf. aus Mangel an Material nur die niedrigst- und höchstsiedende untersuchen konnte. Erstere hat die Formel $C_8 H_{15} NO$, ist jedoch von dem gleich zusammengesetzten Tropin ganz verschieden, letztere liess sich bei gewöhnlichem Druck nicht unzersetzt destilliren; aus ihrer Lösung in Alc. absol. fällt sie durch alkoholische HCl als Chlorhydrat von der Zusammensetzung $C_{14} H_{24} N_2 O . 2 HCl$ in weissen krystallinischen Flocken. (Durch Arch. d. Pharm., 1889, p. 462.)

5. **Liebermann** (185) gelangte im Verlaufe seiner Arbeiten über das Cocaïn zu einem künstlichem Isatropylcocaïn, welches mit dem von ihm unter den Rohproducten der Cocaïndarstellung aufgefundenem (vgl. Arch. d. Pharm., 1888, p. 1028) nicht identisch ist. Der synthetische Aufbau desselben geschah durch Erhitzen von Ecgonin mit γ-Isatropasäureanhydrid und $H_2 O$ im Wasserbade und Behandeln des so erhaltenen Isatropylecgonins in methylalkoholischer Lösung mit Salzsäuregas. Auf dieselbe Weise erhielt Verf. aus Ecgonin und Anissäureanhydrid zunächst das Anisylecgonin und dann das Anisylcocaïn.

Wie H. Frankfeld (Ber. d. Deutsch. Chem. Ges., 1889, 22, p. 133) feststellte, befindet sich unter den Nebenproducten des Cocaïns auch Cinnamylcocaïn in nicht unbeträchtlicher Menge. (Arch. d. Pharm., 1889, p. 275.)

6. Ein Aufsatz über *Erythroxylon Coca* u. verw. Arten (46) giebt zunächst die Analysen einer Anzahl Proben von *Coca*-Blättern aus Ceylon, Britisch Guiana, Java, Jamaica, St. Lucia, verschiedenen ostindischen Orten. Mehrere derselben gehören der Varietät *novo-granatense* an. An höher gelegenen Oertlichkeiten gedeiht die Stammart am besten; sie liefert reichlich krystallisirbares Cocaïn. Die genannte Abart gedeiht an tiefer gelegenen Orten gut, sie giebt gleichfalls reichlich Cocaïn, doch ist ein grosser Theil davon nicht krystallisirbar. Schoten, Rinde und Blattsaft von *E. areolatum* dienen zum medicinischem Gebrauch; *E. monogynum* enthielt ein creosotisches Oel; *E. montanum*, *E. laurifolium*, *E. retusum*, *E. ovatum* enthalten auch Cocaïn, doch höchstens 1/10 so viel wie *E. Coca*; *E. macrophyllum* liess keine Spur des Alkaloids erkennen. Matzdorff.

7. **Glenk** (93) erhielt im Bodensatz der alkoholischen Tinctur aus der Wurzel von *Piper methysticum* und auch nach Abdampfen der Tinctur als krystallinischen Niederschlag Methysticin, das — 1844 von Morton entdeckt — sich mit conc. $H_2 SO_4$ prächtig karminroth färbt, nach 1—2 Stunden aber braun wird. Conc. HNO_3 löst es mit röthlichbrauner Farbe; conc. HCl giebt orangerothe Farbenreaction. Mit oxydirenden Agentien behandelt wird Methysticin zersetzt unter Entwicklung eines starken heliotropähnlichen Geruches, der sehr charakteristisch ist und auch in verdünnten Lösungen auftritt. (Durch Arch. d. Pharm., 1889, p. 421.)

8. **Holfert** (132) behandelt Anatomie, Eigenschaften und Verwendung der Kawa oder Yakona genannten Wurzel, die von *Piper methysticum* Forst. stammt.

9. In Columbien werden (48) von **Chinarindenbäumen** cultivirt *Cinchona Ledgeriana, officinalis, lancifolia* und *pitayensis,* von denen die beiden letzten die besten einheimischen sind. Eine Pflanzung südlich in Tolima enthält 80 000 Stück *C. lancifolia,* eine zweite zu Chaparral in Tolima besteht aus 450 000 Bäumen verschiedener Art, *C. Ledgeriana, succirubra, Thomsoniana, officinalis,* Jamaicabastard. Verf. giebt eine Uebersicht über den Gehalt an Chinin (am meisten 3½ Jahre alte *succirubra*, 7500 Fuss hoch), Cinchonidin (Max. 3 Jahr alte *succirubra* aus gleicher Höhe), Cinchonin (erstgenannte *succirubra*) und Chinidin (3½ Jahre alte *officinalis* von 8000 Fuss). Die dritte der bedeutenderen Pflanzungen ist bei Bogotá. — Von den beiden brauchbarsten einheimischen *Cinchona*-Arten enthält *lancifolia* viel Chinin, aber wenig andere Alkaloide; *pitayensis* verhält sich entgegengesetzt und liefert namentlich Chinidin. — Es folgen Bemerkungen über *Remijia purdieana, R. pedunculata, Eucalyptus globulus, E. citriodora, E. rostrata* und *E. saligna.*
Matzdorff.

10. **Hooper** (146) untersuchte die rothe Chinarinde (von *Cinchona succirubra* Pav.) und die Kronenrinde (von *C. officinalis* Hook.) auf ihren Gehalt an Alkaloide, um sodann Bastarde zwischen beiden Arten zu prüfen. Die Typen für die drei genannten sind:

	succirubra	*officinalis*	Bastard
Chinin	1.40	2.93	2.16
Cinchonidin	2.25	1.40	1.82
Cinchonin	1.92	0.42	1.17
amorphe Alkaloide .	0.68	0.42	0.56
Chinidin	—	0.08	0.04

Auch die Bastarde *magnifolia* und *pubescens,* von denen der erstere *officinalis,* der letztere *succirubra* näher steht, wurden untersucht; 25 Proben ergaben zusammen das Resultat: Chinin 41.2, Cinchonidin 40.9, Chinidin 0.5, Cinchonin 9.7 und amorphe Alkaloide 7.7 %. Zum Schluss vergleicht Verf. Hybride aus Jamaica, den Nilgiris und von Mongpu.
Matzdorff.

11. Nach dem Bericht des Directors der **Chinapflanzungen** (49) van Romunde sind im dritten Quartal 1888 rund 125 000 kg Bast gesammelt. Die Ernte von 1888 betrug bis dahin rund 500 000 Pfund, wovon bis Ende September 405 303 Pfund nach Batavia abgeliefert waren. (Durch Arch. d. Pharm., 1889, p. 424.)

12. **Martin** (204) untersuchte die Wirkung der in den Samen von *Abrus precatorius* enthaltenen Albumose (s. Martin u. Wolfenden). Dieselbe ähnelt den peptonähnlichen Körpern, die sich im Schlangengift finden, und ihre Wirkung ist die gleiche giftige wie die des Paraglobulins, das neben ihr in den genannten Samen vorkommt. Erhitzung auf 80—85° C. zerstört die Schädlichkeit.
Matzdorff.

13. **Martin** und **Wolfenden** (205) untersuchten die physiologische Wirkung der wässrigen Infusion der Samen von *Abrus precatorius,* die die Bindehaut des Auges inflammirt und unter die Haut injicirt, Thieren tödtlich ist. Diese auf Bacillenthätigkeit zurückgeführten Wirkungen wurden von Warden und Weddell als von einem Eiweisskörper, dem „Abrin", herrührend erklärt, Martin fand zwei, ein Pflanzenparaglobulin und die α-Pflanzenalbuminose. Verff. stellen nun fest, dass das Globulin die giftige Wirkung ausübt. Sie wird durch Erhitzung auf 75—80° C. zerstört.
Matzdorff.

14. **Lasché** (177) untersuchte die als giftig geltenden Ericaceen *Kalmia angustifolia* L. (Blätter und Zweige), *K. latifolia* L. (Früchte) und *Monotropa uniflora* L. (ganze Pflanze) und fand in allen dreien Andromedotoxin.

15. **Power** und **Werbke** (248) untersuchten die Blätter von *Gaultheria procumbens* L. Sie fanden Methylsalicylat $C_6 H_4 . OH. CO_2 CH_3$, Gaultherilen $C_{10} H_{16}$, Gummi, Tannin und (?) Quercitrin, doch kein Andromedotoxin. Matzdorff.

16. **Plugge** (244) hat seit seinen letzten Angaben über die Verbreitung des Andromedotoxins (Arch. d. Pharm., 1885, p. 905; Pflüger's Arch. f Physiol., XL [1887], p. 480) Gelegenheit gehabt, weitere Untersuchungen, die sich speciell auf die Ericaceen beziehen, anzustellen; dieselben lehren, dass in dieser Familie bisher

Andromedotoxin enthalten: *Andromeda japonica* Thunb., *A. polifolia* L., *A. Catesbaei* Walt., *A. calyculata* L., *Rhododendron ponticum* L., *R. chrysanthum* L., *R. hybridum*, *R. maximum* L., *Azalea indica* L., *Kalmia latifolia* L.;

Andromedotoxinfrei sind: *Rhododendron hirsutum* L., *Ledum palustre* L., *Clethra arborea*, *C. alnifolia*, *Arctostaphylos officinalis* Wimm., *Chimophila umbellata* Nutt., *Andromeda (Oxydendron) arborea* L. und *Gaultheria procumbens* L.

17. **Claassen** (50) bespricht Darstellung und Eigenschaften des Cephalanthins, eines Bitterstoffes aus *Cephalanthus occidentalis*, welcher Strauch, zur Gruppe der Rubiaceae-Cinchoneae gehörig, in den Sümpfen Nordamerikas häufig vorkommt und button bush oder auch swamp dogwood genannt wird. In Louisiana benutzt man das Kraut gegen Wechselfieber und Husten.

18. **Gerrard** und **Symons** (89) untersuchten die Eigenschaften des aus *Ulex europaeus* gewonnenen „Ulexins"; seine Zusammensetzung ist $C_{11} H_{14} N_2 O$. Matzdorff.

19. **Dymock** und **Hooper** (70) schildern die Himalaya-Pflanze *Podophyllum Emodi* und ihre chemischen Eigenschaften. Sie ähnelt in botanischer und technischer Beziehung (Gehalt an Podophyllin) völlig dem amerikanischen *P. peltatum*. Matzdorff.

20. **Elborne** (73) fand in den Samen von *Cassia Tora* L. Emodin, auf dessen Anwesenheit wahrscheinlich die medicinische Wirkung der im Sanskrit Chakra mardana genannten Pflanze beruht. Matzdorff.

21. **Fischer** (77) fand analytisch in *Grindelia robusta* Oleoresin, Pectin und ein Alkaloid. Matzdorff.

22. **Squire** (285) kommt auf Grund sorgfältiger mikroskopischer Untersuchungen, die durch einige Abbildungen von Querschnitten durch die Wurzeln von *Aconitum Napellus* illustrirt werden, zu dem Resultat, dass diese im Herbste voll Stärke und am entwickeltsten sind, dass sie in dieser Zeit die beste Wirkung ausüben und also auch gesammelt werden müssen. Matzdorff.

23. **Holmes** (135) cultivirte, um eine feste Form von *Aconitum Napellus*, das in vielen Abarten und zum Theil auch gekreuzt mit anderen Arten, wie *A. variegatum*, *paniculatum* u. a. gezogen wird, behufs Gewinnung einer gleichartigen Menge des Wurzelstocks, der man einer genauen chemischen Untersuchung zu Grunde legen könnte, zu erlangen, drei aus Colchester, St. Neots und Riverhead stammende, sämmtlich dem typischen *A. Napellus* möglichst nahe Formen. Gegen eine Verwechslung mit verwandten Arten schützten Beobachtungen an den jungen Pflanzen, die nach den Erfahrungen des Verf.'s allein sich scharf erkennen lassen, während die älteren Exemplare in Blattform verwandten Arten oft gleichen. Auch Bastarde mit den beiden genannten Arten wurden sorgfältig beobachtet. Die drei erwähnten Formen zeigten kleine, aber deutliche Unterschiede bei der physiologischen Prüfung der Samen, der chemischen und anatomischen Untersuchung des Wurzelstockes u. a. m. Matzdorff.

24. **Freund** (83) erhielt beim Ausschütteln des Wurzelextractes von *Hydrastis canadensis* mit Aether Meconin $C_{10} H_{10} O_4$.

25. **Holfert** (130) bespricht die Anatomie, Chemie und Präparate von *Hydrastis canadensis* L.

26. **Reiss** (261) stellte aus der in den Samen als Reservestoff abgelagerten Cellulose eine neue Zuckerart, Seminose, dar. Bei sehr vielen Samen sind die Zellwände des Endosperms und der Cotyledonen stark verdickt. Die Wandverdickungen, welche als Reservestoff für den Embryo dienen, bestehen entweder aus Amyloid *(Tropaeolum, Impatiens, Primula)*, oder aus Cellulose (Dattel, Steinnuss, Brechnuss etc.). Bei der Behandlung dieser Cellulose mit H_2SO_4 wurde als Endproduct eine rechtsdrehende, Fehling'sche Lösung reducirende und der alkoholischen Gährung fähige Zuckerart erhalten, die Verf. Seminose nennt. Dieselbe konnte zwar noch nicht krystallisirt erhalten werden, lieferte aber mehrere krystallisirte und so charakteristische Verbindungen, dass zweifellos eine neue Zuckerart vorliegt.

Die Seminose ist ein schwach gelblicher, vollkommen klarer, süsser Syrup, der einen angenehm bitteren Nachgeschmack hat. Sie konnte gewonnen werden bei Palmen, Liliaceen, Irideen, Loganiaceen und Rubiaceen. (Durch Arch. d. Pharm. 1889, p. 462.)

27. **Bargioni** (16) beschreibt das von Fahlberg und Remsen aus dem Toluen bereitete Sacharin ($C_7H_5O_2NS$) und die Gewinnungsmethode dieses Imides. Verf. giebt auch die Reactionen, Eigenschaften und die physiologische Wirkung dieser organischen Verbindung an, sowie die Mittel zu deren Erkennung im Innern der Speisewaaren.

Solla.

28. **Dunstan** (65) fand in *Celtis reticulosa* Skatol, das in allen Kennzeichen mit dem synthetisch gewonnenen übereinstimmte. Indol fand sich nicht. Die Pflanze riecht frisch und getrocknet schlecht.

Matzdorff.

29. **Hardy** und **Gallois** (109) bringen einige Mittheilungen über das Anagyrin, den wirksamen Bestandtheil von *Anagyris foetida* L., die von den bisher publicirten Angaben über dieses Alkaloid abweichen; zugleich wird die Darstellungsmethode desselben ausführlich angegeben.

30. **Meyer** (212) hat nachgewiesen, dass in den Früchten des *Capsicum annuum* L. das Capsaicin nicht, wie man bisher glaubte, in der ganzen Frucht gleichmässig verbreitet ist, sondern nur in einem ganz bestimmten Theile derselben seinen Sitz hat. Prüft man die einzelnen Theile einer Frucht, deren Samen noch an den Placenten festsitzen, auf ihren Geschmack, so findet man, dass weder die rothe Fruchtwand, noch die Samen scharf schmecken, erstere sogar im Gegentheil von süssem Geschmack ist. Dagegen sind die hellgelbrothen Placenten äusserst scharf und besonders intensiv schmecken Tröpfchen einer hellgelben Flüssigkeit, die an den Placenten hängen. Theilt sich jene Flüssigkeit den übrigen Fruchttheilen mit, so schmecken sie gleichfalls scharf. Durch umständliche Darstellung erhielt M. aus den Placenten 0,9 % Capsaicin (0.02 % auf die Frucht berechnet).

31. **Kossel** (169) fand in einer grösseren Menge Extractes, der durch Ausziehen von Theeblättern mit Alkohol gewonnen und aus dem der grösste Theil des Caffeïns durch Krystallisation entfernt war, eine neue Base, Theophyllin; er behandelt die Darstellungsmethode und giebt als Formel der neuen Base $C_7H_8N_4O_2 + H_2O$ an. Die Zusammensetzung des Theophyllins stimmt somit mit der des Theobromins und Paraxanthins überein; mit keiner der beiden Substanzen ist das Theophyllin indessen identisch.

32. **Ladenburg** und **Oelschlägel** (173) berichten, dass, nachdem vor einigen Jahren von Nagai Ephedrin aus *Ephedra vulgaris* dargestellt worden ist, es nunmehr gelungen ist, aus *Ephedra* einen zweiten Körper zu isoliren, der den Namen Pseudoephedrin und die Formel $C_{10}H_{15}NOHCl$ als Chlorhydrat hat und aus letzterem durch Fällen mit Kaliumcarbonat, Ausschütteln mit Aether und Verdunsten in schönen Krystallen von schwachem, aber sehr angenehmem Geruch erhalten werden kann.

33. **Thiel** (287) theilt seine Untersuchungen über Moussena, einen in Abyssinien wachsenden, zur Familie der Leguminosen gehörenden Baum, *Acacia anthelminthica* Baill. mit, in dessen Rinde er eine in ihrem chemischen Verhalten dem Saponin ähnliche Substanz fand, die er als Moussenin bezeichnet. Die gepulverte Rinde wird in Dosen von 40—60 g allein oder mit Honig oder Milch gemischt verabreicht, ihre Wirkung auf den Bandwurm äussert sich gewöhnlich am folgenden Tage.

34. **Tanret** (286) hat aus dem Mutterkorn eine dem Cholesterin sehr ähnliche, aber durch ihre chemische Zusammensetzung von letzterem unterschiedene, krystallisirte

Substanz dargestellt, die er als Ergosterin bezeichnet, deren Gewinnung und Eigenschaften ausführlich besprochen werden.

35. **Ahrens** (2) stellte aus dem durch Extraction der gepulverten *Mandragora*-Wurzel erhaltenen Rohalkaloid durch Behandlung mit HCl und concentrirter Sublimatlösung ein Quecksilberdoppelsalz dar, reinigte dieses durch Umkrystallisiren aus heissem Wasser, zerlegte es durch H_2S, übersättigte die Lösung des Chlorhydrats mit Kaliumcarbonat und schüttelte mit Chloroformäther aus. Das auf diese Weise erhaltene reine Mandragorin ist nach dem Stehen über H_2SO_4 eine farb- und geruchlose, durchsichtige, glasige Masse, welche aus der Luft Feuchtigkeit anzieht und zerfliesst. Die Zahlen der Elementaranalyse lassen es fraglich, ob dem Mandragorin die Formel $C_{17}H_{23}NO_3$ zukommt, es also ein Isomeres der Belladonnaalkaloide ist, oder $C_{17}H_{25}NO_3$, in welchem Falle es eine Hydroverbindung wäre. Verf. theilt dann noch die Reactionen des Alkaloids mit.

36. **Perkin** (239). Das gelbe Alkaloid von *Berberis vulgaris*, das Berberin, wurde 1826 als Xanthopicrit in *Xanthoxylum clava Herculis* entdeckt. Es wurde gefunden in *Cocculus palmatus, Caelocline polycarpa, Coscinium fenestratum, Xanthorrhiza apiifolia, Hydrastis canadensis, Coptis tecta.* Verf. untersuchte das Alkaloid, seine Eigenschaften und viele Derivate aufs neue und fand, dass seine Zusammensetzung $C_{18}H_{11}NO_2(COH_3)_2$ ist. Er gewann ferner das Sulfat einer neuen Base $C_{18}H_{11}NO_2(OH)_2$, die er Berberolin benennt. Matzdorff.

37. **Kremel** (170) giebt eine Methode an, durch die er aus guter Rhizoma Veratri 1.3—1.5 Gesammtalkaloide (Jervin und Veratroidin) in Form von weissen Schuppen und mikroskopischen Prismen erhielt.

38. **Bielkin, Kobert** und **Pachorukoff** (25) behandeln die Eigenschaften der Panamarinde *(Quillaja saponaria, smegmadermos* und *brasiliensis).*

39. **Schulze** (279) erhielt aus 20 kg Wickensamen 11—12 g Betaïn und 3—3.5 g Cholin.

40. **Kennedy** (165) schildert die botanischen, chemischen und physiologischen Eigenschaften des in Texas in dem Rufe, Wahnsinn zu erregen, stehenden *Astragalus mollissimus*, des „Locostrauchs". Ein bestimmtes Alkaloid ist vorhanden, konnte jedoch nicht genau dargestellt werden. Physiologische Versuche mit Hunden ergaben, dass die Pflanze nicht giftig, sondern höchstens wegen ihrer Zähigkeit unverdaulich ist. Der oben erwähnte Ruf beruht auf Irrthum. — Verf. bildet eine Pflanze und einen Blüthenstand ab. Matzdorff.

41. **Cazeneuve** und **Hugounenq** (44) stellten Homopterocarpin und Pterocarpin in reinem Zustande dar aus dem rothen Sandelholze und prüften deren Verhalten gegen verschiedene Reagentien. Nach den Verff. kommt dem Homopterocarpin die Formel $C_{24}H_{24}O_6$, dem Pterocarpin $C_{20}H_{16}O_6$ zu; letzteres ist offenbar ein niedrigeres Homologon des ersteren.

42. **Schulze** und **Steiger** (280) theilen die Ergebnisse ihrer Untersuchungen mit, die sich auf den Nachweis des Lecithins in Lupinensamen bezogen und aus welchen folgt dass der in Aether lösliche Theil des Alkoholextractes aus entfetteten Lupinensamen Lecithin enthält.

43. **Ransom** (253) untersuchte Wurzel und Stamm von der der Ipecacuanha verwandten *Cephaëlis tomentosa* aus Trinidad. Erstere ist nicht geringelt, sondern zeigt seichte Längsfurchen. Der Querschnitt zeigt gleichfalls einen von der Ipecacuanha abweichenden Bau: eine sehr dünne Rindenschicht und reichliches hartes, grauweisses, holziges Gewebe. Der Stengel hat innere dunkelgraue Rinde und reichliches Mark. In beiden Organen fanden sich Stärke, Glycose und ein Alkaloid, letzteres in der Wurzel reichlicher als im Stengel. Emetin wurde nachgewiesen, doch in sehr geringem Maasse (60 grain nnerlich gegeben zeigten keine Wirkung). Matzdorff.

44. **Flückiger** (179) hat bereits früher in Gemeinschaft mit A. Meyer und W. Schär im Arch. f. Pharm. Bd. 1881 und 1887 Beiträge zur Kenntniss der *Strychnos Ignatii* geliefert. In vorliegender Abhandlung geht Verf. nach Darstellung der Geschichte dieser Droge auf den anatomischen Bau ein und berichtet alsdann über seine Untersuchungen auf den Gehalt der Stammstücke an Alkaloiden, aus denen sich ergiebt, dass in der Stammrinde der *Strychnos Ignatii* mehr Strychnin als Brucin vorhanden ist; dass das Stammholz

ziemlich alkaloidreich genannt werden muss, während das Wurzelholz weit weniger Strychnin enthält; Brucin konnte Verf. in letzterem nicht unzweifelhaft nachweisen. Blätter und Fruchtschalen sind frei von Alkaloid. Das lufttrockene Holz gab 7.493 bis 8.301 % Asche, die durch einen nicht unerheblichen Mangangehalt bräunlichgefärbt erschien; auch in der Fruchtschale und in den Samen kehrt dieser Mangangehalt wieder. In der Asche der letzteren wurden ausserdem 21.481 % Kieselsäure gefunden.

45. **Garzarolli** (87) behandelt Strychninverbindungen, die kein botanisches Interesse aufweisen.

46. **Holfert** (128) theilt mit, dass die in der indischen Pharmakopöe als Mudar bezeichnete Wurzelrinde der *Calotropis gigantea* R.Br. in den Handel kommt und macht nähere Angabe über die Anatomie der Droge, deren Wirkung der der Ipecacuanha ähnlich ist; auch die Wurzelrinde der *Calotropis procera* R.Br. wird wie der Mudar benutzt.

47. **Hell** und **Twerdomedoff** (121) theilen mit, dass das in den Wurzelknollen (Erdmandeln) von *Cyperus esculentus* neben Zucker in beträchtlicher Menge auftretende, bisher noch nicht untersuchte fette Oel von gelblicher Farbe ist und einen nicht unangenehmen, etwas an gebranntem Zucker erinnernden Geschmack besitzt; bei gewöhnlicher Temperatur ist es flüssig. Es besteht im Wesentlichen aus Oelsäureglycerid mit Beimischung von Myristicinsäureglycerid. Höhere Fettsäureglyceride konnten nicht constatirt werden.

48. **Valenta** (294) fand, dass das unter dem Namen Ucuhubafett in den Handel kommende gelbbraune Fett, das von *Myristica*-Arten Südamerikas stammt, 94.4 % Fettsäuren, darunter 8.8 % freie Fettsäuren enthält. Die feste Fettsäure besteht aus Myristinsäure, die flüssige aus Oelsäure. Das rohe Fettsäuregemenge enthält ca. 90 % Myristinsäure neben etwas Harz und Wachs und ca. 10 % Oelsäure. (Durch Arch. d. Pharm., 1889.)

49. **Jahns** (153) untersuchte rohes Myrtenöl und das daraus gewonnene Myrtol, welche, aus den Blättern der *Myrtus communis* L. gewonnen, schon vor längerer Zeit als Desinfectionsmittel und vortreffliches Antisepticum empfohlen wurden. Das als spanisches Myrtenöl bezeichnete Product war von hellgelber Farbe und 0.910 sp. Gew. bei 16°; es ist stark rechtsdrehend ($\alpha_D = +26.7°$). Der fractionirten Destillation unterworfen, fing es bei 160° an zu sieden. Die zunächst in Abständen von 10 zu 10° aufgefangenen Fractionen betrugen bei 240° etwa 80 %, der nicht weiter berücksichtigte Rückstand bestand aus hochsiedenden, zum Theil verharzten und polymerisirten Terpenen. Nach wiederholter Destillation der Einzelfractionen wurden folgende Bestandtheile isolirt: 1. ein rechtsdrehendes Terpen $C_{10}H_{16}$, das nach seinem physikalischen und chemischen Verhalten als Rechtspinen anzusprechen sein dürfte; 2. Cineol, $C_{10}H_{18}O$; durch fractionirte Destillation allein war dieser Körper nicht rein zu erhalten; er war noch mit Pinen gemengt. Verf. hat dasselbe jedoch auch rein dargestellt; 3. wahrscheinlich ein Campher, wahrscheinlich der Formel $C_{10}H_{16}O$ entsprechend, in sehr geringer Menge, der nicht in reinem Zustande zu isoliren war.

Das untersuchte Oel besass somit dieselbe Zusammensetzung wie das der Chekenblätter (*Myrtus Cheken*), das kürzlich von Weiss (Arch. d. Pharm., 1888, p. 666) untersucht wurde; es gleicht ebenso dem Oel von *Eucalyptus globulus*, enthält aber weniger Cineol als dieses. Das sogenannte Myrtol ist ein Gemenge von Rechtspinen und Cineo. und wäre besser als rectificirtes Myrtenöl zu bezeichnen.

50. **Warden** (304) fand im Margosaöl, gewonnen aus den Samen von *Melia Azedaracht* ein Alkaloid, eine Harzsäure und andere Körper mehr. Matzdorff.

51. **Bornemann** (28) giebt eine vollständige Beschreibung der Oelgewinnung durch Pressung und Extraction, sowie der Reinigung und Bleichung der Oele. Die wichtigeren fetten Oele werden in ihren physikalischen und chemischen Eigenschaften ausführlich geschildert. Die 12 Tafeln des Atlas sind mit grosser Präcision ausgeführt.

52. **Moss** (222) untersuchte von *Mentha arvensis* var. *piperascens* (der Stammpflanze des japanischen Pfefferminzöls), die in England gezogen war, gewonnenes Oel. Matzdorff.

53. **Hooper** (147) untersuchte das Oel der Nüsse von *Calophyllum Inophyllum* L. Es gehört in die Gruppe des Baumwollsamenöls. Matzdorff.

54. Das Stearopten des **Oleum Rosae** (231) ist ein Kohlenwasserstoff $C_n H_{2n}$, der durch Kochen mit alkoholischer Kalilauge nicht verändert wird, während Walrat — im Wesentlichen Palmitinsäurecetyläther — der Verseifung unterliegt; es ist sonach nicht schwer, einen etwaigen Zusatz von Walrat zum Rosenöl nachzuweisen. Man bestimmt zunächst die Menge des Stearoptens, indem man das Oel mit der 10fachen Menge 75proc. Weingeistes auf 70—80° erwärmt, dann auf 0° abkühlt, wobei sich das Stearopten fast gänzlich ausscheidet, und letzteres wiederholt in Weingeist löst, abkühlen lässt etc., bis das Stearopten völlig geruchlos ist. Deutsches Rosenöl enthält 32.5—34 %, türkisches 12—14 % Stearopten. Stearopten aus deutschem Rosenöl schmilzt bei 35—36.5°, solches aus türkischem bei 33.5—35°; ein Stearopten aus türkischem Oele, dem 1.7 % Walrat zugesetzt war, schmolz bei 31.5—32°. Rosenöl, das vom Stearopten möglichst befreit, ist bei 0° noch vollkommen flüssig, erstarrt jedoch in Kältemischung zu einem gelatinösen Körper. Das Stearopten selbst ist ein völlig geruchloser und somit werthloser Körper. (Durch Arch. d. Pharm., 1889, p. 415.)

55. **Mittmann** (213) constatirte im Bayöle, das bisher noch nicht Gegenstand chemischer Untersuchungen war, folgende Körper:

1. Terpene, und zwar: a. Pinen, b. nicht ganz sicher nachgewiesen, aber sehr wahrscheinlich, Dipenten, c. ein Polyterpen, wahrscheinlich Diterpen,
2. Eugenol, den Hauptbestandtheil,
3. in geringerer Menge den Methyläther des vorigen.

56. **Hennessy** (122) erhielt durch Destillation des Krautes von *Lycopus virginicus* ein ätherisches Oel von gelber Farbe. Kaltes Wasser entzog der Droge 10 % eines Gemenges, in dem Eiweiss, Gummi, etwas Gerbstoff und Extractivstoff nachgewiesen wurde. Alkohol löste 12 % eines Gemisches von Chlorophyll, Harz und bitteren Extractivstoff. (Durch Arch. d. Pharm., 1889, p. 516.)

57. **Barbaglia** (14) erhielt aus Lorbeerblättern, verschiedener Standorte und zu verschiedenen Jahreszeiten ein gelbliches trübes Oel, welches jedesmal sich gleich verhielt, natürlichen Lorbeergeruch und saure Reaction besass. Nach gründlicher Trocknung mit Chlorkalk wurde es fractionirt, abdestillirt und ergab ein Destillationsoptimum bei 171°. Bei dieser Temperatur (reducirt auf dem Barom. Std. 750.9 mm) erhält man eine farblose, leicht fliessende Flüssigkeit von aromatischem (jenem der Pfefferminze sehr ähnelnden) Geruche, welche in Wasser unlöslich ist, an der Luft sich hält, aber schon bei diffusem Lichte gelb wird. Die Elementaranalyse würde zur Formel $C_{14} H_{24} O$ führen. — Die Dampfdichtigkeit dürfte ca. 4.792 betragen; aus ihrem Verhalten erhellt jedoch, dass es sich um ein Gemenge von zwei oder mehr Körpern handeln muss, wovon der eine Sauerstoff-, der andere Kohlenwasserstoff-führend sein dürfte. — Andererseits wäre jedoch die Möglichkeit eines Gemenges nach der Formel $C_{14} H_{22} + H_2 O$ nicht von vornherein abzuweisen. — Jedenfalls hat auch Stillmann (1880) diesen Gedanken ausgesprochen, wenn auch seine Befunde an dem Oele von *Laurus californica* von den vorliegenden einigermaassen abweichen.

Solla.

58. **Cacao** (161) — eines der wichtigsten Producte von Columbia — wird in der Heimath von Arm und Reich, wie bei uns Thee und Kaffee gebraucht. Die Bezirke von Tolima und Cauca, woselbst die Cultur an den Hängen der Gebirge in 1000—3500 Fuss Höhe statt hat, produciren grosse Mengen. Der Columbiacacao ist nahezu so werthvoll wie der Venezuelacacao, jedoch im Handel wenig bekannt, da er im Lande selbst verwendet wird. Im Süden von Tolima überfiel 1887 eine Krankheit die Culturen, so dass eine Pflanzung von 12000 Bäumen statt 18000 Pfund nur 175 Pfund Cacao lieferte. Die Ursache der Krankheit ist bis jetzt noch nicht bekannt. Der Cacaobaum beginnt in den heissesten Districten mit 3½ Jahren zu tragen, in 3500 Fuss Höhe liefert er jedoch die erste Ernte erst nach 5 Jahren. Die Cultur des Baumes bezahlt sich nach den ersten 3 bis 5 Jahren sehr gut. Die Etablirung einer Cacaoplantage kommt fast doppelt so theuer als die einer Kaffeeplantage; tragen jedoch die Bäume erst einmal, so ist die Production der Samen und ihre Zubereitung für den Markt mit so wenig Aufwand von Mühe und tech-

nischen Hilfsmitteln möglich, dass der Gewinn ein sehr bedeutender ist. (Durch Arch. d. Pharm, 1889, p. 425.)

59. Nach **Gans** und **Tollens** (85) enthält der Quittenschleim weder Dextrose noch Lävulose oder Galactose, dagegen Arabinose, Holzzucker oder einen diesen nahestehenden Körper, wie die Furfuramidreaction bewies. Einstweilen konnten allerdings die relativ leicht krystallisirbaren Stoffe Arabinose und Holzzucker nicht gewonnen werden.

Der Salepschleim enthält weder Galactose noch Arabinose, wohl aber Dextrose und höchst wahrscheinlich auch Mannose; er unterscheidet sich somit wesentlich vom Quittenschleim. (Durch Arch. d. Pharm., 1889, p. 277.)

60. Wie **Jeannel** (155) berichtet, wurde *Physalis peruviana*, eine unserer *Ph. Alkekengi* nahestehende Art, vor einigen Jahren von der Société d'acclimatation im südlichen Frankreich eingeführt und angebaut. Die Früchte, welche in frostfreien Gegenden während des ganzen Winters gebildet werden, sind blassgelbe Beeren, haben die Grösse einer Kirsche, besitzen einen eigenthümlichen aromatischen, säuerlichen Geschmack und liefern mit Zucker eingekocht ein äusserst angenehm schmeckendes Compot. (Durch Arch. d. Pharm., 1889.)

61. **Schwaroff** (273) bespricht die in Transkaukasien vorkommenden Zuckersorgho und Melonen- und Kürbissorten, den Capernstrauch, wilden Hanf, die Korkeiche und die wichtigsten kaukasischen Pilze. (Bot. Centralbl.)

62. **Holmes** (139) stellt die botanischen Eigenschaften des Sternanises, *Illicium anisatum*, zusammen. Matzdorff.

63. **Peckolt** (236) giebt an, dass die Stammpflanze der Jurubeba *Solanum insidiosum* Mart. ist, während man bisher *Sol. panniculatum* L. und andere Arten dafür ansah.

64. **Pizzi** (242) ermittelte mit der Pycnometermethode das specifische Gewicht für Weizen und Mais aus je vier verschiedenen Culturen.

Weizenkörner besitzen ein specifisches Gewicht zwischen 1.275 und 1.326; Maiskörner zwischen 1.132 und 1.225.

Je nach der Natur des Bodens, je nach der Varietät der Culturpflanze erhält man verschiedene Werthe. Solla.

65. **Heckel** und **Schlagdenhauffen** (117) berichten über *Dialium nitidum* G. et P. (Solom der Eingeborenen), einen zur Unterfamilie der Caesalpinioideae gehörigen westafrikanischen Baum, dessen Früchte ihres Wohlgeschmackes wegen bei den Negern als Nahrungs- und Genussmittel sehr beliebt sind. Der schlanke, sehr viele Aeste treibende, 5—6 m hohe Baum liefert ein Holz, welches durch Festigkeit und Widerstandsfähigkeit gegen die Einflüsse des Seewassers sehr ausgezeichnet ist und deshalb zur Anfertigung von Böten benutzt wird. Die alternirenden, lederartigen, oberseits glänzenden Blätter sind unpaarig gefiedert. Die nur mit zwei Staubfäden versehenen Blüthen, denen die Blumenblätter fehlen, bilden eine mehrfach zusammengesetzte Traube. Die Frucht besitzt eine schwarze, sammetartige Schale, die ein mehlartiges, angenehm säuerlich nach Citronen schmeckendes Fruchtfleisch umschliesst, in dessen Mitte sich ein einziger glänzender Same befindet.

Verff. fanden folgende Zusammensetzung des Fruchtfleisches:

	%	Bestehend aus	%
1. In Petroleumäther und Chloroform lösliche Bestandtheile	0.035	Wachs und Spuren von Chlorophyll	0.035
2. In Alkohol lösliche Stoffe . .	30.8357	Glucose	27.4010
		freie Weinsäure	1.125
		Farbstoff und Tannin	2.3115
3. In Wasser lösliche Bestandtheile	9.450	Weinstein	6.298
		feuerbeständige Salze	0.860
		Farbstoff, Stärke, Gummi . . .	2.302
4. Unlöslicher Rückstand durch Differenz	59.6775	Holz-, Faserstoff und Farbstoffe .	59.2973
		feuerbeständige Salze	0.3802

Durch einen Gährungsprocess kann aus den Früchten ein angenehmes, berauschendes Getränk hergestellt werden. (Durch Arch. d. Pharm., 1889, p. 429.)

66. **Pedretto** (238) berichtet, dass Vanille an zwei Orten in Mexico, bei Papantea (Staat Vera Cruz) und zu Misantia vorkommt. Verf. schildert die Ernte an erstgenanntem, wichtigeren Orte. Matzdorff.

67. **Martelli** (203), mit der Bestimmung der Cellulose in den Futterkräutern beschäftigt, geht zunächst die Geschichte der verschiedenen vorgeschlagenen und modificirten Verfahren seit Henneberg durch.

Zu seinen Untersuchungen verwandte Verf. zwei verschieden vorgerichtete Heuproben aus der Umgebung von Pisa. Der Hauptzweck ging dahin aus, bei Anwendung der verschiedenen Verfahren — nämlich: der Methode von Henneberg, jener von Schulze, von Müller, von Hoffmeister und schliesslich bei Anwendung der Schweitzer'schen Mischung — eine Vergleichsskala zu erhalten, aus welcher die Zweckmässigkeit eines der Verfahren über die anderen hervorginge. — Die Praxis bewies, dass bei Anwendung der verschiedenen Verfahren auch verschiedene, selbst mit einander nicht vergleichbare Resultate erzielt wurden.

Die Schlüsse des Verf.'s gehen dahin aus: behufs einer raschen Ermittlung der Cellulose empfiehlt sich Henneberg's Verfahren, namentlich mit der von Sestini eingeführten Verbesserung der Apparate (hierüber vgl. man den Text p. 126). Will man aber reine Cellulose erhalten, so muss man nach Müller's Methode vorgehen. Solla.

68. **Kellner** und **Mori** (164) zeigen, dass der gewöhnliche japanische Thee (Sencha) bei 70—80° C. getrocknet, noch 10—11 % Wasser enthält und also leicht verdirbt. Für die Ausfuhr wird er nun noch ein zweites Mal geröstet (mit Berliner Blau und Gips versetzt und warm eingelöthet). Es handelte sich nun um die Frage, ob das Rösten ausser Wasserentziehung noch andere Veränderungen der Eigenschaften des Thees herbeiführt. Das Aroma wird jedenfalls verstärkt. Ob aber neues ätherisches Oel gebildet oder ob nur seine Verflüchtigung durch das Trocknen begünstigt wird, konnte aus Mangel einer genauen Analyse des Theeöls nicht festgestellt werden. Die chemische Untersuchung ergab, dass durch das Rösten der Wassergehalt auf 3—4 % vermindert wird, dass Theïn verloren geht (in einer Probe 5.5, in einer andern 16.9 %), dass die Menge des in heissem Wasser löslichen Tannins gleichfalls verringert wird (24.7 und 26.9 %), in Folge dessen der Aufguss weniger adstringirend schmeckt, dass aber die Menge der in heissem Wasser löslichen Stoffe nicht kleiner wird. Das Rösten hebt also eher, als verringert die Qualität des Thees. Tadelnswerth ist die Verwendung des genannten Farbstoffes. Matzdorff.

69. **Möller** (216) berichtet über Ziegelthee, der zwar nicht in Europa consumirt wird, aber von China aus, seitdem die indischen und ceylonischen Theeproducte den europäischen Markt erobern, nach den centralasiatischen Ländern und Sibirien einen bedeutenden Ausfuhrartikel bildet. Man unterscheidet drei Sorten Ziegelthee: 1. Large green, aus den gröbsten Blättern und Zweigspitzen, mit viel Bruch und Staub bereitet. Die Ziegel haben die Grösse 13 : 6.5 : 1.5 engl. Zoll und werden zu je 36 Stück in Bambuskörben verpackt; 2. Small green, aus besserem Material und sorgfältiger bereitet, aber gleich dem vorigen aus nicht fermentirten Blättern. Die Ziegel sind 8.5 : 5 25 : 1.86 Zoll gross und werden verpackt wie die vorige Sorte; 3. Small black, aus dem Rückstand und Abfall der fermentirten Blätter. Die Ziegel sind so gross wie die der zweiten Sorte und werden zu je 64 oder 72 Stück in einen Korb verpackt. Die mikroskopische Untersuchung stellt es ausser Zweifel, dass sowohl der Ziegelthee aus Blättern, als auch derjenige aus Pulver, aus Blättern und Stengeln (resp. Abfällen derselben) der Theepflanze durch Pressen in eine Form hergestellt wird. Verunreinigungen (z. B. Haare, Korkschüppchen) sind selten und dürften deshalb nicht etwa als Verfälschung angesehen werden. Die chemische Analyse beschränkte sich auf diejenigen Stoffe, die für den Werth des Thees entscheidend sind: Wassergehalt, Asche, Extractivstoffe, Gerbstoffe und Theïn.

In der folgenden Tabelle sind die Resultate der analytischen Untersuchung mit den Grenzwerthen und Durchschnittszahlen der gebräuchlichsten Theesorten zusammengestellt:

Sorte	Asche	Extract	Gerbstoff	Theïn
Schwarzer Thee	2.52 — 7.16 5.19	23.25 — 36.85 30.6	9.45 — 15.24 12.62	0.46 — 2.53 1.35
Grüner Thee	3.66 — 7.12 5.45	35.06 — 41.48 38.89	17.56 — 21.35 18.85	0.43 — 2.79 1.35
Blätter-Ziegelthee	6.94	31.75	9.75	0.925
Pulver-Ziegelthee	8.03	36.10	7.90	2.324

Hieraus ergiebt sich, dass der Ziegelthee entschieden gehaltvoll ist. Entscheidend für die Vollwerthigkeit desselben ist der hohe Theïngehalt, welcher bei der Pulversorte sogar den höchsten bisher im Thee überhaupt gefundenen Werthen nahe kommt. Was den Geschmack betrifft, so hat der Aufguss aus Ziegelthee einen unangenehmen Beigeschmack, der wahrscheinlich weniger von einem Coffeïngehalt, als von den unbekannten aromatischen Verbindungen herrührt, welche sich beim Gähren und Rösten der Theeblätter bilden. Nichtsdestoweniger dürfte dem Ziegelthee bei sorgfältiger Zubereitung eine Zukunft als Genussmittel blühen, wenigstens an Stelle der Theegemische, welche heutzutage die ärmeren Volksklassen zu geniessen pflegen. Ausserdem weist Verf. die Coffeïnfabrikanten darauf hin, dass der Ziegelthee vielleicht vortheilhafter zur Darstellung des Coffeïns zu verwenden sein dürfte, als havarirter Thee, der bekanntlich hauptsächlich zur Gewinnung jenes Alkaloids benutzt wird.

70. **Hooper** (143) untersuchte den Wurzelstock der im Himalaya heimischen *Saxifraga ligulata* Wall. Er enthält reichliche Tanninsäure (die gefundenen Bestandtheile werden nach Procenten aufgeführt) und ähnelt in chemischer Beziehung der Wurzel von *Polygonum Bistorta*. Die gleichfalls adstringirende *Heuchera americana* wird auch erwähnt.

Matzdorff.

71. **Hooper** (144) giebt nähere Nachrichten über die Gymnemsäure, deren Kaliumsalz in den Blättern von *Gymnema silvestre* vorkommt (s. Bot. J., 1887, 2., p. 519). Ihre empirische Formel ist $C_{32}H_{55}O_{12}$. Sie findet sich auch in *Gymnema hirsutum* und *G. montanum*.

Matzdorff.

72. **Amann** (4) erhielt aus dem Moose *Leptotrichum glaucescens* Hpe. einen krystallisirenden Körper, den er Leptotrichumsäure nennt; derselbe ist in Aether, Chloroform und heissem Alkohol bis zu 90 % löslich und wird durch H_2SO_4 und HCl, sowie durch Kali und Natronlauge in der Kälte nicht oder kaum angegriffen. Eine chemische Formel wird nicht mitgetheilt.

73. **White** (310) giebt folgende Analysen für den Stengel von *Indigofera tinctoria:*

	1.	2.
Kohle	4.76	—
Sand	9.99	—
CO_2	8.95	10.56
SiO_2	7.21	8.51
SO_3	5.31	6.27
Fe_2O_3 . . .	4.58	5.41
P_2O_5	10.37	12.24
CaO	16.40	19.36
MgO	9.86	11.64
K_2O	16.12	19.03
Na_2O	4.00	4.72
NaCl	1.91	2.26
	99.46	100.00

Matzdorff.

74. Nach **Brick** (34) unterscheidet sich das Holz von *Pterocarpus santalinus* L. fil.

(ostindisches Sandelholz, Caliaturholz) von dem des afrikanischen *P. santalinoides* L'Hér. (afrikanisches Sandelholz, Bar-wood) hauptsächlich dadurch, dass die Gewebe des Kernholzes besonders die Libriformzellen, stärker verdickt und viel intensiver gefärbt sind, dass die Gefässe sich häufiger durch Harzgummi ausgefüllt zeigen, dass die Parenchymbinden länger sind und öfter mit seitlich benachbarten in Verbindung stehen, und dass die Krystallschläuche weit häufiger und meist länger sind. Ferner ist auch das specifische Gewicht verschieden. Der Unterschied der beiden *Pterocarpus*-Hölzer gegen dasjenige von *Baphia nitida* Afz. (Rot-, Caban-, Cambalholz, Cam-wood) ist gegeben in dem Verhalten des bei letzteren zusammenhängenden Holzparenchyms, der verstopften Gefässe, der zweireihigen Markstrahlen, in der viel stärkeren Verdickung der Gewebe, dem verschiedenen chemischen Verhalten des Farbstoffes und in dem höheren specifischen Gewicht. Eine Unterscheidung des *Baphia*-Holzes von den *Pterocarpus*-Hölzern ist daher äusserst leicht, letztere sind dagegen mikroskopisch ungleich schwieriger von einander zu unterscheiden.

75. **Crampton** (53) constatirte das Vorkommen der Borsäure in der Asche aus verschiedenen Theilen der Pfirsichbäume und aus der Frucht der Wassermelone.

76. **Warden** (303) stellte 1881 aus *Embelia ribes* eine nach dem Gattungsnamen der Pflanze benannte Säure dar. Ihre Molecularformel ist $C_9 H_{14} O_2$. Bestätigt wurde dieselbe durch die Zusammensetzung ihrer Silber- und Bleisalze. Verf. führt physikalische Eigenschaften und eine Anzahl Farbreactionen der „embelic acid" an. Matzdorff.

77. **Pavlicsek** (234) spricht über die wissenschaftlichen Methoden zur Untersuchung der verfälschten Nahrungsmittel. In von ihm selbst angefertigten Zeichnungen bildet er die Stärkekörner vom Weizen, Roggen, der Gerste und Kartoffel ab; ferner die mikroskopischen Fragmente von Weizen- und Roggenkörnern, vom Kaffeekorn und der Cichorie, von *Agrostemma Githago* L., den Durchschnitt von Mutterkorn, die Sporen von *Tilletia laevis* und *T. Carbo.* Staub.

78. **Heisch** (119) berichtet, dass als häufige Verfälschungen oder auch Verwechslungen der Sennesblätter die Blätter der verschiedenen *Cassia*-Arten anzusehen sind, aber auch die Blätter von *Cynanchum Arguel* und *Coriaria myrtifolia* finden sich sehr oft beigemengt, wobei besonders letztere Beimischung in Folge der Giftigkeit der Pflanze gefährlich werden kann. Ebenso werden auch Bukublätter als Verwechslung der Sennesblätter gefunden. Bei ganzen Blättern ist es leicht, diese Beimischungen zu erkennen, bei gepulverten jedoch ist ihre Erkennung nur mit Hilfe des Mikroskops möglich.

Aufgüsse der Blätter von *Coriaria myrtifolia* geben mit Gelatine, Quecksilberchlorid und Brechweinstein Niederschläge und werden durch Eisensalze blau gefärbt, während Sennainfuse diese Reactionen nicht zeigen. Zum Nachweis beigemengter extrahirter Sennesblätter genügt die Bestimmung des Aschen- und Extractgehaltes. Um den Werthgehalt verschiedener Handelssorten zu bestimmen, hat Verf. ganze und gepulverte Sennesblätter analysirt und die Resultate seiner Untersuchungen in folgender Tabelle zusammengestellt:

Sorte und Ursprung der Senna	Aschengehalt	Löslich in Wasser	Löslich in HCl	Unlöslich	Alkalien
1. Tinnevelly No. 1	11.48	2.4	8 86	0.20	1.16
2. desgl., gepulvert	11.22	2.31	8.77	0.10	1.14
3. Alexandr., gepulv. No. 1 .	11.69	2.35	7.86	1.49	0.84
4. desgl., von Allen u. Hanbury	12.36	2.96	9.02	0.38	1.54
5. desgl., gepulv.	12.54	3.18	9.12	0 24	1.76
6. Pulver von Allen u. Hanbury	13.98	1.22	11.91	0.85	1.69
7. Bukublätter	6.02	2.73	3.25	0.07	1.47

(Durch Arch. d. Pharm., 1889, p. 428.)

79. **Farbl** (75) bespricht ein Verfahren zum Nachweis von Paradieskörnern, Dattel- und Olivensamen in gemahlenem Pfeffer.

80. **Kirkby** (167) untersuchte und bildet ab, um Fälschungen nachzuweisen, die

Pollenkörner und die Epidermispapillen der Insectenpulverpflanzen *Chrysanthemum cinerariaefolium* B. et H. und *C. roseum*. Die im Pulver oft vorkommenden Papillen der ersteren Art sind schuppenförmig, besitzen an der Spitze einen Winkel von 55—60°, ihre unteren Epidermiszellen sind länglich und haben gebuchtete Wände, ihre Seiten sind gestreift, die Nerven bestehen aus kleinen Spiralgefässen. Die Scheibenblüthen bestehen aus verlängertem Parenchym mit kleinen klinorhombischen Calciumoxalatkrystallen oder (seltener) Drusen von solchen. Die Papillen der Narbe sind länger als breit, cylindrisch. Die Pollenkörner sind stachelige Kugeln von 30—40 μ Grösse. *C. roseum* ähnelt in diesen Merkmalen der verwandten Art, doch sind die Epidermispapillen breiter und zeigen einen Winkel von 20—50°. Matzdorff.

81. **Beringer** (23) berichtet, dass mehrere Ballen mit ungarischen Gänseblümchen (welche Art? Ref.) unter der Bezeichnung „Insectenpulverblüthen" nach New-York kamen. Oberflächlich gleichen dieselben in Grösse und Habitus den Köpfchen des echten *Pyrethrum*, unterscheiden sich jedoch durch orangegelbe Scheibenblüthen, auffallend dunkles Receptaculum und durch Abwesenheit von Behaarung und Pappus. Der Geruch ist weniger scharf als bei den echten Insectenpulverblüthen und ähnelt dem der *Matricaria*. Das Pulver ist etwas dunkler als das echte und ohne insecticide Wirkung auf Fliegen. Die chemische Untersuchung ergab folgende Resultate:

Extractionsmittel	Blüthen von *Chrysanthemum cinerariifolium* %	Blüthen der ungarischen Gänseblume %
Petroleumäther	2.49	3.37
Aether	2.85	2.68
Alkohol	6.57	9.45
Wasser	16.70	13.43
Asche.	5.50	9.30

(Durch Arch. d. Pharm., 1889, p. 332.)

82. **Maiden** (192) bespricht das Harz von *Myoporum platycarpum* R. Br., eines Baumes, der in allen australischen Colonien ausgenommen Queensland an trockneren Oertlichkeiten gefunden wird. Die Pflanze, Sandel-, Hunde- oder Zuckerbaum genannt, schwitzt ein Manna aus, das bei den Eingeborenen und Colonisten beliebt ist. Es liefert ein Harz, das die ersteren als Pech oder Wachs benutzen. Es entquillt oft in grossen Mengen dem Stamm, ist hart und brüchig, anfangs purpurn indigofarben, später braun. Verf. erhielt zwei Proben. Die eine vom Lachlanfluss, New South Wales, roch empyreumatisch, war dunkelrothbraun und liess sich leicht pulvern. Das Harz hatte eine äusserliche Aehnlichkeit mit Guajacumharz. Kaltes Wasser übt keine Wirkung, heisses zieht das Harz als eine theerartige Masse aus. Petroleum löst aus demselben 46.8 %, Alkohol aus dem Rückstand 28.1 %. Weiter enthielt es 1.7 % Salze und 23.4 % Verunreinigungen, Holz und anorganische Stoffe. Das rohe Harz schmilzt bei 90.5°, es enthält keine Tanninsäure. Aus der zweiten Probe von Netallie, Wilcannia, Neu-Südwales, lassen sich durch Petroleum 48.6 %, durch Alkohol 36.4 % ausziehen. Matzdorff.

83. **Prebble** (249) stellt den Ursprung indischer Gummiarten fest. Ghâtî (bedeutet einheimisch) kommt in bester Qualität von *Anogeissus latifolia*, Amrad stammt von *Acacia arabica*, Amra von *Spondias mangifera*. Matzdorff.

84. **Whieler** und **Tollens** (309) erhielten aus Buchenholz (nach vorheriger Extraction desselben mit NH_3) mittels 5 % Natronlauge und Fällung mit Alkohol und Salzsäure Holzgummi, ebenso in sehr geringer Menge aus Tannenholz; Holzgummi giebt bei der Hydrolyse Xylose.

85. **Graf** (97) untersuchte 5 Sorten Dammarharz indischen Ursprungs (*Dammara orientalis* Don.), und zwar zwei Sorten aus Borneo, zwei aus Singapore, eine aus Batavia, welche ausschliesslich im Handel vorkommen. Morphologisch entsprachen dieselben, abge-

sehen von grösserer oder geringerer Reinheit, den in den pharmacognostischen Werken gemachten Angaben. Bezüglich der Löslichkeit in Alkohol, Aether, Benzol, Schwefelkohlenstoff, Chloroform und wasserfreie Essigsäure ist das Verhalten der verschiedenen Sorten ein ziemlich gleichartiges. Um über das Auftreten einer Säure sowie eines reinen Kohlenwasserstoffes im Dammarharz Gewissheit zu erlangen, stellte Verf. eine Reihe von Versuchen an, deren Ergebnisse sich folgendermaassen feststellen lassen:

Eine Säure ist entgegen früheren Anschauungen und Untersuchungen nur in geringer Menge (1 %) vorhanden; dieselbe entspricht der Formel $C_{18} H_{32} O_3$ und ist, da nur zwei Wasserstoffatome durch Basen ersetzt werden können, zweibasisch. Den übrigen Bestandtheilen des Harzes, von denen der in Alkohol unlösliche Theil ca. 40 %, der lösliche ca. 60 % beträgt, kann ebenfalls früheren Anschauungen entgegen, kein bestimmter chemischer Charakter, am wenigsten nach dem Verhalten den Basen gegenüber, der von Säuren zugesprochen werden. Dem in Alkohol löslichen Theile des Harzes darf vorläufig die Molecularformel $C_{20} H_{42} O_2$ gegeben werden, in welcher ein Alkoholhydroxyl anzunehmen ist. Schmelzpunkt 61°. Die Anwesenheit eines reinen Kohlenwasserstoffes muss nach allen angestellten Versuchen in den jetzt im Handel befindlichen Sorten des Dammarharzes verneint werden. Der in Alkohol unlösliche Theil des Harzes ist nicht sauerstofffrei und besitzt den Schmelzpunkt 144—145°.

86. **Trimble** (289) untersucht eine Anzahl Proben des Catechus (von *Acacia Catechu*) und des Gambirs (von *Uncaria Gambier*) und vergleicht beide.

Matzdorff.

87. **Heckel** und **Schlagdenhauffen** (115) fanden folgende Zusammensetzung des guttaperchaartigen Milchsaftes, der durch Einschnitte aus *Bassia latifolia* Roxb. („Mohwa"), einem im tropischen Asien und Britisch Indien sehr verbreiteten Baume, gewonnen wird:

Wasser	87.40
Ameinsäure (Spuren) und Essigsäure	0.50
In Wasser unlöslich organische Masse	1.666
In Wasser löslicher Gerbstoff und Gummi	0.172
In Alkohol lösliches Harz	2.043
In Aceton lösliches Harz	2.824
Guttapercha	1.803
Asche	3.592
	100.000

Der Milchsaft, auf ein Viertel seines Volumens eingedickt, hinterlässt nach Behandlung mit Alkohol und Aceton eine weissröthliche, bei gewöhnlicher Temperatur feste, beim Malaxiren schnell erweichende, durch bedeutende Klebkraft ausgezeichnete Masse. Ihr weisser Aschenrückstand setzt sich hauptsächlich aus Calciumsulfat und -phosphat sowie wenig Na Cl zusammen.

88. **Grazzi Sonzini** (98). Die Frage über Gährungserreger und Gährungen wird von technischem Standpunkte aus erörtert. Solla.

89. **Holfert** (131) vermuthet aus verschiedenen Gründen, dass die unter dem Namen Jambul in den Handel kommende Droge von der in Vorderindien einheimischen Xanthoxylacee *Cyminosma pedunculata* DC. (*Jambolifera pedunculata* Willd.) abstammen könne.

90. **Holfert** (133) giebt, da die Anordnung der primären Elemente der Wurzeln (Haupt- und Nebenwurzeln) bei der Beschreibung officineller Wurzeln bisher nur selten genügende Beachtung gefunden, obgleich sie ohne Frage zur Wiedergabe einer umfassenden Charakteristik der im Handel vorkommenden unterirdischen Pflanzentheile berücksichtigt werden müssen, im allgemeinen Theile ein Bild von der Entwicklung der Wurzeln überhaupt und beschreibt im speciellen Theile die verschiedenen Entwicklungsstadien folgender pharmaceutisch wichtiger Wurzeln: *Arnica montana, Inula Helenium, Taraxacum officinale, Cichorium Intybus, Valeriana officinalis, Cephaëlis Ipecacuanha, Krameria triandra, Glycyrrhiza glabra, Ononis spinosa, Tormentilla erecta, Archangelica officinalis, Levisticum officinale, Pimpinella magna, Imperatoria Ostruthium, Polygala Senega, Althaea officinalis,*

Helleborus viridis, Aconitum Napellus, Aristolochia Serpentaria, Orchis mascula, Curcuma longa, C. Zedoaria, Agropyrum repens, Acorus Calamus, Iris florentina, Veratrum album, Smilax Sarsaparilla, Aspidium filix mas. Einige Abbildungen erläutern den Text.

91. **Pfeiffer** (210) theilt mit, dass das einer Dresdener Firma patentirte sogenannte Steinholz, das zur leichteren Herstellung tropischer Wohnungen unter alleiniger Anwendung eiserner Verbindungsstücke empfohlen ist, aus Magnesiacement, also (ungefähr) $MgCl_2$, $5 MgO + 14 H_2O$ im Gemenge mit Sägemehl besteht.

92. **Martindale** (207) berichtet über egyptische Droguen, Opium, Seifenwurzel von *Gypsophila Struthium*, Zahnbürsten aus der Wurzel von *Capparis Sodada*, Styraxrinde von *Liquidambar orientale*, Henna, *Zygophyllum coccineum*-Früchte, Früchte von *Acacia arabica* und *Albizzia Lebbek*, Erdnüsse. Matzdorff.

93. **Maisch** (196) schildert die oberegyptische *Luffa aegyptiaca* Mill. und den von ihr gewonnenen „Luffaschwamm". Die Früchte von *L. petola* werden in China und auf einigen ostindischen Inseln gegessen, die von *L. petandra* und *L. acutangula* in unreifem Zustande in Ostindien. Die Frucht von *L. amara* hat kathartische und emetische Eigenschaften. *L. Bindaal* ist ein Heilmittel bei Wassersucht, *L. echinata* wird gegen Kolik und Cholera gebraucht. Endlich liefert auch *L. operculata* aus Brasilien ein Medicament. Matzdorff.

94. **Rex** (258) bestimmte im kalten Infuse der Stigmata Maydis den Zuckergehalt zu 0.88 %; nach dem Kochen des Infuses mit HCl wurde 1.42 % Zucker gefunden. (Durch Arch. d. Pharm., 1889, p. 516.)

95. **Reuter** (264) giebt eine Methode zur Prüfung der *Senega*-Wurzel auf Identität und Alter, die noch bessere und schärfere Resultate giebt als die im Arch. d. Pharm. 1889, p. 459 (vgl. Ref. 96) angegebene.

96. **Reuter** (263) giebt weitere Beiträge zur Kenntniss der *Senega*-Wurzel, auf die hier nicht näher eingegangen werden kann; es muss vielmehr auf die Arbeit selbst verwiesen werden. Er macht auf Grund seiner Untersuchungen den Vorschlag, dass in die „Pharmacopöe" folgender Zusatz, der das Alter resp. den Gehalt der Wurzel an Salicylsäuremethylester berücksichtigt, aufgenommen werde: 5 gr lufttrockene *Senega*-Wurzel mit 50 ccm H_2O von ca. 60° C. übergossen, muss nach 15 Minuten ein Filtrat geben, das mit 3 Tropfen HCl angesäuert und mit 50 ccm Aether ausgeschüttelt, an letzteren soviel Salicylsäure abgiebt, dass nach Aufnahme der freiwillig verdunsteten ätherischen Ausschüttelung mit 20 ccm H_2O von 60° C. auf Zusatz eines Tropfens Eisenchloridlösung eine deutlich violette Farbenreaction eintritt.

97. **Funaro** (84) hat das Glucosid aus der Wurzel von *Polygala Senega* das Senagin zum Gegenstande eingehenden Studiums gemacht. Dasselbe ist dem Saponin Kochleder's sehr analog, aber nicht mit demselben identisch. Auch das Spaltungsproduct des Glucosides hat Verf. näher studirt. Solla.

98. Fichtelit ist nach **Hell** (120) eine harz- und paraffinartige Substanz, die, meist mit Reten vermischt, in den Harzgängen der vertorften Föhrenstämme, namentlich der Sumpfföhre *Pinus uliginosa* vorkommt. Aus einer Auflösung in Aetheralkohol krystallisirt es in langen prismatischen Nadeln. Es schmilzt bei 46° und verdampft ohne merkliche Zersetzung bei 440°. Seine chemische Zusammensetzung ist entsprechend der Analyse und der Dampfdichte $C_{15}H_{26}$ resp. $C_{15}H_{28}$. Bei Gewinnung des Fichtelits aus dem rohen, noch mit vertorften Holzfasern etc. vermengten Material erhielt Hell in den letzten Mutterlaugen eine braune zähflüssige, stark nach Vanillin riechende Masse. Letzteres dürfte durch den Vertorfungsprocess aus dem Coniferin entstanden sein.

99. **Bamberger** (13) untersuchte ein Fichtelit aus dem Kolbermoorer Hochmoor bei Rosenheim in Oberbayern. Dasselbe trat als weisse Efflorescenz auf den zwischen Torf eingebetteten Wurzelstöcken fossiler Fichten, häufig auch in Form wohlausgebildeter glänzender Krystalle auf. Verf. isolirte dasselbe durch Extraction des zerkleinerten Holzes mit Ligroin und erhielt dann mächtige Krystalle von völliger Klarheit. Dieselben lösen sich am besten in Ligroin und Chloroform. Fichtelit ist von erstaunlicher Beständigkeit; Verf. konnte es, ohne dass eine Zersetzung eintrat, über rothglühendes Bleioxyd destilliren.

100. **Goiran** (95) giebt an, dass im Veronesischen der Vogelleim aus der Wurzelrinde von *Viburnum Lantana* L., zuweilen auch aus den Beeren und aus der Rinde der Wurzel, der Zweige der Stechpalme bereitet wird. Hingegen wird der Leim weder mit den Beeren von *Viscum album* noch mit jenen des *Loranthus europaeus* bereitet, weil diese beiden Pflanzen in der Provinz Verona unbekannt sind. — Ausführlicheres bringt der Aufsatz über die Technik in der Bereitung sowie über den Handel des Leims in jener Gegend. Solla.

101. **Rusby** (267) berichtet über die amerikanische Mistel, *Phoradendron flavescens* Nutt. Dieselbe findet sich in den wärmeren Theilen der Vereinigten Staaten bis Mexico einerseits und New Jersey, beziehungsweise Kalifornien, andererseits. Die Beeren werden von einigen Vogelarten gern gefressen, ohne dass letztere dadurch Schaden leiden. Für Menschen dagegen sind die *Phoradendron*-Beeren ebenso wie unsere *Viscum*-Beeren schädlich, ja soger giftig. Long, welcher die Wirkung der amerikanischen Mistel prüfte, fand sie werthvoll zur Stillung von Uterusblutungen. Verf. fand in Yungas und Mapiri eine andere *Phoradendron*-Art, die als Sedativ für den Uterus und zur Verhütung von Abortus benutzt wird. Ueber die Bestandtheile der Droge ist nichts bekannt. (Arch. f. Pharm.)

102. **Holmes** (137) schildert Proben der Massoirinde, die von drei Pflanzen, *Cinnamomum xanthoneuron* Bl., *C. Kiamis* Nees, *Sassafras Goesianum* T. a. B. herstammen. Die letztgenannte Pflanze liefert die echte Rinde. Matzdorff.

103. **Holmes** (138) ergänzt seine früheren Bemerkungen über Massoirinde dahin, dass die von *Sassafras Goesianum* stammende Probe von *Massoia aromatica* Becc. herrührt, und dass die *Cinnamomum xanthoneuron* zugeschriebene Rinde den gleichen Ursprung hat. Matzdorff.

104. **Holmes** (136) giebt eine Uebersicht über die vielfach verwechselten *Asa foetida* liefernden *Ferula*-Arten. Er theilt dieselben abweichend von Boissier und Regel, die den Bau von Blüthe und Frucht als Eintheilungsmerkmal nehmen, nach der Blattform in drei Gruppen ein: Blättchen; 1. zungen-, lanzen- oder länglich-eiförmig; 2. linealisch oder keilförmig, unter einem stumpfen Winkel von der Rhachis ausgebreitet; 3. fadenförmig oder linealisch, bilden einen spitzen Winkel mit der Rhachis. — Verf. beschreibt nun ausführlich und bildet zum Theil ab: 1. *F. Narthex* Boiss., *F. foetida* Reg., *F. asafoetida* Reg. *F. foetidissima* Reg. u. Schmalh., *F. rubricaulis* Boiss. 2. *F. alliacea* Boiss., *F. teterrima* Kard. u. Kir., *F. persica* Willd. Eine Bestimmungsübersicht der acht genannten Arten bildet den Schluss der Arbeit. Matzdorff.

105. **Rawlins** (257) fand kein krystallisirbares Princip in den Blättern der *Magnolia glauca* L., doch erhielt er bei Destillation der Droge mit Wasser ein ätherisches Oel von schöner grüner Farbe, das dem Anis und Fenchel ähnlich, jedoch angenehmer als diese beiden roch.

Am Schluss der Arbeit des Verf.'s sagt Maisch, dass es wohl wenig bekannt sein dürfte, dass die Blätter der *Magnolia glauca* an Stelle unzerstörbarer Tinte zum Zeichnen der Wäsche etc. benutzt werden können. Man legt ein Blatt auf den zu zeichnenden Gegenstand und schreibt die gewünschten Züge mit einer stumpfen Nadel auf das Blatt. Dieselben erscheinen dann auf dem untergelegten Gegenstand anfangs in graugrüner Farbe, die successiv dunkler wird und durch Waschen nicht entfernt werden kann. (Durch Arch. d. Pharm., 1889, p. 332)

106. Die **Arbeiten** (9) behandeln: Aquae destillatae, Aq. Amygdalarum amararum Aq. Aurantii florum, Aq. Calcariae, Aq. carbolisata, Aq. chlorata, Aq. Cinnamomi, Aq. destillata, Aq. Foeniculi, Aq. Menth. crisp., Aq. Menth. piper, Aq. picis, Aq. Plumbi, Aq. Rosae Cuprum oxydat., Cupr. sulfur., Cupr. sulfur crud., Decocta, Decoct. Sarsapar. comp. fort. Dec. Sarsapar. comp. mit., Flor. Arnicae, Fl. Chamom., Fl. Cinae, Fl. Koso, Fl. Lavand. Fl. Malv., Fl. Rosae, Fl. Sambuc., Fl. Til., Fl. Verbasc., Kamala, Kreosotum, Lactucar. Laminar., Lich. island., Lign. Guaj., L. Quass., L. Sassaf., Oleum cantharid., Ol. Carvi, Ol Caryophyll., Ol. Cinnam., Ol. Citri, Ol. Cocos, Ol. Croton., Rhiz. Imperat., Rhiz. Irid., Rhiz

Torment., Rhiz. Veratri, Rhiz. Zeod., Rhiz. Zingib., Syrup Seneg., Syr. Senn., Syr. simpl., Ung. basil., Ung. canthar., Ung. cer., Ung. Ceruss., Ung. Ceruss. camph.

107. **Wilson** (315) berichtet, dass man in Shangai fünf Arten Ginseng kennt, von denen vier die Wurzeln von *Panax Ginseng*, eine die des amerikanischen *P. quinquefolium* sind. Verf. schildert das Aussehen der verschiedenen Sorten, der cultivirten und wilden chinesischen, der koreanischen, der japanischen und der amerikanischen, sowie die Cultur der erstgenannten. Die zweite ist die werthvollste. Die Drogue hat stärkende Eigenschaften, wird als Aphrodisiacum benutzt und von den Chinesen sehr vielfach in der Tasche mitgeführt. Matzdorff.

108. **Elborne** (72). Botanisch nichts neues.

109. **v. Müller** (224) berichtet über die Medicinpflanzen Australiens. Die Goodeniaceen, Myoporinen, Candolleaceen und Epacrideen kommen trotz der tonischen Eigenschaften einiger der erstgenannten und der schädlichen Wirkungen der drittgenannten Familie gar nicht in Betracht. Stärkend wirkt die Rinde von *Alstonia constricta*, Sandelhölzer liefert *Santalum cygnorum*, *Erythrophloeum Laboucheri* wie seine Verwandten Erythrophlöin, *Tephrosia*- und *Tribulus*-Reiser werden zum Betäuben der Fische benutzt, *Abrus*-Samen medicinisch verwerthet, giftig sind *Gastrolobium*, *Oxylobium*, *Swainsonia Greyana*. Weiter sind bemerkenswerth *Gonolobus Condurango*, die *Cinchona*, *Myriogyne* u. a. Vielleicht liefern auch manche den Arzneipflanzen des anderen Erdballs verwandte Gewächse ähnliche oder die gleichen Arzneistoffe; Verf. macht auf *Veronica*, *Gratiola*, *Boronia*, *Eriostemon*, *Cassia*, *Cycas*, *Zamia*, *Croton*, *Pittosporum*, *Lobelia*, *Erythroxylon*, *Zygophyllum*, *Didiscus* aufmerksam. Matzdorff.

110. **Hooper** (145) schildert eine Anzahl Droguenpflanzen aus dem floristisch sehr reichen britischen Sikkim: die saftige *Tinospora cordifolia* Miers; *Gynocardia odorata* R. Br. mit harten Früchten, deren Fleisch und Samen (enthalten Chaulumgraöl) benutzt werden, und dünner Rinde, die Stärke und Tannin enthält; *Schima Wallichii* Choisy mit schwarzer Rinde und nadelförmigen Bastzellen; *Shorea robusta* Gärtn. enthält im Stammgrund Harz; *Pterospermum acerifolium* Willd. besitzt weisse Wollhaare auf den Blättern, die zum Blutstillen verwendet werden; *Canarium bengalense* Roxb. mit hellgelbem harzigem Exsudat; *Guania leptostachya* DC., *Milletia pachycarpa* Benth., *Entada scandens* Benth., *Dichroa febrifuga* Loud. besitzt stärkehaltige, als Mittel gegen Fieber verwendete Wurzelrinde; *Terminalia Chebula* Retz., *Eugenia obovata* Wall., *Randia dumetorum* Lam., *Poederia foetida* Willd., *Pentapterygium serpens* Benth., *Teucrium anacrostachyum* Wall. mit gelbweissen Blüthen, die einen süssen Saft ausschwitzen; *Colebrookia oppositifolia* Sm., *Polygonum molle* Don., *Cinnamomum Tamala* Nees mit aromatischer Rinde; *Macaranga* sp. Die genannten Pflanzen werden von den Lepchas und Parias vielfach verwendet. Gummiarten liefern *Bauhinia Vahlii*, *Albizzia procera*, *A. stipulata*, *Croton oblongifolius*, *Macaranga gummiflua*, *Ostodes paniculata*, *Garcinia stipulata*, *Bombax malabaricum*, *Sterculia villosa*, *Garuga pinnata*, *Odina radix*, *Spatholobus Roxburghii*, *Butea frondosa*. Matzdorff.

111. **Sadebeck** (268) giebt eine kurze Berichtigung zu dem von F. Hanausek in der Pharm. Post, 1888, No. 27 publicirten Artikel „Ueber Nag-Kassar von *Mesua ferrea*". Er weist darauf hin, dass die von Hanausek als Varietät angeführte *Mesua salicina* Pl. et Tr. von jenen Autoren als neue Art aufgestellt worden ist, und dass die Angabe, er (S.) habe in dem Pollen von *M. salicina* Pl. et Tr. Harzgänge gefunden, irrig ist. Nicht im Pollen, sondern im Connectiv, und zwar der *M. ferrea* L. und nicht der *M. salicina* Pl. et Tr. treten dieselben auf.

112. **Hanausek** (106) bestätigt in dieser Berichtigung den letzten Satz des vorhergehenden Referates.

113. **Prosser** (251) beobachtete bei Cardiff Exemplare von *Paris quadrifolia* mit 5, 6 und 7 Blättern. Matzdorff.

114. In höchst origineller Weise ist **Wysmann** (316) in vorliegender Abhandlung bestrebt, darzuthun, dass Diastase, wie man es aus Malz erhält, aus zwei Enzymen, Maltose und Dextrinose bestehe.

Die Benennung dieser Bestandtheile wurde dadurch erreicht, dass Verf. Diastase in Gelatine diffundiren liess; indem Maltose schneller diffundirt, kann ihre Wirkung gesondert von der der Dextrinose studirt werden.

Die Einwirkung der beiden Enzymen auf Amylum stellt Verf. folgenderweise zusammen:

Amylum unter Einwirkung von

Maltose giebt	Dextrinose giebt
Maltose und Erythrogranulose diese mittels Dextrinose giebt Leukodextrine	Maltodextrine diese mittels Maltose giebt Maltose

Was Verf. Leukodextrine nennt, stimmt ziemlich überein mit der Achroodextrine Brücke's und mit Achroodextrine *β*. Musculus. Die Erythrogranulose des Verf.'s soll identisch sein mit der von Dafert in der Stärke von *Oryza glaberosa* angetroffenen und von diesem mit dem Namen Erythrogranulose belegten Substanz.

Maltose und Dextrinose stimmen in ihrem Betragen verschiedener Lösungsmitteln, verschiedener Temperaturerhöhung und verschiedenen chemischen Agentien gegenüber, nicht überein. Wenn Diastase auf Stärke bei höherer Temperatur als 60° einwirkt, ist hauptsächlich nur Dextrinose thätig und entsteht also Maltodextrine, bei niederer Temperatur entsteht mehr Leukodextrine.

Im Malzkorn befinden sich Maltose ausschliesslich im mehligen Endosperm, Dextrinose in der Eiweissschicht und im Cylinderepithel des Schildchens. Dextrinose tritt früher in der Eiweissschicht als im Keim auf. Die Maltase nimmt während der Keimung viel weniger zu als die Dextrinose. Während der Keimung diffundirt Dextrinose in das Innere des Korns und die Lösung der Stärke findet unter Einfluss beider Enzymen statt.

Einige Bacterien scheiden Diastase ab, andere nicht. Einige Schimmel geben eine so grosse Menge diastatischen Enzyms, dass dieses auf grössere Entfernungen diffundiren kann.

Giltay.

115. Das **Kew-Bulletin** (38) enthält folgende pharmacologisch-technologische Abhandlungen:

Erythroxylon Coca Lam., *E. Coca* var. *novo-granatense* (p. 1).
Fibre from Lagos (*Honckenya ficifolia* Willd.). (p. 15.)
Yam Bean (*Pachyrrhizus tuberosus* Spr.). (p. 17.)
A starch-yielding Bromeliad. (*Puya edulis* Morr.) (p. 20.)
The fruits of Mysore. (p. 21.)
Fibro industry at the Bahamas. (p. 57.)
Hardy species of *Eucalyptus*. (p. 61.)
Yam Bean (*Pachyrrhizus tuberosus* Spr.). (p. 62.)
West African rubbers. (p. 63.)
Chiga bread (*Campsiandra comosa* Benth.). (p. 71.)
Persian Zalil (*Delphinium Zalil* Aitch. and Hemsl.). (p. 111.)
Tasmanian woods. (p. 112.)
Lily flowers and bulbs used as food. (p. 116.)
P'u-êrh-tea. (p. 118, 139.)
Short-podded Yam bean (*Pachyrrhizus angulatus* Rich.) (p. 121.)
Jamaica Cogwood (*Zizyphus Chloroxylon* Oliv.). (p. 127.)
Cocoa-nut coir from Lagos. (p. 129.)
Patchouli (*Pogostemon Patchouli* var. *suavis*). (p. 135.)
Flowers of *Calligonum* as an article of food in N. W. India. (p. 217.)
Earliest notice of Coca (*Erythroxylon Coca* Lam.) (p. 221.)
Buazé fibre (*Securidaca longepedunculata* Fres.). (p. 222.)

Vegetable productions, Central China. (p. 225.)
Bahia Piassava (*Attalea funifera* Mart.). (p. 237.)
Cinchona in Jamaica. (p. 144.)
Gambier (*Uncaria Gambier* Roxb.). (p. 247.)
Fibre industry at the Bahamas (*Agave rigida* var. *Sisalana*). (p. 254.)
Oil palm (*Elaeis guineensis*) in Labuan — a success and a failure. (p. 259.)
Ramie or Rhea (*Boehmeria nivea* Hook. et Arn., *B. nivea* var. *tenacissima* Gaud.). (p. 268, 284.)
Poisening from Turnsole in Persia (*Chrozophora tinctoria* A. Juss.). (p. 279.)
Mussaenda coffee (*Gaertnera vaginata* Lam.). (p. 281.)
Food grains of India (*Dendrocalamus strictus* Nees). (p. 283.)

116. **Morris** (220) weist zunächst kurz auf Gifte hin, die sich als Heilmittel für gewisse Fälle werthvoll gemacht haben, so Erzeugnisse von *Strophanthus*, *Physostigma venenosum* Balf., *Erythrophloeum guineense* Don., *Urechites suberecta* Müll. Arg., *Piscidia Erythrina* L. Verf. bespricht sodann Pflanzen, die Gegengifte gegen Pflanzengifte liefern. *Fevillea cordifolia* L. wirkt *Entada scandens* Benth., *Oxalis corniculata* L. *Datura*, die calabarische Gottesurtheilsbohne dem Strychnin, *Hernandia sonora* L. dem Pfeilgift, *Cissampelos Pareira* L. vielen anderen Giften, *Hippomane Mancinella* L., *Antiaris toxicaria* Lesch., *Tecoma leucoxylon* Mart. und *Maranta arundinacea* Rosc., andererseits *Hippomane Mancinella* L. entgegen. Sodann geht Verf. auf Gegengifte gegen Schlangenbisse ein. Vor allem ist hier die Gattung *Aristolochia* zu nennen. Verf. geht auf ihre Verbreitung und bemerkenswerthe Arten ein: *A. grandiflora* Vahl. ist giftig, *A. odoratissima* L. und *A. trilobata* L. sind Arzneipflanzen; schon die Alten benutzten gegen Schlangengift *A. pallida* Willd., die Araber gebrauchen in gleichem Sinne *A. sempervirens* L., die Inder *A. indica* L., *A. Serpentaria* wandten bereits die Indianer ebenso an. Ferner gehören *Dorstenia Contrajerva* L. und *D. braziliensis* L., die das spanische Contrajerva liefern, hierher; doch ist auf Jamaica der gleiche Name *Aristolochia odoratissima* beigelegt. Guaco bezeichnet in Mittel- und Südamerika das Gegengift von *Mikania Guaco* H. B., doch auch von ein oder zwei Aristolochien. *Guaco mexicana* Liebm. gehört auch hierher. Weiter sind zu nennen *A. panduriformis* Jacq. („Raiz de Mato") von Venezuela, *A. fragrantissima* Ruiz. („Bejuco de la Estrella") aus Peru, *A. brasiliensis* („Vejuco") in Bolivia (s. auch o.), *A. tenera* Pohl („Matos") aus Neu-Granada. In Indien treten neben *A. indica* „Raiz de Cobra"), *A. bracteata* Retz. u. *A. longa* L. auf. — In Ostindien finden sich weiter *Strychnos colubrina* L., in Nordamerika *Liatris squarrosa* Willd. und *Cimicifuga racemosa* Ell., auf Martinique *Cissampelos Pareira* L. (s. auch o.), in Amerika *Viola ovata* Nutt., *Oxalis sensitiva* L., *Ophiocaryon*, nach dem schlangenähnlichen Embryo genannt, scheint nicht hierher zu gehören. Die Brasilianer schätzen die Blätter von *Cascaria ulmifolia* Vahl., die nordamerikanischen Indianer die Wurzeln von *Polygala Senega* L., die Südafrikaner *P. Serpentaria* Eckl., die Brasilianer *Chiococca anguifuga* Mart., die Malaien die Wurzeln von *Ophiorrhiza Mingos* L. als Gegengifte gegen Schlangenbisse. Der emetische Saft von *Corypha umbraculifera* L. und *C. silvestris* Willd., der Teufelstabak der Hottentotten, *Leonotis Leonurus* R. Br. finden hier ihre Stelle, weiter Abkochungen von *Uvularia grandiflora* Sm. (Nordamerika) und *Botrychium virginianum* Sw. (St. Domingo).

Matzdorff.

117. Aus den Analysen **Langer's** (176) ergeben sich folgende Resultate: Die Sporen von *Lycopodium clavatum*

1. liefern 1.55 % neutral reagirende mineralische Bestandtheile, welche hauptsächlich aus den Phosphaten des Kaliums, Natriums, Calciums, Magnesiums, Eisens und der Thonerde bestehen neben geringen Mengen von Calciumsulfat, Kaliumchlorid, Aluminiumsilikat und Spuren von Mangan.

2. Sie enthalten 49.34 % eines grüngelben Oeles von saurer Reaction, das sich aus 80—86.67 % einer flüssigen Oelsäure, wechselnden Mengen Glycerin und eines Gemisches fester Säuren zusammensetzt.

Die flüssige Oelsäure $C_{16}H_{30}O_2$ giebt ein in Aether lösliches Bleisalz, sie gehört zur Oelsäurereihe, ihre Constitution ist als α Decyl-β-Isopropylacrylsäure zu bezeichnen.

In der festen fetten Säure des Oeles ist Myristinsäure enthalten, welche wahrscheinlich den Hauptbestandtheil des festen Säuregemisches bildet.

3. Die Sporen liefern sowohl beim Erwärmen als beim Kochen mit Kalilauge (spec. Gew. 1.32) Monomethylamin.

4. Die trockene Handelswaare giebt 0.857 % Stickstoff.

5. Die Sporen enthalten mindestens 2.12 % Rohrzucker.

6. Sie oxydiren, mit Alkohol macerirt, diesen zu Acetaldehyd, eine Eigenschaft der Sporen, welche durch ihre Fähigkeit, Sauerstoff in Form von Ozon zu verdichten, ihre Erklärung findet.

7. Sie geben bei Einwirkung von schmelzendem Aetzkali:

a. einen braunen, harzigen, stickstofffreien Körper von fäcalem Geruche und saurer Reaction;

b. in Aether, Wasser, nicht in Chloroform lösliche, stickstofffreie nadelförmige Krystalle, ein Benzolderivat, das mit Protocatechusäure in naher Beziehung steht.

118. **Delavay** (57) schreibt über die chinesische Mutisiacee *Gerbera Delavayi,* welche im Jünnan Ta-ho-tsao genannt wird. Die Bevölkerung von Lolo benutzt den die Blattunterseite bedeckenden Filz, um ihn zusammen mit Hanf wie Baumwolle zu spinnen und daraus ein sehr warmhaltendes und wasserdichtes Gewebe zu verfertigen.

119. **Hanausek** (105) berichtet 1. über künstliche Kaffeebohnen, die aus einem Teige von Weizenkleie vermischt mit Gewebeelementen aus der Pfefferfrucht (Oberhaut, Sclerenchymschicht und einem Theil des Fruchtparenchyms) hergestellt waren, und bei deren Anfertigung die Reinlichkeit keine besondere Rolle gespielt hat, da ausserdem noch thierische Haare, Holzfasern etc. gefunden wurden. 2. Ueber künstliche Pfefferkörner. Verf. hatte zwei dieser Kunstproducte aus verschiedenen Fabriken zur Untersuchung. Die eine Probe aus der Fabrik X. bestand aus Weizenmehl geringerer Qualität mit zahlreichen Kleienbestandtheilen und einem Zusatz aus echtem Pfefferpulver (15—20 %); eine andere halbfertige Probe enthielt neben Weizenmehl Paprikapulver von eigenthümlicher Beschaffenheit, das wahrscheinlich derart gewonnen wurde, dass der rothe Farbstoff und ein Theil des scharfen Stoffes aus dem gemahlenen Paprikapulver durch Alkohol oder Aether extrahirt wurde. Die fertigen Kunstpfefferkörner aus der Fabrik Y. bestanden ebenfalls aus kleiehaltigem Weizenmehl mit Zusatz von Paprikapulver; letzteres enthält Fruchtparenchymzellen, in denen noch die rothen öligen Körper enthalten sind. Da das Product pfefferartig riecht, ohne echte Pfefferelemente zu enthalten, dürfte es mit einem Pfefferfluidextract behandelt worden sein. Die unfertigen Proben dieser Schwindelproducte waren theils ganz verschimmelt und sahen wenig appetitlich aus. 3. Die im Budapester Handel beobachteten Pfefferverfälschungen. 4. Die Pfefferfruchtspindeln.

Autoren-Register.[1])

[1]) Die Seitenzahlen nach der II. beziehen sich auf den zweiten Band.

Sach- und Namen-Register.[1])

[1]) N. G. = Neue Gattung; var. = Varietät; n. v. = Neue Varietät; P. = Nährpflanze von Pilz.

Berichtigungen.

Bot. Jahresber. XV, Jahrg. 1887.

1. Abtheilung.

S. 329 vor Berberideae füge hinzu: Begoniaceae und das Ref. 134 von S. 347.
„ 347 Zeile 7 von oben statt Hildebrandtia lies Hillebrandia. (Das betreffende Ref. 134 gehört auf S. 329 zu den Begoniaceae.)

XVI. Jahrg. 1888.

1. Abtheilung.

S. 401 Zeile 6 von oben statt 24 lies 25.
„ 405 „ 19 „ unten bei No. 220 füge hinzu Ref. 138.
„ 412 „ 14 „ oben statt (p. 52-220). — Register (p. 222-224) lies (p. 52—192. Der Schluss erschien 1889).
„ 417 Zeile 4 von oben statt : l. c. lies l. c.:
„ 419 „ 9 „ „ hinter *89 füge hinzu *145.
„ 433 „ 5 „ „ „ (Impatiens), füge hinzu 125 (Megarrhiza).
„ 433 „ 26 „ „ statt Der Ref. lies Ref. 240.
„ 441 Unter Bromeliaceae füge hinzu: Vgl. die Arbeit *260.
„ 474 Zeile 10 von oben statt 4 lies 1.

2. Abtheilung.

S. 392 Zeile 25 von oben statt Günther lies Grütter.

XVII. Jahrg. 1889.

1. Abtheilung.

S. 432 Zeile 7 von oben streiche das Komma hinter Stamme.
„ 433 „ 11 „ „ hinter Vorkommen füge hinzu: von Rhaphiden.
„ 454 „ 4 „ „ statt Trin. lies Trim.
„ 454 „ 24 „ „ „ Collectic lies Collectio.
„ 457 „ 19 „ unten „ M. × lies × M.
„ 467 „ 15 „ oben „ defecte lies defectu.
„ 527 „ 27 „ „ „ Haureii lies Hawai.

2. Abtheilung.

S. 53 Zeile 6 u. 8 von oben statt arctica lies cretica.
" 73 " 26 von oben statt Eiszeit lies Eisenzeit.
" 85 " 28 " " " Cordia lies Cerdia.
" 96 " 1 " unten " mehrere tausend tiefe Klüften lies mehrere 1000 Fuss tiefe Kluften.
" 97 " 1 " oben " Jomiruöerne lies Jomfruöerne.
" 97 " 24 " unten " Nieune bydrager lies Nieuwe bijdragen.
" 97 " 24 u. 13 von unten statt koninklyhe lies koninklijke.
" 97 " 14 von unten statt la insula Araba sollte es wohl heissen de insula Oruba.
" 97 " 17 " " " guainniger lies weiter.
" 97 " 14, 13 von unten statt Adjectes supplementes ad Speciezoni jam ante descriptarum, Characteres lies adjectis supplementis ad specierum jam ante descriptarum characteres.
" 177 " 3 von unten statt inuricata lies muricata.
" 234 " 24 " " " Günther lies Grütter.
" 259 " 9 " " streiche v.
" 259 " 3 " " statt Wortmann lies Wartmann.
" 262 " 21 " oben " Sedum lies Ledum.
" 266 " 20 " unten " am Channel Gestade lies an der Küste des Britischen Canals.
" 274 " 10 " oben " Lagger lies Lager.

www.ingramcontent.com/pod-product-compliance
Lightning Source LLC
Chambersburg PA
CBHW020853210326
41598CB00018B/1653

* 9 7 8 3 7 4 2 8 6 5 2 7 4 *